“十三五”国家重点图书出版规划项目

世界兽医经典著作译丛

定量风险分析指南

Risk Analysis: A Quantitative Guide

第 3 版

[英]David Vose　主编

孙向东　王幼明　主译

中国农业出版社

本书译审人员

主译 孙向东 王幼明

参译（以姓氏笔画为序）

韦欣捷 王震坤 王永博 甘鹏程 刘丽蓉 刘爱玲

刘志胜 刘 凡 张衍海 张干深 宋建德 李 印

李 鹏 李 妍 吴洋丽 赵原原 陈 娇 陈 岑

季 洁 高 妮 高摘星 康京丽 薛洪亮 魏娜娜

审校 宇传华 黄保续

本书得到公益性行业（农业）科研专项——动物卫生风险分析关键技术与应用研究（项目编号：200903055）经费资助。

《世界兽医经典著作译丛》译审委员会

支 持 单 位

《世界兽医经典著作译丛》总序

引进翻译一套经典兽医著作是很多兽医工作者的一个长期愿望。我们倡导、发起这项工作的目的很简单，也很明确，概括起来主要有三点：一是促进兽医基础教育；二是推动兽医科学研究；三是加快兽医人才培养。对这项工作的热情和动力，我想这套译丛的很多组织者和参与者与我一样，来源于“见贤思齐”。正因为了解我们在一些兽医学科、工作领域尚存在不足，所以希望多做些基础工作，促进国内兽医工作与国际兽医发展保持同步。

回顾近年来我国的兽医工作，我们取得了很多成绩。但是，对照国际相关规则标准，与很多国家相比，我国兽医事业发展水平仍然不高，需要我们博采众长、学习借鉴，积极引进、消化吸收世界兽医发展文明成果，加强基础教育、科学技术研究，进一步提高保障养殖业健康发展、保障动物卫生和兽医公共卫生安全的能力和水平。为此，农业部兽医局着眼长远、统筹规划，委托中国农业出版社组织相关专家，本着“权威、经典、系统、适用”的原则，从世界范围遴选出兽医领域优秀教科书、工具书和参考书50余部，集合形成《世界兽医经典著作译丛》，以期为我国兽医学科发展、技术进步和产业升级提供技术支撑和智力支持。

我们深知，优秀的兽医科技、学术专著需要智慧积淀和时间积累，需要实践检验和读者认可，也需要具有稳定性和连续性。为了在浩如烟海、林林总总的著作中选择出真正的经典，我们在设计《世界兽医经典著作译丛》过程中，广泛征求、听取行业专家和读者意见，从促进兽医学科发展、提高兽医服务水平的需要出发，对书目进行了严格挑选。总的来看，所选书目除了涵盖基础兽医学、预防兽医学、临床兽医学等领域以外，还包括动物福利等当前国际热点问题，基本囊括了国外兽医著作的精华。

目前，《世界兽医经典著作译丛》已被列入“十三五”国家重点图书出版规划项目，成为我国文化出版领域的重点工程。为高质量完成翻译和出版工作，我们专门组织成立了高规格的译审委员会，协调组织翻译出版工作。每部专著的翻译工作都由兽医各学科的权威专家、学者担纲，翻译稿件需经翻译质量委员会审查合格后才能定稿付梓。尽管如此，由于很多书籍涉及的知识点多、面广，难免存在理解不透彻、翻译不准确的问题。对此，译者和审校人员真诚希望广大读者予以批评指正。

我们真诚地希望这套丛书能够成为兽医科技文化建设的一个重要载体，成为兽医领域和相关行业广大学生及从业人员的有益工具，为推动兽医教育发展、技术进步和兽医人才培养发挥积极、长远的作用。

国家首席兽医师

序言

本书为第三版，几乎是完全重新创作。删除了第二版中那些纯属学术兴趣而写的内容，虽然这部分内容并不多；由于我将许多新的主题融入到了本版书中，所以这一版比上一版要厚得多，很抱歉让您多付了邮资。

之所以在 2000 年之后增加了这么多的素材，主要有两个原因。首先，我们的咨询公司发展很快，随着更多杰出人才的加盟，我们雄心勃勃地在更多领域开展了工作。过去专门针对保险和金融市场开展工作，所以您会在本书中看到很多这方面的技术应用案例。然而这些技术可以运用于更多领域，我们通过合同全权委托方式，与不同客户进行了大量的合作，合作确实为我们提高技术研发水平、为获取相关研发资料带来了便利。此外，我还参加了多本风险分析指南书籍的编写，在编写这些指南过程中，我更加清晰地感觉到了风险分析师的产出与风险管理者的需求严重脱节。为了帮助解决这个问题，本书分成了两个部分。

其次，我们拥有强大的软件研发团队，可以自行设计任何所需要的工具，为集体的智慧插上了翱翔的翅膀。现在，我们不仅为客户编写专有应用程序，而且也开发自主商业软件。从风险导致的实际问题出发，研究简洁实用的分析技术，然后努力使之成为可用产品，这一切都充满了乐趣。ModelRisk 软件就是其中的研发成果之一，此外我们还研发了几个其他产品。

致谢

为完成此书，我亏欠 Veerle 和我们的孩子许多。我在办公室加班时，Veerle 独自度过了很多夜晚。不过我觉得与此相比，更折磨她的是和一个总想着如何完成这本书而心烦意乱的人生活在一起。Sophie 和 Sebastien 也有损失：爸爸似乎总是在工作而不与他们玩耍。也许更糟的是，比利时夏季总是下雨，他们不得不牺牲本应该是阳光明媚的假期，陪着我完成这本书的写作。我保证，我一定会补偿你们！

我能与聪慧敏捷、积极上进的同事们一起工作十分幸运。在创作本书期间，我相当倚重咨询公司的合伙人和员工，尤其是 Huybert Groenendaal，他不但在我“不在”的时候主要负责这个公司，而且还为本书编写了附录 5[①]。Timour Koupeev 领导了编程小组，他以极大的耐心帮助我将 ModelRisk 软件的设想变成了现实，他还为本书撰写了附录 2。Murat Tomaev 是首席程序员，他将所有的程序模块组装在一起。当他将新模块包展示给我时，我总是感到犹如过圣诞般的喜悦。

Jane Pooley 是我的秘书，今年从公司退休了。她非常敬业，是最早与我一起从事这个冒险工作的人，对我而言她无可替代。

我们位于比利时办公室的公司同事 Wouter Smet 和 Michael van Hauwermeiren 给予我很大的帮助，他们通览、检查了本书全部手稿和模型。Michael 为本书编写了内容丰富的附录 3，这些内容足可以独立编纂成书。Wouter 提供了很多有关完善语言的建议，令我尴尬的是，英语只是他的第三语言。

Francisco Zagmutt 编写了第 16 章。在编写期间，他需要完成第二篇博士论文。他是我们公司美国办公室的全职资深顾问，是个大忙人，经常要在一定时限内完成工作，出差更是他的家常便饭。

① 本书未列入此附录。——译者注

当 Wiley 出版社寄给我几本第一版书时，我做的第一件事就是兴冲冲回到我父母家，将书呈献给他们，第二版和日语版出版时也是一样。我父母为我这些书籍而感到骄傲，正如我为他们感到自豪，他们将我的书摆放在客厅最显眼的位置。妈妈一如既往打网球、骑车、参加标靶射击赛；爸爸是个高尔夫好手。除非出去参加聚会，他们总是不知疲倦地在房间里工作。他们仿佛在提醒：珍惜时间，活在当下！

Paul Curtis 勤奋而老练地校对了手稿。我一直想知道他是如何在远离一百多页的几处书稿中发现了那么多前后矛盾和重复的错误。遗留下来的任何错误都是我的失误。

最后，你看过一个大胡子培训观众在 30 分钟内绘画的电视节目吗？我看过。在他面前没有风景，只是凭其感觉作画：先是湖泊，然后是山丘、天空和树木，20 分钟以后，我以为他画好了。可是，他又加上了倒影、雪、一两个灌木丛。每次我都想：好了，这次完成了。这正是写一本书（或软件）的问题：总有些内容可以加入、改变或重写。所以这本书是超时限完成，书也比预想厚了很多，衷心感谢 Wiley 出版社编辑 Emma Cooper 的温和敦促、鞭策鼓励与灵活处事。

目录

第一部分

引　言

本书第一部分主要用于帮助那些面临风险需要作出决策的决策者，而第二部分重点阐述了建模技术，包含了所有有关数学的内容。第一部分的目的是帮助管理者理解什么是风险分析，通过风险分析如何作出决策，并提供了构建风险分析团队、评价风险分析质量及为获得最有用的回答如何正确提问的一些想法。

这一部分对风险分析者也有用，因为他们需要理解管理者的观点，并朝着同一个目标前进。

第1章

为什么要进行风险分析？

企业和政府经常需要面对不确定性结果作出决定，理解不确定性（uncertainty）可以帮助作出更合理决策。假如你属于一家卫生保健机构，正考虑购买两种疫苗的其中之一，这两种疫苗有相同免疫效果（67%），但进一步的研究表明，这两种测量的置信区间有差异，其中一种疫苗效果的不确定性是另一种的2倍（图1.1）。

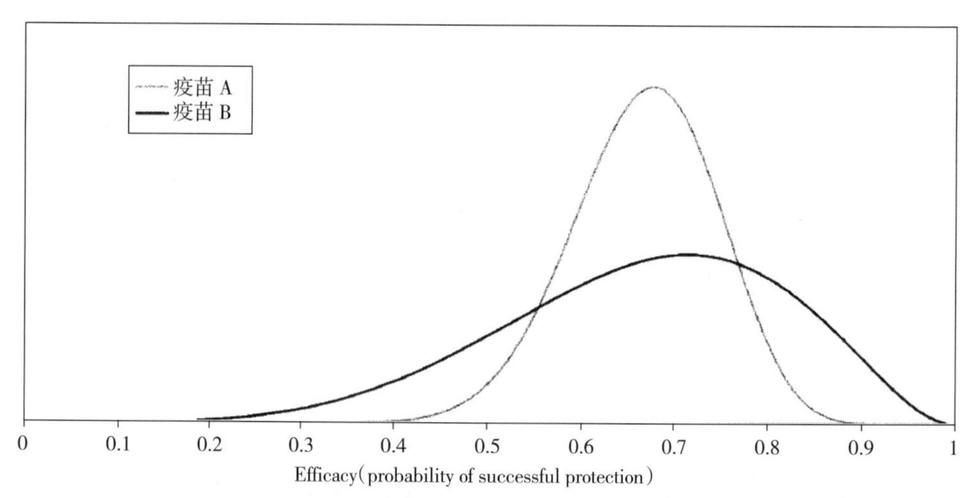

图1.1 两种疫苗效果比较：纵轴代表真实效果的置信度，此处为避免引起困惑省略了刻度（见附录3.1.2）

在其他条件等同情况下，卫生保健机构选择购买效果不确定性最小的那种疫苗（疫苗A）。将疫苗换成投资，效果换成利润，对于企业问题的回答是相同的——在其他条件等同情况下，企业选择利润不确定性最小的那种投资（投资A）。关键问题就是明确不确定性，这正是本书的聚焦点。

风险分析必须处理的不确定性可以想象成两种形式。第一种形式是基于类似图1.1的分布，对不确定性计算出数值来，这是常用的形式。第二种形式是可能发生或不发生的随机事件，这些事件对利益相关者有一定影响，可区分为两类事件：

- 风险（risk）是可能发生的随机事件，一旦发生会对组织、机构的目标带来负面影响。风险由三个要素组成：风险事件、发生概率及发生后的影响程度（要么是固定值，要么是分布）。
- 机会（opportunity）同样是可能发生的随机事件，一旦发生会对组织机构的目标带来积极影响。机会同样由三个要素组成。

风险和机会可以看作是硬币的两个面。这是最容易理解的，将负面影响的风险概率不超过50%者列为潜在事件；但如果风险概率超过50%，则将其列为另一类，并考虑该事件的机会不会出现。

1.1 从“如果……会怎样”情景出发

单一指标或确定建模运用了模型中每一变量的单一“最佳猜测值”来确定模型结果，然后对模型执行灵敏度分析，确定模型结果与真实情况之间的差异。灵敏度分析可通过选择每一输入变量的不同组合值来完成。这些围绕“最佳猜测值”的各种可能组合通常被称为“如果会怎样”情景。通常也输入代表最坏情景的数值来获得“强调”模型。

例如，对5项支出求和，可用最小值、最佳猜测值和最大值等3个点值进行“如果会怎样”分析。由于有5项支出，每项3个值，可得到$3^5=243$个“如果会怎样”组合。很明显，如此众多情景没有任何实际意义。这种处理还有另外两个致命缺陷：一是每个变量只用了3个值，但实际上可用该变量的任一值；二是没有意识到最佳猜测值出现的可能性比最大值与最小值要大得多。可通过各项最小成本值相加寻找最佳案例情景，通过各项最大成本值相加寻找最坏案例情景，由此获得强调模型。如此获得的结果值范围不切实际地被夸大，会给出不真实的视角，但最坏案例情景依然可以接受为例外情况。

应用蒙特卡罗模拟（本书中主要的建模方法）进行定量风险分析（quantitative risk analysis，QRA）类似于运用“如果会怎样”情况，它会产生一系列情景。然而，它更进一步有效地考虑了每个变量的每个可能取值，并且通过每种情景可能发生的概率，加权了每种情景。通过某种概率分布构建各变量间模型来实现QRA，QRA模型的结构通常与确定模型非常类似（也有几个重要的例外情况），通过相乘、相加等算法连接各个变量，除非每一个变量是由概率分布函数取代单一值。QRA的目的就是计算模型参数的、不确定性的组合影响，以便确定可能的、模型结果的不确定性分布。

1.2 风险分析流程

图1.2展示了从提出问题到作出决策的风险分析的典型活动流程。本节和下一节将给出每项活动的细节。

1.2.1 识别风险

如果决策的目的已十分明确，那么风险识别是整个风险分析的第一步。有许多技术可用来帮助规范化风险识别，标准风险分析的这一部分通常被证明是整个流程中最富信息、最有建设性的要素，通过鼓励团队协作、减少责备而改善企业文化，应谨慎执行。进行标准风险分析的机构应竭力创建自由表达关注与质疑的和谐环境。

提示列表

提示列表提供了与某组织正在考虑的项目类型或风险类型相关的一系列风险类型列表，这一列表用来帮助人们思考和识别风险。有时将不同类型列表放在一起，用来进一步增加识别可能发生的重要风险的机会。例如，分析某些项目的风险时，在提示列表中可以看到项目的各个方面（如立法、商业、技术等），或项目有关的任务类型（设计、施工、测试）。项目计划、任务分解构架和主要工作的定义属于提示列表。生产厂的可信度分析，不同类型的故

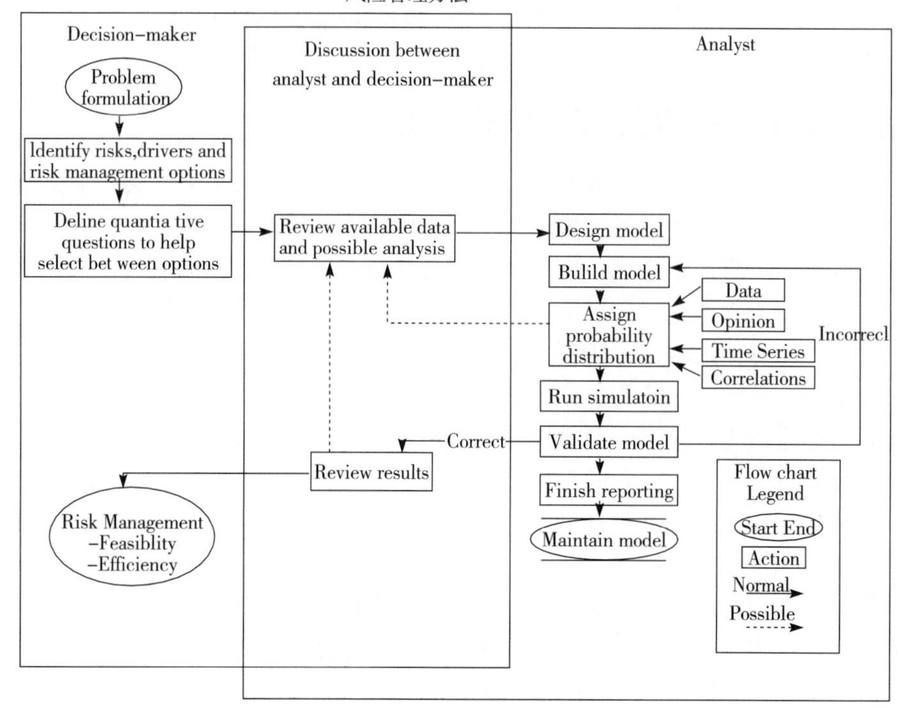

图 1.2 风险分析流程

障列表（机械、电力、电子设备、人员等），或有关的机械或流程列表也可采用。还可以交叉核查厂址规划和生产过程流程图。核查列表可同时使用：通过询问一系列的问题，作为前期问题或成功经验的总结。

提示列表并非无所不包，只起聚焦风险识别的作用。风险是否归于某一类或另一类并不重要，重要的是是否将风险识别出来。下面是一个通用项目提示列表的例子，每一类别通常含有许多子类别。

- 行政
- 项目验收
- 商业
- 交流
- 环境
- 资金
- 知识和信息
- 立法
- 管理
- 合作者
- 政策
- 质量
- 资源
- 策略

- 转包
- 技术

然后可将识别出的风险存放在 1.6 讲述的风险登记之中。

1.2.2 建立风险问题模型和作出恰当决定

本书关注的是建立识别风险的模型，以及如何根据这些模型作出决策，没有提供太多的建模规则，取而代之的是聚焦于技术，希望读者可以综合运用这些技术构建出符合他们问题的模型。然而，几个基本原则需要遵循。Morgan 和 Henrion（1990）对定量分析和政策分析提出了以下经典的“十条”。

1. 利用文献、专家和用户信息做好准备。
2. 以问题为导向推动分析。
3. 将分析做得越简洁越好，但不要简化。
4. 识别所有重要的假定。
5. 明确决策标准和政策方略。
6. 明确不确定性问题。
7. 进行系统敏感性和不确定性分析。
8. 反复改进问题的陈述和分析。
9. 清晰、完整的文本材料。
10. 进行同行评审。

正确地识别和评价风险后的反应有很多，无外乎以下几种情况：

- 增加（项目计划可能过于谨慎）。
- 什么都不做（因为花费太大或没有什么可以做的）。
- 收集更多信息（以便更好地理解风险）。
- 增加额外开支（额外增加经费预算、期限等，允许发生风险的可能性）。
- 缩减（如重复建设，采纳风险较小的方法）。
- 分担（如同合作者、承包者分担，如果他们可以合理地应对该影响）。
- 转移（如保险、背靠背合同）。
- 淘汰（如采用其他方法）。
- 取消项目。

上述清单有助于考虑已识别风险的可能结果。但应牢记，针对这些风险作出的应对可能会引发“二级风险（secondary risk）”。应该针对已识别而未消除的风险建立后备计划（fallback plan）。如果能够事先做好，就可以帮助机构高效、沉着、统一应对，避免互相指责和灾难性后果。

1.3 风险管理选项

风险分析的目的是帮助管理者更好地了解他们所面对的风险（或机会），并评估他们的可控选项。总之，风险管理选项可分成以下几组。

接受（什么都不做）

不去控制风险或暴露于风险。适用于风险与控制成本不成比例的情况，这通常适用于低概率、低影响的风险和机会，这种情况通常会有很多，可能会错过一些高价值的风险可减缓或回避的项目，尤其是可同时控制几个风险的项目。如果选择的结果是接受，那么应反复斟酌风险应急计划。

增加

如果花费了太多的资源来管理某些风险，就应减少保护等级并将资源分配给其他的风险管理，从而实现整体风险效率的优化。例如：

- 取消核电厂花销过大的安全监管，这些监管对风险的影响微乎其微。
- 取消对每头待宰牛进行BSE检查的要求，将省下的资金用于医院升级。

这些措施可能合乎逻辑，但政治上难以接受。几乎没有政治家或CEO愿意向公众承认他们对待风险不谨慎。

收集更多信息

风险分析可以描述存在决策问题的不确定性大小（这里所用的不确定性与固有随机性不同），通过获取更多信息可降低不确定性（而随机性不能）。因此，决策者可以做出决定：有过多的不确定性，不能做出稳健的决定，需要收集更多信息。使用风险分析模型，风险分析师可提出以最低成本获取额外数据，达到所需精密度的方法建议，信息价值参数（Value-of-information arguments）（见5.4.5）可用来评估需要收集多少额外信息（如果有的话）。

回避（淘汰）

这种情况包括改变实施方案、项目计划、投资策略等，所以不必再考虑所别出的风险，回避通常用于高概率、高影响型风险。例如：

- 使用已尝试和试验过的技术取代最初设想的技术。
- 改变工厂所在国以避免不稳定的政局。
- 完全取消该项目。

请注意，改变计划极有可能引入新的、更严重的风险。

缩减（减缓）

缩减涉及一系列为降低风险发生概率和其影响而放在一起使用的技术。例如：

- 建立备份（在不同位置放置备用设备、后备电脑）。
- 实施更多的质量测试或检查。
- 提供更好的人员培训。
- 将风险分散到多处（组合效应）。

缩减策略可用于剩余风险发生率及其影响不严重，以及收益超过缩减成本的任何程度风险。

应急计划

这是专为一旦风险发生，积极应对风险而设计的计划，可与接受和缩减策略一起使用。应急计划应明确谁负责监测风险是否发生，谁负责驾驭风险发生率及可能风险影响的改变。计划应确定工作内容、责任人及先后顺序、有利时机等。例如：

- 当地有训练有素的应急队伍。
- 备有压力释放渠道。
- 备有可视电话名单（或电子邮件分发名单），一旦风险发生便于联系。
- 减少在罢工期间警察和应急队伍的休假。
- 在船上安装救生艇。

风险储备

针对已识别的风险，管理上的应对就是增加一些一旦风险发生而掩盖风险所需的储备（缓冲），适用于较小或中等影响的风险。例如：

- 设立项目额外资金。
- 设定完成项目的额外时间。
- 拥有现金储备。
- 在节假日有额外的商品库存。
- 药品和食品供应的储备。

保险

本质上讲，这是一种风险缩减策略，但由于实在太普遍，所以值得单独提出。如果保险公司已正确核算了这个数字，在市场竞争前提下，只需支付比风险预期成本（即概率×风险发生的预期影响）略高的费用。一般来讲，在可承受的风险影响之外（即估算的风险高于风险的期望值）就有了保障。另外，如果感觉你的暴露风险高于普通的保险购买者，且保险花费在你的预算范围内，那么保险就极具吸引力。

风险转移

这需要驾驭问题，以便使风险从一方转移到另一方。一般通过合同来转移风险，合同中包括了履行合同的惩罚性条款。这个想法很吸引人，且经常使用，但很可能不凑效。例如：

- 商定工期的惩罚条款。
- 产品性能保证。
- 租借修缮好的楼房，而不是购买它们。
- 从传媒实体或广告公司购买广告宣传活动时附加的成功应急付款条款。

也可考虑将风险转给自己，优点是缓解另一方的风险。例如，你可以向乙方承诺，你愿意承担你所提出活动的一些小风险后果，由此你获得比风险更多的收益，这样乙方可能会撤销对你所提出活动的反对意见。

1.4 风险管理选项的评价

对处理已知风险问题的可能选项进行评估时，管理者需要考虑很多问题：

- 相对于与每个管理选项有关的成本，效益如何?
- 存在与选定的风险管理选项相关联的任何二级风险吗?
- 实际工作中如何执行风险管理选项?
- 风险评价的质量有保障吗?（见第3章）
- 构建不确定性模型的每个选项的顺序的灵敏性如何?

关于最后一点，通常希望有更好数据或更为确定的问题形式：希望未来发生事件的分布尽可能狭窄。然而，决策者不可能无限期地等待更好数据，从决策分析的角度，会迅速确定最好的选项，没有任何进一步数据（或许是认识问题的戏剧性改变）更有利于其他选项的选择。这一概念称为决策敏感度。例如，决策者考虑图1.3中阈值T（以虚线表示）以下的结果是完全可以接受的（这也可能是监管门槛值或预算值）。尽管这三个选项都有很大的不确定性，但决策者会认为选项A是完全不能接受的，而选项C是很理想的，并会要求提供更多有关项目B的信息以确定其是否可接受。

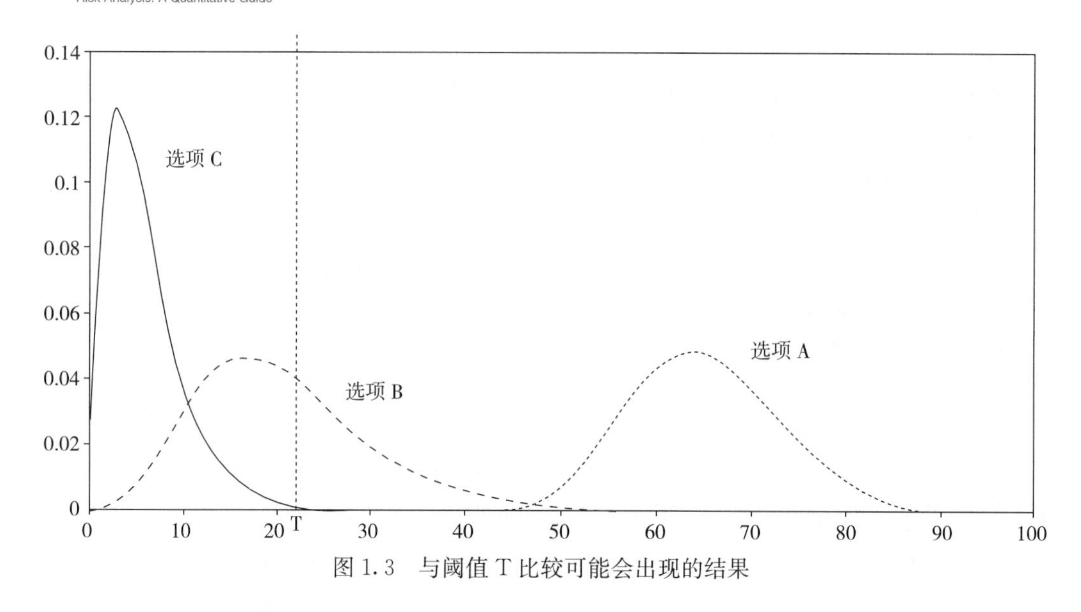

图 1.3 与阈值 T 比较可能会出现的结果

1.5 向他人转移风险的无效性

管理风险的常用方法是为了你的利益去强迫或说服另一方接受风险。例如，石油公司可能要求管道焊接承包商接受石油公司导致的任何延误或任何质量问题的开销。焊接公司在所有方面都远远小于石油公司，所以罚金可能是灾难性的。所以焊接公司评估风险相当高，将要求获得远远超过风险期望值的额外费用补偿。而石油公司更容易承担风险的影响，所以并不将风险评估得很高。这两个公司的效用差异显示在图 1.4 至图 1.7 之中，这些图表明，石油公司应支付额外的费用以消除风险。

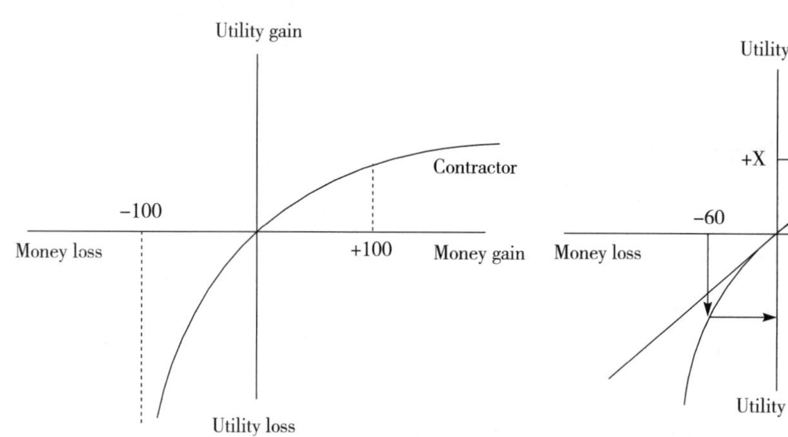

图 1.4 在收益/损失范围内，承包商效用函数呈高度凹曲状。即承包商评估损失 100 单位资金（如 10 万美元）的绝对效用损失远远大于获得 10 万美元的绝对效用损失

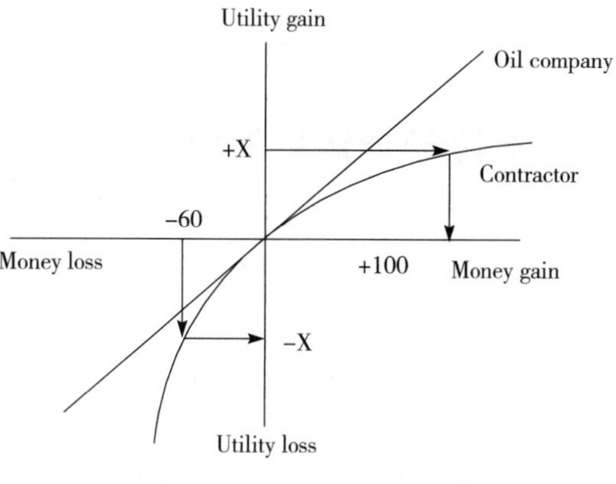

图 1.5 在同样的资金收益/损失范围内，石油公司的效用函数几乎完全是线性的。当要求承包商承担预期值为－6 万美元的风险时，可以评估其为－X 元支出。承包商将会提出收取远远超过 10 万美元的额外费用作为补偿。而石油公司大体认为－6 万美元和＋6 万美元差不多，所以为了将风险转移给承包商，石油公司将支付明显超过其估计值的资金给对方

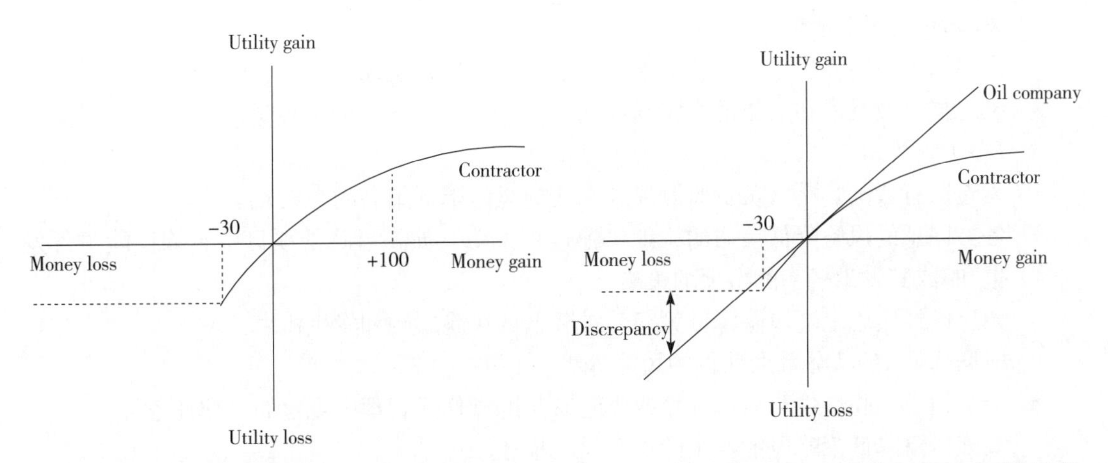

图 1.6　假设风险发生概率为 10%，给定预期值为 -3 万美元，则其影响为 -30 万美元。如果 30 万美元是承包商的总资本价值，则不用考虑带给承包商的风险影响是 30 万美元还是 300 万美元，他们肯定破产。图中用缩短的效用曲线和水平虚线表示承包商的情况

图 1.7　在这种情况下，承包商评价超出其资本价值的风险影响小于石油公司的评价（用"差异"表示）。这意味着，这家承包商要比其他规模更大的承包商的投标更有竞争力，大承包商可以认知所有的风险影响。但是石油公司不能将其希望转移的风险转移给该承包商，所以石油公司要支付额外的费用来转移风险。当然，避免这一问题的方法是要求承包商提供证据，证明其有必要的保险或资金基础来承受该风险

分担风险更现实的方法是合作者相互约定，列出可能影响项目各方的风险，然后针对每个风险提问：

- 风险有多大？
- 什么是风险原因？
- 谁掌控着风险因素？谁有经验控制这些风险？
- 谁可以承担风险影响？
- 如何共同管理风险？
- 什么约定能有效分担风险影响和奖励好的风险管理？
- 能用保险等方式让外界分担风险吗？

风险与机遇分担越多，风险的把控就越好——这符合"某些主体不能承受风险影响而另一些主体却可以"这一原理。回答上述问题可以帮助构建有效的、可实施的、各方可容忍的合约。

1.6　风险登记薄

风险登记簿是指记录与项目或机构有关的风险，以及有助于管理这些风险的各类信息的文件或数据库。风险登记簿中记录的风险来源于风险识别中所收集的风险。下列内容是风险登记薄中必不可少的：

- 最后修改登记的日期。
- 风险名称。
- 风险内容描述。

- 风险发生原因描述。
- 描述增大或降低发生概率或影响规模的因素（风险驱动）。
- 风险概率及其潜在后果的半定量评估。
- *P*—*I* 分数。
- 风险所有者的名字（负责监测风险和实施风险降低策略的个人）。
- 各方同意的风险降低策略的详细实施过程说明（如，可降低项目中影响风险事件发生和/或其发生概率的事项的策略）。
- 如果已经实施上述风险降低策略，被降低的风险影响和发生概率。
- 根据降低 *P*—*I* 分数所获得的风险等级。
- 交叉检录风险事件与项目计划或风险有关的操作或管理中规定的各项任务。
- 实施风险降低策略可能产生的次级风险描述。
- 操作窗口——这一期间必须确保风险降低策略落实到位。

下列条款可能也应该加入：

- 其他备选风险降低策略的描述。
- 通过未来风险缓解措施的可能效果确定的风险等级［有效性＝（风险总降低量）/（风险缓解活动成本)］。
- 当风险事件仍将发生时的后备计划。
- 首个识别风险的人的姓名。
- 首次识别风险的日期。
- 将风险从活跃风险列表中移除的日期（如果适用)。

风险登记簿应包括用于半定量分析的尺度描述，以及在 *P*—*I* 分数部分的解释。风险登记薄同样应当包括有关最高风险的概要（一般记录是 10 个，但可以按照项目和概述水平进行调整）。最高风险是指同时具有最高发生概率和影响（即严重程度）的风险，其中影响包括风险降低策略实施后的风险影响。风险登记薄全部存储在网络数据库中。用这种方式，所有项目或监管机构关注的风险能够添加到一个共同的数据库中。然后，项目管理人可以通过这个数据库查看其管理项目的所有风险。财务主管、律师等人可以查看被其部门管理的任何项目的所有风险，且行政长官可以查看整个机构的主要风险。而且，总公司可以同时方便地评估风险对几个项目或地区造成的威胁。“Dashboard”软件可以从风险登记薄中为决策者找到合适的重点。

P—I 表格

为了实现项目或机构的目标，应在风险识别阶段尽量找出所有有威胁的风险。这显然是很重要的，然而大家注意力往往集中在那些威胁最大的风险上。

定性风险描述的定义

风险事件（对项目或机构中可能产生负面影响的事件）的概率 *P* 和可能产生的影响 *I* 的定性评估，可以依照这些概率和影响的大小来确定类别。这要求评估者根据每一风险的概率和影响，从预设的类别（无风险、非常低、低、中等、高及非常高）中选出其类别。每个类别有固定的取值范围，以保持每一个风险评估结果的一致性。表 1.1 列举了特定项目的风险登记薄中每个类别的取值范围。

表 1.1 与项目风险概率和影响的定性描述有关联的值范围举例

类别	概率（%）	延期（天）	花费（千美元）	质量
非常高	10～50	＞100	＞1 000	未能达到验收标准
高	5～10	30～100	300～1 000	未能达到＞1个重要规范
中等	2～5	10～30	100～300	未能达到1个重要规范
低	1～2	2～10	20～100	未能达到＞1个次要规范
非常低	＜1	＜2	＜20	未能达到1个次要规范

表 1.2 公司某风险的影响的描述

类别	描述
灾难	使公司处于危险境地
主要	不可能实现业务目标
一般	实现业务目标的能力降低
次要	使一些业务中断，但对业务目标的影响不大
无关紧要	对企业战略目标无影响

注意表1.1中的值范围并不等距，理想情况应该是每个类别之间呈倍数差异（本例约为3倍）。如果相同倍数用做概率和影响的尺度，那么我们更容易确定下面描述的严重性分数。取值范围可以按照项目大小，或者按照风险对整个机构的总体影响来进行选择。根据某特定项目定义每一类别的缺点是很难对所涉及组织的所有项目进行合并分析。从企业的角度，可以描述某一风险是如何影响一个公司的健康发展的（表1.2）。

风险组合可视化

P—*I* 表格提供了快速查看相关项目（或组织）所有识别风险的相对重要性的方法。表1.3就是一个例子。将所有的风险汇聚到一个表格中，易于识别最具威胁的风险，也提供了项目整体风险的一览表。在例子中第13、2、12和15号风险属于最具威胁风险。

表 1.3 有关时间延误的 ***P*—*I*** 表

已识别风险的利益影响						
影响	非常高		6			13，2
	高				15	12
	中等	5		5	1	
	低					
	非常低	11	7	3		
		非常低	低	中等	高	非常高
		概率				

最常见的项目风险影响是项目完成进度的延时。然而，分析也可以考虑由风险产生的额外成本。此外，还可以进一步考虑其他难以用数量定义的项目影响，如最终产品质量、可能被损害的信誉、社会学影响、政治损失或机构内项目的战略位置影响。*P*—*I* 表格可以构建

所有类型的影响，使决策者更全面地理解项目风险。

P—I 表格可以根据每个风险不同类型的影响来构建，表 1.4 就是一个特定风险的例子，其中进度延期影响 T、费用 $、产品质量 Q 被呈现，每个影响的概率可能都不同。该例风险事件发生的概率较高，因此进度延期的概率和成本影响的风险也高，即使该风险事件的确发生，但质量受影响的概率很低。也就是说，当风险事件发生时，质量受影响的概率相当小。

表 1.4 特定风险的 *P—I* 表格

15 号风险的影响						
影响	非常高					
	高				T	
	中等				$	
	低					
	非常低		Q			
		非常低	低	中等	高	非常高
		概率				

风险分级

P—I 分数可以用于为已识别风险分级。分配到每一类中的尺度数字或权重可用来描述每一类的影响。表 1.5 给出了与每一类别或影响有关的尺度数字举例。

在这类等级系统中，分数越高，风险越大。风险的基本计算方法是概率×影响。表 1.1 的分类系统是对数尺度，所以为使表 1.5 和它保持一致，可定义影响单一类型的风险严重程度为：

$$S = P + I$$

这里严重程度也是对数尺度。如果风险有 k 个可能影响（质量、延期、成本、名誉、环境等）类型，或许每一影响类型有不同概率，那么仍可合并这些影响为一个分数值：

$$S = \log 10\left[\sum_{i=1}^{k} 10^{P_i + I_i}\right]$$

严重程度分数可以用来确定最重要风险，使管理者集中资源，并以合理和有效的方式降低或消除项目风险。这种风险分级方法的缺点是：该程序非常依赖每个描述风险影响的尺度间隔。如果获取了更好的有关概率或影响的信息并用于评分系统，那么将会得到更准确（非整数）的分数。

例如，按表 1.5 中的评分标准，可定义高严重性风险的分数高于 7，而低风险的分数在 5 以下。在进行初步评分时，严重性等级为 7 级的风险可能需要进行进一步的调查以确定这些风险是否可以归到高严重性范畴。表 1.6 显示了如何在 P—I 表格中将风险分隔成 3 个不同严重性区域。

项目的 P—I 分数提供了风险的统一标准，可以用于定义度量标准及进行趋势分析。例如，某项目严重性分数的分布给出了风险暴露的整体”量”的指示。使用严重性评分可以获得更复杂的度量标准，可以将风险暴露标准化并同基准状况相比较。然后，确认并监测风险暴露中上述合适的趋势，并为项目负责人提供有价值的信息。

表 1.5 与风险种类描述对应的分数举例

种类	分数
非常高	5
高	4
中等	3
低	2
非常低	1

表 1.6 按照严重程度等级分隔风险

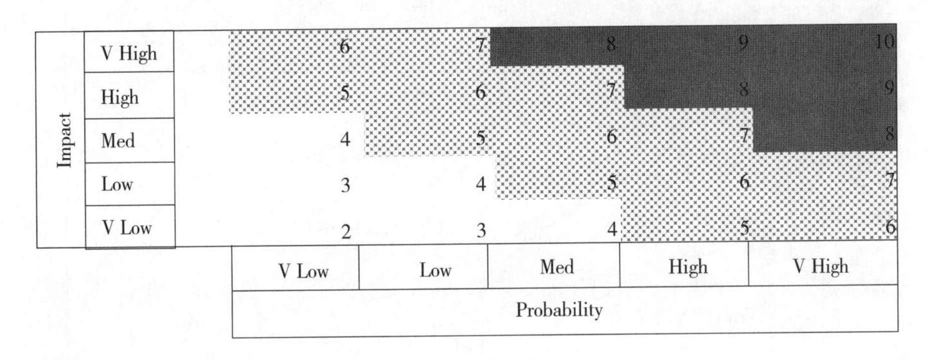

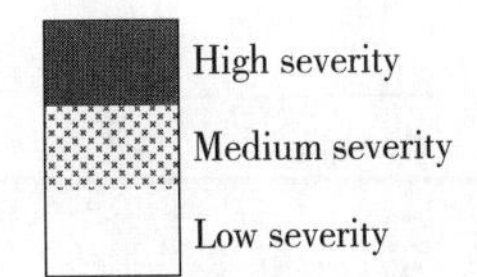

运用严重性评分进行有效风险管理

有效风险管理旨在运用给定的投入资源（人员、时间、资金、自由度等）最大限度地降低风险。因此，需要在某种意义上评估比值：（风险降低值）/（降低所花费成本）。如果用前文提到的严重性对数值来描述，就相当于用以下公式计算：

$$效用 = \left(\sum_i 10^{S_{new}(i)} - \sum_i 10^{S_{old}(i)}\right) / 投资$$

在其他条件相同的情况下，应该优先考虑可以获得最大效果的风险管理项目。

固有风险（inherent risks）是指在实施缓和措施之前的风险。它可以针对运用风险应对指导性框架来绘制，其中 $P—I$ 表格被“避开”“控制”“转移”和“接受”的区域分割和掩盖住，如图 1.8 所示。

- 避开”适用于机构在没有任何补偿利益的情况下，面对一个高概率、高影响的风险。
- “控制”通常适用于高概率、低影响的风险，这些风险通常与重复性活动有关，因此通常需要更好的内部流程来管理。
- “转移”适用于低概率、高影响的风险，这些风险一般通过保险或其他方法将风险转移给承担能力更强的其他方。
- “接受”适用于剩下的低概率、低影响的风险，若对这些风险过于受关注，则不是一种有效的管理。

图1.9说明了执行风险降低策略后的剩余风险情况，用箭头表示剩余风险管理同前一年对比的发展情况。灰色字母表示上一年度风险情况。指向图形外面的虚线箭头表示该项风险已被避开。另外可以将每个风险绘制成圆形作为补充，圆形半径可以表明处理剩余风险的把握程度——例如，你处理过类似风险的发生，可能你会通过良好的管理将其影响降到最低，或者搞得一发不可收拾。小圆圈代表具有合适的管理措施，大圆圈代表的意思则相反，因此比较难控制的风险将会在图中突出显示出来。

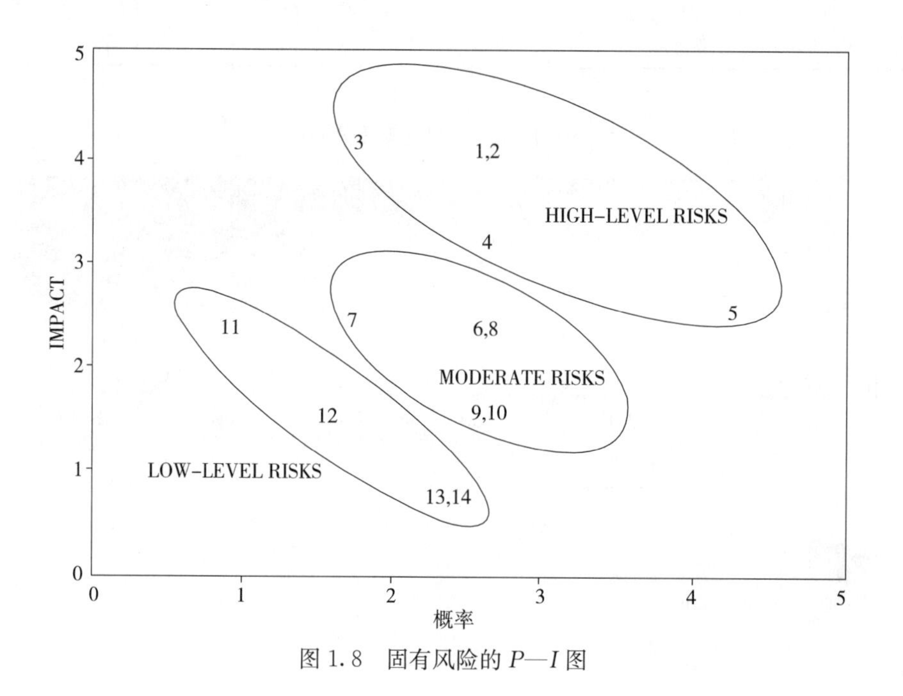

图1.8 固有风险的P—I图

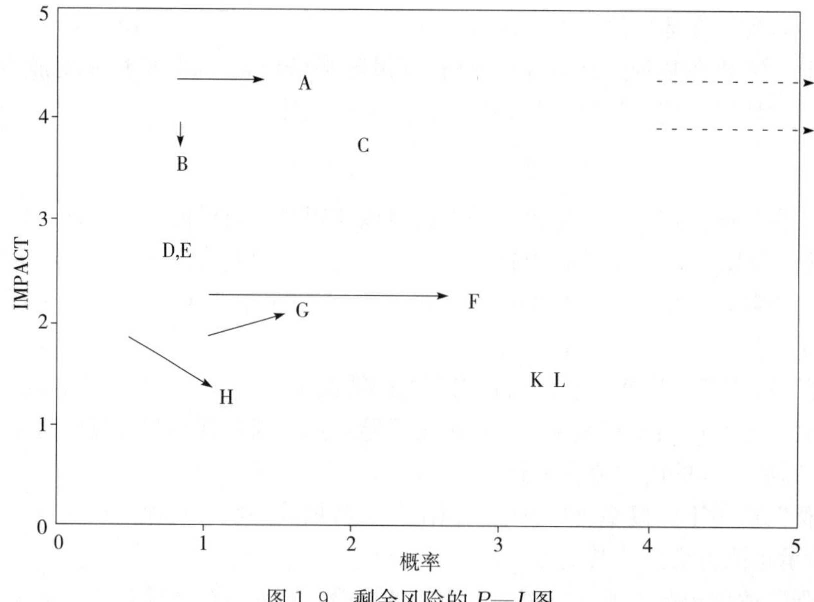

图1.9 剩余风险的P—I图

第2章

风险分析的规划

为了制订恰当的风险分析方案，需要回答以下几个问题：

- 想知道何种信息及为何需要知道？
- 何种假设是可以接受的？
- 如何安排时间？
- 由谁来进行风险分析？

下面依次阐述上述问题。

2.1 问题及动机

风险分析的目的是提供信息，以帮助人们在一个不确定的世界里作出更好的决策。决策者必须与风险分析师进行密切合作，从而定义出那些有待解答的问题。风险分析人员应该考虑以下问题：

1. 把需要解答的问题按照重要性依次排序（从“决定性的”问题到“令人关注的”问题）。通常情况下，单一模型不能回答所有问题，必须建立复杂模型解答列表上的所有问题。因此，需要专门建立能够依次解答列表上问题的共同标准，它有助于确定问题重要性的分界点。

2. 与风险分析人员讨论回答问题的方式。例如，如果想知道买一条船比租一条船能够多创造多少收益，就需要指定一个精度，百分比还是实际精度？或者仅仅需要平均值就够了（这可以使建模更加容易）？还是需要一个分布族？解释所需要的统计方法及要达到的精确度（例如，要求以95%置信度，精确到1 000美元），这将帮助风险分析人员节省时间，或者提示他们可能需要一种特别的方法来达到所要求的准确度。

3. 说明由这些结果产生的论点。我认为这是一个最有可能出现问题的方面，因为决策者可能会要求得到某种特定的结果，将这些结果一股脑放到一起，得出一个论点，但是这些论点从概率上来讲并不正确。这使人感到很尴尬和沮丧。最好是在你开始之前，提前说明将要得出的论点（例如，与另外一个项目的额外收入的贡献比较），征求风险分析师的意见，以便确定在技术上是否可行。

4. 说明风险分析是否需要遵循一种框架。这种框架可以是正式的，如管理部门的规章或者公司的政策；也可以是非正式的，如建立一个可以同步对比的风险分析组合（例如，我们正在帮助一家大型化工企业建立毒物学及环境学等组合的风险分析数据库，应用于公司的贵重化合物储存）。这将帮助风险分析人员确定兼容水平的上限——例如，风险分析人员可使用的共同假设。

5. 界定目标客户。风险分析报告当然是以风险分析获取的结果为基础来写，但是有时候可以写几种版本：高度概述版本、主体报告版本、包含所有公式及检测指南的技术报告版本。通常情况下，有关人员可能需要运行模型并修改参数，所以需要编写一份附带全部模型的版本。在这个版本中需要尽可能降低导致数学逻辑混乱的可能性，并编写程序代码使其用于带来最大的方便度。为了方便，我们经常将 VBA 用户界面放在前端，还会增加报表工具用于对比结果，也可以编纂帮助文件，客户有时候会要求准备一个 PPT 报告。了解每个目标客户的知识水平及关注点、了解他们需要哪种报告类型可以节省很多时间。

6. 讨论任何可能出现的怀有敌意的反应。风险分析结果并非总是受到欢迎。当人们不喜欢分析结果时，他们开始抨击分析模型（甚至建模者）。由于任何时候都可以对假设是否合理展开争论，因此假设是最容易受到攻击的。5.2 中讨论了如何使假设得到采纳的方法。数据统计分析也是令人心力交瘁的地方，专业人士往往对统计程序是否适用持有不同意见，非专业人士对统计程序却知之甚少。是否采用某些特定的数据集也往往存在争议。如果在分析过程开始阶段就考虑人们可能持有的各种意见，特别是反对意见，或者聘请外部专家作出独立评价能使分歧最小化，至少能够令人信服地反驳别人的观点。

7. 安排好时间。决策者总习惯设定不切实际的时限。虽然时限是人为设定的，但是当时限一过往往会发生不愉快的事情。咨询师们当然一直注重时限要求，但我们会公开质疑时限是否真的如此重要。因为如果有充分时间投入分析工作，报告的质量会更好，但是如果必须在很短时限内完成分析任务（这种情况会发生），那么分析的质量就难以保证。决策者必须实事求是地确定分析所需时限，如果实际情况需要就应该推迟时限。

8. 确定优先次序。风险分析人员可能还需要兼顾其他工作。项目如果非常重要，就需要调动其他资源来协助分析，或者调动组织中的其他人辅助工作以保证足够的人手。

9. 确定决策者与分析人员会面的频率。如果事情有变，风险分析就得修改，这种事情宜早不宜迟。

2.2 确定可接受或需要的假设

如果风险分析项目符合上述既定框架，就应该遵循一系列共同的假设，以便可靠地进行不同分析结果之间的比较。进行再次分析时，最好不要修改以前的假设，否则结果将无法比较。在对历史资料数据的处理上常常遇到此种问题。例如，计算犯罪率或者统计失业率，这种分析的环境一直在变化，导致无法弄清楚这些问题到底是变得更好了还是更糟了。

在企业环境中，会有以利息、汇率、生产能力和能源价格等为基础的假设。所有模型都应该运用同样的假设。在风险分析的世界里，这些假设应该运用概率进行预测，但它们经常是固定不变的。例如，预测未来石油价格是石油公司非常艰难的工作，经常错得离谱，计划目标定得偏低，如在 2007 年预测价格为 16 美元 1 桶，这不太可能符合将来的情况。风险分析人员努力确保其他一切分析都十分精确，却发现这一假设令人恼火。但是这可以保证不同分析的一致性。不同分析之间对于石油价格预测的不确定性太大，掩盖了不同投资机会之间的差异。

有时候需要作出保守的假设。例如，只有输出结果出现的百分率高于 X 时，才能使风险可接受，那么保守的假设会使输出结果比实际值偏低。这样，如果输出值仍然表明风险可接受，那么实际处境会更加安全。保守的假设在证实没有承受不可接受风险时是极为有用的敏感性分析工具。但是，由于假设过于保守而背离了风险分析对不确定性应该给出无偏差报告的原则，因此应该尽可能避免作出保守假设。

2.3 时间及时间规划

很多人要求我们协助建立与风险有关的模型。某个潜在客户为解决某个问题已经花了几个月时间，完成了包括建立现金流模型等工作。而决策者在董事会议前一周才决定做风险分析。

如果做得好，风险分析可以成为项目计划的一个完整的部分，而不必成为项目计划执行后的附件。风险分析的主要作用是确定风险及风险管理策略，这些能够帮助决策者管理风险，风险管理策略可以作为项目计划的补充部分。这可以为一个项目节省很多时间和金钱。如果风险分析在最后才加入进来的话，将失去很多潜在的利润。

收集构建确定性模型所需数据花费的精力不比做风险分析少。如果项目的最后再加入风险分析，风险分析人员需要把以前所有工作重做一遍，因此这种工作是低效率的，而且会延误项目进展。

我们提倡风险分析人员在模型建立过程中就开始撰写报告。这么做能够记录每一步的工作，而且也会使报告准时递交。我也喜欢同时写下自己的想法，因为这可以使我能更早地发现错误。

最后，尽量允许风险分析人员有足够的时间检查并修订模型的错误。本书第16章将会提供有关模型验证的建议。

2.4 具备专业风险分析专家和团队的重要性

如果你只是做一次风险分析，而且结果对你非常重要，我推荐你雇用一名风险分析咨询师。你会觉得我当然会这么说，但这真的很有必要。沃斯咨询公司（Vose Consulting）的咨询师们佣金十分昂贵，但是分析速度很快（我猜比新手的工作速度快10倍以上），因为我们知道怎样实施一项风险分析工作，也知道如何有效地沟通和组织。请不要在你们的机构中安排一些所谓的聪明人，在他们的计算机上安装一些风险分析软件，然后就让他们开始工作。这将以失败告终。

从软件操作的角度来讲，风险分析软件出版商（Crystal Ball、@RISK、Analytica、Risk+和PERTmaster等）已经使风险分析模型非常易于操作。教程教你如何运用这些软件，这么做等于再次强化了风险分析建模是非常容易的错误观念（沃斯咨询公司的课程一般都假设你已经参加过软件课程初级培训）。很多情况下，只要避免7.4中提到的常见错误，风险分析是相当容易的。然而，因为莫名其妙的原因，风险分析有时候也会非常容易犯错。必须要有人足够了解风险分析，能够发现并处理那些容易出错的模型。知道如何运用Excel不会使你成为一名会计师（但是这是个好的开端）。同样，知道如何使用风险分析软件不能使你成为一名风险分析师（但同样这是个好的开端）。

风险分析几乎没有三级课程，已经开设的课程主要是针对特定的领域（金融模型，环境风险评估等）。我没发现任何一个三级教程是为了培养可以跨多学科的专业风险分析师。能够有资格称自己为风险分析师的人很少，寻找一名称职的风险分析师非常困难。特定行业的风险分析师很少意识到他们自身知识的局限性。不久前，我们打出招聘两名精算师和金融高级领域具有几年工作经验的风险分析师的广告，结果收到很多来自毒物学、微生物学、环境学及工程领域的风险分析师的申请，他们几乎完全不具备职位所要求的技能。

2.4.1 风险分析师的资质

公司和政府机构经常会问我应该找个什么样的人作风险分析师。依我看来，候选者应该具备以下素质：

- 创造性思维。风险分析是用来解决问题的。这种素质是我最看重的，也是最少见的。
- 自信。风险分析师经常要提出一些原创性的解决办法。大多数人因循守旧，只因为这样“更安全”。风险分析师还必须向高层决策者阐述观点，也常常在怀有敌意的利益相关者或董事会面前为自己的工作进行辩护。
- 谦虚。有些风险分析师认为自己可以单独完成风险分析项目，不需要别人帮助或者咨询，导致很多风险分析没能达到顾客的要求。
- 有气度。风险分析需要把很多不相关的信息和想法结合在一起，有时候自相矛盾，有时候会引起争议，而且获得的结论并非总是人们想看到的结果，所以必须做好面对很多强烈批评的准备。
- 善于交流。必须倾听很多人的意见，跟他们讲述很多新的、有时难以理解的观点。
- 务实。要把模型建得更好，需要有更多的时间、数据和资源，但是决策者定下了时间限制。
- 善于总结。人们在很多领域内创造各种各样的工具，这些工具都可以应用。风险分析师需要博览群书、举一反三。
- 有好奇心。风险分析师需要不断学习。
- 精通数学。通过阅读本书第二部分能够对数学水平要求有感性认识。这取决于领域的不同，工程风险需要更多的直觉和毅力，对数学要求较少；保险和金融方面需要直觉和很高的数学技巧；食品安全对这些方面都需要达到中等水平。
- 对数字的感觉。精通数学只是一个方面，还必须知道数字在哪里。一是由于这有助于检验工作；二是知道哪里可以走捷径。
- 善始善终。一些人善于在开始的时候想到很多创意，但是实施过程中就失去了兴趣。风险分析师一定要能把工作做完。
- 敢于怀疑。对已经公开的工作和项目满足有关专家要求程度的方面，必须保持适度的怀疑。
- 学术严谨。建立概率模型时，建模者需要精确地把握每个变量体现出来的准确性程度。
- 细心。风险分析工作很容易犯错。
- 合群。风险分析需要进行团队协作。
- 中立。风险分析工作的目标是作出客观的风险分析。项目管理反映他对项目的管理和计划能力。因此，项目经理通常不是进行项目风险分析的理想人选。如果一个科学家偏爱运用某种理论，这种理论会使所用的分析方法出现偏差，那么他也不是合适的人选。

达到上述所有要求难上加难。风险分析必须由技术水平很高的人来做，这个人必须是相当高级别的，在一个公司或机构中担任重要职位。况且，在一个人身上同时找到这些优点几乎不可能。我们最好的风险分析团队是由技术和优势互补的人员构成的。

2.4.2 合适的教育背景

几个月之前我面试过一个统计学专业的学生。这个人刚刚得到理学博士学位，而且以优异成绩毕业于一所很有名的学校。我问了他一个很简单的关于估计流行率的问题，他很模糊地回答自己将如何进行检验和报告置信区间，他不能告诉我具体是哪种检验（这实际是 Statistics 101 课里的简单问题[①]）。我给出一些数字并问他这些数字大概的界限，但是他却完全不知道。通过对这些问题的回答可以清楚地表明这个人虽然学习了很多的理论但却不知道如何运用，对数字也没有感觉。我们没有雇佣他。

我面试过另一个人，他用离散事件模拟（这个我们用得很少）构建了一个非常复杂的交通模型，用于管理船只交通。这个模型预测在航道的狭窄处引入交通信号灯会导致惊人数目的碰撞事故，从而轻易地认为应该让船只在航道狭窄处各自相互穿行以免相撞。得到的结论是不该应用交通信号。我认为这十分奇怪。在一阵思考过后，面试者解释道，获取这个结论可能是因为模型中应用到一个与船只之间的距离成反比的相撞概率，而在航道内的船流中，船只之间距离很近，所以模型预测得出了很多的碰撞事故。我提出，因为在信号灯处船只几乎没有移动，所以在同样的距离时，船只之间发生碰撞的概率比以高速各自穿行的船只要低，而且在等待船只之间发生的接触影响几乎可以忽略不计。面试者的回答是碰撞的概率是可以改变的。我们也没有雇佣那个人，因为他从来没有回顾过自己的工作，并且探寻每一步工作的实际意义。

我面试过一个刚刚完成硕士课题的学生，他正在写关于将概率模型应用于从物理学到金融市场的论文。这个人讲学习已经变得非常枯燥，因为学习总是在模仿其他人已经做过的东西，但是做论文就不一样了，有机会让自己去想并且得到新东西。这个学生很有热情，很有数学天分，能够解释清楚论文的实际内容。我们雇佣了他，他一直做得很好。

将来我们招聘风险分析师，需要应聘者掌握某种定量分析技术。我认为最佳的候选者能够模拟真实的世界，并能够将模拟结果用于决策。在这些领域，近似和实现近似所需的工具都是必要而有用的，它们对于建模来说都具有明确作用，而不仅仅限于作为理论上练习为建模而建模。应用物理学、工程学、应用统计学和运筹学都是非常合适的。应用物理学是最吸引人的（我可能有偏见，因为我本科学的是物理），因为物理学对世界如何运转作出了假设，用数学描述理论，作出预测并设计可以挑战理论的试验，试验、收集并分析数据，总结理论是否得到试验的支持。学习这一基本的思考方式是极其宝贵的，风险分析过程与其类似。风险分析运用了很多类似的模型和统计学技术、做出近似，并且当结论具有重要意义时，应该严格地回顾科学数据。大部分发表的文章都阐述为了支持某些理论而设计的研究。

纯数学和古典统计学并不像物理学那样伟大，纯数学过于抽象。我们发现纯理论统计学授课非常拘泥于俗套、鼓励公式化的思维、依赖电脑而不是纸笔。学校看起来似乎也没有十分重视交流的技巧。这非常可惜，因为统计学家需要具备很多基本的素质。贝叶斯统计学要好一些，主观估计过程中不会产生公式化思维，贝叶斯统计分析技术对于风险分析更有用

① Statistics 101 是国外许多大学本科阶段统计学基础课程的名称。——译者注

处，这是一个新的领域，其授课方式也没有那么古板。不要被六西格玛（Six Sigma）黑带资质所动摇，六西格玛的观点有其价值，为了得到六西格玛黑带资质而学到的技术是很基础的，而且像流水线一样的授课是以牺牲深入思考和创造性为代价的①。将来我们所需要的主要是一份展现独立思考、较强的交流技巧和对概率建模深入理解的简历。更高级的技术可以从我们的课程和书籍中学到。

2.4.3 我们的团队

我认为向你简要地描述我们是如何组织自己的团队可能会对你有所帮助。如果你们的机构需要10人或以上的风险分析团队，那么你可能会从介绍中得到启示。

沃斯咨询公司雇佣了许多学科人员，这些人员大致分为3组，我们有目的地招聘人员，使这些人员的技术和性格特点匹配他们在团队中的角色。我喜爱学习、教学、发展新的才能和构思新的点子。我的团队是由精通数学、计算和研究技术概念的思想家组成的，他们年轻而又聪明，但是让他们投入到那些压力巨大的工作中时，他们又太年轻了。所以我的部分职责就是给他们富有挑战性的工作，帮助他们一起解决问题，以给予他们按时完成任务的信心。我的办公室是Huybert团队的苗圃，等他们有了更多经验的时候就可以“移植”过去。Huybert是一个拥有无尽能量的三项铁人选手，他的咨询团队到处飞来飞去、解决问题、撰写报告、如期完成任务。他们是真正的善始善终者，在他们需要的时候，我的团队会尽量给予他们技术支持（虽然他们团队中没有无能者，但是我们团队中有4个做定量研究的理学博士，而且其他人都至少有硕士学位）。Timour是个很有办法的人，他思想深刻，与我不同的是，除非必须表达，他一般沉默寡言。他的编程团队编写了诸如ModelRisk这样的商业软件，这需要长期发展的眼光，但是他的团队中也有一些人为我们的客户在很短的时限内编写了定制的软件。

当获得咨询时，合伙人会与我们讨论是否有完成这个工作的时间和知识、谁参与工作、谁来领导等问题。之后邀请未来的领导者与我们及客户一起讨论这个项目，然后他就会接手。领衔咨询师必须同意接手这项工作，他的名字及联系方式会写入谅解备忘录，他在整个项目执行期间掌管这个项目，对客户负责。一个合伙人将监管项目进度，另一个合伙人是项目首席顾问。首席顾问可以向公司内任何人征求建议，要求人力支持，检查模型和报告，为客户编写定制的软件，解答客户的电话咨询等。我喜欢这种工作方式，因为可以将圆满完成工作的满足感广为传播，这种工作方式激发了责任感和创造性，构建了扁平的公司结构，我们都知道公司其他人可以干什么，因为项目实施不顺利是整个公司的失败而不是某个人的失败。

几个月前，我读了Ricardo Semler的《赌侠马华力》(*Maverick*)。我非常喜欢它，这本书告诉我小公司的很多规则同样适用于像Semco这样的大公司。Semco也是根据不同的项目组成混合小组来工作，并且具有扁平的公司等级结构。我们在赋予员工许多责任的同时，也假设他们非常负责，在工作时间及事务上给他们相当多的自由。我们希望他们在使用经费上精打细算，但是不限定他们每天花费多少钱。员工可以不经批准挑选自己的电脑、购买打印机等。我们唯一在一件事上没有灵活性，那就是诚实。

① 六西格玛是一种改善企业质量流程管理的技术。——译者注

第3章

风险分析的质量

很多定量风险分析的结果相当不可靠。这些分析可能花费了大量财力、时间和人力才完成。实际上，越是复杂和昂贵的定量风险分析，其结果越有可能更不可靠。更糟糕的是，依据这些分析结果进行决策的人很可能不知道这些结果的可靠性。这些问题都需要引起注意。虽然本章内容很少，但是学习后可以解决很多问题。

我们公司为决策者构建了很多模型评价，工作完成后我们喜欢说"这是好的、可信的结果"，而不是说完成了交给我们的任务。在本章中，将依据经验解释定量风险评估中出现问题的原因，以及针对这些问题能够采取的补救措施。接下来将展示几年前做的逻辑严谨、科学可靠的风险分析模型及这个模型产生的不尽人意的结果（图 3.1），问题就出在每个图标的标题上，你能发现哪个结果最离谱吗？

3.1 风险分析结果不可靠的原因

图 3.1 表明，决策者和风险分析师们之间确实需要更多的有效沟通并发挥团队效应。风险分析师是那些了解问题、掌握数据的"基层人员"和决策者之间的沟通桥梁。风险分析师需要了解待解决的问题，并且能灵活变通地找到适合的分析方法，以获得最有用的信息。很多风险分析师抱怨说，领导要求建立定量分析模型，但是由于没有数据，就需要编造数据，这不是很可笑吗？可以肯定，如果决策者知道所有数据是编造的话，肯定不会高兴，但是风险分析师通常不会让决策者知道。而且在商业合同规范和监管下，风险分析师们会竭力按时完成定量风险分析任务。

规则和指南是创造性思维的真正障碍。我曾参与很多由多个编委合作撰写的风险分析指南，工作过程中尽力改变刻板的程序式分析取向。19 年以来，我们从来没有做过雷同的风险分析，每一次都因地制宜运用不同的方式进行分析。然而，现实情况正好相反。我曾经在四大管理咨询公司之一培训过一百多名顾问，培训内容是商业风险建模技术。为了确保一致性，该公司决定运用三点估算相关的基本模板，以保证模型简单。我理解他们的初衷，如果每个风险分析师都建立一个花俏的、极个性化模型，就不可能保证任何质量标准。当然，问题就在于他们必然将技术标准压得很低。风险分析不应该是一个包装好的商品，而是一个可以得出最优决策的理性思维过程。

在风险分析过程早期就进行定量风险分析意义不大，主要有以下几个关键原因：

1. 无法回答所有关键问题。
2. 假设条件过多。
3. 会有一个或多个不切实际的假设。

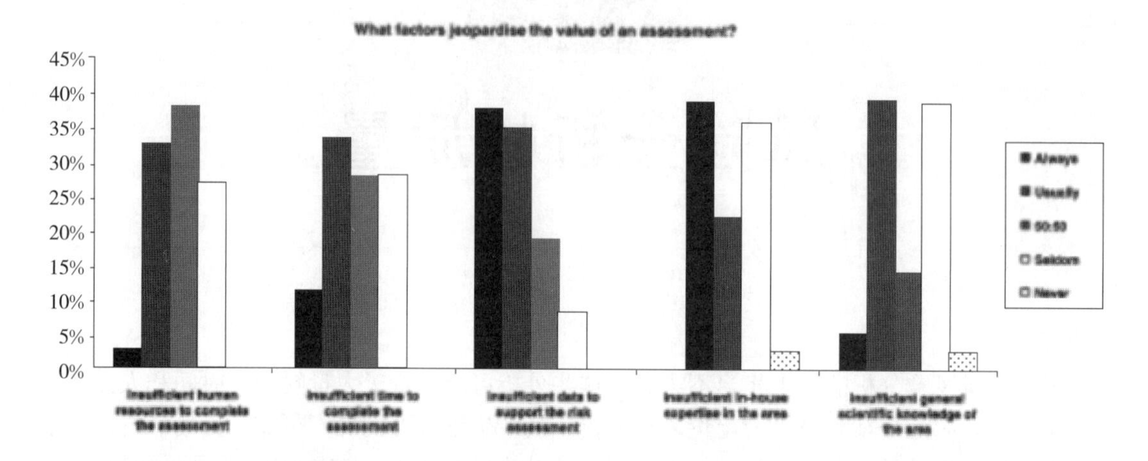

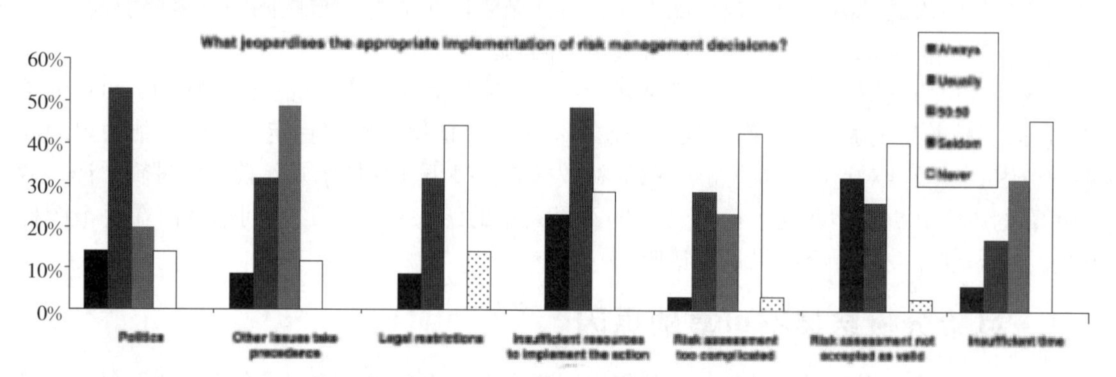

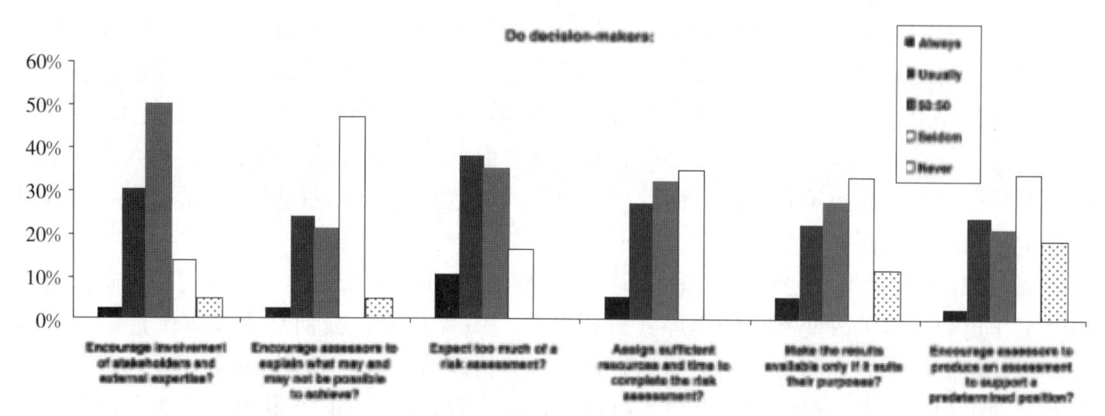

图 3.1　来自风险分析技术成熟、应用广泛的科技领域的 39 名专业风险分析师的部分调查结果

4. 没有充分的数据支持，没有必要的专家。

虽然可以通过具体问题具体分析的方法避免出现第 1 种情况，但是当每个风险分析的基础假设不同时，就会出现无法比较分析结果的问题。

对于第 2 个问题，我们想要说明，如果很多小的假设复合在一起就会使风险分析的结果过于脆弱。例如，对于有 20 个假设的风险分析（实际情况中 20 个假设是相当少的）来说，即便每一个假设都很好，比如每个假设有 90%的概率正确，那么所有假设都正确的概率只有 $0.9^{20}=12\%$。风险分析也只有在所有假设都是正确时才有用。当然，如果这是真正的问题所在，那么根本不用费心构建模型。在现实中，尤其是商业领域，我们做了很多相当好的假设，因为获取的结果与实际情况非常接近。在研究诸如人类健康等问题的其他科学领域，必须人为设定某种化合物是否存在、某种化合物是否有毒、人们是否暴露在某种复合物中、暴露能够引起多少损伤，以及治疗效果如何这样的假设。通过这一系列假设才形成危害因素是如何对人类造成伤害的理论。但是，如果这些假设中有一个是错误的，那么人们就不必担心健康将会受到威胁。

第3种情况出现，说明建立恰当风险分析模型的信息还不够充分。但是可以设定不同假设，以此为条件构建两三个初步模型，看看这些模型是否得出相同的结论。

第4个问题是最难预测的。风险分析师开始会设定范围确保数据可以正常使用，但后来发现这样或许也行不通。要么是因为数据出现了明显的错误（这种情况有很多)、数据与预先设想的不同、可用的数据期限超出预定时限；要么是数据杂乱无章，需要进行很多重复的处理工作。对这些数据的分析都不能在预定时间内完成。

透明性在风险分析中起到非常重要的作用，在描述模型构建、数据及数据来源、假设，以及作为图形和数值结果等方面的报告中都要体现透明性。风险分析结果如何报告将在第5章讲述。谁会有时间或兴趣去看一个不透明的、一两百页的冗长报告呢？具有可操作性的结论需要对决策的问题给出结论和数值，而对于研究的稳定性[①]关注很少。

3.2 风险分析中数据质量的表达

通过阅读这本书会发现很多这样的技术，即如果数据已知，模型就能够提供数据准确度的描述。这些分析能够给出分布、百分数和敏感度图，它们是定量风险分析的核心。

对运用的数据及模型的应用范围和模型结构等所做的假设会影响到模型的稳定性，此部分讨论如何对影响模型稳定性的因素进行表达。风险分析师写下每一个构建方程和执行统计分析时的假设，这种做法值得鼓励。在我的培训课程里，也要求受训者在完成简单课堂练习时这么做，即使在最简单的方程里也会意外地发现很多假设是盲目的。因此，要写下所有假设，任务将变得相当繁重，但要将支撑概率模型的概念性假设转换为不熟悉概率模型的读者也可以理解，则更加困难。

NUSAP（numerical unit spread assessment pedigree，数字单位传播评估谱系）方法（Funtowicz 和 Ravetz，1990）是一个符号系统，可用于政策制定的科学分析中数据不确定性水平的表达。方法是通过该领域的若干专家根据不同的分类对数据进行独立评分。该系统已经在毒理学风险评估中发挥了巨大作用。这里对于这种方法作概括性描述。该方法最大的优势不但在于可操作性强，而且可以用统一的图形描述。在表3.1中，运用了 Van der Sluijs、Risbey 和 Ravetz 在2005年的研究中运用的数据描述分类方法：代理（proxy）——反映数据使用与理想情况的距离；实证（empirical）——反映数据的数量和质量；方法（method）——反映用于收集确证数据和偶然数据的方法；验证（validation）——反映获得的数据是否与实际相符（例如，在实验室中观察到的效果是否能用于现实的其他方面）。

---

① 稳定性/抗变换性（英文：robustness）原是统计学中的一个术语，20世纪70年代初开始在控制理论的研究中流行起来，用以表征控制系统对特性或参数扰动的不敏感性。由于中文"稳定性"的词义不易被理解，在近期一些文献中，“robustness”开始被翻译成了语义更加易懂的“抗变换性”，“抗变换性”和“鲁棒性”在译文中经常互相通用。——译者注

表 3.1 参数强度的矩阵谱系（来自 Boone 等，2007）

分数	代　理	实　证	方　法	验　证
4	精确测量的所需计量结果（如地理中的代表性数据）	大样本、直接测量，最新的数据，受控的试验	在已有学科中最好的实践（采样/诊断测试的认证方法）	通过与较长定义域中的相同变量的独立测量方法比较，严格地纠正错误
3	较好的符合客观事实或测量结果	小样本、直接测量，少量近期数据，不受控制的试验，低不响应率	可靠常见的方法，在不成熟学科的好的做法	↑
2	良好的相关性，但属于不同事物	一些专家的协商估算	可接受的方法，但是可靠性缺少共识	↑
1	微弱的相关性（非常大的地理差异）	一个专家的意见，经验性估计	可靠性未知的最初方法	非常微弱的间接验证
0	没有明显关联	粗略推测	没有明显的严谨性	没有验证

每个专家依次对每个数据集打分。计算所有分数的平均值，然后再除以最高得分 4。例如：

	代理	实证	方法	验证
专家 A	3	2	4	3
专家 B	3	2	4	3
专家 C	2	1	3	4

平均得分是 2.833，除以最高得分 4 后得 0.708。允许专家确定他们自己对于问题中某个变量的专业知识水平权重更加困难（如最低值是 0.3、中位数是 0.6、最高值是 1.0，在专家也没能力解决这个问题时，能够给专家们提供选项而不是由他们写出评论），然后根据权重计算出加权平均得分。此后就可以根据需要将这些得分绘制统计图，或者把他们分成不同的部分，以便对分析中所应用数据的稳定性进行评估（图 3.2）。

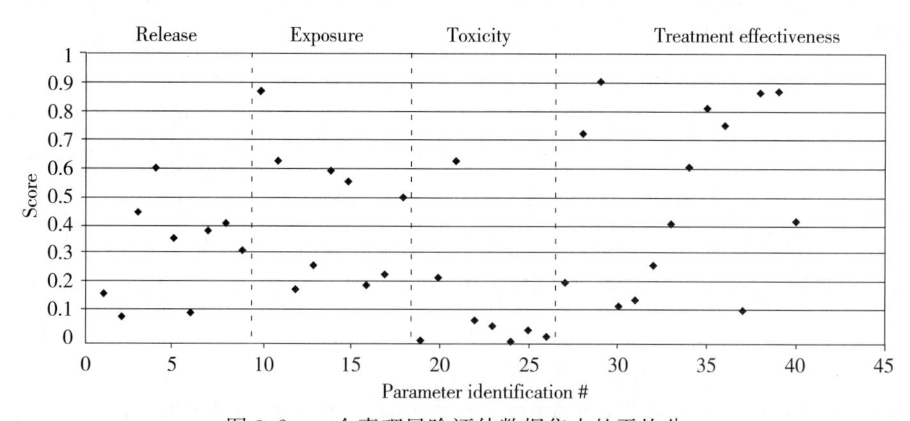

图 3.2 一个毒理风险评估数据集中的平均分

得分分级一般情况如下：

<0.2	弱
0.2～0.4	中度

>0.4～0.8	高
>0.8	强

图3.2表明，在该分析中，产生毒性反应结果是最低水平的，只在最低分级有一些数据集。

可以用风筝图来归纳和对每一个数据集分类，以给出一种类似“交通信号”的视觉感，绿色表示强的参数支持，红色表示弱的支持，一个或两个橙色表示处于两个极端之间的水平。图3.3给出了一个例子：从中心点开始，在轴上标出被专家认为是“强”的加权得分，再标出被认为是“高”的加权得分，以此类推。然后将这些点连接形成不同颜色的区域——中心“强”的为绿色，向外依次为黄色和橘黄色，红色在最外面。如果所有专家都同意参数支持是强的，红色是弱的，那么风筝将是绿色的。这些风筝图绘制在一起，给人以强烈的视觉表现：一片绿色的海洋，会给予极大的信心；一片红色的海洋说明人们对风险分析结果的信任度极其微弱。在实践中，这样的风筝图为颜色的大混合状态，但是经过长期训练就能轻易地分辨哪种颜色是主要的，什么时候分析是比较弱或强的，什么时候结果是可靠的。

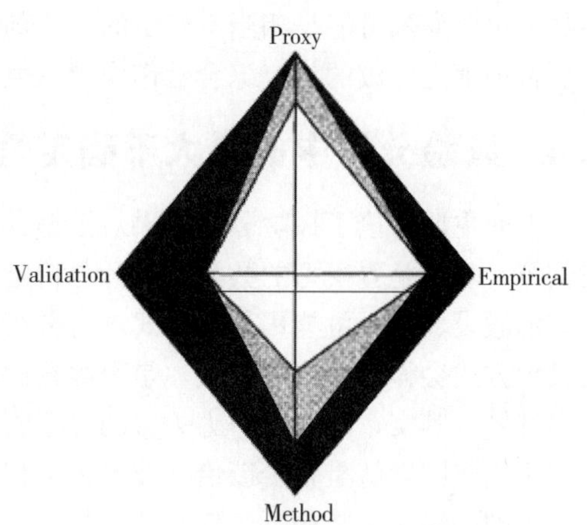

图3.3　一个总结专家相信模型参数数据支持水平的风筝图：外圈红色（深）＝弱；内圈绿色（浅）＝强

上述系统的唯一弱点就是需要建立数据库软件工具。一些组织已经开发了内部使用的产品，但是这些产品的审核、排序和跟踪能力有限。我们的软件开发人员能够开发出类似工具，这些工具能够在组织内部运用，通过这类工具可以跟踪风险分析的当前状态，查找参数脆弱性的原因等。详细内容可以访问 www.vosesoftware.com。

3.3　临界水平

3.2的分类系统能够确定参数是否受到数据支持，但仍然不能代表风险分析的可靠性。例如，进行食品安全微生物风险分析涉及10个参数，其中有9个高或强的支持，1个弱支持。如果受到弱支持的参数存在剂量—反应关系（一个随机个体出现不良反应的概率与接触的病原微生物数量相关），那么整个风险分析是偏颇的，因为剂量—反应是所有暴露途径和相应的病原体数量之间的关系（通常是一个大模型），与对人体健康的影响程度相对应。因此，根据风筝图和其他分析把风险分析结果对每个参数的依赖程度分类，这种做法非常有用，如分成关键、重要、次要等级别。

一种复杂的区别依赖程度的方法是依据每个参数对数值结果的影响程度进行统计分析。例如，当参数的分布由第95和第5百分位数取代时，人们会计算模型输出结果的均数差异。假设0是极强，1是极弱，取以上区间相乘（1——支持得分），得出一组结果数字的脆弱程度。然而，这种方法存在其他问题。试想一下，对一个新菌株实施风险分析时，根本不存在剂量—反应关系相关数据，如果运用与它有类似效果的替代菌株的数据集（例如，替代菌株会产生类似的毒素)。如果有替代菌株大量的可靠数据，并且剂量—反应模型的不确定性很小，那么使用95%和5%不确定性的剂量—反应模型，结果仅有微小变化，将它们相乘(1——支持得分)，所得结果将会低估真正的不确定性。第二个问题是经常从相同的数据集中估计2个或2个以上模型参数。例如，剂量—反应模型往往有2个或3个通过数据拟合的参数，每个参数可能是相当不确定的，但剂量—反应关系曲线可以相当稳定，因此数值分析需要将不确定参数的效应综合看作为单一值，这需要相当好的数字技巧。

3.4 风险分析中的最大不确定性

上面主要讨论了风险分析结果对模型参数脆弱性估计技术，当回顾和审查风险分析时，我们第一步不是看模型的数学和统计分析是否支持，而是考虑要决策的问题是什么、是否有很多的假设、是否可能用其他方式进行分析（通常是简单的，但有时会更复杂和精确)、是否其他方式会得出相同的答案、是否存在比较假设的方法错误等，客户对这种方式总是感到莫名其妙。其实，我们正努力去做的是证明分析的结构和范围是否正确。在风险分析中，最大的不确定因素就是是否以恰当技术评估相关内容。

得到的结果常常经不起任何数学技术的检验，因为不会有任何替代品与之比较。如果我们与替代品进行比较，把替代的风险分析模型与之结合在一起可能仍然需要很大的努力，在这个过程中重新开始模型审核通常已经太迟了。在我看来，一个更好的方法是在风险分析开始时能够意识到风险分析在审查的时候有多少把握，或者能够确定模型代表实际情况的程度。因为开始时我们对自己的方法相当自信，然而一旦进入问题的细节研究，就会发现错误很多，所以经常审视模型的适用性是非常重要的。

我们鼓励客户，特别是那些风险分析领域的客户，在着手风险分析或者准备着手时召开专家和决策者的集体讨论会。重点是讨论潜在风险分析的形式和范围。专家首先要思考哪些问题需要决策，然后与决策者讨论这些问题是否有其他形式，是否完善，然后再考虑如何回答这些问题，以及怎么回答这些问题（例如，仅需要平均数，或某些高百分位数)。每一种方法将有一组假设以供仔细思考：如果假设是错误的会有什么影响？如果由于假设过于保守导致对风险估计过高，允许重新开始吗？也需要考虑对数据的要求：数据质量是否过关、易获取性如何？还需要考虑到所用的软件。我曾经审查了一个费时2年、耗资300万美元完全用相关联的C++模块写的模型，但无法理解模型的意义。

当讨论会议结束时，最好给每个专家发一份问卷，要求那些参加者独立填写：

讨论了三个风险分析的方法（描述A；描述B；描述C)。请在下面注明您对每种方法的倾向程度（0=无；1=轻微；2=好；3=强；−1=无意见)：

1. 你认为方法A、B或C非常灵活，且全面地回答了任何有关这种风险管理的可预见性问题吗?
2. 你认为方法A、B或C均基于正确的假设吗?
3. 你认为在规定时间和预算范围内通过方法A、B或C可以获得必要的有用数据吗?
4. 你认为方法A、B或C的分析将在预定时间内完成吗?
5. 你认为方法A、B或C将得到审查同行的大力支持吗?
6. 你认为方法A、B或C将得到利益相关者的大力支持吗?

逐一询问会议的参与者将得到全面观点。特别是，如果会议主席要求与会者在会议期间不要对上述问题表达他们的观点时（这是完全有可能的，确保得到所需的答案时，没有人会受到影响），得到的回答更能代表每个人的意见。逐一询问，而不是统一思想，有助于防止集体决策时出现过度自信的情形。

3.5　反复思考

事情总会变化。例如，影响决策的政治环境可能使假设容易遭到抵制或更容易被接受、数据可能变得比最初想象的更好或更坏、新数据出现使新的问题突然变得非常重要、时间表或预算可能改变、风险分析顾问发现了早期模型并提出更简单的方法等。

所以，时常回顾3.2和3.3讨论的假设分析的类型，积极思考并采取不同的方法应对，甚至可以完全从定量转变到定性风险分析，这些都是很有意义的。这意味着分析师和决策者也应该警惕过早表态，应该留有余地。例如，咨询合约中，客户通常会委托我们作定量风险分析，并介绍他们已有的数据，但我们很少看这些数据。我们喜欢将整体目标分成几个阶段。在第一阶段通盘考虑决策问题，审查每一个约束条件（时间、资金、政治环境等），第一次全面审查可用的数据，并找出解决问题的可能方法。然后，撰写报告说明要如何解决问题并解释原因。在这个阶段，客户有权停止这项风险分析工作、继续让我们做、他们自己做或者雇佣其他人做。这可能需要时间长一点（通常是一两天），但大家的期望是现实的，我们不会急于着手进行风险分析，因为这样是不恰当的，客户也不会浪费自己的时间或金钱。作为顾问，有权拒绝那些我们认为结果糟糕的工作。但那些受雇于公司或政府部门的风险分析师可能没有这种奢侈的特权。如果你是一个风险分析师，处于要求进行糟糕的风险分析的尴尬境地，也许你可以给你的老板看这一章，或者你可以看看我们公司是否有任何职位空缺。

第4章

模型结构的选择

在风险分析中，模型的选择与确定有过早的现象。一是因为对有关选项了解太少；二是因为人们往往不回头问问自己此次分析的目的是什么？随着时间的推移风险会如何演变？本章将简要地介绍几种风险分析模型。

4.1 软件及其模型

4.1.1 电子表格

由于电子表格（Excel）产生一个风险分析模型相对需要较少的额外知识，所以这自然是大多数人的首选，@RISK、Crystal Ball、ModelRisk及市场上其他有竞争力的电子表格都增加了不确定性功能，完成操作简单到只需点击几个按钮。花几秒钟点击几个按钮就可以进行模拟、查看分布结果。基于Excel的蒙特卡洛模拟软件工具在图形界面上下了大功夫，使得风险分析建模非常简单。Excel具有跨电子表格追踪公式、用多种方法嵌入图表和格式化工作表、宏程序编程（VBA）和数据导入等功能，这正是为什么Excel这么受欢迎的缘故。我甚至看到通过VBA平台运行整个交易大厅数据，而不只是在经销商的屏幕上单独显示电子表格。

但Excel有其局限性。ModelRisk用于高水平金融、保险建模克服了许多局限性，我在本书中利用该特点很好地解释了一些建模的概念。然而，Excel不能解决所有类型的问题。电子表格可进行项目成本和进度的初步风险分析，对大规模风险分析来讲，初步分析已经足够，因为我们很少对嵌入项目规划模型中的细节感兴趣（就像应用Primevera或Microsoft Project所做的那样），第19章会进行详细介绍。然而，不同级别访问权限的风险登记最好采用电子数据库构建。在电子表格中构建项目计划的问题是，扩充模型更多细节时显得相当笨拙，而在项目规划软件中做这些则很简单。

此外，运用电子表格建立风险分析模型还有如下局限：

1. 模型规模难以控制。当数据很多或进行重复计算时，电子表格变得相当庞大。应用另一种语言编写代码（如使用循环公式）可简单实现，虽然通过VB也可在一定程度上避免这个问题。我公司审查了许多建立在电子表格中的风险模型，他们相当庞大，但往往不必这样，如果懂一些概率论就能够通过简便的方式得到相同结果。Excel的下一个版本将能够处理更大的表格，所以我预计这个问题只会变得更糟。

2. 模型受限于二维网格维度。如果运用工作表（sheet）可推到三维，但如果多维，使用电子表格就很难想象了。还有很多其他建模环境可以使用，C++适用性更强，但如果不是C++程序员，运用C++编程难度很大。Matlab、Mathematica 和 Maple 是高度复杂的数学建模软件，具有强大的建模能力，并能处理多维问题和进行模拟试验。

3. 运行缓慢。在 Excel 中运行模型比运用专用工具需要花费上百倍或更多时间。如果运行庞大的模型，或需要实现高精度计算（如需要多次迭代）就存在这个问题。

4. 建立在电子表格中的模拟模型只能朝一个方向计算。如果获得匹配到预测模型中的新数据，那么这些数据不能纳入模型来更新参数的估计，而这些参数是模型的基础，因此也无法产生更准确的预测。模拟软件 Win BUGS 就能做到这点，本书中举了一些例子。

5. 运用电子表格进行动力系统建模不是一件容易的事。有一些灵活易用的工具，如 simul8，通过运用许多交互组件，可得到连续变化的随机系统的近似值，在本章的后面将举相关的一个例子。Excel 中得到相同的结果需要做很多工作，不值得这么做。

有很多其他软件很容易构建其他类型模型，如下所述。

4.1.2 影响图

影响图（influence diagrams）很常用，它可以复制电子表格中的数学运算，但建模环境完全不同（图 4.1 是一个简单的例子）。Analytica® 是最流行的影响图工具。变量（称为节点）用图形对象（圆形、正方形等）表示，采用显示变量间相互作用方向的箭头（称为弧线）连接起来。视觉结果是网状的，显示变量间的相互影响关系。随着变量的增加，这些图很快变得非常复杂，所以构建子模型。点击一个模型对象，打开另一个视图显示较低水平的相互作用窗口。由于很难看到支持模型的数学运算和数据，所以我不太喜欢这种方式，但有些人喜欢，因为这种方式很直观。

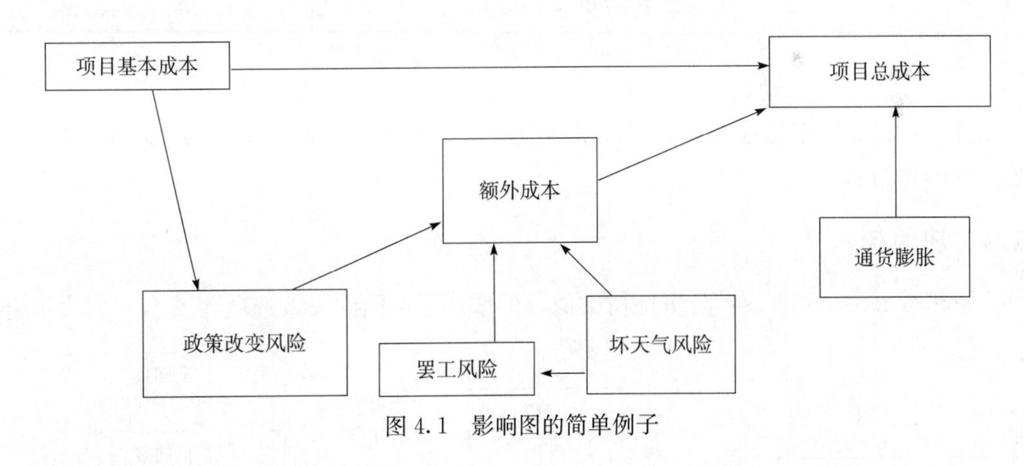

图 4.1 影响图的简单例子

4.1.3 事件树

事件树（event trees）是采用事件概率及其影响来描述一系列概率事件的方法，该方法或许是描述概率序列的所有方法中最有效的一种，这是因为它十分直观，且与概率相结合的数学方法简单，图表有助于确保遵循必要的法则。事件树由节点（箱体）和弧（箭头）构成（图 4.2）。

事件树从左边的一个节点开始（在下图中“选择动物”表示从总体中随机选择一个动物），指向右边的箭头表示可能的结果（这里是指动物是否感染特定的病原体）和概率［分

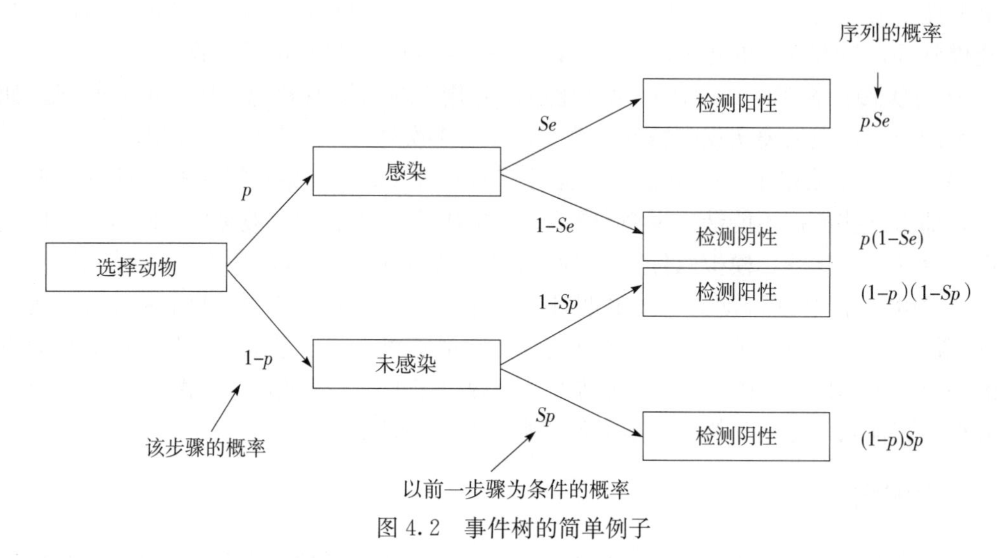

图 4.2　事件树的简单例子

别为总体中感染动物的患病率 p 和（$1-p$）]。运用箭头从箱体进行分支指向下一个概率事件（发病动物试验），连接到箭头之后的是下一层事件发生的条件概率。事件树中概率的条件性质十分重要。在该例中：

$$Se = P(\text{感染疾病动物中检测为阳性})$$

$$Sp = P(\text{未感染疾病动物中检测为阴性})$$

因此，按照条件概率计算规则，有：

$$P(\text{动物感染且检测阳性}) = p * Se$$

$$P(\text{动物感染且检测阴性}) = p * (1-Se)$$

$$P(\text{动物检测阳性}) = p * Se + (1-p) * (1-Sp)$$

事件树对建立概率思维非常有用，虽然很快会变得相当复杂，但常使用这种方法有助于问题的理解和沟通。

4.1.4　决策树

决策树（decision trees）与事件树类似，但增加了可能的决策选项（图 4.3）。决策树可

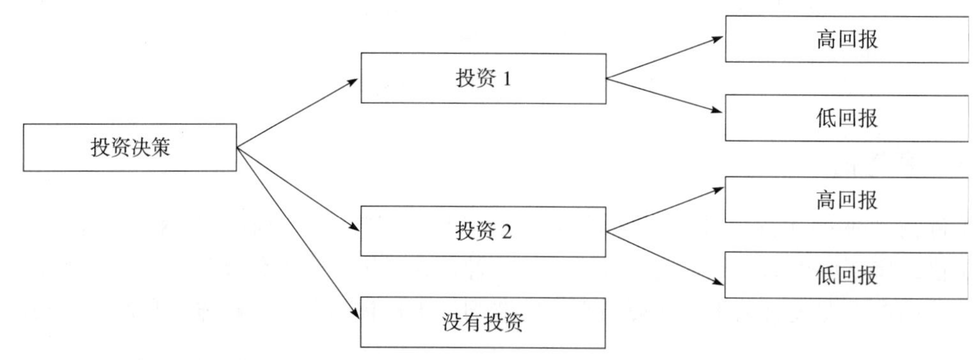

图 4.3　决策树的简单例子。决策选项是将两笔投资和不投资，分别以相应的回报作为结果。更复杂的决策树取决于投资进行的程度，包括两个或更多的序列决策

以用于风险分析中，在某些领域诸如石油勘探等很受欢迎。它描述了一个人可能要做出的决策及可能得到的结果。决策树软件（也可以构造事件树）能够在用户定义的效用函数的假设前提下，计算出最佳选项。在实际模型使用方面，我并不是决策树的狂热粉丝。我发现：定义效用曲线很难使决策者感到满意，所以我并不经常使用决策树软件的分析组件，但它们有助于表达问题的逻辑关系。

4.1.5 故障树

故障树（fault trees）与事件树相反。事件树从一个起点进行分析，考虑未来可能的结果。故障树从结果开始，看它可能出现的方式。故障树是由右侧的结果部分开始构建，紧接着构建左侧直接导致结果发生的可能事件，逐渐向后进行，直到构建出导致第一个系列事件发生的可能事件，等等。

故障树在发现风险事件和查找风险原因方面特别有用。故障树在可靠性工程方面已经应用了很长时间，在诸如反恐怖主义等领域也有应用。例如，从蓄意污染城市饮用水供应的风险开始，然后考虑恐怖分子可能使用的路线（管道、污水净化厂、水库等），以及在适当安全性情况下做这些事情的概率。

4.1.6 离散事件模拟

离散事件模拟（Discrete event simulation，DES）与蒙特卡罗模拟不同，主要表现在它建立了系统（通常是随机的）随时间演变的模型。用户可以使用模型中每个元素建立方程，来表达元素的变化、移动和与其他元素间的相互作用。随后通过短时间的增量调试系统，并随时保持对所有元素（例如，制造系统中的零件、机场的乘客、港湾的船）的追踪。更复杂的工具可以在什么都没发生的情况下加速、降低计时器节拍，以获得模拟的连续行为的更准确近似值。

我们给很多客户使用了DES，其中之一是一家运输公司，该公司在一条共用的狭窄水道里定期接收液化天然气船。客户希望调查所构建的、另一停泊系统的影响，这个系统是为了减少其他停泊活动造成的影响，并且该模型评价了这种系统的优势。用DES模型对这位客户的船只活动及其他相关船运航线进行了模拟，考虑了航运规章制度的限制，并评估延误费用。将这种包括文件和培训在内的独立模型提供给客户，并帮助他们游说其他运输公司管理者及联邦能源委员会，使他们相信方案的效用。

图4.4显示了该模型的屏幕截图（彩色的看起来更好）。从左向右看，可以看到海港上有1艘船，港内有4艘，城门前没有，外港有1艘。在客户的泊位，有2艘船正在甲板上卸载1 330和2 430个单位的材料。可以看见右上方进入共享水道的船只数量，包括正在排队的船舶数量（共3艘，其中2艘是特定类型的船）。最后，右下方显示了当前的水道环境，这种环境建立了规则，诸如：特定的流速、潮汐、风速和能见度，特定的船才可以进入或离开水道。

DES通过定义因素间的相互影响，应用简单方式模拟极端复杂的系统，然后模拟出会发生的结果。DES模型经常用来模拟诸如生产工艺、疫病传播、各种排队系统、交通流量和应急疏散通道。这种可视化界面的漂亮之处在于任何了解这个系统的人能检验该行为是否按预期进行，这一点使之成为伟大的表达和验证工具。

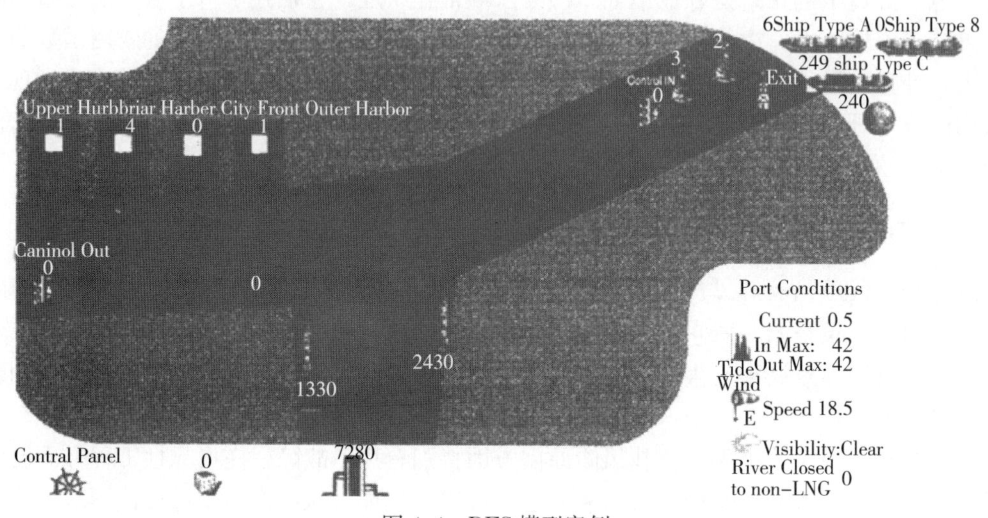

图 4.4 DES模型案例

4.2 计算方法

有很多方法可以用来评估概率模型，详述如下。

4.2.1 矩的计算

这个方法用到了一些概率法则，以后详细讨论，特殊情况下矩计算应用如下规则：

1. 两个分布和的平均值等于平均值的和：$\overline{(a+b)}=\bar{a}+\bar{b}$ 和 $\overline{(a-b)}=\bar{a}-\bar{b}$

2. 两个分布积的平均值等于平均值的积：$\overline{(a \cdot b)}=\bar{a} \cdot \bar{b}$

3. 两个独立分布的和的方差等于方差的和：$V(a+b)=V(a)+V(b)$ 和 $V(a-b)=V(a)-V(b)$

4. $V(na)=n^2V(a)$，$\overline{na}=n\bar{a}$，其中 n 为常数。

通过用矩计算方法计算不确定变量的均值和方差来替代每一个不确定变量，然后通过上述规则估计模型结果的均值和方差。

例如，变量 a、b 和 c 有如下均值和方差：

a 均值=70 方差=14

b 均值=16 方差=2

c 均值=12 方差=4

如果问题是要计算 $2a+b-c$，那么可以得到：

$$均值=(2\times70)+16-12=144$$

$$方差=(2^2\times14)+2+4=62$$

然后，应用这两个值构建结果的正态分布：

结果=Normal（144，62）

这里62是方差，标准差的平方。

这种方法在大量潜在风险求和及确定聚集分布（见11.2）等特定情况下很有用。它确实存在严重的局限性，不能简易地处理除法、指数、幂函数、分支等问题。总之，这项技术除了可以用于完全满足所有假设条件的最简单模型外，其他方面很难应用。

4.2.2 精确代数解

每个概率分布都与数学上描述它性状的概率分布函数有联系。代数方法能够确定组合变量的概率分布函数，对于简单模型可能直接找到描述输出分布的方程。例如，计算两个独立分布和的概率分布函数很容易（读完第6章才能理解下面的数学公式）。

设 X 是密度函数 $f(x)$ 和累积分布函数 $F_x(x)$ 的第一分布，Y 是密度函数 $g(x)$ 的第二分布。然后计算出 X、Y 和的累积分布函数 F_{X+Y}：

$$F_{X+Y}(a)=\int_{-\infty}^{\infty}F_X(a-y)g(y)\mathrm{d}y \tag{4.1}$$

两个独立分布的和有时也被称为分布的卷积（convolution）。通过对上述方程求微分，得到的 $X+Y$ 的密度函数：

$$f_{X+Y}(a)=\int_{-\infty}^{\infty}f(a-y)g(y)\mathrm{d}y \tag{4.2}$$

所以，可以确定两个独立均匀分布（0，1）的和分布。概率分布函数 $f(x)$ 和 $g(x)$ 在 $0\leqslant x\leqslant 1$ 区间内都是1，其他区间为0。由公式（4.2）得到：

$$f_{X+Y}(a)=\int_{0}^{1}f(a-y)\mathrm{d}y$$

对于 $0\leqslant a\leqslant 1$，得到：

$$f_{X+Y}(a)=\int_{0}^{a}\mathrm{d}y$$

有 $f_{X+Y}(a)=a$ 。

对于 $1\leqslant a\leqslant 2$，有：

$$f_{X+Y}(a)=2-a$$

这个分布是 Triangle（0，1，2）。

因此，如果风险分析模型仅仅是几个简单分布的和，就可以反复应用这些方程确定精确输出分布。这种方法有很多优点，如答案是准确的、可以立即看到参数值变化的影响、可以应用微积分探索模型参数输出结果的敏感性。

这种方法的另外一个用处是能够理清分布之间的关系。例如：

正态分布：Normal（a，b）+Normal（c，d）=Normal（$a+b$，SQRT（b^2+d^2））

二项分布：Binomial（Poisson（a），p）=Poisson（$a*p$）

二项分布：Binomial（n，p）+ Binomial（m，p）= Binomial（$n+m$，p）

二项分布：Binomial（n，p）=n −Binomial（n，$1-p$）

Beta分布：Beta（a，b）=1−Beta（b，a）

负二项分布：NegBin（s，p）+NegBin（t，p）=NegBin（$s+t$，p）

Poisson分布：Poisson（a）+ Poisson（b）= Poisson（$a+b$）

Gamma分布：Gamma（a，b）+ Gamma（d，b）= Gamma（$a+d$，b）

Gamma分布：Gamma（1+Geometric（p），b）=Gamma（1，b/p）

这种关系很多，其中一部分在附录3中有介绍，应用于风险分析模型中的分布通常不仅不会用这种简单的操作，而且精确的代数方法非常复杂并难以付诸实施，因此通常不能视为实用的解决方案。

4.2.3 数值逼近

快速傅立叶变换和递归技术已发展为直接、准确地确定独立随机变量的随机数累计分布。人们非常关注这个问题，它是保险精算的关键环节，保险精算需要确定保险公司面临的理赔总额。类似问题也出现在银行及其他领域。具体方法将在 11.2.2 详细描述。数值模拟法可以解决某些类型，特别是通过数值积分情况的问题。例如，ModelRisk 的 VoseIntegrate 函数能够执行非常准确的数值积分。对于疫病概率函数 P_{ill}（D），如果摄入病毒粒子的数目为 D，那么：

$$P_{ill}(D)=1-\left(1+\frac{D}{1\ 472}\right)^{-0.000\ 32}$$

如果病毒颗粒的数量遵循对数正态分布（100，10），则感染的概率：

=VoseIntegrate（"　（1－（1＋#/1 472)^－0.000 32）＊VoseLognormalProb（#，100，10，0)"，1，1 000)

其中，VoseInegrate 函数中 # 为将要整合的变量，整合结果为 1～1 000。答案是 $2.102\ 17\times10^{-5}$。这是一个通过使用蒙特卡罗模拟运行大量迭代才能准确确定的数值。

4.2.4 蒙特卡罗模拟

该技术是每一个概率分布的随机抽样，在模型内产生成百上千种情况（也称迭代或试验）。每一个概率分布被抽样，以某种方式重塑分布形状。数值分布计算得到的模型结果，反映了可能出现的数值概率。蒙特卡罗模拟比许多上面介绍的方法更具有优势：

- 模型变量的分布不必以任何方式近似。
- 相关性及其他相互关系能够模型化。
- 运行蒙特卡罗模拟所需的数学知识不多。
- 所有需要确定输出结果分布的工作都由电脑完成。
- 商业化软件能够自动匹配到模拟中的任务。
- 执行复杂的数学运算（例如，幂函数、取对数、IF 语句等）并不困难。
- 人们普遍承认蒙特卡罗模拟为有效方法，其结果更可能被接受。
- 很容易进行模型运行情况的核查。
- 能够快速完善模型或者与之前模型的结果进行比较。

人们经常批评蒙特卡罗模拟是近似的方法。但是，至少在理论上，任何所需精度都能够通过在模拟中简单地增加迭代次数实现。局限性在于从随机数生成算法产生的随机数字的数量不足，以及电脑迭代计算所需要的时间过长。多数情况下，将模型拆解成多个部分，这些局限性就变得无关紧要或者可以避免。

蒙特卡罗模拟的值能通过图 4.5 成本模型来阐述。模型中不确定变量服从三角分布。很多非常直观的分布用途较广（图 4.6 给出了一些例子），这些分布根本不需要概率知识就能理解。图 4.7 中展示了结果的累计分布，同时也展示了通过应用在本章开始讨论的三个数值，运行“如果会怎样（what if)”情景分析所产生的数值分布。这个图表明了蒙特卡罗结果没有任何地方具有与“what if”分析一样宽的范围。这是因为“what if”分析有效地将相同的概率权重赋予所有的情景，包括所有使成本达到最大值的情景和使成本达到最小值的情景。设想一下，最大值意味着这个数值只有 1%的概率被超过。那么所有五个成本同时达到最大值的概率就等于 $(0.01)^5$ 或1：10 000 000 000，这是一个不切实际的结果。因此，蒙特卡罗模拟能提供比通过简单的“what if”情景分析产生的更切实际的结果。

Total construction costs

	Minimum	Best guess	Maximum
Excavation	£ 30 500	£ 33 200	£ 37 800
Foundations	£ 23 500	£ 27 200	£ 31 100
Structure	£ 172 000	£ 178 000	£ 189 000
Roofing	£ 56 200	£ 58 500	£ 63 700
Services and finishes	£ 29 600	£ 37 200	£ 43 600

图 4.5　建筑工程成本模型

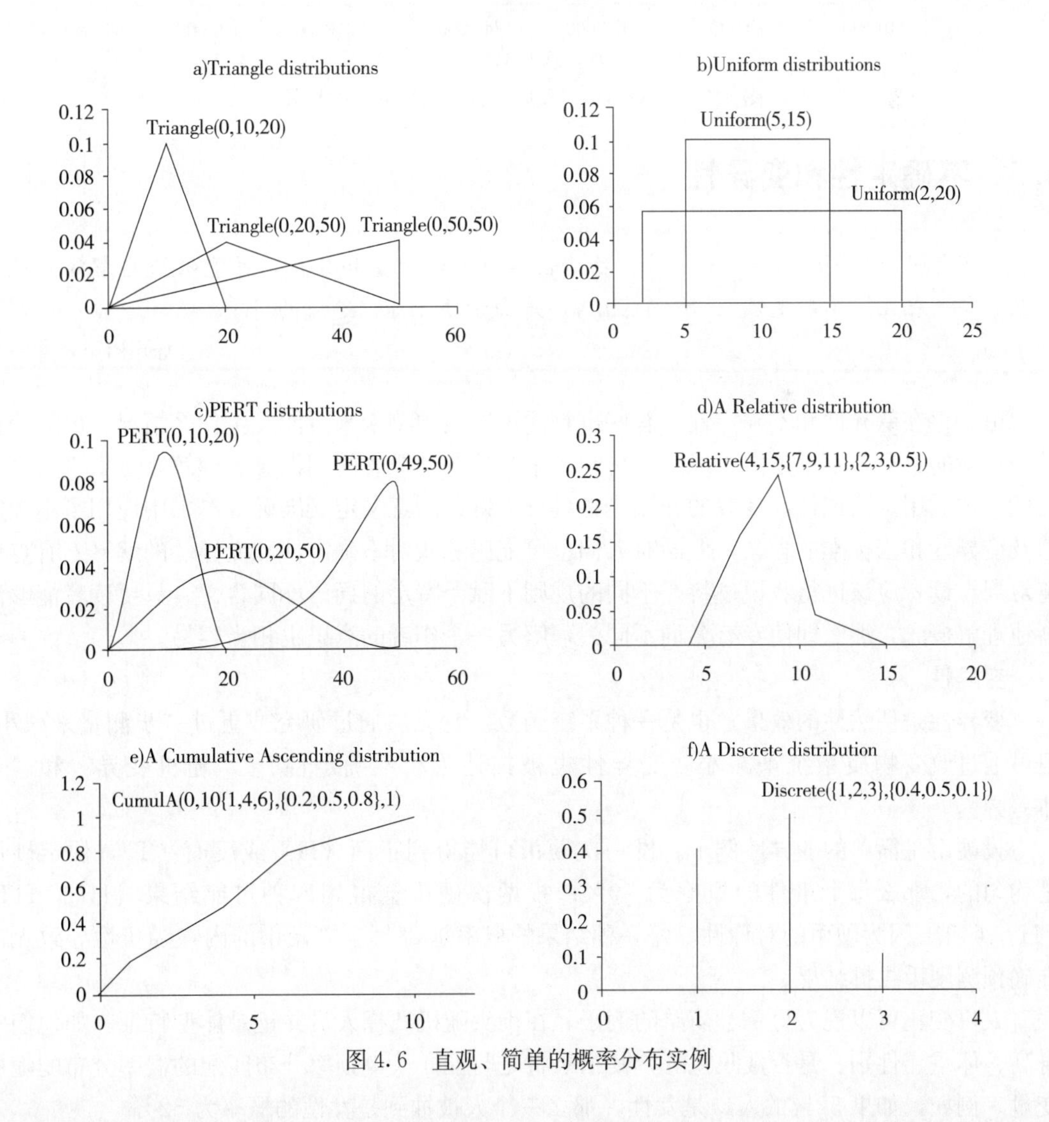

图 4.6　直观、简单的概率分布实例

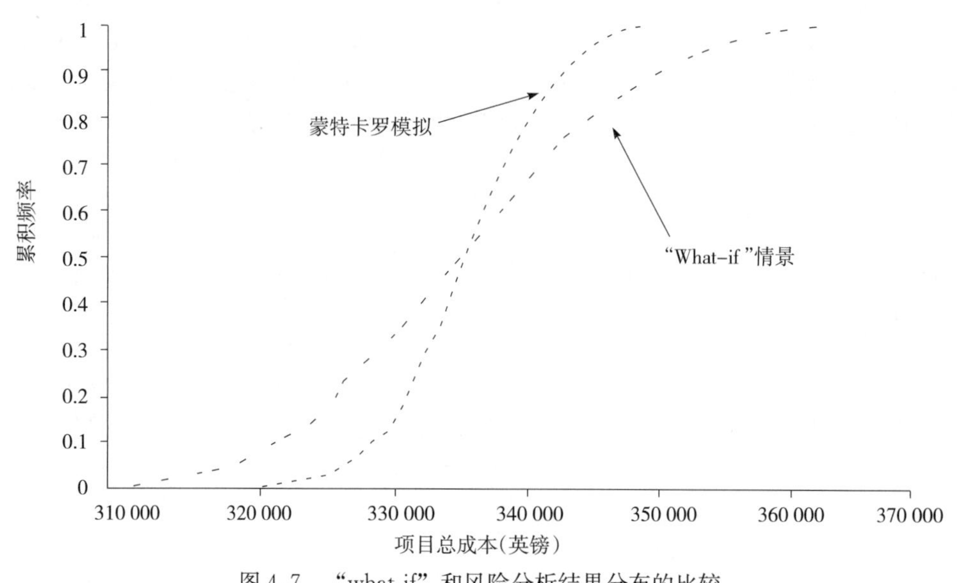

图 4.7 "what if"和风险分析结果分布的比较

4.3 不确定性和变异性

> "变异性（Variability）是一种在物质世界中可以测量和分析，并能够恰当解释的现象。与之相比，不确定性（Uncertainty）是由于缺乏知识造成的。"
>
> David Cox 爵士

由于存在变异性和不确定性，有些事物无法准确预测未来可能发生什么情况。风险分析是个难学的科目，不仅是由于风险分析师用来描述各种概念的词汇难以理解，也由于这些词汇经常被滥用。请记住，良好的开端是将各种关键词的意义定义准确。本书中应用了不确定性及变异性相当标准的含义，但同时人们也可能感觉我对不确定性和变异性的解释上有点偏离常规。读者应该记得我说过将在不同的规则下赋予特定的词语不同含义。只要读者能够清晰地理解概念，那么即使专有名词不同，理解另一个作者的意思也相当容易。

变异性

变异性是偶然性的效果，也是一种系统函数。它无法通过研究或更进一步测量来减小，但可通过改变物质系统来减小。变异性也被描述为"不确定性" "随机变异"和"个体差异"。

投硬币是简单的变异性例子。投一次硬币可能得到正面（H）或反面（T），假定硬币是均匀的，那么每个事件的概率为 50%；投两次硬币会得到四种可能结果｛HH，HT，TH，TT｝，因为硬币的对称性，每一种结果的概率是 25%。掷硬币的内在随机性导致无法准确预测硬币投掷结果。

人口变化可以视为另一个简单的例子。在街头随机选择人员并记录体型特征，如他们的身高、体重、性别、是否戴眼镜等，其结果将是与抽样人口频率分布匹配的概率分布的随机变量。例如，如果 52%的人口是女性，那么一个人被抽到是女性的概率为 52%。

在19世纪，一个默默无闻的哲学学校因数学家皮埃尔·西蒙·拉普拉斯（Laplace）侯爵而名声大噪。他提出没有所谓的变异性，只有不确定性。这个世界上没有随机性，有一个称作“拉普拉斯（Laplace）机器”的无所不知的人或机器存在，可以预测任何未来事件。这是现在物理学——牛顿物理学——的基础，甚至爱因斯坦也相信物理决定论，赞同“上帝不掷骰子”。

作为现代物理学基础之一的海森堡的不确定性理论，特别是量子力学，表明确定论在分子水平上是错误的，并且在更大的规模上会更加精细。他指出，实际上，一个粒子的特性被约束得越多（例如，它在空间的位置），另一个特性将变得更加随机（如果第一个特点是离子的位置，第二个就是速度）。爱因斯坦试图证明，当获得一个特性的知识时正在失去另一个特性的知识，而不是任何特性都是随机变量，但随后在理论和试验上都证明他是错误的。如果可预测随机效果是最容易观察到的，量子力学迄今已证明在分子水平上实验结果非常准确，因此有很多实验证据支持这一理论。从哲学意义上讲，一切都可预测（即世界是注定的）的想法也很难接受，因为它剥夺了人类自由的意愿。不存在自由，意味着我们对自身的行为不负责，我们沦为复杂的机器，表扬或惩罚我们行为或劣迹都是无意义的，这当然与文明或宗教的准则相悖。因此，如果一个人接受自由意愿的存在，那么他也必须接受人类所影响的所有事物具有随机性。Popper（1988）更详细地讨论了这个问题。

有时系统太复杂难以理解。例如，股市总是随机产生各种股票的价格。没有人知道随着时间变化的影响股票价格的所有因素，这些因素极其复杂，是对随机过程最好的模拟。

不确定性

不确定性（uncertainty）是由于评估者缺乏所模拟模型的物质系统属性参数的知识造成的。有时会通过进一步测量、研究或咨询更多专家缩小不确定性。不确定性也被称为“原始不确定性”“认知不确定性”和“信任度”。不确定性是主观定义的，定义不确定性是评估者的职责，但也有方法让评估者的评估达到“客观的主观”。这本质上相当于对模型参数的可用数据所包含的信息（不包括任何优先的、非定量信息）进行逻辑评估。如果给出了可用的信息，那么任何条理分明的人都应该认同该结果就是不确定性分析。

总不确定性

总不确定性（total uncertainty）是不确定性和变异性的结合。这两种成分组合会削弱对未来的预测能力。不确定性和变异性在哲学上有很大区别，风险分析建模中通常将它们区别对待。模型中常见的错误一是没有包括不确定性；二是在建模过程中将变异性视为不确定性。第一种情形将导致模型结果过于乐观（没有充分扩散）；第二种情形会导致总不确定性过度膨胀。

然而，术语“不确定性”同时应用于上面所描述的意思和“总不确定性”，导致了风险分析师在术语应用方面的问题。同事们建议用“不可确定性”（indeterminability）来形容总不确定性（或许有点拗口，但这是我目前听到的最好的建议）。传统统计学家（频率论者）和贝叶斯统计学家对诸如概率、频率和置信度等概念的含义争论了相当长时间。下面简单介绍我如何应用这些词，而不是转述不同的解释。我所用的术语能够非常清楚地阐明我、客户和学员的想法。希望对你也同样有用。

概率

概率是某些随机过程结果可能性的数值度量，是描述系统变异性的两个部分之一，另一部分是输出结果的可能值。概率的概念起源于两种不同的方法。频率论者的方法是重复大量试验的物质过程，然后观察感兴趣结果发生的比率。比率近似地（意思是做无限次试验）等于物质过程中特定结果的概率。例如，频率论者掷多次硬币，出现正面的比率近似等于抛掷一次出现正面的实际概率，抛的次数越多，比率就越接近实际概率。因此，使用均匀硬币进行大量的试验时，掷出正面的比率稳定在50%左右。然而人们没有机会重复无数次抛掷硬币，这是个哲学问题。

此外，物理学家或工程师可以研究、测量、旋转这枚硬币或对它的表面进行光谱分析等，直到宣布这枚硬币是对称的，在逻辑上硬币掉落出现任何一面各有50%的概率（对于均匀硬币是这样的，对于不均匀的硬币会是其他值）。

概率用来定义概率分布，概率分布描述变量的取值范围及变量所取任何特定值的概率（似然性）。

不确定度

本书中“不确定度”（degree of uncertainty）是我们确定的、对某事物真实程度的测量方法。它是用于描述模拟的物质系统的参数不确定性的两个组成部分之一（也可称做“自然状态”），另外一个部分是参数值。我们用不确定度定义不确定性分布，用以描述参数寓于的数值范围，以及参数为某个特定值的置信水平或处于哪个特定的范围。置信分布看起来与概率分布完全一样，这会很容易导致两个量之间的混淆。

频数

频数是总体中某个属性出现的次数。相对频数是总体中某个属性出现次数的比率。在1 000人的总体中，22人是蓝眼睛，那么蓝眼睛的频数是22，相对频数是0.022或2.2%。根据定义，频数必须与已知总体大小相关联。

4.3.1 不确定性和变异性的例证

下面通过几个例子来阐明不确定性和变异性的含义。由于变异性是更基本的概念，需要首先说明。投掷了一枚均匀硬币出现正面（称之为“成功”）的概率为50%。每次投掷的结果独立于以往投掷的结果。结果表明，投掷n次出现正面次数的概率分布服从二项分布Binomial（n，50%）来描述，这种分布在8.2详细阐述。图4.8绘制了当$n=1$，2，5和10时的二项分布图形。由于人不是机器，不能完美地重复实验，系统（硬币旋转的次数、空气阻力和运动、撞击地面的角度、地面的拓扑结构等）也过于复杂，人也不能影响结果，因此投掷是随机的。

这些二项分布是变异性的分布，反映了投掷硬币过程（随机系统）固有的随机性。假设硬币是均匀的、投掷次数固定，那么就可以假设投掷过程中不存在不确定性。换句话讲就是假设系统参数已经清楚。图4.8的纵轴列出了每个结果的概率，这些概率之和为1。概率分布或变异性分布通常简单易懂。下面的事件证明了随机性（变异性）确实存在：100人组成的小组，掷硬币10次，正面向上的结果分布服从二项分布（10，50%）分布[①]。

现在考察不确定性分布。假如有个袋子装10个球，已知6个是黑色的，其余4个是蓝色的。如果从袋子中随机摸出1个球放在不透明的盒子里，盒子里黑色球的概率是多少？有

① 我不推荐做这个试验。我做过几次，每次都是在大厅中坐了好多人，结果硬币到处乱飞。

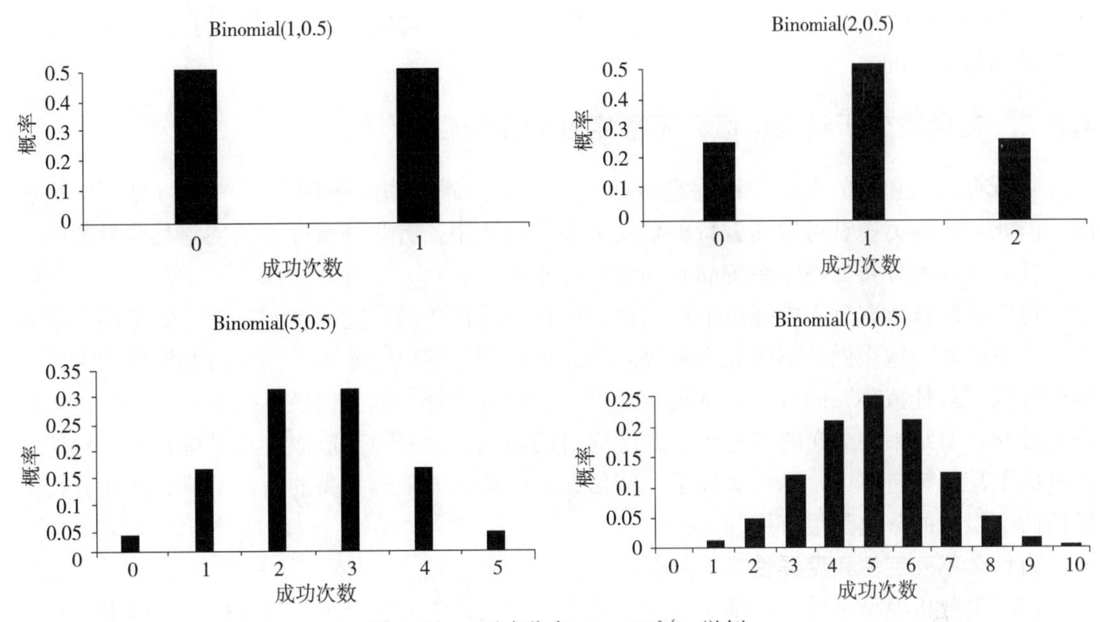

图 4.8　二项式分布（n，50%）举例

点统计学知识的人都可以快速地回答出是 6/10 或 60%。再从袋子中拿出另一个球，是蓝色。现在盒子中球是黑色的概率是多少？现在共有 9 个球是未知的，其中 6 个是黑色，那么有人会认为答案是 6/9 或 66.66%。这就是奇怪之处，因为人们很难相信盒子里面是黑球的概率由于这次选择之后而改变。问题就在于对“概率”这个术语的应用，这里所用的与前面定义的“概率”术语不一致。当球放在盒子中，这个动作已经完成，那么盒子中的球要么是黑色（概率为 1）要么不是黑色（概率为 0）。虽然现在还不知道实际情况，但可以收集信息（看盒子或看袋子）来找出实际值。在所有的球从袋子拿出前，有 60%的置信度概率为 1，有 40%的置信度概率为 0。这是真实概率的不确定性分布。当从袋子中拿出蓝球的时候，有了额外的信息并因此改变不确定性分布，表示有 66.66%的置信度认为盒子里的球是黑色的（概率为 1）。这两个置信分布如图 4.9 所示。请注意，图 4.9 中的分布是纯粹的不确定性分

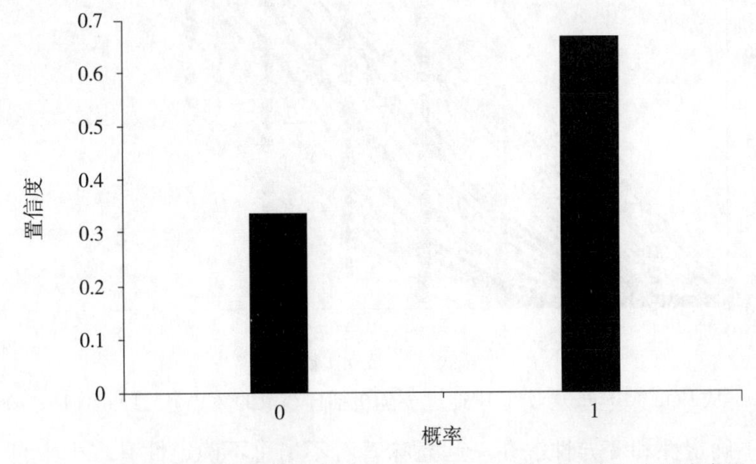

图 4.9　盒子中黑球的置信度分布：0=否，1=是。左侧柱子是球拿出来前的置信度；右侧柱子是球从盒子拿走后的置信度

布。x 轴是概率分布，但是只有0和1两个值，由0和1构成的概率系统没有变异性，它们的结果都是确定的。

4.3.2 在风险分析模型中区分不确定性和变异性

对所有意图和目的来讲，不确定性和变异性是由看起来及表现完全一样的分布所描述的。因此，这两类模型可以在蒙特卡罗模型中一起使用，有些分布反映模型中某些参数的不确定性，另一些分布反映了系统固有的随机性本质。

可以在能从所有分布中随机抽样的模型中运行模拟，结果能解释所有的不确定性和变异性。不幸的是，这么做并不能完全解决问题。由此产生的单一分布等同于由变异性和不确定性组合的"最佳猜测"的分布。从技术上讲，这很难解释，纵坐标既不代表不确定性也不代表变异性，对结果的分布哪些是由于系统固有的随机性（变异）造成的，哪些是由于对这一系统的不甚了解造成的，已经丢失了一些信息。因此，如果有必要的话，了解如何在分析中保持两个组分的分离是很有用的。

为什么不确定性和变异性应该分开?

在风险分析模型中保持不确定性和变异性分离从数学上更合理。通过模拟把两者混在一起，在大多数条件下能够生成总不确定度水平的合理评估。图4.10显示了二项分布（10，p），其中 p 是不确定的，服从Beta（10，10）分布。意大利面似的图形展示了很多可能真实的二项分布，它们用累积分布的形式表现出来，粗线表示二项分布和Beta分布合在一起模拟的结果。联合模型可能错误，但是很好地涵盖了可能的范围。但是考虑到仅仅通过二项分布，如二项分布（1，Beta（10，10））就能做到同样的结果。结果要么是1、要么是0，每种情况通过模拟都得到概率在50%左右，与模拟二项分布（1，50%）的结果一样。输出结果丢失了 p 是不确定的这个信息。

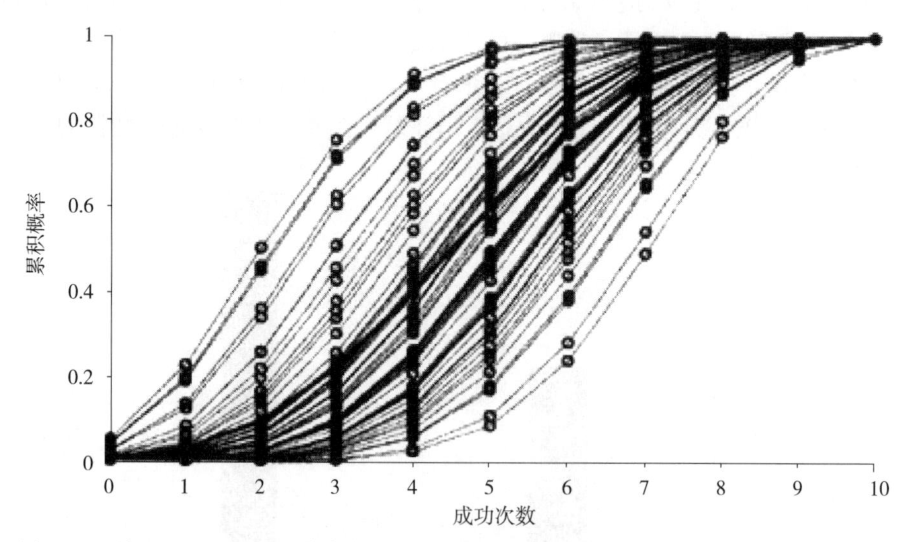

图4.10 从Beta（10，10）分布中通过 p 随机抽样获取的300个二项式（10，p）分布

当然，把不确定性和变异性混在一起意味着看不出总不确定性有多少来自于变异性，多少来自于不确定性，这个信息是非常有用的。如果获悉总不确定性主要源于不确定性（图4.11），那么就应该进一步收集信息来降低不确定性，这样能够提高对未来的估计的准确度；

如果总不确定性主要源于变异性（图 4.12），那么收集更多的信息就是浪费时间，唯一减少总不确定性的方法就是改变物质系统。总之，不确定性和变异性的分离能够明确通过哪些途径能降低模型总不确定性，或者是获取更多信息，或者是对系统作出改变。

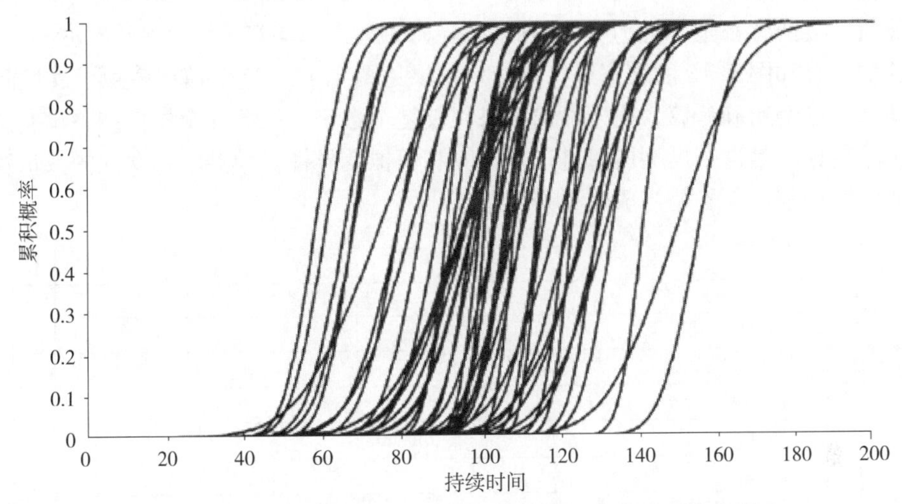

图 4.11　不确定性支配变异性的二阶风险分析模型输出实例

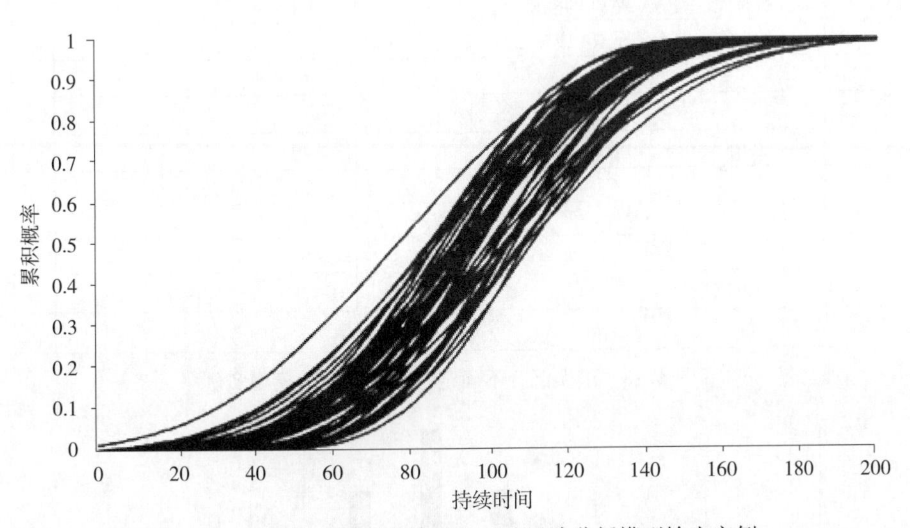

图 4.12　变异性支配不确定性的二阶风险分析模型输出实例

把变异性分布当成不确定性分布比混合不确定性和变异性分布产生的问题更大。分离不确定性和变异性能够更好地理解避免由于混合两者导致的更大错误的原则。考虑以下问题：

在一项庭审案件中，从总体中随机挑选 10 人组成陪审团。总体中，50%是女性、0.2%有严重视力障碍、1.1%美国本土居民。辩方想要陪审团中至少有一名女性，并且这名女性要么是美国本土人士，要么是视力障碍人士，或既是美国本土人士又是视力障碍人士。在这种选择中至少有一名这样的陪审员的概率有多大？由于所有参数已知，结果极易计算，可以假设各特征之间是独立的，因此这个问题纯粹是变量问题。一个人既不是美国本土人也不是视力障碍的概率是（100%−1.1%）×（100%−0.2%）=98.702 2%。一个人或是美国本土人，或是视力障碍人，或既是美国本土人也是视力障碍人的概率是（100%－98.702 2%）＝1.297 8%。因此，一个女性，或者是美国本土人，或者是视力障碍，或者两者兼而有之的概率是（50%×1.297 8%）＝0.648 9%。在陪审团中不是美国本土人，或视力障碍，或两者都符合，而且不是女性的概率是（100%－0.648 9%）^{10}＝93.697…%，所以一个陪审员是美国本土人，或视力障碍，或两者都是，且为女性的概率是（100%－93.697…%）＝6.303…%。

将这次计算和图4.13的表格进行比较，结果见图4.14。这个模型模拟了女性陪审员数量，其他部分已经精确计算。由于输出结果仅仅是个数字，因此这个模拟结果没有意义。造成这个现象的原因是这个模型同时进行了计算和模拟变异性。模型中将女性的数量当成一个不确定的参数处理，而不是当成变量处理。

	A	B	C	D	E
1					
2		女性	50%		
3		视力障碍(VI)	0.20%		
4		美国本土人(NA)	1.10%		
5		陪审团	10		
6					
7		非女性陪审员	9		
8		VI或NA的概率	98.702 2%		
9		所有女性是NA或VI的概率	0.889 081%		
10		最少有一名女性是NA或VI或两者都是的概率	11.092%		
11					
12		公式表			
13		C2:C5	输入值		
14		C7	= 二项式(C5,C2)		
15		C8	=(1-C3)*(1-C4)		
16		C9	=C8^C7		
17		C10(结果)	=1-C9		
18					

图4.13 错误混合不确定性和变异性的模型实例

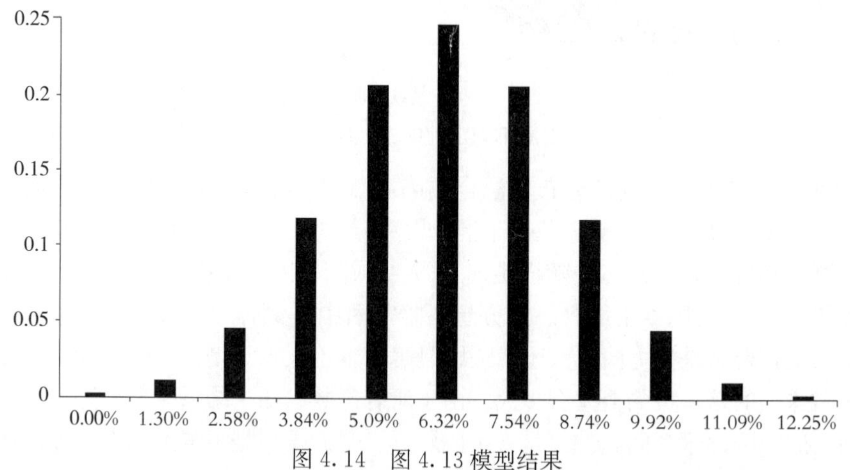

图4.14 图4.13模型结果

前面阐述了分离不确定性和变异性是非常有用的，现在必须退回来看是否应该获取额外信息。事实上，如果在同一个模拟中运行了不确定性和变异性，那么运行两次模拟就可以很好地了解总不确定性分布：第一次从所有分布中抽样，第二次将所有不确定分布设置成它们的平均值。分布的差异是不确定性到总不确定度分布的合理的描述。下面将会描述编写分离不确定性和变异性的模型非常费时且难处理，所以必须意识到这个练习的价值。

4.3.3　构建不确定性和变异性分离的蒙特卡罗模型

风险分析模型的核心结构是随机系统的变异性。一旦建立变异性模型，这个变异性模型参数的不确定性会被掩盖。分离不确定性和变异性的风险分析模型称为二阶模型。变异性模型有两种形式：准确计算和模拟。在准确计算的变异性模型中，每一个可能结果的概率是准确计算的。例如，计算投掷 10 次硬币出现正面的次数，准确计算模型结果如图 4.15 所示。这里应用了 Excel 函数二项式（x，n，p，*cumulative*），结果为 n 次试验中成功 x 次的概率，这个概率服从成功概率是 p 的二项式分布。累积参数要么是是（或 1），要么是不是（或 0），如果是是，函数模拟结果为累积概率 $F(x)$，如果是不是，函数模拟结果为概率密度 $f(x)$ 。$x-y$ 散点图中 E 列、F 列的点生成输出模型的二项式分布。电子表格模型中诸如均值、标准差等统计结果也可以根据需要精确确定。应用 Excel 数组函数 SUMPRODUCT 计算均值和标准差的公式，这个函数将两个数组中的项目两两相乘，然后将配对的结果相加。在这样的准确计算模型中，把模型中任何参数的不确定性包括进来是很简单的事情。例如，如果不确定硬币是否真正均匀，可以将出现正面的概率估计描述成为 Beta（12，11）分布（参见本书 8.2.3 对 Beta 分布的解释）。可以在 C3 单元格 0.5 值的地方简单地键入 Beta 分布，对包含输出结果的 F 列的单元格进行模拟。

	A	B	C	D	E	F	G
1							
2		*n*	10		*X*	*f(X)*	
3		*p*	0.5		0	0.000 976 6	
4					1	0.009 765 6	
5		均值		5	2	0.043 945 3	
6		标准差		1.581 14	3	0.117 187 5	
12					9	0.009 765 6	
13					10	0.000 976 6	
14							
15		公式表					
16		E3:E13	1,2,3,...				
17		F3:F13	= 二项式(E3,n,p,0)				
18		D5	=SUMPRODUCT(E3:E13,F3:F13)				
19		D6	=SQRT{SUMPRODUCT[(E3:E13-D5)^2,F3:F13]}				
20							

图 4.15　一枚硬币投掷 10 次结果的计算模型

当应用精确计算变异性的模型时，分离不确定性和变异性会简单明了，因为对变异性使用了公式，对不确定性使用了模拟。但如果构建模型模拟变异性该怎么办呢？图 4.16 显示了相同的投掷硬币问题，但现在应用@RISK 中的二项式（n，p）函数模拟出现正面的次数。诚然，对这么简单的问题进行模拟完全没必要，但是在很多情况下，对模型进行精确计算即便能做也会非常不方便，这时候唯一可行的方法就是模拟。由于应用模拟的随机抽样对变异性建模，那么建立不确定性模型将不再可行。把二项分布概率 p 的一个可能值放入模型中并运行模拟。如果 p 值是正确的，其结果将是正确的变异性模型的二项分布。p 实际可能是完全不同的值，p 服从 Beta（12，11）分布，那么就从 Beta 分布中进行重复抽样，对每一个样本进行模拟，把所有二项分布图绘制在一起，这样能够获取完整的图像。这个过程听起来非常乏味，但@RISK 提供了一个风险分析函数使该过程自动化。Crystal Ball 在以前的版本提供了一个类似的功能，就是在一个模型中分别指定不确定性和变异性分布，然后自动执行这一过程。

如果对于 Beta 分布运行多次（如 50 次）拉丁超立方抽样，输入电子表格模型。然后，用 RiskSimtable 函数引用值的列表。RiskSimtable 函数返回列表中的第一个值，但当在@RISK运行 50 次模拟时，每个迭代 500 次，RiskSimtable 会填满这一列，每次模拟用一个值。注意模拟的次数设置成与从 Beta 分布不确定分布抽取的样本数相等，那么二项式分布与 RiskSimtable 函数联系起来并命名为一个输出结果。现在运行 50 个模拟，会产生 50 种不同可能的二项式分布，该二项式分布被绘制在一起，并以与显示计算结果相同的方式进行分析。当然，有无限个可能的二项式分布，但是通过使用拉丁超立方抽样（见 4.4.3 超立方采样值的解释），可以确保用较少的模拟次数就能获取对这个不确定性的较准确的描述。

	A	B	C	D	E	F	G
1							
2		正面朝上的概率	63.40%	从 C2 取 50 个样本		*Beta* 值	
3		Simtable 概率	42.60%			42.60%	
4						54.28%	
5		正面的数目	5			43.40%	
6						41.37%	
50		公式表				32.46%	
51		C2	=Beta(12,11)			38.31%	
52		C3	=RiskSimtable(F3：F52)			46.08%	
53		C5	= 二项式(10,C3)				
54							

图 4.16 对图 4.15 模型的模拟演示结果

虽然@RISK 的 RiskSimtable 函数或 Crystal Ball Pro 的工具提供了自动化程序，加之现代电脑运行速度很快，但模拟仍要花费一些时间。然而，在大多数重要的模型中通过降低模型本身的复杂性能降低时间耗费，因此构建模型花费的时间，以及构建更加直观的模型都能够减少模型中的错误。

应用 ModelRisk 软件进行不确定性分析简便易行，所有拟合函数要么提供返回最佳拟合参数（或分布、时间序列等）的选项，这个非常实用；要么提供包括这些参数的统计学不确定性，这更加准确。

4.4 如何运行蒙特卡罗模拟

这一部分将在技术方面介绍蒙特卡罗风险分析软件如何为模型的输入分布产生随机样

本，解释蒙特卡罗和拉丁超立方抽样之间的区别，说明拉丁超立方抽样在可靠性和有效性方面相对于蒙特卡罗抽样的改进。还会解释随机数字生成器的用法，并向读者说明自己设计概率分布的方法。最后，简单介绍风险分析软件用于所产生的输入变量的等级秩相关分析。

4.4.1　输入分布的随机抽样

考虑不确定的输入变量 x 的分布。6.1.1 中定义了累积分布函数 $F(x)$，给出了变量 X 小于等于 x 的概率 P，即：

$$F(x)=P(X\leqslant x)$$

$F(x)$ 范围是 0～1。现在，从反方向看这个方程：对于给定 $F(x)$，x 值是多少？这种反函数 $G(F(x))$ 写成：

$$G(F(x))=x$$

这就是反函数 $G(F(x))$ 的概念，即由风险分析模型中的每个分布来生成随机样本。图 4.17 用呈现了 $F(x)$ 和 $G(F(x))$ 之间的关系。

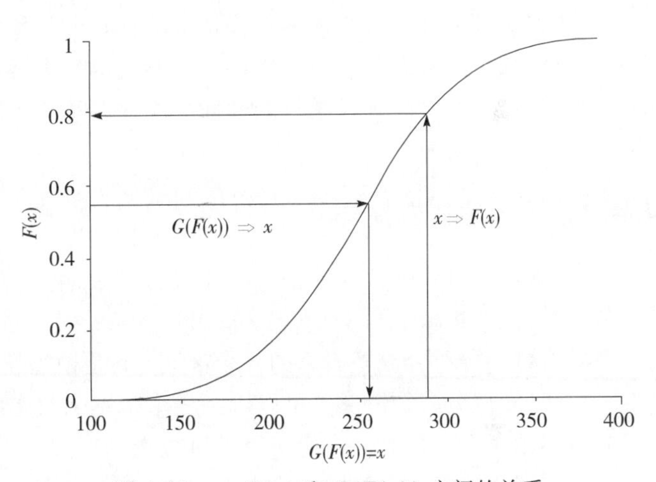

图 4.17　x、$F(x)$ 和 $G(F(x))$ 之间的关系

为了用某个概率分布产生随机样本，先产生 0～1 的随机数，然后把这个随机数引入方程，以便利用该值产生某种分布的值：

$$G(r)=x$$

随机数 r 由均匀分布 $U(0,1)$ 产生，使 x 为 0～1 范围内机会相等的任意一点。很多抽样方法都用到反函数，下一部分会专门讨论。事实上，对于一些类型的概率分布不可能确定 $G(F(x))$ 的方程，这时可使用数值求解方法。

ModelRisk 将反演方法用于所有（70 多）单变量分布族，并允许用户通过“U-参数”控制分布如何抽样。例如：

VoseNormal（mu，sigma，U）

其中 mu、sigma 分别是正态分布的均值和标准差；

VoseNormal（mu，sigma，0.9）

返回第 90 百分位的分布

VoseNormal（mu，sigma）

或

VoseNormal（mu，sigma，RiskUniform（0，1））

对@RISK 用户，或

VoseNormal（mu，sigma，CB. Uniform（0，1））

对 Crystal Ball 用户分别返回由@RISK 或 Crystal Ball 控制的分布的随机样本。反演方法还可用相关变量的 Copulas 连接函数，有关解释详见 13.3。

4.4.2 蒙特卡罗抽样

蒙特卡罗抽样正是应用了上面进行详细描述的抽样方法。蒙特卡罗抽样方法历史悠久、闻名遐迩，是这本书介绍的最简单抽样方法。蒙特卡罗抽样以第二次世界大战（简称二战）期间 von Neumann 和 Ulam 在 Los Alamos 的 Manhattan 原子弹计划的工作代码命名，用于集成棘手的数学函数（Rubinstein，1981）。然而，最早应用蒙特卡罗方法的是著名的 Buffon 投针问题，这个问题是将针随机扔到一个网格来估计 π 值。在 20 世纪初期，蒙特卡罗方法也用于验证 Boltzmann 方程，1908 年，著名统计学家"Student"（W. S. Gossett）用蒙特卡罗方法估算 t-分布的相关系数。

蒙特卡罗抽样能够用于纯粹的随机抽样。适用于从总体模拟随机抽样或做统计实验获取模型。然而，抽样的随机性也会产生在分布的某些部分抽样过多，而在其他部分抽样不足的问题，只有大量的重复后才能复制输入分布的形状。

对于绝大部分风险分析模型，蒙特卡罗抽样的纯粹随机性意义不大。我们总是担心模型会复制已经确定的分布。也会担心耗费如此大的努力矫正这些分布的意义何在？拉丁超立方抽样通过提供一个"呈现"随机的抽样方法强调了这个问题，而且保证再生的输入分布比蒙特卡罗抽样更加有效。

4.4.3 拉丁超立方抽样

大多数风险分析模拟软件都有拉丁超立方抽样（LHS）这个选项。它应用了"不放回分层抽样"法（Iman，Davenport 和 Zeigler，1980），过程如下：

- 将概率分布分成等概率的 n 个区间，n 是模型迭代次数。图 4.18 演示了正态分布迭代 20 次分层的情形。可以看到概率密度函数尾部方向线条逐渐变宽。
- 在第一个迭代时，应用一个随机数选择区间。
- 然后生成第二个随机数确定在这个区间内 $F(x)$ 应该位于哪个位置。事实上，第一个随机数的后半部就可以达到这个目的，这样就减少了模拟时间。
- 通过 $X = G(F(x))$ 来获取 $F(x)$ 的值。
- 第二个迭代重复前面的过程，但第一个迭代中应用的区间已标记为使用，因此不会被再次选择应用。
- 所有迭代都重复这个过程。由于迭代数 n 也是区间的个数，因此每个区间只会被抽中一次，分布将会在 $F(x)$ 范围内得到复制。

LHS 与蒙特卡罗抽样相比较，改善的地方显而易见。图 4.19 对分别应用 LHS 和蒙特卡罗抽样从三角分布 Triangle(0,10,20) 抽样获取的结果进行比较。图 4.19 上部的两个图展示了模拟 300 个迭代后的三角分布直方图。LHS 生成的分布更加清晰。图 4.19 中部的两个图展示了应用两种抽样方法使分布的均值和标准差收敛的情况。蒙特卡罗试验中，先进行了 50 次抽样，再抽样 50 达到 100，然后再抽 100 达到 200，这样做下去，分别模拟 50、100、200、300、500、1 000、5 000 次迭代。LHS 试验中，对上述 7 种不同次数的迭代分别进行 7 次模拟。这两种方法的不同之处就显示出来了，原因在于 LHS 有"记忆"，而蒙特卡罗抽样没有。所谓"记忆"就是抽样算法记住了在分布中的什么位置已经进行过抽样。从这两个部分能够感受到 LHS 的一致性。下部的两个图说明了更加基本的道理。应用 LHS 和

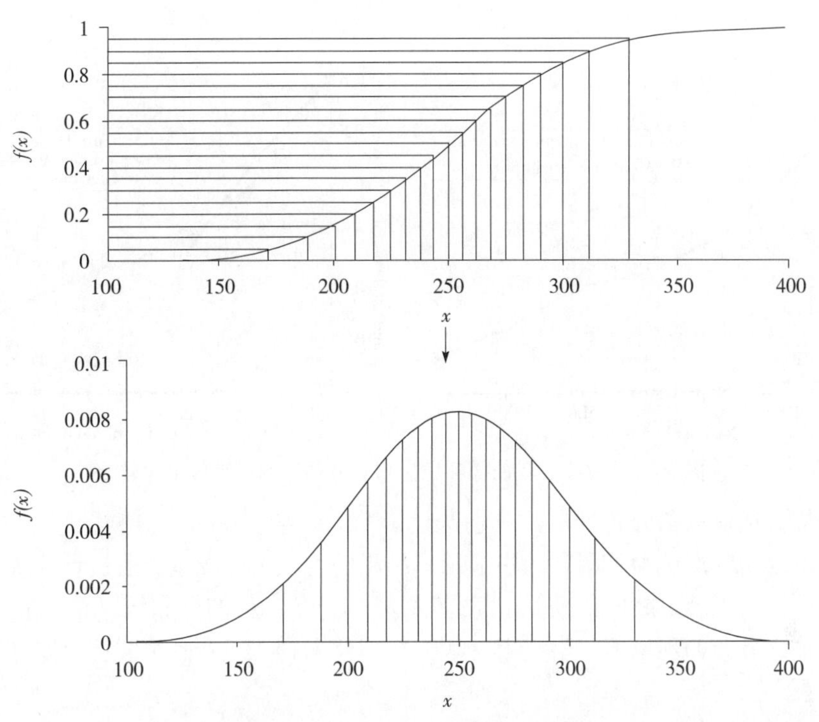

图 4.18 拉丁超立方抽样的分层效果

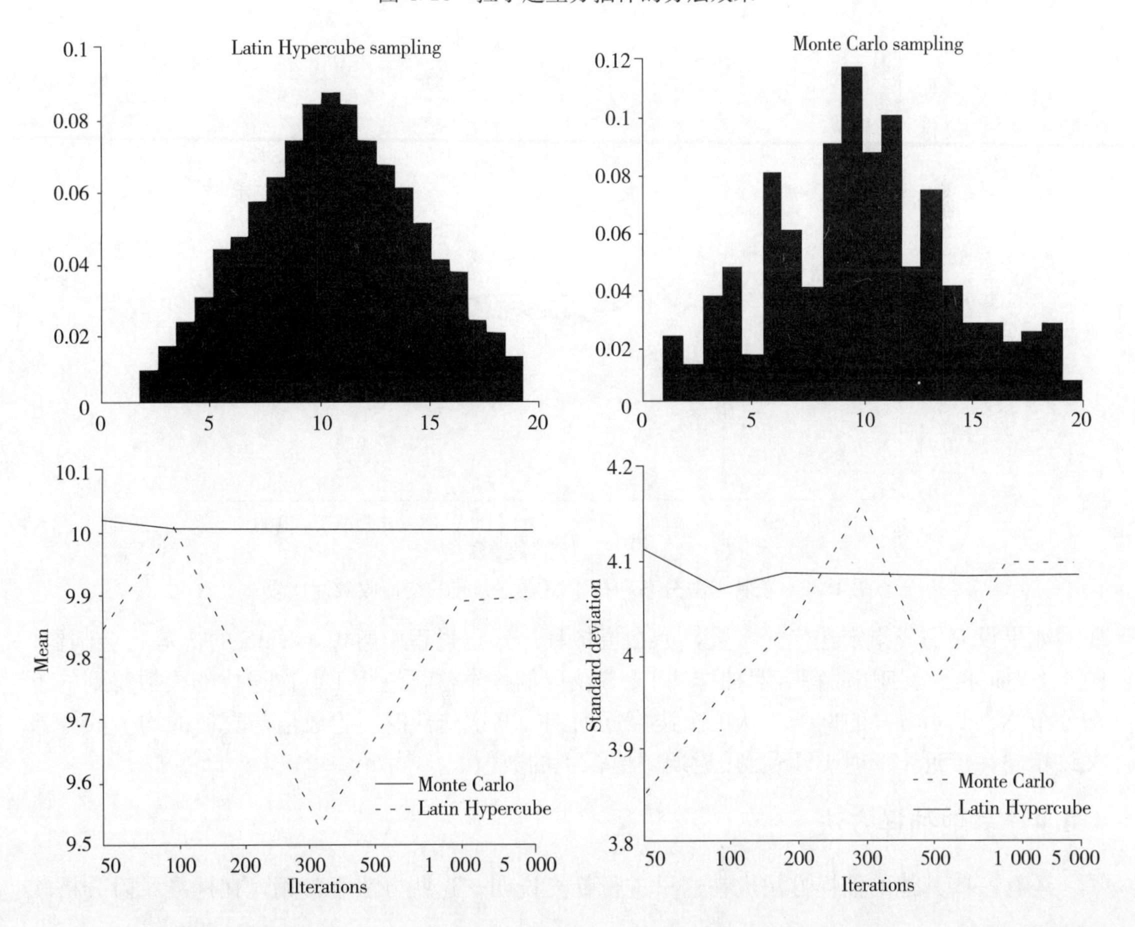

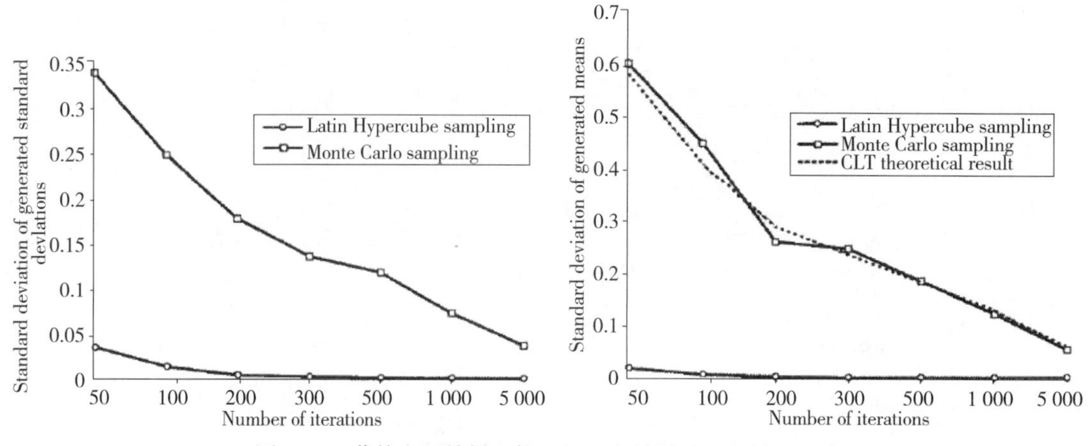

图 4.19 蒙特卡罗抽样和拉丁超立方抽样的运行效果比较

蒙特卡罗抽样方法对三角分布抽样，分别迭代了 50、100、200、00、500、1 000、5 000 次模拟。这是重复 100 次试验的图，图中显示了结果的均值和标准差。通过计算统计量的标准差能感受到不同模拟结果之间的变化到底有多大。LHS 产生的分布统计值一直比蒙特卡罗抽样更接近输入分布的理论值。事实上，100 个 LHS 样本比 5 000 个蒙特卡罗样本模拟结果的离散程度更小！

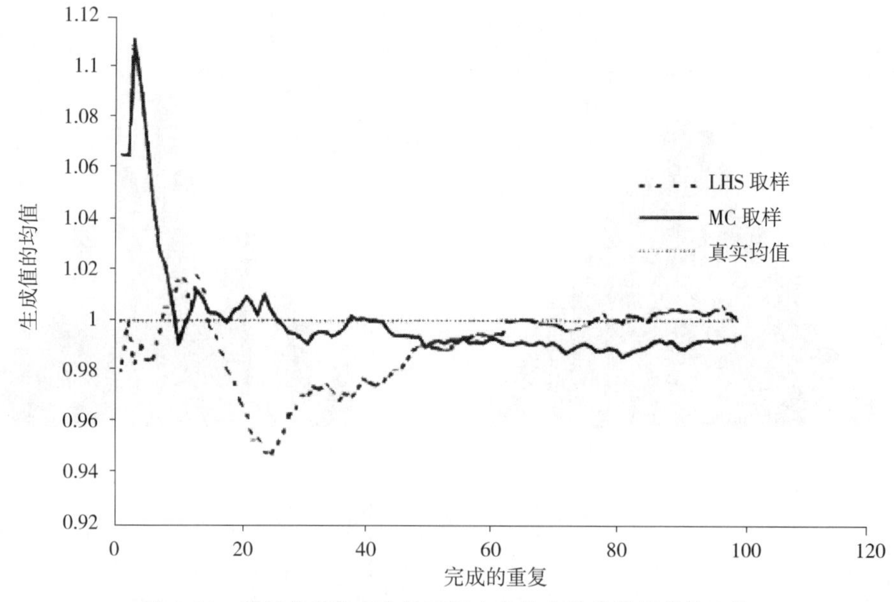

图 4.20 蒙特卡罗分布和拉丁超立方分布的均值收敛性比较

如果没有完成指定迭代的次数，如在模拟程序运行过程中暂停，LHS 的优势将会削弱。图 4.20 描述了分别用蒙特卡罗抽样和 LHS 获取的样本，再进行 100 次迭代的模拟得到的正态分布 N（1，0.1）的例子。从 1 次迭代逐渐到 100 次迭代时，生成值与真值的均值的方差大致相同，接近 100 时 LHS 更接近期望值得到的数值。

4.4.4 其他抽样方法

还有一些其他的抽样方法也在这里进行补充说明。这些方法不常用，在标准风险分析软件包中也没有。"中点 LHS"是标准 LHS 的一种演变，即每个区间的中点作为抽样值。换句话讲，从一个分布中应用 n 次迭代产生的数据点（x_i）在（$i-0.5$）$/n$ 百分点上。中点 LHS 生成比 LHS 更精确、预测性更强的统计结果。大多数情况下，这是非常有用的。不过，也有奇怪的地方，$F(x)$ 之间的等距值会产生干扰效应，而在标准 LHS 中不会观察到这些干扰效应。

在研究某些问题时，人们可能仅仅关注可能结果分布的极端尾部值。在这种情况下，甚至进行大量迭代也无法产生结果极端尾部值的有效值，使其准确表达所关注区域。这种情况下可以应用重要性抽样（importance sampling，Clark，1961），人为增加输入分布中能够产生感兴趣结果的极端尾部值的抽样概率。在模拟的最后，输出分布中强调的尾部被重新调整回正确的概率密度函数，但在尾部更加准确。4.5.1 中将研究另一种模拟方法，这种方法能够确保对小概率事件的模拟非常准确。

Sobol 数①是逐步填充拉丁超立方空间的非随机序列数字。它的优势是可以不断加入更多的迭代，不断填补以前留下的空缺。与 LHS 不同的是，需要在开始前定义模拟迭代次数，一旦完成迭代只能重新开始，不能依靠已完成的抽样。

4.4.5　随机数生成器种子

人们开发了很多算法来形成 0～1 的随机数字，这些随机数可以等概率密度地取到区间内的值。可以在网上找到大量相关评论。目前，最通用的算法是梅森旋转算法（Mersenne twister）②。这些算法起始于 0～1 的某个值，所有随后生成的随机数均依靠这一初始种子值。这非常有用，现在大部分非常好的风险分析软件包提供选择种子值的选项。我个人理所当然地设置种子值为 1（因为我能记住它!）。如果模型不变，即电子表格模型中分布的位置、抽样的顺序不变，那么软件包可以准确重复相同的结果。更重要的是，模型中的分布可以改变，可以通过运行第二次模拟观察这些变化对模型输出效果的影响。通过观察可以了解到任何观测的变化取决于模型的变化，而不是随机抽样的结果。

4.5　模拟模型

我的风险分析建模最基本准则是："风险分析模型的每个迭代必须是实际存在的情景"。如果建模者遵从这一准则，他就能够建立既精确又能避免绝大多数在我审查客户工作时候碰到的问题。7.4 讨论了最常见的风险建模错误。

第二个非常有用的准则是："无法计算时就进行模拟"。换言之，当直接通过正常运算就能获取精确解时就没有必要进行模拟。原因如下：模拟提供的是近似答案，而数学运算可计算精确解。模拟往往不能够提供整个分布，特别是无法描述低概率的尾部情况。数学方程可随参数值的变化不断更新，如能够应用数学方程中的偏微分方法，这比模拟更容易优化结果。尽管有这些好处，除了最简单的问题，代数解过于浪费时间且烦琐。对于那些没有数学

---

①（维基百科）Sobol 序列［也称为 LPτ 序列或（s，t）序列］，属于准随机低差异序列。由俄罗斯数学家 I. M. Sobol（Илья Меерович Соболь，1967）发现。——译者注

②（维基百科）梅森旋转算法（Mersenne twister）是一个伪随机数发生算法。由松本真和西村拓士在 1997 年开发，基于有限二进制字段上的矩阵线性递归 F^2。可以快速产生高质量的伪随机数，修正了古典随机数发生算法的很多缺陷。——译者注

基础或没有受过培训的人来讲，模拟是解决风险问题有效、直观的方法。

4.5.1 稀有事件

风险分析模型中稀有事件一旦发生将会产生很大的影响，这一点通常很有诱惑力。例如，在悉尼建设项目的成本模型中包括了发生大地震的风险。的确，大地震可能会发生，结果将是灾难性的，但是总模型中包括稀有事件对模型影响不大。

稀有事件的预期影响取决于两个因素，一是发生概率；二是如果确实发生了，产生可能影响的分布。例如，可以确定在建造摩天大楼期间大约有 1∶50 000 的比率发生大地震。然而，如果有地震，造成的损失可能在几百英镑到几百万英镑之间。

一般来讲，确定稀有事件影响的分布比确定稀有事件首次发生的概率更简单。这个概率范围能精确到两个数量级之内就已很好（即 10～100）。通常确定这种事件的概率是分析者继续进行风险分析的障碍。

确定概率的方法之一是根据以往发生的频率，并假设将来会出现类似情况。如果能够收集足够多的可靠数据，那么这么做也许是有用的。例如，在新大陆的地震数据仅仅能够延续二三百年，这种数据最少可以在 200 年内借鉴。

另外一种方法是把问题划分为几个组成部分，一般用于类似核电站的可靠性评估等领域。核电站发生爆炸（包括人为错误）就会造成灾难，那么所有安全装置都会一起遭到毁坏。发生爆炸的概率是达到爆炸必要的初始条件的概率与每个安全装置失效概率的概率乘积。这种方法也用于流行病学，其中农业主管部门力求确定外来病引入的风险。这些分析用于描绘感染动物和动物制品进入该国，并感染该国牲畜的所有途径。有时，问题的结构相对简单，发生概率也能合理计算。例如，通过进口精液或胚胎引入一种疫病的风险。在这种情况下，进口动物数量很容易估计，源头可以确定，并可以利用规章制度使风险最小化。

在其他的情况下，问题的结构极端复杂，除非设置概率的上限，否则敏感性分析是不可能的。例如，分析进口鲑鱼导致本地鱼感染疫病的风险。有很多途径可以使河流中的鱼和养殖鱼暴露于感染的进口鲑鱼，这些途径包括从海鸥碰巧从垃圾中捡起一块食物，恰好掉到了河流中的一条鱼面前，到从事破坏活动的人故意买来一些鲑鱼，并且把它喂给饲养的鱼等各种方式。显然风险分析不可能考虑所有存在的情景，并计算每个情景的概率。在这种情况下，设置感染发生的概率上限很有意义。

风险分析模型中包括稀有事件的情况很常见，这种模型起初涉及问题的一般不确定性，但无法使人们更深刻地理解所要分析的问题。例如，可以构建模型估计为客户开发一个应用软件（包括设计、编码和测试等）的时间。模型可以分解为关键任务及每个任务持续期的概率估计。然后，运行模拟评估所有不确定性的总效果。在这种分析中不会包含飞机坠入办公室或者工程管理者辞职的影响。我们或许意识到这些风险，并在单独的地方保留些备份文件，或者让工程管理者签订一份保密合同。但是把这些风险整合进模型不会使对工程最后期限估计得更准确。

4.5.2 模型的不确定性

模型的构建是主观的，分析者必须确定构建简单模型来描述很复杂的现实情况的方法。他必须确定哪部分是无意义的且可以剔出模型，这时候通常没有很多数据的支持。也许还要思考哪种类型的随机过程实际在发生作用。实际上，现实世界中很少有纯粹的二项式分布、泊松分布或任何其他理论的随机过程发生。然而，人们常常相信自己选择使用的简单模型偏差不大。对于任何模型考虑它为什么无法代表真实情况是很重要的，在任何做了某些假设的数学抽象中，核查这些假设都很重要，这些假设包括很容易鉴别的清晰假设和不容易鉴别的模糊假设。例如，由于人们认为传染病在某段时间内暴发是随机的，因此运用泊松过程模拟传染病发生频率就很合理。然而，传染病流行过程中的个体可能是下一个流行的传染源，在这种情况下事件不是独立的。传染病季节性意味着泊松密度随月份变化而变化，一旦识别季节性就可以满足泊松过程，但是如果有其他随机因素影响泊松密度，那么更适合把传染病模型构建为混合过程。

有时可能有两种模型（例如，时间和环境温度与细菌生长速度相关的两个方程，或者装置寿命的两个方程），两者看起来似乎都是合理的。我认为，这些方程描述了主观不确定性，应被纳入模型，就像分布赋值给这些方程的其他不确定性参数。例如，如果有两个貌似可信的生长模型，我可能运用离散模型的每个迭代中随机选择一个使用。

对于模型的不确定性问题我们没有简单的解决方法。在呈现模型和结果的时候，为了使读者对模型有恰当的置信度，进行简化和假设很有必要。论据和反论据可作为模型失败的因素。分析者可以小心翼翼地指出这些假设，但是实际决策者会理解任何模型都有假设，而且会考虑这些假设。在任何情况下，第一个指出我模型缺陷的人对我是友好的。人们也常常分析改变模型假设后的效果，这么做会使读者感觉模型结果更可靠。

第5章

风险分析结果的理解与应用

构建的风险分析模型只有当其结果可理解、有用、可信和有助于解决问题时才有价值。本章介绍了一些技术，可以帮助分析者达到这些目的。

5.1 简要叙述了准备风险分析报告时需要考虑的要点。5.2 介绍了如何用简洁易懂的方法来提出模型假设。如果决策者能够理解模型并接受假设的话，该模型就更可能被决策者接受。5.3 列举了许多能够用来阐述风险分析结果的图形绘制方法，以及最恰当应用它们的指南。最后，5.4 给出了审视风险分析输出数据的一些统计分析方法。

除撰写综合风险分析报告外，对客户来讲，举办一个短期的高级管理人员培训班，解释以下内容很有帮助：

- 如何管理风险评估（必要的时间和资源，特定的活动顺序等）。
- 如何保证正常开展风险评估。
- 风险评估能做什么，不能做什么。
- 想要的结果是什么。
- 如何来解释、展示和交流风险评估及其结果。

这种培训使风险分析容易引入一个机构中。我们发现拥有工程师、分析者、科学家等的许多机构已经欣然接受风险分析自我培训，并获得了合适的工具，但没有把额外的知识应用到决策链中，这是因为决策者仍然对这些新的“风险分析材料”不熟悉或者害怕。如果你想对一个陌生的听众介绍风险分析结果，就要假定听众对风险分析模型一无所知，并在介绍开始时解释一些基本概念（如蒙特卡罗模拟）。

5.1 撰写风险分析报告

复杂的模型、概率分布和统计学经常使风险分析报告的读者感到迷惑（或者厌烦）。读者可能不了解风险分析中应用的方法或如何解读结果，以及如何根据结果做决策。在这种情况下，风险分析报告应该以一种既不神秘、也不过于简单化的明确方式指导读者，使其了解假设、结果和结论（如果有的话）。

即便采用简单的表达方式，模型的假设也应该放入报告之中。如果这些模型的假设放在报告后面，而模型的结果、评估和结论留在报告前面，则该报告能够传递给读者的信息更有效。所撰写的报告需要包含以下部分（视情况而定）：

- 摘要。
- 问题简介。
- 已解决的和没有解决的决策问题。

- 可用数据的讨论以及与模型选择的关系。
- 主要的模型假设和假设不正确时对结果的影响。
- 对模型的批判及其有效性的评论。
- 结果的解释。
- 改进模型的可能选择，改进模型及其结果的额外数据，以及需要做的额外工作等的讨论。
- 建模策略的讨论。
- 决策问题。
- 可用数据。
- 采用可用信息解决决策问题的方法。
- 在不同模型选项中的固有假定。
- 模型选择的解释。
- 所用模型的讨论。
- 模型结构的概述，以及部分与全体的关系。
- 每一部分的讨论（数据、运算、假设、部分结果）。
- 结果（图形和统计分析）。
- 模型有效性。
- 参考资料和数据集。
- 技术性附件。
- 罕见方程推导的解释。
- 如何解释和应用统计学和图形结果的指导。

模型的结果必须以能够清晰地回答分析者设定的问题的形式来展示。这听起来显而易见，但是许多报告因为以下几种原因没有做到这一点：

- 报告纯粹依靠于统计学。图形很大程度帮助读者感知模型的不确定性。
- 没有回答关键问题，由读者代替来完成最后的逻辑步骤。例如，给出了一个项目预计成本的分布，但没有提供确定预算、风险应急或盈余等的指导。
- 图形和统计学中用到5、6或更多个有效数字，大多数读者很难思考这些数值，这也妨碍了他们对结果的应用。
- 报告充满大量无意义的统计学内容。风险分析软件程序如@RISK和Crystal Ball能够自动生成综合的统计报告。不过，它们生成的许多统计数据与任何特定模型都没有关系。分析者应当删减这些统计报告，只留与建模问题关系密切的统计数据。
- 图形没有正确的标签！图形上的箭头和注释是相当有用的。

小结：

1. 修剪报告以适合读者和问题。
2. 使统计数字与统计学内容最少。
3. 尽量使用图形。
4. 始终包含对模型假设的解释。

5.2　模型假设的解释

建议应明确写出模型假设，并在报告的显著位置写出假设的摘要，而不是分散在报告对每个模型的解释中。

风险分析模型通常结构很复杂，分析者需要找到方法来解释能快速审查的模型。第一步通常是画模型结构示意图，示意图的类型取决于建模的问题：GANTT 图、分阶段的总设计图、工作分解图、流程图、事件树等——能够传递需要信息的任何图形。

接下来就是给出为模型变量所做的主要定量假设。

分布参数

当解释模型的逻辑推理时，应用分布参数来解释模型变量是如何被特征化，通常是最有效的方法。在含有很多分布参数和概率方程的技术模型中，倾向于采用公式列表来表示，因为这样可清晰反映分布参数与其他变量之间的逻辑关系。对于呈现专家观点或数据集的非参数分布，简洁的草图更有助于读者理解。影响分布图（图 5.1 列举了一个简单例子）对于表示逻辑顺序和模型组成部分之间的内在联系非常有效，但不能用来展示潜在的数学联系。

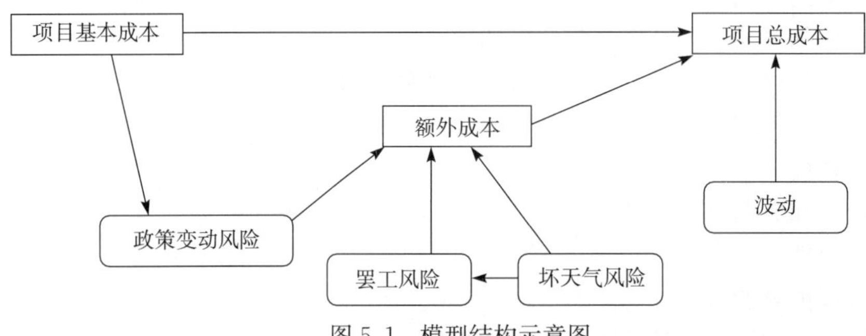

图 5.1 模型结构示意图

当应用非参数分布时，定量假设的图形举例非常有用。例如，简略绘制 VoseRelative（Crystal Ball 中是经典方法，@RISK 中是一般方法）、Vose 直方图或者 VoseCumulA 分布图比给出参数值能够提供更多的信息。当想解释模型部分结果时，绘图也是很好的方法。例如，在证明很复杂的时间序列模型产生的数值时，概要图（summary plots）很有用。在介绍 2 个或 2 个以上变量之间复杂的相关性时，散点图很有用。

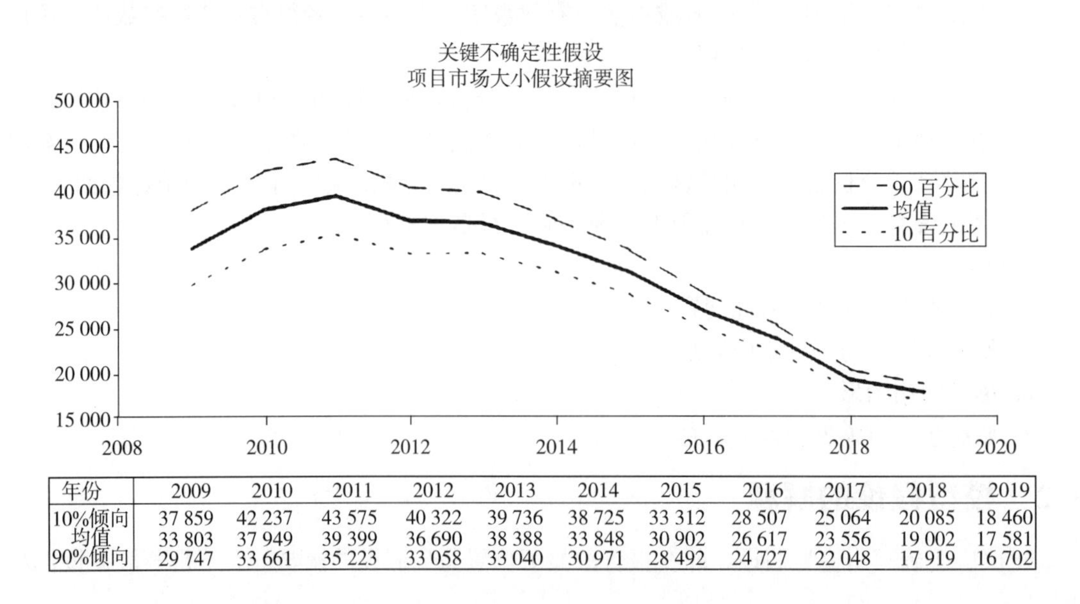

年份	2009	2010	2011	2012	2013	2014	2015	2016	2017	2018	2019
10%倾向	37 859	42 237	43 575	40 322	39 736	38 725	33 312	28 507	25 064	20 085	18 460
均值	33 803	37 949	39 399	36 690	38 388	33 848	30 902	26 617	23 556	19 002	17 581
90%倾向	29 747	33 661	35 223	33 058	33 040	30 971	28 492	24 727	22 048	17 919	16 702

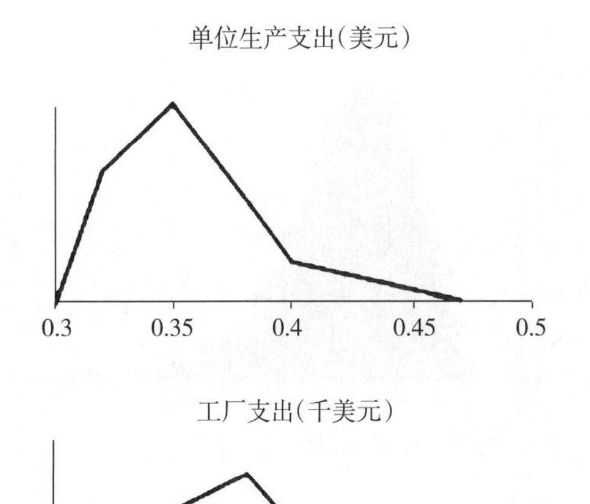

用做关键量的分布参数			
变量	最小	可能	最大
劳动率(美元 / 天)	51	52	55.5
广告预算(千美元 / 年)	17.2	20.3	24.1
管理支出(千美元 / 年)	173	176	181
短期市场份额	0.13	0.17	0.19
佣金比率	0.14	0.145	0.18
工厂租金(千美元 / 年)	172	174	181

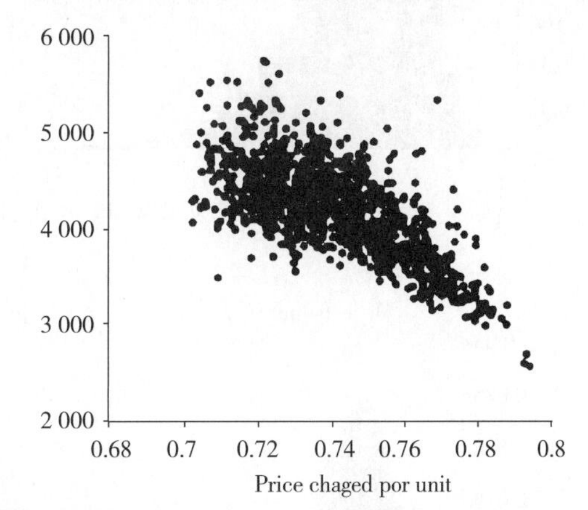

图 5.2　一个风险分析假设报告的实例

图 5.2 展示了假设报告的简单格式。Crystal Ball 提供了写报告的模式，可以自动做大部分工作。在这些主要的定量假设背后通常有大量的数据，以及与这些相关的公式。如果需要，对数据及它们如何转换成定量假设的解释可以放在风险分析报告的附件里。

5.3　模型结果的图示

模型结果可以用图形和数字两种形式来显示。图形的优点是可快速、直观地反映复杂的、用很多数字表达的信息；做定量决策时，数字能够提供原始数据和统计数字。本部分介绍结果的图形呈现，下一部分介绍统计数字的报告方法。读者喜欢图形的展示，报告时应尽可能避免大篇幅的统计数字。

5.3.1　直方图

直方图（histogram）即相对频数分布图，在风险分析中最常用。通过将数据分组，清点分组的频数，采用各组频数作为每一个直条的高度值。用每组频数除以数字总数，给出输出变量在每一组范围内的近似概率。常见分布很容易辨别出来，如三角分布、正态分布、均匀分布等，变量是否是偏态也容易辨别。图 5.3 显示以 500 次迭代模拟结果画成的 20 个直条的直方图。

解释直方图时最常见的错误是将 y 值误认为是不同 x 值的概率。事实上，假定输出结果是连续数值（最常见），任何 x 值的概率是无穷小。如果模型的输出结果是离散数值，只要分类宽度小于每个允许 x 值之间的距离，每一直条就是每一允许 x 值的概率。在直方图中所用的分类数量决定了 y 轴的比例尺度。很显然，直条的宽度越宽，值落在其内的概率越高。例如，如果将直方图的直条数量翻倍，概率比例尺度将近似减半。

蒙特卡罗插件通常提供了度量纵轴的两种选项：密度与相对频率，如图 5.4 和图 5.5 所示。

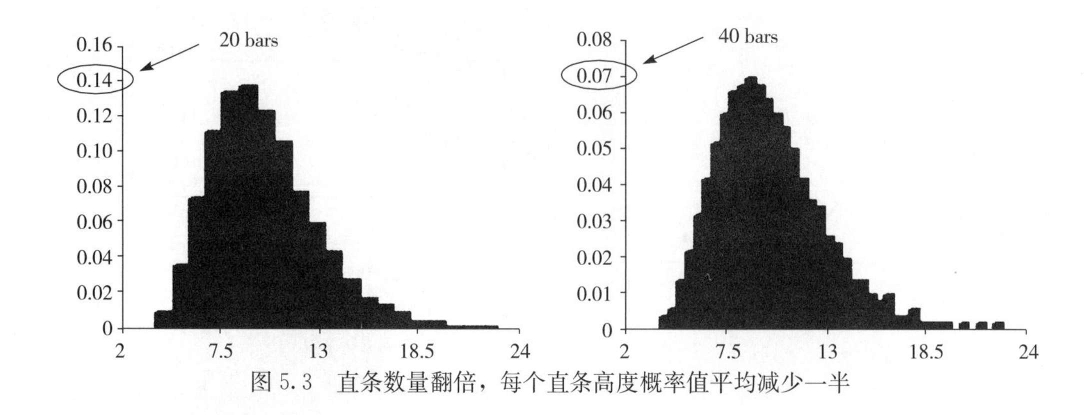

图 5.3 直条数量翻倍，每个直条高度概率值平均减少一半

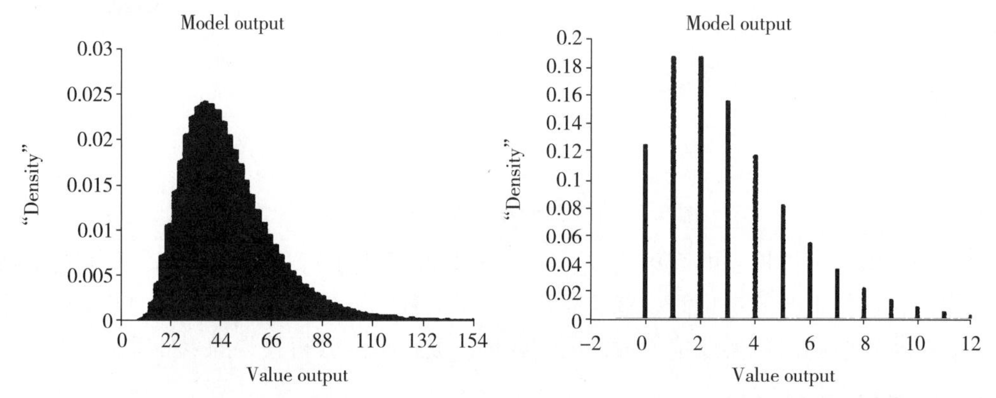

图 5.4 “密度”直方图。计算纵轴尺度，以使直方图的直条面积为 1。这仅适用于连续型输出结果（左图）。如果输出结果为离散型（右图），则模拟软件不识别，所以应以相同方式对待所输出资料作为连续型输出。这种结果图的概率直觉毫无意义——右图概率相加明显超过 1。例如，为了能够说明输出结果等于 4 的概率，首先需要知道直方图直条的宽度

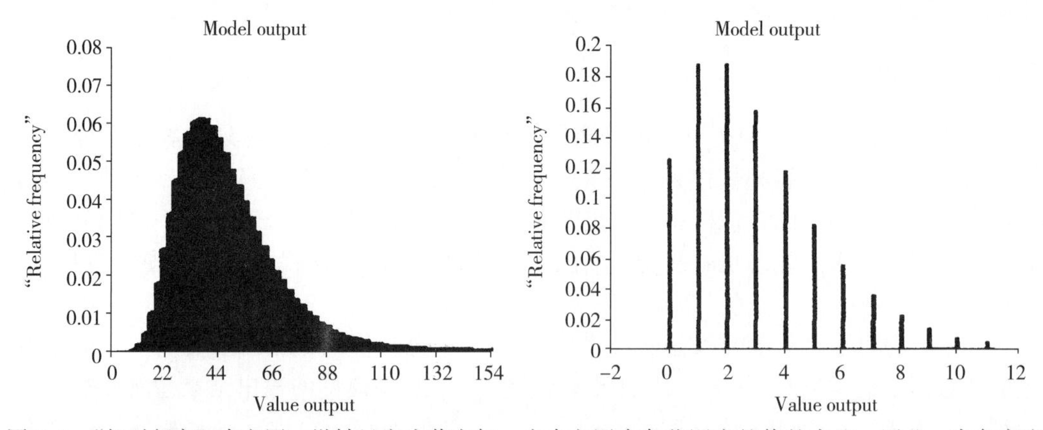

图 5.5 “相对频率”直方图。纵轴尺度为落在每一个直方图直条范围内的值的占比。因此，直条高度累计相加等于 1。相对频率仅适用于直条高度累计相加等于 1 的离散变量（右图）。对连续变量（左图）来讲，曲线下面积累计不再等于 1

在制作直方图时，直条数量应当在缺乏细节（直条过少）和过度的随机干扰（直条过多）两者之间的平衡中作出选择。当风险分析模型的结果是离散分布时，通常建议将直方图的直条数量设置为最大可能值，因为这将揭示输出结果的离散性质，除非输出结果分布占用了大量离散值。

有些风险分析软件程序带有将直方图变为平滑曲线的工具。不推荐这种方法，因为：①它虽然显示了更高的精确性，但实际上并不存在；②它拟合的齿状曲线会强化峰值和谷值；③如果坐标值相同，区域积分并不等于1，除非最初的条带宽度是一个 x 轴单位宽度。

直方图虽然是一种很好的展示变量分布的方法，但是在确定该变量变异性的定量信息时价值很小，而累积频率图（cumulative frequency plot）可以做到。

如果直方图并没有填满直条空间，则直方图可以相互叠加。这可以使人做一个视觉上的比较，例如比较两种决策方法。这类图形也能用于显示不确定性和变异性被分离的二阶风险分析模型结果，在这种情况下，每一种分布曲线都代表从该模型不确定分布中随机抽取样本的系统变异性。

5.3.2 累积频率图

累积频率图有两种形式：上升和下降，如图5.6所示。上升累积频率图最常用，表示小于或等于 x 值的概率。另一方面，下降累积频率图表示大于或等于 x 值的概率。从现在起，本书只使用上升累积频率图。注意，分布的平均数有时标记在曲线上（见图中的黑色方框）。

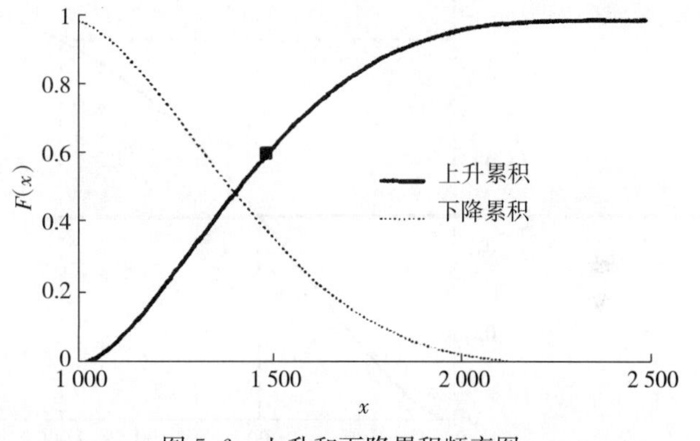

图5.6 上升和下降累积频率图

累积频率分布图可以直接用生成的数据按如下步骤绘制出来：

1. 按升序排列数据的顺序。

2. 接下来计算每一个值的累积百分位数：$P_x = i/(n+1)$，其中 i 是数据值的位次，n 是数值的总数。应用 $i/(n+1)$ 是因为它是对数据重复输出结果的理论累积分布函数的最佳估计。

3. 绘制数据（x 轴）与对应的 $i/(n+1)$ 值（y 轴）的图形。图5.7列举了一个例子。

200～300次迭代通常就足以绘制出一条光滑曲线。如果想避免应用蒙特卡罗软件提供的标准格式，以及想同时绘制2个或2个以上的累积频率图形时，上述方法很有用。

累积频率图对于解读关于变量分布的定量信息十分有用，也能解读出高于任何一个数值的概率。例如，超出预算的概率，没有满足最后期限的概率或者达到正净现值（net present value，NPV）的概率。

也可以找到处于任何两个 x 轴数值间的概率：简单讲就是它们的累积概率之间的差异。从图5.8中能够看到处于1 000～2 000的概率是89%－48%＝41%。

累计频率图也经常应用在项目计划上来确定合同投标价和项目预算，如图5.9所示。预

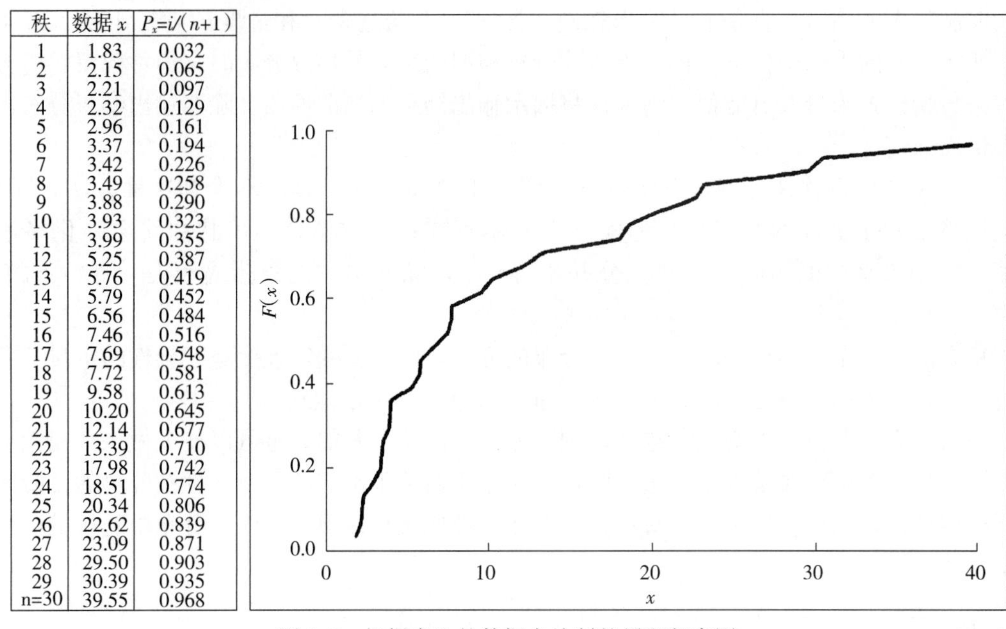

秩	数据 x	$P_x=i/(n+1)$
1	1.83	0.032
2	2.15	0.065
3	2.21	0.097
4	2.32	0.129
5	2.96	0.161
6	3.37	0.194
7	3.42	0.226
8	3.49	0.258
9	3.88	0.290
10	3.93	0.323
11	3.99	0.355
12	5.25	0.387
13	5.76	0.419
14	5.79	0.452
15	6.56	0.484
16	7.46	0.516
17	7.69	0.548
18	7.72	0.581
19	9.58	0.613
20	10.20	0.645
21	12.14	0.677
22	13.39	0.710
23	17.98	0.742
24	18.51	0.774
25	20.34	0.806
26	22.62	0.839
27	23.09	0.871
28	29.50	0.903
29	30.39	0.935
n=30	39.55	0.968

图 5.7 根据产生的数据点绘制的累积频率图

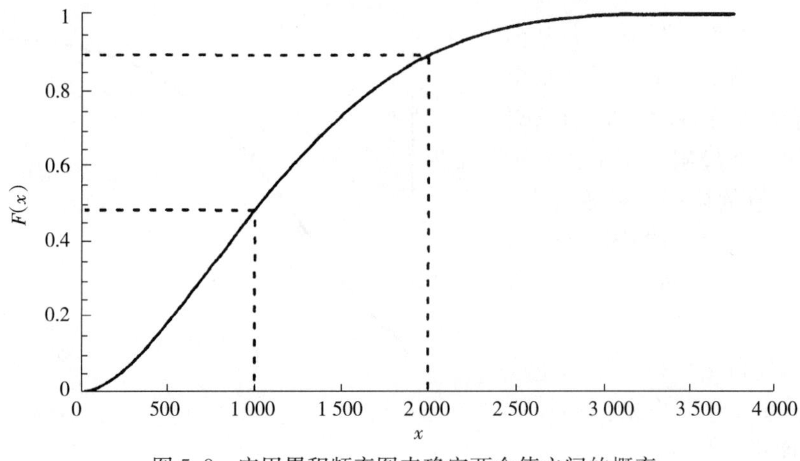

图 5.8 应用累积频率图来确定两个值之间的概率

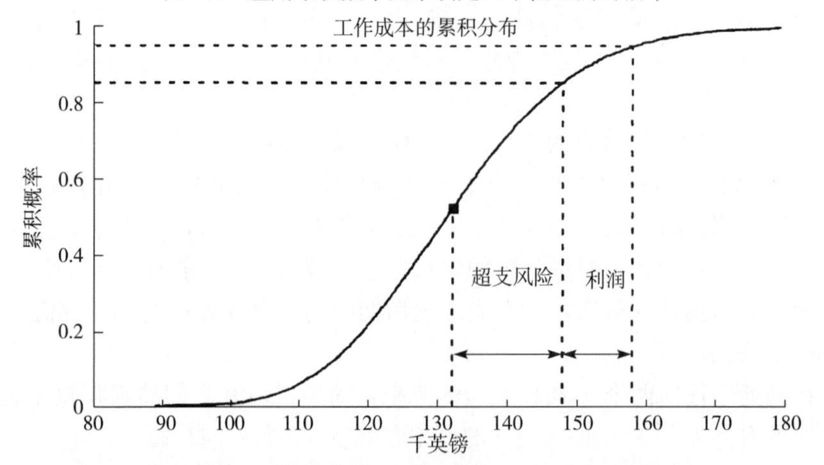

图 5.9 应用累积频率图来确定项目预算、应急资金和利润近似值

算根据统计报告中确定的变量期望值（均数）来设定。随后在预算中增加风险应急资金，使得累计百分位数适合该组织。风险应急资金是项目经理可支出而不需要求助于其管理委员会的资金数额。设定的百分位数（预算与应急资金相加）应与领导管理委员会计划的累积概率相一致：这里是 85%；控制力强的管理委员会可能设定总数在 80%或者更低。

然后将利润加入（预算和应急资金）来确定一个投标价格或者项目预算。项目成本仍然可能超过投标价格，这样公司将会遭受损失。相反，他们希望通过对项目的精细管理来避免使用风险应急资金，并增加它们的利润。项目成本或者持续时间累积分布的 x 轴可以大致认为是按照重要性降序的方式列举风险。最容易管理的风险是首先能够影响总成本或持续时间的风险，也就是那些通过良好项目管理应当消除的风险。因此，设定在 80%的目标（有时称为 20%风险水平）大约等同于消除了已经识别的容易管理的风险。然后有些风险需要通过大量工作、良好管理和一些运气来消除，这将使预算降低到 50%左右。为了将实际成本或持续时间降低至 20%，通常需要大量工作、良好管理和更好的运气。

有时将累积频率图叠加在一起很有用。原因之一是这样做能够获得随机支配的可视图，见 5.4.5 的描述。另一个原因是能够可视化随着项目进展不确定性的增加（或可能减少）情况。图 5.10 列举了一个具有五个转折点的项目的例子。随着转折点距离开工时间的延长，转折点到完工的时间会变得更加不确定。而且，二阶风险分析的结果也能够图形化为许多重叠的累积分布，每一条曲线代表从模型的不确定性分布中随机抽取的特定样本的变异性分布。

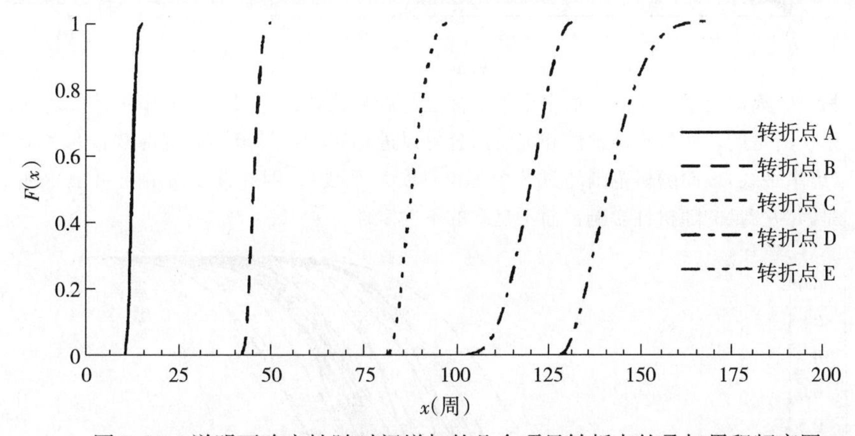

图 5.10 说明不确定性随时间增加的几个项目转折点的叠加累积频率图

5.3.3 二阶累积概率图

当运行二阶蒙特卡罗模拟时，二阶累积分布函数用来显示输出结果概率分布是很好的。二阶累积分布函数包括很多条线，每一条线代表从模型的每一种不确定分布中选取一个值所产生的可能变异性或概率的分布（图 5.11 至图 5.13）。

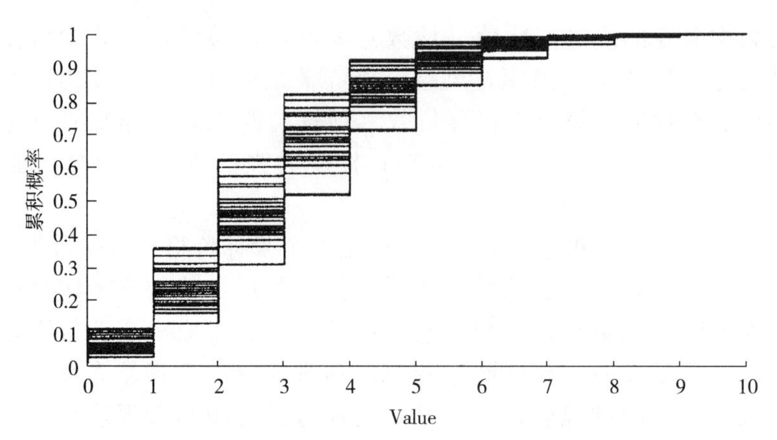

图5.11 离散随机变量二阶图。图形的阶梯属性使其很难理解

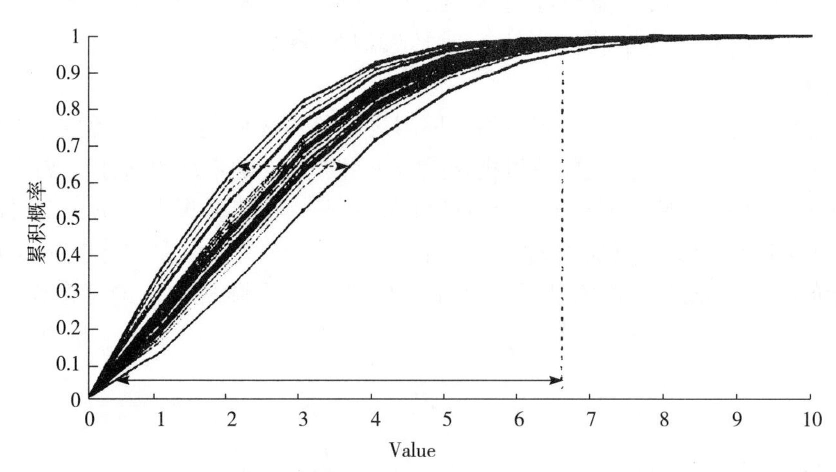

图5.12 另一个离散变量二阶图，概率用小点标记并以直线相连。目前，概率估计值之间的联系是清楚的，而且不确定性和随机部分可以进行比较：最宽不确定性散布在2个单位（虚水平线），而随机范围超过8个单位（实水平线）；因此该变量的不可预测性主要是因为变量的随机性影响，而不是它的不确定性

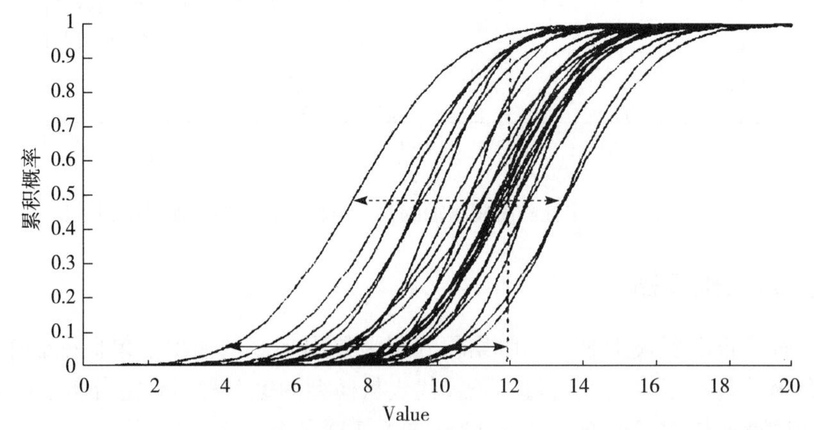

图5.13 连续变量的二阶图，不能预测其数值受模型参数中不确定性（虚水平线）的影响和受系统中随机性（实水平线）的影响是一样的。对决策者来说这是一种很有用的图形，因为它说明如果能够收集的信息越多，预测就越有把握，不确定性也相应减少

5.3.4　累积分布函数图的叠加

一些累积分布图可以叠加在一起（图 5.14），如果曲线图画成线性图比面积图更容易看懂。

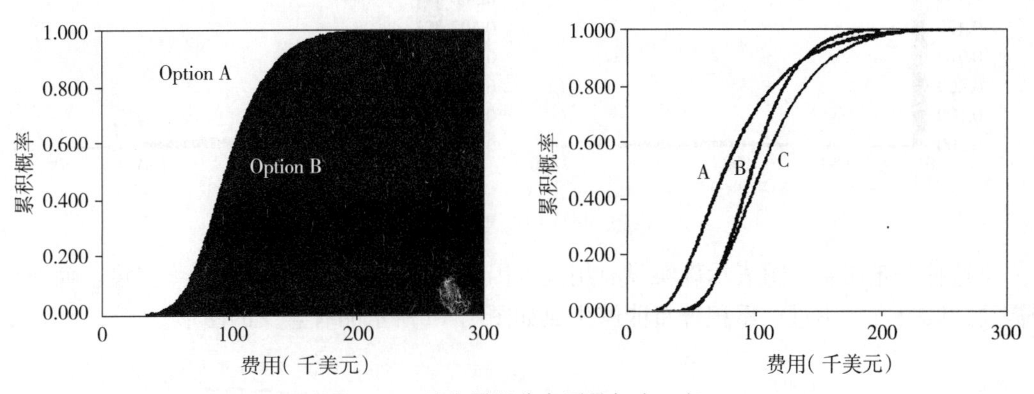

图 5.14　几个累积分布图叠加在一起

这种累积分布图的叠加是一种直观的、容易比较概率的方式，也是随机占优检验（stochastic dominance test）的基础。不过，它在比较两个或两个以上分布的位置、范围和形状时用处不大，此时用叠加密度图更好。

为了提供最全面的信息，建议在提供直方图（密度图）的同时补充一个累积分布图。

5.3.5　用离散和连续变量制图

如果风险事件没有发生，就可以说它没有影响；但如果风险事件发生，则有不确定性影响。例如，火灾发生的可能性为 20%，如果发生，则承担 Lognormal（120 000，30 000）美元，可以对这种情况建立模型为：

=VoseBernoulli（20%）·VoseLognormal（120 000，30 000）

或者最好用：

=VoseRiskEvent（20%，VoseLognormalObject（120 000，30 000））

以该变量模拟得到输出结果，可以得到无信息的相对频率直方图，如图 5.15 所示的不同直条数量直方图。

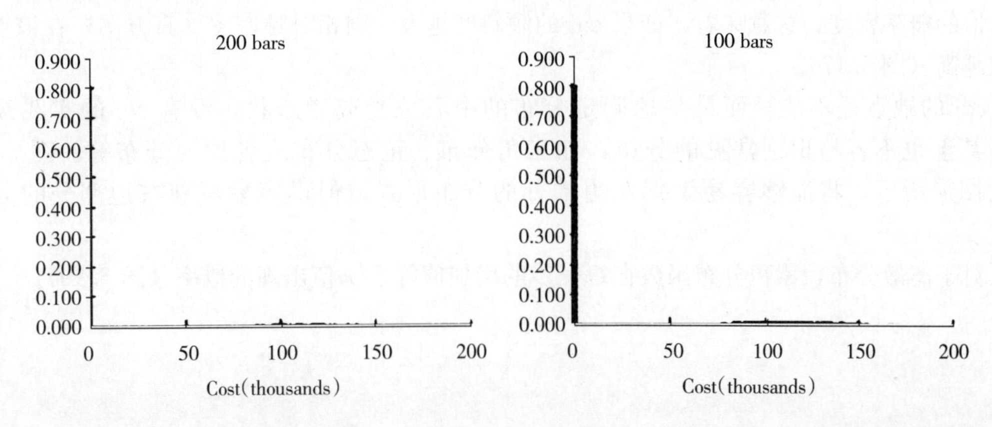

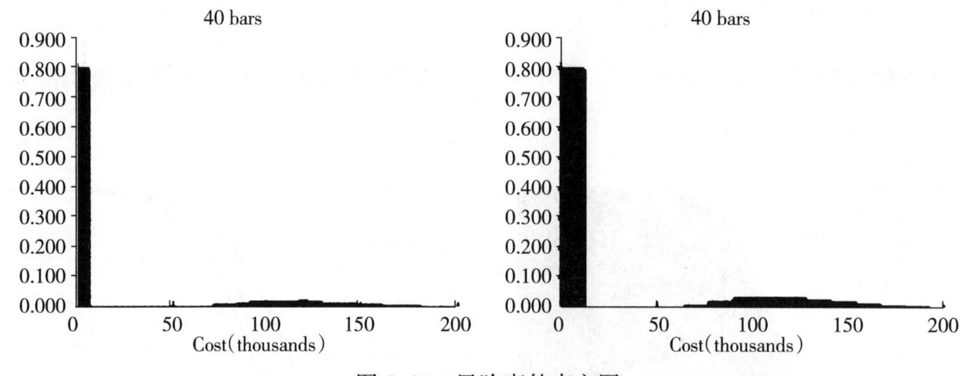

图 5.15 风险事件直方图

将这种分布用直方图表示确实没有用处，因为在 0 处的值需要相对频率尺度，而连续部分需要连续尺度。不过，累积分布能够生成如图 5.16 所示的有意义的图形。

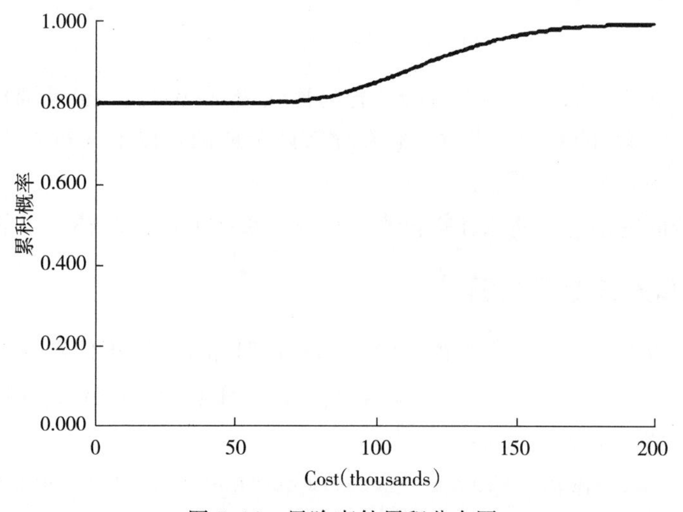

图 5.16 风险事件累积分布图

5.3.6 累积分布函数和密度图（直方图）之间的关系

对连续变量来说，累积分布函数（cumulative distribution function，cdf）的倾斜度等于此处值的概率密度。这意味着，如果 cdf 的倾斜度越大，则相对频率图（直方图）在该点看起来越高（图 5.17）。

cdf 的缺点是不能轻而易举地确定分布的中心位置或者形状。没有 cdf 的实践经验时，甚至也不容易识别常见的分布，如三角分布、正态分布或者均匀分布等。图 5.18 中的图形所示，将能够容易识别左边部分的分布形式，但不容易识别右边部分的分布形式。

对于离散分布，累积分布函数在每一步的增加值等于 x 值出现的概率（图 5.19）。

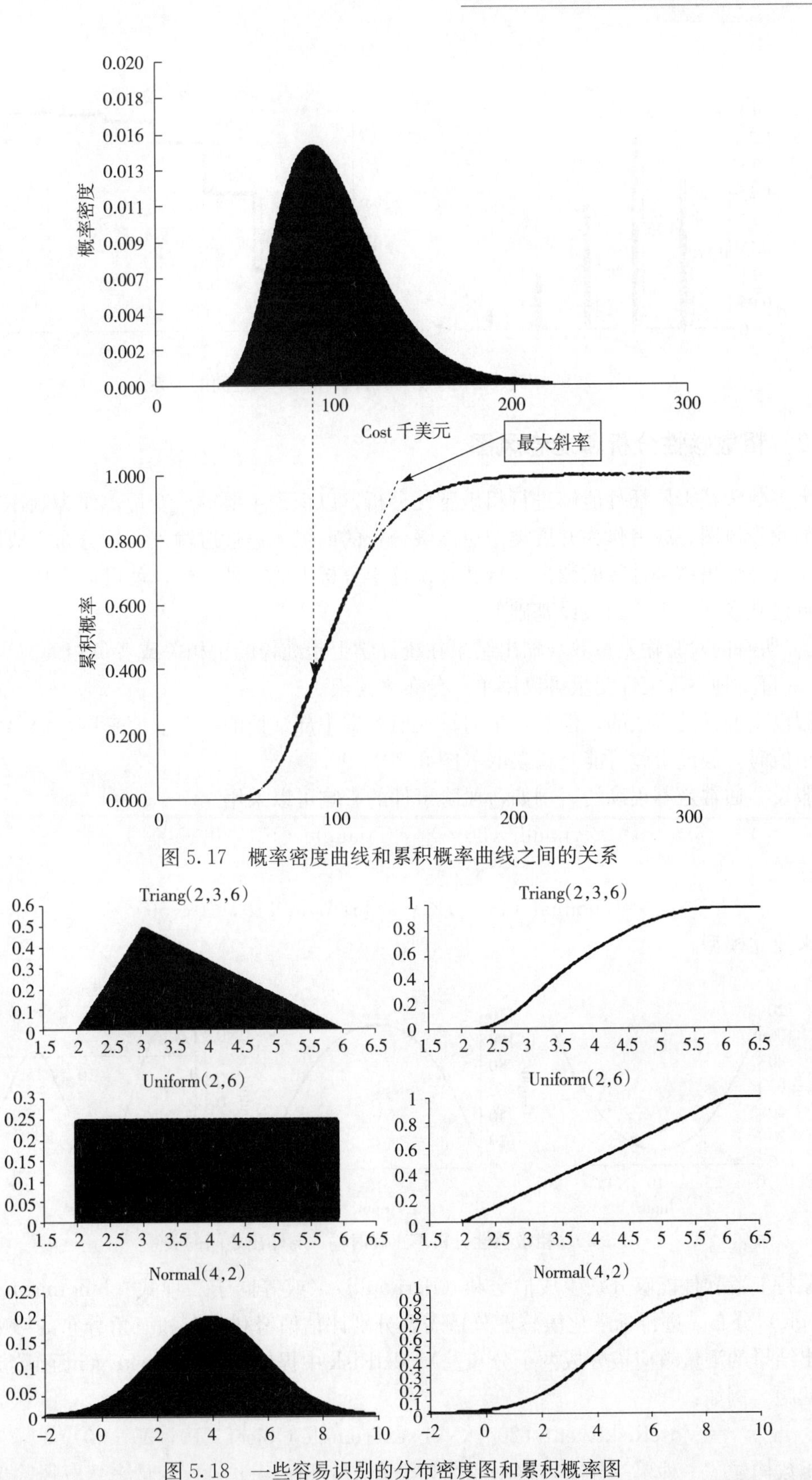

图 5.17 概率密度曲线和累积概率曲线之间的关系

图 5.18 一些容易识别的分布密度图和累积概率图

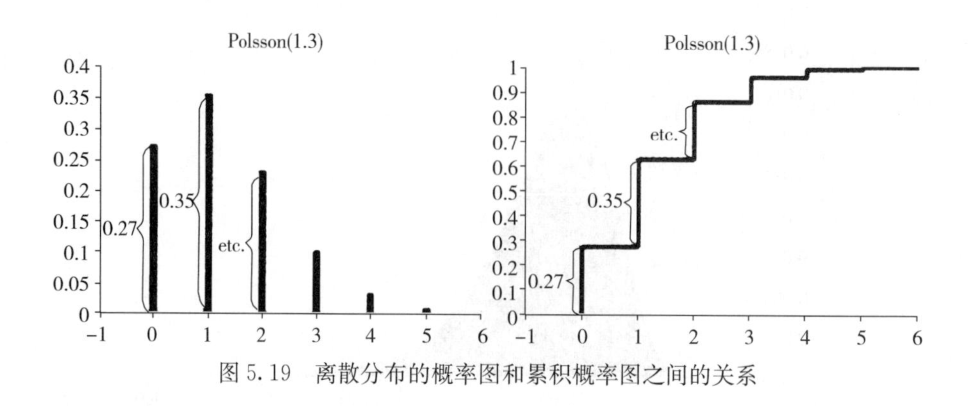

图 5.19 离散分布的概率图和累积概率图之间的关系

5.3.7 粗敏感性分析和龙卷风图

大多数蒙特卡罗插件能够进行粗敏感性分析，以识别主要输入变量，作为制作这些主要变量的龙卷风图，或者作为开展类似更高级分析的前提。通过对输入变量分布生成的数据或者对所选择输出结果计算的数据进行两种统计学分析中的一种分析，就可以完成这一步。这种运算建立在两个重要的假设基础上：

- 所有的检验输入参数与输出结果在统计学上是纯粹的正相关或者负相关。
- 每一种不确定性变量可以用单一分布来建模。

假设 1 通常是有效的，但是如果对输入值范围中部某处的一个取值来讲，输出值取最大或最小值时，假设 1 就可能是错误的（图 5.20）。

假设 2 通常是不正确的。例如，风险事件的影响可以采用：

=Bernoulli（20%）＊Triangle（10，20，50）

或

=Binomial（1，20%）＊Triangle（10，20，50）

来建立模型。

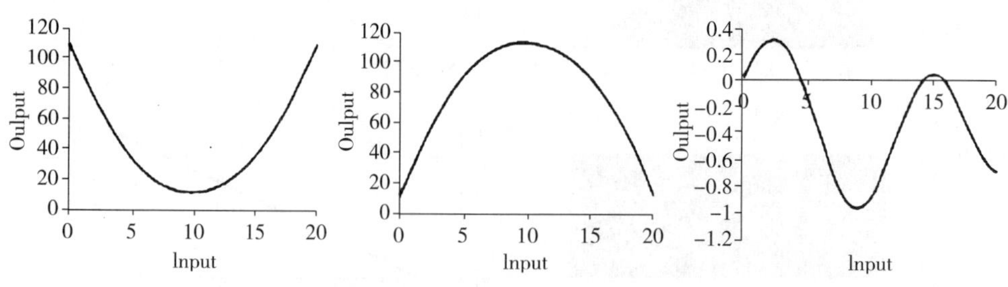

图 5.20 粗敏感性分析不正确时输入与输出之间的关系

蒙特卡罗软件能够分别生成伯努利（Bernoulli）（或等同于二项式（binomial））和三角（triangle）分布。进行标准化敏感性分析需要分别评估伯努利分布和三角分布的影响，因此对输出结果的测量效应被分成两个分布。ModelRisk 中提供的 VoseRiskEvent 函数能够解决这个问题。例如：

=VoseRiskEvent（20%，Vose Triangle Object（10，20，50））

函数构建了一种单一分布，仅采用均匀分布 Uniform（0，1）变量来驾驭风险影响的抽样。如果运用@RISK，上式可写为：

=VoseRiskEvent（20%，Vose Triangle Object（10，20，50），RiskUniform（0，1））

然后@RISK驾驭风险事件抽样，因此@RISK建立的敏感性分析现在能够正确发挥作用。

类似地，如果在一个保险公司任职，你可能对某些特殊政策的理赔总额分布对你公司的现金流的影响情况感兴趣。ModelRisk提供了许多理赔总额分布函数，采用它们能够计算理赔总额大小和频率分布。例如，可以写为：

=VoseAggregatePanjer(VosePoissonObject(5 500)，VoseLognormalObject(2 350，1 285),,，U)

由该式得到泊松函数Poisson（5500）的累计总额，要求独立从对数正态分布Lognormal（2 350，1 285）中抽取，产生的累计总值将由变量U来控制。ModelRisk有许多构建分布模型的此类工具，来帮助开展正确的敏感性分析。

假设2也意味着这种敏感性分析方法对在一系列单元内模拟的变量是无效的，如时间序列的汇率或销售量。自动分析在时间序列内将分别评估每一种分布输出结果的敏感性。也能通过运行两种模拟来评估时间系列的敏感性：一种是模拟所有分布的随机取值；另一种是利用时间序列的期望值构建时间序列分布。如果分布间差异很明显，则该变量的时间序列很重要。

两种统计分析

龙卷风图在两种敏感性分析方法中都很常用。两种方法在画图时，统计量的取值都是从−1（输出结果全部取决于输入值，但当输入值很大时，输出值则很小）到0（没有影响），再到+1（输出结果全部取决于输入值，但当输入值很大时，输出值也很大）：

- 在收集的输入分布值和选取的输出值之间的逐步最小二乘回归。假设每一个输入值I和输出值O相关（当其他所有的输入值固定时），$O=I*m+c$，此处m和c是常数。这种假设对于加法模型和减法模型是正确的，在这种情况下得出的结果也很准确；否则，就很不可靠并难以预测。然后，应用决定系数R^2度量龙卷风图的敏感性。
- 等级秩相关。这种分析是用输入或输出产生值的次序取代每一个收集值，然后计算每一个输入值和输出值之间的Spearman等级秩相关系数r。由于这是一种非参数分析，当输入值和输出值之间的关系很复杂时，用这种分析比回归分析更稳健。

龙卷风图用来显示输入分布对输出值变化的影响情况（图5.21）。在检查模型是否达到预期时它们也是很有用的。每一个输入分布用一个直条表示，直条的水平范围用来度量输入分布对所选择模型输出结果的影响。它们的主要用途是能够快速确定对模型影响最大的输入参数。一旦确定了这些参数，其他敏感性分析方法如蛛网图和散点图会更加有效。

图5.21中左边的图是敏感性分析最原始的情况，此处可以计算输入值和输出值之间统计学相关的一些统计指标。推理方法是，输入变量和输出变量之间的相关程度越高，输入变量对输出变量的影响越大。相关程度可以用等级秩相关或逐步最小二乘回归来计算。更偏好应用等级秩相关，因为它不需要假设输入值和输出值之间的关系，只是假设二者关系的方向在整个输入参数范围内一致。此外，最小二乘回归假定输入变量和输出变量之间存在线性关系。如果模型是成本总和，或任务持续时间总和，或者是其他纯粹的加法模型，这种假设是很好的。然而，模型中的除法和幂函数可能完全不符合此类假设。要特别注意这种简单的敏

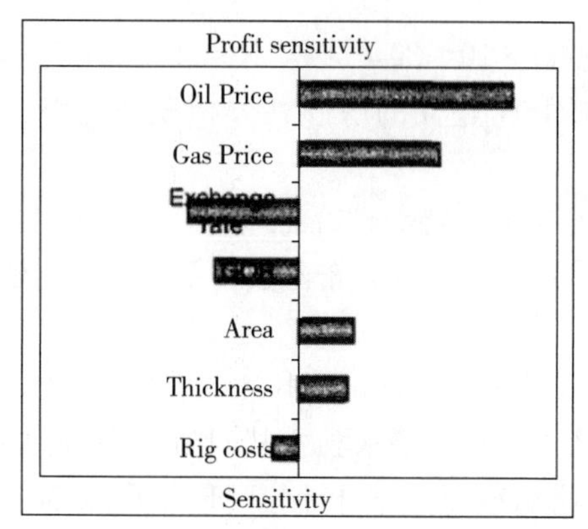

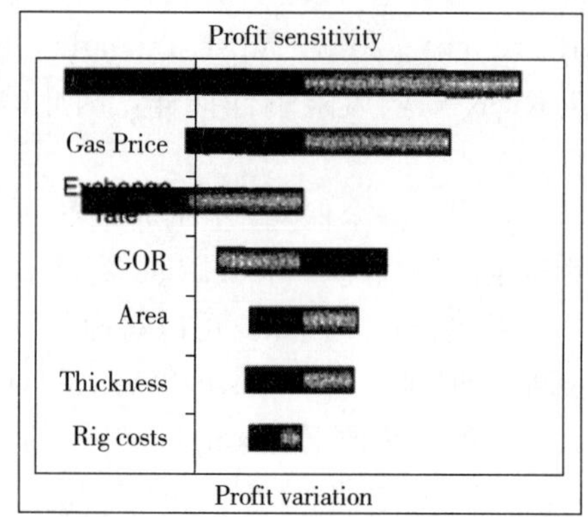

图 5.21 龙卷风图

感性分析，因为与连续增加或减少的趋势偏离较大的这种输入——输出关系可能会被完全忽视。x 轴尺度为相关性统计量，并不十分直观，因为它与输出值单位对输出值的影响没有关系。另外，等级秩相关也可能具有欺骗性。思考下列简单模型：

A=Normal（100，10）

B=Normal（A，0.1）

C=Normal（1，3）

D（output）=A+B+C

运行模拟模型得出下列相关水平：

变量	回归系数	等级秩相关系数
A	0.495	0.988
B	0.495	0.988
C	0.148	0.139

从模型结果可以看出，变量 A 确实影响了多数输出结果的不确定性。反过来，如果设定每一个变量的标准差为 0，并比较输出结果标准差（在这种情况下可以很好地衡量变异，因为仅仅加入正态分布）的下降情况，那么：

A：结果标准差下降 85.156 2%

B：结果标准差下降 0.000 4%

C：结果标准差下降 1.103 7%

这讲述了一个与回归和相关统计完全不同的故事。原因是变量 B 受变量 A 的影响，因此 A 的影响本质上被相等地在 A 和 B 之间划分开。正确的回归分析需要建立从 A 到 B 影响的方向，而 B 的影响是不显著的，但是必须这样做，来明确说明这种关系——在一个复杂的电子表格模型中很难做到这一点。

图 5.21 右边的图更具加稳健，是通过将输入分布固定到最低值（如 5%位点），运行模拟，记录输出值的平均数，然后用输入分布的中位数（即 50%）和最高值（95%）重复这一过程：这些输出结果的平均数确定了图中直条的端点。这类图是蛛形图（spider plot）的缩减版，它更加稳健，横坐标为输出结果的单位长度，这样更直观。

在相关性较低时，常会发现一个变量的相关系数符号与所期望的情况恰好相反。对秩相关性来讲尤其如此。这意味着相关性水平低会出现相关性假象。为了更好地呈现相关性，去除这些直条显然会更好。

以相关性由高到低的降序对这些变量制图是标准模式。如果存在正相关和负相关，结果看起来像龙卷风，龙卷风图由此而得名。当然，限制在图上显示的变量数量也是很明智的。通常限制图上的变量，保留变量的相关系数至少应该是最大相关系数值的25%，或者至少保留到与逻辑期望相反的第一个相关系数以上。这通常意味着低于此类的相关系数没有统计学意义，且在解释相关系数意义时可能会犯错误。

龙卷风图对识别模型结果的关键变量和参数的不确定性很有用。如果这些关键参数的不确定性能够通过更新的知识减小，或者通过改变系统减小问题的变异性，那么问题的总不确定性也会相应减小。因此，龙卷风图对于制定减小总不确定性的策略很有用。模型关键部分经常可以通过下列方式使其更加确定：

- 如果存在一些不确定性时，应收集参数的更多信息。
- 确定减少模型各个组成的变异性影响的策略。对项目安排来讲，可能是指改变防止任务背离关键路径的项目计划；对项目成本来讲，这可能是通过固定价格分包合同降低不确定性；对一个系统的可靠性模型来讲，这可能是增加既定的检查次数或设定一些类似备份。

如果不确定性和变异性成分全部在一起进行模拟，那么模型成分及其输出结果之间的秩相关系数就容易计算，因为模拟软件能够在数据库中生成所有输入分布和输出分布的值。有时特定模型成分是不确定的，而其他成分是可变的，这显示在龙卷风图中也是很有用的，例如白色直条表示不确定性，黑色直条表示变异性。

5.3.8 用蜘蛛图进行更高级的敏感性分析

按如下步骤构建蛛形图：

- 开始前，设定较低的迭代次数（如300）。
- 确定输入分布进行分析（执行粗敏感性分析将提供指导）。
- 确定希望检验的累积概率（一般用1%、5%、25%、50%、75%、95%、99%）。
- 确定希望测量的输出结果统计量（平均数、特定百分位数等）。

然后：

- 选择一种输入分布。
- 用指定的百分位数之一来取代分布。
- 运行模型并记录结果统计量。
- 选择下一个累积百分位数，再次运行模拟。
- 重复运行，直到所有百分位数都用这个输入进行了运行，然后返回分布，移到下一个选择的输入。

一旦所有的输入都以这种方式处理完毕，就能生成如图5.22所示的蜘蛛图。

这种图通常有好几条变量的横向线，对输出结果几乎没有影响，所以删除这些多余的横向线可以使图更加清楚（图5.23）。

现在能够清楚地看出结果均数受每一个输入值的影响，如果石油价格固定在最大值和最

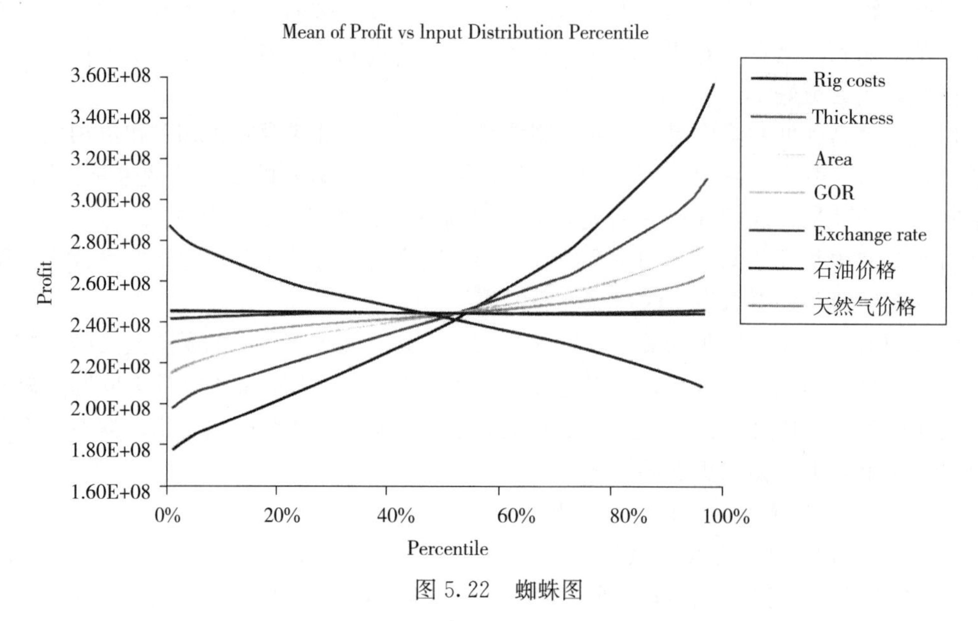

图 5.22 蜘蛛图

小值之间（1.8 亿美元的范围）的某处取值时，由石油价格线产生的纵向范围表明了期望的利润范围。下一个最大范围是天然气价格（1.1 亿美元）等。该分析有助于理解敏感性程度，也就是决策者理解的相关系数或回归系数。通过图形也能够看出不寻常关联的情况。例如，除极端值外，对结果没有影响的变量，或者一些类似 U 形关联的情况，相关性分析可能会忽略这些关联。

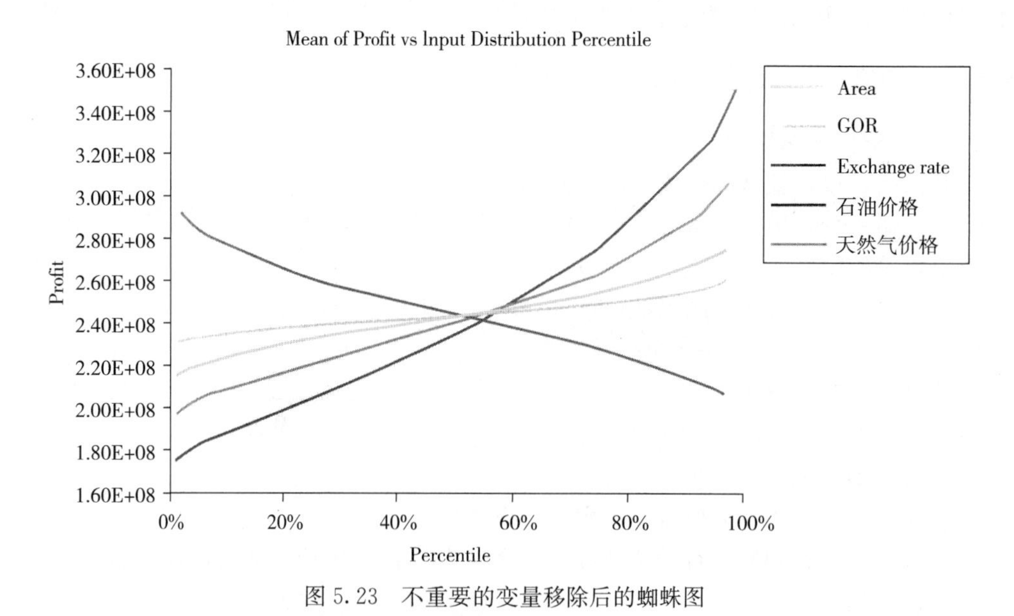

图 5.23 不重要的变量移除后的蜘蛛图

5.3.9 用散点图进行更高级的敏感性分析

通过散点形式对输入值及其每一次模型迭代生成相应的输出值制图，也许能够最好地理解输入值对输出值的影响。通常对两个输出结果合并生成的值进行制图。例如，画一个项目的持续时间对应其总成本的图。通过将模型末端的模拟数据输出到Excel的方式也很容易生成散点图。

生成这些散点图也需要一些努力，因此建议进行粗略的敏感性分析，以帮助确定模型输入参数中的哪些分布对输出结果的影响最大。

图5.24显示了3 000个散点，如果使用小圆形标记时则不会显得过多掩盖中央区域，且足以理解存在的关系。该图说明增加广告费将使销售额增加。这是一个Excel图，能增加一些有用的改进。例如，能显示某个广告预算增加和减少的情形（图5.25）。

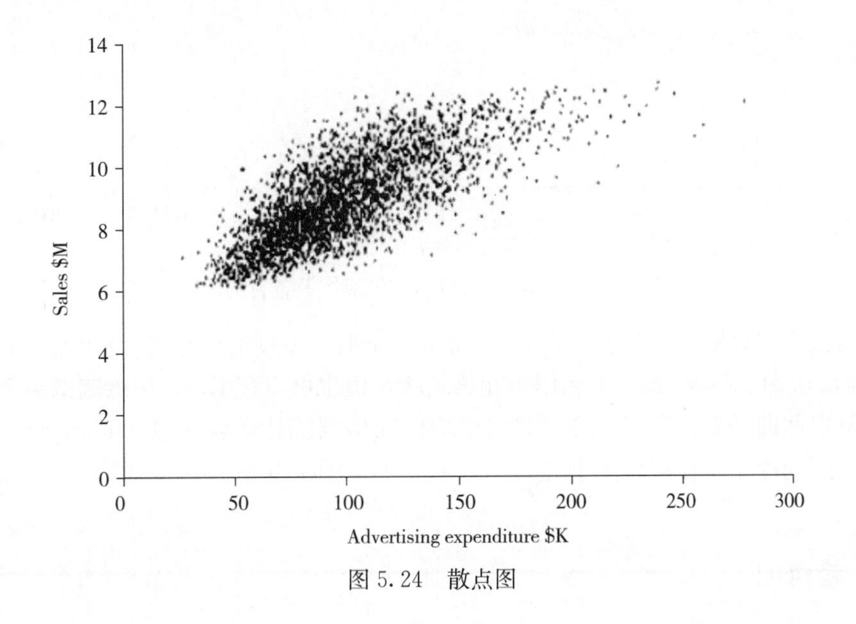

图5.24　散点图

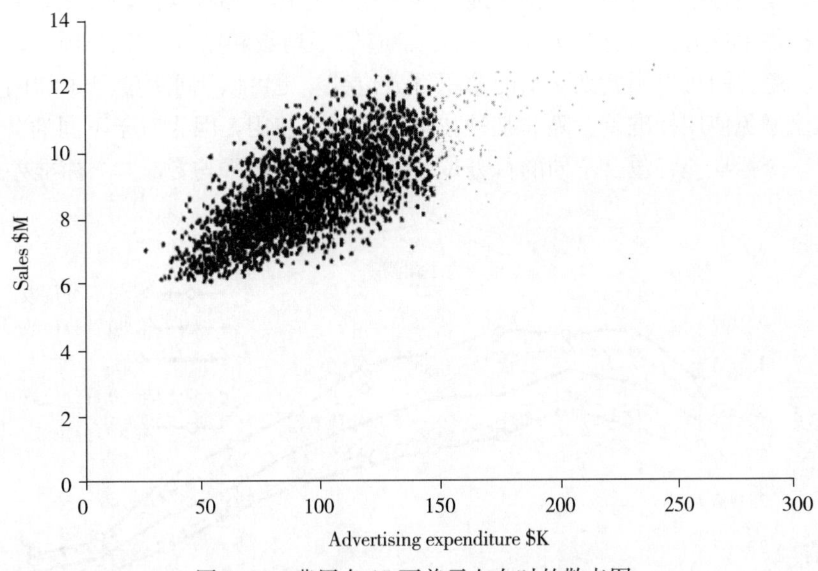

图5.25　费用在15万美元左右时的散点图

也能对两个子集进行一些统计学分析，如回归分析（图5.26显示了如何在Excel中绘制图）。

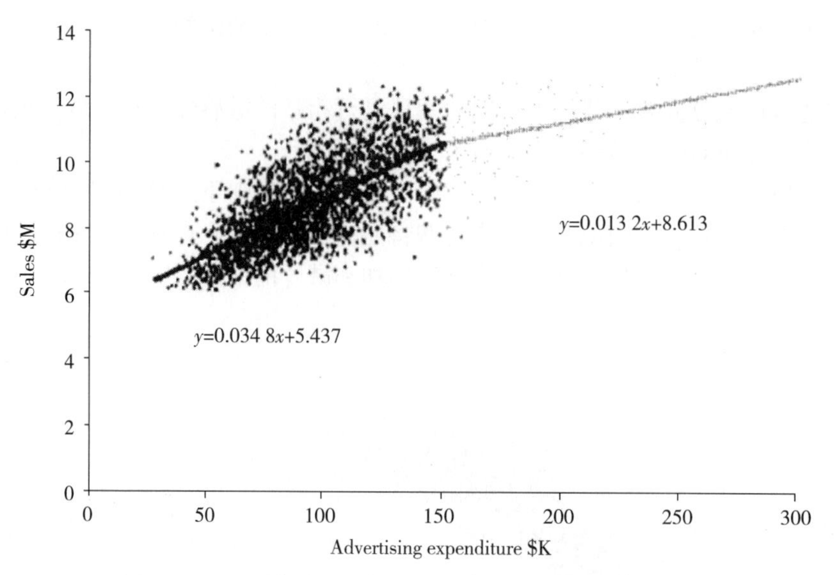

图 5.26 15 万美元以左与以右的散点图及各自的回归方程

最适曲线方程表明，广告费用在 15 万美元以下时，得到的回报是 15 万美元以上时的 3 倍（0.034 8/0.013 2≈2.6）。虽然相当冗长乏味，但也可以在 Excel 中绘制散点图矩阵来显示几个变量之间的关系。更好的方式是将生成值输出到统计学软件包（如 SPSS）之中来进行散点图矩阵的绘制。在写作本书之时（2007 年），@RISK 和 Crystal Ball 的试用版本也能做到这一点。

5.3.10 趋势图

如果一个模型包括了时间序列预测或其他类型的趋势，那么绘制趋势图是有用的。趋势图或概略图提供了这方面信息。图 5.27 列举了应用平均数和第 5、20、80、95 百分位数绘制的趋势图。趋势图可以用此处显示的累积百分位数，也可以用平均数±1 和两个标准差等来绘制。建议避免使用标准差，除非某种技术原因要求使用，因为对于不同的分布，平均数增加和减少一个标准差将包含不同的百分位数。那意味着对平均数±k 个标准差的解释不能保持一致。

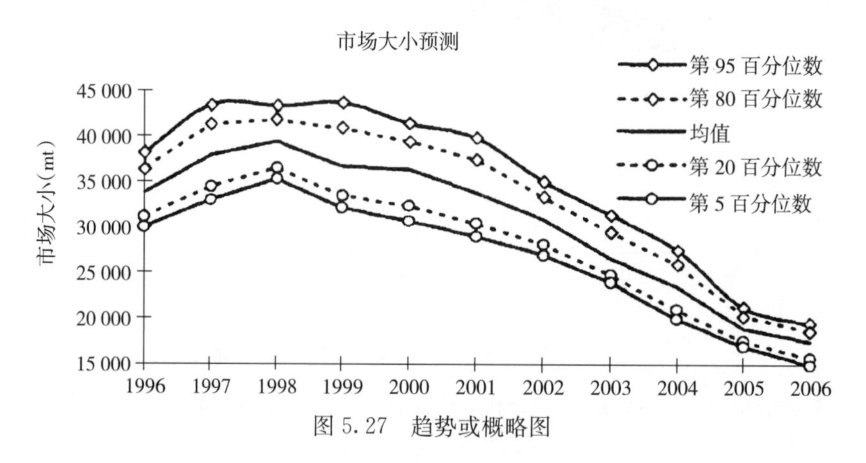

图 5.27 趋势或概略图

趋势图对评估趋势模型很有用，能够再现周期性和其他模式，也能一眼看出是否产生了有意义或无意义的值。正如第 12 章所描述，模型所预测的序列相当难以捉摸，因此趋势图可以很好地核查实事。

趋势图之外的另一种选择是 Tukey 图或箱图（图 5.28）。

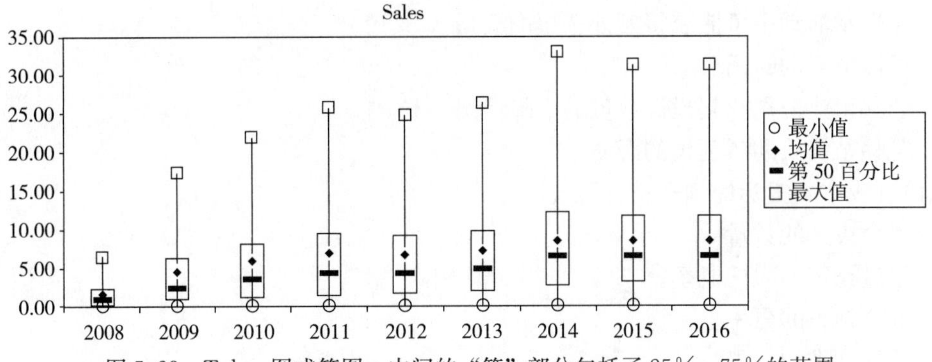

图 5.28　Tukey 图或箱图，中间的“箱”部分包括了 25%～75%的范围

Tukey 图更常用于描述多个数据子集之间的变异，但它有可能比趋势图包含更多信息。请注意：在应用不同的随机数种子进行模拟时，所产生的最小值和最大值相差可能非常大，这意味着它们通常不能可靠地评估结果。例如，绘制 15 年的膨胀模型的最大值，如果重复运行多次，而且控制图形的尺度，则可能产生非常大的值。

5.3.11　风险收益图

风险收益图（或成本效益图）是在同一个图形中比较几种决策选项的图形化方法。常以适当指标的期望收益为纵轴，某些指标的期望成本为横轴（图 5.29）。

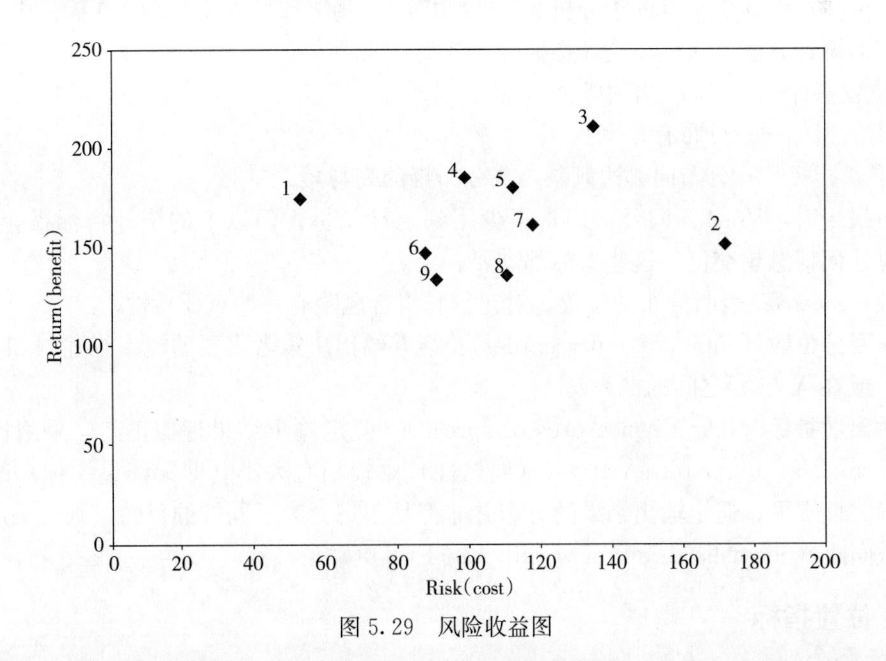

图 5.29　风险收益图

图形应当适用于决策问题，绘制两个或多个这样的图形来显示不同方面是非常有用的。

收益（效益）指标的例子：

- 盈利概率。
- 收入或期望收益。
- 在一定风险水平时能够进口动物的数量（如果在疾病控制时考虑不同的边境控制选项）。
- 在选举活动中可能获得额外选票的数量。
- 可以节省的时间。
- 公共事业公司收到投诉数量的下降情况。
- 肾移植病人期望延长的寿命。

风险（成本）指标的例子：

- 资金投入的数量。
- 超过预定期限的概率。
- 资金损失的概率。
- 条件性平均损失。
- 收益或现金流的标准差或方差。
- 疾病传入的概率。
- 损失的半个标准差。
- 过剩雇员的数量。
- 增加的死亡数量。
- 化学物质排放到环境中的水平。

5.4 结果的统计学分析方法

蒙特卡罗插件提供了有助于分析和比较结果的一些统计学描述方法，在插件中也可找到其他有用的统计方法。这里将统计指标分为3类：

1. 位置指标——分布“集中”的位置。
2. 离散指标——分布有多宽。
3. 形状指标——分布向哪边倾斜，或分布峰的高与矮。

在写报告时，Vose咨询公司通常很少用到统计指标。但以下的统计指标很容易理解，且如果有任何信息想交流，这些指标都需要。

均数（mean）：表明分布的位置，对比较和组合风险有一些重要特性。

累积百分位数（cumulative percentiles）：能够给出决策者需要的概率描述（如X之上、X之下，或在X与Y之间的概率）。

相对离散指标（relative measures of spread）：假定输出结果近似正态，采用标准化标准差（normalised standard deviation）（偶然性）比较相对大小（即无纲量指标）的不同选项的不确定性水平；假定输出结果的分布并非都是正态，为了同样的目的，则可采用标准化百分位数间距（normalised interpercentile range）（更常见）。

5.4.1 位置指标

在统计报告中通常提供三种集中趋势（即分布的集中位置）指标：众数、中位数、平均数。这些指标以及在特定条件下更加有用的条件平均数的描述如下：

众数

众数（mode）是指最可能出现的输出值（图 5.30）。

对于离散型资料，众数是出现频率最高的数值。对于连续型资料，众数是由模型结果生成值概率分布曲线最高点的值。

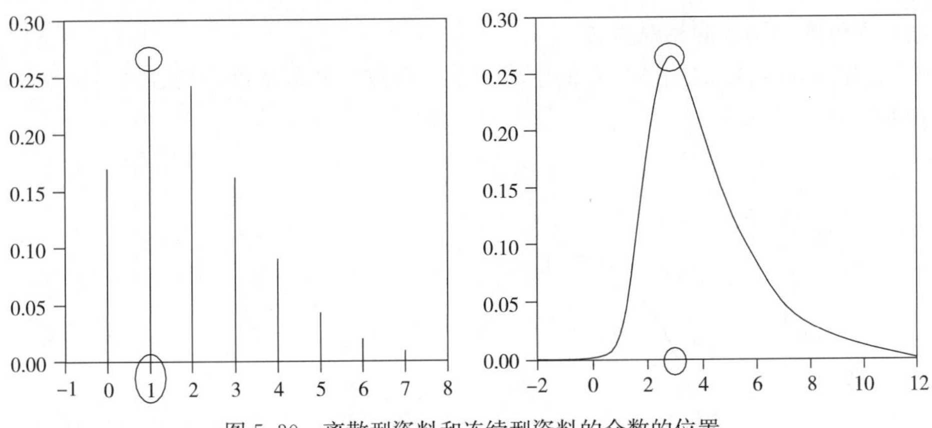

图 5.30　离散型资料和连续型资料的众数的位置

如果风险分析结果是连续的，或者是离散的，且两个（或以上）最可能值有相似概率（图 5.31），则无法准确确定众数。事实上，在大多数风险分析中，众数并无实用价值，因为它很难准确确定，一般会被忽略。

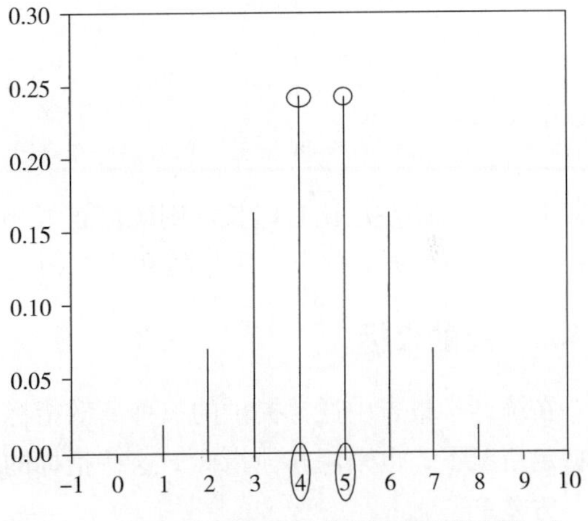

图 5.31　有两个众数或没有众数的离散型分布，取决于你如何认为

中位数 X_{50}

中位数（median）是模型结果产生的数据排位在中间的值，也就是第 50 百分位数。这是另一种简单的累积百分位数，在多数情况下，与其他百分位数相比，中位数没有具体的特别之处。

均数 $\bar{X}$

均数（mean）是所有生成的输出结果的平均数。与众数或中位数相比，它的直观性较差，但是它更有价值。可以将输出结果分布的均数看做是分布直方图在 X 轴的平衡点。均数也是众所周知的期望值，因为对大多数人来讲它暗示着最可能的值，所以不推荐这种术语。有时也以其最初的起源而闻名，但它在风险分析中是最有用的统计量。数据集 $\{x_i\}$ 的均数经常表示为 $\bar{x}$。它特别有用，因为：

$$\overline{(a+b)} = \bar{a} + \bar{b}\text{，同样}\overline{(a-b)} = \bar{a} - \bar{b}$$

$$\overline{(a*b)} = \bar{a} * \bar{b}$$

此处 a 和 b 是两个随机变量。换句话讲：①和的均数是它们均数之和；②积的均数是它们均数的积。如果组合风险分析结果或看它们之间的差异时，这两点都很有用。

条件均数

当仅对结果分布的部分期望结果感兴趣时，可以使用条件均数。例如，发生的期望损失应当是项目没有获利。当仅计算落在问题情景内数据点的均数时，也会用到条件均数。在期望损失的例子中，所有获利结果数据点是负值的均数会得出条件均数。

条件均数有时也与落在需求范围内的输出结果概率相伴随。在损失的例子中，它就是产生亏损的概率。

众数、中位数和均数的相对位置

对于正偏态（即右尾比左尾长）的单峰（单一众数）分布来讲，众数、中位数和均数的顺序位置如图 5.32 所示。

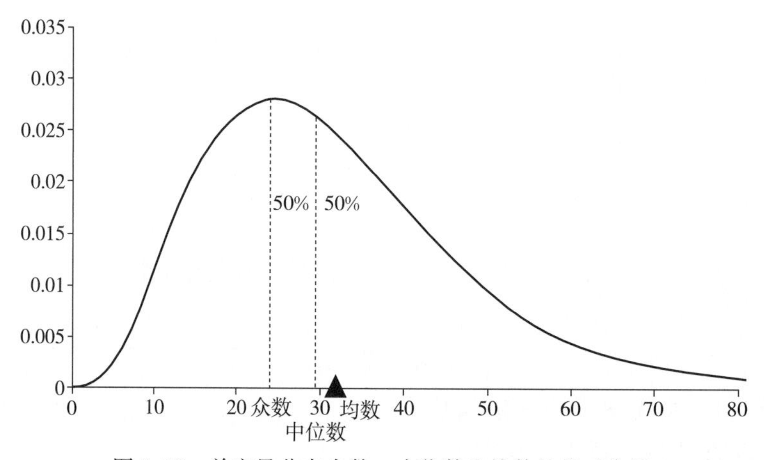

图 5.32 单变量分布众数、中位数和均数的相对位置

如果分布的左尾比右尾长，则顺序正好相反。当然，如果分布是对称和单峰的，如正态分布或 t 分布，那么众数、中位数和均数则是相等的。

5.4.2 离散指标

在统计学报告中通常提供的三种离散指标：标准差 σ、方差 V 和极差。读者也会发现某些特定情况下，也采用其他指标。这些指标的讨论如下。

方差 V

方差（variance）可以按下列公式进行计算：

$$V=\frac{\sum_{i=1}^{n}(x_i-\bar{x})^2}{n-1}$$

也就是说，它实际上是所有生成值与其平均数之差平方和的平均数。方差越大，离散度越大。方差也被称为均数的二阶矩（因为其平方），单位是变量单位的平方。因此，如果结果的单位是£，那么方差的单位就是 $£^2$ ，这使其在统计学上显得不直观。

由于平均数和每一个值之间的距离进行了平方运算，方差对尾部的端点值更敏感。例如，离平均数 3 个单位的方差（ $3^2=9$ ）是离平均数 1 个单位的方差（ $1^2=1$ ）的 9 倍。如果希望确定多个非相关变量 X、Y 之和的离散度时，方差也很有用，因为其遵循下列规则：

$$V(X+Y)=V(X)+V(Y)$$

$$V(X-Y)=V(X)-V(Y)$$
$$V(nX)=n^2V(X)\text{，其中 } n \text{ 是常数}$$
$$V(\sum_i X_i)=\sum_i V(X_i)$$

这些公式也提供了如何统一地分解附加模型的指导原则，以便每一部分对总输出结果不确定性的影响大致相等。如果模型综合了许多变量，每一个变量有相等的方差，那么每一个变量对结果不确定性的影响也将大致相等。

标准差 s

标准差（standard deviation）用方差的平方根进行计算。即：

$$s=\sqrt{\frac{\sum_{i=1}^{n}(x_i-\bar{x})^2}{n-1}}$$

与方差相比，它的优势在于其单位与输出结果的单位相同。然而，它仍然是每一个输出值与平均数距离的平方和之平均，因此它对分布尾部的外围极端数据点要比接近平均数的数据点更敏感。

标准差常用于正态分布，风险分析结果也经常使用结果平均数和标准差来表述，暗示着假定结果属于正态分布，因此：

- $\bar{x}-s$ 到 $\bar{x}+s$ 包含了分布的 68%左右的概率。
- $\bar{x}-2s$ 到 $\bar{x}+2s$ 包含了分布的 95%左右的概率。

此处应注意，风险分析结果的分布通常明显偏态，正态的假设并不完全符合。不过，切比雪夫规则对包含 k 个标准差分布的组成进行了一些解释。

极差

结果的极差（range）是生成值的最大值和最小值之间的差异。在多数情况下，这并不是一种很有用的指标，因为它明显地只对两个极端值敏感（极值是随机生成的，并且经常代表了特定模型的很广范围的合理值）。

离均差

离均差（mean deviation，MD）的计算公式如下：

$$\mathrm{MD}=\frac{\sum_{i=1}^{n}|x_i-\bar{x}|}{n-1}$$

即数据点和它们平均数之差绝对值的平均数。这也可以看作是变量与平均数的期望距离。离均差比其他的离散指标提供了两个潜在优点：一是它与输出结果的单位相同；二是它赋予了所有生成的数据点同样的权重。

半方差 V_S 和半标准差 s_s

方差和标准差经常用于衡量金融部门的风险，因为它们代表了不确定性。不过，在现金流分布中，一个很大的正尾巴（等同于巨大收入的机会）实际上并不是一种“风险”，但是这种尾巴有助于，且经常主导了计算出的标准差和方差的数值。

半标准差和半方差通过只考虑界限下（或上，根据要求）的生成值，可解决上述问题。界限值描述了表示“风险”的情景，因此那些不是风险的情景应当被排除（图 5.33）。

半方差和半标准差：

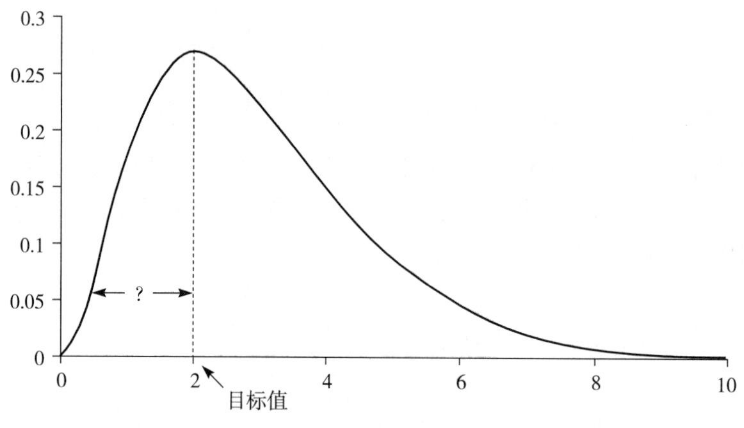

图 5.33 半标准差示意

$$V_s = \frac{\sum_{i=1}^{k} (x_i - x_0)^2}{k} \text{ 以及 } s_s = \sqrt{V_s}$$

此处 x_0 是指定的界限值，而 $x_1 \cdots x_k$ 是在指定的 x_0 上或下的所有数据点。

标准化标准差 S_n

标准差除以平均数就是标准化标准差，也就是：$S_n = \frac{s}{\bar{x}}$

它能达到两个目的：

1. 标准差是考虑了平均数的标准差。使用这种统计量可以更准确地比较平均数很大、变异性也大，变量与平均数很小、变异性也小变量之间的离散程度。

2. 标准差与单位无关。例如，EUR∶HKD 的汇率与 USD∶GBP 的汇率的相对变异性可以进行比较。

标准化百分位数间距也具有同样的作用：

$$= (X_B - X_A)/X_{50}$$

此处 $X_B > X_A$ ，它们表示百分位数范围，如 X_{95} 、X_{05} 。

百分位数间距

输出结果的百分位数间距（interpercentile range）可以计算两个百分位数的差异，例如：

- $X_{95} - X_{05}$ 给出了中间 90%的范围。
- X_{90} − 最小值 给出了下部 90%的范围。
- $X_{90} - X_{10}$ 给出了中间 80%的范围。

百分位数间距是范围的一种稳定测量（除非百分比之一是最大值或最小值），意味着用相对较少的几次模型迭代就能够快速获得数值。它在分布之间结果解释的一致性方面也有很大优势。

应注意，将百分位数间距计算应用在离散分布时，尤其是仅有几个重要值时，可能会带来一些问题，如图 5.34 所示。

在这个例子中，几个关键累积频数落在了同样的数值上，因此几个不同的百分位数间距将获得相同的值。此外，百分位数间距对百分位数的选择也很敏感。例如，在图 5.34 中就有：

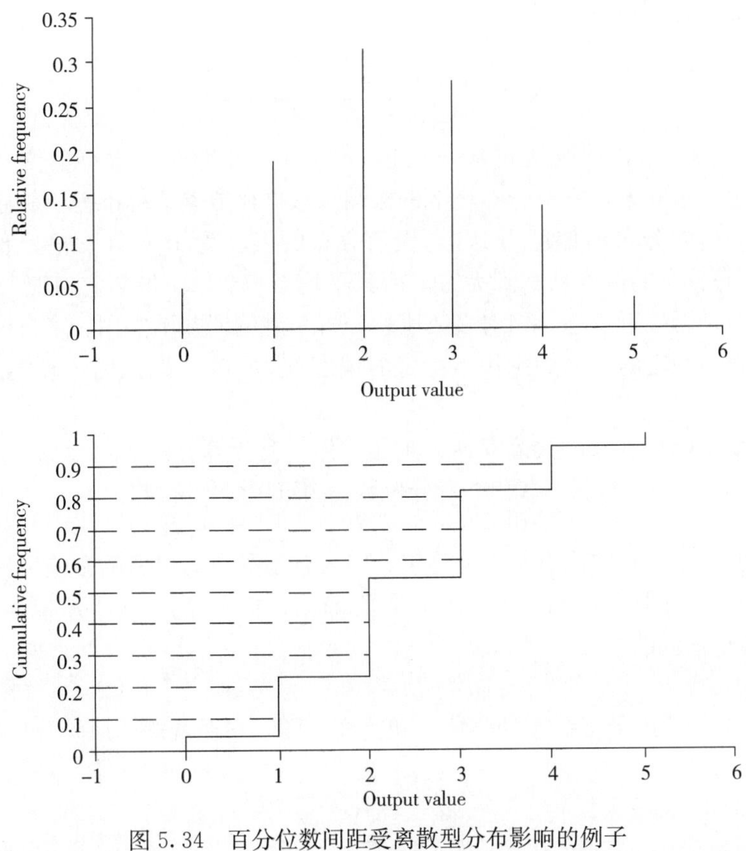

图 5.34　百分位数间距受离散型分布影响的例子

$$X_{95} - X_{05} = 4 - 1 = 3; \text{但 } X_{96} - X_{04} = 5 - 0 = 5$$

5.4.3　形状指标

偏度 *S*

偏度（skewness）是指分布“偏向一方”的程度。正偏度意味着有一个较长的右尾；负偏度意味着有一个较长的左尾；零偏度意味着分布是关于平均数的对称（图 5.35）。

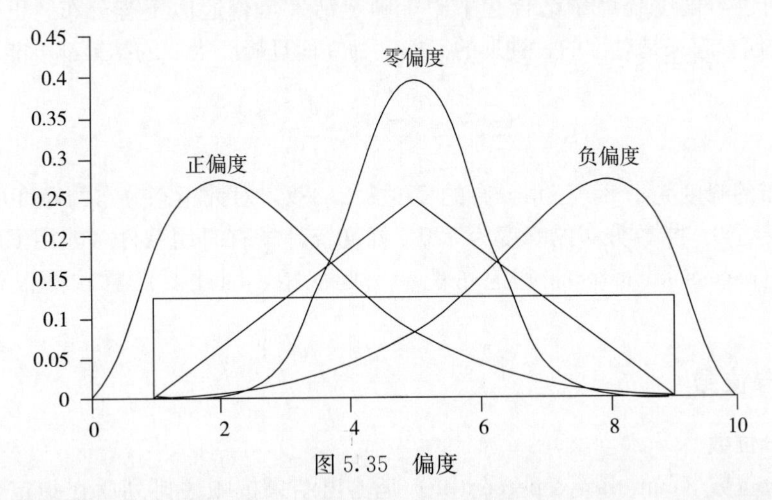

图 5.35　偏度

可用如下公式计算偏度：

$$S=\frac{\frac{1}{(n-1)}\sum_{i=1}^{n}(x_i-\bar{x})^3}{s^3}$$

将标准差 s^3 加进来，使偏度成为一个纯粹的数字，也就是它没有单位。偏度也是平均数的三阶矩，由于是立方，它对分布尾部的极端点数据比方差或标准差更敏感。在进行比较时也很有用，如指数分布的偏度为 2.0，极值分布的偏度为 1.14，三角分布的偏度在 0～0.562，对数正态分布的偏度从 0 到无穷，而其平均数接近 0。虽然它有时与峰度结合被用来检验结果分布是否接近正态，但对多数风险分析来讲偏度并不实用。来自模拟运行的高偏度值实际上是很不稳定的——如果模型给定的偏度值为 100，即认为"确实大"，但该值没有用。

另一种偏度指标是百分位数偏度 S_p，但很少用。其计算方法为：

$$S_p=\frac{(\text{第 90 百分位数}-\text{第 50 百分位数})}{(\text{第 50 百分位数}-\text{第 10 百分位数})}$$

与标准偏度相比，它的优点是十分稳定，因为它不受数据极值的影响。不过，它的尺度与标准偏度不同：如果 $0<S_p<1$，分布是负偏的；如果 $S_p=1$，分布是对称的；如果 $S_p>1$，则分布是正偏的。

峰度 *K*

峰度（kurtosis）度量了分布的高矮。和偏度一样，它在常规的风险分析中用处也不大。峰度的计算公式为：

$$K=\frac{\frac{1}{(n-1)}\sum_{i=1}^{n}(x_i-\bar{x})^4}{s^4}$$

与偏度的方式相似，将标准差 s^4 加进来峰度成为一个纯粹的数字，峰度是平均数的四阶矩，对分布尾部的极端数据点，它比标准偏度统计量更敏感。因此，为了获得风险分析结果的峰度的稳定值，需要比其他统计量迭代更多次。模拟运行获得的高峰度值很不稳定——如果你模拟得到的峰度是几百甚至几千，也就是说，它意味着结果中有很大的尖峰，而且模拟峰度特别依赖于尖峰处的点是否被抽样，因此对如此大的值仅看做它"确实大"。

峰度有时也与偏度统计量结合起来用于确定结果是否近似正态分布。正态分布的峰度为 3，因此任何看起来是对称的、钟形的、偏度为 0 而且峰度为 3 的结果都可能默认为正态。

$$K=\frac{\frac{1}{(n-1)}\sum_{i=1}^{n}(x_i-\bar{x})^4}{s^4}-3$$

均匀分布的峰度为 1.8，三角分布的峰度为 2.387，对数正态分布的峰度从 3.0 到无穷，且其平均数接近 0，指数分布的峰度为 9.0。峰度统计量有时用软件（如用 Excel）来计算，称为超峰度（excess kurtosis），用它可能会引起混淆，因此要注意软件报告的是什么统计量。

5.4.4 百分位数

累积百分位数

累积百分位数（cumulative percentile）是输出结果按顺序排列后在指定百分数点之下

的百分位数。标准表示为 x_P，其中 P 是累积百分数。例如 $x_{0.75}$ 是所产生数据中75%的数值小于或等于该值。

不同的累积百分位数可以同时制图形成累积频率图，其用法在前面已解释。

累积百分位数之间的差值经常用来衡量变量的变化范围，如 $x_{0.95}-x_{0.05}$ 包括了可能输出值中间的90%的值，$x_{0.80}-x_{0.20}$ 包括了可能输出值中间的60%，$x_{0.25}$、$x_{0.50}$ 和 $x_{0.75}$ 有时称为四分位数（quartile）。

相对百分位数

相对百分位数（relative percentile）是输出数值落在直方图中每直条范围内的部分。它们在大多数风险分析中用得很少，主要依赖于用来绘制直方图的直条数量。

相对百分位数可以用来复制包含在另一风险分析模型中的结果的分布。例如，现金流模型可以被一个大公司的许多子公司复制。这可以通过利用统计报告的参数（最小值、最大值、相对百分位数）并应用直方图分布对每一个子公司的现金流进行模拟来完成。只要现金流分布是独立的，那么它们就能够在另一个模型中归纳计算。

5.4.5 随机优势检验

随机优势检验是用来确定一种分布比其他分布占优势的检验。随机优势有好几种类型（或程度）。除此处介绍的一阶和二阶检验外，其他的随机优势检验不是特别有用。一般来说，统计学检验提供的阶越少越好。在现实世界中，选择某选项通常更有说服力的原因：选项A比选项B可能亏损概率更大；或最大损失更高；或运行成本更多；选项A感觉更轻松，因为以前做过类似的事情；选项B将从策略上更有益于将来；选项B是基于对少数假设的分析等。

一阶随机优势

考虑选项A和B的分布函数为 $F_A(x)$ 和 $F_B(x)$，均期待使 x 最大。

如果对所有 x 值来讲，$F_A(x) \leqslant F_B(x)$，那么选项A比选项B占优势。也就是说，在一个上升图中，选项A的cdf（累积分布函数）曲线在选项B的右边，如图5.36所示。选项A与B相比，对小于或等于任何一个 x 值的概率均较小，因此它是较好的选择（除非每一处 $F_A(x)=F_B(x)$）。只要它是连续的，且随 x 的增加而单调增加，一阶随机优势很直观，且无需对决策者效用函数进行任何假设。

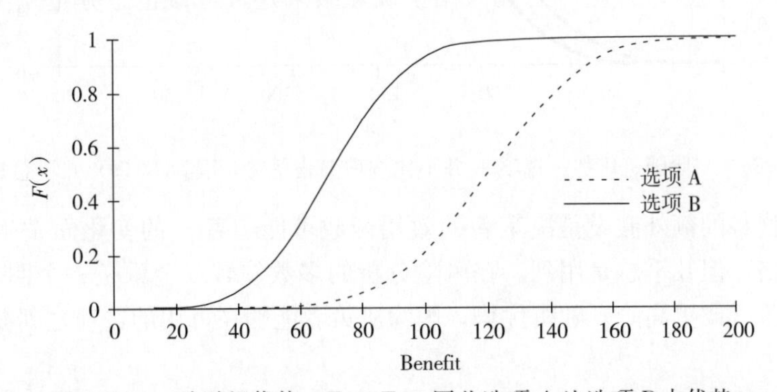

图5.36 一阶随机优势：$F_A<F_B$，因此选项A比选项B占优势

二阶随机优势

对所有 z 来讲，如果

$$D(z) = \int_{\min}^{z} (F_{B}(x) - F_{A}(x))\mathrm{d}x \geqslant 0$$

那么选项 A 比选项 B 占优势。图 5.37 举例说明了如何用图形显示。图 5.38 举例说明了二阶随机优势不适用的情况。

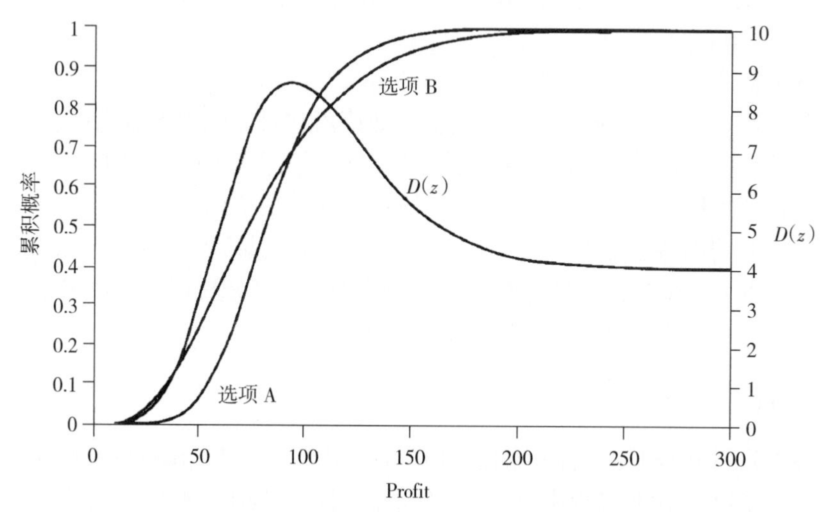

图 5.37 二阶随机优势：选项 A 比选项 B 占优势，因为 D（z）总是>0

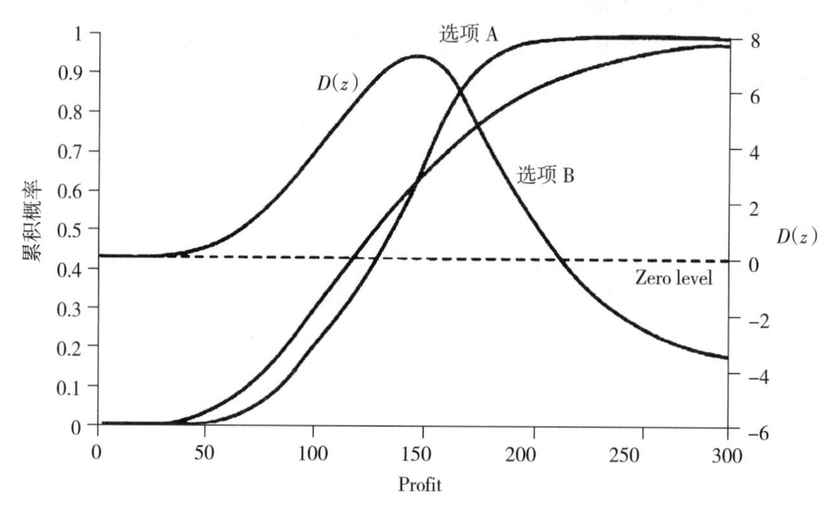

图 5.38 二阶随机优势：选项 A 并不比选项 B 占优势，因为 D（z）并不总是>0

二阶随机优势的额外假设是决策者的效用函数可能随着 x 的变化而发生反转。这种假设并不十分严格，但几乎总是用到。在风险分析的多数领域（金融是一个明显例外），并不必要借助于二阶（或更高阶）随机优势，因为决策者能够在可用的选项之间找到其他更重要的区别。

随机优势原则上是重要的，但在实际应用中相当复杂，特别是同时比较几种可能选项的情况。ModelRisk 能够比较多种选项。可以先对每一种可能选项结果进行 5 000 次迭代模拟，可以将这些输入到 Spreadsheet 的相邻列中。然后，将这些模拟调入 ModelRisk 程序进行计算，如图 5.39 所示。

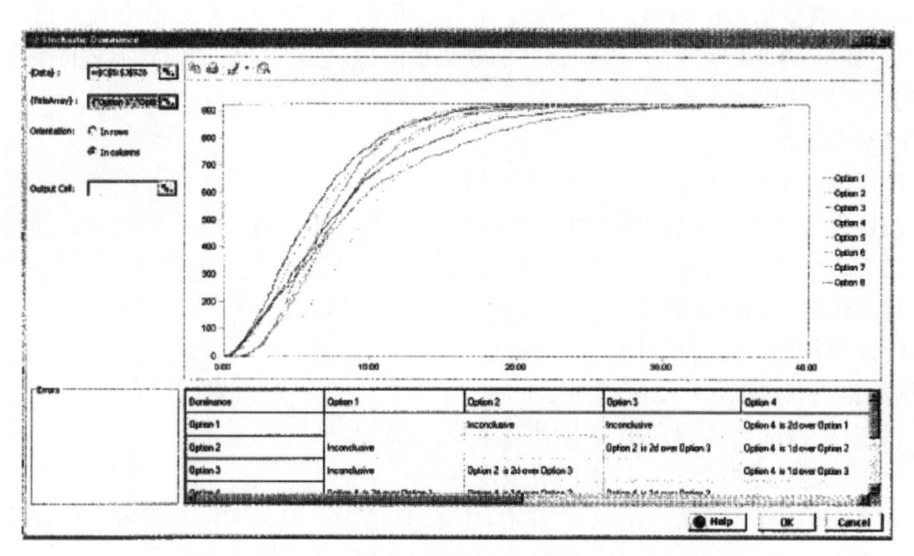

图 5.39　决定随机优势的 ModelRisk 界面

选择一个输出位置，允许插入数组函数（VoseDominance）获得随机优势矩阵，该位置将显示所有的优势组合和更新（如果模拟输出数组发生改变）。

5.4.6　信息值方法

信息值（value-of-information，VOI）是帮助决策者获得额外信息的价值。从决策分析观点来看，如果获得的额外信息明显改变决策者的优先策略才是有用的。获得更多信息的代价通常以额外信息的成本，或等待信息出现的延误时间来评价。

VOI 技术以采用额外数据修订的模型估计值，结合获得额外数据的成本及决策规则，将有关参数代入数学公式进行计算，看看是否改变决策，以此来实现该方法。Clemen 和 Reilly（2001）及 Morgan 和 Henrion（1990）推动了该思想的进展，如详细解释 VOI 概念，但仍然存在概率代数有点复杂、模拟过于灵活、多数 VOI 计算过于简单等问题。

VOI 分析的起点一般是考虑完全信息价值（value of perfect information，VOPI），也就是回答"根据能够完全掌握和关注的一些参数（通常是金钱，但可能是生活积蓄等），得到的收益是什么?"。如果完全信息不能改变决策，那么额外信息是没有价值的；而且如果不能改变决策，那么额外信息的价值在新选择和以前的选择之间的期望净收益是不同的。VOPI 一直是有用的限制性工具，因为它能说明更好评估输入参数的任何数据的最大值。如果信息成本超过了最大可接受值，就知道不应再继续进行。

VOPI 核查后，然后查找不完全信息值（value of imperfect information，VOII）。通常，收集的新数据可以减少但不能完全去除输入参数的不确定性，那么 VOII 主要衡量为减少不确定性去收集额外信息是否值得。实际上，如果新数据与以前用来估计参数的数据或看法不一致，那么新数据甚至可能会增加不确定性。

如果所用的数据有 n 个随机观察值（如调查或实验结果），那么一个参数值的不确定性与 $1/\sqrt{n}$ 成宽泛（粗略）的比例关系。因此，如果已经有 n 个观察值，并想将不确定性减半，那么共需要 $4n$（或增加 $3n$）个观察值。如果想减少不确定性 10 倍，那么共需要 $100n$（增加 $99n$）个观察值。换句话讲，不确定性越接近 0，减少这个参数值不确定性的成本越大。因此，如果 VOPI 分析表明在决策之前收集更多信息是经济合理的，那么肯定存在一个收集数据成本超过其效益的点。

VOPI 分析方法

- 考虑能收集更多信息的参数可能值范围。
- 确定是否有这些参数的可能值，这些参数如果已知的话，应使决策者选择一种目前认为最好的。
- 计算作出更明智选择的额外值（如期望效益），这就是 VOPI。

VOII 分析方法

根据数据或专家观点，从有较大把握的一个参数（或多个参数）开始。

- 模拟该参数的新数据可能得出什么结果。
- 确定可能被这些新数据影响的决策规则。
- 计算在给定新数据的情况下决策能力的改善情况；改善的衡量需要一些评价和对可能结果的比较，虽然有不少限制但通常采用期望货币值或效用值。
- 确定决策能力的改善是否超过了额外信息的成本。

VOI 实例

你的公司想开发一种新的化妆品，但已有人对产品产生过轻微不良皮肤反应问题。开发进入市场的产品成本是 180 万美元。如果产品达到需要的质量，则税收净现值 NPV（包括开发成本）是 370 万美元。

化妆品法规规定，如果有 2%及以上的消费者对产品有不良反应，就必须召回产品。你已经从目标统计人群中随机选择了 200 人进行初步试验，每人成本为 500 美元，这些人中有 3 个人对产品有不良反应。

如果该产品影响少于要求的 2%人群的置信度可以达到 85%，那么才决定开发该产品。决策问题：是否应当测试更多的人或者是否现在就放弃该产品开发？如果测试更多的人，那么应该再测试多少？

如果观察 200 人中有 3 人受影响，关于先入为主的 p 可以建模为 Beta（3+1，200−3+1）=Beta（4，198），表示 2%及以下的目标人群受影响的置信度为 57.42% [计算为 VoseBetaProb（2%，4，198，1）或者 BETADIST（2%，4，198）]。

因此，目前的信息意味着管理者将不赞成成本或收益不确定（例如，净收入是 0 美元）的产品开发。不过 Beta 分布表明 p 很可能小于 2%，现在退出的话会失去一个好的机会。如果确信这点，那么公司将获得 370 万美元的利润，因此 VOPI=370 万美元 * 57.24%+0 美元 * 42.76%=212 万美元，每次测试成本仅为 500 美元；这可能意味着获取更多信息是值得的。

VOII 分析

图 5.40 的模型演示了上边描述的 VOII 分析步骤。关注的参数是有不良反应目标人群（18～65 岁女性）中的部分人群流行率（p），格子 C12 中用 VoseBeta（4，198）描述先验不确定性。

研究人群是从该目标人群中随机抽取，因此如果额外检测 m 个人（格子 C22），那么认

为不良反应人数 s 服从 Binomial（m，p）（格子 C24）。

修订 p 的模型估计值为 Beta($4+s$,$198+(m-s)$)，$p<2\%$的下置信度可以用 C27 行中的 VoseBetaProb(2%,$4+s$,$198+(m-s)$,1) 得出。如果这种置信度超过 85%，管理者将决定开发这种产品（格子 C31：C32）。

根据先验值，模型模拟了不同的可能 p 值。它模拟了不同的可能额外检测的数量 m，并模拟了生成的额外数据（m 中的 s 个），然后评估相关决策的期望回报。虽然有的可以达到需要的置信度 p，但 p 的真实值并没有改变，决策仍然是较差的。通过每一次迭代来计算信息值，平均函数用于计算信息的期望值。

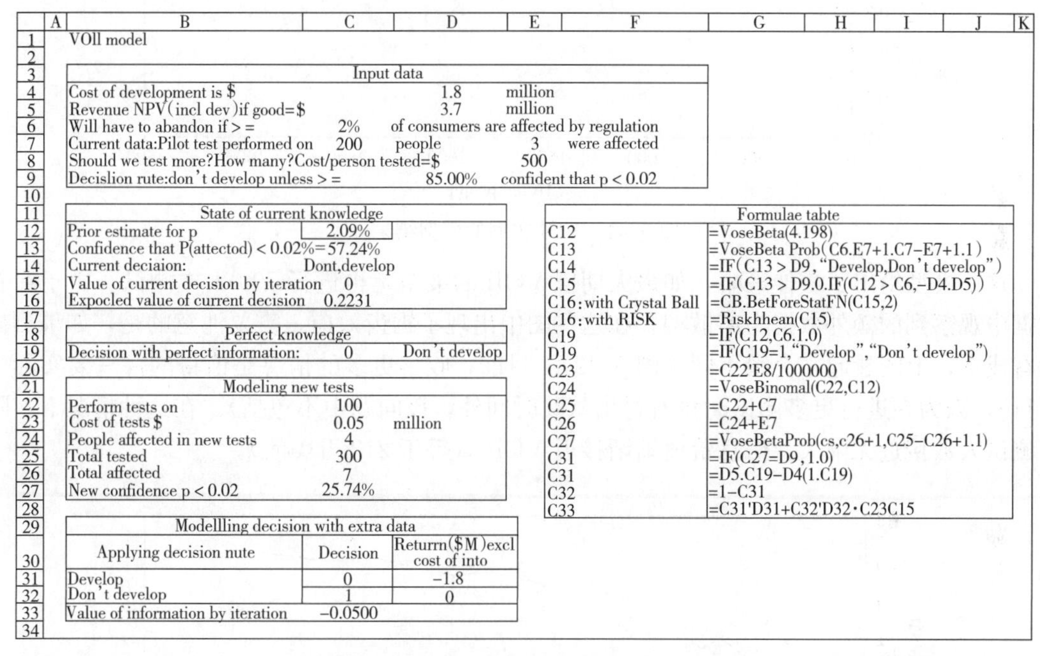

图 5.40 VOII 例子模型

这个例子中需要注意的是，提出的问题是在一次运行中需要多少人进行测试。这种重复过程以一个较小的测试成本达到需要的置信度，或者因为决策者认为没有达到预期而放弃进一步测试。

开始看起来，没有得到任何结果。但毕竟确实不知道更多信息，直到进行了额外测试。不过，做出的决策将取决于那些额外测试的结果，那些结果则取决于 p 的真实值实际是什么。因此，分析是以先验的 p 值（也就是到目前为止所了解的 p）和决策规则为基础。当模型生成一种情景时，它从先验的 p 中选择一个值。也就是说，"想象这是 p 的真实值"。如果值$<2\%$，当然应该开发该产品，但是绝不知道 p 值具体是多少（直到开发出了产品并了解了其足够的客户使用史）。不过，通过额外测试，将更接近了解其真实值，而不再采取赌博方式。当模型取一个较小的 p 值时，在新的测试中它将可能生成一个少数受影响的人群，且将这种少数作为平均 p 值的解释往往是正确的。风险是较高的 p 值可能会偶然导致较小的 m 值，则没有代表性。这将会被曲解为较小的 p 值，并导致管理者作出错误决策。不过，由于 m 变得越来越大，因此风险将会减小。需要做的平衡是测试的花费。模型模拟了 m 从

100～3 000 变化的 20 种情况，结果如图 5.41 所示。

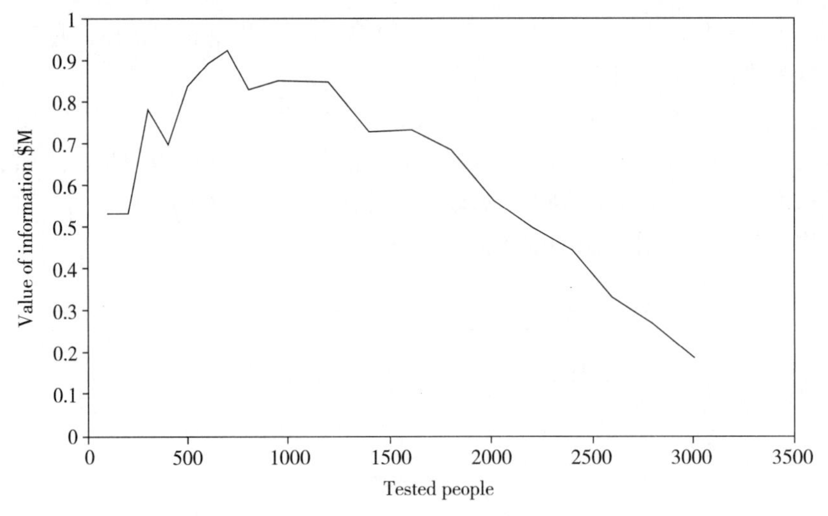

图 5.41　VOI 实例的模型结果

这个模型给出了最佳策略，如最大期望 VOII 的策略是再进行 700 人次测试。由于在新数据中观察到的额外数据为离散型，在这些图中出现了锯齿效应。需要注意的是，如果测试没有成本，上图看起来会很不同（图 5.42）。目前，收集更多的信息是值得的（只要实际中可行），因为在进行更多测试时没有付出（除时间外，该问题中不包括）。在这种情况下，随着测试人数接近无限大，信息价值渐渐接近 VOPI（等于 212 万美元）。

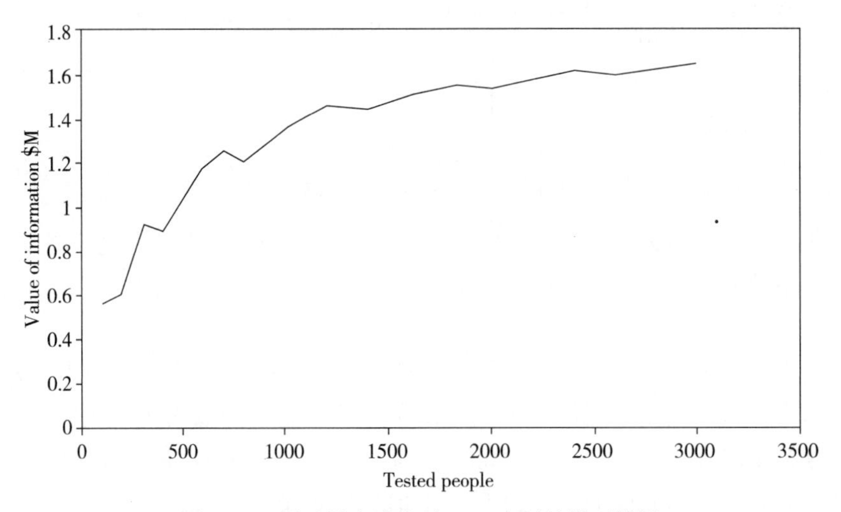

图 5.42　测试没有成本时 VOI 实例的模型结果

第二部分

引　言

第二部分是本书的主要部分，包含了很多广泛应用的风险分析建模技术。同样，我几乎只使用微软 Excel 来建模，因为它使用广泛，电子表格可打印，非常容易展示模型原理。

我也使用过 Vose 咨询公司的 Excel 插件 ModelRisk（见附录 2），我将尽力避免本书成为某软件工具的美化广告。实际上，做风险分析需要一些专用软件，使用 ModelRisk 可以让我在介绍风险分析模型背后的思想时，不必同时给出复杂计算中丢失的信息，也不用纠结于电子表格中模型的各种原理性限制。ModelRisk 中的一些简单功能也可以在其他软件中找到，Excel 也有些统计功能（尽管质量可能有疑问）。当使用 ModelRisk 中更复杂的功能时（如 Copulas 连接函数或时间序列），我也尽量给出足够的信息使你能自己操作。当然，欢迎购买 ModelRisk：里面的内容比在本书中使用的更多（附录 2 给出了一些重点概要，并解释了 ModelRisk 如何与其他风险分析电子表格插件交互使用）。它有很多很好的用户界面，且计算路径可以从 C++和 VBA 提取出来。我们在本书内部封面上提供了 ModelRisk 的补充操作演示，与本书建立的模型文件放在一起，读者可以试试。

电子表格模型使用的符号

本书给出了电子表格模型的打印版。模型是在 Excel 2003 和 ModelRisk 2.0 版本中建立的，遵守 Excel 单元格公式的标准规则。方程可以在@RISK、Crystal Ball 和其他蒙特卡罗模拟软件包中使用，这些软件包具有类似功能。在每个电子表格中给出了公式表，读者可以据此重建模型。例如：

	A	B	C	D	E	F	G	H
1		Mean	Stdev	Variable				
2		10	3	8.605 037		*Formulae table*		
3		8	2	1.054 596		D2:D8	=Vose Lognorma I (B2, C2)	
4		7	5	0.429 087		D10 (output)	=SUM(D2:D8)	
5		9	3	0.167 958		D11(output)	=STDEV(D2:D8)	
6		6	4	1.361 706				
7		5	2	2.270 72				
8		2	1	1.643 187				
9								
10			Sum	15.532 29				
11			Stdev	2.904 51				
12								

这里你会看到，对于 D2：D8 的输入函数“＝VoseLognormal（B2，C2)”，当对一系列单元格输入公式时，它对第一个单元格有效，同时该范围内的所有单元格会复制第一格的公

式，如使用 Excel 的自动填充功能。公式在不同的单元格中会根据位置变化而变化。例如，将上面的公式复制到其他单元格中将会有：

D3："=VoseLognormal（B3，C3）"

D4："=VoseLognormal（B4，C4）"

D5："=VoseLognormal（B5，C5）"

等。

如果在公式中加入固定符号"$"，例如："=VoseLognormal（B$2，C2）"，它将会复制为：

D3："=VoseLognormal（B$2，C3）"

D4："=VoseLognormal（B$2，C4）"

D5："=VoseLognormal（B$2，C5）"

等。

VoseLognormal 功能从对数正态分布中生成随机样本。对数正态分布是常见分布，在 Excel 的所有蒙特卡罗模拟插件中颇具特色。例如，VoseLognormal（2，3）命令可以被替代为：

@RISK=RiskLognormal（2，3）

Crystal Ball=CB. Lognormal（2，3）

可能还有很多具有不同复杂度的其他不常见的蒙特卡罗插件，它们均遵循同样的规则，但要注意使用同样的方法确保它们的参数分布。

Excel 允许输入数组函数，就是一个函数可以覆盖多个单元格。输入方式为选中部分单元格，输入公式，然后同时按 Ctrl-Shift-Enter。函数会出现在公式栏内的大括号内，数组函数在 ModelRisk 中使用较多。例如：

	A	B	C	D	E	F	G
1		Value	Shuffled				
2		1	3		*Formulae table*		
3		2	5		C2:C8	{=VoseShuffle(B2:B8)}	
4		3	2				
5		4	6				
6		5	4				
7		6	1				
8		7	7				
9							

VoseShuffle 函数简单地将值在其参数数组中随机排序。可以看到大括号中的公式，因为 VoseShuffle 使用一个函数覆盖了那一区域，那就是为什么你能在 Excel 的公式栏里看到它。

也请注意所有以大写字母表示的函数通常都是 Excel 本身的功能，这就是它们出现在电子表格里的原因。VoseXxxx 形式的函数属于 ModelRisk。

ModelRisk 中的函数类型

ModelRisk 具有几种函数，应用于概率分布。下面以正态分布为例子介绍。

函数 VoseNormal（2，3）从均数为 2，标准差为 3 的正态分布中生成随机值。一个可选择的第三参数（我们称为"*U*-参数"）是分布的百分位数。例如，VoseNormal（2，3，0.9）返回的是该分布的第 90 百分位数。*U* 参数显然介于 0～1，它的主要用途是用来控制从分布中生成随机样本。例如：

VoseNormal（2，3，RiskUniform（0，1））

或

VoseNormal（2，3，CB. Uniform（0，1））

或

VoseNormal（2，3，RAND（））

将通过@RISK、Crystal Ball 或 Excel 的随机数发生器控制抽样，从正态分布中生成随机数值。

在 ModelRisk 中，有第二种类型的函数来计算每种重要分布的概率。例如，VoseNormalProb（0.7，2，3，FALSE）返回的是该正态分布在 $x=0.7$ 处的概率密度函数，等同于 VoseNormalProb（0.7，2，3，0）或 VoseNormalProb（0.7，2，3），最后一个参数如果没给出则默认为"FALSE"。VoseNormalProb（0.7，2，3，TRUE）或 VoseNormalProb（0.7，2，3，1）返回正态分布在 $x=0.7$ 处的累积分布函数。这里，这些函数类似于 Excel 中的 NORMDIST 函数。

VoseNormalProb（x，m，s，0）＝NORMDIST（x，m，s，0）

VoseNormalProb（x，m，s，1）＝NORMDIST（x，m，s，1）

然而，概率计算函数还可以用于一组 x 值，返回其联合概率（joint probability）。例如：VoseNormalProb（{0.1，0.2，0.3}，2，3，0）＝VoseNormalProb（0.1，2，3，0）＊VoseNormalProb（0.2，2，3，0）＊VoseNormalProb（0.3，2，3，0）这一特点有两个优势：一是不需要一大串函数来计算大的数据集的联合概率；二是与一系列函数相乘相比，这些函数更快更精确，因为根据分布可以简化大量的计算。联合概率通常会很小，在 Excel 中不能完全显示，所以 ModelRisk 的这些函数提供了以 10 为底的对数值。例如：VoseNormalProb10（{0.1，0.2，0.3}，2，3，0）＝LOG10（VoseNormalProb（{0.1，0.2，0.3}，2，3，0）。例如，运用这些函数可以建立很有效的对数似然模型，然后可以优化数据拟合（见第 10 章）。

最后，ModelRisk 提供了目标函数。例如 VoseNormalObject（2，3）。如果在一个单元格键入＝VoseNormalObject（2，3），它将返回字符串"VoseNormalObject（2，3）"。在很多风险分析的计算中，如果想对一个分布做更多分析，而不仅仅是取随机样本或计算一个概率。例如，我们可能想计算它们的矩（均数，方差等）。为此，下面的模型对于 Gamma（3，7）分布用两种方法来计算：

	A	B	C	D	E	F	G	H
1								
2		alpha	3					
3		beta	7		Object	VoseGamma($C$2,$C$3)		
4								
5		Mean	21		Mean	21		
6		Variance	147		Variance	147		
7		Skewness	1.154701		Skewness	1.154 700 54		
8		Kurtosis	5		Kurtosis	5		
9								
10		*Formulae table*						
11		{B5:C8}	{=VoseMoments(VoseGammaObject(C2,C3))}					
12		F3	=VoseGammaObject(C2,C3)					
13		E5:F8	{=VoseMoments(F3)}					
14								

VoseMoments 数组函数返回分布的最初 4 个矩，将它们作为输入来估计分布类型和值的参数。还有很多其他情况下需要人为操纵分布，例如：

=VoseAggregateMC（VosePoisson（50），VoseLognormalObject（10，5））

这个函数使用组合蒙特卡罗方法将 n 个 Lognormal（10，5）分布加在一起，其中 n 自身是 Poisson（50）的随机变量。注意，对数正态分布在这里是个目标（object），因为我们通过执行函数从泊松分布样本中得到均数，然后多次用到该分布。然而，泊松分布不是目标，因为函数每次运行时，只是从该分布中取一个随机样本。目标也可以被植入其他目标中。例如：

VoseSpliceObject（VoseGammaObject（3，0.8），VosePareto2Object（4，6，VoseShift（1.5）），3）

就是将一个 Gamma 分布（左侧）和一个转化帕累托 2 分布（右侧）拆分后，在 $x=3$ 处一起构建一个分布为目标。允许目标在单元格中单独显示（如上图中的 F3 单元格），使得建立的模型非常清楚和高效。

数学符号

下面列出一些读者会遇到的数学符号。我已经尽量把代数内容减少，读者不需要过度担心这个列表，本书的数学内容没有超出本科生课程水平。

x	某变量值的符号标签
θ	不确定参数的符号标签
$\int_a^b f(x)\mathrm{d}x$	函数 $f(x)$ 在 a 和 b 之间的积分
$\sum_{i=1}^{n} x_i$	表示所有 x_i 值的和，i 介于 1 和 n 之间，如 $x_1+x_2+\cdots+x_n$
$\prod_{i=1}^{n} x_i$	所有 x_i 值的乘积，i 介于 1 和 n 之间，如 $x_1 \cdot x_2 \cdot \cdots \cdot x_n$
$\frac{\mathrm{d}}{\mathrm{d}x}f(x)$	函数 $f(x)$ 关于 x 的微分
$\frac{\partial}{\partial_x}f(x,y)$	函数 $f(x, y)$ 关于 x 的偏导数
$\approx$	约等于
$\leqslant, \geqslant$	“小于等于”，“大于等于”
《，》	“远小于”，“远大于”
$x!$	x 的阶乘，$1\times 2\times 3\times\cdots\times x$，或者 $\prod_{i=1}^{x} i$
exp $[x]$ 或 e^x	x 的指数，等于 $2.7182818\cdots^x$
ln $[x]$	x 的自然对数，所以 $\ln[\exp(x)]=x$
$\bar{x}$	所有 x 的均数
$\lvert x \rvert$	x 的绝对值
$\Gamma(x)$	x 处估计的伽马函数：$\Gamma(x)=\int_0^\infty e^{-u}u^{x-1}\mathrm{d}u$
Beta (x, y)	(x, y) 处估计的贝塔函数：$\int_0^1 t^{x-1}(1-t)^{y-1}\mathrm{d}t=\frac{\Gamma(x)\Gamma(y)}{\Gamma(x+y)}$

其他特定函数在对应文本中做了解释。对于有一定概率模型基础的读者，可能不习惯我用来表示一些分布的某变量的符号。例如我写出：

$$X = \text{Normal}(100, 10)$$

这里，读者可能习惯于：

$$X \sim \text{Normal}(100, 10)$$

我使用“=”，因为这样在写合并变量的公式时更容易，而且反映了如何在 Excel 中使用。例如我可能写出：

$$X = \text{Normal}(100, 10) + \text{Gamma}(2, 3)$$

另一种写法是：

$$Y \sim \text{Normal}(100, 10)$$

$$Z \sim \text{Gamma}(2, 3)$$

$$X = Y + Z$$

这样写起来很冗长。

这一部分分为几个章，每章解决特定领域的几个问题。我希望这种解决问题的方式可以补充本书前面介绍的理论。解决问题中理论介绍较为详细的地方，给出了参考文献。每个问题的解决方案都以符号“◆”结束。

第 6 章

数理概率和模拟

本章探究了风险分析建模必不可少的一些概率和统计的基本理论，在继续下文之前有必要了解这些理论。依我的经验，不了解这些基本原理是造成模型逻辑错误的首要原因。风险分析软件的优点是不需要理解任何深奥的统计理论即可得出结果。虽然使用这些软件没有错误，但当构建逻辑模型的时候就不能仅仅应用软件了。

本章首先着眼于在概率分布中的数学概念，然后定义一些常用的基本统计方法。在构建逻辑模型前，首先需要理解基本的概率论概念。本章旨在为统计和概率概念提供参考，这些原理的应用留在本书的后面相应章节讨论。

对大多数人（包括我）而言，概率论与统计学不是大学期间最喜欢的课程。然而，在继续下文之前，我鼓励不具备统计学知识的人读完本书 6.4.4 以前的内容。

6.1 概率分布方程

6.1.1 累积分布函数

（累积）分布函数（cumulative distribution function，cdf)，也称概率分布函数 $F(x)$，是描述变量 X 小于或等于 x 的概率的数学方程，即

$$F(x)=P(X\leqslant x) \qquad \text{对于所有 } x$$

其中，$P(X\leqslant x)$ 表示 $X\leqslant x$ 事件的概率。

累积分布函数有以下性质：

1. $F(x)$ 总是非减的，即 $\frac{\mathrm{d}}{\mathrm{d}x}F(x)\geqslant 0$ 。

2. 当 $x=-\infty$时，$F(x)=0$；

当 $x=\infty$时，$F(x)=1$。

6.1.2 概率质量函数

如果随机变量 X 是离散的，即它可以从某一特定数据集 n 中取任意值 x_i ，$i=1$，…，n，则：

$$P(X=x_i)=p(x_i)$$

$p(x)$ 被称做概率质量函数（probability mass function，pmf)。

注意：

$$\sum_{i=1}^{n}p(x_i)=1$$

和

$$F(x_k) = \sum_{i=1}^{k} p(x_i) \tag{6.1}$$

例如，掷硬币3次，正面朝上的次数是离散的。x_i 的可能取值及它们的概率质量函数 $f(x)$ 和概率分布函数 $F(x)$ 如图6.1所示。本书中，我通过用直线连接概率质量、用点标记每个可取值来表示离散变量的概率质量函数。垂直柱状图常常比较适合表示离散变量，但是用点线图可以在同一张图中表示几个离散分布。

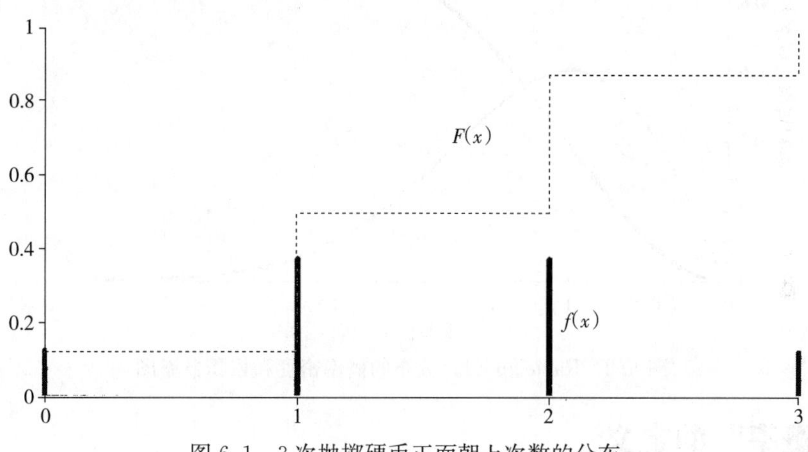

图6.1 3次抛掷硬币正面朝上次数的分布

6.1.3 概率密度函数

如果一个随机变量是连续的，即它可以取某一特定范围（或几个区间范围）内的任意值。因为无数个数值的概率之和为1，所以 X 在这个范围内某个值的概率非常小。换句话讲，X 的任何容许值的概率质量并无联系。定义概率密度函数为：

$$f(x) = \frac{d}{dx}F(x) \tag{6.2}$$

即 $f(x)$ 是累积分布函数的变化率（梯度）。因为 $f(x)$ 总是非递减的，所以 $f(x)$ 总是非负的。

因此，对于连续分布不能定义任何观察精确值的概率。但是可以确定 x 位于两个确切值 (a, b) 之间的概率：

$$P(a \leqslant x \leqslant b) = F(b) - F(a) \qquad b > a \tag{6.3}$$

例6.1 假如一个连续变量服从Rayleigh（1）分布，累积分布函数为

$$F(x) = 0 \quad x < 0$$
$$F(x) = 1 - e^{-x^2/2} \quad x > 0$$

其概率密度函数为：

$$f(x) = 0 \quad x < 0$$
$$f(x) = x e^{-x^2/2} \quad x > 0$$

变量在1和2之间的概率为：

$$p(1 < x < 2) = F(2) - F(1) = (1 - e^{-2})(1 - e^{-0.5}) \approx 47.12\%$$

本例中 $F(x)$ 和 $f(x)$ 如图 6.2 所示。本书中用一条光滑曲线表示一个连续变量的概率密度，在曲线中间有时会画一个方块表示分布的平均数位置。假如分布为单峰，如果这个点大于 50%分位数，则分布为右偏；如果小于 50%分位数，则分布为左偏。◆

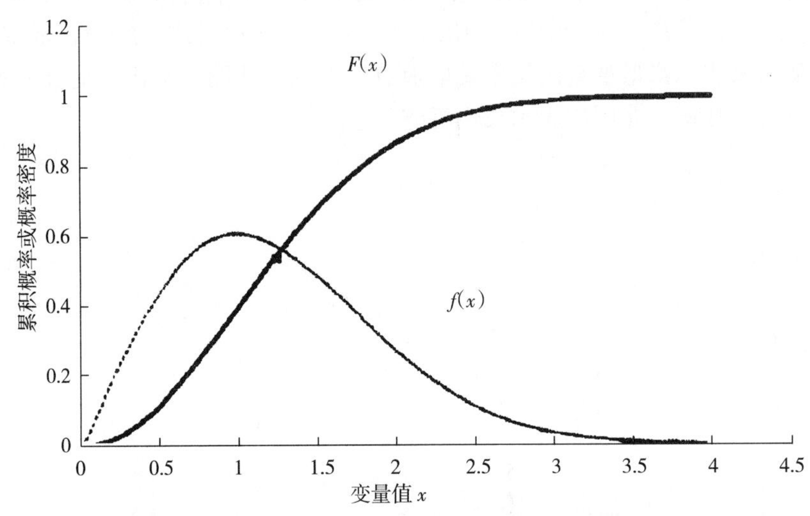

图 6.2　Rayleigh（1）分布的概率密度和累积概率图

6.2　"概率"的定义

概率是一些随机过程结果可能性的数值度量。随机是可能性的效果，是系统的基本性质，即使我们不能重复测量它。它不可能通过研究或进一步测量化简而减少，但可通过改变物理系统而减少。随机曾被称为"偶然不确定性"和"随机变异性"。概率的概念可以从如下几个方面理解：

频率论的定义

频率方法是多次（试验）重复某一物理过程，观察相关结果发生的次数所占的比例。这一比例近似地（意味着进行无数次试验）等于这一物理过程特定结果的概率。例如，频率论运用抛硬币实验，抛掷一个硬币很多次，出现正面朝上的比例约等于一次抛掷正面朝上的概率，而且抛掷次数越多，这一比例就越接近于真实的概率。因此，对于一个均匀的硬币，当试验次数极大时，正面朝上的次数稳定在 50%。这种方法的哲学问题是，人们通常没有机会重复这种场景很多次。例如，明天是否下雨或某个人出车祸的概率这样的问题怎么用这种方法模拟呢？

公理化定义

物理学家或者工程师可以查看硬币，测量它，旋转它，用激光照射其表面等，直至可以断言，由于对称性，硬币任何一面朝上的概率理论上均为 50%（对于一个均匀的硬币，或者对一个不均衡的硬币测量得到的其他值）。由于不要求无限多次重复同样的物理过程，通过演绎推理获取的确定的概率比频率方法更具有广泛应用性。

主观定义

在这本书中，概率是衡量某件事情真实性的指标。本书用"置信度"这个词代替"概率"这个词，以将信念和真实世界概率分清楚。置信度的分布看起来非常像概率的分布，也遵循同样的互补性、可加性等规则，因此很容易使这两个定义混淆。不确定性是评估人对表示被模型化的物理系统特性参数了解的缺乏（认知程度的无知）。不确定性有时可通过进一步测量或研究来降低。不确定性也称为“基本不确定性”“认知不确定性”和“相信的程度”。

6.3　概率规则

有四个重要的概率定理可用于风险分析，它们的含义和使用将在本节讨论：

- 强大数定律（也称为切比雪夫不等式[1]）。
- 二项式定理。
- 贝叶斯定理。
- 中心极限定理。

我也会描述在风险分析中，或其他地方引用的一些数学方法：

- 泰勒级数。
- 切比雪夫定则（定理）。
- 马尔可夫不等式。
- 最小二乘线性回归。
- 秩相关系数。

下面首先讨论条件概率，运用维恩图帮助理解。

6.3.1　维恩图

介绍维恩图（Venn diagram）有助于使概率的基本规则可视化。在维恩图中，ε 表示的方形面积包含了所有可能事件，指定它的面积为 1。圆代表特定事件。面积的比代表了概率。例如，图 6.3 中事件 A 的概率为面积 A 与总面积 ε 的比。

互斥事件

图 6.4 为两个事件（A 和 B）的维恩图，这两个事件是互斥的，意味着它们不能同时发生，因此圆不重叠。

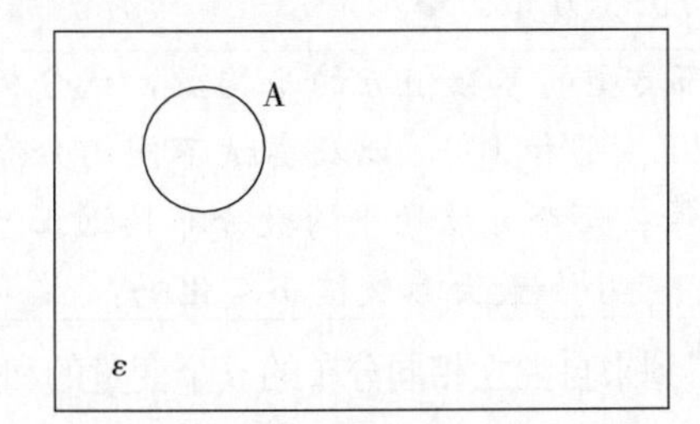

图 6.3　单一事件 A 的维恩图

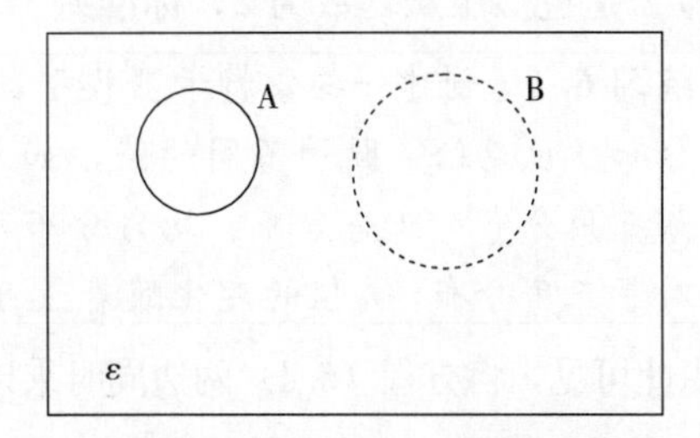

图 6.4　两个互斥事件的维恩图

两个圆形区域分别表示 A 和 B，事件 A 和 B 发生的概率用 P（A）和 P（B）表示：

$$P(\mathrm{A})=\mathrm{A}/\varepsilon$$

---

① 在俄罗斯数学家帕夫努季·利沃维奇·切比雪夫（1821—1894）之后。其他翻译著作译作 Tchebycheff、Chebyshev 或 Tchebichef。

$$P(\mathrm{B})=\mathrm{B}/\varepsilon$$

可以把维恩图想象成一个箭靶，假设向箭靶上发射箭头，箭头落在目标区域内任何地方的机会均等，但肯定可以落在它的某一个地方。靶上的圆圈表示每个可能事件，如果箭头落在圆圈A就代表事件A发生。如图6.4所示，你不可能让一个箭头同时落在A和B中，所以，事件A和B不能同时发生：

$$P(\mathrm{A}\cap\mathrm{B})=0$$

任一事件发生的概率是每一事件发生的概率之和，因此只须把A和B两个区域相加：

$$P(\mathrm{A}\cup\mathrm{B})=P(\mathrm{A})+P(\mathrm{B})$$

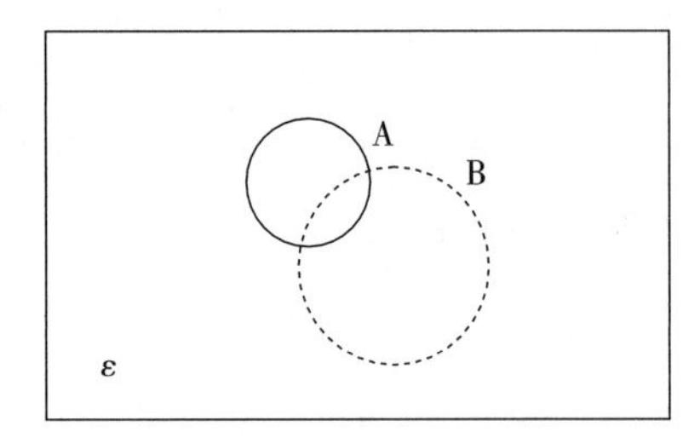

图6.5 两个非互斥事件的维恩图

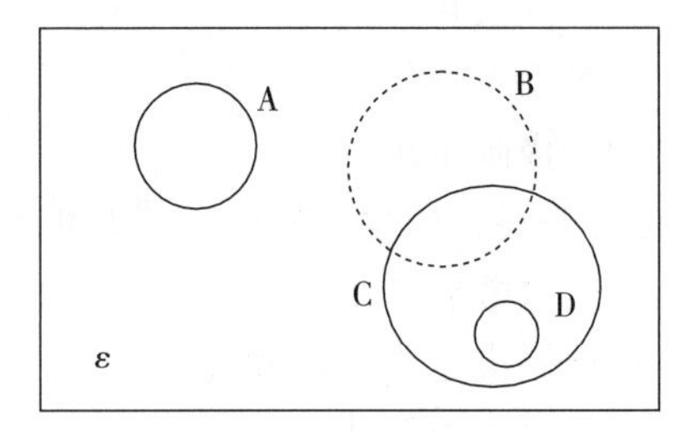

图6.6 更复杂的维恩图

6.3.2 中心极限定理

中心极限定理（central limit theorem，CLT）是风险分析建模中最重要的定理之一。n个变量（n充分大）服从相同的分布f（x）时，它们的平均数$\bar{x}$服从正态分布：

$$\text{Normal}(\mu,\ \sigma/\sqrt{n}) \tag{6.4}$$

μ和σ分别是f（x）服从正态分布的n个样本的平均数和标准差。

例6.2 有40个变量，每个变量都服从Uniform（1，3）分布（平均数=2，标准差=$1/\sqrt{3}$），这些变量的平均数（近似地）有如下分布：

$$\bar{x}=\text{Normal}(2,\frac{1}{\sqrt{3}\ \sqrt{40}})=\text{Normal}(2,\frac{1}{\sqrt{120}})$$

即$\bar{x}$是近似服从均数为2，标准差为$1/\sqrt{120}$的正态分布。◆

> **练习6.1** 创建一些蒙特卡罗模型，求同一分布类型的参数值n的平均数，试分析结果的分布。试着给n赋予不同的值，如n=2，5，20，50和100，以及尝试不同的分布类型，如三角分布、正态分布、均匀分布和指数分布等。哪个n值的平均数分布接近正态分布？对于三角分布，n值的变化随着最可能参数值、最小和最大参数值而变化吗？

由此可见，将方程（6.4）两边同时乘以n，可以得到来自独立相同分布的n个变量的和：

$$\sum=n\bar{x}=\text{Normal}(n\mu,\sqrt{n}\sigma) \tag{6.5}$$

例6.3 40个Uniform（1，3）自变量的和（近似）服从如下分布：

$$\sum=\text{Normal}(40*2,\sqrt{40}*\frac{1}{\sqrt{3}})=\text{Normal}(80,\sqrt{\frac{40}{3}})$$◆

值得注意的是，这个定理也适用于多个具有不同概率分布类型的独立变量的和（或平均数），此时如果没有变量在它们和的不确定性中占主导地位，那么它们的和将近似服从正态分布。

这个定理也适用于多个正变量相乘。假设一组变量 X_i，$i=1$，…，n，是从同一分布中抽取的独立变量，那么它们的乘积为：

$$\Pi = \prod_{i=1}^{n} X_i$$

两边取自然对数得到：

$$\ln\Pi = \sum_{i=1}^{n} \ln X_i$$

由于变量 X_i 有同样的分布，变量 $\ln X_i$ 必须也有同样的分布，因此根据中心极限定理，$\ln\Pi$ 服从正态分布。现在，如果一个变量的自然对数服从正态分布，那么这个变量服从对数正态分布，即 Π 服从对数正态分布。

事实上，中心极限定理的这种应用也大致适用于有不同分布函数的多个独立正变量的乘积。在很多情况下都适用。例如，石油储量是储存面积、平均厚度、孔隙率、气/油、（1－含水饱和度）等独立变量的乘积，某个区域内可开采的石油储量近似服从对数正态分布。

大多数风险分析模型通过加（减）法和乘法将变量结合在一起，因此通过上面的讨论，大多数风险分析的结果看起来有些介于正态分布和对数正态分布之间也就不足为奇了。当均数远远大于其标准差时，对数正态分布看上去与正态分布相似，因此风险分析模型结果常常看上去近似正态。这尤其适用于按成本或时间完成或一些现金流动价值的工程和财务风险分析。

从这些定理的结果可知，变量集的平均数分布取决于被平均的变量的个数，如同每个变量的不确定性。有时，探索多个变量平均分布的专家估计值是很有意义的事。例如，铺1千米道路所用的平均时间，或者一个特定品种羊的羊毛的平均重量。读者现在可以看到，对专家来讲，提供平均数的分布很难。他们必须知道估算平均变量的数目，然后应用中心极限定理，这不是一项容易的工作。最好估计每一项的分布，然后运用中心极限定理进行运算。

许多参数的分布可以认为是一些其他相同分布之和。一般来讲，如果这些简单分布的均数远大于标准差，可以近似为正态分布。中心极限定理对确定正态分布的参数有用，在附录3的3.9讨论了一个分布对另一个分布的近似方法。

6.3.3 二项式定理

二项式定理中，对于 a、b 值和正整数 n 有：

$$(a+b)^n = \sum_{x=0}^{n} \binom{n}{x} a^x b^{n-x}$$

二项式系数 $\binom{n}{x}$ 有时也可以写成 C_n^x 或 ${}_nC_x$，读做“在 n 中选 X”，计算公式为：

$$\binom{n}{x} = \frac{n!}{x!(n-x)!} \tag{6.6}$$

其中，! 表示阶乘，例如 $4! = 1*2*3*4$。二项式系数有不同的计算方法，把 n 个数分为两种类型，从 n 中的 x 个数是一种类型，剩余的（$n-x$）个数为另一种类型，这样两种类型的数据就区分开了。Excel 的 COMBIN 函数可以计算二项式系数。

该方程的有关符号解释如下：有 $n!$ 种方法排列 n 个数，因为第一个数有 n 种选择，第二个数有（$n-1$）种选择，第三个数有（$n-3$）种选择，以此类推，直至最后一个数只有一种选择。因此，有 $n*(n-1)*(n-2)*\cdots*1$ 种不同的方式排列这些数。假设这些数中有 x 个是相同的，就不能区分交换这两个数的位置的这两种排列方式。重复上述逻辑，将会有 $x!$ 种不同的排列方式看起来是一样的，因此只认可这些可能的排列的 $1/x!$，这些数的排列方式现在只有 $n!/x!$。现在假设剩余的（$n-x$）个数也是一样的，但是与那 x 个数不同，这样就只能区分剩余可能排列方式的 $1/(n-x)!$，这样，这些数所有不同组合的排列方式有：

$$\frac{n!}{x!(n-x)!}$$

当 n 较小时，运用帕斯卡（Pascal）三角可以快速计算二项式系数（图 6.7）。三角的边是 1，三角形内部的每个值是它肩上两个值的和。第 n 行代表了 n 次的二项式系数，这个数出现在每行的第二个数。例如：

$$\binom{4}{0}=1,\quad \binom{4}{1}=4,\quad \binom{4}{2}=6,\quad \binom{4}{3}=4,\quad \binom{4}{4}=1$$

n	
0	1
1	1 1
2	1 2 1
3	1 3 3 1
4	1 4 6 4 1
5	1 5 10 10 5 1
6	1 6 15 20 15 6 1
7	1 7 21 35 35 21 7 1
8	1 8 28 56 70 56 28 8 1
9	1 9 36 84 126 126 84 36 9 1
10	1 10 45 120 210 252 210 120 45 10 1

图 6.7 帕斯卡三角

如图中突出显示的部分。需要注意的是二项式系数是对称的，所以有：

$$\binom{n}{x}=\binom{n}{n-x}$$

可以理解为，如果把公式（6.6）中 x 和（$n-x$）相交换，可以得到同样的公式。如果用概率 p 代替 a，用概率 $(1-p)$ 代替 b，公式变为：

$$(p+(1-p))^n=\sum_{x=0}^{n}\binom{n}{x}p^x(1-p)^{n-x}=1$$

求和部分：

$$\binom{n}{x}p^x(1-p)^{n-x}$$

是在 n 次试验（每次试验中事件发生的概率都是 p）中 x 次事件发生的二项式的概率质量函数。在二项试验过程中，每次试验成功的次数都是相同的、可交换的，失败次数的概率也是如此。

二项式系数的性质

$$\binom{n}{n-x}=\binom{n}{x}$$

$$\binom{n+1}{x}=\binom{n}{x}+\binom{n}{x-1}$$

$$\binom{n}{0}=\binom{n}{n}=1$$

$$\binom{a+b}{n}=\sum_{i=0}^{n}\binom{a}{i}\binom{b}{n-i}$$

最后一条恒等式称为范德蒙德定理（A. T. Vandermonde，1735—1796）。

大数值 x 的 x！的算法

对于较大值 x，x！的计算比较复杂。例如，100！=9.332 6E+157，Excel 的 FACT（x）函数不能计算大于 170！的值。许多离散概率分布的概率质量函数中包括有阶乘，因此经常要计算出大于 170 的数的阶乘。分布计算避免近似估算的限制，如下面被称为斯特林公式[①]的方程，可以替代用来得到一个非常接近的值：

$$n!\sim\sqrt{2\pi n}\left(\frac{n}{e}\right)^{n}$$

"～"读做近似等于，表示当 n 趋于无穷大时，右侧与左侧接近。

然而，如果想准确计算概率，仍然可以用 Excel 的 Gamma 函数 GAMMALN（），即：

$$\log[x!]=\mathrm{GAMMALN}(x+1)$$

这是在阶乘的基础上取对数来实现大数值的阶乘。但需要注意的是，这个公式与 FACT（）返回的结果不完全一致，如 Excel 2013 计算的结果是：

FACT（170）=7.257 415 615 308E+306

EXP（GAMMALN（171））=7.257 415 615 308 88E+306

当 $x>171$ 时，EXP［GAMMALN（$x+1$）］可以得到值，而 FACT（x）将会返回错误结果（#NUM!）。

6.3.4 贝叶斯定理

贝叶斯定理（Bayes theorem）[②] 是维恩图描述的条件概率参数的逻辑扩展。可以看到：

$$P(A|B)=\frac{P(A\cap B)}{P(B)} \text{ 和 } P(B|A)=\frac{P(B\cap A)}{P(A)}$$

由于 $P(A\cap B)=P(B\cap A)$

$$P(A\cap B)=P(B)\cdot P(A|B)=P(B\cap A)$$

因此

$$P(A|B)=\frac{P(A)P(B|A)}{P(B)}$$

一般情况下，贝叶斯定理有：

$$P(A_i|B)=\frac{P(B|A_I)\cdot P(B)}{\sum_{j=1}^{n}P(B|A_j)P(B)}$$

下面的例子说明了这个方程的用法，在贝叶斯推理一章有更详细的论述。

例 6.4 一个工厂中，A、B 和 C 三台机器生产的车轮螺帽产量分别为 20%、45%和 35%，每台机器生产产品的次品率分别为 2%、1%和 3%。

（1）从该工厂任意抽取一个车轮螺帽，它是次品的概率是多少？设车轮螺帽是次品为事

① 吉姆·斯特林（1692—1770）：苏格兰数学家。

② 托马斯·贝叶斯神父（1702—1761）：英国哲学家。1989 年，媒体上出现一篇关于他的传记，并且转载了贝叶斯定理的原始论文。

件 X，事件 A、B 和 C 分别表示次品螺帽来自于 A、B 和 C 机器：

$$\begin{aligned}P(X) = P(A)\cdot P(X|A) = P(B)\cdot P(X|B) = P(C)\cdot P(X|C) \\ = (0.2)\cdot(0.02) + (0.45)\cdot(0.01) + (0.35)\cdot(0.03) \\ = 0.019\end{aligned}$$

（2）任意抽取一个车轮螺帽，次品来自于A机器生产的概率是多少？

根据贝叶斯定理：

$$\begin{aligned}P(A|X) &= \frac{P(A)\cdot P(X|A)}{P(A)\cdot P(X|A)+P(B)\cdot P(X|B)+P(C)\cdot P(X|C)} \\ &= \frac{(0.2)\cdot(0.02)}{(0.2)\cdot(0.02)+(0.45)\cdot(0.01)+(0.35)\cdot(0.03)} \approx 0.211\end{aligned}$$

也就是说，在贝叶斯定理中，用要求的途径（该样品来自于A机器且是次品的概率）的概率除以所有可能途径（该样品来自任一机器且是次品）的概率。◆

例6.5 经检测合格（Pa）的动物被感染（I）的概率为 $P(I \mid Pa)$。

这个问题可以通过树图（图6.8）解释。第一步，动物是否感染（是：I，否：N）；第二步，动物检测是否合格（检测阴性：Pa，检测阳性：F）。

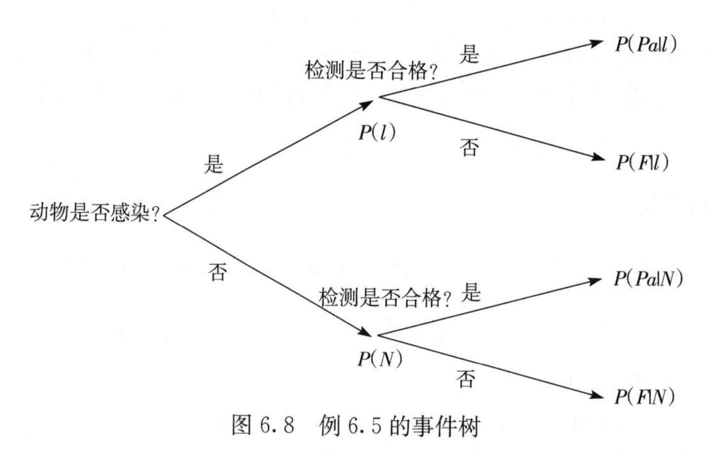

图6.8 例6.5的事件树

由贝叶斯定理：

$$P(I|Pa) = \frac{P(I)\cdot P(Pa|I)}{P(I)\cdot P(Pa|I)+P(N)\cdot P(Pa|N)}$$

在兽医术语中：

$P(I)$ =患病率 p 　　则 $P(N) = (1-p)$

$P(F \mid I)$ =检测的灵敏度 Se 　　则 $P(Pa \mid I) = (1-Se)$

$P(Pa \mid N)$ =检验的特异度 Sp

把这些符号代入贝叶斯公式中，有：

$$P(I|Pa) = \frac{(1-Se)p}{(1-Se)p+Sp(1-p)}$$ ◆

6.3.5 泰勒级数

泰勒级数（Taylor series）是确定以 x_0 数值邻域内的数学函数 $f(x)$ 中 x 的多项式近似公式：

$$f(x)=\sum_{m=0}^{\infty}\frac{f^{(m)}(0)}{m!}(x-x_0)^m$$

$f^{(m)}$ 表示函数 f 在 x 处的 m 阶导数。

在特殊情况下，当 $x_0=0$ 时，泰勒级数也称 f（x）麦克劳林级数（Maclaurin series）：

$$f(0)=\sum_{m=0}^{\infty}\frac{f^{(m)}(0)}{m!}x^m$$

泰勒级数和麦克劳林级数展开式都可以用做概率分布函数的多项式近似。

6.3.6 切比雪夫法则

如果一组数据的均数为 $\bar{x}$，标准差为 s，68%的数据位于（$\bar{x}-s$）和（$\bar{x}+s$）之间，95%的数据位于（$\bar{x}-2s$）和（$\bar{x}+2s$）之间，等等。这仅对这些数据服从正态分布时适用，对概率分布也是如此。那么数据或者概率分布不是正态分布时如何分析标准差呢?

切比雪夫法则（tchebysheff's rule）适用于任何概率分布或者数据集合。也就是说：

"对任何大于1的数 k，至少有（$1-1/k^2$）的数据位于平均数 k 个标准差范围内"。

代入 $k=1$，切比雪夫法则表明至少有0%数据或概率分布位于平均数1个标准差范围内。这是我们都已经知道的。然而，代入 $k=2$，表明至少75%的数据或概率分布位于平均数2个标准差范围内。这很有用，因为它适用于所有分布。

这是一个相当保守的规则，因为如果知道了分布类型，可以指定一个更高的百分比（例如，与75%的切比雪夫法则相比，正态分布中位于平均数2个标准差范围是95%），但是这对解释严重非正态分布数据或概率分布的标准差确实有用。

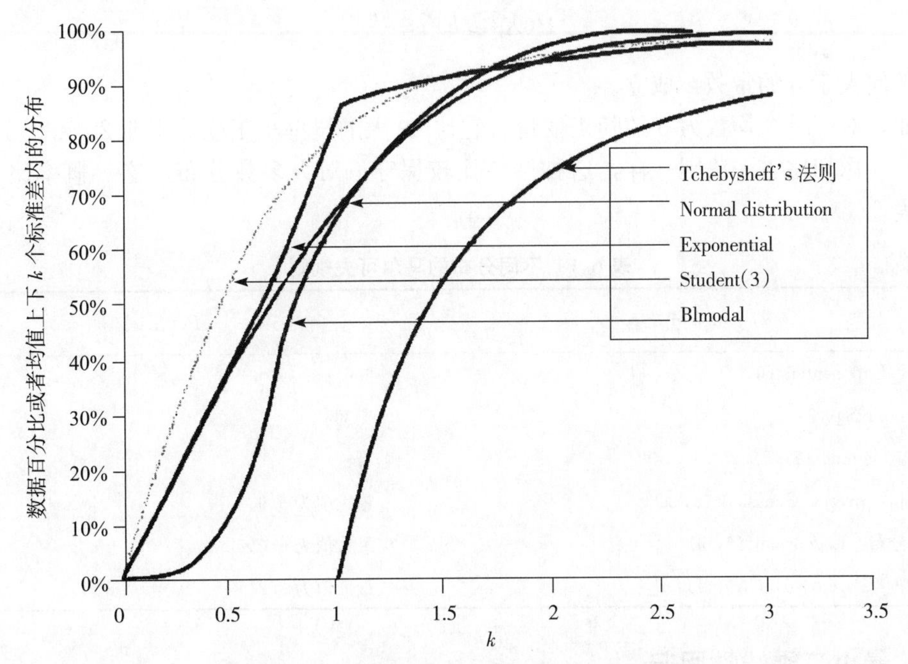

图6.9 切比雪夫法则与几个分布结果的比较

从图6.9可以看出，对任何 k，知道了分布类型，可以指定更高的包括在平均数 $\pm k$ 标准差范围内的分布。

图 6.10 为双侧分布检验。

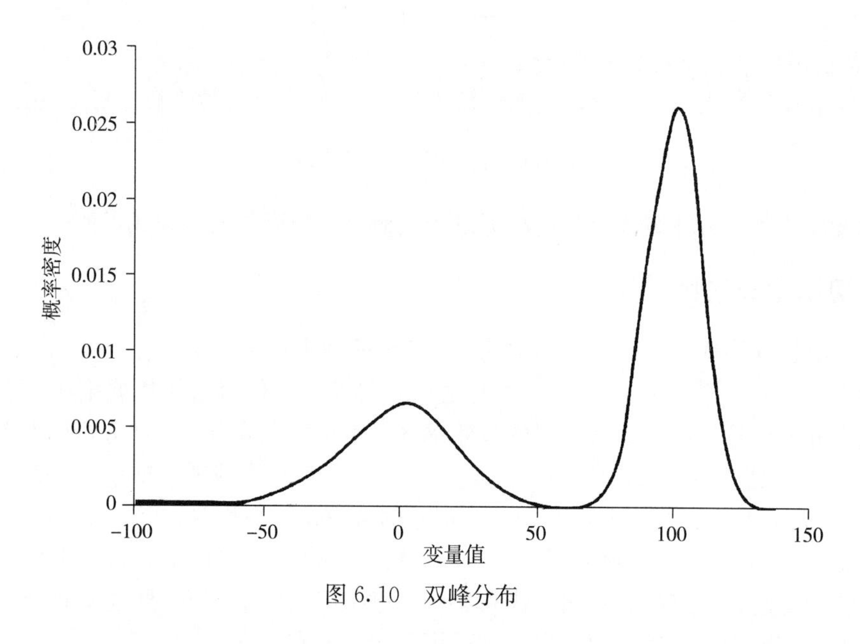

图 6.10 双峰分布

6.3.7 马尔可夫不等式

马尔可夫不等式（Markov inequality）与切比雪夫法则都对分布范围进行了描述。马尔可夫不等式表明，对于一个平均数为 μ 的非负随机变量 X：

$$P(X \geqslant k) \leqslant \frac{\mu}{k}$$

对任何大于 μ 的常数 k 成立。

例如，对于一个均数为 6 的随机变量，它比 20 大的概率小于或等于 6/20=30%。

当然，像切比雪夫法则一样，这种结果比较保守。对大多数分布，这一概率比 m/k 小得多（表 6.1）。

表 6.1 不同分布的马尔可夫规则

μ=6 的分布	P（X≥20）
指数分布：Exponential（6）	3.6%
卡方分布：ChiSq（6）	0.3%
伽玛分布：Gamma（2，3）	1%
逆高斯分布：Inverse Gaussian（6，λ）	最大值为 6.9%
对数正态分布：Lognormal（6，σ）	最大值为 6.0%
帕雷托分布：Pareto [θ，6（θ−1）/θ]	最大值为 3.21%

6.3.8 最小二乘线性回归

最小二乘线性回归（least-squares linear regression，LSR）分析的目的是表示一个或多个自变量 x_1，x_2和一个因变量 y 之间的如下关系：

$$y_i = \beta_0 + \beta_1 x_{1i} + \beta_2 x_{2i} + \cdots \varepsilon_i$$

其中 x_{ji} 是自变量 x_j 的第 i 个观察值，y_i 是因变量 y 的第 i 个观察值，ε_i 是误差项或残差（即观察到的 y 值与模型预测值之间的差异），β_j 是变量 x_j 的回归斜率，β_0 是 y 轴的截距。

简单的最小二乘线性回归假设只有一个自变量 x，如果假设误差项是正态分布的，方程可简化为：

$$y_i = \text{Normal}(m * x_i + c,\ s)$$

m 是直线斜率，c 是 y 轴截距，s 是 y 关于这条直线变化的标准差。

简单的最小二乘线性回归是一种非常标准的统计分析技术，尤其是当对变量 x 和 y 之间的关系知之甚少或一无所知的时候常用这种技术。分析数学之所以特别常用，是因为分析数学运算简单（由于正态假设），而不是因分析数学是描述变量之间关系的常见规则。最小二乘线性回归（LSR）有四个重要假设（图 6.11）：

1. 每个 y 值是独立的。
2. 每个 x_i 都对应无穷多个可能的 y 值，这些 y 值是正态分布的。
3. 如果所有 x 值有相等的标准差，那么 x 对应的 y 的分布以最小二乘回归直线为中心。
4. 每个 x 对应的 y 值分布的平均数构成直线 $y=mx+c$。

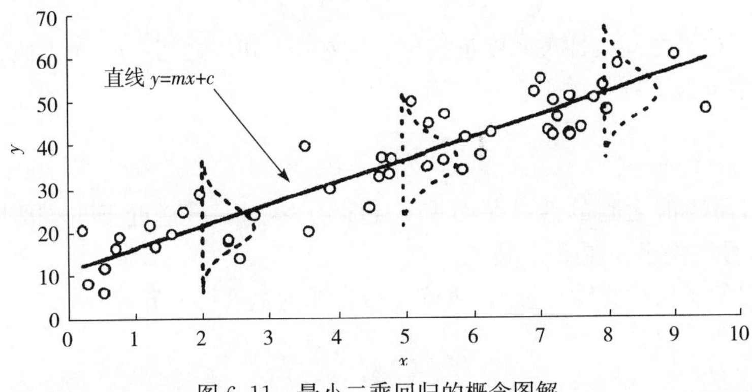

图 6.11　最小二乘回归的概念图解

最小二乘回归分析相关的假设

统计工作者常常通过数据转换［如 Log（Y），$\sqrt{X}$］来构建线性关系，这样做拓展了回归模型的适用范围。但尤其需要注意是，回归残差应合理地服从正态分布，应用回归方程在观察值范围之外进行预测具有极大风险。

参数估计

简单最小二乘回归模型确定了使残差 e_i 的平方的和减到最小的直线。说明如下：

$$m = \frac{\sum_{i=1}^{n}(x_i - \bar{x})(y_i - \bar{y})}{\sum_{i=1}^{n}(x_i - \bar{x})^2}$$

$$c = \bar{y} - m \cdot \bar{x}$$

其中 $\bar{x}$、$\bar{y}$ 是观察值 x 和 y 的平均数，n 是（x_i，y_i）的对子数量。

由自变量解释的因变量的总变异之比例称做决定系数 R^2，其计算公式为：

$$R^2 = 1 - \frac{SSE}{TSS}$$

其中，误差项平方和 SSE 为：

$$SSE = \sum_{i=1}^{n} (y_i - \hat{y}_i)^2$$

总的平方和 TSS 为：

$$TSS = \sum_{i=1}^{n} (y_i - \bar{y})^2$$

其中，$\hat{y}_i$ 是 y 在每个 x_i 处的预测值：

$$\hat{y}_i = mx_i + c$$

对于简单最小二乘回归（即只有一个自变量），R^2 的平方根等于简单相关系数：

$$r = \sqrt{R^2}$$

相关系数 r 还可以通过下式计算：

$$r = \frac{\left(\sum_{i=1}^{n}(x_i - \bar{x})\right)\left(\sum_{i=1}^{n}(y_i - \bar{y})\right)}{\sqrt{\left(\sum_{i=1}^{n}(x_i - \bar{x})^2\right)\left(\sum_{i=1}^{n}(y_i - \bar{y})^2\right)}}$$

系数 r 是 x 和 y 之间线性关系度量指标，它在 -1 和 1 之间：$r=-1$ 或 $+1$ 表明线性拟合完好，$r=0$ 表明没有线性关系存在，当：

$$\sum_{i=1}^{n} (y_i - \hat{y}_i)^2$$

（观察值和预测值之间的残差平方和）趋近于零时，r^2 趋近于 1，因此 r 趋近于 -1 或 $+1$，它的符号取决于 m 是正还是负。

首先通过计算 r 值检验统计量 t，来确定拟合线的显著性差异：

$$t = r \cdot \sqrt{\frac{n-2}{1-r^2}}$$

t 统计量服从自由度为（$n-2$）的 t 分布，用来确定在置信度水平是否拒绝线性拟合（假定线性回归假设成立，y 服从正态分布）。

y 估计值的标准误 S_{yx} 计算公式为：

$$S_{yx} = \sqrt{\frac{\sum_{i=1}^{n} (y_i - \hat{y}_i)^2}{(n-2)}}$$

这与残差 ε_i 的标准差相等，反映了因变量与最小二乘回归直线之间的变异性。分母之所以用（$n-2$）代替之前在样本标准差计算公式中看到的（$n-1$），是因为从数据中估计的 m 和 c 两个值用来确定方程，因此就失去了两个自由度，而不是失去常用的确定平均数的一个自由度。

回归线方程和 S_{yx} 一起使用，可以生成 X 和 Y 之间关系的回归模型：

$$Y = \text{Nomal}\,(m * X + c,\ S_{yx})$$

应用这一模型需要注意：回归模型适用于自变量 X 观察值范围内，在这一范围外使用这一模型，如果 x 和 y 之间偏离这种线性关系，可能会产生很大的错误。这纯属一个变异性的模型，即假设线性关系正确，且参数已知。与此同时，还应该包括参数的不确定性，线性关系是否适当。

例 6.6 表 6.2 中的数据集描述了对 30 个人的调查结果，表中提供了他们每个月净收入 $\{x_i\}$ 和每个月在食物上的开支 $\{y_i\}$ 的详细资料。

运用 Excel 函数计算 m，c，r 和 S_{yx}：

$$m = \text{SLOPES}(\{y_i\}, \{x_i\}) = 0.135\,6$$

$$c = \text{INTERCEPT}(\{y_i\}, \{x_i\}) = 167.8$$

$$r^2 = \text{RSQ}(\{y_i\}, \{x_i\}) = 0.883\,1$$

$$S_{yx} = \text{STEYX}(\{y_i\}, \{x_i\}) = 54.86$$

图 6.12 展示了根据数据点绘制的直线 $\hat{y}_i = mx_i + c$。◆

表 6.2 例 6.6 数据

每月净收入 x	每月食物开支 y	最小二乘回归估计值 $\hat{y}$	残差 ε
505	268	236.07	31.93
517	243	237.70	5.30
523	202	238.51	−36.51
608	281	250.05	30.95
609	301	250.19	50.81
805	251	276.79	−25.79
974	248	299.73	−51.73
1 095	187	316.15	−129.15
1 110	331	318.19	12.81
1 139	291	322.13	−31.13
1 352	464	351.04	112.96
1 453	402	364.75	37.25
1 461	423	365.83	57.17
1 543	265	376.96	−111.96
1 581	415	382.12	32.88
1 656	384	392.30	−8.30
1 748	413	404.79	8.21
1 760	448	406.42	41.58
1 811	470	413.34	56.66
1 944	448	431.39	16.61
1 998	443	438.72	4.28
2 054	418	446.33	−28.33
2 158	422	460.44	−38.44
2 229	428	470.08	−42.08
2 319	417	482.30	−65.30
2 371	529	489.35	39.65
2 637	574	525.46	48.54
2 843	511	553.42	−42.42
2 889	514	559.67	−45.67
3 096	657	587.76	69.24

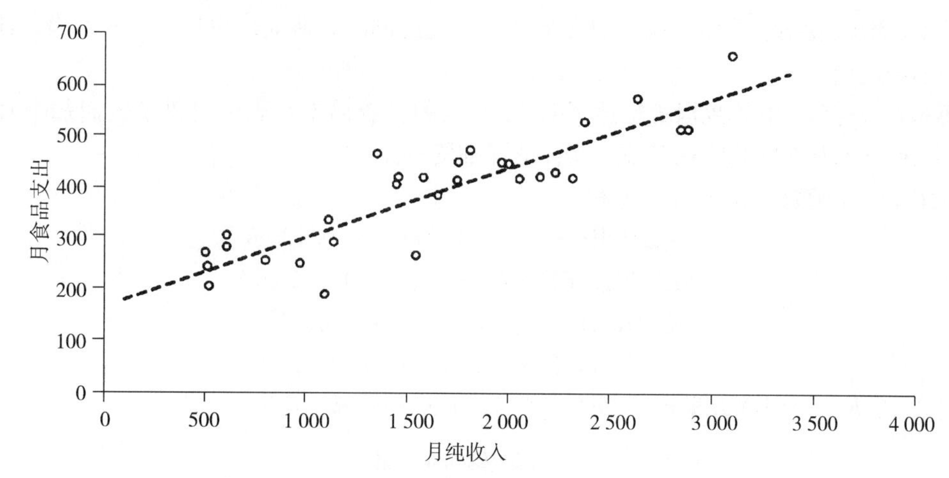

图 6.12 根据表 6.2 中数据点绘制的直线 $\hat{y}_i = mx_i + c$

残差 $\varepsilon_i = y_i - \hat{y}_i$，如图 6.13 所示。

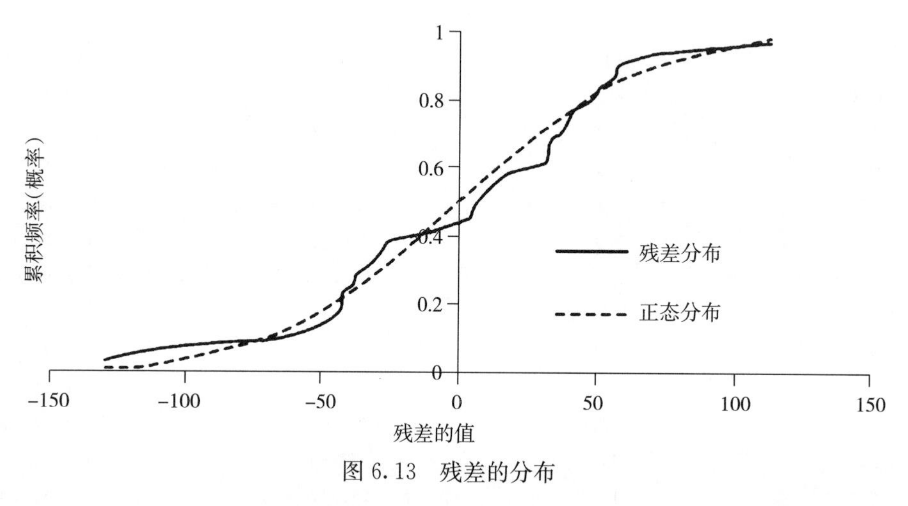

图 6.13 残差的分布

对这些 ε_i 值的分布拟合表明近似服从正态分布；r 的显著性检验也表明，对于自由度 $(n-2)=28$，从完全随机的数据中被观察到高的 r 值的频率大约只有 5×10^{-11}。因此，可以建立任何月净收入值 N（$505<N<1\ 581$）与每月食物开支 F 之间关系的模型为：

$$F=\text{Normal}\ (0.135\ 6 * N+167.8,\ 54.86)$$

最小二乘回归参数的不确定性

最小二乘回归参数 m，c 和 S_{yx} 代表了假设 x 和 y 之间随机线性关系的变异性模型的最佳估计。然而，由于只有有限个观察值（即 $\{x,\ y\}$ 数组），没有随机系统的完备知识及回归参数的不确定性。t 检验表明在一定置信水平线性关系是否存在。然而，从风险分析的角度来看，应用 Bootstrap 确定参数不确定性分布更为有用。

6.3.9 秩相关系数

Spearman 秩相关系数 ρ 是量化两个变量之间相关关系的一个非参数统计量。非参数表明相关统计量不受变量之间数学关系类型的影响。例如，它与线性最小二乘回归分析不同，线性最小二乘回归分析要求用直线描述这种关系，且因变量是关于这条直线的变异服从正态分布。

秩相关分析的计算过程如下。通过秩次把 n 个观察值替换为两个变量 X 和 Y，每个变量的最小值的秩为 1，最大值的秩为 n。Excel 函数 RANK（）就是用来排秩的，但是当有两个或多个观察值有相等时，用这种方法计算就不准确了。此时，如果这些数据差异很小，那么每个数的秩都应该取平均数。

Spearman 秩相关系数 ρ 计算如下：

$$\rho = 1 - \frac{6 \cdot \sum (u_i - v_i)^2}{n(n^2 - 1)}$$

其中 u_i 和 v_i 是第 i 对变量 X 和 Y 的秩。实际上这是一个简化公式：当有相等的测量值时并不准确，但是当相对于 n 的大小没有过多相等测量值时该公式仍然适用。精确公式为：

$$\rho = \frac{SS_{uv}}{\sqrt{SS_{uu} SS_{vv}}}$$

其中：

$$SS_{uv} = \sum_{i=1}^{n} (u_i - \bar{u})(v_i - \bar{v})$$

$$SS_{uu} = \sum_{i=1}^{n} (u_i - \bar{u})^2$$

$$SS_{vv} = \sum_{i=1}^{n} (v_i - \bar{v})^2$$

u_i 和 v_i 分别是样本 1 和 2 中第 i 个观察值的秩。这种计算不需要确定哪种变量是因变量，哪种变量是自变量，r 的计算是对称的，所以 X 和 Y 互换位置对 r 值并无影响。和最小二乘方法计算的相关系数 r 一样，ρ 值介于－1 和 1 之间。ρ 值接近－1 和 1 分别表示变量间完全负相关或正相关，ρ 值接近 0 表示变量间没有相关性。和最小二乘回归一样，有必要确定 ρ 值对应的相关系数是真实的，还是由于随机效应引起的。对 ρ 值可通过建立检验统计量 t 来进行统计学检验，与最小二乘回归里所用方法一样，即：

$$t = \rho \cdot \sqrt{\frac{n-2}{1-\rho^2}}$$

它近似服从自由度为（$n-2$）的 t 分布。

6.4　统计量

下面讨论来自已知概率密度函数 f（x）或概率质量函数 p（x）的分布统计量。

6.4.1　集中趋势指标

均数

均数（mean，μ），通常也称为期望值或平均数，可根据下式计算。

对于离散变量：

$$\mu = \sum_{i=1}^{n} x_i p_i \tag{6.7}$$

对于连续变量：

$$\mu = \int_{-\infty}^{\infty} x f(x) \mathrm{d}x \tag{6.8}$$

平均数通常称作一阶原点矩，它是分布的重心。如果将概率密度函数图绘制在卡片上，那么平均数就是分布平衡的值。

例 6.7 Uniform（1，3）的均数为：

$$\mu = \int_1^3 \frac{1}{2} x \mathrm{d}x = \left[\frac{x^2}{4}\right]_1^3 = \frac{9-1}{4} = 2 \quad ◆$$

均数有以下性质：

$$\overline{(X+Y)} = \bar{X} + \bar{Y}, \overline{(X-Y)} = \bar{X} - \bar{Y} \text{ 以及 } \overline{(X*Y)} = \bar{X} * \bar{Y}$$

X 和 Y 为正的、不相关的随机变量。

众数

众数（mode）是离散分布中最大概率 p（x）的 x 值，或者连续分布中概率密度 f（x）最大的 x 值。如果离散分布中存在多个最高概率的值，则众数不是唯一值。例如，在三次抛掷硬币的过程中一次和两次正面朝上的概率相等（3/8）。在多峰分布（即有两个或更多个峰）中众数也不是唯一值。

中位数

中位数（median，$x_{0.5}$）是累积发生频次为 50%对应的变量值，即：

$$F(x_{0.5}) = 0.5$$

单峰概率分布平均数、众数和中位数的相对位置有一定的联系。如果分布是右偏（正偏），这三个集中趋势指标的位置从左到右依次为：众数、中位数和均数（图 6.14）。而左偏（负偏）单峰分布有相反的顺序。对于对称的单峰分布，众数、中位数和平均数均相等。

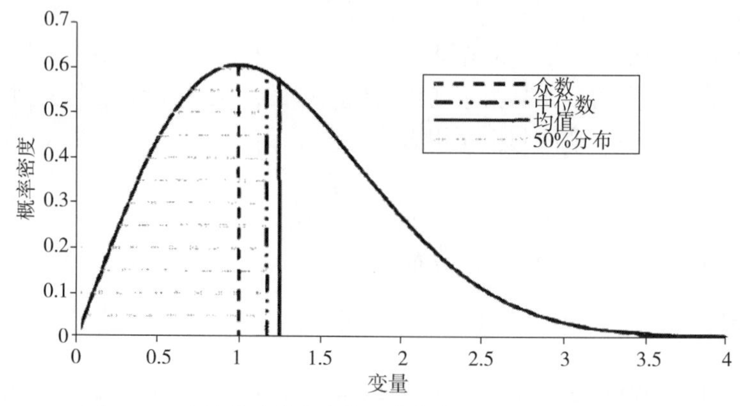

图 6.14 右偏单峰分布众数、中位数和平均数的相对位置

6.4.2 离散程度指标

方差

方差（variance，V）是度量分布偏离均数程度的指标：

$$V = E[(x-\mu)^2] = E(x^2) - \mu^2 \tag{6.9}$$

其中，E [] 表示在方括号里的值的期望值（均数），所以：

$$V = \int_{-\infty}^{\infty} (x-\mu)^2 \cdot f(x) \cdot \mathrm{d}x \tag{6.10}$$

因此，方差是以 x 发生的概率为权重的、所有可能的 x 值与均数之差的平方和。方差也称为平均数的二阶矩。它的单位是 x 单位的平方。所以，如果 x 是随机养殖场中的牛，则 V 的单位是牛^2。这一点限制了人们对方差的直觉想象。

标准差

标准差（standard deviation σ）是方差的平方根，即 $\sigma=\sqrt{V}$。这样，如果方差的单位是牛^2，则标准差的单位是牛，和变量 x 一致。因此，标准差更常用来描述离散程度。

例 6.8　Uniform（1，3）方差 V 的计算如下：

$$V = E(X^2) - \mu^2 \qquad \text{由前知 } \mu = 2$$

$$E(x^2) = \int \frac{1}{2}x^2 \mathrm{d}x = \left[\frac{x^3}{6}\right]_1^3 = \frac{27-1}{6} = \frac{26}{6}$$

因此

$$V=\frac{26}{6}-2^2=\frac{1}{3}$$

标准差 σ 为：

$$\sigma = \sqrt{V} = \frac{1}{\sqrt{3}} \blacklozenge$$

方差和标准差有如下性质，其中 a 是常数，X 和 X_i 是随机变量：

1. $V(X) \geqslant 0$ 且 $\sigma(X) \geqslant 0$。

2. $V(aX) = a^2V(X)$ 且 $\sigma(aX) = a\sigma(X)$。

3. 假设 X_i 不相关，$V(\sum_{i=1}^{n} x_i) = \sum_{i=1}^{n} V(x_i)$。

6.4.3　均数、标准差和正态分布

对于正态分布，在均数的 1、2 和 3 个标准差范围的面积大约为分布的 68.27%、95.45%和 99.73%，如图 6.15 所示。因为在某种情况下许多分布看上去类似正态分布，常常认为分布的 70%合理地包含在均数的 1 个标准差范围内，但是使用这一法则时应该注意，当它用于明显非正态分布，如指数分布时，误差可能会很大（如 $\mu \pm \sigma$ 包含了指数分布的 87%）。

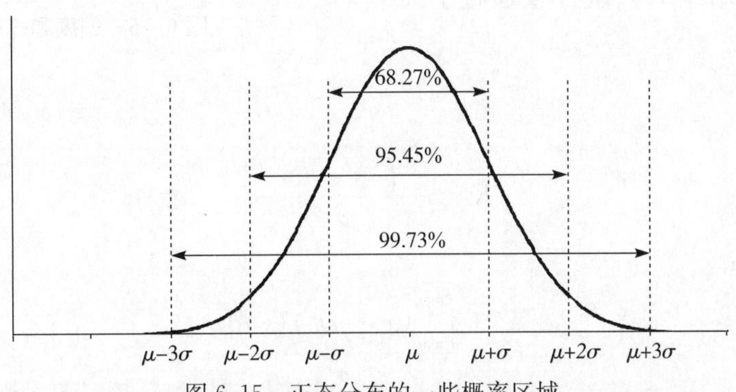

图 6.15　正态分布的一些概率区域

例 6.9 一家工厂生产的防弹玻璃的平均厚度服从均数为 25mm、方差为 0.04mm^2 的正态分布。如果购买 10 块玻璃，平均厚度在 24.8～25.4mm 的概率为多少？

由于方差是标准差的平方，因此随机选取玻璃的平均厚度服从 Normal（25，0.2）mm 分布；24.8mm 低于均数 1 个标准差，25.4mm 高于均数 2 个标准差。那么，窗格平均厚度介于 24.8～25.4mm 的概率 p 是介于平均数±1 个标准差的概率的一半加上介于平均数±2 个标准差的概率的一半，即 $p\approx$（68.27%＋95.45%）/2＝81.86%。因此，如果所有窗格彼此是独立的，它们的平均厚度在 24.8～25.4mm 的概率≈（81.86%）^{10}＝13.51%。◆

6.4.4 形态指标

均数和方差也称一阶原点矩和二阶中心矩。三阶和四阶中心矩分别称为偏度和峰度，它们也偶尔应用于风险分析。

偏度

偏度（skewness，S）统计量通过下面的方程式计算。

离散型变量：

$$S=\frac{\sum_{i=1}^{n}(x_i-\mu)^3 p_i}{\sigma^3} \tag{6.11}$$

连续型变量：

$$S=\frac{\int_{\min}^{\max}(x-\mu)^3 f(x)\mathrm{d}x}{\sigma^3} \tag{6.12}$$

由于分母是 σ^3，它一般被称做标准化的偏态（standardised skewness），得到无单位的统计量。偏态统计量描述分布的偏度（图 6.16 的左侧）。如果分布有一个负偏态（有时也称为左偏），它左侧尾部比右侧尾部长。正偏态（右偏态）的右侧尾部较长，零偏态分布常常是对称的。

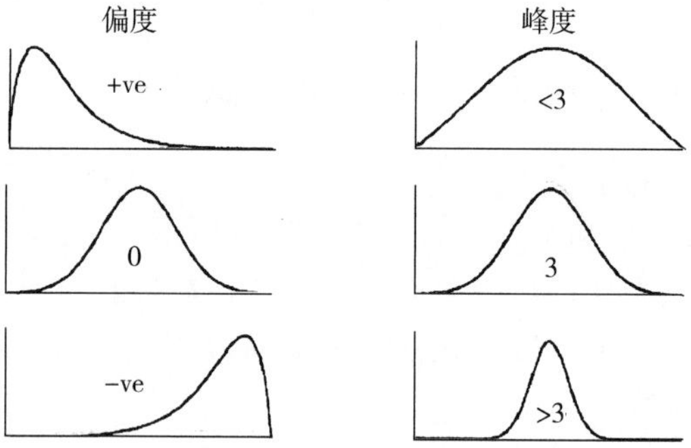

图 6.16 偏度和峰度

峰度

峰度（kurtosis，K）统计量通过下面的方程式计算。

离散型变量：

$$K=\frac{\sum_{i=1}^{n}(x_i-\mu)^4 p_i}{\sigma^4} \tag{6.13}$$

连续型变量：

$$K=\frac{\int_{\min}^{\max}(x-\mu)^4 f(x)\mathrm{d}x}{\sigma^4} \tag{6.14}$$

由于分母为 σ^4，它一般被称为标准化的峰度（standardized kurtosis），也是无单位统计量。峰度统计量指分布的峰度（图 6.16 右侧），峰度越高，分布越陡；正态分布的峰度为 3，所以分布的峰度值常与 3 比较。例如，如果一个分布的峰度比 3 小，它的峰就比正态分布平坦。表 6.3 给出了一些常见分布的偏度和峰度。

表 6.3 偏度和峰度

分布	偏度	峰度
二项分布	−∞到∞	1 到∞
卡方分布	0 到 2.828	3 到 15
指数分布	2	9
对数正态分布	0 到∞	3 到∞
正态分布	0	3
泊松分布	0 到∞	3 到∞
三角形分布	−0.562 到 0.562	2.4
均匀分布	0	1.8

6.4.5 原点矩和中心矩

在概率模型中有三种矩用来描述密度函数为 $f(x)$ 的随机变量 x 的分布。第一种称原点矩 μ'_k。k 阶原点矩定义为：

$$\mu'_k = E[x^k] = \int_{\min}^{\max} x^k f(x)\mathrm{d}x$$

其中 $k=1$，2，3…，概率质量为 $p(x)$ 的离散变量：

$$\mu'_k = E[x^k] = \sum_{\min}^{\max} x^k p(x)$$

中心矩 μ_k 定义为：

$$\mu_k = E[(x-\mu)^k] = \int_{\min}^{\max} (x-\mu)^k f(x)\mathrm{d}x, \qquad k = 2,3,\cdots$$

其中 $\mu=\mu'_1$ 是分布的均数。最后是标准矩：

$$均数=\mu$$

$$方差=\mu_2$$

$$偏度=\frac{\mu_3}{(方差)^{3/2}}$$

$$峰度=\frac{\mu_4}{(方差)^2}$$

标准矩经常会出现在本书中，因为它可以最容易地比较分布。原点矩和中心矩之间可以进行如下转换。

从原点矩到中心矩：

$$\mu_1=\mu'_1$$

$$\mu_2=\mu'_2-\mu^2$$

$$\mu_3=\mu'_3+3\mu'_2\mu+2\mu^3$$

$$\mu_4 = \mu'_4 - 4\mu'_3\mu + 6\mu'_2\mu^2 - 3\mu^4$$

从中心矩到原点矩：

$$\mu'_1 = \mu_1$$
$$\mu'_2 = \mu_2 + \mu^2$$
$$\mu'_3 = \mu_3 + 3\mu_2\mu + \mu^3$$
$$\mu'_4 = \mu_4 + 4\mu_3\mu + 6\mu_2\mu^2 + \mu^4$$

你可能会想知道为什么不用标准矩来避免混淆。中心矩实际上在风险分析中没有太多用处，它们更多的是一个中间计算步骤，但是原点矩很有用。首先，原点矩的方程式更简单，因此有时比中心矩更好计算，可以用上面的公式把它们转换成中心矩。其次，原点矩可以确定混合随机变量的矩。例如，假设变量 Y 从 A 变量中取值的概率为 p，从变量 B 中取值的概率为 $(1-p)$：

$$\mu'_{k,Y} = E[px_A^k + (1-p)x_B^k] = p\mu'_{k,A} + (1-p)\mu'_{k,B}$$

有时会遇到矩量母函数（moment generating function），它是针对每种分布的函数，定义为：

$$M_X(t) = \int_{-\infty}^{+\infty} e^{tx} f(x)\mathrm{d}x = 1 + t\mu'_1 + \frac{t^2}{2!}\mu'_2 + \cdots$$

其中 t 是虚拟变量。它与原点矩之间的关系为：

$$E[X^k] = \left.\frac{\mathrm{d}^k M_X(t)}{\mathrm{d}t^k}\right|_{t=0}$$

例如，Normal（m，s）分布有 M_x（t）$=\exp\left[\mu t + \frac{\sigma^2 t^2}{2}\right]$，从中可以得到：

$$\left.\frac{\mathrm{d}^1 M_X(t)}{\mathrm{d}t^1}\right|_{t=0} = \mu, \left.\frac{\mathrm{d}^2 M_X(t)}{\mathrm{d}t^2}\right|_{t=0} = \mu^2 + \sigma^2$$

$$\left.\frac{\mathrm{d}^3 M_X(t)}{\mathrm{d}t^3}\right|_{t=0} = 3\mu\sigma^2 + \mu^3, \left.\frac{\mathrm{d}^4 M_X(t)}{\mathrm{d}t^4}\right|_{t=0} = \mu^4 + 6\mu^2\sigma^2 + 3\sigma^4$$

矩量母函数的一个重要作用是求随机变量的和时可以用到。例如，如果 $Y=rA+sB$，其中 A 和 B 是随机变量，r 和 s 是常数，那么：

$$M_Y(k) = M_A(rk)M_B(sk)$$

注意，对于某些分布来说，并不是所有的矩都有定义。例如，对于柯西（Cauchy）分布，矩的计算在无穷大值处两个积分不同。通常情况下，一些分布没有可定义矩，除非它们的参数超过某一特定值。附录3列出了这些分布和它们的限制条件。

第7章

模型的构建和运行

本章介绍一些风险分析模型的构建技巧及使模型更快运行的技术，这些对于构建任何大小或运行任何迭代次数的模型都将有所帮助，同时也给出一些建模过程中出现的最常见错误。

7.1 模型的设计和适用范围

风险分析通过回答关于风险的问题来支持决策。在时间和知识许可的条件下，试着为决策者提供与他们问题相关的定性和定量的信息。不可避免的是，决策者必须处理好在风险分析中可能无法量化的其他因素，这些因素会让风险分析者看到他们的工作被“忽略”时而感到沮丧，而最好的风险分析师对他们工作中的决策保持中立。风险分析师的工作是确保其所提供知识的丰富性和科学性，以及影响决策者作出正确、合理的决策。保持中立也能避免在缺少可用数据和足够观点时感到沮丧，而仅把它当作工作来看待。

设计一个好的模型的第一步是通过理解问题，将问题与信息联系起来，并使自己充当决策者角色。决策者常常不会领会以某种方式问问题所隐含的信息，并且最初可能不能计算出处理风险（或机会）的所有可能选择。

当能够正确地理解风险问题或者回答问题时，也就是与同事、利益相关者和管理者共同把满足管理者需要的数据分析放在一起进行头脑风暴的时候了。这一阶段投入的精力将会得到丰厚回报：每个人都明确分析目的，参与者将会配合提供信息和评估；而此时可以讨论任何风险分析方法的可行性。参考本书第3章中描述的质量检查方法，建议用维恩图和树图绘制出想法图形，然后挖掘出对填充模型有用的数据（和主观估计可能涉及的专业知识）。而这个过程中常常会有数据差距，可考虑通过获得必要的数据来弥补间隙，并在决策者的计划时间内作出分析。如果不能做到，则再考虑寻找其他途径以得到满足决策者需求（或者这些需求的一个子集）的分析。需要注意的是，不要从得知依然存在数据差距和得不到决策者有用支持的方面着手风险分析。一些科学家认为风险分析也可以用来做研究，来确定数据差距存在于哪里。当然，可以从决策中看到价值，但是如果这是分析的目的，应当事先声明，并且不要给未得到满足的管理者留下任何期望。

7.2 建立易于检查和修改的模型

如果一个模型能够得到更好的解释和展开分析，它就能更容易检查。建立模型是一个重复的过程，这就意味着构建模型时使其易于添加、移除和修改元素。以下是这个过程中需要注意的一些基本原则：

- 在一个工作簿中建立一个工作表，以记录从开始时模型的变化历程，着重于比较与前一版本的变化。
- 在模型建立过程中用文档证明模型逻辑、数据来源等。这可能有些枯燥，尤其是最终丢弃的部分，但是当继续时，将行为过程记录下来，可确保文档完成（否则，当转移到下一个问题时，留给他人的这个模型仍未得到解决），同时也起到自我核查的作用。
- 如有可能，应避免很长的公式（常用公式除外）。把复杂的逻辑压缩成简单的逻辑可能会令人满意，但同时这也会使其他人很难弄清楚我们都做过什么。
- 避免写依赖于工作薄或其他文件指定位置模型元素的宏命令，必要时给宏命令添加大量的注释。不要把模型参数值放在宏代码中，给每个宏命令和输入参数一个合适的命名。
- 避免烦琐。假如现在正在检查一个过世的人 10 年前写的电子数据表模型，而它基本上是用宏命令写的，没有注释，最糟糕的是，尽管没这个必要，他写的模型允许它自动扩大且容纳更多的东西。他建立了很多宏命令去做简单的事，如通常通过 VLOOKUP 或者 OFFSET 函数就可以做到的搜索表格这样的事，他把所有东西放到与其他宏命令连接的宏命令中等，这意味着不能使用 Excel 追踪引用单元的审计等工具。它的运行时间比正常情况多 100 倍。
- 把复杂的整体拆成组成部分。建议在模型独立的区域去做，并把结果放在概要区。按 F9 键（或生成另一种情况的其他任何键）可以看出组成部分都工作正常。通常，在开发 ModelRisk 函数时，可以构建电子数据表模型来复制逻辑，这也便于提供改进意见。
- 对数组（如列）使用单一公式，以便只需改变一个单元格且数组的剩余部分可以复制公式。
- 保持工作表之间的联系最小。例如，计算存在于一个工作表中的数组时，在同一张表中做，然后把计算结果链接到需要使用的任何地方。这减少了大量难懂的公式，如：＝Vose CumulA（′Capital required′！G25,′Capital required′！G26,′Capital required′！G28：G106,′Capital required′！H28：HI06）。
- 创建条件格式和警告，以提醒模型中不可能或者不相关值的发生。ModelRisk 函数有许多嵌入检查如 *VoseNormal*(0,－1)，以返回文本“错误：sigma 必须>＝0”而不是 Excel 的相当无益的信息＃VALUE!。如果写宏命令，包括类似的有意义的错误信息。
- 用 Excel 中的“数据→有效性”工具，控制单元格格式化，以使其他用户不能向模型中输入不适当的值。例如，不能给整数变量输入非整数值。
- 用 Excel 的“工具→保护→工作表保护”功能和“工具→保护→允许用户编辑区域”功能以确保其他用户只能修改输入参数（而不是计算单元格）。
- 一般来讲，应保持单一公式的数目尽可能小，通常在同一列仅编辑相同的公式来只改变参考值。如果需要在一个数组（通常是开头或结尾）某个单元格中编辑不同的公式，可考虑给予不同的格式（常用灰色背景）。
- 用颜色标记模型元素：用蓝色表示输入，用红色表示输出。
- 善于用范围名称。为了给一个单元格或一定范围内连续单元格命名，选择单元格，单击名称框，输入你想使用的名字。例如，单元格 A1 可能包含数值 22，赋予它

“Peter”的标记意味着无论在工作表的什么地方输入“＝Peter”都将返回值22。对很多概率分布，给模型的参数命名有标准的约定。例如，＝VoseHypergeo（n,D,M）和VoseGamma（alpha，beta）。因此，如果模型中只有一个或两个分布，用这些命名（如对每个gamma分布alpha1、alpha2等）也确实使公式的书写变得更容易。注意，一个单元格或区域可能有几个名字，一个区域中的单元格亦可能对这个区域有单独的名字。

7.3 构建有效模型

模型在以下情况下最有效：

1. 最短的运行时间。
2. 需要最少的努力和假设来维护。
3. 文件较小（内存和速度问题）。
4. 支持大多数的决策选项（见本书第3章和第4章）。

7.3.1 最短的运行时间

微软公司正在努力使Excel加速，但是确实存在一个不利于快速运行的可视化界面。在这里提供一些建议，以使Excel、模拟软件运行更快，并使模型更快地得到答案。因为已经运行了足够多的迭代，所以最后是如何确定是否可以停止模型的运行。

使Excel运行更快

- Excel通过以工作表名字的字母顺序扫描工作表中的计算结果，从每个工作表的单元格A1开始，扫描这一行并移到下一行。然后，在与其他单元格的连接之间来回循环，直至找到必须先计算的单元格。因此，当给每个表赋予可以表现它们顺序的名字（例如，每个表以“1. 假设”“2. 市场预测”“3. …”等开始）时就可以加速了，然后把计算结果保持在纵横交错的表格里。
- 避免数组函数，因为它们计算很慢，尽管它们比同等的VBA函数快。
- 使用大型公式（注意以上的警告），因为它们运行速率是中间计算的2倍，是VBA函数的10倍。
- 自定义Excel函数比内置函数运行更慢，但是可以加速模型建立和模型的可靠性。特别注意自定义函数，因为他们很难核对。尤其是在金融领域，有一些供应商出卖函数库。
- 避免连接外部文件。
- 在一个工作薄中建立模拟模型。

使模拟软件运行更快

- 如果你加载了Monte Carlo插件，注意关闭更新显示（Update Display）功能。当嵌入有图表时会产生巨大差异。
- 如果模拟软件兼容，可使用多个CPU。这可以明显提高运行速度。
- 尽可能避免将VoseCumulA（）、VoseDiscrete（）、VoseDUniform（）、VoseRelative（）和VoseHistogram（）函数用于大型数组（或其他结果的等同物）构建分布，因为它们比其他分布需要更长的时间生成值。
- 拉丁超立方抽样可以比Monte Carlo抽样更快得到稳定的输出，但其效果使模型中更显著的分布加快消失，尤其是如果模型不仅仅是加/减法分布。然而，抽样法需要花同样的时间运行，所以用拉丁超立方抽样模拟运行是可行的。

- 当估算不相关参数时，在一个单独的电子表格中运行抽样分析和贝叶斯分布计算。用模拟软件的配件工具配置数据，如果配合很好，可在模拟模型中用合适的分布。然而，这在更多数据可用时确实有费力维持的缺点。
- 写 VBA 宏命令时，将声明的可变性考虑在内。

更快得到答案

作为一般规则，它可以更好地创建一个计算需要而非模拟需要的概率或概率分布模型。如果一个参数值改变，标准答案会立刻更新（而不是要求再模拟模型），而且在这种情况下它更为有效。

例如，某台机器有 2 000 个螺栓，每个螺栓在某一时间段内折断的概率为 0.02%。如果一个螺栓折断，产生严重事故的概率为 0.3%。在这一时间内一个事故发生的概率为多少？可能会有多少事故？

纯模拟的方法是模拟螺栓折断的数目：

折断数＝VoseBinomial（2 000，0.02%）

然后模拟事故数目：

事故数＝VoseBinomial（折断数，0.3%）

或者认为每个螺栓导致事故的概率为 0.02% * 0.3%，所以：

事故数＝VoseBinomial（螺栓数，0.02% * 0.3%）

重复运行模拟足够多次，所有重复中事故数>0 所占的部分就是要求的概率，其中的模拟值提供了所需的分布。然而，对于 2 000 * 0.02% * 0.3%＝0.001 2 的事故数（即 1/833)，会对每个非零值产生 830 个零点。为保证结果描述的准确性（例如，有 1 000 个左右非零值），必须运行模型很长一段时间。而更好的方法是计算概率并构建如图 7.1 所示模型所需的分布。

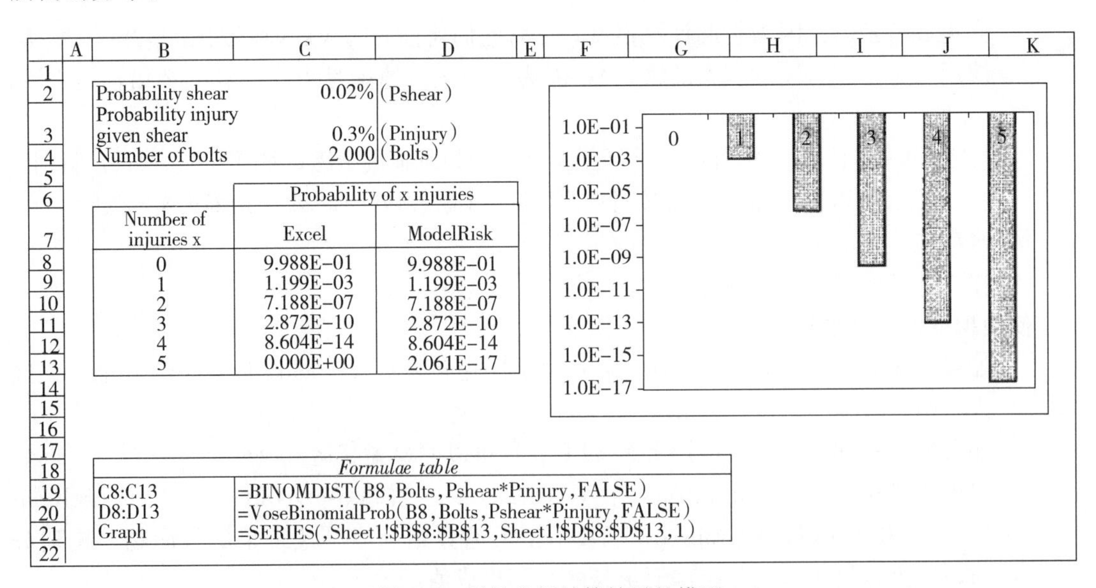

图 7.1 风险分析计算结果的模型

用 Excel 的 BINOMDIST 函数计算每个事故 x 发生的概率后可以看到非零值的概率非常小，因此 y 轴需要在图表中以对数的形式表示。这种方法的好处在于参数的任何改变都可以立刻产生一个新的输出结果。而用风险模型的 Vose Binomial Prob 函数可以得到同样的计算结果，这一函数在此同样适用，因为 $x=5$ 的概率实际上不为零，通过 BINOMDIST 可以看到 Excel 的统计功能并不是很好。

当然，实际中的大多数风险分析问题并不像上述例子那么简单，但仍有捷径可寻。例如，假设某一海上钻井平台周围每天最高海浪高度（m）服 Rayleigh（7.45）m。甲板的高度（静止状态的水到下层甲板结构的距离）是 32m，损坏是由钻探设备导致的比例 f 是高于甲板水平面的海浪高度 x 的函数，函数公式为：

$$f=\left[1+\left(\frac{x}{1.6}\right)^{-0.91}\right]^{-0.82}$$

想要知道钻探设备值占每年预期损害费用的比例（这是一个典型的问题，保险公司需要作出回答），可以通过（a）纯模拟、（b）计算和模拟的结合或（c）纯计算来确定，如图 7.2 中模型所示。

	B	C	D
1		Deck height	32metres
2		Rayleigh parameter	7.45
3			
4	a)Pure eimulation		
5		Max wave helght(m)	Loss(fraction)
6	Day 1	1.598661825	0
7	Day 2	12.34919201	0
369	Day 364	6.245851047	0
370	Day 365	19.18746778	0
371	Expected damage over year(mean=output)		0
372			
373	b)Slmulation and calculation		
374	P(wave>deck)		9.85635E-05
375	Slze of wave given>Deck		37.76790587
376	Resultant damage(fractions)		0.800691151
377	Expected damage over year(mean=output)		0.028805402
378			
379	c)Calculation only		
380	Expected fractional loss per day		0.0000471
381	Expected fractional loss over the year(output)		0.017205699
382			
383	*Formulae table*		
384	a)Pure simulation		
385	C6:C370	=VoseRayleigh($D$2)	
386	D6:D371	=IF(C6>$D$1,(1+((C6-D)/1.6)^-0.91)^-0.82.0)	
387	D371 o/p=mean	=SUM(D6:D370)	
388	b)Simulation and calculation		
389	D374	=1-VoseRayleighProb($D$1,D2.1)	
390	D375	=VoseRayleigh($D$2,VosoXBounds($D$1.))	
391	D376	=(1+((D375-$D$1)/1.62^-0.91)^-0.82	
392	D377 o/p=mean	=365*D374*D376	
393	c)Calculation only		
394	D380	=Voselntograte(*VoseRayleighProb(#,D2.0)*(1+((#-D1)/1.6)^-0.91)^-0.82*.D1.200.10)	
395	D381 o/p	=D380*365	
396			

图 7.2　海上钻井平台损害模型，模型运用分数的形式显示了评估预期损害的三种方法

模拟模型很简单：每个最大浪高是模拟的，然后由此产生的损害通过当浪高超过甲板高度时的 IF 语句来模拟。该模型有易于执行的优点，但是计算出的损害费用的比例不高，因

此需要运行很长一段时间。模拟瑞利分布需要精确计算。

模拟和计算模型在单元格 D374 计算了海浪超过甲板的概率（约为 1/10 000）。ModelRisk 对所有分布有相同的概率函数，然而，其他外接蒙特卡罗往往只注重产生随机数，但附录3给出了相关的公式以便复制。单元格 D375 产生了一个 Rayleig（7.45），缩短了最低相等的甲板高度，即只模拟了造成损害的海浪高度。用风险模型生成函数后，在@RISK，Crystal Ball 和一些其他模拟工具上提供分布截断。单元格 D376 计算了生成的波高所占损害比例。最后，单元格 D377 将浪高超过甲板的概率乘以一年 365d 所能造成的损害。运行模拟取平均数［在@RISK 中＝RiskMean（D377），在 CrystalBall 中＝CB.GetForeStatFN（D377，2）］，可以得到答案。模型的这种说法仍然相当容易理解，但是 1/365 的模型设计只有 1/10 000 模拟了海浪撞击甲板的情节，因此它作为第一个模型达到重复次数 1/3 650 000相同的精确度。

第三个模型的积分：

$$\int_D^{\infty} f(x)\left[1+\left(\frac{x-D}{1.6}\right)^{-0.91}\right]^{-0.82} \mathrm{d}x$$

在单元格 D380，其中 $f(x)$ 是 Rayleigh（7.45）的密度函数，D 是甲板厚度。这是每个可能波高 x 可能发生的概率的总和。ModelRisk 中的 VoseIntegrate 函数进行一维积分，以“#”为变量，应用综合最小误差方法，在较短时间内计算得出精确数值。数学软件如 Mathematica 和 Maple 也可以做这样的积分。这种方法的优点是出结果快速且准确（能达到15有效位数字），缺点是需要事先知道概率模型的种类和设计工具（如 ModelRisk、Maple 等）。点击 Vf（视图功能）图标后可以展现一些函数和一体化区域，ModelRisk 以此帮助处理解释和校核。注意，对于数值积分必须选择一个较大的值取代无穷大作为积分上限。但是 Rayleigh（7.45）显示其在 200 以上的概率很小，以至于不管怎样都超过了计算机的浮点运算能力。

总之，其优点是计算快速且准确（事实上，可通过更长运行时间来提高模拟的精确度，但这样将导致模拟变慢）。此外，模拟比计算更易于理解和检查。有一句话可方便理解，“会的时候计算，不会的时候模拟”，当“不会”的时候，它更多的是评论员而非分析员的专业知识水平范围。倘若确实想用计算方法或者想拥有混合计算模拟方法，但又担心理解错误，可以考虑编辑两个平行版本，并检查他们在不同参数值的范围内产生的相同答案。

7.3.2 最少的维护

维护电子数据表模型最大的问题是经常更新数据，因此应确保数据保持在可预测的范围内（彩色编码每个工作表的标签是一个不错的方法）。此外，限制 Excel 的数据分析功能，此功能把数据分析结果转储成工作表中的固定值，而这个编程并不推荐。像@RISK 和 Crystal Ball 这样拟合分配数据的软件可以“热链接”到一个数据集，这与仅仅输出拟合参数相比是一个更好的方法，尤其是当数据集在一些点上可能被改变时。ModelRisk 有很大范围的“热链接”拟合函数，这些函数可以返回拟合参数或连接函数、时间序列和分布的随机数，而这个功能在实际运行时会经常用到。例如，如果数据是随机抽样的，为了拟合正态分布，只需确定数据组的均数和标准差，所以对数据组用 Excel 的 AVERAGE 和 STDEV 函数将会自动更新分布的拟合。有时需要运行计算，如用最大似然法拟合 Gama 分布，用一个按钮执行宏指令操作（图 7.3）。

	A	B	C	D	E	F
1						
2		Data		alpha	beta	
3		6.1825669		1.184383	10.82855351	
4		8.4304729				
5		0.8323816				
6		17.618185				
7		5.6692699				
8		3.7280886		Solve		
9		6.3287063				
10		7.0567194				
57		0.6477172				
58		46.691497				
59						

图 7.3 自动运行求解器的电子表格

点按钮运行下列宏程序，首先要求用户给出数据区域，创建一个似然计算求解获得的临时文件，最后要求用户储存运算结果（本例中单元格 D3：E3）：

```
Private Sub CommandButton1_Click()

On Error Resume Next

Dim DataRange As Excel.Range

Dim n As Long, Mean As Double, Var As Double

' --------------- Selecting input data ----------------
1 Set DataRange = Application.InputBox("Select one-dimensional input data array", "Data",
   Selection.Address, , , , , 8)
If DataRange Is Nothing Then Exit Sub
n = DataRange.Cells.Count

' ------------------ Error messages ------------------
If n < 2 Then MsgBox "Please enter at least two data values": GoTo 1
If DataRange.Columns.Count > 1 And DataRange.Rows.Count > 1 Then MsgBox "Selected data is
   not one-dimensional": GoTo 1
If Application.WorksheetFunction.Min(DataRange.Value) <= 0 Then MsgBox "Input data must
   be non-negative": GoTo 1

Sheets.Add Sheets(1) ' adding a temporary sheet

' --- pasting input data into the temporary sheet ----
If DataRange.Columns.Count > 1 Then
    Sheets(1).Range("A1:A" & n).Value =
   Application.WorksheetFunction.Transpose(DataRange.Value)
Else
    Sheets(1).Range("A1:A" & n).Value = DataRange.Value
End If

Mean = Application.WorksheetFunction.Average(Sheets(1).Range("A1:A" & n)) ' calculating
   mean of data
Var = Application.WorksheetFunction.Var(Sheets(1).Range("A1:A" & n)) ' calculating
   variance of data

Alpha = Mean ^  2 / Var ' Best guess estimate for Alpha
Beta = Var / Mean ' Best guess estimate for Beta
```

```
' ------ setting initial values for the Solver -------
Sheets(1).Range("D1").Value = Alpha
Sheets(1).Range("E1").Value = Beta

' -------- setting the LogLikelihood function --------
Sheets(1).Range("B1:B" & n).Formula = "=LOG10(GAMMADIST(A1,$D$1,$E$1,0))"

' ---------- setting the objective function ----------
Sheets(1).Range("G1").Formula = "=SUM(B1:B" & n & ")"

' --------------- Launching the Solver ---------------
SOLVER.Auto_open

    SOLVER.SolverReset
    SOLVER.SolverOk SetCell:=Sheets(1).Range("G1"), MaxMinVal:=1,
   ByChange:=Sheets(1).Range("D1:E1")
    SolverAdd CellRef:="$D$1", Relation:=3, FormulaText:="0.000000000000001"
    SolverAdd CellRef:="$E$1", Relation:=3, FormulaText:="0.000000000000001"
    SOLVER.SolverSolve UserFinish:=True
    SOLVER.SolverFinish KeepFinal:=1

SOLVER.SolverReset

' ------------- Remembering output values ------------
Alpha = Sheets(1).Range("D1").Value
Beta = Sheets(1).Range("E1").Value

' ----------- Deleting the temporary sheet -----------
Application.DisplayAlerts = False
Sheets(1).Delete
Application.DisplayAlerts = True

' --------------Selecting output location ------------
2 Set DataRange = Application.InputBox("Select 2x1 output location", "Output",
   Selection.Address, , , , , 8)
If DataRange Is Nothing Then Exit Sub
n = DataRange.Cells.Count
If n < 2 Then MsgBox "Enter at least two data values": GoTo 2

' ---- Pasting outputs into the selected range -------
DataRange.Cells(1, 1) = Alpha
If DataRange.Columns.Count = 2 Then DataRange(1, 2) = Beta Else DataRange(2, 1) = Beta

End Sub
```

alpha 和 beta 的最小极限为 0.000 000 000 000 001 以避免错误，以 10 为底的对数被用在 GAMMADIST（…）函数中，因为对数似然函数不会那么显著并使规划求解找到更可靠的解决方案。α（=均数^2/方差）和 β（=方差/均数）的矩估计作为计算的初始值，以便能更快地找到答案。如果用户需要，在运行模型之前执行一些操作，然后写一份关于需要做什么和为什么这样做的说明。模型中辅助文件的加入将允许我们嵌入非常有用的视频文件，但是目前至少每步试着用截屏把模型嵌入或者连接到 pdf 文件。

一个模型难以维持的其他主要原因是其具有复杂性，并且很多不同来源的数据具有过时性。当你为模型的风险分析做准备（第 3 和 4 章），而这个模型将会定期使用或者很长时间才能完成，可以考虑一下是否有更简单的模型，能给出几乎达到计划的、更复杂的模型结果。如果精确度差异很小，可能通过频繁更新数据输入以获得更好的适用性来取得平衡。

7.3.3　文件最小

- 复杂公式（megaformulae）可缩小文件大小。
- 维持模型中的大型数据集会增加文件大小。最好在电子表格之外做分析，再复制到整个结果中。
- 有时，大型数据集或计算阵列被用来构建分布（例如，给数据拟合一阶或二阶无参数分布，构建贝叶斯后验分布和 bootstrap 分析）。用拟合的分布代替这些运算可以对模型的大小和速率产生显著的影响。
- 设计出 ModelRisk，以便最大限度地提高速率和减少内存需求。它有很多函数可以在单个单元格或小数组进行复杂运算。也可以在模型中用 VBA 代码达到部分相同的效果，尤其是当需要执行迭代循环时。

7.3.4　模型的循环运行次数

在学术期刊中经常会出现风险分析报告或论文，它们展示了结果并说明这是以模型 1 000次（或其他）拉丁超立方（或其他）迭代为基础，而这些信息并不是经常有用。作者经常试着传达模型运行足够长的时间以使结果保持稳定。问题在于，500 次迭代对试着确定一个模型的均数是足够好的；而且为达到精确确定第 99.9 百分位数，可能需要迭代 100 000 次。这也取决于决策问题对输出进度的敏感度，对于经常突然出现的问题“我需要运行多少次迭代”并没有绝对的答案。当然，如果对整个输出分布感兴趣，一个简短回答是“不少于 300”。通过 300 次迭代可以得到一个合理且明确定义的累积分布，这样就可以近似地读出第 50 和第 85 百分位数，并且这对于大多数输出分布均数的确定也相对简单。与此同时，如果需要从模型中两个或多个随机变量输出值中绘制散点图，那么 300 是产生任何有意义图案的最小值（即它们的联合分布）。通常情况下，3 000 次迭代是模型运行的默认值（精度越高，迭代次数越多）。因为生成的数据绘制了大量的散点图，并且这是在散点图变得稠密之前的正确点数，而这对于确定特定的百分位数和统计信息是足够的。

图 7.4 表示了运行 300 次迭代和 3 000 次迭代累积分布的典型变化。因为大多数模型在选择使用模型、分布或参数值时都包括了一些猜想，人们不应该过多关注蒙特卡罗结果的确切精确度，但是 300 次迭代或许是可以接受的最低精度水平。

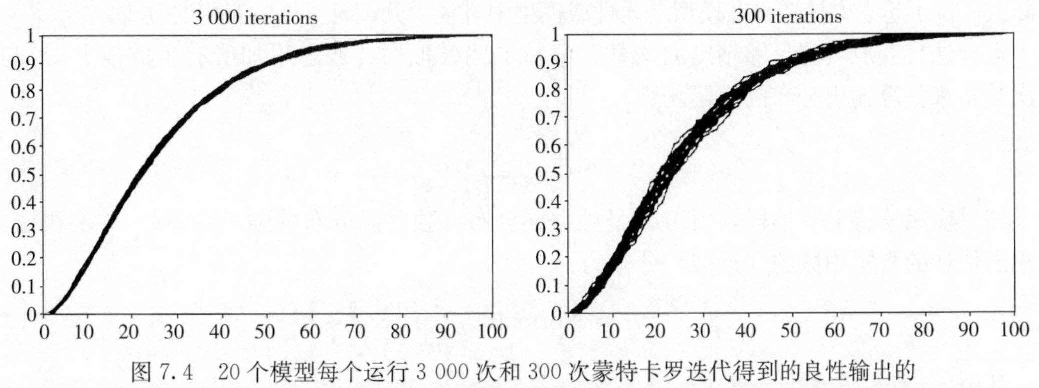

图 7.4　20 个模型每个运行 3 000 次和 300 次蒙特卡罗迭代得到的良性输出的累积分布图（即很好的平滑曲线）的比较

图7.5表示了300和3 000次迭代过程的输入和输出分别绘制的散点图。不难看出，散点图可以直观地描述输入的变化对输出值的影响，且300次迭代时图案可以看见，但在3 000次迭代时就开始变得模糊不清（当然，如果运行超过3 000次迭代，可以只绘制其中的3 000次，以使散点图保持清晰）。如果图案更简单，左边控制面板的300次迭代图案当然也很清晰。

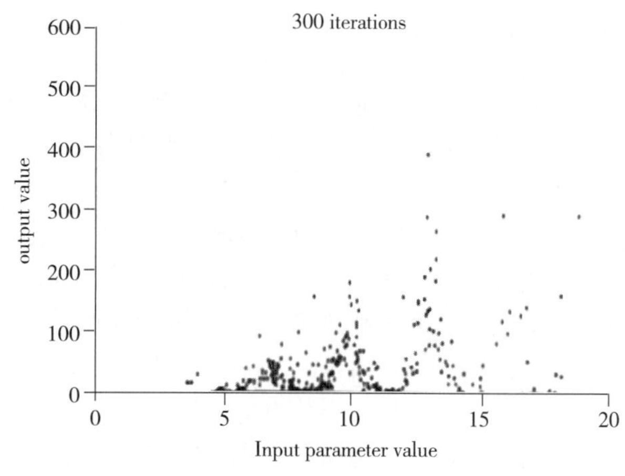

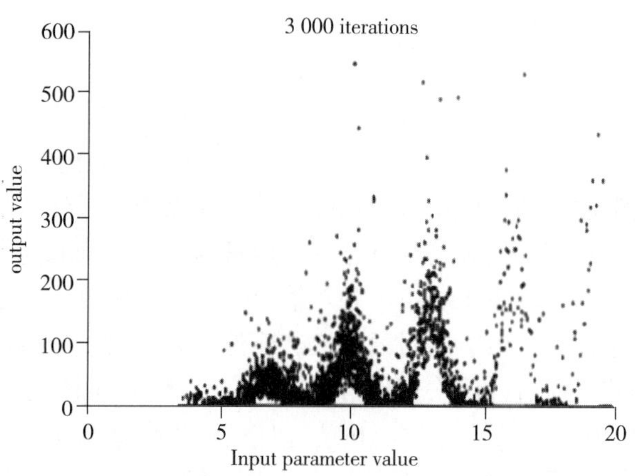

图7.5 运行3 000次和300次蒙特卡罗迭代的散点图

常见的两个冲突是：

- 过少的迭代次数会得到不精确的输出和看上去不整齐的曲线图（尤其是直方图）。
- 过多的迭代次数花费很长的时间模拟，之后甚至可能花费更长的时间绘制曲线、输出和分析数据等。将数据导入Excel，也可能受到行的限制和图表中可以绘制点的限制。

在模型输出结果中，由于人们通常会对一个或更多个统计值感兴趣，所以很自然地希望有足够多的循环以确保一定程度的精度。典型地，这一精度可以用下述方式描述："统计量Z在置信度$\alpha \pm d$的精度范围内"。

以下是得到最常见统计量（均数和分布概率）的一些特定精度等级所需要运行的迭代次数。模型实例使读者能够实时监测精度等级。注意，所有模型都假设运用蒙特卡罗抽样方法。因此，如果采用拉丁超立方抽样（一般推荐这种方法），将在一定程度上高估需要的迭代次数。实际上，拉丁超立方抽样只在模型是线性或模型中有很少分布时可提供有用的改进。

运行迭代获取具有足够精度的均数，蒙特卡罗模拟估计通过累加所有生成值x_i除以迭代次数n来估算输出分布的实际均数μ：

$$\hat{\mu} = \frac{1}{n}\sum_{i=1}^{n} x_i$$

如果应用蒙特卡罗抽样，每个x_i是独立同分布（独立同分布的随机变量）。中心极限定理给出估计的真实均数的（近似）分布为：

$$\hat{\mu} = \text{Normal}(\mu, \frac{\sigma}{\sqrt{n}})$$

其中，σ是模型输出的真实标准差。

用一种称做枢轴法的统计学原理，可以重新排列这个公式，使之成为μ的公式：

$$\mu = \text{Normal}\left(\hat{\mu}, \frac{\sigma}{\sqrt{n}}\right) \tag{7.1}$$

图 7.6 表示了正态分布公式（7.1）的累积形式。把要求的均数估计的置信度水平转化成 δ、σ 和 n 之间的关系。这个关系为：

$$\delta = \frac{\sigma}{\sqrt{n}} \Phi^{-1}\left(\frac{1+\alpha}{2}\right) \tag{7.2}$$

其中 $\Phi^{-1}(\cdot)$ 是正态累积分布函数的反函数。重新整理公式（7.2），希望这个精确度至少能给出 n 的最小值：

$$n > \left[\frac{\Phi^{-1}\left(\frac{1+\alpha}{2}\right)\sigma}{\delta}\right]^2$$

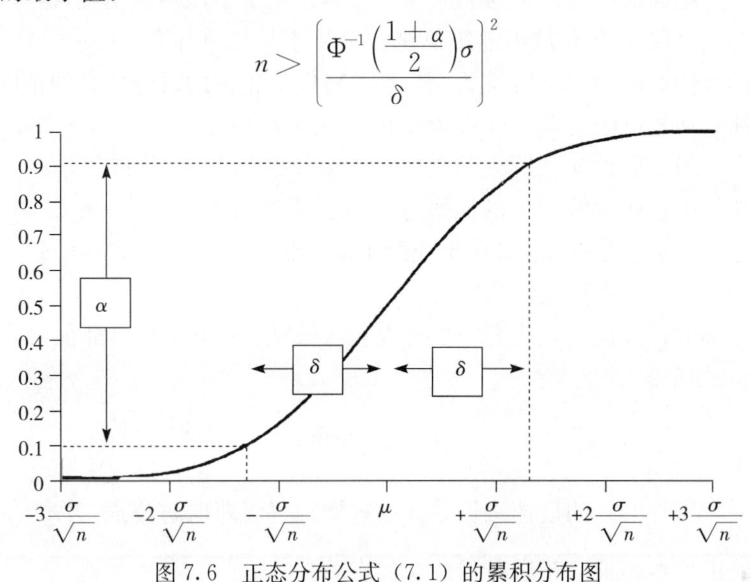

图 7.6　正态分布公式（7.1）的累积分布图

另外还有一个问题：真实输出的标准差 σ 未知。事实证明，可以通过取最初几个（如

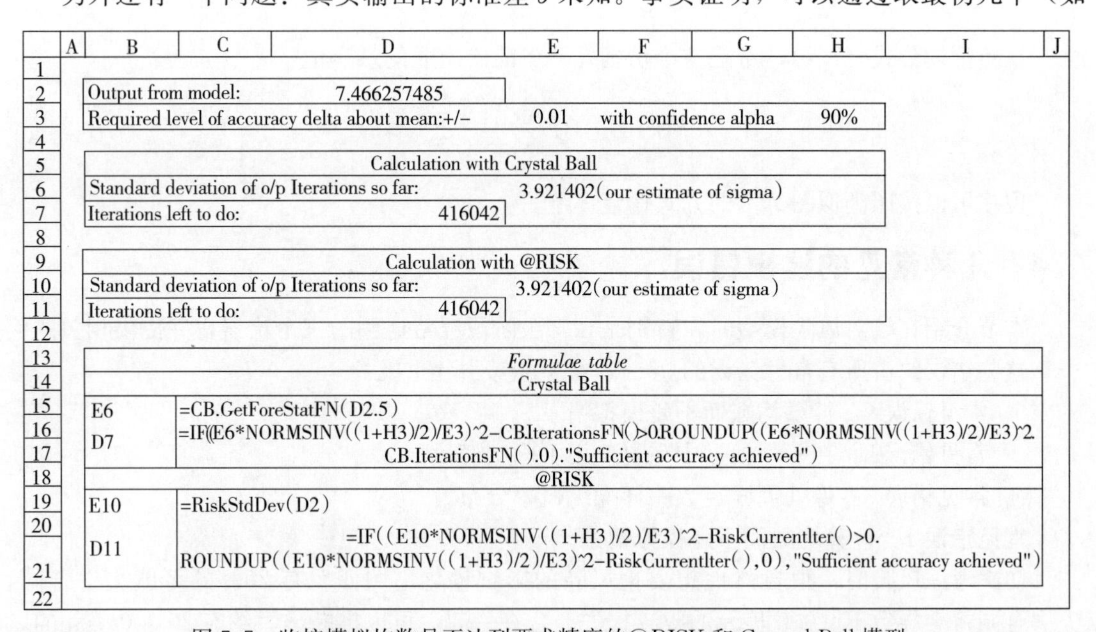

	A	B	C	D	E	F	G	H	I	J
1										
2		Output from model:		7.466257485						
3		Required level of accuracy delta about mean:+/–			0.01	with confidence alpha		90%		
4										
5		Calculation with Crystal Ball								
6		Standard deviation of o/p Iterations so far:			3.921402(our estimate of sigma)					
7		Iterations left to do:		416042						
8										
9		Calculation with @RISK								
10		Standard deviation of o/p Iterations so far:			3.921402(our estimate of sigma)					
11		Iterations left to do:		416042						
12										
13		*Formulae table*								
14		Crystal Ball								
15		E6	=CB.GetForeStatFN(D2.5)							
16		D7	=IF((E6*NORMSINV((1+H3)/2)/E3)^2–CB.IterationsFN()>0.ROUNDUP((E6*NORMSINV((1+H3)/2)/E3)^2.							
17			CB.IterationsFN().0)."Sufficient accuracy achieved")							
18		@RISK								
19		E10	=RiskStdDev(D2)							
20		D11	=IF((E10*NORMSINV((1+H3)/2)/E3)^2–RiskCurrentIter()>0.							
21			ROUNDUP((E10*NORMSINV((1+H3)/2)/E3)^2–RiskCurrentIter(),0),"Sufficient accuracy achieved")							
22										

图 7.7　监控模拟均数是否达到要求精度的@RISK 和 Crystal Ball 模型

50）迭代的数值就能够很好地估计这个标准差，以达到目的。图7.7中的例子说明了如何连续计算，运行Excel的NORMSINV函数返回Φ^{-1}（•）的值。

如果将单元格D7或D11命名为输出，和其他任何实际上感兴趣的模型输出，并在主机蒙特卡罗加载项选择“Pause on Error in Outputs”选项，它将在当达到要求的精度时自动停止模拟，因为单元格返回“Sufficient accuracy achieved”文本，而不是一个数字。

获取特定 *x* 值相关联的、足够精度的累积概率 *F*（*x*）的迭代次数

输出分布的百分位数中接近第50百分位数将比尾部百分位数更快达到相对稳定的值。此外，人们常常对尾部迭代的结果最感兴趣，因为这些结果能够说明项目虽然存在风险但还是有好机会。例如，Basel Ⅱ和信用评级机构常常要求精确确定第99.9百分位数或者更大。下面的技术告诉人们如何确保有所需的、与某一特定值相关的百分位数的精度等级。

蒙特卡罗加载项通过确定等于或低于x的迭代次数分数，估计与x相关的输出分布的累积百分位数F（x）。假设x实际上是真实输出分布的第80百分位数，那么对蒙特卡罗模拟，每次独立迭代中生成值低于x的概率为80%：服从概率$p=80\%$的二项式分布。这样，如果到目前为止，n次迭代中有s次位于或低于x，则Beta$(s+1,n-s+1)$分布描述了与x相关的真实累积百分位与不确定性之间的联系（见8.2.3）。

估计分布中部的百分位数，或者当执行大量次数迭代时，s和n都很大，可以用正态分布近似表示Beta分布：

$$\text{Beta}(s+1,n-s+1)\approx \text{Normal}\left(\hat{P},\sqrt{\frac{\hat{P}(1-\hat{P})}{n}}\right) \tag{7.3}$$

其中$\hat{P}=\frac{s}{n}$是F（x）的最佳推算估计。这样，可以获取与公式（7.2）中类似的关系，用以获取达到输出均数要求的精度所需的迭代次数：

$$\delta=\sqrt{\frac{\hat{P}(1-\hat{P})}{n}}\Phi^{-1}\left(\frac{1+\alpha}{2}\right) \tag{7.4}$$

重新整理公式（7.4），希望这个精确度至少能给出n的最小值：

$$n>\hat{P}(1-\hat{P})\left[\frac{\Phi^{-1}\left(\frac{1+\alpha}{2}\right)}{\delta}\right]^2$$

现在可以按照类似图7.7的方式构建模型。

7.4 几种常见的建模错误

本节介绍在核对风险模型时，特别是在初级阶段经常遇到的三个错误，并提供相关的例子。这些错误约占所有常见错误的90%，希望能够引起重视：

- 常见错误1：计算均数而不是模拟情景。
- 常见错误2：在一个模型中重复使用不确定变量。
- 常见错误3：像处理固定数一样操纵概率分布。

常见错误1：计算均数而不是模拟情景

初次考虑风险时，很自然地想要把风险的影响量化。例如，有20%的可能失去合同，失去合同将会导致100 000美元的收入损失。合在一起，可以推断出大约有20 000美元的风险（即20% * 100 000美元）。这个20 000美元的数字被称为变量的“期望值”，它是所有可能结果的概率加权平均数。因此，这两种结果是：100 000 美元有 20%的概率，0 美元有 80%的概率：

风险均数（期望值）=0.2 * 100 000 美元+0.8 * 0 美元=20 000 美元

计算风险的期望值是比较风险大小的一种合理、简单的方法。如表 7.1，风险 A 到 J 以预期成本降阶排列。

表 7.1 10个风险的概率和影响列表

风险	概率	发生的影响（千美元）	预期影响（千美元）
A	0.25	400	100
B	0.3	200	60
C	0.1	500	50
D	0.05	800	40
E	0.1	300	30
F	0.3	90	27
G	0.2	120	24
H	0.3	60	18
I	0.01	1 000	10
J	0.001	8 000	8
	总预期影响		367

如果损失超过 500 000 美元将会使该公司破产，则可以把风险分为不同的等级：风险 C、D 和 I 存在一定影响，风险 J 对公司构成严重威胁。注意，或许对风险 C 影响的重视程度不亚于风险 D，因为两者中任何一个发生，该公司都会破产。

另一方面，如果风险 A 发生将会导致 40 万美元的损失，该公司则濒临破产：除了 F 和 H 发生（除非它们同时发生），任何风险都会导致破产。预期影响值的和可以解释接近破产的原因。图 7.8 表示了这一系列风险可能导致的结果的分布。

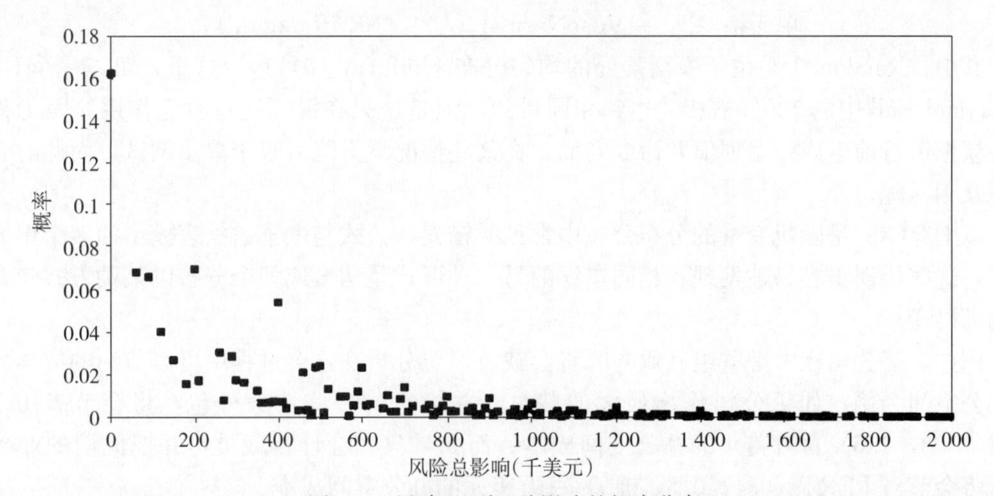

图 7.8 风险 A 到 J 总影响的概率分布

从风险分析的角度来看，在采用预期影响值解释风险时，可以将不确定性因素排除，这是进行风险分析的基本原因。也就是说，与计算均数相比，运行蒙特卡罗模拟可能会更切合对风险分布的描述，但其运行结果的广度却无从得知。

另外一个与之类似的错误是效果的不确定性。例如，假设某地当年进行选举，双方正在较量：社会民主党和民主社会党。当权的社会民主党表示如果赢得选举，他们要把企业所得税保持在17%。政治分析家估计他们有65%的可能性继续当权。民主社会党承诺将企业所得税降低1%～4%，最有可能是3%。可以通过下式表示下一年的企业所得税：

所得税＝0.35 * VosePERT（13%，14%，16%）＋0.65 * 17%

通过对公式进行模拟后，尽管可以得到表示参数分配不确定性的概率分布。但这个正确的模型仅可以用65%的概率解释17%的值，而剩余35%的概率解释PERT分布的随机值。

常见错误2：在一个模型中重复使用不确定变量

当开发一个大型电子数据表模型时，在同一个文件中，几个链接工作表中的一些参数值同时出现在每个工作表中是很方便的。这有助于更快地书写公式并追踪公式中的引用单元。此时，在确定模型（即只有最适预测值而分布类型未知的模型）中，参数值只能在模型中的特定区域内改变，这一点就显得尤为重要（在Vose咨询中常习惯将所有可改变的输入参数值或分布标记为蓝色）。其原因有二：第一，用新参数值更新模型更容易；第二，避免了在其目标区域内只改变部分单元格参数值，从而导致内部不一致的潜在错误。例如，一个模型的参数“Cargo（mt）”在工作表1中值为10 000，而在表2中的值为12 000。

当创建蒙特卡罗模型时如果采用这一参数模拟分布，维持这一原则就变得尤为重要。尽管模型中的每个单元格可能有相同的概率分布，然而不逐一检查每个分布将会使相同迭代中的参数生成不同的值，从而不能产生新的方案。

若获得每个参数值特定单元格中的概率分布公式比较重要（如希望看到在不切换源工作表的情况下使用什么样的分布公式），则可以在ModelRisk模拟函数中使用*U*-参数，以确保每个单元格都生成相同的值：

单元格A1：＝VoseNormal（100，10，Random 1）

单元格A2：＝VoseNormal（100，10，Random 1）

其中，Random 1是位于模型某处的均匀分布Uniform（0，1）。这里，可以用@RISK或Crystal Ball中的100%秩相关达到相同目的，但是这只在模拟运行时起作用，因为秩相关在模拟运行前生成一系列值并命令它们；在某些情况下只能着眼于单步调试，而此时它们并不互相匹配。

以上介绍的是随机变量的分布公式中常见的错误，公式与电子数据表模型的多个单元格有关，这些错误很容易被发现。相同错误的另一种形式是两个或多个分布以某种方式包含相同的随机变量。

例如，某公司在考虑重组其业务时将会裁员，想分析在这个过程中可以节约的成本。仅以办公空间为例，如果公司作出最大的裁员，并把它的一些业务外包，将会节省PERT（1.1，1.3，1.6）百万美元的办公空间成本。而如果只在会计科裁员，并把他们的业务外包，将会节省PERT（0.4，0.5，0.9）百万美元的办公空间成本。

把这两个分布放在一个模型中，并运行模拟以确定两个冗余选项的结余，看起来没有错误，且每个节省费用的分布都是有效的。或者利用一个电子数据表，在其单元格中计算两种节约方式的差异，但这样都是错误的。因为存在一个对两种办公成本节约相同的不确定成分的可能性。例如，如果在这些费用分布里面有不包括当前合同的成本时，则需要进行谈判。问题在于，独立地从这两个分布中抽样时，共同元素将无法识别，而共同元素的不确定将会引起一定程度的相关性。

为此，应考虑模型中两个或更多个不确定参数是否在某种程度上有共同要素。如果有，先分出这个共同要素，使得它只能在模型中出现一次。

常见错误 3：像处理固定数一样操纵概率分布

由：

$$1+3=4 \text{ 所以 } 4-1=3$$
$$3*2=6 \text{ 所以 } 6/3=2$$

不难用代数总结出：

$$A+B=C \text{ 则 } C-A=B$$
$$D*E=F \text{ 则 } F/D=E$$

问题在于，当处理随机变量时，这些规则的应用范围就不再如此广泛。本节介绍这些简单的代数法则是在何时、如何失去作用的，同时介绍如何在模型中识别它们，并作出更正。

实例

大多数确定的电子表格模型包括连接公式，而其中包含着比简单的加减乘除要复杂的操作。当开始给模型中参数的值增加不确定性时，通常会仅仅用一个描述不确定性的概率分布代替一个定值。下面以某公司提供信贷服务的简单模型来举例说明：

客户借款 M：	10 000 欧元
客户数 n：	6 500
每年利率 r：	7.5%
年收入：	$M*n*r$=4 875 000 欧元

模型可以“风险化”为：

客户借款 M：	LogN（10 000 欧元，4 000 欧元）
客户数 n：	PERT（6 638，6 500，8 200）
每年利率 r：	7.5%
年收入：	$M*n*r$

这里，可以用模型模拟分布代替客户借款 M 和客户数 n 的最适预测值估算，同时保持模型的其他参数不变。但通过观察计算机生成的随机值，比较这些值在 LogN（10 000，4 000）中的位置，可以很容易地看出这个模型是错误的。

例如，LogNormal（10 000，4 000）有 10%的概率低于 5 670 英镑，这样，它的迭代次数中有 10%的可能会生成低于这个数字的值，而这个值将用于所有客户。对数正态分布毫无疑问地反映了客户之间预期的变异性。两个随机抽取的客户借款不少于 5 670 英镑的概率为 10%＊10%=1%。如果客户借款的数目是独立的，所有客户（如 6 500）借款数目不少于 5 670 英镑的概率为 $10^{-6\,500}$，也就是说，模型中仍给出的 10%的概率在现实中是不可能出现的。

为了正确地模拟这个问题，首先需要考虑的是客户借款数目的不确定性的来源。如果来源仅限于每个单独客户，那么借款数目可以认为是独立的，可以用本书第 11 章中介绍的方法。如果有一些系统性的影响（如近期公司存在不良信用记录等），就应该将其从个体的独立成分中分离出来。

再来看另一个例子。求两个独立的 Uniform（0，1）之和。该问题看似简单，但不同的人会考虑不同的答案。或许是一个 Uniform（0，2）分布？或许是有点类似正态分布？答案是 Triangle（0，1，2），写做：

Uniform（0，1）＋Uniform（0，1）＝Triangle（0，1，2）

由这个例子可以看出，对一个不太精通风险分析建模的人来讲，很难对模型（即使是简单模型）的结果进行预测。

继而，我们提出：

Triangle（0，1，2）－Uniform（0，1）＝?

至此，可以肯定大多数参与者的猜想［即＝Uniform（0，1）］是错误的，正确答案是从－1 到 2 在 0.5 处有峰值，看上有点正态的对称分布。但是它为什么不是 Uniform（0，1）分布？可以通过一个简单的方法将其具体化，运行添加两个均匀分布Uniform（0，1）的模拟，从一个均匀分布连同两者的计算之和绘制生成值，得到如图 7.9 中的散点图。

直线 $y=x$ 表示对于均匀分布 A 的任意值所得的三角分布 C 的最小值，直线 $y=1+x$ 为最大值。两条直线之间点的随机、均匀且垂直分布是由第二个均匀分布 Uniform（0，1）产生的。通过将所有的点投影到 y 轴上，将有助于解释为什么两个均匀分布 Uniform（0，1）的和是一个三角分布 Triangle（0，1，2）。延伸这个图表，则可以得出 Uniform（0，1）＋Uniform（0，3）图形的形状。

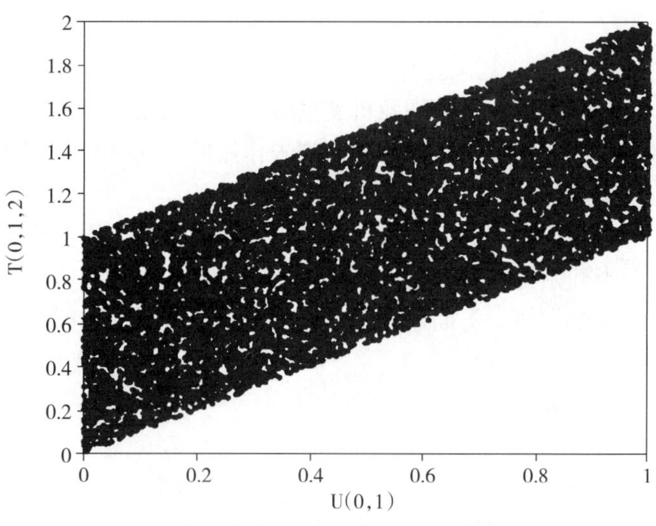

图 7.9 A 到 C 随机样本的图，其中 A=Uniform（0，1），B=Uniform（0，1），$C=A+B$

图中的点表明这两个分布（均匀分布和三角分布）之间有很强的依赖关系，而这种关系是在将两个均匀分布分开时必须要考虑的问题。如下面的公式所示：

A：＝VoseTriangle（0，1，2）

B：＝VoseUniform（如果（A<1，0，A－1），如果（A>1，1，A））

C：＝A－B

试着从图表中寻找公式 B 的规律，B 生成与 A 有确切相互关系的均匀分布 Uniform（0，1），使 C 也是均匀分布 Uniform（0，1）。总的来讲，问题在于三个变量具有如下的相互关系：

$$A+B=C$$

以上例子解决了在假设 A 和 B 分布已知且独立的前提下，如何确定 B 的分布并将 A 、B 和 C 模拟到一起。而一般来讲，B 的分布不易确定，因此需要创建一个避免执行类似以上例子中计算的模型，或者承认缺乏充分的信息以确定 B 的分布。

第8章

随机过程基础

8.1 前言

在获得最有效的风险分析和统计建模工具之前，必须先掌握和理解随机过程背后的概念思维及其产生的公式和分布，鉴别这些随机过程在现实世界中的哪些情况下发生。鉴于诸多风险分析问题均可以通过二项分布、泊松分布和超几何过程来解决，故本章先介绍这三个具有相同原则的分布，了解每个分布过程背后的理论假设及每个模型中所应用的分布。另外，中心极限定理的加入能够在很大程度上解释分布的行为。这种分析方法将为深入研究一些重要的分布，以及见到它们之间甚至不同随机过程分布之间的关系提供很好的机会。最后，本章将介绍这些过程在应用上的一些拓展及其常见的问题。

另外，本书在随机变量（第11章），时间序列建模（第12章），相关变量（第13章）等章节还讨论了一些其他随机过程，第9章中的统计部分很大程度上也依赖于对本章描述的随机过程的理解。

8.2 二项式过程

二项式过程是随机计数系统，进行 n 次独立重复试验，每次试验成功的概率都为 p，这 n 次试验中成功 s 次（其中 $0 \leqslant s \leqslant n$，且 $n>0$）。因此，其中的三个量 $\{n, p, s\}$ 完全描述了二项式过程。与这三个量相联系的分别是描述这些量不确定性或变异度的三个分布。三个分布中需要知道任意两个量才能用这些分布模拟第三个量。

以二项分布中最简单的例子——抛掷硬币来说明这个过程。如果定义正面朝上为成功，每次抛掷成功的概率都为 p（对一个平整的硬币是0.5），那么对于给定的 n 次试验（抛掷硬币），成功的次数为 s（正面朝上的次数）。每次试验都可以看做是：1的概率为 p 或者0的概率为 $(1-p)$ 的随机变量。这样的试验常被称为伯努利试验，概率 $(1-p)$ 常标记为 q。

8.2.1 *n* 次试验成功的次数

先通过研究进行 n 次试验、成功 s 次的概率（每次成功的概率为 p）来解释二项式过程。假设抛掷硬币一次，出现的两种结果中，正面朝上（H）概率为 p，背面朝上（T）的概率为 $(1-p)$，如图8.1（a）的树图所示。如果抛掷硬币两次，如图8.1（b）所示有四种可能的结果，即HH、HT、TH和TT，其中HT表示第一次正面朝上、第二次背面朝上。

这些结果的概率分别为 p^2、$p(1-p)$、$(1-p)p$ 和 $(1-p)^2$。如果抛掷一个均匀的硬币(即 $p=0.5$)，那么这四种结果有相同的概率为 0.25。二项式认为每次成功均相同，因此并不区分 HT 和 TH 这两个事件：它们都是在两次试验中只有一次成功。那么两次试验中成功一次的概率为 $2p(1-p)$，或者对一个平整的硬币＝0.5。在这个公式中，两者均是两次试验中一次成功结果的不同方法的次数。现在假设抛掷硬币 3 次，八种结果是：HHH、HHT、HTH、HTT、THH、THT、TTH 和 TTT。因此，对三次抛掷硬币来讲，一次事件产生三个正面朝上，三次事件产生两个正面朝上，三次事件产生一个正面朝上，一次事件产生没有正面朝上。

一般来讲，从 n 次试验中成功 s 次的方法数可以直接用二项式系数${}_nC_s$计算，公式如下：

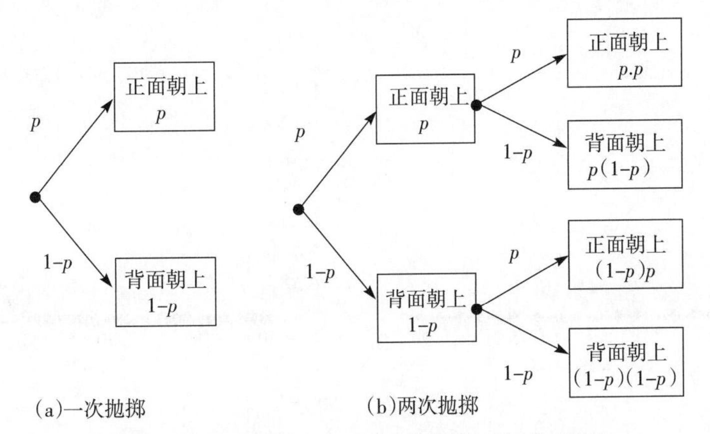

图 8.1　一次抛掷 (a) 和两次抛掷 (b) 的树图

$$
{}_nC_s=\binom{n}{s}=\frac{n!}{s!\ (n-s)!}
$$

可以通过选择 $n=3$ 来检验公式的正确性（记住 $0!=1$），那么：

$$
\binom{3}{0}=\frac{3!}{0!\ (3)!}=1
$$

$$
\binom{3}{1}=\frac{3!}{1!\ (2)!}=3
$$

$$
\binom{3}{2}=\frac{3!}{2!\ (1)!}=3
$$

$$
\binom{3}{3}=\frac{3!}{3!\ (0)!}=1
$$

这与已经计算的组合数相匹配。n 次试验成功 s 次的每种方式有相同的概率，即 $p^s(1-p)^{n-s}$，因此 n 次试验中观察到 x 次成功的概率为：

$$
p_{\mathrm{Bin}}(x)=\binom{n}{x}p^x(1-p)^{n-x}
$$

这是二项分布 Binomial (n, p) 的概率质量函数。换句话讲，在 n 次试验中观察到的成功次数 s（每次试验成功的概率相等）为：

$$
s=\mathrm{Binomial}(n, p)
$$

图8.2表示了4个n和1个p不同组合的分布。二项分布最早被伯努利（1713）发现。

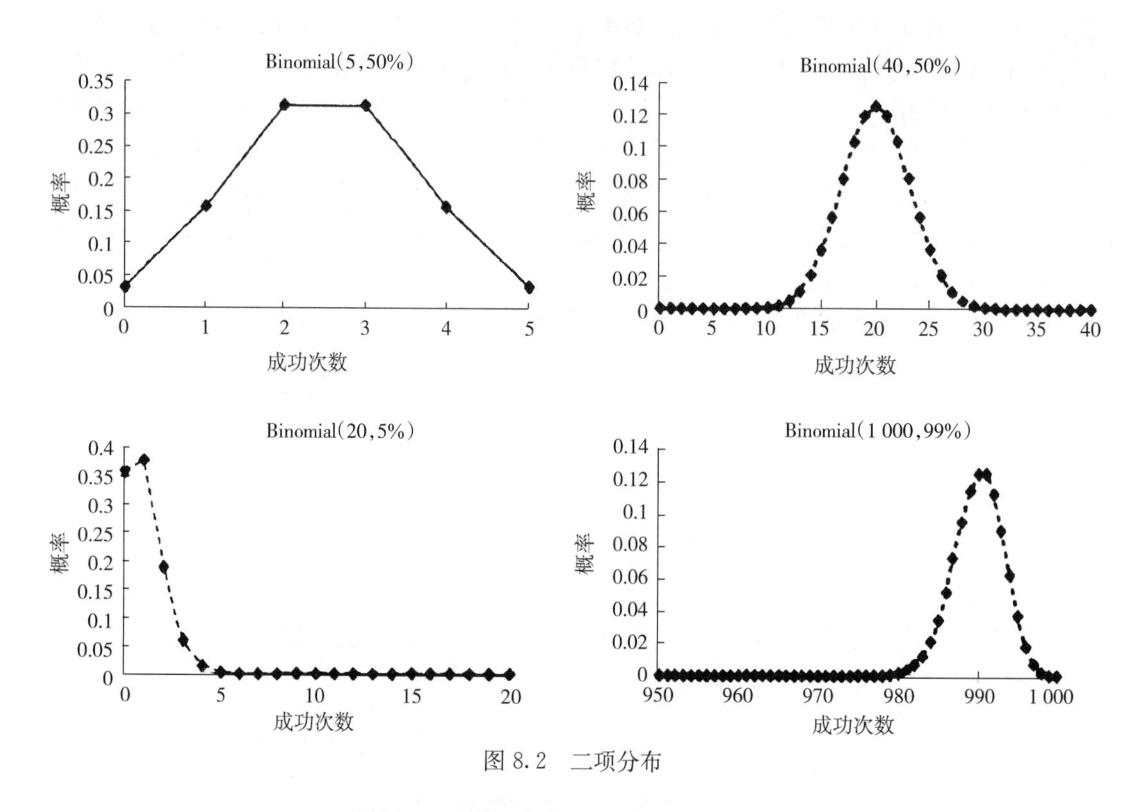

图8.2　二项分布

8.2.2　达到s次成功需要的试验次数

在已知单次试验成功概率为p的前提下，二项分布可以模拟n次试验中不同成功次数的概率。有时我们更希望了解的是为获取s次成功所需要进行的试验次数。

在这种情况下，n是随机变量。借助于二项分布，n的分布会很容易确定。设x为失败的总次数，则执行的总的试验次数为（$s+x$），在第（$s+x-1$）次，已经观察到了（$s-1$）次成功和x次失败（因为假设最后一次试验是成功的）。在（$s+x-1$）次试验中成功（$s-1$）次的概率通过二项分布可立刻获得：

$$\binom{s+x-1}{s-1}p^{s-1}(1-p)^x$$

接着再成功一次的概率就是这个公式乘以p，即：

$$p(x)=\binom{s+x-1}{s-1}p^s(1-p)^x$$

这是负二项分布NegBin（s，p）的概率质量函数。换句话讲，负二项分布NegBin（s，p）返回了在观察到s次成功之前失败的次数。因此，总的试验次数n如下：

$$n=s+\text{NegBin}(s,p)$$

图8.3表示了不同的负二项分布。如果$s=1$，那么分布（称做几何分布）就是极右偏且$p(0)=p$的分布，即零次失败的概率等于p（第一次试验成功的概率）。当s逐渐增大时，分布将趋于正态分布。实际上，在某些情况下，常用正态分布粗略估计负

二项分布，以避免计算以上 p（x）中大的阶乘。负二项分布沿着分布域改变 k 值有时称做二项等时分布（binomial waiting time distribution）或帕斯卡分布（Pascal distribution）。

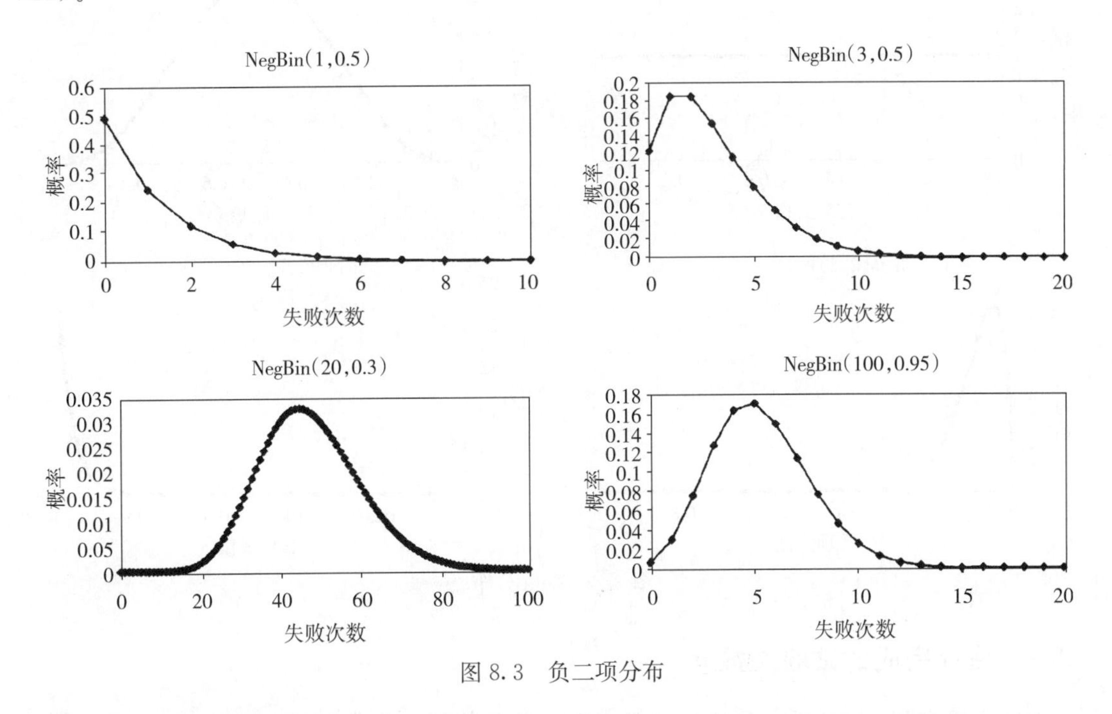

图 8.3 负二项分布

8.2.3 成功概率 p 的估计

二项分布和负二项分布的结果都可用于变异度建模，即它们均向未来可能结果的概率分布上回归。然而，有时希望确定其中一个参数以回溯二项分布的过程。例如，从一个有 s 次成功的 n 次观察试验中估计 p 值。这个二项概率是随机系统的一项基本性质，并且永远不能被观察到，但是通过收集数据可以渐近地更加确定它的真实值，并且在本书 9.2.2 中将会看到，通过一个 Beta 分布将会很容易量化 p 的真实值的不确定性。简而言之，如果没有关于 p 的先验信息或不希望假设 p 的任何先验信息，那么很自然地可以对 p 用先验概率，通过贝叶斯定理有如下公式：

$$f(x)=\frac{x^s(1-x)^{n-s}}{\int_0^1 t^s(1-t)^{n-s}\,\mathrm{d}t}$$

这是一个 Beta（$s+1$，$n-s+1$）分布，所以：

$$p=\text{Beta}\ (s+1,\ n-s+1)$$

Beta 分布也可用于收集数据之前、可供选择 p 值的事件之中。在这种情况下，假设可以用 Beta（a，b）分布合理地模拟事先选择的 p 值，因为 Beta 分布共轭于二项分布，所以后来可以得到 Beta（$a+s$，$b+n-s$）分布的结果（见附录 3.7.1）。图 8.4 对一些 Beta 分布进行了说明。

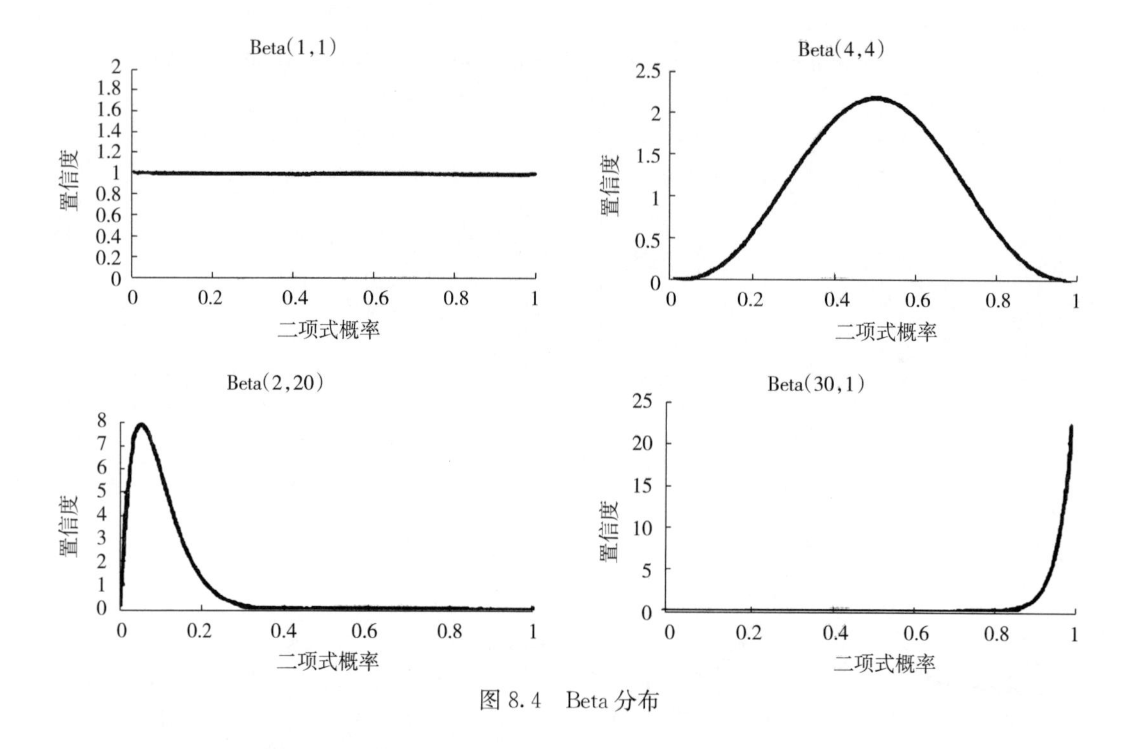

图 8.4 Beta 分布

8.2.4 估计完成的试验次数 *n*

在已经观察到 s 次成功，且成功的概率为 p 的条件下，若求实际进行的试验次数，则首先需要一个能代表真实值不确定性的分布以确定估计值。此时，我们或许知道在第 s 次成功而停止试验，或许不知道。如果知道试验停止在第 s 次成功时，可以模拟关于真实值 n 的不确定性为：

$$n=\text{NegBin}(s,\ p)+s$$

此外，如果不知道最后一次试验是成功的（尽管它可能是），那么 n 的不确定性为：

$$n=\text{NegBin}(s+1,\ p)+s$$

这些公式都是由 n 的均匀先验的贝叶斯分析得到。我们用贝叶斯推理现在可以得出这两个结果。不熟悉这种方法的读者可以参考 9.2。假设 x 是在第 s 次成功之前失败的试验次数。

我们将对 x 用先验概率，即 $p(x)=c$，且来自于二项分布，似然函数是在第（$s+x-1$）次试验有（$s-1$）次成功，并且第（$s+x$）次试验成功的概率，这只是负二项分布的概率质量函数：

$$l(X\mid x)=\binom{s+x-1}{s-1}p^s(1-p)^x$$

当使用先验概率时，$l(X\mid x)$ 的公式来自于一个分布，所以须对其进行累加，将后验概率简化为 1 后进行观察：

$$p(x)=\binom{s+x-1}{s-1}p^s(1-p)^x$$

即 x=NegBin（s，p）。

在第二种情况下，最后一次试验的成功是未知的，仅知道在完成的多次试验中，只有 s 次成功。所以对失败的次数有相同的先验概率，而似然函数只是二项概率质量函数，即

$$l(X \mid x)=\binom{s+x}{s}p^s(1-p)^x$$

进一步进行贝叶斯分析，使其形成一个标准的概率分布函数，所以有：

$$p(x)=\frac{\binom{s+x}{s}p^s(1-p)^x}{\sum_{i=0}^{\infty}\binom{s+i}{s}p^s(1-p)^i} \tag{8.1}$$

分母之和等于 $1/p$。以 $s=a-1$ 替代，得知：

$$\binom{s+i}{s}p^s(1-p)^i=\binom{a+i-1}{a-1}p^{a-1}(1-p)^i \tag{8.2}$$

如果 p 的指数等于（$a-1$），可以得到负二项分布的概率质量函数，然后进行累加，那么分母之和就为 $1/p$。

故从公式（8.1）得到的后验分布化简为：

$$p(x)=\binom{s+x}{s}p^{s+1}(1-p)^x$$

这正是负二项分布 NegBin（$s+1$，p）。

8.2.5 二项式过程结果总结

结果如表 8.1 所示。

表 8.1 二项式过程的分布

量	公 式	注意事项
成功次数	s=Binomial（n，p）	
成功概率	p=Beta（$s+1$，$n-s+1$） =Beta（$a+s$，$b+n-s$）	假设一个均匀先验 假设 Beta（a，b）先验
试验次数	$n=s+$NegBin（s，p） $=s+$NegBin（$s+1$，p）	已知最后一次试验成功 未知最后一次试验成功

8.2.6 Beta 二项式过程

二项式过程的延伸是把概率 p 视为一个随机变量。进而选 Beta（α，β）分布来建立变异度模型，因为它介于 [0，1] 之间，可以接受很多形状，因此它提供了宽泛的灵活性。

Beta 二项分布建立了成功次数模型：

$$s=\text{Binomial}(n,\ \text{Beta}(\alpha,\beta))=\text{BetaBinomial}(n,\alpha,\beta)$$

Beta 负二项分布建立了达到 s 次成功发生失败次数的模型：

$$n-s=\text{NegBin}(s,\ \text{Beta}(\alpha,\beta))=\text{BetaNegBin}(s,\alpha,\beta)$$

在 ModelRisk 中包含了这两种分布。

需要明确的是，在 Beta 二项式过程中，所有的二项试验均具有相同的 p 值，举例来讲，如果一个试验的 p 值是 0.4，那么其他所有的实验亦应是 0.4。如果 p 值在每次试验之间都是随机不同的，则每次试验都是独立的伯努利分布 [Beta（α，β）]，但是由于伯努利分布只能是 0 或 1，这就压缩为一系列独立的伯努利$\left(\frac{\alpha}{\alpha+\beta}\right)$试验，其中$\left(\frac{\alpha}{\alpha+\beta}\right)$是 Beta 分布的均数，因此 n 个试验的集合就是二项分布 Binomial$\left(n, \frac{\alpha}{\alpha+\beta}\right)$。

8.2.7 多项式过程

在二项式过程中一个试验只有两个可能的结果（0 或 1，是或否，男或女等），然而在多项式过程中允许有多个结果。可能结果的列表应该是详细的，即一个试验不能得出不能列出的结果。例如，如果掷骰子会有六种相互排斥的可能（它们不能同时发生），且能穷举的结果（其中一个必须发生）。

三个分布与多项式过程相联系：多项式（n，$\{p_1 \cdots p_k\}$）描述了每个分成 k 类的 n 次试验中成功的次数，这是联合概率质量函数对应的二项公式：

$$P(\{x_1 \cdots x_k\}) = \frac{n!}{\prod_{i=1}^{k} x_i!} \prod_{i=1}^{k} p_i^{s_i} \tag{8.3}$$

你可以把多项式分布看做一个嵌套二项分布的递归数列，其中试验次数和成功的概率通过下面递归顺序修改：

s_1=Binomial（n，p_1）
s_2=Binomial（$n-s_1$，p_2/（$1-p_1$））
s_3=Binomial（$n-s_1-s_2$，p_3/（$1-p_1-p_2$））
…

例如，假设在医院治疗的人有三种可能结果：{痊愈，未痊愈，死亡} 的概率为 {0.6，0.3，0.1}。假设他们的结果是独立的，可以为 100 个病人结果建立模型如下：

痊愈=Binomial（100，0.6）
未痊愈=Binomial（100－痊愈，0.3/（0.3+0.1））
死亡=Binomial（100－痊愈－未痊愈，0.1/0.1）
=Binomial（100－痊愈－未痊愈，1）
=100－痊愈－未痊愈

图 8.5 的表格中的例子表示了这一计算过程，与 ModelRisk 分布的 Vose 多项式在一起，在单一数组函数中获得相同的结果。

负多项式（{$s_1 \cdots s_k$}，{$p_1 \cdots p_k$}）是负二项式的延伸，描述了额外试验的次数（由于结果有多种，故不能像二项分布的情况下那样单一的指定成功或失败），可能会观察到 {s_1，…，s_k} 成功。对这个问题有两种问法："总共有多少次额外试验?"，这有一个单变量答案；"除要求的数目外，在每个成功类别中将会有多少额外试验?"，这有一个多变量答案。这两个的概率质量函数都很复杂，若采用如图 8.6 所示的电子表格进行建模则相对简单明了。

当然，需要注意的是，在这个模型中总会有一个0（实例随机情况下的第5行），此时C7和H7会返回相同的分布。

	A	B	C	D	E	F	G	H	I	J	K
1											
2		Trials n:	100								
3											
4		Outcome	A	B	C	D	E	F		Total check	
5		P(outcome)	0.2	0.3	0.15	0.25	0.06	0.04		1	
6		Nested	28	30	12	16	7	7		100	
7		Multinomial	18	30	15	27	5	5		100	
8											
9		*Formulae table*									
10		C6(output)	=VoseBinomial(C2,C5)								
11		D6:H6(output)	=VoseBinomial($C$2-SUM($C$6:C6),D5/(1-SUM($C$5:C5)))								
12		(C7:H7)(alt output)	{=VoseMultinomial(C2,C5:H5)}								
13											

图8.5 多项式过程模型

	A	B	C	D	E	F	G	H	I
1									
2		Outcome	A	B	C	D	E	F	
3		P(outcome)	0.2	0.3	0.15	0.25	0.06	0.04	
4		Required successes	12	23	17	15	11	2	
5		Negative Multinomial 2	22	16	0	39	2	8	
6									
7		Negative Multinomial 1	126		Negative Multinomial 1sum			87	
8									
9		*Formulae table*							
10		(C5:H5)(output)	{=VoseNegMultinomial2(C4:H4,C3:H3)}						
11		C7	=VoseNegMultinomial(C4:H4,C3:H3)						
12		H7	=SUM(C5:H5)						
13									

图8.6 负多项式过程模型

以下联合密度函数表明，边界条件函数Dirichlet（$\{a_1 \cdots a_k\}$）与多变量的Beta分布等价：

$$f(x_1,\cdots,x_k)=\frac{\Gamma\left(\sum_{i=1}^{k}\alpha_i\right)}{\prod_{i=1}^{k}\Gamma(\alpha_i)}\prod_{i=1}^{k}x_i^{\alpha_i-1} \tag{8.4}$$

其中，$0\leqslant x_i\leqslant 1$（概率位于［0，1］），$\sum_{i=1}^{k}x_i=1$（概率之和必定为1），且$\alpha_i>1$。

可以用Dirichlet分布建立多项式过程一组概率$\{p_1\cdots p_k\}$的不确定性模型。利用它与Gamma分布有巧妙的关系，可以利用Dirichlet分布的Vose Dirichlet函数建模，如图8.7所示。在这个例子中，随机抽取300个人做一些面霜的临床试验，以确定过敏反应程度，得到以下结果：227人没影响；41人轻度瘙痒；27人明显不适；5人剧烈疼痛和不适。边界条件分布Dirichlet（$\{s_1+1\cdots s_k+1\}$）将会返回另一个随机抽取的人（消费者）遇到每个效果的概率的联合不确定性估计。

	A	B	C	D	E	F	G	H	I
1									
2		Outcome	None	Itching	Discomfort	Pain and Regret		Total check	
3		Number observed	227	41	27	5		300	
4		Estimated probability	0.744	0.155	0.079	0.022		1	
5		Gamma distributions	218.452	47.004	25.907	5.697		297.060	
6		Alternative method	0.735	0.158	0.087	0.019		1	
7									
8		*Formulae table*							
9		{C4:F4}(output)	{=VoseDirichlet(C3:F3+1)}						
10		C5:F5	=VoseGamma(C3+1,1)						
11		H3:H6	=SUM(C3:F3)						
12		C6:F6(alt output)	=C5/$H$5						
13									

图 8.7 用 Dirichlet 分布建立模型

8.3 泊松过程

在二项式过程中，对一个事件有 n 个离散的机会发生。而在泊松过程中，事件发生的机会是连续和恒定的。例如，风暴期间雷击发生的次数可以看成是一个泊松过程。这就是说，风暴期间任何小的时间间隔内，有一定的概率会发生雷击。发生雷击的情况下，时间是连续的。然而，还有其他类型的暴露，电线的连续生产过程中间断点的发生可以认为是一个泊松过程，其中如暴露的测量是生产电线的千米或吨。如果鞭毛虫随机地分布在湖中，野营者喝水时饮入的囊孢就是一个泊松过程，其中暴露的测量是喝掉水的数量。书本中的印刷错误属于泊松分布，在那种情况下暴露的测量是文本的尺寸，而有些人可能会把错误看成是 n=书中字符数的二项分布。

不同于二项式过程，泊松过程中事件发生的可能是连续的。理论上，把事件特定发生的概率放在 0 和一个无穷大的数之间，事件无论发生在我们能想象到的多么小的暴露单位内都有一个概率。实际上，几乎没有物理系统可以遵守这一系列的假设，但尽管如此，很多系统仍非常接近泊松过程。在上面的鞭毛虫例子中，假设其符合泊松分布就意味着在一块水域中可以有任何数量的囊孢，而不管这片水域有多小。很显然，当水域的大小约为囊孢的大小或者更小时，该假设就瓦解了，但是实际几乎从没有限制。

描述泊松过程和二项式过程时，其分布之间有很强的联系，如图 8.8 所示。在二项式过程中，关键描述参数是 p，p 是事件发生的概率，它对所有试验都相等，因此试验彼此之间是独立的。泊松过程的关键描述参数是 λ，它是在每一暴露单位事件发生数量的均数，也被认为在暴露总量 t 恒定时，其值是不变的。比如事件每秒发生的概率是常数，而不管事件是否刚刚发生，它确实是在经历了很长一段时间后出乎意料地发生了。这一过程被称为“无记忆性”，二项式过程和泊松过程都可以对其进行描述。

像二项分布中的 p 一样，λ 是物理系统的一个性质。对于静态系统（随机过程），p 和 λ 都不是变量，但是我们仍然需要采用分布来描述这些值所处的特定状态（不确定性）。

在泊松过程中，为了确定在一个期间 t 内可能发生的事件数目，就必须等待“时间”的量以观察 α 事件和 λ，λ 是可能发生的事件的平均数量，被称作泊松强度。泊松分布描述了在一段暴露 t 内可能发生的事件的数量 α，本节首先将说明当 p 趋于 0、n 趋于无穷时，如何

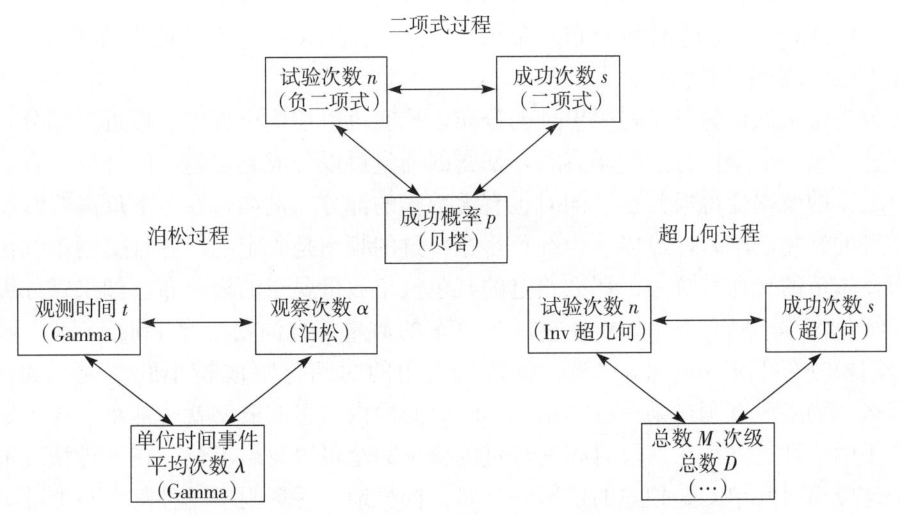

图 8.8 二项分布、泊松分布和超几何分布过程的比较

从二项分布中得到泊松分布。然后，将介绍如何确定在观察 α 事件之前需要等待的时间 t 的变异度分布，这也是在观察到 α 事件之前需要等待的时间不确定性的分布。最后，讨论如何在观察到事件 α 的限定时间 t 内，确定对 λ 的了解程度（不确定性）。

8.3.1 由二项分布推导泊松分布

假设二项分布的试验次数趋于无穷大，同时成功的概率趋于零，二项分布的均数 $=np$ 仍然是有限大。二项分布的概率质量函数可以近似变成建立在如下公式所示的事件成功次数的模型：

$$p(X=x)={}_nC_x p^x(1-p)^{n-x}$$

使 $\lambda t=np$，

$$\begin{aligned}p(X=x)&=\frac{n!}{x!(n-x)!}\left(\frac{\lambda t}{n}\right)^x\left(1-\frac{\lambda t}{n}\right)^{n-x}\\&=\frac{n(n-1)\cdots(n-x+1)}{n^x}\frac{(\lambda t)^x}{x!}\frac{(1-\lambda t/n)^n}{(1-\lambda t/n)^x}\end{aligned}$$

对于一个较大的 n 和较小的 p 值，

$$\left(1-\frac{\lambda t}{n}\right)^n\approx e^{-\lambda t},\ \frac{n(n-1)\cdots(n-x+1)}{n^x}\approx 1,\ \left(1-\frac{\lambda t}{n}\right)^x\approx 1$$

公式简化为：

$$p(X=x)\approx\frac{e^{-\lambda t}(\lambda t)^x}{x!}$$

这是泊松分布 Poisson（λt）的概率质量函数，即：

t 时间内事件 α 的数目 = Poisson（λt）

此时，在暴露的一个单位时间内发生某事件的平均数目为 λ。下面将举例来说明这个解释是如何符合二项分布推导的。假设一个年轻的女士想买一双时髦的高跟鞋，经过一段时间之后她习惯了这双鞋，但还是有很小的概率（如 1/50）她每走一步都会崴脚。她想步行一短段路，如 100m，如果假定每步为 1m，那么可以将她在这段路崴脚的次数模拟成二项分布 Binomial（100，2%）或者泊松分布 Poisson（100 * 0.02）= Poisson（2）。图 8.9 将这两种分布绘制在一起，并表示了在这种限制条件下二项分布如何与泊松分布密切接近。

泊松分布常被误认为只是稀少事件的分布，确实可以在这个程度上接近二项分布，但是远不止这些。当一个事件有连续暴露时，暴露的衡量可以分成越来越小的部分，直至事件在每一部分发生的概率变得极其小，同时也有无数多的部分。例如，在上下班高峰时间站在街头寻找路过的红色汽车时，可以认为红色汽车经过的频率是固定的，并且交通中红色汽车随机地分布在城市的交通系统中。那么路过的红色汽车数量属于泊松分布。如果每分钟平均经过 0.6 辆红色汽车，则有下个 10s 经过红色汽车的数量符合泊松分布 Poisson（0.1），下个小时符合泊松分布 Poisson（36）等。将站在街角的时间分割成较小的单元（如 1s 的 1/100），那么一辆红色汽车在某一秒的第 1/100 时间段内经过的概率就非常小。这个概率非常小，以至于两辆红色汽车在这段时间内经过的概率完全可以忽略不计。在这种情况下，可以认为每个这样小时间单元是独立的伯努利试验。同样地，一场雨中每秒落在头上的雨点数也属于泊松分布。

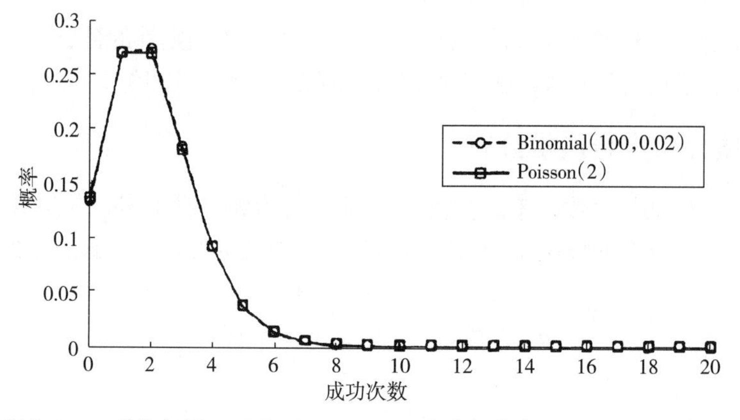

图 8.9 二项分布 Binomial（100，0.02）和泊松分布 Poisson（2）的比较

8.3.2 观察 α 事件的等待“时间”

泊松分布假设在每个时间增量上事件发生的概率是恒定的，如果假设一个小的时间单元为 Δt，那么事件发生在这个时间单元的概率是 $k\Delta t$，其中 k 是某一常数。现在假设时间在时间 t 不发生的概率为 $P(t)$。那么事件在时间 t 之后的小间隔 Δt 第一次发生的概率为 $k\Delta t\,P(t)$。这也等于 $P(t)-P(t+\Delta t)$，于是有：

$$\left[\frac{P(t+\Delta t)-P(t)}{P(t)}\right]=-k\Delta t$$

令 Δt 无穷小，上述公式就变成了微分公式：

$$\frac{\mathrm{d}P(t)}{P(t)}=-k\mathrm{d}t$$

积分之后：

$$\ln[P(t)]=-kt$$

$$P(t)=\exp[-kt]$$

如果定义 $F(t)$ 为事件在时间 t 之前发生的概率（即 t 的累积分布函数），则有：

$$F(t)=1-\exp[-kt]$$

这是均数为 $1/k$ 的指数函数 Expon（$1/k$）的累积分布函数。这样 $1/k$ 是事件发生的平均时间，相当于 k 是每一个时间单位发生事件的平均次数，也是泊松参数 λ。事件发生的平均时间参数 $1/\lambda$，符号为 β。

因此，直至第一个事件发生的时间的泊松分布为：

$$t_1=\text{Expon}(\beta)$$

其中 $\beta=1/\lambda$。虽然计算复杂，但仍不难看出，直至 α 个事件发生的时间为一个 Γ 分布：

$$t_\alpha=\text{Gamma}(\alpha,\beta)$$

因此，指数分布 Expon（p）只是 Γ 分布的特例，即：

$$\text{Gamma}(1,\beta)=\text{Expon}(\beta)$$

验证泊松过程的"无记忆性"是一件非常有趣的事，假设直至时间 t（$x>t$）第一个事件还没发生，它发生在时间 x 的概率由下式给出：

$$f(x\mid x>t)=\frac{f(x)}{1-F(t)}=\frac{1}{\beta}\exp\left[-\frac{(x-t)}{\beta}\right]$$

这是另一种指数分布。因此，尽管事件可能在时间 t 之后没有发生，直至它将发生的余下时间与它之前发生的任何时间点有相同的概率分布。

8.3.3 每个周期事件发生的平均次数 λ（泊松强度）的估算

和二项式中的概率 p 一样，每个周期事件发生的平均次数 λ 是随机系统中的一个基本特性，永远不能观察到，也不能精确地计算。然而，更多的数据收集可使其向实际值收拢。本书 9.2 中的贝叶斯推理提供了一种积累数据时量化事件发生状态的方法。

假设先验概率 $\pi(\lambda)=1/\lambda$（见 9.2.2），在时间 t 内观察到 α 次事件的泊松似然函数：

$$l(\alpha\mid\lambda,t)=\frac{e^{-\lambda t}(\lambda t)^\alpha}{\alpha!}\propto e^{-\lambda t}(\lambda)^\alpha$$

忽略不包含 λ 的项后，得到后验分布：

$$p(\lambda\mid\alpha)\propto e^{-\lambda t}\lambda^{\alpha-1}$$

这是 Gamma（α，$1/t$）分布。如果事先获得信息的情况下在时间 t 内观察事件，则可以用 Gamma 分布描述 λ 的不确定性。若用 Gamma（a，b）分布合理描述先验概率，则通过本书下一章中表 9.1 的 Gamma（$a+\alpha$，$b/(1+bt)$）分布可给出后验概率。

通常情况下，选择 $\pi(\lambda)=1/\lambda$ [等于 Gamma（$1/z$，z）分布，其中 z 非常大] 分布作为先验概率并不合适。先验概率具有数学意义，因为它是不变的转换，无论从 λ 还是 $\beta=1/\lambda$ 的角度，或者是改变与 λ 相关的暴露单位，它都会给出相同的答案。而这个先验概率的曲线图并非"不规整"，因为它在零点处达到最高峰。然而，当数据聚集起来时，Gamma 分布的形状会逐渐变得比先前的不敏感。应用以下思路我们可以认识先验的重要性：

（ⅰ）先验概率 $\pi(\lambda)=1/\lambda$ 等于 Gamma（$1/z$，z），其中，z 接近无穷大。可通过 Gamma 概率分布函数并设 α 为零，β 为无穷大来证明。

（ⅱ）一个平坦的先验 [相反的极端是 $\pi(\lambda)=1/\lambda$ 先验] 等于 Gamma（1，z），其中 z

趋于无穷大，即无限拉长指数分布。

(ⅲ) 对一个 Gamma (a，b) 先验，其结果的后验是 Gamma ($a+\alpha$，$b/(1+bt)$)，即 (i) 的后验是 Gamma (α，$1/t$)，(ii) 的后验是 Gamma ($\alpha+1$，$1/t$)。

(ⅳ) 因此，Gamma 分布对先验的灵敏度相当于 ($\alpha+1$) 是否接近与 α 相同。此外，Gamma (α，β) 是 α 个独立指数分布 Exponential (β) 的和，所以可以把先验的选择看成是否从数据中添加一个额外的指数分布到 α 个指数分布。因此，如果 α 是 100，那么分布大约 1%受先验的影响，99%受数据的影响。

8.3.4 经过的时间 t 的估算

如果已知 λ 和在时间 t 已经发生的事件次数 α，则可以估算已经经过的时间 t，其数学证明过程与前面章节对 λ 的估计相同。读者可能会想证实，通过先验 $\pi(t)=1/t$，得到后验分布 t=Gamma (α，$1/\lambda$)。假设 $\lambda=1/\beta$，若要预测观察到 α 次事件之前的时间 (即确定分布的不确定性)，可以得到与上述相同的结果。而且，如果能够用 Gamma (a，b) 分布合理地描述先验概率，后验就可以通过 Gamma ($a+\alpha$，$b/(1+bt)$) 分布给出。

8.3.5 泊松过程结果总结

结果如表 8.2 所示。

表 8.2 泊松过程的分布

量	公　式	注意事项
事件数	α=Poisson (λt)	
每一暴露单位事件发生的平均次数	λ=Gamma (α，$1/t$) =Gamma ($a+\alpha$，$b/(1+bt)$)	假设先验均匀分布 假设先验 Gamma (a，b) 分布
观察到第一次事件的时刻	t_1=Expon ($1/\lambda$) =Γ (1，$1/\lambda$)	
观察到第 α 次事件的时刻	t_α=Gamma (α，$1/\lambda$)	
发生 α 次事件所消耗的时间	t_α=Gamma (α，$1/\lambda$) =Gamma ($a+\alpha$，$b/(1+b\lambda)$)	假设先验均与分布 假设先验 Gamma (a，b) 分布

8.3.6 多元泊松过程

泊松过程的性质使其向多元情况的延伸变得容易。假设有三类交通事故：(a) 没受伤；(b) 一人或多人受伤但没有死亡；(c) 一人或多人死亡。若事故独立发生，并以每年 λ_a，λ_b 和 λ_c 的预期发生率符合泊松过程，下一个 T 年发生的次数就是泊松分布 Poisson (T * ($\lambda_a+\lambda_b+\lambda_c$))。下一次事故是 (a) 型的概率为：

$$P(\mathrm{a})=\frac{\lambda_a}{\lambda_a+\lambda_b+\lambda_c}$$

直至下一个 α 事故的时间为：

$$\text{Gamma}\left(\alpha,\ \frac{1}{\lambda_a+\lambda_b+\lambda_c}\right)$$

每个λ真实值的不确定性可以分别采用本书 8.3.3 和 9.1.5 中介绍的方法进行估计。

8.3.7 泊松过程中λ的改变

泊松模型假设λ在计数时间内是定值，这是一个比较牵强的假设。飓风、疾病暴发、自杀等，在每年的某些时候频繁地发生；交通事故、抢劫和街头争吵在每天（有时也是每年）的某些时候频繁地发生。事实上，如果λ具有一致的季节性变化（即使是未知的），就可以对这些问题自圆其说。假设轮船事故在每个月 i 发生的比率为 λ_i，$i=1$，…，12。在未来每个月 i 发生的次数将是 $a_i=\text{Poisson}(\lambda_i)$，且一年发生总数是 $\sum_{i=1}^{12}\text{Poisson}(\lambda_i)$。根据同一性 $\text{Poisson}(a)+\text{Poisson}(b)=\text{Poisson}(a+b)$，公式可以重写为 $\text{Poisson}\left(\sum_{i=1}^{12}\lambda_i\right)$，即一年中发生的轮船事故符合泊松过程。因此，只要确保在完整的季节周期（本例中一年的总数）上分析数据并预测季节周期总数，就可以忽略λ的季节性改变这一事实。推而广之，如果已经观察到在历史上一个城市中每年平均暴发 23 次弯曲菌病（暴发在流行病学中的定义为与其他无关的事件在短时间多次发生，故可视其为随机独立的发生），那么可以模拟下一年暴发的次数为 Poisson（23），而不用担心这些中的大部分会发生在夏季。可以使用泊松数学运算比较去年同期的暴发数据。当然，不能臆断 7 月会有 Poisson（23/12）暴发。

在法国南部的农村地区，随着冬天临近，汽车会被埋在树篱中、森林中或路边的田野中，往往望去判若黑冰。突如其来的寒流越强烈，能看到的车就越多。当然，有些年并没有那么多，有些年却泛滥成灾。很显然，在这样的情况下预期的事故发生率是一个随机变量。建立随机变异度模型最常用的方法是将λ乘以 $\text{Gamma}\left(\frac{1}{h}, h\right)$。这个 Gamma 分布均数为 1，标准差为 h，泊松比为 $\text{Gamma}\left(\frac{1}{h},\lambda h\right)$。因此，Gamma 分布只是给λ添加了一个变异系数 h。这两种分布的整合结果是 $\text{Pólya}\left(\frac{1}{h},\lambda h\right)$，或者当 $\frac{1}{h}$ 是整数时，简化为负二项分布 $\text{NegBin}\left(\frac{1}{h},\frac{1}{1+\lambda h}\right)$。这个结果意味着可以方便地用 Pólya 或 NegBin 分布建立这种 Poisson $(\lambda)\,\hat{\lambda}\,\text{Gamma}(\alpha, \beta)$ 的混合模型。由此可以看到 Pólya 和 NegBin 分布的变异系数比泊松分布的大。在统计学上进行泊松分布的拟合时，研究人员经常将数据称为“离散的”，因为数据会产生一个比它们均数大的变异（类似于泊松分布），而之后的统计过程将转向于一个负二项（NegBin）分布（尽管此时使用 Pólya 会更好，但其却少为人知）。

因为 Gamma 分布中有一个额外参数 h，因此可以为数据匹配如均数和变异系数（或者任何其他两个统计量）。然而，有时这些条件并不充分，也可能需要更多的控制条件来匹配，如偏度。此时，可以添加一个正位移而不是在 Poisson（a，b）形式中建立λ模型，这样可以得到一个属于 Delaporte（a，b，c）分布的 Poisson（Gamma（a，b）$+c$）。

8.4 超几何过程

从总体中随机地、不放回地抽样，一些具有个别特征的抽样的计数都会导致超几何过程发生。这是一种很常见的方案类型，例如，人口普查、畜群测试和乐透都是超几何过程。通常，总体比样本要大很多，而此时如果一个样本被放回到总体中，它被再次选中的概率就很小了。在这种情况下，每个样本选中具有特定性能个体的概率相同，即符合二项分布。但是，当样本与总体相差不大时（通常情况下不超过10倍），就不能将二项式近似为超几何。本节讨论了与超几何过程有关的分布。

8.4.1 样本中特定特征数

假设M是一组独立项目，其中的D有某一特性。随机地从这个群体中不放回地选取n项，其中这M项中的每一项被选中的概率相等，是一个超几何过程。例如，假设一个袋子里有7个球，其中3个是红球，另外4个是蓝球，如果随机地不放回地从袋子中抽取3个球，选中2个红球的概率是多少？

首先，值得注意的是，第二个被抽取的球是红色的概率取决于第一个抽取的球的颜色。如果第一个球是红色（概率为$\frac{3}{7}$），那么在剩余的6个球中只剩下2个红球。如果第一个球是红球，那么第二个球是红色的概率就为$\frac{2}{6}=\frac{1}{3}$。然而，袋子中剩余的每个球被选中的概率相等，这就是说每一个导致x红球在总的中被选中的事件的概率相等。因此，我们只需要考虑可能事件的不同组合。根据本书6.3.4中的讨论，从7个项目中选择3项有$\binom{7}{3}=35$种可能方式。从袋子中的3个红球中选择2个有$\binom{3}{2}=3$种方式，有$\binom{4}{1}=4$种方式从袋子中的4个蓝球中选择1个。因此，从整体的7个球中选中3个的35种方式中，只有$\binom{3}{2}\binom{4}{1}=3*4=12$种方式能得到2个红球。因此，选中2个红球的概率为12/35=34.29%。

一般来讲，在有D个具有感兴趣特性个体的总体M中，随机无放回地从中抽取大小为n的样本，观察到x个具有感兴趣的特性的概率为：

$$p(x)=\frac{\binom{D}{x}\binom{M-D}{n-x}}{\binom{M}{n}},0\leqslant x\leqslant n,x\leqslant D,n\leqslant M \qquad (8.5)$$

这是超几何分布Hypergeo（n，D，M）的概率质量函数。超几何分布获得此名是因为它的概率是高斯超几何级数中的邻项。

超几何的二项式近似值

在抽取大小为n的样本时，如果我们一次一个地把每个样本都放回总体中，每个具有所关心的特性的个体的概率为D/M，那么从D中抽样的次数是二项分布Binomial（n，D/M）。值得一提的是，如果M较n大很多，采用有放回抽样时，多次选中同一个事物的概率将会很小。因此，对于大的M（通常认为$n<0.1M$），无论抽样是有放回还是无放回，抽样结果几乎没有区别。至此，更容易计算的二项分布Binomial（n，D/M）就可以用来近似代替超几何分布Hypergeo（n，D，M）。

多元超几何分布

超几何分布可以延伸到总体中有多于两种类型的项目的情况［即不仅仅是 D 一种类型，$(M-D)$ 为另一种类型］。在所有几个样本中，从 D_1 中得到 s_1，D_2 中得到 s_2……D_k 中得到 s_k 的概率为：

$$p(s_1, s_2, \cdots, s_k)=\frac{\binom{D_1}{s_1}\binom{D_2}{s_2}\cdots\binom{D_k}{s_k}}{\binom{M}{n}}$$

其中，$\sum_{i=1}^{k} s_i = n, \sum_{i=1}^{k} D_i = M, D_i \geqslant s_i \geqslant 0, M > D_i > 0$

8.4.2 获得特定 s 所需的样本量

假设从总体 M 中无放回地抽样，直到抽到 s 项感兴趣的特性，其中共有 D 项具有该特性。在第 s 次成功之前失败次数的分布可以很容易地通过本书 8.2.2 提到的负二项分布方式计算得到。在 $(x+s-1)$ 次试验中观察到 $(s-1)$ 次成功（即 x 次失败）的概率通过超几何分布直接得到：

$$p(x, s-1)=\frac{\binom{D}{s-1}\binom{M-D}{x}}{\binom{M}{x+s-1}}$$

那么，在下次试验［第 $(s+x)$ 次试验］观察到成功的概率简化为 D 项中剩余的数目 $(=D-(s-1))$ 除以总体中剩余的大小 $(=M-(s+x-1))$：

$$p=\frac{D-s+1}{M-x-s+1}$$

直到第 s 次成功恰好有 x 次失败（试验在第 s 次成功停止）的概率就是这两个概率的乘积：

$$p(x)=\frac{\binom{D}{s-1}\binom{M-D}{x}(D-s+1)}{\binom{M}{x+s-1}(M-x-s+1)}$$

这就是逆超几何分布（inverse hypergeometric distribution）InvHypergeo (s, D, M) 的概率质量函数，它类似于二项式过程的负二项分布和泊松过程的 Gamma 分布。所以：

$$n=s+\text{InvHypergeo}(s, D, M)$$

对一个与 s 相比较大的总体 M，逆超几何分布近似于负二项分布：

$$\text{InvHypergeo}(s, D, M) \approx \text{NegBin}(s, D/M)$$

如果概率 D/M 很小：

$$\text{InvHypergeo}(s, D, M) \approx \text{Gamma}(s, M/D)$$

图 8.10 表示了一些逆超几何分布的例子。沿着区域移动 k 个单位的逆超几何分布有时也称做负超几何分布。ModelRisk 提供了 InvHypergeo (s, D, M) 分布，通过描述 VoseInvHypergeo $(s, D, M, \text{VoseShift}(k))$ 可以得到负超几何分布。

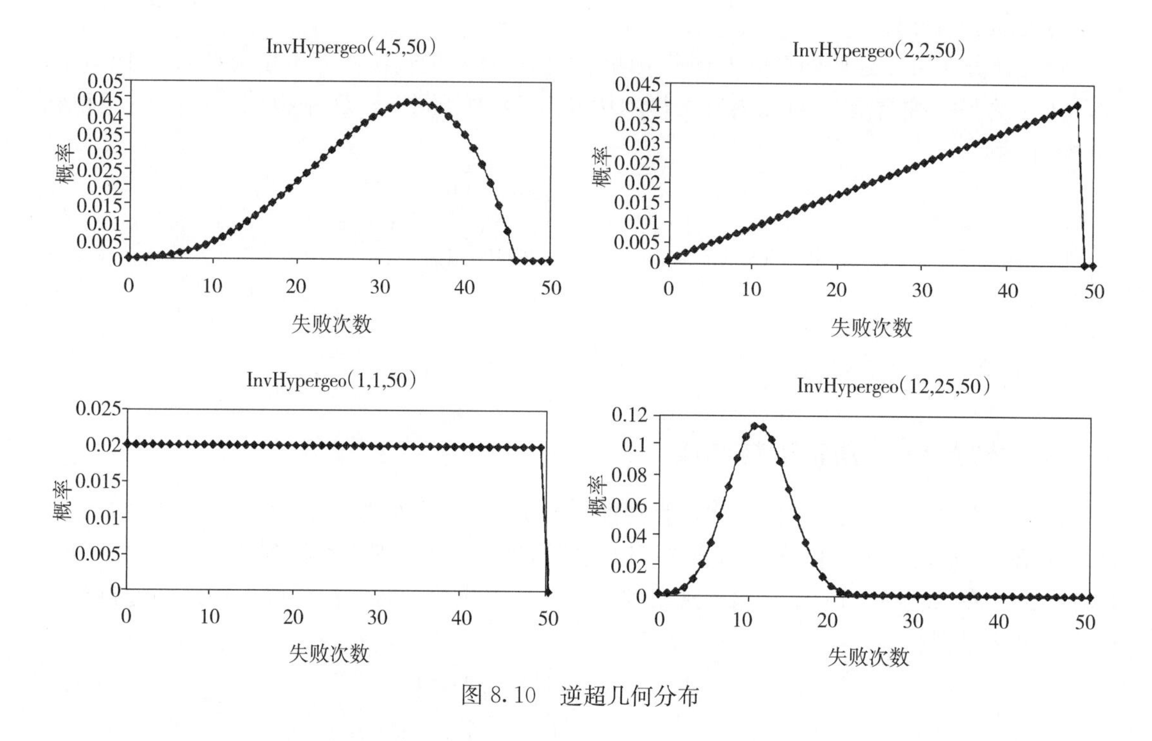

图 8.10 逆超几何分布

8.4.3 观察到 s 时所需的样本量

上述逆二项分布可以延伸为预测在第 s 次成功之前失败次数的变异度分布。然而，如果知道了 s、D、M，使用贝叶斯理论和 x 的先验概率，它也可以同样地延伸为必须进行的失败次数 $x=n-s$ 的不确定性分布。因此：

$$n=s+\text{InvHypergeo}(s, D, M)$$

在不知道试验在第 s 次成功时停止的情况下，仍然可以通过先验概率 x 应用贝叶斯理论和似然函数得到超几何概率：

$$l(x \mid s)=\frac{\binom{D}{s}\binom{M-D}{x}}{\binom{M}{x+s}} \propto \frac{\binom{M-D}{x}}{\binom{M}{x+s}}$$

这里，均匀先验概率也属于后验分布。用 $n-s$ 代替 x，则：

$$f(n) \propto \frac{n!\,(M-n)!}{(n-s)!\,(M-D-n+s)!} \tag{8.6}$$

公式（8.6）去除了所有不是 n 的函数项，因此可以对公式标准化。n 的不确定性分布不等于标准差，所以需要对其进行标准化，在电子表格中使用公式（8.6）进行标准化更为简便。图 8.11 显示了最终分布位于单元格 G18 的计算例子。注意，如果像这个电子表格中所示那样使用离散分布，则没必要标准化概率，因为如@RISK、Crystal Ball 和 Model Risk 这样的软件能自动将其标准化，以达到一致。

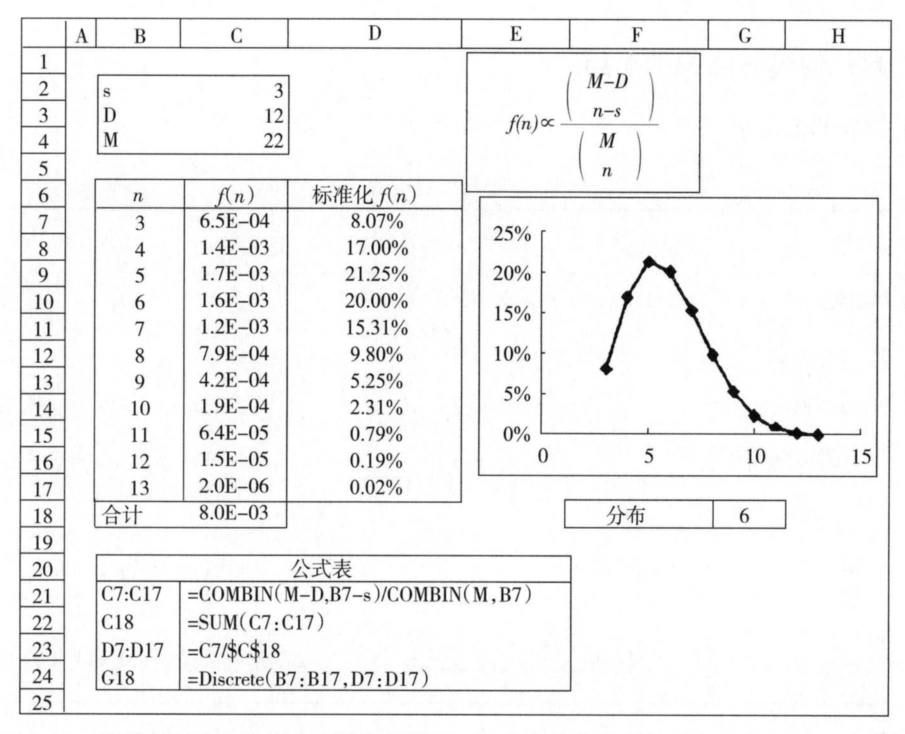

s	3
D	12
M	22

$$f(n)\propto\frac{\binom{M-D}{n-s}}{\binom{M}{n}}$$

n	f(n)	标准化 f(n)
3	6.5E-04	8.07%
4	1.4E-03	17.00%
5	1.7E-03	21.25%
6	1.6E-03	20.00%
7	1.2E-03	15.31%
8	7.9E-04	9.80%
9	4.2E-04	5.25%
10	1.9E-04	2.31%
11	6.4E-05	0.79%
12	1.5E-05	0.19%
13	2.0E-06	0.02%
合计	8.0E-03	

分布	6

公式表	
C7:C17	=COMBIN(M-D,B7-s)/COMBIN(M,B7)
C18	=SUM(C7:C17)
D7:D17	=C7/$C$18
G18	=Discrete(B7:B17,D7:D17)

图 8.11 超几何不确定性的贝叶斯推理模型。注意离散分布可以用在 B 和 C 列，以避免对该分布进行标准化

8.4.4 总体和子总体大小的估计

D 和 M 的大小是随机系统的基本性质，就像二项式过程的 p 和泊松过程的 λ。这些参数值的不确定性分布可以通过贝叶斯推理确定，假设从总体 M 中抽取某一样本量，其中 s 属于具有感兴趣特性的子总体 D，从 M 中抽取的 n 个样本中有 s 个成功的超几何概率公式（8.5）为：

$$p(s)=\frac{\binom{D}{s}\binom{M-D}{n-s}}{\binom{M}{n}}\qquad 0\leqslant s\leqslant n，s\leqslant D，n\leqslant M$$

所以通过均匀先验，得到 D 和 M 的后验公式：

$$p(D)\propto\frac{\binom{D}{s}\binom{M-D}{n-s}}{\binom{M}{n}}\propto\frac{D!\ (M-D)!}{(D-s)!\ (M-D-n+s)!}$$

$$p(M)\propto\frac{\binom{D}{s}\binom{M-D}{(n-s)}}{\binom{M}{n}}\propto\frac{(M-D)!(M-n)!}{(M-D-n+s)!M!}$$

这些公式不等于标准分布，需要用类似公式（8.6）中的方式进行标准化。

8.4.5 超几何过程结果的总结

结果如表8.3所示。

表8.3 超几何过程的分布

量	公　式	注意事项
样本中子总体的数目	s=Hypergeo（n，D，M）	
子总体中观察 s 的样本量	$n=s+$InvHypergeo（s，D，M）	
子总体中已观察到 s 时的样本量	$n=s+$InvHypergeo（s，D，M）	已知最后一次抽样来自于子总体
在观察到 s 之前从子总体中已抽取的样本量 n	$f(n)\propto\frac{n!(M-n)!}{(n-s)!(M-D-n+s)!}$	未知最后一次抽样来自于子总体。不确定性分布需要标准化
子总体大小 D	$f(D)\propto\frac{D!(M-D)!}{(D-s)!(M-D-n+s)!}$	不确定性分布需要标准化
总体大小 M	$f(M)\propto\frac{(M-D)!(M-n)!}{M!(M-D-n+s)!}$	不确定性分布需要标准化

8.5 中心极限定理

中心极限定理（CLT）是概率分布求和的渐近结果，对个体（动物体重、产量、下脚料）求和非常重要。它也解释了众多类似正态分布出现的原因，暂且抛开推导过程，只看一些例子及其使用。

n 个独立随机变量 X_i（其中 n 很大）具有相同的分布，它们的和 Σ 渐近地接近一个具有已知均数和标准差的正态分布：

$$\sum_{i=1}^{n} X_i \approx \text{Normal}(n\mu, \sqrt{n}\sigma) \tag{8.7}$$

其中，μ 和 σ 分别为抽取的 n 个样本的均数和标准差。

8.5.1 实例

假设一些工厂随机生产的钉子重量的均数为27.4g，标准差为1.3g，一盒100个钉子的重量为多少？假设钉子重量分布不是完全偏峰，答案就是下面的正态分布：

=Normal（100＊27.4，SQRT（100）＊1.3）g

=VoseNormal（2 740，13）g

这种CLT结果在风险分析中非常重要。很多分布是相同的随机变量之和，因此当总和增大时，分布趋向于一个正态分布。例如，Gamma（α，β）是 α 个独立指数分布Expon（β）的和，所以当 α 增大时，Gamma分布看上去越来越像一个正态分布。一个指数分布具有均数和方差 β，因此有：

当 $n\rightarrow\infty$ 时，Gamma（α，β）$\rightarrow$Normal（$\alpha\beta$，$\alpha\sqrt{\beta}$）

本节讨论了一种分布接近另一种分布的其他例子。

为了使总和达到正态分布，需要多大的 n?

分布类型	足够的 n
均匀分布	12（尝试：生成正态分布的一种古老方式）
对称三角分布	6［因为 U（a，b）+U（a，b）=T（$2a$，$a+b$，$2b$）］
正态分布	1!
相当偏态分布	30+［例如，30 个 Poisson（2）=Poisson（60）］
指数分布	50+［用 Gamma（a，b）=Exponential（b）的和来验证］

8.5.2 其他相关结果

大量独立同分布的平均数

将公式（8.7）两边同时除以 n，从相同分布中独立地抽取 n 个变量的平均数为：

$$\bar{x}=\frac{\sum_{i=1}^{n}X_i}{n}\approx\frac{\mathrm{Normal}(n\mu,\sqrt{n}\sigma)}{n}=Normal\left(\mu,\frac{\sigma}{\sqrt{n}}\right) \tag{8.8}$$

注意，公式（8.8）的结果是正确的，因为正态分布的均数和标准差的单位都和变量本身的单位相同。然而，需要注意对大多数分布而言，不能简单地用一个变量的分布参数 X 除以 n 以得到 X/n 的分布。

大量独立同分布的乘积

CLT 也可以应用在大量的相同随机变量相乘的情况下，假设 Π 是大量随机变量 X_i 的乘积，$i=1, \cdots, n$，即：

$$\prod=\prod_{i=1}^{n}X_i$$

两边同时取对数，得到：

$$\ln[\Pi]=\sum_{i=1}^{n}\ln[X_i]$$

右边是大量随机变量的和，所以趋向于正态分布。因此，从对数正态分布的定义可以得出 Π 近似服从对数正态分布。

中心极限定理是正态分布的用途如此广泛的原因吗?

很多随机变量描述成许多随机变量的和或积或它们的混合。中心极限定理可以简明扼要地描述为：如果将 n 个不同的随机变量加起来，且这些变量均不对分布结果占主导地位，那么当 n 增大时，它们的和会越来越趋于正态分布。这同样适用于不同随机变量相乘（正值）和对数正态分布。实际上，如果对数正态分布的均数比其标准差大很多（图 8.12），它也类似于正态分布，因此也许不应该对自然界中如此多的变量在某些地方看上去介于对数正态分布和正态分布之间而感到惊奇。

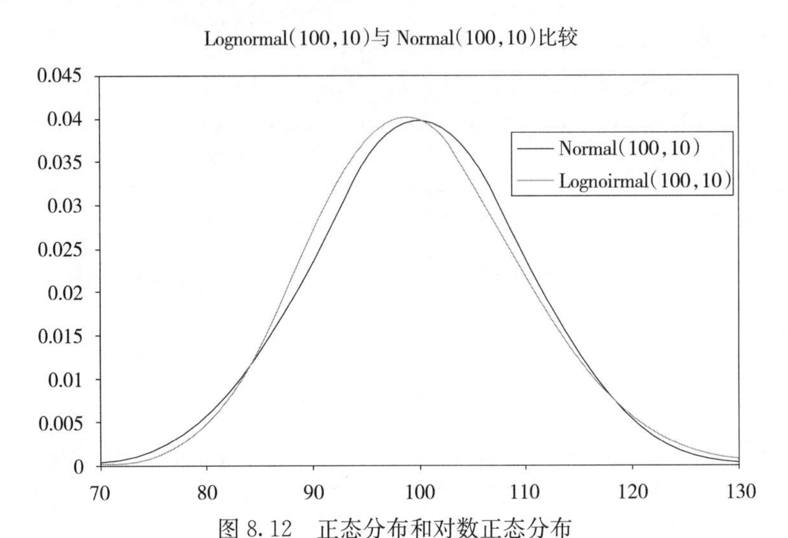

图 8.12 正态分布和对数正态分布

8.6 更新过程

在泊松过程中，连续事件之间的时间描述为独立同指数分布。在一个更新过程中，与泊松过程相似，连续事件之间的时间是独立同分布的，但它们可以采用任何分布。泊松过程是更新过程的一种特殊情况。一段时间内事件数量的分布的计算（相当于泊松分布表示泊松过程）和观察 X 事件需要等待的时间（相当于泊松过程中的 Gamma 分布）是相当复杂的，取决于事件之间的时间分布情况。但是，蒙特卡罗模拟能够绕过数学运算获取这些分布，下面几个例子描述上述过程。

例 8.1 特定时间内事件发生的次数

特定型号的灯泡使用寿命服从威布尔分布 Weibull（1.3，4 020）h。(a) 如果有一只一直照明的灯泡报废之后立即用另一只替换，10 000h 内会消耗多少只灯泡？(b) 如果有 10 只一直照明的灯泡，1 000h 内会报废多少只？(c) 如果有 10 只灯泡且仅使一只灯泡持续照明，直到最后一只灯泡报废需要用多长时间？

	A	B	C	D	E	F
1						
2		报废时间(h)	报废数			
3		4 494.5	1			
4		16 139.3	0			
18		72 416.7	0			
19		78 771.3	0			
20						
21		关注阶段		10 000		
22		报废次数		1		
23						
24		计算公式				
25		B3	=VoseWeibull(1.3,4 020)			
26		B4:B19	=B3+VoseWeibull(1.3,4 020)			
27		C3:C19	=IF(B3>$D$21,0,1)			
28		D22(结果)	=SUM(C3:C19)			
29		替换数量	=VoseStopSum(VoseWeibullObject(1.3,4 020),D21)			
30						

图 8.13 例 8.1（a）的模型方案

(a) 图8.13给出了一个解决这个问题的模型。注意考虑0只报废的概率。注意考虑0消耗的可能。

(b) 图8.14给出了一个解决这个问题的模型。图8.15将此问题的结果与(a)问题的进行比较。注意它们明显不同。如果事件之间的时间呈指数分布，结果将完全一致。

(c) 答案只是10个独立的Weibull (1.3，4 020) 的和。◆

	A	B	C	D	E	F	G	H	I	J	K	L	M	N	O	P
1																
2		报废时间(h)	报废数		报废时间(h)	报废数		报废时间(h)	报废数		报废时间(h)	报废数		报废时间(h)	报废数	
3		8 560.8	0		1 025.5	0		2 734.5	0		4 714.3	0		5 488.5	0	
4		8 724.7	0		1 894.2	0		3 666.0	0		6 159.8	0		14 595.0	0	
18		67 130.4	0		69 131.3	0		81 390.4	0		43 589.5	0		76 693.1	0	
19		68 644.5	0		75 706.3	0		82 431.2	0		47 222.3	0		81 471.4	0	
20																
21		报废时间(h)	报废数		报废时间(h)	报废数		报废时间(h)	报废数		报废时间(h)	报废数		报废时间(h)	报废数	
22		11 102.1	0		352.1	1		4 105.7	0		2 11.9	1		2 011.3	0	
23		11 285.4	0		904.2	1		17 911.3	0		3 91.1	1		3 705.2	0	
37		59 256.1	0		38 672.3	0		61 940.7	0		69 658.0	0		62 324.3	0	
38		66 475.1	0		40 089.5	0		71 997.9	0		71 679.4	0		69 154.5	0	
39																
40																
41		关注阶段			1 000											
42		报废次数			4											
43																

	公式表	
45	B3,E3,等	=VoseWeibull(1.3,4020)
46	B4:B19:E4:E19,等	=B3+VoseWeibull(1.3,4020)
47	C4:C19:F4:F19,等	=IF(B3 > $E$41,0,1)
48	E42(结果)	=SUM(C3:C19,F3:F19,I3:I19,L3:L19,O3:O19,C22:C38,F22:F38,I22:I38,L22:L38,O22:O38)
49		

图8.14 例8.1(b)的模型方案

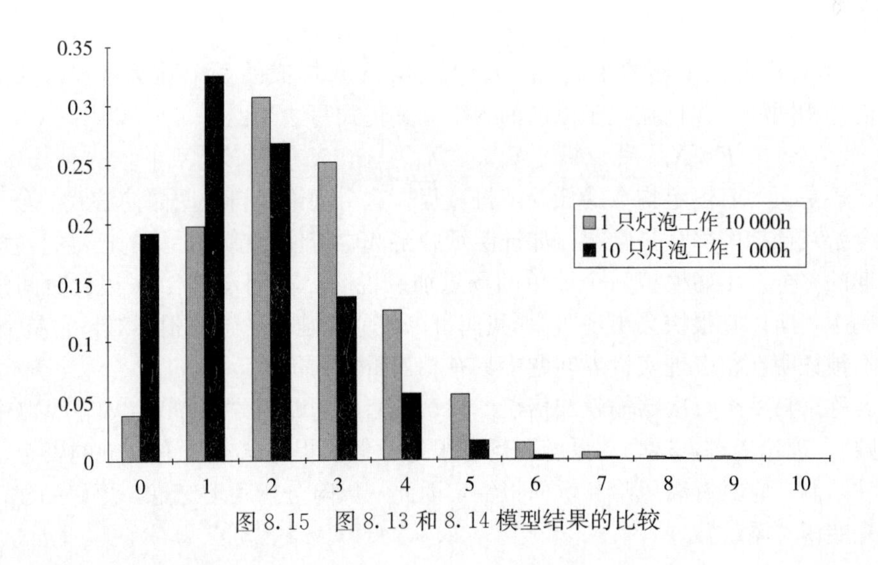

图8.15 图8.13和8.14模型结果的比较

8.7 混合分布

有时，一个随机的过程由两个或两个以上独立过程组合而成。例如，在某些特定的时间和地点发生的车祸可以看成是泊松变量，但是每个单位时间内的平均车祸数 λ 也可能是变量，正如本书 8.3.7 中所描述的内容。

混合分布可以用如下符号表示：

$$F_A \hat{\Theta} F_B$$

其中，F_A表示基础分布，F_B表示混合分布，即分布的 Θ。可以写做：

$$\text{Possion}（\lambda）\hat{\lambda}\text{Gamma}（\alpha, \beta）$$

读做：泊松分布的伽玛混合。

还有一些常用的混合分布。例如：

$$\text{Binomial}（n, p）\hat{p}\ \text{Beta}（\alpha, \beta）$$

这是 Beta-Binomial（n，α，β）分布，还有：

$$\text{Possion}（\lambda）\widehat{\lambda/\Phi}\ \text{Beta}（\alpha, \beta）$$

其中，泊松分布的参数为：$\lambda=\phi \cdot p$ 和 $p=$Beta（α，β）。尽管这也可以用于生物领域，但不应与 Beta-泊松剂量效应模型混淆。

参数为 θ_i的混合分布的累积分布函数如下：

$$E[F(X \mid \theta_1, \theta_2, \cdots, \theta_m)]$$

其中，期望是关于随机变量的参数。因此，混合分布的函数形式可以变得极其复杂，甚至难于处理。然而，蒙特卡罗模拟可以实现添加简单的混合分布到模型中，如使用蒙特卡罗软件（如@RISK、Crystal Ball 和 ModelRisk 等）以正确的逻辑顺序生成每次迭代样本，而 Beta-Binomial（n，α，β）分布通过写成 Binomial（n，Beta（α，β））就可以简单地生成。在每次迭代中，软件首先从 Beta 分布生成一个值，然后，使用这个 p 值创建相应的二项分布，最终从这个二项分布中抽样。

8.8 鞅

鞅（martingale）是由连续变量 X_i（$i=1$，2，…）构成的一个随机过程，其中每个变量的期望值是相同的，并且独立于以前的观察。其正式写法是：

$$E[X_{n+1}] = E[X_{n+1} \mid X_1, \cdots, X_n] = E[X_n]$$

因此，鞅是一个有恒定均数的任意随机过程。这个理论源自证明赌博游戏的公平性，即证明每回合游戏预期的奖金是常数，如证明纸牌游戏中记住以前在手里的已经打过的纸牌不会影响预期的奖金。不妨模拟一个简单的场景加以说明：有朋友说“21 很长时间没有出现在彩票号码中，所以它很快会出现”，那我们可以对他或她说“这恐怕不对，它是个鞅”。这个理论已经被证明在很多现实世界问题中具有相当重要的价值。

鞅的名称来自一个每次赌输就加倍赌注，直至赌赢的赌博“系统”（如轮盘赌中的投注红色或失败）。理论上讲，这个“系统”运行很好，但前提是必须要有巨额的资金，并且赌场没有下注限制。它具有高风险和低回报性，因此从风险分析角度考虑，更好的建议是投资股市而不是赌博“系统”。

8.9 其他例子

下文给出了本章讨论的不同随机过程问题的一些例子，以供练习。

8.9.1　二项式过程问题

除了下面的问题，出现在下面例子中的二项式过程贯穿于本书：4.3.1、4.3.2 和 5.4.6 的例子，和例 22.2 到例 22.6，例 22.8 和例 22.10，还有第 9 章的很多内容。

例 8.2　葡萄酒抽样

两个葡萄酒专家被要求猜 20 种不同葡萄酒的年份，专家 A 猜对了 11 个，而专家 B 猜对了 14 个。那么，如何确定专家 B 在这一活动中确实比专家 A 好？

如果让每个尝葡萄酒猜测的年份与其他所有猜测是独立的，不妨将其假设为二项式过程。此时需要予以关注的是一个专家猜对的概率是否比另一个大。假设专家 A 成功真实概率的不确定性为 Beta（12，10），专家 B 为 Beta（15，7）。如图 8.16 中所示的模型：随机地从这两个分布中抽样，如果专家 B 的分布比专家 A 的分布有大的值，单元格 C5 就返回 a1。在这个单元格中运行一个模拟，平均结果等于专家 B 产生高于专家 A 的分布的时间百分比，因此，这表示在此次练习中专家 B 确实是更好的。在这样的情况下置信度为 83%。◆

	A	B	C	D
1				
2			猜中的概率	
3		专家 A	51.40%	
4		专家 B	75.88%	
5		B 更好	1	
6				
7		公式表		
8		C3	=Beta(12,10)	
9		C4	=Beta(15,7)	
10		C5(结果)	=IF(C4 > C3,1,0)	
11				

图 8.16　例 8.2 的模型

例 8.3　运气

抛掷一枚硬币 10 次，获得的正面朝上的最大次数的分布是什么？

这种情形如图 8.17 所示。◆

例 8.4　选择测验

一份选择测验有 50 个问题，每个问题都有 3 个选项。一个学生从这 50 分中得了 21 分。(a) 如果该学生对该门课一无所知，那么他获得该得分或高于该得分的概率为多少？(b) 评估该学生实际知道多少问题的答案。

(a) 该学生对问题一无所知时，每个问题答对的概率为 1/3，他或她得分的可能将遵循二项分布 Binomial（50，1/3）。该学生可能得到 21/50 或者更高分的概率＝1－BINOMDIST（20，50，1/3，1），即（1－得分小于等于 20 的概率）。

(b) 这是一个贝叶斯问题，图 8.18 用平直先验和二项式似然函数说明了贝叶斯推理的电子数据表。嵌入的图表显示了该学生确实知道答案的问题数的后验分布。◆

	A	B	C	D	E
1					
2			结果	推理	
3		1 次投掷	0	0	
4		2 次投掷	1	1	
5		3 次投掷	1	2	
6		4 次投掷	1	3	
7		5 次投掷	0	0	
8		6 次投掷	1	1	
9		7 次投掷	0	0	
10		8 次投掷	1	1	
11		9 次投掷	0	0	
12		10 次投掷	0	0	
13					
14		最大连续正面次数		3	
15					
16		公式表			
17		C3:C12	=Binomial(1,0.5)		
18		D3	=IF(C3=1,1,0)		
19		D4:D12	=IF(C4=1,D3+1,0)		
20		D14(结果)	=MAX(D3:D12)		
21					

图 8.17　例 8.3 的模型

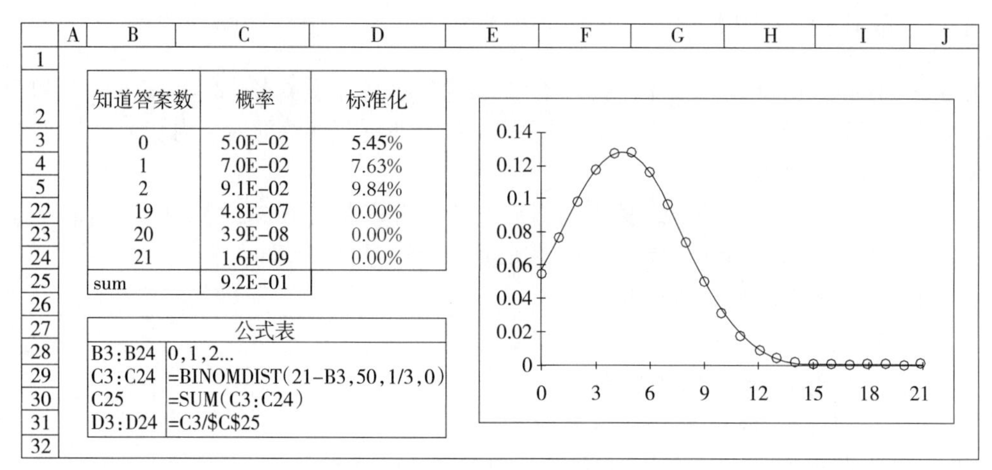

知道答案数	概率	标准化
0	5.0E-02	5.45%
1	7.0E-02	7.63%
2	9.1E-02	9.84%
19	4.8E-07	0.00%
20	3.9E-08	0.00%
21	1.6E-09	0.00%
sum	9.2E-01	

公式表	
B3:B24	0,1,2...
C3:C24	=BINOMDIST(21-B3,50,1/3,0)
C25	=SUM(C3:C24)
D3:D24	=C3/$C$25

图 8.18 例 8.4（b）的模型

8.9.2 泊松过程问题

除下面的问题外，下面例子中出现的泊松过程还贯穿在本书的 9.2.2 和 9.3.2 的例子，以及例 9.6、例 9.11 之中。

例 8.5 保险问题

某公司提供航空保险，每月的坠机率为 0.23，每次坠机花费 Lognormal（120，52）百万美元。(a) 该公司在下个 5 年支出的分布是什么？(b) 如果以 5%的无风险利率贴现，负债值的分布是什么？

(a) 部分的解决方案如图 8.19 的电子数据表模型所示，应用了 Excel 的查找函数 VLOOKUP。(b) 部分需要知道每次事故发生的时间，应用了指数分布。方案如图 8.20 所示。◆

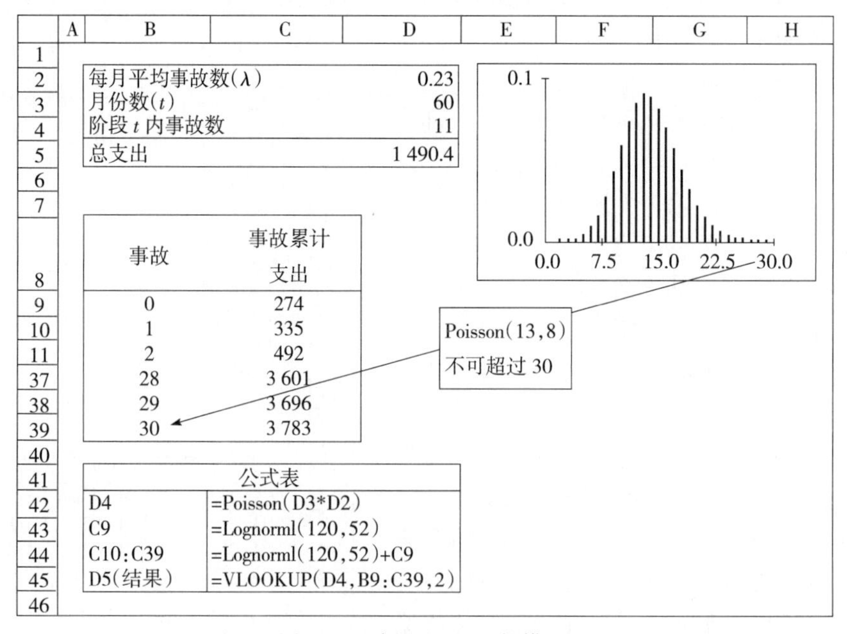

每月平均事故数(λ)	0.23
月份数(t)	60
阶段 t 内事故数	11
总支出	1 490.4

事故	事故累计支出
0	274
1	335
2	492
28	3 601
29	3 696
30	3 783

公式表	
D4	=Poisson(D3*D2)
C9	=Lognorml(120,52)
C10:C39	=Lognorml(120,52)+C9
D5(结果)	=VLOOKUP(D4,B9:C39,2)

图 8.19 例 8.5（a）的模型

	A	B	C	D	E
1					
2		月平均事故数(λ)		0.23	
3		月份数(t)		60	
4		无风险比例		5%	
5		总支出($M)		1 244.9	
6					
7					
8		事故次数(月)	事故支出($M)	调低后支出($M)	
9		5.105	158	154.69	
10		7.270	115	111.85	
11		13.338	63	59.93	
37		102.497	0	0.00	
38		105.567	0	0.00	
39		113.070	0	0.00	
40					

公式表	
B9	=Expon(1/$D$2)
B10:B39	=Expon(1/$D$2)+B9
C9:C39	=IF(B9 > $D$3,0,Lognorml(120,52))
D9:D39	=C9/((1+$D$4)^(B9/12))
D5(结果)	=SUM(D9:D39)

图 8.20　例 8.5（b）的模型

例 8.6　雨水入桶问题

在雨季，雨水以每秒每平方米 270 滴的速率下落，每个雨滴包括了 1mL 水。如果在雨中放一个高 1m 半径 0.3m 的圆桶，圆桶积满水需要多长时间？

该问题的解决方案如图 8.21 的电子数据表所示。◆

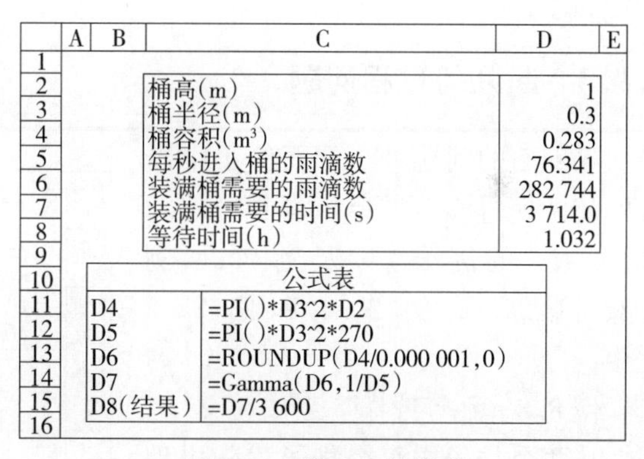

	C	D
2	桶高(m)	1
3	桶半径(m)	0.3
4	桶容积(m^3)	0.283
5	每秒进入桶的雨滴数	76.341
6	装满桶需要的雨滴数	282 744
7	装满桶需要的时间(s)	3 714.0
8	等待时间(h)	1.032

公式表	
D4	=PI()*D3^2*D2
D5	=PI()*D3^2*270
D6	=ROUNDUP(D4/0.000 001,0)
D7	=Gamma(D6,1/D5)
D8(结果)	=D7/3 600

图 8.21　例 8.6 的模型

例 8.7　设备可靠性

一块电子装置由 A 到 F 六个部件，它们故障间平均时间（mean time between failures，MTBF）如表 8.4 所示，这些部件通过如图 8.22 所示的串联和并联连接。机器在 259h 内出现故障的概率是多少？

表 8.4　电子设备部件故障间平均时间（h）

部件	故障间平均时间（h）
A	332
B	459
C	412
D	188
E	299
F	1 234

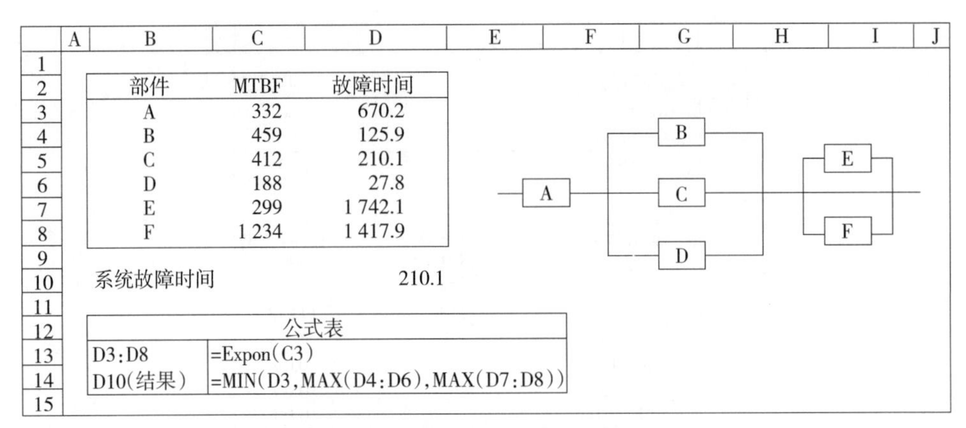

部件	MTBF	故障时间
A	332	670.2
B	459	125.9
C	412	210.1
D	188	27.8
E	299	1 742.1
F	1 234	1 417.9

系统故障时间 210.1

公式表	
D3:D8	=Expon(C3)
D10(结果)	=MIN(D3,MAX(D4:D6),MAX(D7:D8))

图 8.22 例 8.7 的模型

首先假设部件在每个单位时间出现故障的概率为定值，即它们出现故障的时间呈指数分布，MTBF（故障间平均时间）图暗示其为合理的假设。这个问题属于工程的可靠性问题，串联部件中只要这个串联中的任何一个部件发生故障，整个机器就会发生故障。对于并联部件，当所有的部件发生故障时机器才会发生故障。因此，在图 8.22 中，如果 A 故障，或 B、C 和 D 全故障，或 E 和 F 全故障时，机器将会出现故障。图 8.22 也给出了模拟故障时间的电子数据表。在单元格 D10 运行模 10 000 次迭代，得到输出分布，其中 63.5%的试验是少于 250h。

8.9.3 超几何过程问题

除下面的问题外，下面例子中出现的超几何过程也贯穿在本书 22.4.2 和 22.4.4 的例子，以及例 9.2、例 9.3、例 22.4、例 22.6 和例 22.8 之中。

例 8.8 平等选择

从两个袋子中每个袋子里随机地选出 10 个名字。第一个袋子里包括了 15 个男性的名字和 22 个女性名字，第二个袋子里包括了 12 个男性名字和 15 个女性名字。(a) 在两次选择中男性名字比例相同的概率是多少？(b) 如果有相同的比例，那么在此之前从这些袋子中已经进行了多少次抽样？

(a) 这个问题可以通过数学运算或模拟来解决。图 8.23 给出了数学运算过程，图 8.24 给出了模拟模型，其中要求的概率是输出结果的均数。

	袋子 1	袋子 2
n(样本大小)	10	10
D(男士)	15	12
M(男士和女士)	37	27

	概率		
样本中男士	袋子 1	袋子 2	两者
0	0.19%	0.04%	0.00%
1	2.14%	0.71%	0.02%
2	9.64%	5.03%	0.49%
3	22.28%	16.78%	3.74%
4	29.24%	29.37%	8.59%
5	22.70%	28.19%	6.40%
6	10.51%	14.95%	1.57%
7	2.84%	4.27%	0.12%
8	0.43%	0.62%	0.00%
9	0.03%	0.04%	0.00%
10	0.00%	0.00%	0.00%
每个袋子得到相同比例的总概率			20.93%

公式表	
C9:D19	=HYPGEOMDIST($B9,C$3,C$4,C$5)
E9:E19	=C9*D9
E20(结果)	=SUM(E9:E19)

图 8.23 例 8.8 的数学模型

（b）每次试验彼此之间都是独立的，因此当前成功的试验次数＝1＋NegBin（1，p）＝1＋Geometric（p），其中 p 是从（a）部分计算出的概率。◆

	A	B	C	D	E
1					
2			袋子 1	袋子 2	
3		n(样本大小)	10	10	
4		D(男士)	15	12	
5		M(男士和女士)	37	27	
6					
7		从袋子中拿到的男士数	4	4	
8		概率标记	1		
9					
10		公式表			
11		C7:D7	=Hypergeo(C3,C4,C5)		
12		C8(结果-p=o/p 均值)	=IF(C7=D7,1,0)		
13					

图 8.24　例 8.8 的模拟模型

例 8.9　游戏纸牌

在一副包括王牌的洗好的纸牌中，为了看到一张红桃需要翻看多少张牌？

牌有 54（＝M）张，其中有 13（＝D）张红桃，寻找一张红桃 s＝1。必须翻看的牌数由公式 1＋InvHyp（1，13，54）给出，即图 8.25 所示的分布。◆

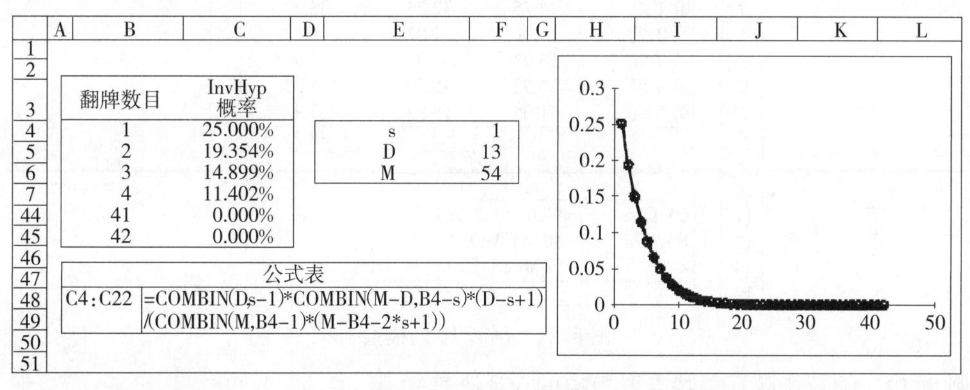

图 8.25　例 8.9 的模型

例 8.10　故障轮胎

由于轮胎制造商的失误，一批有毛病的轮胎中的 4 个与其他 20 个完好的轮胎混合在了一起，测试轮胎有故障即刻销毁。如果每个轮胎花费 75 美元，如果每次只能测试一个轮胎，直到 4 个故障轮胎都被找出，此次错误将会花费多少钱？

该问题的解答如图 8.26 的电子数据表模型所示。◆

8.9.4　更新和混合过程问题

除下面的问题外，在例 12.8 和 12.9 也涉及更新和混合问题。

例 8.11　电池

某种品牌的电池在某 CD 播放器中可以持续 Weibull（2，27）h，播放器每次需要 2 块电池。有 10 块电池，当 1 块电池耗尽时 2 块电池都换掉，该 CD 播放器可以运行多长时间？

	A	B	C	D	E	F	G
1							
2							
3		可能测试轮胎数	InvHyp 概率				
4		0	0.014%				
5		1	0.055%		s	4	
6		2	0.137%		D	4	
7		3	0.273%		M	22	
8		4	0.478%				
20		16	13.247%				
21		17	15.584%		实际测试轮胎数	21	
22		18	18.182%		总支出	1 575	
23							
24		公式表					
25		C4:C22	=COMBIN(D,s-1)*COMBIN(M-D,B4*(D-s+1)				
26			/(COMBIN(M,B4+s-1)*(M-B4-s+1))				
27		F21	=D+Discrete(B4:B22,C4:C22)				
28		F22(结果)	=F21*75				
29							

图 8.26 例 8.10 的模型

该问题的解答如图 8.27 的电子数据表模型所示。◆

	A	B	C	D	E	F
1						
2			电池 1	电池 2	播放时间	
3		第 1 组	44.75	32.23	32.23	
4		第 2 组	17.00	1.82	1.82	
5		第 3 组	13.93	3.06	3.06	
6		第 4 组	35.32	45.50	35.32	
7		第 5 组	51.05	15.93	15.93	
8				合计	88.36	
9						
10		公式表				
11		C3:C7	=Weibull(2,27)			
12		E3:E7	=MIN(C3:D3)			
13		E8(结果)	=SUM(E3:E7)			
14						

图 8.27 例 8.11 的模型

例 8.12 银行排队（蒙特卡罗模拟的 VB 语言）

某邮局有个柜台，客户对其认可度不足。邮局正考虑引进另一个柜台，并希望模拟在任何时候排队人数最多的效果。每个工作日柜台营业时间为 9:00am 到 5:00pm，过去的数据表明，当在 9:00am 开门时，等着进来的客户数如表 8.5 中所示。客户一天中以每 12min 1 个人的恒定速率到达邮局。服务每位客户需要的时间为对数正态分布 Lognormal（29，23）min，一天中的最大排队人数为多少？

这个问题的模拟周期为一天，监测每个周期中的最大排队人数并重复模拟。然后构建最大排队人数的分布，该问题的解决方案如图 8.28 和图 8.29 及如下的程序，该程序在模型的每次重复中执行了一个称做“主程序”的循环 VB 宏指令。虽然问题简单，但这是一个先进的技术，其拓展性较为深广。例如，可以把每天客户到达的速率变成一个函数，从而引进更多的柜台，监控除了最大排队人数之外的其他统计学参数，如任何一个人等待的最长时间，或柜台后的工作人员的空闲时间。

表 8.5　每个工作日初始的客户等待量历史数据

人数	概率
0	0.6
1	0.2
2	0.1
3	0.05
4	0.035
5	0.015

	A	B	C	D	E	F	G
1							
2		输入					
3		平均间隔时间(min)	12				
4		平均服务时间	29				
5		服务时间标准差	23				
6							
7		模型					
8		排队人数	12				
9		一天时间(从 00:00:00 开始)	1 037.92				
10			顾客	到达时间	服务时间	结束时间	
11		最近在柜台 1 的顾客	0	997.24	40.68	1 037.92	
12		最近在柜台 2 的顾客	0	1 006.16	36.58	1 042.74	
13							
14		输出					
15		服务的总人数	35				
16		排队最多的人数	18				
17							
18		公式表					
19		C8:C9,C11:E12,C15:C16	微机更新值				
20		F11:F12	=E11+D11				
21							

图 8.28　例 8.12 模型的“模型”表

	A	B	C	D
1	标签	随机变量		
2	顾客服务时间(min)	7.86		
3				
4	服务时到来的顾客	2		
5				
6	下一个顾客等待的时间	57.03		
7				
8	上午 9:00 在等待的顾客	0		
9				
10	最后一步的时间	31.76		
11				
12	公式表			
13	B2	=Lognorm(Moddll$C$4,Modell$C$5)		
14	B4	=IF(B10=0,0,Poisson(B10/ModellC3))		
15	B6	=Expon(ModellC3)		
16	B9	=Discrete({0,1,2,3,4,5},{0.6,0.2,0.1,0.05,0.035,0.015})		
17	B10	微机更新值		
18				

图 8.29　例 8.12 模型的“变量”表

例 8.12 银行排队蒙特卡罗模拟的 VB 宏程序

```
'Set model variables
Dim modelWS As Object
Dim variableWS As Object
Sub Main_Program()
Set modelWS = Workbooks("queue_model_test.xls").Worksheets("model")
Set variableWS = Workbooks("queue_model_test.xls").Worksheets("variables")
'Reset the model with the starting values
  modelWS.Range("c9").Value = 9 * 60
   modelWS.Range("C15,C11:E12").Value = 0
   modelWS.Range("c8") = variableWS.Range("b8").Value
   Application.Calculate
   modelWS.Range("c16") = modelWS.Range("c8").Value
 'Start serving customers
   Serve_First_Customer
   Serve_Next_Customer
 End Sub
 Sub Serve_First_Customer()
 'Serve at counter 1 if 0 ppl in queue
 If modelWS.Range("c8") = 0 Then
   modelWS.Range("c9") = modelWS.Range("c9").Value + variableWS.
     Range("b6").Value
   modelWS.Range("c8") = 1
   Application.Calculate
   'MsgBox ~wait 1"
   Routine_A
 End If
 'Serve at counter 1 if 1 person in queue
 If modelWS.Range("c8") = 1 Then
   Routine_A
 End If
 'Serve at counter 1 and 2 if 2 or more ppl in queue
 If modelWS.Range("c8") > = 2 Then
   Routine_A
   Routine_B
 End If
 End Sub
 Sub Serve_Next_Customer()
 'Calculate the new time of day
 variableWS.Range("b10") = Evaluate(" = Max(Model!C9,Min(model!F11,model!F12))- Model!C9")
 modelWS.Range("c8") = modelWS.Range("c8").Value + variableWS.Range("B4"). Value
 'Calculate the maximum number of people left in queue
 modelWS.Range("C16") = Evaluate(" = max(model!c16,model!c8)")
 Application.Calculate
 modelWS.Range("c9") = modelWS.Range("c9").Value + variableWS.Range("B10"). Value
 Application.Calculate
 'MsgBox  wait 3"
 'Check how many ppl are in queue
 If modelWS.Range("c8") = 0 Then
   modelWS.Range("c9") = modelWS.Range("c9").Value + variableWS.
     Range("b6").Value
   modelWS.Range("c8") = 1
 End If
   Application.Calculate
 If modelWS.Range("c9") > 1020 Then Exit Sub
 If modelWS.Range("f11") < = modelWS.Range("f12") Then
   Routine_A
 Else
   Routine_B
 End If
```

```
  Application.Calculate
  Serve_Next_Customer
End Sub
'Next customer for counter 1
Sub Routine_A()
  modelWS.Range("c11") = 1
  modelWS.Range("D11") = modelWS.Range("c9").Value
  Application.Calculate
  modelWS.Range("e11") = variableWS.Range("B2").Value
  modelWS.Range("c15") = modelWS.Range("c15").Value + 1
  modelWS.Range("c8") = modelWS.Range("c8").Value - 1
  modelWS.Range("C11") = 0
  Application.Calculate
End Sub
'Next customer for counter 2
Sub Routine_B()
  modelWS.Range("c12") = 1
  modelWS.Range("d12") = modelWS.Range("c9").Value
  Application.Calculate
  modelWS.Range("e12") = variableWS.Range("B2").Value
  modelWS.Range("c15") = modelWS.Range("c15") + 1
  modelWS.Range("c8") = modelWS.Range("c8") - 1
  modelWS.Range("C12") = 0
  Application.Calculate
End Sub
```

第9章

数据与统计

统计学是概率模型拟合数据的学科。本章讲述了基本的统计学方法，既包括简单的经典统计学方法 z-检验和 t-检验，也包括较为复杂的贝叶斯统计学的基本观点和统计学中的模拟应用——经典统计学的 Bootstrap 法和贝叶斯统计学的 Markov 链蒙特卡罗建模等内容。如果你学过一些统计学，你可能会认为我的做法很矛盾。尽管贝叶斯统计学和经典统计学之间存在哲学上的矛盾，但并不影响我在同一个样本中应用二者。因为经典统计学仍然是一种广泛认可的统计学分析，所以对于某些应用者而言，一个模型中应用这些方法的争议更少一些。但另一方面，贝叶斯统计学可以解决更多的问题。此外，贝叶斯统计学与风险分析模型更加一致，因为需要模拟模型参数的不确定性，这样才能明白不确定性是怎样通过模型影响利润预测能力的，而不仅仅只是引用置信区间。

本章有几点需要特别说明。第一个关键点是统计学很主观。拟合数据模型的选择是高度主观的决定，甚至是最健全的统计学检验，如 z-检验、t-检验、F-检验、卡方检验和回归模型，都主观假定所研究变量服从正态分布，但实际很少有接近情况。这些检验方法很古老，大约有一百年历史了。这些方法之所以应用得如此之多，是因为可以把许多基本问题重新构建为这些检验的一种形式，然后通过已公布的表格来查询置信度值。不能也不应该再应用这些表格了。它们不是很准确，像 Excel 这样的基本软件都能直接给出答案。奇怪的是，统计学课本中仍然印着这样的表格。

第二个关键点是统计学没必要成为黑匣子。如果对概率模型有一些理解，那么统计学就变得很容易。

第三个关键点是统计学里面的创新思维空间很充足。如果想模拟某个问题，那么就可以很容易地找到正确的检验方法。大部分现实生活中的问题对于归一化的统计学检测来说太复杂了。

第四个关键点是统计学和概率模型之间的关系密切。理解了概率理论才能理解统计学，所以要先学习概率论。

最后一点是统计学乐趣无穷而且益处多。来我们课题组的人很少有对统计学很感兴趣的人，这不能怪他们，但我相信他们最终会改变主意。我在读研究生的时候学习了数学和物理，对统计学没什么特别的兴趣，觉得它乏味无聊。我学到的统计学就是一系列的规则和公式，那些解释都超出了我们的理解范围（当时我们正在学习广义相对论，量子电动力学等）。

本书前面，我已讨论过区别不确定性（认知不确定性）和变异性（随机不确定性）的重要性。本章介绍了很多能够定量描述参数模型不确定性（认知不确定性）的方法。不确定性是风险分析的功能，因为它是风险分析员对自己的模型参数认知程度的一种描述。

定量风险分析模型是对现实世界变异性（随机性）的模拟。然而，如果不能透彻理解建立模型的参数，就必须通过数据来估计这些参数的值。虽然数据量是有限的，概率模型仍然需要去除那些存在的不确定性。本章将讨论如何决定这些参数的不确定性分布。

假定分析者以某种方式收集了 n 个数据点，$X=\{x_1, x_2, \cdots, x_n\}$，这些数据是通过某种随机方式从随机样本中抽取的。如果这些数据与概率模型参数有关，通过对本章的学习能够确定其不确定性水平。

下面列出一些简单的专用术语：

- 真值未知源分布的统计学参数估计值上面需加一顶帽子，如 β 可表示为 $\hat{\beta}$。
- 数据集 X 的样本均数表示为 $\bar{x}$，即 $\bar{x}=\frac{1}{n}\sum_{i=1}^{n}x_i$。
- 数据集 X 的简单（无偏）标准差表示为 s，即 $s=\sqrt{\frac{\sum_{i=1}^{n}(x_i-\bar{x})^2}{n-1}}$。
- 总体分布的均数和标准差分别用 μ 和 σ 表示。

9.1 经典统计学

我们都知道（或者至少记得老师教过）的经典统计学方法有 z-检验、t-检验和卡方检验。如果有一些随机抽样数据，通过这些方法可以估计随机变量的均数和方差等。本书提供一些相当简单的方法来理解这些统计学检验，但首先要解释清楚这些检验的标准形式对于风险分析员来说不够好的原因。典型的 t-检验结果是，均数真值为 9.63 的 95%置信区间为（9.32，9.94），意思是有 95%的把握认为均数真值在 9.32 和 9.94 之间，这不是说均数有 95%的概率在这两个数据之间——均数或许在、或许不在，这个结果描述“我们”（数据拥有者，即它是主观的）对这个均数有多少了解。作风险分析时，模型里面可能会有一些这样的参数，不妨假设有三个这样的参数 A、B 和 C，这三个参数从不同的数据集估计而来，而且都是最佳估计值和 95%置信限，模型是 $A*B$^（$1/C$）。能把这些数据结合起来估计不确定性吗？答案是不能。然而，如果把这些估计值转换成分布，就可以完成蒙特卡罗模拟，并获取决策者需要的任何置信水平或者百分比的答案。因此，必须把这些经典的检验转换成不确定性分布。

上述经典统计学检验基于两条基本的统计学原则：

1. 核心方法。要求重新整理出一个公式，这样才能保证所估计的参数不受随机变量的影响。

2. 数据足够。意味着数据样本要包含与参数估计相关数据的全部信息。

这些观点用来解释上述检验方法及它们如何转换成不确定性分布。

9.1.1 z-检验

z-检验能确定标准差已知的正态分布的总体均数的最佳估计值和置信区间。由于均数一般比标准差更基础，因此这种情况一般不经常存在，但确实会发生。例如，当重复某种测量达到一定数量时（像房间的长度、横梁的重量）就会发生上述情形。这种情况下，随机变量不只是房间的长度等，但我们将得到这些结果。看看那些科学测量工具的指导手册，其中会告诉准确度（例如，$\pm$1mm）。遗憾的是，制造商们通常没有说明怎么理解这些值——误差 1mm 的测量值是在 68%（1 个标准差）还是在 95%（2 个标准差）范围内？如果工具使用指南告诉我们测量误差的标准差是 1mm，那就可以用 z-检验计算。

如果测量 n 次，样本均数计算公式是：

$$\bar{x} = \frac{1}{n}\sum_{i=1}^{n} x_i$$

$\bar{x}$ 是充分统计量（sufficient statistic），如果服从均数为 μ、标准差为 σ 的正态分布，那么：

$$\bar{x} = \frac{1}{n}\sum_{i=1}^{n} N(\mu,\sigma) = \frac{1}{n}N(n\mu,\sigma\sqrt{n}) = N(0,1)\frac{\sigma}{\sqrt{n}} + \mu$$

记住如何设法重组公式，把正态分布 N（0，1）的随机因素从所要估计的参数中分离。应用枢轴法重组公式，使 μ 变得更清晰：

$$\mu = N(0,1)\frac{\sigma}{\sqrt{n}} + \bar{x} = N\left(\bar{x},\frac{\sigma}{\sqrt{n}}\right) \tag{9.1}$$

在 z-检验中需要指定置信区间，不妨设为 95%，然后查 N（0，1）分布 2.5%～97.5%（即 95%为中心值）的 z-值表，分别是－1.959 96 和＋1.959 96[①]。那么：

$$\mu_{\mathrm{L}} = -1.95996\frac{\sigma}{\sqrt{n}} + \bar{x}$$

$$\mu_{\mathrm{H}} = 1.95996\frac{\sigma}{\sqrt{n}} + \bar{x}$$

可以分别算出上、下界值。但在风险分析模拟中可以直接用：

$$\mu = \mathrm{VoseNormal}\left(\bar{x},\frac{\sigma}{\sqrt{n}}\right)$$

9.1.2 卡方检验

卡方（chi-square，χ^2）检验用以确定正态分布总体的标准差的最佳估计值和置信区间。χ^2 检验需要区分均数 μ 已知或未知两种情况，均数已知这种情形不常见，但有时也会发生，如用已知的标准校准一种测量方法时就会发生。在这种情况下，样本方差的公式为：

$$V_s = \frac{1}{n}\sum_{i=1}^{n}(x_i - \mu)^2$$

该例中的样本方差是总体方差的充分统计量，改为枢轴量：

$$V_s = \frac{\sigma^2}{n}\sum_{i=1}^{n}\mathrm{N}(0,1)^2$$

然而，n 个单位的正态分布的平方和就是卡方分布的定义。改写公式可得：

$$\sigma^2 = \frac{nV_s}{\chi^2(n)} \tag{9.2}$$

χ^2（n）分布的均数为 n，所以这个公式就是简单地乘以均数为 1 的随机变量的样本方

---

① 应用 ModelRisk 中的 VoseNormal（0，1，0.025）和 VoseNormal（0，1，0.975）函数，或 EXCEL 中的＝NORMSINV（0.025）和＝NORMSINV（0.975）函数可以获得这些值。

差。将卡方分布的第 2.5 和 97.5 百分位数[①]代入上述公式，例如自由度为 10 的百分位数分布是 3.247 和 20.483，可以得到与卡方上、下界值对应的随机变量上、下界值为：

$$\sigma_{\mathrm{L}}^2=\frac{nV_s}{20.483}$$

$$\sigma_{\mathrm{H}}^2=\frac{nV_s}{3.247}$$

在风险分析模型中，用：

$$\sigma=\sqrt{\frac{nV_s}{\mathrm{VoseChiSq}(n)}}$$

作为公式（9.2）中 σ 的模拟值。

当总体均数未知时，我们可以用一个不同的公式来表示样本方差：

$$V_s=\frac{1}{n-1}\sum_{i=1}^{n}(x_i-\bar{x})^2$$

然而，对于正态分布来讲：

$$\sum_{i=1}^{n}(x_i-\bar{x})^2=\sum_{i=1}^{n-1}(x_i-\mu)^2=\sigma^2\sum_{i=1}^{n-1}\mathrm{N}(0,1)^2=\sigma^2\chi^2(n-1)$$

整理可得：

$$\sigma=\sqrt{\frac{(n-1)V_s}{\mathrm{VoseChiSq}(n-1)}} \tag{9.3}$$

9.1.3 t-检验

通过 t-检验能够确定标准差未知的正态分布的总体均数最佳估计值和置信区间。由公式（9.1）可得：

$$\mu=\mathrm{N}(0,1)\frac{\sigma}{\sqrt{n}}+\bar{x}$$

当总体方差已知、均数未知时，通过公式（9.2）可以获取方差估计值，重新排列得到：

$$\sigma^2=\frac{(n-1)V_s}{\chi^2(n-1)}$$

代入 σ 后，有：

$$\mu=\mathrm{N}(0,1)\sqrt{\frac{(n-1)}{x^2(n-1)}\frac{V_s}{n}}+\bar{x}$$

学生 Student（ν）分布是均数为 0，方差为随机变量 ν/ChiSq（ν）的正态分布，所以有：

$$\mu=\mathrm{N}(0,1)\sqrt{\frac{(n-1)}{\chi^2(n-1)}\frac{V_s}{n}}+\bar{x}$$

$$=\mathrm{N}\left(0,\sqrt{\frac{(n-1)}{\chi^2(n-1)}}\right)\frac{V_s}{n}+\bar{x}$$

---

① 分别应用 ModelRisk 中的 VoseChiSq（n，0.025）和 VoseChiSq（n，0.975）函数，或 EXCEL 中的=CHINV（0.975，n）和=CHINV（0.025，n）函数可以获得这些值。

$$= \text{VoseStudent}(n-1)\frac{V_s}{n}+\bar{x} \tag{9.4}$$

t-分布就是具有随机方差的标准正态分布，这就解释了为什么 t（ν）分布的尾巴比正态分布更长。t（ν）分布的方差为 $\nu/$（$\upsilon-2$），$\nu>2$。所以 $\nu=3$ 时方差为 3，此时分布曲线陡然递减，所以，当 $\nu=30$ 时，方差为 1.07（标准差是 1.035），$\nu=50$ 时候标准差是 1.02。实际情况是，当有 50 个数据时，不管用 t-检验（公式 9.4）还是 z-检验（公式 9.1），样本方差代替 σ^2 置信区间范围仅有 2%的差异。

9.1.4 估算二项概率和比例

在许多问题中都需要确定二项概率（例如，一年中某周发洪水的概率）或者比例（一定允许程度的各部分比例）。估算这两个值时需要收集数据，每个测量值都是相关属性概率为 p 的随机变量。如果所有的测量方法都是相互独立的，测量值具有相关属性，就为这个测量值分配 1；如果不具有相关属性，就为该测量值分配 0。那么这些测量就可以看成是一系列的伯努利试验。如果用 p 来表示这一系列试验 $\{X_i\}$ 中 n 个比例值的随机变量，会得到这样一个分布：

$$\hat{p}=\frac{\text{Binomial}(n,p)}{n} \tag{9.5}$$

通过观察这 n 次试验的比例获取 $\hat{p}$，它是随机变量 p 的一次观察值，也是 p 的最大似然估计值（MLE，详见后面叙述）和无偏估计值。转变公式（9.5），获取对真值 p 的不确定性分布：

$$p=\frac{\text{Binomial}(n,\hat{p})}{n} \tag{9.6}$$

稍后解释它为什么与二项概率估计的非参数和参数 Bootstrap 估计恰好相同。公式（9.6）有些不适用，因为它只能包含 p 的（$n+1$）个离散值，即 $\{0, 1/n, 2/n, \cdots, (n-1)/n, 1\}$，然而 p 值的不确定性需要考虑 0～1 的所有实数。二项分布 Binomial（n，$\hat{p}$）的均数和标准差为：

$$\mu = n\hat{p}$$
$$\sigma=\sqrt{n\hat{p}(1-\hat{p})}$$

由中心极限定理可知，当 n 很大时，观测值 p 的比例将会趋向于正态分布，这种情况下公式（9.6）可被改写成：

$$p\approx \text{Normal}(0,1) * \sqrt{\frac{\hat{p}(1-\hat{p})}{n}}+\hat{p} \tag{9.7}$$

公式（9.6）说明什么是“确切的二项置信区间”，这是个不易理解的名字，因为它表明 p 的真值所在区域的最低置信度边界。这种方法不常用，另外一种经典统计学方法可构造一种累积不确定性分布，这种方法更有效一些。

观察 n 次试验有 s 次成功，概率真值小于某 x 值的置信度为：

$$P(Y>s;n,x)+0.5 * P(Y=s;n,x)$$

这里 $Y=$Binomial（n，x），用 Excel 可写成：

=1−BINOMDIST（s，n，x，1）+0.5 * BINOMDIST（s，n，x，0）

通过使 x 值从 0 到 1 变化，可以得到累积置信度。例如，图 9.1 给出了 $n=10$ 的情形。

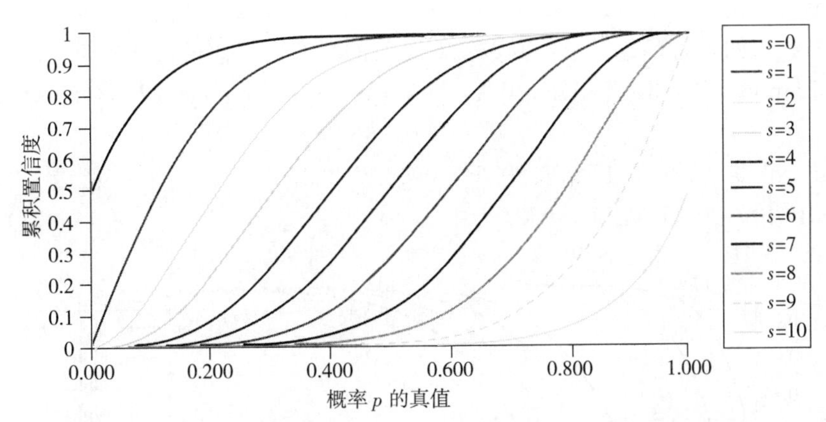

图 9.1 $n=10$ 和不同成功次数 s 对应的 p 估计值的累积分布

这是一个有趣的方法，观察 $s=0$ 的情况：从 $p=0$ 时累积分布为 50%开始，即试验没有一次成功情况下，有 50%相信完全不存在二项过程——试验不可能得到成功；剩下的 50%相信成功次数分布在 $p=$（0，1）。$s=n$ 时具有相反逻辑。ModelRisk 软件有一个函数 VoseBinomialP（s，n，ProcessExists，U），代入成功次数 s 和试验次数 n，在 $s=0$ 或者 $s=n$ 的情况下，可以指定是否知道概率是在（0，1）范围内的选项（ProcessExists＝TRUE）。通过 U-参数可以指定具体的累积百分位数，如果省略这一步，函数就对 p 值的所有可能值进行随机模拟。例如：

VoseBinomialP（10，20，TRUE，0.99）＝VoseBinomialP（10，20，FALSE，0.99）＝0.746 05

VoseBinomialP（0，20，TRUE，0.99）＝0.025 22 （假设 p 不可能为 0）

VoseBinomialP（0，20，FALSE，0.4）＝0 （p 可以为 0）

9.1.5 估算泊松强度

在泊松过程中，可数事件比如地震、金融风暴、车祸、疫病暴发和旅客到达人数等，在一定时间和空间上随机发生，需要估算这些事件发生的基本比率 λ。例如，一个拥有500 000人口的城市去年可能有 α 名杀人犯，α 可能很高也可能很低。因此，需要知道“每年的风险是有 α 名杀人犯”这句话的准确程度。通过 9.1.4 描述的类似经典统计学方法可以得到：

$$\hat{\lambda}=\frac{\text{Poisson}(\alpha)}{1}$$

其中，1 代表一年。

可以看出泊松分布 Poisson（α）的均数和方差都为 α，当 α 很大时泊松分布趋于正态：

$$\hat{\lambda}=\frac{\text{Normal}(\alpha,\sqrt{\alpha})}{1}$$

这种方法遇到了和二项分布同样的问题：如果这一年并未发现杀人犯，那么公式就不适用了。经典统计学可构建累积置信度分布如下：

$$=1-\text{POISSON}(\alpha,1,1)+0.5*\text{POISSON}(\alpha,1,0)$$

图 9.2 显示了由这个公式构建的累积分布的一些例子，在 ModelRisk 的函数 VosePoissonLambda（α，t，ProcessExists，U）中可以输入计数值 α 和观测时间 t，在 $\alpha=0$ 的时

候，可以指定密度是否非零（ProcessExists=TRUE）的选项。通过 U-参数可以指定具体的累积百分位数，如果省略这一步，函数就对 λ 值的所有可能值进行随机模拟。例如：

VosePoissonLambda（2，3，TRUE，0.2）=VosePoissonLambda（2，3，FALSE，0.4）
=0.366 34

VosePoissonLambda（0，3，TRUE，0.2）=0.203 324　　（假设 λ 不可能为 0）

VoseBinomialP（0，20，FALSE，0.2）=0　　（λ 可以为 0）

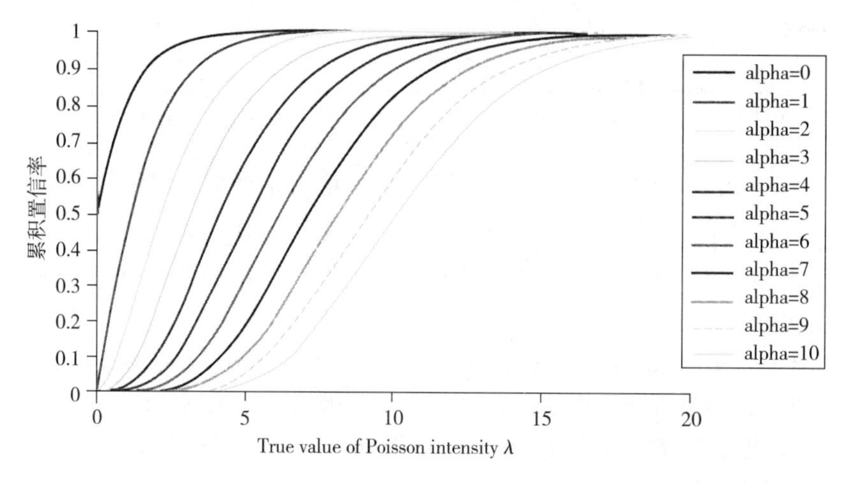

图 9.2　观测次数 α 变化时 λ 估计值的累积分布变化情况

9.2　贝叶斯推断

20 世纪下半叶，贝叶斯方法使统计学增添了新的活力，但是人们对贝叶斯定理在科学界的地位的认同存在一些分歧。许多科学家，特别是许多受过经典教育的科学家，认为科学应该是客观的，而不是任何依据于主观信念构建的方法。当然，关于这一点存在很多争论。实验设计在开始阶段是主观的；经典统计学局限于必须做出某种假设（例如：误差或总体服从正态分布），科学家们必须用自己的判断来决定这个假定的条件是否充分；另外，在统计学分析之后，经常会面临着通过（很主观）选择一种显著性水准（p 值），来拒绝或不拒绝一种假设。

对于一个风险分析者来说，主观性是生活的一个事实。构建的每个模型都只是对真实世界的近似模拟。关于结构的决策、风险分析家的模型可接受的精确度都是很主观的。更有甚者，风险分析者必须对很多模型输入量进行主观估计，常常没有任何数据支持他们。

由贝叶斯定理（有时也称贝叶斯公式）进行贝叶斯推断，是用数据去完善人们对参数的估计的非常有用的技术。包括三个基本步骤：①以置信度分布的形式来确定一个参数的预先估计值；②为观测值找到一个合适的似然函数；③将先验分布和似然函数相乘来计数参数的后验（即校正）估计值，然后通过标准化确保结果就是置信度的真正分布（即曲线下的面积等于 1）。

这一节的第一部分介绍了一些概念，并且提供了一些简单的例子；第二部分解释了怎么决定先验分布；第三部分密切关注似然函数；第四部分阐释了后验分布的标准化是如何实现的。

9.2.1 简介

贝叶斯推断依赖于贝叶斯定理（见6.3.5），贝叶斯于1763年首次提出了它的逻辑思想。贝叶斯定理如下：

$$P(A_i \mid B) = \frac{P(B \mid A_i)P(A_i)}{\sum_{j=1}^{n} P(B \mid A_j)P(A_j)}$$

为了解释贝叶斯推断，需要把这个公式的符号换成贝叶斯领域里经常应用的符号：

$$f(\theta \mid x) = \frac{\pi(\theta)l(x \mid \theta)}{\int \pi(\theta)l(x \mid \theta)\mathrm{d}\theta} \tag{9.8}$$

贝叶斯推断应用数学方法描述了学习过程。学习过程从一个主观认识起点开始，这个认识不管有多含糊，随着证据增多，它就会逐渐变得清晰起来。公式（9.8）的各组成部分是：

- π（θ）——先验分布。π（θ）是在获取观测数据 x 之前对参数值 θ 作出预先估计的密度函数。换句话讲，π（θ）不是 θ 的概率分布，而是一个不确定性分布：它是在收集数据 x 之前对 θ 认识的充分描述。
- l（$x \mid \theta$）——似然函数。l（$x \mid \theta$）是给定值 θ 的随机观测数据 x 的计算概率。似然函数的形状体现了数据中包含的信息量。如果包含信息很少的话，就只能构建一般化的似然函数分布，如果包含信息量多，似然函数就会围绕某一个参数值分布。然而，如果似然函数的形状与先验分布相对应，那么似然函数体现的额外信息量就相对较小，后验分布和先验分布就没有很大差别。换句话讲，就是不会从这组数据中了解过多信息。另一方面，如果似然函数的形状与先验分布有很大的差别，就需要通过数据获取更多的信息。
- f（$\theta \mid x$）——后验分布。f（$\theta \mid x$）是在获取了观测数据 x 之后，并且在取得观测值 x 之前，已经存在对 θ 值的观点的基础上，对于 θ 的认知状态的描述。

公式（9.8）的分母只不过是标准化了的后验分布，使其总面积为1。由于分母仅是一个标量值（scalar value），而不是 θ 的函数，就可以把公式（9.8）改写成一种更简单的形式：

$$f(\theta \mid x) \propto \pi(\theta)l(x \mid \theta) \tag{9.9}$$

符号∝表示“趋近于”，所以这个公式表示了以 θ 值为基础进行了评估的后验分布密度函数，如果这个 θ 值是参数的真值，后验分布密度函数是先验分布密度函数在 θ 值上计算结果的比例和观察数据集 x 的似然性（likelihood）。有趣的是，这时贝叶斯推断不是由先验值的绝对值和似然函数获取的，而是由它们的形状得到的。在以公式（9.9）的形式写公式时，会发现最终还是会把这个分布标准化。

贝叶斯推断会令很多人迷惑，举例说明是最简单的理解方式。

例9.1 袋子里面有三枚一加元硬币（loonie，一加元硬币背面有一只潜鸟）。其中两枚是普通硬币。第三枚是加重硬币，着地时有70%的概率正面朝上。不能通过检验把三枚硬币区分开。随机掏出一枚硬币抛掷，正面向上。这枚硬币是加重硬币的概率有多大？

概率这个术语在6.2中已经定义过。那枚硬币是加重硬币的概率要么是0、要么是1，即它要么不是加重的、要么是加重的。由于仅仅应用个人的相关知识，因此这个问题就应该这样来问“抛掷的那枚硬币是加重的置信度有多大?”，掏出硬币并投掷之前，有 1/3 的把握这枚硬币是加重的，有 2/3 的把握这枚硬币不是加重的。硬币状态的先验分布 $\pi(\theta)$ 看起来像图 9.3，即置信度分别是 {2/3，1/3} 的二值离散分布（未加重，加重）。

现在抛掷硬币，正面向上。如果这枚硬币是均匀的，正面向上的概率为 1/2。置信度就是从口袋掏出一枚均匀硬币然后投掷，抛掷一枚硬币（称为事件 A）正面向上的置信度是先验值乘以似然性，即，2/3 * 1/2=1/3。另一方面，也有 1/3 的把握确定那枚硬币是加重的，然后会有 7/10 的概率正面朝上落地。从口袋掏出一枚硬币投掷，正面朝上（称为事件 B）的置信度就为 1/3 * 7/10=7/30。

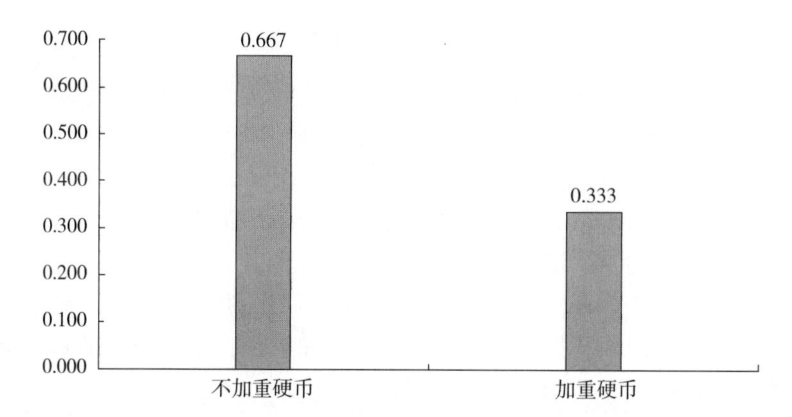

图 9.3 加重硬币例子的先验分布：离散量$\left(\{0,1\},\left\{\frac{2}{3},\frac{1}{3}\right\}\right)$

1/2 和 7/10 是观察到被投硬币正面向上的概率。这两个值在这个问题中代表了似然函数。在下面的例子中将看到更多的一般似然函数。

现在，已知事件 A 和 B 中必有一个会发生，因为确实观察到了一个正面朝上。所以，必须将这两个事件的置信度标准化，这样它们的和为 1，即：

$$P(\mathrm{A}) = \frac{1/3}{1/3+7/30} = \frac{10}{17}$$

$$P(\mathrm{B}) = \frac{7/30}{1/3+7/30} = \frac{7}{17}$$

这个标准化就是公式（9.8）分母的用途。

现在有 10/17 置信度这枚硬币是均匀的，7/17 置信度这枚硬币是加重的：仍然认为投掷的硬币更可能是一枚均匀的而不是加重的硬币。想象一下，又投了一次硬币，而且正面又朝上。这将怎么影响这枚硬币质地的置信度分布呢？选择了一枚均匀的硬币且观察到两个正面朝上（事件 C）的后验置信度为 2/3 * 1/2 * 1/2=1/6。选择了一枚加重的硬币且观察到两个正面朝上（事件 D）的后验置信度为 1/3 * 7/10 * 7/10=49/300。将这两者标准化，得到：

$$P(\mathrm{C}) = \frac{1/6}{1/6+49/300} = \frac{50}{99}$$

$$P(\mathrm{D}) = \frac{49/300}{1/6+49/300} = \frac{49}{99}$$

现在对投掷的硬币是加重的还是均匀的有大致相等的置信度。图 9.4 描述了上述例子的后验分布及一些正面向上的投掷的后验分布。可以看到，当观察次数（数据）增加时，先验置信度就会被数据所表现出的确实可能的东西所淹没，即数据中所包含的信息量。◆

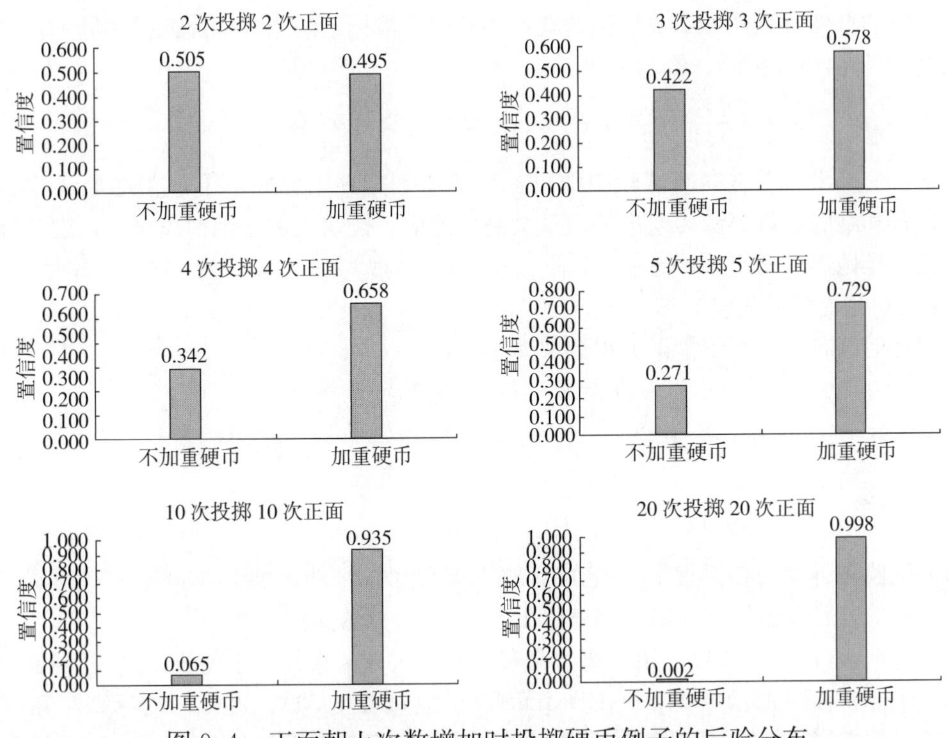

图 9.4 正面朝上次数增加时投掷硬币例子的后验分布

例 9.2 一个热带岛屿上的狩猎监督官想知道她的岛屿上有多少只老虎。岛很大，丛林茂密，她的预算经费有限，所以她不可能系统地对每一寸土地进行调查。另外，她想尽量不去打扰老虎和其他的动物。她安排了一次捕获—再捕获的调查，执行如下。

将隐藏的陷阱随机地分布在岛屿上。陷阱上面装有信号传导器标记一次捕捉，并且每只被捕的老虎都马上获救。当有 20 只老虎被抓时，移除陷阱。这 20 只老虎都被小心地给予镇静剂，并用耳标做标记，然后将所有的老虎放回他们被捕的地方。短时间后，在岛屿的另一些地方又放置隐藏的陷阱，直到 30 只老虎被捕且记下其中带标记老虎的只数。将捉到的老虎饲养起来，直到第 30 只老虎被抓。

狩猎监督官做了这次试验，第二次设陷阱被抓的 30 只老虎中有 7 只是带标记的。岛上有多少只老虎呢?

监督官想了很多办法来准确说明这个试验。以便能够在合理的准确度范围内假定这个试验是采用了老虎总体的一个超几何样本（见 8.4）。超几何抽样假定每一个有所关注特性的个体（这个例子中指被标记的老虎）被选为样本的概率与不含所关注特性的个体（没被标记的老虎）是相同的。读者或许会乐于思考在这个分析中做了什么假设，这个实验设计是如何尝试使真实超几何抽样导致的偏差达到最小的。

在超几何过程中的常用符号：

- n——样本量，为 30。
- D——总体中有所关注特性的个体（被标记的老虎），为 20。

- M——总体（丛林中老虎的数量）。在贝叶斯推断专业术语中，用估计的参数 θ 来表示。
- X——样本中含所关注特性的个体量，为 7。

最可能的事件就是样本中被标记的老虎和总体中被标记的老虎的比例是相同的，可以很容易地对 M 作出最佳猜测。换句话讲：

$$\frac{x}{n}\approx\frac{D}{M}，也就是\frac{7}{30}\approx\frac{20}{M}，从中可以得到\ \hat{M}\approx 85\sim 86$$

但是，这并没有考虑本次试验中随机抽样的不确定性。想象一下，在这个试验开始之前，监督官和她的职员都认为老虎的数量会是任意值。换句话讲，她们完全不知道丛林中老虎的数量，且她们的先验分布是一个非负整数的离散均匀分布。这当然是不太可能的，9.2.2 中会讨论更佳的先验分布。

由超几何分布的概率质量函数得到似然函数：

$$l(x\mid\theta)=\frac{\binom{D}{x}\binom{M-D}{n-x}}{\binom{M}{n}}=\frac{\binom{20}{7}\binom{\theta-20}{23}}{\binom{\theta}{30}},\theta\geqslant 43$$

$$若\ \theta\ 小于\ 43, l(x\mid\theta)=0$$

因为试验告诉我们必须有 43 只老虎：20 只是做了标记的，加上（30－7）只是试验再捕获环节抓获的，且没做标记，所以当 θ 值小于 43 时，似然函数为 0。

概率质量函数（6.1.2）适用于离散分布，并且认为 x 事件发生的概率是相等的。Excel 提供了一个非常简单的函数 HYPGEOMDIST（x，n，D，M），可以自动计算超几何分布质量函数，但是当 θ<43 时会产生错误而不是为 0，所以可用等价的 ModelRisk 函数。图 9.5 给出了一个电子数据表，其中离散均匀先验的 θ 在 0～150 取值，用离散均匀先验与上述似然函数相乘得到后验分布。置信度总和加起来必须为 1，这在 F 栏里已实现，并且产生了标准化的后验分布。后验分布的形状通过电子数据表中的 B 栏和 F 栏得出，如图 9.6 所示。如所期望的一样，图在 85 时达到峰值，但似乎在右尾时被截断，表明应该考虑 θ 大于 150 的值。分析重复进行直到 θ 值为 300，这时更完整的后验分布如图 9.7 所示。后图代表了监督官对岛上老虎数量认知度的一个好的模型。因为岛上老虎的数量是有一个确切值的，别忘记这只是一个置信度分布，而不是一个真正的概率分布。

	A	B	C	D	E	F
1						
2		参数				
3		n	30			
4		D	20			
5		M	?			
6		x	7			
7					12.433	
8						标准化
9		θ=M	先验分布	似然函数	后验分布	后验分布
10		43	1	2.1E-06	2.1E-06	1.7E-07
11		44	1	1.6E-05	1.6E-05	1.3E-06
116		149	1	5.1E-02	5.1E-02	4.1E-03
117		150	1	4.9E-02	4.9E-02	3.9E-03
118						

公式表	
C3:C6	constants
B10:B117	{43,…,150}
C10:C117	1
D10:D117	=VoseHypergeoProb(x,n,D,B9)
E10:E117	=D10℃10
E7	=SUM(E10:E117)
F10:F117	=E10/$E$7

图 9.5 老虎捕获—释放—再捕获问题的贝叶斯推断模型

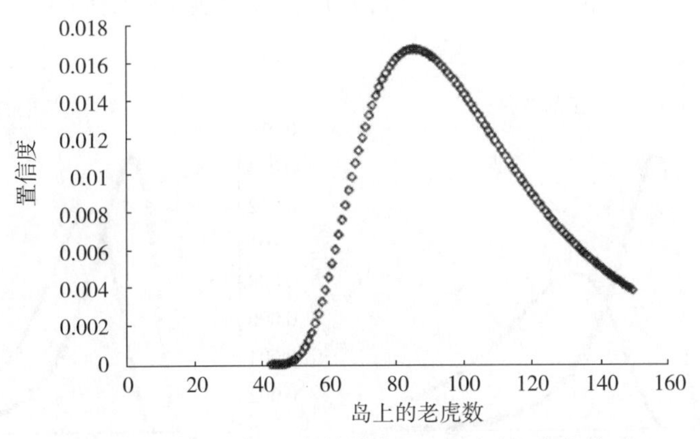

图 9.6 第一次生成的被标记老虎的后验分布

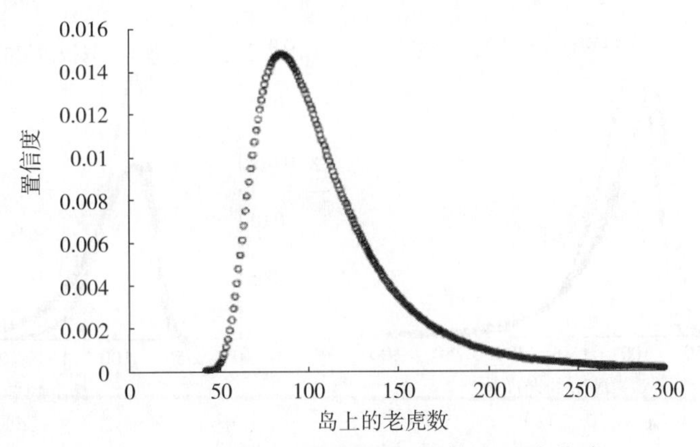

图 9.7 改善后的被标记老虎的后验分布

在这个例子中，必须根据后验分布来调整 θ 测试值的范围。当后验分布集中在一个很小的范围内时，无论是扩大先验的范围或是更具体地模拟先验范围的某些部分，回顾一系列的 θ 测试值是很普遍的做法。只要愿意在得到数据之前把先验扩大到一个新的范围，那么扩大先验的范围就是完全合适的。然而，如果有更加确切的先验置信度给予了不确定参数的绝对范围，在该参数范围外考虑加强时，这又是不合适的。因为需要根据数据来校正先验置信度：如果这么做的话，就是本末倒置。然而，因为分析可能显示参数的真实值在预先想好的先验范围之外，如果似然函数在先验范围的一端非常集中，那么需要回顾先验分布或似然函数是否合适。

继续讨论岛上老虎数量的问题，想象一下，监督官对老虎数量的不确定性水平不满意，50～250 是一个很大的范围。她决定再另抓 30 只老虎。这次试验完成了，被抓老虎中有 t 只有标记。假设被标记的老虎与未被标记的老虎被抓的概率仍然相同，现在她的岛上老虎数量的不确定性分布又是什么？

这仅仅是对第一个问题的复制，不同的是不再用离散均匀分布来作为她的先验分布。相反，图 9.7 所示分布代表了她在做第二次试验前的认知度，似然函数由 Excel 函数 HYPGEOMDIST（t，30，20，θ）得到，相当于 VoseHypergeoProb（t，30，20，θ，0）。图 9.8 的 6 个小图显示了如果第二次试验抓捕的标记老虎 $t=1$，3，5，7，10，15 只时监督官的后验分布。这些后验分布和图 9.7 的先验分布还有似然函数绘制在一起，标准化总和为 1，以便比较。

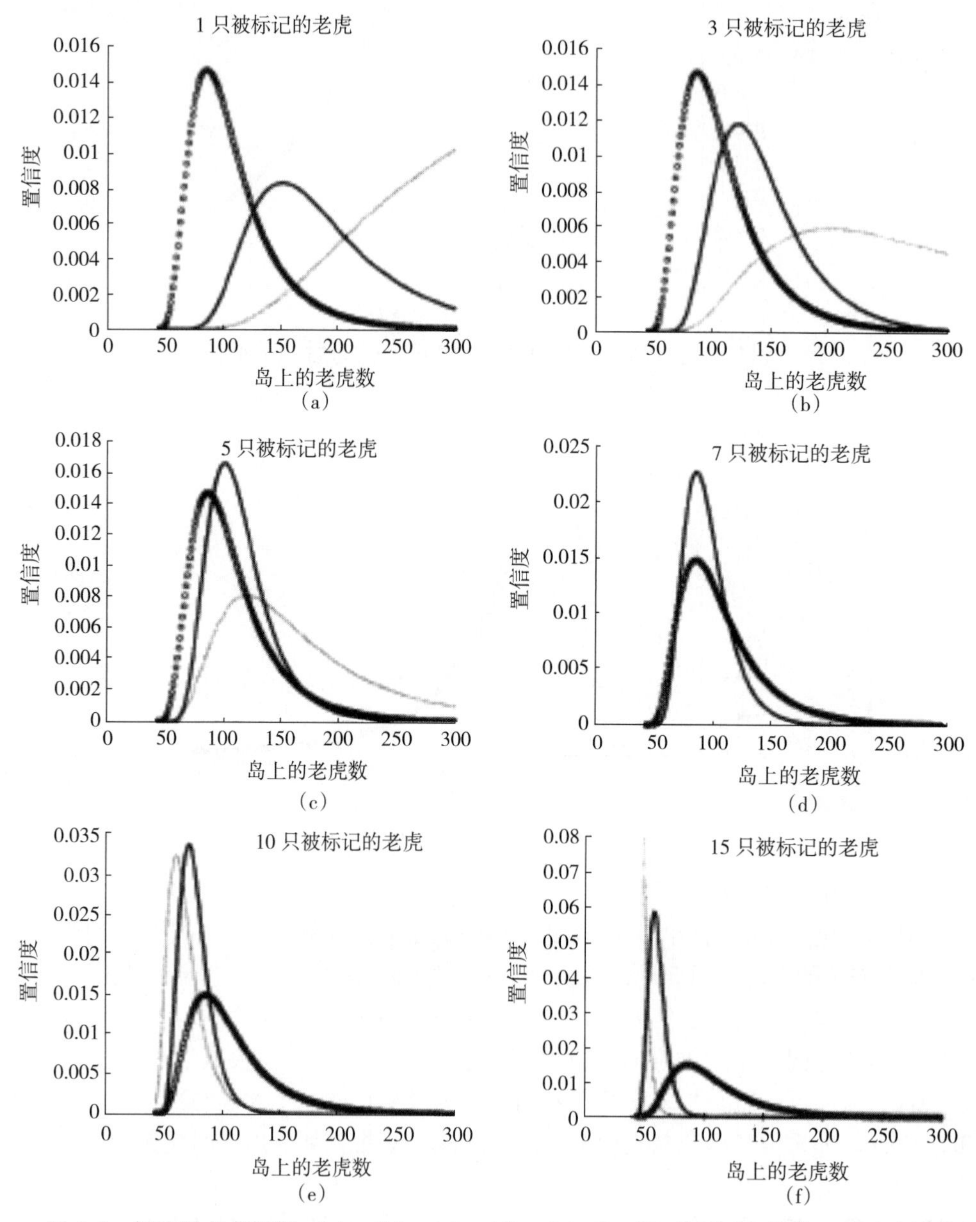

图 9.8 标记的老虎问题：(a)、(b)、(c)、(d)、(e) 和 (f) 显示了如果第二次试验捕获的带标记老虎数分别为 1、3、5、7、10、15 时的先验分布、似然函数和后验分布（先验分布用空圈表示，似然函数用灰线表示，后验分布用黑线表示）

最初可能会设想采用另外一种试验能够更准确估计岛上老虎的数量，但是图 9.8 中的图形显示这样做没有必要。在上面两个图形中，后验分布比先验分布的尾部更长，因为数据否定了先验分布（先验分布和似然函数峰值所对应的 θ 值完全不同）。在中间左边的图形中，似然函数和先验分布稍有不同，但是数据中的额外信息弥补了不同，形成了同等程度的不确定性，但是，后验分布在先验分布的右侧。

中间右边的图形代表了第二次试验和第一次试验有相同结果的情况。可以看到先验分布和似然函数互相覆盖，因为第一次试验的先验分布是均匀的，因此后验分布的形状仅受似然函数影响。由于两次试验结果相同，置信度提高了，而且集中在最佳估计值 85 附近。

在下面的两个图形中，似然函数和先验分布不一致，而后验分布的不确定性较窄。这是因为似然函数注重 θ 可能取值范围的左尾，以 $\theta=43$ 为界。◆

总之，图 9.8 显示了数据中所包含的信息量取决于两个方面：①数据收集的方式（也就是取样中的随机水平），这由似然函数描述；②观察数据前的认知度和与似然函数相比的程度。如果数据显示的是我们已经相当确定的东西，那么这个数据中几乎没有包含任何信息（尽管数据中包含了更多忽略了参数的信息）。另一方面，如果数据否定了我们已经知道的东西，我们的不确定性可能增加或减少，这视情况而定。

例 9.3　在法国的街道上随机抽取 20 个人。无论他们是男性还是女性，都被记录在完全相同的纸上，把纸放进一个帽子。从帽子中拿出 5 张纸且看记录——其中 3 个是女性。然后估计在原来的 20 个人中有多少位女性。

可以把估计用可能值的置信度分布来表示。在看那 5 个名字之前，并不知道女性的数目，因此可以把离散均匀先验分布赋值为 0～20。然而，粗略地认为有 50%的人是女性可能会更好，这样更好的先验分布就是 Binomial（20，0.5）。这和离散均匀先验分布等价，其后是从总体中随机抽取数目为 20 的样本中女性数目的 Binomial（20，0.5）似然性。

从总体中取样 5 人的似然函数是超几何的，在这个问题中除知道总体（$M=20$）外，还知道样本量（$n=5$），同时也知道样本中观察到的具有要求特性的数量（$x=3$）。但是，不知道女性的数目 D，用 θ 表示这个需要估计的参数。图 9.9 用二项先验分布为这个问题列出了电子数据表模型。这电子数据表使用了 Model Risk 的 VoseBinomialProb（x，n，p，*cumulative*），相当于 Excel 函数 BINOMDIST（x，n，p，*cumulative*），对于 Binomial（n，p）分布在 x 时返回一个概率估计。函数中的 *cumulative* 参数切换函数回到概率质量（*cumulative*=0 或 FALSE）或累积概率（*cumulative*=1 或 TRUE）。单元格 C8：C28 里的 IF 语句是不必要的，因为 VoseHypergeoProb 函数会返回 0，但是，如果在这个地方用 Excel 的 HYPGEOMDIST 函数，那它就是必要的，可以避免错误。

参数	
n	5
x	3

行	θ	先验分布	似然函数	后验分布	标准化后验分布
8	0	9.5E−07	0	0	0
9	1	1.9E−05	0	0	0
10	2	1.8E−04	0	0	0
11	3	1.1E−03	8.8E−03	9.5E−06	3.1E−05
12	4	4.6E−03	3.1E−02	1.4E−04	4.6E−04
25	17	1.1E−03	1.3E−01	1.4E−04	4.6E−04
26	18	1.8E−04	5.3E−02	9.5E−06	3.1E−05
27	19	1.9E−05	0	0	0
28	20	9.5E−07	0	0	0
29				0.3125	

公式表	
C3:C4	constants
B8:B28	{0,1,⋯,19,20}
C8:C28	=VoseBinomialProb(B8,20,0 5,0)
D8:D28	=IF(OR(B8<x,B8>20−(n− x)),0,VoseHypergeoProb(x,n,B8,20))
E8:E28	=C8'D8
E29	=SUM(E8:E28)
F8:F28	=E8/$E$29

图 9.9　“帽子中女性”数目问题的贝叶斯推断模型

图 9.10 显示了结果的后验分布，同时还有似然函数和先验分布。这里可以看到先验分布很有价值，而似然函数中包含信息量很少，所以后验分布和先验分布相当接近。后验分布

是先验分布和似然函数间的一种折中，因为它找到一种分布和两者尽可能的一致。因此，后验分布的峰值现在落在先验分布和似然函数峰值之间的某个地方。似然函数的影响很小，因为样本量很小（5），并且它和先验分布也一致（先验分布在$\theta=10$有一个最大值，这个θ值也产生了一个最大的似然函数值）。

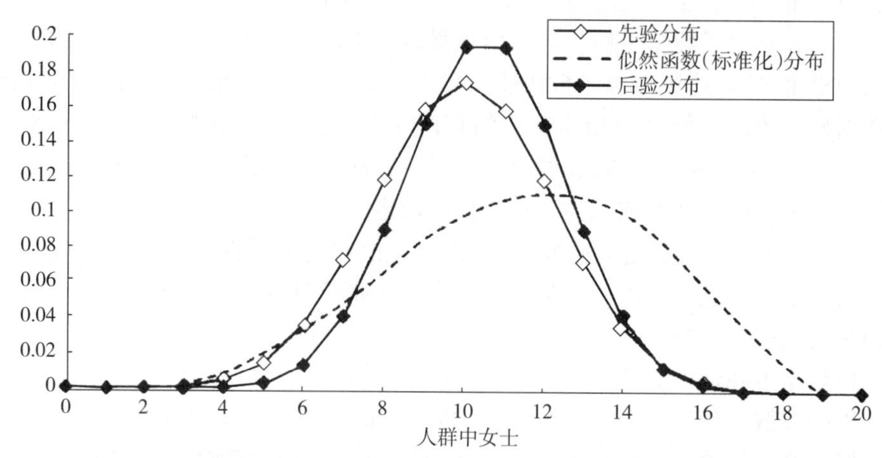

图 9.10　图 9.9 模型的先验分布、似然函数和后验分布

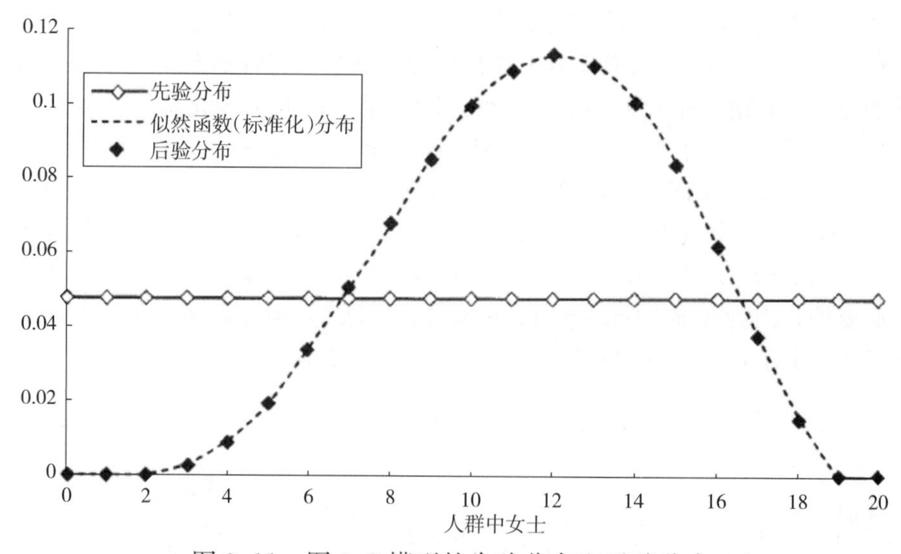

图 9.11　图 9.8 模型的先验分布和后验分布

为了比较，图 9.11 显示了应用离散均匀先验分布的先验分布和后验分布。由于这个例子中先验分布是平直的，它对后验分布的形状没有任何影响，因而似然函数就变成了后验分布。◆

超参数

在例 9.3 中，假定法国女性的比例是 50%。然而，由于女性平均比男性活得久，这个数据可能有些被低估，或许应该用 51%或 52%。在贝叶斯推断中，可以在分析中包含一个或多个参数的不确定性。例如，可以用 PERT（50%，51%，52%）来模拟 p。不确定的参数就称为超参数。在贝叶斯推断计算的代数形式中，积分求出这个多余参数，实际上它可能很难算出来。再来看一下图 9.9 电子数据表贝叶斯推断的计算，如果对女性的普遍性 p 有不确定性，应该将分布赋予它的值，这种情况下，后验分布也具有不确定性。不能对不确定性有不确定性：这没有意义。这就是为什么要积分求出（即合计）后验分布中 p 的不确定性的影响。用蒙特卡罗模拟来做这个非常简单，而不是用更麻烦的代数集合。在模型中简单地包含 p 的一个分布，为后验分布指定所有的数组作为输出和模拟。数组中每个单元格生成值的一系列方法组成了最终的后验分布。

模拟贝叶斯推断的计算

可以通过模拟，来对例 9.3 做一个相同的贝叶斯推断分析。图 9.12 给出了执行贝叶斯推断的电子数据表模型和模型结果图。在单元格 C3 中，Binomial（20，0.5）分布代表了先验分布。它随机生成了帽子中女性数目的所有可能的事件。在单元格 C4 中，5 个人的样本用 Hypergeo（5，D，20）来模拟，D 是来自二项分布的结果。这里 IF 语句是不必要的，因为 VoseHypergeo 支持 $D=0$，但是，@RISK 的 RiskHypergeo（5，0，20）会产生错误。这代表了一半的似然函数逻辑。最后，如果超几何分布产生 3——试验中观察到的女性数，在单元格 C5 中，C3 单元格的二项分布产生的值就被接受（因此保存在内存中）。这等同于另一半的似然函数逻辑。通过运行大量的迭代，大量从二项分布产生的值将会被接受。由二项分布得来的某个值被接受的次数的比例等于从 20 个人中抽取样本量为 5 的样本，得到 3 个女性的超几何概率。反复运行这个模型 100 000 次，就有 31 343 个值被接受，相当于运算次数的 31%。这个方法很有意义，但是用起来有局限性，对于更加复杂或数据量更大的问题，这个方法就变得效率低下了，因为实际上被接受的迭代次数百分比会变得很小。在被估计的参数是连续型而不是离散型时，应用这个技巧也很困难，这种情况下，如果生成的结果在观测结果的某个范围内，就会被迫接受生成的先验值。然而，要克服这种低效性，可以改变先验分布，使其生成一些实验结果显示可能的值。例如，在这个问题中，20 个人中一定

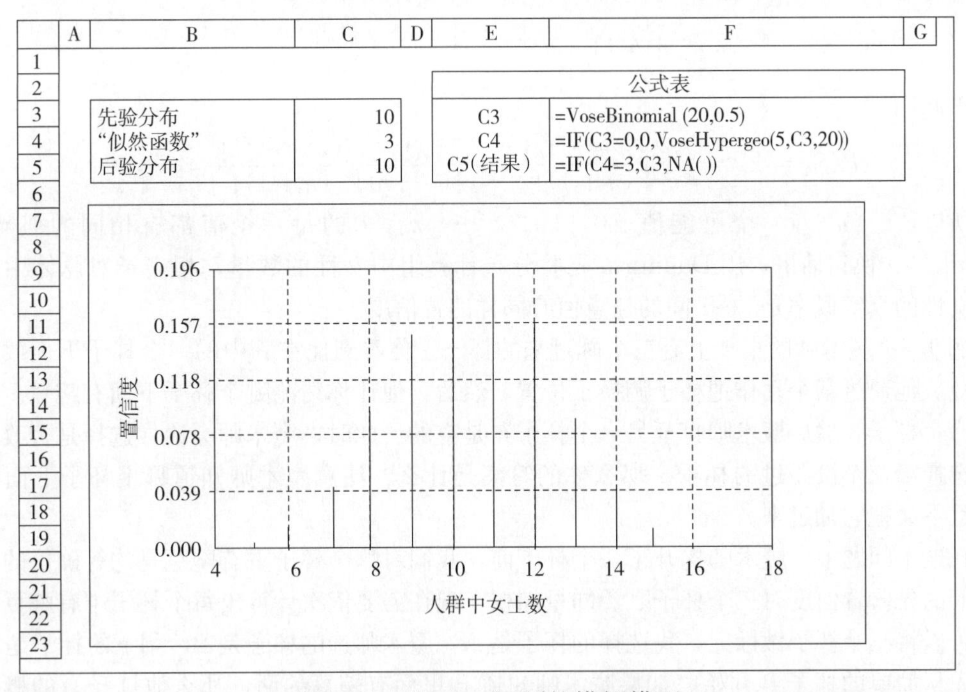

图 9.12　图 9.9 问题的模拟模型

有3～18个女性，而Binomial（20，0.5）产生0～20的值。此外，可以做几次排除，通过每次排除调整先验值，只留下可行值。也可以根据一些因素，通过乘以大部分x、y、z值（例如，在先验分布的尾部）在尾部获得更多细节。然后，根据这种因素，在x、y、z值时把后验分布尾部的高度区分开。

尽管这个技巧消耗大量的模拟时间，建模却很简单，也可以考虑多变量参数先验分布。

再来看一下这个问题中对于先验分布的选择，即要么是Duniform（0，…，20），要么是Binomial（20，50%）。有人可能会认为二项分布比Duniform分布要熟悉些。然而，可以把Duniform分布倒过来，观察它对于从法国人中随机选取一个人是女性的概率p的把握会告诉我们什么。我们发现，可以将p的均匀设想转换成20人组中女性的Duniform分布，过程如下。

S_n代表n次伯努力试验中成功事件的次数，θ是未知的一次试验成功概率。$S_n=r$，$r=\{0，1，2，\cdots n\}$的概率通过de Finetti定理得出：

$$P(S_n=r)=\int_0^1\binom{n}{r}\theta^r(1-\theta)^{n-r}f(\theta)\mathrm{d}\theta$$

$f(\theta)$是θ不确定性分布的概率密度函数。将公式进行简单的计算，对于任何r值，结合二项式概率θ的不确定性分布，观察到r次成功事件的二项式概率是：

$$\binom{n}{r}\theta^r(1-\theta)^{n-r}$$

如果用Uniform（0，1）分布来描述对θ的不确定性，那么，$f(\theta)=1$：

$$P(S_n=r)=\binom{n}{r}\int_0^1\theta^r(1-\theta)^{n-r}\mathrm{d}\theta$$

积分是Beta函数，且对于整数值r和n，可得到标准恒等式：

$$\int_0^1\theta^r(1-\theta)^{n-r}\mathrm{d}\theta=\frac{(n-r)!r!}{(n+1)!}$$

因此，

$$P(S_n=r)=\binom{n}{r}\frac{(n-r)!r!}{(n+1)!}=\frac{n!}{r!(n-r)!}\frac{(n-r)!r!}{(n+1)!}=\frac{1}{n+1}$$

所以，（$n+1$）个可能值$\{0，1，2，\cdots，n\}$中的每一个值都有相同的似然性：$1/(n+1)$。换句话讲，用Duniform先验分布计算组中女性的数量，相当于对总体中的个体是女性的真实概率是0～1间的任意值有同样的置信度。

例9.4 魔术师的桌子上有三个翻过来的杯子。你看到他在其中的一个杯子下面放了一颗豌豆。他通过某个动作把杯子调换了位置。然后，他让你猜测哪个杯子下面有豌豆。你选择了一个杯子，然后魔术师打开另一个杯子，是空的。此时，魔术师会让你选择是否改变决定，选择第三个没碰过的杯子。那么你的答案是什么？注意魔术师知道哪个杯子下面有豌豆，且不会把它翻过来。

在这个问题中，魔术师揭开了一个杯子前，我们对哪个杯子下有豌豆是均等确信的，所以我们的先验置信度对三个杯子赋予同量加权。现在需要依次计算出每个杯子中有豌豆的概率。可以将三个杯子做标记，我选择的杯子是A，魔术师选的杯子是B，剩下的杯子是C。

先从简单的杯子B开始。如果魔术师知道B里面有豌豆的话，那么他打开B的概率是多少呢？答案是0，因为这样他将会破坏骗局。

接下来，未碰过的杯子C。如果魔术师知道C里面有豌豆的话，那么他打开B的概率是多少呢？答案是1，因为他没有选择，A已经被选，C里面有豌豆。

现在，轮到杯子A。如果魔术师知道A里面有豌豆，那么他打开B的概率是多少呢？答案是1/2，因为他可以选择打开B或者C。

因此，由贝叶斯定理可得：

$$P(\mathrm{A} \mid X) = \frac{P(\mathrm{A})P(X \mid \mathrm{A})}{P(\mathrm{A})P(X \mid \mathrm{A}) + P(\mathrm{B})P(X \mid \mathrm{B}) + P(\mathrm{C})P(X \mid \mathrm{C})} \text{等}$$

其中 P (A) $=P$ (B) $=P$ (C) $=1/3$ 是在观测到数据 X（魔术师打开B杯子）之前对三个杯子的置信度，P $(X \mid \mathrm{A})=0.5$，P $(X \mid \mathrm{B})=0$，P $(X \mid \mathrm{C})=1$。

因此，P $(\mathrm{A} \mid X)=1/3$，P $(\mathrm{B} \mid X)=0$，P $(\mathrm{C} \mid X)=2/3$。

当已经选择好杯子，并看到魔术师打开另外两个杯子中任一个杯子后，我们常常改变主意选择第三个杯子，因为现在确定第三个杯子里面有豌豆的置信度是最初选的那个杯子的两倍。结果让很多人难以置信：顽固性会使人坚持最初的选择，而且选的那个杯子里面有豌豆的概率似乎也不会真正改变。实际上，在魔术师选择后概率没有改变：仍然是0或者1，这取决于我们是否选择了正确的杯子。改变的是对概率是不是1的置信度（认知度）。最初，有1/3的置信度豌豆在所选杯子下面，这没有改变。以另一种方式来考虑这个问题：对最初选择的杯子有1/3置信度，对其他的选择有2/3置信度，而且也知道其他杯子中有一个下面没有豌豆，所以2/3的置信度就移到剩下的那个没被翻开的杯子。这个练习就是著名的蒙提霍尔问题——维基百科做了一页详尽的解说，且 www. stat. sc. edu/-west/javahtml/letsMakeaDeal. html 网站有一个不错的模拟程序可以测试答案。◆

练习9.1：试着重复这个问题：(a) 四个杯子一颗豌豆，(b) 五个杯子两颗豌豆，每次选一个杯子，且每次魔术师打开其余杯子中的一个。

9.2.2 先验分布

如上所述，先验分布描述的是在观察到数据之前对问题中的参数的认知度。确定先验分布是评价贝叶斯推断的优先考虑点，且必须十分确定所选的这种先验分布带来的影响。这一部分描述三种不同类型的先验分布：未知先验分布、共轭先验分布和主观先验分布。来看一下选择每种类型分布的实际原因及支持或反对某种类型的理由。

频率论统计学家（仅用传统统计学方法）提出一个论断：贝叶斯推断方法论是主观的。一个频率论者可能会说，因为我们使用先验分布代表积累数据之前的认知状态，不同的实践者应用贝叶斯推断很容易会产生完全不同的结果，因为他们能选择完全不同的先验分布。原则上，这当然是正确的。这既是这个技巧的优势同时也是弱势。一方面，在统计学方法中包含一个人对参数的先验经验和认知是非常有用的，尽管它不适用于纯数据形式；另一方面，一方可能会认为另一方得到的结果后验分布是不对的。大体上，对于这个难题的解决方法相当简单。如果贝叶斯推断的目的是作出组织的内部决定，可以自由地用所具有的经验来确定先验分布。另一方面，如果分析结果可能受到相冲突的另一方的挑战，最好是选择未知先验分布，即该分布是中立的，它不提供额外的信息。这表明，当已累积得到合理的数据集后，根据数据所包含的信息，以上所说的关于选取先验分布的争论就会消失。

如图9.6所示，指定一个有足够大的范围去包含参数所有可能真值的先验分布是很重要的。不能指定一个足够宽的先验分布的话就会缩减后验分布，尽管画出后验分布图时，这总是很明显，并且也能够为此作出修正。只在一种情况下可能会不明显：当似然函数有多个峰时，先验分布的范围不充分，在这种情况下，可以扩大先验分布的范围去显示第一个峰，但不再继续扩大。

未知先验分布

未知先验分布可认为是除说明问题中参数可能的范围外，没有向贝叶斯推断提供任何信息的分布。例如，U（0，1）分布在估计二项式概率时可被视为未知先验分布，因为在收集到任何数据之前，认为每一个可能值的真实概率和其他值都是一样的。未知先验分布在公共政策发展中显示其公正性是有必要的。拉普拉斯（1812年）在贝叶斯的文章发表了11年后，也独立地阐述了贝叶斯定理（拉普拉斯明显没看过贝叶斯的文章），提出公共政策先验分布应该假定所有允许值都有相同的似然性（即均匀分布或者离散均匀分布）。

乍看起来，未知先验分布就像是包含参数全部可能值范围的均匀分布。可以用下面的例子简单证明这是错误的。估计泊松过程每单位暴露的真实平均事件数λ。在某段时间内已经观察到一定数量的事件，可以很容易地得到似然函数（见例9.6）。把U（0，z）先验分布赋值λ看起来是合理的，z是某个更大的数字。然而，可以简单地把这个问题用β参数化，β为事件间的平均暴露。由于$\beta=1/\lambda$，可以通过运行公式：=1/U（0，z）很快地检查U（0，z）先验分布的λ换成β后是什么样的。图9.13展示了结果。转换为β后分布显然不是未知的！当然，反过来同样有用：如果以β均匀先验分布进行贝叶斯推断，那么λ先验分布就不是未知的。一个参数的先验分布的概率密度函数必须已知，这样才能进行贝叶斯推断计算。但也可以在不同的、能把相同的随机过程描述得同样好的参数化中挑选。例如，可以分别用λ（每单位暴露的平均事件数）；β（上述事件间的平均暴露程度）；在一个单位暴露中至少有一个事件发生的概率P（$x>0$）来描述一个泊松过程。

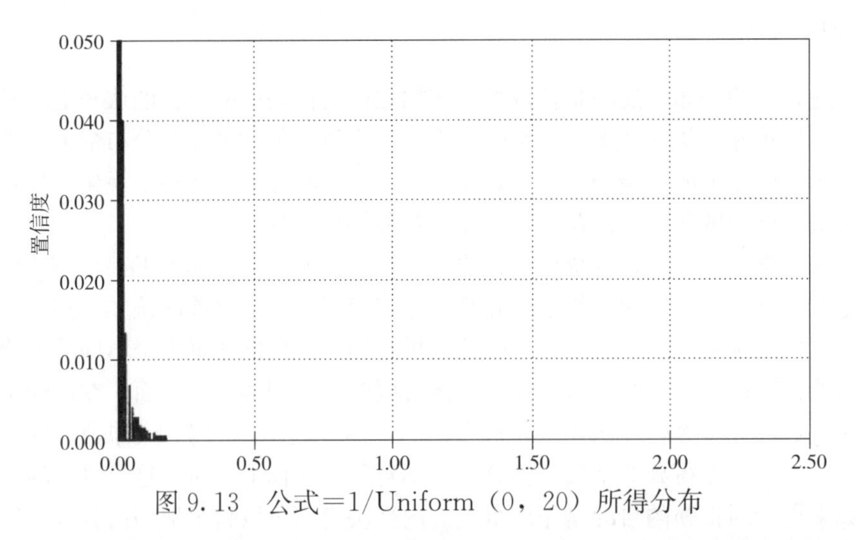

图9.13 公式=1/Uniform（0，20）所得分布

雅可比（Jacobian）转换程序可在再参数化后计算出贝叶斯推断问题的先验分布。如果x是概率密度函数$f(x)$和累积分布函数$F(x)$中原始的参数，γ是概率密度函数$f(\gamma)$和累积分布函数$F(\gamma)$中的新参数，γ与x通过某种函数相关，x随γ单调递增，那么可以等同地变换$\mathrm{d}F(\gamma)$与$\mathrm{d}F(x)$，即：

$$|f(\gamma)\mathrm{d}\gamma| = |f(x)\mathrm{d}x|$$

整理得：

$$f(\gamma) = \left|\frac{\partial x}{\partial \gamma}\right| f(x)$$

$\left|\frac{\partial x}{\partial \gamma}\right|$是雅可比行列式。

因此，当 x=U（0，c），$\gamma=1/x$ 时：

$$p(x) = 1/c$$

$$\gamma = 1/x, 所以\ x = 1/y$$

$\frac{\partial x}{\partial \gamma}=-1/\gamma^2$，所以雅可比行列式为$\left|\frac{\partial x}{\partial \gamma}\right|=1/\gamma^2$。

从而得到 γ 的分布 $P(\gamma)=\frac{1}{c\gamma^2}$。

对爱好代数的人有两个高级练习：

练习 9.2：假设模拟 P=U（0，1），$Q=1-(1-P)^n$的密度函数是什么？

练习 9.3：假如想模拟 P（0）=exp（$-\lambda$）=U（0，1），那么 λ 的密度函数是什么？

对于设置无信息先验分布时没有完善的解决方法，对问题进行再参数化时，也不能将这个问题变成“有信息”的。然而，这时可以应用先验分布，如 $\log_{10}$（θ）为 U（$-z$，z）分布，其中应用了雅克比转换程序，可得到先验密度 π（θ）$\propto 1/\theta$，参数可以为任一正实数。也可以同样简单地用自然对数，即 $\log_e$（θ）=U（$-y$，y），但实际上设定 z 值更简单一些，因为我们的头脑会自然而然地想到 10 的幂函数。用这个先验分布，可得到 $\log_{10}(1/\theta)=-\log_{10}$（$\theta$）=$-$U（$-z$，$z$）=U（$-z$，$z$）。换句话讲，$1/\theta$ 和 θ 是同分布的：用数学术语来描述，先验分布是转换不变量。现在，如果 $\log_{10}$（θ）是 U（$-z$，z）分布，那么 θ 就是 $10^{\text{uniform}(-z,z)}$分布。图 9.14 显示了 π（θ）=$1/\theta$。该分布可能不是未知的，但是用来处理这个问题是最佳的。如果有适量数据，似然函数 l（$X|\theta$）将会优于先验分布 π（θ）=$1/\theta$，先验分布的形状就不重要了，这一点是值得注意的。如果在 θ 范围内，似然函数是最大值，而先验分布更平坦，这一点很快就会发生：例如，图 9.14 中，在 3 或 4 前任何地方。

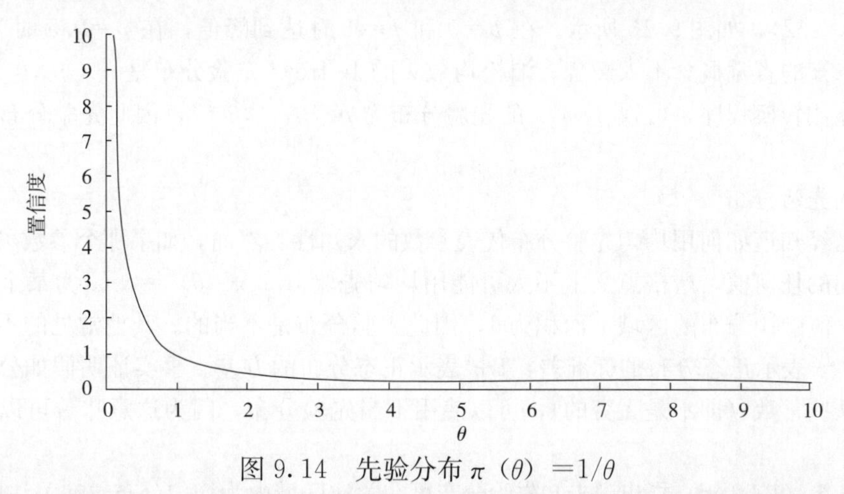

图 9.14 先验分布 π（θ）=$1/\theta$

另外一个要求是，确保先验分布在某些尺度调节下仍为不变量。例如，一个分布的位置参数在线性位移转换 $\gamma=\theta-a$（a 是常量）后应有同样有效的先验分布。如果选择均匀先验分布 θ，即 π（θ）为常数，这是可以实现的。同样地，尺度参数在单位变化后应有不变的先验分布，即 $\gamma=k\theta$，k 是常数。换句话讲，为要求参数在线性转换后不变，从前面章节的讨论来看，如果在实数列上选择先验分布 log（θ）为均匀分布［即 π（θ）$\propto_{1/\theta}$］，则这是可以实现的，因为 log（γ）＝log（$k\theta$）＝log（k）＝log（θ），该分布仍然是均匀分布。

参数分布经常有位置参数或尺度参数。如果一个以上的参数是未知的，想要估计这些参数，通常是假定这两个参数在先验分布中是独立的：原因就是独立性的假定相比任何指定依存度的假设更加未知。尺度参数和位置参数的联合先验分布就是这两个先验分布的乘积。因此，正态分布均数的先验分布是 π（μ）$\propto 1$，μ 是位置参数；正态分布标准差的先验分布是 π（σ）$\propto 1/\sigma$，σ 是尺度参数；通过这两个先验分布的乘积得到联合先验分布 π（μ，σ）$\propto 1/\sigma$。联合先验分布的用处将在第 10 章中更具体地阐述。在第 10 章中将会介绍分布拟合数据。

Jeffreys 先验分布

Jeffreys（1961）描述的 Jeffreys 先验分布为容易计算的先验分布。该分布在任何一对一转换下都不会改变，因此可确定一个可以被称为未知先验分布的分布。这个概念是，通过某些数据转换，某个似然函数可以对所有数据生成相同的形状，且仅是峰值的位置改变了。因此，非未知先验分布通过转化就会变得不明确，即平直。尽管通常不可能得到这样的似然函数，但 Jeffreys 提出了一个有用的近似函数：

$$\pi(\theta)=[I(\theta)]^{1/2}$$

I（θ）是模型中预期的费切尔信息：

$$I(\theta)=-E_{x/\theta}\left[\frac{\partial^2}{\partial\theta^2}\log l(X\mid\theta)\right]$$

公式利用对数似然函数的二阶偏导数求 x 的平均数。似然函数的形式有助于确定先验分布，但是数据本身不能确定。这一点是很重要的，因为先验分布对于数据必须是“盲目”的［有趣的是，经验贝叶斯方法（贝叶斯推断的另一个领域，本书中未讨论）的确用数据去决定先验分布，然后再对由此产生的偏差做适当的更正］。

一些 Jeffreys 先验分布的结果有点违背直觉。例如，二项式概率的 Jeffreys 先验分布是 Beta（1/2，1/2），如图 9.15 所示。在 $p=0$ 和 $p=1$ 时达到峰值，在 $p=0.5$ 时为最小值，这和人们未知的直觉概念不太契合。泊松均数 λ 的 Jeffreys 先验分布是 π（λ）$\propto 1/\lambda^{1/2}$。但是，用雅克比转换程序，可得 $\beta=1/\lambda$ 的先验分布为 p（β）$\propto\beta^{-3/2}$，因此先验分布并不是平移不变。

不当的先验分布

我们已经知道如何用均匀先验分布代表参数的未知性。然而，如果那个参数可以取 0 到无穷大之间的任何值，严格意义上不太可能用均匀先验分布 π（θ）＝c（c 为某个常数的），因为没有 c 值能让分布的区域下面积为 1，因此先验分布是不当的。其他常见的不当先验分布包括用 $1/\sigma$ 表示正态分布的标准差，$1/\sigma^2$ 表示正态分布的方差。事实证明假如公式（9.8）的分母为某些常数（即不是无穷的），可以使用不当先验分布，因为这意味着可以标准化后验分布。

萨维奇等（1962 年）指出，未知先验分布可在关注区域内为均匀分布，在关注区域之外，

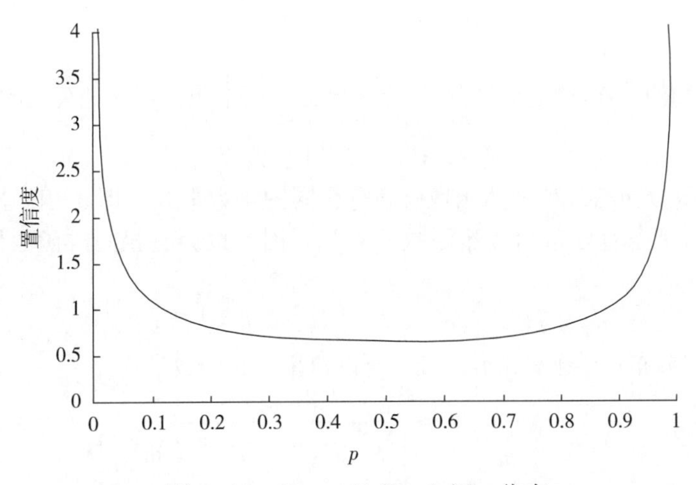

图9.15　Beta（1/2，1/2）分布

平稳地下滑到0。这样的一个先验分布当然可以设计成区域下面积为1，以使其不会成为不当先验分布。然而，如果可以接受不当先验分布的话，就不必费力设计这样一个先验分布。

超先验分布

有时可能会希望指定有一个或多个不确定参数的先验分布。例如，在例9.3中就使用了Binomial（20，0.5）先验分布，因为认为总体的50%是女性，并且讨论了把该值变为分布，用分布表示真实女性普遍率的不确定性的影响。这样一个分布就是Binomail（20，p）中超参数p的超先验分布。如前所述，贝叶斯推断可以解释超先验分布，但是要对超参数的所有值进行积分，以决定先验分布的形状，这很浪费时间，有时也很难。另一个代数方法就是通过蒙特卡罗模拟找到先验分布。模拟这个模型，把计算先验分布的单元格数组命名为输出。在模拟的最后，搜集每个输出单元的均数，这些值就组成了先验分布。如果对先验分布里的任何参数有不确定性，后验分布就会自然地有更宽的延伸。如果对p用了Beta（a，b）分布，先验分布就会是Beta-Binomial（20，a，b）分布，Beta-二项分布往往比最合适的二项分布更具延伸性。

理论上，可以继续对超先验分布的参数应用不确定性分布，但是如果要增加准确度的话，该方法几乎不可行，而且模型也会变得相当迟钝。当得到更多数据时，似然函数通常能很快优于先验分布，所以对定义先验分布作出细微改变而付出的努力通常都是没有意义的，这一点是值得记住的。

共轭先验分布

共轭先验分布和似然函数就θ有相同的函数形式，这导致后验分布和先验分布属于同一分布族。例如，Beta（α_1，α_2）分布的概率密度函数f（θ）为：

$$f(\theta)=\frac{\theta^{\alpha_1-1}(1-\theta)^{\alpha_2-1}}{\int_0^1 t^{\alpha_1-1}(1-t)^{\alpha_2-1}\mathrm{d}t}$$

分母对特定的α_1，α_2为常数，所以可以把公式改写成：

$$f(\theta)\propto\theta^{\alpha_1-1}(1-\theta)^{\alpha_2-1}$$

如果在n次试验中观察到s次成功事件，想要估计真实的成功率p，根据二项分布概率密度函数得到（用θ代表未知参数P）似然函数l（s，n；θ）为：

$$l(s,n;\theta)=\binom{n}{s}\theta^{s}(1-\theta)^{n-s}$$

由于二项式系数$\binom{n}{s}$对给定数据（即 n，s 已知）是常数，可以把公式改写成：

$$l(s,n;\theta)\propto\theta^{s}(1-\theta)^{n-s}$$

可以发现 Beta 分布与二项似然函数就 θ 有相同的函数形式，即 $\theta^{a}(1-\theta)^{b}$，a 和 b 是常数。由于后验分布是先验分布和似然函数的乘积，因此也会有相同的函数形式，即由公式(9.9)可得：

$$f(\theta\mid s,n)\propto\theta^{\alpha_1-1+s}(1-\theta)^{\alpha_2-1+n-s} \tag{9.10}$$

由于这是真实分布，必须标准化为 1，所以概率分布函数是：

$$f(\theta\mid s,n)=\frac{\theta^{\alpha_1-1+s}(1-\theta)^{\alpha_2-1+n-s}}{\int_0^1 t^{\alpha_1-1+s}(1-t)^{\alpha_2-1+n-s}\mathrm{d}t}$$

这正是 Beta（α_1+s，α_2+n-s）分布（实际上，稍微练习一下，就能根据函数形式认识分布，如公式（9.10）代表了 Beta 分布，不需要进行标准化）。因此，如果用 Beta 分布表示二项似然函数 p 的先验分布，那么后验分布也是 Beta 分布。共轭先验分布的价值在于可以不做任何数学计算就直接得到答案。因此，共轭先验分布常常被称为便利先验分布。

Beta（1，1）分布和 U（0，1）分布是相同的，因此如果想建立 p 的 U（0，1）先验分布，可由 Beta（$s+1$，$n-s+1$）分布得出后验分布。这是一个特别有用的结论，在这本书中会反复用到。通过比较，二项式概率的 Jeffreys 先验分布是 Beta（1/2，1/2）分布。霍尔丹(1948)讨论了 Beta（0，0）先验分布的使用，这在数学上没有定义，因此自身没有意义，但是能给出均数为 s/n 的 Beta（s，$n-s$）后验分布：换句话讲，为二项式概率提供了无偏差的估计值。

表 9.1 列出了其他的共轭先验分布和与之相关的似然函数。莫里斯（1983 年）展示了分布的指数族，由此可画出似然函数，他们都有共轭先验分布，所以这个方法可以在实践中频繁应用。共轭先验分布也经常用来为主观先验分布提供近似却方便的替代，在后文中将有描述。

表 9.1　似然函数和与之相关的共轭先验分布

分布	概率密度函数	估计参数	先验分布	后验分布
二项分布	$\binom{n}{s}p^{x}(1-p)^{n-x}$	概率 p	Beta（α_1，α_2）	$\alpha'_1=\alpha_1+x$ $\alpha'_2=\alpha_2+n-x$
指数分布	$\lambda e^{-\lambda x}$	$\lambda=$均数$^{-1}$	Gamma（α，β）	$\alpha'=\alpha+n$ $\beta'=\frac{\beta}{1+\beta\sum_j x_j}$
正态分布（σ已知）	$\frac{1}{\sqrt{2\pi}\sigma}\exp\left[-\frac{1}{2}\left(\frac{x-\mu}{\sigma}\right)^2\right]$	均数 μ	Normal（μ_μ，σ_μ）	$\mu'_\mu=\frac{\mu_\mu(\sigma^2/n)+\bar{x}\sigma_\mu^2}{\sigma^2/n+\sigma_\mu^2}$ $\sigma'_\mu=\sqrt{\frac{\sigma_\mu^2\sigma^2}{n\sigma_\mu^2+\sigma^2}}$
泊松分布	$e^{-\lambda t}\frac{(\lambda t)^x}{x!}$	单位时间平均事件数 λ	Gamma（α，β）	$\alpha'=\alpha+x$ $\beta'=\frac{\beta}{1+\beta t}$

主观先验分布

主观先验分布（有时也称诱出先验分布）描述的是收集数据前对参数值的已知观点。第 14 章在一定深度上讨论了诱出观点法。主观先验分布可以在一个图中用一系列点表示，如图 9.16 所示。从这样的图中读取一系列点是很简单的，并用每个点的高度来代替 π（θ）。这使得标准化后验分布变得很困难，但在 9.2.4 中有一种方法可以用于蒙特卡罗模拟来解决这个问题。

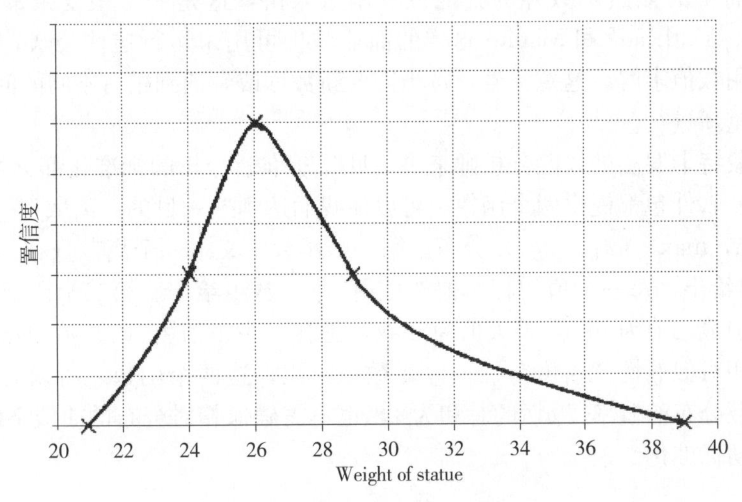

图 9.16 主观先验分布

有时候为了要使用似然函数，把主观意见（图 9.16）和便利先验分布匹配起来可能是合理的。在这一点上，像 ModelRisk、BestFi® 及 RiskView Pro® 这些软件均适用。一个精确的匹配通常不重要，因为（a）有时候主观先验分布阐释得并不是很准确，（b）随着用于计算似然函数的数据量的增大，先验分布对后验分布的影响会越来越小。在另一些时候，单一的共轭先验分布不足以来描述主观先验分布，但是两个或更多共轭先验分布结合起来会产生很好的反应。

多变量先验分布

这一章已经集中讨论了将不确定性量化为单参数 θ。事实上，可能会发现 θ 是多变量的，即它是多维的，在这种情况下，需要多变量先验分布。一般而言，这些方法在这本书的讨论范围外，读者需要参阅关于贝叶斯推断更专业的书籍：在附录 4 中列出了一些有用的参考书。在 10.2.2 中会简单探讨多变量先验的分布与数据拟合问题。

9.2.3 似然函数

似然函数 l（X/θ）是 θ 关于确定的 X 的函数。它以 θ 函数形式计算观察到 X 次观察数据的概率。有时候，似然函数很简单：通常是像二项分布、泊松分布、超几何分布这样分布的概率分布函数。但有时它也可以很复杂。

例 9.2，9.3 和 9.6 到 9.8 阐述了一些不同的似然函数。因为似然函数是用来计算概率（或者概率密度）的，所以可以如同在概率微积分里那样把它们合并起来，在 6.3 中讨论。

似然原理表明，一次试验中所有和 θ 相关的证据和观察到的结果都应该在似然函数中呈现。例如，n 确定的二项抽样中，对于给定 p，s 是二项分布。如果 s 是确定的，那么对于给定 p，n 是负二项分布。在这两种情况下，似然函数和 $p^s(1-p)^{n-s}$ 都是成比例的，即它与抽样如何进行完全无关，而是仅仅取决于抽样的类型和结果。

9.2.4 后验分布的标准化

使用贝叶斯推断经常面临的一个问题是难以确定标准化积分，也就是公式（9.8）的分母。对于除最简单的似然函数外的其他似然函数来讲，这是一个很复杂的公式。虽然如Mathematica®、Mathcad®和Maple®这样的商业软件可用来运行这些公式，很多积分仍然很棘手且必须用数值求解。这意味着，每当需要新数据或者遇到稍有不同的问题的时候，这个计算都必须重新进行。

对于应用蒙特卡罗法的风险分析师来讲，贝叶斯推断分析的标准化部分可以完全忽略。大多数蒙特卡罗软件包都提供两个函数，可以使我们达到这一目的：离散（$\{x\}$，$\{p\}$）分布和相对（min，max，$\{x\}$，$\{p\}$）分布。第一个函数定义了一个离散分布，其中所允许的值由 $\{x\}$ 数组给出，每一个值的相对似然性由 $\{p\}$ 数组给出。第二个函数定义了一个连续型分布，其中最小值为 min，最大值为 max，还有一些 x 值由 $\{x\}$ 数组给出，其中每一个值都有一个相对似然性“密度”，由 $\{p\}$ 数组给出。这两个函数之所以有用是因为用户不需要确保离散分布的概率 $\{p\}$ 的总和为 1，也不需确保相对分布的曲线下的面积等于 1。这个函数能自动标准化。

9.2.5 贝叶斯后验分布的泰勒级数近似

当有适量数据用于计算似然函数时，后验分布将近似为正态分布。在本部分中将会解释其原因，并提供一个直接确定近似正态分布的速记方法，且不需要进行完整的贝叶斯分析。

参数 θ 的最佳估计值 θ_0 为后验分布 $f(\theta)$ 取最大值处。在数学上，这相当于：

$$\left.\frac{\mathrm{d}f(\theta)}{\mathrm{d}\theta}\right|_{\theta_0}=0 \tag{9.11}$$

也就是说，当 $f(\theta)$ 的斜率为 0 的时候能得到 θ_0。严格地讲，为了在 θ_0 处为最大值，也要求 $f(\theta)$ 斜率由正到负变化，即：

$$\left.\frac{\mathrm{d}^2 f(\theta)}{\mathrm{d}\theta^2}\right|_{\theta_0}<0$$

只有当后验分布有两个或两个以上的峰时，第二种情况才有价值，此时对后验分布进行正态近似就显得非常不合适了。应用 $f(\theta)$ 的一阶和二阶导数，需假设 θ 是一个连续型变量，但是原则上这也同样适用于离散型变量，在这种情况下，只需寻找能使后验分布取得最大值的 θ。

一个函数的泰勒级数展开（见 6.3.6）能产生关于 x_0 的 $f(x)$ 函数的多项式近似，这样通常能产生比原函数更简单的形式。泰勒级数展开式如下：

$$f(x)=\sum_{m=1}^{\infty}\frac{f^{(m)}(x_0)}{m!}(x-x_0)^m$$

此式中，$f^{(m)}(x)$ 表示关于 x 的函数 $f(x)$ 的第 m 阶导数。

为了使下一步的计算更简单，首先要定义后验分布的对数形式，为 $L(\theta)=\log_e$

[f (θ)]。由于 $L(\theta)$ 随 $f(\theta)$ 的增大而增大，所以在 $f(\theta)$ 取得最大值处 $L(\theta)$ 同样也取得最大值。现在把关于 θ_0(MLE) 的 $L(\theta)$ 的泰勒级数展开式应用到前三项中：

$$L(\theta)=L(\theta_0)+\left.\frac{\mathrm{d}L(\theta)}{\mathrm{d}\theta}\right|_{\theta_0}(\theta-\theta_0)+\frac{1}{2}\left.\frac{\mathrm{d}^2L(\theta)}{\mathrm{d}\theta^2}\right|_{\theta_0}(\theta-\theta_0)^2+\cdots$$

此展开式的第一项是一个常数（k），与 $L(\theta)$ 的形状无关；从公式（9.11）中能得出第二项等于0，由此能得到简化式：

$$L(\theta)=k+\frac{1}{2}\left.\frac{\mathrm{d}^2L(\theta)}{\mathrm{d}\theta^2}\right|_{\theta_0}(\theta-\theta_0)^2+\cdots$$

如果更高阶项（$m=3$，4…）比 $m=2$ 项能得出更小值，那么这个近似式就有效。

现在，求 $L(\theta)$ 的指数形式来重新得到 $f(\theta)$：

$$f(\theta)\approx K\exp\left(\frac{1}{2}\left.\frac{\mathrm{d}^2L(\theta)}{\mathrm{d}\theta^2}\right|_{\theta_0}(\theta-\theta_0)^2\right)$$

其中，K 是一个标准化常数。现在，可得出正态（μ，σ）分布的概率密度公式 $f(x)$：

$$f(x)=\frac{1}{\sqrt{2\pi\sigma^2}}\exp\left(-\frac{(x-\mu)^2}{2\sigma^2}\right)$$

通过对以上两式进行比较，可以发现 $f(\theta)$ 和正态分布具有相同函数形式：

$$\mu=\theta_0\ \text{和}\ \sigma=\left[-\left.\frac{\mathrm{d}^2L(\theta)}{\mathrm{d}\theta^2}\right|_{\theta_0}\right]^{-1/2}$$

因此，常常用以下正态分布近似贝叶斯后验分布：

$$\theta=\mathrm{Normal}\left(\theta_0,\ \left[-\left.\frac{\mathrm{d}^2L(\theta)}{\mathrm{d}\theta^2}\right|_{\theta_0}\right]^{-1/2}\right)$$

以下将用几个简单的例子说明这个正态（或二次）近似。

例 9.5 Beta 分布近似

从上文已知，当从 n 次独立实验中观察到 s 次成功事件时，Beta（$s+1$，$n/s+1$）分布能够对二项式概率 p 进行估计，并且假定其为均匀分布 U（0，1）为先验分布。后验密度函数如下：

$$f(\theta)\propto\theta^s(1-\theta)^{(n-s)}$$

取对数，得到：

$$L(\theta)=k+s\log_e[\theta]+(n-s)\log_e[1-\theta]$$

和

$$\frac{\mathrm{d}L(\theta)}{\mathrm{d}\theta}=\frac{s}{\theta}-\frac{n-s}{1-\theta},\quad \frac{\mathrm{d}^2L(\theta)}{\mathrm{d}\theta^2}=-\frac{s}{\theta^2}-\frac{n-s}{(1-\theta)^2}$$

首先得到 θ 的最佳估计值 θ_0

$$\left.\frac{\mathrm{d}L(\theta)}{\mathrm{d}\theta}\right|_{\theta_0}=\frac{s}{\theta_0}-\frac{n-s}{1-\theta_0}=0$$

这就得到了一个直观的令人满意的答案：

$$\theta_0=s/n \tag{9.12}$$

即对二项式概率的最佳猜测值就是试验成功的比例。

接下来，我们将要找到这个 Beta 分布近似正态分布的标准差 σ：

$$\left.\frac{\mathrm{d}^2L(\theta)}{\mathrm{d}\theta^2}\right|_{\theta_0}=-\frac{s}{\theta_0^2}-\frac{n-s}{(1-\theta_0)^2}=-\frac{n}{\theta_0(1-\theta_0)}$$

然后得到：

$$\sigma=\left[-\frac{\mathrm{d}^2L(\theta)}{\mathrm{d}\theta^2}\bigg|_{\theta_0}\right]^{-1/2}=\left[\frac{\theta_0(1-\theta_0)}{n}\right]^{1/2} \tag{9.13}$$

最后得到近似式：

$$\theta\approx\text{Normal}\left(\theta_0,\left[\frac{\theta_0(1-\theta_0)}{n}\right]^{1/2}\right)=\text{Normal}\left(\frac{s}{n},\left[\frac{s(n-s)}{n^3}\right]^{1/2}\right) \tag{9.14}$$

σ 公式有助于理解 Beta 分布的行为。通过分子可以观察到 Beta 分布及对 θ 实际值的不确定性的测定，也就是 θ 最佳估计的函数。当 $\theta_0=1/2$ 时，函数 $[\theta_0(1-\theta_0)]$ 为最大值，因此对于一个给定的实验数 n，当成功比例接近 0.5 而不是靠近 0 或 1 时，更无法确定 θ 真值。通过分母可观察到不确定性程度（由 σ 表示）与 $n^{-1/2}$ 成比例。可以一次又一次观察到一些参数的不确定性程度和可用数据量的平方根成反比。注意，公式（9.14）和经典的统计学公式（9.7）得到的结果完全相同。但是在什么情况下对 $L(\theta)$ 进行二次近似，即对 $f(\theta)$ 进行正态近似能得到一个好的拟合呢？Beta（$s+1$，$n-s+1$）分布的均数 μ 和方差 V 如下：

$$\mu=\frac{s+1}{n+2},\ V=\frac{(s+1)(n-s+1)}{(n+2)^2(n+3)}$$

将这些恒等式与公式（9.13）进行比较，可以看到，当 s 和（$n-s$）都足够大到对 s 加 1 和 n 加 3 在比例上几乎没影响时，正态近似可用，即：

$$\frac{s+1}{s}\approx1\text{ 和 }\frac{n+3}{n}\approx1$$

图 9.17 是几组 n 次试验中发生 s 次成功事件的 Beta 分布和它的正态近似的比较。◆

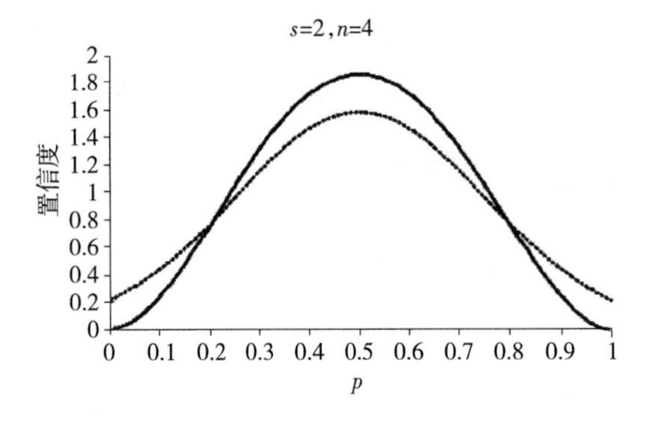

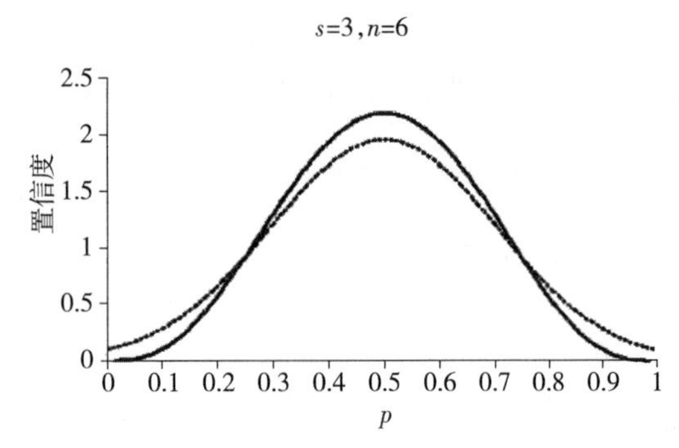

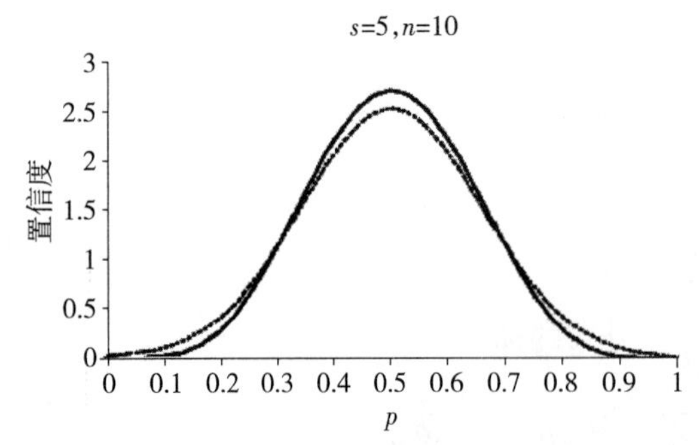

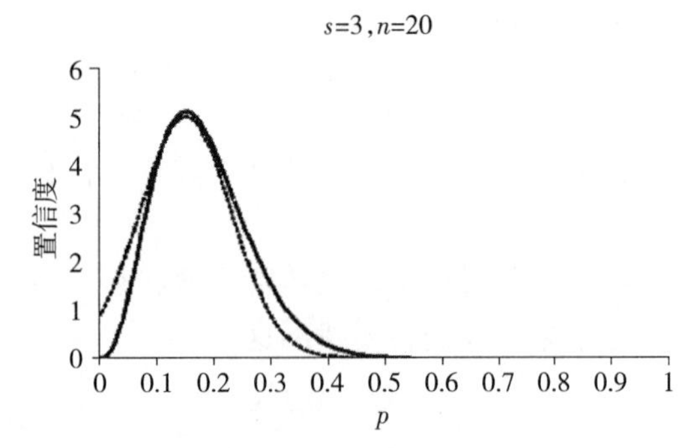

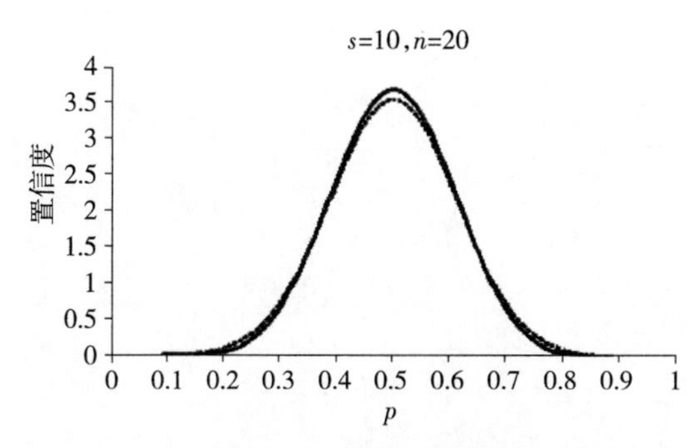

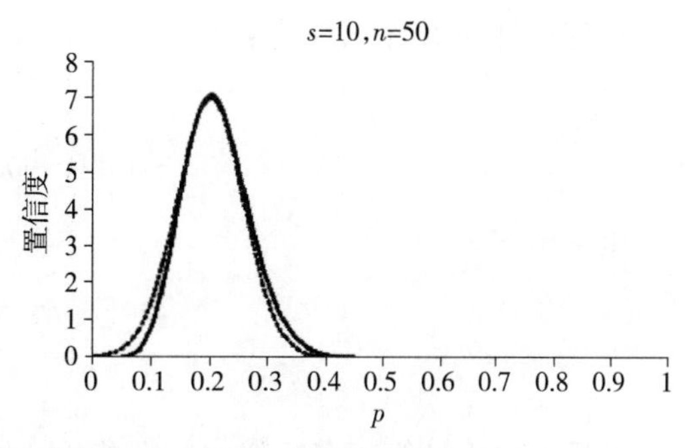

图 9.17　几组 n 次试验中发生 s 次成功事件的 Beta（$s+1$，$n-s+1$）分布和它的正态近似比较（实线为 Beta 分布，虚线为正态近似）

例 9.6　泊松过程中 λ 的不确定性

表 9.2 展示了过去 20 年间太平洋部分地区发生地震的次数。那么明年将发生超过 10 次地震的概率是多少？

表 9.2　太平洋地震数据

年份	地震次数	年份	地震次数
1979	8	1989	11
1980	7	1990	4
1981	9	1991	13
1982	5	1992	4
1983	7	1993	9
1984	7	1994	3
1985	6	1995	11
1986	5	1996	3
1987	6	1997	7
1988	4	1998	8

假设地震发生次数服从泊松过程（这可能不符合泊松过程，因为一个大的地震释放积聚的压力后会沉寂一段时间，直到下一个地震形成），即单位时间内发生地震的概率是恒定的，并且所有的地震都是相互独立的事件。若这样的假设是可接受的，那么就需要确定泊松过程的参数 λ 的值，即理论上每年发生地震次数的真正的均数。假设没有先验认识，可以进行贝叶斯分析，令 $\lambda=\theta$ 作为所要估计的参数。正如 9.2.2 中所讨论的，先验分布事先并不确定，我们要用先验 $\pi(\theta)=1/\theta$。n 年内观测值 x_i 所对应的似然函数 $l(\mathrm{X}\mid\theta)$ 如下：

$$l(\mathrm{X}\mid\theta)\propto\prod_{i=1}^{n}e^{-\theta}\theta^{x_i}$$

由似然函数可得后验公式：

$$f(\theta)=\pi(\theta)l(X\mid\theta)\propto e^{-n\theta}\theta^{\sum_{i=1}^{n}x_i-1}$$

取对数后得到等式：

$$L(\theta)=k-n\theta+\left(\sum_{i=1}^{n}x_i-1\right)\log_e[\theta]$$

最佳估计 θ_0 由下式决定：

$$\left.\frac{\mathrm{d}L(\theta)}{\mathrm{d}\theta}\right|_{\theta_0} = -n + \frac{\sum_{i=1}^{n} x_i - 1}{\theta_0} = 0$$

由上可得：

$$\theta_0 = \frac{\sum_{i=1}^{n} x_i - 1}{n}$$

然后，可以计算正态近似的标准差：

$$\sigma = \left[-\left.\frac{\mathrm{d}^2 L(\theta)}{\mathrm{d}\theta^2}\right|_{\theta_0}\right]^{-1/2} = \left[\frac{\theta_0^2}{\sum_{i=1}^{n} x_i - 1}\right]^{1/2} = \sqrt{\frac{\theta_0}{n}} \qquad (9.15)$$

又因为，

$$\theta_0 = \frac{\sum_{i=1}^{n} x_i - 1}{n}$$

所以，可得 λ 的估计值：

$$\lambda \approx \mathrm{Normal}\left(\theta_0, \sqrt{\frac{\theta_0}{n}}\right)$$

再一次验证了这个方法是有意义的，并且再一次看到了不确定性随数据 n 的平方根的增大而成比例地下降。中心极限定理（见 6.3.3）表明：当 n 充分大时，一个总体的真正均数 μ 的不确定性可描述如下：

$$\mu \approx \mathrm{Normal}\ (\bar{x}, s/\sqrt{n})$$

式中，$\bar{x}$ 是样本均数，s 是从总体中所抽取的样本的标准差。

泊松分布的方差等于它的均数 λ，因此它的标准差就等于$\sqrt{\lambda}$。在上述关于 θ_0 的等式中，当 $\sum_{i=1}^{n} x_i - 1$ 增大时，位于等式分子位置上的“-1”对于 θ_0 的重要性逐渐降低，并且 θ_0 越来越接近每个阶段内观测值的均数 $\bar{x}$，从而可以看出贝叶斯方法和经典统计学当中的中心极限定理给出了同一个答案。当 λ 很大时，每一个 x_i 的值都会很大，所以 $\sum_{i=1}^{n} x_i$ 将会很大，或者当有很多数据的时候（也就是 n 很大的时候），此时有很多个较小的 x_i，这些 x_i 的总和仍会是很大的。鉴于过去 20 年内的地震数据，图 9.18 给出了系统中地震次数的真实均数 λ 的三种估计，即标准的贝叶斯方法、贝叶斯的正态近似和中心极限定理的近似。◆

例 9.7 标准差未知的正态分布的均数估计

假设从均数 μ 和标准差 σ 未知的正态分布中抽取一组样本，样本量为 n。我们想在适当的不确定性水平内得到对均数的最佳估计。正态分布的均数可以取 [$-\infty$，$+\infty$] 之间的任何值，因此可以用一致不均匀先验 $\pi(\mu)=k$ 来进行估计。由 9.2.2 讨论可知，标准差的一致先验应为 $\pi(\sigma)=1/\sigma$ 以保证线性变换下的不变性。似然函数由下面正态分布密度函数给出：

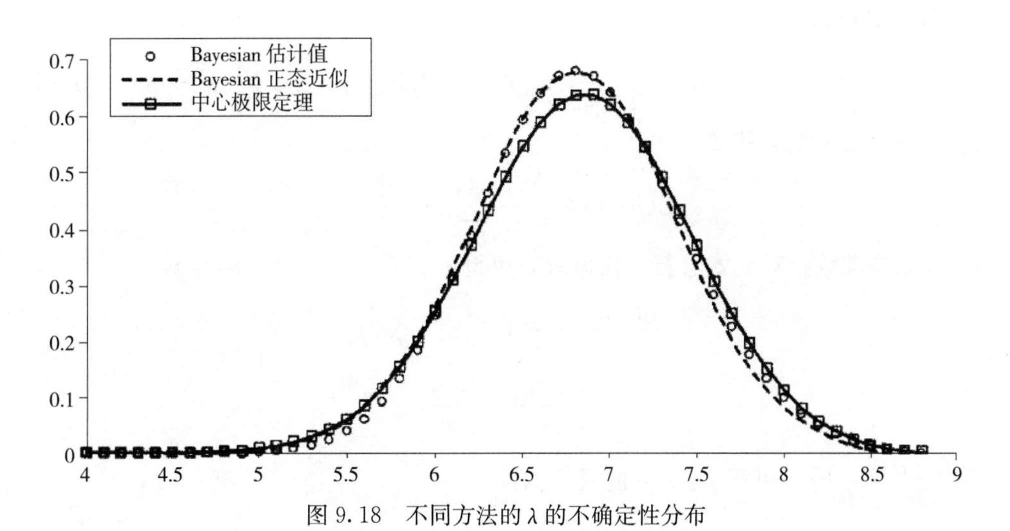

图 9.18　不同方法的 λ 的不确定性分布

$$l(X \mid \mu,\sigma) = \frac{1}{(2\pi\sigma^2)^{n/2}} \exp\left(-\frac{1}{2\sigma^2}\sum_{i=1}^{n}(x_i-\mu)^2\right)$$

将先验分布与似然函数相乘，并结合 σ 的所有可能值，我们可以得到 μ 的后验分布如下：

$$f(\mu) \propto [n(\bar{x}-\mu)^2 + ns^2]^{-n/2}$$

其中，$\bar{x}$ 和 s 分别为样本数据的平均数和标准差。

自由度为 ν 的 t 分布概率密度函数如下：

$$f(x) \propto \left[1+\frac{x^2}{\nu}\right]^{-(\nu+1)/2}$$

若令 $\nu=n-1$，则公式 $f(\mu)$ 与公式 $f(x)$ 具有相同形式。如果我们将公式 $f(\mu)$ 方括号内的式子除以 ns^2，得公式如下：

$$f(\mu) \propto \left[\frac{(\bar{x}-\mu)^2}{s^2}+1\right]^{-n/2}$$

所以，上述公式 $f(\mu)$ 相当于变换调整后的自由度为 $n-1$ 的 t 分布。特别是 μ 能写为如下形式：

$$\mu = t(n-1)\frac{s}{\sqrt{n-1}} + \bar{x}$$

其中，$t(n-1)$ 代表自由度为 $n-1$ 的 t 分布。如 9.1.3 中所述，这正是经典统计学中使用的精确结果。◆

例 9.8　标准差已知的正态分布的均数估计

与上例相比，本例是一个更明确具体的例子，也可能会在现实发生。例如，对一个参数进行多次测量，假设这些测量是相互独立的，它们与真实值的误差呈正态分布，并且没有偏倚（即这些测量值将会环绕真实值而分布）。

应用和之前一样的方法，令均匀分布作为 μ 的先验，并对 n 个测量值 $\{x_i\}$ 使用正态似然函数。由于 σ 是已知的，因此不用对其进行先验估计。由下式可以得到 μ 的后验分布：

$$f(\mu) = \frac{1}{(2\pi\sigma^2)^{n/2}} \exp\left(-\frac{1}{2\sigma^2}\sum_{i=1}^{n}(x_i-\mu)^2\right)$$

对其取对数可得：

$$L(\mu)=\log_e[f(\mu)]=-\frac{n}{2}\log_e[2\pi]-n\log_e[\sigma]-\frac{1}{2\sigma^2}\sum_{i=1}^{n}(x_i-\mu)^2 \quad (9.16)$$

又由于 σ 是已知的，那么：

$$L(\mu)=k-\frac{1}{2\sigma^2}\sum_{i=1}^{n}(x_i-\mu)^2$$

其中，k 是常数。对上式进行二次微分，可得：

$$\frac{\mathrm{d}L(\mu)}{\mathrm{d}\mu}=\frac{1}{\sigma^2}\left(\sum_{i=1}^{n}x_i-\mu n\right)$$

$$\frac{\mathrm{d}^2L(\mu)}{\mathrm{d}\mu^2}=\frac{-n}{\sigma^2}$$

当 $\frac{\mathrm{d}L(\mu)}{\mathrm{d}\mu}=0$ 时，可得 μ_0 对 μ 的最佳估计：

$$\left.\frac{\mathrm{d}L(\mu)}{\mathrm{d}\mu}\right|_{\mu_0}=\frac{1}{\sigma^2}\left(\sum_{i=1}^{n}x_i-\mu_0 n\right)=0$$

即 μ_0 是数据集的均数 $\bar{x}$。关于 μ_0 函数的泰勒级数展开式是：

$$L(\mu)=L(\mu_0)+\left.\frac{\mathrm{d}^2L(\mu)}{\mathrm{d}\mu^2}\right|_{\mu_0}\frac{(\mu-\mu_0)^2}{2}=-\frac{n}{\sigma^2}\frac{(\mu-\mu_0)^2}{2}$$

因为一阶项为0，所以展开式中不包含一阶项。并由于式（$\mathrm{d}^2L(\mu)/\mathrm{d}\mu^2$）=（$-n/\sigma^2$）与 μ 相互独立，且任何高次微分项都为0，因此展开式也不含任何高阶项。因而，公式（9.16）即是最终结果。

使用自然指数对 $f(\mu)$ 做一下变换，并重新整理，可得：

$$f(\mu)=K\exp\left[\frac{(\mu-\bar{x})^2}{2\left(\frac{\sigma}{\sqrt{n}}\right)^2}\right]$$

其中，K 是标准常数。通过与正态分布的概率密度函数做比较，可以很容易地看出，这是一个均数为 $\bar{x}$、标准差为 $\sigma/\sqrt{n}$ 的正态密度函数。换句话讲，就是：

$$\mu=\mathrm{Normal}(\bar{x},\sigma/\sqrt{n})$$

这与公式（9.14）中经典统计学的结果相同，也与中心极限定理的结果相同。◆

练习 9.4：正态分布标准差的贝叶斯不确定性。

证明利用贝叶斯推断方法推导出的正态分布标准差的不确定性结果与9.1.2中经典统计学的结果具有相同形式。

9.2.6 Markov 链模拟：Metropolis 算法和 Gibbs 抽样

吉布斯（Gibbs）采样是一种用于获得所需贝叶斯后验分布的模拟方法，尤其是对于难以代数定义、难以标准化、难以抽样的多参数模型特别有用。该方法基于马尔可夫（Markov）链模拟。Markov 链模拟是模拟 Markov 过程（一种随机游走）的方法，Markov 过程的平稳分布（一种需要非常大的步数的分布）即是所需的后验分布。该方法需要将 Markov 链运行足够多的次数以近似平稳分布，并记录模拟所生成的值。Markov 链模型的思想是确定一个收敛于后验分布的过渡分布 $T_t(\theta^t \mid \theta^{t-1})$（过渡分布是这样一种分布，即 Markov 链上第 i 步 θ^i 的值取决于第 $i-1$ 步的 θ^{i-1} 值）

metropolis 算法

过渡分布 T_i 是一些对称跳跃分布 J_t（$\theta^t \mid \theta^{t-1}$）的组合，表示从一个值 θ^{i-1} 到随机选择的另一个值 θ^* 的跳跃过程。加权函数将跳跃到 θ^*（相对于静止来讲）的概率记为比率 r，如下：

$$r = \frac{p(\theta^* \mid X)}{p(\theta^{t-1} \mid X)}$$

所以，

$$\begin{aligned} \theta^i &= \theta^* \quad \text{概率最小值为 [1, r] 时} \\ &= \theta^{i-1} \quad \text{其他情况时} \end{aligned}$$

该方法依赖于对所有的 i 和 $\theta^{i=1}$ 都能从分布 J_t 采样，以及依赖于对所有的跳跃都能够对 r 积分。对于多参数问题，metropolis 算法的效率是非常低的；Gibbs 抽样提供了一种新方法，不仅能得到同样的后验分布，所需模型迭代次数也少很多。

Gibbs 抽样

Gibbs 抽样器，也称交替条件采样，常用于多参数问题，即当 θ 是一个 d 维向量（θ_1，…，θ_d）时。Gibbs 抽样在每一次模型迭代时会对 θ 的每一个分量进行顺序循环采样赋值，因而每次迭代有 d 个步骤。从上次迭代到下次迭代首先赋值的分量是随机选取的。在一次循环中，第 k 个分量的值被从具有如下概率密度函数的分布所抽取的值替换（$k=1$，…，d，这时其他的分量的值都保持不变）：

$$f\ (\theta_k \mid \theta_{-k}^{i-1},\ X)$$

其中，θ_{-k}^{i-1} 是此时 θ 除 θ_k 外的所有分量的值构成的向量。Gibbs 抽样在每次迭代中都需要从 d 个独立分布中抽样十分不便。然而，条件分布常常是共轭分布，使得抽样简单快捷很多。在 Gelman 等（1995）的书中讨论了各种 Markov 链模型，并有丰富的例子，值得一读。Gilks 等（1996）的书由诸多大师编写，收录了多个 MCMC 方法。

应用 MCMC 方法

一些极其聪明的人能自己编写 Gibbs 抽样程序，但对于剩下的人，可以使用由剑桥大学开发的软件 WinBUGS。它是免费的，也是处理 MCMC 模型最常用的软件。除非熟悉 S-plus 或 R 脚本，否则使用这个软件会比较困难。在我们编写程序时，我们常常等待软件提示“编译成功”。因为当软件无法编译时，对于该怎么做很少提示。好在实际的概率模型能直观编写，并且 WinBUGS 软件允许不同的数据集被纳入同一模型，具有很大的灵活性。该软件也不断升级，同时也有人通过 OpenBUGS 项目为 WinBUGS 编写用户界面。要利用 WinBUGS 输出结果，需要将 CODA 文件形式的数据导出到一个电子表格，移动数据到每一参数栏，并用和引导配对数据一样的方法随机选取一排数据。模型风险函数 VoseNBootPaired 能使上述操作轻易完成。

9.3 Bootstrap 法

自举法（Bootstrap 法）于 1979 年由 Efron 提出，在 1993 年 Efron 和 Tibshirani 对该方法进行了深入探索，但直到 1997 年由 Davison 和 Hinkley 才开始实际应用。本节是对 Bootstrap 法的简单介绍，涵盖了大部分的重要概念。Bootstrap 法从名字上乍看起来不明其意，但是它已经被证实是一种十分有用的方法，原因有两点：一是与传统的技术获得的结果十分吻合，特别是在获得了大量数据的场合下；二是在传统的统计学方法不能应用且不能使用先验估计的情况下，它能估计参数的不确定性。

Bootstrap 法得名于短语"to pull yourself up by your bootstraps"（用靴带拉起自己，凭自己力量振作起来），这个短语来自于鲁道夫埃里希·拉斯伯的著作《吹牛大王历险记》。书中的主角男爵明希豪森（1720—1797）确实存在，而且人们都称他是一个大言不惭的人，尤其是他作为俄罗斯骑兵军官时的事迹众所周知。拉斯伯用他的名字创作了这个有趣的故事（如果是现在，拉斯伯肯定会被起诉的）。在这个故事中，明希豪森落入一个深湖中起不来，直到最后他想到用自己的靴带把自己拉起来，他才得以上岸。"Bootstrap"（自举）这个名字也许不太能使人对这个方法产生巨大信心：它给人一种试图无中生有的印象——事实上，Bootstrap 法在一个人刚接触时的确给人这种印象。然而，Bootstrap 法确实是一种实用的统计学分析方法，如果谨慎使用，它可以很方便地得出结果，并适用于一些传统方法应用不了的场合。

在其最简单的非参形式中，Bootstrap 法实际上是十分简单的。Efron 使用的标准符号对于初学者来说可能有点混乱。由于作者不打算在本书中更深入讨论 Bootstrap 法，因此作者简单修改了符号以使内容显得尽可能容易一些。Bootstrap 法同样适用于贝叶斯推断的情形。例如，我们有一组随机从一些人口分布 F 中随机抽取的数据 x，我们希望从中估计一些统计学参数。

刀切法

Bootstrap 法起源于发明更早的 Jackknife 法（刀切法），Jackknife 法是用以检查从一组数据计算得到的统计学结果的准确性的一种方法，从数据集中删除第 i 个数据后计算得到的统计量，记为 $\hat{\theta}_{(i)}$。对于一个有 n 个值的数据集，能得到 n 个 Jackknife 值，这些值的分布给人一种感觉：由这些 Jackknife 值能得到对于不确定值的真正的统计学估计。作者之所以说"给人一种感觉"，是因为不推荐读者使用 Jackknife 法来获取对任何不确定值的精确的估计。Jackknife 法对于不确定值的估计结果并不可靠，这种方法还有很多改进空间。

9.3.1 非参数 Bootstrap 法

假设有一组对某个分布的某些特征进行随机测量得到的 n 个值（例如，从草坪上随机选取的 100 株草的高度），希望估计这个分布的一些参数（例如，草坪上所有草的高度的真正均数）。Bootstrap 法理论认为，可以用抽样获得的观测值的分布 $\hat{F}$ 来合理地近似这些草叶的真正分布 F。显然，数据收集得越多，假设就越合理。Bootstrap 法先用 n 个观测值构造一个分布 $\hat{F}$，然后再从构造的分布 $\hat{F}$ 中重新随机抽取 n 个样本计算要估计的统计量。这样反复地抽样与计算统计量，直到最终获得合理稳定的统计学分布。这就是关于不确定参数的分布。

一个简单的例子能很好地阐述这个理论。假设奥克兰有一家隐形眼镜工厂，由于某些原因，需要统计在某种光照下新西兰人的瞳孔的平均直径。由于预算有限，因此从大街上随机选择 10 人并测量他们在特定环境光照下瞳孔的直径。得到如下结果（mm）：5.92、5.06、6.16、5.60、4.87、5.61、5.72、5.36、6.03 和 5.71。这个数据集构成了对真正的人群瞳

孔分布的自助估计 $\hat{F}$，现从估计分布 $\hat{F}$ 中随机抽取十个样本替换原来的抽样。

图 9.19 的表格演示了 Bootstrap 法抽样：B 列存放有原始样本数据，C 列则是利用 Duniform（$\{x\}$）分布（Duniform（$\{x\}$）分布是离散分布，数组 $\{x\}$ 中的值可能相同）从 B 列数据中抽取的 10 个 Bootstrap 样本。C14 单元格则展示通过新抽取的样本计算所要估计的统计量（均数）。将上诉过程迭代 1 000 次，产生的 Bootstrap 不确定性分布如图 9.20 所示。分布大致近似正态（偏态＝－0.16，峰度＝3.02），均数＝5.604，即原始数据集平均数。

	A	B	C	D	E	F	G
1							
2		数据	自举样本		公式表		
3					B4:B13	数据值	
4		5.92	6.03		C4:C13	=VoseDUniform($B$4:$B$13)	
5		5.06	5.60		C14	=AVERAGE(C4:C13)	
6		6.16	5.60				
7		5.60	5.72				
8		4.87	5.92				
9		5.61	5.71				
10		5.72	5.72				
11		5.36	5.92				
12		6.03	5.71				
13		5.71	6.03				
14		平均值	5.80				
15							

图 9.19　非参数自举法模型

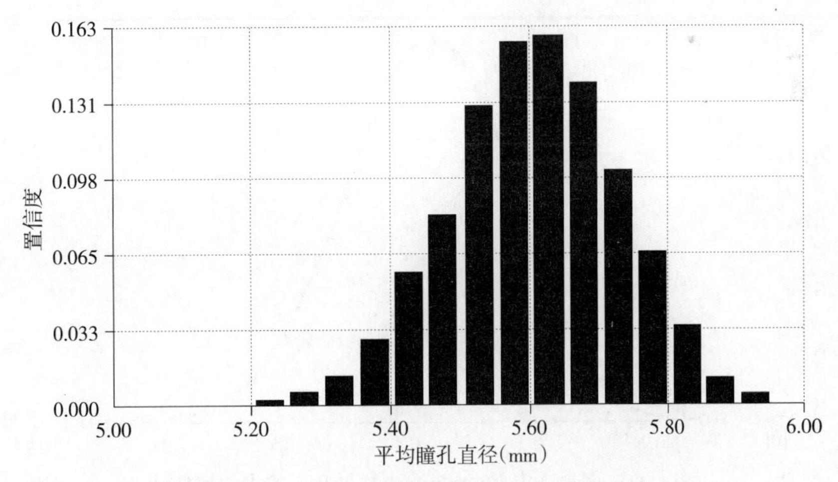

图 9.20　从图 9.19 模型中得出的不确定分布

简而言之，非参数 Bootstrap 法过程如下：

- 抽取容量为 n 的样本 $\{x_1, \cdots, x_n\}$。
- 创建 B 组 Bootstrap 样本 $\{x_1^*, \cdots x_n^*\}$，其中每一个 x_i^* 都是从 $\{x_1, \cdots, x_n\}$ 中随机抽取的。
- 对于每个 Bootstrap 样本 $\{x_1^*, \cdots, x_n^*\}$，计算所要求的统计量 $\hat{\theta}$。这些 B 组统计量的分布即是真值 θ 的不确定性 Bootstrap 法估计。

例 9.9 失效率的 Bootstrap 法估计

失效率是指具有某种特定特征的个体占总体的比例。失效率 P 的估计通常取决于从总体中随机抽取的样本及具有该特征个体在样本所占的比例。用非参数 Bootstrap 法可以很容易获得对失效率的点估计及其置信区间。假设在华盛顿特区随机调查 50 名选民，并询问他们在第二天的总统选举中有多少人会投票给民主党。假设他们说的都是真话，并且在明天之前不会有人改变主意。调查的结果显示有 19 人会投票给民主党。将民主党的投票记为 1，共和党的投票记为 0，因而我们获得的数据集有 50 个值，其中 19 个 1，31 个 0。非参数 Bootstrap 法将从这个数据集取样。取样结果将相当于一个二项（50，19/50）分布。失效率的估计值正是 Bootstrap 法样本中 1 所占的比例，即 P=B（50，19/50）/50。非参数 Bootstrap 法所得估计和公式（9.6）中传统的经典统计学估计是一样的，有趣的是，参数 Bootstrap 法（见 9.3.2）在本例中也具有完全相同的估计结果。参数 Bootstrap 法采集的样本的分布符合一个二项分布 B（1，P），从这个二项分布中我们抽取 50 个样本，概率 P 的最大似然估计为 19/50。因此，50 个参数 Bootstrap 法抽样的加和也是一个二项分布 B（50，19/50），概率 P 的估计也同样等于 B（50，19/50）/50。

我们可以采用贝叶斯推断的方法。令均匀分布 U（0，1）作为先验，并使用一个二项式似然函数（假定人口比样品大得多），可以用 Beta 分布来估计失效率（见 8.2.3）：

$$P=\text{Beta}（20，32）$$

图 9.21 将贝叶斯估计和 Bootstrap 法估计做对比，可以看出它们是很相似的，只是 Bootstrap 法估计是离散的，而贝叶斯估计是连续的。而且，随着样本容量的增大，它们的差别也会越来越小。◆

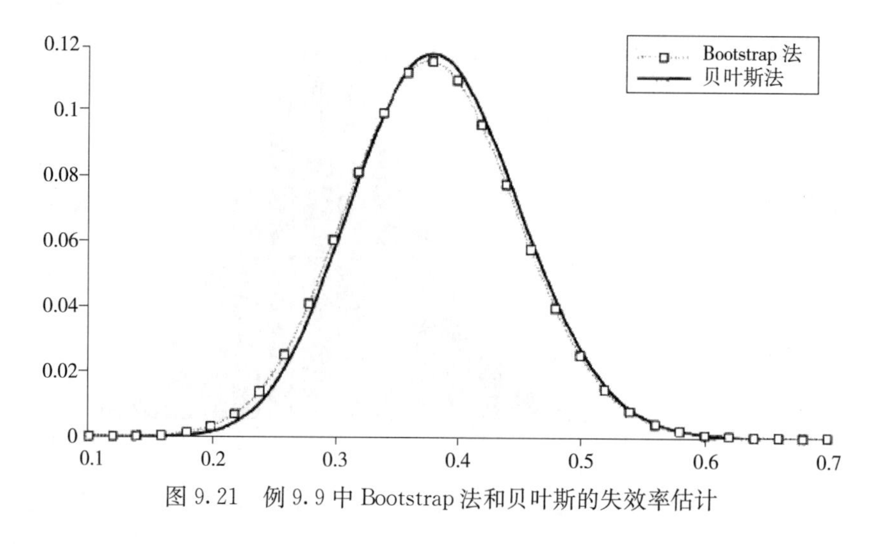

图 9.21 例 9.9 中 Bootstrap 法和贝叶斯的失效率估计

9.3.2 参数 Bootstrap 法

上节中的非参数 Bootstrap 法并没有对总体分布的形式进行假设。然而，人们常常会事先了解总体分布属于哪一分布族。例如，每年发生地震的次数，从湖中采样的 1L 水中所含的贾第虫包囊数，从逻辑上讲它们都近似服从泊松分布。交换机中电话呼入的时间间隔近似服从指数分布。在具有一定规模的群体中随机抽取的男性人数将服从二项式分布。参数

Bootstrap 法为利用总体分布的额外信息提供了一种手段。参数 Bootstrap 法具体如下：

- 抽取容量为 n 的样本 $\{x_1, \cdots, x_n\}$。
- 从事先所知的分布族中求出与数据拟合得最好的分布，利用最大似然估计（最大似然估计见 10.3.1）确定其参数。
- 从拟合得最好的分布中随机抽样，创建 B 组 Bootstrap 样本 $\{x_1^*, \cdots, x_n^*\}$。
- 对于每个 Bootstrap 样本 $\{x_1^*, \cdots, x_n^*\}$，计算所要求的统计量 $\hat{\theta}$。这些 B 组统计量的分布即是真值 θ 的不确定性 Bootstrap 估计。

再次运用瞳孔测量的例子来说明参数 Bootstrap 法。假设由于某些原因（也许是从其他国家的经验）我们知道人群中瞳孔直径大小服从正态分布。正态分布有两个参数——平均数和标准差，假设它们都是未知的，而它们的最大似然估计即是抽样数据的均数和标准差。瞳孔测量值的平均数和标准差分别是 5.604mm 和 0.410mm。图 9.22 展示了一个电子表格模型。在 C 栏中是从正态分布 N（5.604，0.410）中随机抽取的 10 组数据，并以它们作为 Bootstrap 样本。单元格 D14 为 Bootstrap 样本的平均数（所要估计的统计量）。图 9.23 展示了参数 Bootstrap 法模型模拟结果和公式（9.2）所述的经典统计学方法的结果，它们的结果是非常近似的。参数 Bootstrap 法的分布和图 9.20 的非参数 Bootstrap 法的分布也非常相似。与适用于特定问题（即母分布为正态分布的情形）的经典统计学模型相比较，两种 Bootstrap 法给出的估计范围都较窄。换言之，最简形式的 Bootstrap 法倾向于低估感兴趣参数值的不确定性。Efron 和 Tibshirani 在 1993 年曾提出过一些这类问题的解决措施。

	A	B	C	D	E	F	G	H
1								
2			数据	自举样本		公式表		
3						C4:C13	数据值	
4			5.92	5.57		C14	=AVERAGE(C4:C13)	
5			5.06	5.72		C15	=STDEV(C4:C13)	
6			6.16	5.25		D4:D13	=VoseNormal($C$14,$C$15)	
7			5.60	6.01		D14(结果)	=AVERAGE(D4:D13)	
8			4.87	4.91				
9			5.61	6.06				
10			5.72	5.57				
11			5.36	5.54				
12			6.03	4.68				
13			5.71	4.69				
14		均值	5.60	5.40				
15		标准差	0.409 5					
16								

图 9.22 参数 Bootstrap 法模型

假设要利用某种声呐探头去估计一口井的真实深度。该探头标准的测量误差 σ 已知，为 0.2m。当探头重复测量同一深度时，所获得的呈正态分布变化的测量结果的标准差即是探头的测量误差 σ。为了估计井的深度，进行 n 次独立测量。测量结果的均数为 $\bar{x}$m。参数 Bootstrap 法模型利用 n 个独立的正态分布 N（$\bar{x}$，σ）的均数去估计可能的测量结果的分布的真正均数 μ，即井的真正深度。由中心极限定理，我们可以知道计算等式如下：

$$\mu = \text{Normal}\left(\bar{x}, \frac{\sigma}{\sqrt{n}}\right)$$

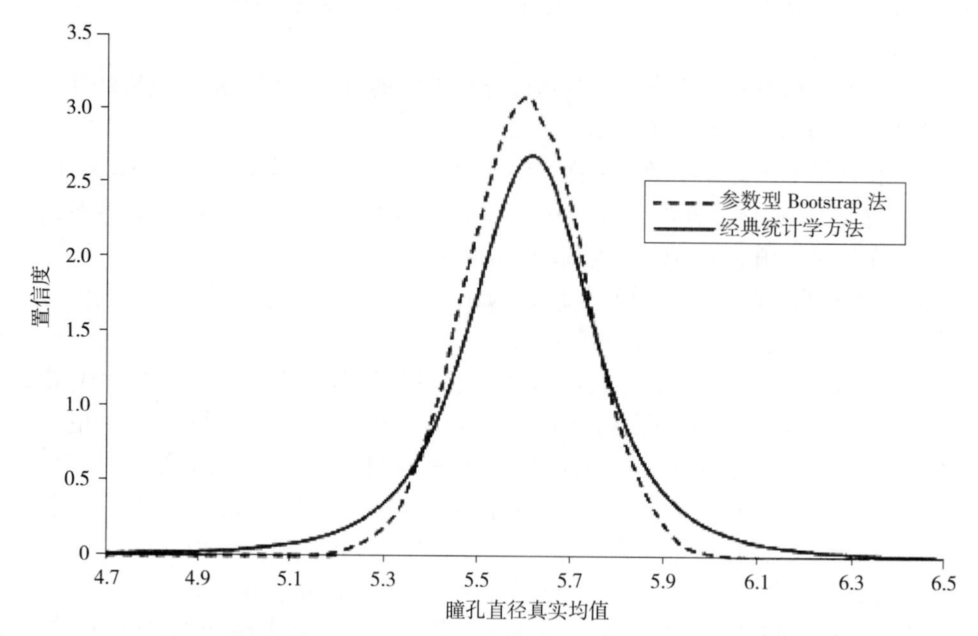

图 9.23　参数 Bootstrap 法模型模拟结果与传统的经典统计学结果

这也与经典统计学方法相符合，即和公式（9.3）得出的结果相同。◆

对正态分布的标准差的参数 Bootstrap 法估计

不管正态分布的均数知道与否，正态分布标准差的参数 Bootstrap 法估计结果与公式（9.5）和（9.6）给出的经典统计学估计结果都是完全相同的（读者可能想证明这一点，要记住，卡方分布 $\chi^2(v)$ 是 v 个独立的正态分布变量的平方和）。

例 9.10　参数 Bootstrap 法在估计两次通话间隔时间的应用

假设要在工作日的某个特定时间（如下午 2：00 到 3：00）预测电话交换机接到的来电数目。假设随机抽取 n 个独立的工作日，并在每个工作日的特定时间采集数据。由于每个电话的呼叫大致是相互独立的，于是可以假设来电的概率服从泊松分布。因此，可以使用泊松分布的模型来模拟 1h 内的通话次数。一天中这个时间段单位小时内通话次数的最大似然估计就是测试期间采集到的来电次数的平均数（证明见例 10.3）。因而通过 Bootstrap 法重复抽样获得的结果是一组 n 个相互独立的泊松分布 Poisson（$\bar{x}$）。为了得到一天中这个时间段单位小时内通话次数的真正均数的估计，可以计算 Bootstrap 法样本总和的平均数，即这 n 个独立的泊松分布 Poisson（$\bar{x}$）的平均数。n 个独立的泊松分布 Poisson（$\bar{x}$）的和等于泊松分布 Poisson（$n\bar{x}$），因而它们的均数也就是 Poisson（$n\bar{x}$）/n，其中 $n\bar{x}$ 是所有观测值的总和。因此，总的来讲，当已经获得 n 个时间段内的观测数据时，则单位时间内的观测值均数 λ 的泊松参数 Bootstrap 法估计如下：

$$\lambda = \text{Poisson}(S)/n$$

其中，S 是 n 个时间段所有观测数据的总和。

λ 的不确定性分布是连续的，并且 λ 可以取任意正实数。然而，Bootstrap 法只能产生离散型的 λ 值，即 $\{0, 1/n, 2/n, \cdots\}$。当 n 很大时，这不影响结果，因为这些值比较接近。但当 S 比较小的时候，其近似值就开始变得不准确了。图 9.24 显示了当 $n=5$，S 分别等于

2、10、20 时三个泊松参数 Bootstrap 法的 λ 估计值。当 $S=2$ 时，这些离散值在某些情况下对于 λ 的不确定模型是不够准确的，这时，采用其他的方法如贝叶斯推断更合适。然而，当 S 取值在 20 左右或大于 20 时，其离散值则比较接近。对于比较大的 S 值，我们可以通过对泊松分布构造一个正态近似，使参数重新具有连续的特性。例如，由于 Poisson（α）$\approx$N（α，$\sqrt{\alpha}$），可以得到：

$$\lambda \approx \text{Normal}\,(S/n,\ \sqrt{S}/n)$$

或者用 $\bar{x}$ 代替 S/n，得到：

$$\lambda \approx \text{Normal}\left(\bar{x},\ \sqrt{\frac{\bar{x}}{n}}\right)$$

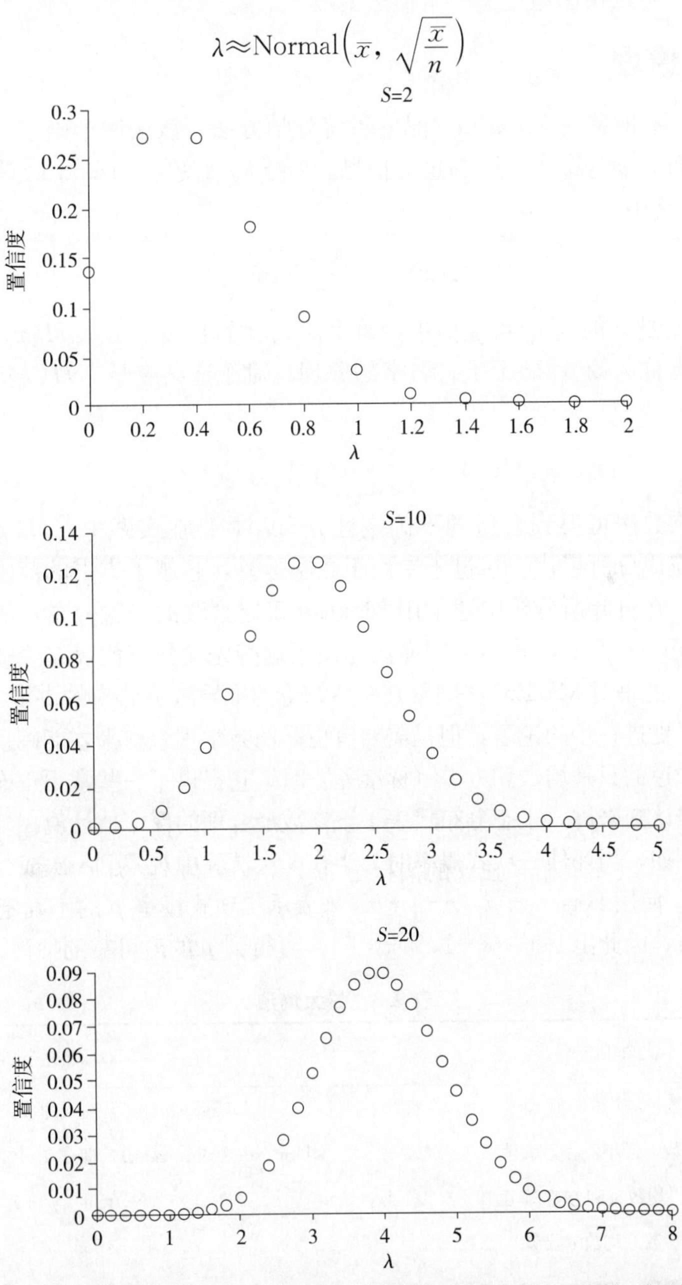

图 9.24 例 9.10 中 $S=2$、10 和 20 时泊松参数 Bootstrap 法的 λ 估计值

这也说明了当数据个数的算术平方根接近于 n 时，不确定性在降低。◆

9.3.3 贝叶斯 Bootstrap 法

贝叶斯 Bootstrap 法是一种估计随机样本 x 分布参数的具稳健性的贝叶斯方法。它与常见的 Bootstrap 法相同，决定 $\hat{\theta}$ 的分布，其分布密度便可用似然函数 $l(x \mid \theta)$ 表示。然后，应用于标准的贝叶斯推断公式［公式（9.8）］及 θ 的先验分布 $\pi(\theta)$ 来确定后验分布。在很多情况下，$\hat{\theta}$ 的 Bootstrap 分布都接近于正态分布。因此，通过计算 B 个 Bootstrap 重复值 $\hat{\theta}$ 的均数和标准差，可以快速地定义一个似然函数。

9.4 最大熵原理

最大熵准则（有时称为 MaxEnt）是一种统计学方法，该法用于确定一些参数的最大逻辑不确定性的分布，要符合一定限制量的信息。对于离散变量，MaxEnt 决定了最大化函数 $H(x)$ 的分布，其中：

$$H(x) = -\sum_{i=1}^{M} p_i \ln[p_i]$$

其中，p_i 是变量 x 的 M 个可能值中，每个值 x_i 的置信度。函数 $H(x)$ 应用了统计学力学属性公式（通常称为熵），展示了它名字的原理。对于连续变量，$H(x)$ 采取了积分函数的形式：

$$H(x) = -\int_{\min}^{\max} f(x)\ln[f(x)]\mathrm{d}x$$

由拉格朗日乘数法可得到合适的不确定性分布，并且在实践中，$H(x)$ 的连续变量公式是由其离散对应成分所替代。这过于专注于数学运算，超越了本书的范围，但是有很多大众感兴趣的结果。在贝叶斯分析中通常用 MaxEnt 确定合适的先验分布，所以表 9.3 的结果对先验分布给出了一些保证，我们希望谨慎地使用这些先验分布代表先验知识。

Sivia（1996）的书对 MaxEnt 法则及其一些结论的推导做了简易的讲解。Gzyl（1995）在这个主题上提供了更进一步的论著，但是需要有更高的数学理解水平才能阅读。正态分布的结果是有趣的，当知道的只是均数和方差（标准差）时，它提供了一些常用正态分布的理由，因为对于给定的一组认知来讲，正态分布代表了该参数最合理的保守估计值。均匀分布的结果也非常令人鼓舞，例如，当评估二项式概率时。当在 n 次试验中观察到 s 次成功事件假设为 Beta (a, b) 先验分布，使用 Beta $(s+a, n-s+b)$ 来表示二项式概率 p 的不确定性。Beta（1，1）是 U（0，1）分布，因此由 Beta $(s+1, n-s+1)$ 可得到 p 的最可靠的估计。

表 9.3 最大熵法

认知状态	MaxEnt 分布
离散参数，n 个可能值 $\{x_i\}$	DUniform（$\{x_i\}$），即 $p(x_i)=1/n$
连续参数，最小值和最大值	Uniform（min，max），即 $f(x)=1/(\max-\min)$
连续参数，均数 μ 和方差 σ^2 已知	Normal（μ,σ）
连续参数，均数 μ 已知	Expon（μ）
离散参数，均数 μ 已知	Poisson（μ）

9.5　应该使用哪种方法?

前面已经讨论了多种用于估计模型参数不确定性的方法。现在的问题是，哪一种方法是最好的？在一些情况下，经典的统计学有确切的方法确定置信区间。在这种情况下，使用这种方法是合理的，结果也不大可能受到质疑。在传统统计学方法的假设太多的情况下，你将不得不使用你的判断确定使用哪种方法。Bootstrap法，尤其是参数Bootstrap法，是强大的经典统计学法，有保持纯粹客观的优势。统计学家广泛接受这些方法，这些方法可用来确定统计量的不确定性分布，诸如源分布的中位数、峰态或标准差，经典统计学无法计算出这些。然而，这是一个相当新（统计学术语）的方法，所以可能会发现人们排斥根据其结果做决定，并且它的结果可能相当“颗粒”。

贝叶斯推断方法要求有一定的似然函数知识，这可能是困难的，往往需要一定的主观性来评估什么是足够正确的函数。贝叶斯推断也需要先验分布，它有时可能有争议，但有可能包含其他方法没涉及的知识。传统的统计学家有时会提供一种处理数据的方法，该法隐含假设：随机样本来自于正态分布，尽管源分布显然不是正态的。这通常涉及某种近似或数据转换（如取对数），使数据更好地服从正态分布。虽然我欣赏这样做的理由，但是我发现通过这种数据操作，很难发现出现了什么错误。

我们在咨询工作中想要做得好，通常只能使用Gibbs抽样，因为它是唯一可处理多变量估计的方法，这对风险分析有好处。WinBUGS程序可能有点难，但可以把模型做的非常易懂。我认为，如果该参数对于你的模型非常重要，很值得比较两种方法［例如，非参数Bootstrap法（或参数，如果可能的话）和未知先验分布的贝叶斯推断］。如果选择的两种方法有合理的一致性，那么会给予你更大的信心。什么是合理？这取决于你的模型和决策者所需的模型的准确度水平。如果你发现所测试的两个方法似乎有合理的不一致性，可以尝试运行两次模型，每一种评估一次，看模型输出是否有显著性差异。最后，如果两个模型的不确定性分布有显著性差异，你就不能在它们之中选择。可以认为有另一种不确定性来源，并用离散分布简单地结合这两个分布，结合方法与14.3.4介绍的结合不同专家意见的方法一样。

9.6　对简单线性最小二乘回归增加不确定性分析

在最小二乘回归中，可以构建一个模型，以变量y（响应或因变量）的变化作为一个或多个变量$\{x\}$（解释或者自变量）的函数。$\{x\}$与y间的回归关系使y的拟合公式与观察值的残差平方和最小。这种最小二乘回归理论假设关于这个直线的随机变异（不能由解释变量解释的效果）在所有$\{x\}$值中以常数方差正态分布，这表示这条拟合直线可以对给定的$\{x\}$描述y的平均数。为简单起见，认为一个单一的解释变量x（即简单回归分析）与y之间是线性关系（线性回归分析），即我们可以使用一个模型，其中y的变异作为x变化的结果，得如下公式：

$$y=\text{Normal}\,(mx+c,\ \sigma)$$

其中m和c分别表示斜率和xy直线的y截距，σ是y中观察到的不能用x直线公式解释的附加变异的标准差。图6.11解释了这个概念。在最小二乘线性回归中，代表性地选取n对观察值$\{x_i,\ y_i\}$，用于拟合该直线方程。

9.6.1 经典统计学

假定这个模型的假设是正确的，经典统计学理论（见6.3.9）提供了 m、c 与 σ 的最佳拟合值，通常称为 $\hat{m}$、$\hat{c}$ 和 $\hat{\sigma}$。它还提供在一些 x_p 和 σ 值时估计的 $\hat{y}_p=(mx_p+c)$ 的精确的不确定性分布，如下所示：

$$\hat{y}_p = t(n-2)s\sqrt{\frac{1}{n}+\frac{(x_p-\overline{x})^2}{SS_{xx}}}$$

$$\sigma = \sqrt{\frac{(n-1)s^2}{\chi^2(n-1)}}$$

其中，

$$SS_{xx} = \sum_{i=1}^{x}(x_i-\overline{x})^2$$

$t(n-2)$ 是自由度为 $(n-2)$ 的 t 分布，$\chi^2(n-1)$ 是自由度为 $(n-1)$ 的卡方分布，s 是观测值 y_i 与预测值 $\hat{y}_i=\hat{m}x_i+\hat{c}$ 间差值 e_i 的标准差，即：

$$s = \sum_{i=1}^{n}\frac{(y_i-(\hat{m}x_i+\hat{c}))^2}{n-1}$$

因为模型假设回归直线的随机变异是不变的，即它们与 x、y 值独立，所以 σ 的不确定分布不依赖 $(mx+c)$ 的不确定分布。未知先验分布的贝叶斯推断可以推导出相同的结果，即 $\pi(m, c, \sigma)\propto 1/\sigma$。

由不确定性公式 $\hat{y}_i=mx_i+c$ 可得到 x 与 y 的不确定性关系：在中部收缩，如图9.25的简单最小二乘回归分析所示，该图使用的是表9.4中的数据。这意味着，越接近观察值的极端，关系间的不确定性越大。这可描述用千克表示的哺乳动物质量与用克表示的哺乳动物大脑的平均质量的关系。严格来讲，在回归分析理论中，关系只存在于 x 观测值范围内。然而，对于身体质量，可以小心、合理地在观测值范围外外推一点，尽管离观测值范围越远，分析的有效性越低。

在回归分析中包含不确定性表示对于特定的 x 值，可得到一系列正态分布来表示 y 的可能值。正态分布反映了回归直线的观测变异性。这一系列的分布反映了回归公式系数的不确定性，因此也反映了正态分布参数的不确定性。

表9.4 哺乳动物体重和大脑重的实验测量数据

大脑重（g）	体重（kg）
2.844	50.856
713.72	9 958.02
22.309	193.49
16.265	294.52
14.69	155.74
0.043 6	0.685
0.449 2	29.05
3 270.15	35 160.5
1.698	175.92
372.97	1 034.4

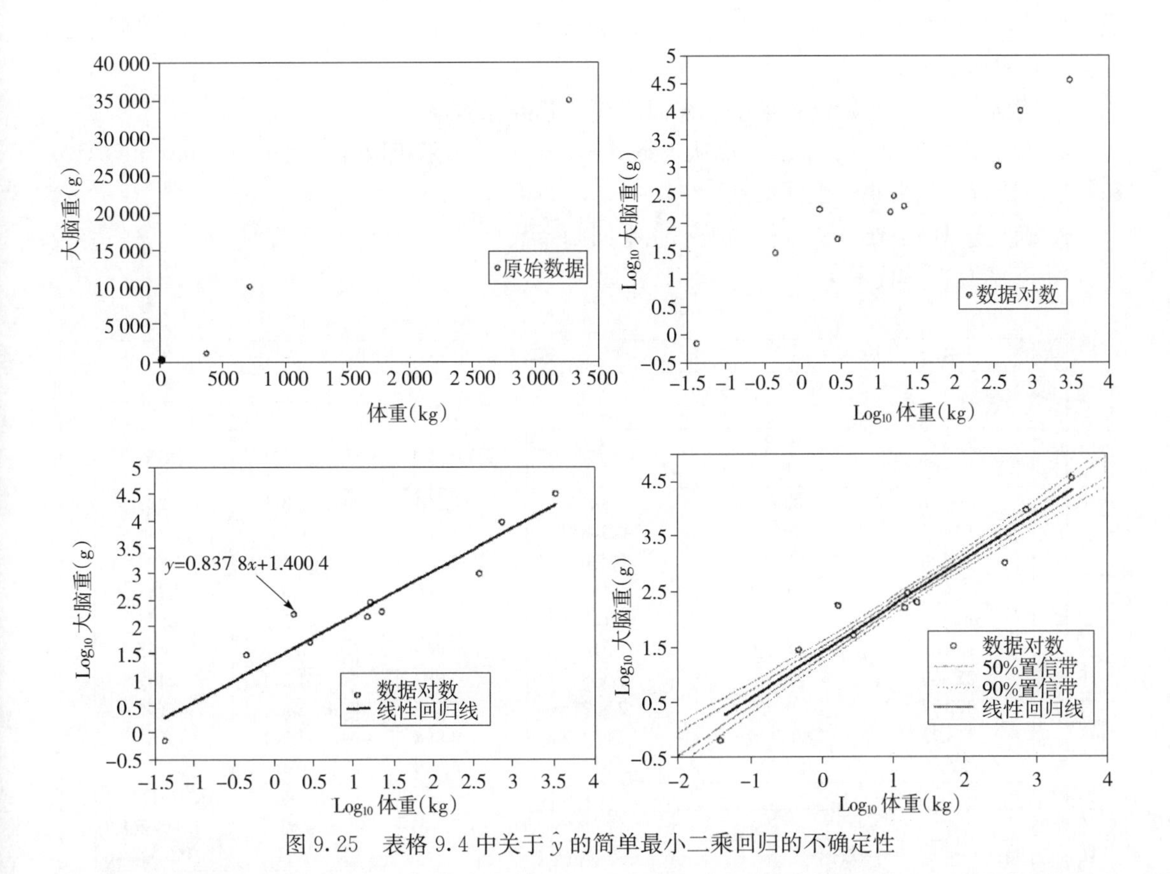

图 9.25 表格 9.4 中关于 $\hat{y}$ 的简单最小二乘回归的不确定性

Bootstrap 法

变量 x 与 y 可拟合简单最小二乘回归模型，如果它们之间的潜在关系是以下两个类型中的任一个，A：$\{x_i, y_i\}$ 观测值服从 x、y 的二元正态分布；B：对任意 x 值，可能的 y 对应值的分布是正态（$mx+c, \sigma(x)$）分布，且时间是 $\sigma(x)=\sigma$，即直线的随机变异有相同的标准差（方差齐性）。为了用 Bootstrap 法来计算回归系数的不确定性，首先必须确定这两种关系中哪一种会出现。从本质上讲，这相当于设计一个产生 $\{x_i, y_i\}$ 观测值的试验。如果将 x、y 的随机观测值合并在一起，就为 A 类型；如果用不同的 x 特定值来得到 y 的响应，就为 B 类型。例如，如果采用的是哺乳动物的随机样本，表 9.4 中｛身体质量，大脑质量｝数据就是 A 类型；然而，如果从特定哺乳动物的一个种类的 20 个亚种中，每个亚种选取 1 只动物，那就是 B 类型。再例如，如果要验证胡克定律，不断地增加砝码的重量可以看到弹簧超过了初始长度，那么｛质量，长度｝观测值就满足 B 类型，因为这是明确地通过控制 x 值来观察 y 值。

对于 A 类型的数据，回归系数可以看作是二元正态分布的参数。因此，使用非参数 Bootstrap 法可以很容易从配对观测值 $\{x_i, y_i\}$ 中重新取样，并在每一次 Bootstrap 重复时，计算回归系数。图 9.26 用电子数据表模型解释了这种类型的分析，使用的是表 9.4 的数据。

对于 B 类型的数据，x 值是确定的，而不是从一个分布中随机抽样得到。假设回归直线的随机变异是方差齐的并且线性关系也是正确的，那么所包含的唯一的随机变量将会产生直线的变异，所以我们就自举解决这个残差。如果已知残差是正态分布的，那么可以如下使用参数 Bootstrap 模型：

1. 确定 S_{yx}——原始资料最小二乘回归线残差的标准差。

2. 对于数据中每一个 x 值，都从正态（$\hat{y}$，S_{yx}）分布随机取样，其中 $\hat{y}=\hat{m}x+c$，且 $\hat{m}$ 和 $\hat{c}$ 是原始资料的最小二乘回归系数。

3. 确定这 Bootstrap 法取样的最小二乘回归系数。

4. 重复 B 次迭代。

	A	B	C	D	E	F	G	H
1								
2						Bootstrap		
3		大脑重 (g)	体重 (kg)	大脑重	体重	大脑重	体重	
4		0.043 6	0.685	-1.361	-0.164	1.348	2.287	
5		0.449 2	29.05	-0.348	1.463	0.230	2.245	
6		1.698	175.92	0.230	2.245	0.454	1.706	
7		2.844	50.856	0.454	1.706	1.348	2.287	
8		14.69	155.74	1.167	2.192	3.515	4.546	
9		16.265	294.52	1.211	2.469	-0.348	1.463	
10		22.309	193.49	1.348	2.287	1.211	2.469	
11		372.97	1 034.4	2.572	3.015	-1.361	-0.164	
12		713.72	9 958.02	2.854	3.998	-1.361	-0.164	
13		3 270.15	35 160.5	3.515	4.546	0.454	1.706	
14						*m*	0.910 111 88	
15		公式表				*c*	1.338 268 7	
16		B4:C13	数据			*Steyx*	0.350 324 46	
17		D4:E13	=LOG(B4)					
18		F4:F13	=VoseDuniform($D$4:$D$13)					
19		G4:G13	=VLOOKUP(F4,$D$4:$E$13,2)					
20		G14	=SLOPE(G4:G13,F4:F13)					
21		G15	=INTERCEPT(G4:G13,F4:F13)					
22		G16	=STEYX(G4:G13,F4:F13)					
23								

图 9.26 数据对重新采样（类型 A）的 Bootstrap 回归分析模型

图 9.27 解释了｛身体质量，大脑质量｝数据电子数据表模型步骤。

尽管应用这个方法效果很好，但使用前面提到的经典统计学方法将会更好，在这情况下，经典统计学方法会得到精确的答案。然而，对上述方法做一点微小的改变就可以使用非参数 Bootstrap 法，即可以去掉残差服从正态分布这一假设，这个假设经常不是很准确。对于非参数模型，首先必须改变残差得到恒定的方差，来建立一个残差的非参数分布。定义修正的残差 r_i 如下：

$$r_i = \frac{e_i}{(1-h_i)^{1/2}}$$

其中，h_i 由下式得到：

$$h_i = \frac{1}{n} + \frac{(x_i-\bar{x})^2}{SS_{xx}}$$

	A	B	C	D	E	F	G	H	I
1									
2								Bootstrap	
3		大脑重（g）	体重（kg）	大脑重	体重		残差	体重	
4		0.043 6	0.685	-1.360 5	-0.164		-0.425	0.260	
5		0.449 2	29.05	-0.348	1.463		0.354	1.109	
6		1.698	175.92	0.230	2.245		0.652	1.593	
7		2.844	50.856	0.454	1.706		-0.074	1.781	
8		14.69	155.74	1.167	2.192		-0.186	2.378	
9		16.265	294.52	1.211	2.469		0.054	2.415	
10		22.309	193.49	1.348	2.287		-0.243	2.530	
11		372.97	1 034.4	2.572	3.015		-0.540	3.555	
12		713.72	9 958.02	2.854	3.998		0.207	3.791	
13		3 270.15	35 160.5	3.515	4.546		0.201	4.345	
14							stdev		
15		公式表					0.366		
16		B4:C13	数据						
17		D4:E13	=LOG(B4)				*m*	0.838	
18		G4:G13	=E4-TREND($E$4:$E$13,$D$4:$D$13,D4)				*c*	1.400	
19		G15	=STDEV(G4:G13)				*Steyx*	0.244 362 73	
20		H4:H13	=VoseNormal(E4-G4,$G$15)						
21		H17(输出)	=SLOPE(H4:H13,D4:D13)						
22		H18(输出)	=INTERCEPT(H4:H13,D4:D13)						
23		H19(输出)	=STEYX(H4:H13,D4:D13)						
24									

图 9.27 残差重新采样（类型 B）参数型 Bootstrap 回归分析模型

计算得到修正的残差均数 $\hat{r}$。然后从一组 r_i 值中得到一个自助样本 r_i^*，用来确定每一个 x_j 值的数量（$\hat{y}_j+r_j^*-\hat{r}$），这在上述算法的第二步中应用过。图 9.28 展示了一个电子数据表，用表 9.5 的数据解释了这类模型。

表 9.5 弹簧长度随重量变化的测量数据

质量（kg）	延伸长度（mm）
0.0	137.393
0.1	138.954
0.3	140.107
0.4	142.765
0.5	145.606
0.6	147.881
0.7	147.011
0.8	14.194
0.9	144.949
1.0	152.161
1.1	149.694
1.2	154.700
1.3	162.037
1.4	155.275
1.5	160.221

	A	B	C	D	E	F	G	H	I
1									
2		质量 (kg)	延伸长度 (mm)	残差 ε_i	扭转力矩 h_i	修饰后残差 r_i	Bootstrap 伸长度		
3		0.0	137.393	0.720	0.228	0.820	127.4		
4		0.1	138.954	2.281	0.187	2.530	132.7		
5		0.2	139.977	3.304	0.151	3.587	136.4		
6		0.3	140.107	3.434	0.122	3.665	132.8		
7		0.4	142.765	6.093	0.099	6.417	151.4		
8		0.5	145.606	8.933	0.081	9.318	134.7		
9		0.6	147.881	11.208	0.069	11.616	149.8		
10		0.7	147.011	10.338	0.063	10.681	142.9		
11		0.8	144.194	7.521	0.063	7.771	145.2		
12		0.9	144.949	8.277	0.069	8.578	154.2		
13		1.0	152.161	15.488	0.081	16.155	160.2		
14		1.1	149.694	13.021	0.099	13.714	150.3		
15		1.2	154.700	18.027	0.122	19.239	153.2		
16		1.3	162.037	25.364	0.151	27.535	147.6		
17		1.4	155.275	18.602	0.187	20.628	156.1		
18		1.5	160.221	23.548	0.228	26.800	167.5		
19		均值			均值	11.8			
20		0.8							
21		SS_x				m	19.81		
22		3.4				c	131.54		
23									
24		公式表							
25		B3:C18	数据						
26		B20	=AVERAGE(B3:B18)						
27		B22	{=SUM((B3:B18-$B$20)^2)}						
28		D3:D18	=C3-TREND($C$3:$C$18,$B$3:$B$18,0)						
29		E3:E18	=1/16+(B3-$B$20)^2/$B$22						
30		F3:F18	=D3/SQRT(1-E3)						
31		G3:G18	=TREND($C$3:$C$18,$B$3:$B$18,B3)+Duniform($F$3:$F$18)-$F$19						
32		G21(输出)	=SLOPE(G3:G18,B3:B18)						
33		G22(输出)	=INTERCEPT(G3:G18,B3:B18)						
34									

图 9.28 残差重新采样（类型 B）非参数型 Bootstrap 回归分析模型

在某些问题中，y 截距值 c 为 0 是符合逻辑的。在这种情况下，中心化杠杆值会不同：

$$h_i = \frac{x_i^2}{\sum_{j=1}^{n} x_j^2}$$

因此，修正的残差也会不同，并且总和不为 0；所以在它们用来模拟随机误差前，对其进行均数调整是有必要的。

引导数据对比引导残差更具稳健性，因为它对任何偏离回归假设的数据都是不敏感的，但当假设是正确的时候就不会那么准确。然而，随着数据量增加，引导数据对得到的结果不断接近引导残差的结果，当然也更容易进行操作了。这些方法可以被扩展到非线性、不恒定方差，以及多变量线性回归，Efron 和 Tibshirani（1993）及 Davison 和 Hinkley（1997）详细描述了这些方法。

第 10 章

数据分布拟合

本章将应用第 9 章阐述的统计学方法拟合数据的概率分布，并简要描述回归模型拟合数据的原理。而时间序列拟合及 Copulas 分析等其他风险分析概率模型的应用将在其他章节阐述。

本章关注风险分析应用过程中经常遇到的问题：在风险分析模型中如何确定一个分布来表示某些变量。一个风险分析模型本质上包含有两种不同来源的用于量化变量的信息。一种是现有数据，另一种是专家意见。第 14 章探讨参数的量化，这些参数描述了纯粹来自专家意见的变异性。本章将着眼于解释变量的观测数据的技术方法，以得出能实际模拟变量的真实变异性及变异性的不确定性分布。通过定义对数据做出的任何解释都需要一些主观的输入，输入形式通常是对变量进行假设。假设的关键在于观测数据可以认为是来自正在确认的概率分布的一个随机样本。

观测数据可能有各种不同的来源：科学实验、问卷调查、计算机数据库、文献检索，甚至计算机模拟。假定分析人员对观测数据的可靠性和极具代表性没有任何疑虑。数据异常检查应首先针对那些可能出现的地方和那些不可靠的被标记为废弃的数据。应检出异常数据，并删去任何不确定及不可靠的数据。还应考虑由数据收集方法产生的可能偏倚，例如，一项沿着繁华商业街展开的调查可能已经覆盖了一些较大或较富裕的城镇，但在数量上还不具有代表性；这些数据可能来源于一些通过篡改数据而获利的组织等。

建议分析人员先审查已有的可用数据和将用于建模的变量特征，然后再介绍几种把现有数据拟合至经验（非参数）分布的方法。这种直观方法的主要优点是使用简便，能避免假想的一些分布形式，并且能忽略不恰当或者让人感到困惑的理论（参数或者模型）分布。本章还将介绍拟合理论分布至观测数据分布的技术方法，包括最大似然估计量、优化拟合优度统计和图表。

以下介绍两种方法用于非参数和参数分布的拟合。第一种方法即定义一个一阶分布，也就是只描述变异性的最佳拟合（最佳猜想）分布。第二种方法为定义一个二阶分布，使它既描述了变量的变异性，也描述了我们对于其变异性的真实分布的不确定性。二阶分布比它对应的一阶更完全，也需要更多的尝试来取得更多样本：如果有一个足够大的数据集使其包含的不确定性很小，那么把分布近似于仅某一种变异分布是十分合理的。也就是说，在没有预先正式确定分布的不确定性的情况下，测定一个分布的不确定性通常比较困难。因此，建议读者至少要描述变异分布的不确定性，以决定是否需要把不确定性包含在内。

10.1 分析观测数据的性质

在尝试对一组观测数据进行拟合概率分布之前，首先需要考虑的问题是变量的性质。分布的性质或用于拟合数据的分布应与那些被模拟的变量相匹配。BestFit、EasyFit、StatFit 和 ExpertFit 等软件使数据分布的拟合变得十分简单，且不需要很深的统计学知识。尽管这些软件很有用，但是这些软件是自动化操作且使用简便，会无意中鼓励用户尝试去拟合一些完全不适合的分布。因此，拟合之前需要考虑以下几点：

- 被模拟的变量是离散型还是连续型？离散型变量可能只取某些特定值，例如高速公路上桥梁的数量，但柏油路的车流量等测量值却是连续型。离散型变量本质上通常最适合离散分布，但不总是如此。一个十分常见的例子是与离散型变量的取值范围相比，其在连续性允许值范围内的增量是没有意义的。例如，拟模拟某天内伦敦地铁使用人数构成的分布，虽然仅有使用地铁的总人数，但是将它视为连续变量进行拟合更简单易行，因为使用者的数量将以数百万计，而且在此识别数据的离散性并不重要，也没有什么难度。

  在某些情况下，因为有大数值的 x，离散分布可近似于连续分布。为了方便起见，如果用连续分布对离散变量进行模拟，那么通过应用 Excel 中的 ROUND (...) 函数能够很容易地把变量的离散性质放回到风险分析模型中去分析。

  然而，与上述恰好相反的情况从未发生，即连续变量的数据总是只能用连续型分布来拟合，而并非离散型分布。

- 是否确实需要用数学（参数）分布拟合数据？无需尝试拟合任何理论概率分布类型，而直接应用数据点定义一个经验分布是很实用的。10.2 将介绍这种方法。

- 变量的理论取值范围是否与拟合分布的变量取值范围相匹配？拟合分布的取值范围应当恰好覆盖被模拟的变量的取值范围。若拟合分布的变量取值范围超过了被模拟变量可能的取值范围，那么风险分析模型就会产生实际不可能发生的情况。若分布的变量取值范围没有覆盖被模拟变量的全部取值范围，风险分析就不能反映问题真实的不确定性。例如，油气储备区的油饱和率数据应当拟合为一个变量取值范围为 0～1 的分布，因为在此范围之外的值没有意义。结果可能是一个正态分布，它远比其他形态的分布更适用于被拟合的数据，但它的范围为 $(-\infty, +\infty)$。为了保证风险分析只产生有意义的情况，在风险分析模型中正态分布的取值范围将被限制为 $(0, 1)$。

  需要注意的是，一个正确的拟合分布的取值范围通常大于观测数据显示的范围。这是完全可以接受的，因为变量的观测数据取到理论上的极值的可能性趋于零。

- 分布参数的值是否已知？这最常用于离散变量。例如，超几何分布 Hypergeometric (n, D, M) 描述了可能成功的次数。其中 n 代表来自 n 个独立的无法取代的样本，M 代表样本所属的样本空间的样本总数，而 D 则代表成功的样本所组成的子空间的大小，我们似乎不太可能不知道为了成功观测到所需的数据集需要抽出多少样本。更可能出现的情况是，已知 n 和 D 来估计 M，或者知道 n 和 M 从而估计 D。例如，二项分布、Beta-二项分布、负二项分布、Beta-负二项分布、超几何分布和逆超几何分布等离散型分布会给出样本量 n，或需要成功抽出个体数 s 作为参数，而且通常已知。

- 研究变量是否独立于模型中的其他变量？研究变量可能与模型中的另一变量相关或者共同构成函数。该变量也可能与模型之外的某一变量有关，继而又影响风险分析模型中其他变量。图10.1列举了几个例子。例（a）中，位于繁华商业街的银行收入模型是以利息和抵押贷款利率等为变量的函数。抵押贷款利率与利息率存在相关关系，因为利息率很大程度上决定了抵押贷款利率。这种关系必须体现在模型中以保证模拟只产生有意义的情况。有两种方法可模拟这种依从关系：

1. 根据历史数据确定抵押贷款利率和利息率的分布，把这些来自模拟中分布的抽样关联起来。

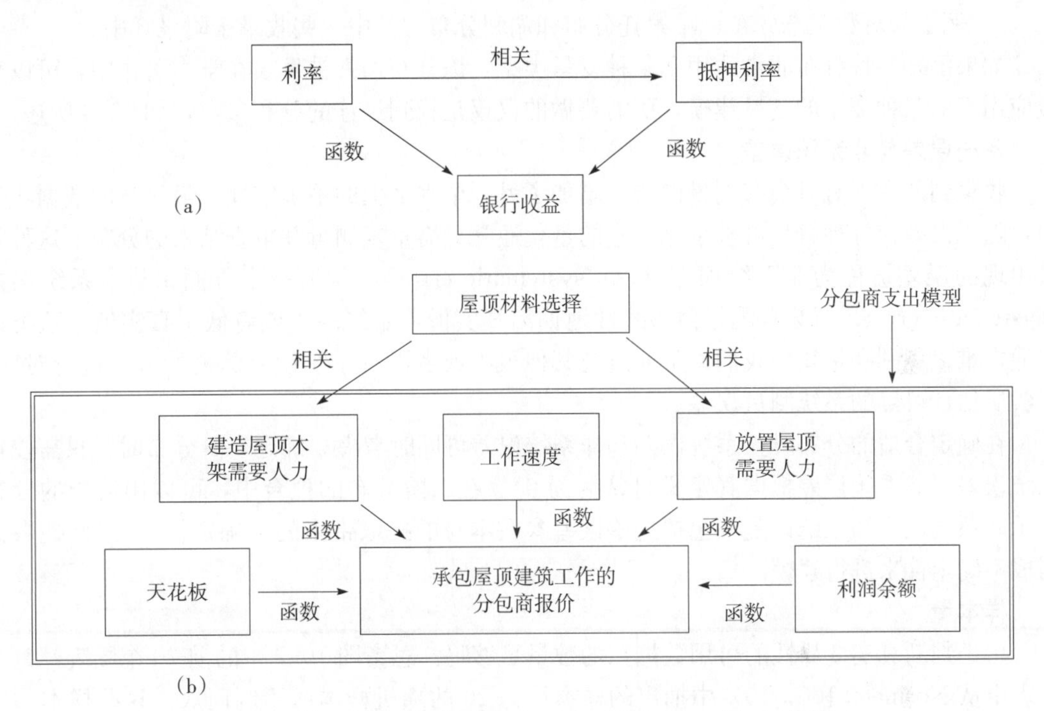

图10.1　模型变量间的相互关系：(a) 直接关系，(b) 间接关系

2. 通过历史数据与利息率和抵押贷款利率的（随机）函数关系确定利息率的分布。

方法1因其易于执行而吸引人，但方法2有更大的概率重现两个变量之间的联系。

图10.1例（b）中，施工承包商正在为屋顶建造的劳力供应计算投标价格。屋顶建造所选用的材料没有确定，这种不确定性会影响构建木质屋面和铺设屋顶所需要的工时。因此，如果成本计算不考虑直接组件的部分，这两个变量间就会存在一个很容易被遗漏的间接从属关系。忽略这种相关关系将导致对承包商成本的低估，并可能致使其报出可造成重大损失的投标价格。相关和从属关系是多数风险分析的重要组成部分，第13章将介绍几种模拟变量间相关和从属关系的方法。

- 是否有符合该变量数学特征的理论分布存在？大多数理论分布是通过模拟特殊类型的问题而得来的。这些分布后来更广泛应用于有相似的数学特征的其他问题。例如，铁路系统中火灾电话的次数与电话交换机的接换次数可由指数分布精确描述；电子元件的衰减时间可用Weibull分布描述；一名飞镖运动员命中一定数量的飞镖所需时间可通过二项分布描述；1h内通过三岔路口的汽车数量可通过泊松分布描述；英国学校班级儿童的最高和最矮身高可用甘贝尔分布（Gumbel distributions）描述。如果一个分布与被模拟的变量有相同的数学特征，那么只需寻找合适的参数定义此分布，如 10.3 所述。

- 是否已有一种众所周知的、适用于拟合该类型变量的理论分布存在？观察发现，很多类型的变量密切服从某种特定的分布类型，且无法用数学原理解释这种密切的匹配。与正态分布有关的例子比比皆是。例如，婴儿的体重及其他自然数据均服从正态分布，正态分布由此得名；又如，工程中的测量误差及表示其他变量总和的变量（如来自一个总体的多个样本均数）等均服从正态分布。此外，还有很多其他分布的例子如对数正态分布、帕累托分布和瑞利分布，其中一些收录于附录 3 中。

如果已知某种分布非常适用于某种变量类型，该分布通常被发表在学术著作中，可以直接应用于对某种类型的变量建模，所需要做的仅仅是找到最佳的分布参数，如 10.3 所述。

系统误差与非系统误差

收集到的数据有时会有测量误差，增加了另一个水平上的不确定性。最科学的数据收集中，随机误差很好理解且可被量化，它的量化通常只需重复测量并审查结果的分布。这种随机出现的误差被称为非系统误差（non-systematic error）。从另一个方面来讲，系统误差（systematic error）意味着测量值系统性地偏离真实值，始终高于或者低于真实值。这类误差通常难以识别和量化。我们通常通过与其他很小或者没有系统误差的测量方法进行对比，来尝试估计可疑的系统测量误差。

在确定合适的分布时，系统误差和非系统误差可同时考虑。确定一阶分布时，只需校正系统误差（非系统误差根据其定义可认为为 0）。在二阶分布的拟合中，可以用恰当的分布表示非系统误差和系统误差（包括这些误差参数本身的提取带来的不确定性），以此把数据当成不确定性来进行建模。

样本量

用于判断真实变异性的可用数据点的数量足够吗？思考图 10.2 中的前 20 个图表，每个图表由从 Normal（100，10）中抽出的样本量为 20 的随机样本所绘制而成。这些样本均绘制成有 6 个组距相等的分组的直方图，100 的左右各有 3 个组。这些图形形状的变化出乎很多人的意料，他们认为这些图形大致上会像钟形曲线，并且是以 100 为对称的对称分布。毕竟有人会认为 20 是可得出推论的合理样本量。图 10.2 的最后一个图表显示了所有 400 个数值（即 20 个图表×每个图表的 20 样本数据），它看起来像一个正态分布，但仍然有明显的不对称现象。把数据拟合至一个分布，看如果数据真的来源于被拟合的分布时观察到的图形形态，这会是一种既实用又有趣的方法。由此举例，如果有一组样本量为 30 的样本，且想把它拟合至对数正态分布 Lognormal（10，2），可从 Lognormal（10，2）的分布直方图中绘制 30 个不同的蒙特卡罗样本（不是拉丁超立方样本，蒙特卡罗法可生成一个比随机样本更好的拟合真实分布的样本）图形，然后观察它们呈现的不同形态，至少能知道在这个数据模式范围内用这样的样本量来描述这种分布的可行性。

数据过度离散

有时候我们希望对观测数据拟合一个参数分布，但是发现实际上数据分布的范围比拟合的分布所默认的范围更大。例如，把一个大班级的一次多问题测试的结果拟合二项分布时，我们可能会设想正确答案数的分布可用二项分布 Binomial（n，p）模拟，此处 n=问题数，p=某问题正确回答的班级平均概率。此二项分布的离散度基本上由均数 $\overline{X}=np$ 决定，由于 n 是固定的，则无法根据观测结果和分布的平均结果将拟合的分布与数据进行匹配。导致拟

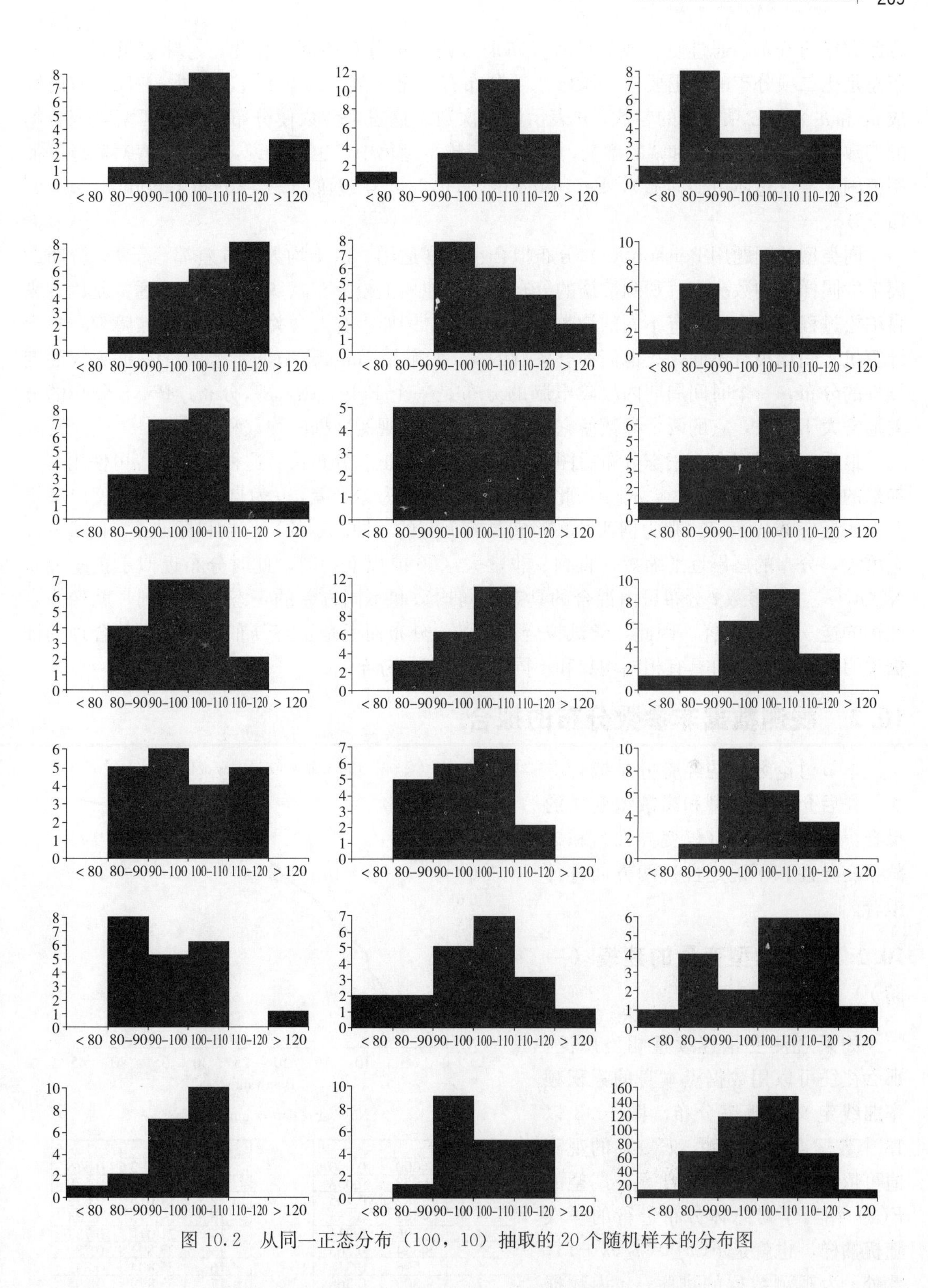

图 10.2 从同一正态分布（100，10）抽取的 20 个随机样本的分布图

合不佳的一个可能的原因是班里的学生能力各异。如果将所有个体答对某一问题的概率范围模拟成一个 Beta 分布，所得结果的分布曲线可根据 Beta 二项分布得到，那么它就是适合拟

合此数据的分布。通过使 p 成为贝塔分布加入到二项分布中额外变化，意味着贝塔二项分布总是比二项分布的范围要广。Beta 二项分布有三个参数：α、β 和 n，此处 α 和 β（有时写成 α_1 和 α_2）是二项分布的参数，n 表示试验次数。这三个参数使分布更好地匹配观测数据的均数和方差。随着 α 和 β 的增大，Beta 分布越来越集中，也就是说，参与者答对问题的概率范围变窄（总体更加同质），Beta-Binomial（n，α，β）近似于二项分布 Binomial（n，$\alpha/(\alpha+\beta)$）。

同类型的问题用 Poisson（λ）分布拟合也同样适用。由于均数和方差都等于 λ，分布的离散度同样由均数决定。观测数据的分布范围往往比泊松分布默认的范围大，通常是因为来自泊松过程的 n 个观测有不同的均数 λ_1，…，λ_n。例如，有人会关注计算机的故障率。每台计算机之间均稍有不同，故他们都有各自的 λ。如果用 Gamma 分布 Γ（α，β）模拟 λs 的变异性的分布，一个时间周期内故障电脑的分布是一个 Pólya（α，β）分布。Pólya 分布的方差通常大于均数，它的两个参数使它能更灵活地匹配观测数据的均数和方差。

最后，数据拟合至正态分布后图形的尾端常为比正态分布长。这种情况下，可使用三个参数的 t 分布，即 t（ν）$*\ \sigma+\mu$，此处 μ 为均数，σ 为标准差，ν 为自由度，自由度可决定分布的形态。若 $\nu=1$，则为柯西分布，它具有无穷的（即未定的）均数和标准差。随着 ν 逐渐增大，分布的尾端逐渐缩短，直到 ν 非常大（50 或以上）时，此时分布近似于正态分布 N（μ，σ）。三参数 t 分布可由混合的具有相同均数和不同方差的正态分布得到，就像一定比例的逆 χ^2 分布一样。因此，尝试拟合三参数 t 分布而不是正态分布时，需要有合理的证据说明观测数据来自具有相同均数和不同方差的正态分布。

10.2 观测数据非参数分布的拟合

本节讨论数据的经验分布拟合方法。先后介绍连续型和离散型变量的拟合，且均从一阶（仅变异性）和二阶（变异性和不确定性）两方面进行拟合。

10.2.1 连续型变量的建模（一阶）

如果观测变量连续且相当广泛，那么往往可以用数据点本身的累积频率曲线定义其概率分布。图 10.3 以 18 个数据点举例说明。$F(x)$ 的观测值可依据期望的 $F(x)$ 计算，期望的 $F(x)$ 相当于对总体分布进行的一次随机抽样，也就是 $F(x)=i/(n+1)$，此处 i 为观测数据的排序，n 为数据点的数量。此公式的解释见下一节内容。经验累积分布的确定过程如下：

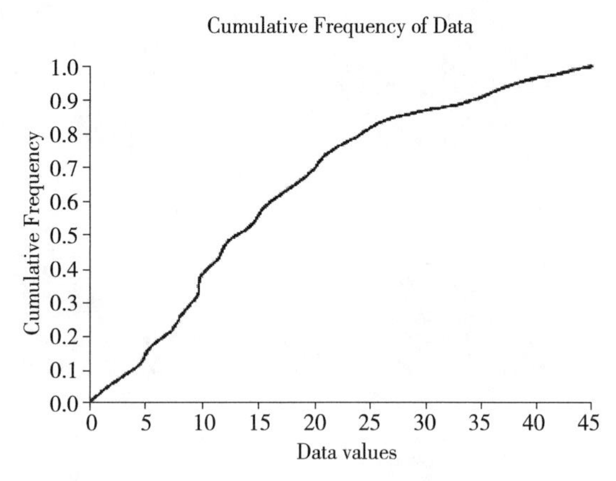

i	x	$F(x)=i/19$	i	x	$F(x)=i/19$
	0.000	0.000	10	14.392	0.526
1	2.058	0.053	11	15.566	0.579
2	4.382	0.105	12	17.615	0.632
3	5.348	0.158	13	19.745	0.684
4	7.296	0.211	14	21.077	0.737
5	8.334	0.263	15	23.894	0.789
6	9.596	0.316	16	26.804	0.842
7	9.805	0.368	17	33.879	0.895
8	11.385	0.421	18	38.018	0.947
9	12.241	0.474		45.000	1.000

图 10.3 采用累积分布拟合连续型经验分布

- 经验分布的最小值和最大值主观上取决于分析人员对变量的认识。对于连续型变量，这些值通常在数据观测范围之外。此处选用的最小值和最大值分别为 0 和 45。
- 数据点由最小值到最大值依次按升序排序。
- 每一个 x_i 的累积概率 $F(x_i)$ 计算如下：

$$F(x_i)=\frac{i}{n+1} \tag{10.1}$$

这个公式最大化了再现真实分布的概率。

- $\{x_i\}$ 和 $\{F(x_i)\}$ 两组数据，以及最小值与最大值，可直接输入至累积分布 CumulA（min，max，$\{x_i\}$，$\{F(x_i)\}$）计算。

ModelRisk 软件中 VoseOgive 函数可通过上述方法拟合所构建分布的值。

如果数据量非常大，用所有数据点定义累积分布就变得不切实际。这种情况应先对数据进行分组处理。分组的数量应设置为能够平衡精密细节（大量直条）和大数组定义分布的实用性（较少直条）的实际情况。

例 10.1 拟合连续型非参数分布

图 10.4 阐释的例子为观测数据范围内的 221 个数据绘制的直方图。分析人员认为，变量的可信范围为 0～300。由于观测数据的值均大于 20 而小于 280，直方图的区组范围需调整以适应主观的最大值和最小值。最简单的方法是以非零概率扩大第一个和最后一个区组的

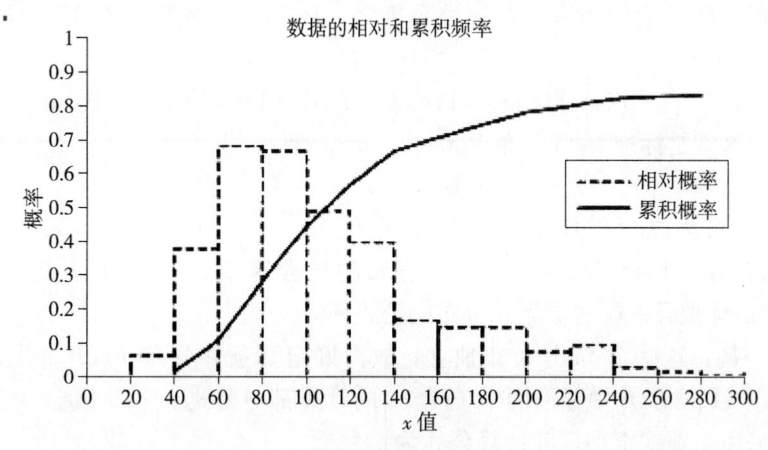

数据点数目 n=221

观察的频率				模拟的分布		
柱状条 从 A 到 B		柱状概率 $F(A<x\leqslant B)$	累积概率 $F(x\leqslant B)$	柱状条 从 A 到 B		累积概率 $F(x\leqslant B)$
20	40	0.018	0.018	0	40	0.018
40	60	0.113	0.131	40	60	0.131
60	80	0.204	0.335	60	80	0.335
80	100	0.199	0.534	80	100	0.534
100	120	0.145	0.679	100	120	0.679
120	140	0.118	0.796	120	140	0.796
140	160	0.050	0.846	140	160	0.846
160	180	0.045	0.891	160	180	0.891
180	200	0.045	0.937	180	200	0.937
200	220	0.023	0.959	200	220	0.959
220	240	0.027	0.986	220	240	0.986
240	260	0.009	0.995	240	260	0.995
260	280	0.005	1.000	260	300	1.000

图 10.4 采用累积分布拟合直方图数据的经验分布

范围，以覆盖所需范围，而不改变其概率。在这个例子中，直方图20～40区组扩展为0～40，260～280区组扩展为260～300。我们可能稍微拖长了分布的尾部。然而，如果最初选定的区组数量很大，将对模型的拟合效果没有什么大的影响。$\{x_i\}$ 数组输入累积分布为{40，60，…，240，260}，$\{P_i\}$ 数组就是{0.018，0.131，…，0.986，0.995}，最小值和最大值则分别为0和300。◆

当直方图可应用于风险分析模型时，把直方图分布转换为累积分布就显得意义不大。然而，如上述例子，该方法能够使分析人员选择所需的适宜区组宽度，以使分布尽可能详尽。

10.2.2 连续型变量的建模（二阶）[①]

当没有大量数据时，直接由数据决定的经验分布存在不能忽略的不确定性。灵活地应用经验分布非常实用，也就是说，无需假设参数分布也能量化分布的不确定性。下面介绍的技术可满足此需求。

从分布中获取一个含 n 个数值的数组 $\{x_j\}$ 并按升序排序得到 $\{x_i\}$，故 $x_i<x_{i+1}$。数据如此排序被称为 $\{x_j\}$ 的顺序统计。$\{x_j\}$ 中的每个数值可映射U（0，1）总体分布 $F(x)$的累积概率。如果把均匀分布U（0，1)作为 x 值累积概率的先验分布，则可用U（0，1)事先验证第 i 个观测值是否有 $P_i=F(x_i)$。然而，此处还需要一些附加条件：这 n 个值是从分布中随机抽取的，x_i 排序为第 i 个，也就是 $x_{i-1}<x_i$，$x_n>x_i$。应用贝叶斯定理和二项式定理，P_i 的后验边缘分布便容易确定，P_i 有一个先验分布U（0，1)，故先验概率密度=1：

$$f(P_i \mid x_i; i=1,n) \propto (P_i)^{i-1}(1-P_i)^{n-i}$$

简单地讲，这就是标准Beta分布Beta（i，$n-i+1$）：

$$P_i = \mathrm{Beta}(i, n-i+1) \qquad (10.2)$$

由于Beta分布为二项似然函数的共轭函数，U（0，1）=Beta（1，1），所以公式(10.2）可直接确定。Beta（i，$n-i+1$）分布的均数等于 $i/(n+1)$：此为应用于公式(10.1）中判断最优拟合一阶非参累积分布的公式。

由于 $P_{i+1}>P_i$，这些Beta分布非独立，故需确定其条件分布 $f(P_{i+1} \mid P_i)$，过程如下。联合分布 $f(P_i, P_j)$ 中任何两个 P_i、P_j 的计算都与公式 $f(P_i \mid x_i; i=1, n)$ 中的分子类似，即采用二项式定理，其计算公式为：

$$f(P_i, P_j) \propto P_i^{i-1}(P_j-P_i)^{j-i-1}(1-P_j)^{n-j}$$

此处 $P_j>P_i$，且由于它们有U（0，1）先验，故 P_i 和 P_j 的先验概率密度等于1。

因此，使 $j=i+1$，有：

$$f(P_i, P_{i+1}) \propto P_i^{i-1}(1-P_{i+1})^{n-i-1}$$

故条件概率 $f(P_{i+1} \mid P_i)$ 为：

$$f(P_{i+1} \mid P_i) = \frac{f(P_i, P_{i+1})}{f(P_i)} = k\frac{P_i^{i-1}(1-P_{i+1})^{n-i-1}}{P_i^{i-1}(1-P_i)^{n-i}} = k\frac{(1-P_{i+1})^{n-i-1}}{(1-P_i)^{n-i}}$$

---

① 作者很久以前已提交关于此技术的论文（作者论著）并发表。有一位审稿人对此十分不屑一顾，并表示这是他见过的最摇摆不定的推理，无论如何这是一个贝叶斯方法（它不是），所以它没有价值。事实上，这是我想到的且已证明的最有用的方法之一。

此处 k 为某种常数。对应的累积分布函数 $F(P_{i+1} \mid P_i)$ 为：

$$F(P_{i+1} \mid P_i) = \int_{P_i}^{P_{i+1}} k \frac{(1-y)^{n-i-1}}{(1-P_i)^{n-i}} \mathrm{d}y = \frac{k}{(n-i)}\left[1-\left(\frac{1-P_{i+1}}{1-P_i}\right)^{n-i}\right]$$

$$\text{在 } P_{i+1} = 1 \text{ 时} \qquad F(P_{i+1} \mid P_i) = 1$$

且 $k=n-i$，公式可简化为：

$$F(P_{i+1} \mid P_i) = 1-\left(\frac{1-P_{i+1}}{1-P_i}\right)^{n-i} \tag{10.3}$$

应用公式（10.2）和（10.3）能够将连续型变量构建为非参二阶分布，此连续变量为从分布中抽取的给定数据集。映射至一阶统计量 X_1 上的累计概率 P_1 的分布可通过设定 $i=1$，由公式（10.2）得到：

$$P_1 = \mathrm{Beta}(1,n) \tag{10.4}$$

映射至一阶统计量 X_2 上的累计概率 P_2 的分布可由公式（10.3）得到。作为累积分布函数，$F(P_{i+1} \mid P_i)$ 为一种均匀分布 U（0，1）。因此，将 U（0，1）记为 U_{i+1} 代替 $F(P_{i+1} \mid P_i)$，使用恒等式 1－U（0，1）＝U（0，1），改写为 P_{i+1}，可得：

$$P_{i+1} = 1-\sqrt[n-1]{U_{i+1}}(1-P_i) \tag{10.5}$$

这个等式可以给出：

$$P_2 = 1-\sqrt[n-1]{U_2}(1-P_1)$$

$$P_3 = 1-\sqrt[n-1]{U_3}(1-P_2)$$

等。

注意：每个 U_2，U_3，…，U_n 均匀分布均相互独立。

从公式（10.4）和（10.5）中得到的公式可与主观估计的变量的最大值和最小值共同作为输入，应用于标准蒙特卡罗模拟软件，如@RISK 和 Crystal Ball 工具中的累积分布函数之中。变异性（“内层循环”）通过该变量的极差描述，并通过 $\{X_i\}$ 和 $\{P_i\}$ 的值估计累积分布的形态。不确定性（“外层循环”）则通过不确定性分布的最小值、最大值和 P_i 值反映。

@RISK 中的 RiskCumul 分布函数、ModelRisk 中的 VoseCumulA 函数及 Crystal Ball 软件自定义分布中的 cumulative 版本均有相同的累积分布函数，即：

$$F(x) = \left(\frac{x-X_i}{X_{i+1}-X_i}\right)(P_{i+1}-P_i)+P_i$$

此处 X_0＝最小值，X_{n+1}＝最大值，$P_0=0$，$P_{n+1}=0$ 及 $X_i \leqslant x < X_{i+1}$。

图 10.5 介绍了采用上述方法将数据集用于二阶分布的模型。如果采用@RISK 的当前版本构建模型，$F(x)$ 的不确定分布将会被指定输出于 D 列，少量的迭代运算运行后结果数据将被导回电子表格。然后，应用@RISK 软件的 RiskSimtable 函数对那些数据进行多重不确定模拟（“外层循环”）：变异性的“内层循环”来自累积分布本身，如图 10.6 所示。如果采用 Crystal BallPro 进行模拟，$F(x)$ 的分布可被指定为不确定分布，而累积分布则被指定为变异性分布，进而内/外层循环程序会自动运行（图 10.7）。

这种方法也有一些局限性。在应用累积分布函数时，假定是直方图形式的概率密度函数。当数据样本很大时，这种近似就变得无关。然而，对于小数据集这种近似往往会强调分布的尾部：使用累积分布导致的直方图“去平方”效应。换言之，变异性被略微夸大了。但

	A	B	C	D	E	F	G	H
1								
2		排序(i)	位数统计量(x)	$F(x)$		公式表		
3		最小值	0	0		B4:B103	1:100	
4		1	0.473	0.009 9		C3,C104	输入:最大值、最小值的评估值	
5		2	3.170	0.016 8		C4:C103	输入:数据值	
6		3	4.254	0.023 7		D4	=VoseBeta(1,100)	
7		4	4.540	0.030 7		D5:D103	=1-(VoseUniform(0,1)^(1/(100-B4)))*(1-D4)	
102		99	95.937	0.945 3				
103		100	96.936	0.972 6				
104		最大值	100	1				
105								

图 10.5　二阶非参数连续型分布的模拟

	A	B	C	D	CW	CX	CY
1							
2		重复号 / 栏	*D4*	*D5*	*D102*	*D103*	
3		1	5.04%	6.83%	99.08%	99.60%	
4		2	0.29%	1.63%	99.20%	99.90%	
101		99	0.05%	0.69%	98.99%	99.67%	
102		100	0.93%	4.28%	99.45%	99.88%	
103		*Simtable* 函数	5.04%	6.83%	99.08%	99.60%	
104		位数统计量	0.473	3.170	95.937	96.936	
105							
106		模型的分布	46.000 489				
107							
108		公式表					
109		3 到 102 行:	列出来自于分布的 $F(X^i)$的样本				
110		C103:CX103	=RiskSimtable(C3:C102)				
111		104 行:	列出观察到的数据值				
112		C106(输出)	=VoseCumulA(0,100,C104:CX104,C103:CX103)				
113							

图 10.6　应用@RISK 对图 10.5 中产生的数据模拟二阶风险分析

是，如果需要的话，可以通过应用某种平滑算法和每个观测值之间的定义点，使平方的效果得到削减。此外，对于小数据集，分布尾端对变异性的作用常更易受主观估计的最小值和最大值的影响：事实是我们既可以积极地看待它（认识分布的尾端的真实不确定性），也可以消极地看待它（数据集越小，此方法越依赖于主观评定）。

数据点越少，自然地置信区间就会越宽，而且一般来讲主观定义的最小值和最大值会显得更重要。相反，可用的数据点越多，最小值和最大值的判定对估计的分布影响越小。总之，在拟合分布中，最大值和最小值仅仅影响直方图两端区组的宽度（高度也因此受到影响）。此方法为非参数法，即没有特定累积分布函数的统计分布被假定为数据基础，相比拟合参数分布，给分析人员更大的灵活性和客观性。

	A	B	C	D	E	F	G	H
1								
2		排序(i)	位数统计量(x)	$F(x)$		Crystal Ball Pro 公式表		
3		最小值	0	0		B4:B103	1:100	
4		1	0.473	0.032 4		C3,C104	输入:最大值、最小值的评估值	
5		2	3.170	0.038 3		C4:C103	输入:数据值	
6		3	4.254	0.043 8		D4	=CB.Beta(1,100,1)	
7		4	4.540	0.051 1		D5:D103	=1-(CB,Uniform(0,1)^(1/(100-B3)))*(1-D3)	
101		98	93.301	0.941 4		D106(输出)	=CB,Custom(C3:D104)	
102		99	95.937	0.976 6		D4:D103 被指定为不确定性分布		
103		100	96.936	0.990 1		D106 被指定为变化性分布		
104		最大值	100	1				
105								
106		第二顺序分布		41.640				
107								

图 10.7 应用 Crystal Ball Pro 对图 10.5 中产生的数据模拟二阶风险分析

该方法的进一步完善可将最小和最大参数值的不确定分布与 P_1 和 P_n 各自的不确定性分布关联起来。如果 P_1 抽到一个较大的值，那么变异分布有朝左的长尾将变得有意义，并且我们应当向其最低值方向抽取最小值。与之类似，高的 P_n 值提示最大值是一个较小的值。我们可以应用非常高水平的负相关排序以简化过程，或应用更复杂但更详尽的方程来模拟这种关系。

例 10.2 连续型数据二阶非参数分布的拟合

这三个数据集分别含有的 5 个、20 个、100 个样本，是从正态分布 N（100，10）中随机抽取的：先抽取 5 个形成第一个数据集的样本，然后增加 15 个形成第二个数据集的 20 个样本，最后再增加 80 个一共 100 个形成第三个数据集的样本。图 10.8 中的曲线图很自然地显示，随着数据样本的增加，置信度增加，所得图形更接近于总体分布。

用于确定正态分布均数和标准差置信度分布的经典统计学方法，是对数据集拟合总体正态分布，如 9.1 所述，即：

$$均值\ \mu = \bar{x} + t(n-1)\frac{s}{\sqrt{n-1}}$$

$$标准差\ \sigma = \sqrt{\frac{ns^2}{\chi^2(n-1)}}$$

此处：

- μ 和 σ 为总体分布的均数和标准差。
- x 和 s 为被拟合的含 n 个数据点的样本的均数和标准差。
- t（$n-1$）为自由度为 $n-1$ 的 t 分布，χ^2（$n-1$）为自由度为 $n-1$ 的卡方分布。

图 10.9 右边的图表展示的是使用非参数方法对 100 个数据点集拟合二阶分布，图 10.9 左边的图表展示的是用上述统计理论假设正态分布所得到的二阶分布。两种方法具有高度一致性。统计理论方法在分布尾部产生较少的不确定性，因为正态性假设增加了一些非参数方法不能提供的信息。知道总体分布是正态分布固然好，但如果假设不正确会导致过度相信所得分布的尾部。◆

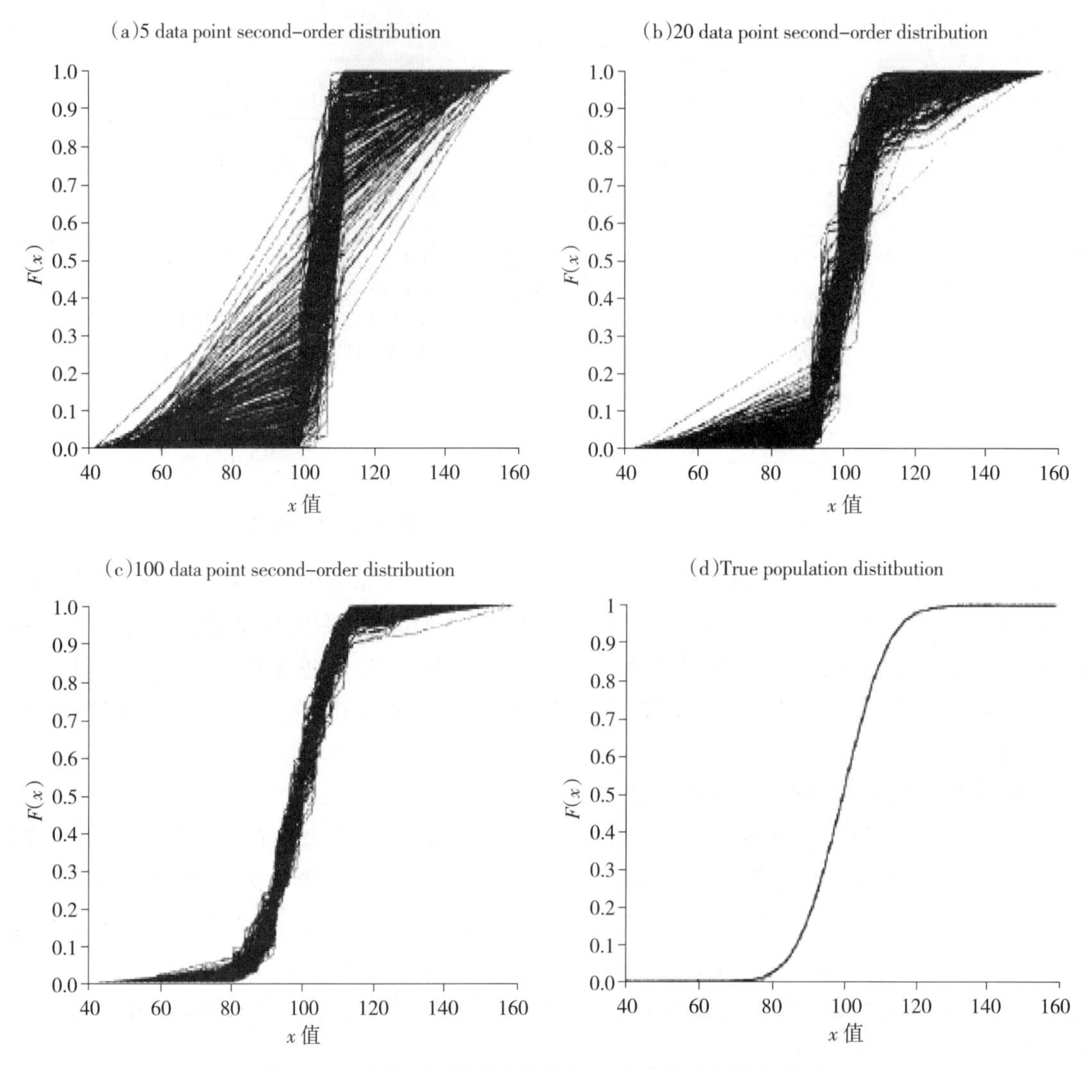

图 10.8 来源于正态分布的数据的非参数分布拟合结果：
(a) 5 个数据点；(b) 20 个数据点；(c) 100 个数据点；(d) 总体分布

此技术优点是它适用于所有的连续平滑的分布，而不仅仅是正态分布。它也可用于确定总体分布的特定百分位数和分位数的不确定性分布，本质上是从拟合的累积分布中读取数值，并根据需要插入已经定义好的点之间。图 10.10 所示为确定总体分布的百分位数的电子表格模型，结果显示于单元格 E3 中，这里给出的 100 个数据点来自前文中的正态分布。百分位数的不确定性分布通过运行单元格 G3 中的函数输出结果。同样，图 10.11 展示了用电子表格确定累计概率，单元格 F2 中的值表示在总体分布中的累计概率目标值。此累积概率分布的不确定性通过运行单元格 H2 中的模拟试验输出结果。换言之，图 10.10 中模型是通过二阶拟合分布在水平断面 $F(x)=50\%$处得到的。而图 10.11 中模型则是在垂直断面 $x=99$ 处得到的。当然，此电子表格可扩展或收缩以适应可用数据点的数量。ModelRisk 软件中 VoseOgive2 函数可产生二阶分布建模所需的 $F(x)$ 变量数组。

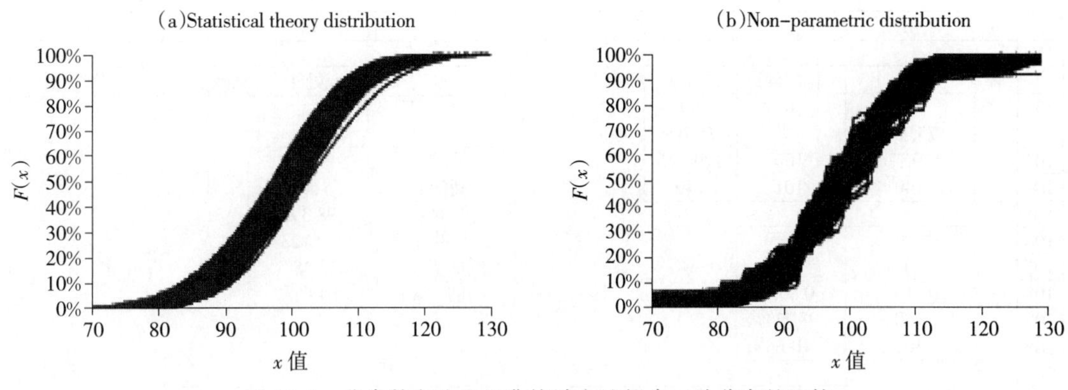

图 10.9　非参数方法和经典统计方法拟合二阶分布的比较

	A	B	C	D	E	F	G	H	I
1									
2		排序(i)	数据(x)						
3		0	60		50%关系		100.122		
4		1	75.799						
103		100	129.176			低的 i	56		
104		101	140			高的 i	57		
105						低的 $F(x)$	49.58%		
106		排序(i)	$F(x)$	排序(i)		高的 $F(x)$	50.67%		
107		0	0%	0		低的 x	100.027		
108		1	6%	1		高的 x	100.276		
207		100	94%	100					
208		101	100%	101					
209									
210		公式表							
211		B3:B104	0:101						
212		C4:C103	输入:数据值						
213		C3,C104	输入:最小值、最大值的估计值						
214		B107:B208	=B3						
215		C107,C208	0.1						
216		C108	=VoseBeta(1,100)						
217		C109:C207	=1-(VoseUniform(0,1)^(1/(100-B108)))*(1-C108)						
218		D107:D208	=B3						
219		G103	=VLOOKUP(E3,C107:D208,2)						
220		G104	=G103+1						
221		G105	=VLOOKUP(G103,B107:C208,2)						
222		G106	=VLOOKUP(G104,B107:C208,2)						
223		G107	=VLOOKUP(G103,B3:C104,2)						
224		G108	=VLOOKUP(G104,B3:C104,2)						
225		E3	输入目标百分比						
226		G3(输出)	=(E3-G105)/(G106-G105)*(G108-G107)+G107						
227									

图 10.10　确定百分位数不确定性分布的模型

10.2.3　离散型变量的建模（一阶）

有两种方法可用离散型变量的数据，定义经验分布：如果可用的 x 值数量不是很多，每个数值出现的频数可直接用于定义离散型分布；如果可用的 x 值数量很多，则把数据整理成直方图形式，然后再定义累积分布通常更简单，如上所述。变量的离散性可通过把累积分布嵌入标准电子表格 ROUND（…）函数中使其再现。

	A	B	C	D	E	F	G	H	I	J
1										
2		数据(*x*)	排序(*i*)	数据(*x*)		99	处于	54.43%	百分比	
3		60	0	60						
4		75.799	1	75.799						
103		129.176	100	129.176		低的 *i*	47			
104		140	101	140		高的 *i*	48			
105						低的 *x*	98.393			
106		排序(*i*)	*F*(*x*)			高的 *x*	99.123			
107		0	0%			低的 *F*(*x*)	53.48%			
108		1	0.80%			高的 *F*(*x*)	54.62%			
207		100	98.71%							
208		101	100%							
209										
210		公式表								
211		B4:B103	输入:数据值							
212		B3,B104	输入:最小值、最大值的估计值							
213		C3:C104	0:101							
214		D3:D104	=B3							
215		B107:B208	0:101							
216		C107,C208	0,1							
217		C108	=VoseBeta(1,100)							
218		C109:C207	=1-(VoseUniform(0,1)^(1/(100-B108)))*(1-C108)							
219		G103	=VLOOKUP(F2,B3:C104,2)							
220		G104	=G103+1							
221		G105	=VLOOKUP(G103,C3:D104,2)							
222		G106	=VLOOKUP(G104,C3:D104,2)							
223		G107	=VLOOKUP(G103,B107:C208,2)							
224		G108	=VLOOKUP(G104,B107:C208,2)							
225		F2	输入目标值							
226		H2(输出)	=IF(F2<B3,na(),IF(F2>B104,na(),(F2-G105)/(G106-G105)*(G108-G107)+G107))							
227										

图 10.11 确定分位数不确定性分布的模型

10.2.4 离散型变量的建模（二阶）

用前面的方法可将不确定性添加至离散概率中得到一个二阶离散型分布。假定问题中的变量恒定（即不随时间变化），则有常数（即二项式）概率 p_i 使所有观测均有一个特定的值 x_i。如果 n 个观测值中的 k 个取值为 x_i，那么估计的概率 p_i 通过 8.2.3 介绍的 Beta（$k+1$，$n-k+1$）给定。然而，所有这些概率 p_i 的总和必须等于 1.0，因此需要标准化 p_i 值。图 10.12 展示的是应用电子表格计算表 10.1 里的数据的离散型二阶非参数分布，假定分布以最大观测值结束。选择分布的范围仍是一个难点，这是一个判断分布延伸范围超出观测值范围多少的问题。简单地讲，此处还存在的问题是确定未观测到的分布尾部及任何中间没有观测值范围的分布的 p_i 值，因为不管它们在分布的尾部所处位置多么极端，所有的 p_i 值均有相同的（标准化的）分布 Beta（1，$n+1$）。这显然没有意义，识别分布长尾超出观测数据范围的可能性很重要，适当的修正是必要的。将 Beta 分布与弱化尾部作用的函数相乘会让分布的尾部趋于 0，尽管函数的选择及弱化的程度最终是一个主观问题。

最后，这两种方法的优点在于观测数据的分布不受选择分布类型的主观影响，且能在定义分布时最大化地使用数据。但此过程中一个明显的缺点是对大型数据的处理相当费力。而 Excel 中 FREQUENCY（）函数和直方图设置、BestFit 统计报告及其他统计软件包均可轻松对数据分类，并计算累计频数。更重要的是，其对于未观测到变量值的概率估计仍存在困难。如果认为这很重要，那么拟合参数分布会更好。

	A	B	C	D	E	F	G	H	I
1									
2		值	频率	概率估计	标准化概率				
3		0	0	0.20%	0.19%		公式表		
4		1	1	0.40%	0.38%		B3:C22	数据	
5		2	1	0.40%	0.38%		B23:E23	=SUM(C3:C22)	
6		3	12	2.59%	2.50%		D3:D22	=VoseBeta(C3+1,$C$23-C3+1)	
7		4	35	7.17%	6.92%		E3:E22(输出)	=D3/$D$23	
8		5	52	10.56%	10.19%				
9		6	61	12.35%	11.92%				
10		7	65	13.15%	12.69%				
11		8	69	13.94%	13.46%				
12		9	68	13.75%	13.27%				
13		10	46	9.36%	9.04%				
14		11	33	6.77%	6.54%				
15		12	26	5.38%	5.19%				
16		13	12	2.59%	2.50%				
17		14	10	2.19%	2.12%				
18		15	2	0.60%	0.58%				
19		16	5	1.20%	1.15%				
20		17	1	0.40%	0.38%				
21		18	0	0.20%	0.19%				
22		19	1	0.40%	0.38%				
23		合计	500	1.035 856 57	1				
24									

图 10.12　离散型非参数的二阶分布建模

表 10.1　用于拟合离散型二阶非参数分布的数据集

数值	频数	数值	频数
0	0	10	46
1	1	11	33
2	1	12	26
3	12	13	12
4	35	14	10
5	52	15	2
6	61	16	5
7	65	17	1
8	69	18	0
9	68	19	1

10.3 拟合一阶参数分布

本节讲述探索最适合观察数据的理论（参数）分布的方法。下一节将会处理二阶参数分布的拟合，即分布中参数的不确定性需考虑在内。一种参数分布类型被选为拟合数据的最适分布有三个原因：

- 分布的数学性质与所考虑的可准确反映变量行为的模型相符（见10.1）；
- 用于拟合数据的分布被公认为适用于此类型的变量（见10.1）；
- 分析人员只想找到拟合数据的最适理论分布，不管它是什么。

第三个选择很吸引人，特别当有可用的分布拟合软件只需点击图标便可自动对大量分布进行拟合。但是，该方法应谨慎使用。分析人员需保证拟合分布能覆盖理论模拟变量的延伸范围。例如，对于一个拟合数据的4参数Beta分布，若其最小值和最大值是由观测数据的最小值和最大值决定的，那么它的延伸不应超过观测数据的范围。分析人员需保证分布的离散性或连续性与变量相符。尽管在比较相同模型的新旧版本时可能造成混淆，但是在后续模拟中还应灵活使用不同的分布类型，需要更多的可用数据。最后，他们可能会发现说服决策者相信该模型的有效性是非常困难的：因为如果模型中一个不常见的分布与参数没有直观的逻辑关联，则这种情况容易引起对模型本身的不信任。分析人员应考虑将根据观测数据所使用的分布模式纳入其报告中，从而保证决策者相信其恰当性。

有几种方法可以确定能最佳拟合可用数据的分布参数的分布类型。最常见也最灵活的方法就是确定被称为最大似然估计（MLEs）的参数值，这一点将在10.3.1中介绍。分布的MLEs指的是最大化观测数据的联合概率密度或概率质量的参数。MLEs非常实用，因为对于几种常见分布它能提供快捷的方法以便于能够得到最佳拟合参数。例如，正态分布由其均数和标准差决定，而MLEs则由观测数据的均数和标准差决定。但通常当我们采用最大似然法对数据进行拟合分布时，需要使用优化器（如与Microsoft Excel一起的Microsoft Solver）找到最大化的似然函数联合参数值。其他拟合方法趋向于寻找使某些拟合优度测量最小化的参数值，其中一些方法将在10.3.4中进行介绍。MLEs和最小化拟合优度统计均能确定一阶分布。然而，要拟合二阶分布则需要其他的方法量化参数值的不确定性，如自举法、贝叶斯推理及一些经典统计学方法。

10.3.1 最大似然估计

分布的最大似然估计值（maximum likelihood estimators，MLEs）是一种对所观察的数据集 x 产生最大联合概率密度的参数估计值。至于离散型分布，MLEs可产生观测数据的分布类型的实际概率最大化。

假定一个由单一参数 α 定义的概率分布，一组含 n 个数据点的数据（x_i）来源于有概率密度函数 $f(x)$ 的分布，或来源于有概率质量函数的离散分布，则似然函数 $L(\alpha)$ 为：

$$L(X \mid \alpha)=\prod_i f(x_i,\alpha),\text{即 } L(\alpha)=f(x_1,\alpha)f(x_2,\alpha)\cdots f(x_{n-1},\alpha)f(x_n,\alpha)$$

MLE的 $\hat{\alpha}$ 是使 $L(\alpha)$ 最大化的 α 估计值。它由 $L(\alpha)$ 关于 α 的偏导数决定，并使其等于0：

$$\left.\frac{\partial L(\alpha)}{\partial \alpha}\right|_{\hat{\alpha}}=0$$

对于某些分布类型，这是一个相对比较简单的代数问题，但对于其他分布类型，此微分方程就相当复杂，需要数值求解。这相当于用贝叶斯推理得出先验概率，然后找出 α 的后验不确定分布峰值，分布拟合软件通过自动执行操作将该过程简化。

例 10.3　确定泊松分布的最大似然估计（MLE）

泊松分布有一个参数，即 λt，如果 t 为常数则参数仅为 λ。其概率质量函数 $f(x)$ 为：

$$f(x)=\frac{e^{-\lambda t}(\lambda t)^{x}}{x!}$$

由于泊松过程没有记忆特点，因此如果在总时间 t 内观测到 x 个事件，那么似然函数为：

$$L(\lambda)=\frac{e^{-\lambda t}(\lambda t)^{x}}{x!}$$

使 $I(\lambda)=\ln L(\lambda), t$ 为常数，则：

$$I(\lambda)=-\lambda t+x\ln(\lambda)+x\ln(t)-\ln(x!)$$

当 $L(\lambda)$ 关于 λ 的偏导数等于 0 时，$I(\lambda)$ 有最大值，即：

$$\left.\frac{\partial I(\lambda)}{\partial \lambda}\right|_{\hat{\lambda}}=-t+\frac{x}{\hat{\lambda}}=0$$

整理可得：

$$\hat{\lambda}=\frac{x}{t}$$

即它是单位时间内的平均观测数量。◆

10.3.2　采用最优化寻找最佳拟合参数

图 10.13 为一张 Excel 电子表格，旨在获得与观测数据相吻合的最佳 Gamma 分布参数。

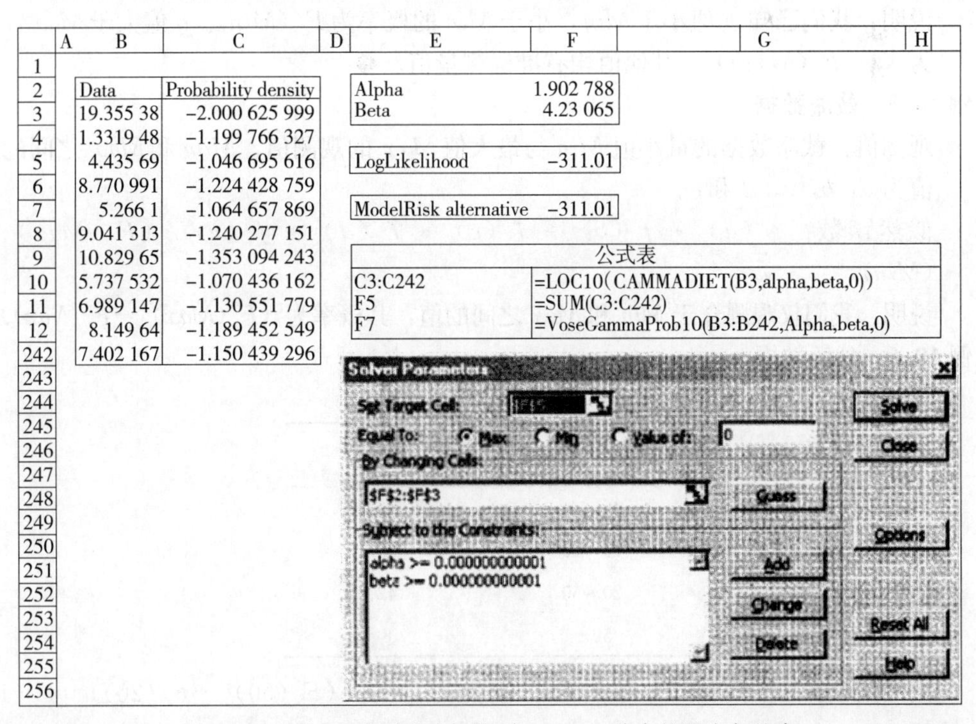

	B	C
2	Data	Probability density
3	19.355 38	−2.000 625 999
4	1.3319 48	−1.199 766 327
5	4.435 69	−1.046 695 616
6	8.770 991	−1.224 428 759
7	5.266 1	−1.064 657 869
8	9.041 313	−1.240 277 151
9	10.829 65	−1.353 094 243
10	5.737 532	−1.070 436 162
11	6.989 147	−1.130 551 779
12	8.149 64	−1.189 452 549
242	7.402 167	−1.150 439 296

E	F
Alpha	1.902 788
Beta	4.23 065
LogLikelihood	−311.01
ModelRisk alternative	−311.01

公式表	
C3:C242	=LOC10(CAMMADIET(B3,alpha,beta,0))
F5	=SUM(C3:C242)
F7	=VoseGammaProb10(B3:B242,Alpha,beta,0)

图 10.13　采用规划求解得到拟合 Gamma 分布的最大似然率

Excel 提供的 GAMMADIST 函数可返回 Gamma 分布的概率密度。

采用 Excel 的规划求解（Solver）插件，通过改变单元格 F2 和 F3 中 α 和 β 的值即可得到单元格 F5（或与 F7 数值相等）的最大值。

10.3.3 截略数据、截尾数据和分级数据的分布拟合

最大似然法提供了最灵活的分布拟合，因为只需写出一个概率模型，让该模型反映数据观测的方式，然后通过参数变化取该概率的最大值。

截尾数据（censored data）是一种只有在大于或小于某一确定值时我们才能够得到的数据。例如，称重台有最大记录值 X：对于一些称不了的重量只能说它们大于 X。

截略数据（truncated data）是一种在高于或低于某个水平的一些观测值时并不能够看到的观测数据。例如，银行可能不需要核算少于 100 美元的误差，对于小于一定直径的钻石，筛选系统也无法筛选出。

分级数据（binned data）是那些只知道分级和区间的数值。例如，有些人可能会在调查中把客户的年龄记录为（0，10]，（10，20]，（20，30]，和（40+）。

为每个分类或组别生成一个概率模型是一件相当简单的事情，正如下例所示，用概率密度 $f(x)$ 和累积概率 $F(x)$ 拟合连续型变量。

例 10.4 截尾数据

- 观测值：删除最小值 Min 与最大值 Max 的观测值。Min 和 Max 之间的观测值为 a，b，c，d 和 e；p 小于 Min，而 p 大于 Max。
- 似然函数：$f(a) * f(b) * f(c) * f(d) * f(e) * F(Min)^p * (1-F(Max))^q$。
- 说明：我们已知 p 值小于 Min，小于 Min 的概率为 $F(Min)$。q 值大于 Max，概率为 $(1-F(Max))$。其他值均有准确测量值。◆

例 10.5 截略数据

- 观测值：截略数据的最小值 Min 与最大值 Max 的观测值。Mim 和 Max 之间的观测值为 a，b，c，d 和 e。
- 似然函数：$f(a) * f(b) * f(c) * f(d) * f(e) / (F(Max) - F(Min))^5$。
- 说明：我们仅观测介于 Min 和 Max 之间的值，其概率为 $(F(Max) - F(Min))$。◆

例 10.6 分级数据

- 观测值：将分级数据分为以下连续的几级：

分级	频数
0～10	10
10～20	23
20～50	42
50+	8

- 似然函数：$F(10)^{10} * (F(20) - F(10))^{23} * (F(50) - F(20))^{42} * (1-F(50))^8$。

- 说明：我们对分级下限与上限之间的值进行观测，其概率为 F（上限）$-F$（下限）。◆

10.3.4 拟合优度统计

人们以开发了多种拟合优度统计方法，但最常用的仅为两种。它们是卡方（χ^2）分布法和 Kolmogorov - Smirnoff（K - S）统计法，分别用于离散型分布和连续型分布。Anderson - Darling（A - D）统计法是由 K - S 法推导变形得来。这些统计量的值越小，说明理论分布的拟合度越高。

拟合优度统计学的理解与解释起来并不那么容易。它不提供实际来自拟合分布的概率估计。相反，它提供了拟合分布中随机数据产生的拟合优度统计量作为它的概率，概率与观测数据的计算值大小相同。到目前为止，最直观的拟合优度测量是可视化概率分布的比较，如 10.3.5 所述。建议读者在进行大量拟合优度估计之前做图以保证正确性。

拟合优度统计的临界值和置信区间

卡方（χ^2）分析、K - S 法和 A - D 法能够提供与拟合分布所产生观测数据概率相对应的置信区间。要特别注意的是，这与数据得到的概率并不相同，实际上，它来源于所拟合的分布，因为有很多形状相似的分布都很可能产生观测数据。近似标准化分布的数据尤其如此，因为许多分布在一定的条件下常趋向于正态分布形态。

临界值由置信度 α 决定，一定概率（置信度）下临界值超过指定的拟合优度统计值，则所拟合分布成立。χ^2 检验的临界值可从 χ^2 分布中直接找到。χ^2 分布的形态和范围由自由度 ν 决定，$\nu=N-a-1$，$N=$ 直方图直条数量或分组数量，$a=$ 决定最佳拟合分布的参数的数量。

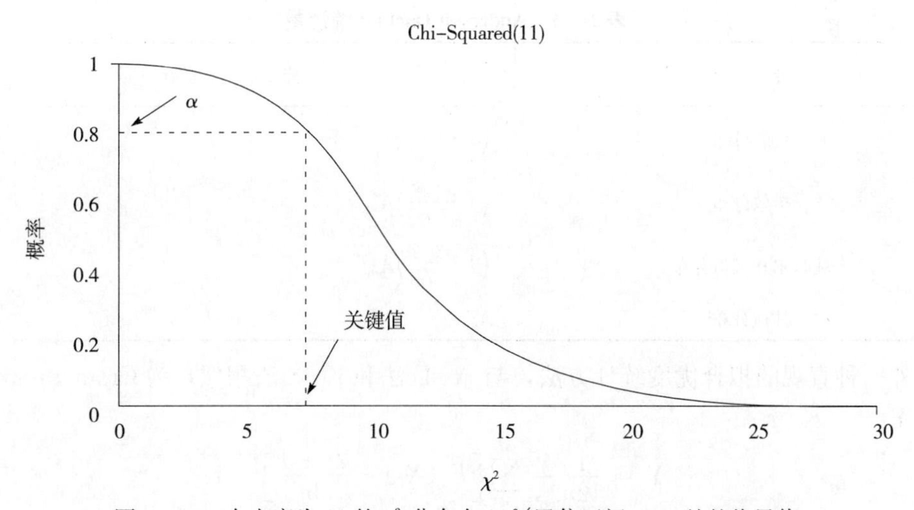

图 10.14 自由度为 11 的 χ^2 分布在 80%置信区间（α）处的临界值

图 10.14 所示为 χ^2（11）分布的递减累积分布图，即自由度为 11 的 χ^2 分布。如图所示，来自拟合分布的数据中，80%的 α（置信区间）的卡方值大于 6.988（80%置信度时的临界值），即仅 20%的 α 的卡方值小于 6.988。如果分析人员比较保守，接受了这 80%错误的拒绝拟合分布的可能性，则他们的置信区间 α 等于 80%，相应的临界值为 6.988，并且将

不会接受任何拟合优度的 χ^2 值大于6.988的分布。

K-S法和A-D法的临界值已经通过蒙特卡罗模拟获取（Stephens，1974，1977；Chandra，Singpurwalla and Stephens，1981）。K-S法的临界值表在统计学课本中很容易找到。不过，如果数据点小于30，标准K-S值和A-D值在与临界值进行比较时会受限制。因为这些统计学方法本身是用于检验已知参数的分布是否能够产生观测数据。若通过数据对拟合分布的参数进行估计，则K-S法和A-D法会产生保守的检测结果，即对拟合较好的分布接受的概率更小。这种效应的大小随着被拟合的分布类型的不同而发生变化。为了避免出现此问题，可以使用前2/5左右的数据估计分布的参数，以MLEs为例，再用剩下的数据检验拟合优度。

为解决这一问题，已对K-S法和A-D法进行了修正，如表10.2和表10.3所示（见1993年出版的BestFit手册），表中 n 为数据点的数量，D_n 和 A_n^2 分别为未修正时K-S法和A-D法的统计量。

表10.2 Kolmogorov-Smirnoff 统计量

分　布	修正后的检验统计量
正态分布	$\left(\sqrt{n}-0.01+\frac{0.85}{\sqrt{n}}\right)D_n$
指数分布	$\left(D_n=\frac{0.2}{n}\right)\left(\sqrt{n}+0.26+\frac{0.5}{\sqrt{n}}\right)$
威布尔和极值分布	$\sqrt{n}D_n$
其他分布	$\left(\sqrt{n}+0.12+\frac{0.11}{\sqrt{n}}\right)D_n$

表10.3 Anderson-Darling 统计量

分　布	修正后的检验统计量
正态分布	$\left(1+\frac{4}{n}-\frac{25}{n^2}\right)A_n^2$
指数分布	$\left(1+\frac{0.6}{n}\right)A_n^2$
威布尔和极值分布	$\left(1+\frac{0.2}{\sqrt{n}}\right)A_n^2$
其他分布	A_n^2

另外一种直观的拟合优度统计方法，与A-D法和K-S法相似，为Cramer-von Mises统计量 Y：

$$Y=\frac{1}{12n}+\sum_{i=1}^{n}\left[F_0(X_i)-\frac{2i-1}{2n}\right]^2$$

从根本上来讲，该统计量是拟合分布中每个 X_i 的累计百分率 F_0（X_i）与 i/n 和（$i-1$）$/n$ 的均数之差的平方和：X_i 值的经验累积分布中低的部分和高的部分。该统计量的取值表可在Anderson and Darling（1952）的书中找到。

卡方（χ^2）统计量可衡量观测数据直方图的观测频数与拟合分布的期望频数之间的一致程度。卡方检验需要做以下假设：

1. 观测数据是由 n 个数据点组成的随机样本。

2. 测量尺度可以为名义型（即非数值型）或数值型。

3. 这 n 个数据点可排成包含 N 个非重叠类别或区组的直方图形式，它覆盖整个变量的范围。

卡方值的计算如下：

$$\chi^2 = \sum_{i=1}^{n} \frac{\{O(i) - E(i)\}^2}{E(i)} \tag{10.6}$$

其中，O（i）为第 i 个类别或区组的观测频数，E（i）为整个 x 值范围内拟合分布第 i 个类别或区组的期望频数。E（i）计算如下：

$$E(i) = \{F(i_{\max}) - F(i_{\min})\} * n \tag{10.7}$$

其中，F（x）为拟合分布的分布函数，（$i_{\max}$）是 x 值第 i 个区组的上限值，（$i_{\min}$）是 x 值第 i 个区组的下限值。

由于 χ^2 值为所有误差 $\{O(i) - E(i)\}$ 的平方和，故它与对较大误差的敏感性不成比例。例如，如果一个区组的误差是另一个区组的 3 倍，则它将多贡献 9 倍的统计量［假设两者的 E（i）相等］。

χ^2 值是最常用的拟合优度统计量。然而，它却取决于区组的数量 N。通过改变 N 的值，很容易改变两种分布类型的拟合优度。令人遗憾的是，N 值的选择还没有严格、快捷的方式。但是，Scott 正态近似分布是目前最有效的一种方式：

$$N = (4n)^{2/5}$$

其中，n 为数据点的数量，另一种方式就是保证区组的期望频数都不小于 1，即对于所有的 i 均有 E（i）$\geqslant 1$。注意，χ^2 统计值并不要求所有的区组宽度都相等。

χ^2 统计法对拟合离散型分布最有用，也是这里所述唯一能用于名义（非数值）数据优度拟合的统计学方法。

例 10.7 连续型数据的 χ^2 值应用

人们认为包含 165 个数据点的数据集来源于正态分布 N（70，20）。通过 Scott 正态近似法［表 10.4（a）］，数据在直方表格被分为 14 个区组。两端的 4 个区组的期望频数小于 1。故把这些外围的区组结合起来形成校订后的区组范围。表 10.4（b）显示了用校订后的区组范围计算的 χ^2 值。

表 10.4 计算连续型数据集的 χ^2 值：(a) 确定要使用的区组范围；(b) 用校订后的区组范围计算的 χ^2 值

(a)	区组范围		期望频数	(b)	修正区组范围		期望频数	观测频数	卡方值计算
	A 端	B 端	N（70，20）		A 端	B 端	N（70，20）		
	$-\infty$	10	0.22		$-\infty$	20	1.02	3	3.808 54
	10	20	0.80		20	30	2.73	5	1.889 48
	20	30	2.73		30	40	7.27	6	0.221 68
	30	40	7.27		40	50	15.15	10	1.753 44
	40	50	15.15		50	60	24.73	21	0.562 57
	50	60	24.73		60	70	31.59	25	1.375 23

（续）

(a) 区组范围 A端	B端	期望频数 N（70，20）	(b) 修正区组范围 A端	B端	期望频数 N（70，20）	观测频数	卡方值计算
60	70	31.59	70	80	31.59	37	0.926 01
70	80	31.59	80	90	24.73	21	0.562 75
80	90	24.73	90	100	15.15	17	0.224 63
90	100	15.15	100	110	7.27	11	1.914 47
100	110	7.27	110	120	2.73	6	3.920 02
110	120	2.73	120	+∞	1.02	3	3.808 54
120	130	0.80				卡方值	20.967 54
130	+∞	0.22					

表 10.5 计算离散型数据集的 χ^2 统计量：(a) 数据制表；(b) 计算 χ^2 值

(a) 自变量值	观测频数	期望频数	(b) 自变量值	观测频数	期望频数	卡方值计算
0	0	1.579	0	0	1.579	1.579 0
1	8	7.036	1	8	7.036	0.132 2
2	18	15.675	2	18	15.675	0.344 8
3	20	23.282	3	20	23.282	0.462 7
4	29	25.936	4	29	25.936	0.362 1
5	21	23.113	5	21	23.113	0.193 2
6	18	17.165	6	18	17.165	0.040 6
7	10	10.926	7	10	10.926	0.078 6
8	8	6.086	8	8	6.086	0.602 0
9	2	3.013	9	2	3.013	0.340 6
10	1	1.343	10+	2	2.189	0.016 3
11+	1	0.846				
合计	136				卡方值	4.152 1

检验假设：

- H_0：数据来自正态分布 N（70，20）。
- H_1：数据不是来自正态分布 N（70，20）。

作出推断：

表 10.4（b）中得到的 χ^2 值为 21.0，自由度 $\nu=N-1=12-1=11$（因为没有由数据决定的分布参数，故 $\alpha=0$）。在自由度为 11 的 χ^2 分布中查找这个 χ^2 值，当 H_0 正确时出现高 χ^2 值的概率大概为 3%。因此，结论为此数据的来源不是正态分布 N（70，20）。◆

例 10.8 离散型数据中 χ^2 的应用

如果有来源于泊松分布的 136 个数据点构成数据集，泊松分布参数 λ 的 MLE 通过数据的均数估计：$\lambda=4.455\ 9$。数据的频率分布表如图 10.5（a）所示，旁边一列为对应的泊松分布 P（4.455 9）的期望频数表，即 $E(i)=f(x)*136$，其中：

$$f(x)=\frac{e^{-4.4559}4.4559^{x}}{x!}$$

值为11+的期望频数为：136－（其他期望频数的总和），是小于1的。为保证所有的期望频数大于1，因此需减少区组的数量，如表10.5（b）所示。

检验假设：

- H_0：数据来自泊松分布。
- H_1：数据并非来自泊松分布。

作出推断：

由表10.5（b）计算的 χ^2 检验值为4.152，自由度 $\nu=N-\alpha-1=11-1-1=9$（因为仅有均数一个分布参数由数据决定，故 $a=1$）。在自由度为9的 χ^2 分布中查找这个 χ^2 值，当 H_0 正确时出现高 χ^2 值的概率略超过90%的临界值。概率很大，故没有理由拒绝 H_0。因此，结论为该数据服从泊松分布 P（4.455 9）。◆

因为卡方统计量比较常用，因此这里介绍较多。$\chi^2(\nu)$ 分布为 ν 个单位正态分布的平方和。公式（10.6）为：

$$\chi^2\sum_{i=1}^{N}\frac{\{O(i)-E(i)\}^2}{E(i)}$$

故此检验为假设每个 $\frac{\{O(i)-E(i)\}}{E(i)}$ 近似于服从标准正态分布的平方 $N(0,1)^2$，即 $O(i)$ 近似于正态分布 $N(E(i),\sqrt{E(i)})$。$O(i)$ 为二项分布 $B(n,p)$ 的变量，$p=F(i_{max})-F(i_{min})$，当 n 较大且 p 不接近于0或1时，$O(i)$ 近似于正态分布 $N(np,\sqrt{np(1-p)})$。关键是，卡方检验建立在一个隐含的假设之上——每个区组都有大量的观测值——故不要依赖于它。最大似然法比卡方优度拟合检验更适合、更灵活，而且卡方检验衡量拟合优度间优劣的能力值得怀疑，因为若要使纳入随机样本的概率相等，则每个拟合分布都要改变区组宽度，但每个拟合分布的区组范围都是不同的。

Kolmogorov-Smirnoff（K-S）统计量

K-S统计量 D_n 定义为：

$$D_n=\max[\,|F_n(x)-F(x)|\,]$$

D_n 为K-S距离，n 为数据点的总数，$F(x)$ 为拟合分布的分布函数，$F_n(x)=i/n$，i 为数据点的累计排序。

K-S统计法只关注拟合分布的累积分布函数和数据点累积分布之间的最大垂直距离。图10.15表明了拟合均匀分布 $U(0,1)$ 的概念。

- 数据按升序排序。
- 较高的 $F_U(i)$ 和 $F_L(i)$ 的累计百分率计算如下：

$$F_L(i)=\frac{i-1}{n}$$

$$F_U(i)=\frac{i}{n}$$

其中，i 为数据点的排序，n 为数据点的总数。

- $F(x)$ 由均匀分布计算［此处 $F(x)=x$］。

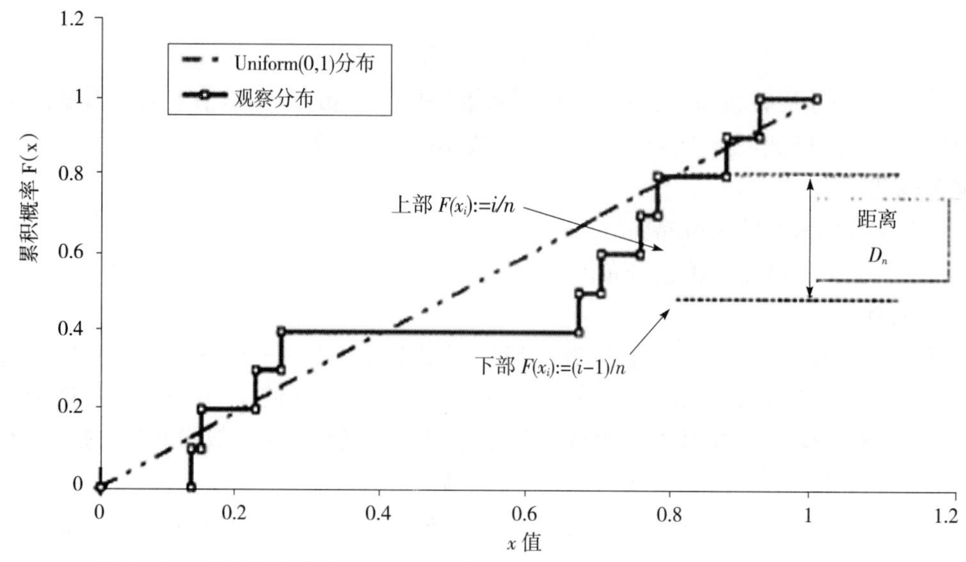

图 10.15 拟合均匀分布 U（0，1）中 Kolmogorov - Smirnoff 距离 D_n 的计算

- 用每一个 i 计算 F（i）与 F（x）间的最大距离 D_i：

$$D_i = \mathrm{MAX}(\mathrm{ABS}(F(x) - F_L(i)), \mathrm{ABS}(F(x) - F_U(i)))$$

其中，ABS（…）为绝对值。

- 距离 D_i 的最大值为 K - S 的距离 D_n：

$$D_n = \mathrm{MAX}(\{D_i\})$$

在采用所有数据进行评价时，K - S 统计量通常比 χ^2 检验更有效，因为它避免了确定划分数据区组的数量问题。然而，它的价值仅取决于一个最大差异，并没有考虑分布中缺乏拟合的其他部位。因此，图 10.16 中给出的（a）分布比在整个 x 范围拟合较差的（b）分布有更大的差异，但（a）分布比（b）分布拟合更差。

观测分布 F_n（x）和理论拟合分布 F（x）之间任何两点间的垂直距离，称为 x_0，它本身有一个均数为 0、标准差 $\sigma_{K\text{-}S}$，由二项式理论给出的分布：

$$\sigma_{K\text{-}S} = \sqrt{\frac{F(x_0)[1 - F(x_0)]}{n}}$$

在 x 范围上 $n=100$ 的数种分布的标准差 $\sigma_{K\text{-}S}$ 的大小如图 10.17 所示。图中沿 x 轴 D_n 的位置更可能为 $\sigma_{K\text{-}S}$ 的最大值，且一般远离概率较低的尾部。A - D 统计量对 K - S 统计量中灵敏度在分布两端不相称的缺陷进行了纠正。

一些具有指导意义的统计学文献在对待 K - S 统计量作为优度拟合软件，特别是由数据估计的拟合分布（而非针对数据完全指定的分布）来估计参数提出了严厉的批评，K - S 统计量的目的并不是假设拟合分布是完全特定的。为像拟合优度一样使用 K - S 统计量来衡量分布的拟合状况，必须进行模拟实验确定每种情况下 K - S 统计量的判别区域。

Anderson - Darling（A - D）统计量

A - D 统计量 A_n^2 定义为：

$$A_n^2 = \int_{-\infty}^{\infty} |F_n(x) - F(x)|^2 \Psi(x) f(x) \mathrm{d}x$$

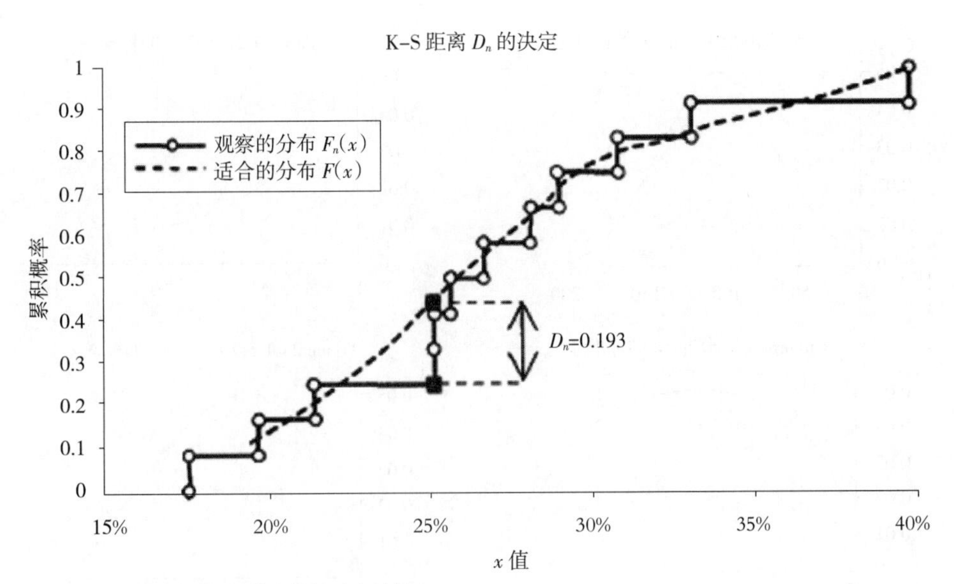

(a)除过一个特定的范围，分布是很适合的分布

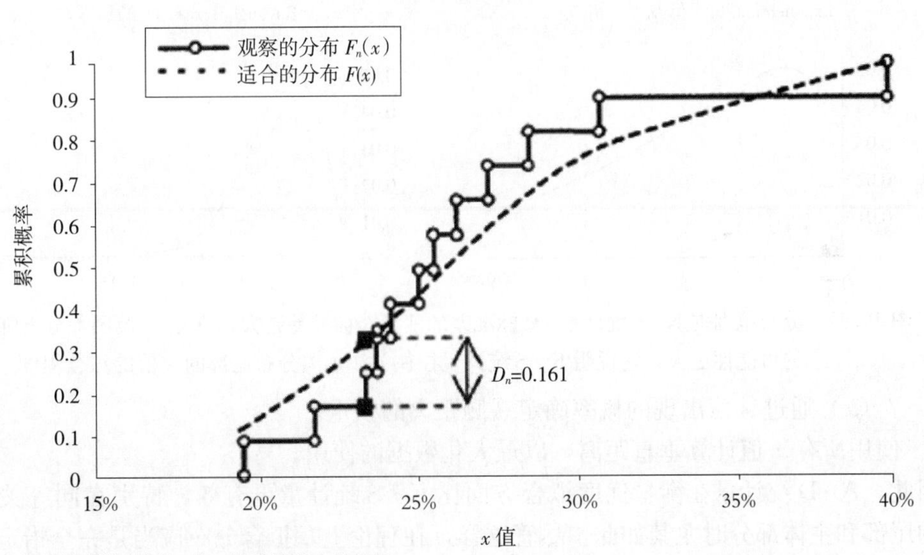

(b)分布总体适合性不好，但是单个大的差异

图 10.16　由于信赖两个累积分布间单一最大距离而不是查看整个可能范围内距离，使得 K - S 距离 D_n 给出错误的拟合

其中，

$$\Psi(x)=\frac{n}{F(x)\{1-F(x)\}}$$

n 为数据点的总数，$F(x)$ 为拟合分布的分布函数，$f(x)$ 为拟合分布的密度函数，$F_n(x)=i/n$，i 为数据点的累计排序。

A - D 统计量相对于 K - S 统计量更复杂。以下是 A - D 统计量的优势：

- $\Psi(x)$ 弥补了分布之间垂直距离的方差 $\sigma^2_{K\text{-}S}$ 的增量，如图 10.17 所示。

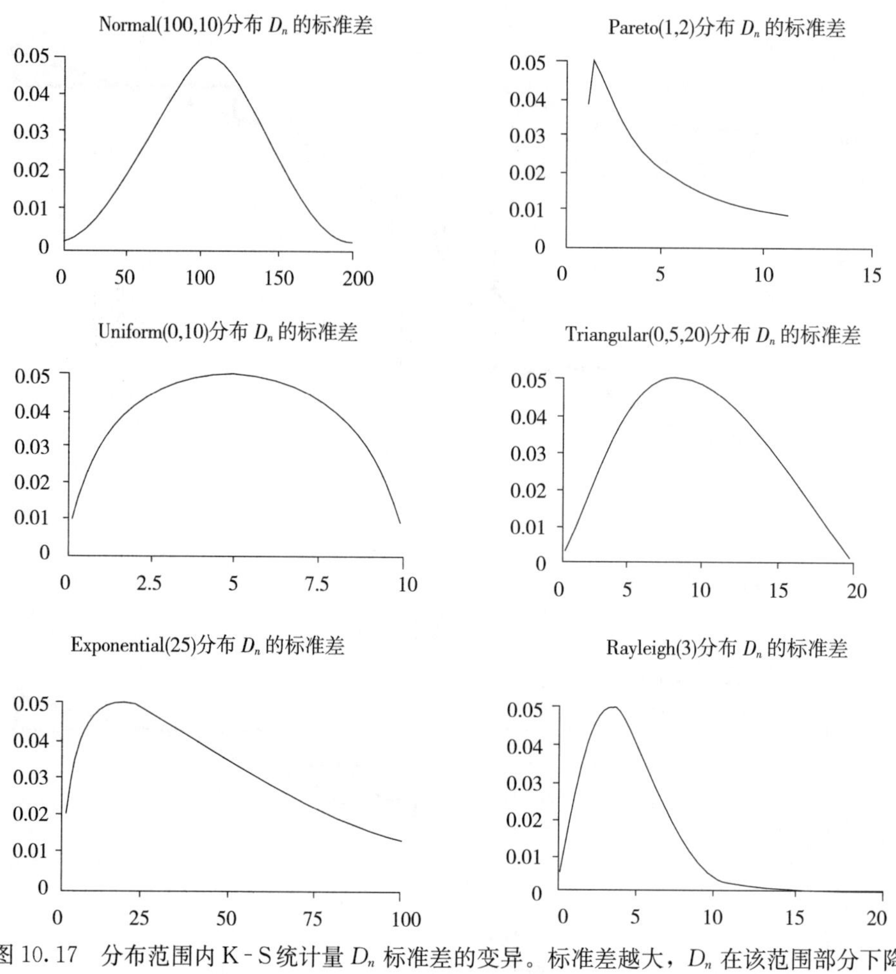

图 10.17 分布范围内 K-S 统计量 D_n 标准差的变异。标准差越大，D_n 在该范围部分下降的可能性更大，它说明 K-S 统计量往往关注远离分布尾部的 x 值的拟合程度

- $f(x)$ 通过 x 值出现的概率确定观测距离的权重。
- 使用所有 x 值计算垂直距离，以最大化数据的使用。

因此，A-D 统计量在衡量优度拟合方面比 K-S 统计量更有效，特别在同等关注拟合分布的尾部和主体部分时尤其如此。尽管这样，在理论上，拟合分布应当是完全指定而非由数据估计，对于这一点，A-D 统计量与 K-S 统计量存在同样的问题。而且，它更大的问题还在于仅确定了少数几个分布的置信范围。

更好的拟合优度指标

由于上述原因，从严格意义上讲，卡方检验、Kolmogorov-Smirnoff 和 Anderson-Darling 拟合优度统计量都不适合作为比较对数据分布拟合的方法。它们还受观测值精确度的限制，且不包含截略数据、截尾数据和分级数据。实际上，大多数时候我们都可以先把一组精确观测值拟合为连续型分布，这样 A-D 法便可合理发挥其功能。然而，对于重要的工作，可考虑使用被称为信息准则的统计学拟合方法。

设 n 为观测个数（如数据值、频数），k 为要估计的参数个数（如正态分布有两个参数：μ 和 σ），L_{max} 为所估计的对数似然的最大值：

1. SIC（Schwarz 信息准则，又称为 Bayesian 信息准则，BIC）

$$\mathrm{SIC} = \ln[n]k - 2\ln[L_{\max}]$$

2. AICC（Akaike 信息准则）

$$\mathrm{AICC} = \left(\frac{2n}{n-k-1}\right)k - 2\ln[L_{\max}]$$

3. HQIC（Hannan-Quinn 信息准则）

$$\mathrm{HQIC} = 2\ln[\ln[n]]k - 2\ln[L_{\max}]$$

我们的目的是找到所选择的信息准则中值最小的模型。每个公式中出现的 $-2\ln[L_{\max}]$ 为拟合模型的变异估计。每个公式中的系数 k 表示模型参数个数被扣除的程度。当 $n \geqslant 20$ 时，SIC（Schwarz，1997）对于通过在拟合模型中增加更多变量使自由度惩罚性减少方面是最严格的准则。当 $n \geqslant 40$ 时，$\mathrm{AIC_C}$（Akaike，1974，1976）为这三种准则中最不严格的准则，HQIC（Hannan 和 Quinn，1979）为中等严格程度，或者为 $n \geqslant 20$ 时自由度减小程度最小的准则。

ModelRisk 应用修改后的这三种准则版本作为每个拟合模型排序的方法，无论它拟合的是分布，还是时间序列模型或者 copula 分析。若数据拟合许多模型，则不能简单使用根据最佳统计量结果进行自动选择拟合到的分布，特别是两个或者三个模型的统计学参数值非常接近时。此外，还要注意拟合到的分布范围和形态，看它们是否与你认为的恰当的分布相符合。

10.3.5 拟合优度图

拟合优度图（goodness-of-fit plots）为分析人员提供了一个数据和拟合分布间的视觉比较，以拟合优度统计量不可能的方式提供了误差的整体图像展示，而且允许分析师以更定性、更直观的方式选择最好的拟合分布。下面讨论它们各自的特点。

概率密度的比较

用拟合分布的概率密度函数作数据的直方图通常是信息量最丰富的图形［图 10.18（a)］。在这种图形中较易看出主要差异的所在、是否为数据的正常形态及较好的拟合分布。如果对相同数据的几种拟合分布作直接比较，则所有图形都应当使用相同的比例及直方图区组数量。有时候人们也会使用数据和拟合分布的累计频数曲线［图 10.18（b)］。然而，这种图形不易衡量，且大多数分布类型均为相似的S形曲线。因此，此类图形仅显示数据和拟合分布间较大的差异，且一般不推荐把它作为拟合优度的可视化方法。

概率密度差值

此图由上述概率密度比较而派生，绘制出了概率密度差异［图 10.18（c)］，比此处描述的其他图表更敏感。概率密度间差异的大小也是关于绘制直方图所使用区组数量的函数。为用此类图表在其他拟合分布函数间做直接比较，分析人员必须保证所有图表中使用相同数量的区组。还必须保证纵坐标相同，因为这在不同拟合间可以千差万别。

概率—概率图（P-P图）

此图为相对于所有 x_i 值的累计频数 $F_n(x) = i/(n+1)$ 的累积分布的拟合曲线 $F(x)$［图 10.18（d)］。拟合度越好，图形就越接近于一条直线。若对紧密地匹配累积百分数感兴趣，则此图很有用，它会显示两分布中间部分的显著差异。但是，该图对拟合中的任何差异的敏

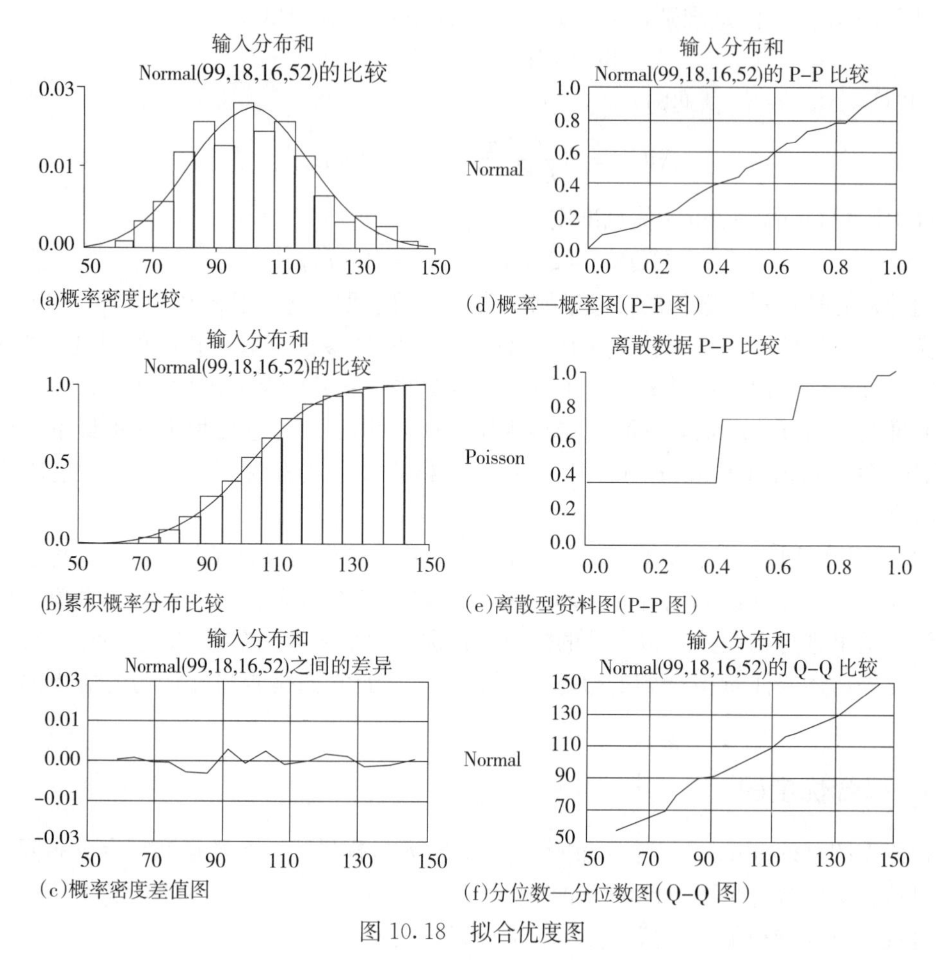

(a)概率密度比较

(d)概率—概率图(P-P图)

(b)累积概率分布比较

(e)离散型资料图(P-P图)

(c)概率密度差值图

(f)分位数—分位数图(Q-Q图)

图 10.18 拟合优度图

感性远比概率密度对比图差，因此该图并不常用。当该图用于检查离散型数据时它也容易产生困惑的结果［图10.18（e）］，较好的拟合很容易被掩盖，特别是只有少数容许 x 值时。

分位数—分位数图（Q-Q图）

此图为观测数据 x_i 相对于 $F(x)=F_n(x)$ 即等于 $i/(n+1)$ 时的 x 值所做图表［图10.18(f)］。与P-P图一样，拟合越好，图形越接近于一条直线。若对紧密匹配累积百分数感兴趣，则此图也很有用，它也会显示两分布中间部分的显著差异。但是，这种图形也会遇到和P-P图一样的不敏感的问题。

10.4 拟合二阶参数分布

本章第一部分介绍的量化不确定性方法可用于确定拟合的参数分布的参数不确定性分布。三种主要的方法为经典统计学方法、Bootstrap法和通过Gibbs抽样的贝叶斯推断。在估计数据的分布参数过程中的主要问题是所估计的参数的不确定分布通常以某种方式联系在一起。

经典统计学方法往往通过假设参数的不确定性分布为正态分布来克服此问题，在这种情况下，这些分布间的协方差得以确定。然而，大多数情况下遇到的情况是参数的不确定性分布为非正态（数据的不确定性也会随着数据样本量的扩大而增大），因此这种方法很局限。

参数 Bootstrap 法就好得多，因为仅仅只需要以相同形式和相同总数从 MLE 拟合分布中再取样。然后，用 MLE 重新拟合从参数的不确定性联合分布中得到随机样本。Bootstrap 法的主要局限性在于拟合离散型分布时，尤其当允许值很少时，会使不确定性联合分布呈“颗粒状”。

Markov 链蒙特卡罗理论（MCMC）也可产生来源于不确定性 Bootstrap 法的随机样本。它很灵活，但在设定先验分布时会出现一些小问题。

例 10.9　用经典统计学方法拟合二阶正态分布

因为 z 检验和 χ^2 检验为我们提供了精确的公式，故而正态分布比较容易拟合。很多其他分布的拟合都无法如此方便。经典统计学中，正态分布的均数和标准差的不确定性分布可由公式（9.3）得到：

$$\sigma=\sqrt{\frac{(n-1)V_s}{\chi^2(n-1)}}$$

当均数未知但标准差已知时，使用公式（9.1）：

$$\mu=\mathrm{N}\left(\bar{x},\frac{\sigma}{\sqrt{n}}\right)$$

因此，如果先用公式（9.3）模拟标准差的可能取值，就可以将标准差的模拟值代入公式（9.1）中以确定均数。◆

例 10.10　使用参数 Bootstrap 法拟合二阶正态分布

样本均数（Excel：AVERAGE 函数）和样本标准差（Excel：STDEV 函数）为正态分布的 MLE 估计。因此，如果我们有均数为 $\bar{x}$、标准差为 s 的 n 个数据值，就可产生 n 个独立的 Normal（$\bar{x}$，s），通过 AVERAGE 函数和 STDEV 函数重新计算其均数和标准差，产生总体参数的不确定值。◆

例 10.11　使用参数 Bootstrap 法拟合二阶 Gamma 分布

没有公式可用于直接确定 Gamma 分布的 MLE 参数值，因此需要构建一个似然函数并通过变换参数优化它，这个过程虽很枯燥但却是迄今为止较为常见的情形。ModelRisk 软件提供了可自动执行此过程的分布拟合算法。例如，两个单元的数组｛VoseGammaFitP（*data*，TRUE)｝会产生数值，它是来自一组数 *data* 所拟合的 Gamma 分布的不确定性 Bootstrap 法的一些数值。数组｛VoseGammaFitP（*data*，FALSE)｝仅返回 MLE 值。函数｛VoseGammaFitP（*data*，TRUE)｝返回来自一个 Gamma 分布的随机样本。随着参数不确定性的增加，｛VoseGammaFitP（*data*，0.99，TRUE)｝返回一些随机样本，这些随机样本来自一组数 *data* 所拟合的 Gamma 分布的第 99 个百分位数的不确定性分布。◆

例 10.12　采用 WinBUGS 拟合二阶 Gamma 分布

以下 WinBUGS 模型使用 47 个数据值［这些数据实际上来自一个 Gamma 分布 Gamma（4，7)］拟合 Gamma 分布。此处有两点需要特别注意：WinBUGS 中比例参数 λ 定义为较为常用的 Beta 比例参数的倒数（本书的一个公约）；已使用均数为 1 000 的指数分布作为分布 Gamma（1，1 000)（更多的标准公约）的每个参数的先验分布。使用指数分布是因为它的范围从 0 延伸到∞，这符合参数的定义域，且均数如此大的指数分布在感兴趣的范围里会显得很平直（所以它可以被合理地忽略）。这个模型是：

```
model
  {
      for (i in 1: M) {
        x [i] ~ dgamma (alpha, lambda)
      }
      alpha~ dgamma (1.0, 1.0E-3)
      Beta~ dgamma (1.0, 1.0E-3)
      lambda<-1/beta
  }
list (M=47, x = c (15.31, 17.63, 17.53, 34.59, 27.59, 27.34, 17.96, 16.95,
   11.63, 31.15, 36.41, 29.53, 56.35, 20.53, 16.23, 23.14, 35.5, 35.5, 31.63,
   14.26, 10.29, 29.86, 24.49, 13.23, 12.91, 20.18, 66.18, 23.25, 30.58, 14.1,
   11.25, 37.75, 52.35, 44.46, 13.52, 10.56, 27.62, 30.06, 11.46, 29.12, 21.57,
   54.03, 28.06, 42.97, 5.42, 11.23, 19.05))
```

在 100 000 次迭代计算后，估计结果如图 10.19 所示。

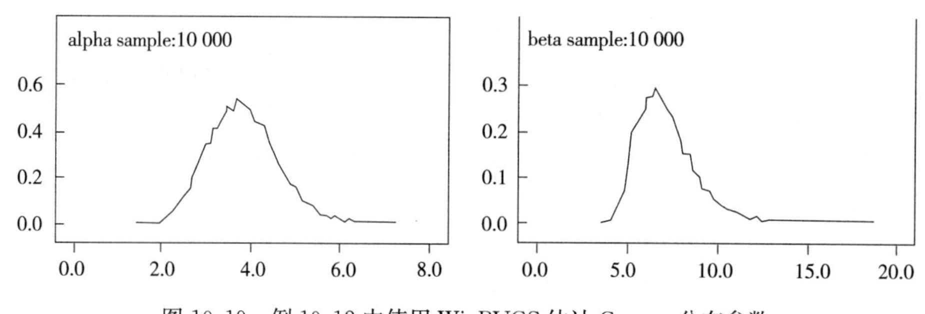

图 10.19 例 10.12 中使用 WinBUGS 估计 Gamma 分布参数

此估计大概以 4（均数为 4.111）和 7（均数为 6.288）为中心，就如我们所希望的由分布 Gamma（4，7）产生的样本一样。我们可以反过来看先验的选择是否影响很大。alpha 的不确定分布范围是 2～6：指数分布 Exponential（1 000）在 2 和 6 时的概率密度分别为 9.98E-4 和 9.94E-4，比值为 1.004，所以其后的范围基本持平。Beta 参数范围为 4～13，其比值为 1.009，也是基本持平。

图 10.20 展示了需要估计不确定性 Bootstrap 法的原因。香蕉形状的散点图说明参数估计之间有很强的相关性。以下内容能让你直观地理解存在这种关系的原因：总体分布的均数可根据数据迅速估计且会产生一个大致的正态分布的不确定性：这种情况下 47 个观测值的样本均数=25.794，而样本的方差=184.06，因此总体均数不确定性服从 Normal（25.794，SQRT（184.06/47））=Normal（25.794，1.979）。Gamma（α，β）分布的均数为 $\alpha\beta$。等同于如果 $\alpha=6$，则 β 必须为 4.3 ± 0.3，如果 $\alpha=3$，则 β 为 8.6 ± 0.6，如图 10.20 所示。◆

二阶拟合优度图

除分布的不确定性表示为一系列描述可能真实分布的线条（有时称为通心粉图）外，二阶拟合优度图与图 10.18 中一阶图表基本相同，如图 10.21 所示案例。

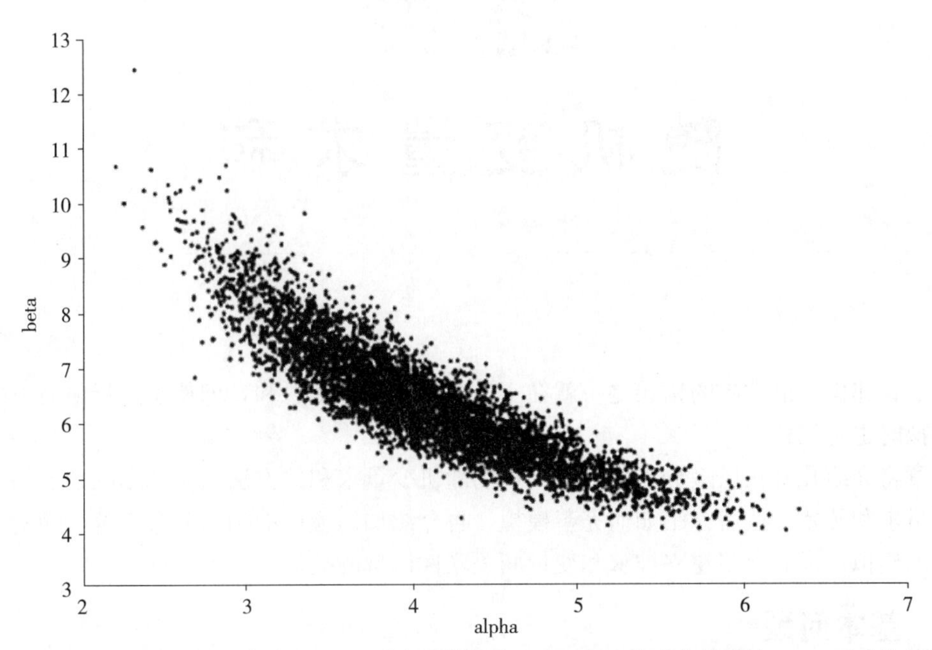

图 10.20　例 10.12 中用于估计 Gamma 分布参数的从 WinBUGS 模型中得到的 5 000 后验分布样本

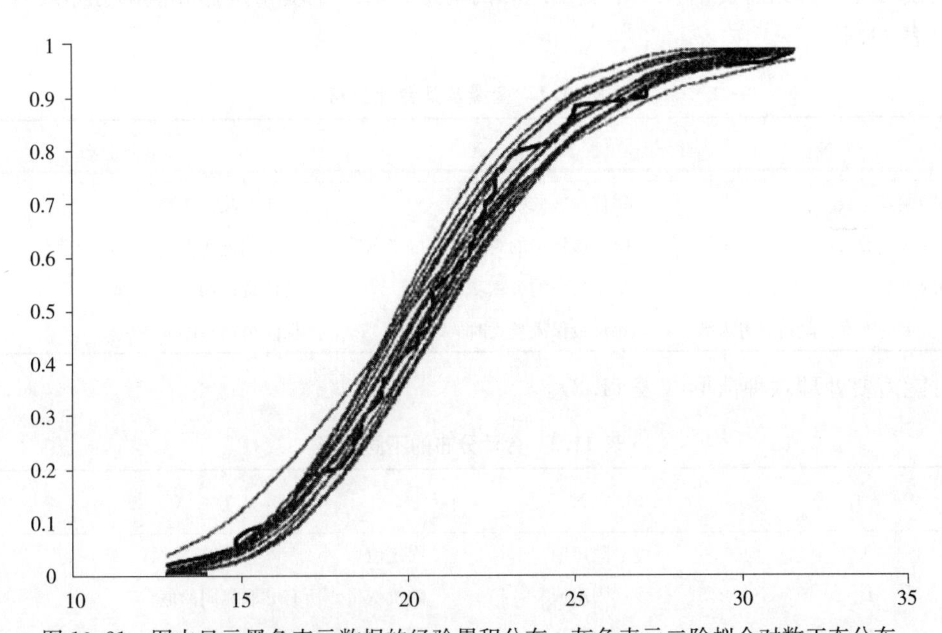

图 10.21　图中显示黑色表示数据的经验累积分布，灰色表示二阶拟合对数正态分布

在图 10.21 中灰色线条代表 15 个样本的拟合对数累积分布函数，这些样本来自对数正态均数和标准差的联合不确定性分布。这使我们对拟合分布的确定程度有了直观的可视化描述。ModelRisk 的分布拟合功能可通过一种用户定义的“通心粉”线条数来自动显示这些图形。

第11章

随机变量求和

人们在建模时最常犯的错误之一就在于计算随机变量的总和，即使是进行最简单的蒙特卡罗模拟时也是如此。

本章将介绍几种在风险分析中广泛使用的随机变量求和的方法。从基本问题及如何模拟随机变量求和开始，然后介绍如何完善模拟，再介绍如何应用准确的分布来替换随机变量合计分布的模拟，最后介绍建立被求和变量间关联性模型的技能。

11.1 基本问题

建模时经常遇到需要估计 n 个变量之和的情形，每一个变量遵循相同的分布或有相同的 X 值（表 11.1）。

表 11.1 变量及其合计分布

N	X	合计分布
一年内的顾客总数	每位顾客的购买力	一年的收入总额
被污染的鸡蛋数	每个被污染的鸡蛋含有的细菌数	三个鸡蛋所做奶昔中的细菌数
信贷违约人数	每位贷方的欠款	总信贷违约
下一年去世的人寿保险持有者人数	每位投保人死亡时的赔付	保险公司总的财务风险

可能需要处理六种情形（表 11.2）。

表 11.2 合计分布的不同情形

情形	N	X
A	固定值	固定值
B	固定值	随机变量，所有 n 取相同的值
C	固定值	随机变量，所有 n 取不同的值（独立同分布）
D	随机变量	固定值
E	随机变量	随机变量，所有 n 取相同的值
F	随机变量	随机变量，所有 n 取不同的值（独立同分布）

情形 A、B、D 和 E

对于情形 A、B、D 和 E，很容易进行数学模拟：

$$\text{SUM} = n * X$$

情形C

对于情形C，X为独立随机变量（即每个被求和的X可以有不同的取值），且n是固定的，通常基于已知恒等式，采用简单的方式确定合计分布（aggregate distribution）。最常见的恒等式列于表11.3。

表11.3 合计分布的已知恒等式

X	合计分布
Bernoulli（p）	Binomial（n，p）
BetaBinomial（m，α，β）	BetaBinomial（$n*m$，α，β）
Binomial（m，p）	Binomial（$n*m$，p）
Cauchy（a，b）	n * Cauchy（a，b）
ChiSq（ν）	ChiSq（$n*\nu$）
Erlang（m，β）	Erlang（$n*m$，β）
Exponential（β）	Gamma分布（n，β）
Gamma（α，β）	Gamma分布（$n*\alpha$，β）
Geometric（p）	NegBin（n，p）
Levy（c，a）	n^2*Levy分布（c，a）
Negbin（s，p）	NegBin（$n*s$，p）
Normal（μ，σ）	Normal（$n*\mu$,SQRT(n)$*\sigma$）
Poisson（λ）	Poisson（$n*\lambda$）
Student（ν）	Student（$n*\nu$）

由中心极限定理可知，若n足够大，总和通常近似正态分布。如果X均数为μ，标准差为σ，随n逐渐增大，有：

$$Sum \approx \text{Normal}(n*\mu,\sqrt{n}*\sigma)$$

这很好，因为这意味着我们可以使用相对分布来确定矩（ModelRisk中的函数VoseMoments会为你自动完成这些工作），或者仅仅是X相关观测的均数和标准差。这也解释了表11.3中右列中的分布近似正态分布的原因。

当没有这些可用的恒等式时，就必须模拟长度为n的一列X变量并把它们加起来，这在计算机时代或者电子表格中通常不会过于烦琐，因为如果n很大则通常采用中心极限定理把它近似为正态分布。

情形C在ModelRisk中可用函数VoseAggregateMC（n，分布）获得；例如，如果写入：

=VoseAggregateMC(1 000,VoseLognormalObject(2,6))

运行该函数，将会由lognormal（2，6）分布产生的1 000个独立随机样本添加到一起。然而，如果写入：

=VoseAggregateMC（1 000，VoseGammaObject（2，6））

函数会从分布Gamma（2＊1 000，6）中生成单一值，因为表11.3中所有的恒等式都被编入了该函数之中。

情形 F

随机变量的随机数之和即为剩下的情形 F。最基本的模拟方法是建立一个模型，在这个模型中，在电子表格的单元格中生成 n，然后根据 n 值大小创建一列数量不同的 X 变量(图 11.1)。

	A	B	C	D	E	F	G	H	I	J
1										
2		n:	14							
3										
4		总数	x 值							
5		1	104.200 2							
6		2	99.247 62		合计	1 479.409				
7		3	104.939							
8		4	103.002 8							
9		5	97.130 33							
10		6	137.691 1							
11		7	119.281 8							
12		8	111.468 3							
13		9	101.327 4							
14		10	102.678 8							
15		11	107.096 6							
16		12	96.369 28							
17		13	93.283 09							
18		14	101.692 2							
19		15	0							
20		16	0							
21		17	0							
22		18	0							
23		19	0							
24		20	0							
25										

公式表	
C2:	=VosePoisson(12)
C5:C24	=IF(B5>$C$2,0,VoseLognormal(100,10))
F6(输出)	=SUM(C5:C24)

图 11.1 随机变量的随机数求和模型

在此模型中，n 为泊松分布 Poisson (12) 在单元格 C2 中随机产生的数。仅当 B 列中的计数值小于或等于 n 时，对数正态分布 Lognormal (100, 10) 在 C 列中产生 X 值。例如，给出的迭代过程中 n 的值为 14，因此在 C 列中产生 14 个 X 值。

这种方法应用很普遍，但对于其他问题则效率较低。例如，试想如果 n 服从泊松分布 Poisson (10 000)，为了使模型运行，B、C 两列需要有大量单元格。从建模的角度来讲也很困难，因为模型中 n 值必须限定在特定的范围内，不能仅仅只改变泊松分布的参数。

基于上面叙述的情形 C 技术，我们有几个选项。如果把表 11.3 中的变量 X 加在一起，然后应用这些恒等式在一个单元格中模拟 n 值，并将该单元格链接到另一个基于 n 来模拟合并变量的单元格中。例如，假设 Poisson (100) 个 X 变量求和，每个 X 变量服从 Gamma (2, 6) 分布，可以得到：

单元格 A1：=VosePoisson (100)

单元格 A2 (输出)：=VoseGamma (A1 * 2, 6)

也可使用中心极限定理，假设有 n=Poisson (1 000)，X=Beta4 (3, 7, 0, 8)，如图 11.2 所示。

分布并不是特别对称，因此把大约 1 000 个这样的分布相加看起来会很接近正态分布，这表示我们可以放心使用中心极限定理近似，见图 11.3 中的模型。

此处已利用了 VoseMoments 数组函数返回分布对象的矩。然而，大多数软件至少都会

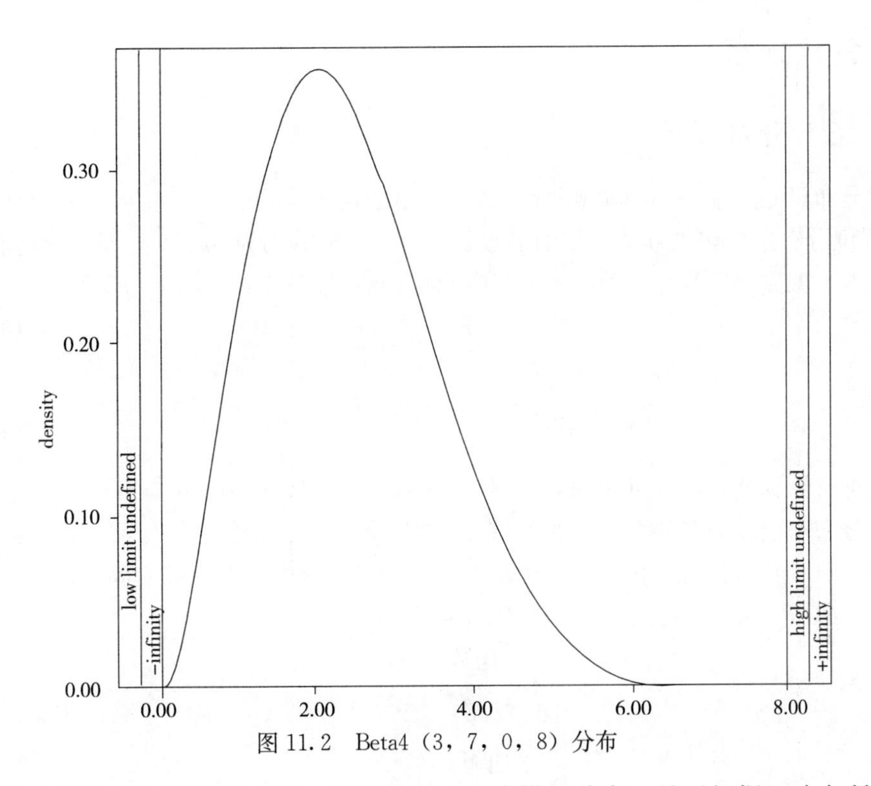

图 11.2　Beta4（3，7，0，8）分布

允许查看分布的矩，如果不能查看，可以根据它本身模拟分布，然后根据经验由所得数值确定它的矩，或者如果想要更迅速或更精准，则可应用附录 3 中分布概述给出的公式。VoseCLTSum 函数进行了与单元格 F5 相同的计算，但更直观。同样，可以选择 VoseAggregateMC 函数，该函数在迭代计算中，将来自 Beta4 分布的 957 个值相加，因为对 Beta4 分布求和没有已知的恒等式可用。

	A	B	C	D	E	F	G
1							
2		n:	957				
3		X variable:	VoseBeta4(3,7,0,8)				
4							
5		Mean	2.4		Aggregate distribution:	2 345.4	
6		Variance	1.221 818 182		or	2 303.4	
7		Skewness	0.482 497 91		or	2 318.1	
8		Kurtosis	2.860 805 861				
9							
10		*Formulae table*					
11		C2	=VosePoisson(1 000)				
12		C3	=VoseBeta4Object(3,7,0,8)				
13		(B5:C8)	{=VoseMoments(C3)}				
14		F5(output):	=VoseNormal(C2*C5,SQRT(C2*C6))				
15		F6(alternative):	=VoseCLTSum(C2,C5,SQRT(C6))				
16		F7(alternative):	=VoseAggregateMC(C2,C3)				
17							

图 11.3　中心极限定理近似模型

11.2 合计分布

11.2.1 合计分布的矩

合计分布（aggregate distribution）的矩可由通用公式得出，一般包括 n 的频率分布矩和 X 的强度分布矩。如果频数分布的均数、方差、偏度分别为 μ_F、V_F、S_F，且强度分布的均数、方差、偏度分别为 μ_C、V_C、S_C，则合计分布有以下矩：

$$\text{均数} = \mu_F\mu_C \tag{11.1}$$

$$\text{方差} = \mu_F V_C + V_F\mu_C^2 \tag{11.2}$$

$$\text{偏度} = \frac{\mu_F S_C V_C^{3/2} + 3V_F\mu_C V_C + S_F V_F^{3/2}\mu_C^3}{(\text{方差})^{3/2}} \tag{11.3}$$

峰度也有计算公式，但过于繁杂。ModelRisk 中的 VoseAggregateMoments 函数可确定任何频率分布和强度分布的合计分布的首先的 4 个矩，即便他们有限制和/或转换。

公式（11.1）至公式（11.3）值得进行更多探究。首先，考虑 n 为固定值时的情形，有 $\mu_F=n$，$V_F=0$ 及 $S_F=$未定义。合计分布的矩有：

$$\text{均数} = n\mu_C$$

$$\text{方差} = nV_C$$

$$\text{偏度} = \frac{S_C}{\sqrt{n}}$$

由此可见，其支持中心极限定理：如果 n 足够大，则合计分布近似为均数 $=n\mu_C$，方差 $=nV_C$ 的正态分布。偏度公式显示合计的偏度与 X 的偏度成比例但随 n 的增大先迅速下降，然后下降的速度减慢，最后渐渐接近于 0。

另一个比较有意思的案例是考虑 n 服从泊松分布 Poisson（λ）时的合计矩公式，泊松分布很常见且是 n 最合适的分布，并且只有一个参数，便于描述。此时 $\mu_F=\lambda$、$V_F=\lambda$ 及 $S_F=\frac{1}{\sqrt{\lambda}}$，合计分布的矩为：

$$\text{均值} = \lambda\mu_C$$

$$\text{方差} = \lambda(V_C + \mu_C^2)$$

$$\text{偏度} = \frac{(S_C V_C^{3/2} + 3\mu_C V_C + \mu_C^3)}{(V_C + \mu_C^2)^{3/2}\sqrt{\lambda}}$$

均数和方差的公式都很简单。与 n 为固定值时一样，偏度以相同的方式随 $\frac{1}{\sqrt{\lambda}}$ 减小。如果 X 为对称分布，则对于一个给定的 λ，当 X 的均数和标准差相等时偏度取得最大值，当标准差非常大时其值最小。因此，当 V_C 很大时合计分布更接近正态分布。

确定合计的矩很有用。这样可直接比较随机变量的和，这将在第 21 章做深入讨论。还可把这些矩与一些参数分布相匹配并把它作为一个近似的合计分布。大多数合计分布是右偏态的，因此可以从众多右偏分布如 Lognormal 分布和 Gamma 分布等选择一个合适的分布与矩匹配。例如，通过 T 转换得来的 Gamma（α，β）分布有：

$$\text{均数} = \alpha\beta + T \tag{11.4}$$

$$方差 = \alpha\beta^2 \tag{11.5}$$

$$偏度 = \frac{2}{\sqrt{\alpha}} \tag{11.6}$$

因此，匹配偏度可得到 α 值，然后匹配方差可得到 β，最后匹配均数得到 T。增加一个转换需要估计 3 个参数，因此我们能匹配 3 个矩，如图 11.4 所提供例子。

	A	B	C	D	E	F	G	H	I
1									
2		Parameters		Distribution					
3		Lambda	25	VosePoisson($C$3)					
4		Mu	5	VoseLognormal($C$4,$C$5)					
5		Sigma	7						
6									
7		Frequency		Severity		Aggregate	VoseAMoments		
8		Mean	25	Mean	5	125	Mean	125	
9		Variance	25	Variance	49	1 850	Variance	1 850	
10		Skewness	0.2	Skewness	6.944	1.018 515 312	Skewness	1.018 515	
11		Kurtosis	3.04	Kurtosis	75.105 6		Kurtosis	4.723 443	
12									
13							Gamma Moments		
14		Fitted Gamma parameters					Mean	125	
15		Shape alpha	3.855 892 05				Variance	1 850	
16		Scale beta	21.904				Skewness	1.018 515	
17		Shift T	40.540 5405 4				Kurtosis	4.556 06	
18									
19		*Formulae table*							
20		D3:	=VosePoissonObject(C3)						
21		D4:	=VoseNormalObject(C4,C5)						
22		{B8:C11}:	{=VoseMoments(D3)}						
23		{D8:E11}:	{=VoseMoments(D4)}						
24		F8	=C8*E8						
25		F9	=C8*E9+C9*E8^2						
26		F10	=(C8*E10*E9^1.5+3*C9*E8*E9+C10*C9^1.5*E8^3)/(F9^1.5)						
27		{G8:H11}:	{=VoseAggregateMoments(D3,D4)}						
28		C15	=(2/H10)^2						
29		C16	=SQRT(H9/C15)						
30		C17	=H8-C15*C16						
31		{G14:H17}	{=VoseMoments(VoseGammaObject(C15,C16,VoseShift(C17)))}						
32									

图 11.4　确定合计分布的模型

单元格区域 C3：C5 为模型参数。应用 ModelRisk 函数在单元格 D3 和 D4 中产生分布对象。应用 VoseMoments 函数在 B8：C11 和 D8：E11 分别计算两个分布的矩。也可使用附录 3 中分布概述的相应公式进行计算。在单元格区域 F8：F10 中，由公式（11.1）至公式（11.3）手动计算前 3 个合计的矩，在单元格区域 G8∶H11 中应用 VoseAggregateMoments 函数计算所有的 4 个矩作为验证。在 C15：C17 中，公式（11.4）至公式（11.6）被反过来用于确定 Gamma 分布的参数。最后，单元格 G14：H17 再次应用 VoseMoments 函数确定 Gamma 分布的矩。可见正如它们应该的那样，与合计分布的均数、方差和偏度均可匹配，而且峰度也非常接近，因此，Gamma 分布可作为合计分布的一个良好的备选分布。当然，我们必须将两个分布一起做图，这在后面会介绍：ModelRisk 中的一个功能，能够应用匹配原理匹配转换参数后的 Gamma 分布、逆 Gamma 分布、Lognorma 分布、Pearson5 分布、Pearson6 分布和 Fatigu 分布，以构建合计分布，并叠加这些分布进行可视化比较。

11.2.2 构建合计分布的方法

本节将介绍一些当 n 为随机变量，X 为独立同分布的随机变量时，构建合计分布的非常灵活的方法。构建这样一个合计分布有很多用处，包括：

- 可精确地确定分布尾部的概率。
- 比蒙特卡罗模拟快得多。
- 可用任何其他蒙特卡罗模拟中的方法处理合计分布。例如，用其他变量纠正它。

这些方法的主要不足在于它们是计算密集型方法，需要很长的数组运行计算，在电子表格中显示出来是不切实际的，故这里仅从理论上进行介绍。所有这些方法都可在 ModelRisk 中应用，然而它内部的计算是在 C++上进行的。

首先从 Panjer 递归法开始介绍，然后介绍快速傅里叶变换（FFT）法。尽管这两种方法的数学原理有很大的差异，但它们有点相似感，且应用程序也相似。然后再介绍多元 FFT 法，这种方法可以扩展为一组｛n，X｝变量的合计分布计算。DePril 递归法与 Panjer 递归法相似，但有特定的用途。

最后，总结这些方法并归纳什么时候及为什么使用它们。

Panjer 递归法

Panjer 递归法（Panjer，1981；Panjer 和 Willmot，1992）应用于 n 个变量相加后服从下列分布之一的情况：

- 二项分布
- 几何分布
- 负二项分布
- 泊松分布
- Pólya 分布

此方法开始于考虑索赔额分布并把它分离为有增量 C 的若干个值。然后把概率再分布，以便离散化的索赔分布像连续变量一样有相同的均数。有几种方法可达到此目的，但如果离散化梯度很小，则它们给出的结果基本上是一样的。一种简单的方法是赋值（$i*C$）给概率 s_i：

$$s_i = F((i+0.5)C) - F((i-0.5)C)$$

离散化过程中必须确定 i 的最大值（称为 r），因此不需要执行无限个值的计算。现在到了灵活的部分，上述离散分布通过递归公式计算概率 p（j），由此产生简单的一次性求和，概率 p（j）为合计分布等于 $j*C$ 的概率：

$$P_j = \frac{1}{1-a\cdot s_0}\sum_{i=1}^{\min(j,r)}\left(a+\frac{i\cdot b}{j}\right)\cdot s_j\cdot P_{j-i}, j=1,2,\cdots \qquad (11.7)$$

这个公式适用于所有（a，b，0）个组段的 n 值的频率分布，也就是说，从 P（$n=0$）开始，在 P（$n=i$）和 P（$n=i-1$）间存在递归关系，形式为：

$$P(n=i) = \left(a+\frac{b}{i}\right) * P(n=i-1) \qquad (11.8)$$

a 和 b 为固定值，它们取决于离散分布的类型及它们的参数值。不同（a，b，0）组段的离散分布的具体公式如下：

- 二项分布 Binomial（n，p）

$$p_0=\left(\frac{a-1}{a\cdot s_0-1}\right)^{\frac{a+b}{a}},a=-\frac{p}{1-p},b=\frac{(n+1)p}{1-p}$$

- 几何分布 Geometric（p）

$$p_0=\frac{p}{1-s_0+ps_0},a=1-p,b=0$$

- 负二项分布 NegBin（s，p）

$$p_0=\left(\frac{p}{1-s_0+ps_0}\right)^{s},a=1-p,b=(s-1)(1-p)$$

- 泊松分布 Poisson（λ）

$$p_0=\exp[\lambda\cdot s_0-\lambda],a=0,b=\lambda$$

- Pólya 分布 Pólya（α，β）

$$p_0=\left(1+\frac{a\cdot\alpha\beta\cdot(1-s_0)}{a+b}\right)^{\frac{a+b}{a}},a=\frac{\beta}{\beta+1},b=\frac{(\alpha-1)\cdot\beta}{\beta+1}$$

这些算法的输出结果是两个数组｛i｝、｛p（i）｝，可用于构建分布，如 VoseDiscrete（｛i｝，p｛i｝）＊C。Panjer 法应用于二项分布时数值偶尔会“膨胀”，发生这种情况时结果输出的是负的概率值，所以这种异常能立即被发现。

Panjer 运算法的一些小改动使其公式可应用于（a，b，1）分布，即可从 P（n=1）起使用上述递推公式（11.8）。这使得对数正态分布也可使用如下公式：

$$P_j=\theta\left[\frac{s(j)}{|\log(1-\theta)|}+\sum_{i=1}^{\min(j-1,r)}\left(1-\frac{i}{j}\right)s(i)p(j-i)\right],j=1,2,\cdots,p_0=0$$

然而，Panjer 法不能应用于 Delaporte 分布。Panjer 法要求用一些手动操作，因为必须试用 r 的最大值以保证足够的分布范围和精度。ModelRisk 为此使用两个控件：指定 MaxP 使得算法停止在 X 分布的百分位数上限；在 X 分布的离散化过程的步骤中指定 Intervals。一般来讲，Intervals 越大，模型越精确，但会以计算时间为代价。MaxP 值应设置的足够高以覆盖 X 分布的范围，但如果对于一个拖尾很长的分布设置过高 MaxP 值，则会导致分布主体增量的数量不足。可在 ModelRisk 中比较合计分布与 Panjer 构建的分布中的额外矩，以保证两者满足分析人员所需的精度。

傅里叶快速变换（FFT）法

连续型随机变量的密度函数 f（x）总是可被转化为它的傅里叶变换形式 ϕ_x（t）（也称为它的特征函数）：

$$\phi_x(t)=\int_{\min}^{\max}\mathrm{e}^{itx}f(x)\mathrm{d}x=E[\mathrm{e}^{itx}]$$

其中，

$$f(x)=\frac{1}{2\pi}\int_{\min}^{\max}\mathrm{e}^{-itx}\phi_x(t)\mathrm{d}t$$

特征函数对确定随机变量的求和很有用，因为 ϕ_{X+Y}（t）$=\phi_X$（t）$*\phi_Y$（t），即只需把变量 X 和变量 Y 各自的特征函数相乘就可得到（$X+Y$）的特征函数。例如，正态分布的特征函数为 ϕ（t）$=\exp\left[i\mu t-\frac{\sigma^2t^2}{2}\right]$。因此，对变量 X＝Normal（μ_X，σ_X）和 Y＝Normal

(μ_Y，σ_Y）有：

$$\phi_{X+Y}(t)=\phi_X(t)\phi_Y(t)=\exp\left[i\mu_X t-\frac{\sigma_X^2 t^2}{2}\right]\exp\left[i\mu_Y t-\frac{\sigma_Y^2 t^2}{2}\right]$$
$$=\exp\left[i(\mu_X+\mu_Y)t-\frac{(\sigma_X^2+\sigma_Y^2)t^2}{2}\right]$$

此例中，ϕ_{X+Y}（t）的函数形式等同于均数为（$\mu_X+\mu_Y$）、方差为（$\sigma_X^2+\sigma_Y^2$）的正态分布函数，是我们所熟知的，因此不需要再转换回去。

使用傅里叶快速变换法对随机数量的 n 个相同分布的变量 X 构建合计分布，对此 Robertson 已经进行了充分的论述（1992）。此方法像 Panjer 法一样涉及强度分布的离散化，所以有两组离散向量，频率分布和强度分布各一组。此方法的数学原理涉及复杂的数字和基于离散傅里叶变换的卷积理论：为了得到合计分布，需逐点地将离散傅里叶变换后的两个向量相乘然后计算逆离散傅里叶变换。傅里叶快速变换法是计算长向量的离散傅里叶变换的快速方法。

FFT 法的主要优点是它不应用递归，因此当有一大组可能值时，FFT 不会遇到在 Panjer 递归法中会遇到的误差传播。FFT 法也可采用任何离散型分布作为频率分布（而且，原则上还能采用任何离散化了的其他非负连续分布）。FFT 还可从远离 0 处开始，而 Panjer 递归法计算每个值的概率都必须从 0 开始。因此，粗略来讲，如果频数分布值不是很大且符合 Panjer 递归法的适用范围，可考虑使用 Panjer 递归法，否则使用 FFT 法。ModelRisk 提供了一个 FFT 法版块，它采取了一些调整以提高效率，且可应用连续型合计分布。

应用 ModelRisk 中的 VoseAggregateMultiFFT 函数，还可将 FFT 法应用于一组｛n，X｝的配对分布。

De Pril 法

对于一组 n 个独立的人寿保险单，在一段时间（通常为 1 年）内每份保险单 y 都有一定的赔付概率 p_y 和利润 B_y。有很多方法可计算支出总和。Dickson（2005）发表的文章是一篇优秀（具有很强可读性）的关于这些方法的保险和破产风险方面的综述。

De Pril 法是确定合计支出分布的一种精准的方法。后面介绍的复合泊松近似法是更快速且通常能奏效的方法。

De Pril（1986）在如下假设之下，提出了计算合计分布的一种精准的方法：

- 利润为固定值而不是随机变量，而且取一些方便计算的基数（如 1 000 美元）的整数倍，它有最大值 M * 基数，即 $B_i=\{1\cdots M\}$ * 基数。
- 赔付概率同样被分为一组 J 值（即死亡率的一部分）$p_j=\{p_1\cdots p_J\}$。

令 n_{ij} 等于利润为 i、赔付概率为 p_j 的保险单数量，De Pril 理论证明了，总支出等于 y * 的基数概率 p（y）由下列递推公式给出：

$$p(y)=\frac{1}{y}\sum_{i=1}^{\min[y,M]}\sum_{k=1}^{[y/i]}p(y-ik)h(i,k),\qquad y=1,2,3\cdots$$

且

$$p_0=\prod_{i=1}^{M}\prod_{j=1}^{J}(1-p_j)^{n_{ij}}$$

此处，

$$h(i,k) = i(-1)^{k-1}\sum_{j=1}^{J} n_{ij}\left(\frac{p_j}{1-p_j}\right)^k$$

此公式的优点是精确，缺点是计算复杂。然而，如果忽略较小的保险成本，计算量通常可显著减少。令 k 为正整数，上述递推公式可化简如下：

$$P_K(0) = p(0)$$

$$P_K(y) = \frac{1}{y}\sum_{i=1}^{\min[x,M]}\sum_{k=1}^{\min[K,y/i]} P_K(y-ik)h(i,k)$$

Dickson（2005）推荐 $K=4$。De Pril 法可看做是 Panjer 递归法相对应的求和模型。ModelRisk 提供了执行 De Pril 法的一组函数。

复合泊松近似法

复合泊松近似假设个人险支付的概率相当小，通常来讲确实是这样的，但相对于赔付金额分布固定的 De Pril 法来讲，这种赔付金额随机分布的方法有它的优势。

使 n_j 为赔付概率为 p_j 的保险单的数量，因而在这个层面上赔付的数量服从二项分布 Binomial（n_j，p_j）。如果 n_j 很大而 p_j 较小，则二项分布近似于泊松分布 Poisson（$n_j * p_j$）$=$ Poisson（λ_i）。因为泊松分布具有可加性，因此所有险种赔付的频率分布可由下式得到：

$$\lambda_{all} = \sum_{i=1}^{k}\lambda_i = \sum_{i=1}^{k} n_i p_i$$

总的赔付数量＝Poisson（λ_{all}）。

随机选择的一个赔付是来自 j 层的概率为：

$$p(j) = \frac{\lambda_j}{\sum_{i=1}^{k}\lambda_i}$$

令 F_j（x）为 j 层赔付额的累积分布函数，则随机抽取的一次赔付小于或等于某个值的概率为：

$$F(x) = \frac{\sum_{j=1}^{k} F_j(x)\lambda_i}{\sum_{i=1}^{k}\lambda_j}$$

因此，可认为总赔付的合计分布的频率分布为 Poisson（λ_{all}），强度分布由 F（x）给出。

在求和计算中添加相关

模拟

确定若干个相关随机变量的合计分布最常用的方法是使用本书其他章节介绍的一种相关方法，在其所在的电子表格单元格中对每个随机变量进行模拟，然后在另一个单元格中对它们求和。例如，图 11.5 中的模型把 Poisson（100）个服从对数正态分布 Lognornal（2，5）的随机变量相加，这些变量通过 Clayton（10）的 Copula 分析相关联。

在单元格 C7 中，是泊松分布 Poisson（100）的第 99.99 位百分位数，值为 139，以此作为电子表格中最大行数的依据。Clayton Copula 相关值作为“U 参数”输入对数正态分布中，这意味着对数正态分布将返回该相关值的百分位数。例如，单元格 D12 返回值为 2.553 9…，对应对数正态分布 Lognormal（2，5）的第 80.98…位百分位数。

	A	B	C	D	E	F	G	H	I	J	K	L
1												
2		Poisson mean	100									
3		Lognormal mean	2									
4		Lognormal stdev	5									
5		Copula parameter	10									
6		n	87									
7		Max n	139	(*This tells us how large the array below needs to be*)								
8												
9		Total(output)	173.523 967 8									
10												
11		Number added	Clayton cooula	Lognormal varlables								
12		1	0.809 878 223	2.553 939 077								
13		2	0.698 461 498	1.544 204 99								
14		3	0.715 257 242	1.654 062 795								
15		4	0.804 117 626	2.479 465 12								
145		134	0.644 750 607	0								
146		135	0.700 918 744	0								
147		136	0.848 351 057	0								
148		137	0.617 433 557	0								
149		138	0.671 806 607	0								
150		139	0.730 271 298	0								
151		140	0.674 805 899	0								
152												

Formulae table	
C6	=VosePoisson(C2)
C7	=VosePoisson(C2,0.999 9)
{C12:C151}	{=VoseCopulaMultiCtayton(C5)}
D12:D151	=IF(B12>C6.0,VoseLognormal($C$3,$C$4,C12))
C9	=SUM(D12:D151)

图 11.5 模拟相关随机变量的合计分布的模型

Clayton 连接函数的较低一端的变量也有很高水平的相关性，如图 11.6 中所展示的 Clayton（10）连接的两个变量的相关水平。

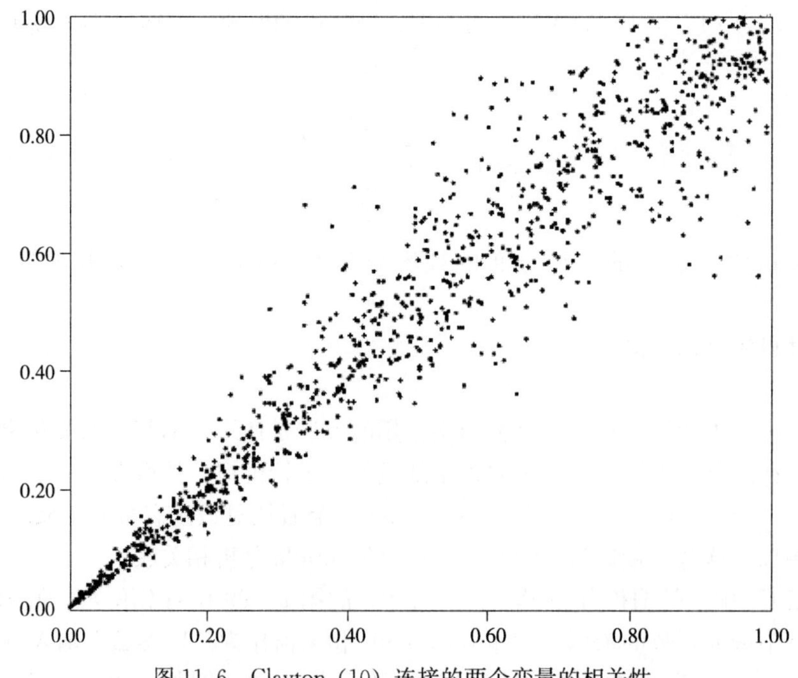

图 11.6 Clayton（10）连接的两个变量的相关性

因此，模型会生成比没有关联性的一组变量更宽的求和范围，但是会在相应的概率分布图中产生更多较小的端点值（关联性变量的总和小于非关联性变量总和的概率约为 70%）。在此处使用阿基米德连接函数是恰当的，因为我们只是把随机数量的变量相加，参与求和的变量数量并不影响连接函数的运行——无论有多少变量参与求和，所有变量都有相同的相关程度。对比没有任何关联的变量应用该模型可容易地观察关联性的影响。图 11.7 对这两种累积分布进行了比较。

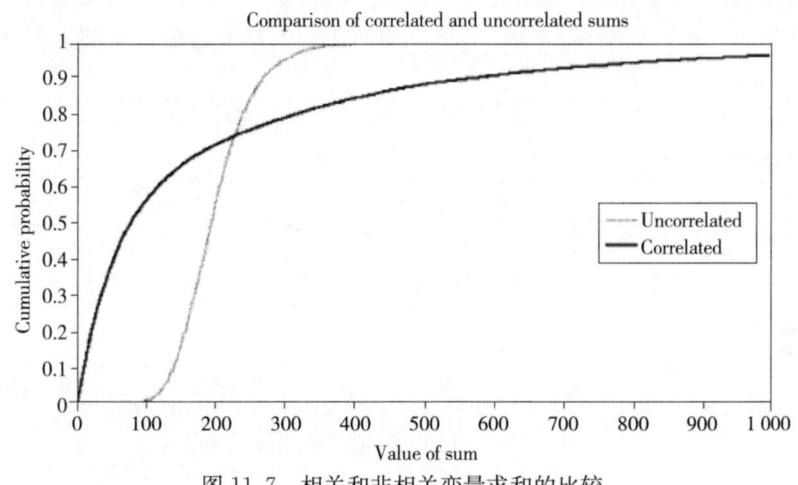

图 11.7　相关和非相关变量求和的比较

完全相关

当相加的所有分布的随机性或不确定性根源与一个随机变量相关联时，这时实际上只有一个随机变量。例如，假设一家铁路网络公司明年必须购买 127 000 个枕木（铺在铁轨下面的横梁）。枕木由木材制成，但由于木材的成本可能会波动，它的价格是不确定的。估计每个枕木会花费 PERT（22.1，22.7，33.4）美元。如果所有木材都同时购买，认为所有枕木价格相同可能是合理的。这种情况下，总花费可简单模拟如下：

=127 000 * VosePert（22.1，22.7，33.4）

协方差的使用

如果对数量很大的 n 个随机变量 X_i（$i=1$，…，n）求和，且求和的不确定性不受其中少数几个变量分布控制，根据中心极限定理所得总和近似于正态分布：

$$\sum_{i=1}^{n} X_i = \text{Normal}\left(\sum_{i=1}^{n}\mu_i, \sqrt{\sum_{i=1}^{n}\sum_{j=1}^{n}\sigma_{ij}}\right)$$

此公式表明合计分布为正态分布，它的均数等于每个参与求和的独立变量分布的均数之和，方差（公式中标准差的平方）等于每个变量间协方差的平方。协方差 σ_{ij} 计算如下：

$$\sigma_{ij} = \rho_{ij}\sigma_i\sigma_j \text{ 或 } \sigma_{ij} = E[(x_i-\mu_i)(x_j-\mu_j)]$$

σ_i 和 σ_j 分别为变量 i 和 j 的标准差，ρ_{ij} 为相关系数，E［·］表示括号中表达式的期望值。

如果有建模变量的数据集，可用 Excel 中的 COVAR（）和 CORREL（）函数分别计算协方差和相关系数。如果使用秩相关矩阵，则 ρ_{ij} 对应的每个元素都应合理准确地符合近似正态分布（至少不是明显偏态分布），所以合计分布的标准差之和通常可由相关矩阵直接计算。

关联部分求和

有时候需要对有一定相关关系的多个随机变量进行两次或两次以上求和。例如，假设一所医院欲预测明年需提供的病人住院天数的总数，把患者分成了 3 个组：外科、妇产科及慢性疾病（如癌症）。每个类别的病人在医院的住院天数的分布独立于其他类别，但接受治疗的病人数与诊疗范围内的就诊人数相关，它是不确定的，因为医院的诊疗范围需重新界定。有很多方法可以对此问题建模，但最方便的方法可能是从诊疗范围内的就诊病人总数的不确定性开始并导出每种治疗的需求数量，然后推测所需病人日的总数，如图 11.8 中模型所示。

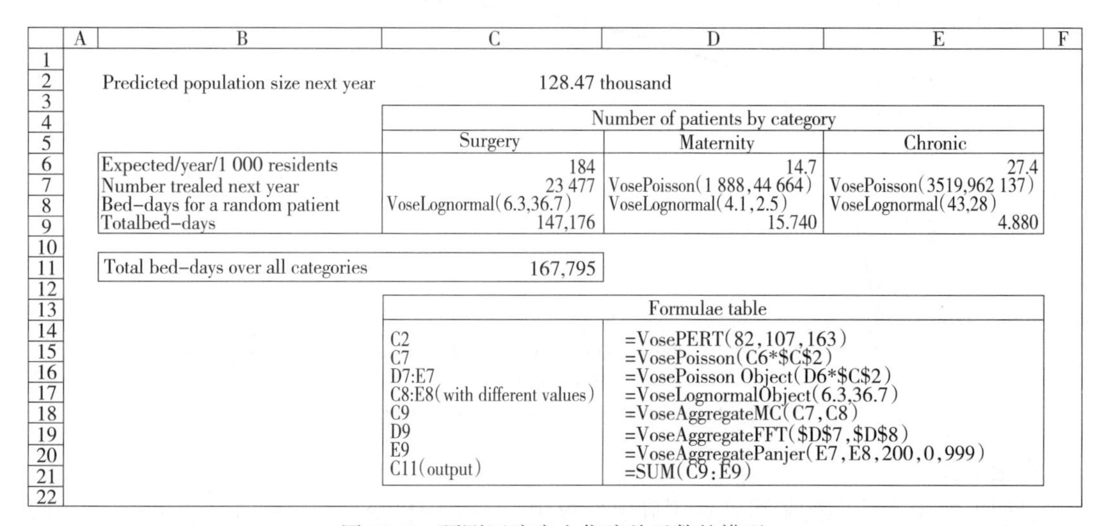

	A	B	C	D	E	F
1						
2		Predicted population size next year		128.47 thousand		
3						
4			Number of patients by category			
5			Surgery	Maternity	Chronic	
6		Expected/year/1 000 residents	184	14.7	27.4	
7		Number trealed next year	23 477	VosePoisson(1 888,44 664)	VosePoisson(3519,962 137)	
8		Bed-days for a random patient	VoseLognormal(6.3,36.7)	VoseLognormal(4.1,2.5)	VoseLognormal(43,28)	
9		Totalbed-days	147,176	15.740	4.880	
10						
11		Total bed-days over all categories	167,795			
12						
13			Formulae table			
14			C2	=VosePERT(82,107,163)		
15			C7	=VosePoisson(C6*$C$2)		
16			D7:E7	=VosePoisson Object(D6*$C$2)		
17			C8:E8(with different values)	=VoseLognormalObject(6.3,36.7)		
18			C9	=VoseAggregateMC(C7,C8)		
19			D9	=VoseAggregateFFT($D$7,$D$8)		
20			E9	=VoseAggregatePanjer(E7,E8,200,0,999)		
21			C11(output)	=SUM(C9:E9)		
22						

图 11.8 预测医院病人住院总天数的模型

模型中诊疗范围内的就诊人数的不确定性用 PERT 分布模拟，每种类别的医疗保健所需病床日由有不同参数的对数正态分布来模拟，每种类别的患者人数由均数等于（人口规模×1 000）*（期望病例数/年/1 000 人）的泊松分布模拟。前面已经针对每个分布介绍了三种模拟合计分布的方法：用于外科的纯蒙特卡罗法、用于妇科的 FFT 及用于慢性疾病的 Panjer 递归法。三种方法中的任何一种均可用于每个类别中。蒙特卡罗法与其他方法稍有不同，它采用 VosePoisson（…）函数而不是 VosePoissonObject（…）函数，是因为 Vose-AggregateMC 函数要求输入参与求和的变量的数量（这是可用于计算的灵活值），而 FFT 法和 Panjer 递归法是在泊松分布的基础上进行计算，因此需把它定义为一个对象。注意，用其他蒙特卡罗模拟软件通过为每个分类设置随机变化的数组也可得到相同的模型，如图 11.1 所述方法，但在这个问题中可能需要很长的数组。

还是以上述基本问题为例，如前面所遇到的，假设每个类别的频率分布以某种方式相关，但不是因为它们与任何一个可观测的变量有直接关系。若人口总数已知，拟模拟该区域内污染加重产生的影响，因此我们希望外科疾病与慢性疾病的泊松变量之间存在正相关，而与妇科病的泊松变量负相关。下述模型采用正态连接函数关联泊松频率分布（图 11.9）。

实际上，有一种 FFT 法可实现这种频率分布间的相关性，但此算法不是很稳定。

现在再看强度分布（住院时间），我们可能希望关联一个特定类别中所有个体的住院时间，在上述模型中，可通过为每个均数为 1 的对数正态分布创建单独的扩展变量达到此目

	A	B	C	D	E	F
1						
2		Predicted population size next year		107.00 thousand		
3						
4			Correlation matrix			
5						
6			Surgery	Maternity	Chronic	
7		Surgery	1	−0.3	1	
8		Maternity	−0.3	1	−0.3	
9		Chronic	0.2	0.25	1	
10						
11		Normal coputa	0.441	0.918	0.745	
12						
13			Number of patients by category			
14			Surgery	Maternity	Chronic	
15		Expected/year/1 000 residents	184	14.7	27.4	
16		Number trealed next year	19,667	1.628	2.967	
17		Bed−days for a random patient	VoseLognormal(6.3,36.7)	VoseLognormal(4.1,2.5)	VoseLognormal(43,28)	
18		Total bed−days	120.831	6.715	127.904	
19						
20		Total bed−days over all categories	255,450			
21						
22			Formulae table			
23			{C11:E11}	{=VoseCopulaMultiMormal(C7:E9)}		
24			C16:E16	=VosePoisson(C15*$D$2,C11)		
25			C17:E17(with different values)	=VoseLognormalObject(6.3,36.7)		
26			C18:E18	=VoseAggregateMC(C16,C17)		
27			C20(output)	=SUM(C16:E18)		
28						

图 11.9　使用正态连接函数关联两个泊松频率分布

的，如均数和标准差为 h 的 Gamma 分布 Gamma$\left(\frac{1}{h^2},\ h^2\right)$(图 11.10)。注意这意味着此对数正态分布的标准差不再是以前给定的值。

	A	B	C	D	E	F
1						
2		Predicted population size next year	107.00 thousand			
3						
4			Number of patients by category			
5			Surgery	Maternity	Chronic	
6		Expected/year/1 000 residents	184	14.7	27.4	
7		Number trealed next year	19.858	1.610	2.874	
8		Scaling verisble stdev(h)	0.2	0.15	0.3	
9		Hospital days soaing variable	1.026 7	0,874 0	0.493 7	
10		Bed−days for a random patient	VoseLognormal(6.47,37.68)	VoseLognormal(5.51,32.08)	VoseLognormal(3,11,18,12)	
11		Total bed−days	129.922	9.60 2	6.996	
12						
13		Total bed−days over all categories	148,520			
14						
15			Formulae table			
16			C7:E7	=VosePolsson(C6*$C$2)		
17			C9:E9	=VoseGamma(C8 ^ 2*C8 ^ 2)		
18			C10:E10(with different values)	=VoseLognormalObject(6.3*C9,36.7*C9)		
19			C11:E11	=VoseAggregateMC(C7,C10)		
20			C13(output)	=SUM(C11:E11)		
21						

图 11.10　为每个对数正态分布创建单独的扩展变量

最后，考虑如何关联合计分布。可用 FFT 法或 Panjer 法构建每种医疗保健类别所需病床日数量的分布。因为是构建分布而不是模拟分布，所以很容易通过控制它们的抽样方法关联合计分布。图 11.11 中例子中，模型使用了 FFT 法构建多个求和变量并用 Frank 连接函数（copula）把它们关联起来。

11.2.3　达到总量所需的变量数

本章至此为止主要讨论了确定一定数量（通常为随机的）的随机变量的合计分布。我们

	A	B	C	D	E	F
1						
2		Predicted population size next year		107.00 thousand		
3						
4			Number of patients by category			
5			Surgery	Maternity	Chronic	
6		Expected/year/1 000 residents	184	14.7	27.4	
7		Number trealed next year	VosePoisson(19 688)	VosePoisson(1 572.9)	VosePoisson(2 931.8)	
8		Bed-days for a random patient	VoseLognormal(63,36.7)	VoseLognormal(4.1,2.5)	VoseLognormal(43,28)	
9		Frank copula	0.628 4	0.650 7	0.567 6	
10		Total bed-days	7.746	7.758	7.712	
11						
12		Total bed-days over all categories	23,216			
13						
14			Formulae table			
15			C7:E7	=VosePoissonObject(C6*$C$2)		
16			C8:E8(with different values)	=VoseLognormalObject(6.3,36.7)		
17			{C9:E9}	{=VoseCopulaMuitFrank(15)}		
18			C10:E10	=VoseAggregateFFT($D$7,$D$8,C9)		
19			C12(output)	=SUM(C10:E10)		
20						

图 11.11 采用 FFT 法合并相关的求和变量

也常对逆向问题感兴趣：需要取多少个随机变量才能超过某些总量？例如，可能想要解答下列问题：

- 电梯内随机进入多少人会超过其最大负载？
- 公司需要多少销售人员才能完成年终目标？
- 多少剂量的随机化学暴露会达到暴露限制？

一些像这样的问题可通过已知分布直接回答，例如负二项分布、Beta 负二项分布和逆超几何分布分别描述了二项分布、Beta 二项分布和超几何分布获得 s 次成功所需的试验次数。然而，如果随机变量不是 0 或 1 分布，而是连续型分布，就没有可直接使用的分布了。

最常用的方法是蒙特卡罗模拟，它连续地从探讨的分布中抽取随机样本，并加入总和中直至达到要求。ModelRisk 有此类函数称为 VoseStopSum（分布，阈值）。然而，当要求的数值很大时，其计算量会相当大，因此需要有更快速的方法。

表 11.3 给出一些可直接应用的恒等式。例如，n 个服从 Gamma（α，β）分布的独立变量求和等于 Gamma（$n*\alpha$，β）。如果要求总数至少为 T，那么（$n-1$）个 Gamma（α，β）变量的总和超过 T 的概率为 $1-F_{n-1}$（T），其中 F_{n-1}（T）为 Gamma（（$n-1$）$*\alpha$，β）的累积概率。Excel 中 GAMMADIST 函数可计算 Gamma 分布的 F（x）（ModelRisk 中 VoseGammaProb 函数也可达到相同目的，但不会产生 GAMMADIST 有时会发生的错误）。n 个变量的总和超过 T 的概率为 $1-F_n$（T）。因此，第 n 个随机变量使总和超过阈值 T 的概率为（$1-F_n$（T））－（$1-F_{n-1}$（T））$=F_{n-1}$（T）$-F_n$（T）。因此，可构建一个模型直接计算 n 的分布，如图 11.12 中电子表格所示。

同样的思维也可用于 Cauchy 分布、卡方分布、Erlang 分布、指数分布、Levy 分布、

正态分布及 t 布。ModelRisk 中 VoseStopSum 函数可自动实现这些快捷的方法。

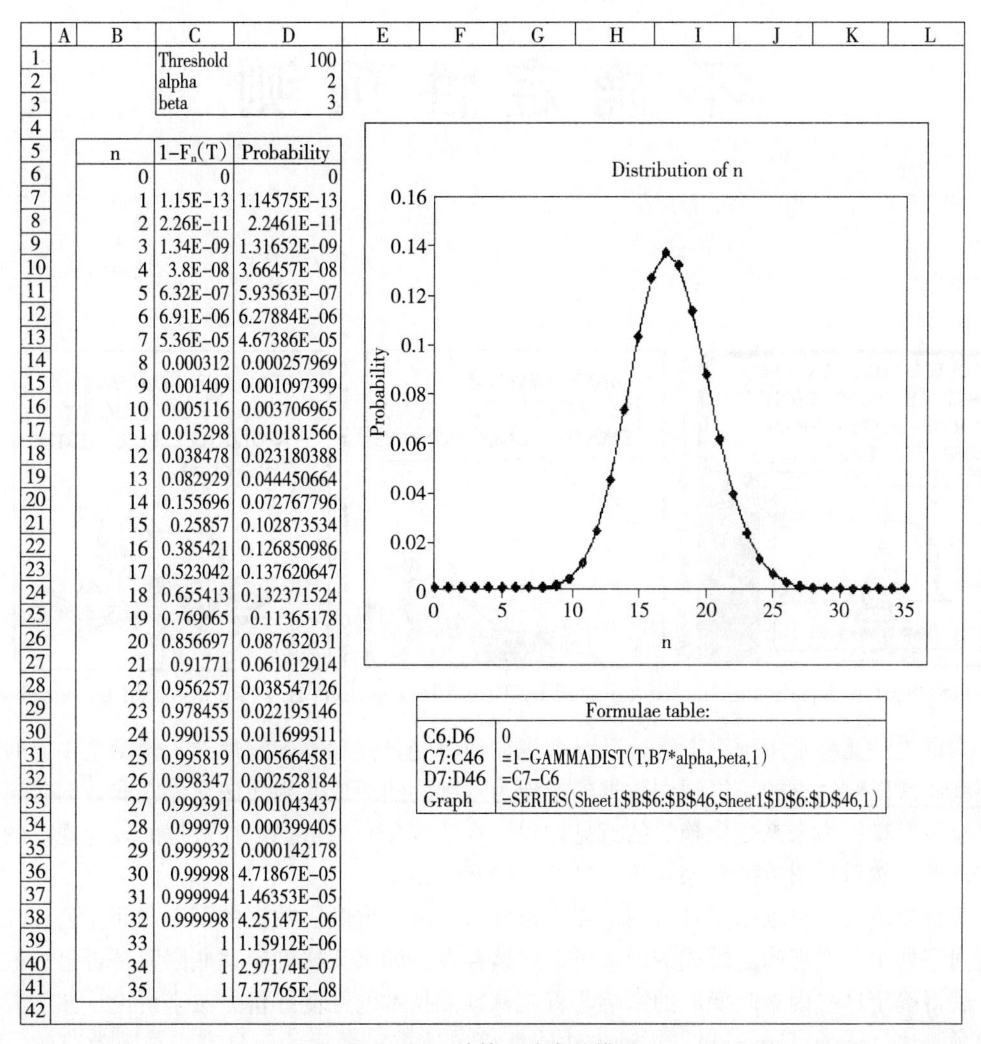

	A	B	C	D
1			Threshold	100
2			alpha	2
3			beta	3
4				
5		n	1-Fn(T)	Probability
6		0	0	0
7		1	1.15E-13	1.14575E-13
8		2	2.26E-11	2.2461E-11
9		3	1.34E-09	1.31652E-09
10		4	3.8E-08	3.66457E-08
11		5	6.32E-07	5.93563E-07
12		6	6.91E-06	6.27884E-06
13		7	5.36E-05	4.67386E-05
14		8	0.000312	0.000257969
15		9	0.001409	0.001097399
16		10	0.005116	0.003706965
17		11	0.015298	0.010181566
18		12	0.038478	0.023180388
19		13	0.082929	0.044450664
20		14	0.155696	0.072767796
21		15	0.25857	0.102873534
22		16	0.385421	0.126850986
23		17	0.523042	0.137620647
24		18	0.655413	0.132371524
25		19	0.769065	0.11365178
26		20	0.856697	0.087632031
27		21	0.91771	0.061012914
28		22	0.956257	0.038547126
29		23	0.978455	0.022195146
30		24	0.990155	0.011699511
31		25	0.995819	0.005664581
32		26	0.998347	0.002528184
33		27	0.999391	0.001043437
34		28	0.99979	0.000399405
35		29	0.999932	0.000142178
36		30	0.99998	4.71867E-05
37		31	0.999994	1.46353E-05
38		32	0.999998	4.25147E-06
39		33	1	1.15912E-06
40		34	1	2.97174E-07
41		35	1	7.17765E-08
42				

Formulae table:	
C6,D6	0
C7:C46	=1-GAMMADIST(T,B7*alpha,beta,1)
D7:D46	=C7-C6
Graph	=SERIES(Sheet1$B$6:$B$46,Sheet1$D$6:$D$46,1)

图 11.12　计算 n 分布的模型

第12章

不确定性预测

本章关注几种常用预测方法，并且考虑如何将变异性和不确定性纳入预测之中。时间序列模型通常以对过去的一组观测数据的推断为基础构建而成，当无法充分获取数据时，则依据专家对变量行为未来变化趋势的意见构建。本章首先介绍依据以往数据的较为规范的时间序列模型，然后介绍模拟专家对于未来意见的几种模型。

实施规范的定量预测需具备两个先决条件，一是获取既往数据的可靠时间序列；二是明确时间序列中所展现确定模式的因素可能继续存在。如果无法确定这些因素是否可以继续存在，就得确定这些因素改变后的影响。首先从预测技术的性能评价方法来讨论，然后着眼于简单预测法（naive forecast），这种方法能够简单地重复最后的、具有去季节效应的、时间序列中的值，为评估其他相关技术的性能提供了基准。此后再介绍其他预测方法，根据预测时间的长短分为三个部分，然后逐一介绍。最后，介绍几个不同方法的应用实例，这些例子模拟了一些合理的理论模型在实际情况下的变异性。

在生成随机时间序列作为风险分析一部分时，我给出几个有用的建议：

- 点击嵌入 Excel 中的 x-y 散点图，判断模型趋势走向。
- 把模型分割为基本单元，尽量不用冗长复杂的公式。这样每个基本单元才能恰当地发挥作用，作为整体时间序列的预测才具有可信度。
- 现实地看待历史模式和推测间的匹配。例如，构建简单的几何布朗运动模型，绘制系列图形并敲击 F9 键（重新计算），然后多次查看所得模式的变化。切记，虽然这些都来自相同的随机模型，但看起来总是不同的（图 12.1）：如果所有的这些都是历史数据，数据的统计学分析往往与你的看法一致，同时，因为统计学分析需要指定模型进行测试，所以它会增强对恰当模型的偏见。因此，不要因为预测模型能很好地拟合数据就总是相信它，还应该在选择模型时看它是否符合逻辑。

- 要富有创意。短期预测（对于20%～30%的历史时段有切合实际的数据）通常建立在历史数据充分的统计学分析之上，即便这样，对此模型也要有选择性。但是，短期预测如果超出这个时间范围就没有好办法了，还有对未来走向的预测、可能影响的时间的预测等，这些都是建立在对历史数据的广泛分析之上。

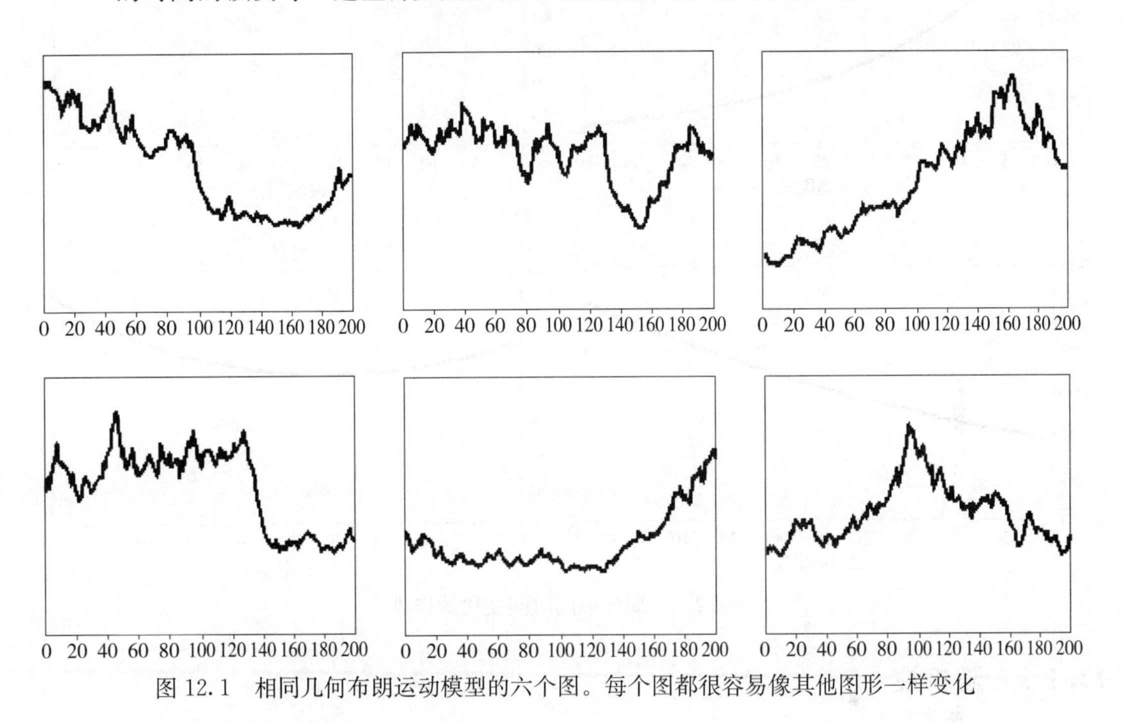

图 12.1　相同几何布朗运动模型的六个图。每个图都很容易像其他图形一样变化

12.1　时间序列预测的特性

当构建风险分析模型来预测某些变量随时间变化时，建议分析变量随时间可能出现的几种特性，因为这不仅有助于对已有历史数据进行统计学分析，还有利于选择最优模型。这些特性包括趋势性（trend）、随机性（randomness）、周期性（seasonality）、循环性（cyclicity）、震动性（shock）和限制性（constraint）。

12.1.1　趋势性

实际模拟的大多数变量都有大致的变化方向。图 12.2 的四个图形分别描述了变量的期望值随时间变化的趋势。左上方图形——相对稳定地减少，如描述过时技术的销售期望值，或者是在不增加新人口的假设下一群人还在世的人数；右上方图形——稳定（直线地）上升，如相当短的时间内财政收入随时间的变化（有时候称为“漂移”）；左下方图形——相对稳定地增长，如细菌生长或新技术的吸收数量；右下方图形——由下降转变为上升，如元件随时间失效的比例（像可靠性建模中的浴缸曲线）或广告开销（刚开始高，而后降低，然后又增大以弥补减少的销售）。

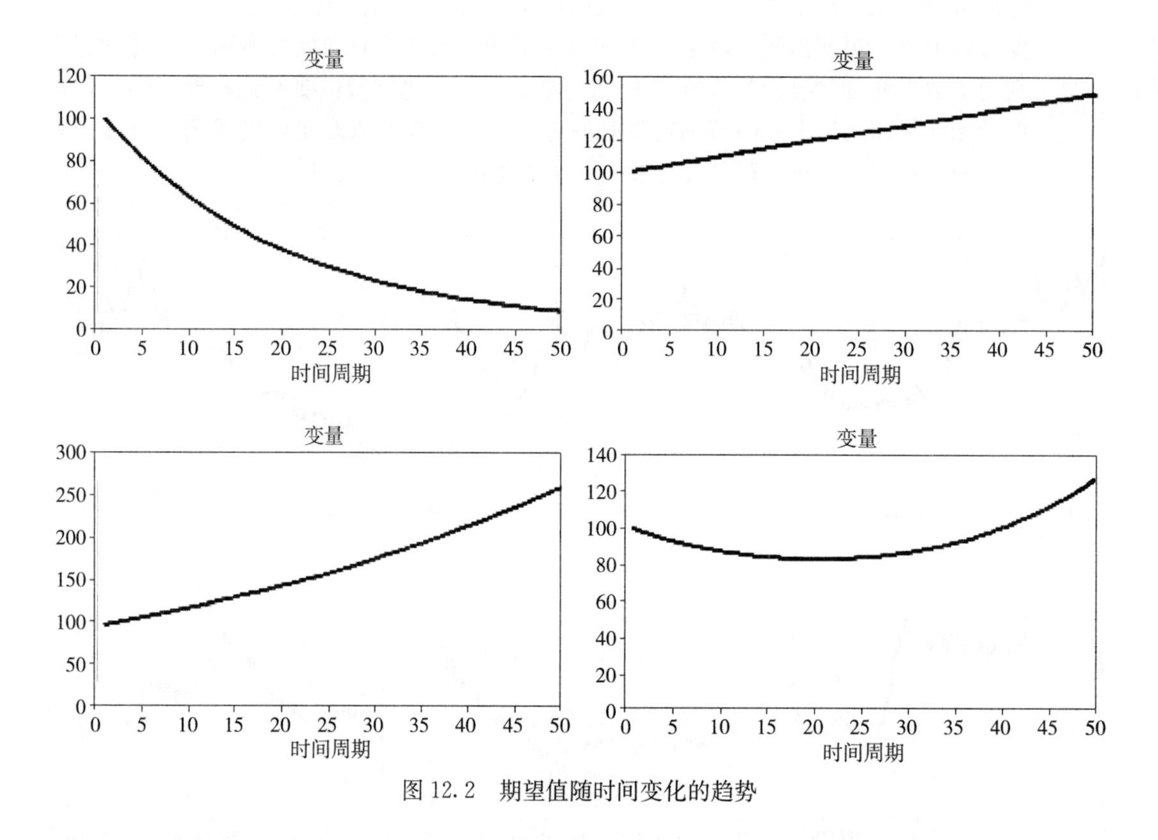

图 12.2　期望值随时间变化的趋势

12.1.2　随机性

第二个最重要的特性是随机性。图 12.3 中 4 个图形给出了不同类型的随机性的例子：左上方——随机性相当小且稳定，不影响基本的趋势；右上方——随机性相当大且稳定，但随机性掩盖了基本的趋势；左下方——随机性逐渐增加，是预测分析中的典型类型（需确保极值不脱离实际）；右下方——随机性呈周期性变化。

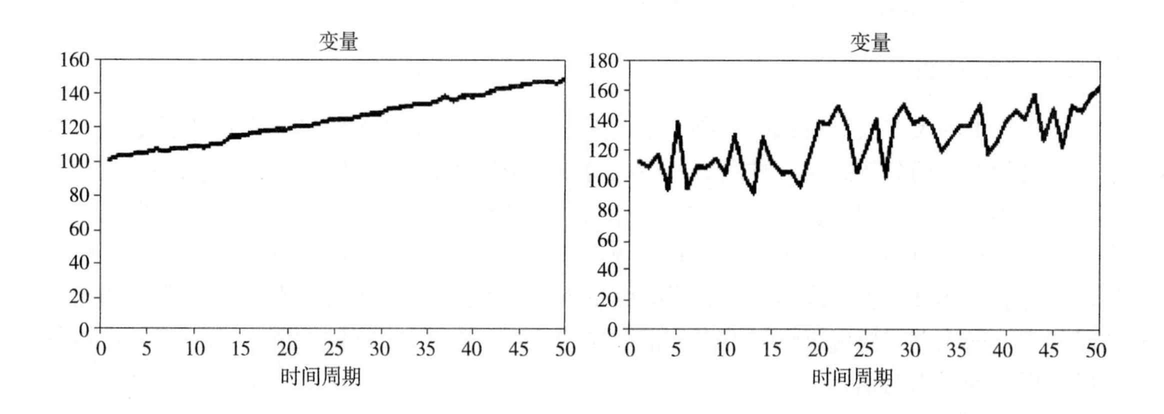

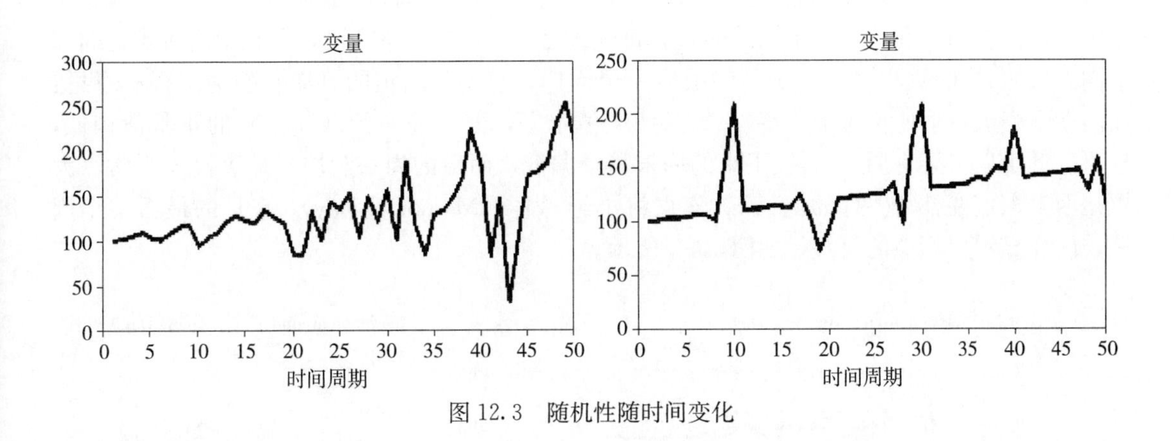

图 12.3　随机性随时间变化

12.1.3　周期性

周期性，指变量期望值有一致变化的模式（有时候也是它的随机性）。周期可以有几个重叠的季节期，但通常能让人准确猜出周期性的不同时段，例如一天的哪个小时，一周的第几天，或是一年的什么时候（例如夏季/冬季、节假日、财政年度的结束）。图 12.4 显示了两个重复周期的周期性效应：第一个是 7d 为一个周期，第二个是 1 个月为一个周期，两者复合存在。以月为周期的情况常用于在一个月内的特定日期举行的金融交易中，如银行打印机每天必须产生的文件数量——在月末他们必须做的银行和信用卡对账单，并得在一定合法时间内把它们邮寄出去。

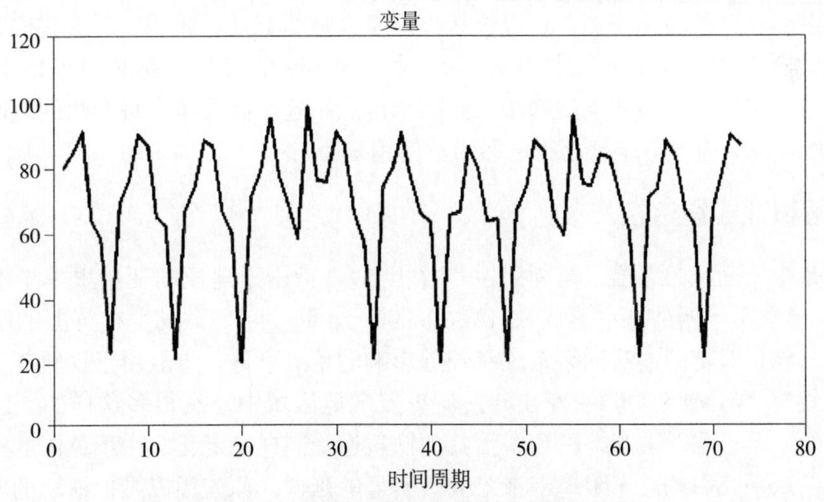

图 12.4　有两个重叠周期性的变量的期望值

分析数据的月周期性存在难点——每个月的时间长度不等，因此不能简单地以 30d 为单位研究其差异。在分析有月度和节假日峰值的变量数据时，会遇到另一个障碍：数据中存在两三天重复一次的传播效应。例如，最近进行了一项分析：查看一所美国保险公司从国家电话中心接到的电话数，以此来帮助他们改进人员配备。他们要求我们建立一个针对未来 2 周的模型（每 15min 做一次预测），和另一个预测时间超过 6 周的模型。我们通过每个州和语言（西班牙语和英语）查看数据的分布模式。它们在工作周这段固定时间内有很明显且稳定的模式，但在周六和周日为不同的模式。每个州之间该模式基本相同，但在语言种类之间却不同。节假日如感恩节（即11月的最后一个周四，它不是固定的日期）的情况很有意思：在假期，当天电话比例大幅下降至10%期望值水平，但比前一天（周三）的正常值稍低，且显著低于后一天（周五），接下来的周末稍稍偏低，而后的周一和周二显著高于平常（大概是因为人们要补需要打的电话）。阵亡将士纪念日（Memorial Day），5月的最后一个周一，同样显示出相似的模式，如图12.5所示。

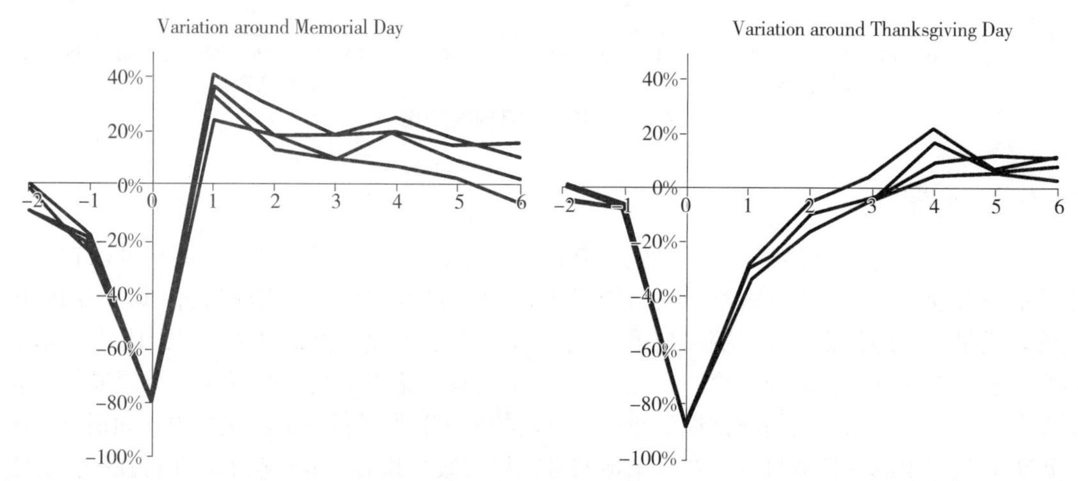

图12.5 假日对打入电话中心的日常电话数的影响。4条线表示过去4年的影响。x轴上的0表示假日开始当天

从根据逻辑建立的最终模型，可以查找出即将来临的节日，还能应用这些模式预测出在每个州和日常周期有一定趋势的期望水平。对于15min的模型，还必须考虑每个州的时区——因为来自美国范围内的电话都接入到某个地点，这也涉及考虑每个州的时间交替和跨2个时区的州（为节约空调能量亚利桑那州不使用夏令时）。

12.1.4 循环性或震荡性

循环性是令人困惑的术语（与周期性非常相似），指用于建模的变量里单个事件的显著效应（图12.6显示了两种基本形式）。例如，2000年10月12日发生在英国的哈特菲尔德铁路事故，这就是对英国铁路网络系统有长远影响的单一事件。事故由于铁轨年久失修而产生“轨角裂纹”，导致铁轨分离火车出轨。调查发现此区域中还有很多这样的裂纹，之后在很长一段铁轨上实行临时限速，因为害怕其他铁轨遭受同样的老化。由于英国的铁路网络已经达到满负荷水平，因此火车限速带来了极其明显的延误。原先用以维护铁轨的费用也发放给了管理英国铁路网络的RailTrack公司。在为我们的客户分析火车延误的原因时，因为非股份公司NetworkRail公司被RailTrack公司接管，我们不得不估计并消除哈特菲尔德铁路事故的持久效应。

另一个显著的例子是“9·11”事件。经常乘坐商业航空公司航班的人会对额外的延误及安全检查有着深切体会。航空工业也受到了很大影响，一些美国航空公司已经根据美国《破产法》第11章申请破产保护，当然其他因素对此也有影响，如石油价格上涨和其他阻止

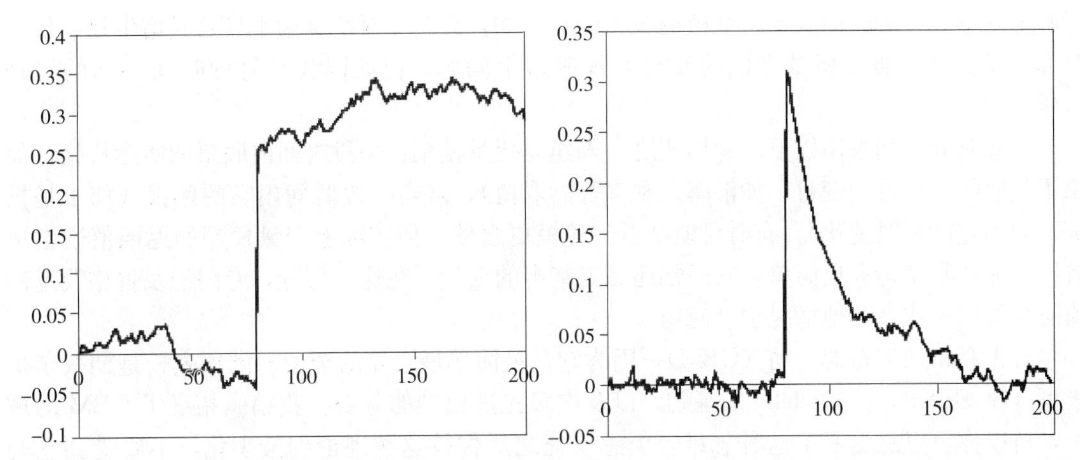

图 12.6　周期性震荡效应的两个例子。在左边的图中，震荡存在突然而持续的变量增长；在右边的图中，震荡存在不同的突然增长，而后随时间逐渐减少——常可用指数分布建立下降模型

人们出国的恐怖袭击事件（也是循环性事件）。我们进行了一项研究——确定美国国家机场的停车收费标准，其中包括对未来需求的估算。分析历史数据可明显看出，“9·11”事件对乘客数量水平的影响相当直接，到 2006 年，他们才刚刚回到 2000 年的水平，2000 年以前乘客数量一直呈稳定增长，因此这个水平仍远低于恐怖袭击之前的预期。

像哈特菲尔德和“9·11”这样的事件，几乎不可预测。但其他类型的循环性事件却有更好的可预测性。就像我写到这里时（2007 年 6 月 20 日），距英国的首相托尼·布莱尔卸任还剩 7d，他在 5 月 10 日宣布戈登·布朗接任。报纸专栏作家正争论即将来临的政策改变，众所周知，其中可能有一些可预测的因素。

12.1.5　限制性

随机变化的时间序列很容易产生远超变量可能实际范围的极端值。有许多方法可用于限制模型，稍后讨论的均数回归可使变量返回其均数，因此不太可能产生极端值。简单的逻辑界限，如 IF（$S_t>100$，100，S_t）可限制变量保持在 100 以内，也可构建一个有限制参数（100）的时间函数。后面在介绍市场建模的章节中提供了其他基于更多模型基础限制的方法。

12.2　常见的金融时间序列模型

本节介绍常用的金融模型变量时间序列，如股票价格、汇率、利率、经济指标［如生产价格指数（producer price index，PPI）和国内生产总值（gross domestic product，GDP）］等，尽管它们从金融市场中产生、发展，但还是鼓励读者审视此处提出的思维和模型，因为它们有更广泛的应用。

人们认为金融时间序列是不断变化的，即使我们可能只在某些特定时间观察它们。金融时间序列基于随机微分方程（SDEs），这是用于描述不断演变的随机变量的最常见的方法。SDEs 有个来自模拟角度的问题——并不总是可以被完全转化为某种特定的算法，该算法可以在特定时间内产生随机观测数据，而且通常没有确切的方法可以由数据估计它们的参数。

另一方面，它们的优点是，我们有了一个比较时间序列的统一框架，而且有时候分析也可用于确定变量在特定时间大于某些值的概率——例如，此答案对给金融工具及其衍生物定价有意义。我们可以通过稍微谨慎的计算来规避这个问题，就如同我对每种时间序列的解释一样。

金融时间序列采用以下两种形式之一来建立变量模型：一段时间内股票的实际价格（如果不是股票，也可为变量，如汇率、利率等的取值），或者一段时间内它的回报（如不是投资，则为它的相对变化）。有时可能会看到建模更自然，但实际上变量模型的返回值通常更有用：除使数学运算更简单，它通常还是更基本的变量。在这一部分，专门谈及价格及返回值时会引用，或者其他情况也会使用。

首先介绍几何布朗运动（GBM），因为它是最简单最常见的金融时间序列，是期权定价模型（Black-Scholes model）的基础，以及许多先进模型的基石。我稍微拓展了 GBM 的理论，所以你可以感受一下这种思维，但感受完之后保持这种理论到最小化，不要受到它的干扰。

ModelRisk 提供了拟合和/或建立本章介绍的时间序列模型的所有工具（图 12.7）。可进行金融模型数据的模拟和预测，如果有必要，它的拟合算法还可自动包含所估计参数的不确定性。

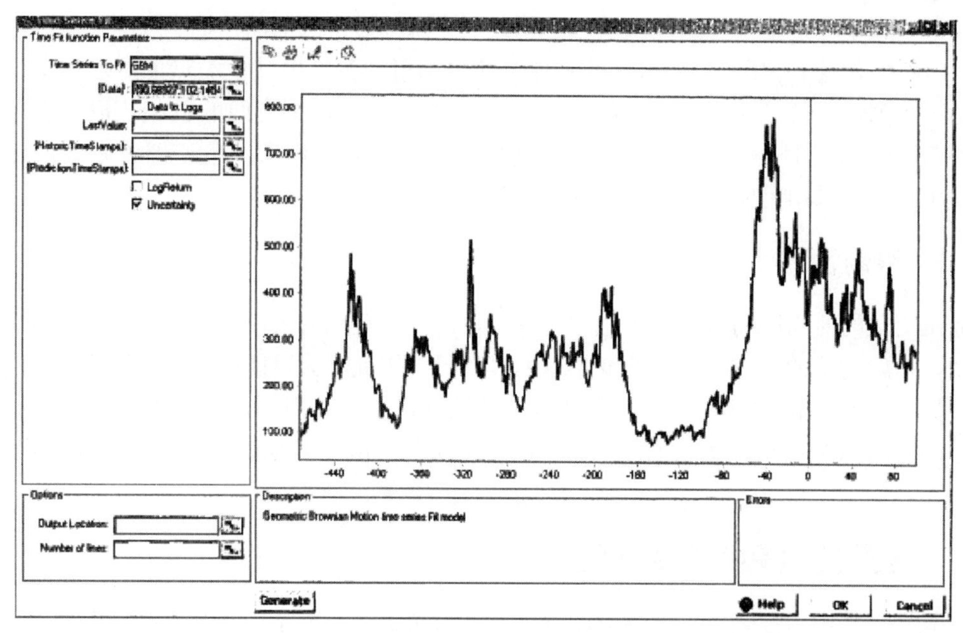

图 12.7 ModelRisk 时间序列拟合窗口

12.2.1 几何布朗运动

看如下公式：

$$x_{t+1} = x_t + \text{Normal}(\mu, \sigma) \tag{12.1}$$

它表示在单位时间内，变量值的改变量是一个均数为 μ 方差为 σ^2 的正态分布。正态分布是许多变量的最优选择，因为我们可以把模型看作变量 x 受到很多独立随机变量影响的情况（来自中心极限定理）。迭代计算此方程可得到 x_t 和 x_{t+2} 的关系：

$$x_{t+2} = x_{t+1} + \text{Normal}(\mu,\sigma) = [x_t + \text{Normal}(\mu,\sigma)] + \text{Normal}(\mu,\sigma) = x_t + \text{Normal}(2\mu,\sqrt{2}\sigma)$$

推广至任何时间区间 T：

$$x_{t+T} = x_t + \text{Normal}(\mu T,\sigma\sqrt{T})$$

这个公式更方便，因为：(a) 我们一直使用正态分布；(b) 我们可以在所选择的的任何时间区间内进行预测。上述公式处理离散时间单元时也可写成连续时间形式，为此我们考虑任何很小的时间区间 Δt：

$$\Delta x = \text{Normal}(\mu(\Delta t),\sigma\sqrt{\Delta t})$$

SDEs 等价于：

$$\begin{aligned} dx &= \mu dt + \sigma dz \\ dz &= \varepsilon\sqrt{dt} \end{aligned} \tag{12.2}$$

dz 为推广的 Wiener 过程，称为不同的“摄动”“创新”或“错误”，标准正态分布 Normal（0，1）是 ε。这个符号看起来似乎是不必要的，但当你习惯了 SDEs 时，它们给出的是对随机时间序列的最简洁的描述。公式（12.2）更通用的表示是：

$$\begin{aligned} dx &= g(t)dt + f(t)dz \\ dz &= \varepsilon dt \end{aligned}$$

g 和 f 是两个函数，它仅仅是速记书写：

$$x(t) = \int_0^t g(\tau)d\tau + \int_0^t f(\tau)dz(\tau)$$

公式（12.1）允许变量 x 取任何真实值，包括负值，所以用它模拟股票价格、利率或汇率不是很好。然而，它有令人满意的无记忆性质，即为了预测 T 时间之后 x 的值，我们只需知道此时 x 的值，它与如何得到现有值的路径没有任何关系。我们可采用公式（12.2）建立股票的收益模型：

$$\frac{dS}{S} = r = \mu dt + \sigma dz \tag{12.3}$$

或

$$dS = \mu S dt + \sigma S dz \tag{12.4}$$

有一个名为伊藤引理的恒等式，它表述为对于随机变量 X 的函数 F 遵循形式为 $dx(t) = a(x,t)dt + b(x,t)dz$ 的伊藤过程：

$$dF = \left(\frac{\partial F}{\partial t} + a(x,t)\frac{\partial F}{\partial x} + \frac{1}{2}b(x,t)^2\frac{\partial^2 F}{\partial x^2}\right)dt + b(x,t)\frac{\partial F}{\partial x}dz_\tau \tag{12.5}$$

选择 $F(S) = \text{lgo}[S]$，与公式（12.3）结合，此处 $x = S$，$a(x,t) = \mu$ 且 $b(x,t) = \sigma$：

$$\begin{aligned} d(\ln[S]) &= \left(\frac{\partial \ln[S]}{\partial t} + \mu\frac{\partial \ln[S]}{\partial S} + \frac{1}{2}\sigma^2\frac{\partial^2 \ln[S]}{\partial S^2}\right)dt + \sigma\frac{\partial \ln[S]}{\partial S}dz_\tau \\ &= \left(\mu - \frac{\sigma^2}{2}\right)dt + \sigma dz \end{aligned}$$

在时间 T 上积分，可得到一些初始值 S_t 和 T 时间后值 S_{t+T} 的关系：

$$S_{t+T} = S_t\exp\left[\text{Normal}\left(\left(\mu - \frac{\sigma^2}{2}\right)T,\sigma\sqrt{T}\right)\right] = S_t\exp[r_T] \tag{12.6}$$

其中，r_T 称为一段时间 T 内股票的对数返回值[①]。公式（12.6）中 exp［·］表示 S 总是>0，因此始终保持无记忆性。它与一些金融思维相对应，如股票的价值包含了当时所有可用的股票信息，因此此系统应当没有记忆性（我个人反对此观点）。

股票 S 的对数返回值 r 是股票价值的分数变化。对于股市，这是比股票的实际价格更有意思的值。举例来讲，拥有10股每股1美元、年增长6%的股票，比拥有1股每股10美元、年增长4%的股票利润更高。

公式（12.6）为GBM模型："几何"部分出现在公式中，因为我们有效地将多个分布相乘（在对数式中相加）。根据对数正态随机变量的分布，如果 ln［S］是正态分布，则 S 为对数正态分布，因此公式（12.6）把变量 S_{t+T} 作为对数正态随机变量进行模拟。由附录3中LognormalE分布均数的公式可见，S_{t+T} 的均数为：

$$E(S_{t+T}) = S_t \exp[\mu T]$$

因此，μ 被称为指数增长率，方差为：

$$V(S_{t+T}) = \exp[2\mu T](\exp[\sigma^2 T] - 1)$$

GBM在Excel中很容易生成，如图12.8中模型所示，即使有不同的时间增量，当观测数据之间有持续时间增量时，我们也很容易根据数据集估计它的参数，如图12.9中模型所示。

	A	B	C	D	E	F	G
1							
2			Mu	0.01			
3			Sigma	0.033			
4							
5		Period	Return	Price S			
6		0		100			
7		1	0.027807	102.8197			Formulae table
8		2	−0.031105	99.67078		C7:C42	=VoseNormal((Mu−(Sigma ^ 2)/2)*(B7−B6),Sigma*SQRT(B7−B6))
9		3	0.015708	101.2487		D7:D42	=D6*EXP(C7)
10		4	−0.010917	100.1494			
11		5	−0.029635	97.22498			
12		8	0.037244	100.9143			
13		9	−0.009822	99.92796			
14		10	−0.008984	99.03423			
15		11	0.071986	106.4262			
36		40	0.02078	144.1044			
37		43	0.005866	144.9522			
38		44	0.03901	150.7184			
39		45	−0.01083	149.0949			
40		46	−0.010239	147.5762			
41		47	0.024494	151.2356			
42		50	0.027545	155.4593			
43							

图12.8 有不确定时间增量的GBM模型

如果有丢失的观测值或不同时间增量观测值，仍可以估计GBM的参数。图12.10的模型中，观测数据转换为标准正态分布 Normal（0，1）的变量 {z}，然后采用Excel的Solver版块改变 μ 和 σ，通过最小化单元格G8中的值使 {z} 均数为0、标准差为1。

① 不要被简单返回值 R_t 迷惑，它是随时间 t 变量的分数增量，且 $r_t = \ln[1+R_t]$。

	A	B	C	D	E	F	G	H	I
1									
2		Period	Price S	$LN(S_t)-LN(S_{t-1})$		Time Increment	1		
3		1	131.2897						
4		2	139.8505	0.063167908		Innovations			
5		3	151.8574	0.082367645		Mean	0.01391		
6		4	152.7159	0.005637288		Stdev	0.032387		
7		5	161.5825	0.056436531					
8		6	165.1629	0.021916209		Parameter estimates			
9		7	157.3468	−0.048479708		Sigma	0.032387		
10		8	160.6972	0.021069702		Mu	0.014434		
11		9	157.7477	−0.018525353					
12		10	152.9904	−0.030621756		*Formulae table*			
13		11	159.0034	0.038550398		D4:D105	=LN(C4)-LN(C3)		
14		12	168.8502	0.060086715		G5	=AVERAGE(D4:D105)		
15		13	161.8312	−0.042458444		G6	=STDEV(D4:D105)		
16		14	160.6408	−0.007382664		G9	=G6/SQRT(G2)		
17		15	173.5187	0.077114246		G10	=G5/G2+G9 ^ 2/2		
104		102	521.6434	0.034478322					
105		103	542.4933	0.039191541					
106									

图 12.9　估计有相等时间增量的 GBM 模型参数

	A	B	C	D	E	F	G	H	I
1									
2		Period	Price S	z		Mu	0.05		
3		1	100.789			Sigma	0.08		
4		2	103.0675	-0.305560011					
5		3	102.8591	-0.610305645		ABS(Mean{z})	0.525061		
6		4	103.6719	-0.48660819		ABS(Stdev{z}-1)	0.569811		
7		5	99.8012	-1.060637884					
8		8	107.2738	-0.492158354		Error sum	1.094871		
9		9	111.2296	-0.132347657					
10		10	110.0289	-0.7206778		*Formulae table*			
11		11	114.0051	-0.141243519		D4:D187	=(LN(C4)-LN(C3)-(Mu-Sigma ^ 2/2)*(B4-B3))/(Sigma*SQRT(B4-B3))		
12		12	111.989	-0.808033736		G5	=ABS(AVERAGE(D4:D187))		
13		15	112.9895	-0.949059593		G6	=ABS(STDEV(D4:D187)-1)		
185		255	1686.406	-0.866893734		G8	=G5+G6		
186		256	1637.663	-0.944206129					
187		257	1667.555	-0.358896539					
188									

图 12.10　估计有不相等或丢失时间增量的 GBM 模型参数

另一种方法是$\frac{\ln[S_{t+T}]-\ln[S_t]}{\sqrt{T}}$对$\sqrt{T}$求截距为 0 的回归：其斜率估计值为 μ，标准误估计值为 σ。

GBM 中可能值的传播随时间快速增长。例如，图 12.11 所示为 $S_0=1$、$\mu=0.001$、$\sigma=0.02$ 的 50 个可能预测。

接下来要讨论的均数回归是 GBM 的一个修改，它使进一步偏离的系列向均数逐渐靠近。在均数回归之后讨论跳跃扩散可以得出：变量可能受到冲击导致大量离散跳跃。

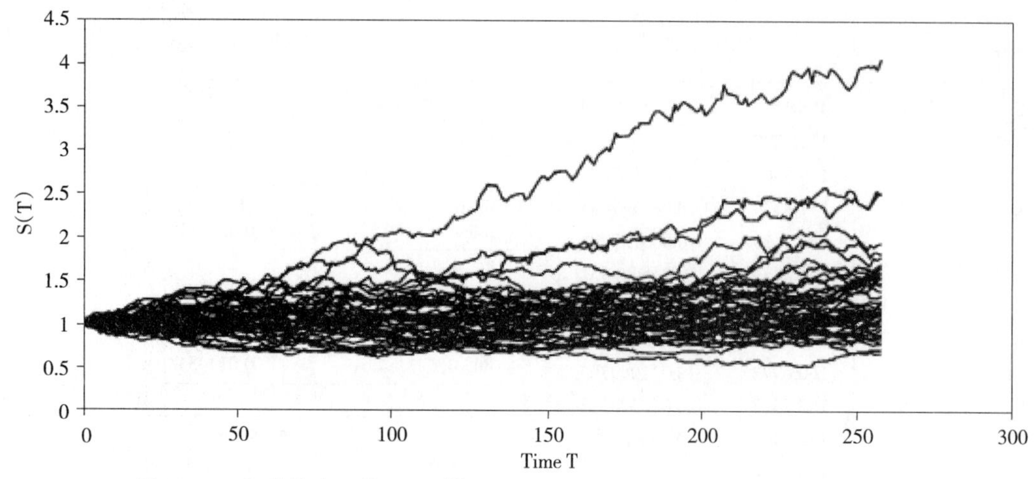

图12.11 初始值为1的GBM模型（$\mu=0.001$，$\sigma=0.02$）的50种可能情形

ModelRisk有函数可拟合和构建GBM和GBM + 均数回归和/或跳跃扩散。这些函数既返回 r 值也返回股票价格 S 值。

12.2.2 均数回归的GBM

对于股票价格（也可为其他变量）的长期时间序列特性，金融分析师往往特别感兴趣。具体在于确定股票价格的变化是否能定性为随机游走或均数回归过程。因为这对资产的价值有重要影响。如果股票价格有趋势显示它会随时间返回一些平均数，则它遵循均数回归过程。这表示通过使用过去的信息，投资者可以反过来确定长远发展趋势的回归水平，更好地预测未来的收益。随机游走的性质也暗示着从长远角度看，股票价格的波动可无限制的增长：增长的波动降低股票的价值，因此由均数回归减小股票的波动（图12.12）将增加股票的价值。

对于遵循布朗运动随机游走的变量 x，我们用公式（12.2）计算其SDE：

$$\mathrm{d}x = \mu \mathrm{d}t + \sigma \mathrm{d}z$$

对于均数回归，此公式可修正如下：

$$\mathrm{d}x = \alpha(\mu - x)\mathrm{d}t + \sigma \mathrm{d}z \quad (12.7)$$

此处 $\alpha>0$ 为回归的速度。$\mathrm{d}t$ 系数的影响是当 x 目前大于 μ 时产生向下运动的期望值，反之亦然。均数回归模型由 S 和 r 的表达式产生：

$$\mathrm{d}S = \alpha(\mu - S)\mathrm{d}t + \sigma \mathrm{d}z$$

称为O-U过程（Ornstein-Uhlenbeck process），是最早用于描述短期利率的方法之一，又称做vasicek模型。然而，公式存在一个问题：我们会得到负的股票价格，用 r 模拟为：

$$\mathrm{d}r = \alpha(\mu - r)\mathrm{d}t + \sigma \mathrm{d}z$$

使股票价格保持正值。对上述方程随时间积分得到：

$$r_{t+T} = \mathrm{Normal}\left(\mu + \exp[-\alpha T](r_1 - \mu), \sigma\sqrt{\frac{1-\exp[-2\alpha T]}{2\alpha}}\right) \quad (12.8)$$

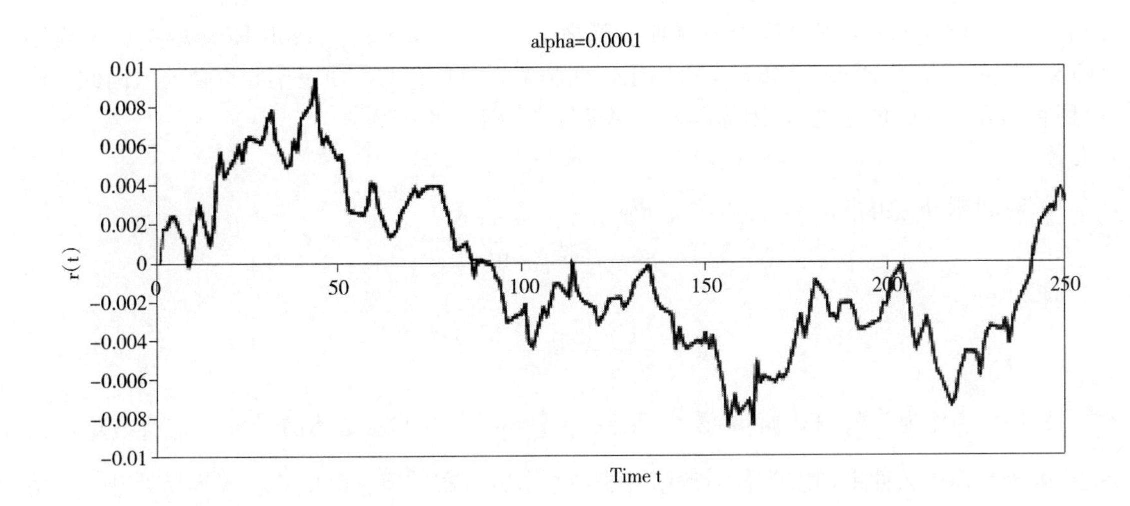

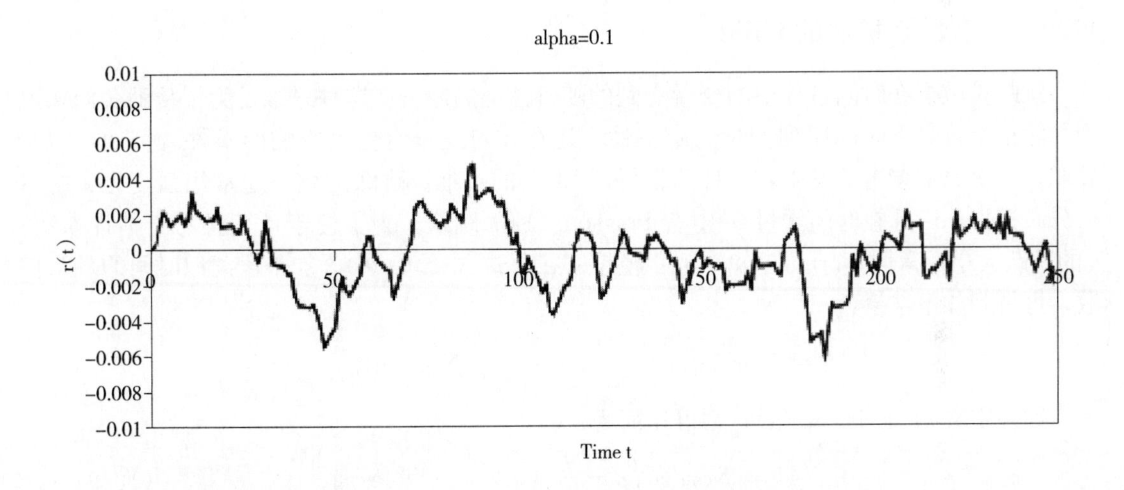

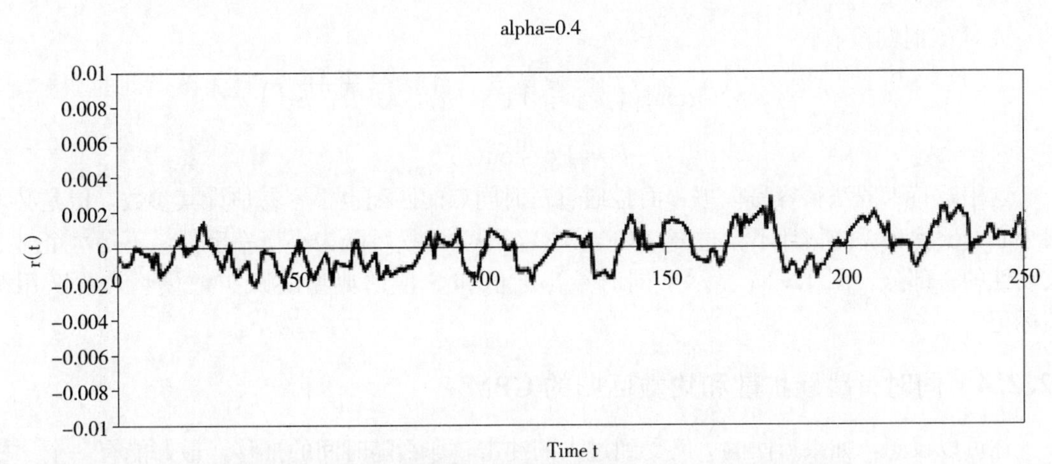

图 12.12　不同 α 值的均数回归（$\mu=0$，$\sigma=0.001$）的 GBM

这就很容易模拟了。下面的图显示了 r_1 的一些典型行为。α 的经验值在 0.1～0.3 范围内。公式（12.7）小的修改称为考克斯—英格索—罗斯（Cox-Ingersoll-Ross）或 CIR 模型（Cox、Ingersoll 和 Ross，1985），也用于短期利率，而且它的性质是不允许负值（因此我们可用它建立变量 S 的模型），因为随着 S 接近于 0，波动也变为 0：

$$dS=\alpha(\mu-S)dt+\sigma\sqrt{S}dz$$

随时间积分，可得：

$$S_{t+T}=S_t+cY$$

此处，

$$c=\frac{(1-\exp[-\alpha T])\sigma^2}{2\alpha}$$

Y 是自由度为$\frac{4\alpha\mu}{\sigma^2}$、非中心参数为 $2cr_1\exp[-\alpha T]$ 的非中心卡方分布。这有些难以模拟，因为在模拟软件中，需要有不常用的非中心卡方分布，但它的优势在于容易处理（可精确地确定变量 S_{t+T}的分布形式），它使得采用最大似然法确定其参数变得更简单。

12.2.3 有跳跃扩散的 GBM

跳跃扩散是在时间过程中的变量受到的随机性突然冲击。这种思维是为了帮助我们认识到，除正常背景下时间序列变量的随机性，还存在对变量有更大影响的事件。例如，CEO 辞职，一次恐怖袭击的发生，一种药物得到 FDA 的批准。跳跃的频率通常用强度为 λ 的泊松分布模拟，因此在时间增量 T 中有 Poisson（λT）跳跃。为了便于计算且易于估计参数，r 的跳跃大小通常用 Normal（μ_J，σ_J）模拟。在公式（12.6）中添加一段离散时间的跳跃扩散，可得到如下结果：

$$r_1=\text{Normal}\left(\mu-\frac{\sigma^2}{2},\sigma\right)+\sum_{i=1}^{\text{Poisson}(\lambda)}\text{Normal}(\mu_J,\sigma_J)$$

如果定义 k=Poisson（λ），则可化简为：

$$r_1=\text{Normal}\left(\mu-\frac{\sigma^2}{2}+k\mu_J,\sqrt{\sigma^2+k\sigma_J^2}\right) \tag{12.9}$$

或对 T 时间段有：

$$r_T=\text{Normal}\left(\left(\mu-\frac{\sigma^2}{2}\right)T+k\mu_J,\sqrt{\sigma^2T+k\sigma_J^2}\right)$$

$$k=\text{Possion}(\lambda T)$$

这用蒙特卡罗法很容易模拟，而且通过对时间点的匹配也很容易估计其参数，但是必须很小心，要保证 λ 的估计不会过高（如>0.2），因为泊松跳跃为小概率事件，不是每个时期波动性的一部分。图 12.13 显示了同时给出 r 值和 S 值的典型跳跃扩散模型，跳跃用圆圈标记。

12.2.4 同时有跳跃扩散和均数回归的 GBM

你可以设想，如果返回的 r 值受到过大的冲击，那么随时间的推移，最好能有一个“校正”使它回到序列的期望返回值 μ。使用联合均数回归和跳跃扩散，即使参数很少，我们也

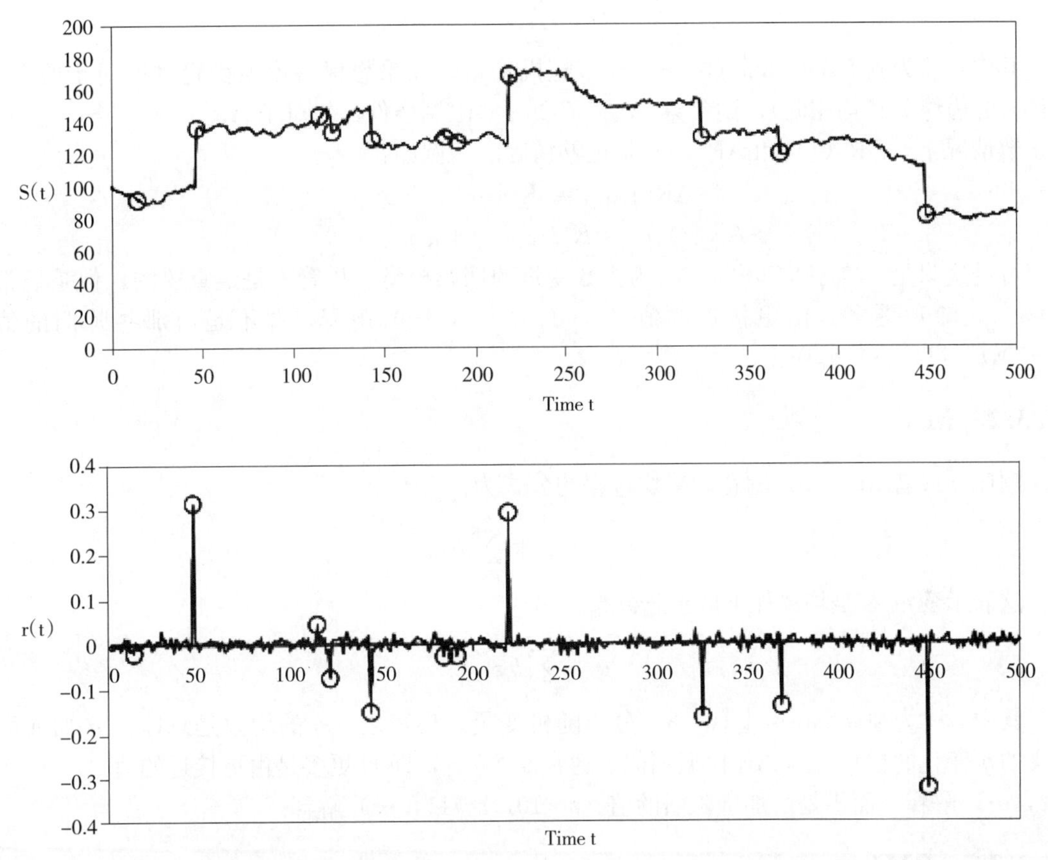

图 12.13 有跳跃扩散的 GBM，其参数为 $\mu=0$，$\sigma=0.01$，$\mu_J=0.04$，$\sigma_J=0.2$ 及 $\lambda=0.02$

能很好地模拟这些特性。但是公式（12.9）关于均数和方差的相加模型就不再适用了，特别是当回复速率很大时，因为这需要确定模拟跳跃是在哪一段时间内发生的：如果它发生在这段时间之初，那么在这段时间末尾它很可能已经快速恢复了。最实用的解决办法称做欧拉法（Euler's method），它把一个时间周期分割为很多小的增量。当模型产生比实现决策意图更多的增量数时，增量的数量就足够了。

12.3 自回归模型

在金融领域，数量不断增加的自回归模型得到了长远的发展。此处讨论人们更感兴趣的 AR、MA、ARMA、RCH 和 ARCH 等模型。应用这些模型模拟 r 的返回值比股票价格 S 更标准。我也给出了 EGARCH 和 APARCH 的公式。重复一下之前的警告：确信模型的精妙变化可给出确定的优点时，提前尝试用数据拟合的简单模型生成一些样本，然后生成一些数据，制成简单的你所匹配的模型，观察它们是否能够产生类似的情形。ModelRisk 提供了拟合每个系列并产生预测的函数。数据可直接关联其历史数值，如此便于保持模型自动化更新数据。

12.3.1 AR

顺序 p 或者 AR（p）的自回归过程的公式为：

$$r_t = K + \sum_{i=1}^{p} a_i r_{t-i} + \varepsilon_t$$

其中，ε_t 为独立 Normal（0，σ）分布随机变量。如果想保持模型稳定（即对于所有 t 来讲 r 的边缘分布均相同），则参数 $\{a_i\}$ 需要一些限制条件，如对于 AR（1），$|a_1|<1$。大多数情况下，AR（1）和 AR（2）是足够精确的，例如：

$$\mathrm{AR}(1): r_t = K + \alpha r_{t-1} + \varepsilon_1$$

$$\mathrm{AR}(2): r_t = K + \alpha_1 r_{t-1} + \alpha_2 r_{t-2} + \varepsilon_t$$

可见这只是 r_t 为独立变量、r_{t-i} 为指数变量的回归模型。尽管不是最重要的，但是通常 $\alpha_i > \alpha_{i+1}$，即 r_t 更多是由更接近的值（$t-1$，$t-1$，…）解释，并不是由那些陈旧的值（$t-10$,$t-11$，…）解释。

12.3.2 MA

顺序 q 或者 MA（q）的移动平均过程的公式为：

$$r_t = \mu + \varepsilon_t + \sum_{j=1}^{q} b_j \varepsilon_{t-j}$$

这表示变量 r_t 是均数如下的正态分布：

$$\mu + \sum_{j=1}^{q} b_j \varepsilon_{t-j}$$

其中，ε_t 为独立 Normal（0，σ）分布随机变量。换言之，r_t 的均数是总体上 μ 加前面定义的 q 变化的权重。与 AR 模型相似，通常 $b_i > b_{i+1}$，即 r_t 更多是由更接近的值（$t-1$，$t-2$，…）解释，而不是由那些陈旧的值（$t-10$，$t-11$，…）解释。

12.3.3 ARMA

我们可把 AR（p）过程和 MA（q）过程放到一起，形成均数为 μ 的自回归移动平均模型 ARMA（p，q）过程，其公式描述如下：

$$r_t - \mu = \sum_{i=1}^{p} a_i (t_{t-i} - \mu) + \varepsilon_t + \sum_{j=1}^{q} b_j \varepsilon_{t-j}$$

或者

$$r_t = K + \sum_{i=1}^{p} a_i r_{t-i} + \varepsilon_t + \sum_{j=1}^{q} b_j \varepsilon_{t-j}, K = \mu\left(1 - \sum_{i=1}^{p} a_i\right)$$

实际上 ARMA（1，1）通常很复杂，故公式简化为：

$$r_t = K + a r_{t-1} + \varepsilon_t + b\varepsilon_{t-1}, K = \mu(1-a)$$

12.3.4 ARCH/GARCH

ARCH 模型最初用于通过允许波动（异方差或异方差性，即“有不同的方差”）周期集聚来计算厚尾性。以前用于分析高频金融数据的回归模型中有一种假设：误差项中有一个恒定的方差。获得 2003 年诺贝尔经济学奖的 Engle（1982）曾介绍过 ARCH 模型，并把它应用到英国每季度的通胀数据中。ARCH 模型后来由 Bollerslev（1986）推广至 GARCH，事实证明它在拟合金融数据的应用中更成功。使 r_t 表示返回值或回归残差，并假设 $r_t=\mu+\sigma_t z_t$，独立 Normal（0，1）分布是 z_t，σ_t^2 模拟如下：

$$\sigma_t^2 = \omega + \sum_{i=1}^{q} a_i (t_{t-i} - \mu)^2$$

其中，$\omega > 0$，$a_i \geqslant 0$，$i=1$，$\cdots q$ 且至少有一个 $a_i > 0$。r_t 遵循自回归条件异方差，ARCH（q），其均数为 μ。它如同一个前误差（$r_{t-i} - \mu$）的方差函数一样模拟当前误差的方差。由于每个 $a_i > 0$，它对低分组（或高分组）的共同的波动性有影响。

如果自回归移动平均过程（ARMA 过程）假设方差，则 r_t 为均数为 μ 的扩展的自回归条件异方差 GARCH（p，q）过程：

$$\sigma_t^2 = \omega + \sum_{i=1}^{q} a_i (r_{t-i} - \mu)^2 + \sum_{j=1}^{p} b_j \sigma_{t-j}^2$$

其中，p 为 GARCH 规定的顺序，q 为 ARCH 规定的顺序，$\omega > 0$，$a_i \geqslant 0$，$i=1$，$\cdots$，q，$b_j \geqslant 0$，$j=1$，$\cdots$，p 且至少有一个 a_i 或 $b_j > 0$。

实际上，最常用的模型是 GARCH（1，1）：

$$r_t = \mu + \sigma_t z_t$$

$$\sigma_t^2 = \omega + a(r_{t-1} - \mu)^2 + b\,\sigma_{t-1}^2$$

12.3.5 APARCH

不对称自回归条件异方差模型，APARCH（p，q），由 Ding、Granger 和 Engle（1993）提出并定义为：

$$r_t = \mu + \sigma_t z_t$$

$$\sigma_t^\delta = \omega + \sum_{i=1}^{q} a_i (|r_{t-i} - \mu| - \gamma_i (r_{t-i} - \mu))^\delta + \sum_{j=1}^{p} b_j \sigma_{t-j}^\delta$$

其中，$-1 < \gamma_i < 1$ 且至少有一个 a_i 或 $b_j > 0$。δ 在条件标准差 σ_t 的考克斯变换（Box-Cox transformation）中发挥作用，而 γ_i 反映了所谓的杠杆效应。APARCH 很有发展前景，而且现在应用相当广泛，因为它嵌套了几种其他模型作为特例，如 ARCH（$\delta=1$，$\gamma_i=0$，$b_i=0$），GARCH（$\delta=2$，$\gamma_i=0$），TS-GARCH（$\delta=1$，$\gamma_i=0$），GJR-GARCH（$\delta=2$），TARCH（$\delta=1$）和 NARCH（$b_i=1$，$\gamma_i=0$）。

实际上，最常用的模型是 APARCH（1，1）：

$$\sigma_t^\delta = \omega + a(|r_{t-1} - \mu| - \gamma(r_{t-1} - \mu))^\delta + b\,\sigma_{t-1}^\delta$$

12.3.6 EGARCH

指数自回归条件异方差模型，EGARCH（p，q），是 GARCH 模型的另一种形式，其目的是允许线性误差方差方程中存在负值。GARCH 模型把非负数限制条件强加给参数 a_i 和 b_j，但在 EGARCH 模型中无此限制条件。在 EGARH（p，q）模型中，条件方差 σ_t^2 由滞后干扰 r_t 的不对称函数构建公式：

$$\ln(\sigma_t^2) = \omega + \sum_{i=1}^{q} a_i g(z_{t-i}) + \sum_{j=1}^{p} b_j \ln(\sigma_{t-j}^2)$$

此处，

$$g(z_t) = \theta z_t + |z_t| - E[z_t]$$

且

$$E[z_t]=\sqrt{\frac{2}{\pi}}$$

当 z_t 为标准正态变量时，实际上最常用的模型有 $p=q=1$，即 EGARCH（1，1）：

$$\ln(\sigma_t^2)=\omega+ag(z_{t-1})^2+b\ln(\sigma_{t-1}^2)$$

12.4 Markov 链模型

Markov① 链由很多个体组成，个体由系统内某些特定允许的状态产生，并且可以或者不得随时间随机改变（转换）到其他允许的状态。Markov 链没有记忆性，其含义为，有多少个体会在每个允许的状态的联合分布，只取决于此前有多少个体处于每种状态中，而不是在逐渐进入这种状态的过程中。这种缺乏记忆性的性质称为 Markov 性质。Markov 链有两种形式：连续时间和离散时间。我们先介绍离散时间过程，因为它是最简单的模型。

12.4.1 离散时间的 Markov 链

在离散时间的 Markov 过程中，个体仅可在规定时间间隔（通常为等间隔）内在各状态之间移动。假设有一个数据集，其中包含了以下 4 种婚姻状态的 100 个个体：

- 43 个单身
- 29 个已婚
- 11 个分居
- 17 个离异

把它写成一个向量：

$$\begin{pmatrix}43\\29\\11\\17\end{pmatrix}$$

给定充足的时间（假设为 1 年），使个体有合理的概率改变其状态。我们可构建如下转换概率的矩阵：

转移矩阵		现在			
		单身	已婚	分居	离异
过去	单身	0.85	0.12	0.02	0.01
	已婚	0	0.88	0.08	0.04
	分居	0	0.13	0.45	0.42
	离异	0	0.09	0.02	0.89

我们逐行地分析这个矩阵。例如，第一行说明单身的个体 1 年后有 85%的可能性依旧保持单身，有 12%的可能处于已婚状态，2%的可能处于分居状态及 1%的可能处于离异状态。由于这些是唯一允许的状态（例如，没有包括“订婚”在内，因此必须把他们归为“单

① 命名于 Andrey Markov（1856—1922），一位著名的俄国数学家。

身”)，概率的总和必须等于 100%。当然，还必须确定死亡的含义——转移矩阵可定义为：尽管一个人死了，但对于这个模型他们仍保持婚姻状态，或者转移矩阵以存活 1 年为条件。

请注意“单身”这一列，除单身/单身单元格外，其他单元格均为 0，因为一旦一个人结婚，所允许的唯一状态是已婚、分居或离异。还要注意个体可直接由单身状态变为分居或离异状态，这表示在这一年内，这个个体经历了婚姻状态 Markov 链转移矩阵，它描述的是在某些精确时间点个体所处的状态，在先前的某个时间给定某些状态，并不关注他们状态变化的过程，即所有他们可能经历过的状态。

现在，模型中有两个元素，初始状态向量和转移矩阵，用于估计 1 年后每种状态的个体数量。我们先看一个估计 1 年内结婚人数的计算例子：

- 对于单身的个体，Binomail（43，0.12）将会结婚。
- 对于已婚的个体，Binomail（29，0.88）将会结婚。
- 对于分离的个体，Binomail（11，0.13）将会结婚。
- 对于离异的个体，Binomail（17，0.09）将会结婚。

把这 4 个二项分布相加即可得到在一年后会结婚的估计人数。然而，当我们想观察每种状态下人数的联合分布时，上述计算就没用了：显然我们不能把 4 组有 4 个二项分布的数据相加，因为总人数必须等于 100。相反，我们需要使用多项分布。原来单身而现在［单身，已婚，分居，离异］的人数等于 Multinomial（43，{0.85，0.12，0.02，0.01}）。对其他三种状态应用多项分布，我们可以从每个多项分布中取一个随机样本，并把每种状态的人数相加，如图 12.14 中模型所示。

Number in initial state	Transiton matrix		Is now: Single	Married	Separated	Divorced		Number in final state: Single	Married	Separated	Divorced
43	Was:	Single	0.85	0.12	0.02	0.01		40	3	0	0
29		Married	0	0.88	0.06	0.04		0	25	1	3
11		Separated	0	0.13	0.45	0.42		0	1	7	3
17		Divorced	0	0.09	0.02	0.89		0	2	0	15
							Totals	40	31	8	21

Formulae table	
Input data	B4:B7,F4:I7
{L4:O4}	{=VoseMultinomial(B4,F4:I4)}
to	
{L7:O7}	{=VoseMultinomial(B7,F7:I7)}
L8:O8(outputs)	=SUM(L4:L7)

图 12.14　计算 Markov 链模型的多项分布方法

现在我们扩展模型，使它预测更长的时间，如 5 年。如果我们作出假设：此概率转移矩阵在那个时间段中仍然有效，且各组中没有人死亡，则我们可重复上述计算 5 次——计算每年每种状态有多少个体，并把它输入下一年中。但此处有更有效的计算方法。

要确定状态 i 中的个体 2 年后改变为状态 j 的概率，方法是：查看一年后个体由状态 i 变为每种状态，又在第二年中再由该状态变为状态 j 的概率。例如，2 年后个体状态由单身变为离异的概率为：

$$P(\text{单身变为单身}) * P(\text{单身变为离异})$$
$$+ P(\text{单身变为已婚}) * P(\text{已婚变为离异})$$

$$+P(\text{单身变为分居})*P(\text{单身变为离异})$$
$$+P(\text{单身变为离异})*P(\text{离异变为离异})$$
$$=0.85*0.01+0.12*0.04+0.02*0.42+0.01*089=0.0306$$

注意我们是如何把第一行的元素（单身）与最后一列的元素（离异）相乘并相加的。这是进行了矩阵的乘法。因此，在图12.15所示模型中，通过仅用它本身乘以1年的转移矩阵（使用ExcelMMULT函数），我们便可确定2年时间内转移矩阵概率。

Number in initial stata
43
29
11
17

One year transition matrix		Is now:			
		Single	Married	Separated	Divorced
Was:	Single	0.85	0.12	0.02	0.01
	Married	0	0.88	0.08	0.04
	Separated	0	0.13	0.45	0.42
	Divorced	0	0.09	0.02	0.89

Two year transition matrix		Is now:			
		Single	Married	Separated	Divorced
Was:	Single	0.7225	0.2111	0.0358	0.0306
	Married	0	0.7884	0.1072	0.1044
	Separated	0	0.2107	0.2213	0.566
	Divorced	0	0.1619	0.034	0.8041

	Number in final state			
	Single	Married	Separated	Divorced
	28	11	2	2
	0	20	5	4
	0	4	1	6
	0	2	1	14
Totals	28	37	9	26

Formulae table	
Input data	B4:B7,F4:I7
{F11:I14}	{=MMULT(F4:I7,F4:I7)}
{L4:04}	{=VoseMultinomial(B4,,F11:I11)}
to	
{L7:07}	{=VoseMultinomial(B7,F14:I14)}
L8:08(outputs)	=SUM(L4:L7)

图12.15　多项分布法计算时间区间数量>1个单位的Markov链模型

Number in initial state
43
29
11
17

periods
25

One year transition mairlx		Is now:			
		Single	Married	Separated	Divorced
Was:	Single	0.85	0.12	0.02	0.01
	Married	0	0.88	0.08	0.04
	Separated	0	0.13	0.45	0.42
	Divorced	0	0.09	0.02	0.89

25 year transition matrix		Is now:			
		Single	Married	Separated	Divorced
Was:	Single	0.0172	0.4503	0.0826	0.4499
	Married	0.0000	0.4460	0.0821	0.4719
	Separated	0.0000	0.4430	0.0817	0.4753
	Divorced	0.0000	0.4427	0.0816	0.4758

Number in final state
2
41
8
49

Formulae table	
Input data	B4:B7,F4:I7,B11
{F11:I14}	{=VoseMarkovMatrix(F4:I7,B11)}
K11:K14(outputs)	{=VoseMarkovSample(B4:B7,F4:I7,B11)}

图12.16　ModelRisk法计算时间区间数量>1个单位的Markov链模型

若想要预测 T 个时间段，T 很大，执行 $T-1$ 次矩阵的乘法就显得相当冗长，不过有基于矩阵转换的数学方法可直接确定任何数量的时间段的转移矩阵。ModelRisk 提供了一些有效方法：VoseMarkovMatrix 函数可计算任何时间长度的转移矩阵，再用 VoseMarkovSample 函数执行下一步，即模拟在某些时间段之后最终状态中每种个体的数量。在下面的例子（图 12.16）中，我们计算 25 年后的转移矩阵，并模拟每种状态下个体的数量。

注意！为何 25 年后不论是由什么状态开始，已婚的状态都是 45%？分居和离婚也发生类似的情况。这种稳定的性质很常见，而且，出于我的个人兴趣，我在本书其他部分也简要介绍过这种统计学方法——Markov 链蒙特卡罗理论（MCMC）的基础。当然，上述计算需要假设：1 年的转移矩阵对于如此长的一段时间也同样有效（本例中的重要假设）。

12.4.2 连续时间的 Markov 链

连续时间的 Markov 过程要求对任何一个正的时间增量都要能产生转移矩阵，应用于基础转移矩阵的不仅仅是一个整数倍的时间。例如，我们可能有 1 年的上述婚姻状况转移矩阵，但想要知道半年或 2.5 年后的矩阵，就得用一种寻找所需矩阵的特定数学方法，它建立在把矩阵的多项式概率转化成与所需概率相匹配的泊松强度变量之上。它的数学操作有些复杂，特别是必须克服数据的稳定性时。ModelRisk 函数 VoseMarkovMatrix 和 VoseMarkovSample 可检测什么时候你在使用非整数时间，并能自动转换为可选的数学方法。例如，可获得上述案例中半年的模型。

12.5 出生和死亡模型

有两种密切相关的概率时间序列模型：Yule（纯出生）和纯死亡模型。目前，已经确定它有助于模拟细菌种群数量，而且同样有助于模拟其他变量和根据总体样本估计个体数量的增加或减少。

12.5.1 Yule 增长模型

这是纯出生增长模型，而且是用于确定常见的指数增长模型（如微生物风险分析）的随机模拟。在指数增长模型中，样本量为 n 的总体的增长率与总体的大小成正比：

$$\frac{\partial n}{\partial t} = \beta n$$

其中，β 为单位时间 t 的平均增长率。时间 t 之后总体的个体数 n_t 为：

$$n_t = n_0 \exp(\beta t)$$

其中，n_0 为初始总体大小。此模型有一定的局限性，因为它没有考虑增长中的随机性，也没考虑总体的离散性，这在 n 值很小时至关重要。此外，也不存在对数据拟合指数增长曲线应用可靠的统计学检验（回归也是常用方法），因为指数增长模型不是概率性的，因此数据没有概率性的（即统计学）解释是有可能发生的。

Yule 模型开始于以下前提：个体有自己的后代（如通过分裂）、它们的生育是独立的、生育为随时间的泊松过程，且总体中所有个体均相同。单位时间内个体后代数量的期望值（在一些无穷小的时间增量上）定义为 β，那么个体在时间 t 之后有 Geometric（exp（$-\beta t$））个后代，并得到数量为 Geometric（exp（$-\beta t$））$+1$ 的新总体。因此，如果开始有 n_0 个个体，在时间 t 后会有：

$$n_t = \text{NegBin}(n_0, e^{-\beta t}) + n_0$$

从以下关系式得到：

$$\text{NegBin}(s, p) = \sum_{i=1}^{s} \text{Geometric}(p)$$

均数 $\bar{n}_t = n_0 e^{\beta t}$，与指数增长模型相符。使用此模型过程中可能遇到一个问题：n_0 和 n_t 可能很大，而且模拟程序往往会产生离散分布的误差，如有大量输入变量和输出值的负二项分布。ModelRisk 有两个时间序列函数模拟 Yule 过程，对于所有输入值：

$$\text{VoseTimeSeriesYule}(n_0, \beta, t)$$

它产生 n_t 值，以及：

$$\text{VoseTimeSeriesYule10}(\text{Log}_{10} n_0, LogIncrease, t)$$

它产生 Log_{10}（n_t）的值，更便于处理有 log 值的指数增长总体，因为这会产生一些很大的数。*LogIncrease* 是单位时间内总体期望增长数的对数值（10 为底数）。参数 β 和 *LogIncrease* 有如下关系：

$$LogIncrease = Log_{10}[\exp(\beta)]$$

12.5.2 死亡模型

纯死亡模型是用于确定常见的指数增长模型（如微生物风险分析）的随机模拟。假设个体随时间独立且随机地死亡，并遵循泊松过程，单位时间内的死亡数就可用指数分布描述，其累积分布函数（CDF）为：

$$P(X \leqslant x) = 1 - \exp(-\lambda x)$$

其中，λ 为期望的瞬时死亡个体。时间 t 时个体仍然存活的概率为：

$$P(\text{alive}) = \exp(-\lambda t)$$

因此，如果 n_0 为初始总体数量，则 n_t 为时间直到 t 时仍然存活的个体数，服从二项分布：

$$n_t = \text{Binomial}(n_0, \exp(-\lambda t))$$

其均数为：

$$n_t = n_0 \exp(-\lambda t)$$

即与指数死亡模型相同。总体的灭绝时间单位的累积分布函数如下：

$$P(t_E < t) = (1 - \exp(-\lambda t))^{n_0}$$

根据以下理由，给出的二项式死亡模型可以从指数死亡模型进行改进：

- 指数死亡模型没有考虑增长中的任何随机性，因此不能解释来自指数线性拟合的变异性。
- 指数死亡模型没有考虑总体的离散性，这在 n 值较小时至关重要。
- 没有对观测数据拟合指数增长曲线应用可靠的统计学检验（回归也是常用方法），因为指数增长模型不是概率性的，因此数据没有概率性的（即统计学）解释是有可能发生的。然而，在我们描述的死亡模型中似然函数可以做到这一点。

在应用这种死亡模型过程中可能会遇到 n_0 和 n_t 很大的难题，而且模拟程序往往会产生离散分布的误差，如有大量输入变量和输出值的负二项分布。ModelRisk 有两个时间序列函数模拟死亡模型以解决此问题：

$$\text{VoseTimeSeriesDeath}(n_0, \lambda, t)$$

它产生 n_t 值，以及：

$$\text{VoseTimeSeriesDeath10}(\text{Log}_{10} n_0, LogDecrease, t)$$

它产生 Log_{10}（n_t）的值，便于处理有 log 值的微生物总体，因为会涉及一些很大的数。*LogDecrease* 参数是单位时间内总体期望减少数的 log 值。参数 λ 和 *LogDecrease* 有如下关系：

$$LogDecrease = \lambda \text{Log}_{10}(e)$$

12.6　随机事件随时间的时间序列投射法

我们关心的很多事情都随时间瞬间发生：人们来到一个队列（顾客、急诊病人、一个中心接入的电话等）、意外事故、自然灾害、市场动荡、恐怖袭击、通过一个气泡室（一种物理试验）等。我们可能自然地想模拟这些随时间改变而出现的随机事件，也许是为了找出我们是否有足够的库存疫苗、储存空间等。常用泊松分布模拟随机事件分布（见 8.3），当时间 t 内单位时间发生事件的期望值为 λ 时，它可返回发生在时间 t 内的随机事件的数量。我们可能经常会认为期望的事件数量会随时间增加或减少，因此我们把 λ 作为 t 的函数，如图 12.17 所示模型。此模型会有些变化：考虑其季节性，我们得把期望的事件数量乘以季节指数（应该平均为 1）。

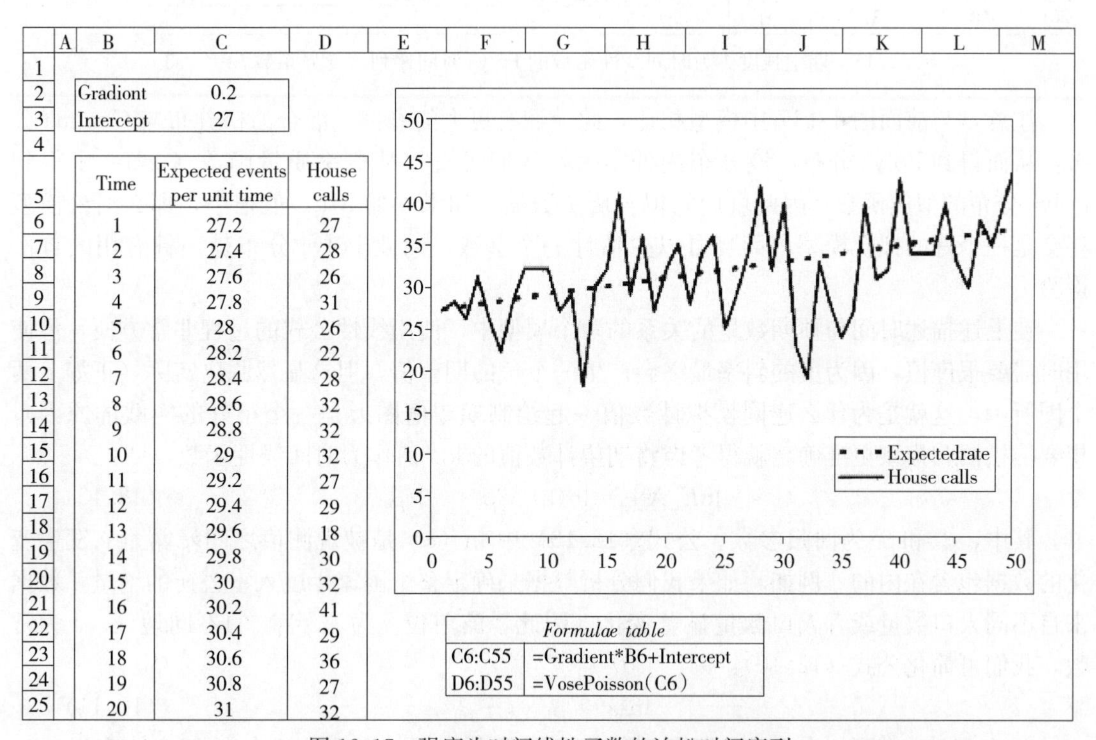

Gradiont	0.2
Intercept	27

Time	Expected events per unit time	House calls
1	27.2	27
2	27.4	28
3	27.6	26
4	27.8	31
5	28	26
6	28.2	22
7	28.4	28
8	28.6	32
9	28.8	32
10	29	32
11	29.2	27
12	29.4	29
13	29.6	18
14	29.8	30
15	30	32
16	30.2	41
17	30.4	29
18	30.6	36
19	30.8	27
20	31	32

Formulae table	
C6:C55	=Gradient*B6+Intercept
D6:D55	=VosePoisson(C6)

图 12.17　强度为时间线性函数的泊松时间序列

在 8.3.7 中，已经介绍了 Pólya 分布和 Delaporte 分布，它们类似于泊松分布，但也允许 λ 为随机变量。Pólya 分布特别有用，因为它有额外的参数 h，我们可以在期望的事件数量中添加一些波动性，如图 12.18 所示模型。

	A	B	C	D
1				
2		Gradient	0.2	
3		Intercept	27	
4		Polvah	0.3	
5				
6		Time	Expected events per unit time	House calls
7		1	27.2	35
8		2	27.4	27
9		3	27.6	38
10		4	27.8	2
11		5	28	86
12		6	28.2	10
13		7	28.4	87
14		8	28.6	49
15		9	28.8	20
16		10	29	24
17		11	29.2	25
18		12	29.4	51
19		13	29.6	59
20		14	29.8	49
21		15	30	19
22		16	30.2	16
23		17	30.4	41
24		18	30.6	27
25		19	30.8	37
26		20	31	21

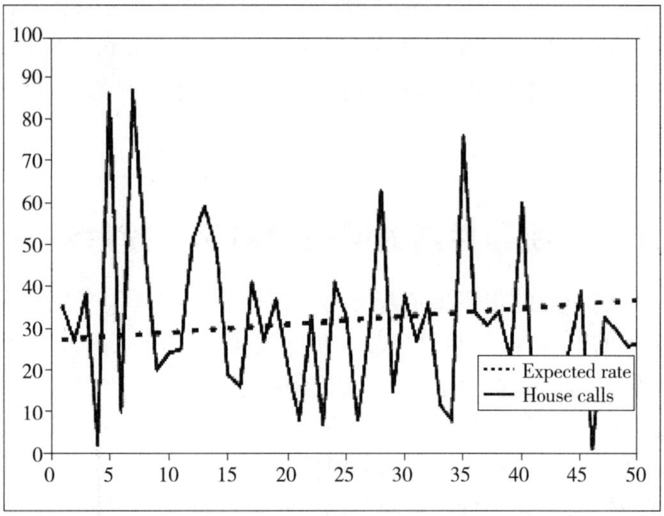

	Formulae table
C7:C56	=Gradlent*B7+Intercept
D7:D56	=VosePoisson(VoseGamma(1/h,C7*h))
D7:D57 alternative	=VosePolva(1/h,C7*h)

图 12.18　期望强度 λ 为时间线性函数的 Pólya 时间序列，变异系数 $h=0.03$

注意，与前面图 12.17 中模型相比，此模型有更大的峰值。混合泊松分布与 Gamma 分布，从而得到 Pólya 分布，该分布用处很大，我们可直接从概率质量函数（pmf）中得到 Pólya 分布的似然函数，因此可用它拟合历史数据。如果 h 的 MLE 值很小，那么泊松模型将会是一个好的拟合模型，而且可以少估计一个参数，因此 Pólya 分布是一种有用的首次检验。

在上述描述时间与预期数量的关系的两个模型中，使用线性公式的过程非常方便，但使用时需要很谨慎，因为负的斜率最终会产生一个负的期望值，但这显然脱离实际（正如上两个图所示，这就是为什么连同模拟计数值一起绘制期望值图形是一个很好的实践的原因）。想要泊松回归模型更准确，就得考虑将期望计数值的 log 值作为时间线性函数，即：

$$\ln E[X] = \ln(e) + \beta_1 * t + \beta_0 \qquad (12.10)$$

其中，β_0 和 β_1 为回归参数。公式（12.10）中 ln（e）是被观测值之间暴露量 e 发生变化的数据包含在内的。例如，如果我们分析数据来确定整个国家年度入室盗窃的增量，数据来自不同人口数量或者人口数量显著变化（因此暴露单位 e 为人/年）的不同地区。e 为常数，我们可简化公式（12.10）：

$$\ln\lambda e = \beta_1 * t + \beta_0 \qquad (12.11)$$

图 12.19 中模型拟合 Pólya 回归（年≤0），且预示了接下来的 3 年的年度体育运动事故，此处的总体认为是常数，因此可使用公式（12.11）。

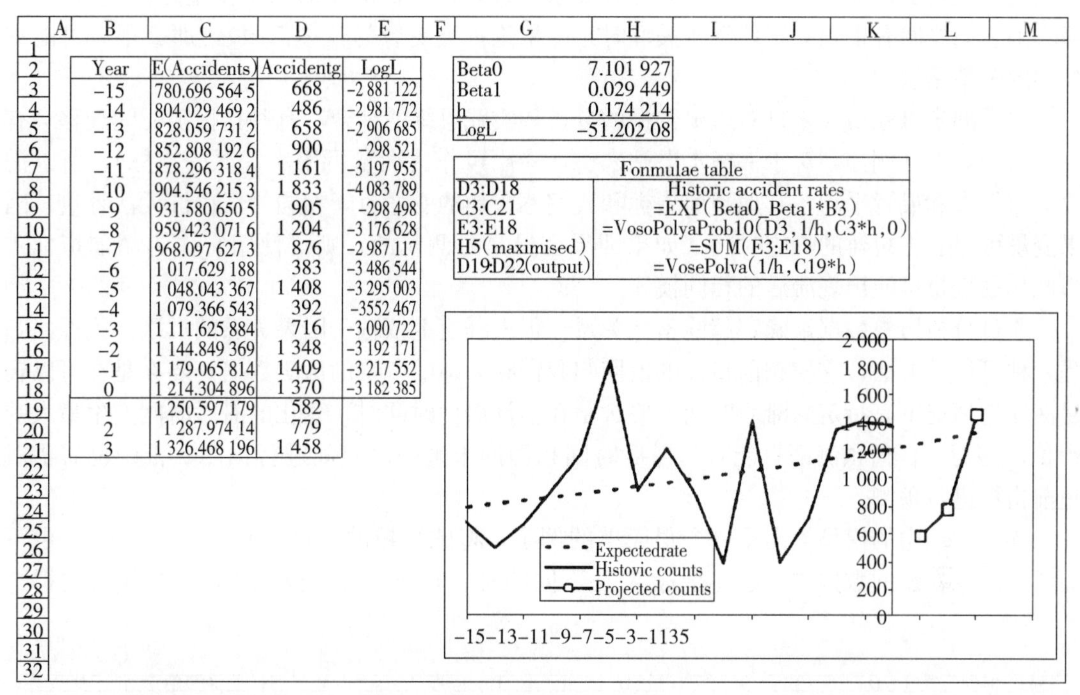

Year	E(Accidents)	Accidentg	LogL
−15	780.696 564 5	668	−2 881 122
−14	804.029 469 2	486	−2 981 772
−13	828.059 731 2	658	−2 906 685
−12	852.808 192 6	900	−298 521
−11	878.296 318 4	1 161	−3 197 955
−10	904.546 215 3	1 833	−4 083 789
−9	931.580 650 5	905	−298 498
−8	959.423 071 6	1 204	−3 176 628
−7	968.097 627 3	876	−2 987 117
−6	1 017.629 188	383	−3 486 544
−5	1 048.043 367	1 408	−3 295 003
−4	1 079.366 543	392	−3552 467
−3	1 111.625 884	716	−3 090 722
−2	1 144.849 369	1 348	−3 192 171
−1	1 179.065 814	1 409	−3 217 552
0	1 214.304 896	1 370	−3 182 385
1	1 250.597 179	582	
2	1 287.974 14	779	
3	1 326.468 196	1 458	

Beta0	7.101 927
Beta1	0.029 449
h	0.174 214
LogL	−51.202 08

Fonmulae table	
D3:D18	Historic accident rates
C3:C21	=EXP(Beta0_Beta1*B3)
E3:E18	=VosoPolyaProb10(D3,1/h,C3*h,0)
H5(maximised)	=SUM(E3:E18)
D19:D22(output)	=VosePolva(1/h,C19*h)

图 12.19　数据拟合的 Pólya 回归模型，且对未来 3 年作出预测。在 $h>0$ 限制下使用 Excel 的规划求解使 LogL 变量优化。ModelRisk 提供泊松和 Pólya 回归拟合多个解释变量和变量暴露水平

12.7　有超前指标的时间序列模型

超前指标变量与你实际感兴趣的变量的运动有关系。超前指标可能与感兴趣的指标运动方向相同或相反，如图 12.20。

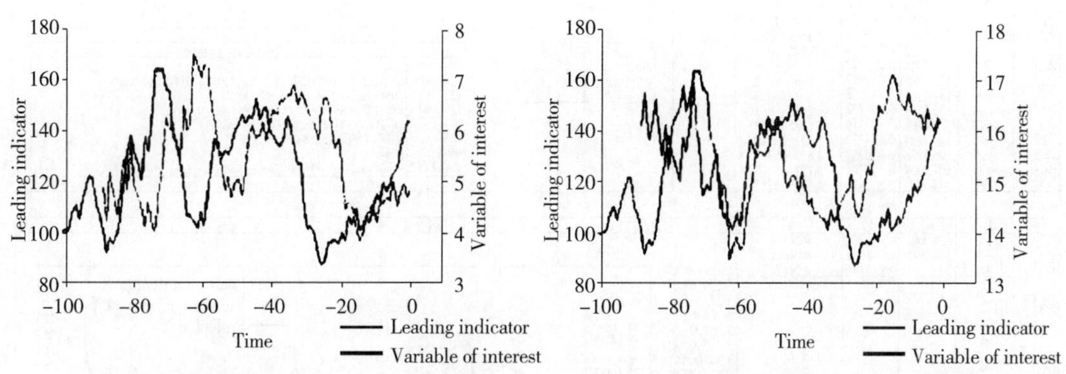

图 12.20　超前指标模拟：左——超前指标变量与感兴趣变量有阳性相关；右——阴性相关

为评价与超前指标的关系，必须确定：

- 因果关系。
- 定量关系的性质。

因果关系至关重要。它给出一个合理的论点：为什么超前指标的运动应在某种程度上预示感兴趣的变量的运动？如果尝试的变量足够多，我们很容易发现有明显的超前指标，但如

果无法有逻辑地论证为什么它们之间应有关系（最好在分析潜在的指示变量之前进行讨论，当看到它们之间有很强的统计学相关性时，因果论证会更容易让你信服），那么很有可能观察到的关系是假的。

关系的定量性质应来自对历史数据的分析和实践思维的结合。有些指标随时间迁移会有一个累积效应（例如，对于一座水电站来讲，降雨可作为衡量可用水资源的指标），所以需要对它们求和或者平均。其他超前指标和我们感兴趣的变量对于相同的（也许无法计量）因果变量可以有更短暂的响应时间（如果因果变量是可测量的，则可使用它作为超前指标），因此你的变量可能出现滞后的相同模式。

通过分析历史数据来确定超前指标关系，很大程度上依赖于因果关系的类别。线性回归是一种可行的方法，它使超前指标的值回归我们感兴趣的变量的历史数据，要么是在可以轻易演绎的情况下有特定的滞后时间，要么是在估计滞后时间时，变化的滞后时间产生最大的 r^2 值。注意，任何预测都只能对与滞后时间相等的未来一段时间进行预测，否则也需要对超前指标进行预测。

图 12.21 中的模型给出了一个很简单的例子，将感兴趣的变量 Y 的历史数据（产生下面图 12.20 左图的数据）与超前指标 X 在不同的滞后时间上进行视觉比较。最接近的拟合

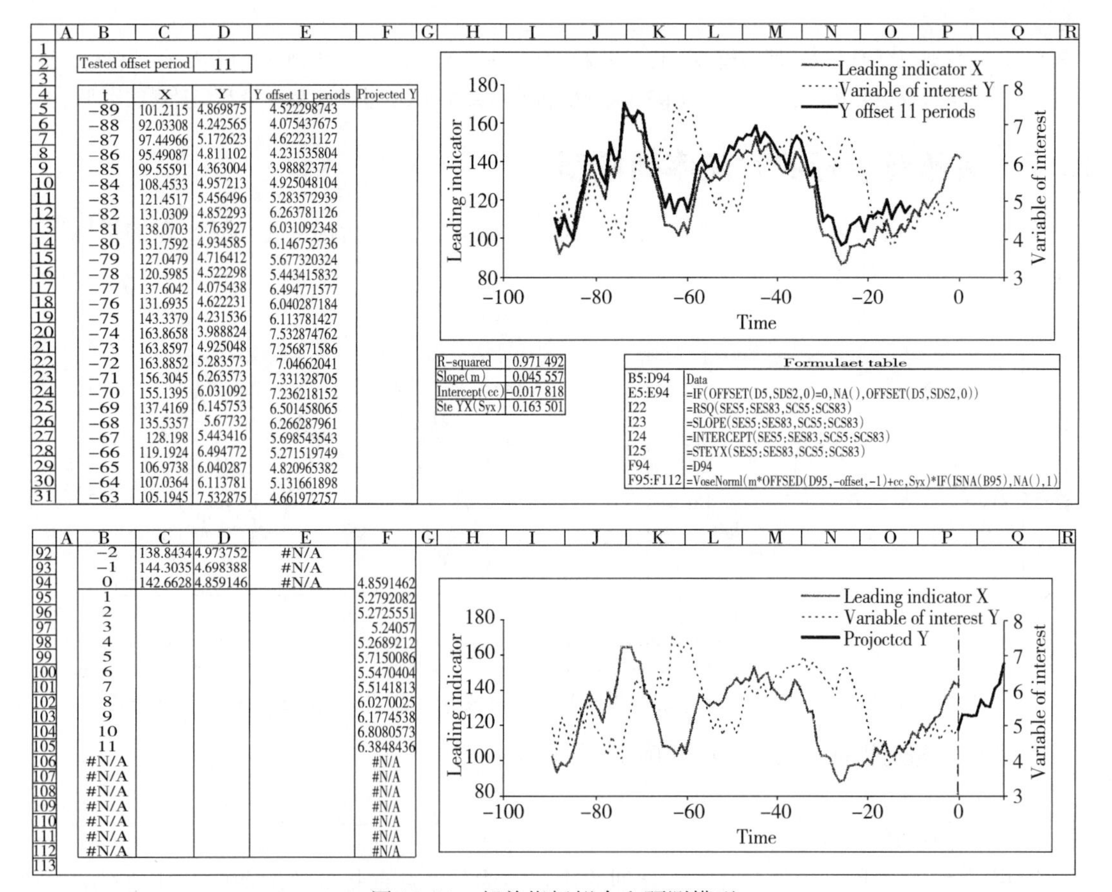

图 12.21　超前指标拟合和预测模型

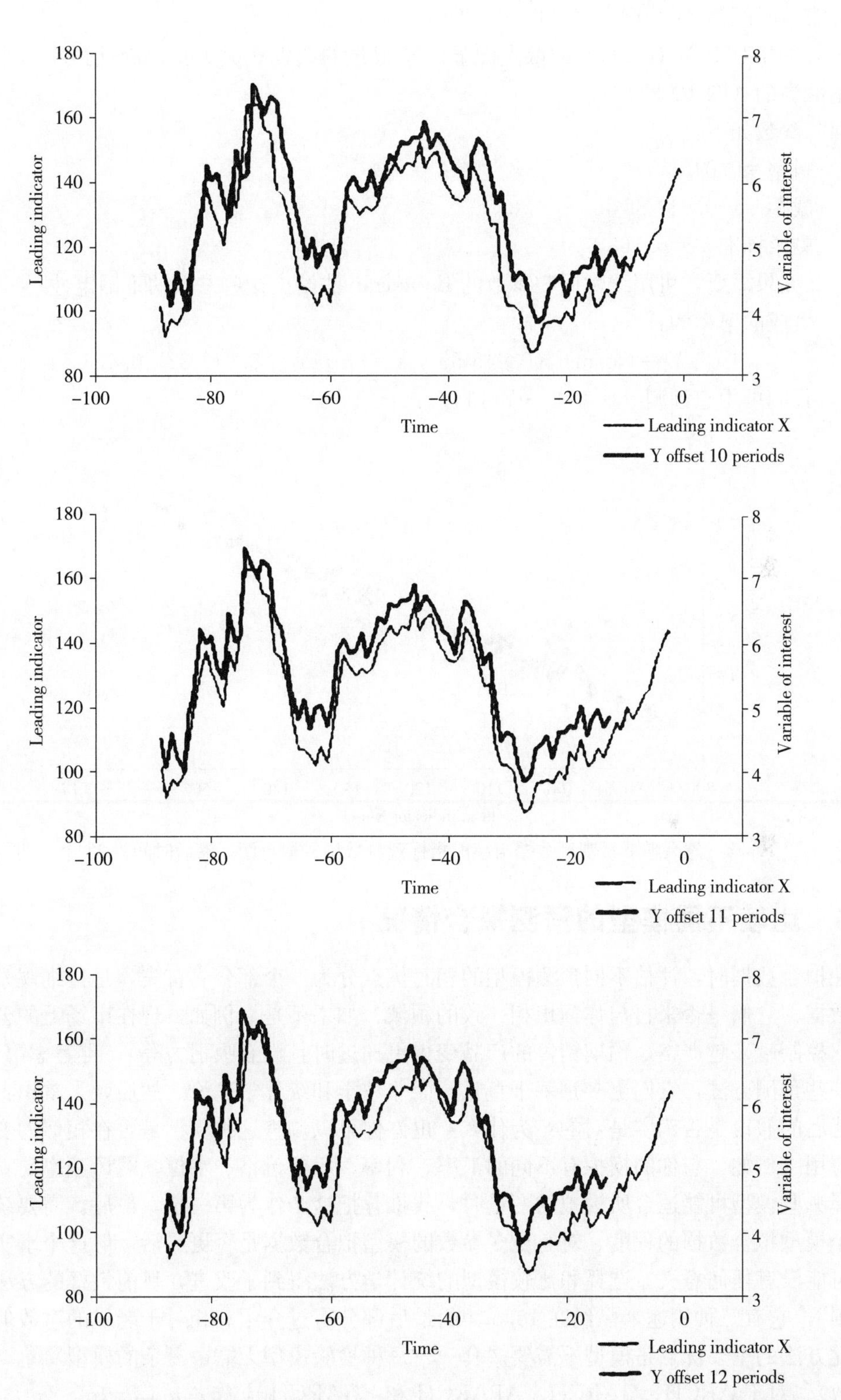

图 12.22 感兴趣变量与超前指标变量在滞后时间分别为 10、11 和 12 个周期时的重叠图，显示在 11 个周期有最强的相关性

发生在滞后时间为 11 个周期时（图 12.22）。

Y（*t*）相对于 *X*（*t*−11）的散点图显示了很强的线性相关关系，因此最小二乘回归法似乎是恰当的（图 12.23）。

回归参数如下：

- 斜率＝0.045 55
- 截距＝−0.017 82
- 剩余标准差＝0.163 5

（如果需要，可用线性回归参数的 Bootstrap 法给出这些参数的不确定性）。

生成的模型为：

$$Y_i = \text{Normal}\ (0.045\,55 * X\ (i-11) - 0.017\,82,\ 0.163\,5)$$

我们可用它预测 {*Y*（1）…*Y*（11）}：

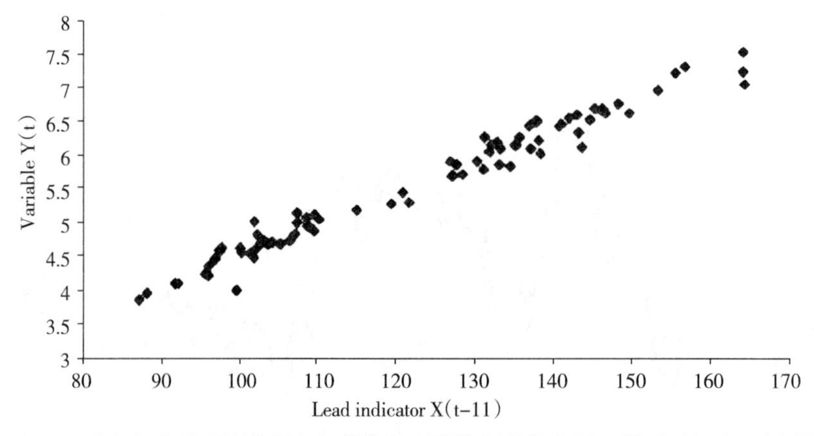

图 12.23 感兴趣变量观测数据与超前指标观测数据的散点图，滞后时间为 11 个周期

12.8 比较不同模型的预测拟合情况

在拟合数据时，评估不同预测模型的相对优点分为 3 个部分。首先，是仔细观察将要拟合的数据：它们是否来自与你预想相一致的领域？如果不是（例如，现在市场上的公司越来越少，控制越来越严格，预期销售的产品变得更加过时且没有吸引力等）；再考虑第 17 章介绍的一些预测方法，它们更多是基于直觉，而非数学和统计学理论。然后，是常识：问自己模型背后的假设是否确实是对的？为什么？也许你可以调查这种模型是否在相似的变量中已成功应用（例如，与你的模拟有不同的汇率、利率、股票价格、水位、飓风频率）。实际上，在选择哪些模型可能适合所模拟的变量时，我推荐把这个作为第一步。最后，需要统计学评估每个模型拟合数据的程度、对有更多参数的模型拟合数据是否更灵活，但这个事实的弥补程度可能没有任何意义。选择和比较模型的统计学方法得到了改进，目前最好的方法是"信息准则"，它有三种用途，已经在 10.3.4 的最后部分有过介绍。相对于老式的对数似然比率法，此方法的主要优点是模型不需要嵌套——每种检验模型无需由复杂的模型简化（去除某些参数）。对于 ARCH、GARCH、APARCH 和 EGARCH 应减去 $n\ (1+\ln\ [2\sigma])$，此处 n 为来自每个标准的数据点的数量。若对数据拟合许多模型，不要根据最佳统计结果自动选择模型，特别是最好的两个或单个非常接近时。模拟出对未来变化的预测后，观察它的范围和

行为是否与你认为真实的情况相符合（可在 ModelRisk 的时间序列拟合界面自动完成，不考虑任何途径）。

12.9 长期预测

长期预测，即预测跨度超过未来时间如历史经验的 20%～30%的预测。在这些情况下，技术模型都不十分值得信任。首先，预测中应有很大的不确定性，因为更重要的是世界千变万化，但产生拟合历史数据的模型暗含的关键假设是：世界将继续表现为同样的方式。过去我预测自己今后 5 年的生活会是无望的：1985 年我很有把握预期会成为英国的一名海洋物理学家；1987 年我成为了一名住在新西兰的合格摄影师；我在 1988 年成为了一名稳定的风险分析师，去了英国、爱尔兰、法国和现在的柏林。① 五年前我完全没想到我们的公司会发展成现在这样，或者我们会有如此强的软件开发能力。所以，要尝试对你正试图模拟的情况进行相同的检验。

另一种选择是结合过去的经验教训（例如，你的销售额对美国的经济有多敏感），认真分析该领域是如何变化的（企业兼并、战争的开始或结束、新技术等），然后形成一个领域的形态及它如何影响你要预测的变量的整体印象。

① 现在我有三个小孩，一个妻子，一个很好的家，一条狗及旅行车，因此很多事情都已安定下来。

第13章

相关与相依模型

13.1 引言

前面的章节我们阐述了建立风险分析模型及利用分布建立各种模型的方法，我们也知道了风险分析模型比扩展的确定性模型更为复杂，原因在于风险分析模型通常是动态的。在大多数情况下，建立风险分析模型需要有潜在的、由无数可能性组合在一起的情景。第4章已经阐述了风险分析的一条黄金法则：每一个预测在现实生活中都有可能发生。因此，模型中不能含有现实不存在的因素。

模型的限制条件之一是明确不确定组件之间的相互相依关系。例如，假如有关于明年利率分布及抵押利率分布的数据，图13.1显示了利率和抵押利率预测模型的分布。显然，这两个部分都呈高度正相关，即如果利率在分布的末尾显示出高值，抵押利率也应显现出相应的高值。如果忽略该模型中两个部分之间的相关性，两个参数各种组合的联合概率就不正确，且不可能发生的组合也将产生。例如，利率为6.5%的同时抵押利率为5.5%。

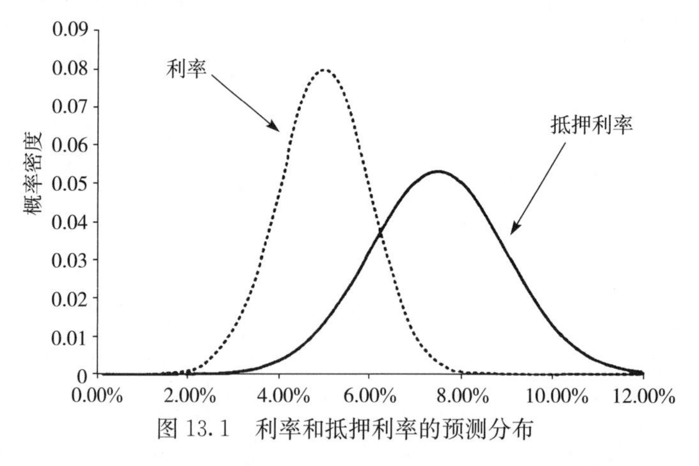

图13.1　利率和抵押利率的预测分布

观察测量数据间的相关性有三个理由：一是在两个（或更多）变量之间有一定逻辑关系。如上文所述，在统计学上利率决定了抵押率。二是外部因素影响着这两个变量。例如，建筑物建设期间的天气状况影响施工进度。三是所观察的相关性纯粹出于偶然，并没有实质的相关性存在。第6章阐述了一些统计置信性检验，用以确定所观察的相关性是否是真实存在的。然而也有很多实例表明，通过所有的确定性检验并显示出强烈相关性的变量间没有任何关系存在。例如，过去8年英国个人电脑用户量和亚洲的人口数量很可能呈强烈的正相关，这种相关关系不是因为它们之间有相关性，而是因为这两个数据在过去这段时间内都在稳定地增长。

13.1.1　相依、相关与回归的解释

相依、相关与回归经常互换使用，从而造成一些混乱，但它们有十分明确的定义。风险分析模型中的相依（dependency）关系是指一个变量（自变量）的样本值近似决定了另一个变量（应变量）的生成，存在统计学关系。统计学关系是指在这些变量间有一种基本的或平均的关系，具体观测值都是围绕着这些变量的均数散在分布。相依与相关的主要区别是：相依推测的是一种因果关系，如利率和抵押利率是高度相关的，而且本质上来讲抵押利率是依赖于利率的，而不是利率依赖于抵押利率。

相关（correlation）是描述一个变量与另一个变量之间的联系密切程度的统计量。Pearson 相关系数（也被称为 Pearson 积差相关系数），公式为：

$$r=\frac{\mathrm{Cov}(X,Y)}{\sigma(X)\sigma(Y)}$$

式中，$\mathrm{Cov}(X,Y)$ 是数据集 X 和 Y 的协方差，$\sigma(X)$ 和 $\sigma(Y)$ 是在第 6 章中已描述过的样本标准差。相关关系是两个数据集间标准化的协方差：是协方差除以每个数据集的标准差后获取的在-1 和$+1$ 之间的无纲量指标。相关系数经常和回归分析一起用于衡量回归直线解释所观测的应变量的变异程度。上述相关关系统计量不要与 Spearman 秩相关系数相混淆，Spearman 秩相关系数是用可替代的、非参数化的方法来评价两个变量间的相关性。在解释协方差时有一点需要特别注意：自变量总是不相关的，但是不相关变量并不总是独立的。对此有一个经典的偏理论的例子：变量 X 服从均匀分布，$X=\mathrm{U}(-1,1)$ 之间，$Y=X^2$。X 和 Y 之间有直接的关系，但是它们之间的协方差为 0，因为 $\mathrm{Cov}(X,Y)=\mathrm{E}[XY]-\mathrm{E}[X]\mathrm{E}[Y]$[①]（定义）$=\mathrm{E}[X^3]-\mathrm{E}[X]\mathrm{E}[X^2]$，并且 $\mathrm{E}[X]$ 和 $\mathrm{E}[X^3]$ 都等于 0。这就是需要观察数据的散点图及计算相关关系统计量的原因。

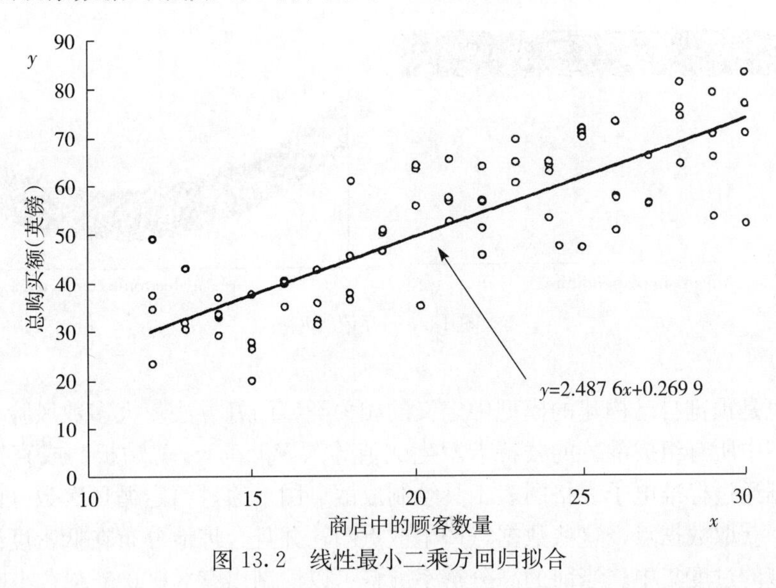

图 13.2　线性最小二乘方回归拟合

① E[ ] 表示期望，即按其概率加权的所有值的平均数。

回归（regression）是采用残差平方和最小方法确定自变量与应变量间方程的数学方法。如果由可用数据绘制散点图，该方程由一条尽可能接近这些数据点的直线来表示（图13.2）。最常用的方法是简单最小二乘线性回归，应用该方法，所有数据点到该条直线（$Y = aX + b$）的纵向距离的平方和最小。在6.3.9中阐述了与最小二乘线性回归有关的假设、数学运算和统计知识。

13.1.2 相依模型的一般性评价

下面阐述在不确定组成部分之间建立相关和相依模型的方法，举例说明在何处使用及如何使用这些方法。在秩相关和Copulas函数部分阐述建立相关模型的方法，在其他部分阐述建立相依模型的方法。分析人员确定在模型中哪些是相关、哪些是相依很重要，简单的方法是做两个模拟，一个用零秩相关，另一个用+1或−1相关，应用两个近似分布来定义相关对子。如果这两个模拟的模型结果明显不同，则相关是该模型的重要组成部分。

散点图是相关或相依可视化的有效方式。通常是在x轴上绘出自变量（当已知时）的观测数据，在y轴上绘出应变量（同样，当已知时）相应的数据。图13.3说明了四种相依类型：左上——正线性；右上——负线性；左下——正性曲线；右下——混合曲线。

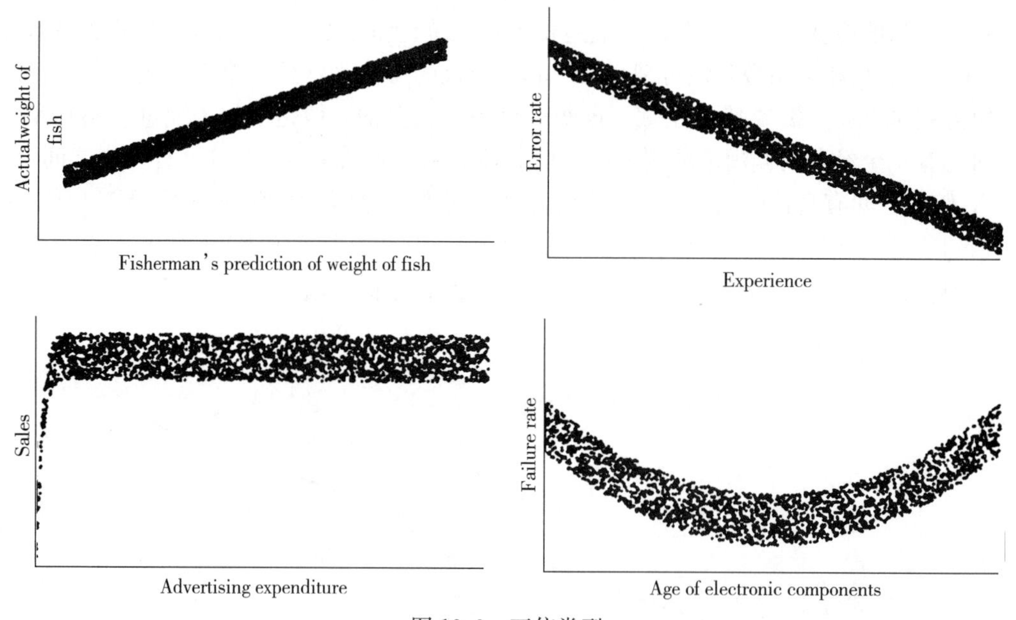

图13.3 互依类型

散点图也是预览自己构建的模型中定义的相关类型的好方法。大多数风险分析软件包允许用户将模型中所有组成部分的蒙特卡罗生成值导入Windows剪贴板，或直接导入电子表格。这些数据通过标准电子表格图表工具绘制成散点图。通过给定循环次数（因此产生的数据点的数目）获取数据点，这些数据点产生散点图，并且合理地分布在低密度区域，同时避免高密度区域的过度集中。当前的高分辨率屏幕可以绘制出有3 000个左右小圆点的数据的散点图，并且这些点很好地显示出互依类型以及密度分布。

13.2　秩相关

当前大多数风险分析软件提供了采用秩相关分析风险分析模型概率分布的相关性的工具。这项技术易于使用，只需分析人员指定两个有联系的分布和一个在－1 和＋1 之间的相关系数。该系数称做 Spearman 秩相关系数：

- 相关系数值为－1 表明两个分布呈完全负相关。即在一次循环中，有 $X\%$的值属于一个分布，而 $(100-X)\%$的值属于另一个分布。
- 相关系数值为＋1 表明两个分布呈完全正相关。即在一次循环中，有 $X\%$的值属于一个分布，同时也有 $X\%$的值属于另一个分布。实际上相关系数值很少为＋1 和－1。
- 介于 0 和－1 的负相关系数值表明了不同程度的负相关关系。即一个分布中的低值会相对应于另一个分布中的高值，反之亦然。相关系数越接近 0，两个分布的关系则越松散。
- 介于 0 和＋1 的正相关系数值表明了不同程度的正相关关系。即一个分布中的低值会相对应于另一个分布中的低值，而一个分布中的高值会相对应于另一个分布中的高值。
- 相关系数为 0，则两个分布之间没有关系。

13.2.1　秩相关发挥作用的原理

秩相关系数运用的是数据的排次顺序，即数据点在从小到大的有序列表中的位置，而不是数据本身的实际值。因此，数据集的分布图形是独立的，使输入分布的完整性得到保证。Spearman 系数 ρ 为：

$$\rho = 1 - \left(\frac{6\sum(\Delta R)^2}{n(n^2-1)} \right)$$

其中，n 是数据对的个数，ΔR 是同一数据对中数据值排列次序的差值。这是一个简化公式，精确的公式在 6.3.10 已经有过阐述。

例 13.1

行	B	C	D	E	F
2–3	变量 A 的值	变量 B 的值	A 的排序	B 的排序	排序间差异^2
4	90.86	77.57	4	9	25
5	110.89	95.04	18	17	1
6	86.84	66.35	2	4	4
7	92.24	71.11	5	6	1
8	95.88	75.90	7	8	1
9	115.14	89.06	19	15	16
10	83.53	51.16	1	1	0
22	96.96	87.34	8	14	36
23	87.88	59.84	3	2	1

数据对数:	20
秩相关:	0.72

公式表	
D4:D23	=RANK(B4,B$4:B$23,1)
E4:E23	=RANK(C4,C$4:C$23,1)
F4:F23	=(D4-E4)^2
J3	=COUNT(B4:B23)
J4(输出)	=1-(6*SUM(F4:F23)/(J3*(J3^2-1)))

图 13.4　Spearman 秩相关系数计算举例

图13.4中的电子数据表计算了一个小数据集的Spearman系数ρ。此相关系数对于相关的分布是对称的，即只有数据排列次序的差异是重要的，而不在于A分布与B分布相关或B分布与A分布相关。

为了将秩相关运用到概率分布中，风险分析软件必须完成以下几个步骤。首先，每一个相关的分布将被赋予与迭代次数等价的若干排序值。其次，这些排序数值是混杂的，从而使相关对之间的特定相关性得以实现。然后，具有相同数值的样本将被挑选出并从小到大进行分类整理。最后，在建模过程中使用这些数值：首先使用在其排序数值表中有相同排序值的第一个值，依此类推，直到使用完所有的排序数值和所有生成的值。

13.2.2 应用秩相关的优缺点

秩相关提供了一个在概率分布间建立相关性模型的简捷方法。该方法属于非参数，即秩相关对相关分布的形状不起作用，从而保证了有关变量模型的分布可重复。

秩相关主要的缺点是很难选择合适的相关系数。如果只想在之前已观察的数据中生成一

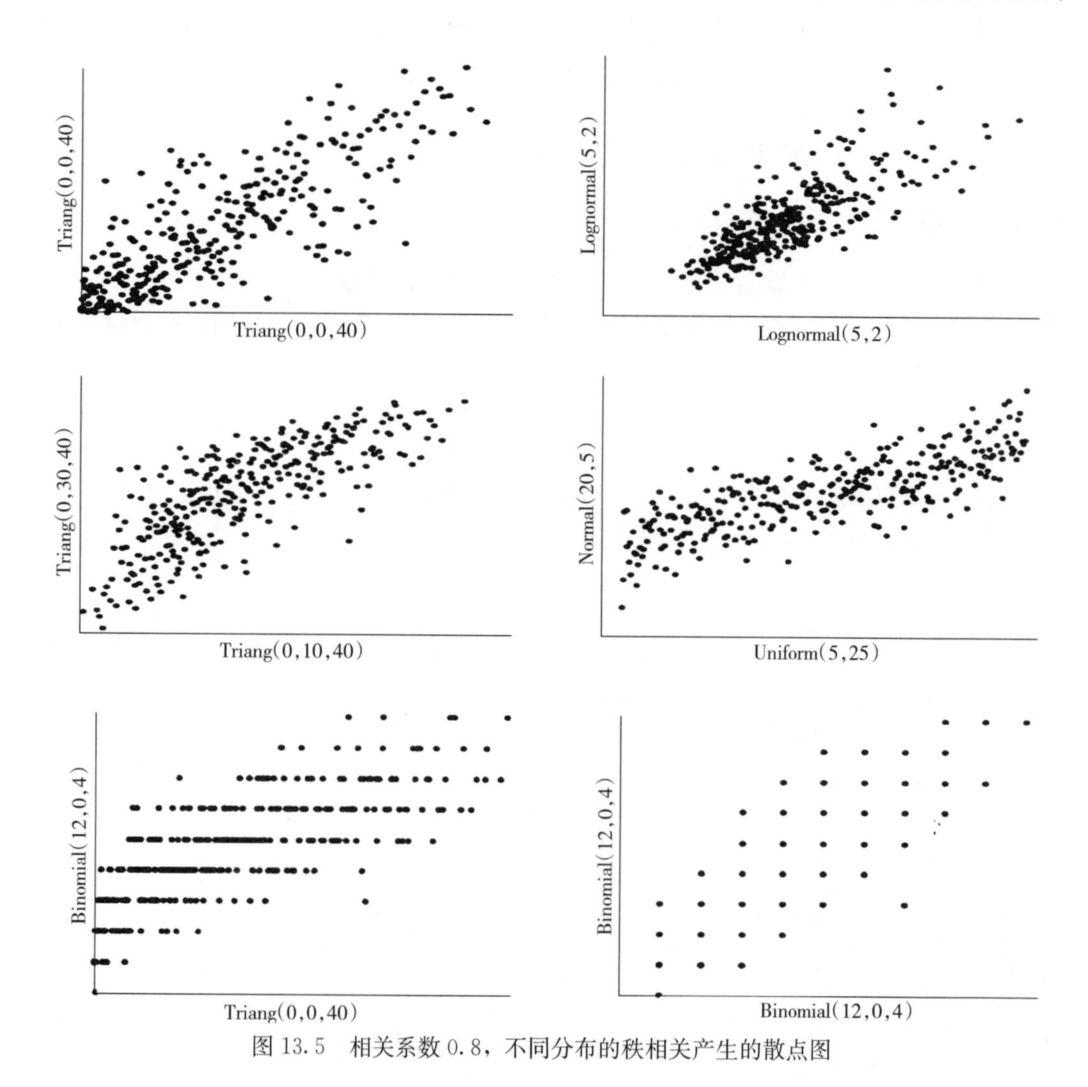

图13.5 相关系数0.8，不同分布的秩相关产生的散点图

个相关关系，可以直接使用之前章节介绍的公式从数据中计算相关系数。难点在于如何模仿专家对于分布之间相关程度的观点。直观上秩相关缺乏吸引力，因此专家很难决定什么水平的相关性能最好地代表他们的观点。

该难点基于这样的现实：对于不同的分布类型，相同的相关性在散点图上不同。例如，两个相关系数为 0.7 的正态分布相对于有着相同相关系数的两个均匀分布会产生不同的散点图。如果两个分布不是同样的几何图形，决定合适的相关系数会更加困难。例如，一个是正态分布而另一个是均匀分布，或者一个是负偏态三角而另一个是正偏态三角。在这些情况下，散点图通常会显现出令人惊讶的结果（图 13.5 展示了一些例子）。

图 13.6 表明在大约为 0.5 或高于 0.5（对于负相关是大约为−0.5 或更低值）的水平时相关关系才会看起来很明显。像这样对两个变量各种相关水平绘制散点图可以帮助专家估量相关关系水平。

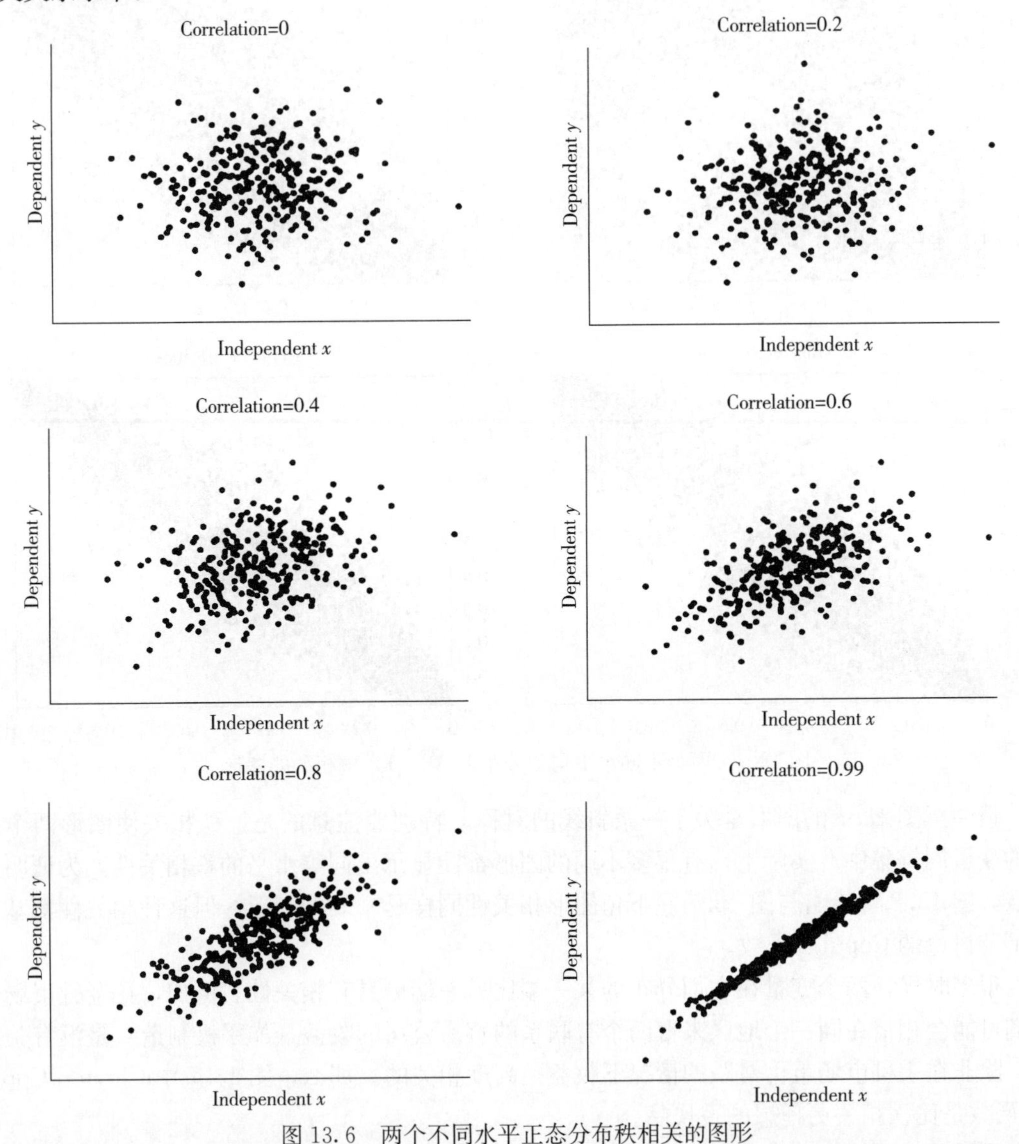

图 13.6　两个不同水平正态分布秩相关的图形

秩相关的另一个缺点是忽略了任何两个分布之间的因果关系，如在13.4和13.5考虑相依关系通常更有逻辑性。

一个大多数人不知道的缺陷是在应用软件进行模拟的时候，相关关系的形态已植入模型软件中。这项编程技术最初是在Iman和Connover发表的一篇学术论文（1982）中出现的，他们用一个中间步骤将随机数字转化成van der Waerden分数。Iman和Connover发现这些分数产生了看起来很自然的相关关系：应用van der Waerden分数的相关变量产生椭圆形的散点图，而应用排序分级的变量产生的散点图中间很窄，两个尾端呈扇形发散。例如，对两个均匀分布U（0，1）做相关产生的图形如图13.7所示。

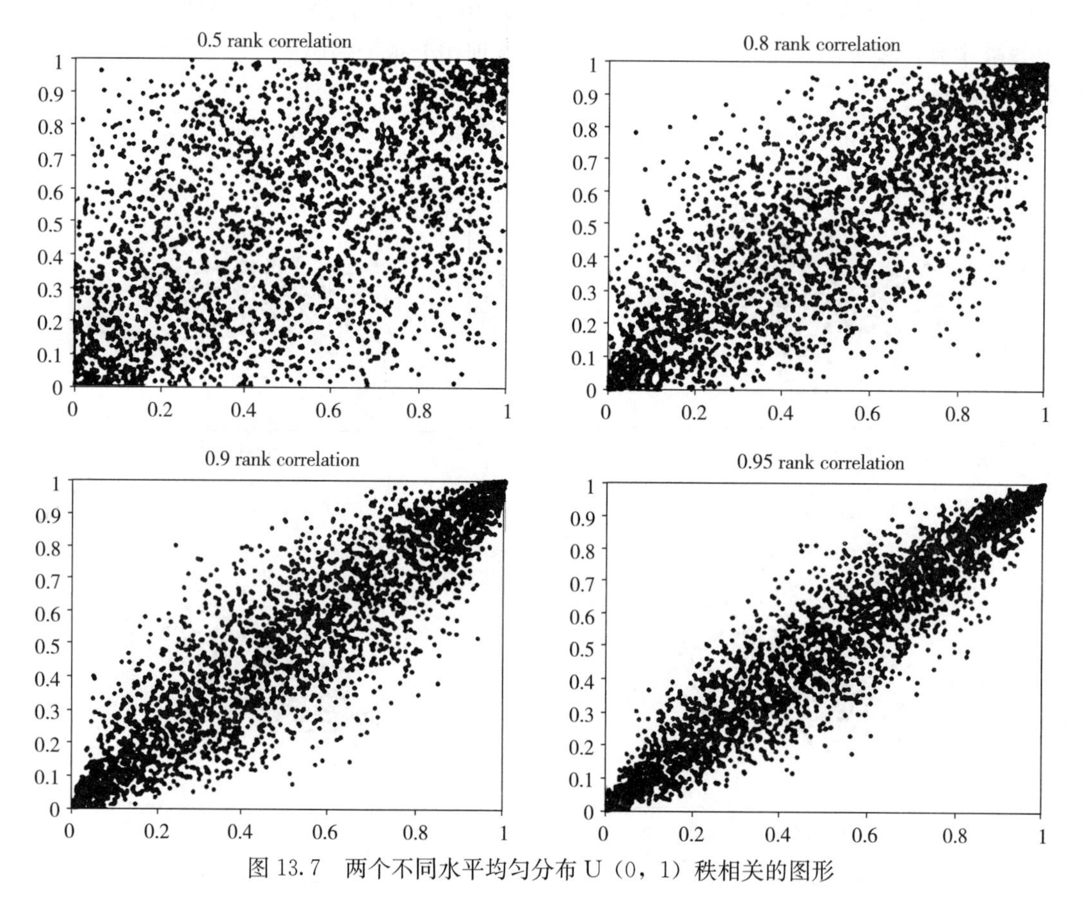

图13.7 两个不同水平均匀分布U（0，1）秩相关的图形

请注意图13.7的图形是关于一条斜线的对称。特别要注意的是，秩相关使图形两个尾端的变量同等集中。实际上，有很多不同的图形都能显示出同等水平的秩相关性。为证明这一点，图13.8将给出与图13.7左下角图形相关性同样是0.9的图形，但这种相关性都基于在下节讨论的Copulas函数。

很多时候，两个变量在它们分布的某一端比另一端更具有相关性。例如，在金融市场中我们可能会相信在同一个地区来自两个有联系的贸易公司的收益（如手机制造）是没有关系的，除非在手机市场市价暴跌的情况下收益是高度相关的。那么，图13.7中Clayton Copulas函数是比秩相关更理想的替代品。

最后的问题是，这里的秩相关是模拟技术而不是概率模型。这意味着虽然能计算出两个

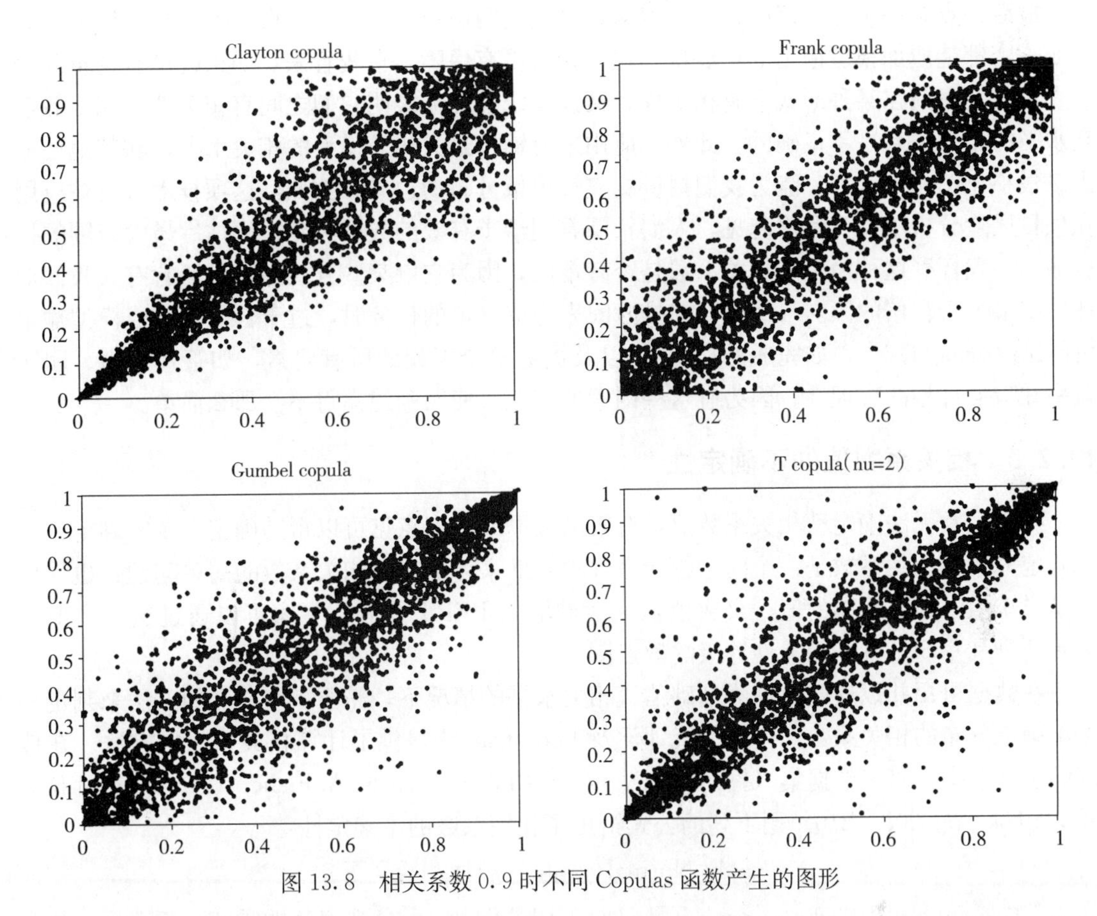

图13.8 相关系数0.9时不同Copulas函数产生的图形

变量间的秩相关系数（风险模型有VoseSpearman功能来计算；在Excel也可以做到，但是必须生成一个很大的数列），并且能够用Bootstrap法来评估相关系数（VoseSpearmanU）的不确定性，但是不能在统计学上比较相关关系的结构。例如，秩相关不能应用最大似然法，而且不能产生拟合优度统计量。从另一方面来讲，Copulas函数是概率模型，能够进行比较、分级和显著性检测。

尽管秩相关存在固有缺陷，但其易用性和较高的运算速度使秩相关分析成为非常实用的方法。总之，遵守下列秩相关准则能够确保分析人员避免可能出现的问题：

- 只有在独立性对模型结果产生较小影响的情况下方可应用秩相关建立独立性模型。如果无法确定独立性的影响就构建两个模型：一个是经过挑选有相关性的；而另一个是没有相关性的。如果两个模型最后的结果间有着本质的区别，应选择其他更精确的方法，这些方法在之后的章节会进行叙述。
- 在任何可能的情况下，都要限制相似形状的分布成对使用。
- 如果不同形状分布之间有相关性，则在输入模型之前用散点图预览其相关性。
- 如果用主题专家（subject matter experts，SMEs）来评估相关性，则用不同水平相关性的图表帮助专家来确定合适的相关水平。
- 如果相关性权重较大或显现出不寻常的图形，则考虑使用Copulas函数。
- 请不要建立一个既没有逻辑理论，又没有证据表明相关关系存在的相关性模型。

最后一点是一个有争议的问题，因为很多人表明假定一个100%的正相关或负相关（无论哪一个都能增加模型输出的扩展量）比0相关更有保障。在我看来，如果既没有逻辑理论使人相信变量间在某种形式上有相关性，又没有统计证据表明它们之间有相关性，那么假定高水平的相关关系是不正确的。此外，应用来自输出最大化的模型的相关水平，和其他使输出量最小化的相关水平，能为我们提供真实输出量分布的边界。例如，这项技术有时被应用在项目风险分析中，为保险起见，人们希望看到给予有效的数据和专家评估后最大范围的扩展输出。我怀疑这种消积的相关系数是否有帮助，因为它以某些方式弥补了所有有关我们对评估结果过于自信的倾向（例如，安排时间来完成一定的任务时，过于自信会造成模型输出可能结果分布的减少，如完成的日期），以及贯穿整个工程的所有要素，如管理能力、团队效率和最初计划的合理性。因为有这些因素的存在，使明确建模将不会那么简单。

13.2.3 相关系数值的不确定性

我们经常无法确定秩相关系数值，有效的数据或专家意见可以帮助确定。专家确定一个不确定分布的相关系数是一个向主题专家寻求帮助来评估有效相关系数的简单问题：也许仅仅是最小值、最有可能的值、最大值，最后被输入PERT分布。专家可以通过这三个值来展示两个利率变量各种相关性等级的散点图。

在数据可用并以这些数据为基础估量相关水平的情况下，需要一些客观的方法来判定一个不确定分布的相关系数。传统的统计学及Bootstrap法提供了计算相关系数的方法。在传统的统计学中，对于数据集（$\{x_i\}$，$\{y_i\}$），$i=1$，…，n，R. A. Fisher（Paradine和Rivett，1964，pp. 208—210）用下列的公式给出了相关系数的不确定性：

$$\rho = \tanh[\text{Normal}(\tanh^{-1}[\hat{\rho}], 1/\sqrt{n-3})]$$

其中，tanh是双曲正切，$\tanh^{-1}$是双曲正切的倒数，$\hat{\rho}$是观察值的秩相关系数，ρ是两个变量间真正的秩相关系数。

	A	B	C	D	E	F	G	H	I
1									
2		分类数据		秩相关 x	秩相关 y	Bootstrap	样本	秩相关 x	秩相关 y
3		x	y			x	y		
4		84.61	1.41	25	25	111.99	8.30	5	6
5		87.78	1.68	24	24	90.18	5.13	19.5	16.5
27		116.90	9.13	2	3	110.98	8.88	7	4
28		119.64	9.90	1	2	88.67	4.59	24	19
29				数据	0.719231			Bootstrap	0.570769
30								Fischer	0.753599
31									
32		公式表							
33		B4:C28	x 的25个数据对按顺序分类						
34		D4:D28	=RANK(B4,B$4:B$28)+(COUNTIF(B$4:B$28,B4)-1)/2						
35		E29	{=1-6*SUM((E4:E28-D4:D28)^2)/(25*(25^2-1))}						
36		F4:F28	=VoseDuniform(B$4:B$28)						
37		G4:G28	=VLOOKUP(F4,B$4:C$28,2)						
38		H4:I28	=RANK(F4,F$4:F$28)+(COUNTIF(F$4:F$28,F4)-1)/2						
49		I29	{=1-6*SUM((I4:I28-H4:H28)^2)/(25*(25^2-1))}						
40		I30	=TANH(VoseNormal(ATANH(E29),1/SQRT(22)))						

图13.9 应用Bootstrap法建立判定相关系数不确定值的模型

除取成组数据而非独立数据外，这里使用的 Bootstrap 法和通常评价一些统计数据的方法相同。图 13.9 展示了一个在其中使用 Bootstrap 法的电子表格的例子。请注意计算秩次的公式是从 Excel 函数 RANK（ ）改进而来，因为该函数将同样最低值的秩次分配给所有相等的数据值：计算 ρ 时相同数据值的秩次与相同数据值分别计算，使得到的秩次的平均数相等。所以，举例来讲，数据集 {1，2，2，3，3，3，4} 的秩次将会是 {1，2.5，2.5，5，5，5，7}。2s 必须同时拥有 2 和 3 的秩次，所以秩次分配给平均数 2.5。3s 必须同时拥有 4，5，6 的秩次，所以秩次分配给平均数 5。Duniform 分布用于从 $\{x_i\}$ 随机抽样，VLOOKUP () 函数用于从 $\{y_i\}$ 抽样，从而确保数据被抽入合适的组内。因此，成组数据必须按照 $\{x_i\}$ 进行上升排序以使 VLOOKUP 正确运行。注意将单元格 I30 计算出的不确定分布的相关系数值与用上述传统方法计算出的值进行对照。虽然这两个方法得到的结果通常不会准确一致，但是区别不会太大，并且两个值将达到几乎相同的平均数。ModelRisk 函数 VoseSpearmanU 模仿 Bootstrap 法直接评估。

如果使用秩相关，通过多次运行模拟试验，可获得相关系数的不确定性。如前所述（第 7 章），将不确定性和随机性一起模拟会产生一个单一的组合分布，该分布能很好地表现输出结果的所有不确定性，但不确定性和随机性无法显示出等级水平。然而，因为秩相关系数的不确定，多数情况下不可能做到多重模拟，因为被用来模拟变量间相关关系值在模拟开始前就已产生。如果想要同时模拟不确定性和随机性，需要选择出一个关于相关关系有代表性的值，但这并不简单，因为评价相关系数对输出结果的影响是非常困难的。读者也许会选择不确定性分布的相关系数的平均数，或为了保险起见，选择一个极端值，如 5%或 95%，无论哪一种对于建模来讲都是最保守的。

13.2.4　秩相关矩阵

秩相关的一个极大的优点是可以将它应用到同一组的若干变量中。在这种情况下，必须建立一个相关系数矩阵。该分布和它本身肯定会有一个很明显的系数为 1.0 的相关系数，所以从左上角到右下角的斜线上数据的相关系数均为 1.0。此外，因为秩相关系数的公式是对称的，所以矩阵中的元素也是关于该斜线的对称。

例 13.2

图 13.10 给出了一个关于三期工程项目的简单例子。每个阶段的费用被认为与完成所需的总时间密切相关（0.8）。建设时间与设计时间中度相关（0.5）：设计越复杂，完成设计和建造所用的时间就会越长。

	设计支出	设计时间	建造支出	建造时间	测试支出	测试时间
设计支出	1	0.8	0	0	0	0
设计时间	0.8	1	0	0.5	0	0.4
建造支出	0	0	1	0.8	0	0
建造时间	0	0.5	0.8	1	0	0.4
测试支出	0	0	0	0	1	0.8
测试时间	0	0.4	0	0.4	0.8	1

图 13.10　秩相关矩阵

在矩阵中所使用的相关系数有一定的限制。例如，如果 A 和 B 高度正相关，且 B 和 C 也是高度正相关，那么 A 和 C 不可能高度负相关。从数学角度考虑，该限制就是对于该矩阵没有负的特征值。在实际操作中，风险分析软件应判定输入的值是否可靠，并更改达到最接近可靠值的途径，至少应拒绝输入值并给出警告。

虽然相关矩阵有与简单秩相关相同的缺点，但相关矩阵是一个生成复杂多重相关很好的方法，且多重相关在其他方面很难实现。

将不确定性增加到相关矩阵中

当有可用的数据时，相关系数的不确定性很容易添加到相关矩阵中。这种方法需要之前章节所述的 Bootstrap 法步骤的重复应用，从而来确定单一参数的不确定性。

例 13.3

图 13.11 给出了一个电子表格模型，其中三个变量的数据集被用于确定每个变量间的相

	A	B	C	D	E	F	G	H	I	J	K
1											
2		按照 A 对数据排序			Bootstrapped 样本			秩			
3		A	B	C	A	B	C	A	B	C	
4		78.07	2.05	0.34	94.91734	4.9082	0.0521	9.5	9.5	9.5	
5		90.45	3.34	0.27	109.5817	6.4938	0.5103	3	6	2	
12		109.58	6.49	0.51	103.5621	9.4092	0.1097	5.5	1.5	7.5	
13		115.03	5.34	0.41	109.5817	6.4938	0.5103	3	6	2	
14							平均	5.5	5.5	5.5	
15											
16			计算								
17			SS(AA)	SS(BB)	SS(CC)	SS(AB)	SS(BC)	SS(AC)			
18			16	16	16	16	16	16			
19			6.25	0.25	12.25	−1.25	−1.75	8.75			
26			0	16	4	0	−8	0			
27			6.25	0.25	12.25	−1.25	−1.75	8.75			
28		合计	79	79	79	9	7	65			
29											
30			相关性计算								
31			A−B	B−C	A−C						
32		ρ	0.114	0.089	0.823						
33											
34		公式表									
35		B4:D13	按照变量 A 将数据三个一组排序								
36		E4:E13	=VoseDuniform(B$4:B$13)								
37		F4:F13	=VLOOKUP(E4,B$4:D$13,2)								
38		G4:G13	=VLOOKUP(E4,B$4:D$13,3)								
39		H4:J13	=RANK(E4,E$4:E$13)+(COUNTIF(E$4:E$13,E4)−1)/2								
40		H14:J14	=AVERAGE(H4:H13)								
41		C18:E27	=(H4−H$14)^2								
42		F18:F27	=(H4−H$14)*(I4−I$14)								
43		G18:G27	=(I4−I$14)*(J4−J$14)								
44		H18:H27	=(J4−J$14)*(H4−H$14)								
45		C32(输出)	=F28/SQRT(C28*D28)								
46		D32(输出)	=G28/SQRT(D28*E28)								
47		E32(输出)	=H28/SQRT(C28*E28)								
48											

图 13.11 将不确定性加入相关矩阵的模型

关系数。通过使用 Bootstrap 法，自动生成了每个相关系数不确定分布之间的相关性。单元格 C32：E32 是这个模型的输出结果，该结果提供了 A：B，B：C 和 C：A 未知分布的相关系数。精确的公式用于计算相关系数，因为相同数据的数目比成组数据的数目多，也因为成组数据过少。

ModelRisk 提供了 VoseCorrMatrix 和 VoseCorrMatrixU 两个函数，如图 13.12 模型所示，这些函数能建立相关矩阵，并各自生成矩阵值的不确定性。当有一大组数据时，这些函数特别有用，因为它们使用更少的内存及表格空间，并且计算速度比在 Excel 尝试做整个分析要快得多。

Observations for the variabie a:F

	A	B	C	D	E	F
3	0.583	5.555	0.176	1.256	4.436	0.755
4	1.417	7.119	22.78	3.745	6.319	2.169
5	3.368	6.109	0.741	2.078	5.208	1.493
6	0.408	4.628	0.05	0.807	1.891	0.717
7	1.079	6.105	0.415	2.807	5.492	1.871
8	2.471	6.666	2.039	8.148	8.262	4.127
9	3.381	6.509	0.565	2.473	7.182	2.92
10	0.238	5.053	0.095	0.692	2.171	0.262
11	0.524	5.039	0.278	1.005	2.983	0.597
12	3.075	6.732	2.971	3.582	6.44	3.716
13	0.617	5.819	0.316	1.417	2.867	0.602
14	1.427	4.787	0.068	0.788	3.605	0.366
15	5.38	7.694	1.338	4.933	7.829	3.252
16	0.964	5.106	0.088	1.043	3.108	0.22
17	0.952	5.82	0.67	1.977	6.806	1.741
430	2.454	6.38	0.965	3.299	8.534	3.385
431	0.943	5.691	0.37	2.02	3.979	0.796

	A	B	C	D	E	F
A	1	0.8765702	0.8711951	0.8673862	0.8790944	0.8664273
B	0.8765702	1	0.8936254	0.8975755	0.9047335	0.8843717
C	0.8711951	0.8936254	1	0.8902975	0.8910415	0.8811859
D	0.8673882	0.8975755	0.8902975	1	0.8916671	0.9738415
E	0.8790944	0.9047335	0.8910415	0.8916671	1	0.8919163
F	0.8664273	0.8843717	0.8811859	0.8738415	0.8919163	1

	A	B	C	D	E	F
A	1	0.8765702	0.8711951	0.8673862	0.8790944	0.8664273
B	0.8765702	1	0.8936254	0.8975755	0.9047335	0.8843717
C	0.8711951	0.8936254	1	0.8902975	0.8910415	0.8811859
D	0.8673882	0.8975755	0.8902975	1	0.8916671	0.9738415
E	0.8790944	0.9047335	0.8910415	0.8916671	1	0.8919163
F	0.8664273	0.8843717	0.8811859	0.8738415	0.8919163	1

Formulae table		
{J3:O8}	{=VoseCorrMatrix(B3:G431)}	Generates the correlation matrix
{J11:O16}	{=VoseCorrMatrix(UB3:G431)}	Adds uncertainty to the matrix

图 13.12　使用 VoseCorrMat 和 VoseCorrMat 计算数据的秩相关系数

需要注意的是，在一个相关系数矩阵中不确定分布的相关系数是相互关联的，传统的统计方法 Fisher 不能在这里使用。Fisher 描述的是独立相关系数的不确定性，而不是在一个矩阵中与其他相关系数的关系，相反 Bootstrap 法可以自动做到这一点。

13.3　Copulas 函数

在经济与保险风险分析中量化相依程度，一直以来都是一个重要的课题，并由此引发了人们对 Copulas 函数的浓烈兴趣，从而带动了 Copulas 函数的发展，但是人们现在更乐于提高相依程度量化在其他风险分析领域中的普遍性，在这些领域中人们有足够多的数据。如前所述，基于大多数蒙特卡罗模拟工具的秩相关无疑是测量相依关系极有意义的方法，但它能产生的图形是非常有限的。Copulas 函数则提供了一个更灵活的方式，将边缘分布结合进多变量分布，并在捕捉真正的相关关系图形中取得巨大的进步。算术理解起来会有点复杂，但如果仅仅是想应用算术作为分析相关性的工具，算术并不是那么重要，所以在通读公式时请放松点。在接下来 Copulas 函数的描述中，使用双变量 Copulas 函数的公式会使这些公式简单易懂，给出双变量 Copulas 函数的图表，请记住这些理念也扩展到多变量 Copulas 函数中。首先从一些理论观点来介绍 Copulas 函数，然后再关注如何在模型中使用这些函数。Cherubini 等人于 2004 年发表的研究 Copulas 函数的文章透彻易懂，文中给出了数据生成和估计的运算法则，其中有一些会在风险模型中使用。

d 维 Copulas 函数 C 是一个服从 U（0，1）的均匀分布临界值的多变量分布。对于一些

Copulas 函数 C（又称为 Sklar 定理），每一个伴随临界值 F_1，F_2，…，F_d的多变量分布 F 都能被写为：

$$F(x_1, \cdots, x_d)=C(F_1(x_1), F_2(x_2), \cdots, F_d(x_d))$$

多变量分布的 Copulas 函数描述了其结构的依赖性，从而可以使用基于 Copulas 函数的依赖性测量方法。与秩相关系数不同，同样的测量参数 Kendall tau 和 Spearman rho 及尾部相关性系数，都能用基础的 Copulas 函数单独描述。我将着重阐述 Kendall tau，因为 Kendall tau 值和本章节讨论的 Copulas 函数参数之间的关系很明确。

两个变量 X、Y 的 Kendall tau 和双变量 X、Y 分布函数的 Copulas 函数 $C(u, \nu)$ 之间的关系是：

$$\tau(X,Y) = 4\int_0^1\int_0^1 C(u,\nu)\mathrm{d}C(u,\nu) - 1$$

该关系可以将 Copulas 函数匹配给一个数据集，从而确定数据的 Kendall tau，并通过转换得到匹配的 Copulas 函数的相应的参数值。

13.3.1 Archimedean Copulas 函数

Archimedean Copulas 函数因其建立函数的简单性和该函数拥有的特性而成为 Copulas 函数的一个重要类别，表示为：

$$C(u, \nu)=\varphi^{-1}(\varphi(u)+\varphi(\nu))$$

式中，φ 是该函数的生成值，我稍后会解释。对于一个双变量数据集，Kendall tau 和 Archimedean 函数生成值 φ_α（t）的关系可以被写为：

$$\tau = 1 + 4\int_0^1 \frac{\varphi_\alpha(t)}{\varphi_\alpha(t)}\mathrm{d}t$$

又例如，一个双变量数据集，Kendall'tau 和 Clayton Copulas 函数的参数 α 之间的关系是：

$$\hat{\alpha}=\frac{2\tau}{1-\tau}$$

该定义不能扩展到 n 变量的多变量数据集，因为没有关于 Kendall tau 的多变量数值，且每一组只有一个。但可以计算出每一组的 τ 值，并应用其平均数，即：

$$\hat{\alpha} = \frac{2\bar{\tau}}{1-\bar{\tau}}, \bar{\tau} = \frac{\sum_{i=1}^{n}\sum_{j=1}^{n,i\neq j}\tau_{ij}}{n(n-1)}$$

普遍使用的 Archimedean 函数有三种：Clayton、Frank 和 Gumbel。这些将会在接下来的内容中讨论。

Clayton Copulas 函数

Clayton Copulas 函数是一种不对称的 Archimedean Copulas 函数，其图形的负尾端比正尾端更有相关性，如图 13.13 所示。

该函数由下列公式表示：

$$C_\alpha(u,\nu) = \max[u^{-\alpha} + \nu^{-\alpha} - 1, 0]$$

它的生成值是：

$$\varphi_\alpha(t) = \frac{1}{\alpha}(t^{-\alpha} - 1)$$

其中，$\alpha \in [-1, \infty) \{0\}$，意思是 α 大于或等于−1，但不能取 0。

对于一个多变量数据集，Kendall tau 和 Clayton Copulas 函数的参数 α 之间的关系是：

$$\hat{\alpha} = \frac{2\tau}{1-\tau}$$

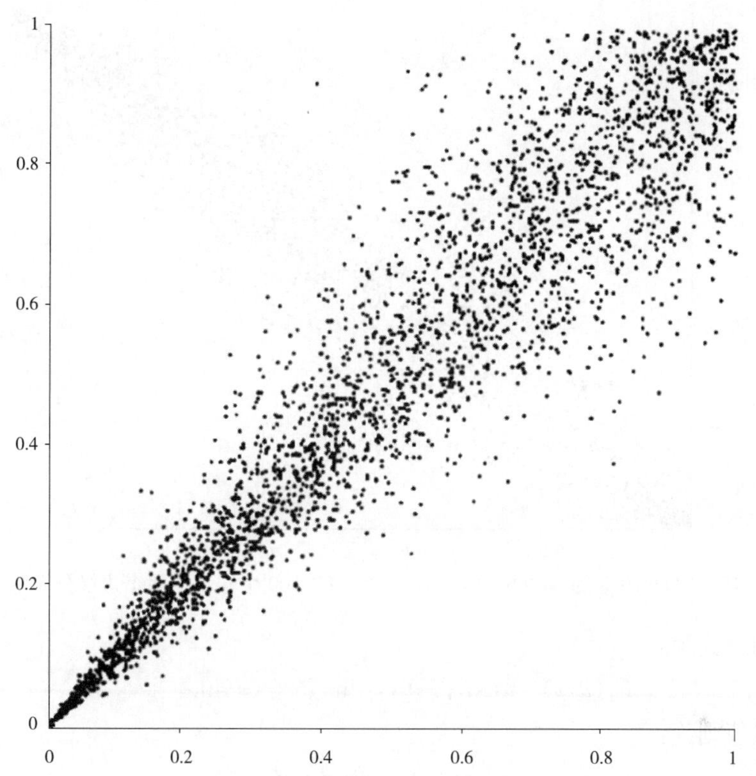

图 13.13　取自 $\alpha=8$ 的 Clayton Copulas 函数 3 000 个样本的两个边缘分布的散点图

表 13.14 中的模型生成了一个 4 变量的 Clayton Copulas 函数。

	A	B	C	D	E	F	G
1							
2		Alpha	15				
3							
4		No.variables n min=2	Random number	Random^-alpha	Running sum	Clayton Copula	
5		1	0.934	2.79E+00	2.79E+00	0.9338	
6		2	0.605	2.68E+00	5.47E+00	0.9363	
7		3	0.473	2.95E+00	8.43E+00	0.9304	
8		4	0.664	1.92E+00	1.03E+01	0.9575	
9							
10		***Formulae table***					
11		C5:C8	=RAND()				
12		D5:D8	=F5^–Alpha				
13		E5:E8	=SUM($D$5:D5)				
14		F5(output)	=C5				
15		F6:F8(outputs)	=((E5–B6+2)*(C6^(Alpha/(Alpha*(1–B6))–1)))–1))+1)^(–1/Alpha))				
16							

表 13.14　建立模型生成 Clayton Copulas 函数的 α 值

Gumbel Copulas 函数

Gumbel Copulas 函数（又称 Gumnel-Hougard Copulas 函数）是一种不对称的 Archimedean Copulas 函数，正尾端比负尾端更有相关性，如图 13.15 所示。

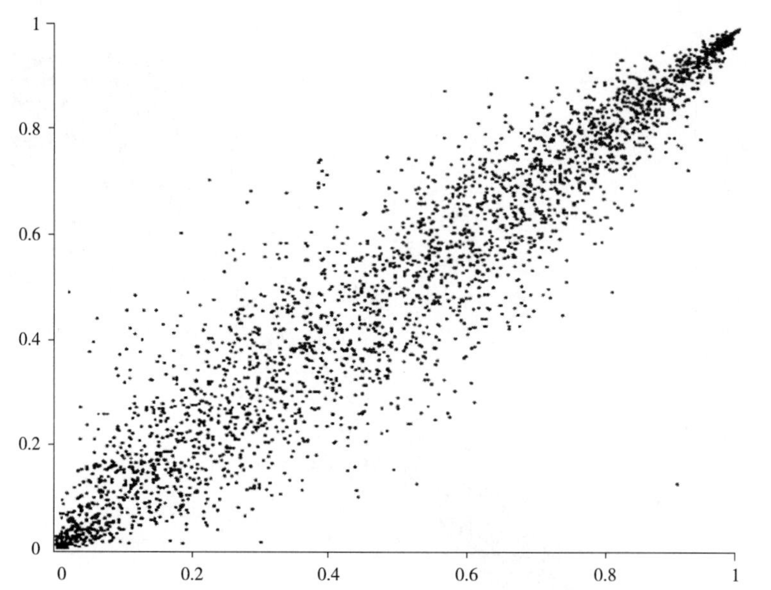

图 13.15 取自 $\alpha=5$ 的 Gumbel Copulas 函数的 3 000 个样本的两个边缘分布的散点图

该函数的公式为：

$$C_\alpha(u,\nu) = \exp\{-[(-\ln u)^\alpha + (-\ln \nu)^\alpha]^{1/\alpha}\}$$

它的生成值则为：

$$\varphi_\alpha(t) = (-\ln t)^\alpha$$

其中，$\alpha \in [-1, \infty)$。一个双变量数据集中，Kendall tau 和 Gumbel Copulas 函数的参数 α 之间的关系则是：

$$\hat{\alpha} = \frac{1}{1-\tau}$$

图 13.16 中的模型展示了怎样生成 Gumbel Copulas 函数。

Frank Copulas 函数

Frank Copulas 函数是一种不对称的 Archimedean Copulas 函数，该图形是一种平均的、香肠型的相关性结构，如图 13.17 所示。

该函数的公式为：

$$C_\alpha(u,\nu) = -\frac{1}{\alpha}\ln\left(1 + \frac{(e^{-\alpha u-1})(e^{-\alpha v}-1)}{e^{-\alpha}-1}\right)$$

生成值是：

$$\varphi_\alpha(t) = -\ln\left[\frac{\exp(-\alpha t)-1}{\exp(-\alpha)-1}\right]$$

其中，$\alpha \in [-\infty, \infty)\ \{0\}$。一个双变量数据集中，Kendall'$\tau$ 和 FrankCopulas 函数的参数 α 之间的关系则是：

	A	B	C	D	E	F
1						
2		Theta	2			
3						
4		alpha	gamma	t	Theta0	
5		0.5	0.5	1.070346954	1.570796327	
6						
7		part1	part2	Z	X	
8		10.99984836	19.51736078	214.688009	107.3440045	
9						
10		No.variables	Random number	s	Gumbel copula	
11		1	0.960	0.009	0.9098	
12		2	0.611	0.006	0.9273	
13		3	0.642	0.006	0.9256	
14		4	0.223	0.002	0.9555	
15						
16		***Formulae table***				
17		B5(alpha)	=1/theta			
18		C5(gamma)	=COS(PI()/(2*theta))^theta			
19		D5(t)	=VoseUniform(–PI()2,PI()/2)			
20		E5(Theta0)	=ATAN(TAN(PI*Alpha/2))/Alpha			
21		B8(part1)	=(SIN(Alpha)*(theta0+t))/((COS(Alpha*Theta0)*COS(t)^(1/Alpha))			
22		C8(part2)	=(COS(Alpha*Theta0+(Alpha–1)*t)/VoseExpon(1))^((1–Alpha)/Alpha)			
23		D8(z)	=B8*C8			
24		E8(x)	=gamma*Z			
25		C11:C14	=VoseUniform(0,1)			
26		D11:D14	=C11/$E$8			
27		E11:E14(Output)	=EXP(–(D11^(1/theta)))			
28						

图 13.16　建模测定 Gumbel Copulas 函数的 theta 值

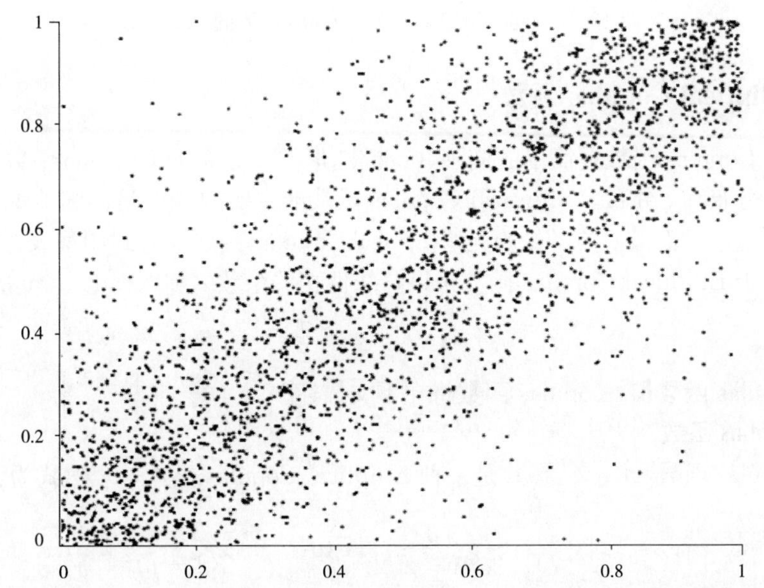

图 13.17　取自 $\alpha=8$ 的 Frank Copulas 函数的 3 000 个样本的两个边缘分布的散点图

$$\frac{D_1(\alpha)-1}{\alpha}=\frac{1-\tau}{4}$$

其中，

$$D_1(\alpha)=\frac{1}{\alpha}\int_0^{\alpha}\frac{t}{e^t-1}\mathrm{d}t$$

其是第一种的一个 Debye 函数。通过使用对数分布，有一种简单的方法来生成 Frank

Copulas 函数值，如图 13.18 中模型所示。

	A	B	C	D	E	F
1						
2		Theta	2			
3						
4		Nu	0.135 335 283			
5		z	4			
6						
7		No.variables	Random number	t	Frank copula	
8		1	0.619	-0.120	0.728 097 7	
9		2	0.840	-0.043	0.879 762 6	
10		3	0.561	-0.144	0.689 867 3	
11		4	0.755	-0.070	0.819 772 4	
12						
13		***Formulae table***				
14		C4(Nu)	=EXP(-theta)			
15		C5(z)	=VoseLogarithmic(1-Nu)			
16		C8:C11	=RAND()			
17		D8:D11	LN(C8)/z			
18		E8:E11(output)	=LN(1-(1-Nu)*EXP(D8))/LN(Nu)			
19						

图 13.18 建模测定 Frank Copulas 函数的 Theta 值

13.3.2 Elliptical Copulas 函数

Elliptical Copulas 函数是简单的椭圆（或椭圆形的）分布的 Copulas 函数。最常用的椭圆分布为正态分布和 t 分布。Elliptical Copulas 函数最主要的优点是详细地说明临界值间相关关系的不同水平；而最主要的缺点是 Elliptical Copulas 函数没有封闭型表达式，并限定为径向对称。对于 Elliptical Copulas 函数来讲，线性相关系数 ρ 和 Kendall tau 的关系为：

$$\rho(X,Y)=\sin\left(\frac{\pi}{2}\tau\right)$$

正态 Copulas 函数和 t-copulas 函数将在下文描述。

正态 Copulas 函数

正态 Copulas 函数（图 13.19）是一种 Elliptical Copulas 函数，表达式为：

$$C_\rho(u,v)=\int_{-\infty}^{\Phi^{-1}(u)}\int_{-\infty}^{\Phi^{-1}(v)}\frac{1}{2\pi(1-\rho^2)^{1/2}}\exp\left\{-\frac{x^2-2\rho xy+y^2}{2(1-\rho)^2}\right\}\mathrm{d}x\mathrm{d}y$$

其中，Φ^{-1}是单变量标准正态分布的逆函数，线性相关系数 ρ 是 Copulas 函数的参数值。Kendall tau 和正态 Copulas 函数的参数值 ρ 之间的关系式为：

$$\rho(X,Y)=\sin\left(\frac{\pi}{2}\tau\right)$$

若要生成正态 Copulas 函数，首先要生成一个有均数向量 {0} 的多变量分布，然后将这些值转化成一个标准正态分布（0，1）百分位数，如图 13.20 所示。

Student*t*-copulas 函数（或 *t*-copulas 函数）

Student$t$-copulas 函数是一种 Elliptical Copulas 函数，被定义为：

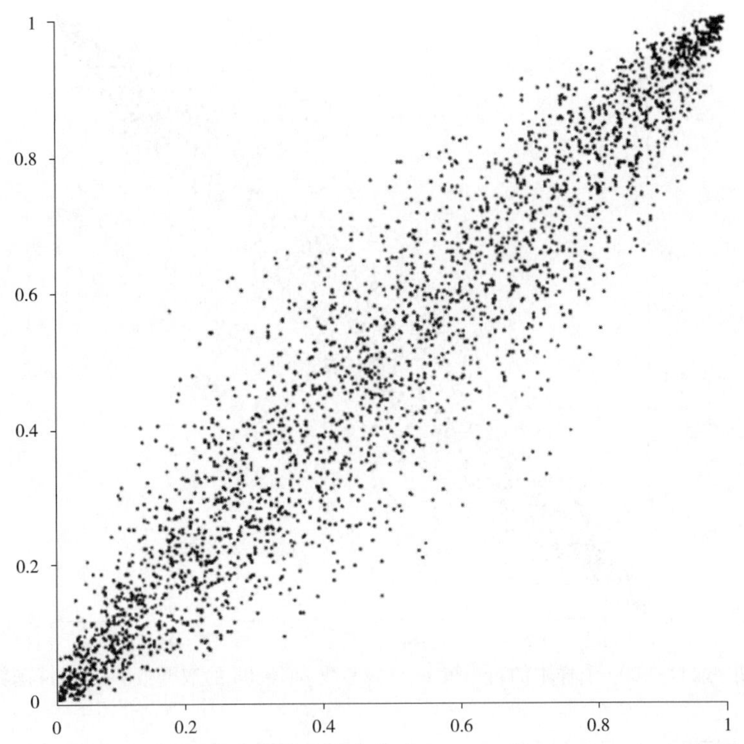

图 13.19 取自 3 000 个样本的参数值为 $\rho=0.95$ 的正态 Copulas 函数图

	A	B	C	D	E	F	G	H	I	J	K
1											
2		Means		Covariance matrix					MultiNormal	Normal copula	
3		0		1.00	0.95	0.95	0.95		0.195 307 25	0.577 4	
4		0		0.95	1.00	0.95	0.95		0.164 286 88	0.565 2	
5		0		0.95	0.95	1.00	0.95		0.377 886 08	0.647 2	
6		0		0.95	0.95	0.95	1.00		0.394 898 76	0.653 5	
7											
8				***Formulae table***							
9				{I3:I6}	{=VoseMultiNormal(Means,CovMatrix)}						
10				J3:J6(output)	=VoseNormalProb(I3,0,1,1)						
11											

图 13.20 建立从正态 Copulas 函数中生成数值的模型

$$C_{\rho,\nu}=(u,\nu)=\int_{-\infty}^{t_\nu^{-1}(u)}\int_{-\infty}^{t_\nu^{-1}(\nu)}\frac{1}{2\pi(1-\rho^2)^{1/2}}\left\{1+\frac{x^2-2\rho xy+y^2}{\nu(1-\rho^2)}\right\}^{-(\nu+2)/2}\mathrm{d}x\mathrm{d}y$$

其中，ν（自由度大小）和 ρ（线性相关系数）是该函数的参数值。当自由度 ν 很大时（约 30），t-copulas 函数就会汇聚成正态 Copulas 函数，正如 t 分布汇聚成正态分布。但对于自由度是有限的数字时，这些分布的表现是不同的：t-copulas 函数相比高斯函数尾端有更多的点，并且它有一个星形的外形（图 13.21）。

在正态 Copulas 函数（所有其他的 Elliptical 函数同样）中，Kendall tau 和 t-copulas 函数的参数值 ρ 之间的关系式为：

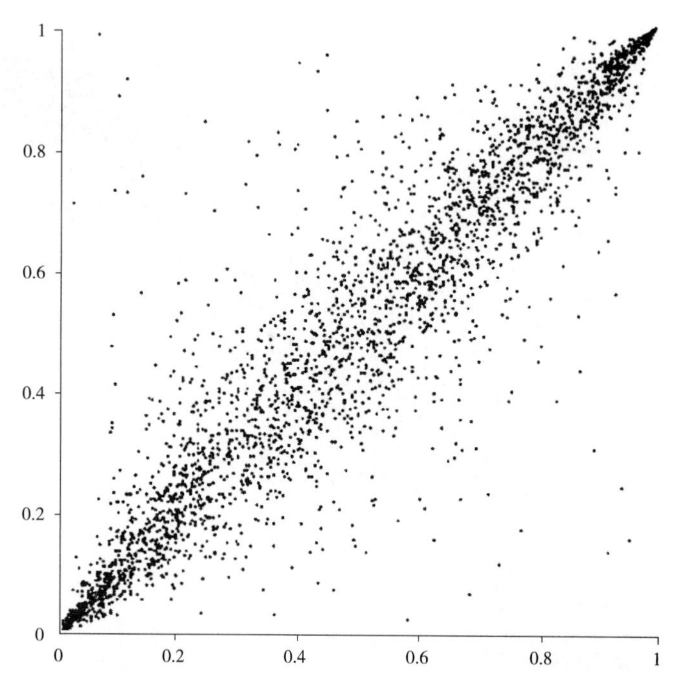

图 13.21 取自 3 000 个样本的自由度 $\nu=2$、参数 $\rho=0.95$ 的双变量 t-copulas 函数的图形

	A	B	C	D	E	F	G
1							
2		nu	3		Chisq distribution	2.744 3	
3							
4		Covariance matrix(lower diagonal)					
5		1	0	0	0	0	
6		0.99	1	0	0	0	
7		0.98	0.98	1	0	0	
8		0.97	0.97	0.98	1	0	
9		0.97	0.97	0.98	0.99	1	
10							
11		Cholesky Decomposition					
12		1	0	0	0	0	
13		0.99	0.141 067 36	0	0	0	
14		0.98	0.069 470 358	0.186 477 53	0	0	
15		0.97	0.068 761 477	0.132 043 338	0.192 188 491	0	
16		0.97	0.068 761 477	0.132 043 338	0.140 156 239	0.131 501 501	
17							
18		Unit Normal	Mult	Student(nu)	Student copula		
19		−0.894 966 446	−0.894 966 446	−0.093 574 049 2	0.209 217 857		
20		1.742 287 149	−0.640 236 933	−0.669 405 681	0.275 574 275		
21		0.105 547 379	−0.736 347 59	−0.769 895 072	0.248 715 16		
22		−0.014 095 942	−0.737 087 464	−0.770 668 655	0.248 516 973		
23		1.926 302 143	−0.483 042 398	−0.505 049 472	0.324 145 046		
24							
25		***Formulae table***					
26		F2	=VoseChisq(nu)				
27		{B12:F16}	{=VoseCholesky(B4:F8)}				
28		B19:B23	=VoseNormal(0,1)				
29		C19:C23	{=MMULT(B12:F16,B19:B23)}				
30		D19:D23	=C19*SQRT(nu/ChiSqDist)				
31		E19:E23(outputs)	=IF(D19<0,TDIST(−D19,nu,1),1−TDIST(D19,nu,1))				
32							

图 13.22 建立从 t-copulas 函数中生成数值模型

$$\rho\ (X,\ Y)\ =\sin\ (\frac{\pi}{2}\tau)$$

满足一个 t-copulas 函数要比匹配一个正态 Copulas 函数复杂得多。首先要估计 ζ 值，接着从 $\nu=2$ 开始，判定观测数据的可能性。然后 $\nu=3$，4，…，50，依次重复上面的操作，找到产生最大可能性的组合。当 ν 等于 50 或更大时，使用一个更容易产生的数值去匹配正态 Copulas 函数则无明显差异。

从一个 t-copulas 函数生成数值需要检验协方差矩阵的 Cholesky 分解，如图 13.22 所示。

13.3.3　用 Copulas 函数建立模型

为在风险分析中使用 Copulas 函数，需要完成三件事情：

1. 评估 Copulas 函数参数的方法，这些参数在上文已描述。

2. 生成上文所述的 Copulas 函数的模型。

3. 使用倒置方法生成数据（从边缘分布转换成你希望应用到 Copulas 的数据）的功能。Excel 提供的该函数的功能[①]非常有限，而且不准确、不稳定。但是在附录 3 中，可以从 F（x）公式反演出很多其他的功能。

	A	B	C	D	E	F
1		Joint observations for variables:				
2		1	2	3	4	5
3		4.295 3	12.769	5.625 8	21.734	21.849
4		17.544	32.924	14.971	35.324	27.799
5		4.886 5	2.755 5	14.085	19.687	17.224
6		2.281 6	4.263 3	8.316 6	25.215	12.18
7		5.473 2	10.366	7.292 3	5.428 8	17.656
8		15.073	24.038	41.372	19.957	19.139
9		0.958 1	4.237 3	3.813 7	12.819	1.982 4
10		1.440 1	10.711	1.051 1	11.975	7.959 7
11		4.023 8	7.455 7	12.291	11.627	14.717
12		4.794 6	4.967	9.235 1	5.199 9	9.275 6
13		10.943	24.14	10.191	22.018	17.204
14		2.268 3	9.910 9	12.455	14.784	18.206
15		0792 8	12.434	4.506 6	32.179	12.783
16		7.851 8	27.508	14.434	27.597	18.567
17		5.943 6	8.543 4	24.088	11.487	16.876
18		6.902 2	16.847	8.337 1	17.772	12.025
19		4.268 6	12.562	4.568 1	32.628	10.44
20		3.635 3	5.272 8	5.627 6	8.115 1	7.688 5
21		4.335 7	12.094	5.226 4	22.58	10.647
22		10.947	9.629 4	14.573	17.219	11.977
23		3.947 3	2.979 2	8.041 1	18.909	8.403
24		4.297 7	17.748	8.067 7	7.093 9	15.242
1001		7.134 2	30.602	19.104	29.436	10.365
1002		7.1934	16.667	5.4139	22.768	16.905
1003						
1004						
1005						
1006						
1007						

H	I	J	K	L	M
	Normal copula parameter estimates				
	1	2	3	4	5
1	1.000	0.578	0.490	0.393	0.242
2	0.578	1.000	0.373	0.281	0.139
3	0.490	0.373	1.000	0.252	0.169
4	0.393	0.281	0.252	1.000	0.035
5	0.242	0.139	0.169	0.035	1.000
	Data staistics				
Mean	5.974	12.118	9.909	18.054	12.140
Variance	17.884	46.878	49.397	117.292	26.045
	Distribution Gamma parameter estimates				
Alpha	1.996	3.132	1.988	2.779	5.658
Beta	2.994	3.869	4.985	6.497	2.145
	Fitted Normal copula				
	0.470	0.710	0.357	0.524	0.072
	Correlated Gamma variables				
	4.732	14.811	6.205	16.561	5.660

Formulae table	
I3:M7	{=CORREL(OFFSET($B$3:$B$1002,,I$2−1),OFFSET($B$3:$B$1002,,$H3−1))}
I10:M10	=AVERAGE(B3:B1002)
I11:M11	=VAR(B3:B1002)
I14:M14	=I10^2/I11
I15:M15	=I11/I10
{I18:M18}	{=VoseCopulaMultiNormal(I3:M7)}
I21:M21	=GAMMAIV(f18,I14,I15)

图 13.23　用 Copulas 函数做的一个模型

假设有 5 个变量，每个变量都有 1 000 个联合观测值的数据集，要将每个变量的数据匹配到 Gamma 分布中，并使用一个正态 Copulas 函数使这些分布相互关联。原则上，Excel 可以办到所有这些事情，但它会生成一个非常大的电子表格，所以我将做出一点让步（顺便提一下，这里应用 Gamma 分布以便于能用 Excel 做一个模型，虽然被警告 Excel 的 GAMMAINV 是最不稳定的函数之一）。在图 13.23 的模型中，使用矩量法，也可将一个 Gamma

---

① BETAINV，CHIINV，FINV，GAMMAINV，LOGINV，NORMINV，NORMSINV and TINV.

边缘分布匹配到每一个变量：通常你可能想用最大似然法，但这包含最优法，所以矩量法更容易执行，并且拥有 1 000 个数据点，两种方法产生的图形不会有太多差别。我曾把 Excel 的 CORREL 作为一个近似法，详尽的评估正态 Copulas 函数协方差矩阵的计算。使用风险分析的正态 Copulas 函数，因为它占用更少的空间，并且在上文中我也展示过如何生成这种 Copulas 函数。图 13.24 所示的模型是用 ModelRisk 做出的等价模型。

	A	B	C	D	E	F	G	H	I	J	K	L	M	N
1		Joint observations for variables:												
2		1	2	3	4	5			1	2	3	4	5	
3		4.2953	12.769	5.625 8	21.734	21.849			Fitted Normal copula					
4		17.544	32.924	14.971	35.321	27.799			0.006	0.109	0.063	0.465	0.065	
5		4.886 5	2.755 5	14.085	19.687	17.224								
6		2.281 6	4.263 3	8.316 6	25.215	12.18			Correlated Gamma variables					
7		5.473 2	10.366	7.292 3	5.428 8	17.656			29.043	44.197	38.108	150.113	26.046	
8		15.073	24.038	41.372	19.957	19.139								
9		0.958 1	4.237 3	3.813 7	12.819	1.982 4								
10		1.4401	10.711	1.051 1	11.975	7.959 7		***Formulae table***						
11		4.023 8	7.455 7	12.291	11.627	14.717		{I4:M4}	{=VoseCopulaMulitNormalFit($B$3:$F$1002,FALSE)}					
12		4.794 6	4.967	9.235 1	5.199 9	9.275 6		I7:M7	=VoseGammaFit(B3:B1002,I4)					
1001		7.134 2	30.602	19.140	29.436	10.365								
1002		7.193 4	16.667	5.413 9	22.768	16.905								
1003														

图 13.24　在 ModelRisk 中和图 13.23 同样的模型

13.3.4　双变量 Copulas 函数的特殊情况

在 Copulas 函数的标准公式中，一个双变量（只有两个临界值）和一个多变量（超过两个临界值）Copulas 函数间没有区别，但是可以通过处理双变量 Copulas 函数来扩展它的适用范围。

有时，在创建一个特定的模型时，人们会对特定的 Copulas 函数（如 Clayton Copulas 函数）感兴趣，但是在正尾端比负尾端更有依赖性的时候（Clayton Copulas 函数负尾端比正尾端更有依赖性，见图 13.13）。

对于一个双变量 Copulas 函数来讲，通过计算 $1-X$ 有可能改变函数的方向，其中 X 是 Copulas 函数的输出结果之一。例如：

{A1：A2}	Clayton Copulas with $\alpha=8$
B1	=1－A1
B2	=1－A2

现在 B1∶B2 的散点图如图 13.25 所示。

ModelRisk 提供了一个额外的参数，允许来控制可能的组合方向。对于 Clayton 和 Gumbel Copulas 函数有四种可能的方向，但对于 Frank Copulas 函数只有两种可能，因为它是关于中心对称的。图 13.26 和图 13.27 举例说明了 $\alpha=15$ 时四种可能的双变量 Clayton 函数（1 000 个样本），以及参数为 21 时两种可能的双变量 Frank Copulas 函数（1 000 个样本）。

评估其中哪个方向能给予数据最接近的匹配，只需重复上文所述的拟合方法，计算出每个方向的数据的可能性并选择出有最大可能性的方向。ModelRisk 有直接这样操作的两变量 Copulas 函数，结果要么是匹配 Copulas 函数的参数值，要么是从一个匹配的 Copulas 函数中生成数值。

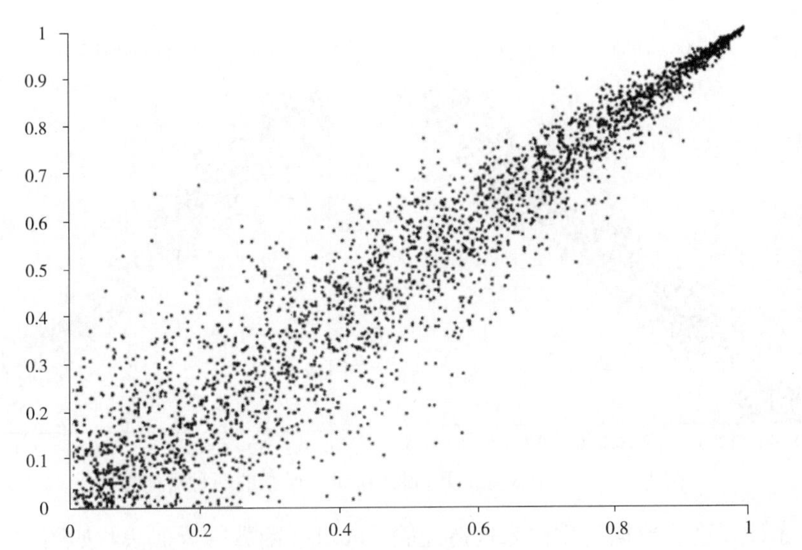

图 13.25　来自一个有 3 000 个样本量的反方向的双变量 Clayton（8）Copulas 函数图

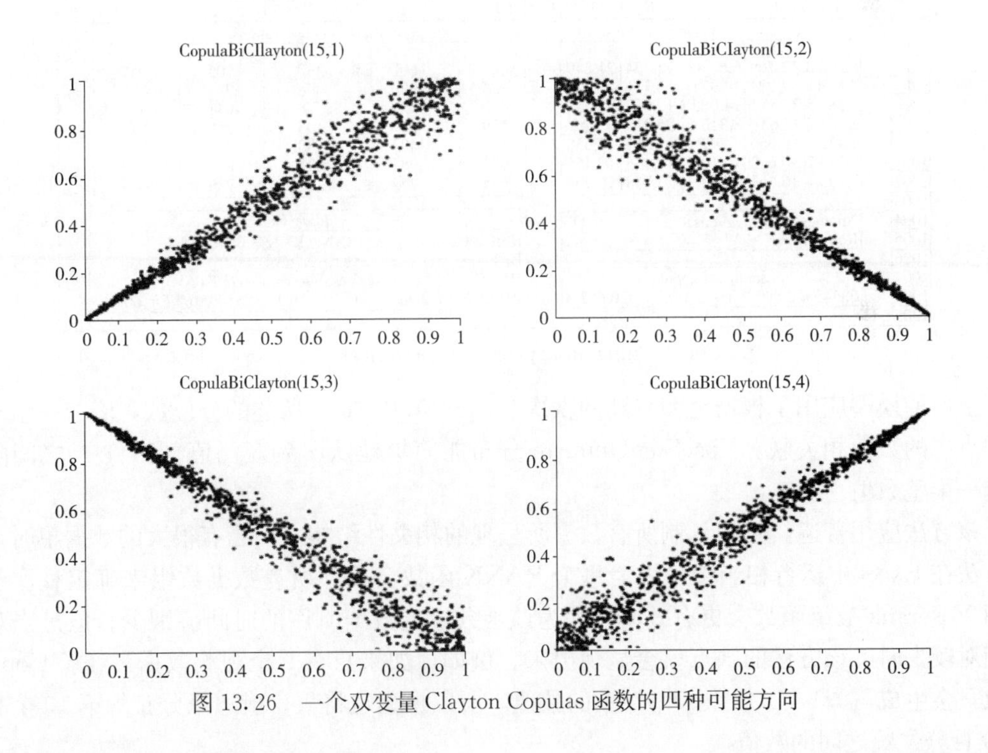

图 13.26　一个双变量 Clayton Copulas 函数的四种可能方向

13.3.5　经验 Copulas 函数

尽管在本章节介绍的 Copulas 函数相对于秩相关能提供额外的灵活性，但这些函数仍依赖于变量间的对称关系：在点（0，0）和（1，1）间画一条直线，将得到关于这条直线的对称图形（如果没有改变 Copulas 函数的方向）。然而，实际的变量往往有其他性质。作为风险分析人员，如果我们试图将数据硬塞进一个不匹配的模型，那么我们就将处于一个困难的境地。经验 Copulas 函数提供了一种可能的解决途径。提供数量比较多的观测值，我们就能

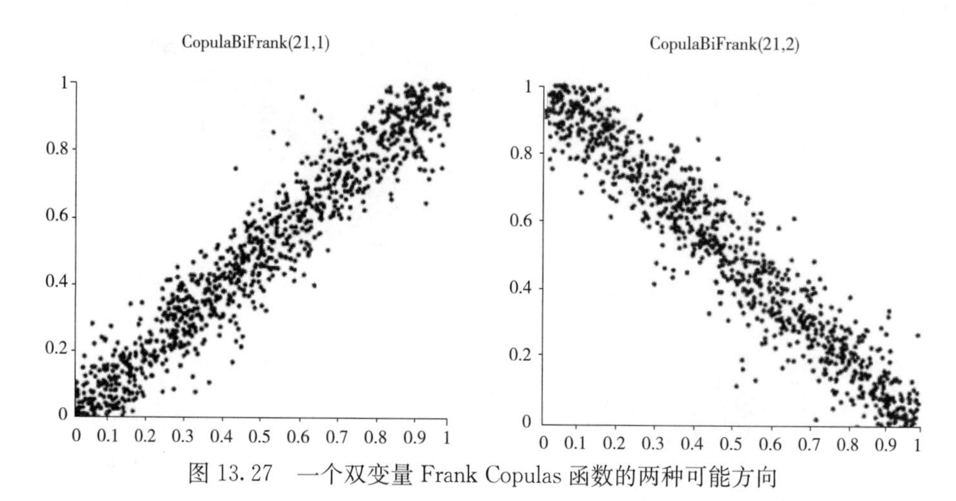

图 13.27 一个双变量 Frank Copulas 函数的两种可能方向

利用辅助程序计算这些数据的秩次来构造经验 Copulas 函数的近似法，如图 13.28 所示。

	A	B	C	D	E	F	G	H	I	J	K	L	M
1		Joint observations for variables:						Ranks of observations					
2		1	2	3	4	5		1	2	3	4	5	
3		4.295 3	12.769	5.625 8	21.734	21.849		409	607	330	705	957	
4		17.544	32.924	14.971	35.321	27.799		985	990	808	925	994	
5		4.886 5	2.755 5	14.085	19.687	17.224		480	28	778	641	834	
6		2.281 6	4.263 3	8.316 6	25.215	12.18		179	93	493	786	572	
7		5.473 2	10.366	7.292 3	5.428 8	17.656		533	483	430	68	854	
1001		7.134 2	30.602	19.104	29.436	10.365		684	982	891	857	422	
1002		7.193 4	16.667	5.413 9	22.768	16.905		694	772	317	736	819	
1003													
1004		Nnmber of observations				1000		*Formulae table*					
1005		Row to select				42		H3:L1002		=RANK(B3,B$3:B$1002,1)			
1006								E1004		=COUNT(E3:E1002)			
1007		Empirical copula						H1007		=VoseStepUniform(1,E1004)			
1008		0. 643 4	0.807 2	0.915 1	0.367 6	0.653 3		B1006:F1006(ouput)		=ODDSET(l12,$E$1005,0)/(#E#1004+1)			
1009													

图 13.28 Constructing an approximate empirical copula from data.

上面的模型应用了根据经验得到的秩次/（n+1）中 10.2 所述的分位数，应与一组 n 个数据点中的数值相关联。VoseStepUniform 分布能简单地从 1 到观测值（1 000）之间随机挑选一个整数值。

该方法应用普遍，且能复制所有数据所呈现的相关性结构。但当有很大的数据集时，这个方法在 Excel 中运行相当慢，因为每个 RANK 函数会贯穿所有数据数组来确定秩次——使用 Voserank 数组函数会更有效率，因为该函数检查数据所用的时间特别少。但是当观测值相对较少时，该方法的缺点就会显现出来。例如，如果只有 9 个观测数据，经验 Copulas 函数只会生成｛0.1，0.2，…0.9｝中的数值，所以模型也将仅生成边缘分布的第 10 个和第 90 个百分位数之间的数值。

可以通过应用公式（10.4）和公式（10.5）的次序统计学思想来纠正这一问题。ModelRisk 函数 VoseCopulasData 阐明了这种思想。图 13.29 中的模型只有 21 个观测数据，只能大概知道相关结构。

图 13.30 中的表格说明了 VoseCopulasData 是怎样执行的。大灰点是数据，小灰点是经验 Copulas 函数的 3 000 个样本：请注意，对于所有变量，该 Copulas 函数都延伸到点（0，1），并且集中在观测数据周围，即填充了观测数据间的区域。

	A	B	C	D	E
1		Joint observations for variables:			
2		1	2	3	
3		0.152 27	0.460 77	−2.096 86	
4		1.508 58	3.212 06	3.414 32	
5		−0.381 16	0.640 20	−2.082 34	
6		−0.656 63	1.959 79	0.294 14	
7		0.700 30	1.348 40	1.490 71	
8		0.206 42	0.143 70	−1.490 62	
9		0.032 27	0.060 54	−3.403 63	
10		−0.237 59	0.392 42	−2.093 27	
11		−1.617 37	3.070 33	0.482 85	
12		−0.554 39	0.744 08	−2.926 83	
13		−0.244 06	0.406 30	−0.638 36	
14		−0.986 75	4.178 42	−1.027 11	
15		−2.387 68	17.725 37	10.059 31	
16		−1.021 31	3.541 46	−0.183 54	
17		−0.598 10	0.492 91	−1.942 12	
18		−0.245 17	0.772 50	−2.751 09	
19		0.222 20	0.652 93	−0.471 01	
20		−0.401 09	0.989 79	−1.245 41	
21		0.622 28	1.211 12	0.435 23	
22		−1.018 50	1.311 29	−1.162 06	
23		−0.381 51	0.883 25	−0.659 62	
24					
25		Empirical copula			
26		0.340 79	0.951 04	0.554 42	
27					
28		*Formulae table*			
29		{B26:D26}	{=VoseCopulaData($B$3:$D$23)}		
30					

图 13.29　ModelRisk 用较少的数据建立经验 Copulas 函数

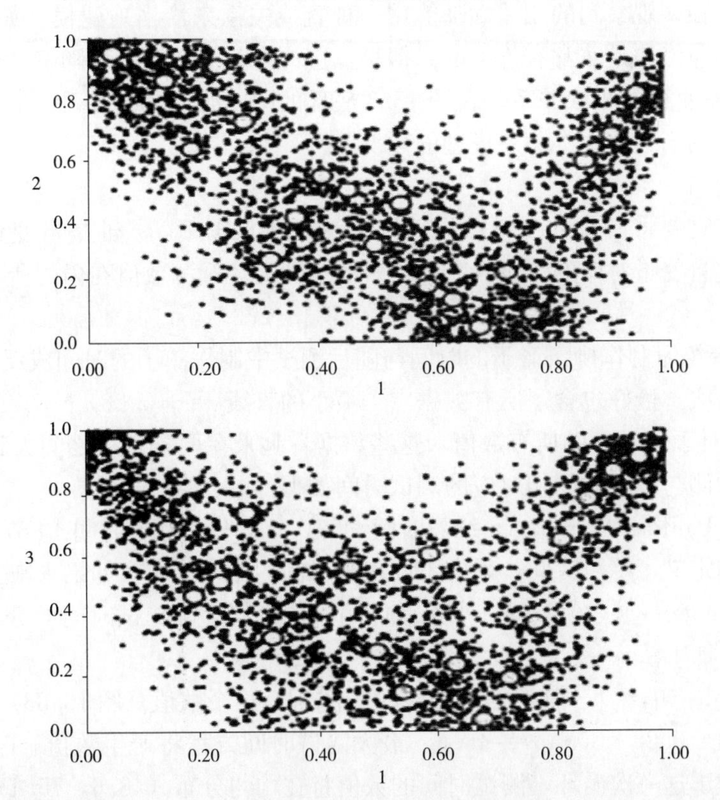

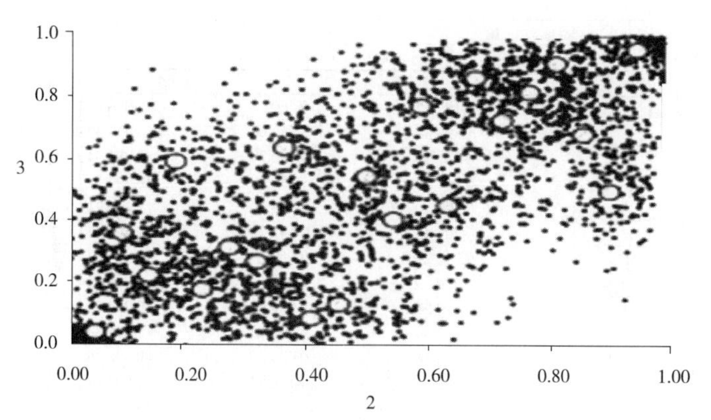

图 13.30 来自匹配于图 13.29 中数据的经验 Copulas 函数的随机样本的散点图

13.4 包络法

包络法（envelope method）提供了一种更灵活的建立相依模型的方法，该方法既直观又便于控制。包络法是一种通过统计自变量的数值从而确定应变量值的逻辑模型。与秩相关相比，其缺点是需要更多的尝试，因此它仅仅应用在相依关系对模型的最终结果产生明显影响的地方。

13.4.1 使用包络法来建立观测数据间直线相关性的近似模型

如上所述，很多观察到的相关性都能用一种直线关系来恰当地建模。如果是这样的话，下面的方法证明包络法是非常有价值的。但是，也许有时会遇到一种随着自变量依赖等级改变的曲线和/或垂直面的相依关系。在图 13.3 底部的图阐明了曲线关系。下节将会给出一些关于包络法如何用于建立这类关系模型的建议。

使用均匀分布

包络法首先需要将所有的变量数据绘制在一个散点图里，x 轴是自变量，y 轴是应变量。边界线确定自变量对应的、包含有最小观测值和最大观测数值在内的所有应变量值。

例 13.4

40 个参与者练习制作柳条篮子的时间与随后测试中制作篮子的时间成反比，在图 13.31 中画出了两条直线，恰好包含了所有数据点：最小的直线 $y=-0.28x+57$，最大的直线 $y=-0.42x+88$。对于 x 轴上的所有数值，这些数据看起来在两条直线之间大致是垂直均匀分布。由此可以预测与练习时间相对应的测试时间如下：

测试时间＝Uniform（－0.28＊练习时间＋57，－0.42＊练习时间＋88）

因此，我们定义了练习时间，采取不同测试时间的均匀分布。如果未来工人的练习时间是三角分布 Triangle（0，20，60），那么就能用相依模型生成测试时间的分布，如图 13.32 电子表格所示。

这个 Triangle（0，20，60）在一次循环中生成 30 这个数值（图 13.33）。最小测试时间方程将产生数值－0.28＊30＋57＝48.6。最大测试时间方程将产生数值－0.42＊30＋88＝75.4。因此，对于这一次循环，测试时间的数值将在均匀分布（48.6，75.4）中生成。◆

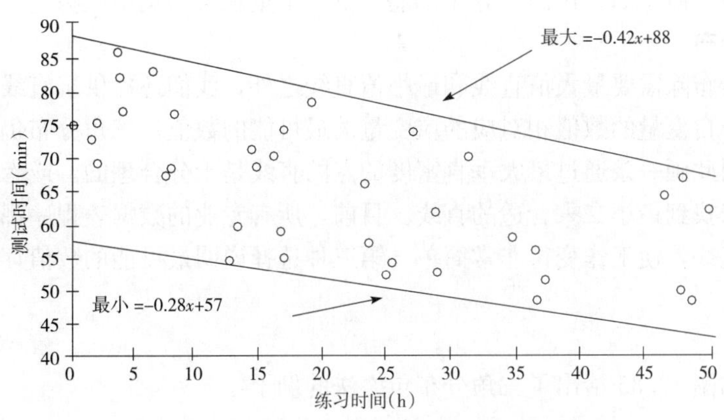

图 13.31　为建立相依模型的包络法设定边界线

	A	B	C	D	E
1					
2			练习时间	26.67	
3			最小测试时间	49.53	
4			最大测试时间	76.80	
5			模拟的测试时间	63.17	
6					
7		公式表			
8		D2	=VoseTriangle(0,20,60)		
9		D3	=-0.28*D2+57		
10		D4	=-0.42*D2+88		
11		D5	=VoseUniform(D3,D4)		
12					

图 13.32　在一个均匀分布中用包络法建立的相依模型

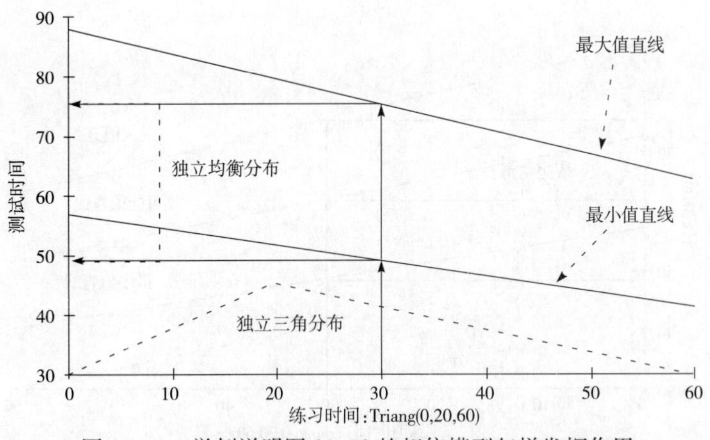

图 13.33　举例说明图 13.32 的相依模型怎样发挥作用

上面的例子有些过于简单。使用均匀分布来建立最小值直线和最大值直线之间离差模型会明显的在该范围内给予所有数值同样的权重。扩展这个方法，用三角分布或正态分布来取代均匀分布是十分简单的，这两个分布都能提供一个更现实的集中趋势。

应用三角分布

应用三角分布除需要最大值直线和最小值直线之外，我们还提供了直线的公式，该直线定义了与每一个自变量的数值相对应的应变量的最可能的数值。三角分布仍是一个十分近似的建模工具。因此画一条通过最大垂直密度的点的直线是十分合理的。或者，你也许更乐于使用可用数据来找到最小二乘合适的直线。目前，所有专业的数据表程序都能提供工具来自动的找到这条直线，使工作变得非常简单。第三种选择说明最可能的数值存在于最小值和最大值中间。

例 13.5

图 13.34 和图 13.35 给出了三角分布包络法的例子。

	A	B	C	D	E
1					
2			练习时间	26.67	
3			最小测试时间	49.53	
4			最可能测试时间	63.17	
5			最大测试时间	76.80	
6			模拟的测试时间	63.17	
7					
8		公式表			
9		D2	=VoseTriangle(0,20,60)		
10		D3	=-0.28*D2+57		
11		D4	=-0.35*D2+72.5		
12		D5	=-0.42*D2+88		
13		D6	=VoseTriangle(D3,D4,D5)		
14					

图 13.34　在三角分布下使用包络法建立相依模型

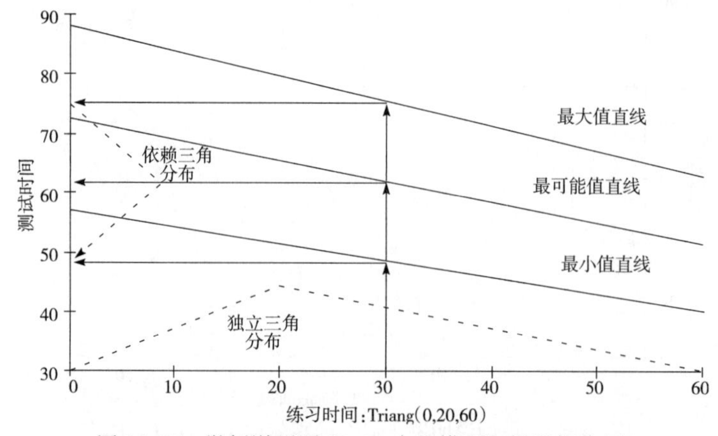

图 13.35　举例说明图 13.34 中的模型怎样发挥作用

应用正态分布

该选项包括运行最小二乘回归分析、找到最小二乘回归直线方程及 y 估计值的标准误

S_{yx}。S_{yx}统计量是每一个点到最小二乘直线纵向距离的标准差。最小二乘回归假定关于最小二乘直线数据的残差服从正态分布。因此，如果 $y=ax+b$ 是最小二乘直线的公式，就能建立相依模型 y=Normal（$ax+b$，S_{yx}）。

例 13.6

图 13.36 提供了正态分布下的包络法的例子。

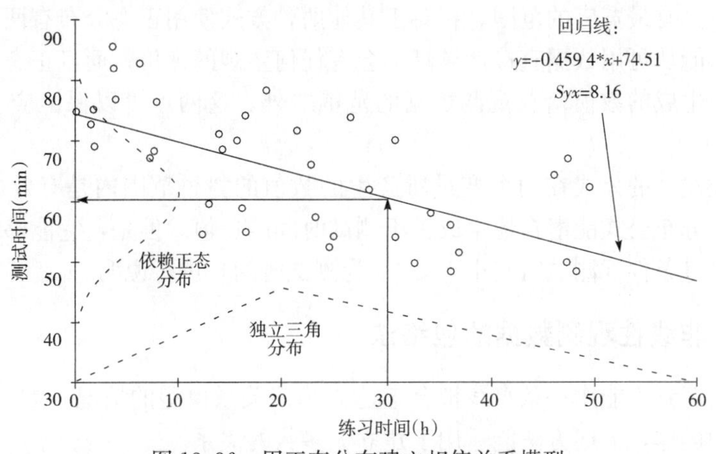

图 13.36　用正态分布建立相依关系模型

均匀、三角和正态分布方法的比较

图 13.37 比较了这三种包络法的表现形式。左边综合图标的图形是关于练习时间（x

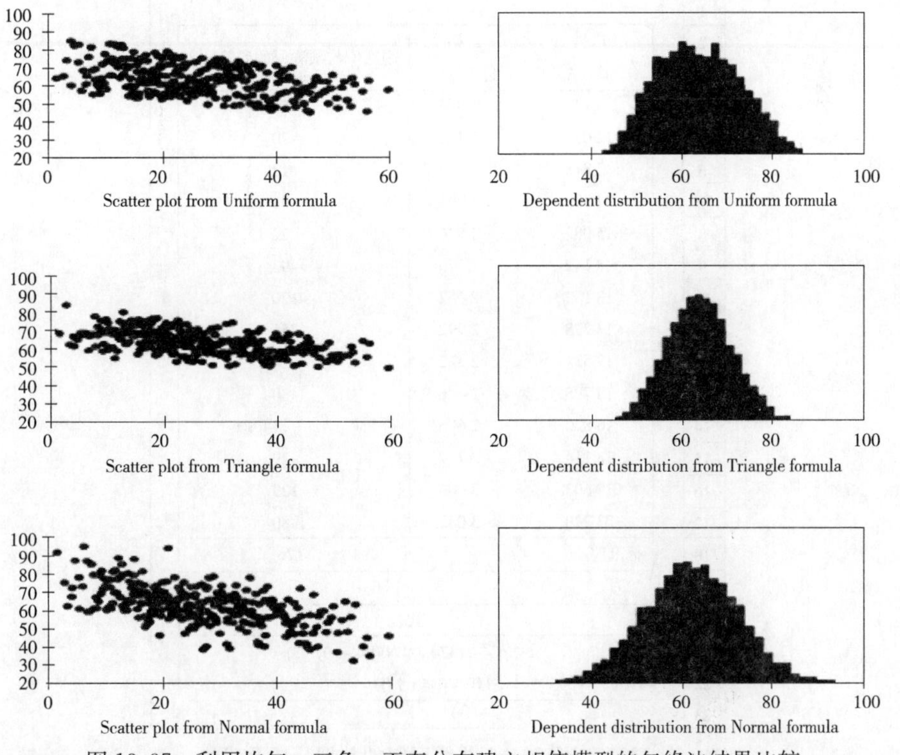

图 13.37　利用均匀、三角、正态分布建立相依模型的包络法结果比较

轴）相对于测试时间（y轴）的 Triangle（0，20，60）。右边的图形显示的是测试时间分布的直方图。

均匀分布提供了一个散点图，该散点图垂直均匀分布并有严格的边界线。测试时间直方图具有三种方式中最宽肩端的平直图形，产生最小标准差。正态分布产生了一个有垂直集中趋势的散点图，但是没有边界。这通常是一个相对于可用数据图形更为接近的近似法。直方图在三种方式中具有最宽广的范围。相对于其他两种方式使用正态分布有两个优点：直线的公式和标准差都能从可用数据直接计算且不会有任何主观的评价；而且正态分布没有边界的性质将有可能使生成的数值落在观测数据的范围之外。这两点可以保证应变量的范围不被低估。

最后，保证建立的公式在两个变量所产生的数值的整个范围内是有效的，这一点很重要。例如，正态分布公式能潜在地生成关于测试时间的负值。但是，它能够限制防止负值尾端的产生，如通过条件（测试时间小于0，0为测试时间）进行说明。

13.4.2 对于非线性观测数据的包络法

人们也许会遇到不能用一条直线拟合来建立相依关系模型的情况，如13.4.1所示。但是，通过额外的操作，上述方法能适用于建立大多数的关系。

第一步是找到适合数据的最佳曲线。例如，微软的Excel软件提供自动线条匹配选择：线性、对数、多项式（高至第六个次序）、幂及指数。这些匹配线条中的一些能被用于覆盖

	A	B	C	D	E
1					
2		广告	最初	观察值与预测值的残差(D)	
3		预算(A)	订单(O)		
4		9 743	1 973	59	
5		12 011	2 132	-70	
6		2 818	220	12	
7		24 303	3 091	-80	
8		15 082	2 536	22	
9		8 142	1 573	-93	
10		18 183	2 652	-120	
11		17 728	2 992	255	
12		18 531	2 822	24	
13		18 795	2 786	-30	
14		16 820	2 665	1	
15		18 114	2 737	-29	
16		19 603	3 003	129	
17		23 290	3 032	-80	
18		标准差		126	
19					
20		公式表			
21		D4:D17	=C4-(1374.8*LN)(B4)-107 13)		
22		D18	=STDEV(D4:D17)		
23					

图13.38 例13.37曲线回归的数据分析及残差

数据，以帮助确定最合适的方程。第二步是利用所选择直线的方程来确定与每一个自变量数值对应的应变量的预测值。自变量观测值和预测值之间的差异（如残差），随后将被计算制作成相对于应变量的综合图。第三步是确定这些残差如何建模。所有在 13.4.1 中描述的三个方法都可以用到。第四步是将最佳直线方程与残差的分布结合起来。

某一家化妆品公司为发行新产品做广告所投入资金的数据与收到的订购量作比较（图 13.38），并在图 13.39 中绘制出综合图。很明显它们的关系不是线性的：收益递减规律的一个例子。最合适的曲线被判定为对数：y=1 374.8 * LN（x）−10 713。在广告预算值的整个范围内似乎残差有几乎相同的分布。因为残差呈现出在 0 周围有更大的集中。假设它们是正态分布的，并计算出它们的标准差（等于 126，从图 13.38 中得出）。故初次订购总数的最终方程可以表示为：

初次订购总数=1 374.8 * LN（广告预算）−10 713+Normal（0，126）

或者是：

初次订购总数=Normal（1 374.8 * LN（广告预算）−10 713，126）◆

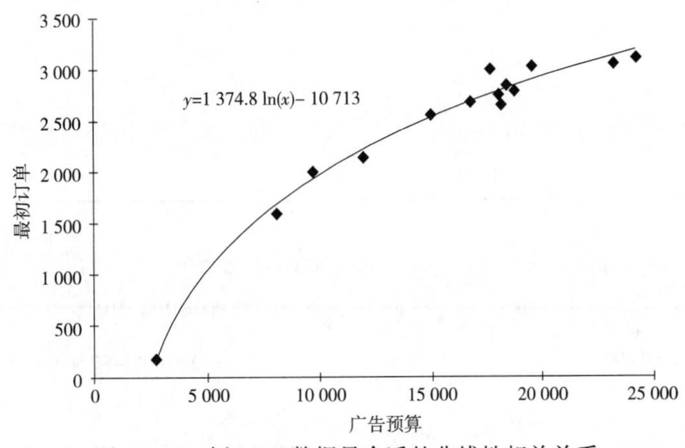

图 13.39 例 13.7 数据最合适的非线性相关关系

13.4.3 利用包络法建立相关系数的专家意见模型

即使很熟悉概率模型，对于秩相关系数来讲获得直观上的感受也是非常困难的。对此我们建议，更直观的包络法应被用于建立相依专家意见模型，其中，相依可能有着很大的影响。

该方法包括以下几个步骤：

- 和专家讨论如何能观察到两个变量间的关系是相关的逻辑。复查所有的可用数据。
- 判定自变量和应变量。如果因果关系不明确，那么根据哪一个变量是最简单的原则来挑选自变量。
- 明确自变量的范围并判定它的分布（使用第 9 章或第 10 章的方法）。
- 为自变量选择几个数值。这些数值应该包括最小值和最大值及它们之间的一些有意义的点。
- 询问专家对于应变量最小值、最可能值和最大值的意见，且这些挑选出的与自变量相对应的值应该出现。通常我更乐于询问实际的最小值和最大值。

- 把这些值在散点图中画出来并通过三组点（最小值、最可能值和最大值）找到最合适的线。
- 核实专家是否认为这个图表结果与他/她的意见是一致的。
- 利用三角分布或 PERT 分布中最合适线条的公式来明确应变量。

例 13.8

图 13.40 给出了一个关于专家定义银行的平均抵押利率与所售出的新的抵押贷款数量之间关系的例子。专家给出了关于与 4 个抵押利率对应的新贷款数量的实际最小值、最可能值和实际最大值的意见，如表 13.1 所示。它明确了实际最小值和最大值，这意味着，贷款分别低于或高于那些给出的值的可能性只有 5%。◆

该方法的优点是非常直观。专家提出的都是既有意义又容易想到的问题，并且不需要明确应变量的分布形状：分布的形状由自变量的关系所决定。

表 13.1 来自专家启发的数据

抵押利率（%）	新抵押贷款		
	最小值	最可能值	最大值
7	73 000	82 000	95 000
9	70 000	78 000	90 000
11	66 000	72 000	83 000
13	61 000	65 000	73 000

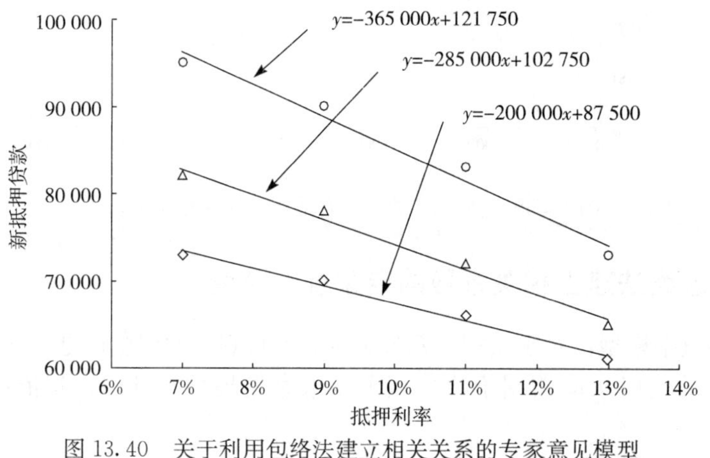

图 13.40 关于利用包络法建立相关关系的专家意见模型

13.4.4 将不确定性加入包络法

将不确定性加入到包络法中相对来讲比较简单。如果数据间存在相依关系，就可以利用辅助程序或传统的统计学来给出最小二乘法来匹配参数的不确定性分布。可以通过判定最适猜想线及 y 轴最小和最大边界的最极端的可能性而包含有关边界的不确定性。

13.5 使用查找表建立多变量相关性

很多时候需要建立一个外部因素对某模型中几个参数同时产生影响的模型。例如，糟糕的天气对建筑地点的影响。做一个关于这片土地考古学调查的时间，挖地基，设计形状，筑造地基、墙壁和楼层，装饰屋顶，这些可能都不同程度的受到天气的影响。

使用电子表格查找表可以简单地建立类似这种情况的模型。

例 13.9

图 13.41 给出了一个关于上述情况的例子，得到了一个特定迭代的数值。该模型按照如下情况发挥作用：

	A	B	C	D	E	F	G	H	I	J
1										
2						增加%：天气条件 / 指标				
3				基础估计	修正后估计	很不好	不好	正常	好	很好
4						1	2	3	4	5
5		2	考古	4.3	5.52	40%	28%	0%	0%	−2%
6		3	基础开挖	10.9	13.1	30%	20%	0%	−6%	−10%
7		4	置入模版	2.2	2.2	10%	4%	0%	0%	−3%
8		5	铺设地基	6.7	8.4	40%	25%	0%	−12%	−18%
9		6	墙体和地面	16.7	17.4	10%	4%	0%	0%	−2%
10		7	铺设屋顶	7.6	8.3	20%	8%	0%	−4%	−6%
11				总时间	54.93					
12						公式表				
13		天气指标：		2		D5:D10	=VoseTriangle(3,4,6), VoseTriangle(9,11,13), etc..			
14						E5:E10	=D5*(1 +HLOOKUP(D$13,F$4 :J$10, B5))			
15						D13	=VoseDiscrete({ 1,2,3,4,5}, {2,5,4,3,2})			
16						E11	=SUM(E5:E10)			

图 13.41　利用查找表建立多变量相关性模型

- 单元格 D5：D10 列出了在天气正常的情况下每项活动持续时间的预估值。
- F4：J10 的查找表列出了因为天气条件所有活动持续时间增加或减少的百分比。
- 通过使用一个百分比分布，单元格 D13 生成了一个天气条件 1～5 的数值，该数值反映了各种天气条件下相对应的可能性。
- 单元格 E5：E10 通过查询查找表将这个迭代适当的百分比改变增加到初始的预估时间中。
- 单元格 E11 对所有修订的时间而获得总的建设时间求和。

使用该方法包括不确定性分析是一件简单的事情。只需要简单增加效应值的不确定性分布（在上面的例子中，单元格 F5：J10 中的数值）。有一点需要注意，即不确定性分布是否与活动重叠。例如，单元格 F5 中的参数用 PERT（30%，40%，50%）不确定性分布及单元格 G5 中的参数用 PERT（30%，40%，50%）不确定性分布。为一项任务效应值的不确定分布而使用高水平的相关性将十分有效地解决问题，并反映出效应（该例子中的天气）估计错误可能对每个效应值的影响类似。◆

第 14 章

征求专家意见

14.1 引言

风险分析模型总是会包含一些主观估计因素。要获得用以准确判定模型中所有变量不确定性的数据通常是不可能的，原因如下：

- 数据在过去完全没有被收集过。
- 获取数据花费过高。
- 过去的数据不再具有相关性（新技术、政治或商业环境上的改变等）。
- 数据很稀少，需要专家意见来“填补漏洞”。
- 被建立模型的领域是全新的。

主观评估的不确定性有两个方面：变量本身固有的随机性及专家对描述这种变异性的参数缺乏了解而产生的不确定性。在一个风险分析模型中，这些不确定性可能会也可能不会被区分，但是在模型中至少应该考虑这两种类型的不确定性。最好通过假设一些类型的随机模型将这种变异性囊括起来，那么这些不确定性就会被包含在模型参数的不确定分布中。

当数据不足以完全阐明一个变量的不确定时，通常需要咨询一个或更多专家来获取变量不确定性的观点。本章会为分析师尽可能准确地建立专家意见模型提供指导。

下面首先讨论收集主观评估意见时将会遇到的偏倚和误差来源，随后着重关注用于模型化概率评估的方法，特别是各种类型分布的应用。也将向分析师展示怎样利用头脑风暴来确保所有与上述问题有关的可用信息在专家之间传播，并确保上述问题的不确定性的公开讨论。最后将关注和分析师用一对一专访方式来咨询专家意见的方法。

在探究主观评估的方法之前，希望读者思考以下两点，这两点在我评价的很多模型中被忽视了：

- 第一，一个模型中最有意义的主观评估通常在于设计模型本身的结构。模型的结构逃避了考证，而其中的数据却受到详细的审查，这种事情发生之频繁令人吃惊。在提交明确的模型结构之前，建议分析师就它的正确性征求其他相关成员的意见。相应地，这种行为能尽可能增加分析师模型结果被别人接受，以及在决定输入不确定性时得到合作的机会。优秀的分析师应该非常认真地看待这一阶段，并促进产生一个可能对他们的工作提供公开批评的环境。
- 第二，分析师不应该独自给出模型中所有的主观评价。这听起来是十分显而易见的，但是令人吃惊的是，有很多分析师认为他们能够独自评估模型中全部或大部分变量，而不用去咨询其他更了解特定问题的人。

14.2 主观评估中误差的来源

在关注从专家那得到分布的方法之前，对主观分布中经常出现的偏倚进行必要的了解是非常有用的。为了介绍这一主题，14.2.1 描述了两个在我的风险分析培训研讨会上所做的练习，读者也许可以从这两个练习中找到一些有启示意义的东西来管理自己的组织。在每个练习中，班上的成员都有自己的电脑和风险分析软件来帮助他们做出自己的评估。14.2.2 总结了启发式的误差和偏倚的来源，也就是人们在处理参数评估的方式上产生的误差。最后，14.2.3 将关注其他可能在专家评估中产生不精确性的因素。

14.2.1 关于评估的课堂试验

这个部分讨论两个我经常在风险分析建模培训研讨会上使用的练习。这两个练习的目的是突出人们用于产生定量评估的思想过程（启发法）。读者应该结合 14.2.2 中提出的观点来思考这些练习中的观察结果。

课堂评估练习 1

要求课堂上的每位成员（通常是 8 位）都为一些量给出实际最小值、最可能值和实际最大值的估计。建议课堂上的所有人估计出的最小值和最大值尽可能互相接近，这样真实值就有 90%的置信度落在它们之间。如果有任何事情不清楚，鼓励在课堂上提问。

所估计的量非常模糊，这样课堂上的成员对他们的值就不会有准确的了解，但最好熟悉有关的量，这会使他们能够估计它的值。要将问题改变为与举办研讨会的国家相关。举一些这些量的例子：

- 从牛津大学到爱丁堡主干道的距离，以千米计算。
- 英国的大小，以平方千米计算。
- 地球的质量，以吨计算。
- 尼罗河的长度，以千米计算。
- 英国第十二期《时尚》杂志的页码数。
- 美国斯克兰顿人口的数量。
- 克什米尔的 K2 高度，以米计算。
- 最深的海的深度，以米计算。

班上的每位成员都填写了一个表格，这个表格给出了每个量的三个数值。当每个人都完成了他们的表格时，让全班的人在这些量中挑选一个，如尼罗河的长度。随后，让每位成员找到它的最小值和最大值，也就是他们所做的所有评估的总范围。在黑板上，我草拟了一幅包含每位成员三点评估值的图像，如图 14.1 所示，随后给出了真实值。真实值几乎总是令人吃惊的。有时，我在黑板上画完了所有的评估值之后，我会询问是否有成员想在我揭晓真实值之前改变他们的评估值。有些人会这样做，但是这很少会增加更接近真实值的概率。我会经常重复 4～5 次这些测量过程来尽可能多地从练习中学到经验。

现在，如果班上成员都经过充分地校准，那么每个真实值落在最大值和最小值之间的概率将有 90%（也就是上面所定义的水准）。通过“校准”，我的意思是他们所认识的精密度的观念是准确的。如果有 8 个需要被估计的量，那么落在最小值和最大值范围之内的数量（他们这次练习的得分）就能由二项分布 Binomial（8，90%）评估，如图 14.2 所示。

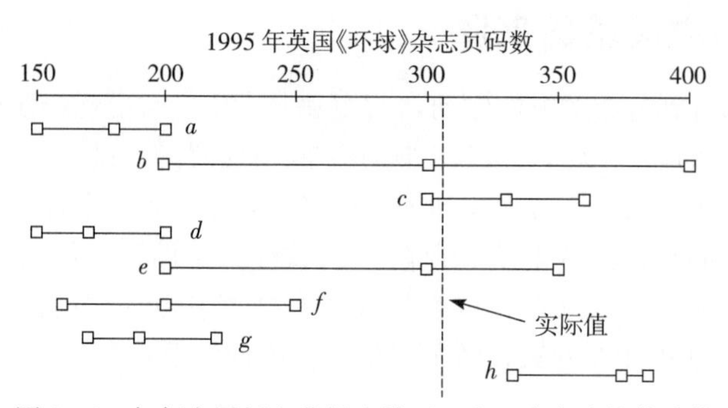

图 14.1　如何在黑板上草拟出练习 1 和 2 中全班的估计值

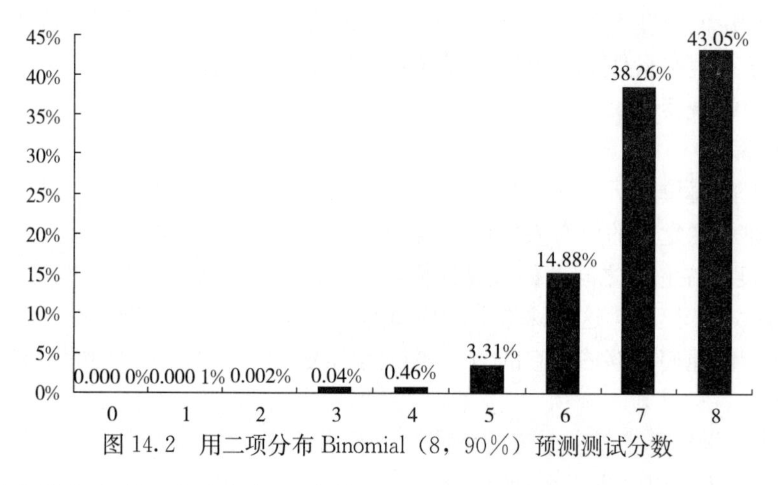

图 14.2　用二项分布 Binomial（8，90%）预测测试分数

这些练习中总会出现一些有趣的观察结果。这些观察结果及接下来练习的观察结果出现的根本原因将在 14.2.2 中进行总结。

- 在将近 100 场做这样练习的研讨会上，我很少看到得分有超过 6 分的。从图 14.2 中可以看到，如果充分校准后，任何一个人只有 4%的概率得分在 5 分及以下。如果将班上所有成员的得分取平均数，并假设得分的分布近似二项分布，就能通过他们的最小值和最大值的范围估计出真实概率。二项分布的平均数是 np，其中 n 是试验的次数（这个例子中是 8），p 是成功的概率（这里是指落在最小值和最大值之间的概率）。整个班级的个人平均得分大约是 3 分，所以概率 p 就是 3/8＝37.5%。换句话讲，他们所认为的真实值落在最大值和最小值之间的概率是 90%，但实际上只有 37%的概率。对于这种过于自信（也就是估计的不确定性比真实的不确定性要小得多）的原因在于锚定偏差，这将在 14.2.2 中讨论。图 14.3 展示的是我做这个练习的最大班级的分布（而且是唯一一个我保留结果的班级）。
- 评估员经常混淆度量单位（例如，用英里代替千米、用千克代替吨）而酿成大错。
- 在评估斯克兰顿人口时，一些评估员给出了一个巨大的最大值。因为大多数人没听说过斯克兰顿，所以它的人口数比伦敦、纽约等城市的人口数少是有道理的，但是一些人忽视了这种明显的推论，并给出了毫无逻辑依据的最大值（他们的评估强烈地受到了他们从没听说斯克兰顿这个事实的影响，而不是任何他们对这个问题应用

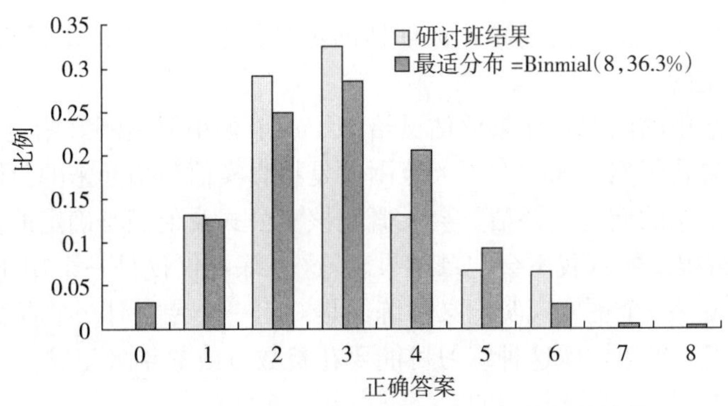

图 14.3　在评估练习中由一个大班级产生的分数

的逻辑的影响）。

- 当班级讨论这些量时，他们通常一致同意一种能得出他们的估计值的逻辑。
- 尽管评估员对量非常的确定，他们也会根据他们的认知（最好保险些）给出一个大得不切实际的范围，或更多的是给出一个过于狭窄的范围（结果是如果不给他们一个正确答案他们就会抗议）。我曾经让一个新西兰的研讨班来估计他们国家的面积。一位来自气象局的绅士提问是估计退潮时的还是涨潮时的，逗笑了所有人。他知道准确答案，但是真实答案落在了他给出的范围之外，因为他不知道英亩与平方千米之间准确的换算关系，以及在这种不确定性上做出了不充分的限额。
- 如果我在黑板上画出所有的结果之后给他们一个矫正评估结果的选择，那些改变他们结果的通常都是受到其他人评估值分类，或是小组中很有影响力的人的评估值的影响。这种行为通常都不能使他们更接近正确结果。这个观察结果促使我避免在头脑风暴期间寻求分布评估。
- 在很多例子中，对评估结果给出一个很大范围的人（这常引起他人的嘲笑）是唯一将正确结果包含在范围的人。
- 参加我的研讨会的人几乎都精通电脑，但是使人吃惊的是很多人对数字都没什么感觉，并且给出的估计结果几乎不可能正确。
- 面对一个刚开始几乎不能量化的量，鼓励评估员将这个被估计的量分解为更小的组分，或是和其他数字进行比较，经常能得到一个合理的评估结果。例如，地球重量的评估首先可以估计岩石的平均密度，然后再乘以地球体积的估计值（需要估计地球的半径或周长）算出地球的重量。有时，这种方法会产生很大的误差，因为评估员将球体的体积公式和面积公式混淆了。
- 偶尔一些缺乏自信的人拒绝在班上说出他们的观点。
- 有时评估员会在没有理解他们所要评估的量的情况下给出一组答案（例如，不知道 K2 是一座山，一个世界第二高的山）。可以注意到，这些困惑的人都没有寻求解释，甚至在被鼓励这样做之后都没有。这种羞怯似乎在一些种群中比其他种群更为常见。

这个练习可以在以下几点上接受合理的批评：

1. 班级成员被要求评估他们没有真正了解的量，所以他们的得分也不能反映他们评估他们工作中将会用到的量的能力。

2. 对于大多数现实生活中的问题，被评估的量都没有一个固定的已知的值，而是它本身就是不确定的。
3. 对于现实生活中的问题，如果评估员给出了一个很小但是刚好错过了真实值的范围，这个评估结果将仍然比那些有更大范围但是将真实值包括起来的范围有用。
4. 对于现实生活中的问题，评估员会大概地核实公式及他们不确定的换算公式。

得分不应被看得很重要（我不会记录结果）。这个练习仅仅是一个用于突出一些与评估有关的问题的好方式。一个更有现实意义的练习是对比一个专家对一个真实问题给出的概率估计值和最终观测值。当然，像这种练习可能要花费数月或数年来完成。

课堂评估练习 2

将一个班级内的同学分成两组，并如练习 1 中的方法，给出对于所有班级成员的总体重（kg）和总身高（m）的同样的三点评估。在进行评估时，轻声询问每个学生他们自己的测量结果。在练习的最后，能够做出如图 14.1 中所示的估计，并附带真实值。随后讨论每个小组怎样产生他们的评估结果。那么就要提到以下的几点内容：

- 三种班上经常使用的评估方法：

1. 做出每个人的身高和体重分布的三点评估并乘以学生的人数。这种逻辑是不正确的，因为这忽视了中心极限定理，这个定理陈述的是一组 n 个变量数据的总数延伸是与 $\sqrt{n}$ 成比例，而不是与 n 成比例。这个方法能够包含真实结果，但是范围很广（所以不准确）。
2. 做出班上每个人的三点评估，加上极小值，从而得到最终评估的最小值，加上最可能值得到最终评估的最可能值，加上极大值得到最终评估的最大值。但是这个方法也是不正确的，同样因为它忽视了中心极限定理，并因此产生了一个很广的范围。
3. 做出班上每位成员的三点分布，运行模拟并将他们都加起来。取模拟结果的 5%百分位数、众数和 95%百分位数作为最终的三点评估结果。这样产生了很可能包括真实值的最狭窄的范围。

- 在小组中经常会有一个有支配地位的人来接管整个评估，这或是因为那个人非常热情，或对软件更熟悉，或是因为其他人很随和或很安静。这样当然就丧失了分组的价值。
- 评估员经常会忘记从他们的不确定评估中排除他们自己。评估员已经提交了他们的测量结果，所以应该仅仅把不确定性加到其他人的测量结果上，然后再把自己的测量结果加到总的结果上。

如果将修正后的中心极限定理应用在这些违反了这个定理的评估结果上，那么班上的平均得分是 1.4 分，而本应该得 1.8 分（2＊90%）。换句话讲，他们的最小值和最大值的范围应该有 90%的概率包含真实结果，但是实际上只有 70%的概率。

14.2.2 常见的启发式偏倚和误差

分析师应牢记接下来专家在提供主观评价时可能产生的启发式偏差，那也是系统偏倚和误差的潜在来源。这些偏倚在 Hertz 和 Thomas（1983）及 Morgan 和 Henrion（1990）的书中进行了详细解释（后者包括了大量的参考书）。

可获得性（availability）

这涉及专家通过回忆过去发生的事情来评估，评估的准确性受能记起多少过去发生的事情，以及想象所发生事件的容易程度的影响。如果这个事件是他们生活中的一个常规部分，如他们在汽油上的花费，那么这个方法将会很有效。如果这个事情扎根在他们的脑子里，如爆胎的概率，那么这个方法用起来也很有效。此外，如果专家很难记起过去发生的事情，那么这个方法就会产生较差的评估。例如，他们不能自信地评估出某天在街上遇到过多少人，因为他们对没有特征的路人不感兴趣。如果专家能够非常清楚地记起过去发生的事情，那么因为这些事件的影响，有效度在频率上会产生过度估计。例如，如果一位电脑管理人员被问及她的主机过去两年崩溃的频率，她也许就会对频率过度评估，因为虽然她能记起每一次崩溃及崩溃产生的危机，但是她清晰的回忆（“恍如昨日”）包括了一些两年以前发生的崩溃事件，并因此产生对于频率过度估计的结果。

可获得性启发法也受信息暴露程度的影响。例如，一个人可能会认为死于摩托车事故的概率多于死于胃癌，因为汽车事故总是在媒体中被报道，但胃癌却没有。此外，一位年纪大的人可能会有一些死于胃癌的熟人，并因此产生与上面相反的观点。

有代表性（representativeness）

有一种类型的代表性偏倚来自于一种错误的观点：大规模的不确定性的本质反映在小规模的抽样上。例如，对于国家彩票，很多人表示如果选择连贯数字 16、17、18、19、20 和 21，就没有机会中奖。彩票数字每周都是随机抽取的，所以很多人相信获胜数字应该呈现一种随机类型，如 3、11、15、21、29、41。当然，这两组数字实质上是同等概率的。

一份报纸上面写着，挑选出 200 个配备新类型的气体供应管道的家庭，并测试一年半的时间，其中有一个家庭因老鼠在管道中撕咬而经历了一次气体泄漏，所以就总结道每年每个房屋遭受一次“龋齿动物袭击”的概率是 1∶300。但是答案本该是多少呢?

第二种代表性偏倚在于人们总是关注问题中诱人的细节而忘记整体情况。在 Kahneman 和 Tversky 经常引用的论文中，记载了在 Morgan 和 Henrion（1990）的常见的都市报纸中进行了一项试验，主题是要求以一个人的书面描述为基础，判定这个人成为一名工程师的概率。尽管预先被告知，100 个描述的人中，70 个是律师，30 个是工程师，如果人们得到的是一份对个人的职业没有提供任何线索的乏味的描述，那么给出的答案通常都是 50∶50。然而，当试验的主题没有个人的描述时，他们将给出的概率是多少，他们会说是 30%，这说明了他们了解怎样利用信息但又刚好忽略了信息。

调整和锚定（adjustment and anchoring）

这可能是三个启发法之中最重要的启发法。人们常会通过某单一值（通常都是最可能值）来开始估计一个变量的不确定性分布，然后再从第一个值中作出调整，得到最小值和最大值。问题在于这些调整很少能有效地包含可以实际发生的数值范围：评估员似乎就“锚定”在了他们的第一个估计值上。这无疑是来源于过于自信的一种偏倚，并且能够对风险分析模型的有效性有很大影响。

14.2.3 估计不准确的其他原因

还有其他若干要素能够影响不确定性评价的正确性，为了避免不必要的误差，分析师应该警惕这些要素。

不是专家的专家（inexpert expert）

被（错误）认为能提出最有见识观点的专家实际上没有能力提出任何见解。也许这个人能努力地提供一个“有帮助”的观点，即使这个观点真正的意义不大，也不会建议分析师去咨询另一个对这个问题更专业的人。当发现受访者不专业时，分析师应该努力去寻求另一种观点，虽然这些观点可能直到后来才会明了。

企业文化

人们工作的环境也许能影响他们的估计。销售人员对于未来销售经常给出过于乐观的估计，就是因为他们工作带着乐观的文化。经理们会给出较高的管理费用的估计，因为如果他们能实现更低的经营成本，那么他们的团队就会对他们表示认同。分析师应该努力地了解所有潜在的冲突，并通过反复核实数据及核查这个团队的其他成员以寻求消除冲突。

冲突的议题

有时专家对输入模型中的数据有一个既得利益。模型中，经理们会故意提供非常乐观的增长率的预测，因为在工作团队中，这能帮助他们建立个人威信。在另一个模型中，有人提供了一个工程完成时间及费用的非常乐观的估计，因为如果这项工程被批准，那么这个被提问的人将成为项目经理，同时工资会相应的增加。律师也许会给出一个较低的诉讼费用的估计，因为如果他们能得到这个案件，那么他们就能在之后提高费用。分析师一定要知道这种冲突的议题，并寻求更公正的观点。

不愿意考虑极端

有时会出现变量极低或极高的情况，这种情况通常是专家觉得很困难因而不愿面对的。但是为得到能实际包含整个可能范围的观点，分析师经常会不得不鼓励这种极端事件的发展。这个难题可以通过分析师想象一些极端情况的例子，并将其与专家进行讨论来解决。

渴望说出正确的事情

有时，受访者会努力地提供他们认为分析师想要听到的答案。因此，不要询问有指向性的问题，也不要提供一个数值让专家来评价，这一点十分重要。例如，提问“你认为这个任务将会花多长时间？12周？或更多？或更少？”与只是简单地询问“你认为这个任务将会花多长时间?”比较，前者可能得到一个更接近12周的答案。

估计中使用的单位

人们经常会对测量单位的量级很困惑。一位年纪较大的（或英国）人也许习惯于用英里描述距离，用加仑和品脱描述液体容积。如果模型涉及国际人士，分析师应该让专家用他们舒服的单位描述他们的估计，随后再换算成国际单位。

专家太忙

人们似乎总是很忙且很有压力。一位前来询问一大堆困难问题的风险分析师也许不是非常受欢迎的。专家可能表现的很不耐烦或用空话应付整个过程。明显的表现就是专家给出过于简单的估计结果如 $XY\%$，或是所有估计的变量的最小值、最可能值和最大值都是等距的。这种问题的解决方法就是使高层管理人员明确表态支持这个风险模型的进行，确保受访者得到这项工作有优先权的信息。

认为专家应该十分确定

专家可能会认为将一个很大的不确定因素加到一个参数上会表现出他知识的匮乏，并因此破坏他们的名誉。专家也许需要被确保这并不是问题。一个专家应该对一个参数的真实性、不确定性有一个更准确的了解，并且也许实际上专家认为这个不确定性可能比外行所预期的更大。

14.3 建模方法

该节描述了一些方法，包括在听取专家意见时有帮助的各种类型的概率分布的作用。此书只包括了作者所用到的方法，所以当读者与其他的风险分析教科书比较时会发现一些遗漏。

14.3.1 解离（disaggregation）

获得专家意见分布的一个重要方法就是充分地分解问题，以便于专家能专注估计一些有形的、且易于想象的东西。例如，要求专家将他们公司的收益分解成一些合理的部分（如地区、产品、子公司等），比起一次性估计总收益通常会更有效。解离的过程使专家和分析师认同总收益组成部分之间的依赖性。这也意味着风险分析结果将更少依赖于每个模型部分的评估。合计各种收益组成部分的估计比直接估计总收益能表现出一个更为复杂且精确的分布。这种解离也将自动地体现出中心极限定理的作用——这对要在大脑中自己估计的专家来讲是一件极为困难的事。解离的另一个好处就是问题的逻辑性通常会变得更明显，因而模型变得更有实际意义。

在解离过程中，分析师应该知道他的模型中关键的不确定性所在，以及因此他们应该将重点放在哪个地方。分析师能够通过运行模型的敏感性分析（见 5.3.7）和看龙卷风图，查看是否受到一个或两个模型输入的控制来核查是否实现了一个合适的解离水平。

14.3.2 用于建立专家意见模型的分布

本节描述了在建立专家意见模型时用到的各种类型的概率分布的作用。

非参数和参数分布

概率分布函数分为两个类型：非参数和参数分布，在附录 3.3 中对这两个分布的含义有详细的讨论。参数分布基于数学函数，这个函数的形态和范围由一个或多个分布参数所决定。这些参数通常与它们所定义的分布的形态没有明显的或直观的关系。参数分布的例子有：对数正态分布、正态分布、Beta 分布、威布尔分布、帕雷托分布、Loglogistic 分布和事实上最为常用的超几何分布。

此外，非参数分布的参数以一种明显且直观的方式决定了分布的形态和范围。这种分布的函数是一种简单的分布形态的数学描述。非参数分布有：均匀分布、相对分布、三角分布、累积分布和离散分布。

通常来讲，非参数分布在建立专家意见模型过程中，对于模型参数要更为可靠及灵活。分析师向专家提出的如何确定分布参数的问题是直观且易于回答的。这些参数的改变会带来一个很容易预测的分布形状和范围的改变。下面将讨论建立专家意见模型的各种非参数分布类型的应用。

对于上述用非参数分布建立专家意见模型的优先权有三个常见的例外：

1. PERT 分布频繁地被用于建立专家意见模型。尽管如此，严格来讲这个参数分布应已经被调整好，以便专家只需要给出变量的最小值、最可能数值、最大值，并确保

PERT 分布函数找到了符合这些限制的形态。下面将对 PERT 分布进行更完全的解释。

2. 有时候，专家也许对应用参数定义特定的分布非常的熟悉。例如，一位毒理学家可能会定期测定一组样本中某化学浓度的均数标准误，关于一些他/她对浓度的不确定性的均数和标准差，在这种情况下来咨询这位专家也许会十分有帮助。
3. 参数分布的参数有时很直观，因此分析师可以直接询问这些参数的估计值。例如，以实施试验的次数 n 和每次试验成功的概率 p 作为参数定义二项分布 Binomial（n，p）。如果认为二项分布是最合适的分布，认识到必须要将 n 和 p 带入二项分布中，那么一般要问专家 n 和 p 的估计值，但会竭力避免任何可能造成困惑的关于二项分布的讨论。需要注意的是，n 和 p 的估计值本身也可以构成分布。

此外，也有其他与应用参数分布建立专家意见模型有关的问题：

- 一个包含参数分布来呈现观点的模型在之后会更难于检验，因为这个分布的参数也许没有直观的吸引力。
- 应用参数分布来建立专家意见模型时，恰好得到准确的形态是非常困难的，因为参数改变带来的影响通常不会很明显。

三角分布

三角分布是建立专家意见模型最常用的分布。这个分布通过它的最小值（a）、最可能值（b）和最大值（c）来定义。图 14.4 给出了三个三角分布：Triangle（0，10，20）、Triangle（0，10，50）和 Triangle（0，50，50），分别为对称、右偏峰和左偏峰。三角分布有很明显的吸引力，因为这个分布很容易想到三个定义的参数，也很容易想象任何改变产生的影响。

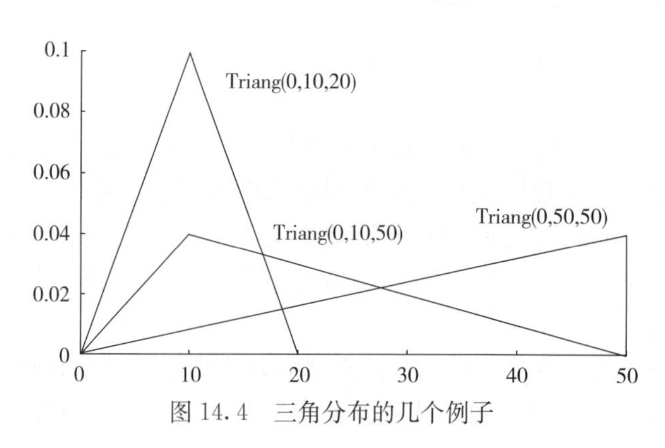

图 14.4 三角分布的几个例子

三角分布的均数和标准差由它的三个参数决定：

$$均数 = \frac{(a+b+c)}{3}$$

$$标准差 = \sqrt{\frac{(a^2+b^2+c^2-ab-ac-bc)}{18}}$$

从这些公式可以看出，均数和标准差和三个参数同等敏感。包含参数的很多模型都能十分简单地估计出最小值和最可能值，但最大值几乎不受控制，并且可能是巨大的。

由中心极限定理表明，当加上大量的分布时（例如，增加费用或任务持续时间），分布的均数和标准差是最重要的，因为它们决定了风险分析结果的均数和标准差。在最大值判定起来非常困难的情况下，三角分布通常是不合适的，因为它非常依赖于最大值的估计值是怎样被处理的。例如，如果假定最大值是绝对最大可能值，那么比起假定最大值为专家估计的“实际的”最大值，风险分析的输出结果将有一个大得多的均数和标准差。

当对参数知之甚少但是对最小值、最可能值和最大值都有一个大概的估计值时，通常认为三角分布是合适的。从另一方面来讲，三角分布非常局限的尖峰点和直线产生了一个确切又不同寻常（以及非常不自然的）的形状，这个形状与之前对参数了解很少时假设的图形冲突。

此外还有一个由三角分布演变而来的很实用的分布，在@RISK 中称做 Trigen，在 Risk Solver 中称做 TriangGen。Trigen 分布需要 5 个参数：Trigen（a，b，c，p，q），其含义如下：

a：实际的最小值

b：最可能值

c：实际的最大值

p：参数值小于 a 的概率

q：参数值小于 c 的概率

图 14.5 展示了一个 Trigen（40，50，80，5%，95%）分布，这个分布有 5%的区域扩展到了最小值和最大值之外（这里是 40 和 80）。Trigen 分布可用于避免向专家询问对一个参数绝对最小值和最大值的估计：这是专家经常难以进行有意义回答的问题，因为理论上也许没有最小值和最大值。分析师可以讨论专家定义的“实际”的最小值 p 和最大值 q 的大小。一旦这样的询问方式被确定，专家只需要给出他们对评估参数的最小值、最可能值和最大值的估计，并且可将同样的 p、q 估计用于他们所有的估计。Trigen 分布的一个缺点在于专家也许不会认同分布能扩展的最终范围，所以明智的做法是做出分布的图形，并在得到专家的同意之后再将之应用到模型中。

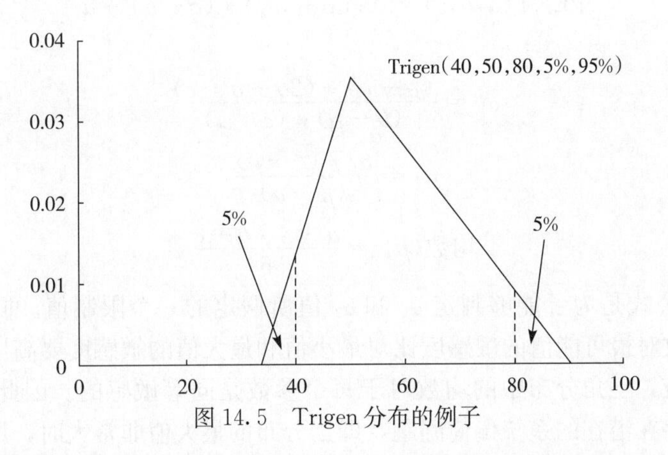

图 14.5　Trigen 分布的例子

Tri1090 分布是@RISK 中的重要的分布，它假定 p 和 q 的值分别是 10%和 90%，这通常是正确的，但是我更乐于使用 Trigen 分布，因为它符合每一位专家对于“实际”的概念。

均匀分布

均匀分布通常不适合建立专家意见模型，因为在它范围内的所有值有同等的概率密度，但是在最小值和最大值上的密度以一种不寻常的方式非常接近0。均匀分布遵循最大熵准则（见9.4），这个原理中只有最小值和最大值是已知的，但是就我的经验来看，专家能定义最小值和最大值，但是却对最可能值无法给出任何意见的情况是非常罕见的。

但是，均匀分布有以下几个用处：

- 突出或夸大对参数知之甚少的事实。
- 建立循环变量（如0到2π的循环）和其他特定问题模型。
- 制作蜘蛛状敏感图（见5.3.8）

PERT分布

PERT分布因其对均数的假设与PERT网络（被用于过去的工程计划中）的假设相同而得名。它是Beta分布的一个变体，且和三角分布一样需要三个参数，即最小值（a）、最可能值（b）和最大值（c），图14.6给出了三个PERT分布，可以把这些分布的形状和

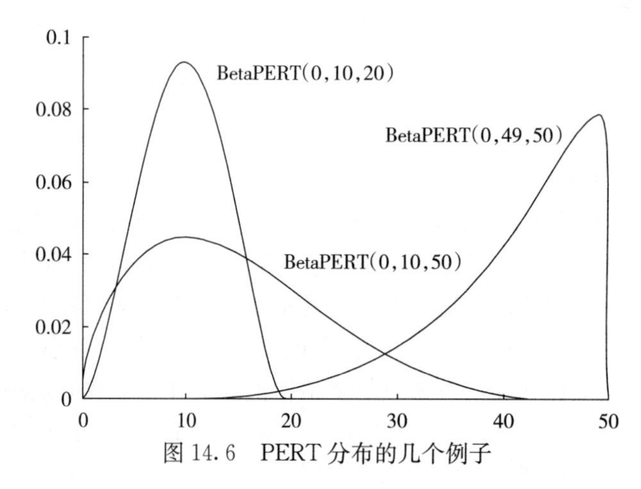

图14.6　PERT分布的几个例子

图14.4中的三角分布作比较。PERT分布的方程式与Beta分布有关，如下：

$$\mathrm{PERT}(a,b,c)=\mathrm{Beta}(\alpha_1,\alpha_2)*(c-a)+a$$

其中，

$$\alpha_1=\frac{(\mu-a)*(2b-a-c)}{(b-\mu)*(c-a)}$$

$$\alpha_2=\frac{\alpha_1*(c-\mu)}{(\mu-a)}$$

$$\text{均数}(\mu)=\frac{a+4*b+c}{6}$$

最后的均数公式是为了能够判定α_1和α_2值所假定的一个限制值。同时，它也说明了PERT分布的均数对最可能值的敏感度比对最小值和最大值的敏感度要高出4倍。应该将其与三角分布作比较，三角分布中的均数对于每个参数是同等敏感的。因此PERT分布不会像三角分布那样存在潜在的系统偏倚问题，即当分布的最大值非常大时，风险分析的结果中的均数是一个过大的值。

PERT分布的标准差对于极值的估计更不敏感。这一点能够得到非常生动的阐述，尽管PERT分布标准差的公式更为复杂。图14.7比较了a、b、c值相同的三角分布和PERT分布的标准差。为了阐明这些点，图14.7用的a、c值分别是0和1，并且允许b值在0～1之

间，虽然观察到的图形扩展到了所有 $\{a, b, c\}$ 集的值。你可以看到 PERT 分布产生了一个比三角分布系统性较低的标准差，特别是在分布高度偏斜的地方（例如，在这个例子中 b 接近于 0 或 1 处）。作为一般粗略的经验法则，工程任务的费用和持续时间分布的（最大值—最可能值）和（最大值—最小值）之间经常有一个大约为 2∶1 的比值，等价于图 14.7 中 $b=0.3333$。在这一点上，PERT 分布的标准差是三角分布的 88%。这意味着用 PERT 分布贯穿一个花费或日程模型，或任何其他的附加模型，将显示出比使用三角分布做出的等价模型要少 10%的不确定性。

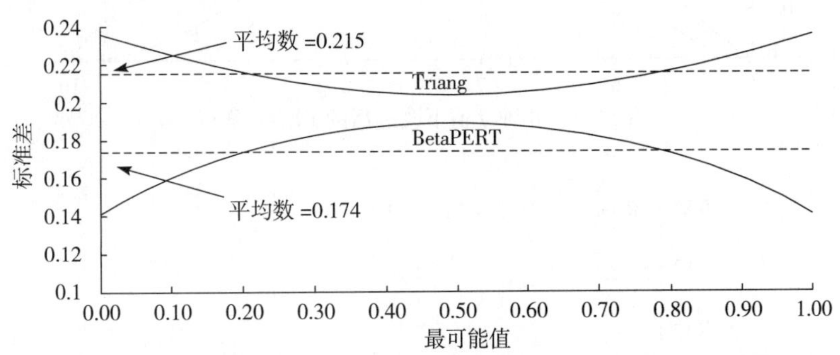

图 14.7 Triangle（0，最可能值，1）和 PERT（0，最可能值，1）分布标准差之间的比较

一些读者也许会争论说，在三角分布增加的不确定性将在一定程度上弥补在主观估计中通常很明显的“过度自信”。乍一听这个争议是十分有吸引力的，但是对于长期组织估计的能力的提高是不利的。如果专家一贯的自负，那么随着时间将会变得明显，并且他/她的估计能够被纠正。

改进的 PERT 分布

对于同样的最小值、最可能值和最大值，通过改变关于平均数的假定，PERT 分布也能产生各种不确定性等级的形状：

$$均数(\mu)=\frac{a+\gamma*b+c}{\gamma+2}$$

在标准 PERT 中，$\gamma=4$，这是 PERT 网络的假设：$\mu=(a+4b+c)/6$。但是，如果增加 γ 值，分布将逐渐变得更尖锐，并集中在 b 周围（因此具有更少的不确定性）。反过来，如果降低 γ 值，分布将变得更平坦及更不确定。图 14.8 说明了三个不同 γ 值对于改进的 PERT（5，7，10）分布的影响。改进的 PERT 分布在建立专家意见模型时非常有用。要求专家像之前那样估计出同样的三个值（最小值、最可能值和最大值），随后将一系列改进的 PERT 分布做成图形，并要求专家选择最准确适合他/她观点的形状。建立一个自动完成上述过程的电子表格是十分简单的。

相对分布

相对分布（在@RISK 中也被称为一般分布，是 Crystal Ball 中的一个定制模块），是所有连续型分布函数中最灵活的。它能使分析师和专家调整分布的形状来尽可能地反映专家的观点。相对分布的形式为：Relative（最小值，最大值 $\{x_i\}$，$\{p_i\}$），其中 $\{x_i\}$ 是概率密度为 $\{p_i\}$ 的 x 值的一个数组，并且分布落在最小值和最大值之间。无需强加给 $\{p_i\}$ 值为曲线以下的面积为 1，因为软件会校准概率比例。图 14.9 给出了一个相对分布 Relative（4，

15，{7，9，11}，{2，3，0.5}）。

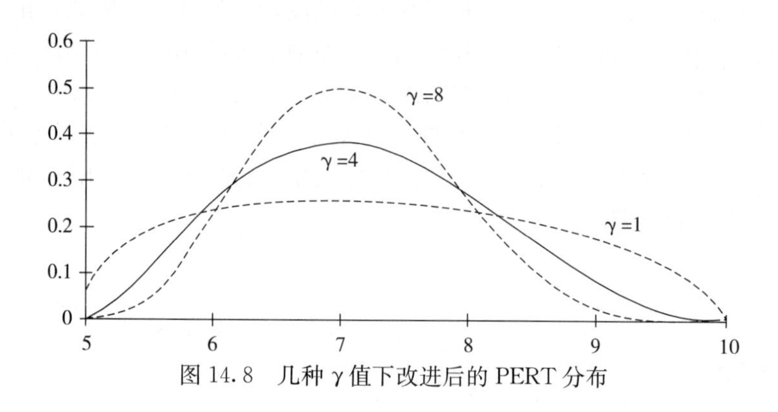

图 14.8　几种 γ 值下改进后的 PERT 分布

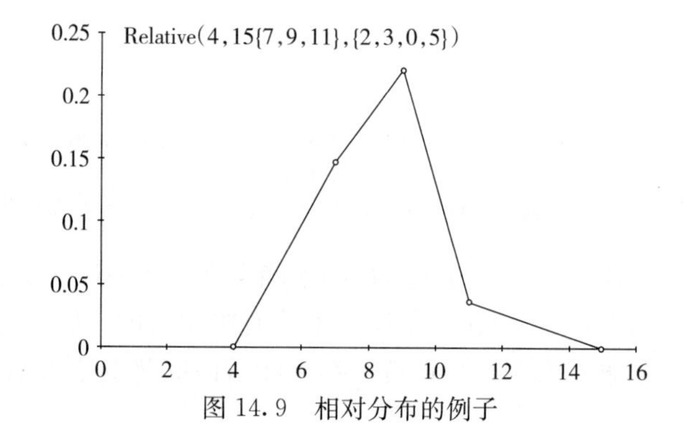

图 14.9　相对分布的例子

累积分布

累积分布的函数形式为 CumulativeA（最小值，最大值，$\{x_i\}$，$\{P_i\}$，其中 $\{x_i\}$ 是累积概率 $\{P_i\}$ 的 x 值序列，且其分布落在最小值和最大值之间。图 14.10 展现了分布，不仅给出了累积分布的累积定义形式，也给出了相应的相对频率图。一些书中使用累积分布来建立专家意见模型，但因为它在概率尺度上的不敏感性，显得非常不符合要求。无意间被通过的累积分布函数形状上的一些微小改变会导致与该累积分布相一致的相对频率图产生巨大改变，从而使这个频率图不被接受。图 14.11 给出了一个例子：平滑自然的相对频率图（A）对应于累积频率图（B），然后将图（A）转变成图（C），最后将（C）转化成相对应的频率图（D）。由此可见，修正的分布（D）和原始的分布（A）有很大差异，如果仅仅比较累积频率图，几乎是无法发现这种情况。因此，我通常更乐于用相对频率图建立专家意见模型。

在尝试评估一个涵盖多个数量级变量的情况时，累积分布非常有用。例如，1kg 肉中的细菌数会随着时间指数增长。这块肉也许含有 100 个或是 100 万个细菌单位。在这种情况下，尝试直接用相对分布是徒劳的。关于这一点将在 14.3.3 中充分讨论。

离散分布

离散分布的分布函数形式为 Discrete（$\{x_i\}$，$\{P_i\}$），其中 $\{x_i\}$ 是概率权重 $\{p_i\}$ 对应变量的可能数值数组。因为软件会自动地使 $\{p_i\}$ 标准化，没有必要使 $\{p_i\}$ 相加为 1，只考虑不同值的似然比而不去担心实际的概率值常常很有用。离散分布可以用来建立离散参数模型（即一个可能在两个或更多不同值之中取值的参数）。例如，一个发电站的涡轮数，离

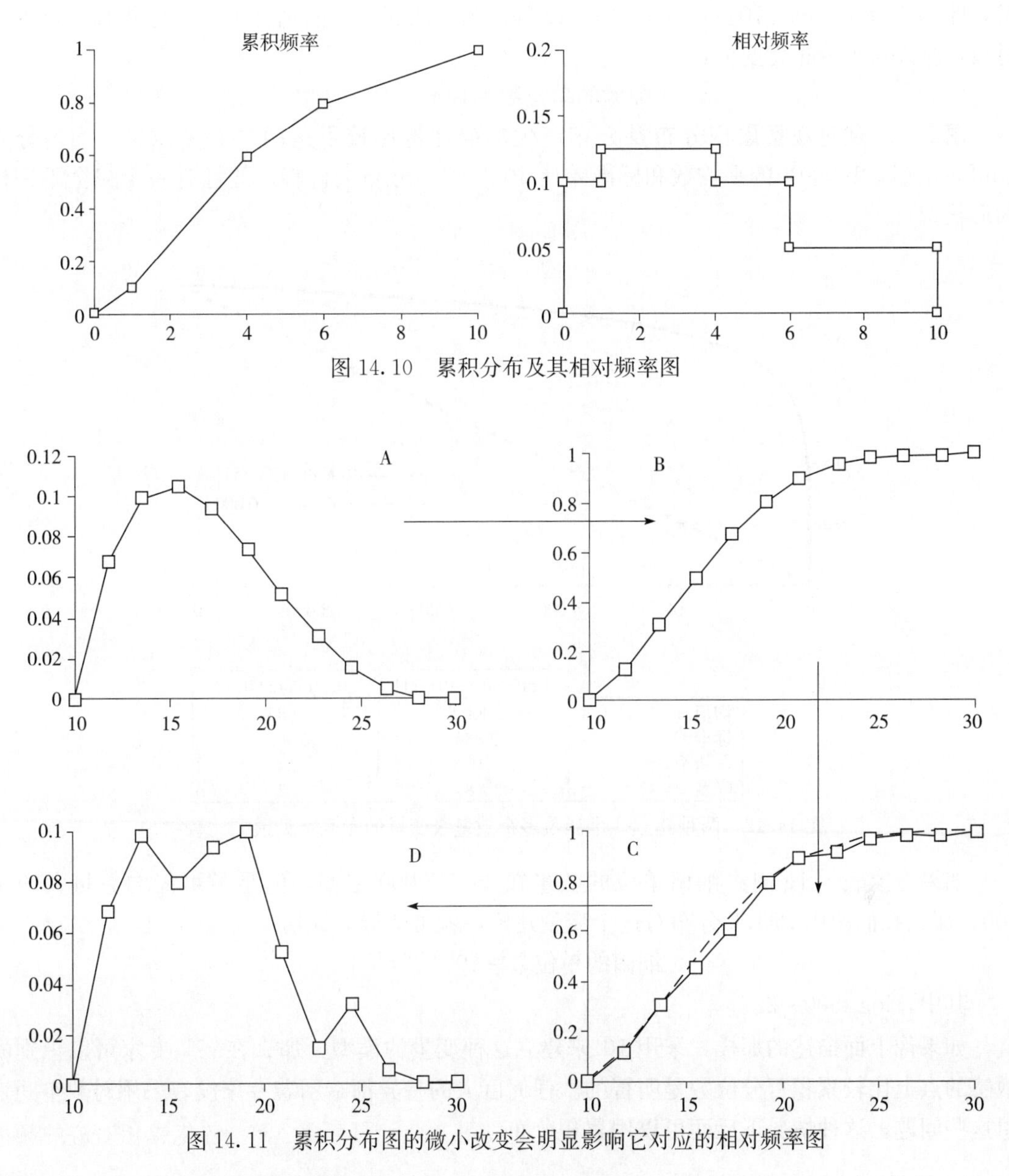

图 14.10　累积分布及其相对频率图

图 14.11　累积分布图的微小改变会明显影响它对应的相对频率图

散分布也可用于将两个或更多有冲突的专家观点结合起来（见 14.3.4）。

14.3.3　建立一个涵盖多个数量级的变量的意见模型

一个不确定性扩展到多个数量级的连续型参数一般不能以常规的方式建模。例如，专家可能认为 1g 肉中含有的细菌单位是 1～10 000 的任何数字，但是这个数字可能仅仅是大约 100 或 1 000。如果打算用均匀分布 Uniform（1，10 000）建立这个估计模型，那么几乎无法匹配专家关于累积概率值的意见。专家很可能将对应于累积概率为 25%、50%、75%的细菌单位数设为 10、100、1 000，而在我们的模型中则分别为 2 500、5 000、7 500。产生这种很大差异的原因在于专家可能潜意识的用对数作出估计，例如他/她用 $\log_{10}$ 的值来进行思考，即$\log_{10}1=0$、$\log_{10}10=1$、$\log_{10}100=2$ 等。为了匹配专家的估计方式，分析师也可以用对数，所以这个分布就变成：

$$细菌的单位数=10^{\text{Uniform}(0,4)}$$

图 14.12 通过观察累积分布及分布产生的统计量比较了这两种专家意见。均匀分布 Uniform（1，10000）的平均数和标准差比 $10^{\text{Uniform}(0,4)}$ 分布大得多，并且有一个完全不一样的形状。

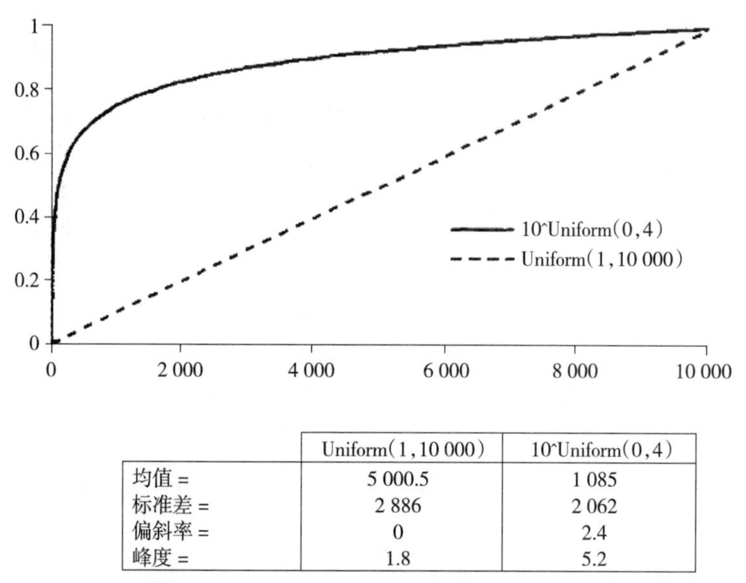

	Uniform(1,10 000)	10^Uniform(0,4)
均值 =	5 000.5	1 085
标准差 =	2 886	2 062
偏斜率 =	0	2.4
峰度 =	1.8	5.2

图 14.12　两种建立一个涵盖多个数量级变量的专家意见模型比较

如果专家表示 1g 肉中细菌单位的数量在 1～10 000 之间，但是最可能的数量大约是 500，那么我们使用 PERT 分布对这个变量建模，就可能极为成功：

$$细菌的单位数=10^{\text{PERT}(0,2.7,4)}$$

其中，$\log_{10}500=2.7$。

如果像上面描述的那样，采用 10^x 来建立这种变量的模型，那么在一些专家可以想到的敏感的点上比较累积百分位数是明智的。任何巨大的差异都暗示着专家没有采用对数空间来想这些问题，这种情况下反而可以用累积分布。

14.3.4　整合不同的专家意见

专家有时会做出极其不同的概率分布参数估计，这通常是因为不同的专家估计了不同的事情，做出了不同的假设或者他们的观点是基于不同的信息集。但是，偶尔两个或更多的专家是真的互相不赞同。分析师应该怎样解决这个问题呢？第一步通常是与更资深的人协商，并且了解是否某个专家更受青睐。如果那些更资深的人对两种观点都有信心，那么就需要有一种方法通过一些方式将这些观点进行整合。

推荐的方法

作者多年使用下面的方法并且都能得到良好的结果。利用 Discrete（$\{x_i\}$，$\{p_i\}$），其中 $\{x_i\}$ 是专家意见，$\{p_i\}$ 是根据对这些观点的个人意愿所赋予的每个观点的权重。图 14.13

阐明了一个整合三个不同观点的例子，但是其中专家 A 因为比其他人拥有更丰富的经验而被给予了较他人两倍的关注。

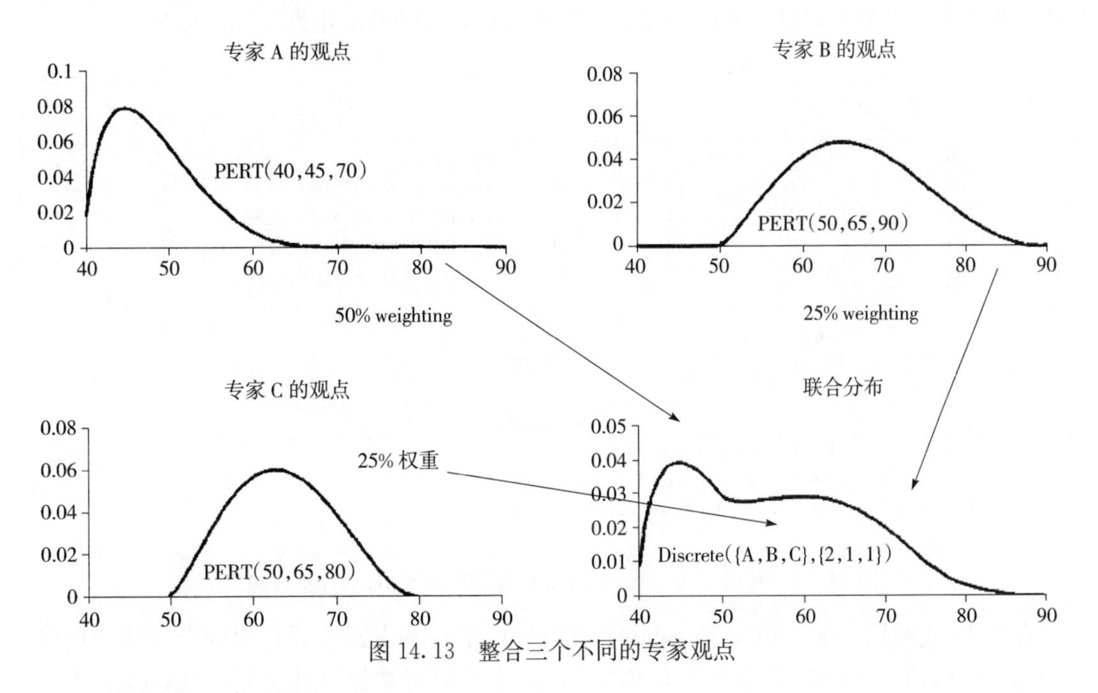

图 14.13　整合三个不同的专家观点

频繁使用的两种不正确的方法：

- 按照最悲观的结果估计。这通常是不符合要求的，因为一个风险分析模型对于不确定性应该努力做出一个没有偏倚的评估。这种谨慎的心态应该仅仅应用在核实风险分析结果后做决策的阶段。
- 取两个分布的平均数。这是不正确的，因为由平均得到的结果分布过窄。让我们来举一个例子，想象两组专家都认为一个参数应由正态分布 Normal（100，10）建立模型模拟。无论用什么方法将他们的观点整合起来，其结果应该是同样的正态分布 Normal（100，10）。这两个正态分布的平均数，即 AVERAGE（N（100，10），(100，10))，根据中心极限定理将会是正态分布 Normal（100，$10/\sqrt{2}$），即 Normal（100，7.07）。换句话讲，产生了离散度更小的分布。

有人向作者提供了其他解决这个问题的建议：

- 取经过加权的相对或累积百分位数平均数。这将会正确地建立起整合分布（ModelRisk 函数 VoseCombined 就是这样工作的），但是除给出意见的最简单分布，这样执行所有其他的分布都是很费力的，除非你有一个密度函数和累积分布函数的文库。所以用这种方法从头做起的话有些不切实际。
- 把每个 x 值的概率密度乘起来。这是不正确的，因为：(a) 这样会产生一个带有极大峰度的整合分布，(b) 曲线下的面积不再是 1，(c) 这个整合分布被涵盖在最高的最小值和最低的最大值之间。

ModelRisk 有 VoseCombined（｛分布｝，｛加权｝）函数，以及相关的概率计算函数，都能执行如上述的整合操作。在图 14.14 的模型中，4 个专家的评估被整合产生一个新的评估。总体来讲，这个函数的优点在于它允许人们在评估上执行敏感性分析：如果你计划用 Discrete（{分布}，{加权}）法，那么在这种情况下，你的蒙特卡罗软件将会对 5 个分布进行敏感性分析：4 个评估以及离散分布，将会削弱合并后的不确定性的感观影响。

	A	B	C	D	E	F	G	H
1								
2		SME	Min	Mode	Max	Distribution	Weight	
3		Peter	11	13	17	VosePERT($C$3,$D$3,$E$3)	0.3	
4		Jane	12	13	16	VosePERT($C$4,$D$4,$E$4)	0.2	
5		Paul	8	10	13	VosePERT($C$5,$D$5,$E$5)	0.4	
6		Susan	9	10	15	VosePERT($C$6,$D$6,$E$6)	0.1	
7								
8			Combined estimate		8.680 244			
9			P(>14)		0.878 805			
10								
11		*Formulae table*						
12		F3:F6	=VosePERTObject(C3,D3,E3)					
13		E8(output)	=VoseCombined(F3:F6,G3:G6,B3:B6)					
14		E9(output)	=VoseCombinedProb(14,F3:F6,G3:G6,B3:B6,1)					
15								

图 14.14 利用 VoseCombined 函数将加权的 SME 估计整合起来

在图 14.4 的模型中，Vose Combined 函数生成了一些来源于通过对四个评估加权建立的分布的随机值。这些权重不需要总和为 1：因为它们将被标准化。Vose Combined Prob（…，1）函数会计算分布取值小于 14 的概率。需要注意到，这些专家的名字是一个可选的参数：这可以简单地记录哪些人说了什么，以及哪些人对计算没有影响，但是选择单元格 E8，然后点击 ModelRisk 工具栏中的 Vf（View Function）图标，你将得到如图 14.15 所示的表格，这个表格允许我们比较每一个 SME 的评估及看他们是怎样被加权的。

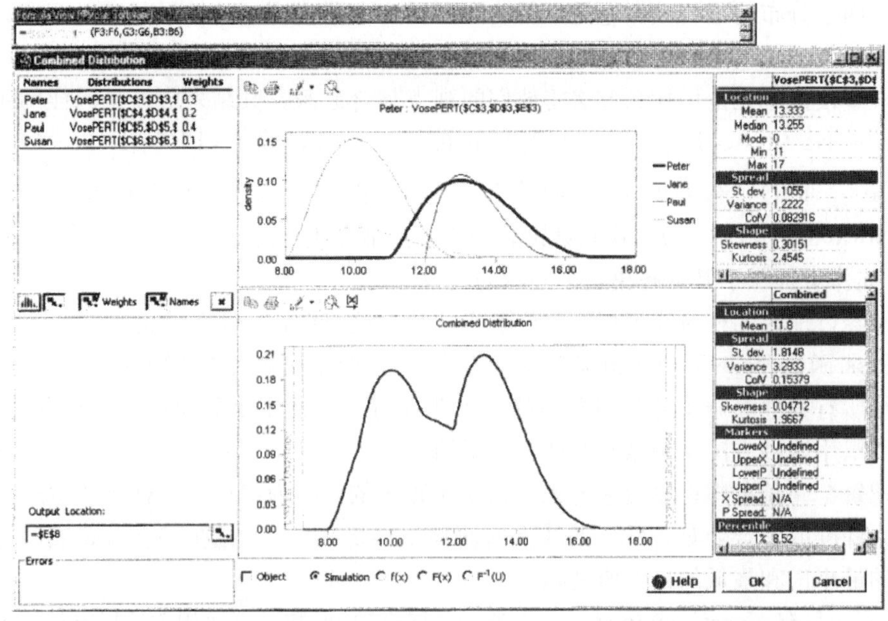

图 14.15 图 14.14 中所用模型的 VoseCombined 函数绘图界面的屏幕截图

14.4　校正主题专家

主题专家（subject matter experts，SMEs）在第一次被要求给出概率估计时，他们通常不是特别擅长估计，因为这是一种新的思考方式。因此，需要一些方法帮助 SMEs 判断他们的估计有多好，并随时间的推移，纠正他们所拥有的偏见。因此，也需要一种在 SMEs 评估之间选择或加权 SMEs 评估的方法。

想象一个主题专家估计出定制一个轮船的发电机将花费 PERT（1.2，1.35，1.9）百万美元，然后把实际的花费与估计的花费作比较。这个发电机最后花了 1.83 百万美元。这位主题专家做出了一个好的估计吗？这个价钱落在了所提供的范围之内，这是一个好的开始，但是最后的费用却很高，如图 14.16 所示。

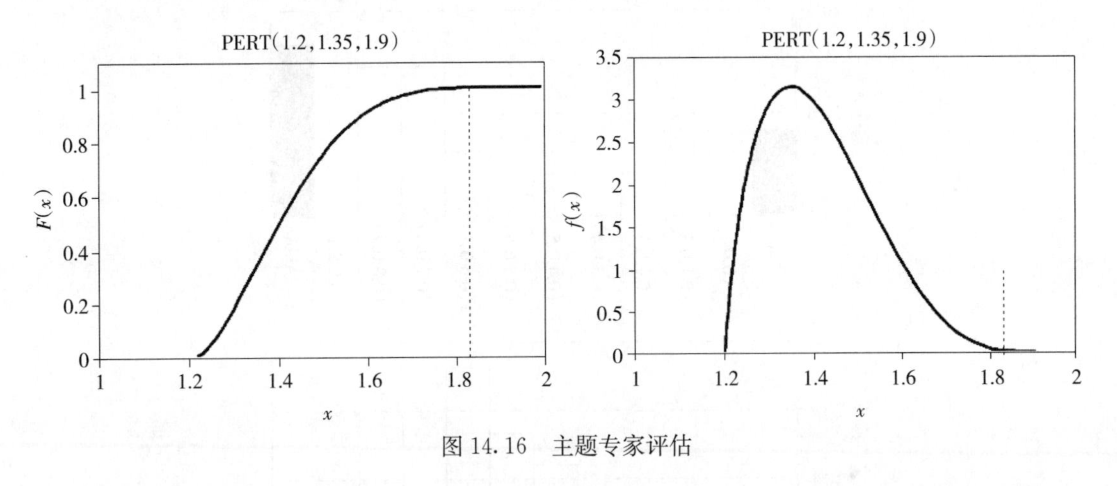

图 14.16　主题专家评估

1.83 这个值落在了 PERT 分布的第 99.97％百分位数上。考虑 SMEs 的估 3 是 1.2～1.9，1.83 这个值似乎过高，并且只是这个范围的 90％，但这正是 PERT 分布解释最小值、众数和最大值之后的结果。这个分布相当于右偏峰，在这种情况下，这个 PERT 分布右边的结尾很狭窄——实际上它只将 1％的概率分配给了大于 1.73 的值。

然而对于这个练习，假定该 SME 已经看过上面的图并且对评估满意，我们无法仅凭一个数据点确定该 SME 倾向于低估数值。在工程、投资和项目规划领域，同一 SME 经常会随着时间推移给出很多估计，所以让我们想象下我们重复这个练习 10 次并判定存在于每个对应的分布评估中的结算成本会在哪个百分位数上。理论上，如果 SME 的估计被完美地校正，那么这些百分位数将是来自一个均匀分布 Uniform（0，1）的随机样本，所以均数应该接近 0.5。均匀分布 Uniform（0，1）的方差为 1/12，根据中心极限定理，来自一个完美校正的 SME 评估的 10 个样本的均数应该符合 Normal（0.5，1/SQRT（12*10））＝Normal（0.5，0.091 287）。如果这 10 个值的均数是 0.7，那么就能十分确定 SME 的估计过高，因为一个完美校正的 SME 评估产生一个等于或大于 0.7 的值的概率只有（1－NORMDIST（0.7，0.5，0.091 287，1））＝1.4％。

用类似的办法也可以分析这 10 个值的方差。这个方差应该接近 1/12：如果方差更小，说明 SME 的分布过宽；更有可能出现的情况是方差更大，这说明 SME 的分布过狭。当然，上面的分析假定了所有的估计值确实在 SME 的分布范围内，事实上也有很大可能不是这种情况。图 14.17 中提供了一个更全面的理解。

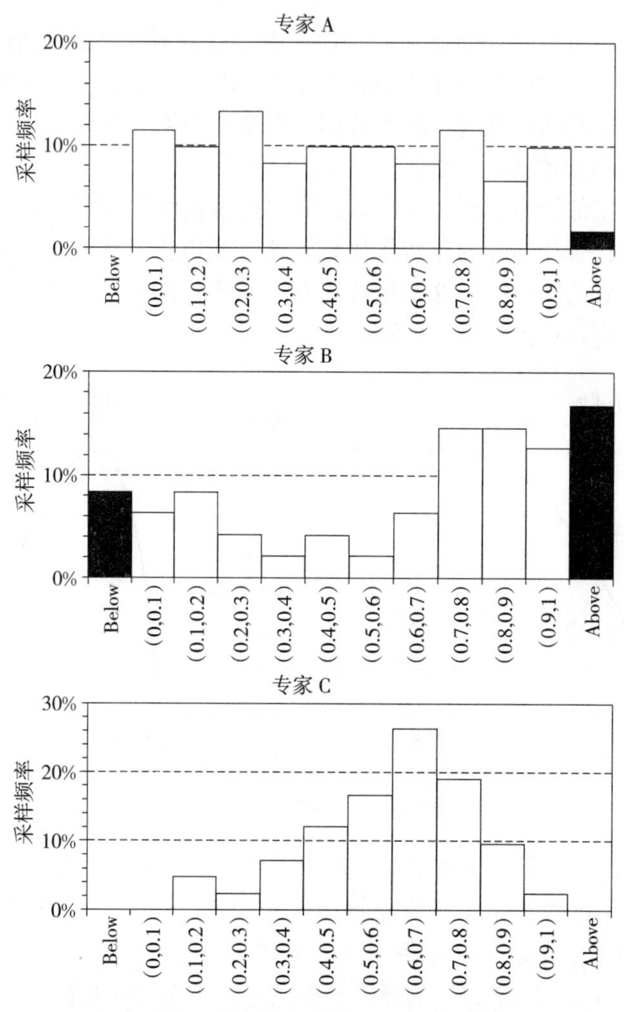

图 14.17 SME 产出的百分位数直方图。百分位数被分成 10 组，（有大量值时）大概每组 10%百分位数值落在每个直条内。专家 A 被很好地校正，专家 B 给出的评估过窄且倾向低估，专家 C 给出的估计过宽且倾向高估

专家有时也会被要求估计一个将发生的事件的概率，这不是一个简单的任务。理论上，通过将估计概率分类成条形图（如图 14.17 中的条形图），可以大致的评估出一位 SME 有多么善于给出这些估计值，以及判定风险事件实际发生的比例。很明显，被认为有 10%～20%概率发生的风险，大约有 15%会真正发生。但是，在最低的和最高的范畴内，这个规律被打破了，因为认为很多已识别出的潜在的风险有一个非常小的发生概率，所以将几乎无法真正获得任何观察结果。

14.5 进行头脑风暴会议

当问题最初的结构已经被确定时，就需要对关键的不确定性因素进行主观评估，与一些

该问题领域内专家开展一次或多次头脑风暴会议通常是非常有用的。如果这个模型覆盖几种不同的学科，如工程、产品、营销和金融，那么为每一个学科团体和每一个人都开展一次头脑风暴会议也许更好。

头脑风暴会议的目的是为了保证每个人拥有同样的与这个问题密切相关的信息，并讨论这个问题的不确定因素。在一些风险分析书中，分析师被鼓励在这些会议中决定每一个不确定性参数的分布。我尝试过这种方法并发现做好是非常困难的，因为这非常依赖于团体的动态控制：确保声音最大的人没有占用所有的发言时间，鼓励个人表达他们自己的观点而不是附和领导者等。这些会议也可能会拖延，并且有些专家不得不在会议结束前离开，这些都降低了会议的效率。

在头脑风暴会议中，我的目标是确保所有的与会者，对于这个问题的风险和不确定性将带着同样的观念离开。这可以通过做以下事情来实现：

- 在会议前，集中所有的相关信息，并将这些信息在与会专家中传阅。以直观且便易于理解的形式呈现数据，如尽可能利用散点图、趋势图、统计资料和直方图，而不是数字列表。
- 在会议中，鼓励对问题中的变化性以及不确定性进行讨论，包括逻辑结构和所有的相关关系。讨论不确定性变量产生极值的情况，从而对总的不确定性的真实程度有所了解。一些专家也许还会有额外的信息可以添加到现有的资料中。
- 分析师担当主持人的作用，确保本次讨论是有组织的。
- 做好会议记录，之后在与会者中传阅。

在一个紧接着头脑风暴会议的适当但简短的思考时间后，分析师与每一位专家进行个人交谈，并尝试确定他们对于被讨论变量的不确定性的观点。引出他们观点的方法将在 14.6.1 中讨论。因为所有专家的知识水平相同，他们对于不确定性的估计结果应该是相似的。观点之间有很大区别的地方，可以再召集专家讨论这些问题。如果不能达成一致，相冲突的观点可以像在 14.3.4 中描述的那样处理。

我相信在头脑风暴会议中，下面的步骤在尝试确定分布上有一些独特的优点：

- 每位专家都被给予时间思考这个问题。
- 受益于与其他专家讨论之后，每位专家可以形成自己的观点。
- 给予安静的人和主导会议的人同样多的关注。
- 专家观点之间的不同点容易被识别。
- 整个过程能以一个十分有序的方式进行。

14.6　进行访谈

早期的阻力

一般能通过相关专家和建立模型的分析师之间一对一的访谈，确定一个参数的不确定性的专家观点。在准备这样的访谈时，分析师应该熟悉各种建立专家意见模型的方法，在本章前面部分已经描述了这些方法。他们也应该熟悉各种主观评估中的偏倚和错误的来源。而已经被提前告知有访谈的专家应该已经评估了所有他们自己的，或在上述的头脑风暴会议中的相关信息。

偶尔专家在以分布的形式给出评估时会有一些早期的阻力，特别是如果他们之前没有经历过这个过程。这也许是因为他们不熟悉概率理论。或者，是因为他们也许感觉他们对变量的了解很少（可能是因为变量十分不确定），以至于他们发现连做出一个单点估计都很困难，更别提一个完整的概率分布。

我喜欢首先解释怎样通过使用不确定性分布来允许专家表达他们缺乏确定性。我会解释给出一个参数不确定性的分布不需要对概率理论有太多了解，相比于单点估计，也不需要对参数本身有很多的了解——正好相反，我们不需要更多的理论知识。这给予了专家一种表达他们缺乏对这个参数确切的相关知识的方式。在过去他们的单点估计总是注定不会精确发生，现在，如果真实值落在了分布范围内的任何地方，利用分布做出的估计都将是正确的。

下一步就是讨论这个参数的不确定性的性质。我更乐于让专家解释他们是怎样看待这个不确定性的逻辑，然后再把我所听到的建立模型而不是强加给他们一个在我头脑中已拥有的结构。

修正评估的机会

如果专家在访谈之前被告知他们在之后的时间有机会修正他们的评估，那么他们在给出评估时会感到更舒服一些。给专家留下一份每个评估的打印副本并让他们做一份分析师记录的副本也是一件很好的事情。需要注意到，副本应该有日期，这是很重要的。因为专家的意见可能在发生一些事件之后，或是获取更多的数据之后发生明显的改变。

14.6.1 获取专家意见的分布

一旦模型被充分地分解，对于模型中每个独立的部分，通常不需要提供非常精确的评估。实质上，三点评估通常是十分充分的，三点即最小值、最可能值和最大值，专家相信这些值是可以取到的。这三个值可以被用来定义一个三角分布或是 PERT 分布的某些形式。我更乐于利用一个校正的 PERT 分布，如 14.3.2 中描述的那样，因为这个分布有一个自然的形状，这个形状将总是比三角分布更好地匹配专家的观点。分析师应该通过思考产生这些极值的情况，首先尝试确定专家关于最大值的观点，然后是最小值。然后询问专家关于那个范围内最可能值的观点。以（1）最大值、（2）最小值和（3）最可能值这样的顺序确定参数，将在一定程度上消除 14.2.2 中描述的“锚定”错误。

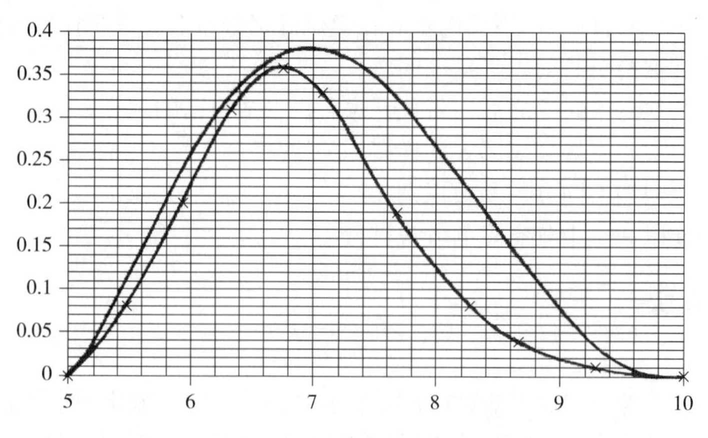

图 14.18 绘制专家意见分布图

有时，一个模型不能被完全分解成几个部分，导致模型的输出结果被一个或多个个人的主观评估强烈影响。当事件是这种情况时，应利用一个更严密的方法来获取专家意见而不是使用三点估计。在这种情况下，修正 PERT 分布是一个好的开始，但是在回顾了所绘制的分布之后，专家可能仍想小小的修改一下图形。这能用图 14.18 所示的钢笔和绘图纸做到。

在这个例子中，市场经理相信她的公司在下个月将出售的毛织品的数量至少是 5t，不超过 10t，最可能是 7t。随后用这些数字来定义一个 PERT 分布，并将这个分布打印在绘图纸上。再经考虑，经理确认对右尾端的强调有些过多，并画出了一个更符合实际的形状。这个修正的曲线能被转化成一个相关的分布然后输入到模型中。叉号被放在了曲线上有意义的点上，以便于在这些叉号之间画出直线产生一个合理的近似分布。随后读取每个点的 x 和 y 值并标注。最后，经理要为这些记录标明数字并注明时间。

上面的方法很灵活，对于被提问的专家来讲十分精确和易懂。使用 RISKview 软件，这个方法不需要钢笔和绘图纸也能用。

图 14.19 展示了使用 RISKview 的相同例子。将 PERT（5，7，10）分布（顶端的控制板）移动到 RISKview 工具 Distribution Artist 中，然后使用一个自定义数目的点（这个例子中为 10 个），这个 PERT 分布就被自动地转化成了一个相对分布（底端的控制板）。通过上下滑动这些点，这个分布现在就能被纠正以更好地反映专家的意见。这个修正的分布也能直接被视为上升或下降的累积频率表，以此让专家查看累积百分位数是否有意义。当最后的

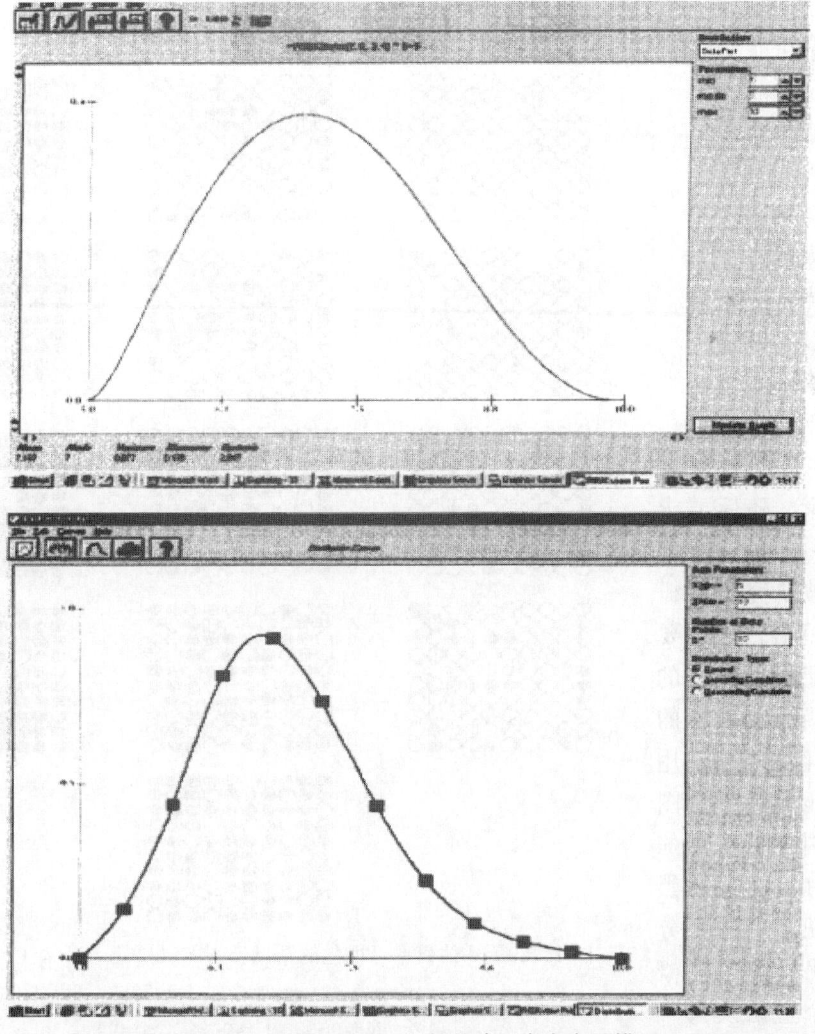

图 14.19　利用 RISKview 软件建立专家意见模型

分布被确定后，点击图标能直接将这个分布输入一个电子表格模型中。

14.6.2 离散概率的主观评估

专家有时会被要求给出一个离散事件发生概率的估计。这对专家来讲是一个困难的任务。它需要专家对这些概率有一些了解，而这些概率的获得与修正都是很困难的。如果这个问题中的离散事件在过去发生过，分析师可以通过呈现数据及一个可能来源于这些数据的 Beta 概率分布（见 8.2.3）来帮助专家。然后专家可以基于这些可用的信息来给出他们的观点。

但是，过去的信息和正在处理的问题间不相关是很平常的。例如，政治分析师不能使用过去的人民选举结果作为指导来评估工会是否将赢取下一次选举。他们将不得不依赖于他们对现在政治环境的直觉。事实上，他们将被要求凭空选出一个概率——这是一项令人气馁的任务，而必须使 60%和 70%之间的区别可视化，所带来的困难也使这项任务更加复杂。一个避免这个问题的可能方法是向专家提供一系列概率短语：

- 几乎确定
- 非常可能
- 高度可能
- 相当可能
- 有可能
- 机会相当
- 不太可能
- 相当不可能
- 高度不可能
- 非常不可能
- 几乎不可能

将这些词组排序并且告知专家。随后要求专家选择一个最适合他们对每个被研究事件概率理解的短语。最后要求他们匹配尽可能多的短语使这些有代表性的概率具体化。例如，用一个短语匹配随机从图 14.20 托盘中取出黑球的概率。因为我们知道黑球在每个托盘中的百分比，我们就能将一个概率和每一个短语及每一个评估的事件联系起来。

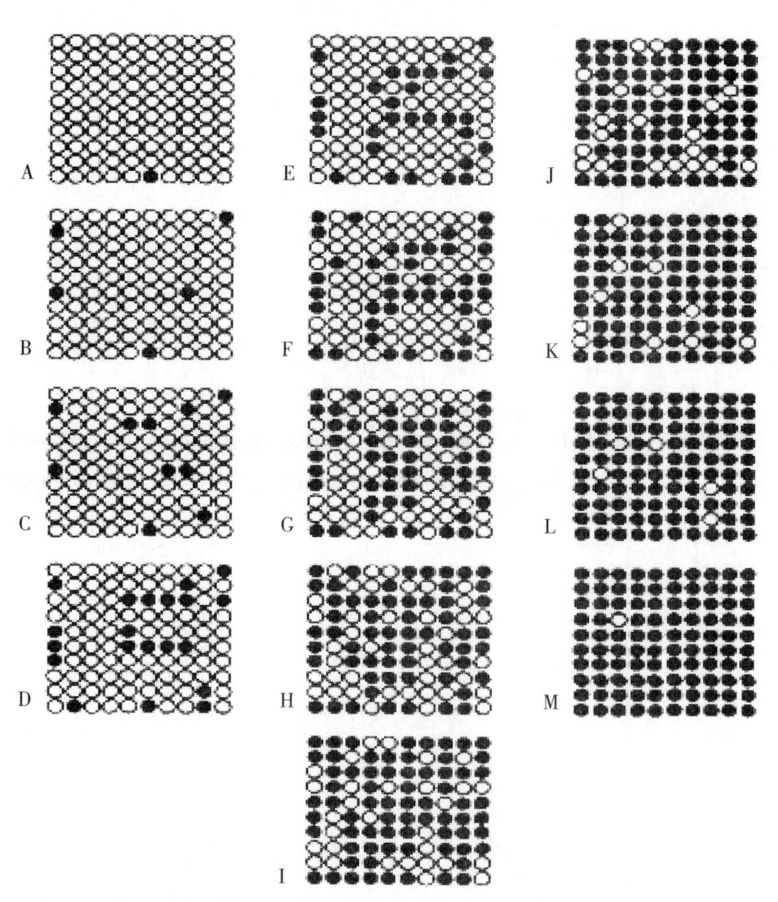

图 14.20 评估概率可视化的帮助：A=1%，B=5%，C=10%，D=20%，E=30%，F=40%，E=50%，H=60%，I=70%，J=80%，K=90%，L=95%，M=99%

14.6.3　对非常低或非常高概率的主观评估

风险分析模型有时可以合并一些非常不可能的事件。例如，非常小概率发生的事件。在决定把罕见事件合并到模型中之前，建议读者复习 4.5.1。通常通过联合风险发生的概率和它应该产生影响的分布来建立罕见事件的风险模型。例如，一个大型地震发生在一个化学车间里的风险可能为一种罕见风险。对这个车间影响（就损毁和失去的产品等而言）的分布能进行合理的评估，因为做出这个评估有一个基础（一次地震中风险的最主要组成：复位的费用、修复需要的时间、生产率等）。但是，一个地震发生的概率评估起来远没有那么简单。因为这样的地震很罕见，这个概率评估就将会有很少的事件记录作为基础。

当不能根据数据估计非常不可能发生的事件的概率时，经常要向专家咨询他们的观点。这种咨询是充满困难的。就像我们中的其他人，专家会非常不愿意了解任何小概率的事件，除非有足够的数据作为基础来评估（这种情况下他们能基于被观察事件发生的频率给出他们的意见）。专家能做到的最好的事情，就是将事件和概率已被很好定义的其他小概率事件的发生频率作比较。图 14.21 在一张图中列出了一些被很好定义的小概率事件，读者也许会觉得有帮助。

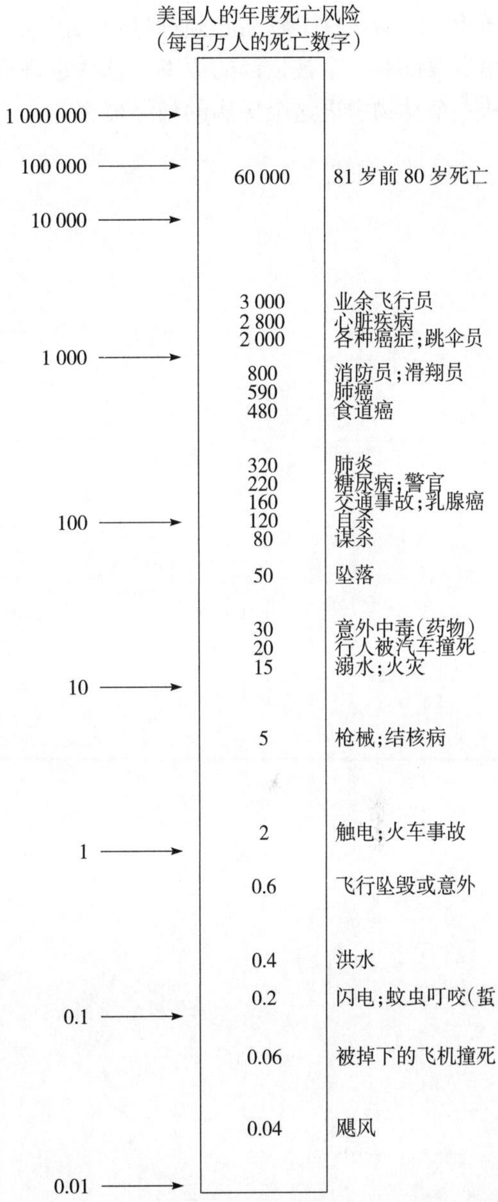

图 14.21　帮助征求专家意见的（美国人）风险梯状图（来自 Williams，1999，经作者允许后使用）

评估罕见事件概率的错误将对风险分析产生非常大的影响。想象两位专家评估一个燃气涡轮失败风险的预期花费，他们都估计燃气涡轮失败将会花费公司大约（600 000 ±200 000）英镑。但是第一位专家估计的这个事件发生的概率为每年 1∶1 000，而第二位专家是每年 1∶5 000。两个人都认为概率非常低，但是第一个评估的预期花费是第二个的 5 倍，如 600 000 英镑 * 1/1 000=600 英镑，600 000 英镑 * 1/5 000=120 英镑。

一些罕见事件概率的估计有时能被分解成一系列更易于确定的连续事件。例如，一个核电站冷却系统失灵需要所有安全机制同时失灵。冷却系统失灵的概率随后就变成每个安全机制失灵的结果，每个安全机制失灵的概率比这个事件总概率更容易评估。另一个例子，在流行病学中，对于通过进口引入外来疾病的风险的评估，这个方法的普及度越来越高。首先，进口的物品（动物、蔬菜或其他产品）要携带这种疾病。其次，这个物品必须逃过来源国家的质检。之后，这个物品必须逃过输入国家的质检。最后，它必须感染一个潜在的宿主。每一个步骤都有一个被估计的概率（这些也许能被分解成更多）。最后，将这些概率相乘来确定从一个动物引进这个疾病的最终概率。

第15章

因果关系的检验及建模

因果关系的检验及建模是很多书籍的主题。假使你擅长数学且实事求是，我会向你推荐Pearl（2000）、Neapolitan（2004）及Shipley（2002）的书，因为这些著作讲解透彻并具有较强的可读性。鉴于因果推断的具体方法深深地扎根于统计学中，我将把其解释工作交由上述书籍来完成。在本章中，我将以风险分析的视角来探讨一些有关因果性的实际问题。之所以将其作为一个独立的主题，是为了使你避免犯一些荒谬的错误，这些错误都是我在过去几年中审查一些模型和科学论文、作为专家证人在法庭上辩论或是在看电视新闻时偶然发现的。此外，本章还涵盖了几个简单、实用又颇为直观的原则，它们能助你检验有关因果关系的假设。

虽然因果推断的思想在诸如计量经济学（Pearl在书中曾为当前计量经济学实践中缺乏严密的因果思想而痛惜不已）等领域有一些潜在的应用，但因果推断主要应用于健康问题，所以在本章中我将采用健康问题作为例子。我们试图用因果模型回答三种不同类型的问题：

- 预测——在特定的一组条件下会发生什么？
- 干预——控制一个或多个条件会产生什么影响？
- 反设事实（counterfactual）——若一个或多个条件变得不同，将会产生什么影响？

在一个确定性（非随机）的世界里，对于因果性存在着明确的解释。《犯罪现场调查：迈阿密》(CSI Miami）及其衍生剧和所有这类医学剧都十分有趣。这是由于作为观众，我们想要弄明白究竟发生了什么—是什么导致这周内的（系列）谋杀发生。当然，这类节目都会以案件得到满意的解决而告终。我曾经被滞留在一家美国的机场旅馆，有一个真实的犯罪现场调查（CSI）会议正好在那里举行。参会的探员们都热心地告诉我实际情况和电视剧里大有不同：他们并没有豪华汽车、酷炫的制服、超精密的设备和洒满忧郁灯光的时尚办公室。更要命的是，当他们搜寻指纹库时，如果够走运的话才会得到一份十几个人的嫌疑人名单。当然，有时很可能什么都查不到，这时真相会更加扑朔迷离。

在风险分析的世界里，我们需要处理的是因果关系，这类关系往往在本质上是基于概率。例如：

- 如果你吸烟，就将你一生中患肺癌的概率记为x。
- 如果你不吸烟，就将你一生中患肺癌的概率记为y。

我们都知道$x>y$，这就让“是一位吸烟者”成为一个风险因素。但是由于生物学梯度（biological gradient）的存在，现实要比这复杂得多：在这种情况下吸烟越多的人其患肺癌的可能性就会越大。如果我们想进行一项研究来探究吸烟与肺癌之间的因果关系，那我们不仅要研究人们吸烟与否，还应该研究一个人究竟吸了多少烟、吸了多长时间及以何种方式来吸烟（雪茄、有无过滤嘴的烟、烟斗、浅吸还是深吸、品牌等）。由于人们可以在一段时间内改变他们的吸烟习惯，这会使情况变得更为复杂。例如：

- 如果你携带火柴，就将你一生中患肺癌的概率记为 a。
- 如果你没有携带火柴，就将你一生中患肺癌的概率记为 b。

我并没有做过这项研究，但我确信会有 $a>b$，即使携带火柴不应该是一个风险因素。虽然正确的统计分析会得出携带火柴（或打火机）与使用烟草制品间具有高度的相关性，但一个明智的统计学家会弄明白携带火柴这一因素应该从统计分析中剔除。而不受控制的统计学分析则会得出一些奇怪的结果（试想我们并不知道烟草与癌症有关，并且没有收集任何与烟草有关的数据），所以我们应该应用一些特别的思想来建立和解释一个统计学模型。首先，我们需要如下几个定义：

- 风险因素是个人行为或生活方式、环境或性格（这些被认作是对一个特定的不利情况有正面或负面影响的因素）的某一个方面。
- 反设事实世界（counterfactual world）是指除一个以某些方式变化的暴露外，其他各方面都是与我们的世界相似的一个世界。该暴露可以是危险因素，或是人们的行为或性格，或是一些其他影响暴露的改变。反设事实世界是一个流行病学上的假设概念。
- 人群归因危险度（population attributable risk，PAR）（在很多其他著作中亦被称为人群病因学分数）是指人群中归因于危险因素暴露的发病率比例。人群的发病率会在一个反设事实世界（其中与危险因素有关的影响并不存在）中成比例减少，PAR代表了这个比例。

这些概念常被用于帮助构建这样一种情况：当消除某个风险因素时，未来会看起来如何。但是，由于这些概念只在理论上涉及一个现实世界和一个不存在风险因素的反设事实类似世界之间的比较，我们需要更加谨慎一些——对未来进行预测意味着必须假定未来世界和那个反设事实的世界一样。

在计算 PAR 时，必须考虑风险因素之间的相互作用。现考虑如下两种情形：①两个风险因素中的任一个的存在都会导致兴趣事件的风险概率很高；②总体中有显著的比例同时暴露于这两个风险因素。在这种情况下，由于风险因素为了使影响一样而相互竞争，所以它们存在很多重叠部分，并且任一个单独的风险因素影响较少。此外，同时暴露于两种化学品可能比单独暴露于每一种化学品产生的影响更大。当两个危险因素共同作用或单独相互竞争时，需要考虑协同作用与颉颃作用。其中，协同作用更为常见，所以两个或多个风险因素组合的 PAR 通常大于单独的 PAR 之和。

15.1 有关弯曲杆菌的实例

为了查明人们为何最终都会罹患某种食物中毒（弯曲杆菌病），美国的 CDC（即著名的疾病预防与控制中心）曾进行了一项大型调查。当一种称做弯曲杆菌的细菌进入人的肠道，找到一个适宜、安全的位置并繁殖（形成菌落）时，就会得弯曲杆菌病。因此，导致得弯曲杆菌病的事件顺序必须是先暴露给该细菌，然后这些细菌在通过胃部时要能够存活下来（胃酸可以消灭它们），最后才能建立起一个菌落。要想观察其感染过程，我们就需要让人患上该病。而要想该病得到确诊，医生就得让患者提供粪便样本，样本在经过培养后，才能分离、鉴定弯曲杆菌。弯曲杆菌病患者在经历1周左右的病程后，其病往往会自行消退。所以很多人在医护人员还没能观察到弯曲杆菌时，就已经感染弯曲杆菌病。

美国这项调查研究是为确诊患者的行为方式，在试图对他们同其他人在性别、年龄等方面进行匹配，并确认其无罹患食源性疾病经历后，找出这两组人在行为方式上的不同。这就是所谓的病例对照研究。现列举一些关键因素如下（＋表示与疾病有关，－表示与疾病无关）：

1. 吃过烤鸡肉（＋）
2. 在餐馆吃过饭（＋）
3. 是青年男性（＋）
4. 有医疗保险（＋）
5. 处于社会经济底层（＋）
6. 家中还有一人患病（＋）
7. 是老年人（＋）
8. 经常在家吃鸡肉（－）
9. 养了犬或猫（＋）
10. 在农场工作（＋）。

看看是否和现实一致：

- 因素1合理。因为弯曲杆菌寄生于鸡身上且经常能在鸡肉中被查到。此外，人们不十分注意个人卫生，并且在烧烤时火候控制不好（卫生小贴士：当你烤好一块肉时，要把它放到另一个盘子里，而不是放进之前用来装生肉的盘子）。
- 因素2合理。因为餐馆厨房会有交叉污染，所以尽管你吃的是素汉堡，但同样可能会被鸡身上的弯曲杆菌感染。
- 因素3合理。因为在年轻的时候，往往不重视锻炼自己的烹饪技巧，第一次离开家门的时候会感觉情况变得很糟。
- 因素4在一定情况下合理。例如，在美国，去看医生很贵，但那却是确诊感染的唯一办法。
- 因素5可能合理。因为贫穷的人往往会吃较为劣质的食品，并且去那些份量大、档次低的餐馆吃饭（涉及因素2）。
- 因素6明显合理。因为粪—口传播是已知的传播途径（卫生小贴士：认真洗手，尤其是你生病的时候）。
- 因素7合理。因为老年人的免疫系统较差。不过也可能是因为他们去餐馆更多（或更少?），或是他们更喜欢吃鸡肉等原因。
- 因素8看似不合理。但许多研究表明，如果你在家中吃鸡肉的话，你生病的可能性会较小。可能是因为这样就降低了去在餐馆吃鸡肉的可能性；可能是因为做饭的人更加富裕，或更加在意他们的食物；还可能（根据现有的理论）是由于这类人群定期并少量地暴露于弯曲杆菌后，其免疫系统有所增强。
- 因素9看似更不合理。可能是动物吃的宠物食物中含有弯曲杆菌，也可能是由于它们吃了未煮过的食物残渣，然后交叉传染家庭成员。
- 因素10合理。很明显，在鸡场工作的人更有风险；但是农场一般只会有少量的鸡，或者会买进粪便当作肥料，或者是把鸡窝的垫草当作牲畜的饲料。其他动物也会携带弯曲杆菌。

由于上述的每一个因素都在本研究（及其他研究）中通过了统计学显著性检验，并且都能有一个可能的合理解释，所以它们均可被认作是危险因素。当然，可能的合理解释往往是可以预知的。这是因为调查内容都事先由问题组合而成，设计这些问题的目的是为了检验可疑的危险因素，而不是为了检验那些未经考虑的因素。请注意，因果关系的论据常以某些方式相互关联，这就导致很难查明每一个因素单独的重要性。在有适宜控制的条件下，统计软件能够处理好这类问题。

15.2 分析数据的模型种类

为了判定变量（可能的风险因素）之间假设的因果关系量级，数据可由一些不同的方法来进行分析。请注意，正如同无法确证某种理论一样，这些模型也并不能确证某种因果关系，而只是能推翻它。

- 神经网络——在数据集内与一组个体相关联的某些变量之间寻找特定模式。神经网络能找出这些数据集内的相关性，并且能通过条件变量的值，预测一个新的观察结果将会位于何处。但是神经网络并不能进行因果关系解释，从本质上看它更像是一个黑匣子，常被用于风险分析。例如，神经网络可用于评估与信用卡或抵押申请有关的信用风险水平，或确定在机场里存在疑似恐怖分子或走私者的可能性。神经网络并不能确定出一个人可能具备低信用风险的原因，它只能将其与某些无力偿还账单者的典型行为或记录进行匹配，如之前有过违约、频繁更换工作和没有家庭等。
- 分类树——用于通过划分病例对照数据来从上到下列出影响关注结果的最重要因素。当样本依照每一个可能的解释变量被分开时，上述过程就可以通过观察存在部分兴趣（如疾病）结果的病例组与对照组之间的差异来实现。例如，现进行一项有关肺癌的病例对照研究，人们会发现吸烟者中患肺癌的比例比不吸烟者中患肺癌的比例要大得多，这就形成了树中的第一个分叉。接着只看不吸烟者，人们会发现在一个有烟环境中工作的人患肺癌的比例比那些没在有烟环境中工作的人患肺癌的比例要高得多。在用完所有变量或变量不再具有统计学意义之前，不断地对总体进行划分，就可以求出哪一个变量是下一个最与风险差异相关的变量。
- 回归模型——logistic 回归主要用于判定一个数据集中的变量和预测变量之间是否存在一定关系。将希望预测的二分类（两个可能结果）变量的“成功”（如发生疾病）概率记作 p_i，可通过回归方程与各种可能的影响变量联系起来。例如：

$$p_i = \frac{1}{1 + \exp\left[\sum_{j=1}^{k} \beta_j x_{j,i} + \text{Normal}(0,\sigma)_i\right]}$$

  其中下标 i 表示每一个观察值，下标 j 表示数据集中每一个可能的解释变量，数据集中共有 k 个变量。逐步回归有两种形式：前进法——开始时并无预测变量，随后逐步增加变量，直至在匹配数据时没有统计学意义；后退法——开始就纳入全部的变量，随后不断剔除最没有意义的变量，直至模型的统计学预测能力开始变差。通过引入协方差的概念，logistic 回归能够考虑可能的风险因素之间的重要相关关系。但如同神经网络一样，logistic 回归没有内置因果关系思想。

- 贝叶斯信念网络（又称做有向无环图）——经观察可知，它们是由通过弧线（概率关系）连接起来的节点（观察变量）组合而成的网络。贝叶斯信念网络最接近于因果推断思想。基本上，你能使 DAG 软件运行一组数据并产生一组条件概率——这听起来很不错，并且从客观上来讲也十分方便，但是这些网络需要借助人们的经验才能得知这些弧线应指向何处，即影响的方向究竟是什么（假如它们都存在的话）。虽然我坚信应该把某些限制条件分配给这个模型要检验的内容，但是你要确保知道自己应用这些限制条件的原因。引用 Judea Pearl（Pearl，2000）的话来讲："在每个因果关系的哲学研究中，服从人类的直觉是充足的终极准则，将背景信息并入统计研究的合适性有赖于因果判断的准确解释"。

上述每一种方法都可以通过商业软件来实现。这些软件使用的算法通常是特有的，对于同一数据集它们会给出不同的结果。这令人十分沮丧，并且这为那些正寻求一个特别解的人（请不要这样做）提供了机会。在上述所有的方法中，把数据拆分为一个训练集和一个验证集都是十分重要的一步，它能检验软件在训练集求出的关系是否能合理并准确（例如，以决策者所需要的精度）地预测验证集中的观察结果。最好的做法是重复地将数据随机分配到训练集和验证集中。

15.3　从风险因素到原因

假定已经完成了对数据的统计分析，并且已经用软件得出了一系列风险因素。可以通过统计分析输出的数值结果来计算对每一个因素的 PAR。由于 PAR 与你试图回答的决策问题有关，所以你应该加入自己的判断。

以弯曲杆菌研究为例。首先你需要了解几个关于弯曲杆菌的知识。这种细菌在其自然宿主（如鸡、鸭和猪等动物中，它并不致病）体外不会生存太久，所以它并不会在地面、水中等地方蓄积。虽然很多人会不经意中携带这种细菌，但是弯曲杆菌在人的肠道中也不能生存太久。这意味着，如果能够清除动物宿主中的所有弯曲杆菌，就将不再出现人类患弯曲杆菌的病例（旅行获得的感染除外）。我曾是美国食品药品管理局的首席风险分析师，那时想要估计被家禽感染的耐氟喹诺酮类弯曲杆菌病患者的数量——氟喹诺酮的作用是治疗患有呼吸疾病的家禽（尤其是鸡）。这类疾病是由于家禽住在通风条件较差的棚屋内，其尿液散发出的氨气使其肺黏膜剥脱所致。我们可作如下推断：假设有 100 000 个人罹患了源于家禽的弯曲杆菌病，并假设家禽上的弯曲杆菌中有 10%是耐氟喹诺酮类的，那么大约有 10 000 个患者就不能通过给予氟喹诺酮（这种抗菌药也常用于治疗食物中毒的疑似病例）来治疗。并且，我们使用了 CDC 的研究和其对于 PAR 的评估结果。最终，这个案件上了法庭，反方（药物赞助商，其抗菌药的销售对象中，鸡场远比个人要多）雇用的风险分析师在《信息自由法案》下获取了 CDC 的数据，并用不同的工具进行了各种各样的统计分析。他总结道："基于 CDC 的病例对照数据，更为真实的评估结果是：根据缺失数据值处理方法的不同，归因于鸡的病菌的比例在－11.6%（保护效应）与 0.72%（与 0 没有统计学意义上）之间"。就是说，他用－11.6%这个归因分值来表明鸡是一种保护因素，所以在反设事实的世界中，没有感染弯曲杆菌的鸡，将会有更多的弯曲杆菌病，即假如我们能够清除弯曲杆菌的最大暴露源（家禽）的话，将有更多的人会得病。换句话讲，他认为家禽上的弯曲杆菌是一种保护因素，而其他来源的弯曲杆菌则不是。

例如，这个风险分析师应用分类树判定出主要的风险因素按重要性从大到小依次是：参观农场、旅游、有宠物、饮用未经过滤的水、是男性（然后是在家吃牛肉、吃六七分熟的汉堡、买生鸡肉）或是女性（然后是有医疗保险、吃高级快餐、在家吃汉堡等，最后才是在家吃鸡肉）。请注意，鸡肉在两类顺序中都处在最后。

那么，这个风险分析师是如何论证“吃鸡肉实际上是一种保护因素，其并没有造成弯曲杆菌病的威胁”这一观点的合理性的呢？其实，他是通过曲解这些风险因素来做到这一点的。考虑人们都是中性（既不是男性也不是女性）的反设事实毫无意义，而且无论如何，由于中性人并不存在，我们无法得知他们的行为和男性或女性的行为到底有何不同。我们到底是否应该将人们有无医疗保险纳入被赋予 PAR 的风险因素呢？我认为不该如此。或许所有这些因素真的都与风险相关——也就是说患弯曲杆菌病的概率与每一个因素都相关，但它们并不是决策问题背景下的风险因素。尽管可以改变报道和治疗的病例数，但我并不认为通过支付人们的医疗保险，就能使病例数也得到改变。为了了解有多少弯曲杆菌病来源于鸡，需要根据弯曲杆菌传染源的不同来进行细分。这就引发了人们对于 PAR 计算的关注：由于餐馆的厨房里有弯曲杆菌，在餐馆用餐就成了唯一的风险因素。厨房里为什么会有弯曲杆菌呢？最大可能是有鸡。但也有可能是厨房里有鸭和其他家禽，虽然美国人吃这些家禽非常少。有时也有可能是因为一位不讲卫生的厨工无意中携带有弯曲杆菌，但他最初又是从哪里感染弯曲杆菌的呢？最大可能是从鸡那里。性别①这一因素不再被认为是风险因素，而有宠物（主要是幼犬）这一因素与风险有关与否却仍然颇具争议。这是由于幼犬很可能被有污染的肉所感染，而不是因为其本身是天然携带者。只关注弯曲杆菌的来源，将会有更好的视角。尽管少量暴露因素（在家吃饭）只是可能的保护因素，但它可以预防其他几种主要来源于鸡的弯曲杆菌暴露。最终得到的风险归因与 CDC 通过其自己的调查数据所确定的完全一致。

我们最终赢得了官司，但意外的是，那个风险分析师的证词并没有因为不可靠而被驳回，这在很大程度上得益于其精心挑选和被引用的那些论文。

15.4 评价证据

第一个检验是考虑是否存在一种已知的或可能的因果机制能将两个变量联系起来。为此，你或许需要跳出思维定势来思考：由于人们深爱着其所看好的理论，故他们曾不顾大量证据与之相违背而认为某事是不可能的，诸如此类的例子在科学的历史中不胜枚举。

第二个检验是时间顺序。如果变量 A 的一个改变对变量 B 有影响，那么 A 的这个改变应该发生在 B 随之产生的改变之前。假如一个人死于辐射中毒（B），那么这个人肯定在之前的某些时间里遭受过大剂量的辐射（A）。常应用统计学来检验时间顺序，一般是应用某种回归。但要注意的是，时间顺序并不意味着因果关系。试想有一个变量 X 同时影响着变量 A 和 B，但是 B 的反应比 A 更快。倘若没有观察到 X，那就会以为 A 所呈现的某些反应和 B 稍早的反应强烈相关。

第三个检验是通过某些方式判定可能因果效应的大小。这就是统计学发挥作用的地方。

① 不是“gender”，有一天听英国上议院辩论时，我发现“gender”是用来指一个人内心自认为的性别，而“sex”是用来指根据我们与生俱来的生殖器官来判定的性别。

从风险分析的视角来看，通常关注的是对于这个世界能够改变什么。这从根本上表明，所真正感兴趣的仅仅是判定能控制的变量和那些感兴趣的变量之间因果关系的量级。风险分析师并不是科学家——工作不是提出新的理论而是应用现有的科学（或金融学、工程学等）知识来帮助决策者做出概率决策。然而，作为风险分析师，我认为所擅长的是置身事外来考虑事情，质疑某些深入人心的观点正确与否，并接着提出一些棘手的问题。当然，也很可能根据现有证据的支持来提出关于世界的另一种解释，这固然很好，但提出的解释必须要经过科学界的认可以后，才能被用以提供决策建议。

15.5 因果论据的局限

我的儿子才刚到问“为什么?”的年纪，我就觉得我们之间将会有没完没了的对话：“爸爸，为什么飞机能呆在空中?”，“因为它有机翼”，“为什么会这样?”，“因为机翼能把它举起来”，“为什么会这样?”，“因为当飞机运行很快时气流会向上推动机翼”，“为什么会这样?”。我想，我对于伯努利方程的一些模糊记忆对于回答问题应该不会有太大帮助。对话的最后，不可避免地会说“我不知道”。我终于明白了为什么孩子们喜爱这个游戏——一旦回答了三四个问题，这些父母就到了认知的极限。我儿子将很快发现我毕竟不是什么都知道，他对我的崇拜之情会迅速降低（他已经认识到不是他打破的所有东西我都能够修好）。

因果思想同样如此。有时候我们将不得不接受这样一个事实：在使用一些因果关系时，其实并没有真正明白为什么会这样。幸运的话，一个基于良好数据的统计分析、一些经验知识甚至一个说得过去的感觉都能对因果关联提供支持。假如我们追溯得够远，自认为所知道的一切都是以假设为基础的。我的观点是，当你完成了因果分析时，要注意到因果分析总是基于一些假设而成的，所以当你在处理某个问题的时候，你有时所需要的只是一个简单的因果分析来进行指导。

15.6 定性因果分析的实例

我们公司在动物健康领域做了很多工作，其中会帮助政府和有关部门来判定动物和人类疾病的风险，这些风险因动物及其相关制品在世界范围内流动而引起或加重。这是风险分析中一个发展较为成熟的领域，研究者们提出了很多模型并撰写了很多指南，确保了接受、拒绝和控制上述风险都具备有科学的理论依据。第 22 章讨论的即是动物健康风险分析。下面，我给出了一个风险分析实例，它将说明：当审查科学文献及官方报告时确实有必要对其进行正当的质疑；并且，在研究某个人们至今尚未完全认识的问题时，即使完全没有定量的资料，也能进行因果关系分析。

15.6.1 问题

一年以前，我被要求对一个跟猪有关并且十分新奇的问题进行一项风险分析。在猪断奶以后，常会感染一种被称为：断奶仔猪多系统衰竭综合征（postweaning multisystemic wasting syndrome，PMWS）的疾病。我以前曾在另一起诉讼案件中对该病做过研究。由于没有人能确定是何种病原体引发了断奶仔猪多系统衰竭综合征，该病名词中用于表示一组症状的“综合征”，就成了兽医们对该病能给出的最好说法。直到不久以前，对“‘综合征’包含的这组症状到底有哪些”这个问题才有了较为一致的观点。最近，贝尔法斯特大学（Belfast University）领导的一个由欧盟资助的团体（EU，2005）认可了一种对于PMWS的群体病例定义。该定义基于如下两个部分：(1) 猪群中的临床表现；(2) 对消瘦患猪尸体的实验室检查（对动物的尸检）。

1. 在群体水平上的临床表现

PMWS的发病特点是猪群死亡率及断奶后的消瘦情况与历史水平相比较有明显的升高。有如下两种方法能用于确认这种升高，其中应尽可能使用1a：

1a：如果猪群中的死亡率已被记录在案，那么下述两种方式中的任何一种均可确认死亡率的升高：

(1) 当前死亡率≥之前时期历史水平的均数＋1.66标准差。

(2) 通过卡方检验对当前死亡率是否高于前期做统计学分析。

在这里，“死亡率”是指在一段特定时间内死猪的数目。“当前”通常是指近1个或2个月，而“历史参考期”应至少是3个月以前。

1b：如果猪群中的死亡率没有记录，死亡率高出国家或地区水平50％即可视作PMWS的指征。

2. PMWS的病理学及组织病理学诊断

每个猪群中至少应对五头猪进行尸检。如果其中至少有一头猪尸检的病理学和组织病理学结果（PMWS的指征）均呈阳性，那么该猪群就可被确认为患有PMWS。这些病理学及组织病理学结果有：

(1) 临床症状包括生长迟缓及消瘦。腹股沟淋巴结肿大，偶发呼吸困难、腹泻和黄疸。

(2) 淋巴组织呈现特征性组织病理学病变：淋巴细胞减少，伴随组织细胞浸润和/或内含体和/或巨细胞减少。

(3) 在受感染猪的病变淋巴组织内检测到中等至大规模数量的PCV2（主要对组织通过免疫染色或原位杂交进行抗原检测）。

为排除导致高死亡率的另一些明显因素（如由大肠杆菌引发的断奶后腹泻或者急性胸膜肺炎），必须进行其他一些相关的诊断程序。

群体病例的定义极其特别：它是一个没有经过病原体鉴定的结果。当人们更好地了解该综合征后，将会修正这个定义。从统计学的角度看，该定义也有些站不住脚。该定义认可了PMWS中的消瘦症状，但在其定义的过程中却仅使用了死亡率。因为只能够在统计学上辨别死亡率和断奶后的消瘦情况与同一群体的历史水平，或其他未受影响的群体之间有无差异，故PMWS只能在一个群体水平上被定义。打个比方来讲，应用该定义无法只对后院的一头猪进行PMWS诊断。

上述的卡方检验是基于对二项变量所做的正态近似法。仅当群体中的动物数量n相当多，并且未受感染和遭受感染的群体中死亡或消瘦的流行强度p都相当高时，该近似法的效果才会好。因此，当群体的数量较少时，从未受感染的群体中辨别遭受感染的群体将会变得十分困难。对于“大于之前历史时期水平的均数＋1.66标准差”的流行强度，以及定义中涉及的卡方表，其另一个前提条件是：当至少有95％的置信度能表明观察到的流行强度大于正常时，才能诊断群体有PMWS。这就是说，当只有95％的置信度能表明群体中的动物死亡或消瘦数量比平常要多的时候，就可以认为该群体呈PMWS阳性。虽然为了一致性需要设立一个标准的置信度，但这表明统计学方法和风险分析方法之间存在差异：风险分析中需要平衡正确诊断和错误诊断之间的成本，并选择能最大限度地降低损失的置信度。

该定义还存在其他的统计学问题。例如，使用流行强度的前提是假定群体中的总数是不变的（全进全出），而不是不断变动的。此外，该定义没有考虑到一些可能的影响因素：农场管理水平的降低可能会增加猪的死亡率和加重其消瘦情况，或者提升农场的管理后可能会抵消并因此掩盖了由 PMWS 导致的死亡数的升高和消瘦情况的加重。

关于 PMWS 的一些其他的定义已经被采纳及使用。例如，在新西兰，是通过最低为15%的断奶后死亡率，连同特征性组织病理学病变及猪体内 PCV2 抗原呈阳性这一标准来对其 PMWS 进行诊断的；在丹麦，不管其是否有 PMWS 的临床症状或者动物数量的多少，均是通过组织病理学结果及猪体内 PCV2 抗原呈阳性这一标准来对 PMWS 进行诊断的。

15.6.2 收集信息

PMWS 作为一个世界性的问题，对于各国的猪群都有一定影响。由于之前一直都没有一个较受认可的定义，并且报告该问题的动机各有不同，所以在不同的国家间比较经验十分困难。在我曾调查过的一个国家里，当地农民说他们那里的 PMWS 似乎有完全不一样的新症状——但是当我私下和当地人交谈时发现：如果该问题就是 PMWS，农民将会从政府那里得到全额补助；相反，如果这是其他更为常见的问题，那他们就得不到补助。另一个我曾调查过的国家曾宣称它那里完全没有 PMWS，这似乎很特别，因为 PMWS 具有普遍存在性，并且在该国检出了在遗传学上难以区分的 PCV2，其水平和其他有 PMWS 的国家十分相似。但该国的猪肉产业想要抵制猪肉进口，根据国际贸易法，该国未受到处肆虐的 PMWS 影响就是一个十分正当的理由。这个国家使用一个不同的（未发表的）PMWS 定义，该定义包括观察一个增长的衰竭率的必然性。此外，有人告诉我，在他们的一个疑似 PMWS 的猪群中，消瘦病猪在政府评估前就被销毁了，这就导致无法观察所需要的消瘦速度。

我所进行的风险分析的实质是，试图判定各种因果理论（如果存在的话）中的哪一个是正确的，并接着判断能否从一系列看似合理的理论中找出一种能为客户控制进口风险的方法。阻碍这样做的主要原因在于，似乎每一位研究问题的科学家都有各自偏爱的理论，并且都完全无视其他理论。此外，他们之所以进行试验只是为了证明而不是驳斥他们自己的理论。我现将众多理论提炼为如下几部分：

- 理论 1：PCV2 是 PMWS 的致病因子，它与猪的免疫系统调节相互协调。
- 理论 2：变异（或突变）了的 PCV2 是致病因子（有时也被称做 PCV2A）。
- 理论 3：PCV2 是致病因子，但该论断仅对那些遗传上更加易受病毒感染的猪成立。
- 理论 4：某个未经确认的病原体是致病因子（有时被称为因子 X）。
- 理论 5：PMWS 实际上并不以一种特殊的疾病形式存在，它是由其他一些临床感染组合而成。

需要指出的是，这五个理论并不完全是相互排斥的——一个理论是正确的不一定就表明其他的理论是错误的。理论 1 可能和理论 2 或 3 或 2、3 一起都是正确的。理论 2 和 3 只有在理论 1 是正确的情况下才是正确的，而理论 4 和 5 是正确的就排除了所有其他理论正确的可能性。因果关系的理论无法被证实，只能被推翻——观察不到某种因果关系并不能排除这种关系正确的可能性。这五个理论及其重叠的部分构成了评价 PMWS 原因的最为灵活的方法。我仔细研究了能够找到的所有（15 个）有意义的证据，并依据每一个证据对这五个理论支持程度的不同，进行如下分类：

- 矛盾（C），意思是如果该理论被证实是正确的，证据中的观察结果就不会实际发生。
- 中立（N），意思是证据中的观察结果没有提供能验证该理论的信息。
- 部分支持（P），意思是如果这个理论被证实是正确的，证据中的观察结果可能会发生，但其他的理论也能产生这些观察结果。
- 支持（S），意思是只有在这个理论被证实是正确的时候，证据中的观察结果才会发生。

15.6.3 结果和结论

具体结果参见表15.1。

表15.1 关于PCV2和PMWS间关系的不同理论与现有证据之间的比较
（S=支持；P=部分支持；N=中立；C=矛盾）

证据	理论1	理论2	理论3	理论4	理论5
1	P	P	N	N	C
2	P	P	N	N	C
3	N	N	N	N	C
4	N	N	N	N	N
5	S	N	N	C	C
6	P	S	N	C	C
7	S	N	N	C	C
8	N	N	N	N	N
9	S	N	N	N	C
10	N	N	P	N	C
11	S	S	N	N	C
12	P	P	P	C	C
13	N	S	N	C	C
14	N	P	N	C	C
15	S	N	S	C	C

- 理论1（PCV2+免疫系统调节引发PMWS）。现有的证据能很好地支持该理论。它解释了断奶后PMWS的发病及其他感染或疫苗的存在，促使免疫系统成为一个辅助因素。它还解释了农场中更为严格的卫生措施是如何帮助控制和预防PMWS的。但该观点本身并没有解释为何在一些国家中观察到的流行病呈径向扩散，也没能解释为何在不同猪之间和猪的不同品种之间所观察到的敏感度存在差异。
- 理论2（PCV2A）。现有的证据同样能很好地支持该理论。它解释了为何在一些国家中观察到的流行病呈径向扩散，但并没有解释为何在不同猪之间和猪的不同品种之间所观察到的敏感度存在差异。
- 理论3（PCV2+遗传敏感度）。仅有少量现有的证据能支持该理论。它可以解释为何相比其他群体，特定群体成为感染对象，以及为何在猪的不同品种间发病率存在差异。

- 理论4（因子X）。能用来检验该理论的全部现有证据均与该理论矛盾。
- 理论5（PMWS实际上不存在）。能用来检验该理论的全部现有证据均与该理论矛盾。

因此，我推断（这有可能是对或错的，在写作本书时我们仍不知道真相）：现有证据表明至少需要如下两个要素才能确诊PMWS：

1. 变异的PCV2比普遍存在的PCV2家族更具致病性。在世界上不同水平致病性的猪群中，PCV2也许存在一些不同的局部变异。尽管农场措施、猪的遗传性和其他疾病的不同水平会是混杂因素，这还是在一定程度上解释了为何在不同国家中的发病率存在明显差异。

2. 其他疾病、压力、活体疫苗等导致了某些免疫反应的调节。PMWS有赖于免疫系统的调节，体外和体内的实验数据都能很好地支持这一理论，并且从实地观察来看，协同感染和压力是主要的风险因素。

另外，有一些来自根特大学（Ghent University）（正好位于我所居住的城镇）的有限但却极具说服力的证据（证据15）表明PMWS发病与第三种因素有关：

3. 特别猪群对变异病毒的易感性。为该报道收集的证据表明，易感性的不同（实质上就是遗传）和猪的上一代没有明显的联系。品种所致的易感性明显不同，意味着易感性可在多代中遗传，也就是说在很多代以后其易感性仍会存在统计学意义，但是一窝仔猪中的不同个体间存在的易感性差异将会超过世代遗传的易感性差异。

15.7　因果分析是否必要？

在对人类和动物的健康风险评价中，我们试图判定影响健康的致病因子。一旦确认了存在不止一种来源，随后就会尝试将风险分配到不同致病因子的来源中。部分（特别是从事人类健康领域的）风险分析师认为，因果分析对于风险分析的正确实施至关重要。

例如，美国环境保护署（U.S. Environmental Protection Agency，EPA）在其关于危险识别（hazard identification）的官方指南中，论述了风险分析过程的第一步："危险识别的目的是判定现有的科学数据是否揭示了环境因素和对人类健康或环境已证实的伤害之间存在因果关系"。环保署的做法是可以理解的。但是，由于长期暴露于某化学品（如某致癌物），要证实某化学品和出现的任何人体反应之间具有因果关系是极其困难的。这是因为很多化学品都能加速造成癌症的发生，并且其发生也可能只是多年来暴露于很多不同种致癌物的后果。我们总不能一开始就假定所有化学品都会致癌。此外，由于现有的数据和科学认识都尚不充分，可能就无法识别出许多致癌物。如果想要保护人类和环境，那么在掌握消除质疑的证据之前，就要开始质疑并且谨慎行事：鉴于某化学品与其他已知致癌物具有相似性，它就也可能是致癌物。

在微生物风险评价中，不论是因为暴露于细菌会直接导致感染，还是因为细菌经过人体肠道时不产生任何反应，我们都可以通过培养粪便样本或分析血液样本得知何种病菌导致了感染，处理这些问题都会变得较为简单。例如，弯曲杆菌导致了弯曲杆菌病，那么依据这个定义，就能推断患弯曲杆菌病的风险一定散布在弯曲杆菌的传染源中。因为在反设事实的世界中，如果把所有弯曲杆菌的传染源都消除，那么弯曲杆菌病将会不复存在。

我认为，理应遵循危险识别的第一步，并尽量收集有关因果关系的证据。尽管缺乏因果关系的确切证据时应该不再怀疑其可能的危害，但不能如此处理。虽然一个可靠但未经察觉的统计推断并不能证明因果关系的存在，但找到一个因果关系仍旧可能提供一些研究线索，从而促使之前未识别的危险因素被发现。所以，应该解放思想，进行广泛的因果关系研究。

第16章

风险分析的优化

Vose咨询公司 Francisco Zagmutt 博士　编

16.1　引言

风险分析师们经常面临的一个问题是如何为相互关联的决策变量找到一组值，以确保结果最优。例如，面包店希望知道以最低价格做出美味面包的最优原料搭配；投资经理希望知道在一定程度的风险下达到最大收益的投资组合；医学研究人员希望知道得到最准确结果的一套实验设计。

本章的目的是向读者介绍优化方法的基本原则和应用。如果想了解更详尽的优化方法，读者可以阅读这方面的专业书籍，如 Randin（1997），Dantzig 和 Thapa（1997，2003）及 Bazaraa（2004，2006）等。

优化方法的目的是找到目标函数中一组相关变量值，从而达到某个效应值最小或最大的需求。目标函数有两种类型：确定性函数和随机性函数。当目标函数在模型中是一个（确定性的）可计算值的时候，只需找到使该可计算值最优的参数组合即可。当目标函数是一个模拟随机变量时，就需要决定跟优化变量有关的统计量（如均数、第95百分位数或者变异系数）。然后最优化算法必须将每一组的决策变量模拟运行并记录统计结果。例如，如果一个人想要计算第0.1个百分位数的最小值，为了达到合理的精确度，就需要对每一组决策变量的检测值进行数千次的迭代，这样会使得优化过程处于不确定性下，并且很耗时。作为一般规则，我们强烈建议如果可能的话尽量找均数来计算目标函数。例如，ModelRisk 中就有许多为特定模型返回统计量的函数。同时，在第8章中讨论的随机模型之间的关系将极大地有助于模型的简化。

首先介绍一个例子：一家宠物食品制造商希望为一个犬粮配方进行原料配置的经济优化，他可以选择不同的商品（就是以玉米或小麦作为主要的糖分来源）。但是制造商想要使用能够最小化生产成本，同时不损失营养价值的成分组合。由于商品的价格在短时间内波动，因此每次签订一个新的商品合同时就需要优化饲料配比。因此，最佳的饲料既能最小化生产成本，又能保证饲料的营养价值（也就是犬健康饮食需要的糖分、蛋白质及脂肪）。

通过这个例子向读者介绍限制优化的概念。限制优化的目标仍是通过改变输入变量使函数的输出最小或者最大。但是现在，某些输入变量的值被自身（如营养需求）的可行值所限制。回到犬粮的例子，如果知道成年犬至少需要18%的蛋白质（以干物质计），那么模型的解将被限制为在最小化成本的同时，仍能保证提供至少18%的蛋白质的原料组合上。一个输入可以有多个限制，如犬的蛋白质需求有最大值（为避免某些代谢性的疾病），这也会是模型中的一个限制条件。

最佳饮食配方实际上是线性规划的一个经典应用，优化内容将在本章后半部分再次详细讨论。

优化需要三个基本要素：

1. 目标函数 f 和它的目标（最小化和最大化）。该函数用于表达模型中变量间的关系。目标函数的输出称为应答、性能指标或标准。

2. 输入变量，也称做决策变量、因素、参数设置和设计变量。输入变量的值要通过优化过程来试验，并且可以对它们实施改变和控制（由于这些变量用于作出决策，因此称做决策变量）。

3. 约束条件（如果需要的话），使优化问题能够获取令人满意的结果所需要的条件。例如，当只有有限的资源时，优化模型中需明确约束条件。变量边界值代表了一种特定的约束，如饮食成分只能取正值，因此它们的边界是 0。

这一章系统地阐述了如何通过这些元素的组合构建优化模型。优化这一领域是非常广泛的，毫不夸张地讲有数以百计的方法可以用来解决不同问题。然而，实际应用中，各种方法的主要区别在于目标函数和约束条件是线性关系还是非线性关系，参数是固定的还是包含有可变性/不确定性的，所有或者部分参数是连续型的还是整数型的。下面介绍基本优化方法的背景，然后给出应用实例。

16.2 优化方法

许多优化方法在不同文献中都有阐述，并且已经应用于商业软件中。这个部分介绍一些风险分析中最常用的方法。

16.2.1 线性方法和非线性方法

在 16.1 中讨论了饮食材料配方的模型，同时提到了这是一个典型的线性规划问题的应用。这个模型是线性的是由于目标函数和约束条件是线性的。线性目标函数的一般形式通常被表示为：

$$\max/\min f(x_1, x_2, \cdots, x_n) = a_1x_1 + a_2x_2 + \cdots + a_nx_n \tag{16.1}$$

f 是需要最小化或者最大化的目标函数，x 和 a 分别是输入变量和系数。

目标函数的约束条件形式为：

$$c_{i1}x_1 + c_{i2}x_2 + \cdots + c_{in}x_n \begin{pmatrix} \leqslant \\ = \\ \geqslant \end{pmatrix} b_i, i = 1, \cdots, m \tag{16.2}$$

公式（16.1）表明，施加在优化问题上的约束条件也必须是线性的，才被认为是有效的线性优化问题。

通过公式（16.1）和（16.2）能够推出两个线性优化的重要假设：相加性和比例性。

- 相加性（additivity）要求目标函数的值是所有变量乘以各自系数后的和。也就是说，不管某个特定的变量是从 10 增加到 11，还是从 50 增加到 51，函数结果的增加都是一样的。
- 比例性（proportionality）要求线性函数中某项的值与这一项变量的数量成正比。例如，优化食物配方时，配方中谷物的总成本与用量呈正相关的。因此，经济规模的概念有悖于比例性的假设，因为边际成本随着生产量的增加而降低。

解决线性规划问题最常见的方法是单纯型算法，这种方法 George Dantzig 在 1947 年发明，用于解决纯粹的线性规划问题。想要更好地了解单纯型算法，读者可以阅读 Dantzig 和 Thapa 在 1997 年出版的一本相当好的书。

线性规划不适用于目标函数中包含二次项的情况，如 $f(x_1, x_2) = a_1x_1 * a_2x_2$，因为违反可加性原则。回想一下，前面提到不管决策变量的绝对值是多少，任意增大一个单位，目标函数的结果都按一定比例改变。二次函数不能满足这种假设，因为一个变量对目标函数结果的影响取决于另一个与它相乘的变量的大小。例如，在一个简单函数 $f(x) = ax^2$，$a=5$ 中，如果将 x 从 1 增加到 2，结果（$5*2^2-5*1^2$）将会增加 15 单位，然而如果 x 从 6 改变到 7，结果将会（$5*7^2-5*6^2$）增加 65 单位。

非线性问题给优化带来了新的挑战，因为根据需要评估的区间不同，可能产生多个最大值和最小值。旨在找到观察区间里目标函数的极大（极小）值的优化方法称做全局优化方法。将在 16.3 中讨论全局优化方法。

最后考虑一种函数，其函数关系既是非线性的，也是非光滑的。例如，如果模型变量之间应用布尔逻辑关联（也就是 IF、VLOOKUP、INDEX 和 CHOOSE），则函数结果将会呈现突跃，如激烈的跳跃或者下降，使其不均或者跳跃。这些函数难以应用标准非线性规划方法进行优化，因而需要通过专门的技术来找到合理的解决方法。

16.2.2 随机优化

近些年随机优化受到了很大的关注。原因之一是由于许多应用优化问题太复杂、难以用数学方法来解决（也就是上一节介绍的应用线性和非线性的数学方法）。当优化问题中包含许多复杂的选项组合或者高度非线性关系时，随机优化是首选方法，因为这种问题要么无法应用数学方法解决，要么不能在有限的时间内完成优化。

如果模型的参数是随机的或包含了不确定性因素，模拟优化是必不可少的。现实风险分析中应用的大部分模型都用到模拟优化。

Fu（2002）概要地介绍了目前一些随机优化的方法及这些方法的一些应用。大部分商业化随机优化软件应用启发式算法来发现问题的最佳解。在这种方法里，把模拟优化模型视为黑箱功能评估器，优化器不知道具体的模型结构。相反，达到理想结果（即比其他组合更能使目标函数最小化）的决策变量组合被优化器存储和调制进入更新的组合中去，最终找到更好的解。这种方法的主要优点是不会得到局部极小值和极大值。一些软件开发商也声称，应用这种方法发现最优值比其他方法快些。然而，这种方法并不一定总是正确的，尤其是当优化问题能够通过成熟的数学函数很快地解决时，就不需要应用这种方法了。通常随机优化的每次迭代包含以下三个步骤：

- 找到变量的可能解决方法。
- 将上一步找到的解决方法应用于目标函数。
- 如果未达到终止条件，在评估上一个组合之后会计算一组新的解。否则，停止计算。

尽管上述步骤从概念上讲很简单，但是成功的随机优化关键取决于最后一步，因为尝试不同随机变量所有值的组合是不可行的（尤其是当模型中包含有连续型变量时）。因此，大多数随机优化运算把精力集中在如何根据已知的解去缩小可能解的范围。实现这种目的的方法包括遗传算法、进化算法、模拟退火算法、路径重连法、分散搜索法和禁忌搜索算法等。讨论这些方法超出了本章的内容，有兴趣的读者可以直接参阅 Pardalos 和 Resende（2002）中的启发式算法章节，以及浏览 Goldberg（1989）及 Glover、Laguna 和 Marti（2000）所做的一些研究工作。

大多数的商业化 Excel 插件都包含有基于启发式算法的随机优化算法。其中最普遍的包括 OptQuest® for Crystall Ball®，RISKOptimiser® for @ RISK®及最近的 Risk Solver®。类似的工具也可以用于离散事件的模拟程序组。很多统计和数学软件包，如 R®、SAS®和 Mathematica®等可用于处理复杂的优化算法。沃斯咨询公司在开发高级模型时，喜欢使用这些软件（尤其是 R®），但是为了避免解释其中的复杂代码，本章使用基于 Excel 的优化器。

16.3 风险分析建模及优化

本节向读者介绍在电子表格环境中操作优化模型的应用原则，然后简要解释 Excel 默认优化工具 Slover 中不同选项的用途。

16.3.1 全局优化

在前面章节讨论了线性优化的局限性，包括由初始值导致局部极小值和极大值的问题。图 16.1 介绍了出现这种情况的简单函数：

$$f(x) = \sin\left(\cos(x)\exp\left(\frac{-x}{4}\right)\right)$$

该函数在绘制范围内有多个峰（极大值）和多个谷（极小值）。这样的函数称为非线性函数［$f(x)$ 并不随 x 单调增加］，或者称它为非凸函数（即图形上任意弧位于弦的上方或下方取决于函数定义域的范围）。

Excel 的 Slover 及其他非线性约束优化软件等，都遵循从初始值到最终答案值的优化路径，并以此作为目标函数（和约束条件）的方向和曲率。这种算法通常会在最小值或最大值接近所给的初始值时停止，使优化器的输出对初始值相当敏感。

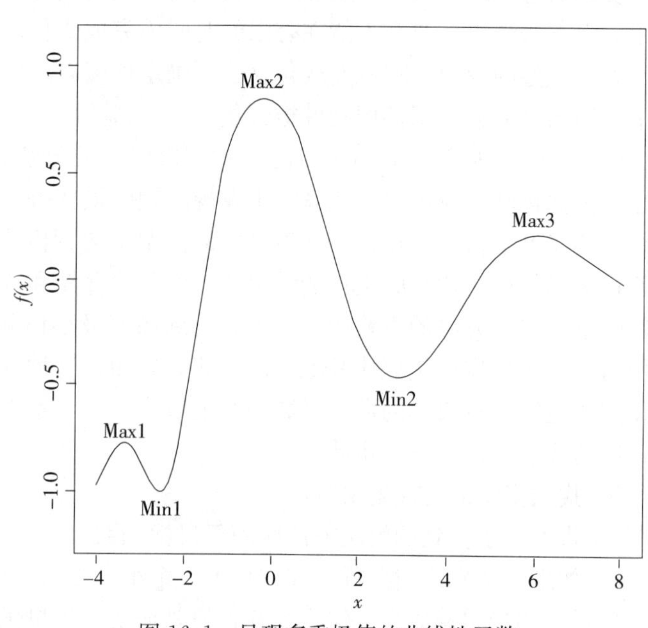

图 16.1 呈现多重极值的非线性函数

例如，如果图 16.1 所表示的函数需要求极大值，如果初始值接近其中一个较小的峰值（Max1），那么软件找到的最佳结果将是 Max1，而实际上这个特殊函数的最大值却是 Max2。

毫无疑问，大多数风险分析

应用中，令人满意的结果是最大（或最小的）峰值而不是局部峰值。换句话讲，总是想确保做到全局优化而不是局部优化。根据所用的软件，有方法能够确保获取全局优化。

Excel 的 Slover（规划求解）是应用最广泛的优化软件之一，因为它是普及电子表格软件包的一部分，且它的算法对分析师给出的初始值非常敏感。因此，如果有可能，目标函数的整个有效范围都需要通过绘图来识别全部的峰值和谷值。通过评估曲线图可以粗略地估计初始值。

思考图 16.2 的模型，目标函数仍是：

$$f(x)=\sin\left(\cos(x)\exp\left(\frac{-x}{4}\right)\right)$$

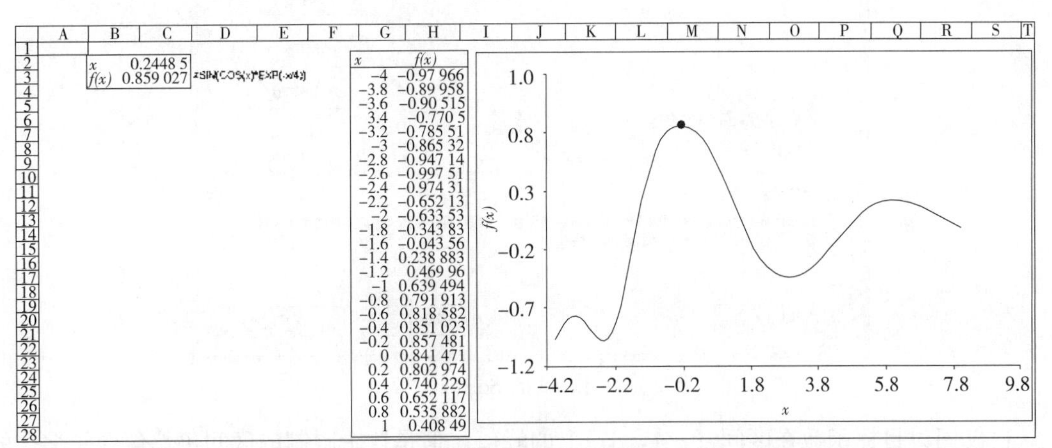

图 16.2　Excel 中 Slover 对局部条件的敏感性，图中的黑点为 Slover 找到的最优解

并且函数在所给范围（－4.2，8）内不受约束。当绘制函数图象时，总体的最大值靠近－0.02，因此在 Slover 中使用这个值作为初始值。

设置初始值首先要在单元格 C2 中输入 x 值－0.02，然后选择 Tools（工具）→Add-Ins（加载宏），查看 Slover（规划求解）的 Add-Ins 对话框，然后点击 OK 按钮。回到 Excel 中选择 Tools→Solver，即可得到图 16.3 所示对话框。

在“设置目标（Set Target Cell)”项，引用已命名的单元格 fx（C3）。在这个例子中，需要求这个函数的最大值，因此“到：(Equal To)”栏选中“最大（Max)”，最后在“通过更改可变单元格（By Changing Cells)”项中引用已命名单元格 x（C2）。现在可以运行优化程序（这里使用默认设置，这一章后面会看到更多 Slover 的菜单和选择项），点击“Solver”按钮，在很短的时间内就出现一个表格，表明找到解。选择“Keep Solver Solution”选项，然后点击“OK”键。由于提供了一个很好的初始值，我们将看到 Slover 成功地找到了最大值。

如果未能提供合理的初始值将会怎样？重复与前面同样的程序，但是在单元格 x 中以－3 开始，将获得最大值－3.38，这是函数图像的第一个峰值（图 16.1 中的 Max1）。如果以大一点的值（例如 4）开始，Slover 将会找到 6.04 作为优化的最大值，这是图 16.1 中第三个极大值。读者可以应用这个模型尝试不同的初始值来寻找极大和极小值，同时探索优化程序的算法是如何运作的，可以重点关注 Slover 运行时的模型运作方式。

处理局部极大值和极小值的另一种方法是限定评估的区间。如果对评估区间进行了限

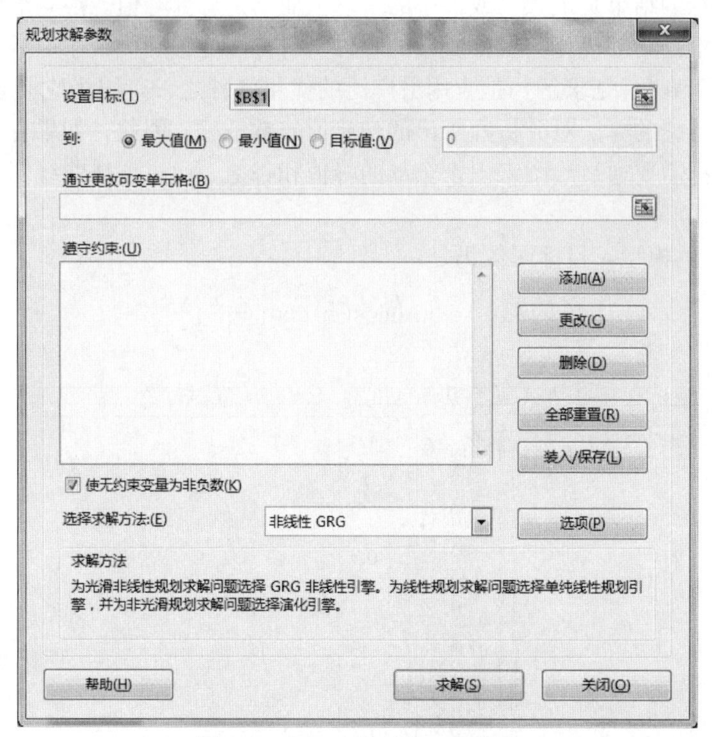

图 16.3　Excel 的 Solver 主菜单

定，仅仅探讨目标函数在区间（−4，8）上的峰值。但是这个限制的区间仍然包含了多个峰值和谷值。相反，如果所观察的区间只包含一个峰值或者谷值［如区间（−2，2）］，函数将变为凸（或者凹），这时函数能够通过 Slover 中多种快速、可靠的技术求解，如内点法。由于知道了全局峰值在 0 附近，可以利用 Slover 的约束功能将目标函数的定义域限制在（−2，2）。首先在单元格 C6 中输入−2，在单元格 C7 中输入 2。然后将这两个单元格分别命名为“Min”和“Max”。之后，打开 Slover，点击“Add”按钮，在引用的单元格中输入“x”，选择“<=”，然后在约束框中输入“=Max”。完成这些后，点击“Add”按钮，按照相同的操作步骤，输入第二个限制条件“x>=Min”。当这两个约束条件添加完成后，点击“OK”和“Solve”。Slover 就会找到一个靠近−0.25 的最优 x 值，这就是函数的全局极大值。因此即使函数拥有许多局部最优值，如果成功地将区间限制在合适的范围内，数值计算方法就能很容易地找到最佳值。即使初始值异常（如 1 000），由于区间被限制在很窄的范围内，算法仍能找到最佳值。请尝试！

当函数难以处理时（如复杂的模拟模型），函数图像可能是多维的因而绘图不是一个好的选择（解释一个超过三维的元素较难）。因此，在这个案例中，如果用户打算使用 Slover，他/她应该根据模拟系统的知识手动地尝试不同的初始值。另一个比较自动化的选择是使用如 16.2.2 中介绍的更复杂的基于元启发式算法的应用软件。对于不仅棘手，而且高度非线性和不平滑，同时包含一系列整数决策变量及复杂约束条件的函数，在本章节的后面我们将介绍这类函数的解决方法。

商业化优化软件应用不同方法寻找全局最优解。如上所述，启发式算法能高效地找到全局最优解。其他的商业软件依赖多点搜索方法进行全局优化，自动尝试不同的初始值直至找到全局解。虽然这些方法相当有效，但当处理高度非线性和不光滑函数，或者当对优化的参数知之甚少（初始值未知）时，这些方法是很耗时的。

16.3.2 使用 Excel 的 Solver 时的注意事项

上文已经提到 Excel 的“Solver”是微软 Excel 和其他 Excel 副本中的优化工具。虽然这个工具有局限性，但当不需要进行随机模拟时，它对多种情况都适用。Slover 应用多种算法解决线性和非线性问题，如应用广义简约梯度（GRE）算法来解决非线性规划问题。当正确设置参数时，可以应用众所周知且稳健的单纯形法求解线性优化问题。

Solver 中的神秘选项菜单

有可能很多读者以前用过或者试图用过 Slover，并使用得非常娴熟。同样也有可能读者点击“Options”按钮时，并没有明白所有设置的意义。此外，许多读者可能发现帮助文件中的解释也相当隐晦，因此下面将对各类选项进行解释。

在前面的部分已经解释了如何使用一般的“Solver”菜单。现在着重介绍出现在“Options”按钮下的子菜单。选择“Tools”→“Solver”，然后点击“Options”按钮，会出现如图 16.4 中的菜单。

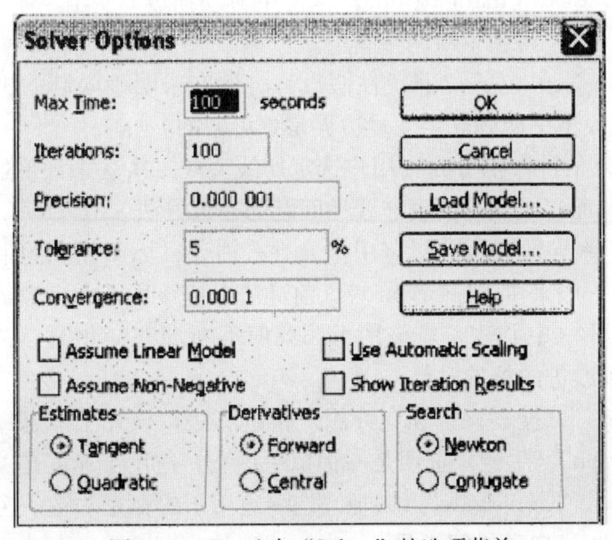

图 16.4 Excel 中“Solver”的选项菜单

简要描述以下各个选项的含义：

- “Load Model”（加载模型）和“Save Model”（保存模型）按钮能够恢复和保存模型设置，每次进行优化时用户不必重新输入参数设置。
- “Max Time”（最大时间）限制找到解所用的时间（以秒计数）。默认解决标准线性规划问题的适当时间为 100s。
- “Iterations”（迭代次数）约束找到解所重复运算的次数。
- “Precision”（精密度）用于决定约束值与目标值相符的准确性。它是介于 0 和 1 之间的小数。精密度越高，数值越小（例如，0.01 的精确度小于 0.001）。
- “Tolerance”（容忍度）仅适用于整数约束，用于估计所容忍的级别（以百分比表示），满足约束条件的解即便与实际最优值不同，但如果在容忍范围内仍然是可接受的。也就是说，容忍度越低，寻找可接受解所需的时间越长。

- "Convergence"（收敛）仅适用于非线性模型，收敛值介于0和1之间。如果经过五次迭代运算后，目标函数的相对改变小于规定的收敛值，Slover停止求解。与精密度及容忍度一样，收敛数值越小，找到解的时间越长（直到最大时间）。

降低精密度、容忍度和收敛值虽然会使优化过程变慢，但是有助于算法找到一个解。一般情况下，如果Slover在优化过程中遇到问题，应改变精密度、容忍度、收敛值的默认设置。

- "Assume Linear Model"（线性假设模型）是一个非常重要的选项。如果优化问题是线性的，那么就应该选这个选项，因为Slover应用单纯形法，会比默认的优化方法更快、更稳健。但是，应用这个选项的前提是函数必须是线性的。Solver有一个内置算法来检验线性条件，但是分析者不应该单纯依赖该算法来评估模型的结构。
- 当选项"Show Iteration Results"（显示迭代结果）被勾选时，Solver会在每步迭代运算之后暂停以显示结果，下一步的迭代运算需要用户输入以启动下一个迭代。显然不建议将这个选项用于计算密集型优化。
- 如果选中"Use Automatic Scaling"（使用自动缩放），当案例中变量和结果的量级有较大的差异时，将会重新调整变量。
- "Assume Non-Negative"（非负性假设）将所有未明确限制的决策变量界限都归到0。但是，在模型中明确规定变量边界是更可取的。
- "Estimates"（估计）部分允许用户选定切线法或二次法来评价最优解。切线法从切线向量推断，而二次法是高度非线性问题的首选方法。
- "Derivatives"（导数）部分指定用差分方法估计目标函数和约束函数的偏导数（当函数可微）。一般来讲，"Forward"（前进法）应该用于大多数约束值变化缓慢的情况，"Central"（中心法）应该用于约束值不断动态变化时。"Central"也可用于Solver找不到改进的解的时候。
- 最后，"Search"（搜索）选项允许用户指定算法，该算法确定每次迭代运算的搜索方向。"Newton"（牛顿）选项是一种拟牛顿法，适用于速度是关键、计算机计算能力较弱的情况。"Conjugate"（共轭）选项适用于内存是关键、速度其次的情况。

Excel的Visual Basic自动求解工具

在Excel中最有力的工具之一是与之整合的Visual Basic应用程序。这种整合也可以拓展到Solver的优化模型中。下面应用16.3.1中介绍的模型来阐述如何在Excel中自动求解。步骤如下：

1. 录制宏：使用"Tool"→"Macro"→"Record New Macro"，命名这个宏（如"SolverRun"）。

2. 如前所述打开Solver对话框，点击"Reset All"清除现有的设置。

3. 重复下面的步骤优化模型（例如，设置目标函数、决策变量和约束条件，然后点击Solver按钮）。

4. 一旦Slover找到了解，则停止录制宏，点击宏工具栏的红色方块，或者使用"Tools"→"Macro"→"Stop Recording"。

5. 通过“Forms Toolbar”在表格上添加一个按钮。

6. 将宏（如“SolverRun”）分配到这个按钮上，在设计模式下双击这个按钮，同时在程序中输入“Call SolverRun”即可完成。例如，假设这个按钮被命名为“CommandButtonl”，那么VBA程序如下显示：

```
PrivateSubCommandButton1 _ Click ()
CallSolverRun
EndSub
```

7. 按“Alt+F11”在Visual Basic中给Solver添加引用，然后在Visual Basic的菜单中选择“Tools”→“References”，同时保证Solver旁边的复选框被选中。

8. 复制宏的VBA代码应类似如下所示：

```
SubSolverRun ()
Thismacrorunssolverautomatically
SolverOkSetCell：=” $C$3”，MaxMinVal：=1，ValueOf：=” 0”，ByChange：=” $C$2”
SolverAddCellRef：=” $C$2”，Relation：=1，FormulaText：=” Max”
SolverAddCellRef：=” $C$2”，Relation：=3，FormulaText：=” Min”
SolverOkSetCell：=” $C$3”，MaxMinVal：=1，ValueOf：=” 0”，ByChange：=” $C$2”
    SolverSolveuserFinish：=True
        EndSub
```

注意，我们增加了额外的一行代码“solversolveuserFinish：=Trues”，它会阻止每次迭代运算后优化结果的显示。那么现在使用宏的一切工作都已经就绪。确保退出设计模式，然后按一下“Design Mode”按钮。生成的模型这里不予演示，用户自行探索。

16.4 实用案例（矿物锅的优化配置）

这个练习来自我们实际咨询工作，是现实案例的简化版本。

冶金公司把金属加工到14个称做“锅”的小容器中。然后再将这些锅中的内容物分配到4个大一些的“桶”中，用于制造最终出售的金属产品。终产品的溢价依据其纯度来定（不含无用矿物质）。由于矿石原料的批次不同，杂质的纯度也可能不同。因此，使各批次间的产品达到一定的纯度，同时避免次品的产生具有重要的经济价值。该模型的目的就是为了优化锅中金属向桶中的分配，从而获得一定纯度的终产品①。

注意，实际上每批次原料的纯度是由样品估计的，因而每批次原料的实际纯度具有不确定性。客户要求90%的置信度保证桶中每种杂质的浓度低于一定的阈值。由于客户对生产速度有要求，因而避免应用求均数（第9章）的经典统计分析方法来确定桶中金属真实浓度不确定性分布的第10百分位数。

对每一个锅而言，有如下变量：

- A金属的纯度（占总重的百分比）
- B金属的纯度（占总重的百分比）
- 重量（英镑）

读者可以想象，该工厂的运作模式对所建模型有一定的限制，列举如下：

① 另一个目标是根据经济溢价来优化纯度，为简单起见在这里省略。

1. 每锅至少 1 000Ib（1Ib≈0.453 6kg——译者注）。

2. 取自每锅的重量应该是 20Ib 的离散增量。

3. 最多 5 个锅中内容物分配给 1 个桶。

4. 每个锅中内容物只能被分为两部分（即每个锅的内容物不能被分配到 3 或 4 个不同的桶中）。

5. 从每锅中取出的金属的最大重量等于锅中金属内容物重量（这是显而易见的，但需

	A	B	C	D	E	F	G	H	I	J	K	L	M	N	O
1		Pounds													
2		Pot/Tub	1	2	3		Pots	Purity A	Purity B	Weigtits		Optimal ptrity			
3		1	2 560	1	1		1	0.031 5	0.026 7	2 660		Purity A	0.050		
4		2	1 500	1	1		2	0.031 7	0.034 8	1 500		Purity B	0.050		
5		3	1 480	1	1		3	0.028 4	0.036	2 660					
6		4	2 680	1	1		4	0.029 4	0.042 7	2 660					
7		5	1 000	1	1		5	0.026 3	0.042 8	2 660					
8		6	2 660	1	1		6	0.026 9	0.043 7	2 660					
9		7	1 000	1	1		7	0.029 4	0.049 8	2 660					
10		8	1 000	1	1		8	0.029 2	0.05	2 660					
11		9	2 660	1	1		9	0.026 0	0.056 2	2 660					
12		10	2 560	1	1		10	0.027 8	0.057 5	2 660					
13		11	1 000	1	1		11	0.026 7	0.058	2 660					
14		12	1 000	1	1		12	0.028 6	0.060 8	2 660					
15		13	2 540	1	1		13	0.032 2	0.069	2 660					
16		14	1 000	1	1		14	0.071 2	0.287 5	2 660					
17							Total weight pots:			36080					
18															
19		Switches(0.1)					Output for objective Fx								
20		Pot/Tub	1	2	3		Pot/Tub	1	2	3	4		Pass rcquir cments?		
21		1	0	0	1		1	0	0	2 660	0		1		
22		2	0	1	1		2	0	1 500	0	0		1		
23		3	1	1	0		3	1 480	1 180	0	0		1		
24		4	1	1	1		4	2 660	0	0	0		1		
25		5	0	0	1		5	0	0	2 660	0		1		
26		6	0	1	0		6	0	2 660	0	0		1		
27		7	0	1	0		7	0	2 660	0	0		1		
28		8	1	1	0		8	1 000	1 650	0	0		1		
29		9	0	0	1		9	0	0	2 660	0		1		
30		10	1	0	1		10	2 660	0	0	0		1		
31		11	0	1	0		11	0	0	0	2 660		1		
32		12	1	0	1		12	1 000	0	1 660	0		1		
33		13	1	1	0		13	0	0	0	2 660		1		
34		14	0	0	0		14	0	0	0	2 660		1		
35															
36							Total	8800	9660	9640	7980		14	Constraint(−14)	
37															
38							A	0.028 635	0.028 912	0.028 6	0.043 4				
39							B	0.048 933	0.045 517	0.045 155	0.138 2				
40							Good tub?	1	1	1	0		Objective Fx	28100	
41															

	Formulae table	
43	J17	=SUM(J3:J16)
44	H21:H25	=C21*C3
45	H26:H34	=IF(COINTF(SHS21:H25,"=0")=G21,0,C28'CB)
46	I21:J25	=IF(D21*D3=0,0JF(SJ3−SUM(SH21:H21)<1000,0,SJ3−SUM(SH21:H21)))
47	I26:J34	=IF(COUNTIF(SIS21:I25,"=0")=G21,0JF(D26*D8=0,0JF(SJ8−SLM(SH25:H26)<1000,0,SJ8−SUM(SH26:H26))))
48	K21:K25	=IF(SJ3−SUM(H21:J21)<1000,0,SJ3−SUM(SH21:J21))
49	K26:K34	=IF(COUNTIF(SKS21:K25,"=0")=G21,0JF(SJ8−SLM(H26:J26)<1000,0,SJ8−SUM(SH26:J26)))
50	H36:K36	=SUM(H21:H34)
51	H38:K38	=IF(HS36=0,1,SLMPRODUCT(HS21:HS34,SHS3:SHS16):HS36)
52	H39:K39	=IF(H36=0,1,SUMPRODUCT(HS21:HS34,SIS3:SIS16)H36)
53	H40:K40	=IF(ANC(H38:SMS3:S39:SN34)1,0)
54	M21:M34	=IF(AND(COUNTF(H21:K21,"=0")=2,SLM(H21:K21)=J3),1,0)
55	M36	=SUM(M21:M34)
56	N40	=SUMFRODUCT(H40:K40,H36:K36)
57		
58		

图 16.5 冶金学优化的 Excel 应用

要在模型中明确)。

6. 每个锅应该被分配到至少一个桶中去(没有剩余的锅)。

7. 每个桶中内容物重量的最大最小值是有限制的(这是一个确定的值,在这个例子中,假设最小5 000Ib、最大10 000Ib)。

考虑优化中约束条件及其可能组合的数量,这个模型由数学术语来定义将很复杂(尤其是考虑到参数不确定性),因此,更实际的做法是进行优化。对这个特殊的例子而言,我们应用Crystal Ball中的OptQuest工具,因为它简单易用,且与Excel相关联,除此以外,其他商业性电子表格的加载宏也可以获得同样的效果。OptQuest在这里作为一个确定性的模型使用,但是它在随机优化处理中同样表现出色。

模拟优化的强大之处是对于复杂的限制条件,如本模型中的约束,可以通过去除相关的情景来限定,而不是把它们全部包含在目标函数中。这样的约束条件有时候称为模拟“需要”。虽然这种方法可能会比直接将约束条件整合到模型中慢,但是它考虑到模型中的复杂交互作用。同时,在将众多输入变量编译为一个需求变量时,模型会显著加速。图16.5显示了该模型的一般结构。

灰色背景的单元格代表输入变量(变量在优化过程中是变化的),黑色背景的单元格用于设定模型的约束条件和定义目标函数。G2∶J17范围中的大表格包含了两种矿物质的纯度及每个锅内容物的重量。右边的小表格是该模型优化的目标纯度。

“Pounds”表格(范围B2∶E16)包括了输入变量,输入变量在优化过程中不断修正。

通过选择Crystal Ball菜单中的“Define”→“Define Decision”,用户能够看到如图16.6所示的C3单元格设置界面。变量是离散的,且只能以20Ib逐步递增(约束条件2),同时固定最小值为1 000Ib(约束条件1),最大值限定为等于锅中内容物的总重量,总重量随批次而改变,因此最大值链接到包含锅中内容物重量的单元格J3[2]。为分配到桶的各个锅创建相似的变量,唯一的不同是重量最大值的单元格参考内容。仅第一个桶需要决策变量,因为其他桶的分配量需要根据第一个桶的初始分配值来计算。因此,“Pounds”矩阵中的其余单元格设置为空值或者常数值1。

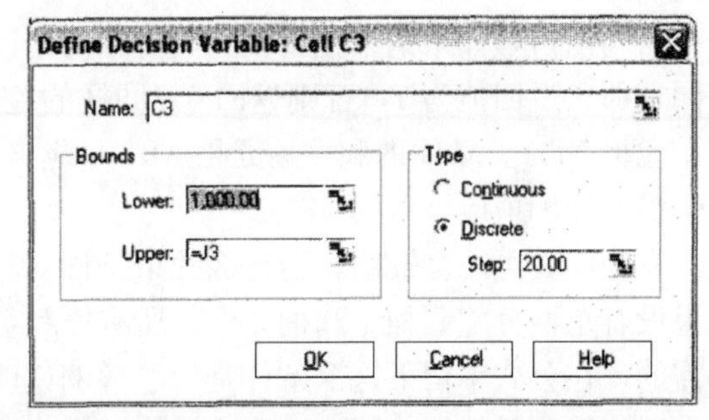

图16.6 Dialogue to create decision variables in OptQuest with Crystal Ball.

“Switches”矩阵(范围值为B19∶E34)包含的输入变量为0或者1。来自“Pounds”矩阵的一组输入变量与“Switches”矩阵中的变量相乘,生成输出矩阵“Output for objective Fx”。请注意,对于“Switch”变量,输入变量只需要最初的三个桶的值,因为第四个桶的值是所有锅中分配出去后的剩余值。

模型中剩余的组份是约束条件和目标函数。如上所述,这个模型的一些约束条件已经包含在模拟模型中了,然而其他条件则作为场景而不包含在优化结果中。因此,任何不符合要求的都要从选项集中去“剔出”。输出矩阵中,来自锅3、桶1的等式将约束条件3整合如下:

=IF (COUNTIF ($H$21:H25,"=0") <G21, 0, C26*C8)

这个公式可以概括为："如果有5个锅向桶分配，那么就不要把锅中的内容物分配给桶，否则，则分配跟单元格C8（这是如图16.6中的决定变量）与C26相乘等值的内容物。"这个方程的第一部分规定了最多将5个锅分配给1个桶（约束条件3）。第二部分（两个单元格的乘积）用来确保锅向桶分配的顺序没有偏差（通过在"Switch"矩阵中使用二进制决策变量）。同样的逻辑也用于锅7～14向桶1分配的时候。

对于桶2和3，跟锅有关的方程有所调整，所以添加了约束条件："如果锅中剩余的重量少于1 000Ib，不要向桶中分配任何金属（约束条件1），否则，将锅中剩余的金属分配到桶中。"所有锅内重量的差集满足约束条件5。

读者将会注意到，由于同一个锅只能分配给1～2个桶（约束条件4），因此没有必要在D列和E列中键入输入变量，因为分配到桶2至桶4的原料取决于是否桶1从给定的锅中得到原料。因此，针对桶2至桶3来讲，锅/桶组合在"Pounds"矩阵中都是1，因此矩阵中的1相乘时返回值仍是1。

最后，锅1中没有分配给桶1和桶3的金属（至少1 000Ib）都分配给桶4。对于其他桶而言，锅6的公式是向前约束的，因而不会出现超过5个锅分配给1个桶的情况。

由于不能浪费锅中任何剩余的材料，当然我们所添加的另一个外源性的约束条件（要求）是每个锅分配出去的总磅数和应该与这个锅内容物的重量相同。另外，可以将约束条件6整合到同一个要求中以加速优化。结果方程如下所示（单元格M21显示，对所有锅都一样）：

=IF (AND (COUNTIF (H21:K25, "=0") >=2, SUM (H21:K21) =J3) 1, 0)

换句话讲，如果锅中材料没有分配到两个以上桶，且分配出去的总重量与这个锅内重量相同，那么返回值为1，否则返回0。同样的检测方法应用到每一个锅。因此，要满足条件，则单元格M21:M34的和（单元格M36）应该恰好等于14；如果所有锅都通过了测试，每一个锅的检测值应该返回1。

有些读者可能会疑惑，为什么约束条件6被加入到公式里面，这一点前面已经提到过：如果没有东西分配到桶1和桶3中，所有原料会分配到桶4中。实际上，这个约束条件不是必需的，在公式中留下这个条件是为了举例说明如何将若干约束条件结合到公式中去，从而使模型计算明显加快。同时，当连续修正模型时，通过逻辑检查保证算法按照预想的方式工作总是有好处的。

在将最终的值包含在目标函数中之前，需要确定哪些桶中矿物A和B的纯度是低于要求的阈值。用于判断的公式如下（单元格H40:K40，H40显示）：

=IF (AND (H38<Opt_A, H39<Opt_B), 1, 0)

其中，Opt_A和Opt_B分别是金属A和B的最佳纯度水平。

当满足要求时该公式返回1。最终，目标函数写进单元格N40中，该函数是每个桶的总含量乘以"好桶"指标。优化模型将会尝试最大化目标函数的值（桶中达标金属的总重量）。

一旦变量、约束条件和目标函数确定，最后一步就是应用"OptQuest"程序建立并运行优化程序。为实现以上程序，在Crystal Ball的菜单中，选择"Run"→"OptQuest"，然后打开一个新的优化文件。所有决策变量表格中的变量都应该选中。在"Forecast Selection"表格中，输入的量应该按照图16.7所示选定：

目标函数是最大化（希望纯金属含量最大），约束条件的检测应该等于14，桶中所含金

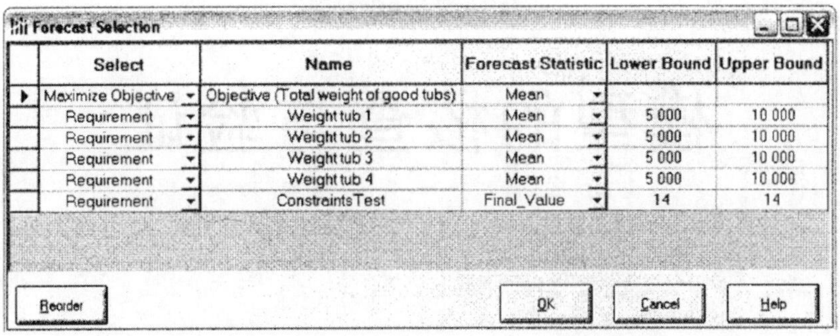

Forecast Selection

	Select	Name	Forecast Statistic	Lower Bound	Upper Bound
▶	Maximize Objective	Objective (Total weight of good tubs)	Mean		
	Requirement	Weight tub 1	Mean	5 000	10 000
	Requirement	Weight tub 2	Mean	5 000	10 000
	Requirement	Weight tub 3	Mean	5 000	10 000
	Requirement	Weight tub 4	Mean	5 000	10 000
	Requirement	ConstraintsTest	Final_Value	14	14

Reorder　OK　Cancel　Help

图 16.7　冶金优化模型的 OptQuest 预选菜单

属重量的最大值和最小值应该分别是 5 000 和 10 000Ib（约束条件 7）。软件将会舍弃任何不满足条件的方案，通过找到最佳的输入变量组合，将目标函数最大化。

假设初始值是合理的，在现代个人电脑上找到最优方案运行时间小于 1h，这很重要，因为生产线每天就要运行该模型 2 次。

16.4.1　模型中的不确定性

在为客户制定的实际模型中，我们列入了杂质浓度的不确定性。用户根据要求设定一个置信度（confidence level，CL），例如 90%。在此置信度下，模型进行优化产出桶的杂质浓度低于规定浓度。杂质的量由以下公式确定：

锅的重量 * 杂质浓度

这种不确定性来自于每个锅重量的不确定性（均数 μ_p 和标准差 σ_p，Ib）和杂质浓度的不确定性（如均数 μ_A 和标准差 σ_A）。这两个随机变量的乘积分布的均数和标准差（μ_p，σ_p）由以下公式给出：

$$\mu_p = \mu_A \mu_B$$

$$\sigma_p = \sqrt{(\mu_A \sigma_B)^2 + (\mu_B \sigma_A)^2 + (\sigma_A \sigma_B)^2}$$

为计算在需要的置信度下的不纯度，我们使用 Excel 的 NORMINV（CL，μ_p，σ_p）函数。正态近似法在该案例中很合理，因为杂质浓度的不确定近似正态分布，且比重量的分布的不确定更倾向于正态，因此它确定了乘积的形式。如上所述，找到一种方法避免进行模拟优化（不是这里的计算模型）是非常有帮助的，因为这将极大地提高运行速度：一次计算取代了模拟，也就是 1 000 次迭代运算，这将保证所需的置信水平的值。

第 17 章

模型的核查与验证

本章描述了多种用于验证模型质量和预测能力的方法，一些方法可以在建模过程中应用，能确保最终模型尽可能少出错、更准确、更实用。其他方法只能在模型预测与真实情况能够相比较时才使用，不过人们仍能够制订方案促进模型预测与真实情况可比较。

需考虑的要点是：

- 模型是否满足管理需求？
- 模型正确无误吗？
- 模型预测稳健吗？

以下主题描述了回答这些问题的方法：

- 确保模型符合决策者要求。
- 将预测值与现实情况进行比较。
- 非正式审计。
- 核查单位的一致性。
- 核查模型的运行情况。
- 与其他模型运行结果进行比较。

17.1 电子表格模型错误

公司或许会使用成百上千的电子表格模型。如果 1%有错误，这些错误就足以误导决策。应用蒙特卡罗模拟法建立的风险分析模型在编写程序（因为必须编写动态工作的模型）和核查（因为数字在每个循环都是变化的）方面更困难，情况可能变得更糟。

错误有如下几种形式：

- 语法错误。公式结合在一起的方式是错误的。例如，括号不匹配、忘记把公式变为数组形式（应按 Ctrl+Shift+Enter 键而不是 Enter 键）、应用错误的函数等。
- 手工操作错误。按错误的键和输入错误的单元格等。约 1%电子表格单元格包含这样的错误。
- 逻辑错误。由于错误的推理，以及函数或概率数学的错误应用导致的公式错误。这些错误比手工操作错误更难以核查，正常（非风险）模型中有 4%左右的电子表格单元格中出现逻辑错误。
- 应用程序错误。电子表格函数运行不正常。对于一些统计函数，Excel 会出现错误结果，其中 GAMMADIST 和 BINOMDIST 函数最难以应用。某些版本的 Excel 也没有自动正确更新所有公式的功能，应使用 Ctrl+Alt+F9 键、而不仅仅使用 F9 键来确保公式能正确更新。由于生成特定分布的随机数非常困难，所以许多软件人为地限制分布参数。例如，对于二项分布和超几何总体，@RISK 最多允许 32 767 次试验；而在 Crystal Ball 中泊松分布均数最多为 1 000，Beta 分布的参数必须在［0.3，1 000］范围内。当然，要在这种限制下工作是令人沮丧的，而且通常只能在模型的某些循环没有运行时，才能发现这些限制。所以我们设计了 ModelRisk 来避免发生这些问题。

- 疏忽错误。忘记模型的必要成分，这种错误难以核查。
- 管理错误。诸如使用旧版本的电子表格或图形、没有用新的数据更新模型、更改数据后没有在电子表格中重新计算及从另一个错误应用中导入数据等。

使用 ModelRisk 能减少这些错误发生的频率。输入不合适的参数值时，每个函数会返回错误提示信息。例如：

- 因为标准差不能是负值，在输入＝VoseNormal（100，－10）时就会返回“Error：sigma must be ＞＝0”。
- 因为在不放回情况下，样本数（n＝20）不可能超过总体中个体数（M＝10），在输入＝VoseHypergeo（20，30，10）时就会返回“Error：n must be ＜＝M”。
- 因为强度分布需要有 object，如 VoseLognormalObject（10，3），在输入｛＝VoseAggregateMoments（VosePoissonObject（10），VoseLognormal（10，3））｝时就会返回“Error：Severity distribution not valid”。

如果要编写 Excel 用户不太熟悉的自定义函数，请考虑同样的情况。

在 ModelRisk 中，为计算概率，也选择返回绝对正确的答案，例如：

- “＝VoseHypergeoProb（2，10，25，30，0）”返回 0：这是最小可能值为 5 时恰好观察两个成功事件的概率。如果这不可能，则概率为 0。
- “＝VoseBinomialProb（50，10，0.5，1）”返回 1：这是当只有 10 次试验时，观察到小于或等于 50 次成功事件的概率。

这意味着，不必编写专门代码来避免函数错误。例如，Excel 对应的公式是：

＝HYPGEOMDIST（2，10，25，30）　返回　＃NUM!
＝BINOMDIST（50，10，0.5，1）　返回　＃NUM!

此外，还需核查蒙特卡罗模拟软件如何处理特殊值。例如，Poission（0）表示该变量只能为 0。在模拟模型中，将细胞浓度为 0 带入泊松分布进行模拟是完全合理的。然而，软件会以不同的方式处理这个问题：

@RISK：＝RiskPoisson（0）　返回　＃VALUE!
Crystal Ball：＝CB. Poisson（0）　返回　＃NUM!
ModelRisk：＝VosePoisson（0）　返回　0

ModelRisk 可视化解释功能的界面能够有效降低出现错误的机会，这个功能能够核查大多数的 ModelRisk 函数。例如，输入“＝VoseGammaProb（C3：C7，2，3，0）”返回C3：C7 单元格数值的联合概率，数值由 Gamma（2，3）分布随机生成。选取含有该公式的单元格，然后单击 ModelRisk 视图函数图标，显示出如图 17.1 所示的界面。

虽然 Crystal Ball 和@RISK 的界面只能输入分布，但是它们的界面都很便于操作。

在网络快速地搜索“电子表格模型错误”，就会出现很多研究电子表格错误来源和控制

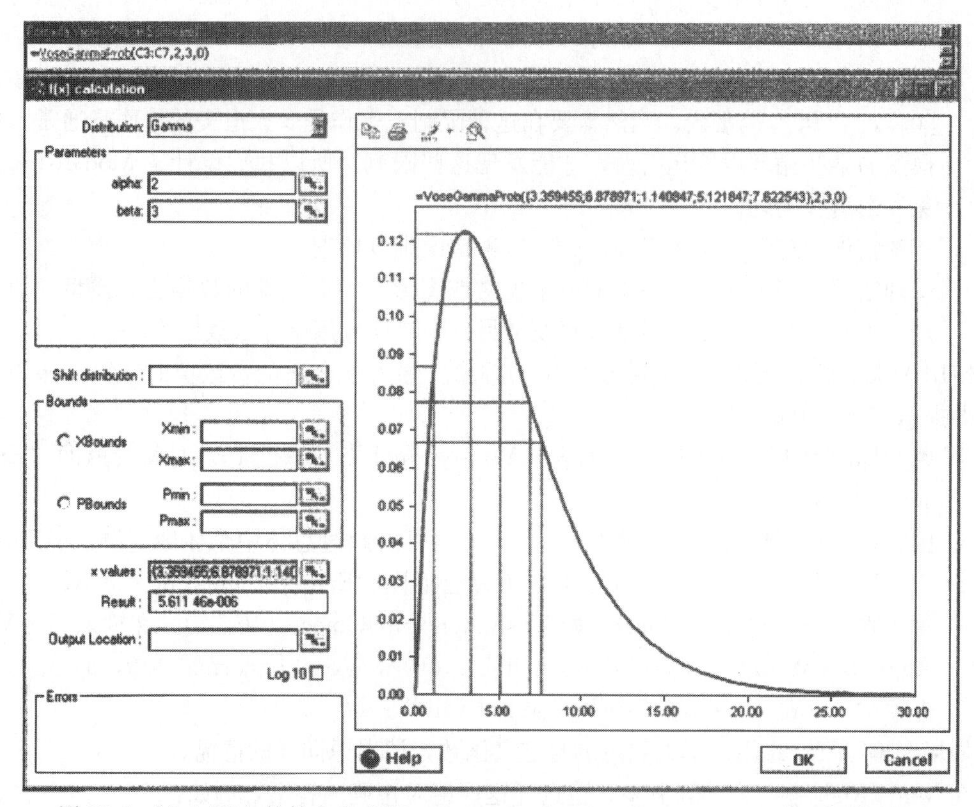

图 17.1 ModelRisk 软件中公式 VoseGammaProb（C3：C7，2，3，0）的可视化界面

技术的个人和组织。例如，欧洲的电子表格风险兴趣小组就专门研究这个问题。夏威夷大学的 Raymond Panko 是该领域的领导者，他在 http：//panko. shidler. hawaii. edu/SSR/index. htm 上总结了电子表格错误率并分析了原因。

就错误百分率而言，对于大型模型的问题不在于“是否有错误?”，而在于“有多少错误?”。公司可以通过执行模型建立、模型开发和严密的模型审计政策来减少模型错误。Panko 博士在报告中提出了专业模型审计员的建议：应该花 1/3 的开发时间来核查模型、校正错误。

17.1.1 非正式审计

研究表明，电子表格模型的原始创建者与其熟练的同事相比错误率较低。当然，这并不奇怪，因为建模者比评论家更倾向于重复同样的逻辑、疏忽和管理错误。

沃斯咨询公司做过很多内部审计。该审计过程的重要内容是坐下来和另一位分析师解释决策问题，且用笔和纸来解释模型结构，然后再解释如何在电子表格中执行。在解释的过程中经常发现逻辑错误或找到简便方法编写模型。

为寻找错误而使另一位分析师参与通览代码，目的是发现错误，而不是宣布模型无误。如果有几位分析师参与核查模型会更好，他们能找到不同的错误。例如，在写软件时一些人仅仅善于发现数字错误，一些人善于发现公式错误，其他人善于发现结构或表达不一致的错误。不同的人关注不同的方面。

17.1.2 核查单位的一致性

上大学物理课时，我第一个学会的是“量纲分析”公式。例如，物体在恒定的加速度 a 下运动了距离 s，与其初速度 u 和终速度 v 相关的方程为：

$$v^2 = u^2 + 2as$$

所涉及的量纲是长度 L（如米）和时间 T（如秒）。距离单位为 L，速度单位为 L/T，加速度单位为 L/T^2。在上述公式中，用量纲来替换变量，得：

$$\left(\frac{L}{T}\right)^2 = \left(\frac{L}{T}\right)^2 + \left(\frac{L}{T^2}\right) * L$$

可见，方程的左边和右边有相同的单位。当两物体相加时，它们也有相同的单位（因此不会把苹果和橘相加）。在电子表格模型中，可以应用相同的逻辑确保模型结构合理。对含有数字或公式的单元格进行标注，解释该值代表什么是很好的习惯，如果在公式中包括了单位，就会使模型的逻辑更清晰。例如，当模型中有一种以上的货币时就应该标注货币。如果是率就标注其分母，例如“美元/张票”或“个案/次爆发”。然后应用量纲分析核查模型单位往往就会发现错误。

核查量纲（长度、质量等）单位的一致性也很重要。在审计活动中经常遇到这两种类型的问题，这种错误很容易避免：

- 分数。首先是分数的应用。建模者可能会对单元格标记“利率（%）”，然后写入值如 6.5。当然，为符合利率，一定要记住除 100 以得到百分比，但有时会忘记。因此，我们认为对单元格标记“利率”且输入值“6.5%”更好，这将在屏幕上显示 6.5%。但在 Excel 中将被解读为 0.065，因此可以直接使用。
- 千、百万等。在大型投资分析中往往需要处理非常大的数字，此时建模者使用数千或数百万为单位更加方便。如果整个电子表格用相同的单位，就不会出现问题，但是通常某些元素会用不同单位。例如，对于有大量商品的厂商或零售商成本/单位或价格/单位是不同的。危险的是，在评估现金流的总计中，建模者可能会忘记除以 1 000或 1 000 000，导致不能与其他货币单元格保持一致。即使所有都正确完成，理解没有任何解释的含有“/1 000”和“*1 000 000”的公式也是比较困难的。

推荐模型自始至终都使用相同的单位，如基本货币单位，如美元（$），欧元（€），英镑（£）。实际上，如果要将已知值转换为千或百万单位是困难的，容易导致这些 0 混淆。处理该问题的简单方法就是在 Excel 中使用特殊的数字格式。采用 Excel 的格式→单元格→自定义功能，可以使用一些特殊格式：

```
_-"£" * #,###.0,, "M"_); -"£" * #,###.0,, "M"_); _-"£" * 0.0"M"_); _-@_-
```

将 1 234 567 890 显示为£1 234.6M；

```
_-"£" * #,###.0,, "M"_); [Red]-"£" * #,###.0,, "M"_); _-"£" * 0.0"M"_); _-@_-
```

和上面一样，将 1 234 567 890 显示为£123.6M，但负值显示为红色；

```
_-"£" * #,###.0,, "M"_); [Red]-"£" #,###.0,, "M"_); _-"£" * 0.0"M"_); _-@_-
```

与第二个选项相同，但“£”在数字旁，而不是左对齐；

_-"£" * #,###.0, "k"_); -"£" * #,###.0, "k"_); _-"£" *110.0"k"_); _-@_-

将 1 234 567 890 显示为£1 234 567.9k。

当然，可以用不同的货币符号代替。

17.2 核查模型的运行情况

建立 Excel 电子表格模型来运行我们感兴趣的所有生成场景[①]。有不同的方法可以核查模型是否正常运行：

- 在屏幕上核查随机场景和置信度。
- 拆分复杂（大型）公式。
- 与已知结果进行比较。
- 分析输出结果。
- 强调参数值。
- 与其他模型运行结果进行比较。

在下文中依次讨论这些情况。

17.2.1 在屏幕上核查随机场景和置信度

在 ModelRisk 中，所有的模拟函数会返回 Excel 中的随机值。这样，通过重复按 F9 键（电子表格重新计算），当生成随机场景时，将会在屏幕上看到模型的运行状况。这在@RISK 中也一样。在 Crystal Ball 中，点击 Step 图标，可以加入一些测试单元格，来使回顾核查更有效，例如建立一个单元格，计算一个数组的最大值（或最小值等）来确保该数组中没有单元格会产生奇怪的值。

嵌入图

我们已经发现时间序列预测的嵌入图在证明模型产生合理值方面是一个非常有效的方法。随机重新计算电子表格可以显示任意趋势、季节性、范围等；因此客户端可能不理解公式的所有技术细节，但是他/她可以更容易的理解结果。如果有可能，你应该有一个有固定范围的嵌入图表，那么观察者可以在视觉上比较每一个生成的场景。

剩下的难题是一次观察一个场景，并不能使你真正的观察一个时间序列的完整运行状况。ModelRisk 界面可以让你同时观察时间序列的许多可能通路，如图 17.2 所示。这可以让你更好地理解模型变量随时间的可能变化。将鼠标停在任一行都会使其他行减弱，因此可以看到变量可能的路径类型。

17.2.2 拆分复杂（大型）公式

在风险分析模型中避免复杂的、大型的公式，除非你能彻底的核查他们，这可能是一个很好的主意。大型公式，尤其是进行数组计算的大型公式，当然可以使一个模型运行得更

---

① 不需要所有可能的场景，因为有时你可能希望对于不感兴趣的场景输出结果显示错误，这表示它们不会出现在你的模拟软件的输出图表和数据中。

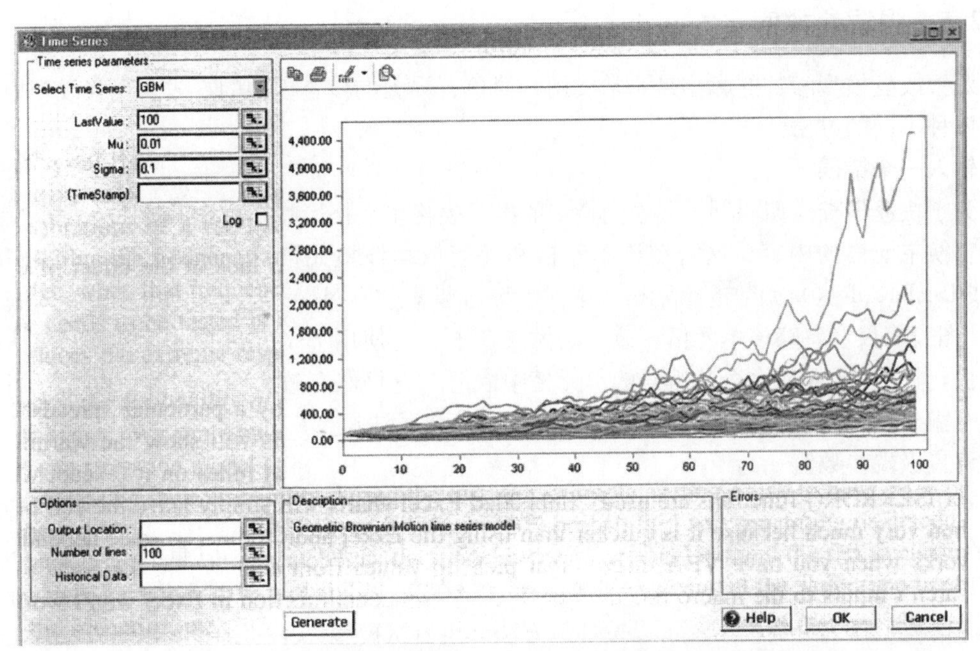

图 17.2　用 ModelRisk 观察 100 次随机几何布朗运动的时间序列

快，并使它尺寸更小，但是这有可能引进额外的误差风险，并且其他的观察者和使用者也很难核查。如果实在要使用大型公式，首先尝试把一个分开的电子表格放在一起，使每一个电子表格有一个分段计算，那么你可以核查你的逻辑且在报告中作为参考，以便别人可以重复你的步骤。如果大型公式要执行一个你常用的函数，考虑使用 Visual Basic for Applications 建立一个自定义函数，这可以被记录且只需要彻底核查一次。

17.2.3　与已知结果进行比较

在参数设为已知值时，你可能知道应该得到的输出结果，这时可以进行核查。相似地，在改变输入的参数时，你可能逻辑上知道你的输出结果应该怎么改变（例如，对参数 X 加倍，输出均数也应该加倍）。当对模型增加范围时，这同样经常适用，并且可以设置一些参数值使你的模型与之前的版本等效。另外一种方法是把参数设置为特定值（通常设置概率或比率为 0），这将会使模型的一部分变得无关紧要，此时需核查模型不会受到该部分的影响。

17.2.4　分析输出结果

特定的图和统计输出结果在核查不确定的输入参数对于模型的输出结果是否有预期的影响方面特别有用。其中的关键是：

- 散点图
- 龙卷风图
- 蜘蛛图
- 时间序列摘要图
- 相关和回归统计

已在第 5 章中详细讨论过这些问题。

17.2.5 强调参数值

观察改变模型参数的影响是非常实用、简单、强大的核查模型的方式。观察改变模型参数有两种不同的方法。

输入一个错误

为了快速核查模型的哪个元素受特定的电子表格单元格影响，可用Excel公式："=NA()"替换单元格的内容。这将在该单元格和任何依赖该单元格的单元格［除去使用ISNA()或ISERROR()函数的单元格］中显示警告脚本"#N/A"（表示数据无效）。嵌入的Excel图表将仅会忽略该单元格。该方法优点在于它比使用Excel的审计工具栏追踪从属关系要快，且当VBA宏命令从编码的单元格中取值时它仍然有效。即在这种情况下，当单元格没有输入宏函数时，Excel的追踪从属关系功能将无法运行。

设置极端参数值

对于小概率结果，很难看出蒙特卡罗模拟模型是否正确运行，因为屏幕上生成的脚本将会很少出现那些小概率事件。然而，也有几个方法通过暂时改变输入分布来突出显示这些小概率事件。建议首先把模型另存为其他名称（即在文件名上加"test"）以避免意外将改变了分布的模型作为最终模型。可以按如下方法产生测试模型：

(a) 设置具有极端值的离散变量代替分布。有界离散分布的理论最小值和最大值列在附录3中每个分布的公式处。许多分布最小值为0，但只有少数分布有最大值（如二项分布）。然而，一般情况下强调一个连续变量的最小值或最大值并不好，这是因为这样的值出现概率可能为0，因此方案就没有意义。

(b) 修改分布使其仅从极端范围中生成结果值。这种方法对连续分布以及没有定义最小值和最大值的离散分布特别有用。蒙特卡罗Excel加载项通常具有限制分布的能力。例如，在ModelRisk中，可以编写以下语言限制对数正态分布：

只取30以上的值：　=VoseLognormal（10，5,，VoseXBounds（30,））
只取5以下的值：　=VoseLognormal（10，5,，VoseXBounds（，5））
取值在10与11之间：　VoseLognormal（10，5,，VoseXBounds（10，11））

在@RISK中，可编写：

=RiskLognorm（0，5，RiskTruncate（30,））等

Crystal Ball软件在可视化界面设置了限制。需要注意模型偶尔会对一个小范围变量产生很敏锐的反应。例如，描述汽车振动振幅的模型在输入模拟外部振动力频率变量时会产生敏锐反应（高度非线性），正如当桥的振动频率接近汽车振动的固有频率时，汽车驶过一个预制板组装的桥时产生的共振一样。在这种情况下，需要进行测试的小概率事件不一定是一个极端的输入变量，而是这在模型其余部分产生极端反应的情况。

(c) 改善风险发生的概率。在风险分析模型中往往有一个或多个风险事件。可以用各种方法模拟（在一定概率下）它们发生或不发生情况。通过在测试中增加这些风险事件的概率，可以通过强化模型中风险的影响来观察风险或风险组合发生的作用。例如，设置一个风险的发生概率为50%（实际上可能只有10%的概率），同时生成屏幕情景以方便观察风险发生或不发生情况下模型的运行情况。如果设置两个风险发生概率都为70%，那么可以观察两个风险在50%情景中同时发生的情况。

17.2.6 与其他模型运行结果进行比较

通常有几种方法可以构建蒙特卡罗模型来解决同样的问题。当然，每种方法应给出相同的答案。所以，如果不确定控制分布的某个方法，可尝试另一种（也许不太有效）方法以观察模拟结果是否相同。

更困难的是有两个或两个以上完全不同的随机过程可以解释手头的问题。理想情况是构建两种模型观察它们是否有类似输出结果。但是"类似"是什么意思呢？事实上，从决策分析的角度来看，并不是它们要得出相同的数值或分布，而是在如果出现任一结果时决策者会做出相同的决策。如果有足够的能力构建两个完全不同的模型解释，可以应用贝叶斯模型平均法，这个模型能够依据获取观察值的概率对每个模型的似然性进行加权。

由于时间和资源限制，难以对一个问题运用两种或以上的方法模拟。如果要做好一个模型，就要尽量征得同事同意运用该方法，并且确保决策者能够在模型假设基础上方便地作出决策。一般来讲，决策者更喜欢那种未必能解释清楚所有问题，但能提出最保险的风险管理指导建议的模型。

最后，简单粗略的核查也很有用。管理人员往往会核查风险分析的结果，并与他们的直觉和（或）简单的计算相比较。建模者常常过于重视所构建的模型而忽视模型输出结果，这是不对的。

17.3 将预测值与现实情况进行比较

将预测值与现实情况进行比较有些像"亡羊补牢"。如果在风险评估的基础上已经做出了不能取消或更改的决策，那么这种比较的价值就很有限。即便如此，了解了分析模型中哪些部分对改善风险模型最不准确，可以帮助下一次应用决策，至少可以对于错误的严重程度有所估计。

把一个完整的决策进行分解，分解成为一系列相互关联的步骤，每个步骤根据风险分析实际情况构建。在一系列决策的每个步骤中，风险分析预测都能与实际发生的情况相比较。例如，在市场进行由"试点推广"开始的投资，能够限制公司承受的风险，并同时能够评估投资成功初始水平预测程度。

项目风险分析模型的成本和项目不同部分持续时间是可估计的，这种模型是将预测和现实情况进行连续比较的绝佳案例。成本和时间元素的不确定性在每次任务完成时都可更新，获取的信息用来估计余下的时间和成本，而对每次任务评估与实际情况的比较都能够了解评估者总体上对项目是悲观还是乐观。第13章阐述了对专家意见进行监视和使专家评估意见标准化的方法。

第 18 章

现金流贴现模型

典型的现金流贴现模型用于对某项潜在投资在项目生命周期中的成本和收益进行预测，并将这些收益贴现到某个现值。大多数分析师都是从一个“基本案例”模型入手，然后对模型中的重要因素增加不确定性。幸运的是，对这类模型增加风险要素的数学方法比较简单。这一章在构建类似图 18.2 所示的基本案例现金流模型基础上，重点讨论图 18.1 中的建模输入和一些财务输出。

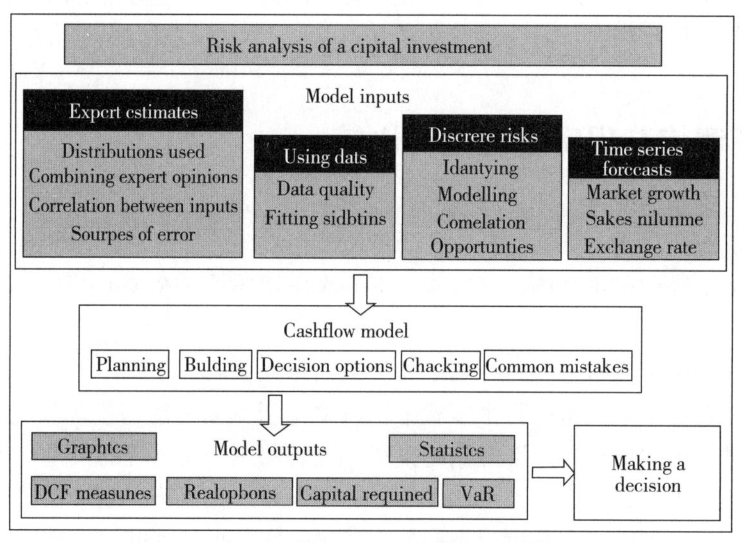

图 18.1　资本投资贴现现金流模型中的建模因素

本书已很好地涵盖了许多主题：

- 专家估计。资本投资模型在很大程度上依赖于专家判断，如对成本、交易时间、销售量、贴现水平等变量的估计。第 14 章讨论了得出主题专家的估计的方法。
- 对数据进行拟合分布。在投资新的领域时，资本投资项目分析中通常没有足够的历史数据可供使用。我曾经在一个非常成功的零售公司工作，该公司在拟开设经销店的城镇中调查不同位置的行人交通情况，并收集到了交通流量如何换算成收入的准确区域数据。这个例子的数据类型非常典型，可用于现金流分析，本章后面将讨论这种模式。油气和矿产勘察通常会提高资源储量的数据标准，但有专业方法［如克里金（Krieging）法］用于数据统计分析，因而在此不做深入探讨。此外，在第 10 章中详细地讨论了分布拟合问题。

	A	B	C	D	E	F	G	H	I	J	K	L	M
1		NPV(%)	$110,785,97										
2													
3		Yesr	2008	2009	2010	2011	2012	2013	2014	2015	2016	2017	
4													
5		Cash Flow											
6		Total Revenue	$ -	$ -	$ 208,388	$ 206,723	$ 216,537	$ 239,116	$ 317,872	$ 363,047	$ 423,458	$ 500,403	
7		Cost of Goods Sold	$	$	$ 86,234	$ 85,132	$ 89,606	$ 98,950	$ 131,540	$ 150,235	$ 175,234	$ 207,075	
8		Gross Margin	$	$	$ 122,154	$ 120,592	$ 126,930	$ 140,166	$ 186,331	$ 212,812	$ 248,224	$ 293,328	
9		Operating Expenses	$ 172,603	$ 174,041	$ 84,521	$ 55,000	$ 20,000	$ 20,000	$ 20,000	$ 25,000	$ 25,000	$ 25,000	
10		Earnings Before Taxes	$ (172,603)	$ (174,041)	$ 37,633	$ 65,592	$ 106,930	$ 120,166	$ 166,331	$ 187,812	$ 223,224	$ 268,328	
11		Tax Basis	$ (172,603)	$ (346,644)	$ (309,011)	$ (243,419)	$ (136,489)	$ (16,323)	$ 150,008	$ 187,812	$ 223,224	$ 266,328	
12		Income Tax	$	$	$ -	$ -	$ -	$ -	$ 69,004	$ 86,394	$ 102,883	$ 123,431	
13		Net Income	$ (172,603)	$ (174,041)	$ 37,633	$ 65,592	$ 106,930	$ 120,166	$ 97,326	$ 101,419	$ 120,541	$ 144,897	
14													
15		Market Conditions											
16		Number of Competitors	0	0	0	1	1	1	1	2	2	2	
17		Unit Cost			$23	$24	$25	$27	$28	$30	$32	$34	
18		Inflation Rate				4.7%	4.7%	6.9%	5.8%	6.0%	6.1%	5.8%	
19		Tax Rate	46%	46%	46%	46%	46%	46%	46%	46%	46%	46%	
20													
21		Sales Activity											
22		Sales Price			$56	$58	$61	$64	$68	$72	$77	$81	
23		Market volume			3,738	4,697	5,903	7,419	9,323	11,716	14,724	18,504	
24		Sales Volume			3,738	3,523	3,542	3,708	4,662	5,021	5,522	6,168	
25													
26		Production Expense											
27		Product Development	$ 47,605	$ 19,041	$ 9,521	$ -	$ -	$ -	$ -	$ -	$ -	$ -	
28		Capital Expenses	$ 125,000	$ 145,000	$ 55,000	$ 35,000	$ -	$ -	$ -	$ -	$ -	$ -	
29		Overhead	$	$ 10,000	$ 20,000	$ 20,000	$ 20,000	$ 20,000	$ 20,000	$ 25,000	$ 25,000	$ 25,000	
30		Total Expenses	$ 172,605	$ 174,041	$ 84,521	$ 55,000	$ 20,000	$ 20,000	$ 20,000	$ 25,000	$ 25,000	$ 25,000	
31													

图 18.2 数据缺失的典型贴现现金流模型

- 相关性。认识到两个或多个变量可能以某种方式相关及这种相关性建模的简单模式在现金流模型中非常重要。13.4 和 13.5 讨论的相关技术，在现金流模型中特别有用。
- 时间序列。第 12 章讨论了用于时间序列建模的很多技术。GBM、季节性和自回归模型适用于模拟一定时期内的通货膨胀、汇率和利率的现金流模型。领先指标可以帮助预测未来短期内的市场规模。本章考虑了更直观的变量，如产品需求量和销售量。
- 共同误差。风险分析现金流模型在技术上通常不复杂，对前面章节的回顾表明，7.4 中阐述的误差类型会经常出现，因此我极力鼓励仔细阅读那一节。第 7 章的其余部分讨论了建模思想，它们非常适用于现金流模型。

18.1 销售和市场规模的时间序列模型

18.1.1 某个不确定时间点的干预效果

时间序列变量常常受到单一可识别“冲击”的影响，如选举、法律更改、竞争者的引入、战争开始或结束、丑闻等。模拟某个冲击的出现及其影响，需要考虑多种因素：

- 冲击可能在什么时候发生（可以是随机的）？
- 这个冲击是否会改变其他冲击发生的可能性或者影响？
- 冲击的强度和持续时间？

例如，人们当前以 88 单位/月的速度购买某种产品，这一速度又以 1.3 单位/月的速度递增。但是，有 80%的把握认为有一个竞争者即将进入市场，估计是从现在算起的第 20～50 个月之间入市。如果该竞争者进入市场，他们将拿走 30%左右的销售量。请预测未来

100个月的销售量。

图18.3显示了这个问题可能出现的两种典型路径，生成这些路径的模型见图18.4。贝努利变量以80%的概率返回1，其他为0。用该值作为“标志”，1表示有一个竞争者进入市场，0表示没有竞争者。其他单元格使用条件逻辑来适应这种情境。如果所用的软件没有贝努利分布，可以用二项分布Binomial（1，80%）。在Crystal Ball软件中，该分布也称做Yes：No分布。StepUniform生成20～50之间的整数值。如果没有竞争者进入市场，换言之，如果时间超过了模拟的时期，单元格E4返回值就是1 000。如果用这种技术生成远远超出模拟时期的数值范围以防有些人想延长分析周期，这是一种解决问题的好办法。泊松分布用于模拟相互独立且随时间随机分布的销量数量。泊松分布的好处是它只需要一个参数——均数，因此不必单独考虑该均数的变化（例如，确定一个标准差）。

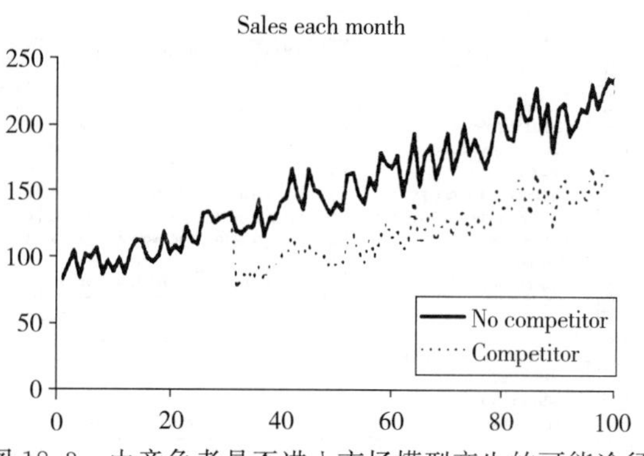

图18.3 由竞争者是否进入市场模型产生的可能途径

	A	B	C	D	E	F
1						
2		Probability compelitor enters the market			80%	
3		Competitor entry flag			1	
4		Competitor entry time			28	
5		Expected fraction of sales that would be lost			30%	
6		Current sales/month			88.00	
7		Expected growth per month			1.30	
8						
9		Month	Expected sales	Sales fraction lost	Sales	
10		1	89.30	0	79	
11		2	90.60	0	111	
12		3	91.90	0	85	
13		4	93.20	0	103	
14		5	94.50	0	99	
15		6	95.80	0	97	
108		99	216.70	0.3	159	
109		100	218.00	0.3	153	
110						
111		*Formulae table*				
112		E3	=VoseBernoulll(E2)			
113		E4	=IF(E3=1 ,VoseStepUniform(20,50),1 000)			
114		C10:C109	=B10'$E$7+$E$6			
115		D10:D109	=IF(B10<$E$4,0,$E$5)			
116		E10.E109	=VosePoisson(C10'(1−D10))			
117						

图18.4 受竞争者可能进入市场影响的泊松销售模型

18.1.2 市场份额分配

当竞争者进入一个成熟的市场时，他们必须建立自家产品的声誉，与原有的商家争夺市场份额，这个过程需要时间。因此，模拟市场份额逐渐流失到竞争者手中较为合理。

请考虑下列问题。你的产品市场容量预计会逐年增长（10%，20%，40%），从初始年份的（2 500，3 000，5 000）到最大值20 000单位。预计在初年当市场容量达到3 500单位时，就会有一个竞争者进入市场；在市场容量为8 500单位时，第二个竞争者会出现。竞争者的市场份额会线性增长，直到3年后你们都获得相等的市场份额。请模拟你的销售量。

模型如图18.5所示，大部分都很容易理解。较有意思的一行是单元格F10：L10，显示了你的产品预期市场份额的变化，即整个市场在你的产品（公式中的“1”）和过去3年竞争者产品平均份额之间的分割。用过去3年的均数来设置竞争者出现后市场份额的变化简便快捷。竞争者的市场份额在第一年是你的1/3，第二年是你的2/3，从第三年开始和你一样多——这意味着那时你的销量将和他们一样多。这个技巧很有用，它能自动考虑每个新的竞争者及其进入市场的时间，而这个问题用其他方法很难解决。请注意，需要单元格C8：E8的3个零值来初始化模型。

	A	B	C	D	E	F	G	H	I	J	K	L
1												
2		Market size trigger										
3		1 competitor	3 500									
4		2 competitors	8 500									
5		Market growth	24%									
6												
7		Year from now			0	1	2	3	4	5	6	7
8		Number of Competitors	0	0	0	0	0	1	1	1	1	2
9		Market volume			2.775	3.449	4.286	5.326	6.619	8.225	10.221	12.702
10		Sales Volume			2.775	3.449	4.286	3.995	3.971	4.112	5.111	5.444
11												
12		*Formulae table*										
13		C5	=VosePERT(10%,20%,40%,)									
14		C8:E8	(0,0,0)									
15		F8:L8	=IF(E9>$C$4,2,IF(E9>$C$3,1,0))									
16		E9	=VosePERT(2 500,3 000,5 000)									
17		F9:L9	=MIN(20 000,E9*(1+$C$5))									
18		F1 0:L10 (output)	=ROUND(E9/(AVERAGE(C8:E8)+1),0)									
19												

图18.5 总市场份额与新进入市场的竞争者所占份额之间分配的销售模型

18.1.3 有限市场中随时间减少的销量

有些产品一生只购买一次，如人寿保险、大型平板电视、新排水系统或者宠物身份芯片。如果在初进市场时销售业绩相当成功，尽管能够由潜在消费者在一定程度上弥补，剩余的市场容量也会减少。考虑以下问题：目前你的产品潜在用户为PERT（50 000，55 000，60 000）。每年大约增长10%（意味着新出现10%的可能购买者）。一年中销售给某些消费者产品的概率为PERT（10%，20%，35%）。请预测未来10年的销售量。

解答该问题的模型如图18.6所示。请注意，应单元格C8：C16是上一年的市场容量减去销售量的差，该市场容量已经考虑了新增购买者。应用二项分布将目前的市场容量转换成销售量。在图 18.6 所示的特定情景中，销售的比率比较高（26%）。由于新增购买者的比率相对较低（10%），因此销售量从开始的高位快速下降。请注意，一些蒙特卡罗软件不能处理大量的二项分布试验，在这种情况下需要用泊松分布或正态近似（正态逼近）（见附件 3.9.1）。

	A	B	C	D	E	F
1						
2		Current market size			54 613	
3		Turnover rate			10%	
4		Probability selling to an individual			26.0%	
5						
6		Year	Market size	Sales		
7		1	54,613	14,219		
8		2	45,855	11,834		
9		3	39,482	10,212		
10		4	34,731	9,153		
11		5	31,039	8,094		
12		6	28,406	7,443		
13		7	26,424	6,862		
14		8	25,023	6,564		
15		9	23,920	6,201		
16		10	23,180	6,005		
17						
18		*Formulae table*				
19		E2	=VosePERT(50 000,55 000,60 000)			
20		E4	=VosePERT(10%,20%,35%)			
21		C7	=ROUND(E2,0)			
22		C8:C16	=ROUND(C7-D7+$E$2*$E$3,0)			
23		D7:D16	=Vose Binomial(C7,$E$4)			
24						

图 18.6 随时间推移的有限市场销售预测模型

18.1.4 销售随时间增长至最大值的市场效能函数

当市场稳定时估计年度销售量比较容易，但我们无法确定达到市场稳定的时间的快慢程

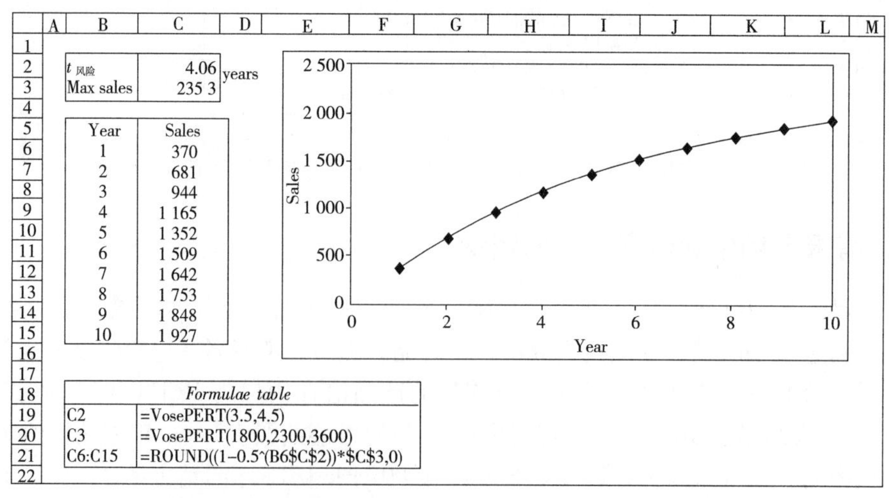

	A	B	C	D
1				
2		t 风险	4.06	years
3		Max sales	235 3	
4				
5		Year	Sales	
6		1	370	
7		2	681	
8		3	944	
9		4	1 165	
10		5	1 352	
11		6	1 509	
12		7	1 642	
13		8	1 753	
14		9	1 848	
15		10	1 927	
16				
17				
18		*Formulae table*		
19		C2	=VosePERT(3.5,4.5)	
20		C3	=VosePERT(1800,2300,3600)	
21		C6:C15	=ROUND((1-0.5^(B6$C$2))*$C$3,0)	
22				

图 18.7 预测增加销售量达到不确定理论最大值的模型

度。在这种情形下，比较容易的办法是模拟理论最大销量值，使其拟合某个斜坡函数(ramping function)。这种斜坡函数 $r(t)$ 的代表式是：

$$r(t) = 1 - 0.5\hat{}\frac{t}{t_{1/2}}$$

该函数生成一条从0开始逐渐达到1的曲线，起点处 $t=0$，在无穷远点 t 处近似达到1，在 $t=t_{1/2}$ 时为0.5。请考虑下面的问题：所期望的最终销售量为PERT（1 800，2 300，3 600)，达到半数值的年份是PERT（3.5，4，5)。请预测未来10年的销售量。

解法如图18.7所示。

18.2　随机变量求和

对随机成本、销量或收益求和时，现金流模型中最常见的错误可能就会出现。例如，假设希望每年光顾你店铺的顾客数量为Lognormal（100 000，25 000)，每人消费额为Lognormal（50，12）美元，该如何估计总收入？大家通常列式如下：

=ROUND（Lognormal（100 000，25 000)，0）*Lognormal（55，12)（18.1)

应用Excel中的ROUND函数可以得到顾客人数是离散的。但是，当软件开始模拟计算时会发生什么呢？计算机会从每个分布中抽取一个随机数，然后把它们相乘。选择一个合理的高收入值，某个顾客消费高于70美元的概率如下：

=1−VoseLognormalProb（70，55，21，1）=0.11%

两名顾客做出同样购买行为的概率是11%*11%=1.2%，成千上万的顾客如此高额消费的概率是无穷小的。然而，不论有多少人，公式（18.1）都会给每个顾客分配11%的概率，即每个顾客消费超过70美元的概率为11%。这个公式是错误的，因为应该分别对ROUND（Lognormal（100 000，25 000)，0）位顾客所花费金额分布Lognormal（55，12）来求和。这是一个又大又慢的模型，因此需要探索解决问题的各种捷径，详见第11章。

18.3　可变收入的利润求和

通常情况下存在大量的收入项目随机数，每个数值之间相互独立但又服从相同概率分布，还存在服从其他分布的独立利润率，这个分布要适用于每一个收入项。每一项收入需要两个分布，一个用于模拟收入，另一个用于模拟利润率，由于会有数量巨大的收入项目，因此这类模型难以运行。这个问题很普遍，但可以在ModelRisk里设计一个函数来解决这个问题，使模型保持在可控范围内并提高模拟速度，使模型更简单易行。最重要的是它能避免很多容易出错的条件逻辑①。请考虑下列问题：某个投资公司打算对一个制作电视节目的公司进行投资。他们期望下一年制作PERT（28，32，39）个剧本，每个剧本可获得PERT（120，150，250）千美元收入，利润率为PERT（1%，5%，12%)。每个剧本有30%的机会制作成电视节目，在该国家播放Discrete（{1，2，3，4，5}，{0.4，0.25，0.2，0.1，0.05}）部电视连续剧，每部连续剧的每一季可获得PERT（120，150，250）千美元收入，利润率为PERT（15%，25%，45%)。这些地方电视连续剧有20%的机会到美国销售，每一季销售收入为PERT（240，550，1 350)，利润率为PERT（65%，70%，85%）千美

① 如果这给人感觉像ModelRisk推销员的宣传，我很抱歉。但这是考虑财务人员的需要而设计的。

元。请问下一年剧本的总利润是多少？

这个问题没有技术难点，但是用于模拟的模型规模极大。用这个模型进行实际投资模拟，它有很多层级：多个国家的剧本、各种类型的促销、重播等，而且需要付出大量努力来经营管理。模型非常简洁，详见图 18.8：第 2～11 行是输入数据，第 14～16 行是实际的计算部分。

	A	B	C	D	E	F	G
1						Valuas in $000	
2		Number of new pilots				33	
3		Pilot revenue				VosePERT(120,150,250)	
4		Pilot profitability as fraction of revenue				VosePERT(0.01,0.05,0.12)	
5		Probability pilot converts to local series				35%	
6		Number of seasons in a series				VoseDiscrete({1,2,3,4,5},{0.4,0.25,0.2,0.1,0.05})	
7		Revenue for a season for a local series				VosePERT(120,150,250)	
8		Local profitability as fraction of revenue				VosePERT(0.15,0.25,0.45)	
9		Probability local series sold to US				20%	
10		Revenue from US for a season				VosePERT(240,550,1 350)	
11		US profitability as fraction of revenue				VosePERT(0.65,0.7,0.85)	
12							
13			Pilots made	Local only series	Local & US series	Total	
14		Series made	NA	8	3	11	
15		Seasons made	NA	15	9		
16		Profit	295	681	3 933	4 909	
17							
18		*Formulae table*					
19		F2	=ROUND(VosePERT(8−0.5,11,17+0.5),0)				
20		F3(F4,F7,F10,F11 similar)	=VosePERTObject(120,150,250)				
21		F6	=VoseDiscreteObject({1,2,3,4,5},{0.4,0.25,0.2,0.1,0.05})				
22		F14	=VoseBinomial(F2,F5)				
23		E14	=VoseBinomial(F14,F9)				
24		D14	=F14−E14				
25		D15:E15	=VoseAggregateMC(D14,$F$6)				
26		C16	=VoseSumProduct(F2,F3,F4)				
27		D16	=VoseSumProduct(D15,F7,F8)				
28		E15	=VoseSumProduct(E15,F7,F8)+VoseSumProduct(E15,F10,F11)				
29		F16(output)	=SUM(C16:E16)				
30							

图 18.8 从电视连续剧预测利润的模型

有一些事宜需要说明。单元格 F2 中，剧本数的最小和最大估计值分别减去和加上 1/2，这样在四舍五入之后能够更贴近实际。因为需要多次运用这些分布，所以单元格 F3、F4、F6、F7、F8、F10 和 F11 中的分布以 ModelRisk 对象的形式输入。另外，单元格 C16 用 Vose Sum Product 函数对每个剧本的收入和利润率乘积进行加合，其中收入和利润的分布分别在单元格 F3 和 F4 中用分布对象（distribution object）来定义。单元格 F14 模拟剧本制作成电视剧的数量，模型由此确定有多少电视剧销售到美国，详见单元格 E14，其与电视剧总数的差额为仅在地方播放的电视剧的数量，详见单元格 D14。应用这种方法构建逻辑联系确保了模型的一致性：仅在地方播放的电视剧与在地方和美国播放的电视剧这两部分之和等于电视剧总数。单元格 D15 和 E15 用 VoseAggregate（x，y）函数模拟采取相同分布 y（定义为一个对象）的 x 个随机变量的总和。

18.4 风险分析中的财务指标

DCF 模型中关于盈利能力的两个主要指标是净现值（net present value，NPV）和内部收益率（IRR）。关于财务风险的两个主要指标是风险价值（value at risk，VAR）和期望损失值（expected shortfall）。有关赞成和反对应用这些指标的理由的讨论详见 20.5。

18.4.1 净现值

净现值（NPV）用于确定某个延伸到未来某段时间的项目现金流的现值。这个现值用于估量该公司通过承担该项目获得了多少以今天价值计算的收益：换言之，通过接受该项目，公司本身将会值多少钱。

计算净现值要将未来的现金流用某个特定的贴现率 r 进行贴现。贴现率要考虑以下方面：

1. 货币的时间价值（例如，如果通货膨胀率为 4%，1 年之后的 1.04 美元相当于今天的 1 美元）。

2. 利息。通货膨胀期间通过投资获取的收益，这笔收益不是担保投资获取的收益。

3. 第 1 部分和第 2 部分用以补偿该项目接受的风险程度所要求的额外收入。

第 1 部分和第 2 部分联合生成无风险利率 r_f。这种利率通常特指固定支付的担保投资所支付的利息，如政府公债，其期限大致与项目期限相等。

第 3 部分是 r_f 之外的额外利息 r^*，它通过考察项目的不确定性来测定。在风险分析模型中，这种不确定性通过每个时期现金流分布的扩散来表示。r^* 与 r_f 之和称为风险调整贴现率 r。

时期为 n 的现金流序列的净现值最常用的计算公式如下：

$$\mathrm{NPV}(r)=\sum_{i=1}^{n}\frac{\overline{C}_i}{(1+r)^i}$$

其中，$\overline{C}_i$ 指每个时期的现金流的期望值（即平均数），r 是指风险调整贴现率。

风险分析电子数据表模型中运行的净现值计算通常由净现值的分布来表示，因为净现值计算中使用的现金流数值是它们的分布而不是期望值。从理论上讲这是不正确的。由于 NPV 是净现值，它可以没有不确定性，它是该公司的项目在当前的市值。问题在于重复计算了风险，第一次用风险调整贴现率来贴现，然后用一个分布显示 NPV（即它是不确定的）。

下面讨论的两种在风险分析中计算 NPV 的方法在理论上是正确的，操作性也更强，但严格来讲不十分正确，应用时可二者选其一：

- 理论方法 1：用无风险利率对现金流分布进行贴现。由此生成一个净现值在 r_f 的分布，同时确保了风险没有重复计算。由于决策者一般从未处理过无风险利率的净现值，没有任何数值可以与模型输出结果相比较，因此这个分布不易解释。
- 理论方法 2：用风险调整利率对每个现金流的期望值进行贴现。这是对上述公式的应用，它使项目的净现值为单一值。风险分析用来确定现金流在每个时期内的期望值。贴现率通常取决于项目间的风险比较，即与项目现金流有关的风险与公司投资组合中其他项目的风险的比较。然后，公司可以设定一个贴现率，这个贴现率是高于或低于普通的贴现率，取决于被分析项目的风险是否高于或低于平均风险。有些公司会设定一套贴现率（大约三个），用于针对不同风险的项目使用。

这种方法的主要问题是，该方法假定现金流分布是对称的，而且现金流之间没有相关性。成本和收益的分布几乎都呈现某种形式的不对称性，在典型的投资项目中现金流周期之间也存在某种相关性。例如，某一时期的销售量会受前期销售量的影响，某一时期如果进行了投资，那么下一时期通常不会再次投资（例如，工厂发展扩大）。另外，模型中或许会包含价格、生产率或销售量的自相关时间序列预测。如果现金流之间存在很强的正相关，这种方法会过高估计净现值。相反地，如果现金流之间存在很强的负相关，会导致过低估计净现值。现金流之间的相关性可能会呈现多种形式，通常很复杂。我不知道有哪种财务理论能够提供一种实用方法来调整净现值，使之包含这些相关性。

实践中，在现金流分布中应用风险调整利率来生成净现值分布，这种方法比较容易。这种方法自动纳入了各分布之间的相关性，使决策者可以直接比较以往的净现值分析结果。

正如前面解释过的那样，这种技术会重复计算风险。首先是在贴现率中计算了风险，然后用分布表示净现值时再次计算了风险。然而，如果认识到这一不足，分析结果会很实用，可以用来确定获取必要的贴现率概率（即正净现值的概率）。最终报告中实际引用的净现值是净现值分布的期望值。

18.4.2 内部收益率

项目的内部收益率（IRR）是使项目未来的现金流贴现得到净现值为零的贴现率。换言之，它是使项目的所有成本和收益恰好平衡的贴现率。如果现金流不确定，内部收益率也会不确定，因此有一个分布与之关联。

内部收益率分布可以用来确定获取任意特定贴现率的概率，这个概率可以与其他项目获得目标贴现率的概率相比较。不建议用内部收益率的分布和有关的统计量来做项目间的比较分析，这是由内部收益率的特征所决定的。下面进行详细讨论。

与净现值的计算不同，现金流序列的内部收益率计算没有精确公式。通常需要猜测第一个值，然后应用计算机逐步进行更精确的估计，直到最终找到一个使净现值接近或等于零的贴现率数值。

进行内部贴现率模拟时，如果项目累计现金流的位置不止一次经过零，就说明有多个有效解，即存在不同的内部收益率。这对于确定性模型而言通常不是个问题，因为累计现金流的位置很容易探测到，而且内部收益率的任意最小解也很容易选取。然而，风险分析模型是动态的，这就很难理解它的确切运行过程。因此，累计现金流的位置可能通过零然后返回到一些风险分析循环中，并且不会被发现，这会产生相当不准确的内部收益率分布。为避免此类问题，在计算累计现金流的位置及其通过零点次数的模型中，加入几个赔率（lines）可能是值得的。如果它作为模型输出，就能够确定这是否是一个统计上显著的问题，并改变第一个猜测来弥补它。

如果现金流仅为正值或仅为负值，就无法计算内部收益率。因此，内部收益率不适用于两个纯粹负值或正值的项目间比较，如租赁或购买某一设备的比较。

很难对两种选择的内部收益率的分布进行比较，除非它们的差异很大。随机控制试验（见5.4.5）可能很少直接使用。因为，内部收益率在低收入时期增加一个百分点（如3%～4%）的实际值，比在高收入时期增加一个百分点（如30%～31%）的实际值要大得多。请考虑下列情形：我有一个为期10年的项目，每年可获得20美元的收入（即10年总收入200美元）。我被要求支付200美元，显然这不是好的投资，因为内部收益率为零。经过讨价还价使对方降低价格以获得正内部收益率。图18.9显示了价格下降和内部收益率之间的关系。价格下降等于投资现值的增加，因此图形将实际值与内部收益率联系起来。当储蓄接近 200 美元时，内部收益率趋向无穷。显然，内部收益率和真实值之间没有线性关系。因此，很难用内部收益率分布来比较两个项目的价值。一个项目可能有一个长右尾，此时预期内部收益率很容易增加，但在现实情况中，另一个有左尾的项目中一个相对小的减少就远远超过该项目内部收益率的增加。

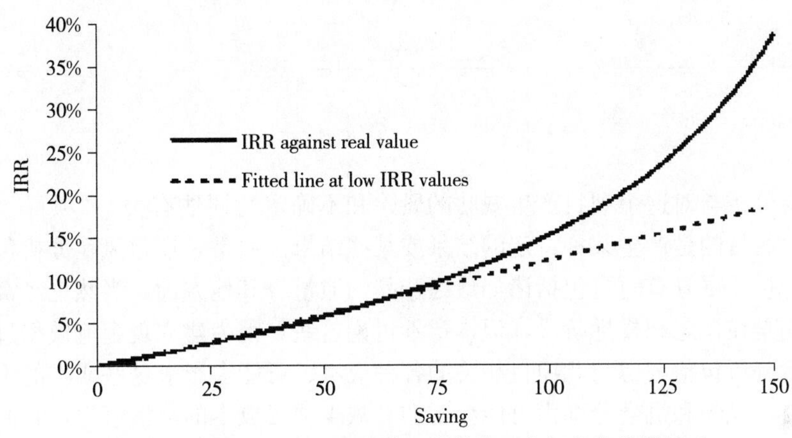

图 18.9 内部收益率和实际值（当前值）之间的非线性关系

第19章

项目风险分析

项目风险分析与对这个项目产生威胁的风险和不确定性评估有关。“项目”包括一系列相关的任务，其目的是产生某种特定的结果或某些结果。通常，项目风险分析包括进度分析和成本风险分析，尽管有时也包括诸如最终产品的质量等其他方面。当然也经常分析项目的现金流，特别是在概念和投标阶段，但本章不讨论这些，因为建立现金流模型过于简单。

成本风险分析包括考虑与此项目相关的各种成本、可能会影响这些成本的不确定性和任何风险或机会。风险和机会分别为可能会增加和减少项目成本的离散事件，它们的特征都在于评估发生的概率和影响的大小。通过将风险分析中成本的分布相加，从而确定项目总成本的不确定性。

进度风险分析着眼于完成与项目相关的各种任务所需的时间，以及这些任务之间的相互关系。风险和机会就是识别每一个任务，通过执行分析以确定项目的总周期，并且这个周期通常持续到项目中特定标志性事件的完成。一般而言，进度风险分析执行起来比成本风险分析更复杂，因为必须模拟任务之间的逻辑关系以确定关键路径。因此，我们先来考虑成本风险分析的元素。

项目的成本和时间实际上是联系在一起的。此外，项目的任务通常由完成任务的人周数（工作量）量化。任务的持续时间就等于人周数除以工作人数，成本等于人周数 * 劳动率。如果模型中包含了对进度逾期的处罚，成本和持续时间也是相关联的。

成本要素尤其与进度时间有关。相关性或依赖性建模已经在第 12 章详细阐述过，这里不再重复。然而，需要特别注意的是，依赖关系往往存在于风险分析模型中，如果分析中未能包括这些关系，通常会低估风险。

本章的前提假设是已经完成了与项目相关的各种风险识别的初步练习。假设风险登记薄已经拟定（见 1.6），已收集足够的信息，能够充分量化与每个任务相关的风险的概率和项目中任务潜在影响的大小。

项目风险分析通常是在更基础的（确定性的）分析后再执行，这种基础的分析应用单点估计分析每个任务的持续时间和成本。这种确定性分析与风险分析的结果经常让人感到惊奇，在风险分析中应用分布模拟不确定性的各个部分。不知为何，有人认为基于最可能发生观点的确定性分析，产生的结果应该等同于风险分析的输出分布模式。事实上，风险分析模型将提供一个意味着几乎总是比确定性模型更好结果的模型。有时，风险分析输出分布甚至不包括确定性结果！主要原因在于，分配给不确定性成分的分布几乎总是右偏的，即右尾比左尾长。这是因为有很多事情更会出错，也因为我们总是试图强调尽可能快速高效地工作。因此，该模型分布众数的右侧几乎总是比左侧有更大的概率，这意味着，在总数中，对大多数模型来讲，更可能有一个超过确定性场景的场景。进度风险分析甚至会偏离确定性等价模型，而成为成本模型，因为任何任务的开始取决于两个或更多其他任务的结束，任何任务开始于其他任务结束日期分布样本数的最大值，而不是它们的众数的最大值。

19.1　成本风险分析

成本风险分析通常是由工作分解结构（WBS）发展而来，工作分解结构是一个自上而下详细描述构成项目各种工作包（WPs）的文档。每个 WP 可细分为完成劳动所必须的一系列数量和估值。

通常会有许多与每个 WP 的不确定性元素相关的成本项。此外，可能会有可以改变这些成本大小的离散事件（风险或机会）。成本项目中正常的不确定性是由如 PERT 分布或三角形分布的连续型分布模拟。为简单起见，本章将使用三角形分布，但读者现在也应该注意应用该分布时的顾虑（见 14.3.2）。风险和机会的影响也将同样由连续分布模拟，但它们是否会出现则由离散分布模拟。为了说明这一点，请思考下面的例子。

例 19.1　一幢新的办公大楼已经设计为波纹镀锌钢屋顶，耗资在 165 000 英镑和 173 000英镑之间，但很可能为 167 000 英镑。然而，理事会的规划部门已经收到了许多来自当地居民的反对意见。建筑师认为建筑采用石板屋顶的成本在 193 000 英镑和 208 000 英镑之间的概率为 30%，但最有可能需要 198 000 英镑。

图 19.1 显示了如何使用三角形分布来建立屋顶成本模型。该模型假定：70%为钢屋顶（单元格 C5），剩下的 30%为石板屋顶（单元格 C6），以此在单元格 C8 中生成联合不确定性。◆

	A	B	C	D	E	F	G	H
1								
2			新办公大楼屋顶支出模型					
3								
4			分布	最小值	最可能值	最大值	概率	
5		镀锌钢屋顶	168 333 英镑	165 000 英镑	167 000 英镑	173 000 英镑	70%	
6		石板屋项	198 000 英镑	193 000 英镑	198 000 英镑	203 000 英镑	30%	
7								
8		联合估计值	168 333 英镑					
9								
10			公式表					
11		C5:C6	=VoseTriangle(D5,E5,F5)					
12		C8(输出)	=VoseDiscrete(C5:C6,G5:G6)					
13								

图 19.1　例 19.1 的成本模型

许多项目成本项的形式为：x 项@英镑 y/项，其中 x 和 y 都是未知数。乍一看，似乎可以简单合理地将这两个变量相乘获得成本，即成本$=x\cdot y$。然而，这种方法有一个潜在的问题（确定随机变量之和在第 11 章中已详细讨论）。思考下面的两个例子。

例 19.2　一艘船的船体由 562 块板组成，每一块都必须铆接到位。每一块板由一个工人铆接完成。考虑劳工的效率，主管认为铆工效率最高的是曾经在 3.75h 内铆接好了一块板，而消耗时间最长的铆工大约是 5.5h，而大部分铆工铆接成功一块板大约需要 4.25h。每个铆工的工资是每小时 7.50 英镑。铆接的总劳动成本为多少？人们首先想到总成本的模型如下：

总成本＝562 * Triangle（3.75，4.25，5.5）* 7.50 英镑

如果对这个公式进行仿真会怎样？通过一些迭代，可以在三角形分布中产生接近 3.75 的值。这就是说，记录下来所有板的铆接时间显然是不现实的。同样，通过三角形分布可以在迭代中产生接近 5.5 的值——给这艘船安装每块金属板的花费，都和记录中固定最难处理的金属板需要一样的人力。

问题在于，这个三角形分布模型模拟的是不确定性的个体，但却用它模拟铆接 562 块板所需平均时间的分布。

有几种正确的建模方法（第 11 章）来解决这个问题。最简单的是将每个板各自建模，即建立一列 562 个三角形分布 Triangle（3.75，4.25，5.5），把它们相加，并将相加之和乘 7.50 英镑。虽然这是很正确的，但为了这个成本项而使用 562 个单元格的电子表模型，这显然不切实际，因此这种方法仅在有少量项相加时才真正有用，或者可以使用 VoseAggregateMC（562，VoseTriangleObject（3.75，4.25，5.5））。

另一个选择是应用中心极限定理（见 6.3.3）。三角形分布 Triangle（3.75，4.25，5.5）的均数 μ 和标准差 σ 是：

$$\mu=4.5$$

$$\sigma=0.368$$

因为有 562 项，该项工作总人时数的分布如下式：

总人时数＝Normal（4.5×562，$0.368\times\sqrt{562}$＝Normal（2 529，8.724）

那么，铆接的总劳动力成本的估计为

成本＝Normal（2 529，8.724）×7.50 英镑◆

项目的每个成本项及任何相关的风险和不确定性一旦确定，就可以建立模型估计这个项目总成本。图 19.2 举例说明了可以使用的模型结构。在这个例子中，每一项及用于其估计的假设和任何风险的影响及概率都是明确定义的。

如第 5 章所述，项目总成本的模拟结果可以表现在许多方面。如果该项目是受另一个组织委托，也产生投标价格，分析项目的成本常被用于产生预算和应急数据。15.3.2 描述了这些是如何确定的。

管理层经常会问的一个问题是：预算和应急经费是如何在成本项目中分配的。这些知识将帮助项目经理密切关注项目的进度情况。我采用的分配方法是，使预算和应急费用与各成本项相关的数额以相同的概率被超支。使用这种方法会给每个成本项相同的机会进入其预算图或其（预算＋应急）图，并将避免为成本项的控制器制定几乎不可能实现的目标和过于容易实现的目标。在接下来的例子中演示了这种在成本项中分配预算和应急费用的方法，图 19.2 使用了成本模型。

例 19.3 图 19.3 显示了项目总成本的累积分布。将生成的均数 303 856 英镑作为预算，预算的第 80 百分位数（即 308 588 英镑－303 856 英镑＝4 732 英镑）作为风险应急资金。那么，预算就是实现组织目标情况下的成本或更少的成本，应急是应该放在一边的额外金额。如果成本风险模型是精确的，预算充足的概率是 53％，项目的成本不超过预算＋应急的概率是 80％。

为了能够将预算和应急资金分配到成本项中，每个成本项必须指定为模型的输出。从每

	A	B	C	D	E	F	G	H	I
1									
2			新大桥成本模型						
3									
4				Distribution	Minimum	Most likelv	Maximum	Probabilltv	
5		WP1	设计	17 267 英镑	15 500 英镑	17 200 英镑	19 100 英镑	0.6	
6		*R*1	最初申请被拒绝	19 767 英镑	18 400 英镑	19 700 英镑	21 200 英镑	0.4	
7			WP1 合计	17 267 英镑					
8									
9		WP	土建	76 667 英镑	72 000 英镑	74 500 英镑	83 500 英镑	0.8	
10		*R*2	地下水位问题	85 400 英镑	81 300 英镑	84 600 英镑	90 300 英镑	0.2	
11			WP2 合计	76 667 英镑					
12									
13		WP3	钢筋	57 533 英镑	56 300 英镑	57 200 英镑	59 100 英镑		
14									
15		WP4	混凝土	47 533 英镑	44 300 英镑	46 700 英镑	51 600 英镑		
16									
17		WP5	劳动力	34 200 英镑	32 300 英镑	33 500 英镑	36 800 英镑	0.75	
18		*R*3	没有首选承包人	41 200 英镑	38 300 英镑	41 200 英镑	44 100 英镑	0.25	
19			WP5 合计	34 200 英镑					
20									
21		WP6	租用植物	31 633 英镑	29 600 英镑	31 200 英镑	34 100 英镑		
22									
23		WP7	路面	22 933 英镑	22 000 英镑	22 700 英镑	24 100 英镑		
24									
25		WP8	管理	11 633 英镑	11 000 英镑	11 500 英镑	12 400 英镑		
26									
27		总成本		299 400 英镑					
28									
29			公式表						
30			D5,D6,D9,D10,D13:D18,D21:D25	=VoseTriangle(E5,F5,G5)					
31			D7,D11,D19	=VoseDiscrete(D5:D6,H5:H6)					
32			D27	=D7+D11+D13+D15+SUM(D19:D25)					
33									

图 19.2　项目成本模型结构的例子

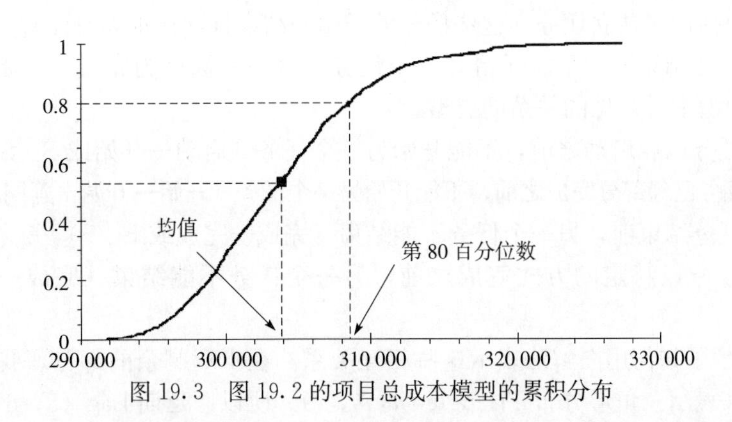

图 19.3　图 19.2 的项目总成本模型的累积分布

个成本项生成的数据点输出到电子表格中，然后各列的值按照升序各自排列（图 19.4）。那么，每行所有项生成的成本相加得到总的项目成本。

接下来，在成本和的列中查找预算和（预算＋应急）的值，确定与预算和（预算＋应急）最精确相等的数据。然后，出现在每个成本项同一行中的值就定为成本项的预算和（预算和应急）值。图 19.4 举例说明了这个过程。更多的迭代会使项目预算和（预算＋应急）值确定得更加精确。◆

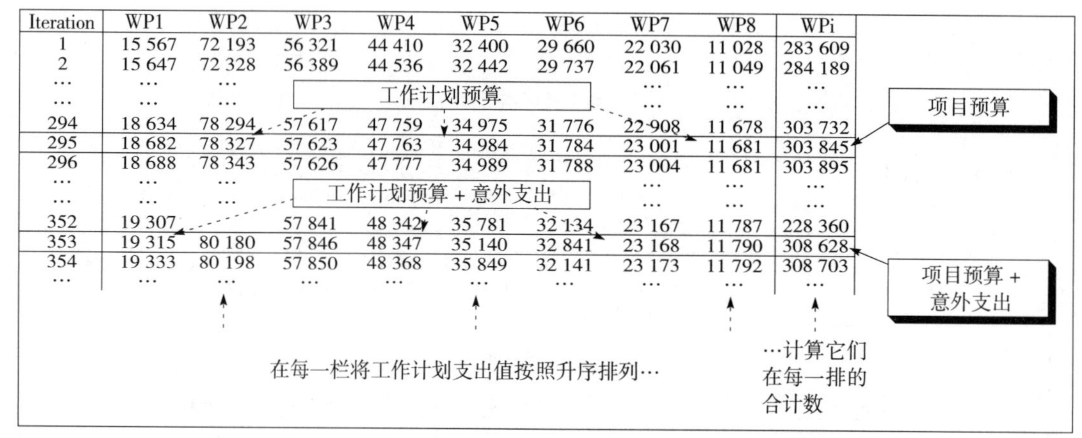

Iteration	WP1	WP2	WP3	WP4	WP5	WP6	WP7	WP8	WPi
1	15 567	72 193	56 321	44 410	32 400	29 660	22 030	11 028	283 609
2	15 647	72 328	56 389	44 536	32 442	29 737	22 061	11 049	284 189
…	…	…					…	…	…
…	…	…					…	…	…
294	18 634	78 294	57 617	47 759	34 975	31 776	22 908	11 678	303 732
295	18 682	78 327	57 623	47 763	34 984	31 784	23 001	11 681	303 845
296	18 688	78 343	57 626	47 777	34 989	31 788	23 004	11 681	303 895
…	…	…					…	…	…
…	…	…					…	…	…
352	19 307		57 841	48 342	35 781	32 134	23 167	11 787	228 360
353	19 315	80 180	57 846	48 347	35 140	32 841	23 168	11 790	308 628
354	19 333	80 198	57 850	48 368	35 849	32 141	23 173	11 792	308 703
…	…	…	…	…	…	…	…	…	…

图 19.4 例 19.3 的项目中各个成本项的预算和预算＋应急值的分配

19.2 进度风险分析

进度风险分析使用与成本风险分析相同的原则，模拟总不确定性及风险和概率。然而，它还必须处理项目不同任务间相互关系建模的更多的复杂性。本节着重于构建简单模型，这些模块通常构成进度风险分析，然后展示这些元素是如何结合在一起，从而产生现实的模型。

许多软件工具允许用户在规划应用程序的标准项目上运行蒙特卡罗模拟，如 Microsoft Project 和 Open Plan。然而，下面描述的这些产品没有模拟离散风险和反馈循环的灵活性，这是实际项目的共同特征。现在，对于项目进度建模最灵活的环境仍然是电子表格，下面所有的例子都是用这种格式说明。

项目计划包括许多独立任务。这些任务的开始和结束日期在很多方面有关联：

1. 在一个任务结束前，不能开始另一个任务（该关系被称为完成—开始或 F—S)。这是在项目规划模型中最常见的关系的类型。

2. 在一个任务已经启动之前，不能开始另一个任务（启动—开始或 S—S)。

3. 在一个任务已经部分完成之前，不能开始另一个任务（开始—开始＋延期或 S—S＋x)。

4. 在一个任务结束前，另一个任务不能结束（完成—完成或 F—F)。

5. 在一个任务以特定的方式完成之前，另一个任务不能结束（完成—完成—延期或 F—F—x)。

图 19.5 展示了如何用图解法表示这些相互关系。在本章剩余的部分，我们将使用符号“(a，b，c)”来表示三角形分布 Triangle (a，b，c)。所以：延期 Lag（5，6，7）周是由三角形分布 Triangle（5，6，7）在单位周模拟的延期。

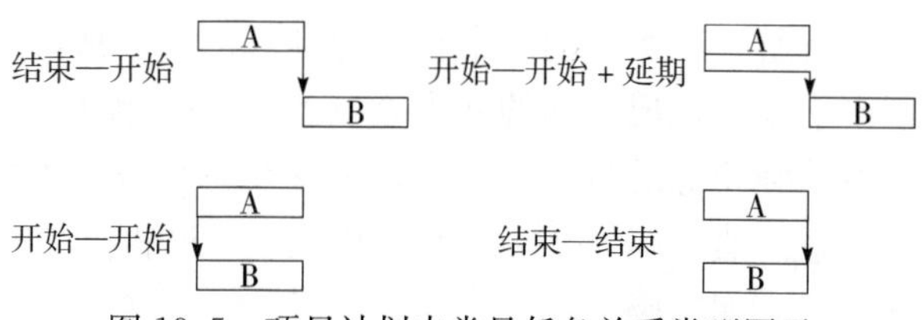

图 19.5 项目计划中常见任务关系类型图示

至关重要的是，建立进度风险模型要尽可能清晰，因为它可以很容易变得非常复杂。图 19.6 举例说明了一种格式，其中所有的假设都是明显的。

现在可以构建涉及几个任务的、

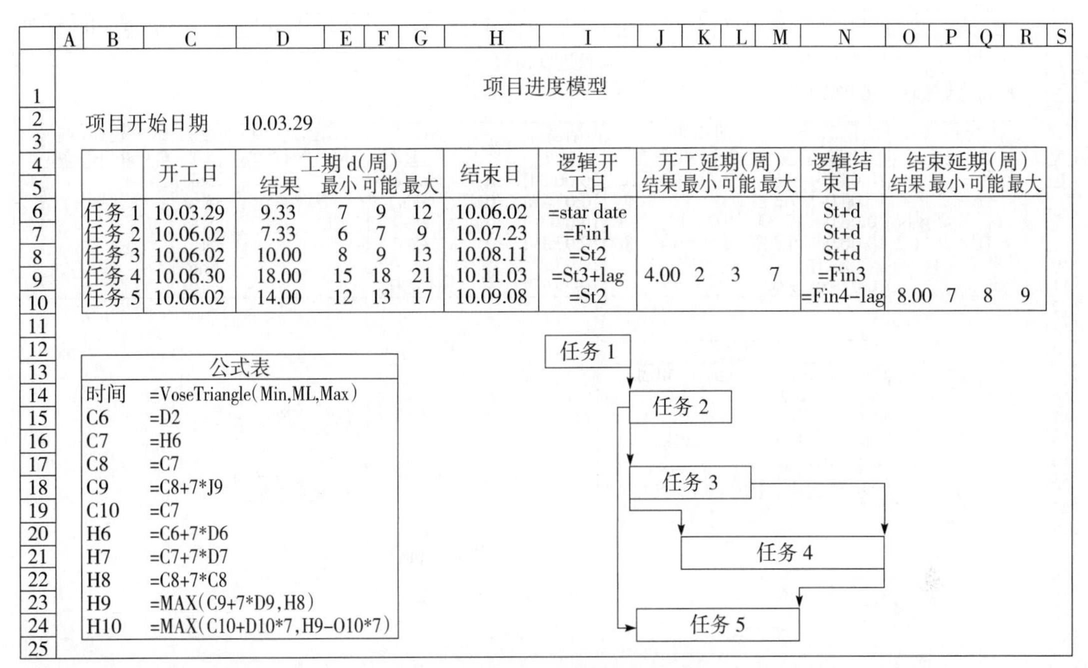

项目进度模型

项目开始日期　10.03.29

	开工日	工期 d(周) 结果	最小	可能	最大	结束日	逻辑开工日	开工延期(周) 结果	最小	可能	最大	逻辑结束日	结束延期(周) 结果	最小	可能	最大
任务 1	10.03.29	9.33	7	9	12	10.06.02	=star date					St+d				
任务 2	10.06.02	7.33	6	7	9	10.07.23	=Fin1					St+d				
任务 3	10.06.02	10.00	8	9	13	10.08.11	=St2					St+d				
任务 4	10.06.30	18.00	15	18	21	10.11.03	=St3+lag	4.00	2	3	7	=Fin3				
任务 5	10.06.02	14.00	12	13	17	10.09.08	=St2					=Fin4-lag	8.00	7	8	9

公式表	
时间	=VoseTriangle(Min,ML,Max)
C6	=D2
C7	=H6
C8	=C7
C9	=C8+7*J9
C10	=C7
H6	=C6+7*D6
H7	=C7+7*D7
H8	=C8+7*C8
H9	=MAX(C9+7*D9,H8)
H10	=MAX(C10+D10*7,H9-O10*7)

图 19.6　项目进度模型结构示例

更复杂的关系。粗线表示任务之间的联系。虚线说明可能或可能不发生的关系（即风险和机会）。风险和机会可以通过两种方法模拟：如图 19.7 中所示，模拟任务执行期间风险可能发生的影响；或如图 19.8 所示，在总任务执行期间，分别模拟风险可能发生或不发生。

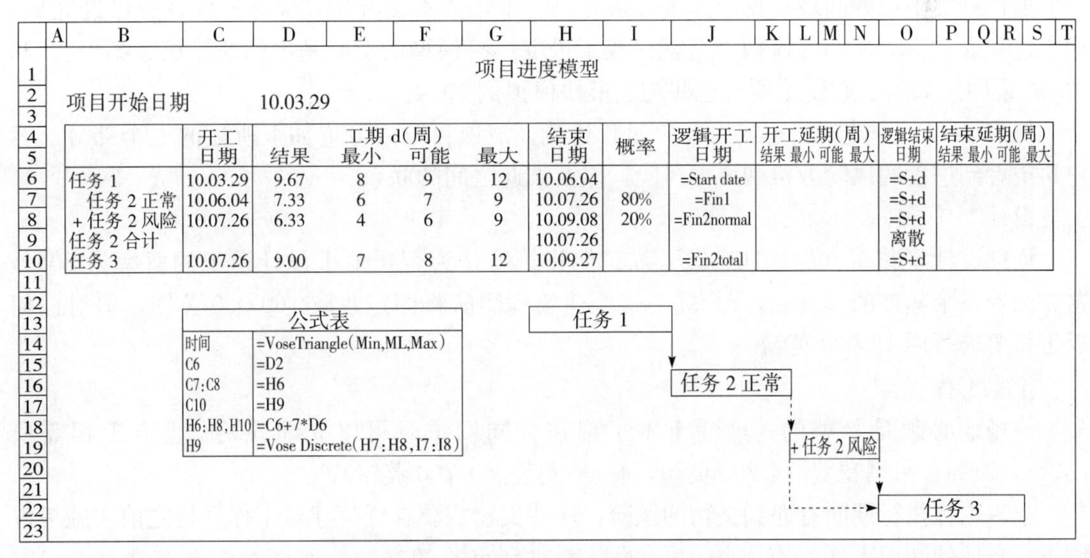

项目进度模型

项目开始日期　10.03.29

	开工日期	工期 d(周) 结果	最小	可能	最大	结束日期	概率	逻辑开工日期	开工延期(周) 结果	最小	可能	最大	逻辑结束日期	结束延期(周) 结果	最小	可能	最大
任务 1	10.03.29	9.67	8	9	12	10.06.04		=Start date					=S+d				
任务 2 正常	10.06.04	7.33	6	7	9	10.07.26	80%	=Fin1					=S+d				
+ 任务 2 风险	10.07.26	6.33	4	6	9	10.09.08	20%	=Fin2normal					=S+d				
任务 2 合计						10.07.26							离散				
任务 3	10.07.26	9.00	7	8	12	10.09.27		=Fin2total					=S+d				

公式表	
时间	=VoseTriangle(Min,ML,Max)
C6	=D2
C7:C8	=H6
C10	=H9
H6:H8,H10	=C6+7*D6
H9	=Vose Discrete(H7:H8,I7:I8)

图 19.7　用额外时间模拟进度风险

在图 19.7 的例子中，任务 2 预计需要（6，7，9）周，但出现任务的持续时间延伸

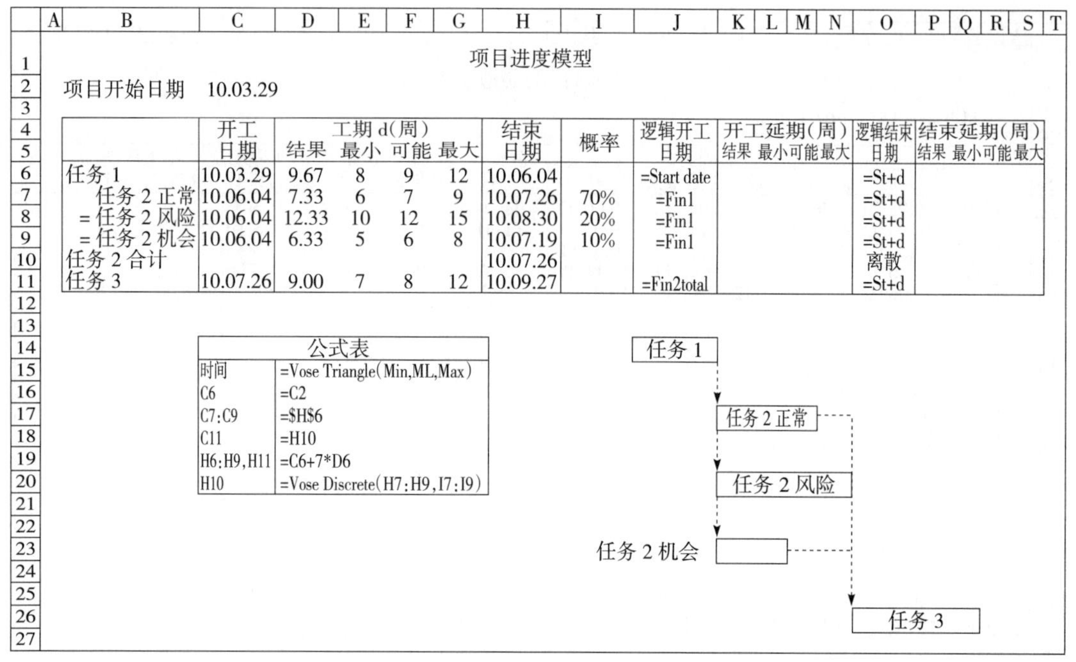

项目进度模型

项目开始日期 10.03.29

	开工日期	工期d(周) 结果	最小	可能	最大	结束日期	概率	逻辑开工日期	开工延期(周) 结果 最小 可能 最大	逻辑结束日期	结束延期(周) 结果 最小 可能 最大
任务 1	10.03.29	9.67	8	9	12	10.06.04		=Start date		=St+d	
任务 2 正常	10.06.04	7.33	6	7	9	10.07.26	70%	=Fin1		=St+d	
= 任务 2 风险	10.06.04	12.33	10	12	15	10.08.30	20%	=Fin1		=St+d	
= 任务 2 机会	10.06.04	6.33	5	6	8	10.07.19	10%	=Fin1		=St+d	
任务 2 合计						10.07.26				离散	
任务 3	10.07.26	9.00	7	8	12	10.09.27		=Fin2total		=St+d	

公式表	
时间	=Vose Triangle(Min,ML,Max)
C6	=C2
C7:C9	=$H$6
C11	=H10
H6:H9,H11	=C6+7*D6
H10	=Vose Discrete(H7:H9,I7:I9)

图 19.8 用替代时间模拟进度风险

(4，6，9)周这一问题的概率是 20%。在图 19.8 中，任务 2 预计需要（6，7，9）周，但某一特定风险将其持续时间增加到（10，12，15）周的概率为 20%；还有一种可能，将持续时间减少到（5，6，8）出现的概率为 10%。任务 3 的开始日期等于任务 2 结束日期可能场景的一个离散分布。

项目进度中任务间最常见的多重关系是，一个任务不能开始，除非其他任务已经完成，这个过程通过 MAX 函数模拟。这就完成了进度风险模型的所有基本构建模块。图 19.9 和 19.10 说明了如何一起使用所有这些构建模块模拟例 19.4。

例 19.4 一个建筑公司要为客户建新建筑，该项目可以分为如下所述的七个部分。客户希望看到进度的风险分析和成本风险，以及彼此之间的联系。

设计

详细设计将花费（14，16，21）周，但建筑师认为客户要求设计返工的概率为 20%，这意味着一个额外的（3，4，6）周。这个建筑师团队将固定收取 160 000 英镑，但对任何返工将要求每周 12 000 英镑。

土木工程

该场地必须是平整的。这些土木工程在合同授予时可以立即开始。土方工程需要(3，4，7)周，每周花费（4 200 英镑，4 500 英镑，4 700 英镑）。

土木工程执行期间有遇到文物的风险，这些文物需要在任何建筑工作开始之前实施考古调查。当地的知识表明，有大约 30% 的概率找到重要的文物，而调查将会花费（8，10，14）周。

地基

土木工程完成时可以启动地基，地基将花费（6，7，8）周。每周劳动成本费为（2 800

	A	B	C	D	E	F	G	H	I	J	K	L	M	N	O	P	Q	R	S	T	U
1								Udesign	0.656 5												
2		合同	10.03.29					Ubrown	0.212 5												
3		签订日期						项目进度模型													
4			开工日期	工期 d(周)				结束日期	概率	逻辑开工日期	开工延期(周)				逻辑结束日期	结束延期(周)					
5				结果	最小	可能	最大				结果	最小	可能	最大		结果	最小	可能	最大		
6		设计(任务 1)																			
7		详细设计(a)	10.03.29	17.7	12	16	25	10.07.30	80%	=Start date					St+d						
8		重做风险(b)	10.07.30	4.3	3	4	6	10.08.30	20%	FinDetail					St+d						
9		合计(c)						10.07.30							离散						
10																					
11		土建(任务 2)																			
12		正常(a)	10.03.29	4.7	3	4	7	10.04.30	70%	=Start date					St+d						
13		考古风险(b)	10.04.30	10.7	8	10	14	10.07.14	30%	Fin2a					St+d						
14		合计(c)						10.04.30							离散						
15																					
16		基础(任务 3)																			
17			10.04.30	7.0	6	7	8	10.06.18		Fin2c					St+d						
18																					
19		建筑(任务 4)																			
20		1 层(a)	10.08.06	4.8	4	4.5	6	10.09.09		Fin3+Lag	7.0	6	7	8	St+d						
21		2 层(b)	10.09.09	4.8	4	4.5	6	10.10.13		Fin4a					St+d						
22		3 层(c)	10.10.13	4.8	4	4.5	6	10.11.16		Fin4b					St+d						
23		屋顶(d)	11.11.16	8.3	7	8	10	11.01.13							St+d						
24																					
25		封包(任务 5)																			
26		Brown Bros							90%												
27		1 层(a)	10.09.30	8.0	7	8	9	10.11.25		Fin4a+lag	3		3		St+d						
28		2 层(b)	10.11.25	8.0	7	8	9	11.01.20		Fin5a					St+d						
29		3 层(c)	11.01.20	8.0	7	8	9	11.03.17		Fin5b					St+d						
30		Redd & Greene							10%												
31		1 层(d)	10.09.30	8.3	6	8	11	10.11.27		Fin4a+lag	3		3		St+d						
32		2 层(e)	10.11.27	8.3	6	8	11	11.01.25		Fin5d					St+d						
33		3 层(f)	11.01.25	8.3	6	8	11	11.03.24		Fin5e					St+d						
34		合计	Brown Bros					11.03.17	90%												
35			Redd & Greene					11.03.24	10%												
36		(g)	联合					11.03.17							离散						
37																					
38		配套安装和收尾(任务 6)																			
39		配套安装																			
40		1 层(a)	11.03.17	10.3	8	10	13	11.05.28		Fin5g					St+d						
41		2 层(b)	11.03.28	10.3	8	10	13	11.08.09		Fin6a					St+d						
42		3 层(c)	11.08.09	10.3	8	10	13	11.10.20		Fin6b					St+d						
43		收尾																			
44		1 层(d)	11.05.28	11.0	9	11	13	11.08.13		Fin6a					St+d						
45		2 层(e)	11.08.09	11.0	9	11	13	11.10.25		Fin6b					St+d						
46		3 层(f)	11.10.20	11.0	9	11	13	12.01.05		Fin6c					最大	3	2	3	4		
47																					
48		试运转(任务 7)																			
49		整理现场(a)	12.01.05	2.0		2		12.01.19	55%	Fin6f					St+d						
50		1 次报修(b)	12.01.19	2.5	0.5	2	5	12.02.06	40%	Fin7a					St+d						
51		2 次报修(c)	12.02.06	1.0	0.5	1	1.5	12.02.13	5%	Fin7b					St+d						
52		合计						12.01.19							离散						
53																					
54		结束日期	12.02.13																		
55																					

	公式表					
57	I1(Udesign)	=VoseUniform(0,1)	I2	=VoseUniform(0,1)	H36	=Vose Discrete(H34:H35,I34:I35,Ubrown)
58	C7	=C2	C23	=H22	C40	=H36
59	C8	=H7	C27	=H20+7*K27	C41	=H40
60	H9	=Vose Discrete(H7:H8,I7:I8Udesign)	C28	=H27	C42	=H41
61	C12	=C2	C29	=H28	C44	=H40
62	C13	=H12	C31	=H20+7*K31	C45	=H41
63	H14	=Discrete(H12:H13,I12:I13)	C32:C33	=H31	C46	=H42
64	C17	=H14	H34	=H29	H46	=MAX(C46+7*D45,H42+7*P46)
65	C20	=H17+7*K20	H35	=H33	C50	=H49
66	C21	=H20	I34	=I26	C51	=H50
67	C22	=H21	I35	=I30	H52	=Vose Discrete(H48:H51,I49:I51)
68	D7,D8,D12,D13,D17,D20:D23,D27:D29,D31:D33,D40:D42,D44:D46,D49:D51			=VoseTriangle(E7,F7,G7)	C54	'=MAX(H7:H52)
69	H7,H8,H12,H13,H17,H20:H23,H27:H29,H31:H33,H40:H42,H44:H46,H49:H51			=C7+D7*7		
70						

图 19.9　例 19.4 所示进度模型布局

英镑，3 000 英镑，3 300 英镑），再加上（37 000 英镑，38 500 英镑，40 000 英镑）的材料费。

结构

建筑物的结构部分（地板、支柱、顶等）根据天气情况可以在完成地基工作后（3，4，6）周开始。有三个完全相同的楼层，建筑承包商认为，根据天气情况每个楼层可以在（4，4.5，6）周内建成。每个楼层每周将花费（4 700 英镑，5 200 英镑，5 500 英镑）

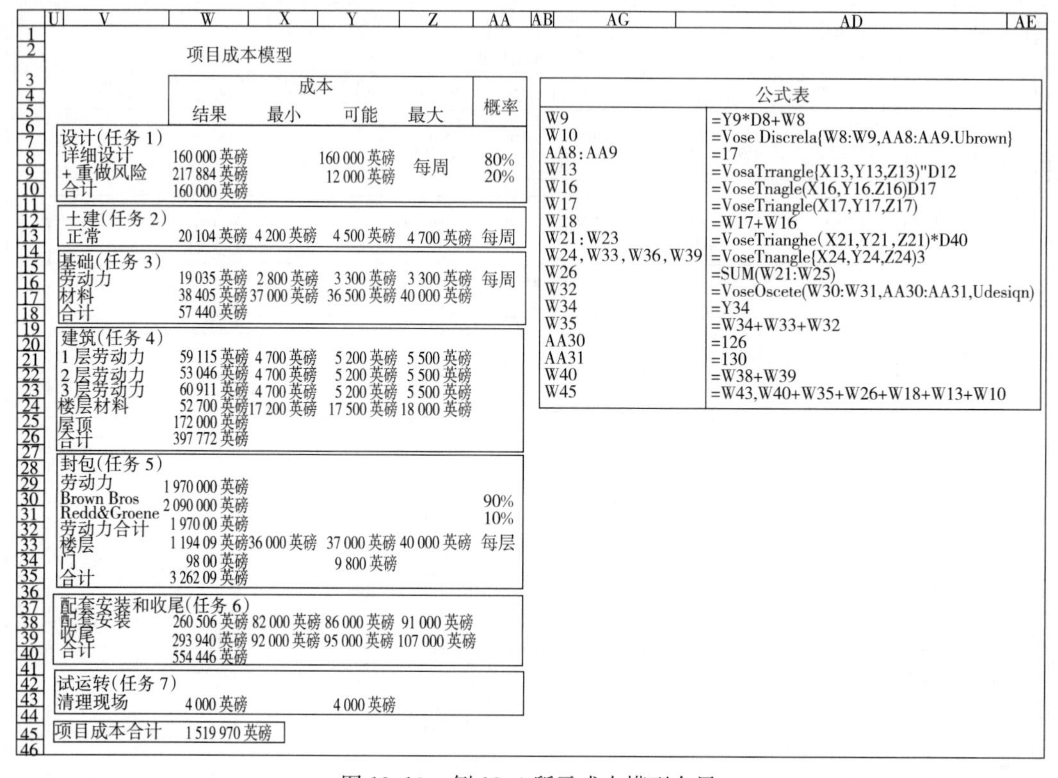

图19.10 例19.4所示成本模型布局

的劳动力费和（17 200英镑，17 500英镑，18 000英镑）的材料费，这取决于准确的最终设计。屋顶需要（7，8，10）周，固定价格为172 000英镑。

整体装修

一楼建完后的3周，就可以开始装修结构（墙、窗、外门）工作。每层材料成本费花费（36 000英镑，37 000英镑，40 000英镑），这取决于建筑师最终的设计。一楼需要高安全级别的门，成本为9 800英镑。装修劳动工作由布朗兄弟有限公司提供，报价为197 000英镑，他们估计依据天气而定每层花（7，8，9）周才能完成。然而，布朗兄弟有限公司正在采取被另一家公司接管，并且董事总经理认为新的业主不允许接受这项工作的概率为10%。接下来的另一个选择是Redd和Greene有限公司，他们劳动力的报价为209 000英镑，时间需求估计依天气而定，会花（6，8，11）周才能完成每一层楼。

服务和装饰

每层都完成后就可以开始服务（安装管道、电力、计算机电缆等）和装修（内部分割、装饰等）。每一楼层将花费（82 000英镑，86 000英镑，91 000英镑）的服务费和（92 000英镑，95 000英镑，107 000英镑）的装修费。

调试

所有的工作完成后，需要2周来收拾现场和测试所有的设施，成本花费4 000英镑。据调查，服务承包商返工维修的概率为40%，由此导致延迟（0.5，2，5）周，并有5%的概率再次返修，导致进一步延迟（0.5，1，1.5）周。图 19.9 使用每个不确定任务周期的期望值，说明了本例项目计划的一个电子表格模型。图 19.10 说明了本例的成本模型。注意这两个模型实际上属于同一个电子表格来让它们之间产生联系。也要注意，单元格 I1 中的均匀分布 Uniform（0，1）用来控制单元格 H9 和 W10 中分布的生成值，这将确保他们有 100％的相关性。这同样也适用于单元格 I2 的均匀分布 Uniform（0，1），这将使单元格 H36 和 W32 生成 100％的相关性。这相当于在变量之间使用 100％的等级次序相关。

这个模型的进度和成本的分布如图 19.11 和图 19.12 所示，他们的相互关系如图 19.13 中的散点图所示，这说明该项目的成本没有受到完成这个项目所需时间量的强烈影响。◆

1
0.9
0.8
0.7
0.6
0.5
0.4
0.3
0.2
0.1
0
累积概率
11.11.23
12.01.12
12.03.02
12.04.21
12.06.10
12.07.30
结束日期

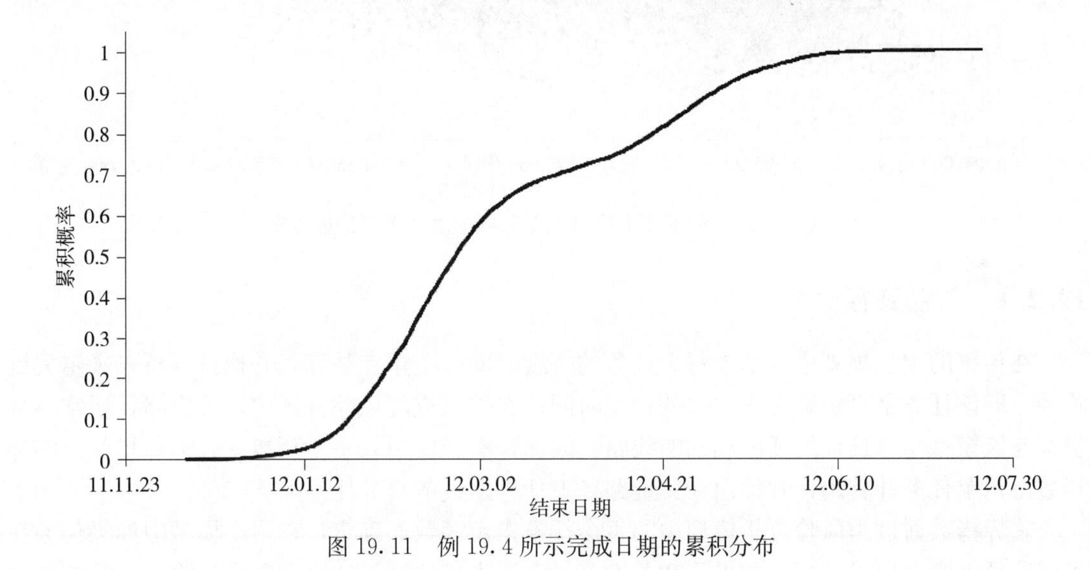

图 19.11 例 19.4 所示完成日期的累积分布

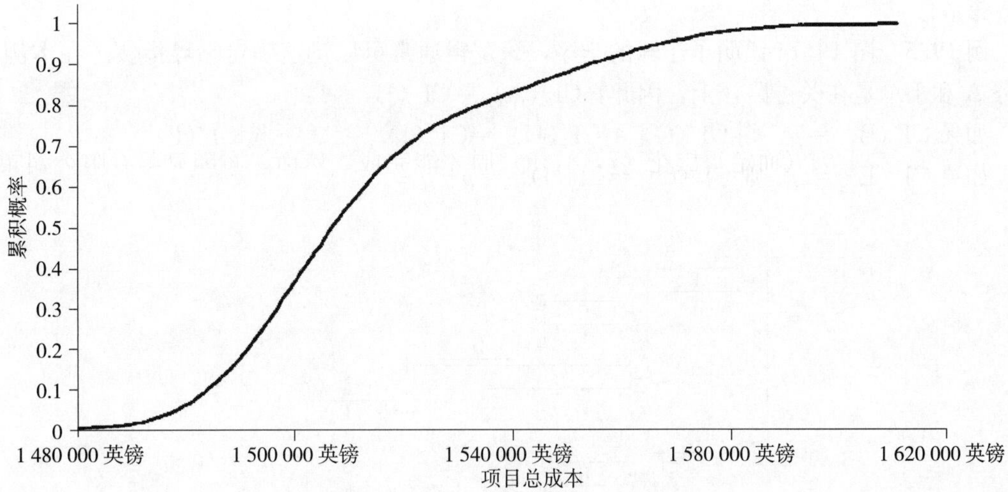

1
0.9
0.8
0.7
0.6
0.5
0.4
0.3
0.2
0.1
0
累积概率
1 480 000 英镑
1 500 000 英镑
1 540 000 英镑
1 580 000 英镑
1 620 000 英镑
项目总成本

图 19.12 例 19.4 所示项目成本的累积分布

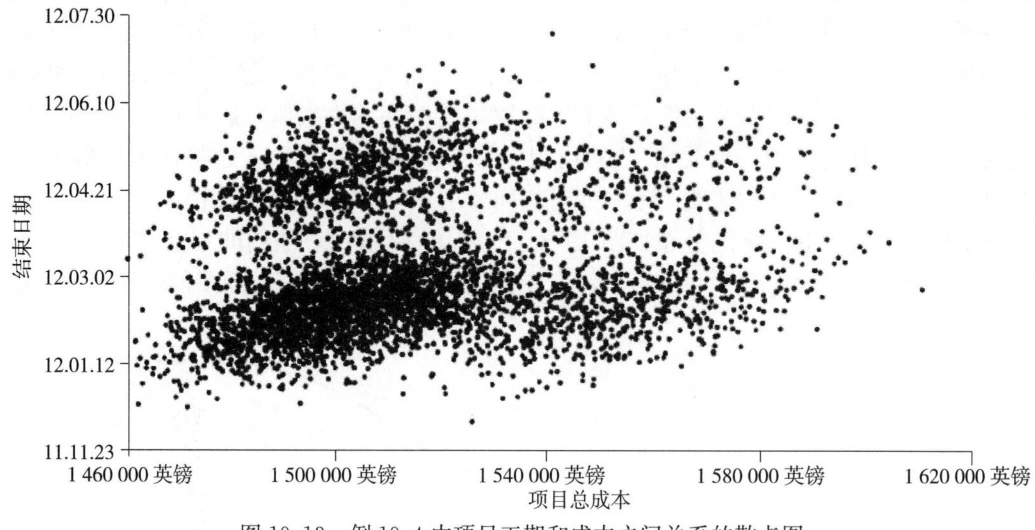

图 19.13 例 19.4 中项目工期和成本之间关系的散点图

19.2.1 关键路径分析

在传统的项目规划中，给予每个任务的持续时间一个单点估计，并执行分析来确定关键路径，即该任务是直接确定该项目的持续时间。在项目进度风险分析中，关键路径通常不会贯穿与该模型每个迭代的任务相同的线路。因此，有必要引入一个新概念：临界指数。临界指数由每个任务计算出，并给出在关键路径上任务迭代的百分比。

临界指数通过为风险分析模型中的每个任务指定函数而确定，在这个模型中如果任务在关键路径上则会生成“1”，如果不在关键路径上则生成“0”。这个函数作为输出，其结果的均数就是临界指数。通常没有必要计算每个任务的临界指数。进度的结构通常意味着如果一个任务在关键路径上，其他几个也会在关键路径上，或一个分支的临界指数为 1 减去另一个临界指数。

例 19.5 图 19.14 说明了逻辑的排序，该逻辑通常可以迅速确定临界指数。在本例中，任务 A 和 J 总是在关键路径上，因此，CI（A）=CI（J）=1：

如果 CI（B）$=p$，则 CI（G）=CI（H）=CI（1）$=1-p$ 且 CI（F）$=p$

如果 CI（E）$=q$，则 CI（C）=CI（D）$=p-q$

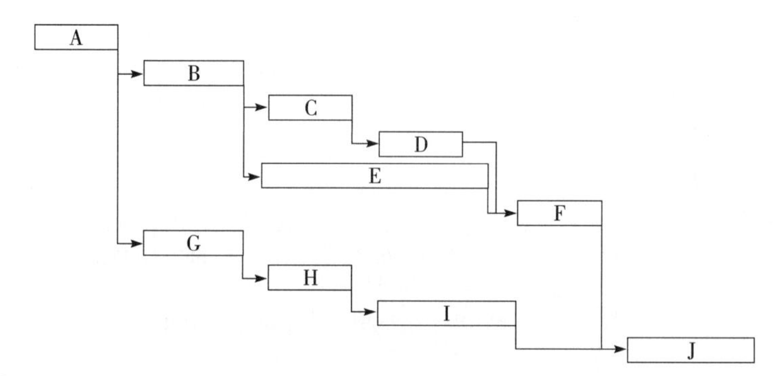

图 19.14 决定例 19.5 中临界指数逻辑的任务联系

即在本例中，只需要确定 p 和 q，所有其他临界指数都可以推导出来。

指数 p 可以通过下面的函数确定：

$$f(p) = \text{IF}(\text{start\_of\_J} = \text{finish\_of\_F}, 1, 0)$$

即如果任务J的开始的等于任务F的结束，则返回“1”，否则返回“0”。

指数 q 可以通过下面的函数来确定：

$$f(q) = f(p) * \text{IF}(\text{start\_of\_F} = \text{finish\_of\_E}, 1, 0)$$

即如果任务F的开始等于任务E的结束，且任务J的开始等于任务F的结束，则返回“1”，否则返回“0”。◆

如果临界指数接近于零，减少任务的持续时间就不大可能影响项目的持续时间。此外，临界指数值逐渐增大表明对项目时间的影响逐渐增大。因此，该指数可以帮助项目管理者将能试图减少持续时间的任务作为目标，或通过将其从关键路径删除的方式重新安排项目计划。

如果将单个任务持续时间作为输出，并使用临界指数函数，分析师可以查看原始生成数据，并分析在哪些情况下各个任务在关键路径上。可以进行条件中位数分析（第15章），当迭代中任务在生成持续时间的整个数据子集的关键路径上时，比较迭代中每个任务持续时间的数据子集。条件中位数分析指数 α 的值与任务的关联越强，则任务对项目工期延期的影响越大。

19.3 风险的投资组合

大项目在其风险登记簿中可能有很多风险——有时为1 000或更多！最实用方法是将其编制成一个仿真模型，其中每个风险的形式为：

=VoseBinomial（1，p）* VosePERT（Min，Mode，Max）

或

=VoseRiskEvent（p，VosePERTObject（Min，Mode，Max））

其中，p 是发生的概率，PERT分布反映了其造成影响的大小。ModelRisk中的VoseRiskEvent函数将风险事件仿真为一个变量，而不是通常进行灵敏度分析的两个变量［二项分布Binomial（1，p）或伯努利分布Bernoulli（p）和影响力分布］。

如果项目中每个风险表示成本的潜在影响，则有一个更快的方法来模拟总的风险，并且没有连锁效应，这意味着一个风险的发生不改变其他任何风险的概率或影响的大小。

假设 μ_I 和 V_I 分别为风险发生的影响分布的均数和方差，那么整体风险的均数和方差如下式：

$$\mu_R = p\mu_I$$

$$V_R = pV_I + \mu_I^2 p(1-p)$$

如果风险是独立的，那么可以通过将均数和方差简单地相加来估计总影响，即：

$$\mu_{TOTAL} = \sum_{i=1}^{n} p_i \mu_{Ii}$$

$$V_{TOTAL} = \sum_{i=1}^{n} p_i V_{Ii} + \mu_{Ii}^2 p_i (1 - p_i)$$

附录3给出了许多分布均数和方差的公式——当然希望读者会使用所有的公式来模拟风险的影响，读者也可以在ModelRisk中通过使用特定函数直接得到，例如：

=VoseMean（VosePERTObject（2，3，6））返回PERT（2，3，6）分布的均数

=VoseVariance（VoseTriangleObject（D8，E8，F8））返回三角形分布Triangle（D8，E8，F8）的方差

如果使用几个不同类型的分布来模拟影响，这些函数会使生活变得更加简单。如果有大量的风险——有的风险包含了成千上万的风险——通常可以近似合理地用正态分布Normal(μ_{TOTAL},V_{TOTAL})模拟总影响。ModelRisk有几个与风险组合相关的其他函数，这些函数可以在一个单元格（在C++中运行可以极大地加快仿真速度）中模拟集合分布，确定风险对总均数或方差的最大影响，并使其适合特定的分布，如正态分布或偏态分布，根据与合计风险投资组合的均数和方差相匹配——如果作为替代，最后的函数将大大加速模拟。

19.4 串联风险

我在根特住过12天，那里碰巧发生了一次邮局员工大罢工。邮局在此次罢工中损失了一大笔钱，员工也是如此。将比利时作为对比——没有任何支票，所以每个人都使用电子支付，但邮件中总是有发票和大量复杂的官方邮件。因此，我在办公室的12天中没有收到任何账单，2周以后邮局才处理积压邮件，因此我收到银行的结算单过晚以致不能结账。我很好奇为什么会这样。在此期间，我从一个小店里买了个高端电脑，这个小店可以定制高档电脑，但是他们需要快速付款，所以他们不寻常地通过电子邮件将发票寄给我，我在10分钟后付款。送达延迟我儿子的生日礼物，或在我家举办展览的邀请函在展览开始之前才打印好等。这种事发生在几百万个家庭中，对于邮局的未来产生相当大的影响，因为人们考虑不再寄送邮件。这些事件产生的影响远远不止如何处理12天的积压邮件所带来的影响。进行私有化，或竞争对手将会进入市场都是目前面临的最大风险，甚至提供互联网服务的Belgacom公司或Telenet公司都将用诱人的广告使人们应用电子邮件。

在理想的情况下，分析者能够理解风险全部的潜在影响，从而能够了解它应有的重视程度。有时候项目中的某些风险的直接影响较小，但它们能够增加其他风险发生的概率。可想而知是什么原因导致了上述现象的发生：管理者都专注于处理小风险A的影响，没有人关注一个迫在眉睫的大风险B；当小风险A发生时，人们互相指责、停止彼此的沟通和帮助，发现大风险B的人们想着"这不是我的问题"。毕竟，项目中最大的风险都受有关人员的影响。我认为，很多大风险会发生在一连串小风险之后，这些小风险也许处理起来更容易、成本更低。

现在说明在项目中建立风险模型的简单方法。通过这些方法希望模拟风险发生的概率，同时也模拟影响的大小及风险是否受到其他已经发生的风险的影响。如图19.15所示。

该模型使用ModelRisk的VoseRiskEvent函数，之后将会看到它的优势。该模型在别的方面将：

=VoseRiskEvent（F3，VosePERTObject（C3，D3，E3））

替代为：

=VoseBinomial（1，F3）＊VosePERT（C3，D3，E3）

该模型有趣的部分在于灰色单元格F6、F7、F10和G10，在这些单元格中我应用IF语句，依据是否有其他风险发生，而对概率或风险的影响进行选择：如果风险A发生，就增加风险D和E发生的概率；如果风险B、C、E和F都发生，则风险H发生的概率和影响的大小都增加。

	A	B	C	D	E	F	G	H
1				Impact				
2		Risk	Min	Most likely	Max	Probability	Risk simulation	
3		A	7	10	15	30%	11.099 515 6	
4		B	9.8	12	18	20%	0	
5		C	10.4	13	19.5	10%	0	
6		D	11.2	14	21	50%	11.942 306 25	
7		E	6.4	8	12	45%	7.891 018 621	
8		F	4.8	6	9	12%	0	
9		G	6.4	8	12	7%	0	
10		H	9.6	12	18	5%	0	
11		I	8.8	11	16.5	19%	0	
12		J	11.2	14	21	23%	0	
13		Sum				Total risk impact	30.932 840 47	
14								
15		*Formulae table*						
16		C3:C12	=D3*0.8					
17		E3:E12	=D3*1.5					
18		F3:F12	=Vose PERT(C3,D3,E3)					
19		F6	=IF(OR(G3,G5),50%,15%)					
20		F7	=IF(OR(G3,G6),45%,22%)					
21		F10	=IF(AND(G4,G5,G7,G8),13%,5%)					
22		G3:G9,G11:G12	=VoseRiskEvent(F3,Vose PERTObject(C3,D3,E3))					
23		G10	=IF(AND(G4,G5,G7,G8),3,2,1)*VoseRiskEvent(F10,VosePERTObject(C10,D10,E10))					
24		G13	=SUM(G3:G12)					
25								

图 19.15 相关（串联）风险模型示例

现在来看一下每个风险对单元格 G13 中输出和的影响。大多数蒙特卡罗加载项能够通过保存模拟期间分布中产生的值，来自动绘制龙卷风图（见 5.3.7）。根据主蒙特卡罗加载项，可以迫使其从一个单元格保存值，就好像是这些值是由软件自带的分布生成的。如果希望看到风险 A 的影响，可以在单元格 G3 中输入如 Normal（C3，0）或 DUniform（C3）。应用这种方法并运行仿真能够生成类似图 19.16 所示的图。

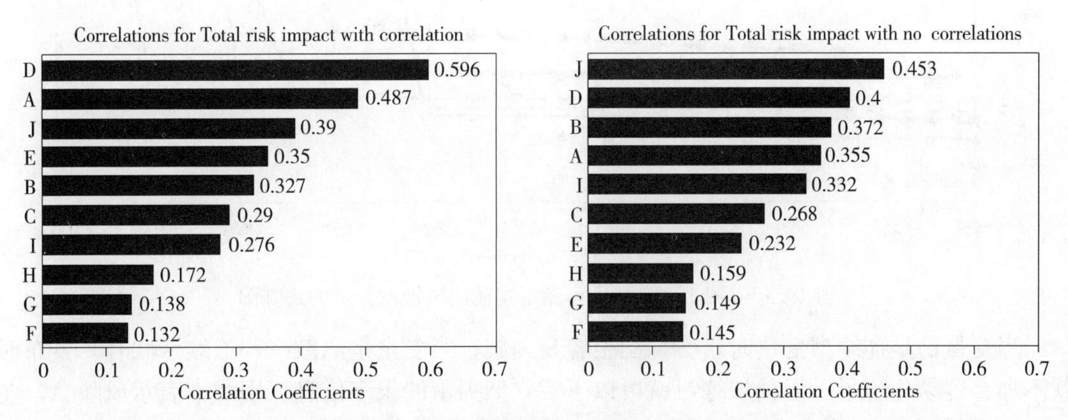

图 19.16 图 19.15 所示模型的灵敏度分析结果（左侧——有相关性；右侧——无相关性）

图 19.16 左边的窗格表明，如果将相关性加入模型中，风险 D 基本上与总风险等级次序相关，这似乎很有意义，因为其发生的概率约为 20%［风险的方差有一部分与 $p*(1-p)$ 成正比，其中 p 是发生概率，因此 p 越接近 0.5，风险的不确定性越大］，并且存在较宽的影响分布。右边的窗格显示，如果不将相关性加入到模型中，那么风险 D 就下降到第二位。这看起来可能很奇怪，因为风险 D 不影响其他任何风险，那它为什么不能排到第

一位呢？因为在左侧窗格中风险 A 影响风险 D，也影响风险 E。因此，这三个风险在某种程度上是彼此相关的，因而它们输出的等级相关在其获得风险 A 和 E 输出相关的“入账”时上升。在真空下不阅读这些类型的图表很重要——也应该考虑任何因果关系的方向。比较这两个图，会发现风险 A 和 E 已经分别上升了两个和三个排名，这与已经构建好的相关关系相符合。

最后，由于龙卷风图依然留有困惑，我们用蜘蛛图重做灵敏度分析（见 5.3.8）。为了达到这个目标，必须通过 U 参数控制 RiskEvent 分布的抽样。例如：

=VoseRiskEvent（F3，VosePERTObject（C3，D3，E3））

从风险可能值的分布中生成随机值，同时增加一个 U 参数 0.9：

=VoseRiskEvent（F3，VosePERTObject（C3，D3，E3），0.9）

获取分布的第 90 百分位数。这个模型的蜘蛛图（图 19.17）可以从每个风险事件的第 50 百分位数开始绘制，因为所有这些风险发生的概率都不大于 50%，所以第 50 及以下百分位数是零。

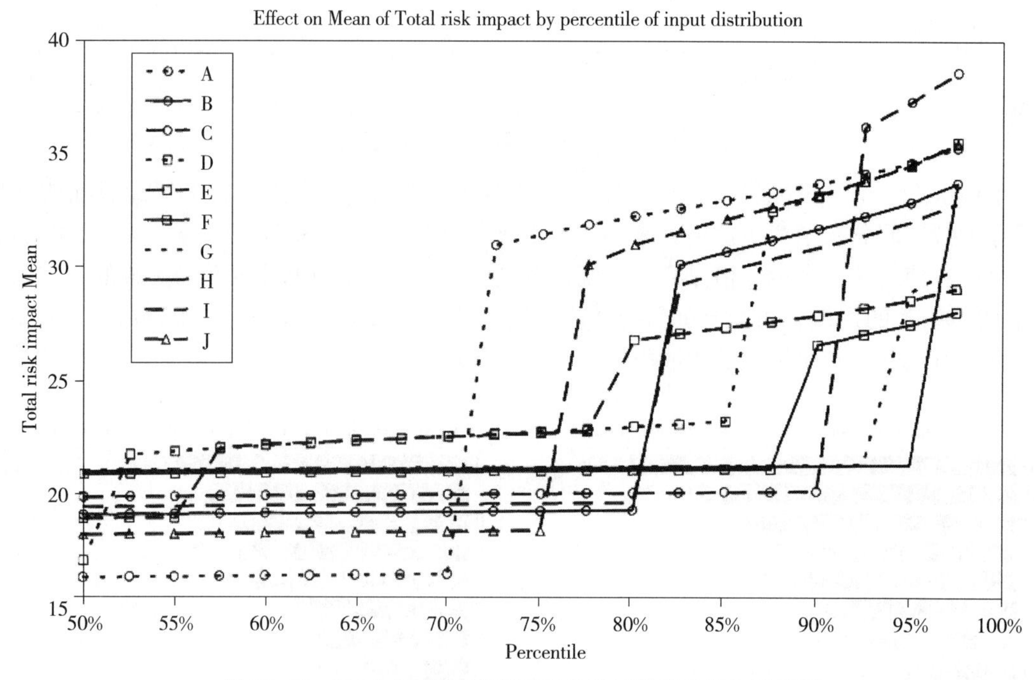

图 19.17　图 19.15 所示模型平均输出灵敏度分析的蜘蛛图

当变量都是连续型变量时，蜘蛛图很容易理解；当变量是离散——连续（联合）分布时就不那么容易理解了，但稍加练习就可以了解它们揭示的很多信息。用线来表示风险 A，左边开始于 y 的最低值，当达到 70%时出现一个跳跃：这是因为风险发生的概率为 30%（1%～70%）。风险 A 影响的最小值是 7，然而，通过线的跳跃，它上升了约 14.6 个单位，这是由风险 D（均数 14.7）从 15%增长到 50%、风险 E（均数 8.4）从 22%上升至 45%导致的，由此可以获取增加的期望值（50%－ 15%） * 14.7 ＋（45%－ 22%） * 8.4 ＝ 7.1。这里，7+7.1 几乎反映了我们看到的跳跃值（离群点）是在 x=70%以上的第一个交会点为 72.5%，这是 PERT 的 2.5%/30% ＝8.3 百分位数，而不是它的最小值。

读者大概可以理解风险 D 和 E 的两个跳跃：D 在［50%，52.5%］和［85%，87.5%］，这是由于风险 D 发生的概率为 15%或 50%取决于风险 A 和 C 是否发生，同样的思路也适用于风险 E。每条线的垂直距离表示由每个风险值确定的输出均数的变异情况。风险 A 和 C 的距离最大，但是风险 C 比风险 A 在 X 轴上跳跃的百分比更高，所以对相关性的影响较小，尽管它对输出均数极值的影响更大。

第 20 章

构建保险和金融风险分析模型

本章介绍的方法早已在保险与金融风险分析建模中得到开发应用，即使保险和金融不是读者的专业领域，读者仍然可能在这一章中发现一些有趣的想法。保险和金融分析师已经将大量的工作放在寻求随机化问题的数值解上——这是非常可取的，因为与蒙特卡罗模拟相比，数值解能够提供更快捷、准确的答案。本章会介绍一些建模方法，使读者能大致了解这些方法的作用，对于保险与金融业的人士，希望这些方法也能激发对 ModelRisk 软件的兴趣，这款软件在附录 2 中有所描述。20.1 至 20.5 阐述了一些金融领域的方法，20.6 及以后内容探讨了一些保险业的理念，并介绍了需要遵循的一些共同原则。

20.1 操作风险建模

操作性风险在新巴塞尔资本协议（Basel Ⅱ）中的定义是："不完善或有问题的内部操作过程、人员及系统或外部事件造成损失的风险"。它包括：内部和外部欺诈，员工健康和安全歧视，垄断、贸易和会计违规操作，自然灾害和恐怖行动，电脑系统故障，数据错误，没有强制性的报告（如在指定的时间内发送声明或政策文件）和由于疏忽导致的客户资产的损失。但是，它不包括战略风险和名誉风险，尽管名誉风险可能会受到高可见性的操作风险的影响。银行业特别关注由 Basel Ⅱ和各种公司丑闻带来的操作风险，在银行业内，必须严密并透明地监测和报告操作风险。必须持有充足的资金储备以支付高度确定的操作风险，从而实现 Basel Ⅱ下的最高评级。根据 Basel Ⅱ的"高级计量法"，假如银行应用了必要的报告系统，那么该银行的操作风险通常是最简单的，故操作风险可模拟成类似于保险风险的聚合投资组合问题。图 20.1 所示的模型应用 FFT 方法来计算在第 99.9 百分位数的水平上覆盖银行风险所需要的资金。Basel Ⅱ使银行能应用蒙特卡罗模拟来确定第 99.9 百分位数，然而应用 FFT 方法要优于模拟，因为如此高的损失分布百分位数在任何精度下都需要大量迭代运算来确定它的值。第 99.9 百分位数损失和预期损失之间的差异称为"意外损失"，这相当于银行必须预留且能够覆盖操作风险的资金费用。

模型假设每一种风险都是独立的（这使得泊松分布适用于建立频率模型，虽然 Pólya 或 Delaporte 可能会更好地模拟频率，见 8.3.7），并且风险的影响也都遵循对数正态分布。在这种模型中，也可以应用与可用数据有关的拟合分布对象［如 VoseLognormalFitObject (data)］。执行操作风险计算的主要困难在于可能用来确定分布参数的相关数据的获取。操作风险其实很少发生，尤其是有重大影响的风险，因此在私人银行中经常会缺失所有的相关数据。但是，可以根据一般银行业数据库中的频率和严重性分布，同时应用信度理论，如应用 Buhlmann 信度因子（Klugman 等，1998），随着时间的推移逐步为私人银行的经验分配

	Rlsh category	Proceas	Sub proceas	Expecled frequency	Severity mean	Severity Stdev	Frequency distributlon	Severity distribution
3	Type1	A	1	22.7	9.1	5.2	VosePoisson($E$3)	VoseLognormal($F$3,$G$3)
4			2	2.5	8.1	5.3	VosePoisson($E$4)	VoseLognormal($F$4,$G$4)
5			3	4.9	7.1	8.1	VosePoisson($E$5)	VoseLognormal($F$5,$G$5)
6			4	21.9	12.5	9.2	VosePoisson($E$6)	VoseLognormal($F$6,$G$6)
7			5	8.8	2.7	1.6	VosePoisson($E$7)	VoseLognormal($F$7,$G$7)
8		B	1	32.6	23.2	3.2	VosePoisson($E$8)	VoseLognormal($F$8,$G$8)
9			2	22.6	13.5	35.9	VosePoisson($E$9)	VoseLognormal($F$9,$G$9)
10			3	7.7	13.8	24.1	VosePoisson($E$10)	VoseLognormal($F$10,$G$10)
11			4	11.1	16.8	2.4	VosePoisson($E$11)	VoseLognormal($F$11,$G$11)
12			5	6.3	8.1	14.6	VosePoisson($E$12)	VoseLognormal($F$12,$G$12)
13		C	1	38.6	4.8	7.4	VosePoisson($E$13)	VoseLognormal($F$13,$G$13)
14			2	11.5	9.5	12.3	VosePoisson($E$14)	VoseLognormal($F$14,$G$14)
41	Type3	B	4	12.3	16.1	10.1	VosePoisson($E$41)	VoseLognormal($F$41,$G$41)
42			5	24	15.2	38.4	VosePoisson($E$42)	VoseLognormal($F$42,$G$42)
43		C	1	17.3	56.6	36.2	VosePoisson($E$43)	VoseLognormal($F$43,$G$43)
44			2	12.1	18.2	11.6	VosePoisson($E$44)	VoseLognormal($F$44,$G$44)
45			3	10.1	1.2	0.7	VosePoisson($E$45)	VoseLognormal($F$45,$G$45)
46			4	11.4	13	19	VosePoisson($E$46)	VoseLognormal($F$46,$G$46)
47			5	5.7	22.8	17.4	VosePoisson($E$47)	VoseLognormal($F$47,$G$47)

Required porconlile	99.9%
Expected cost	8 289.65
Capital charge	2 415.574

Formulae table	
H3:H47	=VosePoissonObject(E3)
I3:I47	=VoseLognormalObject(F3,G3)
M4(output)	=SUMPRODUCT(E3:E47,F3:F47)
M5(output)	=VoseAggregaleMuitiFFT($H$3:$H$47,$I$3:$I$47,M3)-M4

图 20.1　在 Basel Ⅱ下包含支付操作风险的金融机构资本分配模型

更多的权重，从而减少行业整体经验的权重。当人们提出新的保险项目并希望能够吸引具有已知风险水平的特定人群时，可信性理论常在保险业中应用：就像索赔出现的历史一样，它是从预期的索赔频率和严重程度转变为对实际索赔情况的观察结果。

20.2　信贷风险

信贷风险是指由于债务人没能偿还或没能完全偿还贷款，或其他信贷工具（债券）所造成损失的风险。可以从以下三个部分评估个体债务人的信贷风险：

1. 违约概率
2. 暴露分布
3. 部分暴露的违约损失

2 和 3 有时可替换为单一的违约损失分布。

第 10 章介绍了用于评估上面 2 和 3 的数据来拟合概率分布的方法。9.1.4 介绍了评估违约概率所需的二项式概率。确定总索赔额分布有许多方法，其原理已在第 11 章中介绍。

20.2.1　单一投资组合案例

图 20.2 展示了一个单一投资组合的信贷风险模型，这个单一投资组合是独立的、服从对数正态分布的随机个体损失分布，模型中包含了 2 135 个债务人，每一个债务人具有相同的 8.3%的违约概率。

模型中，单元格 C11 中的 VoseAggregateMC 函数随机抽取了 n 个 Lognormal（55，12），并将它们求和，其中 n 服从二项分布 Binomial（2135，8.3%）。这是最有力的蒙特卡罗随机变量求和方法，它的优势是模拟能够完全通过 C++实现（更快捷），且最后的随机求和结果将会返回至 Excel 中。图 20.3 展示了用 Excel 执行等效模型的过程。这种模型占用更大的空间（注意隐藏的行数），运行速度慢了很多倍。但更重要的是，如果改变债务人的数量和违约概率，则需要重新评估。

	A	B	C	D	E	F	G	H	I
1									
2		Loss mean	55						
3		Loss standard deviation	12						
4		Loss distribution object	VoseLognormal($C$2,$C$3)						
5		Obligors	2,135						
6		Probability default	8.30%						
7		Defaults object	VoseBinomial($C$5,$C$6)						
8		Confidence level	95%						
9							Value of E11 after 1		
10		Method 1:Monte Carlo simutation					million iterations=		
11		Losses	9,381	VaR:	9,380.66		10 943.62		
12		Method 2:Fast Fourier Transform							
13		Losses	9,183	VaR:	10,943.55	ES:	562.91		
14									
15			*Formulae table*						
16		C4	=VoseLognormalObject(C2,C3)						
17		C7	=VoseBinomialObject(C5,C6)						
18		C11	=VoseAggregateMC(VoseBinomial(C5,C6),C4)						
19		E11(with @RISK)	=RiskPercentile(C11,D8)						
20		E11(with Crystal Ball)	=CB.GetForePercentileFN(C11,C8)						
21		C13	=VoseAggregateFFT(C7,C4)						
22		E13	=VoseAggregateFFT(C7,C4,,C8)						
23		G13	=VoseIntegrate(“#”VoseAggregateFFTProb(#,C7,C4,,0)*,E13,15 000,1)						
24									

图 20.2 单一资本组合的信贷风险模型

	A	B	C	D	E	F	G
1							
2		Loss mean	55			*Formulae table*	
3		Loss standard deviation	12		C6	=VoseBinomial(C4,C5)	
4		Obligors	2,135		C10:C249	=IF(B10 > $C$6,0,VoseLognormal($C$2,$C$3))	
5		Probability default	8.30%		C7	=SUM(C10:C249)	
6		Number of defaults	167				
7		Total loss(output)	9 375.81				
8							
9		Default #	Individual loss				
10		1	67.152 731 35				
11		2	51.756 139 44				
248		239	0				
249		240	0				
250							

图 20.3 Excel 的蒙特卡罗模拟执行情况

因为图 20.2 的模型评估的是损失分布，所以 95%置信度的风险值（value at risk，VaR，见 20.5.1）就是输出分布的第 95 百分位数，它将会在模拟的最后步骤直接返回到单元格 E11 中。在这个实例中，运行 1 000 000 次迭代运算所得到的 VaR 值是 10 943.62。也可以采取一些不同的方法如通过快速傅里叶变换（这里应用的是 VoseAggregateFFT）构建合计分布。单元格 C13 从这个分布中生成随机值，同时单元格 E13 应用 U 参数（见附录 2）直接返回合计分布的第 95 百分位数值，这个过程不需要任何模拟。图 20.4 是 MoselRisk 的屏幕截图，它显示了这个函数的第二种用法。

单元格 G13 的公式：

=VoseIntegrate（" ＃＊VoseAggregateFFTProb（＃，C7，C4，0)"，E13，15 000，1)

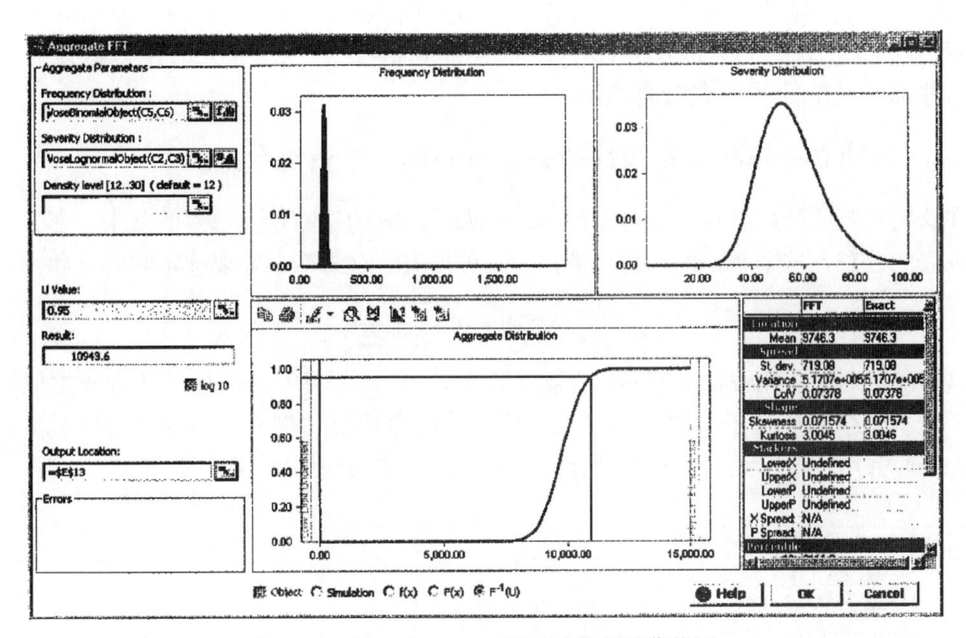

图 20.4　VoseAggregateFFT 功能的屏幕截屏

这个公式通过积分确定了预期的短缺值（见 20.5.2）：

$$\int_{\mathrm{E13}}^{15\,000} xf(x)\mathrm{d}x$$

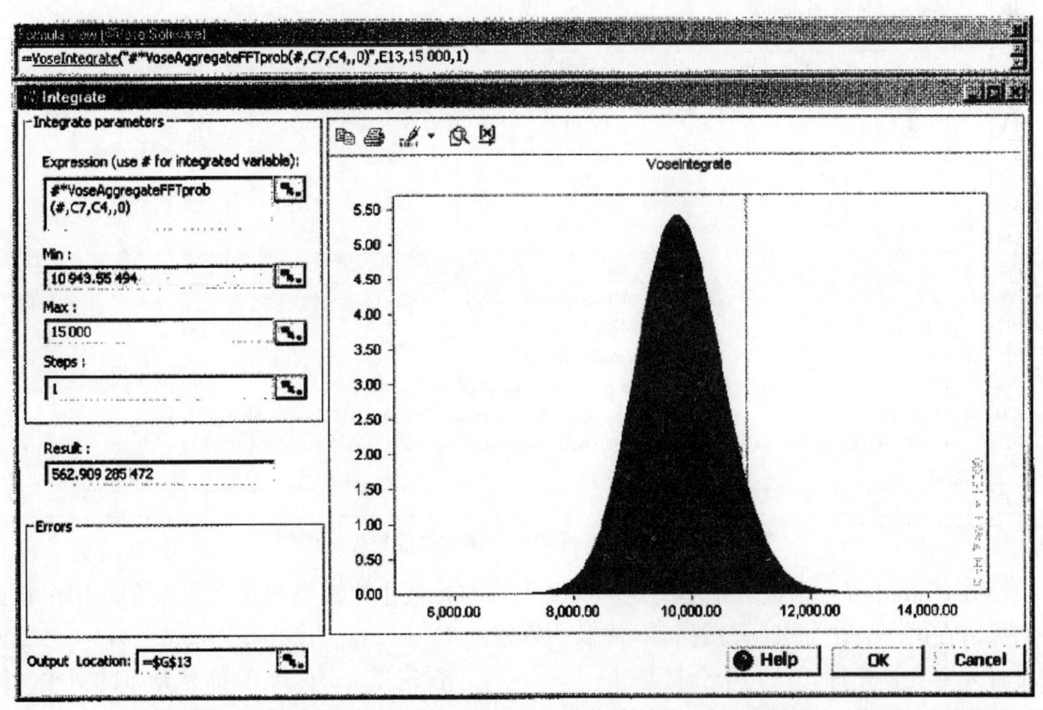

图 20.5　确定信贷投资组合预期短缺的积分。“Steps”参数是一个可选的整数，用于确定划分多少个子区间，在每个子区间中每个大概的间隔里函数迭代运算一次以得到最佳精度

其中，E13是定义的阈值，x 是总体损失分布的值，$f(x)$ 是总损失分布的密度函数[由函数 VoseAggregateFFTProb（...）确定]，15 000是一个足够大的作为积分的上限的值。这些都展示在图20.5的屏幕截图中。

20.2.2 有独立暴露和给定违约损失分布的单一投资组合案例

在这一章节的开始需指出，对于债务持有人所拥有的暴露量及暴露的其中一部分，一般有着独立的分布，这个暴露的一部分被视为一种损失。这意味着需要确定它的总和：

$$\sum_{i=1}^{\#违约} 暴露_i * 损失部分_i$$

这个函数通过应用蒙特卡罗模拟很容易实现，且方法与图20.3所示的方式类似，只是用两个变量的结果代替了对数正态变量。或者，可以通过“ModelRisk”中的“VoseSumProduc”函数用一个单元格公式得到合计分布。两种方法如图20.6中所示。

	A	B	C	D	E
1					
2		Exposure distribution	VoseLognormal(100,10)		
3		Loss fraction	VoseBeta(13,43)		
4		Obligors	5 384		
5		Probability of default	2.30%		
6		Number of defaults	132		
7					
8		Method 1:SumProduct			
9		Total loss(output)	3 098.42		
10		Method 2:Pure simulation			
11		Total loss(output)	3 082.48		
12					
13		Number of defaults	Individual loss		
14		1	18.30		
15		2	20.10		
192		179	0.00		
193		180	0.00		
194					
195		*Formulae table*			
196		C2	=Vose LognormalObject(100,10)		
197		C3	=Vose BetaObject(13,43)		
198		C6	=Vose Binomial(C4,C5)		
199		C9	=Vose SumProduct(C6,C2,C3)		
200		C14:C193	=IF(B12 > $C$6,0,VoseLognormal(100,10)*VoseVoseBeta(13,43))		
201		C14:C193(altemative)	=IF(B12 > $C$6,0,VoseSimulate($C$2)*VoseSimulate($C$3))		
202		C11	=SUM(C14:C193)		
203					

图20.6 有独立暴露和损失结构的信贷风险模型

“VoseSimulate”函数只是简单地从其对象分布参数中生成随机值，这就允许用户将此分布保留在电子表格的某一位置而不是多个位置。“VoseSumProduct（n，a，b，c…）”函数可将 n 个变量相加，每一个变量是 $a*b*c*\cdots$，在这里 a、b、c 等都是分布的对象。因此，从每一个变量 a、b、c…中生成了一个独立样本，每一个样本都有 n 个变量。

也可以为个体损失分布构架一个密度函数 $f_L(x)$，即：

$$f_L(x)=\int_0^1 f_F(y)f_E\left(\frac{x}{y}\right)dy$$

其中，f_F（x）是损失分数分布的密度函数，f_E（）是暴露分布的密度函数。然后，可构建违约损失分布密度函数，并将其应用到一个 FFT 运算中。“ModelRisk”中的“VoseAggregateProduct”函数可执行这个程序，因此可以如下编写程序：

=VoseAggregateProduct（VosePoissonObject（1 000），VoseLognormalObject（100，10），VoseBetaObject（11，35））

20.2.3 作为变量的违约概率

违约概率在短期内可以被认为是不变的，但是在一个较长的时间段里或者市场非常不稳定时，违约概率应该构建成经济状况函数模型。对于企业信贷风险，也应构建成区域业务部门工作状态的函数。这也适用于违约损失变量，因为债务持有人在压力更大的时期可能将会恢复一小部分的暴露。这意味着必须构建一个在适当水平下分解的信贷组合，并对其现金流量进行求和。没有模拟这些相互关系会低估损失的风险。例如，如果得到这样一个模型，它的违约概率（probability of default，PD）是随着 GDP 增长（GDP）、利率（IR）、和通货膨胀（I）的变化函数而改变的，公式如下：

$$PD_t=PD_0*\exp[\text{Normal}(1+a*(GDP_t-GDP_0)+b*(IR_t-IR_0)-c*(I_t-I_0),\sigma)]$$

其中，a、b 和 c 是常数，t 代表未来的某段时间，σ 是一个残差波动率，X_0 代表变量 X 当前的取值。

20.3 信用评级及 Markov 链模型

Markov 链在金融学中经常应用，用于模拟公司信用评级随时间的变化。评价机构如“Standard & Poor’s”（标准普尔）和“Moody’s”（穆迪公司）发布转移概率矩阵，这个转移概率矩阵是根据公司开始发生信用变化的频率构建的。例如，某公司的信用级别在 1 年后从原来的 AA 降至 BBB。如果对它们未来的适应性有信心，就能应用这些表格来预测公司或者公司的投资组合的信用等级，类似于在未来某个时间应用矩阵代数。

假设只有三种信用等级：A、B 和违约，以及一个如表 20.1 所示 1 年的概率转移矩阵。

表 20.1 转移矩阵

初始状态	最终状态		
	A	B	违约
A	81%	18%	1%
B	17%	77%	6%
违约	0%	0%	100%

对这个表格的解释如下：一个随机的信用级别为 A 的公司，有 81%的概率继续保持 A 等级，有 18%的概率降到 B 等级，有 1%的概率将会拖欠它们的贷款。每一行的总和必须是 100%。注意一旦有一个违约等级存在，则在矩阵分配中记下一个 100%的违约概率（称为吸收状态）。实际上，企业有时候会出现违约情况，但是这个案例被简化了以集中展示 Markov 链的几个特点。

现在假设公司的初始状态是B等级，要确定它在2年后出现这三种评级中每一种评级的概率。表20.2显示了可能的评级变化。

表20.2 一个B信用等级公司的过渡情况及其2年内的评级概率

1年内评级（转移概率）	2年内评级（转移概率）	合并概率
A（0.17）	A（0.81）	0.137 7
A（0.17）	B（0.18）	0.030 6
A（0.17）	违约（0.01）	0.001 7
B（0.77）	A（0.17）	0.130 9
B（0.77）	B（0.77）	0.592 9
B（0.77）	违约（0.06）	0.046 2
违约（0.06）	A（0.0）	0.0
违约（0.06）	B（0.0）	0.0
违约（0.06）	违约（1.0）	0.06

因此，当前B等级的公司2年后将转变成其他等级的概率是：

$$P(\text{A 等级}) = 0.137\,7 + 0.130\,9 + 0.0 = 0.268\,6$$

$$P(\text{B 等级}) = 0.030\,6 + 0.592\,9 + 0.0 = 0.623\,5$$

$$P(\text{违约}) = 0.001\,7 + 0.046\,2 + 0.06 = 0.107\,9$$

当有许多可能的等级时（不是现在所举例的3种），计算会变得相当繁冗，但幸运的是，这里只是执行了一个简单的矩阵乘法计算。Excel的MMULT数组函数可以迅速做到这一点。如图20.7所示：单元格D11：F11给出了上面计算的概率，单元格D10：F12给出了初始为任何其他状态的企业最后等级的概率。

	A	B	C	D	E	F	G
1							
2		One year transition matrix		Finish			
3				A	B	Default	
4		Start	A	81%	18%	1%	
5			B	17%	77%	6%	
6			Default	0%	0%	100%	
7							
8		Two year transition matrix		Finish			
9				A	B	Default	
10		Start	A	68.67%	28.44%	2.89%	
11			B	26.86%	62.35%	10.79%	
12			Default	0.00%	0.00%	100.00%	
13							
14				*Formulae table*			
15		D10:F12		{=MMULT(D4:F6,D4:F6)}			
16							

图20.7 2年转移矩阵的计算

现在假设有这样的一个投资组合，其中27个A等级公司，39个B等级公司，想要预测2年后这个投资组合的情况。图20.8通过3种方法对这个投资组合进行了建模：仅用二项分布（如果你只有这个模拟软件的话）；应用多项式分布；应用“ModelRisk”的“VoseMarkovSample”函数。

Startvector
27
39
0

One year transition matrix		Finish		
		A	B	Default
Start	A	81%	18%	1%
	B	17%	77%	6%
	Default	0%	0%	100%

Two year transition matrix		Finish		
		A	B	Default
Start	A	68.67%	28.44%	2.89%
	B	26.86%	62.35%	10.79%
	Default	0.00%	0.00%	100.00%

1. Using only binomial distributions

Finishing states		Finish		
		A	B	Default
Start	A	19	6	2
	B	9	28	2
	Default	0	0	0
	Total	28	34	4

2. Using multinomial distributions

Finishing states		Finish		
		A	B	Default
Start	A	24	3	0
	B	17	21	1
	Default	0	0	0
	Total	41	24	1

3. Using Markov Chain function in ModelRisk

Finish		
	A	33
	B	29
	Default	4

t	0.027 4	
Finish	A	27
	B	39
	Default	0

Formulae table	
F12:F14	=VoseBinomial(B4,L4)
G12:G14	=VoseBinomial(B4−F12,M4/(M4+N4))
H12:H14	=B4−F12−G12
L12:N12	{=VoseMultinomial(B4,F4:H4)}
L13N13	{=VoseMultinomial(B5,F5:H5)}
L14:N14	{=VoseMultinomial(B4,F6:H6)}
F15:H15,L15:N15(outputs)	=SUM(F12:F14)
F19:F21(outputs)	{=VoseMarkovSample(B4:B6,F4:H6,2)}
L19:L21(outputs,non-integer t)	{=VoseMarkovSample(B4:B6,F4:H6,K18)}

图 20.8 投资组合中一些公司之间信用等级的联合分布模型

在这个模型中，方法 1 和 2 有两个局限性。第一个是如果想要预测出许多时段的情况，模型将会变得非常巨大，因为将不得不多次重复 MMULT 计算。更重要的第二个局限是模型只能处理整数时间的步骤。例如，转移矩阵可能预测 1 年，但是也有可能仅仅是想要预测 10d（t=10/365=0.027 397）。“VoseMarkovSample”函数则规避了这个局限：如果转移矩阵是正定的，可以把单元格 F19：F21 的函数中的 2 替换成任何一个非负值，如单元格 L19：L21 的公式所示。

前面已经提到，在这个模型中“违约”等级是被假定为一个吸收状态。意思是，如果从其他等级（A 等级、B 等级）到一个违约等级的路径存在，那么最终所有的独立个体都会终止在违约状态。图 20.9 的模型显示了 t=1、10、50 和 200 的转移矩阵。能够看到，t=50 年时，一个 A 等级的公司有 81%的可能性早已违约，有 84%的概率变成 B 等级。时间是 200 年的时候，任何公司都几乎有 100%的概率变成违约等级。图 20.10 显示了这种时间序列模型的效应。如果这个 Markov 链模型真实的反映了现实情况，那么人们可能会怀疑为什么还是会有这么多的公司留下来。一个粗略的但是很有用的业务评级动力学、经济学理论提出了假设：如果一家公司在其业务领域失去了评级地位，那么一个竞争对手将会取代它的位置（要么是一个新公司，要么是一个转换了等级的已有公司），因此不同信用级别的公司数量分布趋于稳定。

One year transition matrix		Finish		
		A	B	Default
Start	A	81%	18%	1%
	B	17%	77%	6%
	Default	0%	0%	100%

Transition matrix t=10		Finish		
		A	B	Default
Start	A	40%	36%	24%
	B	34%	32%	34%
	Default	0%	0%	100%

Transition matrix t=50		Finish		
		A	B	Default
Start	A	10%	9%	81%
	B	9%	8%	84%
	Default	0%	0%	100%

Transition matrix t=200		Finish		
		A	B	Default
Start	A	0%	0%	100%
	B	0%	0%	100%
	Default	0%	0%	100%

Formulae table	
J4:L6,etc	{=VoseMarkovMatrix(D4:F6,t)}

图 20.9　大 t 值下的转移矩阵，显示了违约吸收状态的逐步主导过程

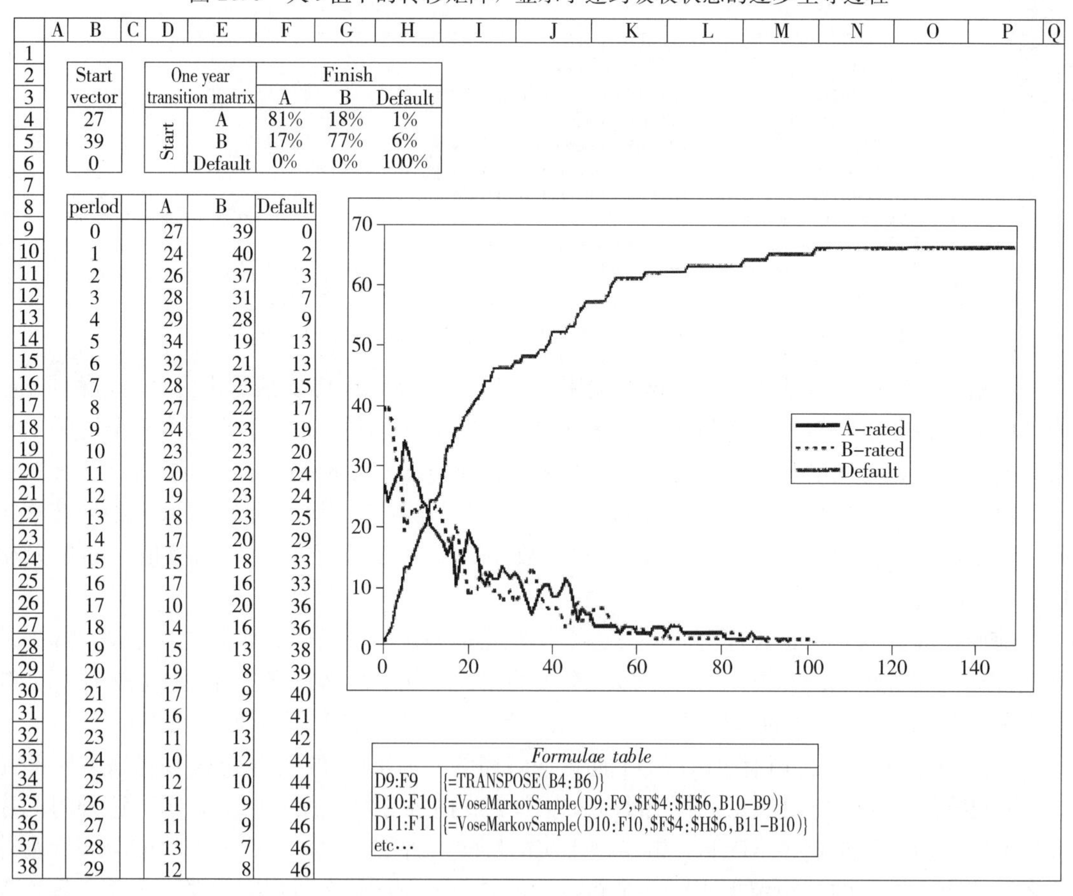

Start vector
27
39
0

One year transition matrix		Finish		
		A	B	Default
Start	A	81%	18%	1%
	B	17%	77%	6%
	Default	0%	0%	100%

perlod	A	B	Default
0	27	39	0
1	24	40	2
2	26	37	3
3	28	31	7
4	29	28	9
5	34	19	13
6	32	21	13
7	28	23	15
8	27	22	17
9	24	23	19
10	23	23	20
11	20	22	24
12	19	23	24
13	18	23	25
14	17	20	29
15	15	18	33
16	17	16	33
17	10	20	36
18	14	16	36
19	15	13	38
20	19	8	39
21	17	9	40
22	16	9	41
23	11	13	42
24	10	12	44
25	12	10	44
26	11	9	46
27	11	9	46
28	13	7	46
29	12	8	46

Formulae table	
D9:F9	{=TRANSPOSE(B4:B6)}
D10:F10	{=VoseMarkovSample(D9:F9,$F$4:$H$6,B10-B9)}
D11:F11	{=VoseMarkovSample(D10:F10,$F$4:$H$6,B11-B10)}
etc…	

图 20.10　Markov 链时间序列显示违约等级的逐步主导过程

20.4　金融风险的其他领域

市场风险关注公平、利率、货币和商品的风险。一个资产投资组合的回报和价值受制于个人层面的不确定性，但也受制于两个水平上的各种相互关系：特定风险应用于小额资产，这些小额资产受限于一般的敏锐的投资者；系统性风险更普遍地应用于一个市场行业（例如，天然气价格影响甲醇生产商）或者整个市场。正确的认识市场风险的影响可使投资者采取一些措施来管理其投资组合，即混合负相关资产抵消特定风险（例如，同时投资甲醇和石油公司）和系统性风险（在不同的国家投资）。市场风险分析的质量高度依赖相关性的精确建模。Copulas 连接函数（见 13.3）在这方面特别有帮助，因为它们在表示和拟合任何相关性的结构上提供了相当大的灵活性。

流通风险关注于一个资金团体中谁是资产的所有者，或者被认为会成为所有者，并且无法以它的固有值（或者全部价值）进行资产贸易，因为市场中没有人会对它感兴趣。当这个资金团体需要在短时间内增加现金流量时，流通风险就会出现，因此流通风险与资金团体的现金状况密切相关。当资产是股票的时候这个问题主要涉及新兴的或低容量的市场。当资产是整个公司，同时没有潜在的买家时，买方可能会利用紧迫性进行经销。

20.5　风险指标

20.5.1　风险值

风险值（value at risk，VaR）是一种数额，这种数额在一段预定的时间内及在特定置信水平下都不会被损失所超过。因此，风险值代表了一个特定置信度下最坏的情况。它不包括货币的时间价值，因为没有适用于各期现金流量的贴现率。风险值常用于银行和保险公司，用于感知投资策略的风险。在这种情况下，时间跨度应该是一个时间段，这个时间段被要求能够以一种有序的方式清算投资。

应用蒙特卡罗模拟现金流模型风险值很容易计算出来。设置一个单元格计算在此期间利息的现金流量的总和，称之为单元格 A1。然后，在另一单元格中，得出 95%置信度的风险值，可以写成：

@RISK：=－RiskPercentile(A1,5%)

Crytal Ball：=－CB. GetPercentileFN(A 1,5%)

在模拟的最后步骤，软件会直接将风险值返回表格的单元格中。否则，只需把 A1 单元格作为模拟运行的输出位置，读出第 5 百分位数，在它前面加上一个负号。图 20.2 给出了风险值计算的例子。

风险值最主要的问题在于它的不可加性（Embrechts，2 000），意味着风险值可能设计出两个组合 X 和 Y，在这种情况下，VaR（$X+Y$）>VaR（X）+VaR（Y）。这是有悖常理的，因为通常认为通过独立的投资组合进行投资，风险值会降低。

例如，以一个公司的债券为例。债券是一种债务合同：该公司亏欠债券持有人拥有债券面值金额的债务，而且必须在确定的时间偿还——除非公司倒闭。在这种情况下，公司违约了，债券持有者也一无所获。假定违约的概率是 1%，债券的面值是 100 美元，债券的流通价值是 98.5 美元。如果你购买这种债券，按行使的总现金流量可以建模为：

Bernoulli（99%） * 100 美元－98.5 美元

即 1%的概率是－98.5 美元，99%的概率是 1.50 美元，平均数是 0.50 美元。

投资者可以在相同的公司购买 50 份这样的债券，这就意味着投资者要么得到 5 000 美元，要么一无所获，即现金流量是：

(Bernoulli（99%） * 100 美元－98.5 美元） * 50

平均数是 25 美元。或者，投资者也可以买 50 份拥有同样面值和违约概率的债券，每一份债券来源于不同的公司，并且公司之间没有任何联系，因此违约事件是完全独立的。在这种情况下，投资者的现金流量是：

Binomial（50，99%） * 100 美元－98.5 美元 * 50

但是平均数仍然是 25 美元。显然，后者的风险更低，因为人们期望大部分债券可以兑现。图 20.11 将两种方式的累积收益的分布图绘制在一起。

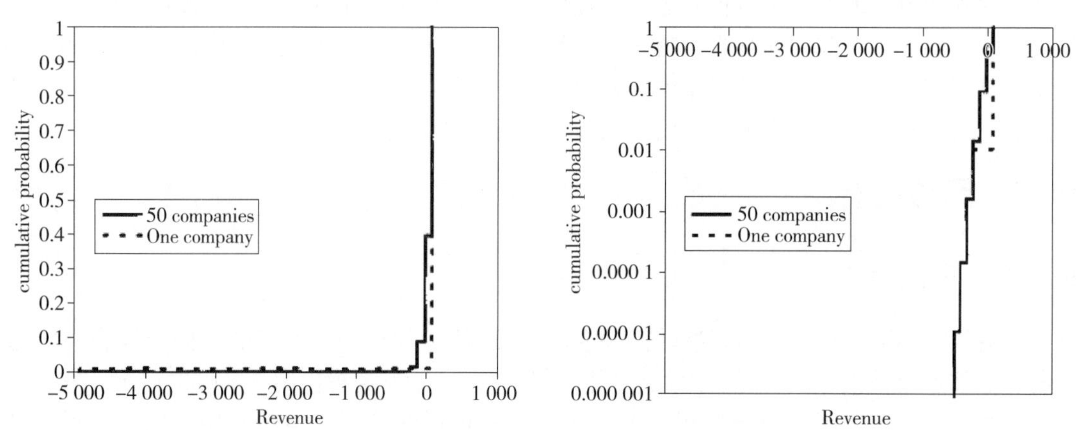

图 20.11 两种债券组合投资的累积分布。右图的累积概率为对数尺度，以展示概率很小时的细节

这两个投资组合所要求的置信水平和风险值之间的关系如图 20.12 所示。

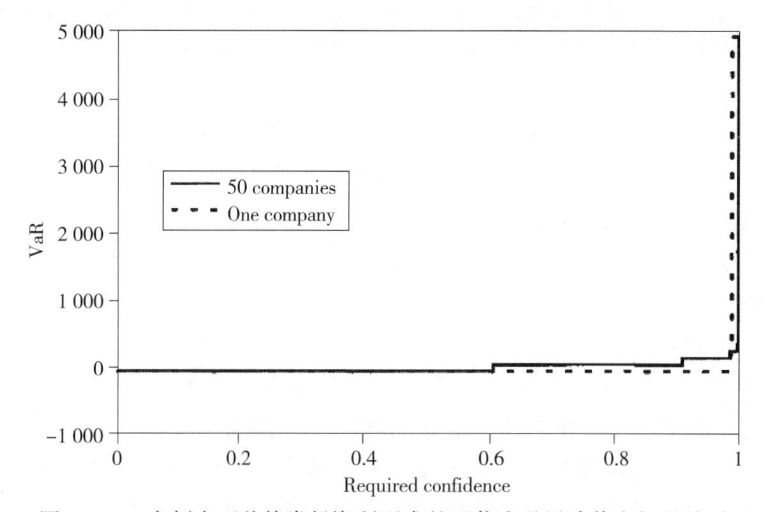

图 20.12 案例中两种债券投资所要求的置信度及风险值之间的关系

在这个例子中，多元化投资组合（50 份债券）的风险值更大，除非所要求的置信水平

大于（1－违约概率）。对于比较传统的投资方式的模型，收益可近似地认为是正态分布或者 t 分布（椭圆组合），即使有相关性也不成问题。然而，金融工具如金融衍生产品和债券现在都频繁地交易，它们或是离散变量，或是离散—连续混合变量，非可加的变量之后才考虑。例如，如果分析师应用优化软件（通常都是）来寻找一个能够最大限度减小风险值与平均回报比率的投资组合，他们可能在不经意间以一项高风险的投资组合而告终。接下来将会讨论评估风险的期望损失方法来避免这个问题。

20.5.2　期望损失

期望损失（expected shortfall，ES）优于风险值，因为它能够满足一致性风险指标的所有要求，包括可加性。比起置信区间内特定的损失，ES 仅是具有更大损失的分布中的损失收益负平均数。例如，99％ES 指的是在余下 1％分布下的负收益平均数。100％ES 是指收益分布的负平均数。图 20.13 是两个债券投资组合的 ES。

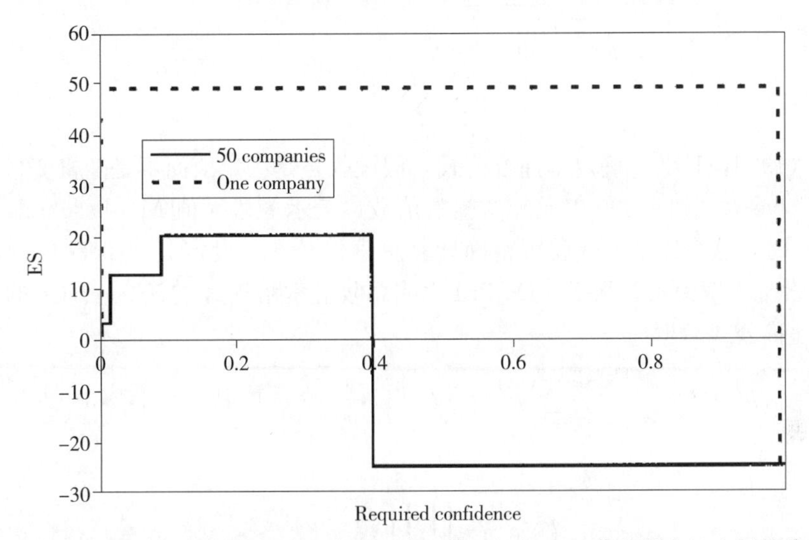

图 20.13　案例中两种债券投资组合所要求置信区间与 ES（期望损失）之间的关系

可以看出，50 个公司的债券投资组合有一个更低的 ES 值，直至所要求的置信度超过（1－违约概率），在这种情况下它们是匹配的。50 种不同债券全部不违约的概率是(99％)∧50＝60.5％，所以一旦超过了 39.5％的置信水平，投资组合预期的现金流量值将少于 25 美元。而对于同一个公司发行的相同债券，只有 99％的不违约置信度，因此仍然可以得到预期的投资回报。

20.6　定期人寿保险

在定期人寿保险中，如果投保人在保险的合同期内（通常是 1 年，也可以是 5、10 或 15 年等）去世，购买保险将会支付一定数额的保险金。由于被保险人一般都比较健康，保险公司支付保险金的概率非常低（可能低至 1％），这就意味着投保人能够享有低保费的保险金。对投保人来讲，定期人寿保险的主要缺点在于超出原始期限后没有义务去更新投保，因此在保险合同期内得了晚期疾病的投保人将得不到一份续签的保险合同。

在死亡事件中保险合同通常都有一个固定的收益值 B。因此，支付的保险金 P 可以被建模为：

$$P=\text{Binomial}(1, q)*B$$

在这里，q是被保险人在合同期内死亡的概率。保险计算员通过死亡率表（又名寿命表）确定q值。通过结合个体的年龄及其他因素如是否吸烟或已经吸烟、是否患有糖尿病等，死亡率表可以确定接下来一年个体的死亡概率。

提供定期人寿保险的保险公司将拥有不同q值和不同获益水平B值人群的投资组合。通过对k个不同的赔付额进行求和，可以计算出n个投保人的总赔付分布：

$$P_n=\sum_{k=1}^{n}\text{Binomial}(1,q_k)*B_k$$

这个模型通常称为个体人寿模型。当n较大时计算相当复杂。另一种选择是将有相似死亡概率q_j值和相似获益水平B_i值的投保人整合成数值n_{ij}：

$$P_n=\sum_{j=1}^{J}\sum_{i=1}^{I}\text{Binomial}(n_{ij},q_j)*B_i$$

其中，

$$n=\sum_{j=1}^{J}\sum_{i=1}^{I}n_{ij}$$

De Pril（1986，1989）确定了递推公式，假设收益是固定值而不是随机变量，并且取值为简便基数（base）（如1 000美元）的整数倍数，表示为最大值M＊base（即$B_i=\{1\cdots M\}*$基数）时，这个递推公式就可精确计算总索偿分布。设定n_{ij}为保险单的数目，同时收益为B_i、索赔概率为q_j，那么，De Pril表明总收益索赔额X等于$x*$base的概率$p(x)$可以用以下递推公式给出：

$$p(x)=\frac{1}{x}\sum_{i=1}^{\min[x,M]}\sum_{k=1}^{[x/i]}p(x-ik)h(i,k)\qquad \text{其中 } x=1,2,3\cdots$$

且

$$p(0)=\prod_{i=1}^{M}\prod_{j=1}^{J}(1-q_j)^{n_{ij}}$$

其中，

$$h(i,k)=i(-1)^{k-1}\sum_{j=1}^{J}n_{ij}\left(\frac{q_j}{1-q_j}\right)^k$$

该公式的优势是可以精确计算，但是运算量非常大。但是，如果能够忽略保险人的较小成本，运算量通常可以显著降低。设定K是一个正整数，那么递推公式就可以被变换为如下公式：

$$p_K(0)=p(0)$$

$$p_K(x)=\frac{1}{x}\sum_{i=1}^{\min[x,M]}\sum_{k=1}^{\min[K,x/i]}p_K(x-ik)h(i,k)$$

Dickson（2005）建议K值取4。De Pril方法可以看做Panjer递推方法组合模型的应用副本。ModelRisk为实现De Pril方法也提供了一套函数。

20.6.1 复合泊松近似

复合泊松近似假设，对于一个个人保单，支付保费的概率是非常小的——这也通常是正确的，但是复合泊松近似法优于De Pril方法的方面在于，它允许索赔分布是一个随机变量而不是固定的金额。

设定n_j为保险单的数目，索赔概率为q_j。因此这个阶层的索赔金额便是Binomial（n_j，q_j）。如果n_j较大q_j较小，二项分布就近似为一个泊松分布：Poisson（$n_j * q_j$）＝Poisson（λ_i）（$n^{0.31}q<0.47$是一个很好的规则），其中$\lambda_i = n_j * q_j$。根据泊松分布的可加性，各种赔率保险的预期偿付频率是：

$$\lambda_{all} = \sum_{i=1}^{k} \lambda_i = \sum_{i=1}^{k} n_i q_i$$

索赔的总数＝Poisson（λ_{all}）。其中，某个随机抽取的来自阶层j的索偿概率为：

$$P(j) = \frac{\lambda_j}{\sum_{i=1}^{k} \lambda_i}$$

如果设定$F_j x$是阶层为j的索赔大小的累积分布函数，那么一个随机的索赔额小于或等于值x的概率就是：

$$F(x) = \frac{\sum_{j=1}^{k} F_j(x) \lambda_j}{\sum_{i=1}^{k} \lambda_i}$$

因此，可以认为总赔付额的合计分布有一个等于Poisson（λ_{all}）的频率分布和一个由F（x）给出的严重程度分布。ModelRisk提供了与这种方法相关的一些函数，这些函数应用Panjer递推方法或者FFT方法来确定总索赔额分布或有关描述统计量，如矩和百分率。

20.6.2　终身寿险

终身保险承保了投保人的一生，保费是持续支付的，因此将总能产生赔付额，保单也会随着时间增值。有些灵活性的保险条款还允许从保单中提取现金。因此，终身寿险对于保单持有者来讲更像是一种投资工具，被保险人的最终死亡确定了一笔最终支付的保险金。确定保险金需要通过模拟投保人可能的寿命，同时也需要把现金流量贴现率计算到收入（每年的保费）和支出（支付死亡和整个保单的管理成本）中。

20.7　事故保险

对于一段固定时间内与意外事故有关的经济损失，保险公司也将提供投保，这段固定时间通常为1年（如汽车、房屋、船和火灾保险）。保险公司支付的赔偿额是一个与将要发生的事故的次数及每次事故发生时保险公司的成本相关的函数。假定前提是这样的，对于一个给定的投保人，事故之间是没有相互关联且随机发生，这满足泊松分布的假设基础。故可将保险期间事故发生的频率特征性表示为期望频率λ。

保险公司几乎都有一个自留额或免赔额D。这也就意味着，被保险人支付损失低于D的第一部分，然后由保险公司支付剩余的（损失－D）。因此，保险金x和索赔额度y有下列关系：

$$y = \mathrm{MAX}(x - D, 0)$$

绝大多数保险条款也有一个最高限额L，如果某次风险的赔付额超过了$L+D$，保险公

司只支付 L，然后就得出：

$$y=\mathrm{IF}(x-D<0,0,\mathrm{IF}(x-D)>L,L,x-D)) \qquad (20.1)$$

例如，如果 x=Lognormal（10，7），D=5，L=25，将得到如图 20.14 所示的赔付分布。

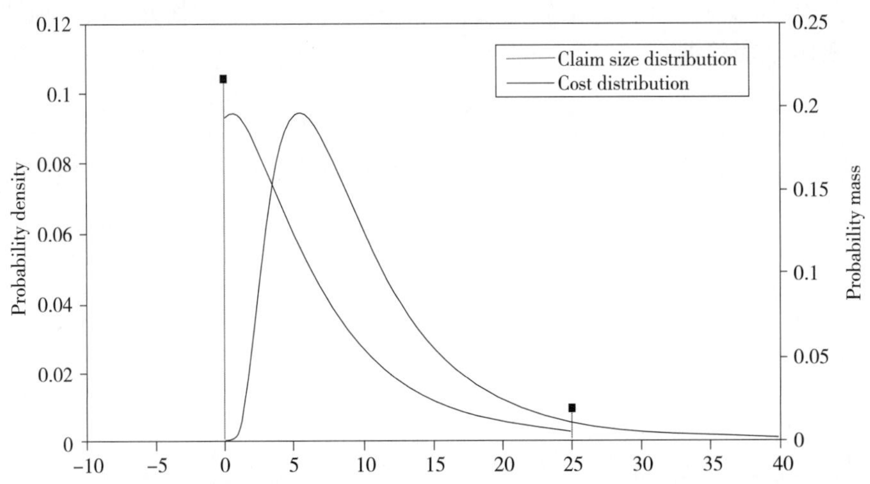

图 20.14 索偿额度和风险事件成本分布的比较。带有标记的垂直线代表一个概率质量

决定赔付额的总体分布在于模拟的密集度，尤其是如果索赔的额度很大的时候，但是有两种方法可以加快模拟。考虑下面的情况，从历史经验上看，当免赔额是 8 时，每年每个被保险人有 0.21 次索赔，因此希望能建立拥有 3 500 个投保人，免赔额为 5 的总损失分布的模型。

所掌握的索赔数据是被截取过的（10.3.3 介绍了如何拟合截断数据）。假设能够从前面的结果估计潜在的风险事件的损失分布是 Lognormal（10，7）。因此，风险事件预期的比率是索赔比率的1/（1−F（8））倍。在这里，F（x）是 Lognormal（10，7）的累积概率。这些事件中能引起索赔的小概率事件是（1−F(5)），因此每年每个投保团体新的索赔概率是 0.21 *（1−F（5）/（1−F（8））。从图 20.14 中可以看出，不包括 0 的索赔额度分布是一个在（5，30）被截取后移动了−5 个单位的对数正态分布，即：

ModelRisk：=VoseLognormal（10，7，VoseXBounds（5，30），VoseShifit（−5））

@RISK：=RiskLognormal（10，7，RiskTrunc（5，30），RiskShift（−5））

可以应用这个分布来仅仅模拟索赔而不是总体风险事件的支出。ModelRisk 有一系列特殊函数可以将一种分布转换成另一种分布，如图 20.14 所示。例如：

=VoseDeductObject（CostDistributionObject，deductible，maxlimit，zeros）

zero 参数要么 TRUE，要么 FALSE [或 omitted（省略）]。如果是 FALSE（错误），DeductObject 的概率质量不为零，即表示如果一个索赔额度分布给出这样的结果表示索赔发生。如果是 TRUE（正确），DeductObject 的概率质量为零，它表示如果一个索赔额度分布给出这样的结果表示风险事件发生。DeductObject 可用于所有这样的一般情况。如果以 Lognormal（10，7）开始，同时采用了免保额和最大保额，那么：

A1：=VoseLognormalObject（10，7）

A2：=VoseDeductObject（A 1，5，25，TRUE）

单元格 A2 中的对象可用于递推和 FFT 聚合方法，因为这些方法使个人损失分布离散，并同时也能考虑到离散—连续混合分布。因此，可以应用这样的函数：

=VoseAggregateFFT（VosePoissonObject（2 700），A2）

以此模拟 Poisson（2 700）随机索赔额的成本，且

=VoseAggregateFFT（VosePoissonObject（2 700），A2，0.99）

以此来计算随机索赔泊松分布 Poisson（2 700）的集合成本的第 99 百分位数。

非标准保险条款

保险条款变得越来越灵活，因此建模也变得越来越复杂。例如，可能会遇到这样的保险单，免保额是 5，最大保额是 20，超过的话保险公司只支付一半的损失。应用 Lognormal（31，23）表示成本分布，事故频率分布为 Delaporte（3，5，40），可以建立模型为：

A1：=VoseLognormalObject（31，23）

A2：=VoseExpression（" IF（＃1＞20，（＃1－25）/2，IF（＃1＜5，0，＃1))"，Al）

A3（输出）：=VoseAggregateMC（VoseDelaporte（3，5，40），A2）

VoseExpression 函数有很大的灵活性。"＃1"是指单元格 A1 中的分布。每次应用 VoseExpression 函数时，它会从对数正态分布生成一个新的值，同时用这个新产生的值执行计算取代"＃1"。Delaporte 函数会从这个分布中生成一个值（命名为 n），AggregateMC 函数会在之后运行 VoseExpression 函数 n 次。同时将总和返回到电子表格中。

VoseExpression 函数允许若干随机变量参与计算之中，例如：

VoseExpression（" ＃1＊＃2"，VoseBemoulliObject（0，3），VoseLognormalObject（20，7））

对有 30％概率遵从分布 Lognormal（20，7）及有 70％概率是 0 的成本来建立模型，而

=VoseExpression（" ＃1＊（＃2＋＃3)"，VoseBemoulliObject（0.3），VoseLognormalObject（20，7），VoseParetoObject（4，7））

对有 30％概率遵从分布（Lognormal（20，7）＋VosePareto（4，7））及有 70％概率是 0 的成本来建立模型。

20.8 相关保险投资组合建模

试想一下，一个有着几种不同保险业务的保险公司，每一种保险业务都有一定数量的保险人，每年每个保单发生事故的期望数量、每一次事故支出保险金的均数和标准差及每一种保险都有自己的免保额和最大保额。这是一个简单但有些复杂的建模练习。需要对每一种相关保单的总支出建模，并通过模拟计算出索赔支出的总和。现在想象一下，如果这些总赔付额之间有某些关联：也许历史数据已经显示出了这种可能事件。通过模拟并不能将总赔付分布关联起来。但是通过 FFT 方法构建集合损失分布就能包含这个相关性。图 20.15 的模型显示出五种不同保险的总体亏损模型，通过一个 Clayton（10）连接函数（见 13.3.1）关联起来。注意，单元格 C10：C14 的方程应用 1 减 Clayton 连接函数的值，这将使这个较大的总索赔值比最后较小的值有更紧密的关联。

	A	B	C	D	E	F	G	H	I
1									
2		Pollcy	Pollcy holders	Expected eventa/yr/pollcy	Damage mean	Damage stdev	Deductible	Limit	
3		A	464	0.245	2.4	0.9	1.5	5	
4		B	852	0.118	3.56	1.82	1.5	5	
5		C	396	0.326	0.82	1.26	0.25	4	
6		D	144	0.099	8.25	11.37	1	25	
7		E	366	0.412	0.63	1.28	0.1	1.8	
8									
9			Aggregate ctalm $000	Coputa	Frequency distribution	Clalmalze distribution			
10			$ 128	0.188 879 42	VosePoisson(113.68)	VoseDeduct(VoseLognormalObject($E$3,$F$3),$G$3,$H$3,1)			
11			$ 202	0.212 641 231	VosePoisson(100.536)	VoseDeduct(VoseLognormalObject($E$4,$F$4),$G$4,$H$4,1)			
12			$ 92	0.185 912 101	VosePoisson(129.096)	VoseDeduct(VoseLognormalObject($E$5,$F$5),$G$5,$H$5,1)			
13			$ 93	0.235 597 861	VosePoisson(12.816)	VoseDeduct(VoseLognormalObject($E$6,$F$6),$G$6,$H$6,1)			
14			$ 57	0.250 565 481	VosePoisson(150.792)	VoseDeduct(VoseLognormalObject($E$7,$F$7),$G$7,$H$7,1)			
15									
16		Total $000	$ 572						
17									
18		*Formulae table*							
19		C10:C14	=VoseAggregateFFT(E10,F10,,1-D10)						
20		]D10:D14	{=VoseCopulaMultiClayton(10)}						
21		E10:E14	=VosePoissonObject(C3*D3)						
22		F10:F14	=VoseDeductObject(VoseLognormalObject(E3,F3),G3,H3,TRUE)						
23		C16(outout)	=SUM(C10:C14)						
24									

图 20.15 一些保单的亏损分布模拟，其中的保单以某些形式相关形成集合亏损分布

20.9 极值建模

想象一下，如果有一个关于自然灾害影响的大数据库，而这些自然灾害在保险公司或在保险公司业务范畴。拟合这样的数据库，或者至少是高尾值，Pareto 分布是相当常见的，因为 Pareto 分布的拖尾比其他分布都长（除 Cauchy 分布、slash 和 Lévy 分布，它们都有对称且无限长的拖尾）。保险公司经常会进行“最坏情况”的压力测试，在这种情况下，在一段特定时间内这种巨大影响会对公司造成严重的打击。例如，可能有人会问，从拟合 Pareto（5，2）分布建立风险影响模型，抽取 10 000 次影响的最大值是多少？（以 10 亿美元为单位）。

顺序统计量表明，来自一个连续分布最大值样本量为 n 的累积概率 U 会服从 Beta（n，1）分布（见 10.2.2）。可以用这个 U 值转置 Pareto 分布的累积分布函数。一个 Pareto（θ，a）的累积分布函数如下：

$$F(x) = 1 - \left(\frac{a}{x}\right)^{\theta}$$

同时，

$$x = \frac{a}{\sqrt[\theta]{1-U}}$$

因此，能够直接生成从这个分布中提取得到的 10 000 个数值，以 10 亿美元为单位计算可能的最大值为：

=2/（1－VoseBeta（10 000，1））∧（1/5）

仅通过找到 Beta 分布的第 95 百分位数，就能确定出这 10 000 次风险的影响，其最大值有 95%的可能不会超过某个数值，并将这个数值用于上面的方程，改写为：

=2/（1－BETAINV（0.95，10 000，1））∧（1/5）

可以将上述方法应用到所有存在逆累积分布函数的分布中。这个原则也可以延伸至

模拟集合的最大系列值或最小值，如图 20.16 模型所示，它可模拟最大的几种可能数值的总和（在本案例中是 6，因为数组函数已经输入，且覆盖了 6 个单元格）。ModelRisk 可以为其 70 多个变量分布进行极值计算，详见图 20.17。

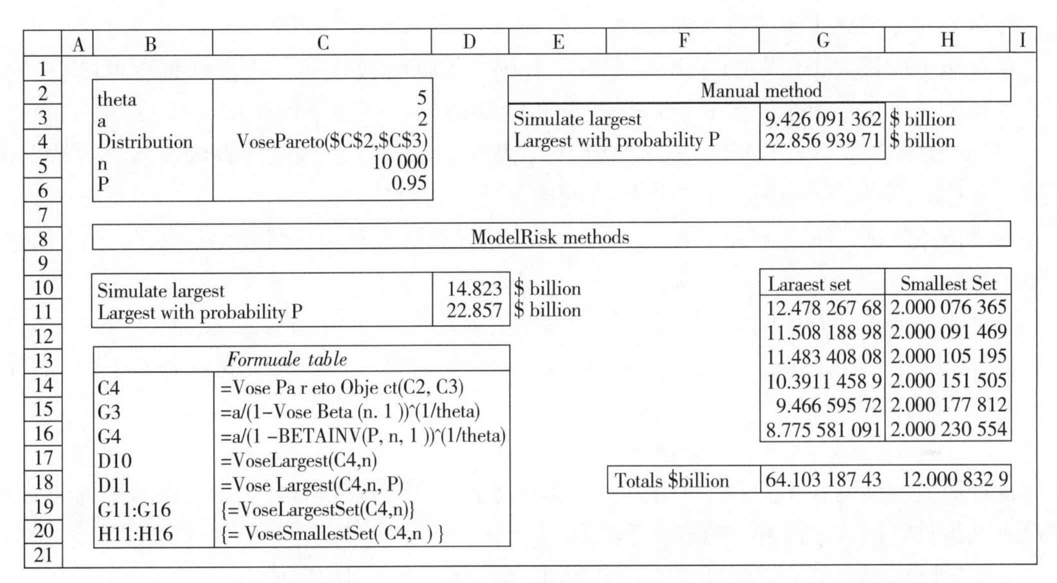

	A	B	C	D	E	F	G	H	I
1									
2		theta	5		Manual method				
3		a	2		Simulate largest		9.426 091 362	$ billion	
4		Distribution	VosePareto($C$2,$C$3)		Largest with probability P		22.856 939 71	$ billion	
5		n	10 000						
6		P	0.95						
7									
8		ModelRisk methods							
9									
10		Simulate largest		14.823	$ billion		Laraest set	Smallest Set	
11		Largest with probability P		22.857	$ billion		12.478 267 68	2.000 076 365	
12							11.508 188 98	2.000 091 469	
13		*Formuale table*					11.483 408 08	2.000 105 195	
14		C4	=Vose Pa r eto Obje ct(C2, C3)				10.3911 458 9	2.000 151 505	
15		G3	=a/(1−Vose Beta (n. 1))^(1/theta)				9.466 595 72	2.000 177 812	
16		G4	=a/(1 −BETAINV(P, n, 1))^(1/theta)				8.775 581 091	2.000 230 554	
17		D10	=VoseLargest(C4,n)						
18		D11	=Vose Largest(C4,n, P)			Totals $billion	64.103 187 43	12.000 832 9	
19		G11:G16	{=VoseLargestSet(C4,n)}						
20		H11:H16	{= VoseSmallestSet(C4,n) }						
21									

图 20.16　从 Pareto（5，2）分布抽取 10 000 个独立随机变量的极端值确定

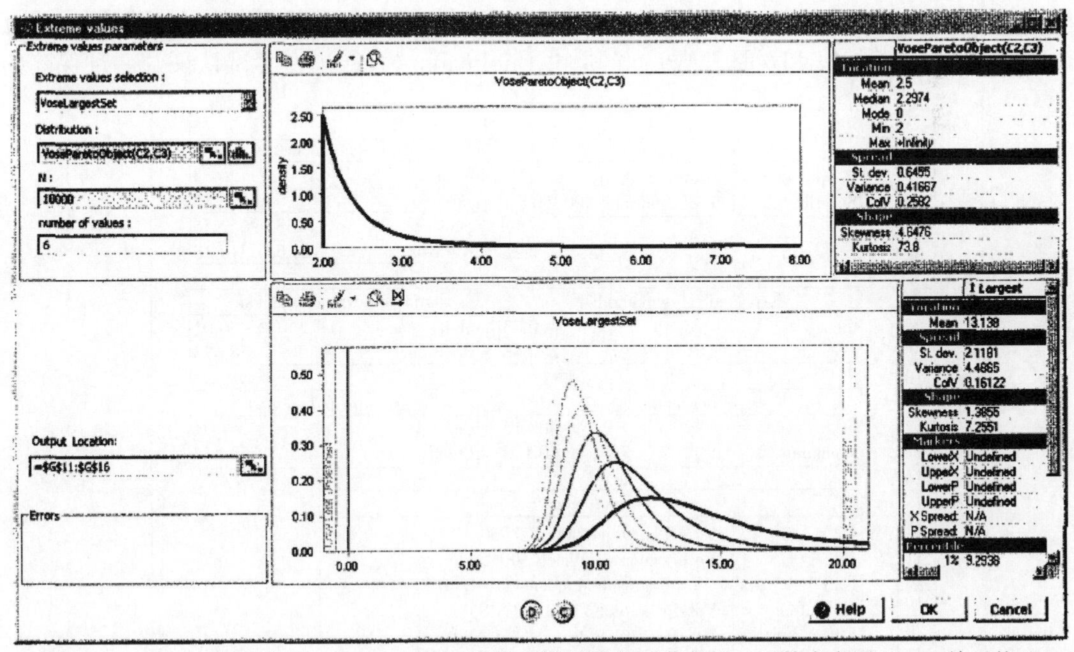

图 20.17　ModelRisk 的 VoseLargest 数组函数功能预览的屏幕截图，函数来自图 20.16 单元格 G11：G16。显示了 6 个最大值变量的边缘分布关系

20.10 保费计算

试想一下，我们担保投保人能应对在1年之内可能发生车祸总损失 X。投保人可能遇到的事故总数模拟为 Pòlya（0.26，0.73）。事故中造成的损失满足 Lognormal（300，50）美元。保险公司需要确定所要收取的保费。

保费至少应该大于预期的支出 E（X），否则，根据大数法则，从长远来看保险公司会破产。预期的支出是 Pòlya 和 Lognormal 分布的期望值。在这个例子中=0.189 8 * 300 美元=56.94 美元。接下来的问题是，保费应该比期望值大多少？保险计算师有多种方法确定保费。其中，图 20.18 中展示了最常用的四种办法，它们是：

1. 期望值原则（expected value principle）。这种算法计算出保费超出 E（X）的 θ 部分：

$$保费 = (1+q)E\{X\},\theta > 0$$

不计管理成本，θ 代表保险公司在除去预期资金需求 E（X）的之后收益。

2. 标准差原则（standard deviation principle）。这种算法计算的保费超出 E（X）部分，为 α 乘以 X 的标准差：

$$保费 = E[X]+\alpha\sigma[X],\alpha > 0$$

这种原则的问题在于，在个体水平上，保险公司的预期收益 $\alpha\sigma$［X］与所承受的风险水平没有一致性，因为 σ 没有一致的概率说明。

3. Esscher 原则。Esscher 方法计算期望值 Xe^{hX} 与 e^{hX} 之间的比值。

$$保费 = \frac{E[Xe^{hX}]}{E[e^{hX}]},h > 0$$

这个原则从 Esscher 转换中得名，Esscher 转换方法将一个密度函数从 $f(x)$转换为$a*f(x)$ * exp［$b*X$］（a 和 b 是常数）。它是由 Buhlmann（1980）在尝试认证“一种保险的

	A	B	C	D	E	F	G
1					Aggregate moments		
2		Frequency:	VosePolya(0.26,0.73)		Mean	56.94	
3		Severity:	VoseLognormal(300,50)		variance	300 26.36	
4					Skewness	4.335 965 956	
5					Kurtosis	29.551 317 18	
6							
7		Expected value method:			Standard deviation method:		
8		theta	0.03		alpha	0.01	
9		Premium	58.648		Premium	58.673	
10							
11		Esscher method:			Risk adjusted method:		
12		h	0.000 12		rho	1.04	
13		Premium	60.195		Premium	62.534	
14							
15		*Formulae table*					
16		C2	=VosePolyaObject(0.26,0.73)				
17		C3	=VoseLognormalObject(300,50)				
18		E2:F5	{=VoseAggregateMoments(C2,C3)}				
19		C9(output)	=VosePrincipleEV(C2,C3,C8)				
20		F9(output)	=VosePrincipleStdev(C2,C3,F8)				
21		C13(output)	=VosePrincipleEsscher(C2,C3,C12)				
22		F13(output)	=VosePrincipleRA(C2,C3,F12)				
23							

图 20.18 四种不同原则来计算保费，总体分布的均数和方差以灰色背景显示，提供参考点（如保费必须超过 56.94）

保费除它涵盖的风险水平外其他市场条件的函数”时提出来的。Wang（2003）后来做出了很好的阐释。

4. 风险调整或 PH 原则。这是一个基于一致性风险指标一定比例的风险溢价原则的特例［见于 Wang（1996）］。［0，1］上总体分布的剩余函数（1－F（x））被转换为另一个也在［0，1］之间的变量。

$$保费 = \int_{\min}^{\max} [1-F(x)]^{1/\rho} \mathrm{d}x, \rho > 1$$

其中，F（x）是来自总体分布的累积分布函数。

第21章

微生物食品安全风险评估

在微生物风险领域，建模被称为风险评估（risk assessment）而不是风险分析，因而本章将采用风险评估这个术语。微生物风险评估是为了评估食物中微生物对人类健康的影响。食物中微生物对人类健康的影响是一个很严重的问题，可以肯定，你或者你周围的人都将有可能会在某个时刻发生食物中毒，轻则持续2～10d的呕吐、痉挛、发热或者腹泻，重则住院，甚至造成永久性的伤残或死亡。微生物风险评估的目的就在于对上述问题进行风险评估。我们公司已经有相当一部分工作致力于微生物风险评估。我们开展了为期2周的高级建模方法课程，我也主编或与别人合编了一些微生物风险评估方面的国家和国际指导原则。

微生物风险评估是在20世纪90年代中期开始出现的，最初建立在细胞学和毒理学人类健康风险评估发展的基础上（成效有限）。当前有效的建模技术得到了适当的发展，通常是以蒙特卡罗模型的构成为基础。风险评估员面临的最大的问题是最新的目标数据的有效性和充分地捕获现实问题的复杂程度。构建模型的目的是评价系统变化对健康的影响（或者是减少这种影响）。例如，动物粪便的管理，新产品的市场投放，试验田、食品及动物食品的监管要求的提高，农作方式的改变，食品安全教育等。微生物食品安全最普遍的研究方法是尝试将细菌从农田到人体摄入的过程中所形成的传导途径建立模型，进而计算出这一过程中的细菌总量（概率分布）。随后通过“剂量—反应”模型将细菌总量转化为感染率、患病率、重病率和/或死亡率。再通过数据整合得到细菌对人体健康影响的评估结果。

下面以发达国家中最具危害性的食源性疾病——非伤寒沙门氏菌感染为例来说明微生物风险复杂性的不同等级。沙门氏菌病是人们在暴露于沙门氏菌群（以它的发现者丹尼尔·沙门博士的姓氏命名）所引起的疾病。任何人感染了沙门氏菌病的原因一定是摄入（吃、喝、吸入）了这些细菌中的一种，这种细菌在人体内（肠内底部）找到适合的环境，定居并繁殖，从而形成了感染源。即使只摄入一个细菌，也有可能感染，因为它会在人的肠道内增殖，如果吃的东西上有数千计的细菌，那么染病的概率显然更大。通常染病者都会有腹泻、发热和痉挛的症状，6d左右自愈。但是在病情严重的情况下，病人需要住院治疗并可能发展为莱特尔氏综合征（Reiter's syndrome，RS），这种状态不容乐观并可能持续数年。如果感染从肠道发展进入血液循环，人体器官会受到损害，最终导致个体死亡。

这些细菌自然生长在动物的肠道中，并且不会对动物产生影响。人体感染的最主要来源与食物相关：鸡蛋通常是最主要的一种（主要感染肠炎沙门氏菌），还有鸡肉、牛肉、猪肉及其相关产品。然而，蔬菜中（联想到化肥），乡间小溪（联想到鸭子）和家养的宠物（不要让你的犬吃生鸡肉）中也可能会发现细菌。这些细菌会在充分的加热中被杀灭——所以煮熟的鸡肉比未加工的蔬菜更安全。建立一个国家沙门氏菌病暴露情况的模型，首先需要用模型估算出来自各种源头的细菌量和进入人体肠道的细菌量。以商业养殖的鸡为例：鸡蛋由蛋鸡产下后被送到孵化小鸡的农场，孵化出来的小鸡又会被送到有大棚并与外界隔离开的农场集体饲养。在一些国家，鸡群饲养环境的草垫不会清理更换。因此，沙门氏菌能够从被污染的孵化农场、野生禽或啮齿类动物进入大棚，或者通过被污染的饲料及到访者等途径感染鸡群。达到一定饲养时间的鸡群会被集中送往屠宰场（那些地方可能不干净）。在运送过程中鸡会变得很紧张，导致它们胃液酸度发生变化，使得沙门氏菌成倍地增长。随后，这些鸡经过一系列复杂的处理过程后成为生鲜超市里整洁包装的鸡肉产品。这个过程涉及沙门氏菌在一个鸡群尸体之间及一个屠宰场里不同鸡群之间的频繁传染和分布。这些整洁的包装袋里有多种形式的产品：鸡翅、鸡胸和烤熟的、冷却的和冷藏的冷冻速食。那些没有被装进超市洁净包装的部分会被制作成香肠或汉堡。它们被送到批发商店并重新分包出售。随着时间和温度的变化，冷冻能杀死一些细菌（我们所说的“衰减”），同样烹饪也能。在这过程中，由于部分细菌的休眠活动致使监测结果为假阴性，但是随着时间的推移，这些休眠的细菌会复苏并开始繁殖，因此关于如何解释衰减作用试验所得到的数据存在着一些疑问。

那么鸡群居住的场所又是怎样的？养鸡场产生了大量的养殖废弃物，这使得家禽养殖户要以某种方法去清理。这些废弃物在鸡群离开后被清理，并被用做肥料（这种肥料当前的价格大约价值每吨30美元，与商业肥料价格相当）。然而，在一些国家（包括美国）这些废弃物经过处理后却可能被用于喂养其他牲畜。通过深堆垛，在54℃的温度之下，细菌在这些废弃物中是（非常有希望）可以被杀灭的。

测量食物中的细菌数量是一个棘手的问题。细菌会快速繁殖（在一个适合的环境下，20min内成倍增长是很正常的），因此它们会在很小的部位大量存在。在食物无法通过观闻而确定其变质的时候，需要依靠随机抽样，但这存在非常大的偶然性和误差。计算细菌数量的对数，是唯一能够弄清楚为何数量巨变的方法。或许在“农场到餐桌”（你也许更倾向于把这过程称为“牛叫到如厕”）这一过程中，最难确定的部分应该是在厨房里。鸡肉本身或许可以得到很好的烹饪，但是致病菌可能会从流出来的脂肪和肉汁中扩散开来，通过手、刀、砧板等途径交叉污染其他食物。一些研究者设计出了无菌厨房的模型并邀请人们在里面备餐，随后调查其中所发生的污染情况。我曾经有一个带有一个黑色花岗岩吊顶的厨房，那样很难将油污显现出来，无菌厨房虽然看起来美观但或许是一个不好的选择：彻底清洁厨房是多么困难。试想，要试着去清理一个会渗透的木质砧板有多困难（想象一下把半成品的鸡肉中的肥油从你手上洗去是多么困难）。或许你可能像我一样，在煮饭的时候频繁地在围裙或抹布（或者衣服）上擦手，这也为交叉污染提供了一个渠道。我确定你能发现很多可能的暴露的途径，并且很难确定细菌的数量。

作为微生物风险评估的一部分，暴露评估要求建立一个能够反映动物产品从农场到消费者这一传递链条中的各种各样的流动途径和情况的模型。这其中的各种可能性几乎是无止境的。对动物产品种种流动通路建模是很复杂的，并且这些模型必须简化但又仍然足以代表真实情况。通常应用频率分布来对不同的传播途径建模，汇总在一张表里以反映所有可能的情况。

然而，在总结各种可能的流动情况的过程中，决定性难题在于确定每种情况所占的比重。即使是对一种单一的产品病原体的后期处理，方案也是有很多种的。如果我们把交叉感染的其他产品也算在内，这个工作会变得难以驾驭。尽管在模型里尽可能想到的流动情况充分地反映了真实情况，仍然会有其他的重要情况而被轻易地忽略。

在微生物风险评估中有两个组成部分，这对于该领域相当特别：用于预测随环境条件变化的细菌量的增长与衰减模型，和把细菌摄入量转化为发病概率的剂量—反应模型。我将在此对它们进行解释，因为即使你不是一个食品安全的专家，你也会觉得这个思路相当有趣（并且我承诺这将不会有其他事物让你对自己的食物分心）。我推荐各位登录 www. foodrisk. org/risk _ assessments. cfm（食品风险/风险评估网站），那里能接触应用以上思路及其他想法的风险评估工作。在世界卫生组织（WHO）和联合国粮食与农业组织（FAO）的网站上，你也可以找到更多这些思路的详细解释及发布的数据。

21.1 增长与衰减模型

在微生物食品安全中用概率分布作为剂量测量的结果来反映暴露事件之间剂量的变化。由于某些原因，微生物风险评估中非零剂量的概率分布通常表现为对数正态分布：

- 从农场到餐桌链的各个环节中微生物浓度的变化呈现对数差异。
- 一般认为评估过程对微生物数量或浓度具有乘法效应。
- 有很多（即使不单独确定）的事件和因素，促进微生物数量的增长与衰减。
- 根据中心极限定理，如果我们将大量的阳性随机变量与未经处理的支配因素相乘，结果渐近服从对数正态分布。

为方便和易于理解，风险评估者取10为底的对数，因此暴露剂量的计算公式是这样的：

$$\log[dose] = \text{Normal}(\mu_{10}, \sigma_{10})$$

目前，最常用的增长与衰减模型有指数模型、平方根模型、Bělehrádek 模型、logistic 模型、改进的冈珀茨（Gompertz）模型和鲍劳尼—罗伯特（Baranyi - Robert）模型。这些模型可以分为两个数学组：带有记忆的模型和不带有记忆的模型。“记忆”的含义是在任何一个时间段预测的增长值取决于增长历史。在微生物食品安全模型中我们经常会碰到细菌随着有利于其生长条件（通常是温度）而转移的情况，因此需要评估整个历史中的细菌增长量所带来的影响。

在增长与衰减模型中最常用的参数估计方法是通过控制在特定的介质和环境条件下培养生物体的试验来完成的。根据时间的推移记录微生物的数量变化，应用各种不同的模型来分析这些数据以得出微生物、生长介质、环境条件这一参数值组合。生长试验实质上是从一个不成熟的介质开始到一个有机体的过程，并监控介质逐步定植并最终达到饱和点。有机体数量的对数往往呈现S形的时间函数关系（图21.1）。这个S形曲线具有倾斜度（细菌数量对数的增长率），也就是时间函数或者是一旦衰退阶段完成后呈现出的细菌数量的函数。

解释这些曲线有一些注意事项，可以通过考虑表面密度而非绝对数字在一定程度上消除缩减细胞生长介质量的困难。然而，在多次生长繁殖机会的情况下使用这些合适的生长模型用于风险评估，实际上在每次生长事件上都设定食品介质是无菌的，并且设定病菌没有对上次生长的记忆。因此，为了能够使用连续增长模型，需要一些纠正的机制，以弥补生长曲线的一部分，或者需要采用一种有较少假设的简单方法。

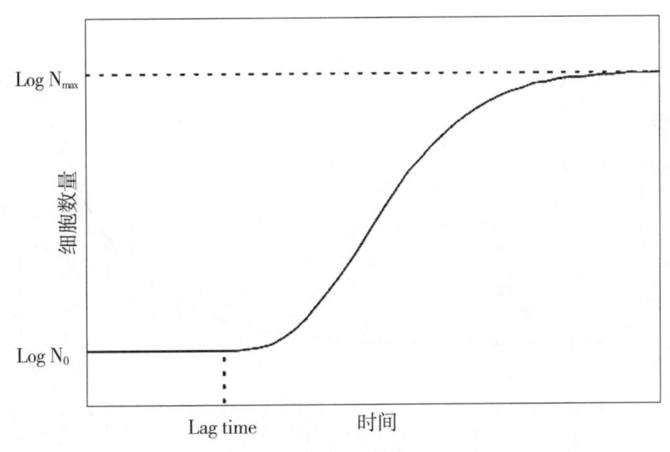

图 21.1　带有滞后时间的增长曲线示意图

21.1.1　实证数据

在微生物食品安全中，实证数据常被用于建立当前操作对病原体数量影响的模型。例如，有人可能估算从养殖棚运输到定点屠宰场前后家禽肠道中的病原微生物的数量变化，以确定是否有扩增［见（Stern 等，1995）的例子］，或者在屠宰场追踪病原体的数量水平［见 4.4 中 FAO/WHO 的家禽沙门氏菌的数据表（2000）］。

估算农场和屠宰厂的病原微生物水平的试验存在各种各样的问题：测试的检测阈值；传输到拭子或冲洗液的速率；用于说明观测数的最大可能数（MPN）的算法；以及来自皮肤、粪便样本的拭子等样本的代表性；也许获得具有代表性结果最大的困难在于动物和尸体表面的病原体分布的异质性及观测变异大小的次序。

屠宰场的处理使得病原体负荷减少并重新分布的过程变得非常复杂，使数据收集和建模很有难度。例如，Stem 与 Robach（2003）在屠宰场进行了家禽试验，估算禽类在屠宰之前粪便中及它们完全处理后的尸体上的病原菌水平，结果发现二者之间没有联系。

21.1.2　没有存储记忆的增长与衰减模型

指数增长模型

微生物复制的增长模型是建立在这样的思想上：每个生物体以一种被它自身所处的环境所控制的速率独立地增长。对于环境—独立增长，可以写为：

$$\frac{\partial N}{\partial t} = kN$$

它给出了指数增长模型（exponential growth model）为：

$$N_t = N_0 \exp(kt)$$

其中，N_0 和 N_t 分别是微生物在时间 0 和 t 时的数量（或密度），k 为非负常数，反映了一个特定稳定环境下，特定微生物的表现。这个公式产生的曲线见图 21.2。

实际上，这个模型仅仅描述了 N_t 的期望值，该随机模型被称为尤尔模型（Taylor 和 Karlin，1998），在食品安全模型中尚未被采用：

$$N_t = NB(N_0, \exp(-kt)) + N_0$$

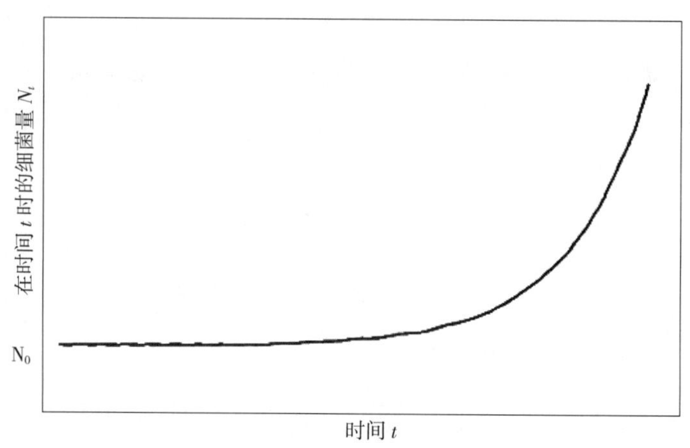

图 21.2 指数增长曲线

其中，NB 是一个负二项式分布的概率密度函数：

$$f(x)=\binom{N_0+x-1}{x}(\exp(-kt))^{N_0}(1-\exp(-kt))^x$$

风险模型具有拟合时间序列数据和/或推测的功能。还有 $\log_{10}$的分析选项。N_t的均数 μ 和方差 V 通过以下公式得出：

$$\mu=N_0\exp(kt)$$

$$V=N_0(1-\exp(-kt))\exp(2kt)$$

Bělehrádek 增长模型

指数模型的扩展可以适用于不同环境。在全温下环境—依赖的 Bělehrádek 增长模型（Bělehrádek growth model）将 k 变为关于温度的函数为：

$$\sqrt{k}=(b\{T-T_{\min}\}\{1-\exp[c(T-T_{\max})]\})$$

其中，b 和 c 是拟合常数，T 是温度，$T_{\min}$和 $T_{\max}$是微生物生长的最低温和最高温。它有时被称为平方根模型，并使

$$N_t=N_0\exp[t(b\{T-T_{\min}\}\{1-\exp[c(T-T_{\max})]\})^2] \quad (21.1)$$

其他版本考虑了环境因素（*conditions*），如 pH 和水分活度。一般情况下的模型为：

$$N_t=N_0\exp(t.\,f(conditions))$$

取对数，有：

$$\log[N_t]=\log[N_0]+t.\,f(conditions)/\ln[10]$$

例如，对公式 21.1 取对数之后得到：

$$\log[N_t]=\log[N_0]+[t(b\{T-T_{\min}\}\{1-\exp[c(T-T_{\max})]\})^2]/\ln[10]$$

参数 b 可以重新调整以使其适用于 $\log_{10}$的模型为：

$$\log[N_t]=\log[N_0]+[t(b_{10}\{T-T_{\min}\}\{1-\exp[c(T-T_{\max})]\})^2]$$

指数和 Bělehrádek 模型是无记忆的，这意味着它们没有考虑微生物生长的耗时，只考虑了在时间点 $t=0$ 的时候微生物的数量。因此，我们可以把时间 t 分解成两个或多个独立的区间，得到同样的结果。例如，令

$$t=t_1+t_2$$

在时间点 t_1 的细菌数为：

$$\log[N_{t1}]=\log[N_0]+t_1.f(conditions)/\ln[10]$$

然后，在时间点 t_2 的细菌数可通过以下公式得到：

$$\begin{aligned}\log[N_{t2}]&=\log[N_1]+t_2.f(conditions)/\ln[10]\\&=\log[N_0]+t_1.f(conditions)/\ln[10]+t_2.f(conditions)/\ln[10]\\&=\log[N_0]+(t_1+t_2).f(conditions)/\ln[10]\\&=\log[N_0]+t.f(conditions)/\ln[10]\end{aligned}$$

这跟直接用时间 t 代入模型得到的结果相同。

衰减模型

微生物的衰减模型（attenuation model）所基于的思想（Stumbo，1973）是：每一个微生物死亡或者被灭活都是独立的，并且服从受环境条件所控制的泊松过程，从而形成了一般的指数衰减公式为：

$$E[N_t]=N_0\exp(-kt)$$

其中，$E[N_t]$ 是CFU（菌落形成单位）在时间点 t 的期望值，N_0 是CFU在增长之前的初始数量值，k 是一个固定正值或者环境条件的一个函数；而 k^{-1} 是环境中病原体的平均寿命，对这个公式取对数后我们得到：

$$\log[E[N_t]]=\log[N_0]-\frac{k}{\ln[10]}t$$

这个模型只能用于描述 N_t 的期望值，该随机模型被称为“纯死亡”模型（Taylor和Karlin，1998），我们可以将它写成：

$$N_t=\text{Binomial}(N_0,\exp(-kt))$$

风险模型具有用数据拟合“纯死亡”时间序列模型和推测的功能，还有用 $\log_{10}$ 进行数据分析的选项。任何时候 N 的分布都有均数 μ 和方差 V，可由以下公式得到：

$$\mu=N_0\exp(-kt)$$

$$V=N_0\exp(-kt)(1-\exp(-kt))$$

这些公式提供给我们一种分析衰减与死亡数据的概率型的方法。试想，在一个进程中病原体数量平均减少 r：

$$E[\log[N_t]]=\log[N_0]-r$$

然后，$\log[N_t]$ 的分布将趋近于①：

$$\log[N_t]=\text{Normal}(\log[N_0]-r,\sqrt{r})$$

如果我们可以观察到 X 的对数减少量，应用经典统计学的关键方法与充分统计学的原则，即：

$$\log[N_{t(\text{observed})}]=\log[N_{0(\text{observed})}]-x$$

我们可以预估 r 的数值为：

$$\hat{r}=\text{Normal}(x,\sqrt{x})$$

所有病原微生物在时间点 t 被全部杀灭的概率是二项式概率，其中 $N_t=0$，即：

$$P(N_t=0)=[1-\exp(-kt)]^{N_0}$$

① 对二项式应用近似正态法：Binomial（n，p）≈Normal（np，$\sqrt{np(1-p)}$）。

并且，根据泊松理论，所有病原微生物被杀灭或者衰减的时间是一个随机变量：

$$t(N_t = 0) = \text{Gamma}\left(N_0, \frac{1}{k}\right) \tag{21.2}$$

Gamma 分布难以产生数值大的 N_t，所以我们可以用正态近似的公式（21.2）[①]：

$$t(N_t = 0) = \frac{1}{k}\text{Normal}(N_0, \sqrt{N_0})$$

至于指数增长模型，其他版本将环境因素例如 pH 与水活性考虑在内。例如，阿列纽斯—戴维（Arrhenius-Davey）的环境—依赖性失活模型有：

$$N_t = N_0 \exp\left(-t, \exp\left(a + \frac{b}{T} + \frac{c}{pH} + \frac{d}{pH^2}\right)\right)$$

其中，a、b、c 和 d 是常数，T 为温度，pH 为环境的 pH。一般情况下，这些模型采用以下形式：

$$N_t = N_0 \exp(-t, f(condictions))$$

21.1.3 记忆的增长与衰减模型

Logistic 增长与衰减模型

Logistic 模型[②]通过以下公式来减缓增长率：

$$\frac{\partial N}{\partial t} = kN\left(1 - \frac{N}{N_\infty}\right)$$

其中，N_∞ 表示种群大小为 $t=\infty$。这个公式隐含的一个概念是：种群能够自然地稳定在其可持续的最大值，这是可利用的资源对种群大小的作用。这个微积分公式是伯努利公式（Kreyszig，1993）的一种简单形式，当 $t=0$ 时，令 $N=N_0$，合并得到：

$$N_t = \frac{N_0 N_\infty}{N_0 + (N_\infty - N_0)\exp(-kt)} \tag{21.3}$$

或者更直观的公式为：

$$\frac{N_0}{N_t} = \frac{N_0}{N_\infty} + \left(1 + \frac{N_0}{N_\infty}\right)\exp(-kt)$$

这个公式适用于实验室增长研究的数据，用于估计在特定环境和生物体条件下 k 的值和微生物数量（或密度）的最大值 N_∞，这个函数有三种形式：如果 $k=0$，N 不随时间的改变而改变；如果 $N_0 > N_\infty$，则 N_t 将以一种 S 形曲线的趋势朝着 N_∞ 的方向递减（衰减模型）；与微生物食品安全关系最为密切的一种形式是，如果 $N_0 < N_\infty$，那么 N_t 将以一种 S 形曲线的趋势朝着 N_∞ 的方向递增（增长模型）。

在使用微生物风险评估公式（21.3）的过程中有一个问题是 N_0 的非线性表现形式。这意味着，如果把时间分成两个部分，将会得到不同的结果，即：

---

① 对伽玛公式应用正态近似法：Gamma（α，β）≈Normal（$\alpha\beta$，$\sqrt{\alpha\beta}$），在 $\alpha > 50$ 的情况下精确到最多 0.7%的误差。

② 这里的 logistic 与 logistic 回归没有关系。人类人口数模型被称做 Verhulst 模型，是以 19 世纪的比利时数学家皮埃尔费尔哈斯的名字命名。1840 年，他预测了美国 1940 年的人口数，结果偏差小于 1%，预测 1994 年的比利时人口数（不包括移民）也一样准。然而，他在人类人口数方面的研究成果并没有得到微生物预测专家的应用，因为 Verhulst 模型是处理单个环境（一个国家）的情况，能够得出一条与历史人口数据相匹配的 logistic 增长曲线，因此能够预测未来的人口数规模。但是在微生物学预测方面我们是对被污染的食物建立增长模型，没有历史数据，无法得知正处在 logistic 增长曲线上的哪个位置。

$$N_t = \frac{N_0 N_\infty}{N_0 + (N_\infty - N_0)\exp(-kt)} \neq \frac{N_{t1} N_\infty}{N_{t1} + (N_\infty - N_{t1})\exp(-kt_2)}$$

其中，

$$N_{t1} = \frac{N_0 N_\infty}{N_0 + (N_\infty - N_0)\exp(-kt_1)}$$

$$t = t_1 + t_2$$

该现象的原因是这个公式假设起始位置（$t=0$）相当于S形曲线的初始部。因此，如果某个数据从某个时间点开始很显著地进入增长（或者衰减）区间，那应用公式（21.3）是不合适的。

这几乎是所有S形增长曲线模型都会遇到的问题，包括Gompertz模型、改进的Gompertz模型和在食品安全风险评估中频繁应用的Baranyi-Roberts模型，但是不包括凡布克尔（Van Boekel）衰减模型。

凡布克尔衰减模型

凡布克尔（Van Boekel，2002）提出了一个环境独立威布尔（Weibull）衰减模型，它是有记忆的模型，形式为：

$$S(t) = \exp\left(-\left(\frac{t}{\beta}\right)^\alpha\right)$$

其中，$S(t)$ 是时间 t 之后的威布尔生存率，α 和 β 是拟合常数，他对其做了一些宽泛的解释。这个模型也可以写成：

$$N_t = N_0 \exp\left(-\left(\frac{t}{\beta}\right)^\alpha\right) \tag{21.4}$$

或者更精确些，作为一个二项式变量，有：

$$N_t = \text{Binomial}\left(N_0, \exp\left(-\left(\frac{t}{\beta}\right)^\alpha\right)\right)$$

他对大量的数据拟合模型，比简化的公式 $N_t = N_0\exp(-kt)$ 表现更好。公式（21.4）是关于 N_0 的线性公式，应用初等代数可以把时间分割成两个或者两个以上的间隔，而结果仍然有效：

$$N_t = N_0 \exp\left(-\left(\frac{t}{\beta}\right)^\alpha\right) = N_{t1}\exp\left(\frac{t_1^\alpha - (t_1 + t_2)^\alpha}{\beta^\alpha}\right)$$

因此，虽然这种模式有以前的衰减记忆，但它仍然可以被用于随后的衰减事件。

N_t的均数 μ 和方差 V 可以通过下式得到：

$$\mu = N_0 \exp\left(-\left(\frac{t}{\beta}\right)^\alpha\right)$$

$$V = N_0 \exp\left(-\left(\frac{t}{\beta}\right)^\alpha\right)\left(1 - \exp\left(-\left(\frac{t}{\beta}\right)^\alpha\right)\right)$$

所有病原微生物在时间 t 全被杀灭的概率为 $N_t=0$ 的二项式概率分布为：

$$P(N_t = 0) = \left[1 - \exp\left(-\left(\frac{t}{\beta}\right)^\alpha\right)\right]^{N_0} \tag{21.5}$$

公式（21.5）可以变形，以得到关于时间分布的新值，直至所有病原微生物全部被杀灭为止：

$$t(N_t = 0) = \alpha \sqrt[\beta]{-\ln[1 - \sqrt[N_t]{U}]}$$

其中，U 是一个均匀分布 Uniform（0，1）的随机变量。

21.2 剂量—反应模型

常用的四种剂量—反应（dose-response，D-R）公式是基于感染没有阈值的理论（仅仅需要一个生物就能引起感染），该理论符合世界卫生组织的指导方针（FAO/WHO，2003），详见表 21.1。

表 21.1 四种最常见的微生物剂量—反应模型

D-R 模型	剂量测量	P（效果）
指数模型	平均剂量 λ	$=1-\exp(-\lambda p)$
Beta-泊松	平均剂量 λ	$\approx 1-(1+\frac{\lambda}{\beta})^{-\alpha}$
Beta-二项式	实际剂量 D	$=1-\frac{\Gamma(D+\beta)\Gamma(\alpha+\beta)}{\Gamma(\alpha+\beta+D)\Gamma(\beta)}$
威布尔—伽玛	实际剂量 D	$=1-(1+\frac{D^b}{\beta})^{-\alpha}$

前三种模型可以被看作是来源于感染概率的简单二项式公式，即：

$$P(\inf \mid D) = 1-(1-p)^D \tag{21.6}$$

其中，P 是单一病原体生物能够引起感染的概率，D 是在一次暴露事件中病原生物体的数量。因此，这个概率 P 的公式是 D 个病原生物体中至少一个病原生物体有效地感染暴露人群的二项式概率，1 减去没有病原生物体成功感染的概率。这个公式隐含了两个重要的假设：

- D 个病原生物体的暴露发生在一个单一事件中。
- D 个微生物都有相同的独立地引起感染的概率。

21.2.1 指数模型

指数剂量—反应模型假设摄入剂量服从均数为 λ 的泊松分布：

$$P(\inf \mid \lambda) = 1-(1-p)^{\text{Poisson}(\lambda)}$$

简化公式为：

$$P(\inf \mid \lambda) = 1-\exp(-\lambda p) \tag{21.7}$$

可以认为 λp 是在这个暴露剂量下 1 人将会出现的感染的期望数，公式 P（$\inf \mid \lambda$）正是至少 1 人感染的泊松概率。如果我们能够接受这些生物体不能聚集在一起，那么泊松分布剂量的假设十分适用于水中的细菌、病毒和包囊的建模。

一些作者将公式（21.7）重新改编为：

$$P(\inf \mid D) = 1-\exp(-rD) \tag{21.8}$$

其中，r 和概率 p 是相同的含义，但是泊松均数 λ 被实际摄入的剂量 D 所代替，这与其中暗含的理论不一致。有个潜在问题是公式（21.8）通过 D 的泊松分布将对剂量增加额外的随机性，如果 D 是一个确切的实际摄入剂量的话，这是不合适的。泊松分布的均数为 λ，标准差为$\sqrt{\lambda}$。因此，对于一个服从泊松分布的带有大的 λ 值的剂量来讲，实际的摄入剂量将会非常接近 λ。例如，对于 $\lambda=1.0\times10^{-6}$的生物体来讲，摄入剂量有大于 99%的可能性落在 0.9997E6～1.0003E6 的区间内（图 21.3），并应用近似公式（21.8）增加了少量额外的随机数。

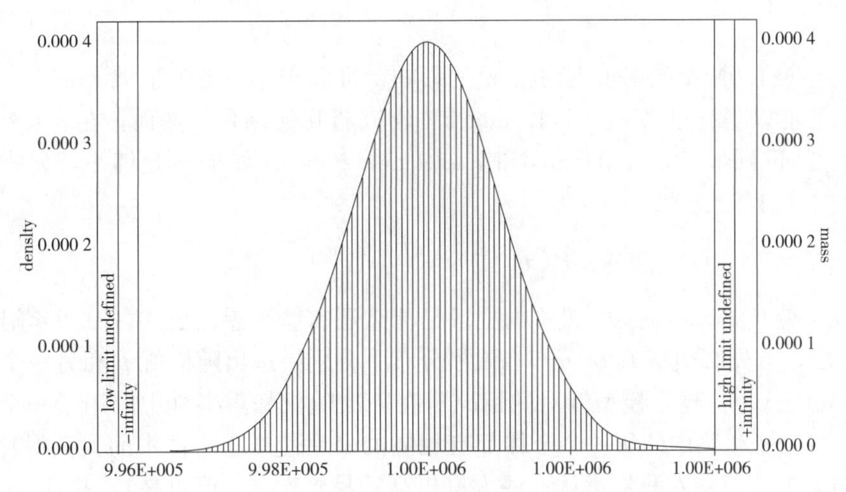

图 21.3 泊松分布 Poisson（1 000 000）与正态分布 Normal（1 000 000，1 000）的重叠

然而，对于 D 的低值来说情况并非如此。例如，如果 $D=5$ 个微生物，公式（21.7）围绕 D 值增加了一个 1～11 个微生物的 99%的概率分布范围，包括实际剂量接近 0 值的概率为 0.7%（图 21.4）。

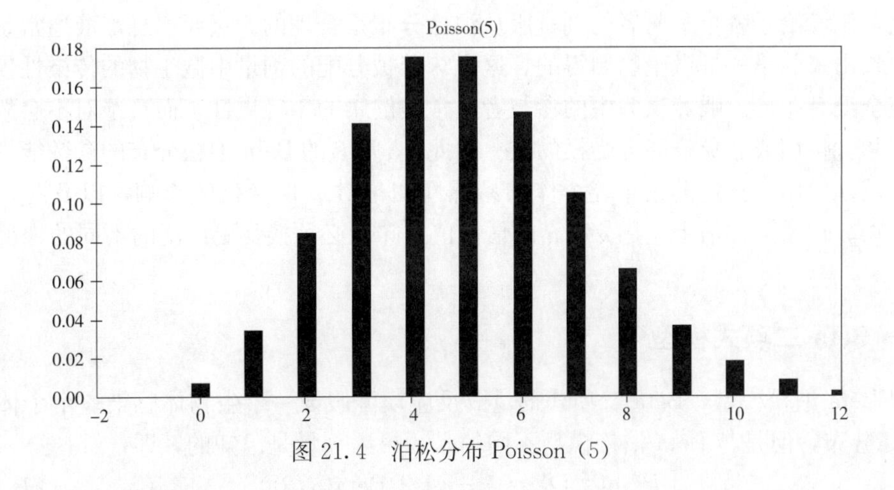

图 21.4 泊松分布 Poisson（5）

21.2.2 Beta-泊松模型

Beta-泊松剂量—反应模型假设摄入的剂量服从泊松分布，微生物感染 1 个个体的概率服从 Beta 分布：

$$p=\text{Beta}(\alpha,\beta)$$
$$D=\text{Poisson}(\lambda)$$

即：

$$P(\text{inf}\mid\lambda)=1-(1-\text{Beta}(\alpha,\beta))^{\text{Possion}(\lambda)}$$

应用与公式（21.7）相同的原则，这公式可以整理为：

$$P(\inf \mid \lambda) = 1 - \exp(-\text{Beta}(\alpha, \beta) * \lambda) \tag{21.9}$$

Beta分布的平均数为：

$$\bar{p} = \frac{\alpha}{\alpha + \beta} \tag{21.10}$$

整合公式（21.9）中的Beta随机变量的影响，可以产生一个关于P（inf｜λ）的公式，该公式包含了难以量化的库默尔（Kummer）合流超几何函数。然而，在$\alpha \ll \beta$的条件下（Furumoto和Mickey，1967；Teunis和Havelaar，2000），如果p足够小，公式（21.10）会近似于公式（21.9）：

$$P(\inf \mid \lambda) \approx \left(1 - \frac{\lambda}{\beta}\right)^{-\alpha} \tag{21.11}$$

关于Beta分布Beta（α，β）模拟的变量是什么还有些困惑。公式（21.9）阐明为了计算P（inf｜λ），首先必须从Beta分布和泊松分布中分别挑选出随机值p和另一个值D，然后计算$1-(1-p)^D$。建立模型针对的情况是在一次随机暴露事件中应用了一个特定的p值，也就是D个微生物中的每一个个体都有相同的概率使暴露事件中的人获得感染。p值随着Beta分布变化意味着我们承认一些人有更高的易感性（p值更高），并且/或者有些剂量中的微生物具有更强的传染性。这个模型并没有包括暴露剂量中的微生物具有不同的传染性的可能，也不能识别人类易感性和微生物传染性的不同。

Beta-泊松模型屡次被用于分析喂养试验的数据。在这些试验中，剂量是用致病微生物的不同浓度的悬浮物度量的，那些源于这些悬浮物的被精确测量的样本被分配到各个参与者。因此，假设给予各个参与者的剂量服从泊松分布是合理的。然而，悬浮液通常是是同一群落中生长出来的第一批微生物制得的，这意味着被分配的剂量中微生物的传染性仅有很少的或者完全没有差异。喂养试验中的参与者通常是健康的年轻男性，而且绝对不会故意包含有包括怀孕、生病或者免疫能力受损的人。因此，α和β的Beta-泊松分布的参数能拟合喂养试验只能被期望用于描述健康年轻个体的易感性变化对p值变化的影响，以及源自单个群落的微生物。在风险评估中应用α和β的估计值意味着必须接受更广泛的不同的人群和微生物群落。

21.2.3 Beta-二项式模型

类似Beta-泊松模型，Beta-二项式剂量—反应模型假设一个生物体感染一个个体的概率服从Beta分布，但是与Beta-泊松模型不同的是，摄入剂量是已知的，即：

$$P(\inf \mid D) = 1 - (1 - \text{Beta}(\alpha, \beta))^D \tag{21.12}$$

这里存在一个与这个模型相似的Beta-二项式模型（见7.1第三部分）：

$$\text{Beta} - \text{Binomial}(D, \alpha, \beta) = \text{Binomial}(D, \text{Beta}(\alpha, \beta))$$

这个Beta-二项式分布有一个概率密度函数：

$$f(x) = \binom{D}{x} \frac{\Gamma(\alpha + x)\Gamma(D + \beta - x)\Gamma(\alpha + \beta)}{\Gamma(\alpha + \beta + D)\Gamma(\alpha)\Gamma(\beta)}$$

其中，Γ（.）是伽玛函数。和公式（21.6）表示的内容相同，感染概率是：

$$P(\inf \mid D) = 1 - f(0) = 1 - \frac{\Gamma(D + \beta)\Gamma(\alpha + \beta)}{\Gamma(\alpha + \beta + D)\Gamma(\beta)} \tag{21.13}$$

一些伽玛函数值可能会超出计算机能够处理的范围，所以数学程序经常提供计算伽玛函数自然对数的工具，所以下列公式在实践中更为有用：

$$P(\inf \mid D) = 1 - \exp[\ln\Gamma(D+\beta) + \ln\Gamma(\alpha+\beta) - \ln\Gamma(\alpha+\beta+D) - \ln\Gamma(\beta)]$$

Beta-二项式模型与Beta-泊松模型使用同样的参数α和β。如果一个Beta-泊松模型适用于某个风险评估的数据（通常是喂养试验的数据），而这个风险评估模型计算（模拟）的是实际暴露剂量，而不是一个泊松分布剂量的平均值，那么Beta-二项式模型应用拟合的Beta-泊松模型的α和β值是最合适的。

21.2.4 威布尔—伽玛模型

威布尔—伽玛剂量—反应模型开始于这样假设：一个生物体感染一个个体的概率可以用威布尔函数的累积分布函数来描述，即：

$$P(\inf \mid D) = 1 - \exp(aD^b) \quad (21.14)$$

在可靠性理论中，威布尔分布常用于描述机器或者零件发生故障的时间过程，其中瞬间故障率（在某一极小时间增量下的故障概率）是一个时间函数：

$$z(t) = abt^{b-1} \quad (21.15)$$

公式21.15描述了带记忆的系统，意味着瞬时故障率随着机器的使用寿命的变化而改变。在可靠性建模过程中参数b通常大于1，表示某一部件随着时间磨损，也就是说，这个部件变得更容易发生故障。如果$b=1$，这个公式简化为：

$$z(t) = a$$

所以$z(t)$独立于时间。换句话讲，系统变得无记忆，机器组件在任何时间增量中的故障率并没有增加，就好比它没有发生过故障。参数a可有效地称为系统在某个单位时间增量中将会发生故障的概率。

在剂量—反应模型中，时间t被剂量D所替代，机器组件的故障相当于抵御暴露的免疫系统的故障。如果认为D剂量中的生物体是相继出现的，那么$P(\inf \mid D)$是直至第D个生物体到来一个个体未被感染的概率。参数a成为第一个近似值，即一个生物体独立地感染一个人的概率，参数b就能被认为是描述免疫系统是如何迅速"磨损"的。b的值越大，免疫系统被攻克得越快：$b=1$意味着免疫系统是记忆的，换句话讲，就像它能够应对感染剂量中第一个微生物和最后一个微生物的能力一样；b的值小于1意味着免疫系统应对微生物的能力逐渐变强。我们也可以换一种解释，如果$b>1$，微生物"同心协力"；如果$b<1$，则它们相互排斥；而如果$b=1$，则它们相互独立地工作。

在威布尔—伽玛模型，参数a被变量Gamma（α，β）代替，以一种类似Beta-泊松和Beta-二项式模型的Beta分布的方式来描述宿主易感性和生物体传染性的变化，因此公式(21.14)变形为：

$$P(\inf \mid D) = 1 - \exp(-\text{Gamma}(\alpha, \beta) * D^b)$$

在对伽玛密度整合后，公式简化为：

$$P(\inf \mid D) = 1 - \left(1 + \frac{D^b}{\beta}\right)^{-\alpha} \quad (21.16)$$

威布尔—伽玛剂量—反应模型有三个参数，使得它在拟合数据时有更大的灵活性，但这是以更大的不确定性为代价的。虽然Beta-泊松模型（21.11）和威布尔—伽玛（21.16）模型的公式有相似形式，但其背后的概念模型有很大的不同。通常认为如果$b=1$，威布尔—

伽玛模型则缩减为近似公式（21.11）的Beta-泊松模型。但这并不完全正确，除非λ足够大，以使我们能够忽略上述讨论中的近似设置$\lambda=D$。

21.3 蒙特卡罗模拟是恰当的方法吗？

微生物风险评估者在构建食源性致病菌风险评估模型中所应用的重要工具是蒙特卡罗模拟（Monte Carlo，MC），类似Analytica、Crystal Ball、@RISK、Simul8和定制的VB程序等产品，均可进行MC模拟。MC对几乎任何期望的复杂度都能够建模。它对数学概率的要求相当小，且模型的表现方式很直观。然而，MC有一个主要的缺点，它首先要求数据是定量数据（如适用，具有不确定性），然后运行模型对可能的观测值做一个预测。这意味着，我们必须在污染流行率与负载的基础上构建一个模型来预测人群中的人口疾病数量，跟踪食品的生产—消费链，然后通过剂量—反应模型转换到对人类健康的影响上。同时，我们从医疗服务提供者提供的数据出发，评估现阶段对人类健康的实际影响。在蒙特卡罗模拟中，如果这两种评估结果不匹配，我们就遇到阻碍了，通常的做法是调整剂量—反应函数，以使他们相匹配。这不是一种严谨的统计学方法。一个更好的方法是构造马尔可夫链蒙特卡罗（Markov chain Monte Carlo，MCMC）模型；目前用于此目的的最常用的环境是免费的WinBUGS。

MCMC模型能够以类似蒙特卡罗模型的方式来构造，它的优势是模型中的随机结点上的任何有效数据都能被纳入模型中。然后模型对系统参数的预测值进行贝叶斯校正。可以同时将可能得干预措施纳入模型中，然后评估这些变化的影响。它最大的优势是具有以统计学上的一致方式将所有可用信息纳入的能力。MCMC方法在实施中的主要问题是：没有任何可用的商业性的MCMC软件——WinBUGS是很好的软件，但用起来相当困难；MCMC方法建模所需要的计算强度意味着我们不能应用当前标准下复杂程度的模型。

我经常发现，复杂模型的运行结果和方式能够屡次与较多简单的模型相匹配，反过来这意味着我们可以应用MCMC方法来编写模型并估计其参数。在下面的内容中我将阐述一些相关的简化。

21.4 一些模型的简化

21.4.1 散发的疾病

如果在所关注的暴露时刻，人群摄入V个单位的食品数（份），而其中一小部分（P）是被污染的食品，并且被污染的食品中病原生物体的数量D服从分布为f（D）的概率质量函数，则感染数的期望值可以用如下公式来预测：

$$\lambda_{\text{inf}} \approx VpP(\text{感染} \mid \text{暴露}) \tag{21.17}$$

其中，

$$P(\text{感染} \mid \text{暴露}) = \sum_{D=1}^{\infty} P(D)P(\text{感染} \mid D)$$

如果传染是散发的，它们相互独立地发生，并且整个暴露人群的剂量分布和易感性水平的分布是不变的，则P（感染｜暴露）可以被认为是不变的，实际的感染人数将服从泊松分布：

$$感染人数=\text{Poisson}\ (\lambda_{感染})$$

如果感染某种类型的疾病或者死亡（感染已发生）的概率 τ 独立于初始剂量（世界卫生组织推荐的默认值）（FAO/WHO，2003），则公式 21.17 变为：

$$\lambda_{疾病}=\tau VpP(感染\mid 暴露) \tag{21.18}$$

如果暴露事件是独立的，并且我们假定每一个事件中只有一个人发生疾病，则 λ 可以再次被解释为泊松分布的平均值：

$$疾病=\text{Poisson}\ (\lambda_{疾病})$$

Hald 等人（2004）使用 WinBUGS 模型，应用上述方法确定了各种食物来源的沙门氏菌的感染情况。

21.4.2　降低的流行率

如果污染的流行率从 p 降低至 q，被污染剂量的分布将会保持不变，因为这些食品仍然是被污染的（或许是通过减少已被感染的农场、牛群、羊群或者鸡舍的数量），我们能够认为人类的健康受益为：

$$避免的感染数\approx\text{Poisson}\ [V\ (p-q)\ P\ (感染\mid 暴露)]$$

如果已经有对当前人类感染数量的一个很好的估计为 $\lambda_{感染}$，则可以认为：

$$挽救的感染数=\text{Poisson}\left[\left(1-\frac{q}{p}\right)\lambda_{感染}\right] \tag{21.19}$$

P（感染｜暴露）的消除意味着我们不再需要剂量分布或者剂量—反应函数的信息。这个逻辑同样能被应用到疾病数上。Vose-FDA 模型（Bartholomew 等，2005）是使用这种方法的一个例子。

21.4.3　低传染性剂量

如果某暴露途径导致感染菌的数量在此次暴露中感染人的概率始终很小，那么无论使用哪种剂量—反应函数，感染率将遵循一种剂量的线性函数：

$$P\ (感染\mid D)\ \approx kD$$

如果感染某种类型的疾病或者死亡（感染已发生）的概率 τ 独立于初始剂量，那么我们可以得到：

$$P\ (疾病\mid D)\ \approx kD\tau$$

对于遵循概率质量函数剂量分布的暴露来讲，我们认为：

$$P(疾病\mid 暴露)\approx\sum_{D=1}^{\infty}f(D)kD\tau=k\overline{D}\tau$$

对于摄入 V 体积的食物，其中食物的污染率为 p，我们可以得出这样的公式：

$$\lambda_{疾病}\approx\tau Vpk\overline{D} \tag{21.20}$$

再次给出这样的解释：

$$疾病=\text{Poisson}\ (\lambda_{疾病})$$

因此，一般情况下，对于病原体引起散发感染，并且感染率在任何暴露下都很低，我们可以得出感染人数的预期数是一个关于食物污染率 p 污染数的平均剂量 $\overline{D}$，或者暴露于人群的病原微生物总数 $p\overline{D}$ 的线性函数。

在极少数据可用的情况下，我用上述方法对牡蛎与文蛤中副溶血性弧菌污染的影响建立模型。

该模型的线性不会与EPA（美国环境保护局）在毒理风险评估中使用的常被批判的低剂量线性外插法混淆。EPA的这种方法考虑到最低剂量 D 造成影响的概率是可观的 P，然后用从点（D，P）到点（0，0）的直线来推断剂量—反应曲线，普遍认为其过于夸张地对低剂量影响概率做了保守估计，从而导致非常低的环境暴露耐受性。这些方法之间的区别在于获得观察到的毒性暴露影响的问题：一个不切实际的高剂量（相对于现实世界中的暴露来讲）对于观察试验性暴露的影响是必需的。试验是必要的，因为当现实世界中的一个人出现一些中毒症状（如癌症），很少有人把这个情况归因于接触了特定的化合物，或者一定水平的慢性暴露，或者其他化合物的累积暴露。在微生物食品安全中，我们很大程度地缓解了这个问题：病原微生物往往是可以培养的，暴露通常是单一事件而不是慢性的过程，并且现阶段的知识经验表明微生物是在独立暴露事件中感染一个人而不是通过反复暴露（慢性的）感染，且满足使用二项式数学公式（公式21.6）的条件。

第22章

动物进口风险评估

我们以各种形式开设了“动物健康和食品安全专业人员高级定量风险分析”课程，本章和第21章内容均是从该课程中提取而来。我很荣幸能讲授这门特别的课程，因为这部分需要明确的、兼有不确定性和变异性的模型。该领域的问题一般是通过二项分布、泊松分布和超几何分布的思想来建模。因此，需要对该书到目前为止涉及的内容有一个很好的认识，以便能够对谈及的风险进行充分分析。所以这个章节被看作是对该书已经讲过的内容的一次复习，同时也希望能够向大家举例说明有多少前面提过的方法能够一起使用。本章中偏重数学基础的分析与第19章中案例分析有鲜明的对比，我希望从这两个章中读者能够从应用两种完全不同的方法进行风险评估的过程中获得更大收获。

动物或者其产品的进口会给一个国家和地区带来一定的风险，那就是引入疫病，进口动物的风险评估即与此类风险有关。食品安全风险评估与人群或者亚人群因摄入毒物或者微生物污染的食品而导致感染、发病和死亡的风险有关。应首先考虑某些进口动物的问题，然后考虑一些与微生物食品安全有关的问题。

随着世界贸易壁垒的消除和国际贸易的大量增加，进口动物的风险评估变得越来越重要。一方面，消费者对食物有了更多的选择性，养殖场主有更好的机会通过进口物种来改良畜禽的基因；另一方面，国家对外来产品的开放增加了疫病引入的风险，通常是使本土畜禽及野生动物感染疫病的风险增加。进口的好处必须与其带来的风险相平衡。当然，这一般不容易做到。通常，进口商品对一部分人有利，也对另一部分人有害，这会产生政治问题。世界贸易组织（World Trade Organization，WTO）鼓励各国以某些成员国的标准和指导方针为依据，这些成员国同时参与了其他的国际组织，如世界动物卫生组织（Office International des Epizooties，OIE）和世界植物保护公约组织（International Plant Protection Convention，IPPC）。WTO成员国已经签署了一项协议旨在促进进口，并致力于消除贸易壁垒。这项协议附加了说明，即如果某商品对进口国有风险，该国有权禁止进口交易。现在，某种商品可能对某一国家有风险，但对另一个国家无风险。例如，某些太平洋岛上没有猪，自然无法因为进口猪肉中而导致猪的感染，猪肉进口对该岛就不会产生危害。但是，同样是问题猪肉，对丹麦这种猪肉出口大国就很容易造成重大风险。因此，以会带来风险为由而禁止进口贸易的成员国必须提供理论依据。举个例子，对一个国家而言，如果A物品理论上带来的风险大于B物品，那么A物品自然是禁止进入的。换句话讲，实行禁令的国家应该时刻准备证明商品进口政策的前后一致性。定量风险评估通常可以提供这种一致性证明，世界动物卫生组织、世界食品法典组织和世界植物保护公约组织也在不断讨论并发展风险评估技术。世界动物卫生组织在2004年已经出版了一本关于定量进口风险分析的指南，该指南大部分采纳了本书第二版和我们课程中的材料，当然也参考了很多其他的材料。

许多国家的农业部门不断地接到大量要求进口货物入境的申请。有经验的审批者能快速对入境申请做出审核，因为有些物品的引入申请仅仅凭一般经验就能判断其风险是大得无法接受还是小得可以忽略。通过与某种物品相似的、已经做过全面定量分析的物品做比较，可以很快估计出这种物品可能带来的风险大小。如果某物品的进口风险既不是大得无法接受，也不是小得可以忽略，就可以拟定进口协议，以保证风险降到可接受的水平且使损失最小。协议通常包括农作物和农田的检查、进口动物的隔离和检测、物品来源的说明书、质量控制和进口动物产品的处理等内容。通过各种不同协议规定的检测后，可通过定量风险评估确定残余风险，从而判断哪些协议是贸易限制最少、最有效的。

我曾用一个非常通俗的方式谈论过进口国家的“风险”。这个风险已经定义（Kaplan and Garrick，1981）为风险三要素（场景、概率、影响），“场景”是指导致有害影响的一个或一系列的事件，“概率”是这类有害事件发生的可能性，“影响”是指有害事件的大小。现在，由于政治和经济压力与疫病的引入有关（不管其对进口国实际影响有多小），定量风险评估在动物进口领域通常与三要素的前两个联系在一起。这是一个不幸的状态，因为任何真实合理的风险管理都需要考虑事件发生的概率和影响。

在深入学习之前，了解一些有关于动物疫病、检测方法的基本概念及一些专业名词将有助于对这一领域不熟悉的读者进行学习：

- 真实患病率 p：感染某种疫病的动物在一个群体中所占的比例。
- 敏感性 Se：感染动物的阳性检出率。此条件概率是对检测方法的一种测量：对群体的测试越敏感，阳性率越高。
- 特异度 Sp：未感染动物的阴性检出率。此条件概率也是对检测方法的一种测量：对群体测试的特异度越大，阴性率越高。
- 病原体：造成传染病的微生物。
- 感染：微生物进入动物体内形成的结果。
- 疫病：感染动物的生理效应。动物可能被感染但不发病，没有症状。
- 发病：出现疫病症状。

22.1 感染动物的检测

本节阐述动物进口风险分析中出现的不同情况及其中问题。先从最简单的情况开始，逐步深入到复杂问题。有些公式对于该领域来讲是特殊的，并在推导过程中逐渐完善。同时，在推导过程中展示了一些有趣、实际概率论代数的案例。

22.1.1 对单个动物的检测

问题 22.1：从一个已知（通常是估计的）疫病患病率 p 的牧群或畜群中随机选出一只动物，应用灵敏度为 Se、特异度为 Sp 的试验对该动物进行检测。如果实验结果是阳性，该动物实际感染的概率有多少？如果实验结果是阴性，该动物实际感染的概率有多少？

解：图 22.1 展示了动物检测中的四种可能情况。如果动物检测结果是阳性，那么路径 A 与路径 C 必然发生。因此，根据贝叶斯定理（见 6.3.5），如果检测结果呈阳性，则动物被感染的概率为：

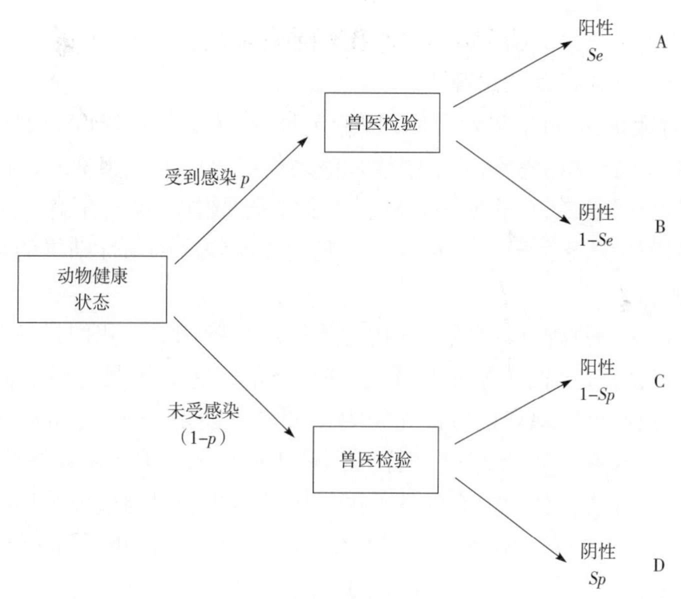

图 22.1　感染动物检测中的四种情况

$$P(\text{感染}\,|+)=\frac{P(A)}{P(A)+P(C)}=\frac{pSe}{pSe+(1-p)(1-Sp)}$$

同样，如果检测结果为阴性，则动物被感染的概率为：

$$P(\text{感染}\,|-)=\frac{P(B)}{P(B)+P(D)}=\frac{p(1-Se)}{p(1-Se)+(1-p)Sp}$$ ◆

22.1.2　动物群体层面上的检测

通常，动物以群体而不是个体的方式引进。在运输或者检疫过程中，活动物圈养在一起，如果其中有一只或者更多动物感染，就可能引起病原体在群体间传播，如群体数量足够大，感染水平往往达到稳定的百分比。

问题 22.2：引进的动物群体数量为 n，其中 s 只动物感染。应用灵敏度为 Se、特异度为 Sp 的试验对所有动物进行检测。检测为阳性结果的数量会是多少？全部动物检测结果为阴性的概率是多少？

解：对于 s 只感染动物来讲，检测结果为阳性服从二项分布 Binomial（s，Se）。同样，对于 $n-s$ 只非感染动物来讲，检测结果为阳性服从二项分布 Binomial（$n-s$，$1-Sp$）。因此，检测阳性结果的总数为 Binomial（s，Se）+Binomial（$n-s$，$1-Sp$）。所有动物检测结果均为阴性的概率 P（$all-$），也就是所有感染动物检测结果均为阴性，也就是（$1-Se$）^{s} 乘以所有未感染动物检测结果为阴性的概率。因此，P（$all-$）＝（$1-Se$）$^sSp^{(n-s)}$。

这种类型的问题中一个常见的错误如下所述。n 只动物中每一只动物被感染的概率是 $p=s/n$，它被检测为阳性的概率是 Se。同样，每一只动物未被感染的概率为（$1-p$），它被检测为阳性结果的概率是（$1-Sp$）。因此，阳性结果的数量是 Binomial（n，pSe）+Binomial（n，（$1-p$）（$1-Sp$））。这种计算方法是不正确的，因为它默认随机选择动物的健康状况是相互独立的，同样也默认感染动物及非感染动物的数量分布也是相互独立的，而实际上它们相加起来必须等于总数 n。一种有用的检查方法是看这个公式产生的可能值的范围：每一个二项分布都有一个最大值 n，所以它们相加总和的最大值为 $2n$ 个阳性结果，显然这是不可能的，因为只有 n 只动物。◆

问题 22.3：对数量为 n 的动物群体，应用灵敏度为 Se、特异度为 Sp 的试验对所有动物进行检测，如果 s 只动物实验结果是阳性，该动物群体中实际感染的动物数量有多少？

解：这个问题与问题 22.2 的思路相反。在那个问题中，我们在确定的感染率的基础上估计群体中的检测阳性结果的数量。在这里，我们在所观测的阳性结果的基础上估计群体中被感染动物的数量。

其实在数量为 n 的动物群体中感染动物的数量 x 是确切的，我们只是不知道这个数字是多少。因此，我们需要对 x 的不确定性确立一个分布。这个问题适用于贝叶斯方法。由于没有更好的信息，我们可以保守地假设先验为 x 同样可能是 $0 \sim n$ 之间的任何整数，然后再确定可能的函数，该函数与问题 22.2 一样，都是通过两个二项式函数的结合得到的。

这个问题的解决方法在代数上有一些简陋，因此也更容易通过设置模型中的参数值来说明问题。令 $n=50$，$Se=0.8$，$Sp=0.9$，$s=25$。图 22.2 所示的电子表格模型，确定了在设定参数下 x 的不确定性，图 22.3 展示了 x 的置信分布。

	A	B	C	D	E	AB	AC	AD	AE	AF
1										
2		*n*	50							
3		*Se*	0.8							
4		*Sp*	0.9							
5		*s*	12							
6		实际感染数 *x*	预设值	概率值				*1.427*		
7				真实阳性反应				后验分布	标准化的后验分布	
8				*0*	*1*	*24*	*25*			
9		0	1	2.2E-03	0	0	0	2.2E-03	1.6E-03	
10		1	1	3.7E-04	4.3E-03	0	0	4.6E-03	3.2E-03	
58		49	1	0	0	0.0E+00	0.0E+00	7.9E-17	5.5E-17	
59		50	1	0	0	0	0.0E+00	2.3E-17	1.6E-17	
60										
61			公式表							
62		B9:B59	{0,1,2,…,49,50}							
63		D8:AC8	{0,1,2,…,24,25}							
64		D9:AC59	=IF(OR(D$8>$B9,D$8>s,n-$B9<s-D$8),0,BINOMDIST(D$8,$B9,Se,0)							
65			*BINOMDIST(s-D$8,n-$B9,1-Sp,0))							
66		AD9:AD59	=C9*SUM(D9:AC9)							
67		AD6	=SUM(AD9:AD59)							
68		AE9:AE59	=AD9/$AD$6							
69										

图 22.2 问题 22.3 的电子表格模型

如果我们改变一些参数值看会发生什么变化是很有趣的。图 22.4 展示了四个例子：作为小练习，你们可以自己去弄懂为什么图表需要上述参数值确定的形式。

顺便说明，如果 $s=0$，则数据会导致质疑，参数值是否是正确的。如果动物群体中没有感染动物，则观察例数中无阳性结果的概率是最大的，在这种情况中，使用原始参数值，从公式 $(Sp)^n=0.9^{50}=5.15\times10^{-3}$ 得到 $s=0$ 的概率不是很高。

有人可能很合理地得出特异度 Sp 估计过低的结论。事后来看，对问题中的数据来讲，服从均数为 0.981 的 Beta（51，1）分布的 Sp 是保守估计中较好的，见 8.2.3。如果所有的检验结果均为阳性，同样的逻辑也可以被推广到灵敏度。在这种情况下，如果有人假设实际

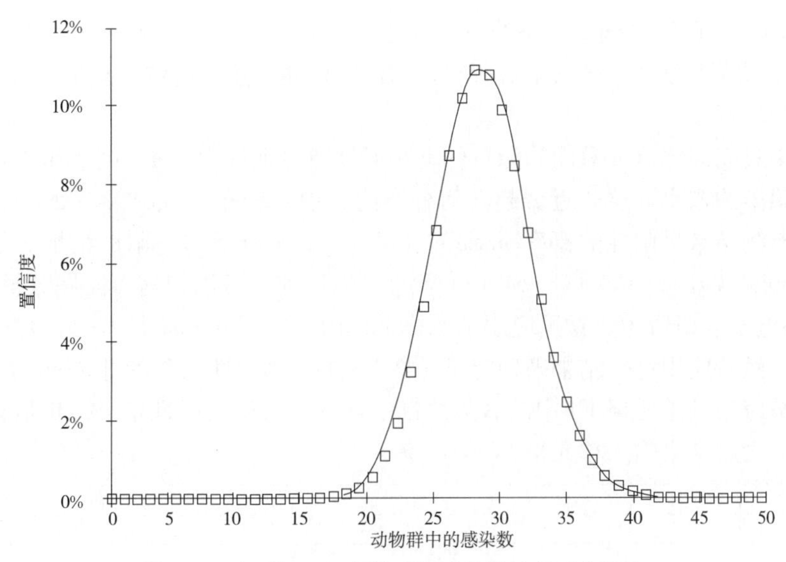

图 22.3　问题 22.3 中的感染动物数量的置信分布

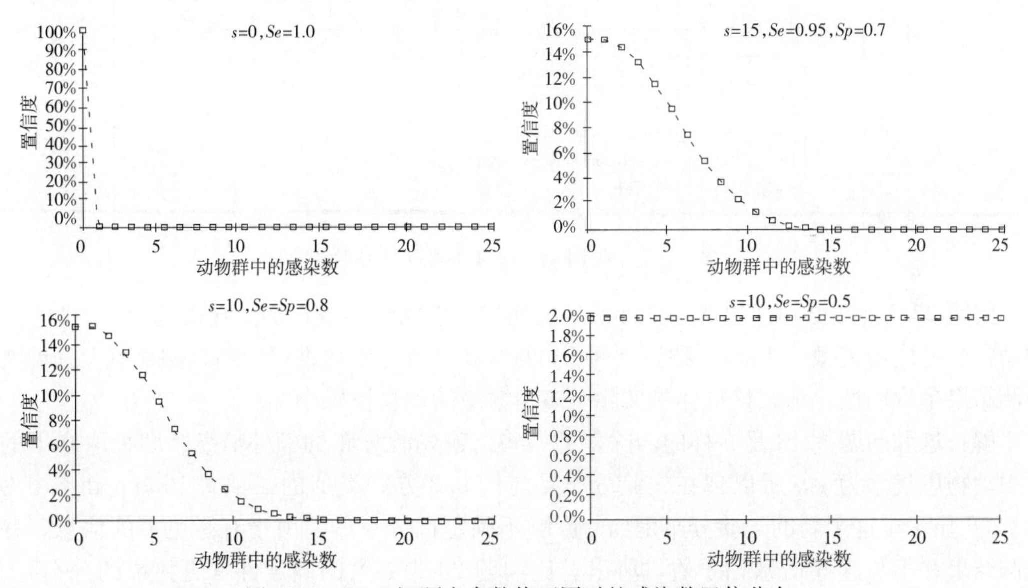

图 22.4　22.3 问题中参数值不同时的感染数置信分布

上全部动物都被感染，这是最可行的方案，那我们使用 $Se=0.8$ 为初始值，则观测到所有检测结果均为阳性的概率$=Se^n=0.8^{50}=1.43\times10^{-5}$，同样服从 Beta（51，1）分布的 Sp 是保守估计中较好的。

这些附加到 Se 与 Sp 的 Beta 分布是过度超前的，见 9.2.1 中的讨论。如果在贝叶斯计算中，你对定义先验分布或者似然函数的参数的分布不确定，那么在计算之外就应该整合其他已知的因素，以帮助决定后验分布。这使用蒙特卡罗模拟是最容易完成的。在图 22.2 的电子表格模型中，Se 与 Sp 的不确定性分布被放入单元格 C3 和 C4 中，并且蒙特卡罗模拟法被应用于后验分布列中（列 AE）。在先验分布结论之后列中生成的每个单元格中的均数

相当于后验分布。◆

问题 22.4：在已知疫病患病率的牧群或畜群中随机选择一个数量为 n 的动物群，应用灵敏度为 Se、特异度为 Sp 的试验对所有动物进行检测，这一群体中有多少数量的动物检测结果将呈现阳性？

解：如果我们假定这 n 只动物源自的动物群体数量远远大于 n，则 p 可以被认为是任何一只动物被感染的概率（这是近似超几何分布的二项式分布，见附录 3.9.3）。每一只动物都有相同的检测结果呈阳性的概率 $p.Se+(1-p).(1-Sp)$，阳性结果的数量可以从二项分布 Binomial（n，$pSe+(1-p)(1-Sp)$）中得到。可以把这个问题分解成几个部分，如图 22.5 的电子表格所示。这里应用单元格 F2 中的 I＝Binomial（n，p）对感染动物的数量建立模型。然后应用这一结果来确定单元格 F3 中的真阳性数 TP＝Binomial（I，Se）。同样的逻辑也被应用到单元格 F4 中的假阳性数中，然后所有的阳性结果，包括真阳性和假阳性，相加起来之后结果输入单元格 F5 中。◆

	A	B	C	D	E	F	G
1							
2		n	50		真实感染数(I)	32	
3		Se	0.8		真实阳性数(TP)	26	
4		Sp	0.9		假阳性数(FP)	2	
5		p	0.7		总阳性数	28	
6							
7		公式表					
8		F2	=VoseBinomial(n,p)				
9		F3	=VoseBinomial(F2,Se)				
10		F4	=VoseBinomial(n-F3,1-Sp)				
11		F5(输出)	=TP+FP				
12							

图 22.5　关于问题 22.4 的电子表格模型

问题 22.5：在已知（通常是估计的）疫病患病率的牧群或畜群中随机选择一个数量为 n 的动物群，应用灵敏度为 Se、特异度为 Sp 的试验对所有动物进行检测，如果有 s 只动物的检测结果呈现阳性，那么该群体中实际有多少数量的动物被感染？

解：这和问题 22.3 是一样的，除多了一些构建先验分布的额外信息，即抽取样本的群体中动物患病率为 p，所以现在先验分布是与例 9.3 方式类似的二项式 Binomial（n，p）。图 22.6 显示了这个新的先验分布是如何影响不确定性分布的。由于有了更多的信息，并且检测结果并不与这些信息相矛盾，所以有比问题 22.3 更大的确定性（更狭窄的分布）。然而，如果阳性结果的数量非常高或非常低，则关于患病率的原始信息与检测阳性的观测结果矛盾，不确定性值将会扩大而不是缩小。这是贝叶斯定理如何帮助避免过度自信的一个很好的例子，而不是只缩小不确定性范围。◆

22.2　总体真实患病率的估计

假设有一个大的动物群（以美国的奶牛为例），希望确定这一动物群中的某种特定疫病的患病率。对整群动物或者即使是其中的一大部分进行检测都是不实际的。取而代之，人们可能会从总体中随机挑选出一个无偏样本（期望结果），对样本进行检测并推断总体的患病率。金标准检验通常有极高的灵敏度和特异度（这些可能涉及将对被检动物做很薄的切片，

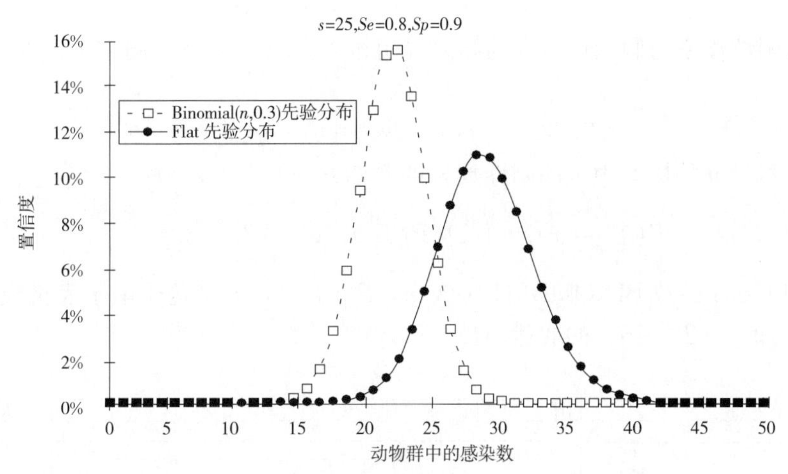

图 22.6 当先验分布改变时图 22.3 中的分布改变

这些细节不在此描述），但是这些测试通常是很昂贵的。然而，低廉测试的结果错误率更高。

问题 22.6：在某个国家有 22 600 000 只肉牛，从这个总体中随机挑选出样本量为 1 000 的样本，并用黄金标准试验对其进行检测，有 27 例阳性。那么受感染的患病率是多少？总体中有多少只被感染的动物？

解：假设没有任何对这种牛群感染状态的先验知识，或者希望能够忽略那些先验知识，并最大限度地保持保守或者无义务状态（见 9.2.2），可以利用 Beta 分布对真实患病率建立模型：Beta（27＋1，1 000－27＋1）＝Beta（28，974），感染这种疫病病原的肉牛数量可以通过（22 600 000 * Beta（28，974），0）来估计，如果需要的话，可以将结果四舍五入为整数。

注：一个很常见的错误是以二项分布 Binomial（22 600 000，Beta（28，974））来估计患病动物的数量。这是不正确的，因为所要估计的患病率是感染动物占总体中的比例。应用二项分布将把患病率的估计解释为对 22 600 000 头动物个体不变的概率。这结果是不真实的，因为每次选取了一只感染动物，下一只动物被感染的概率将会改变。在这里不恰当地应用二项式分布将会夸大我们对被感染动物的不确定性。可能也应用了一种带有一致先验值的标准贝叶斯方法对总体中感染动物数量的不确定性的分布建立模型，$\pi(\theta)$ ＝超几何概率似然函数中的常数：

$$l(X \mid \theta)=\frac{\binom{\theta}{27}\binom{22\ 600\ 000-\theta}{1\ 000-27}}{\binom{22\ 600\ 000}{1\ 000}} \propto \frac{\theta!(22\ 600\ 000-\theta)!}{(\theta-27)!(22\ 599\ 027-\theta)!}$$

但是，动物数量大时这种方法就不实用了，而且它并不比直接应用上述的 Beta 分布更准确。◆

问题 22.7：在某个国家有 22 600 000 只肉牛，从这个总体中随机挑选出样本量为 100 的样本，并用灵敏度为 Se、特异度为 Sp 的试验对样本进行检测，有 T^{+} 例阳性，则这个国家肉牛群感染的患病率是多少？

解：样本量为 100 只动物的样本比总体来讲少很多，所以可以认为样本中感染动物的数量将服从二项分布 Binomial（100，p），其中 p 是总体患病率。图 22.7 中的电子表格展示了用于确定 p 的不确定分布的贝叶斯模型，动物被检测为阳性的概率为：

$$P(T^{+}) = pSe + (1-p)(1-Sp)$$

也就是真阳性概率与假阳性概率的和。很明显，一只动物被检测为阴性的概率是 $1-P$（T^{+}）或者：

$$P(T^{-}) = p(1-Se) + (1-p)Sp$$

所以，样本量 n 的样本中观测阳性数 x 的概率 P（$T^{+}=x$）为：

$$P(T^{+}=x) = \binom{n}{x}(P(T^{+}))^{x}(1-P(T^{+}))^{n-x}$$

或者应用 Excel 函数 BINOMDIST（x，n，P（T^{+}），0）。这个电子表格模型使用了一致先验概率 p 和 P（$T^{+}=5$）的似然函数。

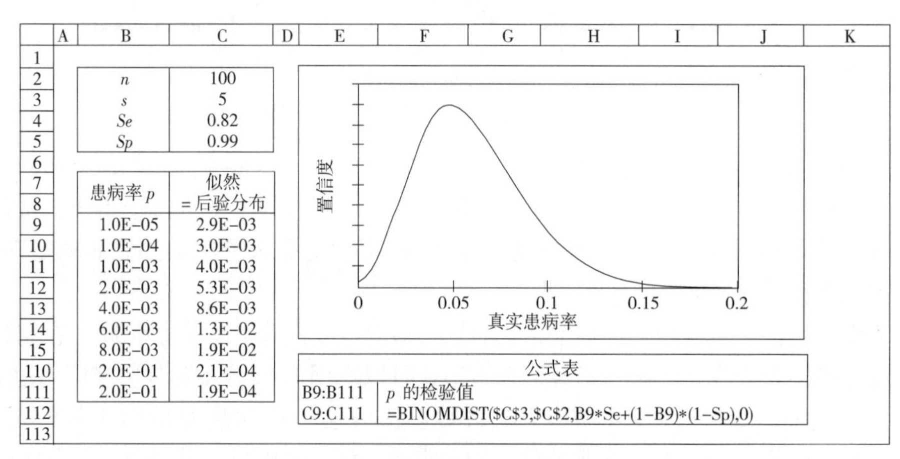

图 22.7 问题 22.7 的电子表格模型

图 22.7 中的图表展示了当 $Se=0.82$ 和 $Sp=0.99$ 时这个模型的结果。如果 Sp 的值降低至 0.95 或者更低，最可能的患病率为 0，则全部阳性结果为假阳性。并且，当 $Se=Sp=0.5$，并不能从检测中获得更多的信息，因为后验分布与先验分布是相同的。最后，随着 Se 与 Sp 接近于 1，更接近于 Beta（5+1，100−5+1）=Beta（6，96）分布。◆

22.2.1 处理 *Se* 与 *Sp* 的单点信息

因为有关于该参数的资料，假设参数没有不确定性，则上述问题很容易。当然，通常情况下，将会有（或许有）一些数据让我们能估计那些参数。例如，如果幸运的话，也许能够发现由商家上报的灵敏度为 90%的试验，是建立在对 10 只已感染动物进行的检测，有 9 只动物呈现阳性结果。

在这种情况下，可以对测试灵敏度建立模型为 Beta（9+1，10−9+1）=Beta（10，2）。然而，我认为这样的数据不常见，经常让我沮丧的是期刊中报告的只是一个单点数据，例如 0.83。

不能忽略不确定性，因为没有试验数和成功例子的数目。你可以写一个简单的测试试验不同的可能值 n｛2，3，4…｝的电子表格，并对每一个 n 值计算出其中的成功例数 s（在这个情况下，s=ROUND（$n*0.83$，0）），然后计算 s/n 看是否得到一个与报告中引用数字相同的值，见表 22.1。

表 22.1　为获得 0.83 的准确率要进行的试验数

n	=ROUND（n*0.83，0）	=ROUND（n*0.83，0）/n
2	2	1.00
3	2	0.67
4	3	0.75
5	4	0.80
6	5	0.83
7	6	0.86
8	7	0.88
9	7	0.78
10	8	0.80
11	9	0.82
12	10	0.83
13	11	0.85
14	12	0.86
15	12	0.80
16	13	0.81

从表 22.1 中，你可以看到与报告中值为 0.83 的成功率一致的是试验的最小值为 6，有 5 例成功。也许实验者做了 12、18、…次的试验，但是不知道，所以选择很少，只能对此做最大保守估计（除非你想和他们联系，这也是我所鼓励的!），并对真实成功率的不确定性建立模型为 Beta（5+1，6−5+1）=Beta（6，2）。

或许也有一个如下的置信区间：灵敏度=0.87，95%CI=［0.676，0.953］。

不能用正态分布来解释上述置信区间，因为它会延长到 1 以上（如果你有一个严密的远离 0 或 1 的置信区间，那么这真的不是什么问题，但我们几乎没有）。

然而，可以通过像表 22.2 那样扩展表 12.1 来精确地确定试验数。

表 22.2　成功率达到 0.87 且 95%置信区间［0.676，0.953］需要进行的试验数

n	=ROUND（n*0.87，0）	=ROUND（n*0.87，0）/n	=BETAINV（0.025，s+1，$n-s$+1）	=BETAINV（0.975，s+1，$n-s$+1）
15	13	0.87	0.617	0.960
16	14	0.88	0.636	0.962
17	15	0.88	0.653	0.964
18	16	0.89	0.669	0.966
19	17	0.89	0.683	0.968
20	17	0.85	0.637	0.946
21	18	0.86	0.651	0.948
22	19	0.86	0.664	0.950
23	20	0.87	0.676	0.953

（续）

n	=ROUND (n*0.87, 0)	=ROUND (n*0.87, 0) /n	=BETAINV (0.025, s+1, $n-s$+1)	=BETAINV (0.975, s+1, $n-s$+1)
24	21	0.88	0.688	0.955
25	22	0.88	0.698	0.956
26	23	0.88	0.708	0.958
27	23	0.85	0.673	0.939
28	24	0.86	0.683	0.942
29	25	0.86	0.693	0.944

在这里我们看到 $n=23$，$s=20$。你可能得不到与置信区间如此完美匹配的值，因为它们取决于所使用的统计学模型，但你可以得到一个近似值。

22.2.2 灵敏度与特异度的不确定性合并

现在想要估计总体患病率，试想一下试验的灵敏度和特异度的不确定性。向图22.7的模型添加分布或许是一种合理的方法：你可以在模拟结束后取C列平均数。其实我经常在班上使用这种方法来展示添加参数的不确定性所带来的影响，但是它并不完全正确。看一个关于这种方法的例子，100只动物中有5只感染，并且不知道检测试验的灵敏度和特异度。如果根据不确定性分布得来的样本灵敏度非常高（如接近1），这意味着能够检测出100只中所有被感染的动物。如果患病率为10%，肯定会得到一个比预期的10更小的感染数量，但这也意味着特异度必须非常高，才能不出现假阳性结果。换句话讲，灵敏度、特异度和患病率这三种不确定性分布都是相通的。我们不能轻易地应用标准蒙特卡罗分析法，但是通过WinBUGS软件可以很容易地进行马尔可夫链蒙特卡罗法分析。以下WinBUGS的程序就是这个分析过程，其中Beta（91，11）和Beta（82，13）分别描述了灵敏度和特异度的初始不确定性：

```
model
{

Positive ~ dbin (pr, Tested)
Pr<- Prevalence * Se + (1- Prevalence) * (1- Sp)
Se~ dbeta (7, 4)
Sp~ dbeta (6, 2)
Prevalence~ dbeta (1, 1)

}

Data
List (Positive =5, Tested =100)
```

如图22.8所示，经过适宜的预模拟运行（这里有100 000个迭代），使该模型返回到图22.8中的患病率。我们还修订了试验的灵敏度和特异度估计值（图22.9）。

你会看到灵敏度的估计并没有发生很大的变化，因为阳性测试结果很少，但特异度的估计显然不同。

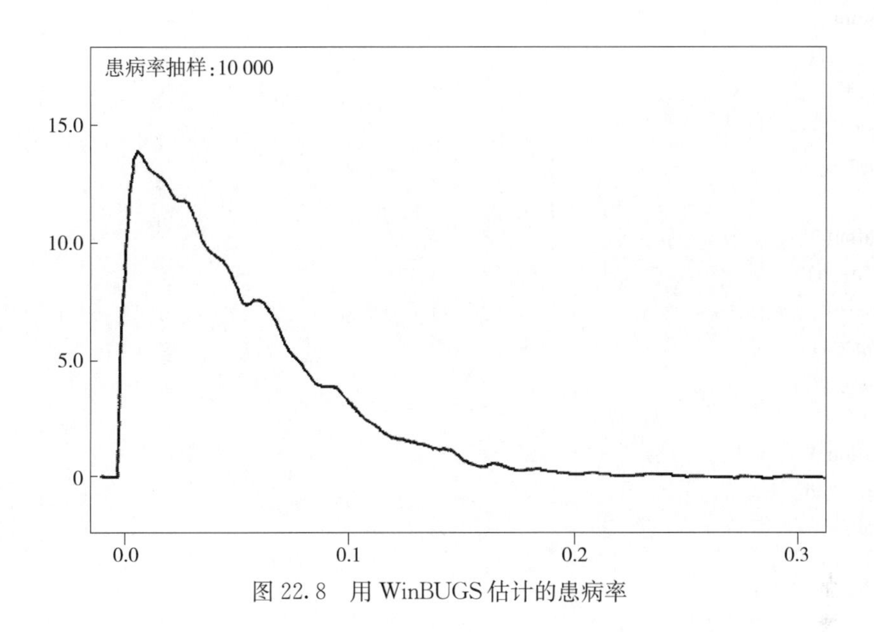

图 22.8　用 WinBUGS 估计的患病率

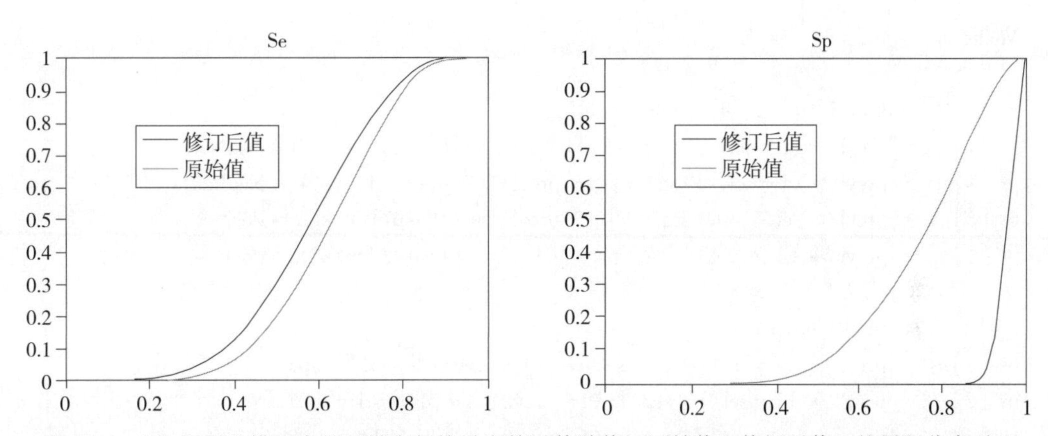

图 22.9　WinBUGS 模型中的灵敏度与特异度前后估计值（原始值和修订后值）的累积分布对比

灵敏度估计为 0.7 表明患病率最多为 7%（100 只动物中，5 例阳性/0.7），这种情况下，至少 90 只左右的被检测动物未被感染。这意味着特异度一定要高，否则会出现更多的阳性结果。

WinBUGS 软件是近几年在流行病学领域的热门软件，你可以用它做一些真正有趣的事，如通过检测已知患病率的两个或多个群体来估计灵敏度与特异度。你可以建立包括测试方法之间的相关性在内的很多模型，在没有黄金标准的情况下也能估计患病率。这里有另外一个例子。

例 22.1　假设有两种检测食用动物中细菌感染的方法，并且有三个用于检测的动物群。不掌握两种检测方法的灵敏度和特异度及每个动物群中的患病率。对来自各个动物群的 100 只动物分别应用两种检测方法进行检测。

记录每一只动物的检测结果，估计两种检测方法的灵敏度和特异度及每个动物群的患病率。数据结果及 WinBUGS 运行过程如下所示：

Population 1

NegNeg=77
NegPos=7
PosNeg=8
PosPos=8

Population 2

NegNeg=51
NegPos=9
PosNeg=11
PosPos=29

Population 3

NegNeg=86
NegPos=6
PosNeg=6
PosPos=2

Model

```
{
r [1: 4] ~ dmulti (pr [1: 4], 100)
pr [1] <- prev1 * (1-se1) * (1-se2) + (1-prev1) * sp1 * sp2 #NegNeg
pr [2] <- prev1 * (1-se1) * se2 + (1-prev1) * sp1 * (1-sp2) #NegPos
pr [3] <- prev1 * se1 * (1-se2) + (1-prev1) * (1-sp1) * sp2 #PosNeg
pr [4] <- prev1 * se1 * se2 + (1-prev1) * (1-sp1) * (1-sp2) #PosPos

s [1: 4] ~ dmulti (ps [1: 4], 100)
ps [1] <- prev2 * (1-se1) * (1-se2) + (1-prev2) * sp1 * sp2
ps [2] <- prev2 * (1-se1) * se2 + (1-prev2) * sp1 * (1-sp2)
ps [3] <- prev2 * se1 * (1-se2) + (1-prev2) * (1-sp1) * sp2
ps [4] <- prev2 * se1 * se2 + (1-prev2) * (1-sp1) * (1-sp2)

t [1: 4] ~ dmulti (pt [1: 4], 100)
pt [1] <- prev3 * (1-se1) * (1-se2) + (1-prev3) * sp1 * sp2
pt [2] <- prev3 * (1-se1) * se2 + (1-prev3) * sp1 * (1-sp2)
pt [3] <- prev3 * se1 * (1-se2) + (1-prev3) * (1-sp1) * sp2
pt [4] <- prev3 * se1 * se2 + (1-prev3) * (1-sp1) * (1-sp2)

prev1 ~ dbeta (1, 1)
prev2 ~ dbeta (1, 1)
prev3 ~ dbeta (1, 1)
se1 ~ dbeta (1, 1)
sp1 ~ dbeta (1, 1)
se2 ~ dbeta (1, 1)
sp2 ~ dbeta (1, 1)
```

}

Data

list (r=c (77, 7, 8, 8), s=c (51, 9, 11, 29), t=c (86, 6, 6, 2))

Initial values for two chains

list (prev1=0.5, prev2=0.5, prev3=0.5, se1=0.8, sp1=0.8, se2=0.8, sp2=0.8)

list (prev1=0.1, prev2=0.2, prev3=0.3, se1=0.9, sp1=0.9, se2=0.9, sp2=0.9)

以上模型指定了两条路径，这意味着这模型的两个版本同时运行，这也有助于确定模型是否已经稳定，这个 dmulti 函数是一个多项式分布。注意所有先验值服从 Beta（1，1）分布，是一种均匀分布，意味着一开始就对模型的参数一无所知。没有黄金标准作为比较，我们还是能估计每一个动物群的患病率和试验的灵敏度与特异度，结果如图 22.10 所示。

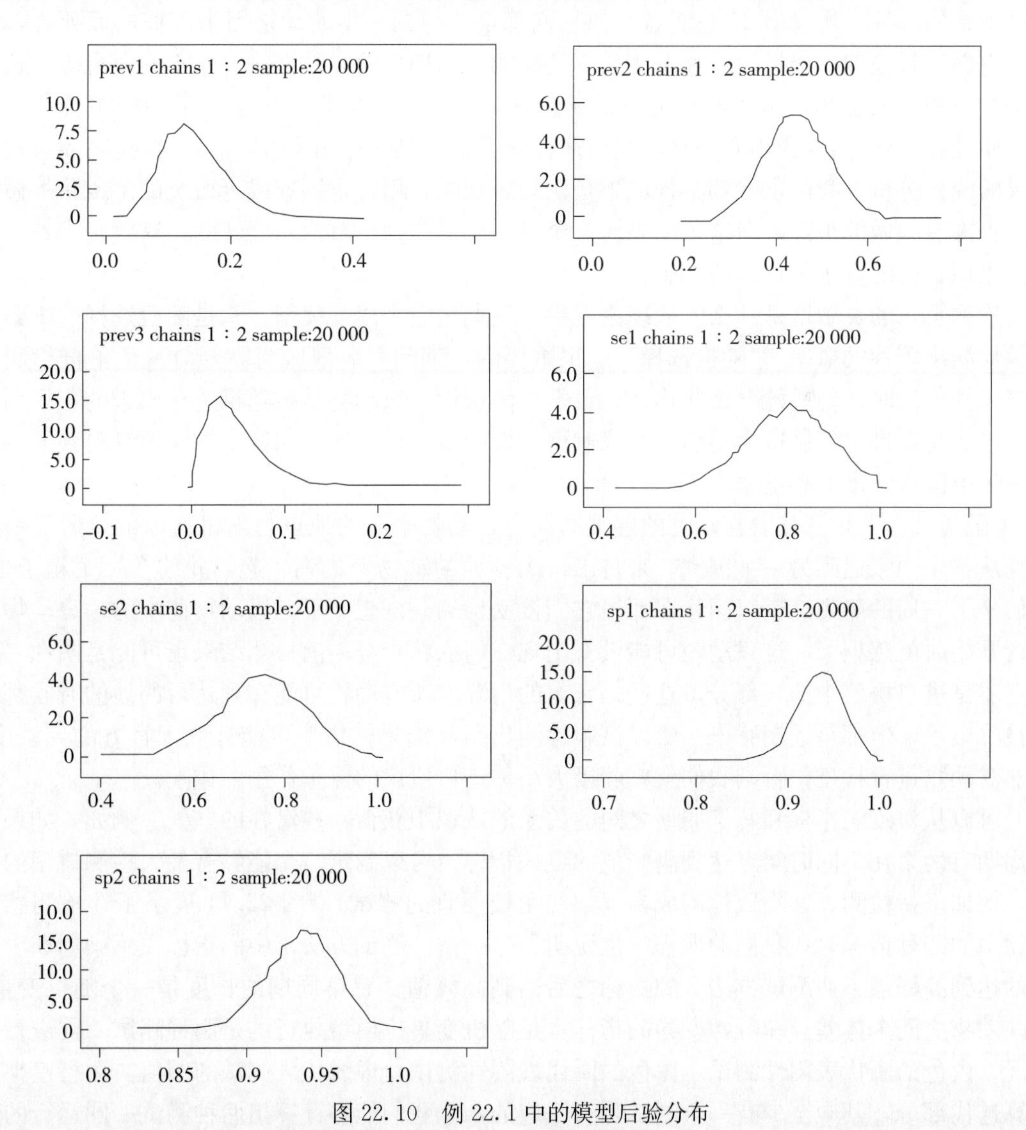

图 22.10　例 22.1 中的模型后验分布

WinBUGS 是一个功能很强大的工具，但在使用过程中千万要小心：即使在两个数据集能够真正同时运行的这种完全不现实的情况下，WinBUGS 也能得出从不同数据集中联合估计出参数的后验密度。这仍然是合理的。

22.2.3 使用灵敏度和特异度的一些注意事项

用于检测动物（和人类）感染的诊断试验对一些疫病的指示物有反应，如问题中的病原体或者动物产生的抗体。动物个体有不同程度的抗体水平，这根据疫病传染周期的阶段而定。昨天感染的动物，体内抗体水平比上周感染的动物低得多（疯牛病是一个特殊的例子，朊病毒水平在一些无法确定的时间点突然呈指数上升）。动物体内的抗体越多，诊断试验就越有可能作出积极反应。在本章中，你会发现这对数学假设有很大的影响。

首先，把你自己放在诊断试验制造商的位置，让我们来看看两个选择：今天感染了 20 只强壮的动物，在明天对它们进行检测并报告阳性结果的百分数作为灵敏度；或者选择一个高度敏感的品种，挑选出 20 只弱者并使它们感染，等到一半的动物因为该疫病而死亡，然后对它们进行检测。选择后一种做法是不道德的，而选择前一种做法等同于商业自杀。这是一个竞争激烈的市场，制造商有很大的灰色区域，并且可以肯定他们会采用很多技巧（饮食，使动物紧张等）。我担心的是，我们往往只看诊断的表现并相信它们。当我完成对检测结果的统计分析，我经常看到报告成果是比较乐观的。用特定国家或者血统的牛或猪等做试验，也许有人做的很好，但这个结果转换至另一个群体是一百八十度转变。这就是为什么许多国家用自己的资源做自己的试验。

检测真正的灵敏度是什么？从理论上讲，我们用它来建立模型，它是随机选择的感染动物被检测出阳性的概率。“随机选择”是很重要的，询问一名兽医当需要对一个羊群检测某些衰竭性疫病时，他或她会做些什么。数学方法假设一只动物是被随机选择出来的，但更实际的方法是走进羊群制造大动静，对躲避得最慢的羊进行检测。用数学方法预测得到的感染率低于兽医检测出的感染率。

“随机选择”也意味着在动物的感染周期内，动物来源的地点是随机选取的。假设一批动物从一个国家运到另一个国家，来自出口国各地的动物聚集到一起，并放在一个箱子里。它们坐了一周的船到达进口国，在那里它们接受检测。试想一下，该动物群中的一只动物在航行开始时就感染了，这只动物可能没有出现任何症状，登船前检测结果也可能是阴性，如果登船是进口协议中的一部分，这些是常有的情况。所有动物可能在到达目的地的时候都已经被感染了，但都是近期感染，所以试验检测出阳性结果的概率可能远低于官方的灵敏度。除非对动物进行检疫，否则我们就冒着极大高估进口协议的保护作用的风险。

可以从对疫病指标和感染周期之间的关系的认识中获得一些潜在的好处。例如，如果感染周期有两个在不同时间点达到高峰值的疫病指标，可以制定一个能够有最大检测概率的协议，例如坚持检测，并降低检测成本（如使用较便宜的测试）。图 22.11 展示了在检测感染动物中的四种情况，在我们的课程中也说明了这一点。测试方法 1 中的指标在感染周期中较早的达到高峰值，而测试方法 2 的指标之后达到高峰值。感染周期的长度是一个随机变量，反映动物之间个体差异和日常变异的指标也是随机变量。模型执行的是两种测试一同进行的情况，白色的圈代表阳性测试，黑色的圈代表阴性测试，虚线代表测试的阀值。运行模拟并计算迭代部分，其中至少有一个测试是有反应的，让我们能够计算出两种测试一同运行的灵

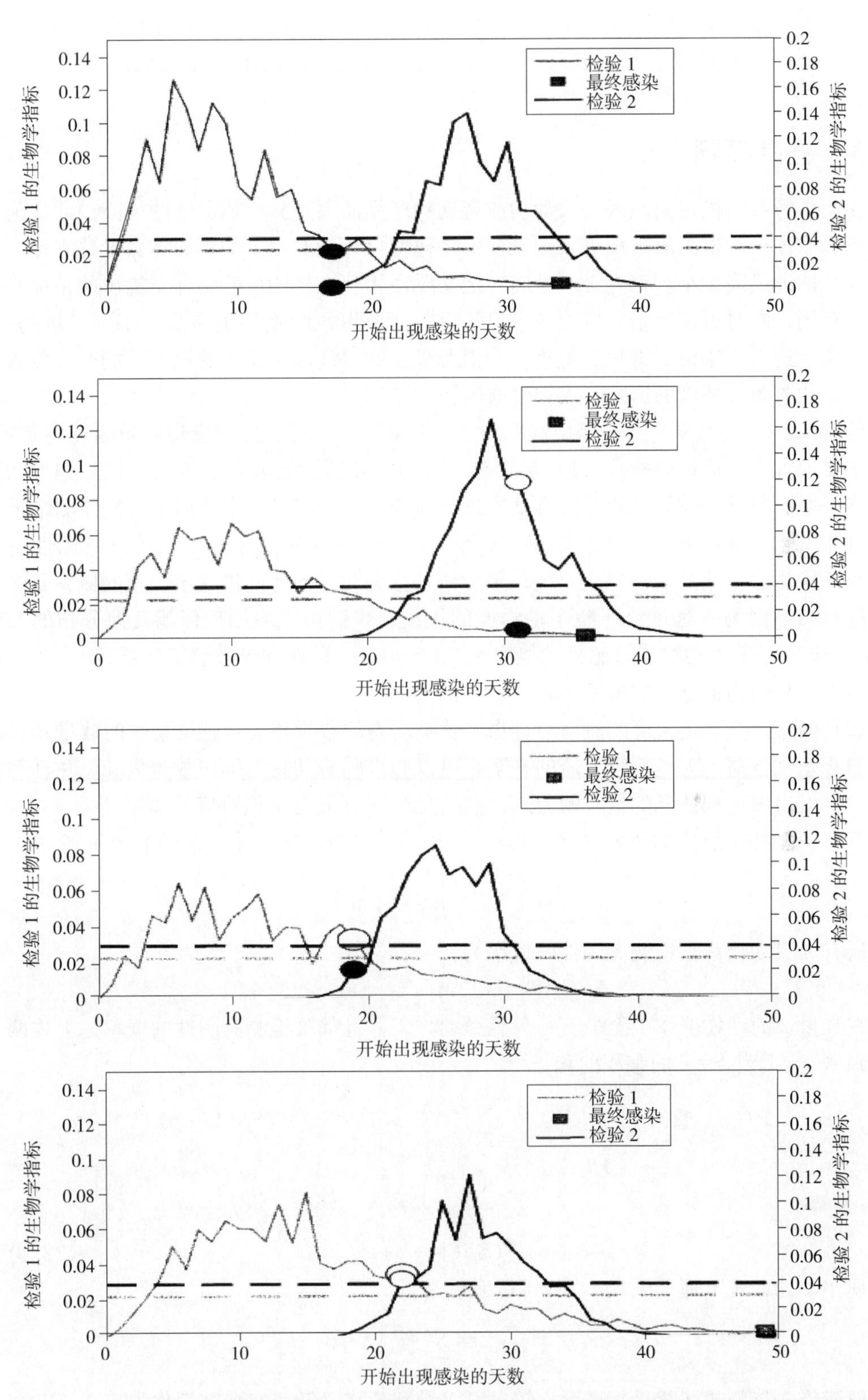

图22.11 在检测感染动物的两个生物学指标过程中的四种可能情况

敏度。如果在非感染动物上增加了另一种成分，并增加测试的成本，但未能检测到感染动物且得到一个假阳性结果，可能要变换不同的测试阈值和时间来优化测试的性能：性能成本比。

22.3 进口问题

农业主管部门往往关注因进口动物或者动物产品而引进异国病原体的风险。通常他们关注的是病原体未被检测出来而进入国家，但是他们也可能对侵入的病原体数量感兴趣。

为了估计风险大小，首先必须准确地定义要使用什么样的风险指标。提出的指标必须对决策者有用，同时可以定量。风险与进口量有关，所以风险指标也涉及一些进口量的指标，如每｛吨、进口的年份、寄售、每年人均消费量｝的｛病原体侵入的概率、病原体侵入的频率、成本的分布、环境的影响、人类健康的影响｝等。

问题 22.8：一个动物群体的患病率为 p，你将从这一动物群中进口数量为 n 的货物（n 的大小要远远小于群体规模）。(1) 至少有一只动物被感染的概率是多少？(2) 如果用灵敏度为 Se、特异度为 Sp 的试验对所有动物进行检测，(a) 如果一个或多个阳性检测结果导致整个群体禁止入境，至少一只感染动物被允许进入该国家的概率是多少？(b) 阳性测试结果导致被检测为阳性的动物禁止入境，至少一只感染动物被允许进入该国家的概率是多少？

解：(1) 因为 n 远远小于整个动物群的规模，我们可以应用近似超几何分布的二项式（附录 3.9.3）。单个动物未被感染的概率＝ $(1-p)$，n 个动物未被感染的概率＝ $(1-p)^n$，所以至少一只动物被感染的概率＝$1-(1-p)^n$。

(2) (a) 货物禁止入境的概率与货物中感染动物的数量相关：感染动物的数量越多，被禁止的几率就越高。为了获得所需的答案，可以假设感染动物的确切数量为 x，并且都没被检出，求得出现这种情况的概率的公式，然后总结所有可能 x 值对应的概率。

有 x 只动物被感染的概率（$0\leqslant x\leqslant n$）可以从二项分布的概率质量函数中得到：

$$P(x)=\binom{n}{x}p^x(1-p)^{n-x}$$

所有 n 只动物都被检测为阴性的概率为：

$$P(\text{阴性}\mid x)=(1-Se)^x Sp^{n-x}$$

在数量 n 的动物群体中至少有一只感染动物，并且都被检测为阴性的概率是上述两个概率分别从 $x=1$ 到 $x=n$ 的乘积的和。

$$\begin{aligned}P(>0\text{ 感染}\cap\text{全阴性})&=\sum_{x=1}^{n}\binom{n}{x}(p(1-Se))^x(Sp(1-p))^{(n-x)}\\&=\sum_{x=0}^{n}\binom{n}{x}(p(1-Se))^x(Sp(1-p))^{(n-x)}\\&\quad-(Sp(1-p))^n\end{aligned}\qquad(22.1)$$

现在，二项式定理（见 6.3.4）可以表述为：

$$(A+B)^n=\sum_{x=0}^{n}\binom{n}{x}A^xB^{(n-x)}$$

把该公式与公式（22.1）进行比较，可以看到公式（22.1）可被简化为：

$$P(>0\text{ 感染}\cap\text{全阴性})=(p(1-Se)+Sp(1-p))^n-(Sp(1-p))^n$$

（2）（b）每一只动物是单独地被允许进入或禁止进入的，所以可以先看看动物个体的命运，然后进行推断以获得所需的答案。动物被感染但是未被检测出的概率是 $p\ (1-Se)$。这个情况不会发生的概率（即动物未被感染或者被感染了但被检出）是 $\{1-p\ (1-Se)\}$，发生在所有动物身上的概率是 $\{1-p\ (1-Se)\}^n$。所以最后至少有一只动物被感染但未被检测出，因此未被进入的概率是：

$$1-(1-p(1-Se))^n$$

采取（2）（a）中求和的方法也可以得到相同的方程。

有 x 只动物（$0\leqslant x\leqslant n$）被感染的概率可用二项分布概率质量函数得到，即：

$$P(x)=\binom{n}{x}p^x(1-p)^{n-x}$$

未检测出所有 x 只感染动物的概率是 $1-Se^x$，所以货物中还有一只或者更多保留下来的感染动物的概率是：

$$\begin{aligned}P(>0\text{ 感染 }\cap\text{ 全阴性})&=\sum_{x=1}^{n}\binom{n}{x}(1-Se)^x p^x(1-p)^{(n-x)}\\&=\sum_{x=1}^{n}\binom{n}{x}p^x(1-p)^{n-x}-\sum_{x=1}^{n}\binom{n}{x}(pSe)^x(1-p)^{(n-x)}\end{aligned}$$

再次应用二项式理论，这个方程可以缩减为：

$$\begin{aligned}P(>0\text{ 感染 }\cap\text{ 全阴性})&=[1-(1-p)^n]-[(1-p+pSe)^n-(1-p)^n]\\&=1-(1-p(1-Se))^n\end{aligned}$$

显然，只禁止检测为阳性的动物入境，与有阳性结果即禁止所有动物入境两种情况相比较，货物中至少一只感染动物未被检测出而进入某国的概率前者大于后者，因为我们可能偶然地禁止检测结果为阴性的感染动物入境。因此，$1-\ (1-p\ (1-Se))^n>\ (1-pSe)^n-(1-p)^n$。图 22.12 所示的是在 $n=20$ 及不同患病率 p 与灵敏度 Se 的条件下，这两个方程之间的关系。求解以下关于 p 的方程：

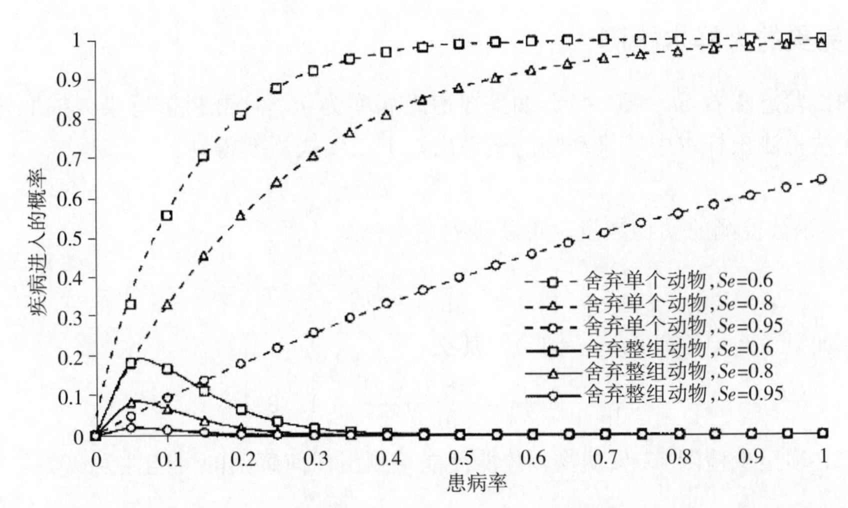

图 22.12　感染动物以个体或群体形式禁入时感染群体允许进入的概率的比较（$n=20$，p 与 Se 是变化的）

$$\frac{\mathrm{d}}{\mathrm{d}p}((1-pSe)^n-(1-p)^n)=0$$

当动物以群体的方式被禁入时，允许入境的群体中至少有一只感染动物的概率达到最大值，此时患病率 p 值为：

$$p=\frac{\sqrt[n-1]{Se}-1}{\sqrt[n-1]{Se^n}-1}◆$$

一个进口国在进口动物前通常不担心货物因感染动物而禁止进入的问题，而是更关注被接受的货物包含感染动物的概率。这需要一个简单的贝叶斯修订，将在接下来的问题中说明。

问题 22.9：一个动物群体的患病率为 p，你将从中进口数量为 n 的货物（n 的大小要远远小于群体规模）。如果用灵敏度为 Se、特异度为 Sp 的试验对所有动物进行检测，(a) 如果一个或多个阳性检测结果导致整个群体禁止入境，通过检测进入进口国的动物感染的概率是多少？(b) 阳性测试结果导致被检测为阳性的动物禁止入境，通过检测进入进口国的动物感染的概率是多少？

解：读者可以自己证明一下结果：

$$\text{(a)}P(\text{感染}\mid\text{检测阴性})=\frac{(p(1-Se)+Sp(1-p))^n-(Sp(1-p))^n}{(p(1-Se)+Sp(1-p))^n}$$

$$\text{(b)}P(\text{感染}\mid\text{检测阴性})=\frac{1-(pSe+(1-p))^n}{1-(pSe+(1-p)(1-Sp))^n}◆$$

22.4 感染组检测的置信度

如果一个群体感染了上述问题谈及的病原体，为了相对确定检测出的感染，兽医们常关注群体中需要检测的动物数量及特定的检测方法。如果大概知道感染群体中的患病率，就能确定需要被检测的动物数量。首先必须陈述“相对确定”的含义，在检测感染时一般假定没能检测出感染的可能性为 α，α 的值通常为 0.1%～5%。

22.4.1 完美的大样本检测

完美的试验意味着 $Se=Sp=1$。如果知道患病率为 p，且群组被感染，抽取样本量为 s 的样本，无法检测出样本中感染动物的概率由以下二项式概率得到：

$$\alpha=(1-p)^s$$

其中，s 是被检测的动物数量。重新排列这个公式，得：

$$s=\frac{\ln[\alpha]}{\ln[1-p]}$$

例如，如果 $p=30\%$，并且 $\alpha=1\%$，那么

$$\frac{\ln[\alpha]}{\ln[1-p]}=\frac{\ln[0.01]}{\ln[0.7]}=12.911$$

所以，必须至少检测 13 只动物，才能使能检测出任何感染的可能性为 99%。

22.4.2 完美的小样本检测

假设患病率是 p，如果群组被感染，并且群组的规模大小是 M，则感染动物的数量为

pM。然后由超几何概率 p（0）得到无法检测出感染动物的概率为：

$$\alpha = \frac{\binom{M(1-p)}{s}}{\binom{M}{s}}$$

这个公式中很难得出大的 M 值和 s 值。附录 3.10 给出了很好的 α 近似值：

$$\alpha \approx \sqrt{\frac{M(1-p)(M-s)}{M(M-Mp-s)}}\frac{(M-Mp)^{M(1-p)}(M-s)^{(M-s)}}{(M-Mp-s)^{(M-Mp-s)}M^{M}}$$

其中，s 依然是被检测的动物数量。这个公式过于复杂，以至于不能重排成直接求得 s 的函数，但是它依然可以通过图形的形式来解决。图 22.13 的电子表格中，当 $\alpha=5\%$，$p=20\%$，$M=1\ 000$ 时，感染动物的数量被确定为 14。这个公式也可以通过像 Evolver 那样的电子表格优化器来解决，具体列于工作表的下部。

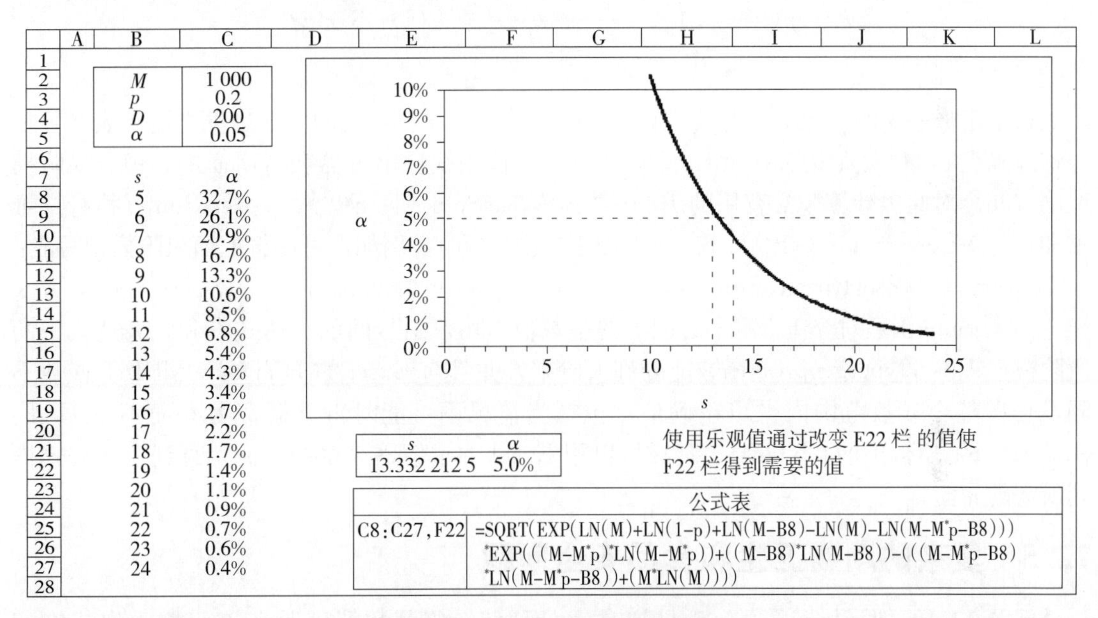

M	1 000
p	0.2
D	200
α	0.05

s	α
5	32.7%
6	26.1%
7	20.9%
8	16.7%
9	13.3%
10	10.6%
11	8.5%
12	6.8%
13	5.4%
14	4.3%
15	3.4%
16	2.7%
17	2.2%
18	1.7%
19	1.4%
20	1.1%
21	0.9%
22	0.7%
23	0.6%
24	0.4%

s	α
13.332 212 5	5.0%

使用乐观值通过改变 E22 栏 的值使 F22 栏得到需要的值

公式表	
C8:C27,F22	=SQRT(EXP(LN(M)+LN(1-p)+LN(M-B8)-LN(M)-LN(M-M*p-B8)))*EXP(((M-M*p)*LN(M-M*p))+((M-B8)*LN(M-B8))-(((M-M*p-B8)*LN(M-M*p-B8))+(M*LN(M))))

图 22.13 22.4.2 的插入值模型

Cannon 和 Roe（1982）给出了 p（0）的更方便近似，通过扩大 p（0）的阶乘，并取分子和分母的中间值，即：

$$\alpha \approx \left(1-\frac{Mp}{M-(s-1)/2}\right)^{s}$$

这个公式可以通过图表找到测试所需的水平。

22.4.3 不完美的大样本检测

如果已知患病率为 p，若该群组被感染且该测试的灵敏度为 Se、特异度为 Sp，那么样本量为 s 的检测中无阳性结果的概率是所有假阴性率（概率是 $1-Se$）与真阴性率（概率是 Sp）的联合。因此，我们得到：

$$p(0)=\alpha=\sum_{x=0}^{s}\binom{s}{x}p^{x}(1-p)^{s-x}(1-Se)^{x}(Sp)^{s-x}=(p(1-Se)+(1-p)Sp)^{s}$$

根据二项式定理（见6.3.4）对方程进行重新编排，得到：

$$s=\frac{\ln[\alpha]}{\ln[p(1-Se)+(1-p)Sp]}$$

例如，如果有一个 $Se=0.9$ 与 $Sp=0.95$ 的试验，并且相当确定患病率将会是0.2，感染动物有90%的概率被检出的动物数可以通过以下公式得出：

$$s=\frac{\ln[0.1]}{\ln[0.2\times0.1+0.8\times0.95]}=9.26$$

所以，必须对至少10只动物进行检测。

22.4.4 不完美的小样本检测

这个问题要求我们使用超几何样本来从前面的问题中获得阴性结果的概率：

$$\alpha=p(0)=\sum_{x=0}^{s}\frac{\binom{pM}{x}\binom{(1-p)M}{s-x}}{\binom{M}{s}}(1-Se)^{x}Sp^{s-x}$$

在给定概率 α 的情况下，此公式很难重新转换得到 s 值，但仍可通过设立电子表格轻松合理地确定 s，对大阶乘应用Stirling近似法，并使用线性求解器获得所需的 α 值。风险模型中有几个对此类计算非常有用的求和函数：VosejSum（见下文），VosejkSum（执行二维求和）与VosejSumInf（计算和它趋同的无穷级数之和）。例如，可以将上面风险模型写成：
=VosejSum（“VoseHypergeoProb（j，j，D，M，0）*（（1−Se）^j）*（Sp^（s−j)”，0，s)

VosejSum函数对介于0和 s 之间 j 的整数值，用双引号间的表达式求和。表达式中的风险模型VoseHypergeoprob函数能处理大阶乘，并且与Excel的HYPGEOMDIST函数不同，它在整个参数范围内得出正确值，包括当情况不可能时得出概率为0而不是HYPGEOMDIST所得出的#NUM!。现在可以用Excel的求解器来变换 s 值，直到上述公式得到所需的 α 值。

22.5 复杂的动物卫生和食品安全问题

问题22.10：假设饲养了100只加拿大品种鹅，监测数据表明在该鹅群中泡沫喙病（foaming beak disease，FBD）的患病率为3%，那么共有多少只鹅患有该病？如果该鹅群同样患过敏性脚掌综合征（irritable feet syndrome，IFS），并且该病患病率为1%，那么100只鹅中有多少只鹅至少患有一种疫病？有多少只鹅同时患有两种？

解：患有FBD的鹅数量可用二项式模型Binomial（100，3%），那么一只鹅至少患有FBD或IFS中一种疫病的概率为1−（1−3%）*（1−1%）=3.97%。那么至少患有一种疫病的鹅的数量符合Binomial（100，3.97%）。

一只鹅同时患有FBD和IFS的概率为3%*1%=0.03%，因此同时患有两种疫病的鹅的数目符合Binomial（100，0.03%）。

后面两个问题的解决方案是建立在无论一只鹅是否患有其他疫病，均假设它感染IFS和FBD的概率是稳定不变的。◆

问题22.11：从一个国家随机抽取120只公牛，检测表明疫病 Y 在公牛中的患病率为25%，同样在该国随机抽取200只母牛，检测表明疫病 Y 在母牛中的患病率是58%，大量试验表明，牛胎儿从与患病的父母接触感染该病的概率为 36%，如果从该地区进口 100 只牛胎儿，并且假设每只牛胎儿父母均不相同，那试述从该国进口的牛胎儿中患病个体的分布是怎样的?

解：公牛患病率不确定性 p_B 可用 Beta（31，91）表示，同样母牛患病率不确定性 p_C 可用 Beta（117，85）表示，关于牛胎儿父母的四种情况（父母均不患病、仅公牛患病、仅母牛患病、父母均患病）中任何一种成立的概率为

均不患病：$(1-p_B)(1-p_C)$

仅公牛患病：$p_B(1-p_C)$

仅母牛患病：$(1-p_B)p_C$

父母均患病：$p_B p_C$

设 p 为假设父母一方已感染情况下牛胎儿感染的概率（$p=36\%$），那么：

父母均未感染下牛胎儿感染概率为：0

父母一方感染下牛胎儿感染概率为：p

父母均感染情况下牛胎儿感染概率为：$1-(1-p)^2$

因此，牛胎儿为感染者的概率可表示为：

$$p(\text{感染}) = [p_B(1-p_C) + (1-p_B)p_C]p + p_B p_C[1-(1-p)^2]$$

受感染的牛胎儿数目等于 Binomial（100，p（inf）。◆

问题 22.12：一个大桶内盛有一千万升牛奶，已知该牛奶被某些病毒污染，但是污染水平未知。用严格可靠的方法检测了从该桶内抽取的 50 个容量为 1L 的样本，如果样本内有一个或多个病毒颗粒则检测报告显示阳性，因此检测结果并不区分在阳性样本中的病毒含量。假设有 7 份阳性检测结果，请估计原来桶中的病毒浓度。

已经确知如果在单份剂量的牛奶中，一个人至少要接触 8 个病原体微粒才有机会被感染。同时也假设，在单份食物中人们最多摄入 10L 牛奶，那么如果某人摄入 10L 该牛奶，他摄入病毒感染阈值的概率 p_{10} 是多少?

解：用贝叶斯推断来估计牛奶中病毒颗粒的浓度，首先假设牛奶中病毒颗粒是充分混匀的，由于病毒颗粒是极其微小，并且不会停留在容器底部，所以这种假设是合理的，当然这是以假设病毒没有凝集为基础。样本总量与桶内牛奶总容量相比较是相当小的，所以也可以假设抽样对于桶内的病毒颗粒含量并没有造成很大影响。有时候并不是如此。例如，如果桶容积很小，假设仅 10L，抽走了 5L 的样本并且得到了一个阳性结果，那么很有可能抽取到了整个桶中唯一的病毒颗粒。◆

方法 1：现在可以看到牛奶样本中病毒颗粒数目满足 Poisson（λt）分布，λ 代表每升牛奶中病毒的平均含量，t 是以升为单位的样本量，如果存在病毒团，那么可以用泊松分布模型来描述样本中病毒团数目，用其他分布来描述每个病毒团中病毒颗粒的数目。

如果 λ 代表每升中病毒颗粒含量，1L 的一个样本中没有病毒颗粒的概率用 $x=0$ 时泊松概率质量函数表示，也就是 $p(0)=\exp[-\lambda]$，1L 的样本中至少含有一个病毒颗粒的概率为 $1-\exp[-\lambda]$。由于每个样本都是独立的，并且被感染的概率相同，n 个样本中有 s 个被感染的概率可以用二项分布函数表示：

$$p(s;n,\lambda) = \binom{n}{s}(1-\exp[-\lambda])^s(\exp[-\lambda])^{n-s} \propto (1-\exp[-\lambda])^s(\exp[-\lambda])^{n-s}$$

使用一个未知的先验概率 $p(\lambda)=1/\lambda$ 及在 $n=50$，$s=7$ 时的上述等式作为 λ 的似然函数，可构建后验概率分布，曲线上的点可以用于近似分布，并且使用 Excel 中的 Poisson 函数和如下等式可以计算概率 p_{10}：

$$p_{10} = 1 - \text{POISSON}(7, 10\lambda, 1) \text{ 或者 VosePoissonProb}(7, 10\lambda, 1)$$

方法 2：在方法 1 中首先了解了泊松分布过程，然后是二项分布过程。现在从另一个结尾开始，已知 50 个样本都是相互独立的二分类试验，并且有 7 个成功，这里将成功定义为被感染的样本，然后可以使用 Beta 分布来估计成功的概率 p：

$$p = \text{Beta}(7+1, 50-7+1) = \text{Beta}(8, 44)$$

从方法 1 可以得知 p 等于 $1-\exp[-\lambda]$，所以 $\lambda=-\ln[1-p]=-\ln[1-\text{Beta}(8, 44)]=-\ln[(44, 8)]$，最后两种结果出现一致性，是由于在 Beta 分布中转换参数与转换成功与失败的定义是等价的。在该形式中使用 Beta 分布时，我们假设有一个未知的先验概率 p 为（0，1），那么了解什么等同于 λ 的先验概率就很有必要，也就是当 $\lambda=-\ln$ [UNIFORM（0，1）] 时 λ 的分布，结果表明 λ 的均数符合 EXPON（1）的分布，或者等价的 Gamma（1，1）分布，读者可以使用 Jacobian 转换来证明，或者更简单地与指数分布的累积分布函数做比较。方法 1 中的先验概率为 $\pi(\lambda)\propto 1/\lambda$，而在方法 2 中 λ 的先验概率为 $\pi(\lambda)\propto \exp[-\lambda]$，这两者有着很大不同，说明决定未知先验相当困难。◆

在 α 取较大值时，先验概率 $\pi(\theta)\propto 1/\theta$，非常接近于 Gamma $(\alpha, 1/\alpha)$，Gamma 分布是泊松似然函数的联合先验概率。在 n 个样本中，对于 S 个阳性观察值，要估计每个样本数据的泊松均数 λ 时，使用 Gamma（α，β）先验概率和泊松似然函数，得到 λ 的后验分布，等同于 Gamma（$\alpha+S$，$\beta/(1+\beta_n)$）（见 8.3.3），因此，使用 EXPON（1）$=$Gamma（1，1）先验概率，可以得到后验概率等于：

$$\lambda \mid \text{观察例数} = \text{Gamma}(S+1, 1/(n+1))$$

当使用 $\pi(\lambda)\propto 1/\theta$，得到粗略值为：

$$\lambda \mid \text{观察例数} = \text{Gamma}(S, 1/n)$$

上述两等式之间的不同，说明并不需要大量的数据就可以用似然函数来替代先验概率的形式（也就是 $S+1\approx S$ 和 $n+1\approx n$）。

问题 22.13：已知 1 000 个鸡蛋，每个 60mL，均匀混匀，已经测得该鸡蛋中总共有 100 只被沙门氏菌污染，混匀后，60mL 蛋液被取走食用，如果每只被污染的蛋有 100 个沙门氏菌的集落（CFU），那么在该 60mL 蛋液中有多少菌落被食用？至少有一个菌落被食用的概率是多少？要达到最小感染剂量，12 个菌落需要食用多少蛋液？（CFU 是一个细菌集群结构单位，可以替代衡量病毒颗粒数量）。现在，使用如下所示的剂量反应模型，代替最小感染剂量：

$$P_{\text{感染}}(x) = 1 - \exp(-x/5)$$

x 为食用的剂量，那么食用 60mL 蛋液被感染的概率是多少？

解：每 10 个鸡蛋中有一个被感染了，那么沙门氏菌的平均含量为 10CFU/60mL，从 1 000只鸡蛋的总量中取出一只鸡蛋的含量只是很小的一部分，并且，假设蛋液是充分混匀的，我们可以假设样本中 CFU 满足平均含量下的泊松分布，60mL 的蛋液样本中 CFU 的数目就满足泊松分布 Poisson（10），该容量下至少含有一个菌落的概率为$= 1 - p(0) = 1 -$

$\exp(-10)=99.996\%$，要达到 12 个菌落的感染剂量所需要食用的鸡蛋数目为 $\text{Gamma}\left(12, \frac{1}{10}\right)$。

使用剂量—反应模型，被感染的概率 P 为食用 x 个菌落的泊松分布概率乘以 $P_{感染}(x)$，然后在 x 取不同值时累加求和，即：

$$P=\sum_{x=1}^{\infty}\frac{\exp(-10)\times 10^{x}}{x!}\left(1-\exp\left(\frac{-x}{5}\right)\right)$$

上述等式没有封闭的形式，但是可以通过在工作表里一系列的加和或者是使用模型危险度而快速估计：

=VosejSum ("VosePoissonProb (j, 10, 0) * (1−exp (−j/5))", 1, 1 000)

此时，1 000 已经足够大，或者也可以更加准确，为：

=VosejSum 感染 ("VosePoissonProb (j, 10, 0) * (1−exp (−j/5))", 1, 0.000 000 001)

该式将会从 1 到 j 整数递增累加求和，直至精确度达到 0.000 000 001。

最后的解为 83.679%。◆

问题 22.14：由于与野猪接触，过去 20 年内农村猪群每年平均发生 4 次 Z 疫病的暴发。如果一次暴发通常感染的猪群数量服从 Normal（100，30），每只猪的价值服从 Normal（120，22），计算未来 5 年内疫病暴发所造成的损失？

假设农村猪群与家猪接触有 5%的概率造成一次 Z 疫病的暴发，请估计在已知每年有 5 次 Z 疫病暴发的情况下，每年实际接触有多少次？

解：假设每次暴发都是独立的，这样暴发就符合一个泊松过程。在每年平均暴发 4 次的前提下，假设在过去 20 年中暴发率是稳定不变的，可以将未来 5 年内暴发的数量用模型表示为 Poisson（4×5）=Poisson（20）。

暴发次数是一个变量，所以需要增加一个变化的服从正态分布 Normal（100，30）数值总和，以得到受感染的猪的数量。然后必须增加一个变化的服从正态分布 Normal（120，22）的数值总和，这取决于受感染的猪的数量，以得到在未来 5 年内暴发所造成的损失。那么可能有人认为：

总损失=Poisson（20）×Normal（100，30）×Normal（120，22）

乍一看，这个解很符合，但仔细观察就会发现错误。假设在蒙特卡罗模拟中泊松分布产生了一个值 25，Normal（100，30）产生了一个值 160。这就是说，25 次暴发平均每次有 160 只猪感染。160 距离均数有两个标准差，25 次暴发均取如此高的值的概率极其微小。忘记了 25 次暴发的分布（25 次暴发中每次暴发所受感染猪的数目）是相互独立的。当然，用中心极限法则很容易解释，正确的方法请见图 22.14。图 22.15 展示了正确的与错误的公式之间的计算结果的区别。可以看到，错误的方法忽略了每次暴发中受感染猪的数目之间的独立性，以及每只被感染猪的价值间的独立性，结果夸大了总损失的分布范围。

对于这个问题，使用中心极限法则是非常容易的，因为该理论特别适用于对正态分布的任意取值求和。然而，如果每次暴发中受感染猪数目是对数正态分布 Lognormal（70，50），完全是偏态分布，可能需要增加这些分布的 30 或者其他值以使最后求和能得到一个近似的正态分布。由于泊松分布 Poisson（20）产生>30 值的可能性很小，因此使用中心极限法则的简便方法就不十分合适了。图 22.16 重新回顾这个问题，使用对数正态分布，根据泊松分

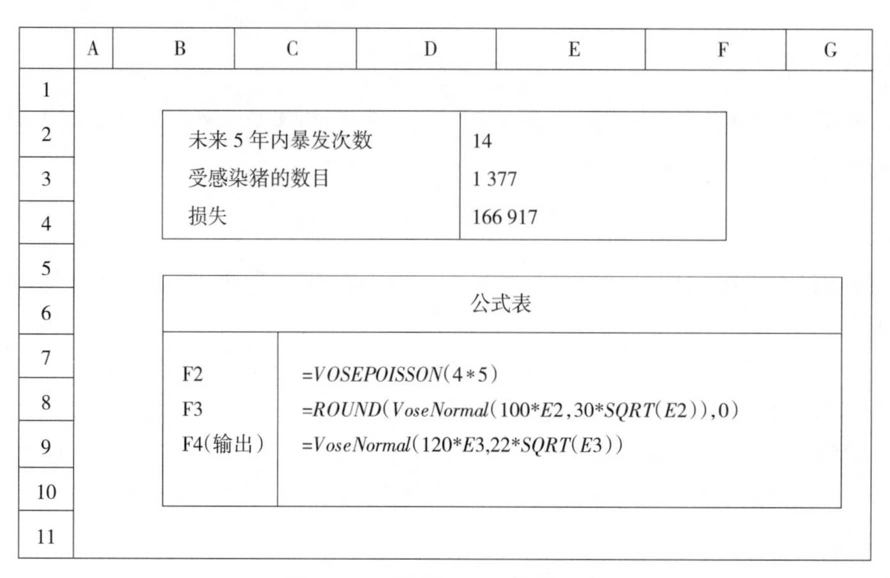

	A	B	C	D	E	F	G
1							
2		未来 5 年内暴发次数			14		
3		受感染猪的数目			1 377		
4		损失			166 917		
5							
6		公式表					
7							
8		F2	=*VOSEPOISSON*(4*5)				
9		F3	=*ROUND*(*VoseNormal*(100*E2,30*SQRT(E2)),0)				
10		F4(输出)	=*VoseNormal*(120*E3,22*SQRT(E3))				
11							

图 22.14　问题 22.14 的模型表

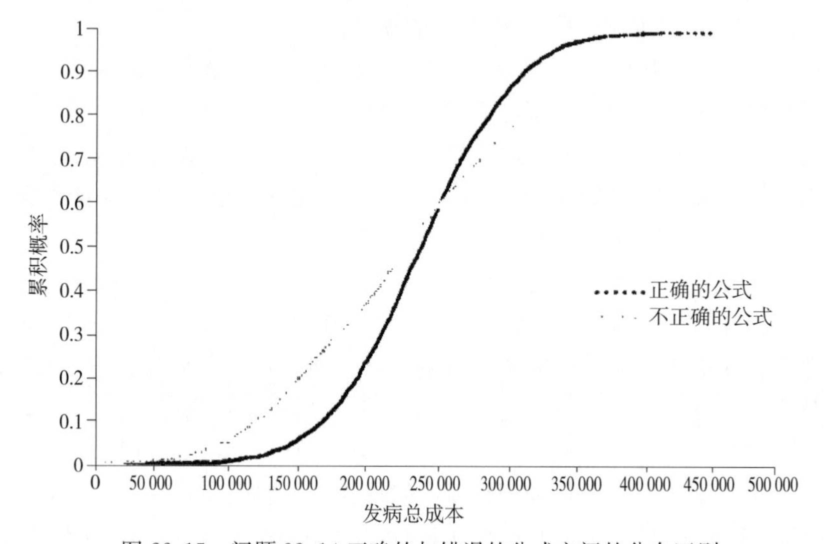

图 22.15　问题 22.14 正确的与错误的公式之间的分布区别

布所产生的值增加了一系列的对数正态分布取值。函数 VoseAggregateMC 与阵列模型非常近似（见 11.1 和 11.2.2）。

在解决这个问题过程中，对每个参数均假定了确切的信息。但毫无疑问，这些参数仍可能存在某些不确定性，这就需要进一步探讨这些参数具体是如何规定的。

在该问题中，唯一能定量其不确定性的参数就是每年暴发次数的平均数。实际操作中，仍需要假设过去 20 年中疫病的暴发率是稳定不变的（由于国际贸易、兽医诊疗等情况，大多数国家不太可能满足），这就是不确定性的最大来源。此外，我们可以用一个未知先验概率：

$$\pi(\lambda) = 1/\lambda$$

	A	B	C	D	E	F	G
1							
2		5 年内发病次数		21			
3							
4		发病	发病猪				
5		1	53.79				
6		2	66.77				
7		3	52.74				
54		49	0				
55		50	0				
56							
57		猪的总数	1 696				
58		总支出	203 870				
59							
60		公式表					
61		D2	=VosePoisson(4*5)				
62		C5:C55	=IF(B5 > $D$2,0,VoseLognormal(70,50))				
63		C57	=ROUND(SUM(C5:C55),0)				
64		C58(输出)	=VoseNormal(120*C57,22*SQRT(C57))				
65		C58(替换)	=VoseAggregateMC(VosePoisson(4*5),VoseLognormalObject(70,50))				
66							

图 22.16　问题 22.14 使用对数正态分布的电子表格模型

和似然函数：

$$l(X \mid \lambda) = \frac{e^{-20\lambda}(20\lambda)^{80}}{80!}$$

每年暴发均数的不确定性 λ 可以用贝叶斯准则进行量化。由于过去 20 年中总共有 80 次暴发，这可以有 Excel 的公式 POISSON（80，20 λ,0）得到。图 22.17 给出了数据表计算过程和相应 λ 的不确定性分布，在大量数据的条件下（附录 3.9.2），与正态分布非常近似。如在 4.3.2 所述，该分布可用于创建二阶模型以拆分不确定性和变异性。◆

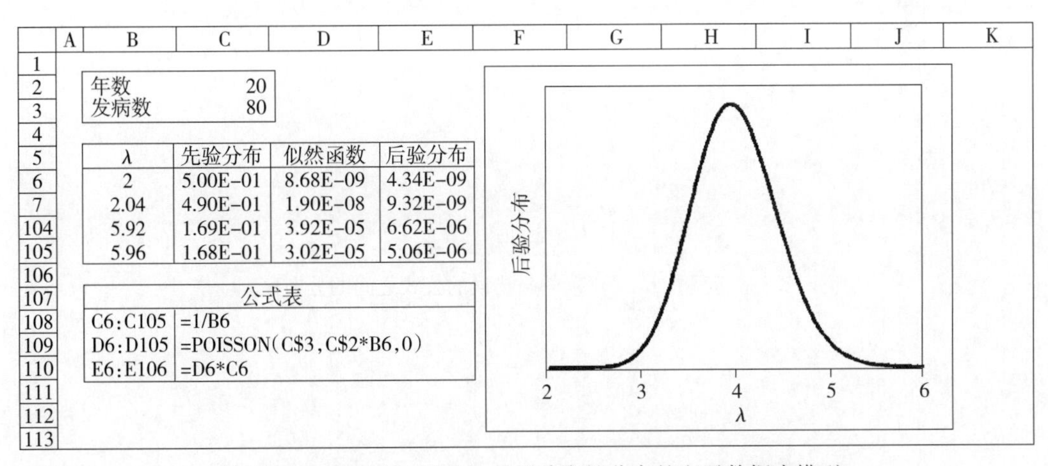

	年数	20
2	年数	20
3	发病数	80

	λ	先验分布	似然函数	后验分布
6	2	5.00E-01	8.68E-09	4.34E-09
7	2.04	4.90E-01	1.90E-08	9.32E-09
104	5.92	1.69E-01	3.92E-05	6.62E-06
105	5.96	1.68E-01	3.02E-05	5.06E-06

公式表	
C6:C105	=1/B6
D6:D105	=POISSON(C$3,C$2*B6,0)
E6:E106	=D6*C6

图 22.17　问题 22.14 中 λ 的不确定性分布的电子数据表模型

问题 22.15：从一个种群中随机抽取了 100 只火鸡并检测传染性法氏囊病（infectious bursal disease，IBD）。其中有 17 只感染，这其中 6 只的肾脏被感染，把这些肾脏在－5℃下冰冻 10d 后，只有一半的仍存在有活性的 IBD 病毒颗粒。

如果你从该地区每年进口 1 600 只火鸡肾脏，那么请你估计每年进口肾脏中至少有一只肾脏带有活性病毒颗粒的概率是多少？注：货物海运需要 12d，海关检疫需要 2d，作为当局的管理者，需要对进口商实行严厉的限制措施（如储存温度等）。

解：我把这作为一道练习题，给一些提示：你应该首先意识到每只火鸡有两个肾脏，并且，如果有一个感染了，那么另一个也是感染的。换句话讲，这些肾脏都是成双成对被生产和进口的。这道题预留了一系列开放性问题，这样就需要你自己做出一些假定。这就是在危险性分析经常碰到的：一旦你开始分析，你就会意识到一些其他的信息将会非常有用。◆

问题 22.16：在过去的 6 年中，在你所在的区域当地羊群中疫病 XYZ 的暴发次数依次如下：12、10、4、8、15、9。目前认为 80%的疫病暴发直接来自野犬的袭击。进一步研究表明接触野犬有 20%～50%的概率导致感染。

最近的研究表明，在羊群附近饲养美洲鸵可以使被袭击的羊群数目减半（美洲鸵看上去似乎天生仇恨野犬，一见到它们就会立刻用头顶过去。这似乎是由于犬与羊的类固醇激素水平的不同，它们还有一个不好的习惯就是吐沫）。如果你所在的区域所有的羊群周围都饲养了美洲鸵，请估计明年疫病 XYZ 的暴发次数?

解：由于我掺杂了一些不相干的信息，这道题别有用意。首先，应该像问题 22.14 那样，以相同的方式决定每年疫病暴发次数的均数 λ 的不确定性分布，在所有的美洲鸵都布置好之后，将只有原先 80%的一半（40%）的暴发归因于野犬，加上 20%非野犬导致的暴发。也就是，每年新的疫病暴发次数可能是 0.6λ，那么明年的疫病暴发次数将会符合泊松分布（0.6λ）。◆

附　录

附录 1

讲 师 授 课 指 南

如果风险分析侧重于解决问题，并且有很多实例作为支撑，那么它会是一个令人着迷的话题。在讲座中，我一般理论性内容减到最少，并应用可视化的方法而不是公式来解释概率的思想。未来的风险分析家常常会对问题解决部分和数学、逻辑学的实际应用情况感兴趣，而不是数学本身。授课前，我都会让听众介绍自己，这能够帮助我找到与听众产生最大共鸣的案例。课堂上我会提一些问题，简单问题让两人一组解决，复杂问题安排六个人左右一起讨论解决。这样课堂气氛就会很活跃，解决问题后学员会获得更多的成就感，并且能帮助他们更好地理解问题，因为他们要相互辩论，捍卫或放弃自己的观点。我会在讲桌上放一盒巧克力，当他们提出很好的观点时，或是第一个解决了问题，我就会给他巧克力。这样课堂会更生动有趣，也会有意想不到的激励作用。

Vose 软件中有一个教育系统。其中，本科生和研究生可以通过他们所在学校的大宗订单获得名义上收费的 ModelRisk 拷贝。这个软件包含了全部组件，试用期 1 年。更多的信息可登录网站 www. vosesoftware. com/academic. htm 获取。由于在 ModelRisk 中整合了很多功能，因此我们很注重用户界面友好的改善（详见附录 2），使它更适合作为教学辅助工具。以下我将阐述不同学科风险分析课程所应包括的内容。

风险管理

风险分析专家面临的主要问题是：他们的报告对象并不能完全明白什么是风险，以及所应用的方法。我认为，工商管理课程或相似的商学课程和公共管理课程能够简要介绍风险分析会很有用。我的建议如下：

- 第 1～5 章：风险分析目的背景介绍及如何理解和应用风险分析结果。
- 第 7 章：讲解模型是如何构建与运行的。
- 第 17 章：模型的核查和验证。

保险和金融的风险分析

保险和经济的风险模型可能是风险中最有技术的领域。我的建议是：

- 第 5 章：阐述如何表达和应用结果。
- 第 6、8～13、16～18 和 20 章：深入讲解技术方面的课程。

动物健康

动物健康着重于模拟疫病不同传播途径的可能性。我建议重点如下：

- 第 1～5 章：构建现场。
- 第 6 章：介绍概率思想。
- 第 8、9 和 17 章：介绍模型的技术方面的内容。

- 第 22 章：讲解专业主题的内容。

经济投入的风险

典型的经济投入问题包括决定是否增加新的投入或扩大已有的投入。分析通常要以现金流量折现法来实施。我建议：

- 第 1～5 章：构建现场。
- 第 7 章：如何运行模型。
- 第 9、10 章：分析数据匹配的分布。
- 第 11 章：随机变量的求和，在这部分人们会犯很多错误。
- 第 12 章：时间序列预测。
- 第 13 章：关于相关性，特别是主观模型的相关性。
- 第 14 章：可能是这部分最重要的章节，因为在投资风险中 SME（主题专家）经常是大多数估计的来源。
- 第 16 章：关于优化，因为这可以帮助决定最好的投资策略，特别是在分段投资中的策略。
- 第 18 章：关于专业主题方面的思想。

存货管理和制造

这不是严格的风险分析，我们做了很多这种类型的工作，因为统计分析可以应用到历史存货中，而且需要数据和生产资料。因此我建议：

- 第 5 章：讲述如何展示和解释结果。
- 第 6～10、12、13 章：讲授技术材料。
- 第 16 章：讲述优化方面的问题。
- 第 17 章：关于模型的效度。

微生物引起的食品安全问题

过去人们过于强调微生物引起的食品安全方面的抽象而复杂的模型。因此我建议：

- 第 1～5 章：确定现场，并给分析专家一些工具，提高他们在模型投入上的信心。
- 第 8～11、17 章：模型技术层面上的问题。
- 第 15 章：因果思考。
- 第 21 章：关于专业主题方面的思想。

附录2

ModelRisk 简 介

ModelRisk™是综合风险分析软件，有很多特色，一是它容易操作，初学者和风险分析专家都很容易应用这个软件。很多模型的设计及其功能都是为解决客户问题、改进已有的风险分析软件而得到，它们能给风险分析师无懈可击的印象。有些人认为复杂模型容易出错，应该选择简单模型，ModelRisk 就是对这些人的回应。有了 ModelRisk，复杂的模型也能在一瞬间转化成简单形式。

二是构建这个工具的目的之一就是让更多用户应用高级风险分析技术，包括那些需要建立高级模型而没有项目经验的人。我们花了很大的精力将复杂的数学运算放在后台运行，使软件易于使用，只要用户选对了方法就能正确使用该软件。我想单单这个特点就能节省用户 70%的时间，因为有一个不争的事实，那就是修改校正模型比开发它更花时间。

为了找到理想的风险分析模型，我们问了自己以下几个问题：

- 在该行业中，众所周知的方法和理论是什么？
- 目前这些理论是怎么应用的，在使用的过程中遇到了什么问题？
- 如何使工具既简单直观，同时又能灵活地模拟复杂自定义的情景？
- 如何将复杂的模型向决策者简单地呈现和解释？

ModelRisk 能解决以上所有问题，它具有以下特点：

- 以特定行业最新的风险分析理论成就为基础。
- 建立在 Excel 的基础之上，Excel 电子表格的广泛应用为风险分析用户的多变量化垫定了基础。
- 具有很强的灵活性，能够适应复杂的商业案例。
- 包括很多模块（工具），在几分钟之内能创建复杂的模型。
- 能对所有工具提供即时帮助和详细解释。
- 能在开发模型和校正模型的过程中提供错误指示并给出改正建议。
- 能提供精确的结果，这一结果可以与非 Excel 软件包得到的结果相比。
- 能提供可视化的界面，在构建和向别人展示模型时都非常方便。
- 如果需要，也能不在 Excel 的环境下与其他的应用软件相结合。

ModelRisk 能够附加到 Microsoft Excel 的功能区，它的工具完全符合 Excel 函数的规则，熟悉 Excel 表格环境的人用起来更直观。即使 ModelRisk 用英语作为工具语言，也能在任何语言平台上无差异地运行，包括各种语言版本的 Windows、Excel 和各种模拟工具。能直接调用动态链接库（DLLs），包括 VBA、VB、C++等的编程环境。

ModelRisk 可以在 Excel 中无差异地运行蒙特卡罗电子表格模拟包。表明 ModelRisk 和 Crystal Ball、@RISK 或者其他 Excel 附带的蒙特卡罗模拟软件可以结合起来，应用这些附加项来控制如何运行模拟包和展示运行结果，并充分应用更复杂的功能，如灵敏度分析和优化。

ModelRisk 作为特定行业的分析和建模工具包，它的第一个版本是为保险和金融业设计的。想看到现有的和即将开发的为其他行业设计的 ModelRisk 版本，可以访问 www.vosesoftware.com 看这些软件的列表。

分布函数

ModelRisk 整合有超过 65 个单变量分布，并且能够计算概率密度（或质量）、累积概率和每个变量的百分比。这些函数采用以下格式 [以正态分布 Normal(μ,σ) 为例说明]。

- VoseNormal(μ,σ,U) 计算的是第 U 个百分比。
- VoseNormalProb({x},μ,σ,0) 计算观测值 {x} 数组的联合概率。
- VoseNormalProb({x},μ,σ,1) 计算观测值 {x} 的联合累积概率。

所有概率的计算也能够通过 $\log_{10}$ 空间来完成，因为联合概率的计算结果往往是 Excel 无法支持的过小的数字。ModelRisk 可以在 log 空间里执行最精确的内部运算。例如：

VoseNormalProb10({x},μ,σ,0) = LOG10(VoseNormalProb({x},μ,σ,0))

U-参数函数

带有 U-参数的函数（如 VoseNormal(μ,σ,U) 也能通过应用转置方法分布生成随机值（见 4.4.1）。因为 U-参数表示分布的第 U 百分比（0～100%），所以 U 是均匀分布 Uniform（0，1）中的随机样本，也是正态分布 Normal（μ，σ）的有效样本。例如：

VoseNormal（μ,σ, RAND（）)	应用 Excel
VoseNormal（μ,σ, RiskUniform（0，1）)	应用@RISK
VoseNormal（μ,σ, CB. Uniform（0，1）)	应用 Crystal Ball

ModelRisk 函数中的 U-参数始终是可选的，而且如果省略了 U-参数函数，那么可以用梅森旋转算法（Mersenne tnister）随机数发生器从一个正态分布 Normal（μ，σ）内部进行抽样得到一个随机样本。[①]

在 ModelRisk 中，所有单变量分布格式是一致的，U-参数都一致，因此很容易应用 ModelRisk 中的五种相关的方法（Copulas[②]）使这些分布相关联。ModelRisk 的 Copula 函数提供了各种相关模型，相对于秩相关来讲，它们对相关有很好的控制。这些函数也可以应用到数据中进行统计学上的比较。k-维 Copula 函数从 Uniform（0，1）中获取 k 个随机样本，根据一定的 Copula 模式，这些分布是相关的。因此，如果 Copula 函数生成的值在 ModelRisk 分布中作为 U-参数，那么这些分布将是相关的。例如：

---

① 梅森旋转算法随机数发生器是松本真和西村拓士在 1997 年开发的一个伪随机数字发生器，它是基于有限二进制字段 F2 的矩阵线性递推之上的。它能快速生成非常高品质的伪随机数，并且是专门为纠正旧算法中的许多缺陷而设计的。

② 统计学中，copula 函数是多变量联合分布，定义 n 维单位立方体 $[0,1]^n$，这样，这个立方体的每个边的分布都是在区间 [0，1] 上的均匀分布。

A1：B1＝VoseCopulaBiClayton（10，1）	从 Clayton（10）Copula 函数中生成数值的两个单元阵列的函数
A2：＝VoseLognormal（3，1，A1）	以第一个 Copula 函数值为 U-参数的对数正态分布 Lognormal（3，1）
B2：＝VoseNormal（0，1，B1）	以第二个 Copula 函数值为 U-参数的正态分布 Normal（0，1）

Copula 函数生成值的散点图看起来像这样：

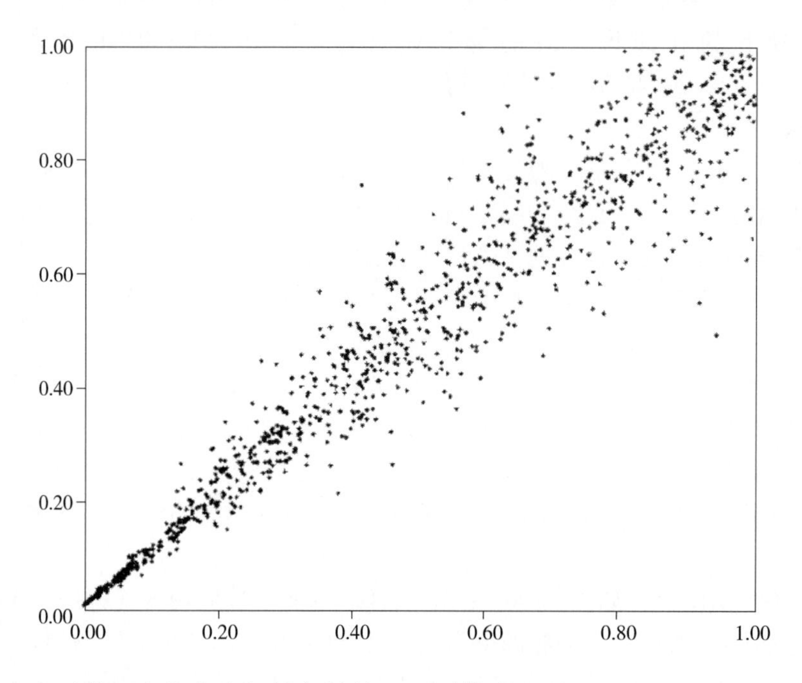

正态分布和对数正态分布之间的相关性以下列模式显示：

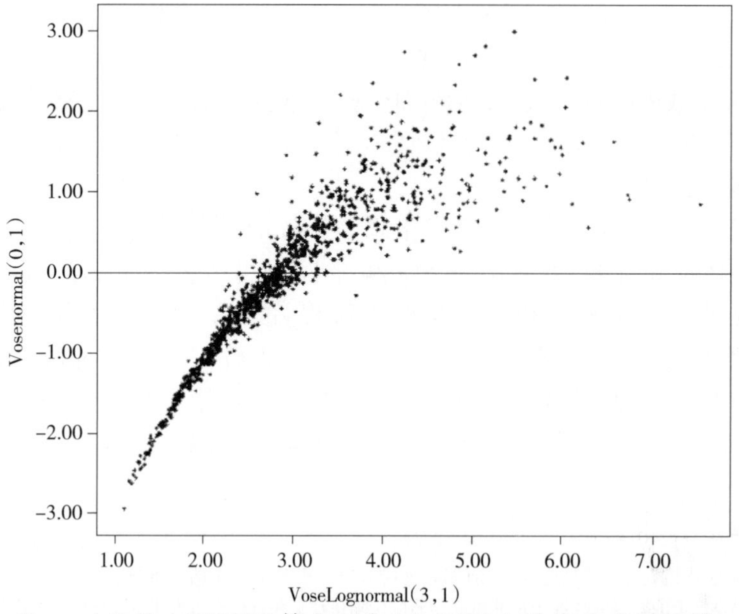

如上所述，Crystal Ball、@RISK 等也可为 ModelRisk 分布生成随机数，这让我们可以利用 ModelRisk 的超立方抽样（LHS），以及和目标抽样一样的其他特征。

就像敏感性分析这样的高级工具一样，使用 Crystal Ball 或者@RISK 随机数生成器作为 ModelRisk 分布的抽样工具，也能把 ModelRisk 模拟的统计输出结果整合进 Crystal Ball 或者@RISK 输出界面。换句话讲，ModelRisk 的模拟分布同 Crystal Ball 或者@RISK 模拟分布一样简单。

目标函数

ModelRisk 提供了独特的、定义和控制随机变量为对象的方法，在复杂的行业相关问题建模中具有前所未有的灵活性。对每一个单变量分布来讲，ModelRisk 的目标函数都具有以下形式：

$$\text{VoseNormalObject}(\mu,\sigma)$$

$$\text{VosePoissonObject}(\lambda,\text{VoseShift}(3))$$

在电子表格编程中将分布模拟为对象是新概念，它有助于克服 Excel 的局限性，增加在高端统计包中可应用的灵活性。如果目标函数直接放进单元格中，会显示出文本字符串，例如：

" VoseNormal（Mu，Sigma)"

然而，对于 ModelRisk 来讲，这个单元格代表了一种分布，这种分布在许多其他工具中能用做模块。用户可以根据参考应用目标函数来计算数据，或者从目标函数分布中生成随机数。例如，如果把目标函数记做：A1：=VosePoissonObject（0，1），那么接下来的公式将会接近于单元格 A1 中定义的正态分布 Normal（0，1）。

A1：=VoseNormalObject（0，1）	目标函数
A2：=VoseSimulate（Al）	在正态分布 Normal（0，1）中抽取随机样本
A3：=VoseSimulate（Al，0.7）	计算 Normal（0，1）的 70%百分位数
A4：=VoseProb（3，A1，O）	计算 Normal（0，1）在 $x=3$ 时的概率密度
A5：=VoseProb（3，A1，1）	计算 Normal（0，1）在 $x=3$ 时的累积密度
A6：=VoseMean（Al）	返回 Normal（0，1）的均数
A7：=VoseVariance（Al）	返回 Normal（0，1）的方差
A8：=VoseSkewness（Al）	返回 Normal（0，1）的偏态
A9：=VoseKurtosis（Al）	返回 Normal（0，1）的峰度

这个目标函数在分布的联合建模中特别有用，例如：

VoseSplice（VoseGammaObject（3，0.8），VosePareto2Object（4，6，VoseShift（1.5）），3）

模型拼接了两个分布，在下图中左侧的伽玛模型 Gamma（3，0.8）正好在接合点 3 拼接到一个转移的 Pareto2（4，6）模型上。该图是典型的 ModelRisk 界面，有了这个构造的分布，就可以选择将一个函数插入到对象 Excel 表格中进行模拟，计算概率密度（显示的选项），计算累积概率或者提供转置功能。

对象也用于其他许多工具的建模中，例如合计分布：

=VoseAggregateFFT（VosePoissonObject（50），VoseLognormalObject（10，5））

这个函数应用傅里叶快速变换方法来构造总损失分布，索赔的频率分布为泊松分布

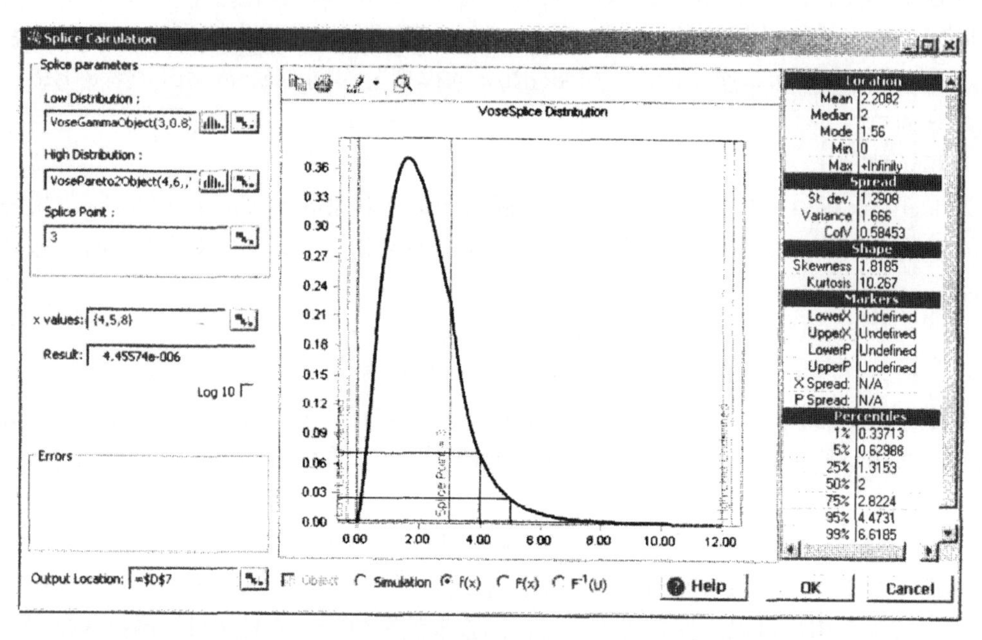

Poisson（50），并且每一项索赔程度服从对数正态分布 Lognormal（10，5）：

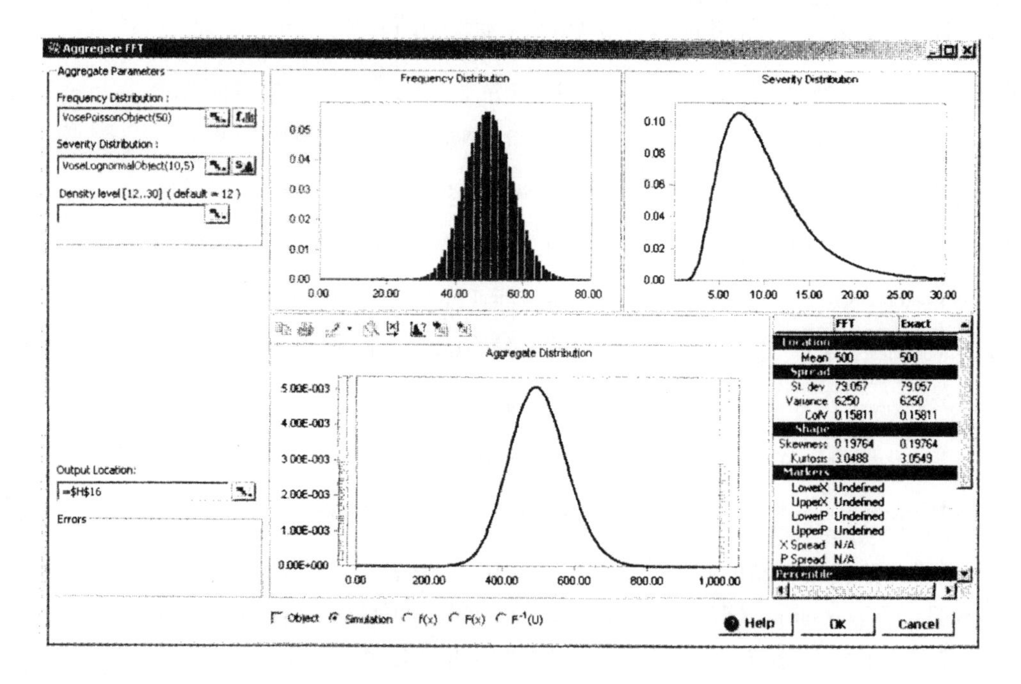

如前所述，可以用目标函数直接计算任何对象的值，而不通过模拟，例如：

=VoseVariance（VoseAggregateFFTObject（VosePoissonObject（50），VoseLognormalObject（10，5）））

= VoseKurtosis（VoseSpliceObject（VoseGammaObject（3，0.8），VosePareto2Object（4，6，VoseShift（1.5）），3））

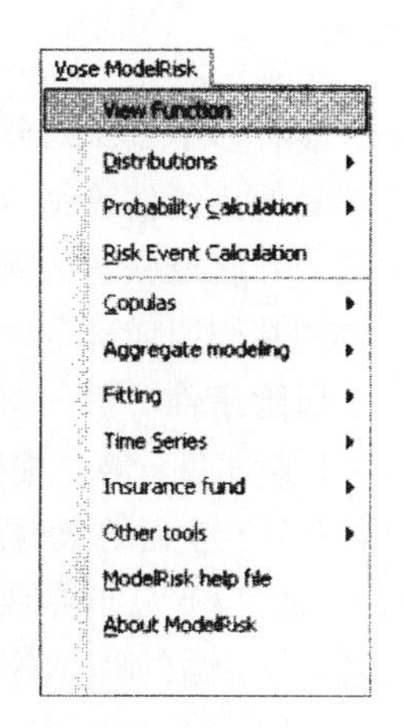

菜单

大多数 ModelRisk 工具都可以在 Excel 菜单栏中的菜单找到：

菜单上的显示功能工具使得的 ModelRisk 公式窗口和 Excel 公式栏几乎一样，但是它们能识别 ModelRisk 函数，并把超链接添加到相应的界面上。

公式显示栏通常是在最前面，使用户可以快速地浏览当前单元格中所有的 ModelRisk 工具。

ModelRisk 分布分为许多相关行业类别，以此帮助用户识别正确的分布：

这个分布分类也有剪接工具，它是以前没有的，组合工具可以对许多主观意见的联合分布进行建模。

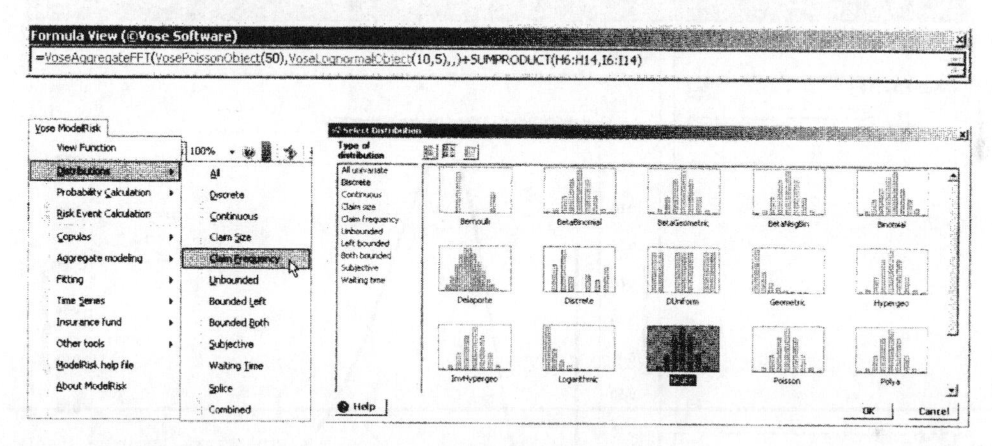

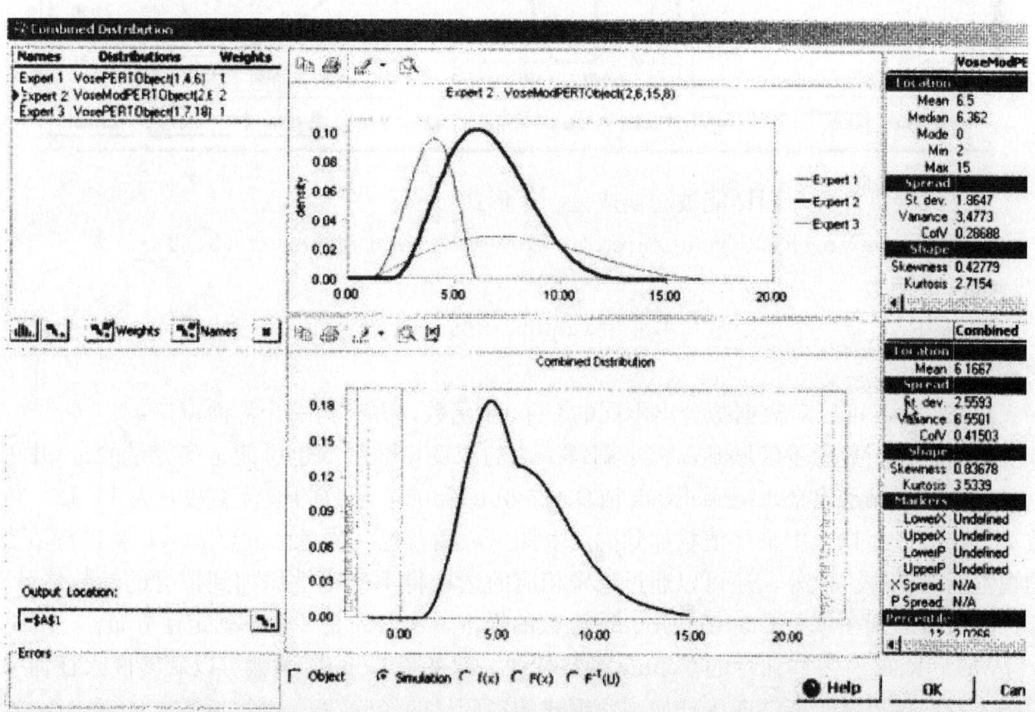

组合工具是 ModelRisk 典型的方法，在风险分析中经常对模型中的变量进行主观估算，最好能有多个专家对每一个变量分布进行估算。如果这些估算结果不能完全匹配，那么就需要正确地描绘估算结果的联合分布。联合工具自动地完成这些工作，对每一个估算结果进行加权，并获取联合分布和数据统计图。联合分布还能转化为对象，用以作为其他 ModelRisk 工具的基础组成部分。

风险事件

风险事件计算是根据实际需要而制定的另一个工具。风险事件是一种有确切的发生概率的事件，并且发生后的影响服从某些分布。在风险分析建模中，通常需要两个分布来建立模型：用 Bernoulli（p）分布乘以影响分布。问题是，有两个分布的情况下，不能做一个正确的敏感性分析或者计算变量的瞬时值或百分比。风险事件工具能够将风险事件作为单一分布进行建模。

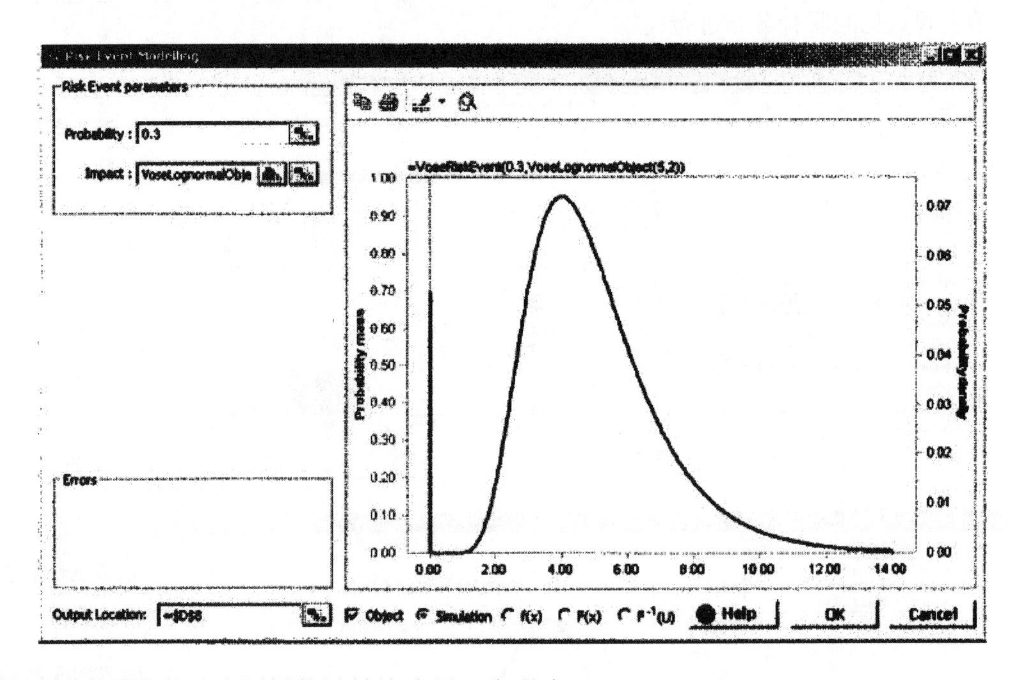

这个风险事件分布同样能被转换成另一个形式：

=VoseRiskEventObject（0.3，VoseLognormalObject（5，2））

Copula 函数

ModelRisk 有一个双变量与多变量 Copula 函数工具的界面，下面展示了相关变量之间的散点图：

ModelRisk 可以对数据拟合出不同的 Copula 函数，并有另一个界面窗口：

上面的截图显示了区域＄A＄3：＄B＄219 的双变量数据（也可能是多变量的），并用红色（浅色）点显示出来。ModelRisk 估算 Clayton Copula 函数的拟合参数 α 为 14.12，将函数 Clayton（14.12）中采样值叠加到同一个图里，用蓝色（深色）的点表示，来进行适当性的视觉上的核查。此外，还可以通过选中相应的选项将不确定性添加到拟合的参数估计中，蓝色的采样值现在就是 Clayton Copula 函数的样本，参数 α 是一个不确定性分布。

ModelRisk 有一些独特的 Copula 函数特征。双变量 Copula 函数可以旋转嵌入任何一个象限，我们也提供了能够匹配任何观察模式的多变量的经验性 Copula 函数。

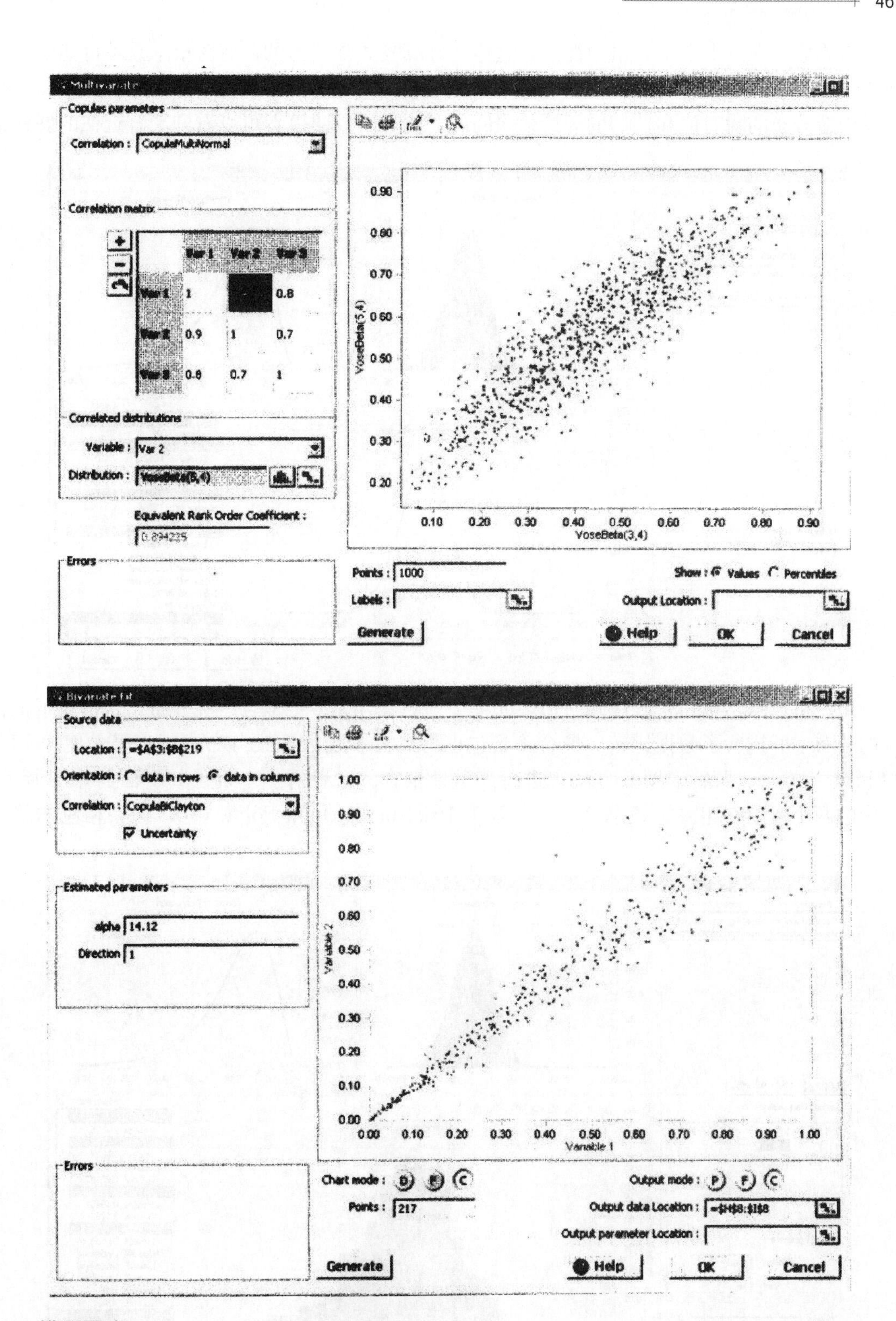

模型聚合

通过复杂的递归和快速傅里叶变换，ModelRisk 在模型聚合上有很大的选择性。Panjer、de Pril 和 FFT 工具可以在索赔频率的分布与每一项索赔的严重性的基础上进行总的索赔分布构建。在一个电子表格中徒手做这样的计算是非常费力的，有时根本是不可能的，而在 ModelRisk 中这只是一个单元格内的表达式。聚合界面显示了频率、严重性与构建总图，以及构造分布的瞬时值和他们的理论值之间的对比，所以建模者可以看到聚合近似的好处：

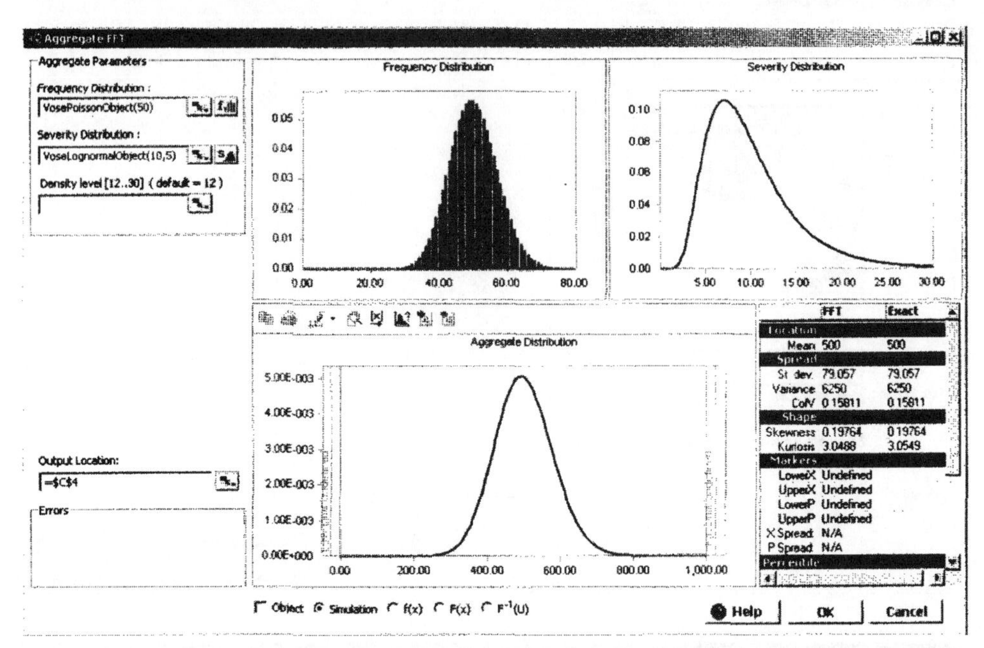

用户可以点击按钮来匹配瞬时值，向一个预测聚合模型中拟合一些分布，这覆盖了拟合好的分布，并进行了数据比较。聚合工具包也可以对多频数聚集分布进行建模：使用 FFT 与 brute - force（蒙特卡罗）方法来进行严重性聚合。后者的一个例子如下面的截图所示，其中的两个风险有相关的频率分布，分别为 Poisson（50）和 Pólya（10，1），相应的严重

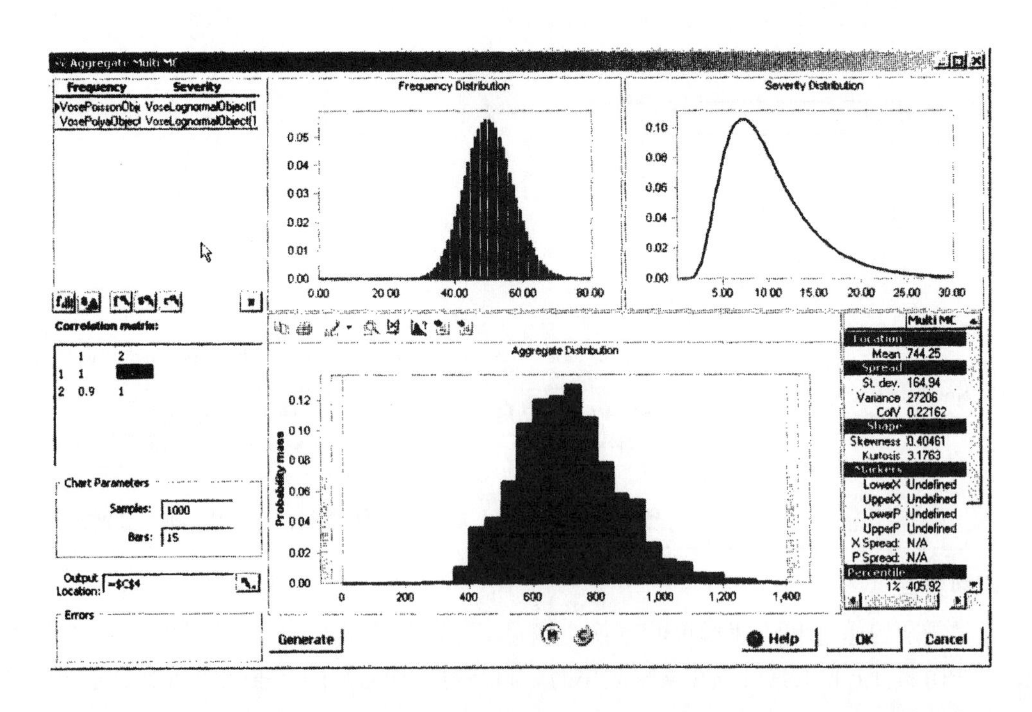

性分布分别为对数正态分布 Lognormal（10，5）和 Lognormal（10，2）。两个频率分布之间的相关性水平被相关参数为 0.9 的正态 Copula 函数所描述：

时间序列

ModelRisk 有一组时间序列的建模功能，包括均数回归的几何布朗运动（GBM）变化模型、跳跃扩散或者二者兼有，以及周期化的 GBM 模型等。常见的金融时间序列包括 AR、MA、ARMA、ARCH、GARCH、APARCH 和 EGARCH 与连续时间马尔可夫链：

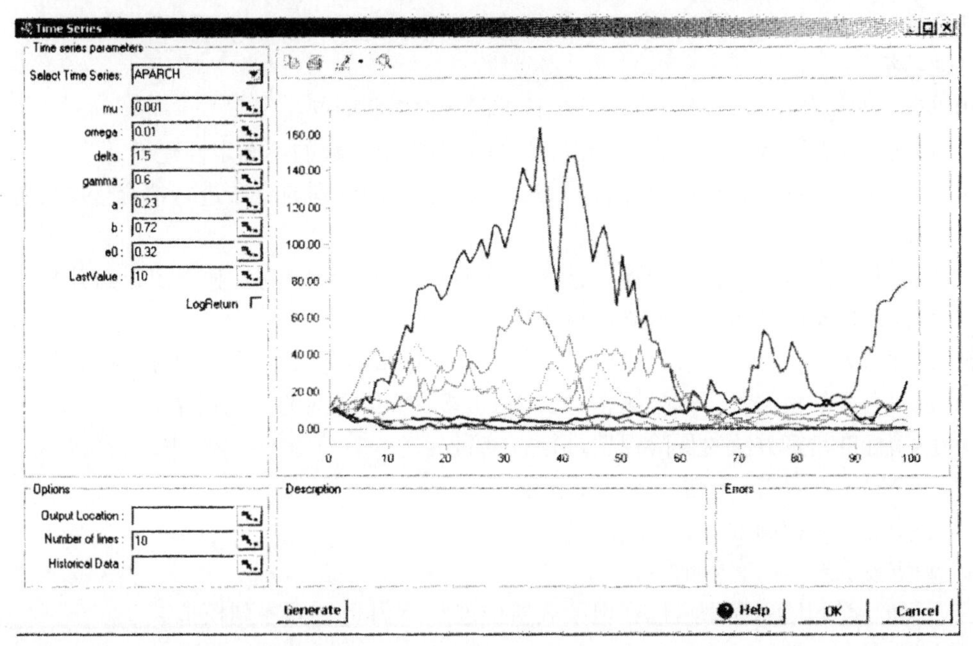

用户可以用能想到的可能途径来查看时间序列，屏幕上会产生新的途径组，将构思的途径在视觉上证实这个序列。除有在电子表格中模拟时间序列的功能外，ModelRisk 还有工具

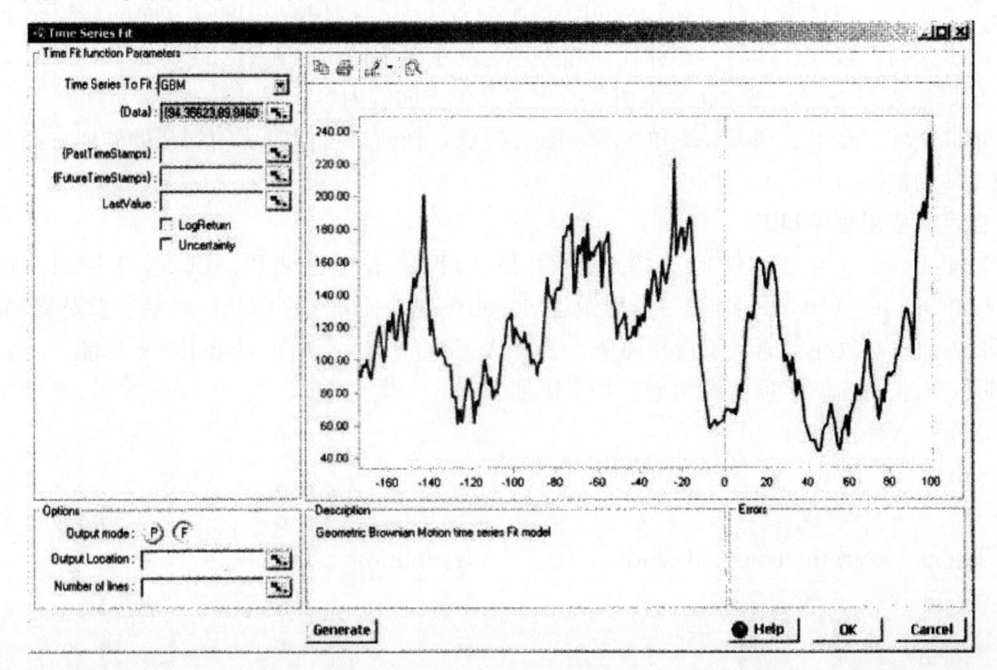

可以把所有时间序列适配于数据。

上面的屏幕截图左边展示了时间序列的原始数据，右边是用GBM模型拟合的一个预测样本。可以在时间序列拟合工具中输入过去一段时间标签的数组（对于一定的时间序列来讲，定期观察是不必要的，如它会遗失一些观察现象等），这就收集了历史数据和今后一个时期的时间标签，可以确定对预测值进行建模的确切时间点。时间序列拟合函数很像Copula函数拟合工具，有一个不确定性参数，该参数用于控制拟合参数的不确定性。如果没有不确定性参数，拟合工具就会给出应用最大似然估计法（MLEs）得出的预测。

其他特征

相对于许多其他工具，ModelRisk有下列高超的技术特点：

- 对缺失或截断数据的分布进行拟合，并对对拟合参数的不确定性建模。
- 关于应用三种信息标准对拟合Copula函数、时间序列与分布进行拟合优度检验（见10.3.4）。
- 保险基金的破产和枯竭模型，枯竭模型会对保险基金的流入和流出进行建模，并计算破产概率的分布，还有破产时间等。
- 一种强大、独特的对极值进行建模的方法，如直接计算服从某种分布的、最多不超过一百万的索赔不会超过某指定值 X 的95%置信区间的最大概率。
- 应用标准精算方法对保险保费进行直接测定。
- 一键式统计分析，包括Bootstrap法。
- 多变量随机控制分析。
- 确定投资组合的有效前沿。
- Wilkie时间序列模型可以在电子表格中进行Wilkie时间序列模拟。
- 其他更多的特征。

帮助文件

除上述所有的建模工具外，ModelRisk还配备了专门的保险和融资方面的建模帮助工具，演示如何在数以百计的、解释任何相关理论的主题中使用ModelRisk，如Excel/ModelRisk的解决方案举例、视频、搜索引擎及更多其他方面的内容。

帮助文件完全集成到Excel和ModelRisk界面，任何有可能需要用到帮助的地方都会有帮助文件的链接。

自定义应用程序和宏

ModelRisk也可以在任何支持调用DLLs的程序语言中使用。例如，Visual Basic、C++和Delphi。ModelRisk有一个称做“ModelRisk图书馆”的COM-对象，当安装ModelRisk后，该对象在本地系统自动注册。若要从Visual Basic访问ModelRisk功能，需要注册ModelRisk作为VB项目的参考，如下图所示：

以下是VB程序的一个例子：

```
Sub TestMR ()

'Sample from the bounded Normal (0, 1) distribution

Dim Sample As Double
```

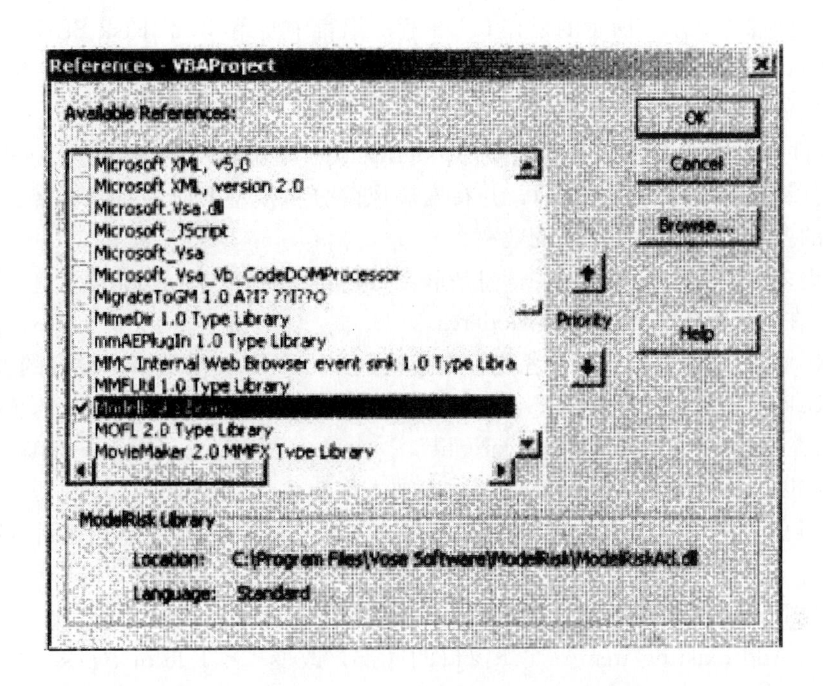


```
Sample = ModelRisk. VoseNormal (0, 1, , VosePBounds (0.1, 0.9))

'Calculate the combined probability of observing
'the values 125, 112 an 94 from Poisson (100) distribution

Dim Prob as Double
Dim Values As Variant
Values = Array (125, 12, 94)
Prob = ModelRisk. VosePoissonProb (Values, 100, 0)

'Use Central Limit Theorem to sample from the
'distribution of the sum of 120 Normal (25, 3) distributions

Dim CLT As Double
CLT = ModelRisk. VoseCLTSum (120, 25, 3)

'Print the output values to the Debug console

Debug. Print Samle Prob, CLT
End Sub
```

ModelRisk 的 COM 对象提供了数量有限的 ModelRisk 工具，如分布。全套 ModelRisk 工具在 ModelRisk SDK 中可供程序员应用，SDK 将 ModelRisk 的全部功能整合到非电子表格的单机应用软件。展示1所示的是在C＋＋程序语言中使用ModelRisk SDK的一个例子。更多关于ModelRisk的信息能在网站www.vosesoftware.com/ModelRisk SDK.htm上找到。

Vose软件也可以开发独立或综合的ModelRisk为基础的风险分析应用。也可以应用ModelRisk引擎创建友好的用户界面，并在发展风险分析模型上应用我们丰富的专业知识，以满足客户的要求及利用最终产品的效率。

欲了解更多关于定制软件开发的信息请联系info@vosesoftware.com。

展示1. 在C++程序语言中使用ModelRisk

ModelRisk SDK使C＋＋开发者能够直接访问ModelRisk函数库。最好的方法是使用＜＜ModelRisk-Core.h＞＞和＜＜ModelRisk-Core.lib＞＞以接近核心库＜＜ModelRisk-Core.dll＞＞，文件＜＜ModelRisk-Core.lib＞＞与＜＜MS Visual C＋＋2005＞＞是兼容的。需要采取以下步骤以将ModelRisk函数库纳入你的C＋＋项目中：

1. 在微软的可视化工作空间中，创建一个空的＋＋项目（如果有现有项目的话就跳过这一步）。

2. 在＜＜Project＞＞菜单中选择＜＜Add existing item…＞＞。

3. 在＜＜Add existing item…＞＞窗口的底部，改变＜＜File of types＞＞为＜＜All files＞＞。

4. 使用＜＜Add existing item…＞＞窗口浏览器，跳转当前文件夹到ModelRisk的安装文件夹：＜＜…Program Files \ Vose Software \ ModelRiskSDK \ ＞＞。

5. 使用＜＜Ctrl-Shift＞＞，选择＜＜ModelRisk-Core.h＞＞与＜＜ModelRisk-Core.lib＞＞，并点击＜＜Add existing item…＞＞窗口右下角的＜＜Add＞＞按钮。

6. 现在你可以直接调用＜＜ModelRisk-Core.h＞＞声明中的所有ModelRisk函数。

使用C＋＋Vosecore函数（VCFs）与错误处理的通用规则

1. 所有VCF的类型都是＜＜bool＞＞。如果计算没有错误，结果显示为＜＜true＞＞，如果一个或者更多选项是无效的，则结果显示为＜＜false＞＞。

2. 如果VCF函数返回至＜＜false＞＞，开发人员可以使用VoseCoreError（）来得到一个错误字符串（它返回char * buffer address）。

3. 所有VCFs返回一个或多个首要参数。例如，如果VCFs返回单个值（如＜＜Vose-NormalLCore＞＞），结果会以＜＜&double＞＞类型返回首个参数。如果VCFs返回数值集（如＜＜VoseTimeGBM＞＞），结果会以＜＜&double＞＞类型和＜＜long＞＞类型返回两个首要参数，第一个首要参数是数组（array），第二个是它的长度（length）。有些VCFs返回两个以上结果（如VoseTimeGARCHFit函数，它返回四个＜＜double＞＞类型的值）。

4. 内存分配规则：对于所有返回数组值的VCFs，结果数组必须由开发器（统计学的或动力学的）分配，其长度一定等于第二个首要参数的值。

应用分布核函数

所有VoseDistribution函数声明必须由以下形式呈现：

```
VoseDistribution_Core（double rc，                //输出
                    type1 arg1 [，type2 arg2…]，  //分布参数
                    double * pU，                 //指定百分位数
```

```
            int * pBoundsMode,          //强调<<Bound Mode>>标识
            double * pMin,              //指定最小限值
            double * pMax,              //指定最大限值
            double * pShiftValue        //指定转移值
            );
```

VCFs 分布参数如下：

rc	输出值（double）
Type1 arg1 [, type2 arg2…]	一个或几个分布参数
* pU	百分位数值指针，必须以 [0…1] 的格式呈现。如果指示器=0，百分位数为应用内置 Mersenne 旋转随机数发生器随机产生的
* pBoundsMode	<<Bound Mode>>标识——应用了有界分布 如果第一个字节为 0，* pMin 就是百分位数，否则就是数值 如果第二个字节为 0，* Max 就是百分位数，否则就是数值
* pMin，* pMax	最大、最小极限值的指针
* pShiftValue	转移值指针

Vose 分布核函数的应用例子

```
void ExampleFunction ( )
{
    double x, U, Shift , max, min, BoundMode;
    // Example pf a call to VoseNormal (0, 1) distribution
    if ( ! VoseNormal _ Core ( x, mu, sigma, 0, 0, 0, 0, 0)) {
        printf ("%s", VoseCoreError ( ));
    } else {
    printf (" Normal (0, 1) = %.10g", x);
}
//Example of a call to VoseNormal (0, 1, 0) distribution-with percentile = 0
U=0.0;
    if ( ! VoseNormal _ Core ( x, mu, sigma, &U, 0, 0, 0, 0)) {
       printf (" Normal (0, 1) = %.10g", x);
}
//Example of a call to VoseNormal (0, 1, , VoseShift (10)) distribution-with percentile = 0;
    if ( ! VoseNormal _ Core ( x, mu, sigma, 0, 0, 0, 0, &Shift)) {
       printf ("%s", VoseCoreError ( ));
    } else {
    printf (" Normal (0, 1) = %.10g", x);
}
// Example of a call to VoseNormal (0, 1, , VosePBounds (0.3, 0.8)) distribution-with random;
```

```
    //generated percentile and bounded using percentiles of maximum and minimum limits
    BoundMode = 3; // set 1-st and 2-nd bits to = 1
    min=0.3;
    max=0.8;
        if (! VoseNormal_Core (x, mu, sigma, 0, &BoundMode, &min, &max, 0))
{
            printf ("%s", VoseCoreError ());
    } else {
            printf (" Normal (0, 1) = %.10g", x);
    }
}
```

附录3

分 布 概 述

Michael van Hauwermeiren 编

风险分析的精确性很大程度上依赖概率分布的合理应用，这些概率分布可准确地描述问题的不确定性与变异性。就我的经验而言，不恰当应用概率分布是很常见的风险分析模型错误，这种错误一方面来自于不充分理解概率分布函数理论，另一方面来自于没有足够重视使用不恰当分布所产生的连锁反应。本附录旨在对各类常用概率分布提供实用理解，用以消除上述误区。

由于本书中多处用到概率分布，我决定在第三版的附录中放置分布概述这一章。本附录提供了适用于风险分析的、非常完整的分布总结，包括在哪里应用或者为什么要应用这些分布，以及对于风险分析而言一些有代表性的图表和一些最有用的描述性公式的解释。这些分布按照字母表的顺序排列。这个列表包含所有在 Vose 咨询公司中应用过的分布（因此也包含于 ModelRisk 中），所以我很有信心读者能够找到自己需要的分布。分布根据其应用通常会有一些不同的名字。如果读者找不到自己需要的分布，请参考索引，可能会提供另一种名称。

大多数风险分析和统计软件提供各种各样的分布，所以人们在选择应用哪种分布时往往会感到迷惑。因此，这个附录以一系列最有用的分布及其应用开始。然后我会提供一些关于如何阅读概率公式的小建议，这些公式的特征在本附录中也十分显著：人们往往不能完全理解概率公式；然而遵循一些简单的规则，就可以迅速地“阅读”概率公式的相关部分而忽略其他的部分，这往往能让人更直观地理解分布特征。

3.1 离散分布和连续分布

概率分布之间最基本的区别属性在于它们是连续型还是离散型。

3.1.1 离散分布

离散分布能够在一组可识别值中取一个值，每个值都可计算发生概率。离散分布可用于模拟参数，如铺路计划中所需桥梁的数量、需要的核心员工的数量及 1h 之内到达服务站的乘客数量。很明显，诸如此类的变量只能取特定值：不能建半座桥、雇佣 2.7 个人或是为 13.6 位乘客服务。

离散分布的相对频率图，纵坐标是实际发生的概率，有时称做概率质量。这些值的总和必须为 1。

离散分布的实例有：二项分布、几何分布、超几何分布、逆超几何分布、负二项分布、泊松分布，当然还有广义离散分布。附图 3.1 为需要建立的、横跨一段高速公路的人行天桥数量的离散分布模型。有 30％的概率建造 6 座人行天桥，10％的概率建造 8 座人行天桥等。这些概率的总和（10％＋30％30％＋15％＋10％＋5％）必须是 1。

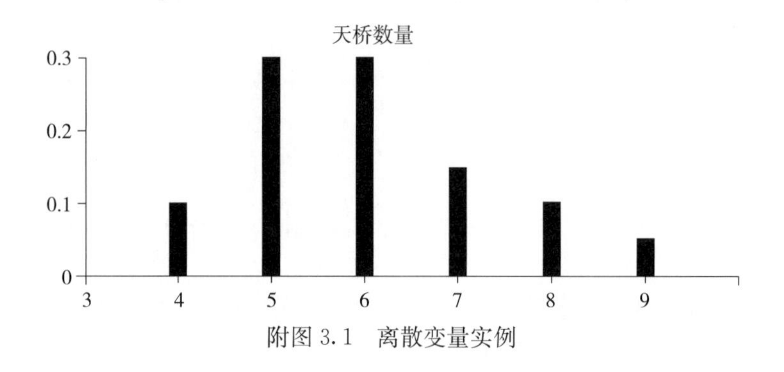

附图 3.1 离散变量实例

3.1.2 连续分布

连续分布用于描述一个变量，这个变量在定义范围（定义域）内可以取任意值。例如，随机抽取的英国成年男性身高是连续分布，因为人的身高基本上可以被无限分割。他的身高测量可以精确到厘米、毫米、1/10 微米等。度量单位可以被无限分割，产生越来越多的数值。

诸如时间、质量和距离这些可被无限分割的量可以用连续分布建模。在实践中，也能用连续分布来对实际上离散的变量建模，但只有允许值之间的差距足够小的变量才能用于连续分布建模。例如，项目成本（精确到 1 便士、1 美分等是离散数据）、汇率（只引述几个重要数据）、在大型组织中的员工人数等。

在连续概率分布相对频率图中，纵坐标是概率密度。由于 x 轴的值对应的概率是 0，因此相应的纵坐标不代表实际概率，而是代表了在 x 轴值的很小范围内产生一个值的每个 x 轴单位概率。

连续性相对频率分布曲线下面积必须等于 1。这表示：纵坐标必须根据横坐标所用的单位变化。例如，附图 3.2（a）的概率用 Normal（4 200 000 英镑，350 000 英镑）展示了项目成本理论分布。由于它是连续分布，这个项目成本恰好是 4 百万英镑的概率为零。纵坐标读数为 9.7×10^{-7}（大约百万分之一）。x 轴的单位为英镑，所以 y 轴读数的意思是有百万分之一的概率该项目的成本为 4 百万英镑±50 便士（1 英镑的范围）。通过比较，附图 3.2（b）显示了相同的分布，但是以百万英镑为刻度。即：Normal（4.2，0.35）。在 $x=4$ 百万英镑时，y 为 0.97，是上述值的百万倍。但这并不意味着取值在 3.5 百万～4.5 百分英镑之间的概率为 97％，因为概率密度在此范围上的变化非常大。附图 3.2（a）中的 9.7×10^{-7} 是近似值，因为概率密度在该范围上（4 百万英镑±50 便士）基本上是恒定的，因此这种近似是合理的。

3.2 有界和无界分布

定义在两个确定值之间的分布称作有界。有界分布包括均匀分布——定义在最小值和最大值之间；三角分布——定义在最小值和最大值之间；Beta 分布——定义在 0 和 1 之间；二项分布——定义在 0 和 n 之间。

无界分布理论上定义域为（$-\infty$，$+\infty$）。例如，正态分布、Logistic 分布和极值分布。

任何一边被限制的分布称为部分有界分布。例如，χ^2 分布（>0）、指数分布（>0）、Pareto 分布（>0）、Poisson 分布（>0）和 Weibull 分布（>0）。

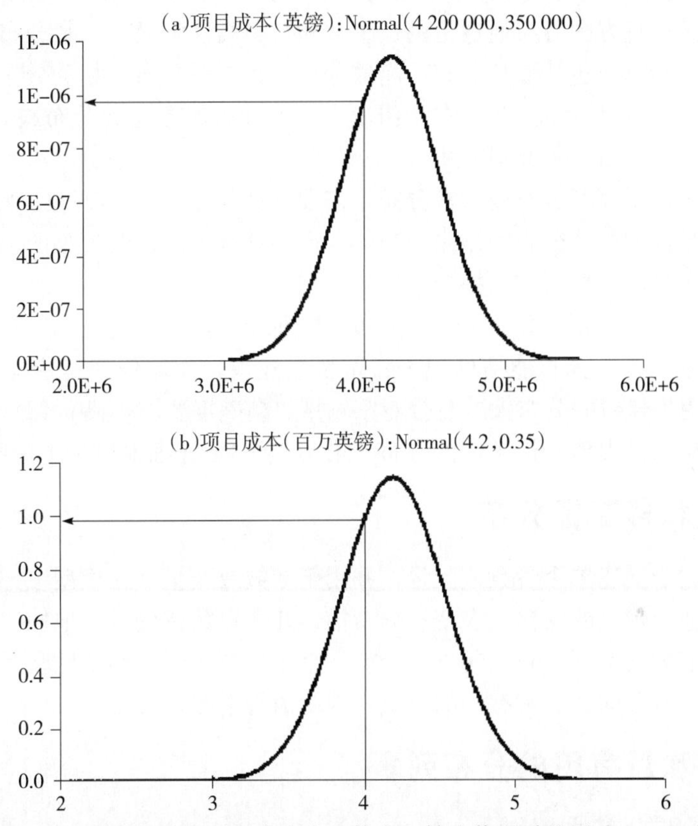

附图 3.2　x 轴单位变化时概率密度函数中 y 轴取值所受的影响：（a）单位是 1 英镑；（b）单位是 1 百万英镑

有时，无界和部分有界分布需要通过去掉分布的尾部来进行限制，通过这种方式能够避免出现无意义的值。例如，用正态分布模拟销量有可能产生负值。如果产生负值的概率很大，而且一定要继续应用正态分布的话，就必须以某种方式约束模型以防止负销售量出现。

MCMC 模拟软件通常会提供截尾分布和过滤工具来处理该情况。ModelRisk 采用 XBounds 或 PBounds 函数分别在某特定值或百分位数限制单变量分布。也可以建立逻辑模型以拒绝无意义值。例如，应用 IF 函数 A2：=IF（A1<0，err（），0）只允许从单元格 A1 中提取≥0 值进入 A2，否则在 A2 中则显示错误。然而，如果有多个分布需要用这种方式限制，或者应用极端限制，将在建模过程中失去很多迭代。如果你面临需要限制分布尾部的问题，首先就应考虑是否选择了合适的分布。

3.3 参数和非参数分布

基于模型的参数分布和经验非参数分布间有一个很有用的区别，下面会提到。“基于模型”，即描述理论问题的分布，它的形状是通过数学运算而来。例如，指数分布是等待时间的分布，其函数是假设事件发生的瞬时概率为恒定的而产生的直接结果，对数正态分布假设 ln $[x]$ 是正态分布等。

“经验分布”是指分布的数学运算由要求的形状所定义。例如，三角分布通过最小值、众数和最大值定义；直方图分布通过范围、组数和每组高度定义。一般分布的典型参数以图象形状为特点。经验分布包括累积分布、离散分布、直方图分布、相关分布、三角分布和均匀分布。第 10 和 14 章讨论了这些分布的用途。这些分布属于经验分布或非参数分布类别，非常容易理解且十分灵活，因此很有用。

若想恰当应用基于模型分布或参数分布，需要深入了解其基本假设。没有该方面知识，分析家们可能很难证明所选分布类型是恰当的，也很难获得同行对模型的信任。他们可能还会发现在获取更多可用信息时难以抉择。

我提倡应用非参数分布。我认为参数分布只能在如下情况使用：(a) 支撑这一分布的理论适用于特定问题；(b) 分布能精确地为特定变量建模，无需任何理论支持观测值，已被广泛认可；(c) 用于建模的分布大致符合专家意见，精确度要求不高；(d) 人们希望应用分布范围超过观察到的最大值和最小值的分布。第 10 章中更详细地讨论了这些问题。

3.4 单变量和多变量分布

单变量分布用于描述单个参数或变量，并用于参数或变量（在模型中，该参数或变量在概率上独立于其他变量）的建模。多变量分布描述几个参数或变量，他们的值在概率上以某些方式相联系。多数情况下，我们通过一个或几个相关方法创建概率性联系。然而，有一些多变量分布有一些特定的、非常有用的方式，因此值得学习。

3.5 使用的和最有用的分布列表

无界分布与有界分布对比

下面根据分布是否有限来安排成表。斜体表示非参数分布。

单变量分布

分布的无界与有界	连续型	离散型
无界	Cauchy 分布 误差函数分布 误差分布 双曲正割分布 Johnson 分布 Laplace 分布 Logistic 分布 正态分布 t 分布 F 分布	

（续）

分布的无界与有界	连续型	离散型
左边有界分布	Bradford 分布	Beta -几何分布
	Burr 分布	Beta -负二项分布
	Chi 分布	Delaporte 分布
	χ^2 分布	几何分布
	Dagum 分布	逆超几何分布
	Erlang 分布	对数分布
	指数分布	负二项分布
	极大值分布	泊松分布
	极小值分布	Pólya 分布
	疲劳寿命分布	
	Fréchet 分布	
	Gamma 分布	
	广义逻辑分布	
	逆高斯分布	
	Loggamma 分布	
	Loglogistic 分布	
	对数正态分布	
	对数正态分布（基于 E）	
	对数正态分布（基于 B）	
	Pareto 分布（第一种）	
	Pareto 分布（第二种）	
	Pearson5 分布	
	Pearson6 分布	
	Rayleigh 分布	
	Weibull 分布	
左右均有界分布	Beta 分布	伯努利分布
	Beta4 分布	Beta -二项分布
	累积递增分布	二项分布
	累积递减分布	离散分布
	直方分布	离散均匀分布
	JohnsonB 分布	超几何分布
	Kumaraswamy 分布	Step 均匀分布
	Kumaraswamy4 分布	
	修正的 PERT 分布	
	Ogive 分布	
	PERT 分布	
	倒数分布	
	相对分布	
	分割三角分布	
	三角分布	
	均匀分布	

多变量分布

分布的无界与有界	连续型	离散型
无界分布	多变量正态分布	
左边有界分布		负多项式1分布 负多项式2分布
左右均有界分布	Dirichlet 分布	多项式分布 多项式超几何分布 多项式逆超几何1分布 多项式逆超几何2分布

频率分布

下列分布常用于对以下事件建模，如疫病暴发、经济危机、机器故障、死亡等：

伯努利分布	有一个可转换个体的、特殊的二项式分布
二项分布	有一组个体（试验）可被转换（成功）时应用。例如，在人寿保险中回答有多少人要求保1年
Delaporte 分布	事件以随机变化的风险水平随机发生，频率建模最灵活
对数分布	在1时为峰值，类似指数分布
NegBin 分布	事件以随机变化的风险水平随机发生，比 Pólya 严格
Poisson 分布	事件以恒定的风险水平随机发生
Pólya 分布	事件以随机变化的风险水平随机发生

风险影响

风险是指一个事件可能发生或不发生，其影响分布描述一旦风险发生而产生的“成本”。对于大多数应用程序，一个右偏且有左边界的连续分布最适用。对某些情况，如口蹄疫暴发，损失羊的数量当然是离散的，但这样的变量通常以连续分布建模［当然您可以应用 ROUND（…，0）］：

Bradford 分布	如指数分布，有极大界值和极小界值
Burr 分布	其灵活的形状很吸引人
Dagum 分布	对数正态分布，有两个形状参数，以便控制；还有一个尺度参数
指数分布	滑雪坡的形状，以其平均数定义
Ogive 分布	用于直接从数据中构建分布
Loggamma 分布	有个很长的右尾
Loglogistic 分布	影响为有几个变量的函数，这些变量要么相关，要么有一个占主导地位
对数正态分布	影响为有几个不相关的变量的函数
Pareto（两种）分布	滑雪坡的形状，且有最长的尾部，常用于构建有极端右尾的模型

经过一定时间和试验直至……

β-几何分布	一个 Beta-二项试验成功前的失败数
β-负二项分布	s 个 Beta-二项试验成功前的失败数
Erlang 分布	m 次泊松计数的时间
指数分布	一次泊松计数的时间
疲劳寿命分布	逐步衰老的时间

（续）

Gamma 分布	α 次泊松计数的时间，但是更为常用
逆超几何分布	s 个超几何试验成功前的失败数
逆高斯分布	理论等待时间的应用是深奥的，但是分布有一定灵活性
对数正态分布	某事件发生时间，发生的事件是许多变量的乘积，应用相当普遍
负二项分布	s 次二项试验成功前的失败数
负多项分布	s 次多项试验成功前的失败数
Rayleigh 分布	Weibull 分布的特殊情况。离其最近的邻居，Poisson 分布也有一段距离
Weibull 分布	事件发生的时间，这个事件发生的瞬间似然性随着时间改变（通常增加），可靠性工程应用较多

在金融市场中的变化

我们曾经很乐观地假设股票的回报率及利率的随机变化是正态分布。正态分布使得公式更简便。金融分析师现在更多地使用模型因此更具风险性：

柯西分布	一个类似正态分布的极值分布，但是有无限的方差
极值（最大值，最小值）分布	模拟极值改变，但是用起来较为棘手
广义误差（也称 GED，误差）分布	非常灵活的分布，将会在均匀分布、（近似）正态分布、Laplace 等分布中产生一些变动 逆高斯分布：当右尾很长的时候替换对数正态分布应用
Laplace 分布	像正态分布一样以均数和标准差来定义，但是有一个帐篷形状。因为它有一个较长的尾部较受亲睐
Lévy 分布	较吸引人，因为它属于稳定的分布族，比正态分布有丰厚的尾部
Logistic 分布	类似正态分布但比正态分布更尖
对数正态分布	假设市场随机受许多倍增的随机元素影响
正态分布	假设市场随机受许多添加的随机元素影响
Poisson 分布	用于模拟市场出现的波动
Slash 分布	有点类似正态分布，但是比正态分布尾部更厚，趋近于 Cauchy 分布的尾部
t 分布	当重新调整和转移的时候，它类似于正态分布，但是当 v 很小的时候，峰值更大

事物的大小问题

一头奶牛能产多少牛奶？一次销售的销售额有多大？一次波动的大小有多大？我们经常会获得此类数据，但用哪种分布拟合此类数据比较合适？

Bradford 分布	类似截断的 Pareto。在广告中应用，但也值得了解
Burr 分布	因为它灵活的形状较吸引人
Dagum 分布	灵活。用于拟合火灾损失总额
指数分布	滑雪坡的形状，在 0 处有顶点，通过均数来定义
极值分布	模拟属于指数族分布的变量的极值（最大值，最小值）。难于应用。VoseLargest 分布和 VoseSmallest 分布更为灵活和浅显
广义误差（也称 GED，误差）分布	非常灵活的分布，将会在均匀分布、（近似）正态分布、Laplace 等分布中产生一些变动 双曲线正割分布：类似正态分布，但是宽度较窄，所以用于拟合用正态分布拟合不恰当的数据
逆高斯分布	在右尾较长时，替换对数正态分布应用

（续）

Johnson 有界分布	可以有任意组合的偏度和峰度，所以拟合数据时非常灵活，但是极少应用
Loggamma 分布	如果变量是一些指数分布变量乘积，它就看起来像 Loggamma 分布
Loglaplace 分布	不对称对数 Laplace 分布有一个很奇怪的形状，但是有一个适合微粒大小及类似数据的历史
Loglogistic 分布	有一个适合拟合极少财政变量数据的历史
对数正态分布	见中心极限定理。大小是一个随机变量的乘积的函数。经典示例是：石油储备=面积 * 厚度 * 孔隙率 * 气体石油比 * 回复率
正态分布	见中心极限定理。大小是一个随机变量的乘积的函数，如一头牛的牛奶产量可能为以下几个因素的函数：基因、农场管理、心理因素（已被证明）和营养……
Pareto 分布	滑雪板形状，有很长的尾部。常用于保守拟合极右尾值，但是极其适合主要身体数据，所以考虑拼接（见 VoseSplice 函数）
Rayleigh 分布	浪高，电磁峰值及类似数据
Studen *t* 分布	如果正态分布的方差也是随机变量（尤其是 χ^2 分布），这个变量服从 Studen *t* 分布。所以想想有恒定的均数与变动的标准差的一些事物。例如，在不同质量仪器或不同操作员操作所产生的测量误差
Weibull 分布	非常类似 Ravleigh 分布，包括用于拟合风速

专家估计

以下分布常用于模拟专家估计的题材，因为它们直观、易于控制和/或灵活：

伯努利分布	用于模型风险事件的发生或不发生
Beta4 分布	一个最小值，最大值和两个形状参数。可参数化（即 PERT 分布）。形状参数很难应用 Bradford 分布：一个最小值，最大值和之间的滑雪道的形状，有可控的下降
结合分布	正确结合同样参数的几个 SME 估计值并且衡量它们
累积（升序和降序）分布	当专家需要一组“在 *X* 以下的概率 *P*”时较好
离散分布	指定几个可能结果，与各自权重
Johnson 有界分布	可用 VISIFIT 软件匹配专家估计
Kumaraswamy 分布	可控分布，类似于 Beta4 分布
调整 PERT 分布	可额外控制延伸的 PERT 分布
PERT 分布	有最小值、最大值和众数。如果分布十分倾斜，则对尾部强调很少
相关分布	允许你构建自己的形状
分割三角分布	由低百分位数、中百分位数和高百分位数来定义。将两个三角分布拼接在一起，较直观 三角分布：有最小值、最大值及众数。一些软件也提供低百分位数和高百分位数作为输入值。过于强调尾部
均匀分布	有最大值和最小值。当 SME 提供较少信息时（见 14.4），对于标示十分有用

3.6 如何阅读概率分布公式

本节的目的是帮助你更好地了解如何阅读和应用描述分布的公式。对于本附录中每个分布（除那些有极其复杂和重要的计算公式的分布外），我给出下列公式：

- 概率质量函数（离散分布）
- 概率密度函数（连续分布）

- 累积分布函数（如果有）
- 均数
- 众数
- 方差
- 偏度
- 峰度

还有很多其他的分布特征（如瞬时函数，原始时刻），但它们通常很少应用于风险分析，还会让你面对更多晦涩难懂的公式。

3.6.1 位置、尺度和形状参数

本书及 ModelRisk 中，我们将分布参数化来反映最为常见的用法，并在有两个及以上共同参数化的地方，应用最有效的一个来建立风险模型。例如，通常应用均数和标准差来观察分布的一致性；或其他容易来自随机过程的参数，这些参数经常在分布中应用。另一种描述参数的方法是：按位置参数、尺度参数和形状参数对它们进行分类，可根据它们常用含义来区别，有时也有助于了解分布如何随着参数值的变化而变化的。

位置参数（location parameter）。位置参数决定分布在 x 轴上的位置。因此，它应该以和均数和众数这两个位置统计量相同的方式出现在公式中。所以，如果某位置参数增加 3 个单位，均数和众数也会增加 3 个单位。例如正态分布的均数同时也是众数，也可以称为位置参数。Laplace 分布也一样，如许多分布可以通过转换参数来延伸（如 Vose 转换），它有沿 x 轴移动分布的效果并且是位置参数。

尺度参数（scale parameter）。尺度参数在 x 轴上决定分布的延伸。它的平方应该作为分布方差出现在公式中。例如，β 是 Gamma 分布、Weibull 分布和 logistic 分布的尺度参数；σ 是正态分布和 Laplace 分布的尺度参数；b 是极大值分布、极小值分布和 Rayleigh 分布的尺度参数等。

形状参数（shape parameter）。形状参数控制分布的形状（如偏度、峰度）。它会在概率密度函数中出现，控制非线性形式中的 x，通常作为 x 的系数。例如，Pareto 分布的概率密度函数：

$$f(x) \propto \frac{1}{x^{\theta+1}}$$

其中，θ 是形状参数，因为它改变 $f(x)$ 和 x 之间的函数形式。另外，ν 是 GED 分布、t 分布和 χ^2 分布的形状参数，α 是 Gamma 分布的形状参数。一个分布可以有两个形状参数，如 α_1 和 α_2 是 β 分布的形状参数，ν_1 和 ν_2 是 F 分布的形状参数。

如果没有形状参数，分布将会一直是相同的形状（如柯西分布、指数分布、极值分布、Laplace 分布、Logistic 分布和正态分布）

3.6.2 理解分布公式

概率质量函数（pmf）和概率密度函数（pdf）

概率质量函数（probability mass function，pmf）或概率密度函数（probability density function，pdf）是描述分布最常用的公式。有两点理由：第一是它给出了密度（质量）曲线的形状，这是最简单的认识和评价分布的方法；第二是 pmf（或 pdf）是一种有用的形式，而 cdf 经常不是一个闭合的形式（表示一个简单的代数恒等式，而不是以积分或总计形式来表达）。

pmfs 总和必须为 1，pdfs 积分必须为 1。这是为了遵守基本的概率原则，即所有的概率之和等于 1。这意味着，pmf 或 pdf 公式有两个部分：x 的函数部分，代表可能的参数值；标准化的部分，标准化分布使总和为单位数。例如，广义误差分布的 pdf 形式（比较复杂）为：

$$f(x)=\frac{K}{\beta}\exp\left[-\frac{1}{2}\left|\frac{x-\mu}{\beta}\right|^{\mathrm{v}}\right] \tag{3.1}$$

其中，

$$K=\frac{\mathrm{v}}{\Gamma\left(\frac{1}{\mathrm{v}}\right)2^{1+\frac{1}{\mathrm{v}}}},\beta=\frac{\sigma}{2^{\frac{1}{\mathrm{v}}}}\sqrt{\frac{\Gamma\left(\frac{1}{\mathrm{v}}\right)}{\Gamma\left(\frac{3}{\mathrm{v}}\right)}}$$

随着 x 变化的部分为：

$$\exp\left[-\frac{1}{2}\left|\frac{x-\mu}{\beta}\right|^{\mathrm{v}}\right]$$

因此，其可以写成：

$$f(x)\propto\exp\left[-\frac{1}{2}\left|\frac{x-\mu}{\beta}\right|^{\mathrm{v}}\right] \tag{3.2}$$

公式（3.1）的剩余部分，即 K/β，对于给定的参数是一个标准化常数，并确保曲线下的面积为单位数。公式（3.2）足以定义或识别分布，并使我们把焦点聚集在分布如何随着参数值的变化而改变的问题上。事实上，概率数学家经常致力于 x 的函数部分，在他们心目中它最终将标准化。

例如，$(x-\mu)$ 部分展示了分布沿 x 轴改变了 μ 个单位（位置参数），除以 β 意味着分布根据这个因素重新调整了尺度（尺度参数）。参数 x 改变了分布的函数形式。例如，对于 $\nu=2$：

$$f(x)\propto\exp\left[-\frac{1}{2}\left(\frac{x-\mu}{\beta}\right)^{2}\right]$$

将其与正态分布密度函数作比较：

$$f(x)\propto\exp\left[-\frac{1}{2}\left(\frac{x-\mu}{\sigma}\right)^{2}\right]$$

所以，当 $\nu=2$ 时，GED 是正态分布，均数为 μ，标准差为 β。众所周知，必须调整相乘的常数，以保证曲线下的面积为单位数，函数形式（x 部分）给了我们足够的信息来说明这点。同样，当 $\nu=1$ 时：

$$f(x)\propto\exp\left[-\frac{1}{2}\left|\frac{x-\mu}{\beta}\right|\right]$$

这是 Laplace 分布的密度函数。

因此，当 $\nu=1$ 时 GED 就是 Laplace（μ，β）分布。

这个思想同样可以应用于离散分布。例如，Logarithmic（θ）分布的概率质量函数为：

$$f(x)=\frac{-\theta^x}{x\ln(1-\theta)}\propto\frac{-\theta^x}{x}$$

因为 log (x) 可以用无穷级数表示，所以$\frac{1}{\ln\ (1-\theta)}$是标准化部分，因此：

$$\sum_{x=1}^{\infty}\frac{-\theta^x}{x}=\ln(1-\theta)$$

累积分布函数

累积分布函数（cumulative distribution function，cdf）提供了小于或等于变量值 x 的概率。对于离散分布，这仅仅只是把 pmf 相加至 x，所以该公式并没有比 pmf 公式提供更多信息。但是，对于连续性分布，cdf 能够比相应的 pdf 采用更简单的形式。例如，对于 Weibull 分布：

$$f(x)=\alpha\beta^{-\alpha}x^{\alpha-1}\exp\left[-\left(\frac{x}{\beta}\right)^{\alpha}\right]\propto x^{\alpha-1}\exp\left[-\left(\frac{x}{\beta}\right)^{\alpha}\right]$$

$$f(x)=1-\exp\left[-\left(\frac{x}{\beta}\right)^{\alpha}\right] \tag{3.3}$$

后者更容易理解。

许多 cdf 都有包含指数函数的成分（例如，Weibull 分布、指数分布、极值分布、Laplace 分布、Logistic 分布和 Rayleigh 分布）。Exp（$-\infty$）$=0$ 和 Exp（0）$=1$，是 $F(x)$ 的范围，所以将会看到函数形式为：

$$F(x)=\exp(-g(x))$$

或者

$$F(x)=1-\exp(-g(x))$$

其中，$g(x)$ 是关于 x 的函数，随着 x 从 0 到无穷或从无穷到 0 单调递增（即总是增加）。例如，Weibull 分布的公式（3.3）显示：

- β 值确定 x 尺度。
- 当 $x=0$ 时，F（x）$=1-1=0$，则变量有最小值 0。
- 当 $x=\infty$时，F（x）$=1-0=1$，则变量有最大值∞。

  α 使分布更短，因为它“放大”了 x。例如（使 $\beta=1$），如果 $\alpha=2$ 且 $x=3$，则有 $3^2=9$；而如果 $\alpha=4$，则有 $3^4=81$。

均数 μ

概率分布的均数（mean）非常有用，有如下几点理由：

- 它给出了分布的位置。
- 中心极限定理（CLT）需要均数。
- 了解公式的均数有助于了解分布。例如，Gamma（α，β）可用于在平均时间发生 β 次事件时，为观察 α 次随机独立事件发生所需要的时间建模。直观感觉是，“平均”、所需时间、$\alpha\beta$ 是分布的均数。
- 有时要把一个分布近似于另一个分布使数学形式更为简单。知道公式的均数和方差有助于我们找到具有相同统计量的分布。
- 因为中心极限定理，在模型中使用均数比使用众数和中位数更精确。所以，如果用分布的均数替换模拟模型中的分布，如果模型包括该分布，则它们输出的均数总是相近的。然而，同样的方法不能用于用中位数替换分布，用众数替换的效果则更糟。

- 如果知道频率分布和强度分布的均数和其他的统计量，可以确定合计分布的均数和其他统计量。
- 通过将数据的均数和方差与分布公式的均数和方差匹配——矩量法，可将分布拟合于数据。

当一个分布的 pdf 为 $f(x)=g(x-z)$，其中 $g()$ 为任意函数、z 为一固定值，均数的公式会是 z 的线性函数。

众数

众数（mode）是分布最顶点的位置，且是最直观的参数——即“最有可能出现的值”。

如果众数与均数的公式相同，即说明分布是对称的。如果众数小于均数如，对于 Gamma 分布而言，众数＝$(\alpha-1)\beta$，均数＝$\alpha\beta$，该分布为右偏态分布。如果众数大于均数，分布为左偏态。众数是“最好的猜测”，所以看众数是如何随着分布参数的变化而变化是很有用的。例如，Beta（α，β）的众数为：

$$\frac{\alpha-1}{\alpha+\beta-2} \quad 若\ \alpha>1,\beta>1$$

Beta（$s+1$，$n-s+1$）常用于估计 n 次试验观察到 s 次成功事件的二项式概率。众数为 s/n：试验成功的分数。这是在真实（长期）概率下的“最好的猜测”，非常直观。

方差 V

方差（variance）可测量分布的延伸。我更愿意给出方差而非均数的公式是因为它避免了一直都有平方根，也因为概率数学工作应用方差而非标准差。然而，应用方差公式的平方根（如标准差 σ）能让我们更多了解方差。例如，Logistic（α，β）分布的方差为：

$$V=\frac{\beta^2\pi^2}{3}$$

因此，

$$\sigma=\sqrt{V}=\frac{\beta\pi}{\sqrt{3}}$$

其中，β 是尺度参数：分布的延伸与 β 成比例。另一个示例——Pareto（θ，α）分布的方差为：

$$V=\frac{\alpha^2\theta}{(\theta-1)^2(\theta-2)}$$

因此，

$$\sigma=\alpha\sqrt{\frac{\theta}{(\theta-1)^2(\theta-2)}}$$

其中，α 是尺度参数。

偏度 S

偏度（skewness）公式和峰度公式不是特别重要，所以可以跳过此部分。偏度是 $(x-\mu)^3$ 除以 $V^{3/2}$ 的期望值，因此会常看到 $\frac{\cdots}{\sqrt{\cdots}}$ 和 $\frac{\cdots}{(\cdots)^{3/2}}$ 部分。一看公式就可知道分布是右偏态还是左偏态，并能将每个参数的可能值记于脑中。

例如，负二项分布的偏度公式为：

$$\frac{2-p}{\sqrt{s(1-p)}}$$

因为 p 属于区间（0，1），且 s 是一个正整数，偏度值恒为正。

Beta 分布的偏度为：

$$2\frac{(\beta-\alpha)}{(\alpha+\beta+2)}\sqrt{\frac{\alpha+\beta+1}{\alpha\beta}}$$

因为 α 和 β 均 >0，这意味着当 $\alpha>\beta$ 时，由于（$\beta-\alpha$）项，它为负偏态；当 $\alpha<\beta$ 时，为正偏态；当 $\alpha=\beta$ 时，为零偏态。

指数分布的偏度值为 2，我找到一个有用的测量作比较。

峰度 *K*

峰度（kurtosis）是（$x-\mu$）^{4} 除以 V^2 的期望值，所以常可以看到 $\frac{\cdots}{(\cdots)^2}$ 部分。

正态分布的峰度值为 3，这也是经常作比较的值（均匀分布的峰度值为 1.8，Laplace 分布为 6，这是两个供参考的极值点）。

泊松（λ）分布的峰度值为：

$$3+\frac{1}{\lambda}$$

这意味着，当考虑其他统计量时，λ 值越大，分布越接近正态。

该思想同样可应用于 t（ν）分布，它的峰度值为：

$$3\left(\frac{\upsilon-2}{\upsilon-4}\right)$$

ν 越大，峰度值越接近 3。

Lognormal（μ，α）分布的峰度是 $z^4+2z^3+3z^2-3$，其中：

$$z=1+\frac{\mu}{\sigma}$$

当对数正态分布类似正态分布的时候，这意味着什么呢?

3.7　分布

3.7.1　单变量分布

伯努利分布

VoseBernoulli（p）

图像

伯努利分布是一个 $n=1$ 的二项分布。当概率为 p 时分布为 1，否则为 0。

用途

伯努利分布根据瑞士科学家 Jakob Bernoulli 的名字命名。它常用于建立风险是否发生的模型。

VoseBemoulli（0.2） * VoseLognormal（12，72）模拟了一个风险事件，这个风险事件发生的概率为 20%。如果该事件发生，其影响为 Lognormal（12，72）。

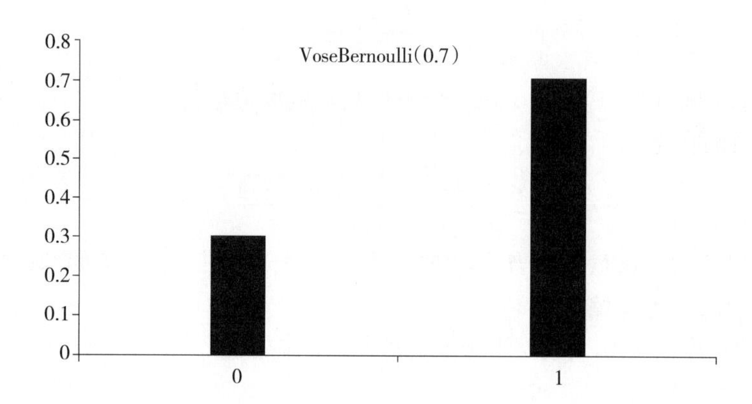

公式

概率质量函数	$f(x)=p^x(1-p)^{1-x}$
累积分布函数	$F(0)=1-p$，$F(1)=1$
参数约束条件	$0\leqslant p\leqslant 1$
定义域	$x=\{0, 1\}$
均数	p
众数	$[2p]$
方差	$p(1-p)$
偏度	$\frac{1-2p}{\sqrt{p(1-p)}}$
峰度	$\frac{1}{p(1-p)}-3$

Beta 分布

VoseBeta（α，β）

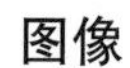

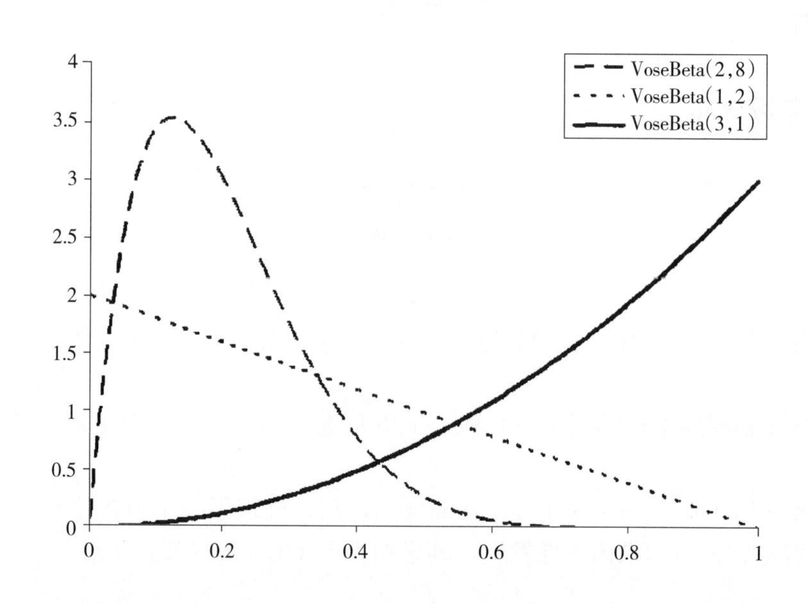

用途

Beta 分布主要有两个用途：

用于概率、分数或者流行率不确定性及随机变异的描述。

可以重新调整和变换，在任意有限范围内建立各种形状的分布。正因为如此，有时用于为专家的想法建模。例如，以 PERT 分布的形式。

Beta 分布是贝叶斯推断中二项似然函数的共轭先验分布（意味着有相同的函数形式，所以也常称为"便利先验分布"）。因此，Beta 分布常用于在已做 n 次试验、成功的次数为 s 时描述二项式概率的不确定性。在这种情况下，α 设为 $(s+x)$，β 设为 $(n-s+y)$，Beta (x, y) 是先验值。

公式

概率密度函数	$f(x)=\frac{(x-\min)^{\alpha-1}(\max-x)^{\beta-1}}{B(\alpha,\beta)(\max-\min)^{\alpha+\beta-1}}$ 其中 min 为最小值，max 为最大值；$B(\alpha, \beta)$ 是 Beta 函数
累积分布函数	无闭型
参数约束条件	$\alpha>0$，$\beta>0$，$\min<\max$
定义域	$\min\leqslant x\leqslant\max$
均数	$\min+\frac{\alpha}{\alpha+\beta}(\max-\min)$
众数	$\min+\frac{\alpha-1}{\alpha+\beta-2}(\max-\min)$　　如果 $\alpha>1$，$\beta>1$ min，max　　如果 $\alpha<1$，$\beta<1$ min　　如果 $\alpha<1$，$\beta\geqslant1$ 或 $\alpha=1$，$\beta>1$ max　　如果 $\alpha\geqslant1$，$\beta<1$ 或 $\alpha>1$，$\beta=1$ 没有单一形式　　如果 $\alpha=1$，$\beta=1$
方差	$\frac{\alpha\beta}{(\alpha+\beta)^2(\alpha+\beta+1)}(\max-\min)^2$
偏度	$2\frac{\beta-\alpha}{\alpha+\beta+2}\sqrt{\frac{\alpha+\beta+1}{\alpha\beta}}$
峰度	$3\frac{(\alpha+\beta+1)(2(\alpha+\beta)^2+\alpha\beta(\alpha+\beta-6))}{\alpha\beta(\alpha+\beta+2)(\alpha+\beta+3)}$

Beta4 分布

VoseBeta4 $(\alpha, p\min, \max)$

图像

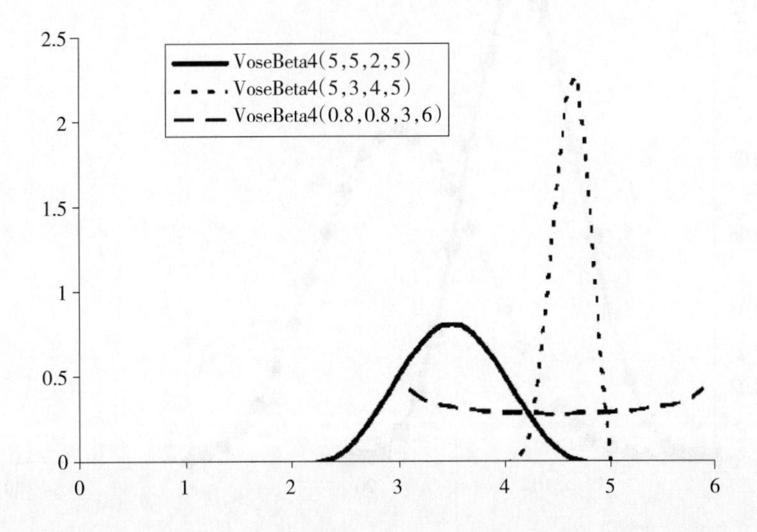

用途

见 Beta 分布

公式

概率密度函数	$f(x)=\frac{(x-\min)^{\alpha-1}(\max-x)^{\beta-1}}{B(\alpha,\beta)(\max-\min)^{\alpha+\beta-1}}$ 其中 $B(\alpha,\beta)$ 是 Beta 函数
累积分布函数	无闭型
参数约束条件	$\alpha>0$，$\beta>0$，$\min<\max$
定义域	$\min\leqslant x\leqslant\max$
均数	$\min+\frac{\alpha}{\alpha+\beta}(\max-\min)$
众数	$\min+\frac{\alpha-1}{\alpha+\beta-2}(\max-\min)$　如果 $\alpha>1$，$\beta>1$ min，max　如果 $\alpha<1$，$\beta<1$ min　如果 $\alpha<1$，$\beta\geqslant1$ 或 $\alpha=1$，$\beta>1$ max　如果 $\alpha\geqslant1$，$\beta<1$ 或 $\alpha>1$，$\beta=1$ 没有单一形式　如果 $\alpha=1$，$\beta=1$
方差	$\frac{\alpha\beta}{(\alpha+\beta)^2(\alpha+\beta+1)}(\max-\min)^2$
偏度	$2\frac{\beta-\alpha}{\alpha+\beta+2}\sqrt{\frac{\alpha+\beta+1}{\alpha\beta}}$
峰度	$3\frac{(\alpha+\beta+1)(2(\alpha+\beta)^2+\alpha\beta(\alpha+\beta-6))}{\alpha\beta(\alpha+\beta+2)(\alpha+\beta+3)}$

Beta-二项分布

VoseBetaBinomial（n，α，β）

图像

Beta-二项分布在 0 和 n 之间为离散分布。

Beta-Binomial（30，10，7）和 Beta-Binomial（20，12，10）的示例如下：

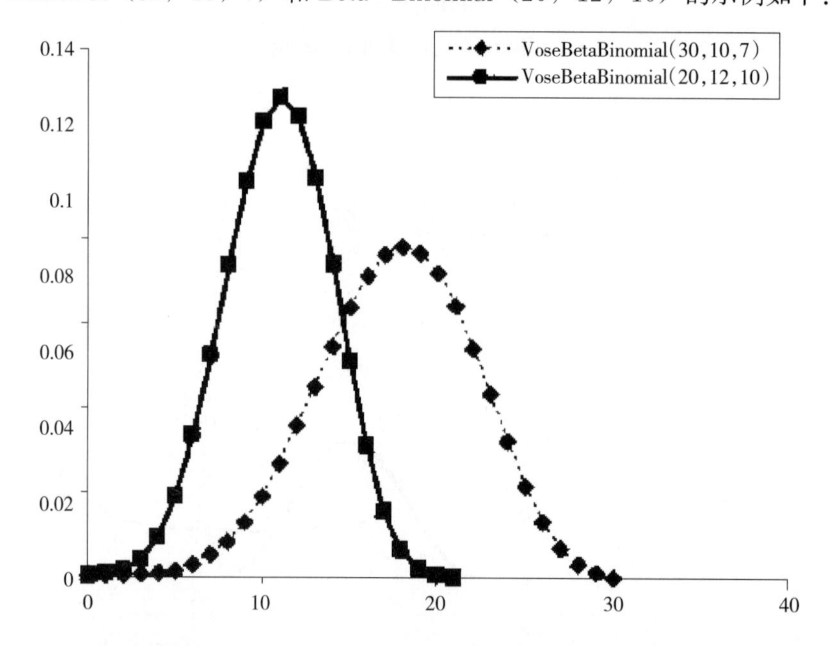

用途

Beta-二项分布用于建立二项试验成功数［通常为 Binomial（n，p）］的模型。但是，当成功的概率 p 也是一个随机变量时，这样的分布完全可以用 Beta 分布来描述。

Beta 分布的形状有极大的灵活性，这意味它能很好的代表 p 的随机性。

成功的概率是随机变化的，但是在任何情况下，概率适用于任何试验。例如，你可能会用 Beta-二项分布来模拟：

- 在有 n 辆车的跑道上相撞的车数量，决定因素不是取决于个别司机的技巧而是当天的天气。
- 生产者产出的不合格的葡萄酒数量，决定因素不是如何生产每一瓶酒而是将这一批当成一个整体来处理。
- n 个人参加婚礼的人中生病的人数，大家都吃过美味的蛋奶酥，但很不幸蛋奶酥是由坏了的鸡蛋制成。他们发病的风险不是取决于他们个人的免疫系统或者蛋奶酥的摄入量，而是取决于这顿晚餐被污染的水平。

备注

Beta-二项分布比其最佳拟合二项分布更具延展性，因为 Beta 分布增加了额外的随机性。因此，当观测值范围很广，二项分布不能够匹配观测值时，常用 Beta-二项分布。

公式

概率质量函数	$f(x)=\binom{n}{x}\frac{\Gamma(\alpha+x)\ \Gamma(n+\beta-x)\ \Gamma(\alpha+\beta)}{\Gamma(\alpha+\beta+n)\ \Gamma(\alpha)\ \Gamma(\beta)}$
累积分布函数	$F(x)=\sum_{i=1}^{x}\binom{n}{i}\frac{\Gamma(\alpha+i)\Gamma(n+\beta-i)\Gamma(\alpha+\beta)}{\Gamma(\alpha+\beta+n)\Gamma(\alpha)\Gamma(\beta)}$
参数约束条件	$\alpha>0$；$\beta>0$；$n=\{0,1,2,\cdots\}$
定义域	$x=\{0,1,2,\cdots,n\}$
均数	$n\frac{\alpha}{\alpha+\beta}$
众数	$\left[n\left(\frac{\alpha-1}{\alpha+\beta-2}\right)+\frac{1}{2}\right]$　如果 $\alpha>1$，$\beta>1$ 0，n　如果 $\alpha<1$，$\beta<1$ 0　如果 $\alpha<1$，$\beta\geqslant1$ 或 $\alpha=1$，$\beta>1$ n　如果 $\alpha\geqslant1$，$\beta<1$ 或 $\alpha>1$，$\beta=1$ 无单一形式　如果 $\alpha=1$，$\beta=1$
方差	$n\frac{\alpha\beta\ (\alpha+\beta+n)}{(\alpha+\beta)^2\ (\alpha+\beta+1)}$
偏度	$(\alpha+\beta+2n)\ \frac{(\beta-\alpha)}{(\alpha+\beta+2)}\sqrt{\frac{(1+\alpha+\beta)}{n\alpha\beta\ (n+\alpha+\beta)}}$
峰度	$\frac{(\alpha+\beta)^2\ (1+\alpha+\beta)}{n\alpha\beta\ (\alpha+\beta+2)\ (\alpha+\beta+3)\ (\alpha+\beta+n)}\begin{pmatrix}(\alpha+\beta)\ (\alpha+\beta-1+6n)\ +3\alpha\beta\ (n-2)\ +6n^2\\ -\frac{3\alpha\beta n\ (6-n)}{\alpha+\beta}-\frac{18\alpha\beta n^2}{(\alpha+\beta)^2}\end{pmatrix}$

Beta-几何分布
VoseBetaGeometric（α，β）

图像

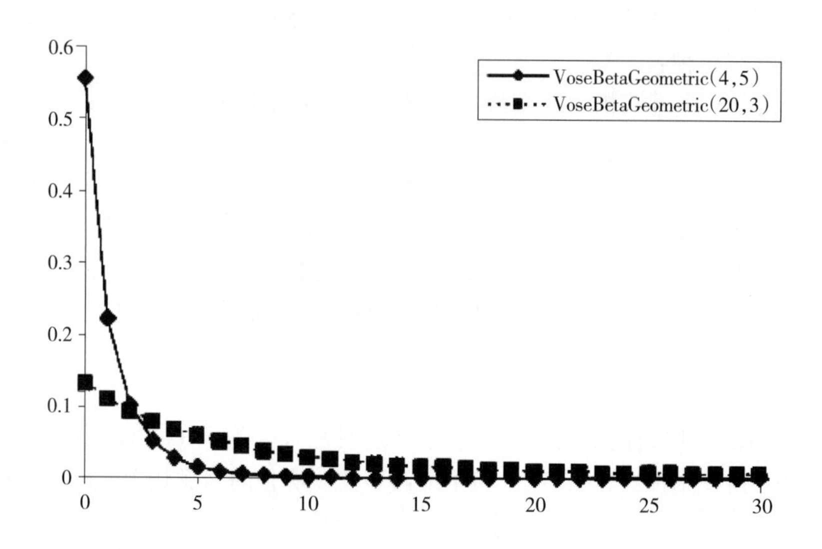

用途

Beta-几何分布（a，b）模拟在二项进程中第一个成功事件发生前的失败数，而这个二项式概率 p 本身也是 Beta（a，b）的随机变量。

公式

概率质量函数	$f(x)=\dfrac{\beta\Gamma(\alpha+\beta)\Gamma(\alpha+x)}{\Gamma(\alpha)\Gamma(\alpha+\beta+x+1)}$	
累积分布函数	$F(x)=\sum_{i=0}^{x}\dfrac{\beta\Gamma(\alpha+\beta)\Gamma(\alpha+i)}{\Gamma(\alpha)\Gamma(\alpha+\beta+i+1)}$	
参数约束条件	$\alpha>0$，$\beta>0$	
定义域	$x=\{0, 1, 2, \cdots\}$	
均数	$\dfrac{\alpha}{\beta-1}$	对于 $\beta>1$
众数	0	
方差	$\dfrac{\alpha\beta(\alpha+\beta-1)}{(\beta-2)(\beta-1)^2}$	对于 $\beta>2$
偏度	$\dfrac{1}{V^{3/2}}\dfrac{\alpha\beta(\alpha+\beta-1)(2\alpha+\beta-1)(\beta+1)}{(\beta-3)(\beta-2)(\beta-1)^3}$	对于 $\beta>3$
峰度	过于复杂	

Beta-负二项分布
VoseBetaNegBin（s，α，β）

图像

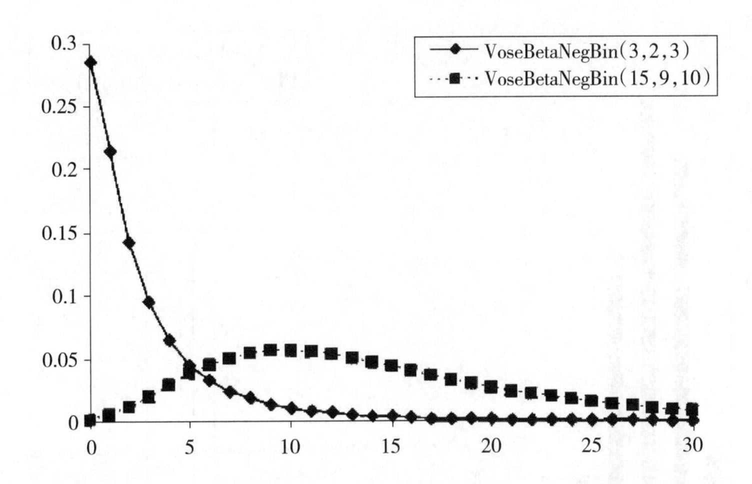

用途

Beta-负二项分布（s，α，β）分布模拟二项进程中出现 s 个成功事件前的失败数。而这个二项式概率 p 本身也是 Beta（α，β）的随机变量。

公式

概率质量函数	$f(x)=\dfrac{\Gamma(s+x)\,\Gamma(\alpha+\beta)\,\Gamma(\alpha+x)\,\Gamma(\beta+s)}{\Gamma(s)\,\Gamma(x+1)\,\Gamma(\alpha)\,\Gamma(\beta)\,\Gamma(\alpha+\beta+s+x)}$	
累积分数函数	$F(x)=\sum_{i=0}^{x}\dfrac{\Gamma(s+i)\Gamma(\alpha+\beta)\Gamma(\alpha+i)\Gamma(\beta+s)}{\Gamma(s)\Gamma(i+1)\Gamma(\alpha)\Gamma(\beta)\Gamma(\alpha+\beta+s+i)}$	
参数约束条件	$s>0$，$\alpha>0$，$\beta>0$	
定义域	$x=\{0, 1, 2, \cdots\}$	
均数	$\dfrac{s\alpha}{\beta-1}$	对于 $\beta>1$
方差	$\dfrac{s\alpha(s\alpha+s\beta-s+\beta^2-2\beta+\alpha\beta-\alpha+1)}{(\beta-2)(\beta-1)^2}\equiv V$	对于 $\beta>2$
偏度	$\dfrac{1}{V^{3/2}}\dfrac{s\alpha(\alpha+\beta-1)(2\alpha+\beta-1)(s+\beta-1)(2s+\beta-1)}{(\beta-3)(\beta-2)(\beta-1)^3}$	对于 $\beta>3$
峰度	过于复杂	

二项分布

VoseBinornial（n，p）

图像

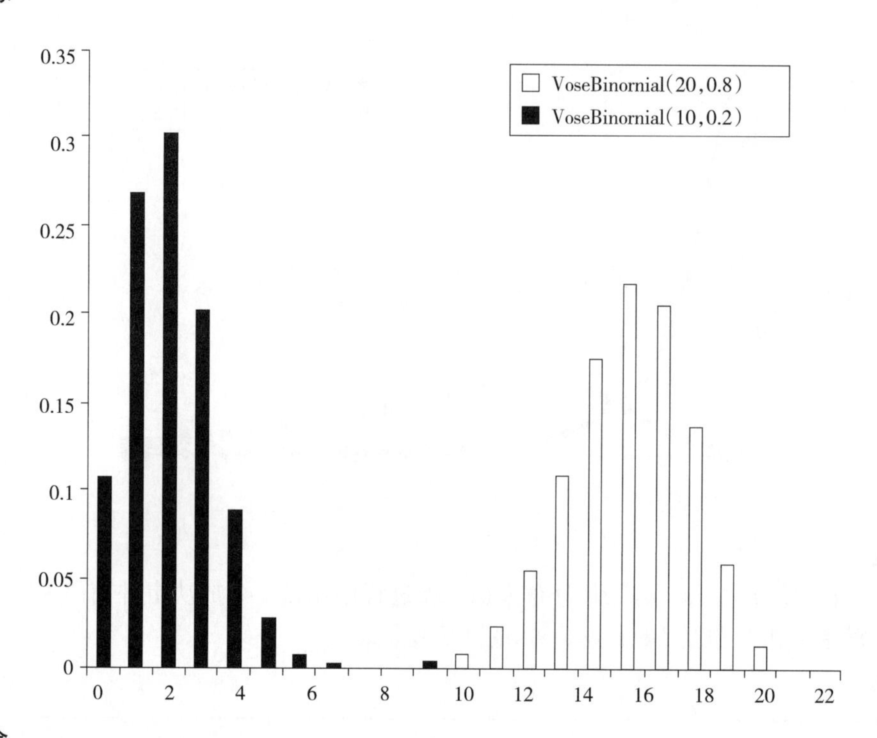

用途

二项分布模拟 n 次独立试验的成功数，每次独立试验成功的概率都为 p。

二项分布的用途很广。除了简单的二项式过程外，许多其他的随机过程可以有效的变为二项式过程来解决问题。例如：

- 二项式过程：
  1. 在 n 次尝试中，汽车制动的失败数。
  2. 一条生产线上的 n 个产品中失败品的数量。
  3. n 个随机选出人中具有某些特征的人数。
- 变为二项分布：
  1. 运行 T 小时以上没有出现问题的机器数。
  2. 含有≥0 抗体数的血样。
  3. 近似于超几何分布。

备注

无论重复多少次试验，二项分布假设概率 p 不变。这意味着，我们的目标不会变好也不会变坏。例如，如果成功的可能性随着试验的次数而提高的话，那就不会是一个比较好的估计量。

另一个示例：任意一个芯片有问题的概率 2%，在 2 000 个的批次中坏的电脑芯片数为 Binomial（2 000，2%）。

公式

概率质量函数	$f(x)=\binom{n}{x}p^x(1-p)^{n-x}$
累积分布函数	$F(x)=\sum_{i=0}^{[x]}\binom{n}{i}p^i(1-p)^{n-i}$
参数约束条件	$0\leqslant p\leqslant 1$，$n=\{0, 1, 2, \cdots\}$
定义域	$x=\{0, 1, 2, \cdots, n\}$
均数	np
众数	$p(n+1)-1$ 和 $p(n+1)$　　如果 $p(n+1)$ 是整数 $p(n+1)$　　如果 $p(n+1)$ 不是整数
方差	$np(1-p)$
偏度	$\frac{1-2p}{\sqrt{np(1-p)}}$
峰度	$\frac{1}{np(1-p)}+3\left(1-\frac{2}{n}\right)$

Bradford 分布

VoseBradford（θ，min，max）

图像

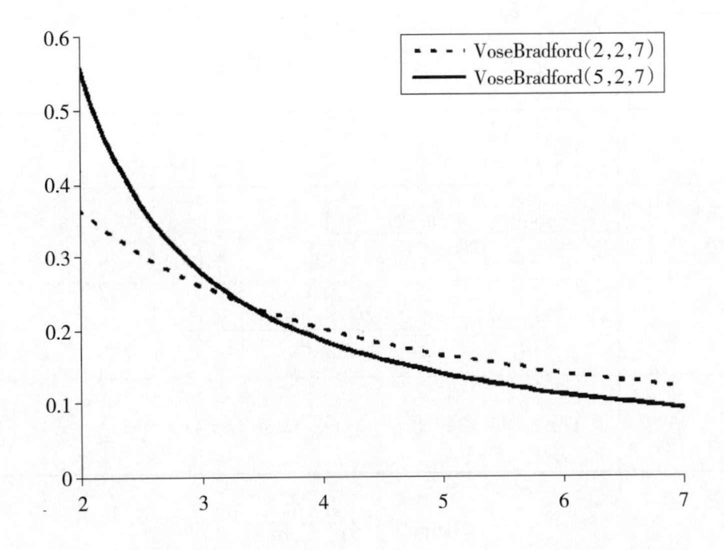

备注

Bradford 分布（又称"布拉德福德分散定律"）与截短了右侧的 Pareto 分布类似。它为右偏，在最小值时达到峰值。θ 值越大，密度在远离最小值时降低的越快。Bradford 分布来自于基本经验主义，并且与 Pareto 分布的核心思想十分类似。Bradford 最初通过学习两个科学领域（应用地球物理学和润滑学）期刊的文献分布发掘数据。他研究了各主题相关文章出现在相关领域的期刊比率。他鉴定了每年在测试区出版大于一定数量文章的所有期刊，以及其他出版频次降低的期刊。他写道（Bradford，1948，p. 116）：

如果科学期刊是按照相关主题文章的产量的降序编排，它们很可能被分为核心期刊，尤其是专注于该主题的核心期刊及其他与核心期刊有相同数量文章的几个团体或中心，这时核心期刊数与后面的中心数为 $1:n:n^2$……

Bradford 只确定了三个中心。他发现 n 值大约为 5。例如，如果一个主题的研究发现 6 种期刊包含了三分之一相关的文章，那么就有 $6\times5=30$ 种期刊将会包括另外三分之一的文章，最后的三分之一的文章是最分散的，分散在 $6\times5^2=150$ 种期刊中。

Bradford 的发现是相当有用的。该理论对期刊的研究与投资有很多启示。例如，一个机构应该订阅多少期刊，或者一个研究需要看多少文章。这也给了广告指南，通过确定前三分之一有最高影响的期刊，来决定有新话题的期刊（或者电子杂志的竞技台）是否有稳定的人群关注，并且测试浏览器的效率。

公式

概率密度函数	$f(x)=\dfrac{\theta}{(\theta(x-\min)+\max-\min)\log(\theta+1)}$
累积分布函数	$F(x)=\dfrac{\log\left(1+\dfrac{\theta(x-\min)}{\max-\min}\right)}{\log(\theta+1)}$
参数约束条件	$0<\theta$，$\min<\max$
定义域	$\min\leqslant x\leqslant\max$
均数	$\dfrac{\theta(\max-\min)+k[\min(\theta+1)-\max]}{\theta k}$ 其中 $k=\log(\theta+1)$
众数	min
方差	$\dfrac{(\max-\min)^2[\theta(k-2)+2k]}{2\theta k^2}$
偏度	$\dfrac{\sqrt{2}(12\theta^2-9k\theta(\theta+2)+2k^2(\theta(\theta+3)+3))}{\sqrt{\theta(\theta(k-2)+2k)}(3\theta(k-2)+6k)}$
峰度	$\theta^3(k-3)(k(3k-16)+24)+12k\theta^2(k-4)(k-3)+\dfrac{6\theta k^2(3k-14)+12k^3}{3\theta(\theta(k-2)+2k)^2}+3$

Burr 分布

VoseBurr (a, b, c, d)

图像

Burr 分布（列表第Ⅲ类，最初由 Burr 提出）是以 a 为界的右偏分布；b 是尺度参数，c 和 d 控制形状。Burr（0，1，c，d）是一个单位 Burr 分布。Burr 分布的示例如下。

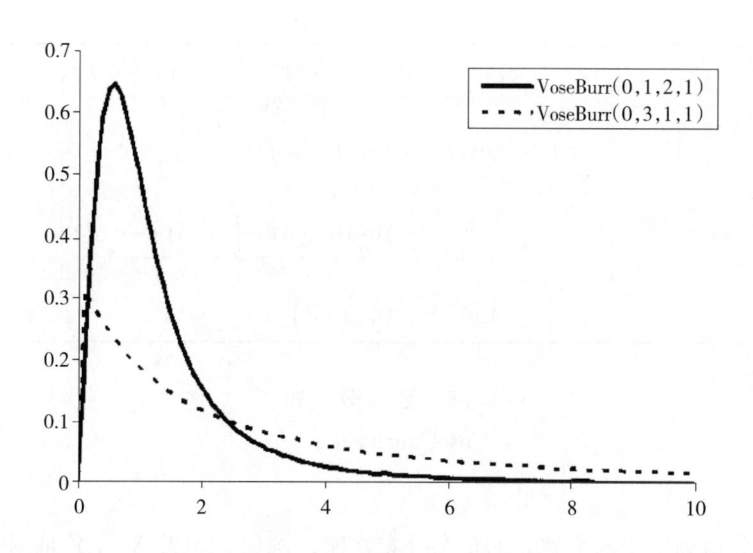

用途

Burr 分布形状灵活多变且范围和位置可以控制，有利于拟合数据。例如，Burr 分布能拟合木材行业的树干直径数据。它常常用于建立保险索赔额模型，并且有时在数据呈现轻微正偏态的时候也会替代正态分布。

公式

概率密度函数	$f(x)=\dfrac{cd}{bz^{c+1}(1+z^{-c})^{d-1}}$ 其中 $z=\left(\dfrac{x-a}{b}\right)$
累积分布函数	$F(x)=\dfrac{1}{(1+z^{-c})^{d}}$
参数约束条件	$b>0$，$c>0$，$d>0$
定义域	$x\geqslant a$
均数	$a+\dfrac{b\Gamma\left(1-\frac{1}{c}\right)\Gamma\left(d+\frac{1}{c}\right)}{\Gamma(d)}$
众数	$a+b\left(\dfrac{cd-1}{c+1}\right)^{\frac{1}{c}}$　如果 $c>1$，$d>1$ a　其他情况
方差	$\dfrac{b^2}{\Gamma^2(d)}k$ 其中 $k=\Gamma(d)\Gamma\left(1-\frac{2}{c}\right)\Gamma\left(d+\frac{2}{c}\right)-\Gamma^2\left(1-\frac{1}{c}\right)\Gamma^2\left(d+\frac{1}{c}\right)$
偏度	$\dfrac{\Gamma^2(d)}{k^{3/2}}\left[\begin{array}{l}\dfrac{2\Gamma^3\left(1-\frac{1}{c}\right)\Gamma^3\left(\frac{1}{c}+d\right)}{\Gamma^2(d)}\\-\dfrac{3\Gamma\left(1-\frac{2}{c}\right)\Gamma\left(1-\frac{1}{c}\right)\Gamma\left(\frac{1}{c}+d\right)\Gamma\left(\frac{2}{c}+d\right)}{\Gamma(d)}\\+\Gamma\left(1-\frac{3}{c}\right)\Gamma\left(\frac{3}{c}+d\right)\end{array}\right]$

（续）

峰度	$\frac{\Gamma^3(d)}{k^2}\left[\begin{array}{l}\frac{6\Gamma\left(1-\frac{2}{c}\right)\Gamma^2\left(1-\frac{1}{c}\right)\Gamma^2\left(\frac{1}{c}+d\right)\Gamma\left(\frac{2}{c}+d\right)}{\Gamma^2(d)}\\-\frac{3\Gamma^4\left(1-\frac{1}{c}\right)\Gamma^4\left(\frac{1}{c}+d\right)}{\Gamma^3(d)}\\-\frac{4\Gamma\left(1-\frac{3}{c}\right)\Gamma\left(1-\frac{1}{c}\right)\Gamma\left(\frac{1}{c}+d\right)\Gamma\left(\frac{3}{c}+d\right)}{\Gamma(d)}\\+\Gamma\left(1-\frac{4}{c}\right)\Gamma\left(\frac{4}{c}+d\right)\end{array}\right]$

柯 西 分 布

VoseCauchy（a，b）

图像

标准柯西分布来自于两个独立的正态分布之比。例如，如果 X 和 Y 是两个独立的 Normal（0，1），则有：

$$X/Y = \text{Cauchy}(0,1)$$

Cauchy（a，b）转换为以 a 为中位数，且延伸范围是 Cauchy（0，1）的 b 倍。Cauchy 分布的示例如下。

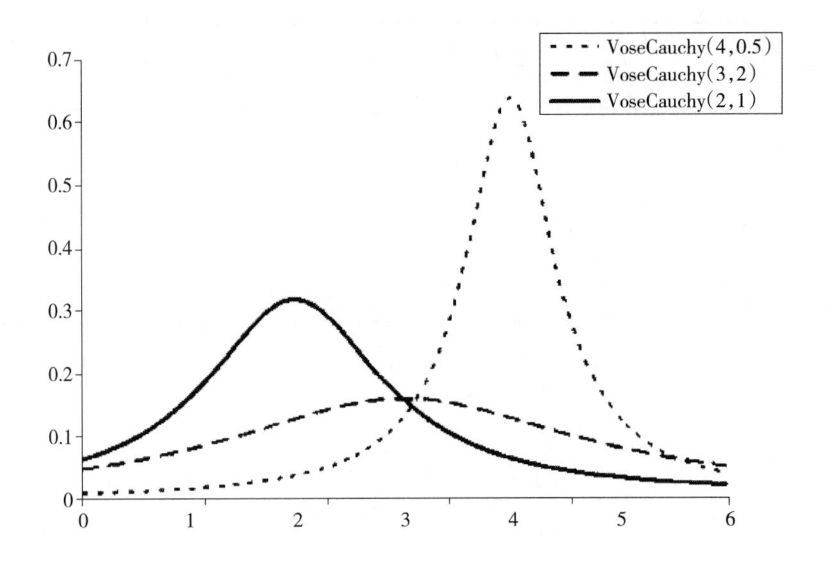

用途

Cauchy 分布不常用于风险分析。它用于机械和电器理论、物理人类学、测量和校准问题。例如，在物理学中它通常被称为洛伦兹分布，它是处于量子力学中不稳定状态的能量分布。它也可以建立从点源释放出的微粒沿着一个固定的直线的碰撞点模型。

Cauchy 分布的常见用途是，每当有人概括如何应用分布的时候，通过引用它可以显示其是多么“聪明”。因为它在许多方面都有异议：原则上，它没有定义的平均数（尽管由于对称性中位数在 a），也没有其他定义的统计量。

备注

分布是以 a 点对称，随着 b 的增加分布更加延伸。Cauchy 分布很奇特，且最引人注目，因为其没有一个定义好的统计量（如均数、标准差等），它们的定义是两个积分之间的区别，且两者的总和为无穷。虽然它看起来类似正态分布，但 Cauchy 分布的尾更长。从 $X/Y=$ Cauchy（0，1）可以看出，Cauchy 分布的倒数是另一个 Cauchy 分布（仅仅是左右对换两个正态分布）。从 $a-b$ 到 $a+b$ 的范围包含了概率区域的 50%。

公式

概率密度函数	$f(x)=\left\{\pi b\left[1+\left(\frac{x-a}{b}\right)^2\right]\right\}^{-1}$
累积分布函数	$F(x)=\frac{1}{2}+\frac{1}{\pi}\tan^{-1}\left(\frac{x-a}{b}\right)$
参数约束条件	$b>0$
定义域	$-\infty<x<+\infty$
均数	无
众数	a
方差	无
偏度	无
峰度	无

Chi 分布

VoseChi（υ）

图像

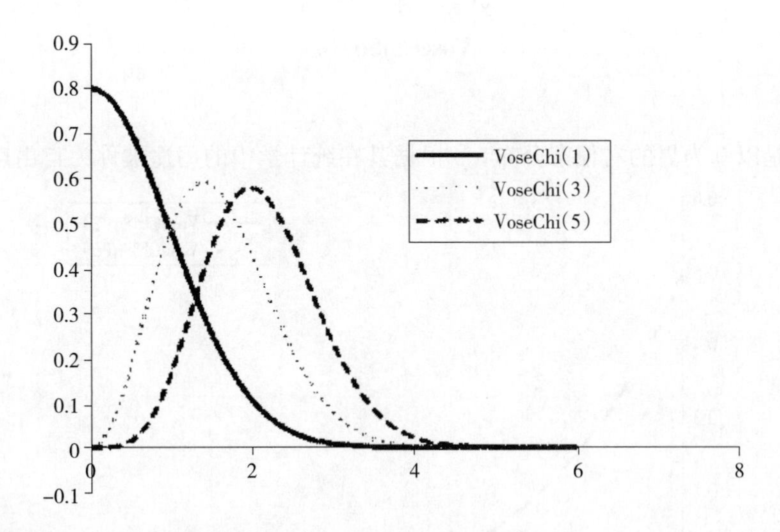

用途和备注

自由度为 υ 的标准 Chi 分布是 χ^2（υ）的随机变量取平方根的分布：

$$\mathrm{Chi}(\upsilon)=\sqrt{\mathrm{ChiSq}(\upsilon)}$$

Chi（1）是一种半正态分布：

$$\mathrm{Chi}(0,1,1)=\sqrt{\mathrm{ChiSq}(1)}=\sqrt{\mathrm{Normal}(0,1)^2}=|\mathrm{Normal}(0,1)|$$

Chi分布通常以k维向量的长度出现，这些向量的正交分量是独立的，且是标准正态分布。向量的长度是以k为自由度的Chi分布。例如，细胞运动速度的Maxwell分布就是Chi（3）分布。

公式

概率密度函数	$f_\upsilon(x)=\dfrac{x^{\upsilon-1}\exp\left(-\frac{x^2}{2}\right)}{2^{\frac{\upsilon}{2}-1}\Gamma\left(\frac{\upsilon}{2}\right)}$
累积分布函数	$F_\upsilon(x)=\dfrac{\gamma\left(\frac{\upsilon}{2},\frac{x^2}{2}\right)}{\Gamma\left(\frac{\upsilon}{2}\right)}$ 其中γ是较低的不完全Gamma函数：$\gamma(a,x)=\int_0^x t^{a-1}e^{-1}\mathrm{d}t$
参数约束条件	υ是整数
定义域	$x\geqslant 0$
均数	$\dfrac{\sqrt{2}\Gamma\left(\frac{\upsilon+1}{2}\right)}{\Gamma\left(\frac{\upsilon}{2}\right)}\equiv\mu$
众数	$\sqrt{\upsilon-1}$ 对于$\upsilon\geqslant 1$
方差	$\upsilon-\mu^2\equiv V$
偏度	过于复杂
峰度	过于复杂

χ^2 分 布

VoseChiSq（υ）

图像

χ^2分布是以0为界的右偏态分布，υ根据其在统计学中的用途被称为自由度。

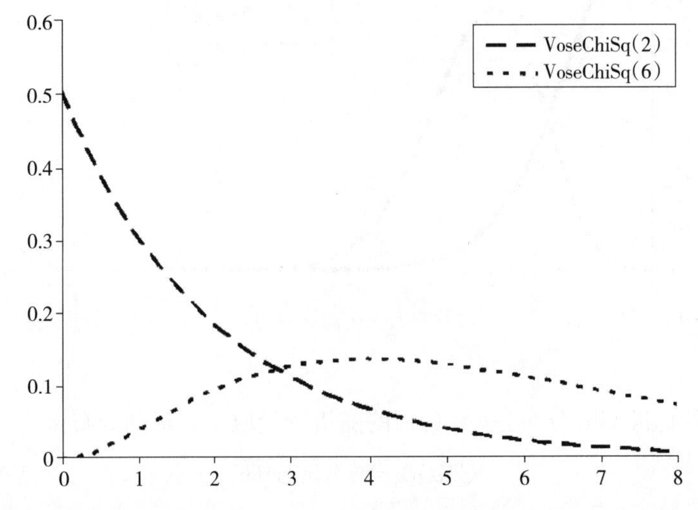

用途

υ个单位的正态分布［即 N（0，1)^2］的平方和就是 χ^2 分布：因此 χ^2（2）＝Normal（0，1)^2＋Normal（0，1)^2。就是这个特性使得 χ^2 分布在统计学尤其是经典统计中非常有用。

在统计学中，收集一组观测值并且计算一些样本统计量（均数、方差等）试着来推断数据来源的有关随机过程。如果样本是来自于正态分布的总体，则样本方差是一个随机变量，即移动过的、重新调整过的 χ^2分布。

χ^2分布也用于决定以现有数据绘制的直方图的拟合优度（GOF）（χ^2检验）。这种方法通过计算误差平方和，标准化它们成为 Normal（1，1），来得到 χ^2分布统计量。

过度应用 χ^2检验和统计量（特别是在 GOF 中），因为正态假设往往是不成立的。

备注

随着 ν 增大，［N（0，10^2）］的总和也增大，尽管根据中央极限定理，该分布近似正态分布。有时也写做 χ^2（υ）。与 Gamma 分布有关：χ^2（ν）＝Gamma（ν/2，2）。

公式

概率密度函数	$f(x)=\dfrac{x^{\frac{\nu}{2}-1}\exp\left(-\dfrac{x}{2}\right)}{2^{\frac{\nu}{2}}\Gamma\left(\dfrac{\nu}{2}\right)}$
累积分布函数	无闭型
参数约束条件	$\nu>0$，且为整数
定义域	$x\geqslant0$
均数	υ
众数	0　　如果 $\nu<2$ $\nu-1$　　否则
方差	2ν
偏度	$\sqrt{\dfrac{8}{\nu}}$
峰度	$3+\dfrac{12}{\nu}$

累积递增分布

VoseCumulA（min，max，$\{x_i\}$，$\{P_i\}$）

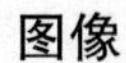

图像

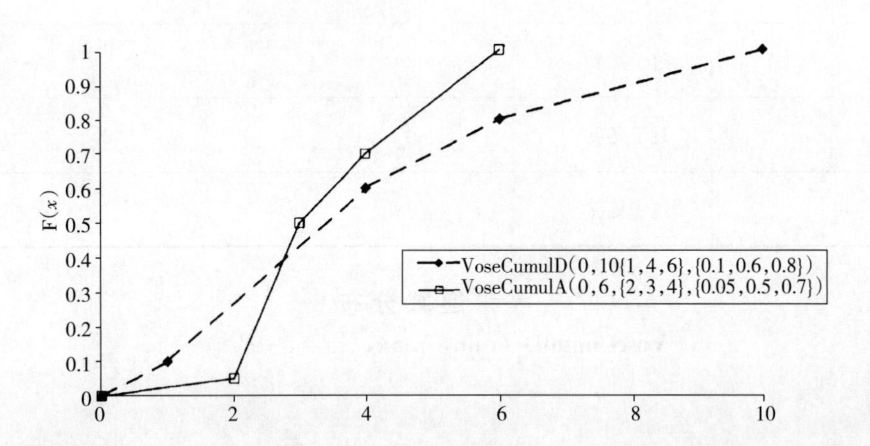

用途

1. 数据的经验分布。累积分布在用于将一组数据转化为一阶或二阶经验分布是非常有用的。

2. 建立统计学置信分布。在应用一些经典统计方法时，可用累积分布构建不确定性分布，如 n 次试验有 s 次成功的二项式过程概率 p：

(F（x）=1−VoseBinomialProb（s，n，p，1）+0.5 * VoseBinomialProb（s，n，p，0））；

在某些单位暴露观察到 α 事件的泊松过程的 λ：

(F（x）=1−VosePoissonProb（a，λ，1）+0.5 * VosePoissonProb（a，λ，0））。

3. 为专家意见建模。在某些文献中，累积分布用于建立专家意见模型。专家需要是的最大值、最小值和一些百分位数（如25%、50%、75%）。但是，由于其概率分度的不灵敏性，我们发现分布不能令人满意。累积分布形状的微小变化会被忽视，而这在相对应的相对频率图中会产生巨大变化，这是不能被接受的。

然而，用累积分布模拟专家对变量的意见是非常有用的，该变量在指数形式上范围涵盖了几个数量级。例如，每千克肉的细菌数量会随着时间的推移以指数形式增长。肉可能会含有100个单位甚至100万单位的细菌。在这种环境下，直接应用相对分布是徒劳的。

公式

概率密度函数	$f(x)=\frac{P_{i+1}-P_i}{x_{i+1}-x_i}$ 对于 $x_i\leqslant x\leqslant x_{i+1}$，$i\in\{0, 1, \cdots, n\}$ 其中 $x_0=\min$，$x_{n+1}=\max$，$P_0=0$，$P_{n+1}=1$
累积分布函数	$F(x)=\frac{x-x_i}{x_{i+1}-x_i}(P_{i+1}-P_i)+P_i$ 对于 $x_i\leqslant x\leqslant x_{i+1}$，$i\in\{0, 1, \cdots, n\}$
参数约束条件	$0\leqslant P_i\leqslant 1$，$P_i\leqslant P_{i+1}$，$x_i<x_{i+1}$，$n>0$
定义域	$\min\leqslant x\leqslant \max$
均数	$\sum_{i=0}^{n}\frac{f(x_i)}{2}(x_{i+1}^2-x_i^2)$
众数	无唯一众数
方差	过于复杂
偏度	过于复杂
峰度	过于复杂

累积递减分布

VoseCumulD（min，max，$\{x_i\}$，$\{P_i\}$）

图像

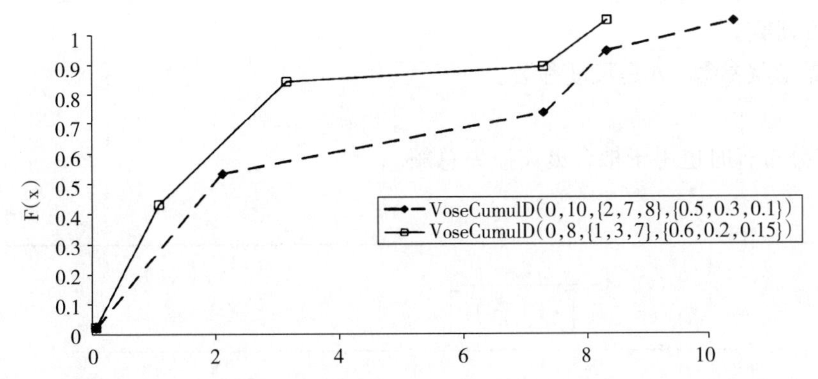

这是累积分布的另外一种形式，但此处累积概率列表是大于或等于对应的 x 值的概率。累积分布的示例如下图所示。

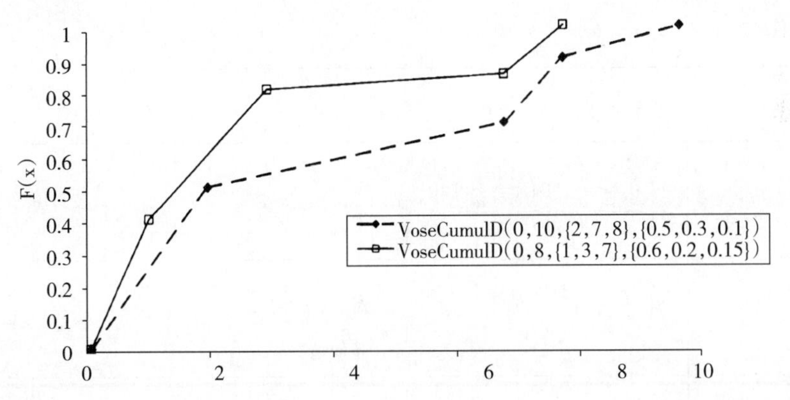

用途及公式

见累积递增分布（仅在这里 $p_{i+1} \leqslant p_i$，所以 p_i 的值通过被 1 减而转化为累积递增分布：$P'_i = 1 - P_i$）。

Dagum　分　布

VoseDagum（a，b，p）

图像

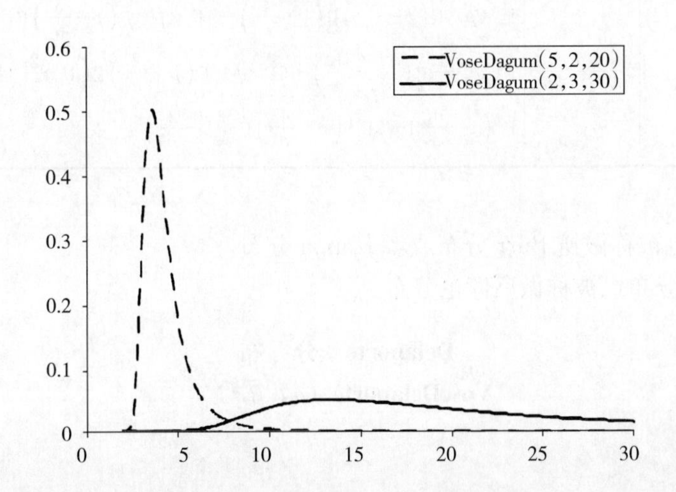

Dagum 分布经常应用于精算文献与收入分配文献中。此分布最初来源于 Dagum 对于收入的 cdf 弹性研究。

a 和 p 是形状参数，b 是尺度参数。

用途

Dagum 分布有时也用于拟合火灾损失总额。

公式

概率密度函数	$f(x)=\dfrac{apx^{ap-1}}{b^{ap}\left[1+\left(\dfrac{x}{b}\right)^{a}\right]^{p+1}}$
累积分布函数	$F(x)=\left[1+\left(\dfrac{x}{b}\right)^{-a}\right]^{-p}$
参数约束条件	$a>0$，$b>0$，$p>0$
定义域	$x\geqslant 0$
均数	$\dfrac{b\Gamma\left(p+\frac{1}{a}\right)\Gamma\left(1-\frac{1}{a}\right)}{\Gamma(p)}$
众数	$b\left(\dfrac{ap-1}{a+1}\right)^{\frac{1}{a}}$ 对于 $ap>1$ 0 其他情况
方差	$\dfrac{b^2}{\Gamma^2(p)}\left[\Gamma(p)\Gamma\left(p+\frac{2}{a}\right)\Gamma\left(1-\frac{2}{a}\right)-\Gamma^2\left(p+\frac{1}{a}\right)\Gamma^2\left(1+\frac{1}{a}\right)\right]$
偏度	$\dfrac{b^3}{V^{3/2}\Gamma^3(p)}\left[\begin{array}{l}\Gamma^2(p)\Gamma\left(p+\frac{3}{a}\right)\Gamma\left(1-\frac{3}{a}\right)-3\Gamma(p)\Gamma\left(p+\frac{2}{a}\right)\Gamma\left(1-\frac{2}{a}\right)\\\Gamma\left(p+\frac{1}{a}\right)\Gamma\left(1-\frac{1}{a}\right)+2\Gamma^3\left(p+\frac{1}{a}\right)\Gamma^3\left(1-\frac{1}{a}\right)\end{array}\right]$
峰度	$\dfrac{b^4}{V^2\Gamma^4(p)}\left[\begin{array}{l}\Gamma^3(p)\Gamma\left(p+\frac{4}{a}\right)\Gamma\left(1-\frac{4}{a}\right)-4\Gamma^2(p)\Gamma\left(p+\frac{3}{a}\right)\Gamma\left(1-\frac{3}{a}\right)\\\Gamma\left(p+\frac{1}{a}\right)\Gamma\left(1-\frac{1}{a}\right)+6\Gamma(p)\Gamma\left(p+\frac{2}{a}\right)\Gamma\left(1-\frac{2}{a}\right)\Gamma^2\left(p+\frac{1}{a}\right)\\\Gamma^2\left(1-\frac{1}{a}\right)-3\Gamma^4\left(p+\frac{1}{a}\right)\Gamma^4\left(1-\frac{1}{a}\right)\end{array}\right]$

注意

Dagum 分布也被称做逆 Burr 分布或者 Kappa 分布。

当 $a=p$ 时该分布也被称做反悖论分布。

Delaporte 分布

VoseDelaporte（α，β，λ）

图像

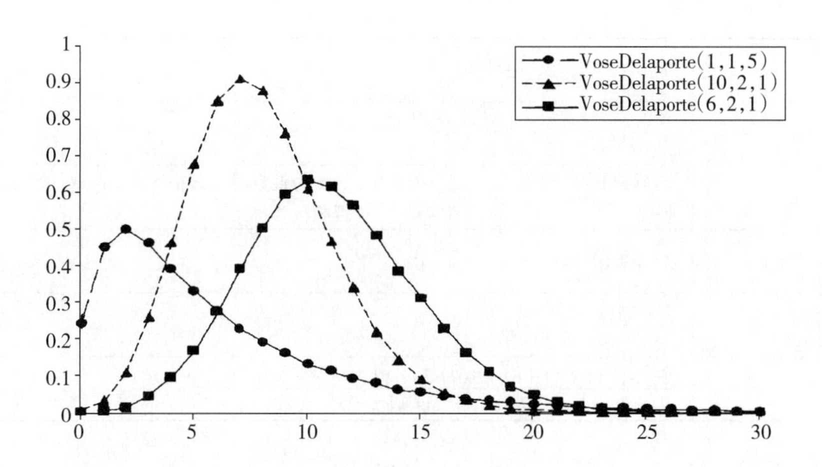

用途

Poisson 分布用于模拟时间和/或空间上随机发生的事件数（例如，保险公司收到索赔的数量）：

$$事件数=\text{Poisson}（\lambda）$$

其中，λ 是在感兴趣的时间段中期望的事件发生数。Poisson 分布的均数和方差均为 λ，并且经常会看到方差大于均数的历史数据（保险索赔的频率），因此 Poisson 分布低估了随机水平。处理较大方差的一个标准的方法是假设 λ 是随机变量（由此产生的频率分布被称为混合泊松模型）。Gamma（α，β）最常用于描述各时期间 λ 的随机变异，所以：

$$事件数=\text{Poisson}（\text{Gamma}（\alpha，\beta））\qquad(1)$$

这是 Pólya（（α，β））分布。

另外，人们也许会认为泊松强度的某些部分是常数，且有一额外部分是随机的，由 Gamma 分布而来：

$$事件数=\text{Poisson}（\lambda+\text{Gamma}（\alpha，\beta））\qquad(2)$$

这是 Delaporte 分布，即：

$$\text{Poisson}（\lambda+\text{Gamma}（\alpha，\beta））=\text{Delapore}（\alpha，\beta，\gamma）$$

可以将这个公式分解：

$$\text{Poisson}（\lambda+\text{Gamma}（\alpha，\beta））=\text{Poisson}（\lambda）+\text{Poisson}（\text{Gamma}（\alpha，\beta））$$
$$=\text{Poisson}（\lambda）+\text{Polya}（\alpha，\beta）$$

Delaporte 分布的特殊情况：

$$\text{Delapore}（\lambda，\alpha，0）=\text{Poisson}（\lambda）$$
$$\text{Delapore}（0，\alpha，\beta）=\text{Polya}（\alpha，\beta）$$
$$\text{Delapore}（0，1，\beta）=\text{Geometric}（1/（1+\beta））$$

公式

概率密度函数	$f(x)=\sum_{i=0}^{x}\frac{\Gamma(\alpha+i)\beta^{i}\lambda^{x-i}e^{-\lambda}}{\Gamma(\alpha)i!(1+\beta)^{\alpha+i}(x-i)!}$
累积分布函数	$F(x)=\sum_{j=0}^{x}\sum_{i=0}^{j}\frac{\Gamma(\alpha+i)\beta^{i}\lambda^{j-i}e^{-\lambda}}{\Gamma(\alpha)i!(1+\beta)^{\alpha+i}(j-i)!}$
参数约束条件	$\alpha>0$，$\beta>0$，$\lambda>0$

（续）

定义域	$x=\{0, 1, 2, \cdots\}$	
均数	$\lambda+\alpha\beta$	
众数	$z, z+1$ $[z]$	当 z 为整数时，其中 $z=(\alpha-1)\beta+\lambda$ 否则
方差	$\lambda+\alpha\beta(\beta+1)$	
偏度	$\frac{\lambda+\alpha\beta(1+3\beta+2\beta^2)}{(\lambda+\alpha\beta(1+\beta))^{3/2}}$	
峰度	$\frac{\lambda+3\lambda^2+\alpha\beta(1+6\lambda+6\lambda\beta+7\beta+12\beta^2+6\beta^3+3\alpha\beta+6\alpha\beta^2+3\alpha\beta^3)}{(\lambda+\alpha\beta(1+\beta))^2}$	

离 散 分 布

VoseDiscrete（$\{x_i\}$，$\{p_i\}$）

图像

离散分布是函数的一般形式，用于描述可以从几个明确的离散值 $\{x_i\}$ 中取一个值的一个变量，并且每个值都有一个概率权重 $\{p_i\}$。例如，建立横跨高速公路的天桥的数量或者一个软件模块在测试后要被记录的次数。离散分布的示例如下所示。

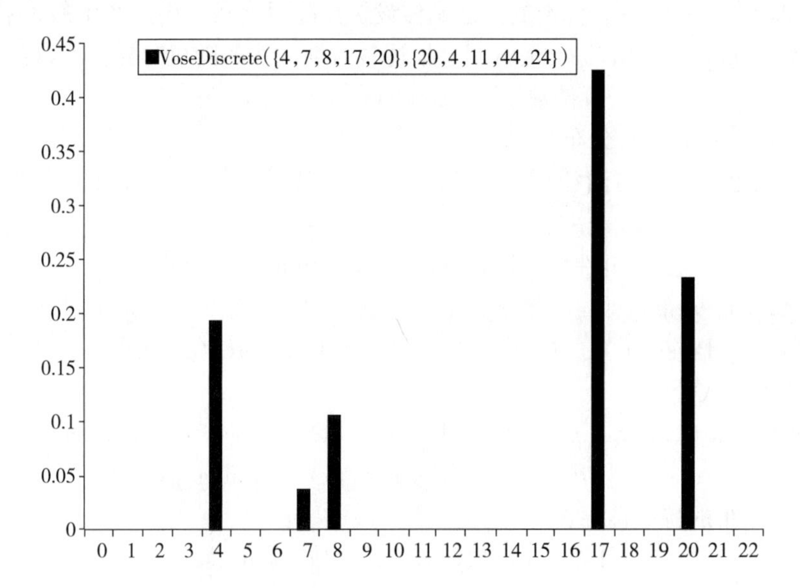

用途

1. 概率分支。离散分布用于描述概率分支非常有用。例如，一个公司估计如果竞争公司没有可竞争的产品，明年将会出售 Normal（120，10）t 除草剂；若竞争公司有了可竞争产品，预计其销售量将下降至 Normal（85，9）t。同时也估计其他竞争产品会有 30%的概率出现。这个模型可以描述为：

销售量＝VoseDiscrete（A1：A2，B1：B2）

A1、A2、B1、B2 分别表示：

A1：＝VoseNormal（120，10）

A2：=VoseNormal（85，9）

B1：70%

B2：30%

2. 结合专家意见。离散分布也可用于结合两个或更多有冲突的专家意见。

公式

概率质量函数	$f(x_i)=p_i$
累积分布函数	$F(x)=\sum_{j=1}^{i}P_j$　　假设 x_i 升序排列，若 $x_i\leqslant x<x_{i+1}$
参数约束条件	$p_i>0, n>0, \sum_{i=1}^{n}p_i>0$
定义域	$x=\{x_1,x_2,\cdots,x_n\}$
均数	无唯一均数
众数	p_i 最大时的 x_i
方差	$\sum_{i=1}^{n}(x_i-\bar{x})^2p_i\equiv V$
偏度	$\frac{1}{V^{3/2}}\sum_{i=1}^{n}(x_i-\bar{x})^3p_i$
峰度	$\frac{1}{V^2}\sum_{i=1}^{n}(x_i-\bar{x})^4p_i$

离散均匀分布

VoseDUniform（$\{x_i\}$）

图像

离散均匀分布描述一个变量，该变量可以在几个明确离散值中取一个值，且与取任何特殊值的概率一样。

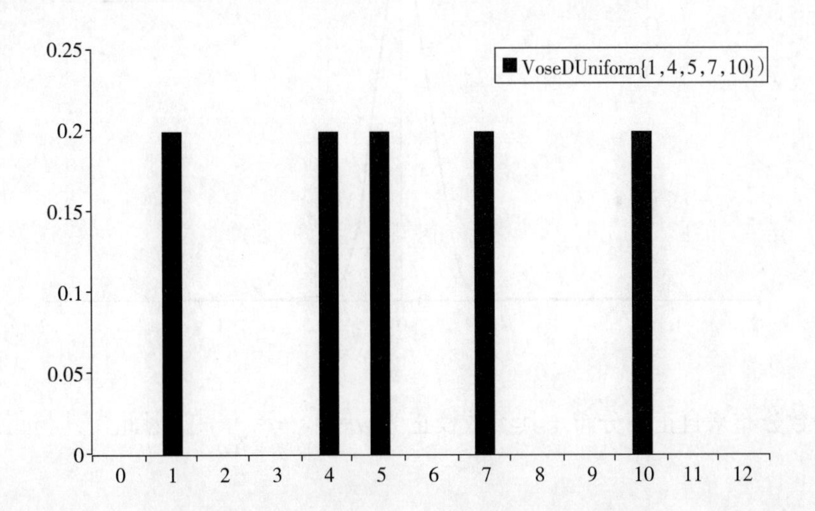

用途

我们并不经常碰到这样一个变量，它在几个值中取一个值，且取每个值的概率相等。但是，有几个建模技术需要这能力：

- 引导程序。在单变量非参数引导程序中重抽样。
- 数据拟合经验分布：直接从数据集中创建经验分布，即当我们认为数据值的列表能很好地代表变量的随机性。

公式

概率质量函数	$f(x_i)=\frac{1}{n}$，$i=1$，…，n
累积分布函数	$F(x)=\frac{i}{n}$　　假设 x_i 升序排列，若 $x_i\leqslant x<x_{i+1}$
参数约束条件	$n>0$
定义域	$x\ \{x_1,\ x_2,\ \cdots,\ x_n\}$
均数	$\frac{1}{n}\sum_{i=1}^{n}x_i$
众数	无单一定义
方差	$\frac{1}{n}\sum_{i=1}^{n}(x_i-\mu)^2\equiv V$
偏度	$\frac{1}{nV^{3/2}}\sum_{i=1}^{n}(x_i-\mu)^3$
峰度	$\frac{1}{nV^2}\sum_{i=1}^{n}(x_i-\mu)^4$

误差函数分布
VoseErf（h）

图像

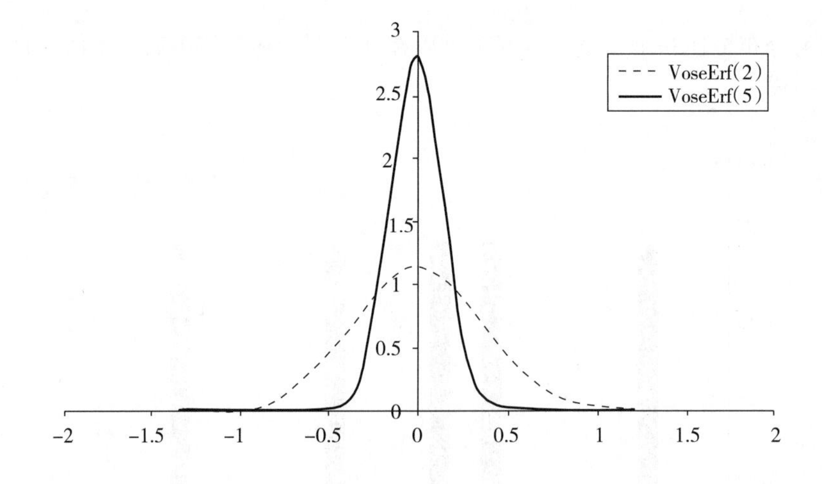

用途

误差函数分布来自正态分布，其参数校正为 $\mu=0$，$\sigma=\frac{1}{h\sqrt{2}}$。因此，其与正态分布的用途相同。

公式

概率密度函数	$f(x)=\frac{h}{\sqrt{\pi}}\exp(-(hx)^2)$
累积分布函数	$F(x)=\Phi(\sqrt{2}hx)$ 其中 Φ：误差函数
参数约束条件	$h>0$
定义域	$-\infty<x<+\infty$
均数	0
众数	0
方差	$\frac{1}{2h^2}$
偏度	0
峰度	3

Erlang 分布

VoseErland（m，β）

图像

Erlang 分布（或者 m - Erlang 分布）是 A. K. Erlang 创建的概率分布。它是 Gamma 分布的特殊形式。在 m 是整数的时候，Gamma（m，β）等价于 Erlang（m，β）。

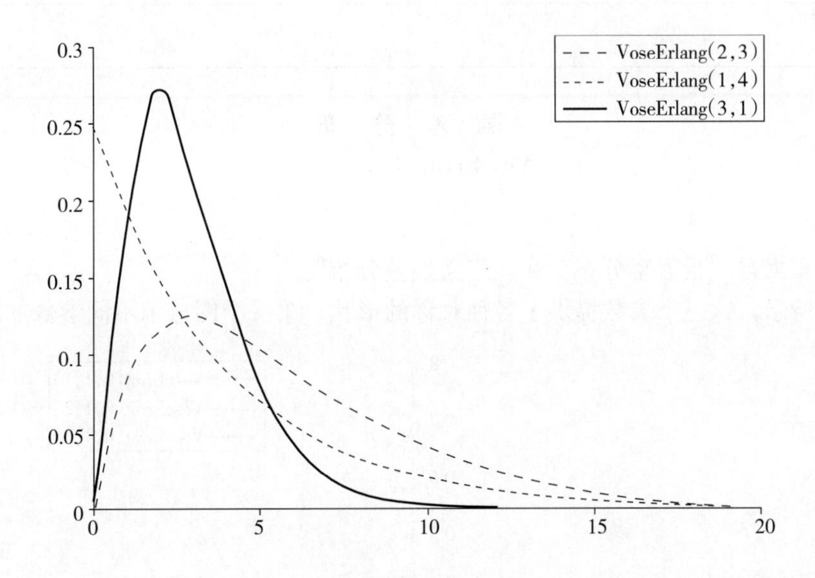

用途

Erlang 分布用于在泊松过程中，预测排队系统中的等待时间等，与 Gamma 分布的方法一样。

备注

A. K. Erlang 在流量建模上做了大量的工作，因此有着其他两种 Erlang 分布，都可用于流量建模：

- Erlang B 分布：这个分布是两种分布中较容易的一种，并且可用于计算呼叫中心为某一“目标服务”所需要的分支数，用以负载一定量的手机流量。

- Erlang C 分布：这个公式更加复杂并且经常用于计算在呼叫中心或相似情形下，呼叫者需要等多久才能接通。

公式

概率密度函数	$f(x)=\dfrac{\beta^{-m}x^{m-1}\exp\left(-\dfrac{x}{\beta}\right)}{(m-1)!}$
累积分布函数	无闭型
参数约束条件	$m>0$，$\beta>0$
定义域	$x>0$
均数	$m\beta$
众数	$\beta\ (m-1)$
方差	$m\beta^2$
偏度	$\dfrac{2}{\sqrt{m}}$
峰度	$3+\dfrac{6}{m}$

误 差 分 布

VoseError（μ，σ，ν）

图像

误差分布来自“指数幂分布”和“广义误差分布”。

如下图所示，这三个参数提供了各种对称的形状。第一个图显示不同参数 ν 对分布形状

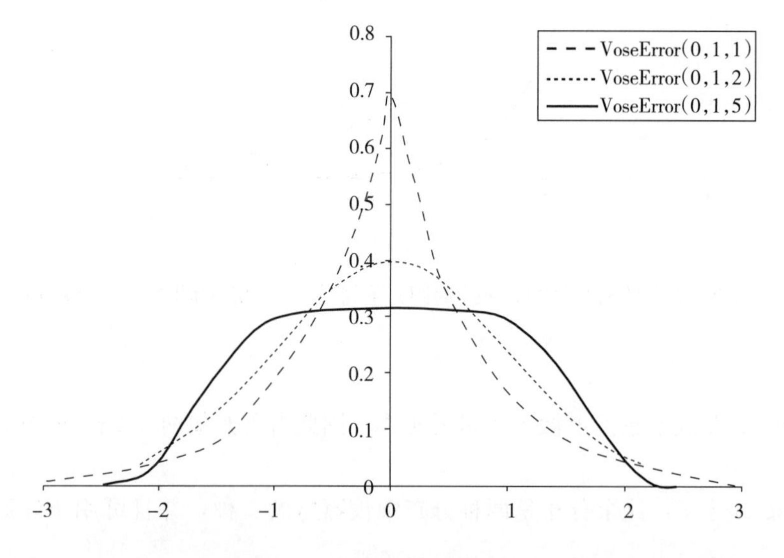

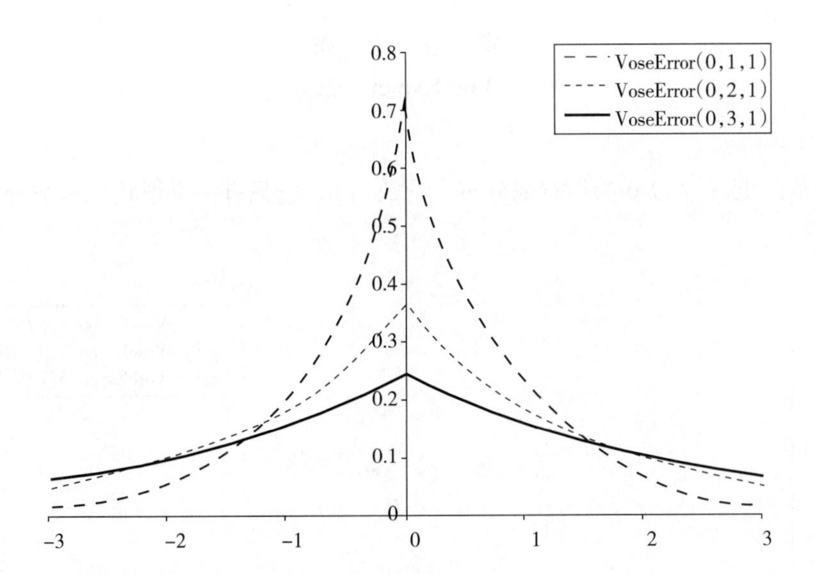

的影响。注意，$\nu=2$ 为正态分布，$\nu=1$ 为 Laplace 分布，并且当 ν 趋近无穷时，分布趋近于均匀分布。第二个图显示分布的延伸随着参数 a（标准差）的改变而变化。参数 μ 表示分布峰值的位置及分布的均数。

用途

误差分布在贝叶斯推理中常作为先验分布，因为它比标准先验分布有更大的灵活性。当 $\nu>2$ 时，误差分布比正态分布更扁平（低峰态）；当 $\nu<2$ 时，误差分布比正态分布更为尖陡（尖峰态）。因此，应用 GED 可以让分布保持相同的均数和方差，但是可以按要求改变分布的形状（由参数 ν 决定）。

误差分布也用于建立历史上英国物业市场收益变化模型。

公式

概率密度函数	$f(x)=c_1\sigma^{-1}\exp\left[-\lvert c_0^{1/2}\sigma^{-1}(x-\mu)\rvert^{\nu}\right]$　其中 $c_0=\dfrac{\Gamma\left(\frac{3}{\nu}\right)}{\Gamma\left(\frac{1}{\nu}\right)}$，$c_1=\dfrac{2c_0^{1/2}}{\nu\Gamma\left(\frac{1}{\nu}\right)}$
累积分布函数	无闭型
参数约束条件	$-\infty<\mu<+\infty$，$\sigma>0$，$\nu>0$
定义域	$-\infty<x<+\infty$
均数	μ
众数	μ
方差	σ^2
偏度	0
峰度	$\dfrac{\Gamma\left(\frac{5}{\nu}\right)\Gamma\left(\frac{1}{\nu}\right)}{\Gamma\left(\frac{3}{\nu}\right)^2}$

指 数 分 布

VoseExpon (β)

图像

Expon (β) 是一个以 0 为界右偏分布，均数为 β。它只有一个形状。指数分布的示例如下所示。

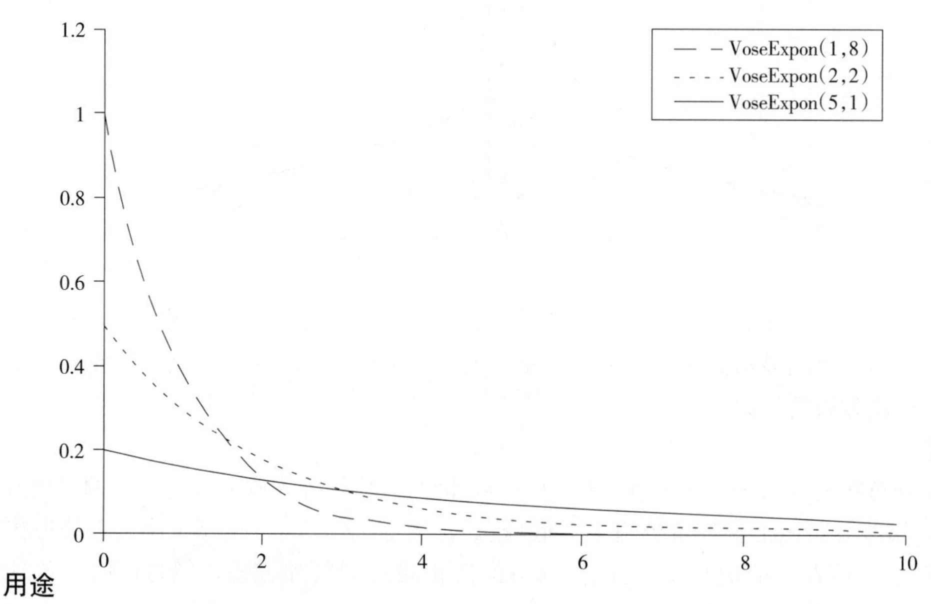

用途

Expon (β) 模拟泊松过程的第一次事件发生的时间，例如：

- 到下一次地震的时间。
- 放射性物质的一个微粒的衰变时间。
- 通话的时间长度。

参数 β 是到下一次事件发生的平均时间。

示例

可以认为电路有一个恒定的故障率，即如果电路仍在使用，在较短时段内有相同的故障率。破坏试验表明电路的平均运行时间为 5 200h。任何单电路发生故障时间可以用 Expon (5 200) h来建模。有趣的是，如果它符合真正的泊松过程，这个推测将会与运行时间无关；如果有关的话，电路仍然可以工作。

公式

概率密度函数	$f(x)=\frac{\exp\left(-\frac{x}{\beta}\right)}{\beta}$
累积分布函数	$F(x)=1-\exp\left(-\frac{x}{\beta}\right)$
参数约束条件	$\beta>0$

（续）

定义域	$x>0$
均数	β
众数	0
方差	β^2
偏度	2
峰度	9

极 大 值 分 布

VoseExtValueMax（α，β）

图像

极大值分布模拟一组随机变量的极大值，这组随机变量的分布属于指数族。例如，指数分布、Gamma 分布、Weibull 分布、正态分布、对数正态分布、Logistic 分布和其本身。

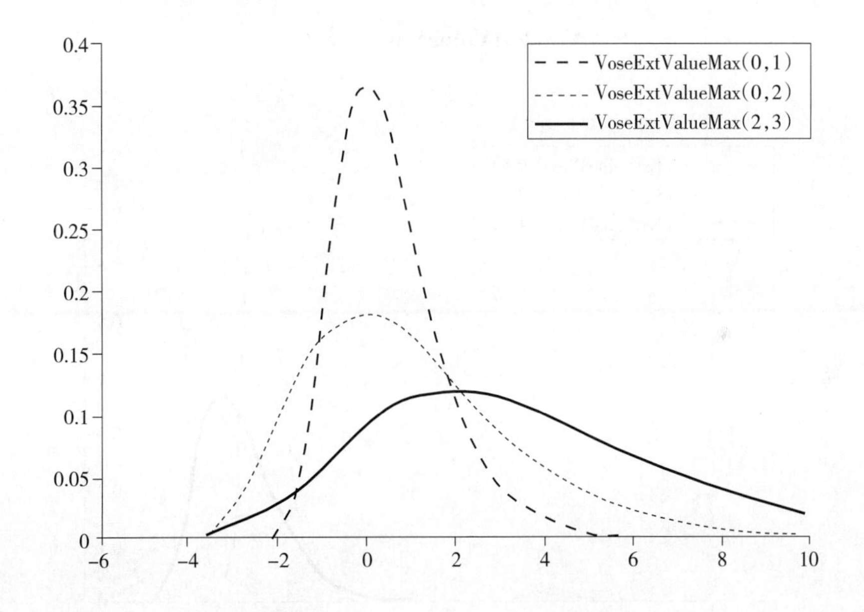

用途

工程师常常对参数的极值有兴趣（如最低强度、最大冲击力），因为这些值可以确定系统是否有可能失败。例如，撞击建筑的风力——建筑必须设计为可以耐受最强级别的风并受最小损毁，且修复这些损毁的开销应该在财政范围之内；设计海上平台、防浪堤和堤坝需要考虑最大浪高；工厂的污染排放必须确保其最大排放量在法律规定以下；确定一个链的强度，等同于这条链最薄弱部分的强度；以极端的气象事件为模型，因为这些现象会产生最大的影响。

公式

概率密度函数	$f(x)=\left(\frac{1}{b}\right)\exp\left(-\frac{x-a}{b}\right)\exp\left[-\exp\left(-\frac{x-a}{b}\right)\right]$
累积分布函数	$F(x)=\exp\left[-\exp\left(-\frac{x-a}{b}\right)\right]$

（续）

参数约束条件	$b>0$
定义域	$-\infty<x<+\infty$
均数	$a-b\Gamma'(1)$　　其中 $\Gamma'(1)\cong-0.577216$
众数	a
方差	$\frac{b^2\pi^2}{6}$
偏度	1.139 547
峰度	5.4

极 小 值 分 布

VoseExtValueMin（a，b）

图像

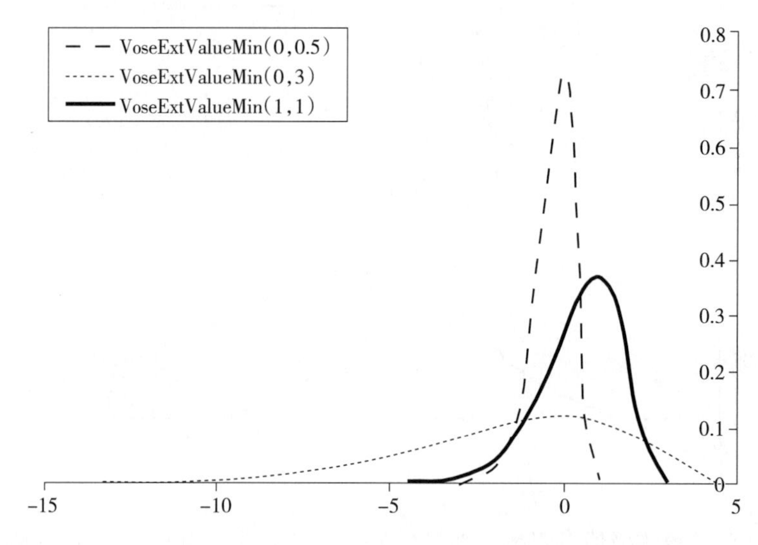

极小值分布模拟一组随机变量的极小值，这组随机变量的分布属于指数族。例如，指数分布、Gamma 分布、Weibull 分布、正态分布、对数正态分布、Logistic 分布和其本身。

用途

工程师常常对参数的极端值有兴趣（如最低强度、最大冲击力），因为这些值可以确定系统是否有可能失败。比如：撞击建筑的风力——建筑必须设计为可以耐受最强级别的风并受最小损毁，且修复这些损毁的开销应该在财政范围之内；设计海上平台、防浪堤和堤坝需要考虑最大浪高；工厂的污染排放必须确保其最大排放量在法律规定以下；确定一个链的强度，等同于这条链最薄弱部分的强度；以极端的气象事件为模型，因为这些现象会产生最大的影响。

公式

概率密度函数	$f(x)=\left(-\frac{1}{b}\right)\exp\left(\frac{x+a}{b}\right)\exp\left[-\exp\left(-\frac{x+a}{b}\right)\right]$
累积分布函数	$F(x)=\exp\left[-\exp\left(-\frac{x+a}{b}\right)\right]$
参数约束条件	$b>0$
定义域	$-\infty<x<+\infty$
均数	$a-b\Gamma'(1)$　　其中 $\Gamma'(1)\cong-0.577\,216$
众数	a
方差	$\frac{b^2\pi^2}{6}$
偏度	$-1.139\,547$
峰度	5.4

F　分　布

VoseF（ν_1，ν_2）

图像

F 分布（有时也称 Fisher－Snedecor 分布，取 Fisher 的首字母）通常用于各种各样的统计学检验。它来自于两个自由度分别为 ν_1 和 ν_2 标准化的 χ^2 分布的比值，如下所示：

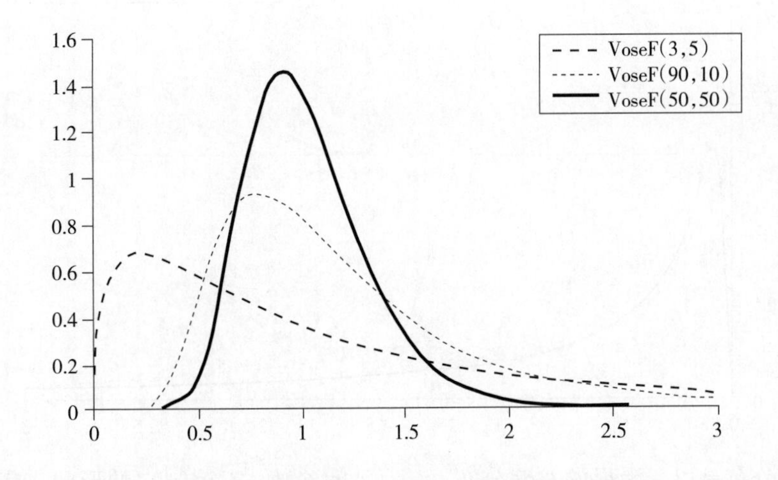

用途

F 分布在统计学书籍中最常见的用途是比较两个总体（假设正态分布）的方差。从风险分析的角度来看，以两个估计方差之比（本质上为 *F* 检验）来建模是非常罕见的，所以 *F* 分布对我们来说不是特别有用。

公式

概率密度函数	$f(x)=\dfrac{\Gamma\left(\frac{\nu_1+\nu_2}{2}\right)}{\Gamma\left(\frac{\nu_1}{2}\right)\Gamma\left(\frac{\nu_2}{2}\right)}\left(\frac{\nu_1}{\nu_2}\right)^{\frac{\nu_1}{2}}x^{\frac{\nu_1}{2}-1}\left(1+\left(\frac{\nu_1}{\nu_2}\right)x\right)^{-\left(\frac{\nu_1+\nu_2}{2}\right)}$
累积分布函数	无闭型
参数约束条件	$\nu_1>0$，$\nu_2>0$
定义域	$x>0$
均数	$\dfrac{\nu_2}{\nu_2-1}$ 对于 $\nu_2>2$
众数	$\dfrac{\nu_2(\nu_1-2)}{\nu_1(\nu_2+2)}$ 对于 $\nu_1>2$ 0 对于 $\nu_1>2$
方差	$\dfrac{2\nu_2^2(\nu_1+\nu_2-2)}{\nu_1(\nu_2-2)^2(\nu_2-4)}$ 如果 $\nu_2>4$
偏度	$\dfrac{(2\nu_1+\nu_2-2)\sqrt{8(\nu_2-4)}}{(\nu_2-6)\sqrt{\nu_1(\nu_1+\nu_2-2)}}$ 如果 $\nu_2>6$
峰度	$\dfrac{12(20\nu_2-8\nu_2^2+\nu_2^3+44\nu_1-32\nu_1\nu_2+5\nu_2^2\nu_1-22\nu_1^2+5\nu_2\nu_1^2-16)}{(\nu_1(\nu_2-6)(\nu_2-8)(\nu_1+\nu_2-2))}+3$ 如果 $\nu_2>8$

疲劳寿命分布

VoseFatigue（α，β，γ）

图像

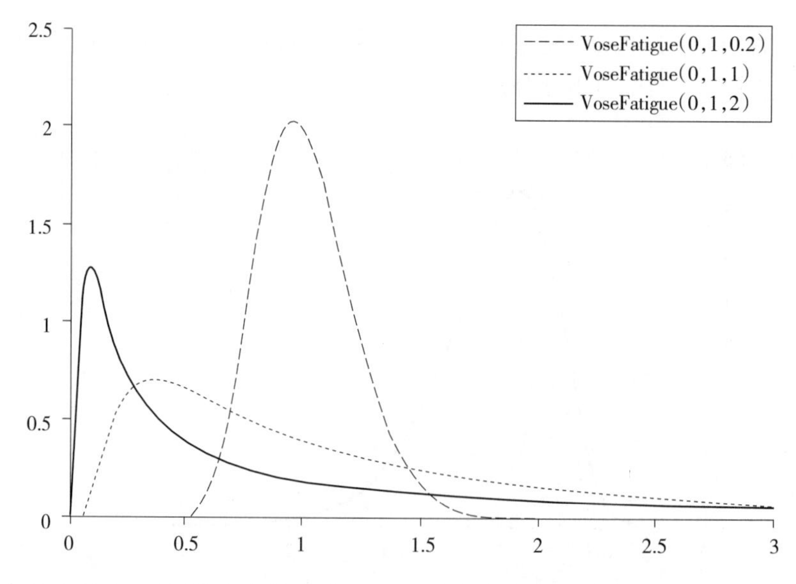

疲劳寿命分布是以 α 为界的右偏分布。β 为尺度参数，γ 控制它的形状。疲劳寿命分布的示例如下。

疲劳寿命分布由 Bimbaum 和 Saunders（1969）提出，模拟裂缝增长对于构造物的损坏。随着结构经历反复震荡模式，概念模型出现单一主导裂纹并增长，一旦裂纹足够长，就导致损坏。假设裂缝随着每次震荡的增量增长遵循相同的分布，每次增量增长都为该分布的独立样本；在损坏之前，在长度上有大量这些小的升幅，且根据中心极限定理裂纹总长度服从正态分布。Birnbaum 和 Saunders 确定导致损坏的必要周期数分布。如果震动发生有大致规律性，我们可以用在一定时间内损坏的概率来代替一定量的震荡导致损坏的概率。

因此，疲劳寿命分布常用于模拟遭受疲劳的设备的使用时间。其他常用的模拟设备使用时间的分布有对数正态分布，指数分布和 Weibull 分布。

在使用分布时应小心谨慎。如果增长与裂纹的大小成比例，则对数正态分布更合适。

公式

概率密度函数	$f(x)=\dfrac{z+\frac{1}{z}}{2\gamma z^2}\varphi\left(\dfrac{z+\frac{1}{z}}{\gamma}\right)$ 其中 $z=\sqrt{\dfrac{x-\alpha}{\beta}}$，$\varphi$ 为单位标准密度
累积分布函数	$F(x)=\Phi\left(\dfrac{z-\frac{1}{z}}{\gamma}\right)$ 其中 φ 为单位标准 cdf
参数约束条件	$\beta>0$，$\gamma>0$
定义域	$x>\alpha$
均数	$\alpha+\beta\left(1+\dfrac{\gamma^2}{2}\right)$
众数	过于复杂
方差	$\beta^2\gamma^2\sqrt{1+\dfrac{5\gamma^2}{4}}$
偏度	$\dfrac{4\gamma^2(11\gamma^2+6)}{(4+5\gamma^2)\sqrt{\gamma^2(4+5\gamma^2)}}$
峰度	$\dfrac{3(211\gamma^2+120\gamma^2+16)}{(4+5\gamma^2)^2}$

Gamma 分 布

VoseGamma（α，β）

图像

Gamma 分布是以 0 为界的右偏分布。它是基于泊松数学的参数分布。下面给出 Gamma 分布的示例。

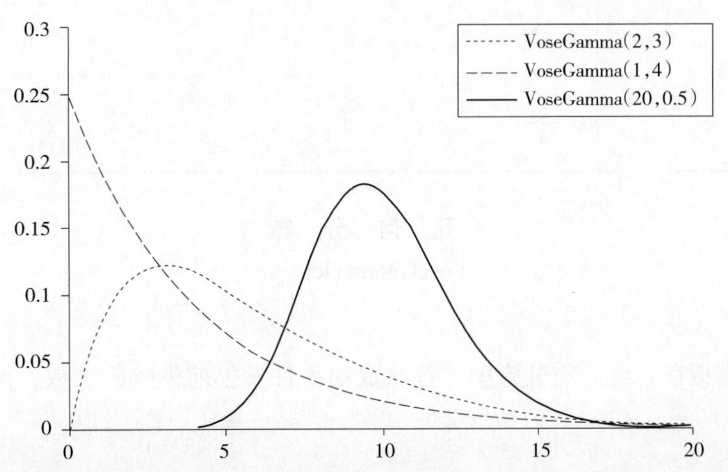

用途

Gamma 分布在风险分析模型中非常重要，有许多不同的用途：

1. 泊松等待时间。Gamma（α，β）分布模拟 α 个事件发生所需时间，假设事件在泊松过程中随机发生，且事件间平均时间为 β。例如，如果我们知道一个小镇平均每 6 年发生一次大洪水，那么 Gamma（4，6）模拟在下一个 4 次大洪水发生前的时间。

2. 泊松强度 λ 的随机变异。Gamma 分布由于其便利性用于描述泊松过程中 λ 的随机变化率。它便利是因为以下等式：

$$\text{Poisson}\left(\text{Gamma}\left(\alpha,\ \beta\right)\right)=\text{Pólya}\left(\alpha,\ \beta\right)$$

Gamma 分布可以出现从指数分布到正态分布的各种形状，所以 Poisson 分布 λ 的随机变化可 Gamma 分布来近似得到，在这种情况下 NegBin 分布变成了两个分布的整齐结合。

3. 贝叶斯推理的共轭先验分布。在贝叶斯推理中，Gamma（α，β）与 Poisson 似然函数共轭，这使得它可用于描述 Poisson 分布均数 λ 的不确定性。

4. 标准贝叶斯推理的先验分布。如果 X 属于 Gamma（α，β），则 $Y=X^{(-1/2)}$ 是逆 Gamma 分布，有时作为正态分布 σ 的贝叶斯先验分布使用。

公式

概率密度函数	$f(x)=\dfrac{\beta^{-\alpha}x^{\alpha-1}\exp\left(-\dfrac{x}{\beta}\right)}{\Gamma(\alpha)}$
累积分布函数	无闭型
参数约束条件	$\alpha>0$，$\beta>0$
定义域	$x\geqslant 0$
均数	$\alpha\beta$
众数	$\beta(\alpha-1)$ 如果 $\alpha\geqslant 1$ 0 如果 $\alpha<1$
方差	$\alpha\beta^2$
偏度	$\dfrac{2}{\sqrt{\alpha}}$
峰度	$3+\dfrac{6}{\alpha}$

几 何 分 布

VoseGeomeric（p）

图像

几何分布模拟在一组二项试验中，首次成功事件发生前失败的次数。p 是试验成功的概率。

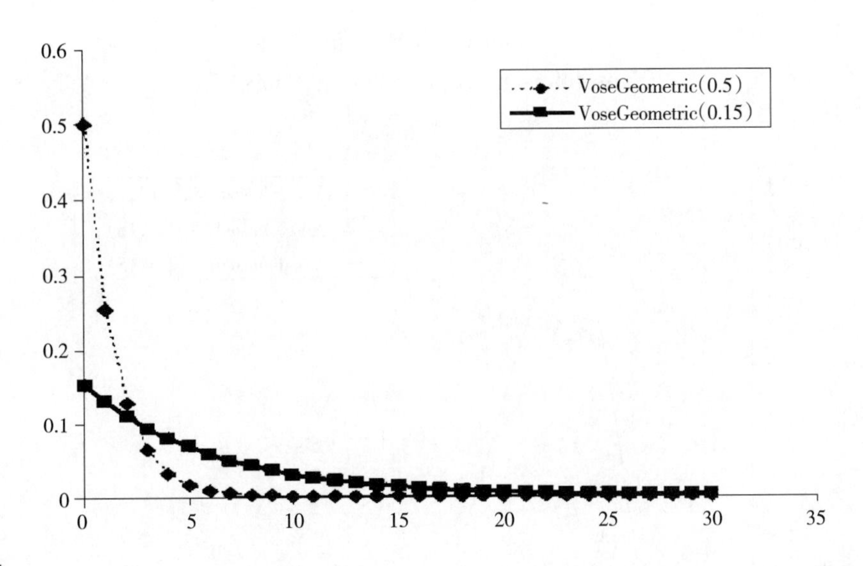

用途

1. 干油井。有时认为几何分布用于估计在特定截面，石油公司要得到出油井前需要钻的干井数。这需要假设：(a) 公司不能从错误中学习；(b) 有足够资金且不计成本地挖掘新井。

公式

概率质量函数	$f(x)=\dfrac{\binom{D}{s-1}\binom{M-D}{x-s}(D-s+1)}{\binom{M}{x-1}(M-x+1)}$
累积分布函数	$F(x)=\sum_{i=s}^{x}\dfrac{\binom{D}{s-1}\binom{M-D}{i-s}(D-s+1)}{\binom{M}{i-1}(M-i+1)}$
参数约束条件	$s\leqslant D$，$D\leqslant M$
定义域	$s\leqslant x\leqslant M-D+s$
均数	$\dfrac{s(M-D)}{D+1}$
众数	x_m，x_{m-1}，　如果 x_m 为整数 $[x_m]$　其他情况 其中 $x_m=\dfrac{(s-1)(M-D-1)}{(D-1)}$
方差	$\dfrac{s(M-D)(M+1)(D-s+1)}{(D+1)^2(D+2)}\equiv V$
偏度	$\dfrac{V(D-2M-1)(2s-D-1)}{(D+1)(D+3)V^{3/2}}$
峰度	$\dfrac{c(D+1)(D-6s)+3(M-D)(M+1)(s+2)+6s^2-\dfrac{3(M-D)(M+1)s(6+s)}{(D+1)}+\dfrac{18(M-D)(M+1)s^2}{(D+1)^2}}{(D+3)(D+4)V}$

Johnson 有界分布

VoseJohnsom（α_1，α_2，min，max）

图像

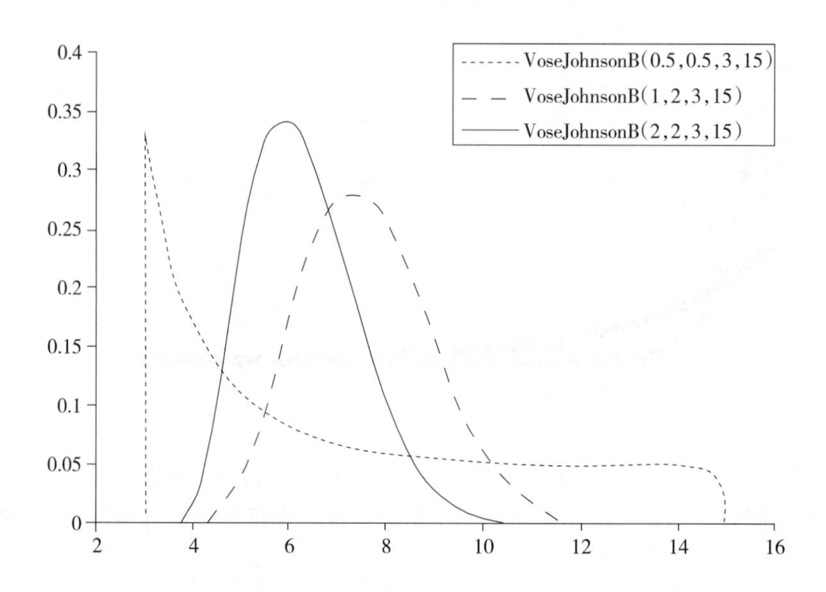

用途

Johnson 有界分布有由最大参数和最小参数定义的范围。由于其形态灵活，使得它可替代 PERT、三角分布和均匀分布来模拟专家意见。一个称为 VISIFIT 的公共软件允许用户定义分布的界限和几乎任何两个统计量（众数、均数、标准差），且将返回到相应的分布参数。

设置分布最小值为 0，最大值为 1，可得到一个随机变量。该变量有时用于模拟比例分布、概率分布等，而不是 Beta 分布。

分布是由 Johnson（1949）提出的。他提出分类分布的一个系统，其中许多想法和 Pearson 是一样的。Johnson 的想法是转换分布为一个单位正态分布的函数，此时对于该分布就有了好的处理方法。

公式

概率密度函数	$f(x)=\frac{\alpha_2(\max-\min)}{(x-\min)(\max-x)\sqrt{2\pi}}\exp\left[-\frac{1}{2}\left(\alpha_1+\alpha_2\ln\left[\frac{x-\min}{\max-x}\right]\right)^2\right]$
累积分布函数	$F(x)=\Phi\left[\alpha_1+\alpha_2\ln\left[\frac{x-\min}{\max-x}\right]\right]$ 其中 $F(x)=\Phi[\cdot]$ 为 Normal（0，1）的分布函数
参数约束条件	$\alpha_2>0$，max>min
定义域	min<x<max
均数	过于复杂
众数	过于复杂
方差	过于复杂
偏度	过于复杂
峰度	过于复杂

Johnson 无界分布

VoseJohonsonU（α_1，α_2，β，γ）

图像

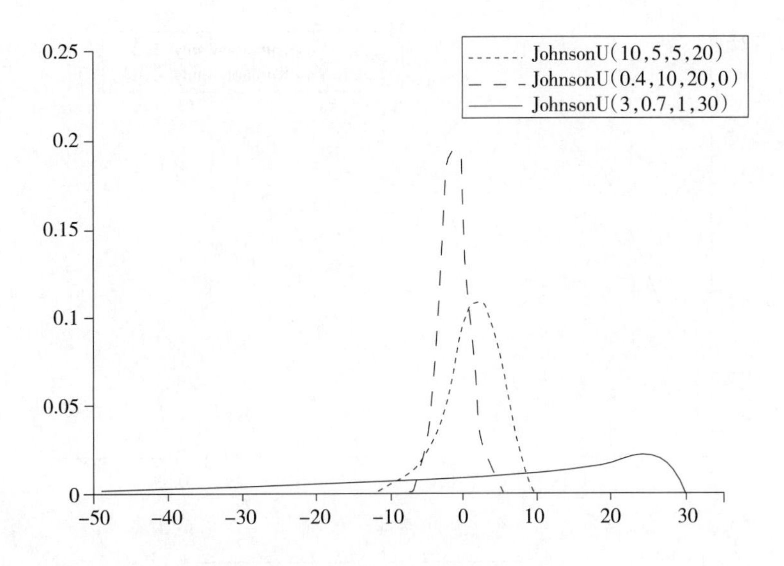

用途

Johnson 无界分布的主要用途在于它可有任意组合的偏度和峰度，故能灵活地拟合数据。也就是说，它是一种在风险分析中不常用的分布。

分布由 Johnson（1949）提出，他提出分类分布的一个系统，其中许多想法和 Pearson 是一样的。Johnson 的想法是转换分布为一个单位正态分布的函数，此时对于该分布就有了好的处理方法。

公式

概率密度函数	$f(x)=\frac{\alpha_2}{\sqrt{2\pi((x-\gamma)^2+\beta^2)}}\times \exp\left[-\frac{1}{2}\left(\alpha_1+\alpha_2\ln\left[\frac{x-\gamma}{\beta}+\sqrt{\left(\frac{x-\gamma}{\beta}\right)^2+1}\right]\right)^2\right]$
累积分布函数	$F(x)=\Phi\left[\alpha_1+\alpha_2\ln\left[\frac{x-\gamma}{\beta}+\sqrt{\left(\frac{x-\gamma}{\beta}\right)^2+1}\right]\right]$
参数约束条件	$\beta>0$，$\alpha_2>0$
定义域	$-\infty<x<+\infty$
均数	$\gamma-\beta\exp\left[\frac{1}{2\alpha_2^2}\right]\sinh\left(\frac{\alpha_1}{\alpha_2}\right)$
众数	过于复杂
方差	过于复杂
偏度	过于复杂
峰度	过于复杂

Kumaraswamy 分布
VoseKumaraswamy（α，β）

图像

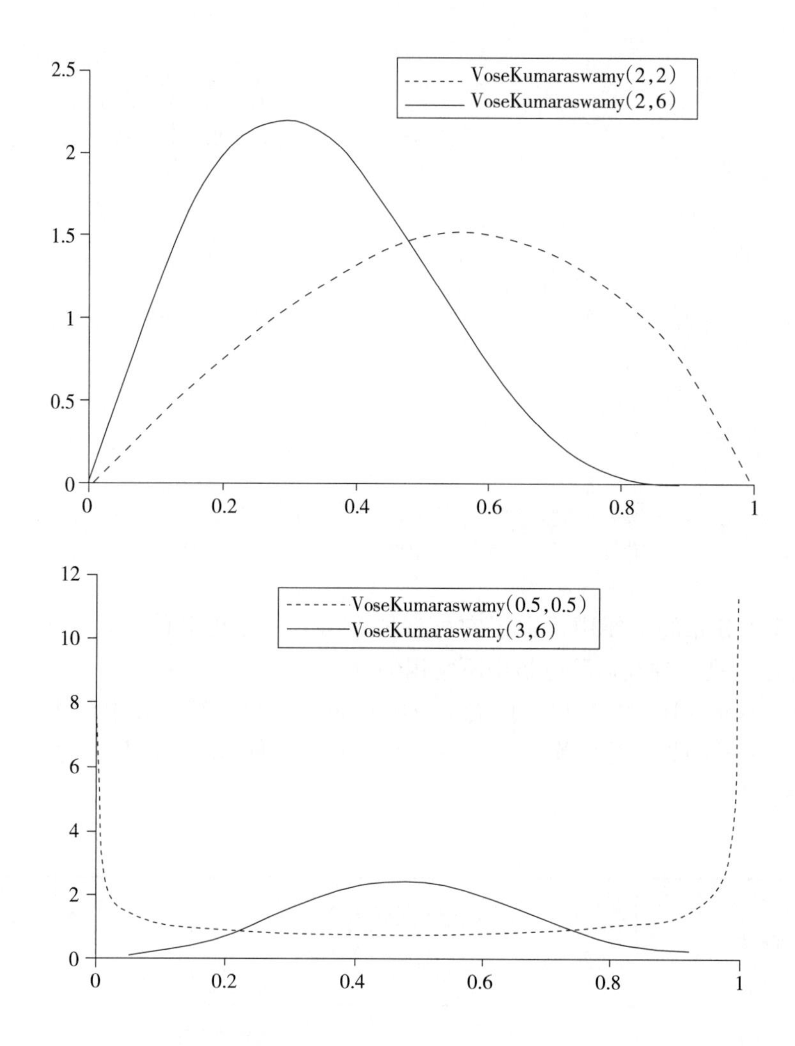

用途

Kumaraswamy 分布并不常用，然而有示例表明，它已经应用于模拟水库蓄水量（Fletcher 和 Ponnambalam，1996）和系统设计。它有一个简单形式的密度和累积分布，并且和 Beta 分布（不具有这些函数的简单式）一样非常灵活。当它被熟知时，可能会得到更多的应用。

公式

概率密度函数	$f(x)=\alpha\beta x^{\alpha-1}(1-x^{\alpha})^{\beta-1}$
累积分布函数	$F(x)=1-(1-x^{\alpha})^{\beta}$
参数约束条件	$\alpha>0$，$\beta>0$
定义域	$0\leqslant x\leqslant 1$

（续）

均数	$\beta\frac{\Gamma\left(1+\frac{1}{\alpha}\right)\Gamma\ (\beta)}{\Gamma\left(1+\beta+\frac{1}{\alpha}\right)}\equiv\mu$
众数	$\left(\frac{\alpha-1}{\alpha\beta-1}\right)^{\frac{1}{\alpha}}$ 如果 $\alpha>1$，$\beta>1$ 0 如果 $\alpha<1$ 1 如果 $\beta<1$
方差	$\beta\frac{\Gamma\left(1+\frac{2}{\alpha}\right)\Gamma\ (\beta)}{\Gamma\left(1+\beta+\frac{2}{\alpha}\right)}-\mu^2\equiv V$
偏度	$\frac{1}{V^{3/2}}\left[\beta\frac{\Gamma\left(1+\frac{3}{\alpha}\right)\Gamma\ (\beta)}{\Gamma\left(1+\beta+\frac{3}{\alpha}\right)}-3\beta\frac{\Gamma\left(1+\frac{2}{\alpha}\right)\Gamma\ (\beta)}{\Gamma\left(1+\beta+\frac{2}{\alpha}\right)}\mu+2\mu^3\right]$
峰度	$\frac{1}{V^2}\left[\beta\frac{\Gamma\left(1+\frac{4}{\alpha}\right)\Gamma\ (\beta)}{\Gamma\left(1+\beta+\frac{4}{\alpha}\right)}-4\beta\frac{\Gamma\left(1+\frac{3}{\alpha}\right)\Gamma\ (\beta)}{\Gamma\left(1+\beta+\frac{3}{\alpha}\right)}\mu+6\beta\frac{\Gamma\left(1+\frac{2}{\alpha}\right)\Gamma\ (\beta)}{\Gamma\left((1+\beta+\frac{2}{\alpha}\right)}\mu^2\equiv3\mu^4\right]$

Kumaraswamy4 分布

VoseKumaraswamy（α，β，min，max）

图像

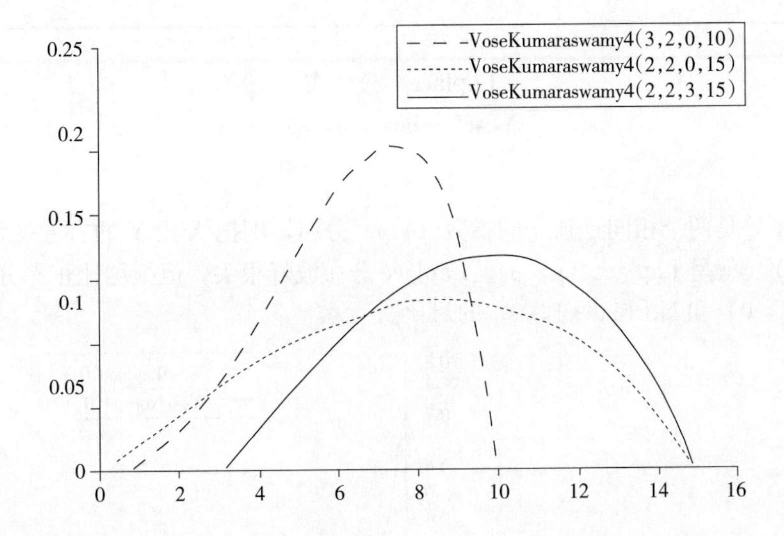

用途

Kumaraswamy 分布延伸变换为有指定的最大值和最小值和 Beta 4 分布延伸变换为 Beta 分布的方式一样。

公式

概率密度函数	$f\ (x)\ =\frac{\alpha\beta z^{\alpha-1}\ (1-z^\alpha)^{\beta-1}}{(\max-\min)}$ 其中 $z=\frac{x-\min}{\max-\min}$
累积分布函数	$F\ (x)\ =1-\ (1-z^\alpha)^\beta$

（续）

参数约束条件	$\alpha>1$，$\beta>0$，min<max
定义域	$\min\leqslant x\leqslant\max$
均数	$\left(\beta\dfrac{\Gamma\left(1+\frac{1}{\alpha}\right)\Gamma(\beta)}{\Gamma\left(1+\beta+\frac{1}{\alpha}\right)}(\max-\min)\right)+\min\equiv\mu$
众数	$\left(\dfrac{\alpha-1}{\alpha\beta-1}\right)^{\frac{1}{\alpha}}$ 如果 $\alpha>1$，$\beta>1$ 0 如果 $\alpha<1$ 1 如果 $\beta<1$
方差	$\left(\beta\dfrac{\Gamma\left(1+\frac{2}{\alpha}\right)\Gamma(\beta)}{\Gamma\left(1+\beta+\frac{2}{\alpha}\right)}-(\mu_K)^2\right)(\max-\min)^2\equiv V$ 其中 $\mu_K=\mu_{\text{Kumaraswamy}(\alpha,\beta)}$
偏度	$\dfrac{1}{V_K^{3/2}}\left(\beta\dfrac{\Gamma\left(1+\frac{3}{\alpha}\right)\Gamma(\beta)}{\Gamma\left(1+\beta+\frac{3}{\alpha}\right)}-3\beta\dfrac{\Gamma\left(1+\frac{2}{\alpha}\right)\Gamma(\beta)}{\Gamma\left(1+\beta+\frac{2}{\alpha}\right)}\mu_K+2\mu_K^3\right)$
峰度	$\dfrac{1}{V_K^2}\left(\beta\dfrac{\Gamma\left(1+\frac{4}{\alpha}\right)\Gamma(\beta)}{\Gamma\left(1+\beta+\frac{4}{\alpha}\right)}-4\beta\dfrac{\Gamma\left(1+\frac{3}{\alpha}\right)\Gamma(\beta)}{\Gamma\left(1+\beta+\frac{3}{\alpha}\right)}\mu_K+6\beta\dfrac{\Gamma\left(1+\frac{2}{\alpha}\right)\Gamma(\beta)}{\Gamma\left(1+\beta+\frac{2}{\alpha}\right)}\mu_K^2-3\mu_K^4\right)$

Laplace 分 布

VoseLaplace（μ，σ）

图像

如果 X 和 Y 是两个相同且独立的指数（$1/\sigma$）分布，则把 X 沿 Y 的右方平移 μ 的距离，得到的（$X—Y$）就呈 Laplace（μ，σ）。Laplace 分布波峰很尖，但拖尾比正态分布长。下图为 Laplace（1，0）和 Normal（1，0）的对比。

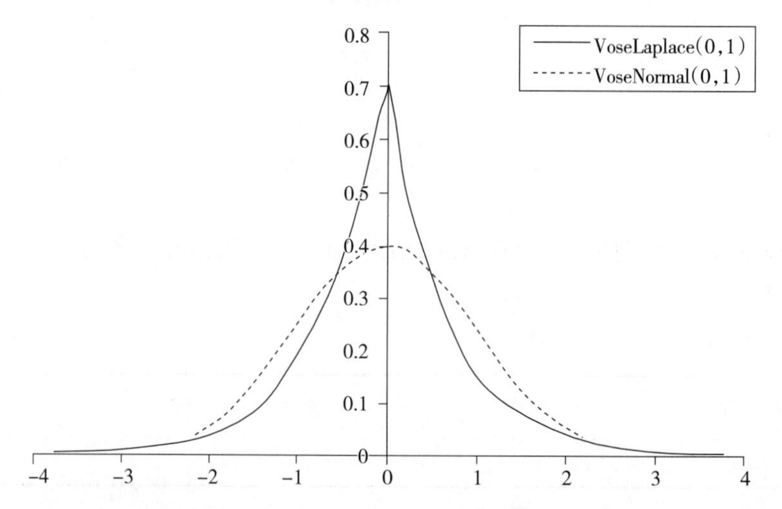

用途

Laplace分布有很多特定的用途，几乎都与其拖尾较长的特点有关。

备注

当$\mu=1$且$\sigma=1$时，称为标准Laplace分布，有时也称做“泊松第一误差定律”。Laplace分布还有其他名称，如双重指数分布（又称Gumbel极值分布）、双尾指数、双边指数分布。

公式

概率密度函数	$f(x)=\frac{1}{\sqrt{2}\sigma}\exp\left[-\frac{\sqrt{2}\mid x-\mu\mid}{\sigma}\right]$
累积分布函数	$F(x)=\frac{1}{2}\exp\left[-\frac{\sqrt{2}\mid x-\mu\mid}{\sigma}\right]$ 如果 $x<\mu$ $F(x)=1-\frac{1}{2}\exp\left[-\frac{\sqrt{2}\mid x-\mu\mid}{\sigma}\right]$ 如果 $x\geqslant\mu$
参数约束条件	$-\infty<u<+\infty$，$\sigma>0$
定义域	$-\infty<x<+\infty$
平均数	μ
众数	μ
方差	σ^2
偏度	0
峰度	6

Lévy 分 布

VoseLevy（c，a）

图像

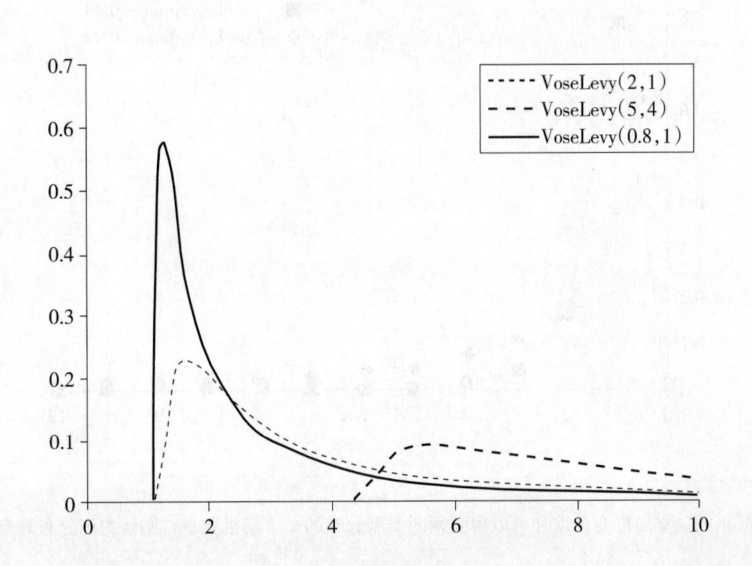

Lévy 分布是以 Paul Pierre Lévy 的名字命名的，是少数几个具有稳定特质①且可进行解析表达的概率密度分布函数。正态分布和柯西分布也有这样的特质。

用途

Lévy 分布有时被用在金融工程领域以模拟价格变化。该分布把金融市场上的价格变化经验观测值的尖峰态（“厚”尾）纳入了考虑范畴。

公式

概率密度函数	$f(x)=\sqrt{\frac{c}{2\pi}}\frac{e^{-e/2(x-a)}}{(x-a)^{3/2}}$
累积分布函数	无闭型
参数约束条件	$c>0$
定义域	$X\geqslant a$
均数	无穷大
众数	$a+\frac{c}{3}$
方差	无穷大
偏度	未定义
峰度	未定义

对 数 分 布

VoseLogarithmic（θ）

图像

对数分布（有时也称为对数级数分布）是一个离散正数分布，在 $x=1$ 处取得峰值，它有一个参数和一个右长尾。下图为两个不同的对数分布。

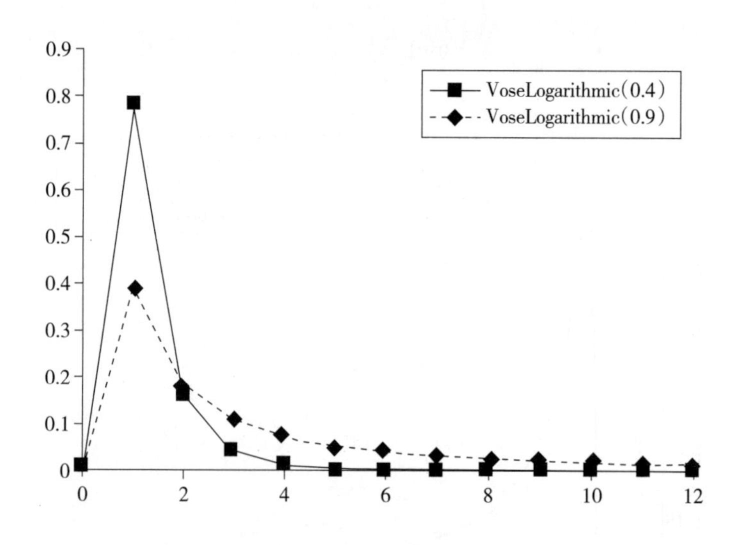

① 如果对该分布的独立随机变量求和可以得到相同类型分布的一个随机变量，则认为该分布具有稳定特质。

用途

在风险分析中，对数分布并不常用。但是在对以下情形的描述中已经有先例：某特定时期内消费者购买的商品数量；某地区的鸟类数量和植物物种数；每个宿主体内的寄生虫数量。有些理论把后两者和 Newcomb（1881）观察到的现象即“不同位数自然数使用频率服从对数分布”联系起来。

公式

概率质量函数	$f(x)=\dfrac{-\theta^x}{x\ln(1-\theta)}$
累积分布函数	$F(x)=\sum_{i=1}^{[x]} i\dfrac{-\theta^i}{\ln(1-\theta)}$
参数约束条件	$0<\theta<1$
定义域	$x=\{0，1，2，3，\cdots\}$
均数	$\dfrac{\theta}{(\theta-1)\ln(1-\theta)}$
众数	1
方差	$\mu((1-\theta)^{-1}-\mu)\equiv V$，其中 μ 为均数
偏度	$\dfrac{-\theta}{(1-\theta)^3V^{3/2}\ln(1-\theta)}\left(1+\theta+\dfrac{3\theta}{\ln(1-\theta)}+\dfrac{2\theta^2}{\ln^2(1-\theta)}\right)$
峰度	$\dfrac{-\theta}{(1-\theta)^4V^2\ln(1-\theta)}\left(1+4\theta+\theta^2+\dfrac{4\theta(1+\theta)}{\ln(1-\theta)}+\dfrac{6\theta^2}{\ln^2(1-\theta)}+\dfrac{3\theta^3}{\ln^3(1+\theta)}\right)$

对数 Gamma 分布

VoseLogGamma（α，β，γ）

图像

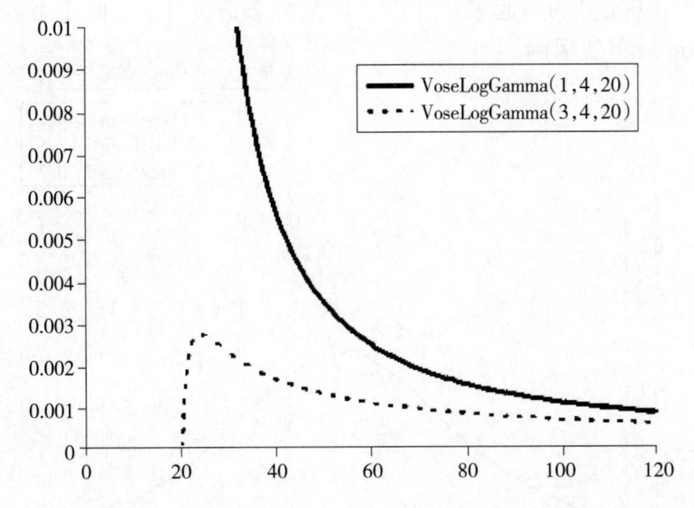

用途

如果变量 X 的自然对数呈 Gamma 分布，则变量 X 呈对数 Gamma 分布。当 Gamma 变量值为0时，标准对数 Gamma 分布的最小值是1，所以我们在模型风险（ModelRisk）中加入一个额外的变换参数 γ。得到公式：

$$\text{LogGamma}(\alpha,\beta,\gamma) = \text{EXP}[\text{Gamma}(\alpha,\beta)] + (\gamma-1)$$

对数 Gamma 分布有时用于模拟保险索赔中索赔金额的分布。设置 $\gamma=1$ 即得到标准对数 Gamma 分布。

公式

概率密度函数	$f(x)=\dfrac{(\ln[x-\gamma+1])^{\alpha-1}(x-\gamma+1)^{-\left(\frac{1+\beta}{\beta}\right)}}{\beta^{\alpha}\Gamma(\alpha)}$
累积分布函数	无闭型
参数约束条件	$\alpha>0$，$\beta>0$
定义域	$x\geqslant\gamma$
均数	$(1-\beta)^{-\alpha}+\upsilon-1$　　如果 $\beta<1$
众数	$\exp\left[\dfrac{\beta(\alpha-1)}{\beta+1}\right]+\gamma-1$　　如果 $\alpha>1$ 0　　其他情况
方差	$(1-2\beta)^{-2}-(1-\beta)^{-2\alpha}\equiv V$　　如果 $\beta<1/2$
偏度	$\dfrac{(1-3\beta)^{-\alpha}-3(1-3\beta+2\beta^2)^{-\alpha}+2(1-\beta)^{-3\alpha}}{V^{3/2}}$　　如果 $\beta<1/3$
峰度	$\dfrac{(1-4\beta)^{-\alpha}-4(1-4\beta+3\beta^2)^{-\alpha}+6(1-2\beta)^{-\alpha}(1-\beta)^{-2\alpha}-3(1-\beta)^{-4\alpha}}{V^2}$　　如果 $\beta<1/4$

Logistic 分 布
VoseLogistic（α，β）

图像

Logistic 分布和正态分布看起来很相似，但其峰态值为4.2，而正态分布的峰态值仅为3。下图为 Logistic 分布的示例。

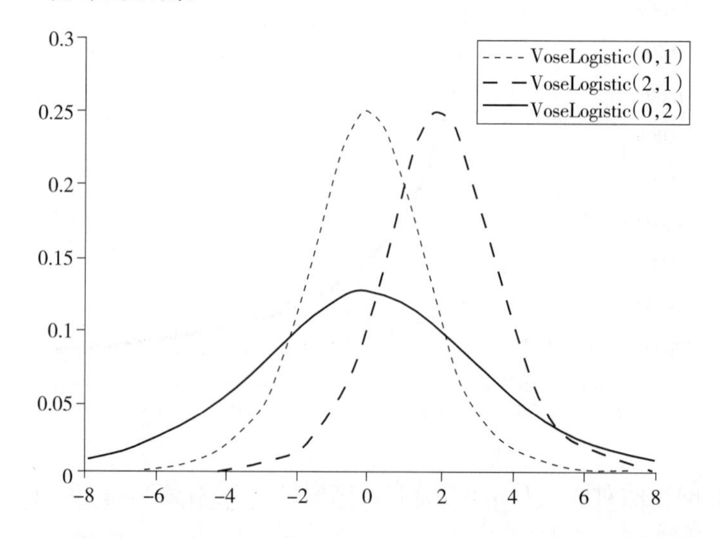

用途

Logistic 分布因其和正态分布的相似性（但 Logistic 分布峰值更为尖窄）在人口统计学和经济学建模中应用广泛，但在风险分析建模中并不常见。

备注

Logistic 分布的累积函数也可用于建立“增长曲线”的模型。因其分布函数可以写成含有一个双曲正割的形式，所以有时也被称作双曲正割均方分布。它的数学推导是当 n 趋向于无穷时，从一个指数型分布的随机抽取的样本量为 n 的样本的标准化中点值（最高值和最低值的平均数）的极限分布即是 Logistic 分布。

公式

概率密度函数	$f(x)=\frac{z}{\beta(1+z)^2}$　其中 $z=\exp\left(-\frac{x-\alpha}{\beta}\right)$
累积分布函数	$F(x)=\frac{1}{1+z}$
参数约束条件	$\beta>0$
定义域	$-\infty<x<+\infty$
均数	α
众数	α
方差	$\frac{\beta^2\pi^2}{3}$
偏度	0
峰度	4.2

对数 Laplace 分布
VoseLogLaplace（α，β，δ）

图像

下面给出了几个对数 Laplace 分布的示例，δ 为比例系数，表示密度函数的拐点位置。对数 Laplace 分布根据 β 值的不同呈现不同的形状。例如，当 $\beta=1$ 时，在 $x<\delta$ 范围内，对数 Laplace 分布的形状是相同的。

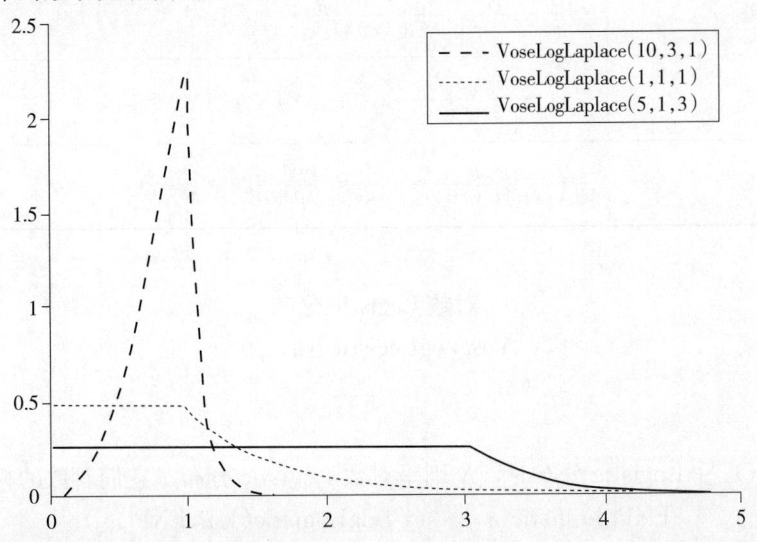

用途

Kozubowski 和 Podgorski 对关于对数 Laplace 分布用途相关的文献进行了梳理，最常引用的用途（关于对称的对数 Laplace）是对“精神财富”的模型化，该模型基于 Daniel Bernoulli 的公式来显示一个国家幸福值的高低，幸福指数形式上是收入的对数。

不对称的对数 Laplace 分布适合药物代谢动力学和颗粒大小数据（对于颗粒大小数据，其大小的对数常呈一个类似 Laplace 的帐篷状分布）。此分布已用于模拟生长率、股票价格、年度国内生产总值、利率和汇率。对于对数 Laplace 的优良的拟合度，有人给出了一个解答：此分布与布朗运动相关，两者都是在一个随机的指数时间停止。

公式

概率密度函数	$f(x)=\frac{\alpha\beta}{\delta(\alpha+\beta)}\left(\frac{x}{\delta}\right)^{\beta-1}$ 对于 $0\leqslant x<\delta$ $f(x)=\frac{\alpha\beta}{\delta(\alpha+\beta)}\left(\frac{\delta}{x}\right)^{\alpha+1}$ 对于 $x\geqslant\delta$
累积分布函数	$F(x)=\frac{\alpha}{\alpha+\beta}\left(\frac{x}{\delta}\right)^{\beta}$ 对于 $0\leqslant x<\delta$ $F(x)=1-\frac{\beta}{\alpha+\beta}\left(\frac{\delta}{x}\right)^{\alpha}$ 对于 $x\geqslant\delta$
参数约束条件	$\alpha>0$，$\beta>0$，$\delta>0$
定义域	$0<x<+\infty$
均数	$\delta\frac{\alpha\beta}{(\alpha-1)(\beta+1)}\equiv\mu$ 当 $\alpha>1$ 时
众数	0 当 $0<\beta<1$ 时 无唯一众数 当 $\beta=1$ 时 δ 当 $\beta>1$ 时
方差	$\delta^2\left(\frac{\alpha\beta}{(\alpha-2)(\beta+2)}-\left[\frac{\alpha\beta}{(\alpha-1)(\beta+1)}\right]^2\right)\equiv V$ 当 $\alpha>2$ 时
偏度	$\frac{1}{V^{3/2}}\left(\frac{\delta^3\alpha\beta}{(\alpha-3)(\beta+3)}-3(V+\mu^2)\mu+2\mu^3\right)$ 当 $\alpha>3$ 时
峰度	$\frac{1}{V^2}\left(\frac{\delta^4\alpha\beta}{(\alpha-4)(\beta+4)}-4\frac{\delta^3\alpha\beta}{(\alpha-3)(\beta+3)}\mu+6(V+\mu^2)\mu^2-3\mu^4\right)$ 当 $\alpha>4$ 时

对数 Logistic 分布

VoseLogLogistic（α，β）

图像

当 log（X）呈 Logistic 分布时，X 则呈对数 Logistic 分布。它们参数的相关关系如下：

$$\mathrm{EXP}[\mathrm{Logistic}(\alpha,\beta)]=\mathrm{LogLogistic}(1/\beta,\mathrm{EXP}[\alpha])$$

LogLogistic（α，1）即标准 Logistic 分布。

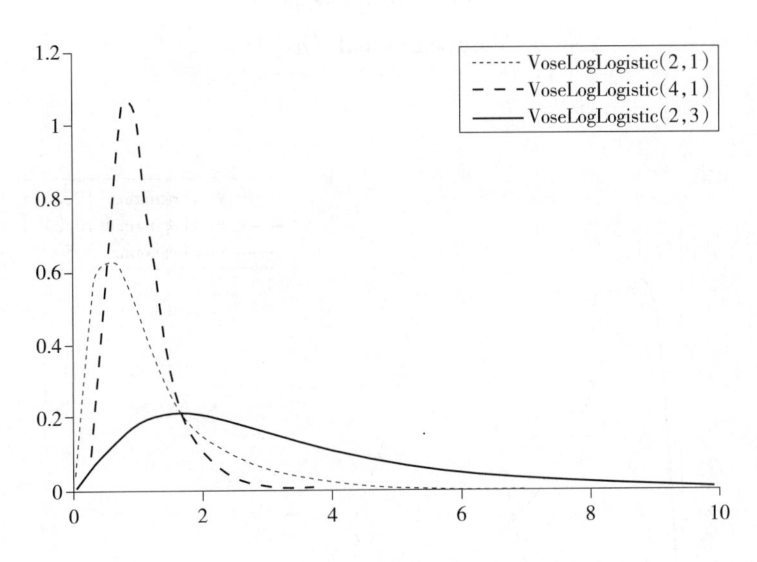

用途

对数 Logistic 分布和 Logistic 分布的关系类似于对数正态分布和正态分布的关系。如果一个变量是由某些过程传动的，该过程是一系列变量的乘积，那么由中心极限定理可得，用于拟合该变量最自然的分布应为对数正态分布。然而，如果这些乘积变量中的一个或两个占有支配地位，或者具有相关性，那么其分布就会比对数正态分布伸展幅度更小，这时对数 Logistic 分布可能是更值得尝试的选择。

公式

概率密度函数	$f(x)=\dfrac{\alpha x^{\alpha-1}}{\beta^{\alpha}\left[1+\left(\dfrac{x}{\beta}\right)\right]^2}$
累积分布函数	$F(x)=\dfrac{1}{1+\left(\dfrac{\beta}{x}\right)^{\alpha}}$
参数约束条件	$\alpha>0$，$\beta>0$
定义域	$0<x<+\infty$
均数	$\beta\theta\csc(\theta)$　　其中 $\theta=\dfrac{\pi}{\alpha}$
众数	$\beta\left[\dfrac{\alpha-1}{\alpha+1}\right]^{\frac{1}{\alpha}}$　　当 $\alpha>1$ 时 0　　当 $\alpha\leqslant1$ 时
方差	$\beta^2\theta\,[2\csc(2\theta)-\theta\csc^2(\theta)]$　　当 $\alpha>2$ 时
偏度	$\dfrac{3\csc(3\theta)-6\theta\csc(2\theta)\csc(\theta)+2\theta^2\csc^3(\theta)}{\sqrt{\theta}\,[2\csc(2\theta)-\theta\csc^2(\theta)]^{\frac{3}{2}}}$　　当 $\alpha>3$ 时
峰度	$\dfrac{6\theta^2\csc^3(\theta)\sec(\theta)+4\csc(4\theta)-3\theta^3\csc^4(\theta)-12\theta\csc(\theta)\csc(3\theta)}{\theta\,[2\csc(2\theta)-\theta\csc2(\theta)]^2}$　　当 $\alpha>4$ 时

对数正态分布

VoseLognormal（μ，σ）

图像

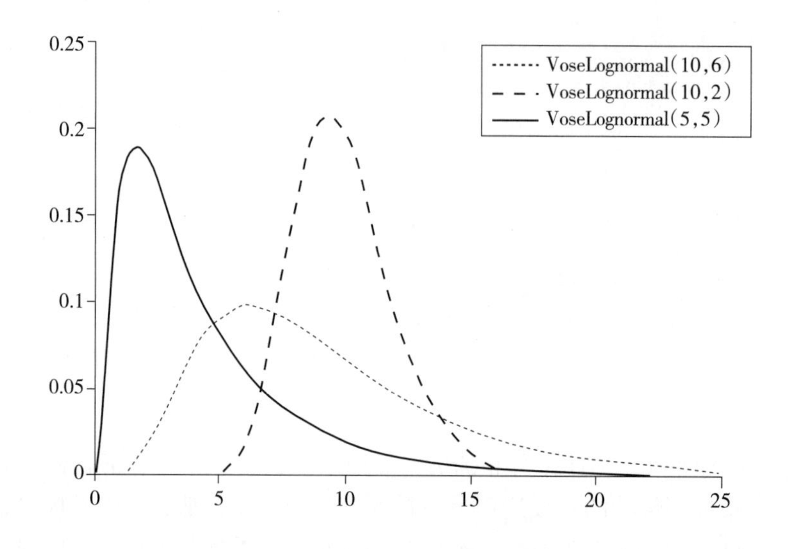

用途

对数正态分布可有效地模拟由一些自然生成的变量的乘积组成的某个自然生成的变量。中心极限定理表明，大量独立随机变量的乘积的分布符合对数正态分布。例如，石油储备库的气体排放量常服从对数正态分布，因为气体排放量是由该地区的地质、厚度、地层压力、孔隙率及气液比来确定的。

对数正态分布常能恰当地表示定义域为（0，$+\infty$）且正偏的物理量，可能是因为某些中心极限定理类型的过程决定了变量的大小。对数正态分布也适用于由数量级表示的量。例如，如果某变量的估计值在2的因数之内，或者在某个数量级范围内，则对数正态分布通常是较合理的模型。

对数正态分布可用来模拟文档中单词和句子的长度、集合体中的颗粒大小、药剂学中的关键剂量及传染病的潜伏期。对数正态分布得到广泛应用的一个原因是它易于拟合和检验（只要简单地把原始数据转化成对数且把它处理成一个正态分布），因此如果在你的研究领域中注意到有此分布的应用并不意味着这个模型很好，或许只是更便利一点。现代软件和统计技术使我们在处理问题时已经不总是需要正态性的假设前提了，所以关于对数正态分布的正态假设前提，在使用时要更加谨慎。

公式

概率密度函数	$f(x)=\frac{1}{x\sqrt{2\pi\sigma_1^2}}\exp\left[-\frac{(\ln[x]-\mu_1^2)}{2\sigma_1^2}\right]$ 其中 $\mu_1=\ln\left[\frac{\mu^2}{\sqrt{\sigma^2+\mu^2}}\right]$ 且 $\sigma_1=\sqrt{\ln\left[\frac{\sigma^2+\mu^2}{\mu^2}\right]}$
累积分布函数	无闭型
参数约束条件	$\sigma>0$，$\mu>0$

（续）

定义域	$x \geqslant 0$
均数	μ
众数	$\exp(\mu_1 - \sigma_1^2)$
方差	σ^2
偏度	$\left(\frac{\sigma}{\mu}\right)^3 + 3\left(\frac{\sigma}{\mu}\right)$
峰度	$z^4 + 2z^3 + 3z^2 - 3$　　其中 $z = 1 + \frac{\sigma}{\mu}$

对数正态分布 B 型

VoseLognormalB（μ，σ，B）

图像

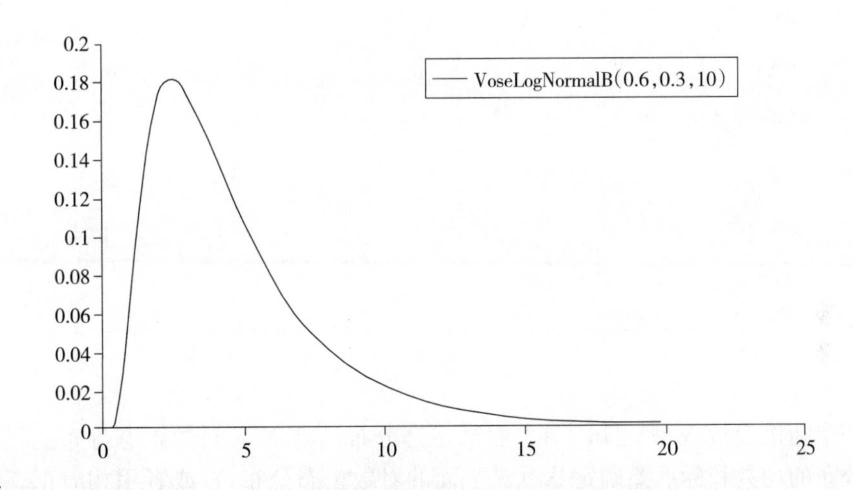

用途

科学家经常用底数为 10 的对数描述数据。该分布允许使用者指定底数为 B。例如：

$$X = \text{VoseLognormalB}(2,3,10) = 10\hat{}\text{Normal}(2,3)$$

公式

概率密度函数	$f(x) = \frac{\exp\left[-\frac{(\ln x - m)^2}{2V}\right]}{x\sqrt{V2\pi}}$　　其中 $V = (\sigma \ln B)^2$ 且 $m = \mu \ln B$
累积分布函数	无闭型
参数约束条件	$\sigma > 0$，$\mu > 0$，$B > 0$
定义域	$x \geqslant 0$
均数	$\exp\left(m + \frac{V}{2}\right)$

（续）

众数	$\exp(m-V)$
方差	$\exp(2m+V)(\exp(V)-1)$
偏度	$(\exp(V)+2)\sqrt{\exp(V)-1}$
峰度	$\exp(4V)+2\exp(3V)+3\exp(2V)-3$

对数正态分布 E 型

VoseLognormalE（μ，σ）

图像

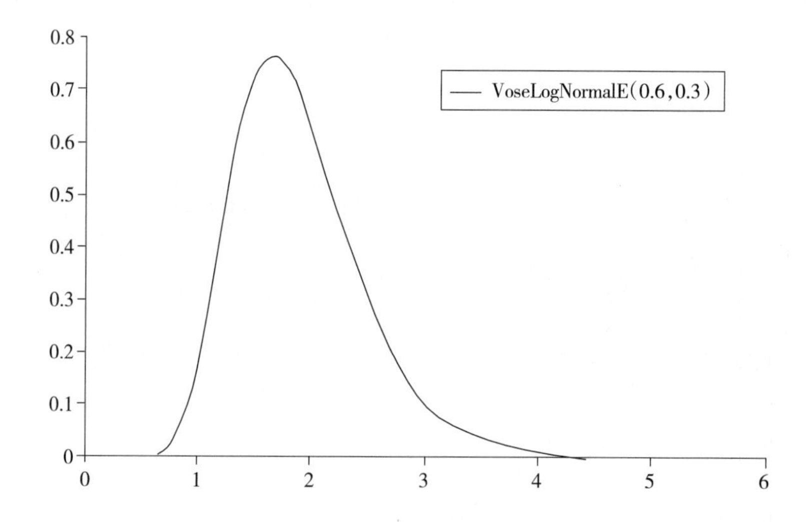

用途

如果一个随机变量 X 满足 ln［X］服从正态分布，则 X 呈对数正态分布。我们可以用对数正态分布的均数和标准差确定 X（见上面的对数正态分布），或者用相应正态分布的均数和标准差确定 X，如下：

$$X = \text{VoseLognormalE}(2,3) = \exp[\text{Normal}(2,3)]$$

公式

概率密度函数	$f(x)=\dfrac{\exp\left[-\dfrac{(\ln x-\mu)^2}{2\sigma^2}\right]}{x\sigma\sqrt{2\pi}}$
累积分布函数	无闭型
参数约束条件	$\sigma>0$，$\mu>0$
定义域	$x\geqslant 0$
均数	$\exp\left(\mu+\dfrac{\sigma^2}{2}\right)$
众数	$\exp(\mu-\sigma^2)$

（续）

方差	exp（$2\mu+\sigma^2$）（exp（σ^2）-1）
偏度	（exp（σ^2）$+2$）$\sqrt{\text{exp}（\sigma^2）-1}$
峰度	exp（$4\sigma^2$）$+2$exp（$3\sigma^2$）$+3$exp（$2\sigma^2$）-3

修正的 PERT 分布

VoseModPERT（min，mode，max，γ）

图像

David Vose 使用最小的最小值、最有可能的众数及最大的最大值发展了一种对 PERT 分布的修正分布，通过改变对均数的假定以得到不确定程度不一的最小值、众数和最大值：

$$\frac{\text{最小值}+\gamma\,\text{众数}+\text{最大值}}{\gamma+2}\equiv\mu$$

在标准 PERT 分布中，$\gamma=4$，这是根据 PERT 网络假定推算出的，即对于一项任务持续期的最佳估计为（max＋4mode＋min）/6。然而，如果 γ 值增大，分布的图形会变得尖窄，更集中在众数附近（故不确定性降低）。相反，如果 γ 值减小，分布的图形则会变得扁平，不确定性增加。下图显示了三个不同 γ 值对于修正 PERT 分布（5，7，10）的影响。

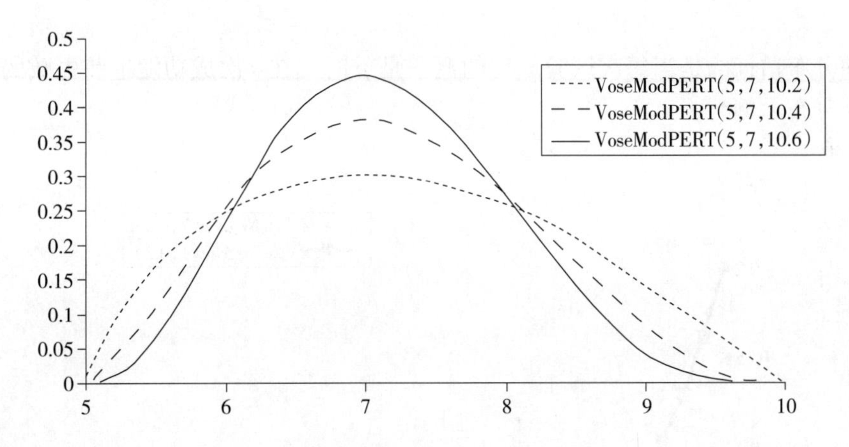

用途

修正的 PERT 分布在模拟专家意见时很适用。专家要估计三个值的大小（最小值、最有可能值及最大值），然后可得到一组修正过的 PERT 分布，专家可从中选择最能精确反映他/她意见的图形。

公式

概率密度函数	$f(x)=\dfrac{(x-\min)^{\alpha_1-1}(\max-x)^{\alpha_2-1}}{B(\alpha_1,\alpha_2)(\max-\min)^{\alpha_1+\alpha_2-1}}$ 其中 $\alpha_1=1+\gamma\left(\dfrac{\text{mode}-\min}{\max-\min}\right)$，$\alpha_2=1+\gamma\left(\dfrac{\max-\text{mode}}{\max-\min}\right)$ 且 B（α_1，α_2）是 Beta 函数，min、mode 和 max 分别是最小值、众数和最大值

（续）

累积分布函数	$F(x)=\frac{B_z(\alpha_1,\alpha_2)}{B(\alpha_1,\alpha_2)}\equiv I_z(\alpha_1,\alpha_2)$， 其中 $z=\frac{x-\min}{\max-\min}$，$B_z(\alpha_1,\alpha_2)$ 是一个不完全的 Beta 函数
参数约束条件	$\min<\text{mode}<\max$，$\gamma>0$
定义域	$\min\leqslant x\leqslant\max$
均数	$\frac{\min+\gamma\text{mode}+\max}{\nu+2}\equiv\mu$
众数	mode
方差	$\frac{(\mu-\min)(\max-\mu)}{\gamma+3}$
偏度	$\frac{\min+\max-2\mu}{4}\sqrt{\frac{7}{(\mu-\min)(\max-\mu)}}$
峰度	$3\frac{(\alpha_1+\alpha_2+1)(2(\alpha_1+\alpha_2)^2+\alpha_1\alpha_2(\alpha_1+\alpha_2-6))}{\alpha_1\alpha_2(\alpha_1+\alpha_2+2)(\alpha_1+\alpha_2+3)}$

负 二 项 分 布

VoseNegBin（s，p）

图像

负二项分布估计的是当每次试验成功的概率是 p 时，在 s 次成功发生前失败的次数。下图为负二项分布示例。

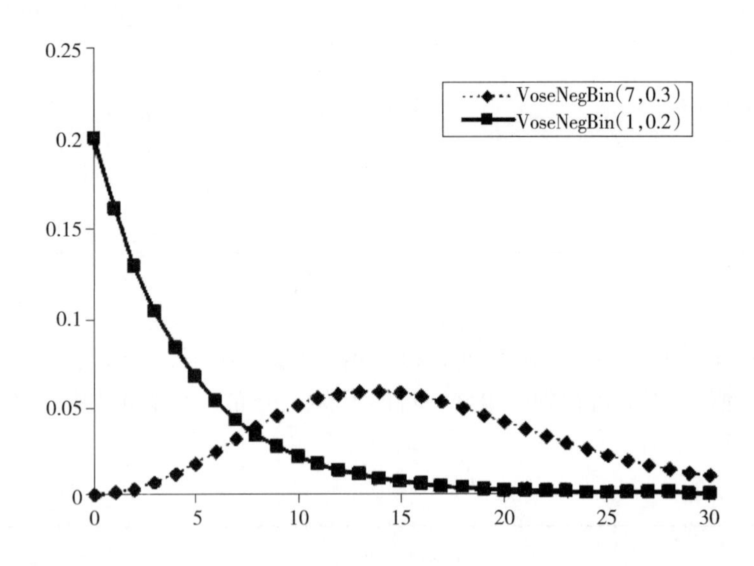

用途

二项分布应用举例

对于一个二项过程，负二项分布有两种应用：

- 获得 s 次成功所需的失败次数＝NegBin（s，p）。

- 观察到 s 次成功可能发生的失败次数＝NegBin（s＋1，p）。

第一种应用是已知在第 s 次成功发生时停止的情况下使用，而第二种应用是在仅知晓有特定成功次数时使用。

例如，某医院上个月总共接收患有某罕见疾病的病人 17 名，而该疾病潜伏期较长。数天内没有出现新发病例。院方知道这种疾病的病人出现症状的概率是 65%，只有出现症状才可能被送往医院。院方关心的是疫情暴发时受到感染但没有送往医院的病人数量，他们在人群中可能会感染更多的健康个体。这个问题的答案是 NegBin（17＋1，65%）。如果已知（实际是未知）最后一名被感染的病人生病的情况，那么答案就会变成 NegBin（17，65%）。总的感染病例数将是 17＋NegBin（17＋1，65%）。

泊松分布应用举例

负二项分布在事故统计和其他泊松过程中应用广泛，因为它能够用一个泊松随机变量来表示，该泊松随机变量的率参数 λ 为自随机且服从 γ 分布，例如：

$$\text{Poisson}(\text{Gamma}(\alpha,\beta))=\text{NegBin}(\alpha, 1(\beta+1)), \alpha=1, 2, 3\cdots$$

由此看出，负二项分布在保险产业的应用也相当广泛，如受到天气等随机变量影响的人遭遇事故的概率，在营销领域的应用也类似。这里有几种含义：在均数相等的条件下，负二项分布必然比泊松分布有更大的分布范围；如果试图用泊松分布拟合随机事件的频数但发现泊松分布范围过窄时，用负二项分布可能是更好的选择，且如果泊松分布和该变量的拟合度高，则该泊松率并不是一个定值，而是一个可以由相应的 γ 分布近似得到的随机值。

公式

概率质量函数	$f(x)=\binom{s+x-1}{x}p^s(1-p)^x$
累积分布函数	$F(x)=\sum_{i=0}^{\lfloor x\rfloor}\binom{s+i-1}{i}p^s(1-p)^i$
参数约束条件	$0<p\leqslant 1$ $s>0$ 其中 s 是整数
定义域	$x=\{0, 1, 2, \cdots\}$
均数	$\frac{s(1-p)}{p}$
众数	$z, z+1$　如果 z 为整数 $\lfloor z\rfloor+1$　其他情况 其中 $z=\frac{s(1-p)-1}{p}$
方差	$\frac{s(1-p)}{p^2}$
偏度	$\frac{2-p}{\sqrt{s(1-p)}}$
峰度	$3+\frac{6}{s}+\frac{p^2}{s(1-p)}$

正 态 分 布

VoseNormal（μ，σ）

图像

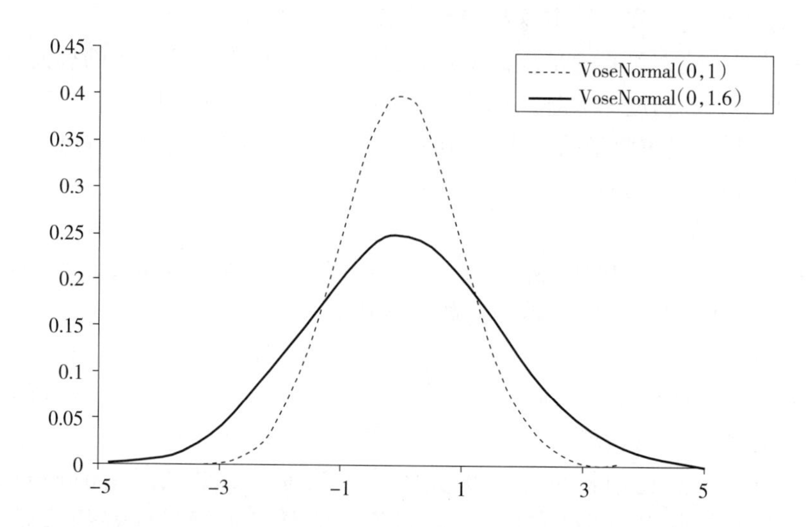

用途

1. 模拟自然生成的变量。正态分布，又名高斯分布，应用范围较为广泛。某种程度上由于中心极限定理，此分布也可以看做许多其他分布良好的近似分布。

常观察到，自然生成变量的变化近似于正态分布，如欧洲成年男子的身高、臂长等。

人口数据也近似符合正态曲线，但是此数据的分布图通常有一个稍大密度的尾部。

2. 误差分布。正态分布在误差分布的统计理论中会经常用到（如最小二乘回归分析）。

3. 不确定性分布的近似。一个最根本的统计法则是，数据样本量越大，估计得到的参数的不确定性分布就越接近正态分布。其他途径也能观测到这种现象：泰勒级数展开的后验密度对贝叶斯视角是有帮助的；中心极限定理的论证对频率论的视角很适合，如二项分布、泊松分布的示例。

4. 便利性。正态分布得到最广泛应用的简单原因是它的便利性。例如，为一些正态分布的随机变量（不相关的或相关的）相加得到一个新分布，只要简单地把它们的均数和方差结合起来就可以得到另一个正态分布。

经典统计学是以正态分布为中心发展起来的，包括把数据转换成服从正态分布的方法。t 分布和卡方分布都是基于正态性假设推演出来的。这是我们在学校里学到的分布类型。需要注意的是，当你选择正态分布时，并不只是因为缺少对其他分布的假设，要有足够充分的理由选择它，因为很多情况下都存在许多更契合某特定情境的其他分布。

公式

概率密度函数	$f(x)=\frac{1}{\sqrt{2\pi\sigma^2}}\exp\left(-\frac{(x-\mu)^2}{2\sigma^2}\right)$
累积分布函数	无闭型
参数约束条件	$\sigma>0$

（续）

定义域	$-\infty < x < +\infty$
均数	μ
众数	μ
方差	σ^2
偏度	0
峰度	3

拱　形　分　布

VoseOgive（min，max，{data}）

图像

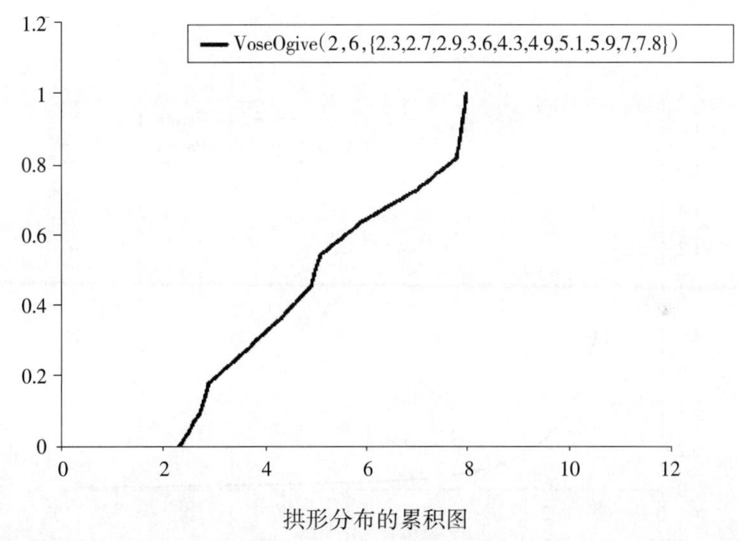

拱形分布的累积图

用途

拱形分布用于将一组数据转换成经验分布（见 10.2.1）。

公式

概率密度函数	$f(x)=\frac{1}{n+1}\cdot\frac{1}{x_{i+1}-x_i}$ 对于 $x_i \leqslant x < x_{i+1}, i \in \{0,1,\cdots,n+1\}$ 其是 $x_0=\min, x_{n+1}=\max, P_0=0, P_{n+1}=1$
累积分布函数	$F(x_i)=\frac{i}{n+1}$
参数约束条件	$x_i < x_{i+1}$，　$n \geqslant 0$
定义域	$\min < x < \max$
均数	$\frac{1}{n+1}\sum_{i=0}^{n}\frac{x_{i+1}+x_i}{2}$

（续）

众数	无唯一众数
方差	过于复杂
偏度	过于复杂
峰度	过于复杂

Pareto 分 布

VosePareto（θ，a）

图像

Pareto 分布图形类似指数分布，是一个众数和最小值相等的右偏图形。该分布起始于 a，且有一个由 θ 决定的下降率：θ 值越大，图形尾部下降得越快。下图给出了 Pareto 分布示例。

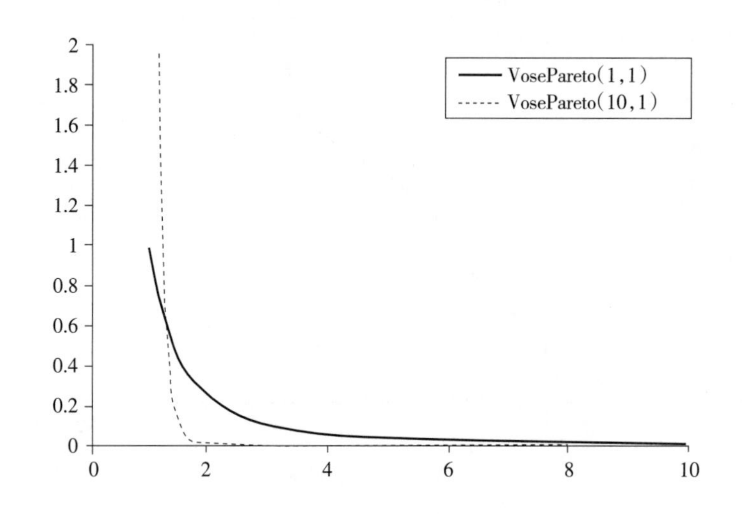

用途

1. 人口统计分布。Pareto 分布一开始是用来模拟收入至少为 x 的人口数量，但现在其应用范围已经扩展到任何有最小值或者其概率密度以几何级数的速率从某个值减小到 0 的变量。

Pareto 分布还用来对城市人口数目、自然资源的发生率、股价波动、公司规模、个人收入及通讯线路中的错误聚集进行模拟。

明显的 Pareto 分布应用示例是保险索赔。填写保单的原因在于，低于特定值 a 的索赔是不值的，假设索赔大于 a 的概率的下降量由索赔额大小的幂函数决定的，索赔额越大，索赔大于 a 的概率越小。但实际上，Pareto 分布对该问题的拟合度却很差。

2. 长尾变量。Pareto 分布的尾部是所有概率分布中最长的。因此，当对于某个变量的大部分值 Pareto 分布都不契合的情况下，如上面提到的索赔大小分布，通常把它和另一个分布，如对数正态分布，联合起来共同模拟变量的尾部数值。在这样的情况下，保险公司就能够得到合理的保证：对索赔额很高的事件（显然很少见，如若发生，后果是不堪设想的）概率可以得出一个相对保守的解释值。Pareto 分布可用于模拟比一般分布尾部更长的离散变量。

公式

概率密度函数	$f(x)=\frac{\theta a^{\theta}}{x^{\theta+1}}$	
累积分布函数	$F(x)=1-\left(\frac{a}{x}\right)^{\theta}$	
参数约束条件	$\theta>0$，$a>0$	
定义域	$a\leqslant x$	
均数	$\frac{\theta a}{\theta-1}$	当 $\theta>1$ 时
众数	a	
方差	$\frac{\theta a^2}{(\theta-1)^2(\theta-2)}$	当 $\theta>2$ 时
偏度	$2\frac{\theta+1}{\theta-3}\sqrt{\frac{\theta-2}{\theta}}$	当 $\theta>3$ 时
峰度	$\frac{3(\theta-2)(3\theta^2+\theta+2)}{\theta(\theta-3)(\theta-4)}$	当 $\theta>4$ 时

Pareto2 型分布
VosePareto2（b，q）

图像

简单地把标准 Pareto 分布沿着 x 轴移动到初始值，即得到该分布，所以该分布是从 $x=1$ 开始的。通过观察这两个分布的累积分布公式就可以看出这种关系。

Pareto 分布

$$F(x)=1-\left(\frac{a}{x}\right)^{\theta}$$

Pareto2 型分布

$$F(x)=1-\left(\frac{b}{x+b}\right)^{q}$$

两个公式的唯一区别是标准 Pareto 的 x 由 Pareto2 型的 $x+b$ 代替，另一种表示方法如下：

$$\text{Pareto2}(b,q)=\text{Pareto}(\theta,a)-a$$

当 $a=b$ 且 $q=\theta$ 时，两个分布的方差和形状均相同，但均数不同。

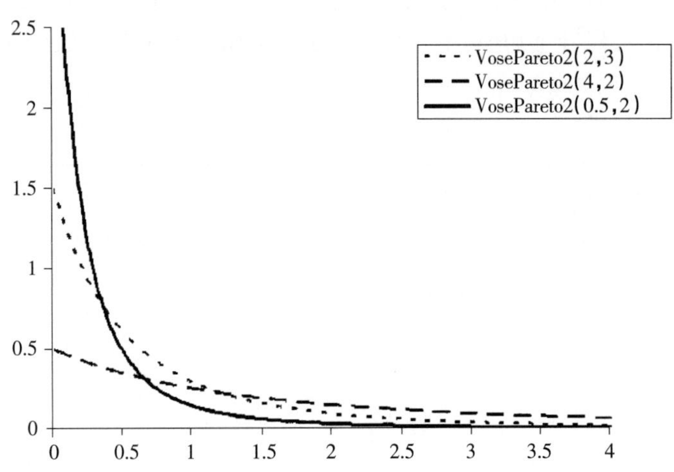

用途

见 Pareto 分布。

公式

概率密度函数	$f(x)=\frac{qb^q}{(x+b)^{q+1}}$	
累积分布函数	$F(x)=1-\frac{b^q}{(x+b)^q}$	
参数约束条件	$b>0$，$q>0$	
定义域	$0\leqslant x\leqslant+\infty$	
均数	$\frac{b}{q-1}$	当 $q>1$ 时
众数	0	
方差	$\frac{b^2q}{(a-1)^2(a-2)}$	当 $q>2$ 时
偏度	$2\frac{q+1}{q-3}\sqrt{\frac{q-2}{q}}$	当 $q>3$ 时
峰度	$\frac{3(q-2)(3q^2+q+2)}{q(q-3)(q-4)}$	当 $q>4$ 时

Pearson5 型分布

VosePearson5（α，β）

图像

Pearson 分布族是由 Pearson 在 1890—1895 年得到的。它表示的是这样一个系统：对于分布族中的每个分布，其概率密度函数 $f(x)$ 都满足如下微分公式。即：

$$\frac{1}{p}\frac{\mathrm{d}p}{\mathrm{d}x}=-\frac{a+x}{c_0+c_1x+c_2x^2} \qquad (1)$$

其中，分布的形状依赖于参数 a、c_0、c_1 和 c_2 的值。Pearson5 型在 Pearson 系统中对应如下情况：当 $c_0+c_1x+c_2x^2$ 是个完全平方式（$c^2=4c_0c_2$）时。此时，公式（1）能够被改写成：

$$\frac{\mathrm{d}\ \log f(x)}{\mathrm{d}x} = -\frac{a+x}{c_2(x+c_1)^2}$$

Pearson5 型分布示例如下图所示。

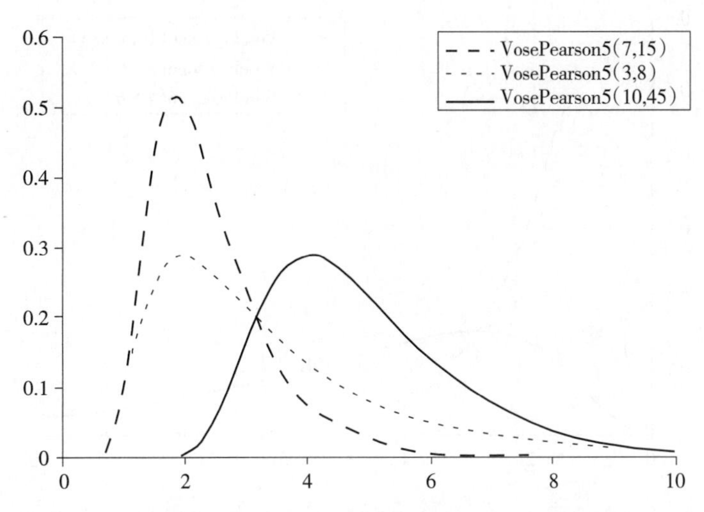

用途

该分布在风险分析中较少有适合的情形。

公式

概率密度函数	$f(x) = \frac{1}{\beta\Gamma(\alpha)} \frac{e^{-\beta/x}}{(x/\beta)^{\alpha+1}}$	
累积分布函数	无闭型	
参数约束条件	$\alpha>0$，$\beta>0$	
定义域	$0 \leqslant x < +\infty$	
均数	$\frac{\beta}{\alpha-1}$	当 $\alpha>1$ 时
众数	$\frac{\beta}{\alpha+1}$	
方差	$\frac{\beta^2}{(\alpha-1)^2(\alpha-2)}$	当 $\alpha>2$ 时
偏度	$\frac{4\sqrt{\alpha-2}}{\alpha-3}$	当 $\alpha>3$ 时
峰度	$\frac{3(\alpha+5)(\alpha-2)}{(\alpha-3)(\alpha-4)}$	当 $\alpha>4$ 时

Pearson6 型分布

VosePearson6（α_1，α_2，β）

图像

Pearson6 型分布在 Pearson 系统中对应的是以下情况：当 $c_0+c_1x+c_2x^2=0$ 的根是实

根，且根的符号相同时。例如，当两个根均为负值时，那么：

$$f(x)=K(x-a_1)^{m_1}(x-a_2)^{m_2}$$

由于期望值比 a_2 大，所以很明显 x 的值必须在 $x>a_2$ 内变化。Pearson6 型分布示例如下。

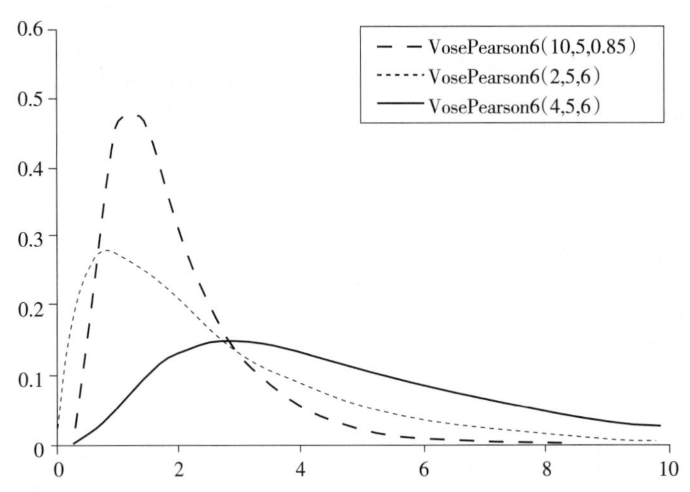

用途

在 Vose 咨询公司里并未发现很多该分布的用途（除了生成 F 分布）。用该分布来模拟风险分析中可能遇到的任何过程的概率都很小，但在遇到超大数据集（符合的情况不多），且其他分布模拟度不佳时，它的三个参数（给予它自由度的参数）、尖顶及长尾使它成为一个候选模型。

同 Pearson5 型一样，在风险分析中 Pearson6 型用途也不广泛。

公式

概率密度函数	$f(x)=\frac{1}{\beta B(\alpha_1,\alpha_2)}\frac{(x/\beta)^{\alpha_1-1}}{\left(1+\frac{x}{\beta}\right)^{\alpha_1+\alpha_2}}$ 其中 $B(\alpha_1,\alpha_2)$ 是 Beta 函数	
累积分布函数	无闭型	
参数约束条件	$\alpha_1>0$，$\alpha_2>0$，$\beta>0$	
定义域	$0\leqslant x<+\infty$	
均数	$\frac{\beta\alpha_1}{\alpha_2-1}$	当 $\alpha_2>1$ 时
众数	$\frac{\beta(\alpha_1-1)}{\alpha_2+1}$ 0	当 $\alpha_1>1$ 时 其他情况
方差	$\frac{\beta^2\alpha_1(\alpha_1+\alpha_2-1)}{(\alpha_2-1)^2(\alpha_2-2)}$	当 $\alpha_2>2$ 时
偏度	$2\sqrt{\frac{\alpha_2-2}{\alpha_1(\alpha_1+\alpha_2-1)}}\left[\frac{2\alpha_1+\alpha_2-1}{\alpha_2-3}\right]$	当 $\alpha_2>3$ 时
峰度	$\frac{3(\alpha_2-2)}{(\alpha_2-3)(\alpha_2-4)}\left[\frac{2(\alpha_2-1)^2}{\alpha_1(\alpha_1+\alpha_2-1)}+(\alpha_2+5)\right]$	当 $\alpha_2>4$ 时

PERT　分　布

VosePERT（min，mode，max）

图像

PERT 分布（又名 Beta PERT 分布）的名字由来：其关于均数的假设来自 PERT 网络（PERT 网络过去用于工程计划中）。它是 Beta 分布的一个类型，需要和三角分布相同的三个参数，即最小值（a）、最可能值（b）及最大值（c）。下图显示的是形状能和三角分布类比的 PERT 分布。

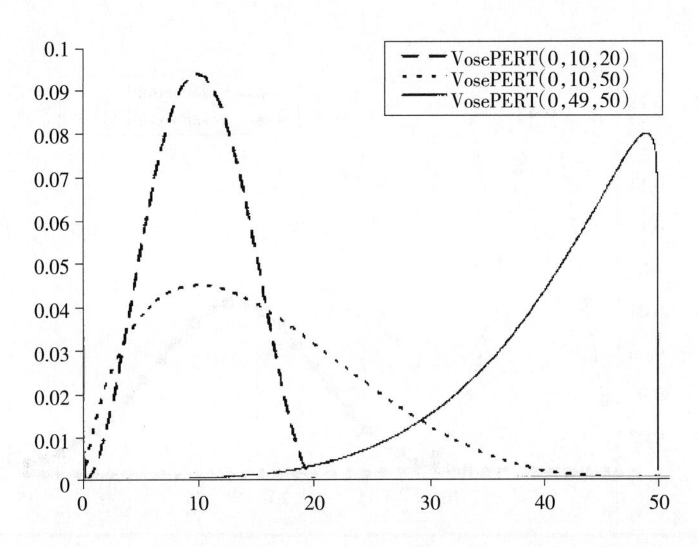

用途

在专家的最小、最有可能和最大猜测值已知的情况下，PERT 分布被专门用于模拟专家的估计。它是三角分布的一个直接替代。

公式

概率密度函数	$f(x)=\dfrac{(x-\min)^{\alpha_1-1}(\max-x)^{\alpha_2-1}}{B(\alpha_1,\alpha_2)(\max-\min)^{\alpha_1+\alpha_2-1}}$ 其中 $\alpha_1=6\left[\dfrac{\mu-\min}{\max-\min}\right]$，$\alpha_2=6\left[\dfrac{\max-\mu}{\max-\min}\right]$， $\mu(=mean)=\dfrac{\min+4\text{mode}+\max}{6}$ 且 $B(\alpha_1,\alpha_2)$ 是 Beta 函数
累积分布函数	$f(x)=\dfrac{B_z(\alpha_1,\alpha_2)}{B(\alpha_1,\alpha_2)}\equiv I_z(\alpha_1,\alpha_2)$ 其中 $z=\dfrac{x-\min}{\max-\min}$ 且 $B_2(\alpha_1,\alpha_2)$ 是不完全 Beta 函数
参数约束条件	min<mode<max
定义域	$\min\leqslant x\leqslant\max$
均数	$\dfrac{\min+4\text{mode}+\max}{6}\equiv\mu$
众数	mode
方差	$\dfrac{(\mu-\min)(\max-\mu)}{7}$

（续）

偏度	$\frac{\min+\max-2\mu}{4}\sqrt{\frac{7}{(\mu-\min)(\max-\mu)}}$
峰度	$3\frac{(\alpha_1+\alpha_2+1)(2(\alpha_1+\alpha_2)^2+\alpha_1\alpha_2(\alpha_1+\alpha_2-6))}{\alpha_1\alpha_2(\alpha_1+\alpha_2+2)(\alpha_1+\alpha_2+3)}$

泊 松 分 布

VosePoisson（λt）

图像

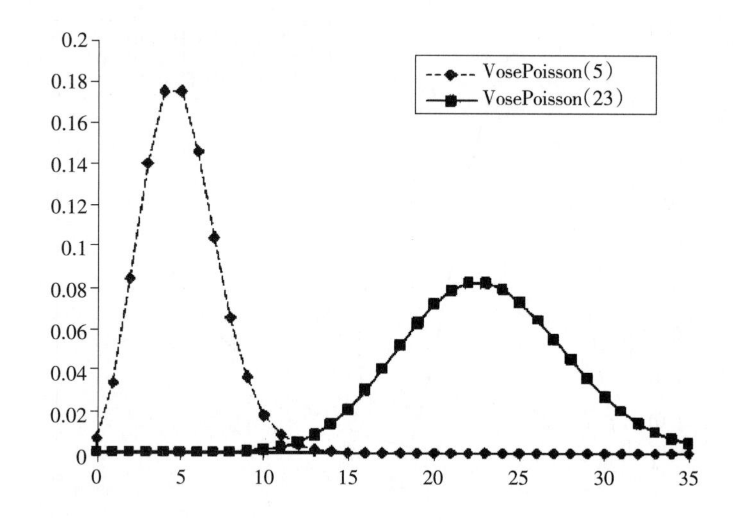

用途

当连续事件的时间间隔遵循泊松过程时，泊松分布 Poisson（λt）模拟在时间 t 内某件事的发生次数，期望率是每段时间 t 内发生该事件的次数 λ。

示例

同指数分布中 β 的用途一样，如果 β 为事件发生的时间间隔的均数，则 $\lambda=1/\beta$。例如，记录显示某电脑每运行平均 250h 崩溃一次（$\beta=250$h），那么崩溃率 λ 即是每小时 1/250 次崩溃。因此，Poisson（1 000/250）＝Poisson（4）分布模拟的就是在未来的 1 000h 的操作中电脑的崩溃次数。

公式

概率质量函数	$f(x)=\frac{e^{-\lambda t}(\lambda t)^x}{x!}$	
累积分布函数	$F(x)=e^{-\lambda t}\sum_{i=0}^{\lfloor x\rfloor}\frac{(\lambda t)^i}{i!}$	
参数约束条件	$\lambda t>0$	
定义域	$x=\{0, 1, 2, \cdots\}$	
均数	λt	
众数	$\lambda t, \lambda t-1$ $\lfloor \lambda t \rfloor$	如果 λt 是一个整数 其他情况

（续）

方差	λt
偏度	$\frac{1}{\sqrt{\lambda t}}$
峰度	$3+\frac{1}{\sqrt{\lambda t}}$

Pólya 分 布

VosePolya（α，β）

图像

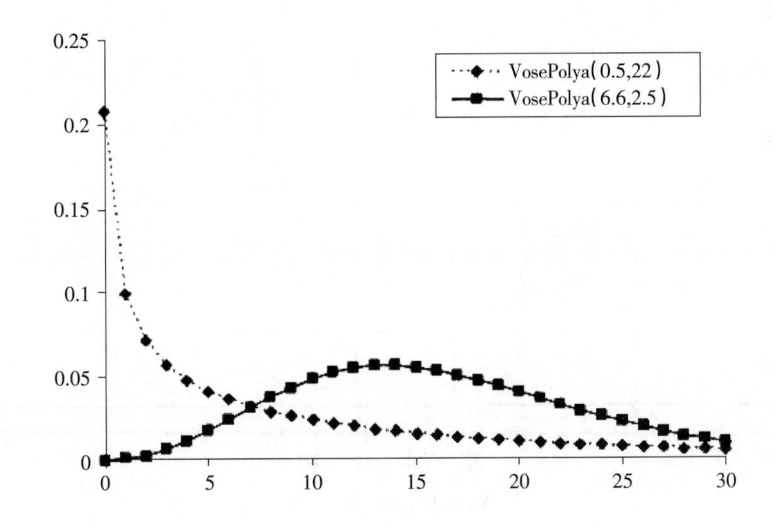

用途

在文献中有好几个分布都被命名为 Pólya 分布。本书使用的是在保险领域中应用广泛的那个分布。对于索赔次数频数分布的标准初始假设符合 Poisson 分布：

$$索赔=\text{Poisson}（\lambda）$$

λ 为关注时间内索赔次数的期望值。Poisson 分布的均数和方差都等于 λ，在索赔次数的历史记录中，常见情况是方差比均数大，故 Poisson 分布低估了索赔次数的随机水平。合并较大方差值的标准方法是假设 λ 本身即为一个随机变量（索赔次数分布就被称为混合 Poisson 模型）。Gamma（α，β）是最常用的用于描述时间段间 λ 随机变化的分布，所以：

$$索赔=\text{Poisson}（\text{Gamma}（\alpha，\beta））\quad(1)$$

这就是 Pólya（α，β）分布。

备注

Pólya 分布和负二项分布的关系

如果 α 是整数，有：

$$索赔=\text{Poisson}（\text{Gamma}（\alpha，\beta））=\text{NegBin}（\alpha，1/（1+\beta））\quad(2)$$

因此，可以说负二项分布是 Pólya 分布的一个特例。

公式

概率质量函数	$f(x)=\frac{\Gamma(\alpha+x)\beta^x}{\Gamma(x+1)\Gamma(\alpha)(1+\beta)^{\alpha+x}}$
累积分布函数	$F(x)=\sum_{i=0}^{x}\frac{\Gamma(\alpha+i)\beta^i}{\Gamma(i+1)\Gamma(\alpha)(1+\beta)^{\alpha+i}}$
参数约束条件	$\alpha>0$，$\beta>0$
定义域	$x=\{0, 1, 2, \cdots\}$
均数	$\alpha\beta$
众数	0　　如果 $\alpha\leqslant 1$ z，$z+1$　　如果 z 是整数 $\lceil z \rceil$　　如果 z 不是整数 其中 $z=\beta(\alpha-1)-1$
方差	$\alpha\beta(1+\beta)$
偏度	$\frac{1+2\beta}{\sqrt{(1+\beta)\alpha\beta}}$
峰度	$3+\frac{6}{\alpha}+\frac{1}{\alpha\beta(1+\beta)}$

瑞 利 分 布

VoseRayleigh (b)

图像

该分布的名称最初来源于声学家 Rayleigh 勋爵（其更为朴素的名称是 J. W. Strutt），下图表示不同的瑞利分布，实线表示的是 Rayleigh（1）型，有时也被称做标准瑞利分布。

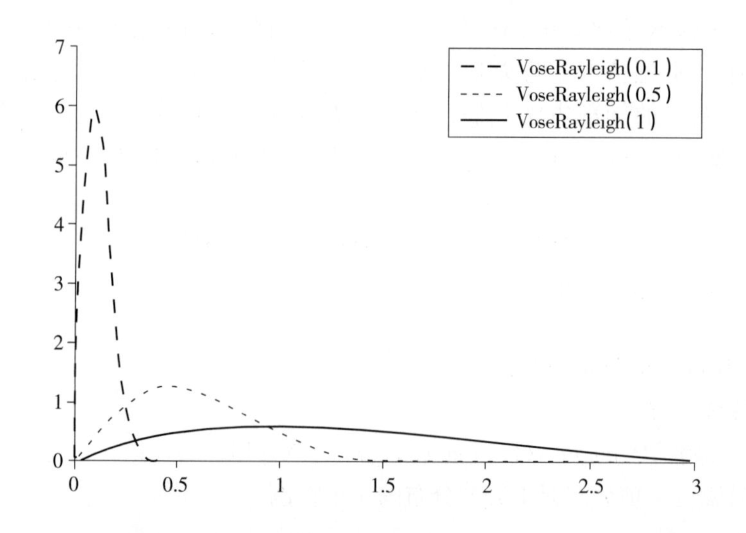

用途

瑞利分布常用于模拟海洋学中的波形高度，在通信理论中它用于描述接收到的无线电信号的每小时平均数和瞬时峰值功率。

当空间格局由泊松分布生成时，某个体到其最近邻居的距离服从瑞利分布。

由于 Rayleigh（b）=Weibull（2，$b\sqrt{2}$），所以瑞利分布是威布尔分布的特例，同样，对于瞬时故障率呈线性渐增的设备，即符合公式 $z(x)=x/b$，它也是一个模拟其使用寿命的适宜分布。

公式

概率密度函数	$f(x)=\frac{x}{b^2}\exp\left[-\frac{1}{2}\left(\frac{x}{b}\right)^2\right]$
累积分布函数	$F(x)=1-\exp\left[-\frac{1}{2}\left(\frac{x}{b}\right)^2\right]$
参数约束条件	$b>0$
定义域	$0\leqslant x<+\infty$
均数	$b\sqrt{\frac{\pi}{2}}$
众数	b
方差	$b^2\left(2-\frac{\pi}{2}\right)$
偏度	$\frac{2(\pi-3)\sqrt{\pi}}{(4-\pi)^{3/2}}\approx 0.6311$
峰度	$\frac{32-3\pi^2}{(4-\pi)^2}\approx 3.2451$

对 应 分 布

VoseReciprocal（min，max）

图像

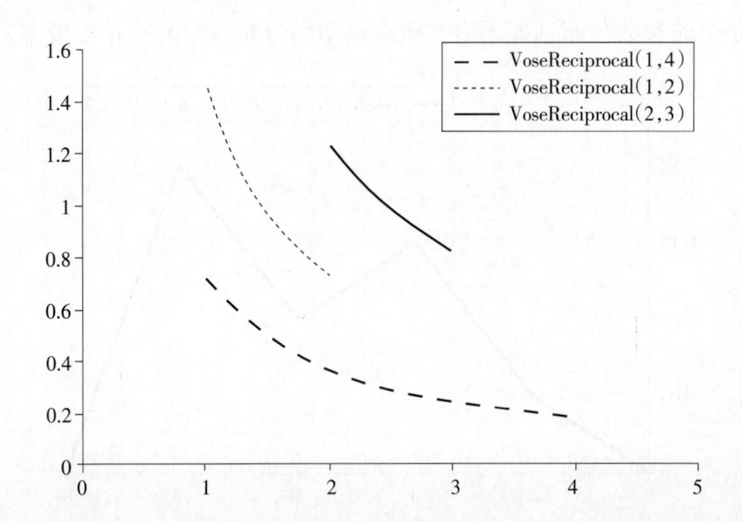

用途

对应分布以未知先验分布的形式作为尺度参数在贝叶斯推理中得到了广泛应用。

它也用于描述"$1/f$ 噪声模型"。考虑谱密度是一种表示不同噪声源特性的方法，即任何特定频率 f 的均方波动及均方波动随着频率变化的变化确定不同噪声源的特点。常见方法是模拟随着逆频率强度变化的谱密度：对 $\beta \geqslant 0$，功率谱 $P(f)$ 和 f 成比例；$\beta=0$，则等同于白噪声［也就是 $P(f)$ 和 f 之间无关联］；$\beta=2$ 时称为布朗噪声；$\beta=1$ 即为自然界中很常见的"$1/f$ 噪声"。

公式

概率密度函数	$f(x)=\frac{1}{xq}$ 其中 $q=\log(\max)-\log(\min)$
累积分布函数	$F(x)=\frac{\log(x)-\log(\min)}{q}$
参数约束条件	$0<\min<\max$
定义域	$\min\leqslant x\leqslant\max$
均数	$\frac{\max-\min}{q}$
众数	min
方差	$\frac{(\max-\min)[\max(q-2)+\min(q+2)]}{2q^2}$
偏度	$\frac{\sqrt{2}[12q(\max-\min)^2+q^2(\max^2(2q-9)+2\min\max_q+\min^2(2q+9))]}{3q\sqrt{\max-\min}(\max(q-2)+\min(q+2))^{3/2}}$
峰度	$\frac{36q(\max-\min)^2(\max+\min)-36(\max-\min)^3-16q^2(\max^3-\min^3)+3q^3(\max^2+\min^2)(\max+\min)}{3(\max-\min)(\max(q-2)+\min(q+2))^2}$

相 对 分 布

VoseRelative（min，max，$\{x_i\}$，$\{p_i\}$）

图像

相对分布是个非参数分布（即无潜在概率模型的分布），$\{x_i\}$ 是各概率密度为 $\{p_i\}$ 的

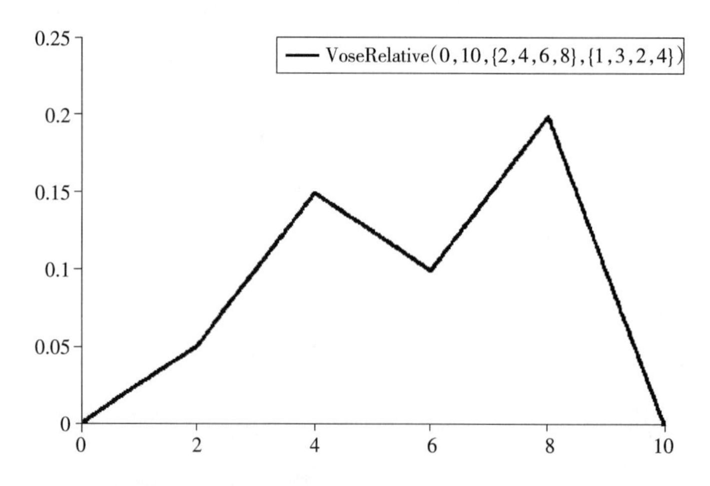

x 值组成的数组，分布落在最大值和最小值之间。下图是一个相对分布示例。

用途

1. 模拟专家意见。相对分布对于体现某一专家意见分布的具体细节很有用。相对分布是所有连续分布函数中灵活度最高的，它允许分析学家和专家尽可能接近真实地反映某一专家意见而裁剪分布的形状。

2. 在贝叶斯推理中模拟后验分布。如果使用建构法来获取贝叶斯后验分布，会得到两个数组：按升序排列的一组可能值；对应每个可能值的一组后验权重。这恰好和相对分布的可以用来从后验分布中生成数值的输入参数相符。例如，涡轮叶片；拟合 Weibull 分布。

公式

概率密度函数	$f(x)=\frac{x-x_i}{x_{i+1}-x_i}(p_{i+1}-p_i)+p_i$	当 $x_i \leqslant x < x_{i+1}$ 时
累积分布函数	$F(x)=F(x_i)+\frac{x-x_i}{x_{i+1}-x_i}\cdot\frac{p_i+p_{i+1}}{2(x_{i+1}-x_i)}$	当 $x_i \leqslant x < x_{i+1}$ 时
参数约束条件	$p_i \geqslant 0, x_i < x_{i+1}, n > 0, \sum_{i=1}^{n} p_i > 0$	
定义域	$\min \leqslant x \leqslant \max$	
均数	无闭型	
众数	无闭型	
方差	无闭型	
偏度	无闭型	
峰度	无闭型	

斜 线 分 布

VoseSlash (q)

图像

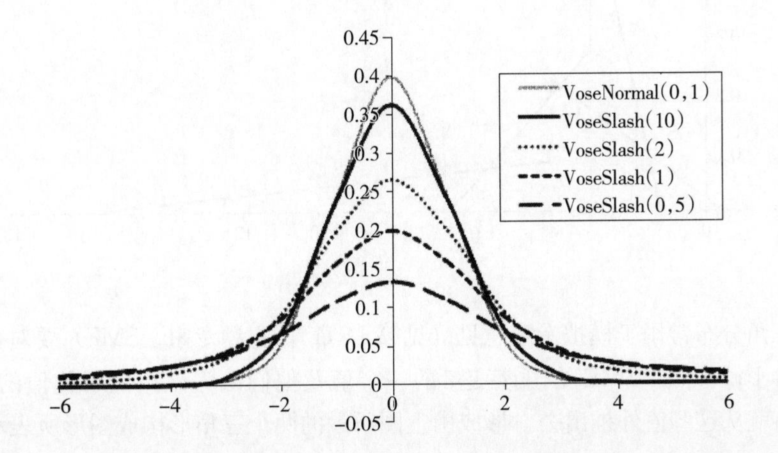

用途

标准斜线分布被定义为标准正态分布和指数化的均匀分布 U（0，1）的比：

$$\text{Slash}(q) = \text{Normal}(0, 1) / \text{Uniform}(0, 1)^{1/q}$$

由于有长尾，在时间序列中，斜线分布可以代替更加标准的正态分布假设起到摄动的作用。参数 q 控制的是尾部的广度，q 越接近无穷，分布就越近似正态。

公式

概率密度函数	$f(x) = q\int_0^1 u^q \varphi(ux)\mathrm{d}u$ 其中 $\varphi(x)$ 是标准正态分布的 pdf	
累积分布函数	$F(x) = q\int_0^1 u^{q-1} \Phi(xu)\mathrm{d}u$ 其中 $\Phi(x)$ 是是标准正态分布的 cdf	
参数约束条件	$q>0$	
定义域	$-\infty<x<+\infty$	
均数	0	当 $q>1$ 时
众数	0	
方差	$\frac{q}{q-2}$	当 $q>2$ 时
偏度	过于复杂	
峰度	过于复杂	

分裂三角分布

VoseSplitTriangle（low，medium，high，low P，medium P，high P）

图像

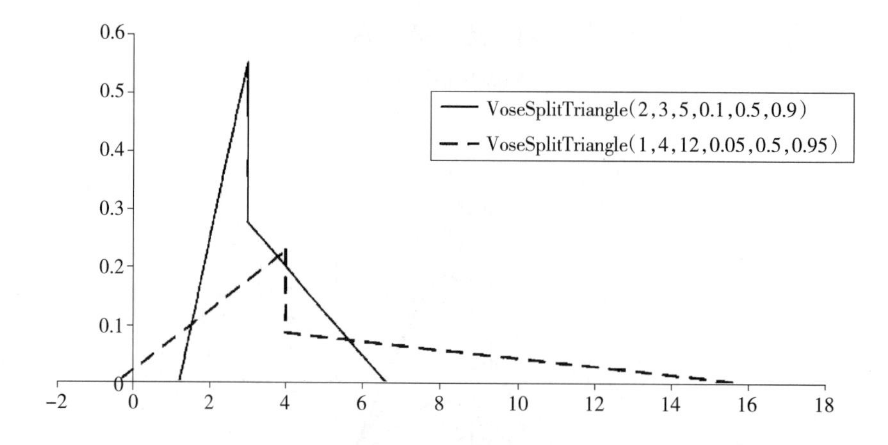

用途

分裂的三角分布常用于模拟专家意见（见第 14 章），主题专家（SME）要对分布的三个点作出选择：对于每个点，SME 给出该变量的一个值及他们认为该点低于此值的概率。然后，分裂三角分布就从这些值外推出去，形成由上图所示的两个三角形构成图形所表示的分布。

公式

概率密度函数	$f(x)=\frac{\text{Height1}\ (x-\text{min})}{(\text{mode}-\text{min})}$ 当 $\text{min}\leqslant x\leqslant \text{mode}$ 时 $f(x)\ \frac{\text{Height2}\ (\text{max}-x)}{(\text{max}-\text{mode})}$ 当 $\text{mode}<x\leqslant \text{max}$ 时 其中 $\text{Height1}=\frac{2*\text{mediumP}}{\text{mode}-\text{min}}$，$\text{Height2}=\frac{2*(1-\text{mediumP})}{\text{max}-\text{mode}}$ $\text{min}=\frac{(\text{low}-\text{mode}*\sqrt{\text{lowP}/\text{mediumP}}}{(1-\sqrt{\text{lowP}/\text{mediumP}})}$，$\text{mode}=\text{medium}$ $\text{max}=\frac{(\text{mode}-\text{high}*\sqrt{1-\text{mediumP}/1-\text{highP}})}{(1-\sqrt{1-\text{mediumP}/1-\text{highP}})}$
累积分布函数	$F(x)=0$ 当 $x<\text{min}$ 时 $F(x)=\frac{\text{Height1}\ (x-\text{min})^2}{2\ (\text{mode}-\text{min})}$ 当 $\text{min}\leqslant x\leqslant \text{mode}$ 时 $F(x)=1-\frac{\text{Height2}\ (\text{max}-x)^2}{2\ (\text{max}-\text{mode})}$ 当 $\text{mode}<x\leqslant \text{max}$ 时 $F(x)=1$ 当 $\text{max}<x$ 时
参数约束条件	$\text{min}\leqslant \text{mode}\leqslant \text{max}$，$\text{min}<\text{max}$
定义域	$\text{min}<x<\text{max}$
均数	$\frac{\text{mediumP}+(1-\text{mediumP})\ \text{max}+2*\text{mode}}{3}$
众数	mode
方差	$\frac{\text{mode}^2-2\text{mode}*\text{mediumP}*\text{min}+2\text{mode}*\text{mediumP}*\text{max}-2\text{mode}*\text{max}-2\text{mediumP}^2*\text{min}^2+\text{max}^2}{18}$ $+\frac{-2\text{mediumP}^2+\text{max}^2+4\text{mediumP}^2*\text{max}*\text{min}+3*\text{mediumP}*\text{min}^2+\text{mediumP}*\text{max}^2-4*\text{min}*\text{mediumP}*\text{max}}{18}$
偏度	过于复杂
峰度	过于复杂

步长均匀分布

VoseStepUniform（min，max，step）

图像

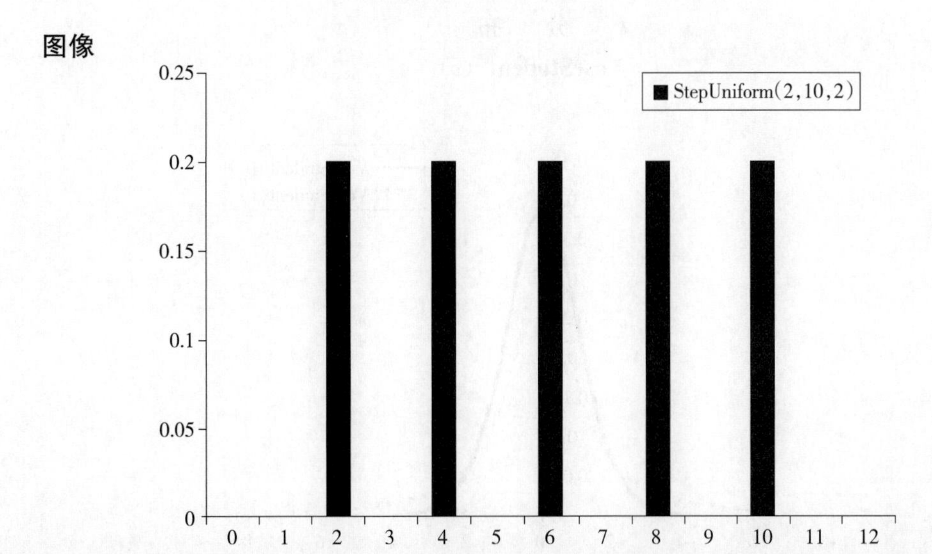

用途

步长均匀分布在被定义的步长增量上返还介于最小值和最大值之间的数值。在步长值被忽略的情况下，函数赋予的默认值是1。

通常情况下，步长均匀分布是沿着某维度（如时间、距离、x），作为控制方法的取样工具而使用的，能够用于执行简单的一维数值积分计算。通过设置步长值以便对容许值 n 给出定值：

$$\text{Step}=\frac{\max-\min}{n-1}$$

使用带有 n 个迭代的拉丁超方抽样，我们能够确保每个容许值都只被抽样一次，以得到一个更为准确的积分。

StepUniform（A，B），其中 A 和 B 都为整数，能够产生一个可作为指标变量的随机整数变量，这也是从数据库中随机选择成对数据的有效方法。

公式

概率质量函数	$f(x)=\frac{\text{step}}{\max-\min+\text{step}}$ 0	当 $x=\min+i\cdot\text{step}$，$i=0$ 至 $\frac{\max-\min}{\text{step}}$ 时 其他情况
累积分布函数	$F(x)=0$ $\left(\left[\frac{x-\min}{\text{step}}\right]+1\right)*\frac{\text{step}}{\max-\min+\text{step}}$	当 $x<\min$ 时 当 $\min\leqslant x<\max$，$\max\leqslant x$ 时
参数约束条件	$\frac{\max-\min}{\text{step}}$ 必须是整数	
定义域	$\min\leqslant x\leqslant\max$	
均数	$\frac{\min+\max}{2}$	
众数	无唯一值	
方差	$\frac{(\max-\min)(\max-\min+2\text{step})}{12}$	
偏度	0	
峰度	$\frac{3}{5}\left[\frac{3(\max-\min)^2+2\text{step}(3\max-3\min-2\text{step})}{(\max-\min)(\max-\min+2\text{step})}\right]$	

t 分布

VoseStudent（ν）

图像

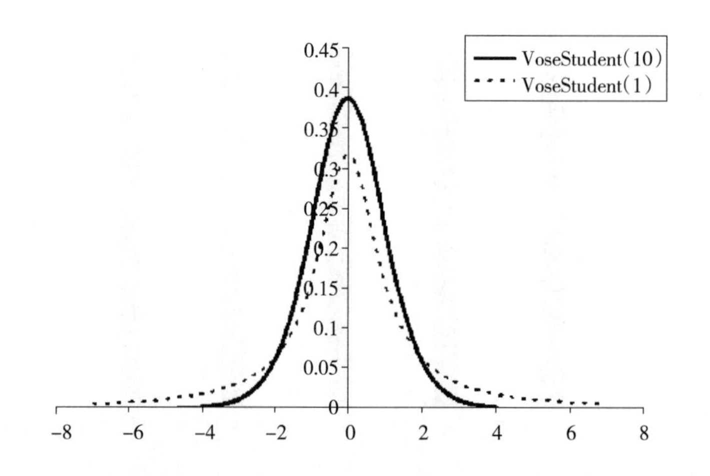

用途

t 分布最常见的用途是对总体（假定呈正态分布）均数进行估计，从该总体中抽取已观测的随机样本，其标准差未知。

Student（ν）＝Normal（0，SQRT（ν/ChiSq（ν）））

上式传递出的关系是该方法的核心。它等同于经典统计学中的 t 检验。

其他样本统计都可以近似为 t 分布，由此 t 分布能用于描述参数真值的不确定性，如回归分析中的相关应用。

备注

该分布由英国统计学家 William Sealy Gossett（1876—1937）首先发现。但其雇主（吉尼斯酿酒厂）禁止雇员发表他们的文章，因此 Gossett 以笔名“学生”发表论文。随着 ν 的增大，t 分布渐接近于 Normal（0，1）。

公式

概率密度函数	$f(x)=\dfrac{\Gamma\left(\frac{\nu+1}{2}\right)}{\sqrt{\pi\nu}\,\Gamma\left(\frac{\nu}{2}\right)\left[1+\left(\frac{x^2}{\nu}\right)\right]^{\frac{\nu+1}{2}}}$	
累积分布函数	$F(x)=\dfrac{1}{2}+\dfrac{1}{\pi}\left[\tan^{-1}\left(\dfrac{x}{\sqrt{\nu}}\right)+\dfrac{x\sqrt{\nu}}{\nu+x^2}\sum_{j=0}^{\frac{\nu-3}{2}}\dfrac{\alpha_j}{\left(1+\frac{x^2}{\nu}\right)^j}\right]$	当 ν 为奇数时
	$F(x)=\dfrac{1}{2}+\dfrac{x}{2\sqrt{\nu+x^2}}\sum_{j=0}^{\frac{\nu-2}{2}}\dfrac{b_j}{\left(1+\frac{x^2}{\nu}\right)^j}$	当 ν 为偶数时
	其中 $\alpha_j=\left(\dfrac{2j}{2j+1}\right)\alpha_{j-1}$，$\alpha_0=1$，$b_j=\left(\dfrac{2j-1}{2j}\right)b_{j-1}$，$b_0=1$	
参数约束条件	ν 是正整数	
定义域	$-\infty<x<+\infty$	
均数	0	当 $\nu>1$ 时
众数	0	
方差	$\dfrac{\nu}{\nu-2}$	当 $\nu>2$ 时
偏度	0	当 $\nu>3$ 时
峰度	$3\left(\dfrac{\nu-2}{\nu-4}\right)$	当 $\nu>4$ 时

三 角 分 布

VoseTriangle（min，mode，max）

图像

三个输入参数使三角分布呈三角形。下图为三角分布示例。

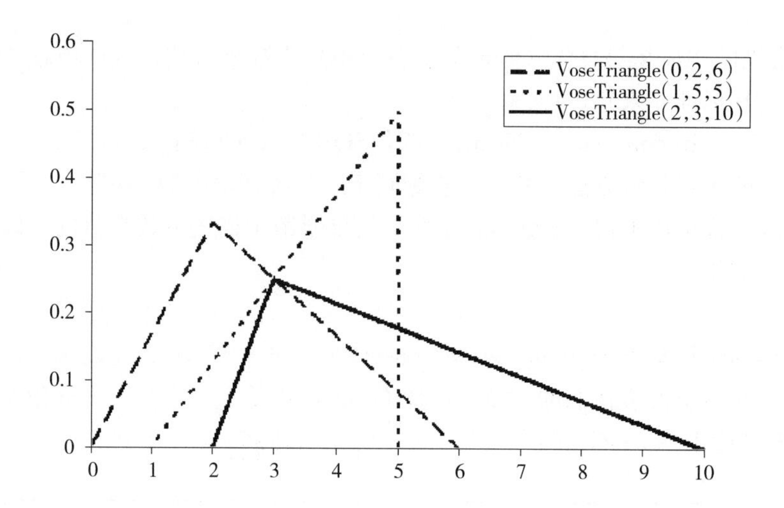

用途

作为粗略建模工具，三角分布可以对值域（最小值到最大值）及最可能值（众数）进行估计。尽管没有任何理论依据，但可以从几何学中推导出其统计属性。

三角分布的图形高度灵活，与其定义参数和使用速度的直观性相适应，因此在风险分析中很受欢迎，但其最小值和最大值必须是变量估计值中的绝对最小值和最大值，而对这些值进行估计通常是比较困难的。

公式

概率密度函数	$f(x)=\frac{2(x-\text{min})}{(\text{mode}-\text{min})(\text{max}-\text{min})}$ $f(x)=\frac{2(\text{max}-x)}{(\text{max}-\text{min})(\text{max}-\text{mode})}$	当 $\text{min}\leqslant x\leqslant\text{mode}$ 时 当 $\text{mode}<x\leqslant\text{max}$ 时
累积分布函数	$F(x)=0$ $F(x)=\frac{(x-\text{min})^2}{(\text{mode}-\text{min})(\text{max}-\text{min})}$ $F(x)=1-\frac{(\text{max}-x)^2}{(\text{max}-\text{min})(\text{max}-\text{mode})}$ $F(x)=1$	当 $x<\text{min}$ 时 当 $\text{min}\leqslant x\leqslant\text{mode}$ 时 当 $\text{mode}<x\leqslant\text{max}$ 时 当 $\text{max}<x$ 时
参数约束条件	$\text{min}\leqslant\text{mode}\leqslant\text{max}$，$\text{min}<\text{max}$	
定义域	$\text{min}<x<\text{max}$	
均数	$\frac{\text{min}+\text{mode}+\text{max}}{3}$	
众数	mode	
方差	$\frac{\text{min}^2+\text{mode}^2+\text{max}^2-\text{min mode}-\text{min max}-\text{mode max}}{18}$	
偏度	$\frac{2\sqrt{2}z(z^2-9)}{5(z^2+3)^{3/2}}$	其中 $z=\frac{2(\text{mode}-\text{min})}{\text{max}-\text{min}}-1$
峰度	2.4	

均 匀 分 布

VoseUniform（min，max）

图像

均匀分布对介于最小值和最大值之间的所有值赋予相等的概率。如下图所示。

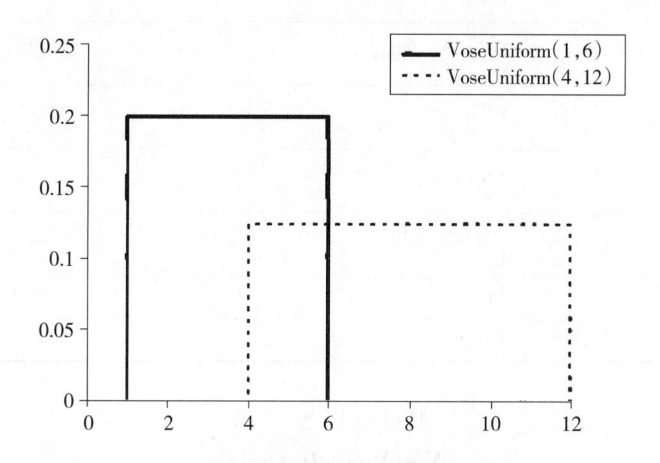

用途

1. 粗略的估算。当可用数据很少或没有时，可把均匀分布当做一个近似的模型。由于在定义域内的所有值都具有相同的概率密度，且在最小值和最大值处密度会突变为零，所以只在少数情况下，均匀分布才是某参数不确定性的良好反映。但对引起研究者对某参数信息贫乏状况的关注，该分布有时是很有用的。

2. 粗略的敏感度分析。有时候需要对参数不确定性的重要性有一个粗略的了解。可针对该参数制定一个有合理宽边界的均匀分布，进行粗略的敏感度分析，看该参数对输出结果不确定性是否有影响。如果没有影响，则留下进行粗估。一般，均匀分布会对该参数赋予更大的（合理的）不确定性，所以，如果输出结果对均匀分布下的参数都不敏感，则对其他分布只会表现得更不敏感。

3. 罕见的均匀变量。在某些特殊的情况下，均匀分布可能是合适的。例如，一个区间为（0，360）的均匀分布对旋转后凸轮轴的角平衡位置就是适合的。又例如，如果我们把供水管道划分为几个长为 L 的分隔段，则其上的任意泄露点到最近分隔段尾（你得打碎管道才能进入管道内部）的距离变量就很适合用区间为（0，L/2）的均匀分布来模拟。

4. 绘制函数。当需要针对一个或多个输入参数的不同值绘制函数时，可能会得到一个复杂的函数。对于单参数函数（如 $y=$ GAMMALN(ABS(SIN(x)/(($x-1)^{0.2}+$COS(LN(3 * x)))))，可以给出两个数组，第一组是 x 值（1～1 000），第二组是相应的 y 值。或者，你可以在单元格中输入 x（=Uniform(1，1 000)），在另一个单元格中通过 x 值计算得到 y，两个值都标记为输出值；然后运行模拟，把生成值输出到电子数据表。或许对于单参数函数不值得花费这么多精力，但当参数为 2 或 3 个时则显然是值得的。对 $\{x, y, z\}$ 数组，S - PLUS 等图像软件能够给出表面轮廓图。

5. 对未知情况进行先验。在贝叶斯推断中，均匀分布经常用于对未知情况进行摸底。

公式

概率密度函数	$f(x)=\frac{1}{\max-\min}$
累积分布函数	$F(x)=\frac{x-\min}{\max-\min}$
参数约束条件	min | max
定义域	$\min<x<\max$
均数	$\frac{\min+\max}{2}$
众数	不唯一
方差	$\frac{(\max-\min)^2}{12}$
偏度	0
峰度	1.8

Weibull 分 布

VoseWeibull（α，β）

图像

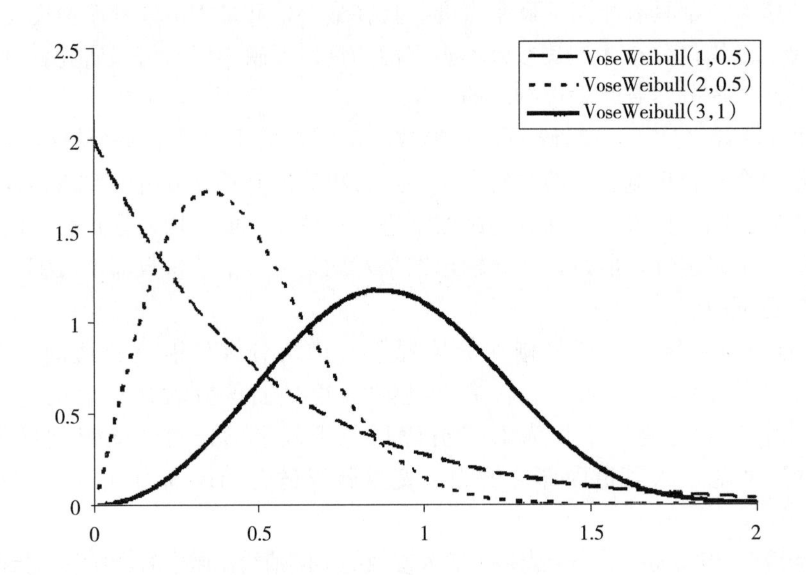

用途

Weibull 分布常用于模拟发生概率随时间变化（记忆系统）时，发生某事件的时间长度。这恰好与指数分布相反，指数分布发生概率不随时间改变（无记忆）。Weibull 分布可用于模拟某一特定地点的风速变化。

备注

当 $\alpha=1$ 时 Weibull 分布即为指数分布，Weibull（1，β）=Expon（β）。当 $\beta=3.25$ 时，Weibull 分布非常接近于正态分布。该分布的名称来自瑞典物理学家 E. H. Wallodi Weibull

(1887—1979)，他曾使用该分布模拟材料的抗断强度分布。

公式

概率密度函数	$f(x)=\alpha\beta^{-\alpha}x^{\alpha-1}\exp\left[-\left(\frac{x}{\beta}\right)^{\alpha}\right]$
累积分布函数	$F(x)=1-\exp\left[-\left(\frac{x}{\beta}\right)^{\alpha}\right]$
参数约束条件	$\alpha>0$，$\beta>0$
定义域	$-\infty<x<+\infty$
均数	$\frac{\beta}{\alpha}\Gamma\left(\frac{1}{\alpha}\right)$
众数	$\beta\left(\frac{\alpha-1}{\alpha}\right)^{\frac{1}{\alpha}}$　当 $\alpha\geqslant1$ 时 0　当 $\alpha<1$ 时
方差	$\frac{\beta^2}{\alpha}\left[2\Gamma\left(\frac{2}{\alpha}\right)-\frac{1}{\alpha}\Gamma\left(\frac{1}{\alpha}\right)^2\right]$
偏度	$\dfrac{3\Gamma\left(\frac{3}{\alpha}\right)+\frac{6}{\alpha}\Gamma\left(\frac{2}{\alpha}\right)\Gamma\left(\frac{1}{\alpha}\right)+\frac{2}{\alpha^2}\Gamma^3\left(\frac{1}{\alpha}\right)}{\sqrt{\frac{1}{\alpha}}\left[2\Gamma\left(\frac{2}{\alpha}\right)-\frac{1}{\alpha}\Gamma^2\left(\frac{1}{\alpha}\right)\right]^{\frac{3}{2}}}$
峰度	$\dfrac{\left[4\Gamma\left(\frac{4}{\alpha}\right)-\frac{12}{\alpha}\Gamma\left(\frac{1}{\alpha}\right)\Gamma\left(\frac{3}{\alpha}\right)-\frac{12}{\alpha}\Gamma^2\left(\frac{2}{\alpha}\right)+\frac{24}{\alpha^2}\Gamma^2\left(\frac{1}{\alpha}\right)\Gamma\left(\frac{2}{\alpha}\right)-\frac{6}{\alpha^3}\Gamma^4\left(\frac{1}{\alpha}\right)\right]}{\frac{1}{\alpha}\left[2\Gamma\left(\frac{2}{\alpha}\right)-\frac{1}{\alpha}\Gamma^2\left(\frac{1}{\alpha}\right)\right]}$

3.7.2 多变量分布

Dirichlet 分 布

VoseDirichlet（{α}）

用途

Dirichlet 分布是 Beta 分布在多变量情境下的一般化。以数组函数的形式把 {VoseDirichlet} 录入 Excel。

它用于模拟概率、流行率及在多态情况下的分级数。它是对二项过程的 Beta 分布的多项扩展。

例 1

假设从零售商店出口处得到一份调查结果，记录了 500 个随机选择的顾客的性别和年龄，记录如下：

<25 岁，	男	38 人
25～40 岁，	男	72 人
>40 岁，	男	134 人
<25 岁，	女	57 人
25～40 岁，	女	126 人
>40 岁，	女	73 人

与 Beta 分布类似的方法，通过给每组观测值加 1，我们可以估计所有光顾此商店的消费者在每个类目中的比例情况如下：

=VoseDirichlet（{38+1，72+1，134+1，57+1，126+1，73+1}）

然后，Dirichlet 分布会返回一个度量每组消费者比例的不确定性的数值。

例 2

假设你所在的地区去年被标准普尔定为 AAA 级的公司有 1 000 家，今年它们的评级情况显示如下：

AAA：	908
AA：	83
A：	7
BBB 及以下：	2

如果我们假定今年股市的波动率类似去年，可以估计出一家今年被评为 AAA 级的公司明年被评为各级的概率如下：

=VoseDirichlet（{908+1，83+1，7+1，2+1}）

然后，Dirichlet 分布会返回这些概率的不确定性的值。

备注

Dirichlet 分布以 Johann Peter Gustav Lejeune Dirichlet 的名字命名，是多项式分布的共轭分布。{Dirichlet（α_1，α_2）} 的初始值等同 Beta（α_1，α_2）。

公式

K 阶 Dirichlet 分布的概率密度函数是：

$$f(x)=\frac{1}{B(\alpha)}\prod_{i=1}^{K}x_i^{\alpha_i-1}$$

式中，x 是 K 维矢量，$x=(x_1,\cdots,x_K)$，$\alpha=(\alpha_1,\cdots\alpha_K)$ 是一个参数矢量，$B(\alpha)$ 为多项 Beta 函数：

$$B(\alpha)=\frac{\prod_{i=1}^{K}\Gamma(\alpha_i)}{\Gamma\left(\sum_{i=1}^{K}\alpha_i\right)}$$

参数约束条件：$\alpha_i>0$，定义域：$0\leqslant x_i\leqslant 1$；$\sum_{i=1}^{K}x_i=1$。

多变量逆超几何分布

VoseInvMultiHypereo（{s}，{d}）

多变量逆超几何分布可回答如下问题：在每个子总体 {D} 中选取所需成功案例数 {s} 前，会出现多少额外的（损失的）随机多变量超几何样本？

例如，假设我们是被分成四个子总体 {A，B，C，D} 的一个群体，子总体大小分别为 {20，30，50，10}，需要一直从总体中随机取样，直至对每一个子总体我们得到的容量分别

是 {4, 5, 2, 1}。为得到该结果，需要的额外样本数模拟如下：

=VoseInvMultiHypergeo（{4, 5, 2, 1}, {20, 30, 50, 10}）

需要进行的试验总数是：

=SUM（{4, 5, 2, 1}）+VoseInvMultiHypergeo（{4, 5, 2, 1}, {20, 30, 50, 10}）

多变量逆超几何分布2型同样可回答该问题，但它把额外样本进行了分类。尽管解答过程属于多变量过程，该分布却是一个单变量分布。为了易于与下面的分布作对比，本书将其放在多变量组。

多变量逆超几何分布2型

VoseInvMultiHypergeo2（{s}, {D}）

多变量逆超几何分布2型可回答下述问题：在每个子总体{D}中选取所需成功案例数{s}前，会从每个子总体中出现多少额外的（损失的）随机多变量超几何样本？

例如，假设我们是被分成四个子总体{A, B, C, D}的一个群体，子总体大小分别为{20, 30, 50, 10}，我们需要一直从群体中随机取样，直到对每一个子总体我们得到的容量分别是{4, 5, 2, 1}。为得到该结果，对每个子总体（A～D），需要的额外样本数模拟为如下数组函数：

{=VoseInvMultiHypergeo（{4, 5, 2, 1}, {20, 30, 50, 10}）}

注意，至少必须有一个类别为0。由于最后的分类在取样结束时拥有的样本数目即为所需的，则至少对于该组额外样本数为零。

多变量逆超几何分布2型与多变量超几何分布解决的是相同的问题，但它进一步把额外样本的数量分解成了亚组，而多变量逆超几何分布只简单得出了额外样本总量。

多变量超几何分布

VoseMultiHypergeo（N, {D_j}）

多变量超几何分布是超几何分布的扩展，在其中一组中的个体有多于两种不同的状态。

举例

在50人的组中其中20位是男性，一个超几何分布 VoseHypergeo（10, 20, 50）给出的是在10个随机选出的人中男性的人数（根据推导得出女性数量）。为便于理解，在下面的示例中，我们把群体数设为10人。

德国人	英国人	法国人	加拿大人
3	2	1	4

现在，从该组中我们随机选取4个人组成一个样本。在我们的样本中，对每个国籍的人数，我们可以有如下表中的不同数字：

德国人	英国人	法国人	加拿大人
3	1	0	0
3	0	1	0
3	0	0	1

（续）

德国人	英国人	法国人	加拿大人
2	2	0	0
2	1	1	0
2	1	0	1
2	0	2	0
2	0	1	1
2	0	0	2
…	…	…	…
等			

对于每个组合都有一个确定的概率。多变量超几何分布即为一个数组分布。在该案例中，会同时产生四个数字，即是这个随机样本中从各个子总体（德国人、英国人、法国人和加拿大人）分别返回的人数。

生 成 分 布
Generation

通过扩展超几何分布的数学式得出多变量超几何分布。超几何分布模拟的是样本量 n（从一个大小为 M 的群体中随机取样）中来自大小为 D 的亚组的人数 s（因此 $n—s$ 即来自剩余的亚组 $M—D$)，图形显示如下：

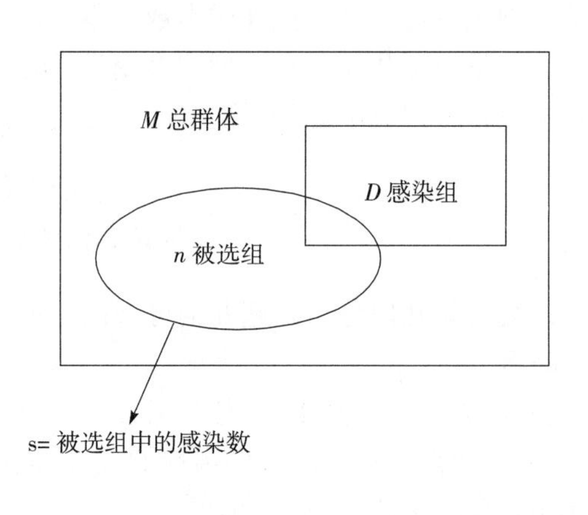

得出 s 的概 率为：

$$f(x)=\frac{\binom{D}{x}\binom{M-D}{n-x}}{\binom{M}{n}}$$

分子是从一个亚组 D 中取 s 个个体的不同取样组合的种数（由于每个个体被选中的概率相同，因此各组合被选中的概率相同)，同样，$n—s$ 来自亚组 $M—D$。分母是从总群体 M 中选择 n 个个体的所有不同组合的种数。因此，上述公式即是不同可能方案的比数，对从 D 中给出 s，每一个结果都有相同的概率。

多变量超几何概率公式即是上述思想的进一步扩展。下图展示的即是多变量超几何过程，D_1、D_2、D_3 表示群体中不同种类的个体数目，x_1、x_2、x_3 等代表成功次数［在我们的随机样本中（散布)，个体数分属于各类目］。

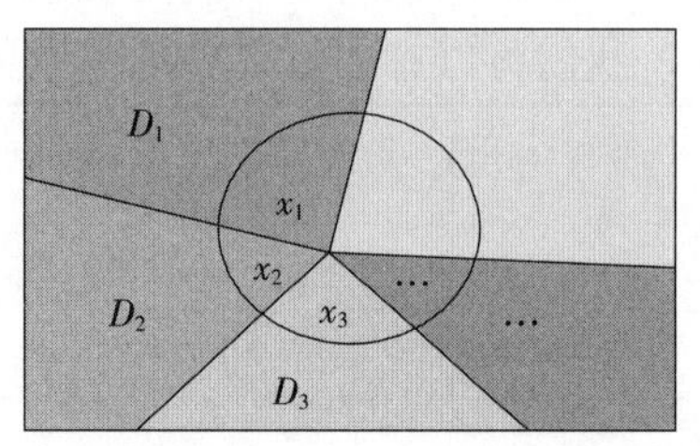

$\{x\}$ 的概率分布结果是：

$$f(\{x\})=\frac{\binom{D_1}{x_1}\binom{D_2}{x_2}\cdots\binom{D_{k1}}{x_k}}{\binom{M}{n}}$$

其中，

$$\sum_{i=1}^{k}D_i=M\text{ 且 }\sum_{i=1}^{k}x_i=n。$$

公式

概率质量函数	$f(\{x_1,x_2,\cdots,x_j\})=\frac{\binom{D_1}{x_1}\binom{D_2}{x_2}\cdots\binom{D_{k1}}{x_k}}{\binom{M}{n}}$	其中 $M=\sum_{i=1}^{j}D_i$
参数约束条件	$0<n\leqslant M$，n、M 和 D_i 均来整数。	
定义域	$\max(0,n+D_i-M)\leqslant x_i\leqslant\min(n,D_i)$	

多 项 式 分 布

VoseMultinomial（N，$\{p\}$）

多项式分布是一个数组分布，用于描述当落入任一类目的概率对所有试验都相同时，独立试验落入各备选类目的数量。就其本身而言，它是只有两个可能结果（成功或者失败）的多项式分布的扩展。

用途

例如，人们进入一家商店后的可能行为有：

编号	行为描述	概率
A1	没有购买和试用行为即离开	32%
A2	购买商品后离开	41%
A3	试用商品后离开	21%
A4	退货后未购买任何商品即离开	5%
A5	退货且购买商品后离开	1%

如果有 1 000 人进入一家超市，则与上述各类行为相符的人分别有多少？

答案是 {Multinomial（1 000，{32%，41%，21%，5%，1%}）}，是一个能生成五个独立值的数组函数。这五个值的和当然必须总是和试验次数相符（在这个示例中是 1 000）。

公式

概率质量函数	$f(\{x_1,x_2\cdots,x_j\})=\frac{n!}{x_1!\cdots x_j!}P_1^{x_1}\cdots P_j^{x_j}$
参数约束条件	$P_i\geqslant 0,n\in\{1,2,3,\cdots\},\sum_{i=1}^{n}P_i=1$
定义域	$x_i=\{0,1,2,\cdots,n\}$

多变量正态分布

VoseMultiNormal（$\{\mu_i\}$，$\{cov_{\text{matrix}}\}$）

用途

多维正态分布，有时也被称做多变量正态分布，是一种特定的概率分布，可视为一维正态分布扩展到多维的普遍原理。

公式

多变量正态分布的概率密度函数如下，N 表示维度，矢量 $x=(x_1, \cdots, x_N)$：

$$f(x)=\frac{1}{(2\pi)^{N/2}\,|C|^{1/2}}\exp\left[-\frac{1}{2}(x-\mu)^T C^{-1}(x-\mu)\right]$$

$\mu=(\mu_1, \cdots, \mu_N)$。$C$ 为协方差矩（$N\times N$），$|C|$ 是 C 的行列式。

参数约束条件：C 必须是一个对称的、数值为正数的、半定型的矩阵。

负多项式分布

VoseNegMultinomial（$\{s\}$，$\{p\}$）

负多项式分布是负二项分布的一个泛式。NegBin（s，p）估计的是二项试验在获得 s 次成功前的总失败次数，每一次试验的成功概率均为 p。

对于负多项式分布，s 并不只有一个值，而是一组值 $\{s\}$，表示每个个体获得不同"状态"的成功（s_i）的情况，每个"状态" i 有一个相应的成功概率 p_i。这是一个单变量分布，尽管属于一个多变量过程。我把它放在多变量部分进行介绍是为了能更方便地和下面的分布进行比较。

通过负多项式分布获得相应成功次数之前遭遇的失败次数为：

$$\sum_{i=1}^{k} s_i$$

举例

假设要对某特定产品做一个电话调查，从电话本中随机选了一些号码。

如果要确保一周内有 50 个从未听说过该产品的人、50 个家里没有互联网的人及 200 个每天都使用互联网的人接到你的电话。

如果已知成功概率 p_i，负多项式分布 NegMulnominal（{50，50，200}，{p_1，p_2，p_3}）会得到在完成预定目标前将遭受的失败次数，由此可得知完成目标所需拨打的电话总数。

电话通数＝成功电话数（300）＋ 失败次数 NegMulnominal（{50，50，200}，{p_1，p_2，p_3}）

负多项式分布 2 型

VoseNegMultinomial2（$\{s\}$，$\{p\}$）

负多项式分布 2 型和负多项式分布大体一致，但它得到的不是在获得所需成功次数前总的失败次数，而是得到已经分类的各"组"或各"状态"的失败次数。

在电话调查的示例案例中（见负多项式分布），已知需要拨打电话总次数是成功次数和失败次数的总和，在负多项式分布 2 型中，总失败次数即是各组失败次数的总和（上述示例中有三组）。

3.8　创建自己的分布简介

风险分析软件提供了范围广泛的各种各样的概率分布，覆盖了所有常见的风险分析问题。然而，有时候我们仍会想创建自己的概率分布。下面列出了一些偏爱自己所创建分布的理由及创建分布的四种主要方法。选择哪种方法将由以下标准决定：

- 已知连续分布的累积分布函数（cdf）或概率密度函数（pdf）吗？对离散分布的概率质量函数有无了解？如果答案是肯定的，则尝试方法 1。
- 已知创建的分布和软件所提供的另一种分布的关系？如果已知，尝试方法 2。
- 有构造经验分布所需的数据？如果有，尝试方法 3。
- 如果想把一条曲线转化成一个分布，是否有曲线上一些确定点的信息？如果有，尝试方法 4。

　　另外，要创建自己的分布，有时候近似两个分布是很有用的，这是下节讨论的内容。

3.8.1　方法 1：已知 cdf、pdf 或 pmf 时，创建自己的分布

情境

要使用一个参数概率分布，但软件没有提供，假设已知下列信息之一：

- 累积分布函数（连续变量）
- 概率密度函数（连续变量）
- 概率质量函数（离散变量）

本节描述了针对不同情境所需的技巧。

已知累积分布函数（cdf）

若对连续概率分布的累积分布函数有所了解时，可以尝试接下来要讨论的这个方法。cdf 的代数表达式可转换为以 x 为公式主体的形式。例如，指数概率分布的 cdf 为：

$$F(x)=1-e^{-x/\beta} \tag{3.4}$$

当 β 为指数分布的均数时，把 x 作为公式主体的转化公式为：

$$x=-\beta\ln(1-F(x)) \tag{3.5}$$

从任何连续概率分布中抽取的随机样本都有相同的概率落在 F（x）从 0 到 1 的任何距离均等的值域内。例如，对于变量 X，有 10％的概率其值落在 x_1 和 x_2 之间（$x_2>x_1$），此时 $F(x_1)-F(x_2)=0$。以另一种方式看待这个关系，F（x）可看作是一个均匀随机变量 Uniform（0，1），故可以改写附录 3.5 式为 Excel 公式的形式，从而由均数为 23 的指数分布中生成数值为：

$$=-23*\mathrm{LN}(1-\mathrm{VoseUniform}(0,1)) \tag{3.6}$$

等同于在单元格中输入：

=VoseExpon（23）

如果采用拉丁超立方体抽样（LHS）法从均匀分布 Uniform（0，1）中抽样，由建构的指数分布中也会得到拉丁超立方体抽样的结果。相似地，如果一定要从均匀分布取值较小的

区域抽样——一项对于高阶敏感性分析和应力分析必不可少的技术，如应用附录3.6式，可从指数分布取值较小的区域得到数值。

缺点：该方法只有在能够转化cdf表达式时才适用。如果该步骤难以实现，则用累积分布来构建cdf可能会更简单。

已知概率密度函数（pdf）

对于某些变量可能从pdf开始，通过积分确定cdf，然后使用方法1，尽管该方法对数学要求比较高。确定cdf受到青睐的另一原因可能是出于对变量处于某特定值以下、之间或以上概率的关心。对pdf积分得到的cdf为用户提供这方面的信息。下述示例会阐述如何在有pdf的起始条件下确定cdf函数，在本例中使用正弦曲线分布。

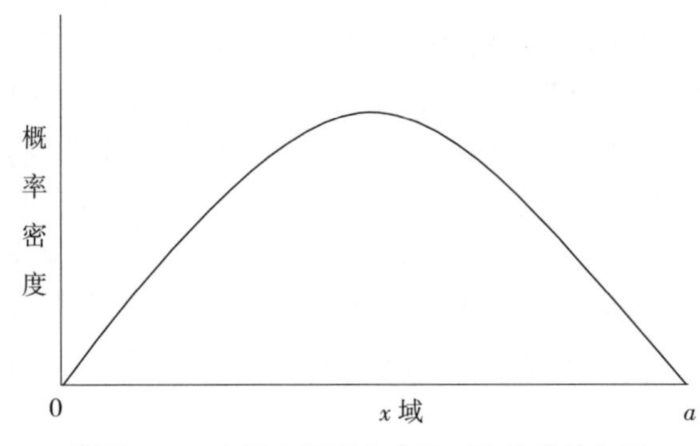

附图3.3　本例中想要生成的正弦曲线分布图

假设要设计一个依照正弦曲线0到a段形状的分布，a是输入该分布的一个值。该分布形状显示在附图3.3中。

概率密度函数$f(x)$如下：

$$f(x) = b\sin\left(\frac{\pi x}{a}\right)$$

b为待定常数，故该曲线作为所需概率分布，其曲线下面积等于1。表示cdf的$F(x)(0<x<a)$是：

$$\begin{aligned} F(x) &= b\int_0^x \sin(\pi x/a)\mathrm{d}x \\ &= [(ab/\pi)\{-\cos(\pi x/a)\}]_0^x \\ &= (ab/\pi)(1-\cos(\pi x/a)) \end{aligned} \tag{3.7}$$

由于曲线下的面积等于1，要使$F(a)=1$，b的值即被确定，即：

$$F(a) = (ab/\pi)(1-\cos(\pi)) = 2ab/\pi = 1$$

因此，

$$b=\pi/2a$$

带入附录3.7式，$F(x)$变换为：

$$F(x) = \frac{1}{2}(1-\cos(\pi x)/a)$$

此时，需求得$F(x)$的反函数，因此重排上述与x相关的等式如下：

$$x = (a/x)\cos^{-1}(1-2.F(x))$$

为生成这个分布，需在（Excel）A1单元格内输入均匀分布Uniform（0，1），在单元格B1输入a值，在生成x的单元格内输入公式：

=B1/PI（）*ACOS（1−2*A1）（Excel中，ACOS（y）函数可返回$\cos^{-1}$（y）的值）

如果采用拉丁超立方取样从均匀分布Uniform（0，1）中抽样，得到的是一组x值的平滑分布，是一种重复的期望分布。

已知概率质量函数（pmf）

如果对于某分布已知概率质量函数，那么原则上构建该分布是个简单的任务。上面讨论的技巧在本情境下作用不大，因为对于一个离散变量，其累积分布即为各离散概率的简单相加，因此只凭借 cdf 函数不可能构建出逆变换。

本方法需要用户在 Excel 电子表格中构建两个数组：

- 数组 1 是一组变量值，如 {0，1，…，99，100}。
- 数组 2 是一组概率值，使用 pmf 函数针对数组 1 中的每个值进行概率计算 {$p(0)$，$p(1),\cdots,p(99),p(100)$}，然后用这两个数组来构建需要的分布。例如，使用 ModeRisk 的离散分布：

  =VoseDiscrete（{x}，{p（x）}）

  当然，当 {x} 数组很大的时候，用该方法会显得烦琐。在这样的情况下：
- 在数组 {x} 中，使用大于 1 的变量值间距，如 {0，5，10，…，495，500}。
- 计算关联变量 {p（0），p（5），…，p（495），p（500）}。
- 构建相对分布 VoseRelative {min，max，{x}，{p（x）}}，例如：VoseRelative（−0.5,500.5，{5，10，…，495，500}，{p（5），p（10，…，p（490），p（495））}）。
- 在相对分布外层加上 ROUND 函数：=ROUND（VoseRelative（…），0）以得到离散值。
- 注意，在本例中使用最小值= −0.5 和最大值 = 500.5 会得到对尾部 x 值更为精确的概率值。

3.8.2 方法 2：利用与另一分布的已知关系构建分布

某些情况下，可能已知待模拟分布和另一由蒙特卡罗模拟软件提供的分布之间的直接关系。例如，对数 Weibull 分布的一次参数化过程就得到了如下简单关系：

$$\mathrm{LogWeibull}(\alpha,\beta) = \exp(\mathrm{Weibull}(\alpha,\beta))$$

如果准备使用敏感分析工具（见 5.3.7 和 5.3.8），则要注意有关系的两个分布是同增同减的。

这里有很多分布是两个其他分布混合体的示例。例如：

$$\mathrm{Poisson-Lognormal}(\mu,\sigma) = \mathrm{Poisson}(\mathrm{Lognormal}(\mu,\sigma))$$

$$\mathrm{Delaporte}(\alpha,\beta,\lambda) = \mathrm{Poisson}(\mathrm{Gamma}(\alpha,\beta)+\lambda)$$

$$\mathrm{Beta\text{-}Binomial}(n,\alpha,\beta) = \mathrm{Binomial}(n,\mathrm{Beta}(\alpha,\beta))$$

在本附录中，多数这些关系已经讨论过。再次提醒，在混合分布中使用敏感度分析要慎重，你可能会得到误导性的结果。例如，上述对数正态分布，Gamma 分布和 Beta 分布的关系式产生的变量结果在蒙特卡罗软件中运行时，就会被误归为分离变量。

3.8.3 方法 3：从已有数据中构建经验分布

情境

对单模拟变量，若有一组随机且具有代表性的观测值，如美国家庭孩子的数量（本节末将讨论针对两个或两个以上变量的联合分布情况），已经记录了足够的观测值，且认为对该变量的值域和大概的随机模式已经捕捉完全。如何使用这些数据直接建构一个分布。

技巧

没有必要把某个分布硬套在所收集的数据上，相反，用户可简单地应用这些数据的经验分布（如果没有任何特定的物理或生物原因要求使用某特定分布，大体上都倾向选择使用经验分布）。下面给出了建构经验分布必须用到的三种使用数据的选项：

1. 离散均匀分布——仅使用观测值。
2. 累积分布——允许观测值和超出观测值范围的值存在。
3. 直方图分布——数据量很大时。

选项1：离散均匀分布

一个离散均匀分布有一个参数：一列数值。随机挑选这些选中概率相等（有放回抽样）的数值时，可通过迭代五个值1，4，5，7，10中的一个生成＝VoseDUniform（{1，4，5，7，10}）的均匀分布（在每次重复中，5个值被选中的概率均是20%）。附图3.4给出了概率分布的形状。

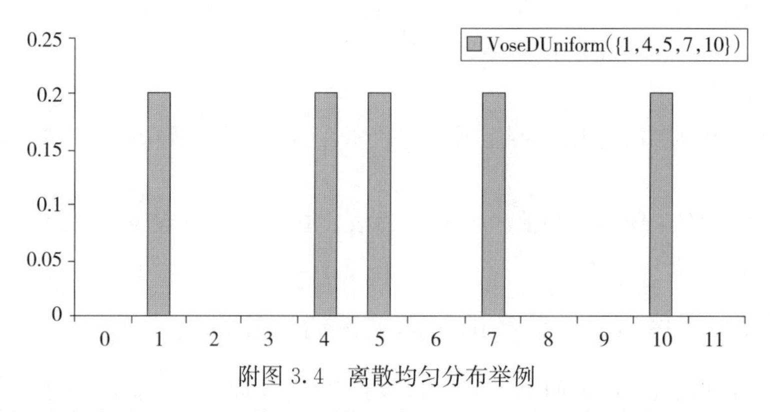

附图3.4 离散均匀分布举例

假设把数据放在名称为“观测值”的数组单元格内。通过简单输＝VoseUniform（观测值），即生成一个与观测数据模型相同的分布。只要用户有足够的观测值，不论数据是离散的还是连续的，离散均匀分布均适用。

选项2：累积分布

如果已有数据是连续的，则可以使用有四个参数的累积上升分布：最小值、最大值、数值列和一列与前列数值相关的累积概率。由这些参数值可通过直线插值法在曲线上定义点之间建构一个经验分布。

在模型风险中，有两种形式的累积分布：累积上升分布和累积下降分布。

对一组观测值中某数据点的累积概率，最佳预测值是$r/(n+1)$，其中r是数据点在数据集中的排序值，n是观测次数。因此，选择选项2的建构法，必须做以下工作：

- 把观测值按升序或降序排列（Excel中有简化此任务的功能）。
- 在临近的列中，记下数据的序号：即该列值为1，2，…，n。
- 在下一列，计算累积概率$F(x)=rank/(n+1)$。
- 在VoseComulA或者VoseComulD分布中输入数据和$F(x)$列值，同时给出对最小和最大值可能的客观估计值。

注意最小和最大值只对建构累积分布内插线的第一条和最后一条有影响，因此当在分布的建构中使用更多数据时，分布对被选值的敏感度也会越来越低。

选项 3：直方图分布

有时候（显然并不如我们所期待的那么频繁出现）我们有大量的随机观测值，且想要从中构建一个分布（例如，有从其他模拟分布生成的数值）。上面所述离散均匀分布和累积分布选项在这样的情境下效率较低下，且需要建构的变量模型也不必如此精细。此时，创建数据的直方图则是更实用的方法，可用于完成此任务。Excel 中的数组函数 FREQUENCY（）能用于对数据集进行分析，得到所需连续范围的数值。ModeRisk 中分布 VoseHistogram 有三个参数：最小可能值、最大可能值和频数数组（或概率），即 FREQUENCY（）数组。

选项 4：对两个或两个以上变量构建经验联合分布

对成套（成对、三个一组等）收集的数据，可能在观测中就已经存在内在相关性，当拟合经验分布至数据集时，想要保留这些相关性。有这样一个示例：人们的体重和身高这两个变量之间显然是有关系的。将步长均匀分布（最小值 1，最大值为行数）和 Excel 查找（VLOOKUP（ ））（更慢型）或偏移（OFFSET（ ））（更快型）函数结合起来就很容易解答这个问题，如附图 3.5 中的模型分布图所示。

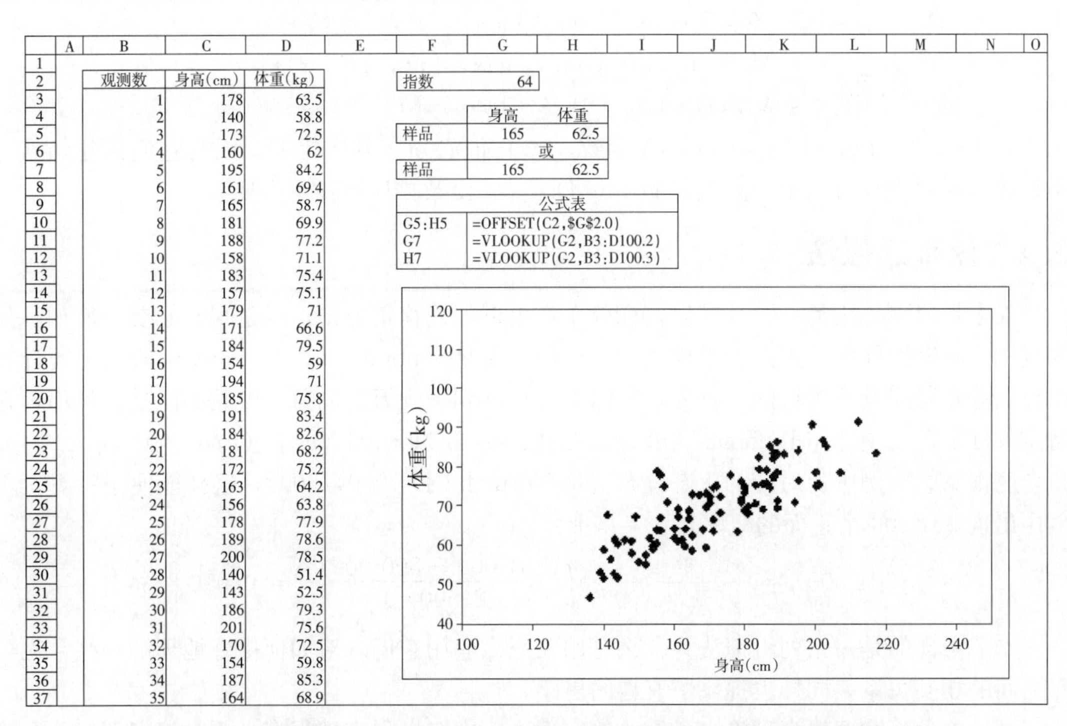

观测数	身高(cm)	体重(kg)
1	178	63.5
2	140	58.8
3	173	72.5
4	160	62
5	195	84.2
6	161	69.4
7	165	58.7
8	181	69.9
9	188	77.2
10	158	71.1
11	183	75.4
12	157	75.1
13	179	71
14	171	66.6
15	184	79.5
16	154	59
17	194	71
18	185	75.8
19	191	83.4
20	184	82.6
21	181	68.2
22	172	75.2
23	163	64.2
24	156	63.8
25	178	77.9
26	189	78.6
27	200	78.5
28	140	51.4
29	143	52.5
30	186	79.3
31	201	75.6
32	170	72.5
33	154	59.8
34	187	85.3
35	164	68.9

指数	64

	身高	体重
样品	165	62.5
	或	
样品	165	62.5

公式表	
G5:H5	=OFFSET(C2,G2.0)
G7	=VLOOKUP(G2,B3:D100.2)
H7	=VLOOKUP(G2,B3:D100.3)

附图 3.5　使用偏移（OFFSET）或查找（VLOOKUP）函数对成对数据取样

3.8.4　方法 4：用曲线上的一系列已知点构建分布

情境

假设有一组想用于建构分布的坐标系：

- 连续分布 $\{x, f(x)\}$. $f(x)$ 是（或者成比例的是）当值为 x 时的概率密度。
- 连续分布 $\{x, F(x)\}$, $F(x)$ 是当值为 x 时的累积概率（$P(X \leqslant x)$）。
- 离散分布 $\{x, p(x)\}$, $p(x)$ 是（或者成比例的是）值为 x 的概率。

用途

本技巧用途很多，如下：

- 将建构的贝叶斯推理计算结果转换成分布。
- 通过平均化或操纵分量分布的概率密度函数建构叠加的或混合的分布。
- 对于风险分析软件没有提供的某个特定分布，该技巧能让你获得概率分布函数（pdf）或概率群体函数（pmf）。

应用

使用方法2中所列技巧，从一系列已知点信息中创建分布：

- 如果数据集是 $\{x, f(x)\}$ 的形式，可在模拟风险中应用相关函数分布 VoseRalative。
- 如果数据集是 $\{x, F(x)\}$ 的形式，可在模拟风险中应用累积A（VoseCumulA）（或累积D VoseCumulD）函数分布。
- 如果数据集是 $\{x, p(x)\}$ 的形式，可在模拟风险中应用离散函数分布 VoseDiscrete。这三个函数具有相似的形式：

=VoseRelative（min，max，$\{x\}$，$\{f(x)\}$）

=VoseCumulA（min，max，$\{x\}$，$\{F(x)\}$）

=VoseDisctete（$\{x\}$，$\{p(x)\}$）

对 VoseRelative 和 VoseCumulA 函数，$\{x\}$ 值必须按升序排列，因为它们构建的是分布形状，而对于只有简单一列数值的 VoseDiscrete 函数排序则没有必要。

3.9 分布近似法

很多情况下，用另一个分布对目标分布作出近似往往很方便，或是很有必要。例如，如果投掷100万次硬币，正面会出现几次？近似分布是 Binomial（1 000 000，0.5），但要计算这样的分布是完全不可行的。首先，你需要计算0到100万之间每个整数的阶乘。然而，在特定条件下，二项分布 Binomial（n，p）与正态分布 Normal（np，$(npq)^{1/2}$）（$q=1-p$）拟合度很高。案例中，对应的正态分布就是 Normal（500 000，500），这样能便于计算，本例中出现501 000个正面的概率是：

$$f(501\ 000)=\frac{1}{\sqrt{2\pi}(500)^2}\exp\left(\frac{(501\ 000-500\ 000)^2}{2(500^2)}\right)=0.010\ 8\%$$

本节考虑的是一系列近似法为什么有用及怎么应用它们。对如何更好地理解一些常见分布之间的相互关系，同样也提供了有趣的思路。

开始之前，注意概率理论中最重要的定理——中心极限定理很有必要。该定理的一个表述形式是：n 个均为恒等分布的随机变量的总和，n 越大越接近正态分布。此外，如果每个随机变量都来自均数为 μ，标准差为 σ 的分布，这 n 个随机变量的总和分布就服从正态分布 Normal（$n\mu$，$\sqrt{n}\sigma$）。该定理在 n 较大时有用，但多大才算“大”？答案部分取决于各个体随机变量分布的形状：如果它们呈正态分布，则 n 只要大于等于1；如果它们的分布图形是对称的，那么 n 要大于10；如果分布图形为适度不对称的形状，则 n 最小要在20～30之间；如果它们看起来偏斜度很大（例如，比偏度为2.0的指数分布还要偏），那么 $n>50$ 比较合理。n 的大小还取决于对其契合度的要求有多高。对于一些问题，差不多符合可能就已足够，对另一些问题，"差不多"则完全不能接受。中心极限定理在这节中特别有用，它解释了为什么一些分布在特定情境下就会倾向于呈现正态分布的形状。

3.9.1 二项分布近似法

二项分布在概率理论中是最基本的分布，故而从它开始介绍。它模拟了 n 次试验中成功的次数 s，每次试验成功概率 p 保持不变。为使公式更简洁，失败概率（$1-p$）经常用 q 代替。

二项分布的正态近似

当 n 很大，且 p 既不是很大也不是很小时，有下述正态近似：

$$\text{Binomial}(n, p) \approx \text{Normal}(np, (npq)^{1/2})$$

二项分布的均数和标准差分别为 np 和 $(npq)^{1/2}$，因此该近似很容易被接受。它也符合中心极限定理，因为二项分布 Binomial（n，p）可认为是 n 个独立二项分布 Binomial（1，p）的总和，每个的均数都是 p，标准差都是 $(pq)^{1/2}$。

困难在于对待特定问题时判断 n 和 p 值是否满足正态近似的条件。Binomial（1，0.5）是对称的，所以可以直观地猜测：当 $p=0.5$ 时，正态近似所需的 n 可以很小。相反，二项分布 Binomial（1，0.95）偏斜度很大，有理由认为要使含有极端 p 值的分布近似为正态分布，所需的 n 应当足够大。

简便的判断方法是考虑正态分布的值域：几乎其所有的概率都在均数上下 3 个标准差范围内。现在已知二项分布在 $[0, n]$ 范围内，故如果其尾部不超出下述界限，即可合理地描述正态分布是一个良好的近似：

$$np - 3\sqrt{np(1-p)} > 0 \text{ 且 } np + 3\sqrt{np(1-p)} < n$$

简化后为：

$$n > \frac{9p}{1-p} \text{ 且 } n > \frac{9(1-p)}{p}$$

更严格的情况下（4 个而非 3 个标准差），把上述式子中的数字 3 替换成 4，数字 9 替换成 16。附图 3.6 显示了这两种情况的图形，表明 $\{p, n\}$ 数组运行良好。Decker 和 Fitzgibbon（1991）建议当满足 $n^{0.31}p>0.47$ 时，可以使用正态近似法，即使用均数上下 3 个标准差的标准衡量，他们的经验法则也更加保守。

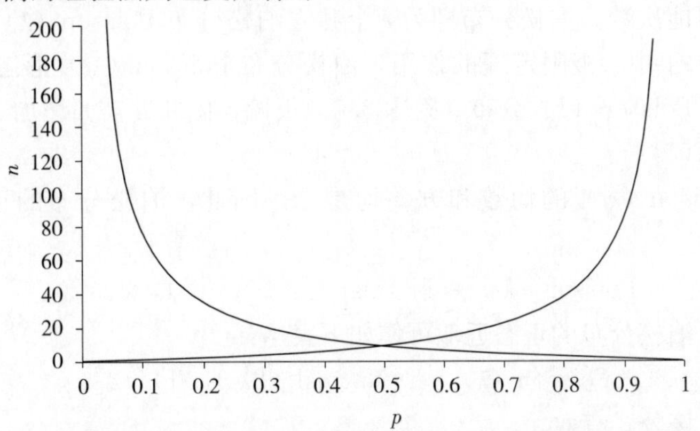

附图 3.6 二项分布近似为正态分布的示例

正态分布是连续分布，而二项分布是离散分布，因此该近似法会导致额外的误差，但它是可以避免的，方法如下：使用正态分布 $f(x)$ 给出二项分布概率 $p(x)$ 不如使用更精确的 $F(x+0.5)-F(x-0.5)$，$F(x)$ 是正态分布的累积分布函数。若要模拟这个分布，相当于在正态分布的式子外面套一个 ROUND 函数 ROUND（…，0）。

二项分布的泊松近似

泊松分布的概率密度函数可以从二项概率密度函数中衍生而来，但要满足 n 极大而 p 极小，np 仍然是有穷数的条件，如 8.3.1 中讨论的那样。满足条件后，下述近似表达式适合于二项分布：

$$\text{Binomial}(n, p) \approx \text{Poisson}(np)，当 n \to \infty，p \to 0，np 有限时$$

泊松近似有过高估计分布双侧尾部概率值的趋势。Decker 和 Fitzgibbon（1991）建议当满足 $n^{0.31}p>0.47$ 时使用该近似方法，其他情况用正态近似。

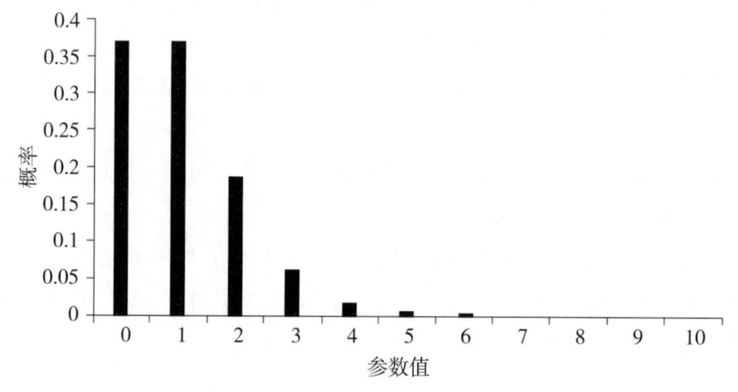

附图 3.7　Poisson（1）的分布

当 p 接近于1时也可使用泊松近似法来近似二项分布，即因为 $1-p$ 趋向于0，所以只要简单地变换公式就可以满足近似条件。在这种情况下，Binomial（n，p）$\approx n-$Poisson（np），且 Decker - Fitzgibbon 条件变换为 $n^{0.31}(1-p)<0.47$。

3.9.2 泊松分布的正态近似

泊松分布 Poisson（λt）描述的是，单位时间内事件发生次数的平均数为 λ 时，在 t 时间内，事件发生的可能次数。泊松分布即为 t 个独立泊松分布 Poisson（λ）的总和。可猜想：如果 λt 足够大，由于中心极限定理的作用，泊松分布 Poisson（λt）形态近似于正态分布，事实上也是如此。Poisson（1）分布（附图 3.7）很偏，因此 n 需要增加 20 以上方能使分布形态近似正态分布。

泊松分布 Poisson（λt）的均数和方差均是 λt。因此，泊松分布的正态近似表达式可记为：

$$\text{Poisson}(\lambda t) \approx \text{Normal}(\lambda t, (\lambda t)^{1/2})，\lambda t>20$$

大多数情况下泊松分布的正态近似可作如下表达：

$$\text{Poisson}(\lambda) \approx [\text{Normal}(2\lambda^{1/2}, 1)/2]^2$$

当 $\lambda \leqslant 10$ 时，该公式有效。

近似后，变量的离散特性会消失。如前所述二项分布的正态近似中提到的备注在这里仍然有用，可以用于恢复离散特性，同时减少误差。

3.9.3 超几何分布的正态近似

超几何分布 Hypergeometric（n，D，M）描述了 n 次试验中可能的成功次数，试验是从大小为 M 的总体中抽样，且不放回，抽出了一件符合定义特征的 D 类物品时，定义为一次成功。例如，从总体 M 中抽取大小为 n 的样本，已知总体中共有 D 只动物被感染了，求其中的感染动物数。这个问题适合使用超几何分布 Hypergeometric（n，D，M）解决。但超几何分布的概率质量函数要通过大量的阶乘计算得到，费时费力，寻求合适的近似法就合乎诉求了。

超几何分布的二项分布近似

超几何分布认定：是从有限总体中进行不放回取样，因此取样结果取决于抽取前的样本。假设总体样本非常大，取走一个大小为 n 的样本对总体无显著的影响。因此，抽取样本的概率实质上是恒定的，值为 D/M，由于抽样后有新的个体取代其位置，所以从总体中抽中某个个体的概率很小。这样，超几何分布可近似为二项分布，如下式：

$$\text{Hypergeometric}(n, D, M) \approx \text{Binomial}(n, D/M)$$

当 $n<0.1M$ 时，该近似法则运行良好。

超几何分布的泊松近似

我们已经了解了在 $n<0.1M$ 的条件下，如何把超几何分布近似成二项分布。在之前的章节中也已经学习了二项分布可近似为泊松分布，只需满足 n 足够大且 p 足够小的条件。因此，只要满足所有这些条件：当 $n<0.1M$ 且 D/M 很小，就可使用下式的近似：

$$\text{Hypergeometric}(n, D, M) \approx \text{Poisson}(nD/M)$$

附图 3.8 给出了两个示例。

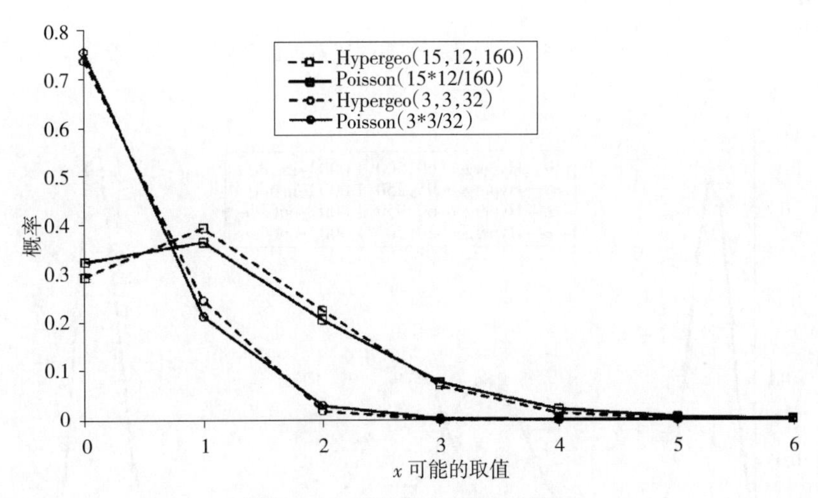

附图 3.8 超几何分布的泊松近似

超几何分布的正态近似

当 $n<0.1M$ 时，超几何分布的二项近似是有效的，且当二项分布近似于正态分布时，可将超几何分布近似为正态分布。这需要三个条件，如下式：

$$n>9\left(\frac{M-D}{D}\right), n>9\left(\frac{D}{M-D}\right), n<\frac{M}{10}$$

在此情况下，我们可以使用近似法：

$$\text{Hypergeometric}\ (n,\ D,\ M) \approx \text{Normal}\left(\frac{nD}{M},\ \sqrt{n\frac{D}{M}\frac{(M-D)}{M}}\right)$$

$$=\text{Normal}\left(\frac{nD}{M},\ \sqrt{\frac{nD\ (M-D)}{M^2}}\right)$$

附图 3.9 描述了如何将关于 n、D 和 M 值的三个条件结合起来以满足该近似法所需的条件，有效区域如图所示。附图 3.10 给出了超几何分布的示例，参数值取自图 3.9 中的方块处，在正态近似有效区域内外都有方块出现。对于二项分布的正态近似，选择的条件是：

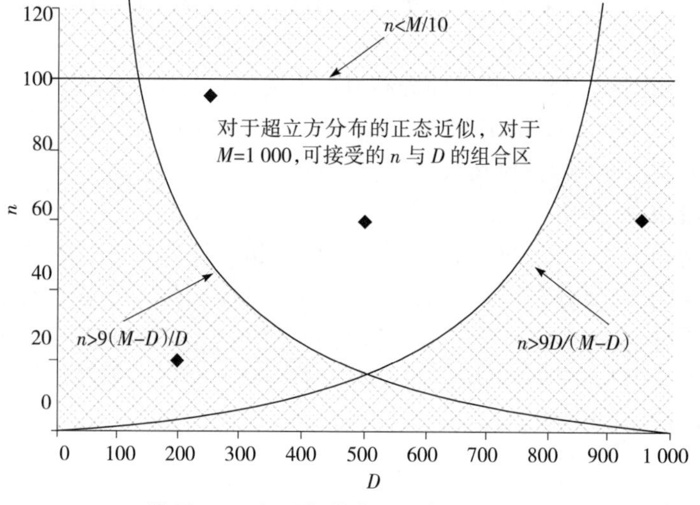

附图 3.9　超几何分布的正态近似条件

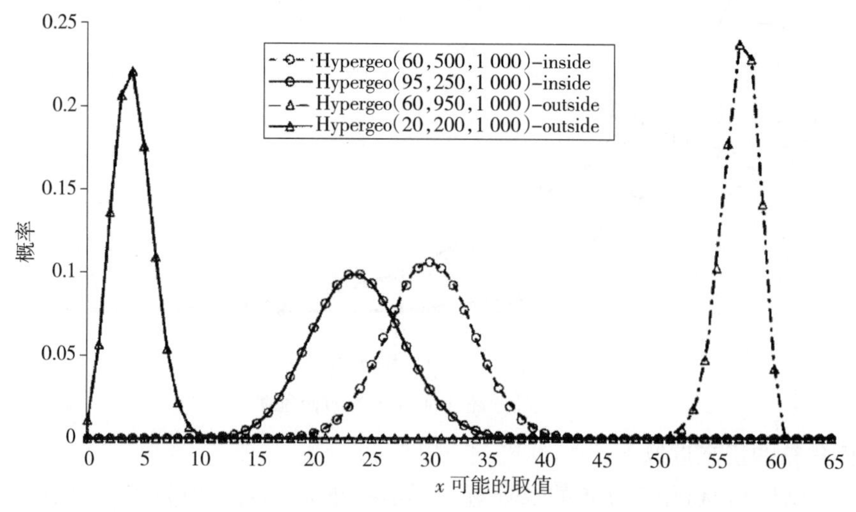

附图 3.10　图 3.9 显示的条件内外的超几何分布的正态近似

均数 np 离 0 和 n 的距离都应该有至少 3 个标准差（npq）$^{1/2}$。然而，在某些条件下，可以更加严格的坚持 4 倍而不是 3 倍的标准差。这意味着在公式中，要用数字 16 代替数字 9。再次强调，近似会失去变量的离散特性，因此在把二项分布近似为正态分布中所提到的修正方法在这里也是适用的。

3.9.4　负二项分布的近似法

负二项分布有含二项系数的概率质量函数，因此同二项分布一样，繁琐的阶乘计算使直接计算费时且几乎不可能做到。因此，对负二项分布的近似很实用。

负二项分布的正态近似

负二项分布 NegBin（s，p）得到的是：在二项过程中观察到第 s 次成功前需经历的失败次数，每次试验的成功概率为 p。因此，负二项分布 NegBin（1，p）是观察到第一次成功前的失败次数。如果想观察到两次成功，则需要等到伴随第一次成功的 NegBin（1，p）次失败出现后，继续等待第二次成功的出现，伴随的失败次数仍然是 NegBin（1，p）。延伸下去，我们很容易看出负二项分布 NegBin（s，p）只是简单的 s 次独立负二项分布 NegBin（1，p)的总和。可以猜测，负二项分布是中心极限定理的又一个理想的候选分布。对于负二项分布 NegBin（1，p），其均数和标准差分别是（$1-p$）/p 和（$1-p$）$^{1/2}/p$，其偏度至少是 2.0（当 p 值很低时），因此得到正态近似分布需数量在 50 左右的负二项分 NegBin（1，p）。近似法表达如下：

$$\text{NegBin}(s,\ p)\approx\text{Normal}\left(\frac{s\ (1-p)}{p},\ \frac{\sqrt{s\ (1-P)}}{p}\right)$$

负二项分布 NegBin（s，p）的均数和标准差分别为 s（$1-p$）/p 和 $\sqrt{s\ (1-p)}/p$，这为近似提供了有效的检验标准。变量的离散特性在近似中丢失，在二项分布的正态近似法中提到的修正方法在这里同样适用。

负二项分布的指数分布和 Gamma 分布近似

当一次试验的成功概率 p 趋向于 0 时，二项过程变成泊松过程，这在 8.3.1 中已有描述。由于 p 很小，故在观察到一次成功前需进行多次试验。泊松过程得到的指数分布 Expon（β）提示了观察到一次成功之前需等待的“时间”，Gamma 分布 Gamma（x，β）是观察 x 次事件所需等待的“时间”。这里，β 指观察到一次事件之前需等待的平均时间，对于二项过程，这等同于第一次成功之前的平均试验次数。即当 p 变小时，负二项分布 NegBin（1，p）的均数是（$1-p$）/p。因此，对于较小的 p，下列近似法很适用：

$$\text{NegBin}(1,\ p)\approx\text{Expon}\left(\frac{1}{p}\right)$$

$$\text{NegBin}(s,\ p)\approx\text{Gamma}\left(s,\ \frac{1}{p}\right)$$

事实上，由于 Gamma（1，β）＝Expon（β），上述第一个近似是多余的。

3.9.5　Gamma 分布的正态近似

Gamma 分布 Gamma（α，β）得到的是当在两个事件之间平均等待时间为 β 个“时间”

单位时，观察到 α 次独立泊松事件之前，需要等待的“时间”。在一次单独事件发生前等待的“时间”是 Gamma（1，β）＝Expon（β），公式两边两个分布的均数和标准差均为 β。Gamma（α，β）因此是 α 个独立指数分布 Expon（β）的总和。由中心极限定理可得，对于足够大的 α（如大于30，从这节开始时对中心极限定理的讨论中得出），我们可以作出近似：

$$\text{Gamma}(\alpha,\beta)\approx\text{Normal}(\alpha\beta,\sqrt{\alpha}\beta)$$

Gamma（α，β）的均数和标准差分别为 $\alpha\beta$ 和 $\alpha^{1/2}\beta$，这对近似是有效的验证。

3.9.6 对数正态分布的正态近似

当对数正态分布 Lognormal（μ，σ）的算术平均数 μ 比其算术标准差 σ 大很多时，分布近似于正态分布 Normal（μ，σ），即：

$$\text{Lognormal}(\mu,\sigma)\approx\text{Normal}(\mu,\sigma)$$

对该近似的一个经验法则是 $\mu>6\sigma$。从简化数学计算的角度，该近似并不是很有用，但在这种情况下，用此经验法则快速确定分布的范围和峰值是很实用的。例如，我们在正态分布中，99.7%的值都在离均数加减3个标准差的范围内。因此，对于对数正态分布 Lognormal（15，2），大部分值都在范围［9，21］内，在略低于15时取峰值（对于右偏分布，众数、中位数和均数的排列顺序是从左到右）。

3.9.7 Beta 分布的正态近似

由于 Beta 分布的分母包含 Beta 公式，因此很难计算，所以对其的近似很受用。Beta 分布的概率密度函数的泰勒级数扩展（在9.2.5的例9.5中已经描述）显示，当 α_1 和 α_2 足够大的时候，Beta（α_1，α_2）可近似为正态分布。条件是：

$$\frac{\alpha_1+1}{\alpha_1-1}\approx1\quad\text{且}\frac{\alpha_2+1}{\alpha_2-1}\approx1$$

合理的经验法则是 α_1 和 α_2 都要达到10或者以上，但如果 $\alpha_1\approx\alpha_2$，即使值低至6，近似也同样适用。这样的情况下，当我们使用该 Beta 分布的均数和标准差时，正态近似法完全可行：

$$\text{Beta}(\alpha_1,\alpha_2)\approx\text{Normal}\left(\frac{\alpha_1}{\alpha_1+\alpha_2},\sqrt{\frac{\alpha_1\alpha_2}{(\alpha_1+\alpha_2)^2(\alpha_1+\alpha_2+1)}}\right)$$

3.9.8 卡方分布的正态近似

卡方分布 χ^2（ν）很容易计算，但当 n 很大时，它也可近似为正态分布。χ^2（ν）是 ν 个独立分布（Normal（0，1））^{2} 的总和，因此 χ^2（α）＋χ^2（β）＝χ^2（α＋β）。卡方分布 χ^2（1）＝（Normal（0，1））^{2} 是高度偏态的（偏度＝2.83）。根据中心极限定理，当 ν 足够大时，卡方分布近似于正态分布。恰当的经验法则是 $\nu>50$，可以通过配对矩（即在正态分布中使用卡方分布的均数和标准差）来进行下面的近似：

$$\chi^2(\nu)\approx\text{Normal}(\nu,\sqrt{2\nu})$$

卡方分布在 $x=\nu-2$ 时达到峰值，而正态分布的峰值取自 $x=\nu$ 时，因此该方式是否允许这样的转换决定了对该近似是否有效。

3.9.9　t 分布的正态近似

t 分布 Student（ν）很难计算，当 ν 足够大时，对其进行正态近似很受用，如下：

$$\text{Student}(\nu) \approx \text{Normal}(0, 1)$$

该近似的通则是 $\nu > 30$。t 分布和正态分布之间的关系表面上看并不明显，但通过对 t 分布的概率密度函数 $x=0$ 时的泰勒级数展开进行运算，就显而易见了。

3.10　离散分布的递推公式

附图 3.11 为 Binomial（10^6，10^{-6}）分布，从理论上讲，它的变化范围为 $0 \sim 10^6$ 之间，但实际操作中仅限于取值较小的部分。由于计算 10^6！超出了大部分计算机计算能力范围（如 Excel 阶乘计算的最多至 170），所以，计算该分布中每一个可能值出现的概率就成了难题。尽管可以用 Stirling 公式（见 6.3.4）获得高阶乘数的近似值，但仍然面临处理超大数值的困难。更简单的方法是应用递推公式。这些公式把第（$i+1$）个值的概率公式和第 i 个值的概率关联起来。只需简单计算任一值（选中数值的计算往往最简便）的概率即可，然后用递推公式确定其他所有概率值。

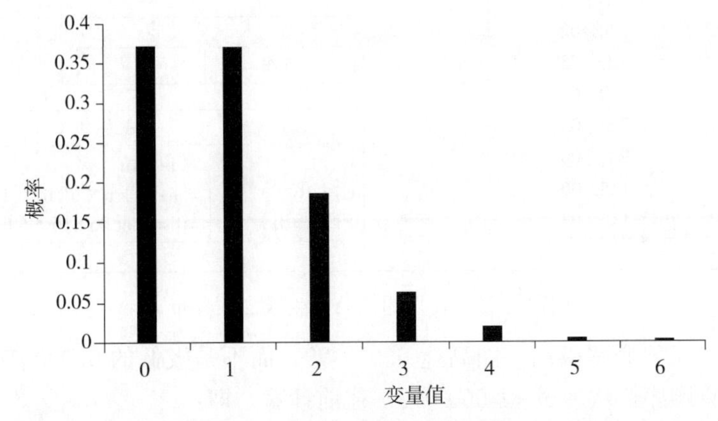

附图 3.11　二项分布 Binomial（10^6，10^{-6}）

二项式概率密度函数给出：

$$p(i) = \frac{n!}{i!(n-i)!} p^i (1-p)^{n-i} \text{ 且 } p(i+1) = \frac{n!}{(i+1)!(n-i-1)!} p^{i+1} (1-p)^{n-i-1}$$

因而，

$$\frac{p(i+1)}{p(i)} = \frac{\dfrac{n!}{(i+1)!(n-i-1)!} p^{i+1} (1-p)^{n-i-1}}{\dfrac{n!}{i!(n-i)!} p^i (1-p)^{n-i}} = \frac{(n-i)p}{(i+1)(1-p)}$$

即：

$$p(i+1) = \frac{(n-i)p}{(i+1)(1-p)} p(i)$$

二项分布中对于 0 次成功的概率计算很简单：

$$p(0) = (1-p)^n$$

因此，p（1），p（2），…即可用下面的递推公式定值：

$$p(1)=(1-p)^{n}\frac{(n-0)p}{(0+1)(1-p)}=np(1-p)^{n-1}$$

$$p(2)=np(1-p)^{n-1}\frac{(n-1)p}{(1+1)(1-p)}=\frac{n(n-1)p^{2}(1-p)^{n-2}}{2}$$

若模拟中需要这个二项分布，则把 x 值和计算概率作为输入值输入离散分布，如附图 3.12 中所示，这很简单。此时该离散分布可近似地看做所需的二项分布。

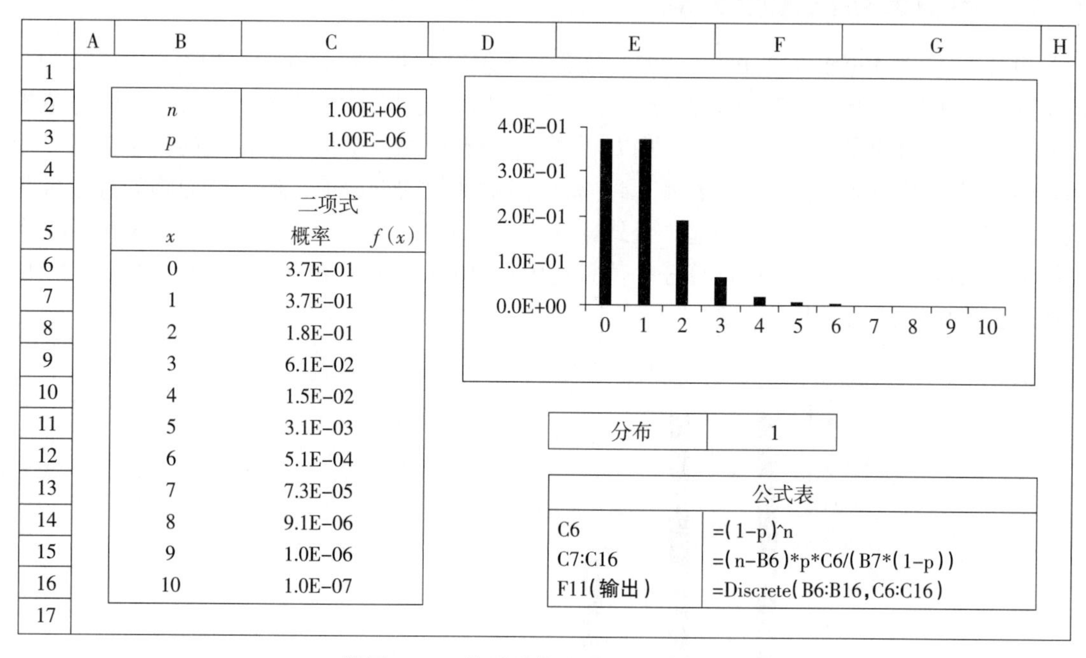

	B	C
2	n	1.00E+06
3	p	1.00E-06

	x	二项式 概率 $f(x)$
6	0	3.7E-01
7	1	3.7E-01
8	2	1.8E-01
9	3	6.1E-02
10	4	1.5E-02
11	5	3.1E-03
12	6	5.1E-04
13	7	7.3E-05
14	8	9.1E-06
15	9	1.0E-06
16	10	1.0E-07

分布	1

公式表	
C6	=(1-p)^n
C7:C16	=(n-B6)*p*C6/(B7*(1-p))
F11(输出)	=Discrete(B6:B16,C6:C16)

附图 3.12 使用递推公式生成二项分布

如果本例中的二项概率极高，如高达 0.999 99，而不是极低的 0.000 01，方法是一样的，只需颠倒计算顺序，从后 p（1 000 000）往前计算，即：

$$p(n)=p^{n}$$

从后往前的递推公式是：

$$p(i)=\frac{(i+1)(1-p)}{(n-i)p}p(i+1)$$

对常见的离散概率分布，下面列出了它们各自的递推公式：

泊松分布

$$p(i+1)=\frac{\lambda}{i+1}p(i),p(0)=e^{-\lambda}$$

负二项分布

$$p(i+1)=\frac{(s+i)(1-p)}{i+1}p(i),p(0)=p^{s}$$

几何分布

$$p(i+1)=(1-p)p(i),p(0)=p$$

超几何分布

$$p(i+1)=\frac{(D-i)(n-i)}{(1+i)(1-D+M-n+i)}p(i),$$

$$p(0)=\frac{\binom{M-D}{n}}{\binom{M}{n}}$$

超几何分布中 p（0）的公式看起来很冗长，但即使在不计算阶乘的情况下，应用如下的斯特林（Stirling）公式（见 6.3.4），它仍然可以精确近似：

$$p(0)\approx\sqrt{\frac{(M-D)(M-n)}{M(M-D-n)}}\frac{(M-D)^{(M-D)}(M-n)^{(M-n)}}{(M-D-n)^{(M-D-n)}M^{M}}$$

为避免计算中出现超大数值，最后一个公式通常要先在对数空间（log space）进行计算，最后再转化到实际空间。当 M 很大时，p（0）的另一个公式（附录 3.8 式）准确度稍低，但当 n 很小时，比上式的准确度通常更高，由坎农（Cannon）和罗（Roe）在 1982 年提出的：

$$p(0)=\left(\frac{2M-2n-D+1}{2M-D+1}\right)^{D} \qquad (3.8)$$

展开 p（0）公式中的阶乘，消去分子和分母上相同的因子，得到：

$$p(0)=\frac{\binom{M-D}{n}}{\binom{M}{n}}=\frac{(M-n)!\ (M-D)!}{M!\ (M-D-n)!}$$

$$=\frac{(M-n-D+D)\ (M-n-D+\ (D+1))\ \cdots\ (M-n-D+2)\ (M-n-D+1)}{(M-D+D)\ (M-D+\ (D+1))\ \cdots\ (M-D+2)\ (M-D+1)} \qquad (3.9)$$

然后，把每个分子和分母的第一项和最后一项单列出来，对这两项取平均数，分子和分母均取 D 次幂：

$$p(0)\approx\left(\frac{(M-n-D+D)+(M-n-D+1)}{(M-D+D)+(M-D+1)}\right)^{D}=\left(\frac{2M-2n-D+1}{2M-D+1}\right)^{D}$$

交换 n 和 D 的位置，得到另一个公式：

$$p(0)\approx\left(\frac{2M-2D-n+1}{2M-n+1}\right)^{n} \qquad (3.10)$$

由于附录 3.9 式中显示 n 和 D 处于对称位置，故上述公式可行。也就是说，如果在公式中交换它们的位置，公式仍然成立。当 $n>D$ 时，用附录 3.8 式近似更好，当 $n<D$ 时，则附录 3.10 式更合适。

3.11 分布特征的可视化观测

在风险分析模拟课上，我经常站在全班同学面前，让他们想象我是某种分布：头是分布的峰顶，手臂伸展到两边，形成分布的尾部。一开始，我站在教室的正中间，形态为“正态分布”；我的两臂因为接触不到房间的墙壁，所以感觉不到任何限制。然后我走向房间的一边直到一条手臂碰了壁，于是形态变得“扭曲”，由于受到墙的限制所以失去了对称性，未受限的手臂保持伸展姿势。此时的形态类似“对数正态”分布；我继续向墙移步，直到我的头（峰顶）碰到墙。然后，我突然受限的手臂猛举到高于头的位置，即呈显“指数”分布形态——但事实上，我看起来更像穿着白西装的约翰·特拉沃尔塔在他的经典电影造型中的样子。

这些动作可能让造型奇怪，但让学生记忆深刻，考试过关（毕竟，概率论可能是一门很枯燥的科目）。我的理念是，你要能够不费力地想象出很多分布的一些可以改变形状的特征。如果分布中心离它的边界很远，且延伸度足够小，“看不见”那些边界，那很有可能就是正态的。另一方面，如果分布“看得到”它的一个边界，则它经常会偏离该界限，则图形分布形状通常为“对数正态”。最后，如果分布的众数值在（或接近于）极值处，它通常更近似于指数分布。

附录4

延 伸 阅 读

我总是很感激别人以个人的名义推荐一些他认为好而且也适合我的好书。介绍风险分析的内容应当是弱化理论而注重实际应用的，除非你需要学习理论知识。下面是我们图书馆中我特别喜欢的书的一份清单，我把它们按论题归了类。星星数表示它们挑战读者智力的程度。

- 一颗星=比这本书稍简单
- 两颗星=与这本书难度类似
- 三颗星=适合于研究者和受虐狂

有些书被标注为一颗星是因为它们通俗易懂，但它们仍然可以代表本领域的最高水平。对于最新的建模技术，特别是金融模型和数字技术发展近况的大部分知识，网络和杂志文章是我们最主要的信息来源。如果你有书推荐给我，请发 email（David@voseconsulting. com)，或者如果这是你自己的书，请邮寄一本到我们的办公室（在网址 www. voseconsulting. com 上有我们的地址），我们阅读后，如果觉得合适会放在我们的网站上。

1. 模拟（Simulation）
2. 商业风险与决策分析（Business risk and decision analysis）
3. 极值理论（Extreme value theory）
4. 保险（Insurance）
5. 财务风险（Financial risk）
6. Bootstrap
7. 数理统计与概率论（Mathematical statistics and probability theory）
8. 项目风险分析（project risk analysis）
9. 可靠性理论（Reliability theory）
10. 排队论（Queueing theory）
11. 贝叶斯理论（Bayesian theory）
12. 预测（Forecasting）
13. 一般风险分析（General risk analysis）
14. 风险交流（risk communication）
15. 流行病（Epidemiology）
16. 软件（Software）
17. 娱乐（Fun）

参考文献

Akaike, H. (1974). A new look at the statistical model identification. *IEEE Transactions on Automatic Control* AC19, 716 - 723.

Akaike, H. (1976). Canonical correlation analysis of time series and the use of an information criterion, in *System Identifcation: Advances and Case Studies*, ed. by Mehra, R. K. and Lainotis, D. G. New York, NY: Academic Press; 52 - 107.

Anderson, T. W. and Darling, D. A. (1952). Asymptotic theory of certain "goodness of fit" criteria based on stochastic processes. *Ann. Math. Stat.* 23, 193 - 212.

Artzner, P., Delbaen, F., Eber, J. - M. and Heath, D. (1997). Thinking coherently. *Risk* 10 (11).

Bartholomew, M. J., Vose, D. J., Tollefson, L. R., Curtis, C. and Travis, C. C. (2005). A linear model for managing the risk of antimicrobial resistance originating in food animals. *Risk Analysis* 25 (1).

Bayes, T. (1763). An essay towards solving a problem in the doctrine of chances. *Philos. Trans. R. Soc. London* 53, 370 - 418. Reprinted in *Biometrica* 45, 293 - 315 (1958).

Bazaraa, M. S., Jarvis, J. J. and Sherali, H. D. (2004). *Linear Programming and Network Flows*, 3rd edition. New York, NY: John Wiley and Sons Inc.

Bazaraa, M. S., Sherali, H. D. and Shetty, C. M. (2006). *Nonlinear Programming: Theory and Algorithms*, 3rd edition. New York, NY: John Wiley and Sons Inc.

Bernoulli, J. (1713). *Ars Conjectandi*. Basilea: Thurnisius.

Birnbaum, Z. W. and Saunders, S. C. (1969). A new family of life distributions. *J. Appl. Prob.* 6, 637 - 652.

Bollerslev, T. (1986). Generalized autoregressive conditional heteroskedasticity. *Journal of Econometrics* 31, 307 - 327.

Boone, I., Van der Stede, Y., Bollaerts, K., Vose, D., Daube, G., Aerts, M. and Mintiens, K. (2007). Belgian "farm-to-consumption" risk assessment-model for *Salmonella* in pigs: methodology for assessing the quality of data and information sources. Research paper available from: ides. boone @ var. fgov. be.

Bühlmann, H. (1980). An economic premium principle. *ASTIM Bulletin* 11, 52 - 60.

Cannon, R. M. and Roe, R. T. (1982). *Livestock Disease Surveys. A Field Manual for Veterinarians*. Bureau of Resource Science, Department of Primary Industry. Australian Government Publishing Service, Canberra.

Chandra, M., Singpurwalla, N. D. and Stephens, M. A. (1981). Kolmogorov statistics for tests of fit for the extreme value and Weibull distribution. *J. Am. Stat. Assoc.* 76 (375), 729 - 731.

Cherubini, U., Luciano, O. and Vecchiato, W. (2004). *Copula Methods in Finance*. New York, NY: John Wiley & Sons Inc.

Clark, C. E. (1961). Importance sampling in Monte Carlo analysis. *Operational Research* 9, 603 - 620.

Clemen, R. T. and Reilly, T. (2001). *Making Hard Decisions*. Belmont, CA: Duxbury Press.

Cox, J. C., Ingersoll, J. E. and Ross, S. A. (1985). A theory of the term structure of interest rates. *Econometrica* 53, 385 - 407.

Dantzig, G. B. and Thapa, M. N. (1997). *Linear Programming: 1: Introduction*. New York, NY: Springer-Verlag.

Dantzig, G. B. and Thapa, M. N. (2003). *Linear Programming 2: Theory and Extensions*. New York, NY: Springer-Verlag.

Davison, A. C. and Hinkley, D. V. (1997). *Bootstrap Methods and their Applications*. Cambridge, UK: Cambridge University Press.

Decker, R. D. and Fitzgibbon, D. J. (1991). The normal and Poisson approximations to the binomial: a closer look. *Department of Mathematics Technical Report No. 82.3*. Hartford, CT: University of Hartford.

De Pril, N. (1986). On the exact computation of the aggregate claims distribution in the individual life model. *ASTIN Bulletin* 16, 109-112.

De Pril, N. (1989). The aggregate claims distribution in the individual model with arbitrary positive claims. *ASTIN Bulletin* 19, 9-24.

Dickson, D. C. M. (2005). *Insurance Risk and Ruin*. Cambridge, UK: Cambridge University Press.

Ding, Z., Granger, C. W. J. and Engle, R. F. (1993). A long memory property of stock market returns and a new model. *Journal of Empirical Finance* 1, 83-106.

Efron, B. (1979). Bootstrap methods: another look at the Jackknife. *Ann. Statis.* 7, 1-26.

Efron, B. and Tibshirani, R. J. (1993). *An Introduction to the Bootstrap*. New York, NY: Chapman and Hall.

Embrechts, P. (2000). Extreme value theory: potential and limitations as an integrated risk management tool. *Derivatives Use, Trading and Regulation* 6, 449-456.

Engle, R. (1982). Autoregressive conditional heteroscedasticity with estimates of the variance of United Kingdom inflation. *Econometrics* 50, 987-1007.

EU (2005). PMWS case definition (Herd level). Sixth Framework Programme Prority SSP/5.4.6. Available at: www.pcvd.org/documents/Belfast_Presentations_PCVD/Final_pmws_case_definition_EU_October-2005.doc [4 April 2006].

Evans, E., Hastings, N. and Peacock, B. (1993). *Statistical Distributions*, 2nd edition. New York, NY: John Wiley & Sons Inc.

FAO/WHO (2000). Risk assessment: *Salmonella* spp. in broilers and eggs: hazard identification and hazard characterization of *Salmonella* in broilers and eggs. Preliminary report.

FAO/WHO (2003). Hazard characterization for pathogens in food and water: guidelines. Microbiological Risk Assessment Series No. 3, ISBN 92 4 156 237 4 (WHO). ISBN 92 5 104 940 8 (FAO). ISSN 1726-5274.

Fletcher, S. G. and Ponnambalam, K. (1996). Estimation of reservoir yield and storage distribution using moments analysis. *Journal of Hydrology* 182, 259-275.

Fu, M. (2002). Optimization for simulation: theory vs. practice. *INFORMS Journal on Computing* 14 (3), 192-215.

Funtowicz, S. O. and Ravetz, J. R. (1990). *Uncertainty and Quality in Science for Policy*. Dordrecht, The Netherlands: Kluwer.

Furumoto, W. A. and Mickey, R. (1967). A mathematical model for the infectivity-dilution curve of tobacco mosaic virus: theoretical considerations. *Virology* 32, 216-223.

Gelman, A., Carlin, J. B., Stern, H. S. and Rubin, D. B. (1995). *Bayesian Data Analysis*. London, UK: Chapman and Hall.

Gettinby, G. D., Sinclair, C. D., Power, D. M. and Brown, R. A. (2004). An analysis of the distribution of extreme share returns in the UK from 1975 to 2000. *J. Business Finance and Accounting* 31 (5), 607 - 646.

Gilks, W. R., Richardson, R. and Spiegelhalter, D. J. (1996). *Markov Chain Monte Carlo in Practice. London, UK*: Chapman and Hall.

Glover, F., Laguna, M. and Martí, R. (2000). Fundamentals of scatter search and path relinking. *Control and Cybernetics* 39 (3), 653 - 684.

Goldberg, D. E. (1989). *Genetic Algorithms in Search, Optimization, and Machine Learning*. Reading, MA: Addison - Wesley.

Gzyl, H. (1995). *The Method of Maximum Entropy*. London, UK: World Scientific.

Hald, T., Vose, D., Wegener, H. C. and Koupeev, T. (2004). A Bayesian approach to quantify the contribution of animal - food sources to human salmonellosis. *Risk Analysis* 24 (1); *J. Food Protection*, 67 (5), 980 - 992.

Haldane, J. B. S. (1948). The precision of observed values of small frequencies. *Biometrika* 35, 297 - 303.

Hannan, E. J. and Quinn, B. G. (1979). The determination of the order of an autoregression. *Journal of the Royal Statistical Society*, B 41, 190 - 195.

Hertz, D. B. and Thomas, H. (1983). *Risk Analysis and its Applications*. New York, NY: John Wiley & Sons Inc. (reprinted 1984).

Iman, R. L. and Conover, W. J. (1982). A distribution - free approach to inducing rank order correlation among input variables. *Commun. Statist. - Simula. Computa.* 11 (3), 311 - 334.

Iman, R. L., Davenport, J. M. and Zeigler, D. K. (1980). Latin hypercube sampling (a program user's guide). Technical Report SAND79 - 1473, Sandia Laboratories, Albuquerque, NM.

Institute of Hydrology (1999). *Flood Estimation Handbook*. Crowmarsh Gifford, UK: Institute of Hydrology.

Jeffreys, H. (1961). *Theory of Probability*, 3rd edition. Oxford, UK: Oxford University Press.

Johnson, N. L. (1949). Systems of frequency curves generated by methods of translation. *Biometrika* 36, 149 - 176.

Kaplan, S. and Garrick, B. J. (1981). On the quantitative definition of risk. *Risk Analysis* 1, 11 - 27.

Klugman, S., Panjer, H. and Willmot G. (1998). *Loss Models: From Data to Decisions*. New York, NY: John Wiley and Sons Inc.

Kozubowski, T. J. and Podgdrski, K. (no date). *Log - Laplace Distributions*. Document found at http://unr.edu/homepage/tkozubow/0_logl.pdf.

Kreyszig, E. (1993). *Advanced Engineering Mathematics*, 7th edition. New York, NY: John Wiley & Sons Inc.

Laplace, P. S. (1774). Memoir on the probability of the causes of events. *Mémoires de Mathematique et de Physique, Presentés á l'Academie Royale des Sciences, par divers savants et lûs dans ses Assemblés*, 6, 621 - 656. Translated by S. M. Stigler and reprinted in translation in *Statistical Science* 1 (3), 359 - 378 (1986).

Laplace, P. S. (1812). *Théorie analytique des probabilités*. Paris: Courcier. Reprinted in *Oeuvres Completes de Laplace*, Vol. 7. Paris, France: Gauthiers - Villars (1847).

Madan, D. B., Carr, P. P. and Chang, E. C. (1998). The variance gamma process and option pricing. *European Finance Review* 2, 79 - 105.

McClave, J. T., Dietrich, F. H. and Sincich, T. (1997). *Statistics*, 7th edition. Englewood Cliffs, NJ:

Prentice - Hall.

Morgan, M. G. and Henrion, M. (1990). *Uncertainty: a Guide to Dealing with Uncertainty in Quantitative Risk and Policy Analysis*. Cambridge, UK: Cambridge University Press.

Morris, C. N. (1983). Natural exponential families with quadratic variance functions: statistical theory. *Ann. Statis.* 11, 515 - 529.

Neapolitan, R. E. (2004). *Learning Bayesian Networks*. Upper Saddle River, NJ: Pearson Prentice - Hall.

Newcomb, S. (1881). Note on the frequency of use of different digits in natural numbers. *Amer. J. Math.* 4, 39 - 40.

OIE (2004). *Handbook on Import Risk Analysis for Animals and Animal Products - Volume 2: Quantitative Risk Assessment*. ISBN: 92 - 9044 - 629 - 3.

Panjer, H. H. (1981). Recursive evaluation of a family of compound distributions. ASTIN Bulletin 12, 22 - 26

Panjer, H. H., and Wilmot, G. E. Insurance Risk Models, 1992. Society of Actuaries, Schaumburg, IL.

Paradine, C. G. and Rivett, B. H. P. (1964). *Statistical Methods for Technologists*. London, UK: English Universities Press.

Pardalos, P. M. and Resende, M. G. C. (eds) (2002). *Handbook of Applied Optimization*. New York, NY: Oxford Academic Press.

Pearl, J. (2000). *Causality: Models, Reasoning and Inference*. Cambridge, UK: Cambridge University Press.

Popper, K. R. (1988). *The Open Universe: An Argument for Indeterminism*. Cambridge, UK: Cambridge University Press.

Press, S. J. (1989). *Bayesian Statistics: Principles, Models, and Applications*. Wiley series in probability and mathematical statistics. John Wiley & Sons Inc., New York.

Press, W. H., Flannery, B. P., Tenkolsky, S. A. and Vetterling, W. T. (1986). *Numerical Recipes: The Art of Scientijc Computing*. Cambridge, UK: Cambridge University Press.

Randin, R. L. (1997). *Optimization in Operations Research*. Upper Saddle River, NJ: Prentice - Hall.

Robertson, J. P. (1992). *The Computation of Aggregate Loss Distributions*. Proceedings of the Casualty Actuarial Society, Arlington, VA, 57 - 133.

Rubinstein, R. (1981). *Simulation and Monte Carlo Methods*. New York, NY: John Wiley & Sons Inc.

Savage, L. J. *et al.* (1962). *The Foundations of Statistical Inference*. New York, NY: John Wiley & Sons Inc. (Methuen & Company, London).

Schwarz, G. (1978). Estimating the Dimension of a Model. *The Annuals of Statistics* 6, No. 2 (Mar., 1978), 461 - 464.

Shipley, W. (2000). *Cause and Correlation in Biology*. Cambridge, UK: Cambridge University Press.

Sivia, D. S. (1996). *Data Analysis: a Bayesian Tutorial*. Oxford, UK: Oxford University Press.

Stephens, M. A. (1974). EDF statistics for goodness of fit and some comparisons. *J. Am. Stat. Assoc.* 69 (347), 730 - 733.

Stephens, M. A. (1977). Goodness of fit for the extreme value distribution. *Biometrica* 64 (3), 583 - 588.

Stern, N. J., Clavero, M. R. S., Bailey, J. S., Cox, N. A. and Robach, M. C. (1995). *Campylobacter* spp. in broilers on the farm and after transport. *Pltry Sci.* 74, 937 - 941.

Stem, N. J. and Robach, M. C. (2003). Enumeration of *Campylobacter* spp. in broiler feces and in corresponding processed carcasses. *J. Food Protection* 66, 1557 - 1563.

Stumbo, C. R. (1973). Thermobacteriology in food processing. New York, NY: Academic Press.

Taylor, H. M. and Karlin, S. (1998). *An Introduction To Stochastic Modelling*, 3rd edition. New York, NY: Academic Press.

Teunis, P. F. M. and Havelaar, A. H. (2000). The beta-Poisson dose-response model is not a single-hit model. *Risk Analysis* 20 (4), 513-520.

Van der Sluijs, J. P., Risbey, J. S. and Ravetz, J. (2005). Uncertainty assessment of VOC emissions from paint in the Netherlands using the Nusap system. *Environmental Monitoring and Assessment* (105), 229-259.

Van Boekel, M. A. J. S. (2002). On the use of the Weibull model to describe thermal inactivation of microbial vegetative cells. *Intl J. Food Microbiology* 74, 139-159.

Van Gelder, P., de Ronde, P., Neykov, N. M. and Neytchev, P. (2000). Regional frequency analysis of extreme wave heights: trading space for time. *Proceedings of the 27th ICCE Coastal Engineering 2000*, Sydney, Australia, 2, 1099-1112.

Wang, S. S. (1996). Premium calculation by transforming the layer premium density. *ASTIN Bulletin* 26 (1), 71-92.

Wang, S. S. (2003). Equilibrium pricing transforms: new results using Buhlmann's 1980 economic model. *ASTIN Bulletin* 33 (1), 57-73.

Williams, P. R. D. (1999). A comparison of food safety risks: science, perceptions, and values. Unpublished doctoral dissertation, Harvard School of Public Health.

图书在版编目（CIP）数据

定量风险分析指南：第3版/（英）沃斯（Vose，D.）主编；孙向东，王幼明主译．—北京：中国农业出版社，2016.12

（世界兽医经典著作译丛）

ISBN 978-7-109-20939-8

Ⅰ.①定… Ⅱ.①沃…②孙…③王… Ⅲ.①动物疾病—风险分析—指南 Ⅳ.①S85-62

中国版本图书馆CIP数据核字（2015）第224240号

Risk Analysis：A Quantitative Guide，Third Edition

By David Vose

ISBN：978-0-470-51284-5

北京市版权局著作权合同登记号：图字01-2014-0700号

中国农业出版社出版

（北京市朝阳区麦子店街18号楼）

（邮政编码 100125）

责任编辑 邱利伟 王森鹤

北京通州皇家印刷厂印刷 新华书店北京发行所发行

2016年12月第1版 2016年12月北京第1次印刷

开本：787mm×1092m 1/16 印张：37.75

字数：850千字

定价：180.00元

（凡本版图书出现印刷、装订错误，请向出版社发行部调换）